토질 및 기초기술사 합격 바이블 2권

개정판

이 책은 기본 이론을 바탕으로 토질 및 기초 기술사 시험에 대비한 각종 논문 및 학회지의 최신 경향을 반영하여 작성하였다. 특히 최근 기출문제의 경향을 분석하여 응용형 문제의 해결이 가능하도록 구성하였다.

토질 및 기초기술사 합격 바이블

2권

개정판

류재구 저

씨아이알

본 수험서의 자세한 설명은 http://www.gneng.com에 있습니다.

머리말

토질 및 기초를 간단히 요약하여 말한다면 "**지구를 덮고 있는 암반과 흙에 대하여 인위적이든 자연적이든 어떤 물리적 변형과 관계한 역학적 관계를 규정하는 학문**"이라고 표현할 수 있다.

이는 도목공학에서 다루는 도로, 터널, 댐, 하천, 항만, 상하수도 등 우리가 일상에서 하루도 벗어나서는 생활할 수 없는 대중적이고 유용한 토목시설과 구조물이 지반이라는 기본적인 지지기반을 통해 존재할 수 있으며, 이러한 지반을 무시한 토목 관련 시설과 구조물은 존재할 수 없으므로 **그 중요성에 대해서는 두말할 필요가 없을 것이다.**

이렇듯 토목 분야에서 가장 기본이 되는 토질 및 기초공학에 대하여 처음으로 접하거나 **토질 및 기초기술사 시험에 응시**하여 실무능력을 배가시키고자 하는 독자 분들에게, 본 서는 쉽고 명쾌하게 기본적인 이론과 실무적 접근능력을 배양하고자 다음과 같은 분야에 중점을 두고 구성하였다.

첫째, 쉽고 기억에 남도록 일반적인 암기방법보다 효과적인 학습흐름을 유도하였다.

둘째, 단순암기가 아닌 요구하는 문제의 풀이과정을 상세히 기술하여 독자적인 학습능력 향상에 심혈을 기울였다.

셋째, 자격시험에서 합격의 노력을 최소화하도록 출제경향과 난이도에 부합되도록 반복적인 유사문제를 다양하게 제시하였다.

따라서 저자는 독자 분들께서 본 수험서를 통하여 **토질 및 기초에 대한 기본적인 지식의 습득과 응용능력 배양을 보다 손쉽게 달성**할 수 있으리라 기대하며 최선의 노력을 다하여 집필하였다. 그러나 본래 토질 및 기초에 대한 학문은 지금도 끊임없이 발전하고 연구되는 분야로서 부족한 부분 또한 많을 것으로 생각되는 바, 미흡한 분야는 계속적인 수정과 보완을 해나갈 계획이다.

끝으로 이 수험서가 완성되기까지 관심을 기울여주신 씨아이알 출판사 김성배 사장님을 비롯한 편집부 직원여러분께 깊은 감사를 드리며, (주)강산 최홍식 사장님과 토질부 기돈회 이사, 그리고 토질 및 기초에 대한 학계 및 실무진에 종사하시면서 미천한 저자를 이끌어주시고 도와주신 선배제현 여러분에게도 감사를 드린다. 끝으로 이 책을 구독하고 탐독하여 주신 모든 수험생 여러분에게 토질 및 기초기술사 자격 취득의 영광이 함께 하기를 기원드립니다.

2015. 10. 著者 柳 在九

목차 Contents

제 2 권

CHAPTER 10 진동 및 내진

01 동하중 분류와 속도효과, 전단변형률 ········· 897
02 동하중의 속도효과 ········· 899
03 지반 내 진동전파 특성과 진동방지 대책 ········· 901
04 지반 탁월주기(Predominant Period) ········· 905
05 공진(Resonance) ········· 906
06 감쇠(Damping) ········· 908
07 진동기계기초 공진최소화 ········· 911
08 이력곡선(Hysteresis Curve) ········· 914
09 회복 탄성계수(Resilient Modulus, M_R) ········· 917
10 실내, 현장에서의 동적물성 시험 ········· 919
11 Magnitude(지진규모) ········· 924
12 설계응답 스펙트럼(Design Response Spectrum) ········· 926
13 SASW(Spectral Analysis of Surface Wave, 표면파기법) ········· 928
14 1차원 지진 응답해석 ········· 930
15 지반조건별 구조물 지진거동 특성, 내진설계(입력지진) ········· 932
16 진동대 시험(Shaking Table Test) ········· 936
17 진도법 = 유사정적 해석 = Pseudo – Static Analysis ········· 938
18 사면 내진 검토 ········· 940
19 옹벽의 내진설계 ········· 943
20 내진설계기준 ⇒ 설계지진계수 산출 ········· 946
21 토사사면에 대한 내진설계(파괴면 직선가정) ········· 949
22 액상화 ········· 951

23 유동액상화(Flow Liquefection)/반복변동(Cyclic Mobility) ································ 957
24 응력경로에 의한 유동액상화(Flow Liquefaction)와
반복 변동(Cycle Mobility) 설명 ································ 959
25 내진설계 시 실지진기록을 바탕으로 구한 가속도이력 데이터를 직접 적용하지
않고 별도의 지진응답해석을 실시하는 이유 ································ 962
26 지중구조물 내진설계(응답변위법) ································ 965
27 모래와 점토의 동하중 특성 ································ 969

CHAPTER 11 지반조사

01 토질조사 ································ 975
02 구조물별 조사항목 ································ 978
03 연약지반에서의 토질조사 ································ 979
04 Fill Dam에서의 토질조사 ································ 987
05 시추조사 시 보링방법과 특징 ································ 989
06 물리탐사(Geophysical Exploration, 지표탐사) ································ 991
07 GPR(Ground Penetrating Radar) 탐사 ································ 996
08 TSP(Tunnel Seismic Prediction) : 터널지진파 예측시스템 ································ 997
09 BHTV(Borehole Teleview Test)와 BIPS(Borehole Image Processing System) ····· 999
10 Geotomograpy ································ 1002
11 표준관입시험(Standard Penetration Test) ································ 1004
12 표준관입시험 결과의 이용 ································ 1008
13 SPT 에너지비 ································ 1014
14 Flat Dilatometer ································ 1017
15 정적 콘 관입시험(Static Cone Penetration Test) ································ 1021
16 피조콘 관입시험(Piezocone Penetration Test, CPTU) ································ 1024
17 피조콘 관입시험에서 강성지수(I_R) : Rigdity Index ································ 1028
18 동적 콘 관입시험(Dynamic Cone Penetration Test) ································ 1030

19 지반변형계수(E_s) ······ 1031
20 VANE 전단시험 ······ 1035
21 평판재하시험 ······ 1038
22 공내 재하시험(Bore hole Pressuremeter test) ······ 1044
23 Self Boring Pressuremeter Test ······ 1047
24 Lugeon Test = 수압시험 ······ 1050
25 함수당량 시험(CME, FME) ······ 1055
26 팽윤(Swelling) ······ 1056
27 암반 Slaking ······ 1059
28 암반시간 의존성 ······ 1061
29 원심모형시험 ······ 1064
30 시료채취 ······ 1066

CHAPTER 12 얕은기초

01 얕은기초란? ······ 1073
02 지반의 파괴형태 ······ 1076
03 얕은기초의 지지력 ······ 1078
04 지지 메커니즘과 편심하중 고려방법 ······ 1084
05 얕은기초 설계 시 지하수위 영향 ······ 1086
06 부력기초(Floating Foundation) = 보상기초 ······ 1089
07 전단파괴 시 지반거동과 층상지반 지지력 ······ 1092
08 접지압에 따른 얕은기초 설계법 ······ 1097
09 즉시침하량 산정방법과 사질지반 재하폭이 침하에 미치는 영향 ······ 1102
10 지반변형계수 측정 시 고려사항 ······ 1107
11 평판재하시험에 의한 기초크기 결정 ······ 1109
12 즉시침하에서의 기초크기 결정 ······ 1110
13 다층지반에서의 평균토질정수 결정방법 ······ 1111

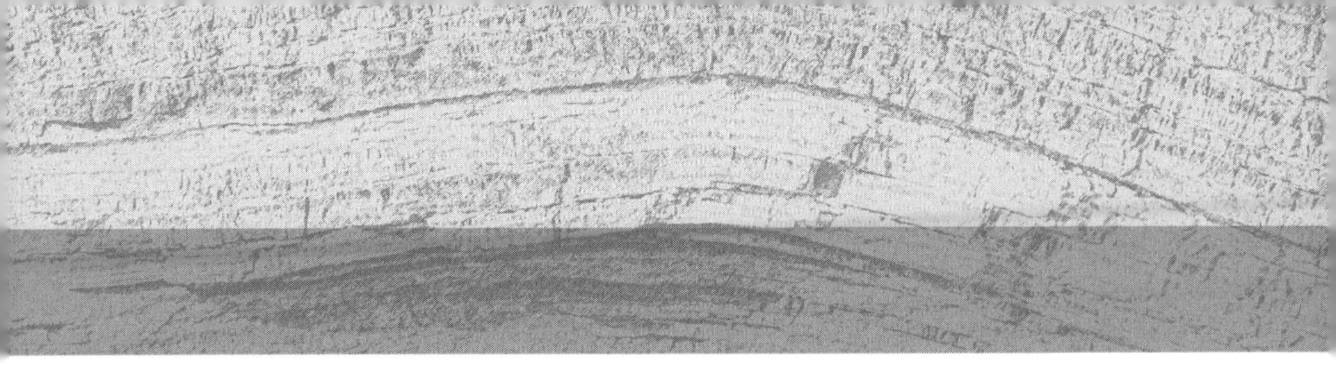

14 Winkler Foundation ········ 1113
15 지반반력계수 K(Subgrade Reaction Modulus) ········ 1115
16 기초의 침하원인 및 대책 ········ 1120
17 팽창성 지반(Expensive Soil)에서의 기초처리 ········ 1123
18 풍적토(붕괴성 흙) ········ 1127
19 얕은기초 설계 시 지지력, 침하를 제외한 고려사항 ········ 1129
20 부력을 고려한 얕은기초 설계 시 고려사항 ········ 1134
21 얕은기초와 깊은기초의 차이점 ········ 1137
22 총지지력과 순 지지력 ········ 1139
23 공동기초 처리대책 ········ 1142
24 폐기물 위에 얕은기초 설계 ········ 1148
25 지하매설관의 파괴원인 및 대책 ········ 1150
26 Top Base 공법(팽이기초) ········ 1152
27 토목섬유를 이용한 기초보강 ········ 1155

CHAPTER 13 깊은기초

01 깊은기초의 종류와 시공법별 특징 ········ 1161
02 말뚝기초의 지반거동 ········ 1164
03 하중전이(Stress Transfer) ········ 1167
04 공동확장이론(Cavity Expantion Theory) ········ 1173
05 말뚝의 시간효과(Time Effect) ········ 1175
06 말뚝의 인발저항 = 인장말뚝 ········ 1177
07 Group Pile(단항, 군항) ········ 1180
08 배토말뚝과 비배토말뚝(Displacement Pile, Non-Displacement Pile) ········ 1186
09 개단말뚝(Open End Pile)과 폐단말뚝(Closed End Pile) ········ 1188
10 주동말뚝과 수동말뚝(Active Pile, Passive Pile) ········ 1191
11 수동말뚝에 작용하는 수평토압을 고려하여 말뚝의 거동방정식을 설명하시오. ········ 1194

12 Suction Pile ··· 1197
13 SPLT(Simple Pile Load Test) ··· 1199
14 Piled Raft 기초 = 말뚝지지 전면기초 ··· 1202
15 Micro Pile = 소구경 말뚝 ··· 1207
16 선회식 말뚝(로타리 파일, 헬리컬 파일 등) ··· 1210
17 말뚝의 지지력 산정방법 ··· 1212
18 말뚝의 축방향 지지력 결정 시 고려사항(지지력 제외) ··· 1227
19 현장시험 결과에 따른 말뚝의 지지력 산정방법 ··· 1233
20 정재하 시험 ··· 1238
21 말뚝의 정・동재하시험 ··· 1244
22 말뚝의 횡방향 지지력 ··· 1247
23 말뚝의 특성치 ··· 1257
24 동재하시험의 기본원리(참고) ··· 1258
25 동재하시험 ··· 1260
26 SIMBAT 시험 ··· 1267
27 말뚝항타해석 Program(WEAP, Wave Equation Analysis Program) ··· 1270
28 말뚝의 관입력(Drivability), 항타시공 관입성 ··· 1275
29 연약지반에 말뚝 항타 시 문제점과 대책 ··· 1279
30 부마찰력 ··· 1284
31 말뚝의 침하량 ··· 1291
32 암반 위에 설치되는 현장타설 말뚝의 지지력 ··· 1295
33 현장타설 말뚝의 양방향 재하시험 방법 ··· 1299
34 PRD 말뚝(Percussion Rotary Drill) ··· 1301
35 SIP(Soil cement Injection Precast Pile) ··· 1304
36 OMEGA Pile ··· 1309
37 도심지 말뚝 시공 시 진동, 소음 저감 대책 ··· 1312
38 현장타설 말뚝공법의 종류와 특징 ··· 1316
39 현장타설 말뚝공법에서의 슬라임 처리 ··· 1322
40 현장타설 말뚝의 설계와 시공 ··· 1324

41 현장타설 말뚝의 건전도 ··· 1329
42 RC Pile 두부, 중간부, 선단부 파손원인과 대책 ··· 1334
43 항타잔류응력 ··· 1338
44 한계상태 설계법과 허용응력설계법 ··· 1342
45 소구경 말뚝 ··· 1345
46 타입말뚝에서의 시공방법과 특징 ··· 1348
47 무리말뚝의 허용 지지력 중 Convers-Labarre 식 ··· 1350
48 Caisson 기초 ··· 1355

CHAPTER 14 연약지반의 개량

01 원리별 연약지반 개량공법 ··· 1361
02 연약지반개량 공법 선정 시 고려사항 ··· 1364
03 점토지반의 개량 ··· 1367
04 모래지반의 개량 ··· 1373
05 Smear 영향, Well Resistence ··· 1376
06 통수능 시험 ··· 1381
07 연직배수공법 = 실패방지 대책 ··· 1386
08 SCP 공법 ··· 1393
09 SCP 공법에서의 Heaving 원인과 융기량 추정 ··· 1400
10 동다짐 공법(Dynamic Compaction, Heavy Tamping), 동압밀 공법, 중량다짐공법 ··· 1403
11 유압식 해머 다짐공법 ··· 1412
12 Preloading 공법(선행재하공법) ··· 1415
13 완속재하공법 / 단계성토 Stage Construction ··· 1425
14 연약지반 계측관리 = 침하 및 안정관리 ··· 1429
15 연약지반 계측관리를 통한 장래침하량 예측 ··· 1434
16 선행하중재하공법에서의 과재하중 제거시기 결정 시 적정 압밀도 사용 ··· 1438

17 EPS 공법 ······ 1442
18 표층처리 공법 ······ 1448
19 PTM 공법(Progressive Trenching Method) ······ 1453
20 수평진공 배수공법 ······ 1456
21 Sand Mat 투수성 불량 시 문제점 및 대책 ······ 1458
22 약액 주입공법 ······ 1461
23 약액주입의 개량원리(메커니즘) ······ 1468
24 주입비와 주입률 ······ 1471
25 용탈현상(Leaching) ······ 1474
26 CGS(Compaction Grouting System) ······ 1475
27 토목섬유 보강제방에 대한 설계와 시공 ······ 1482
28 토목섬유 유효구멍 크기와 동수경사비 ······ 1488
29 토목섬유 종류와 기능 ······ 1492
30 Pile Net, Pile Cap, 성토지지말뚝 공법 ······ 1499
31 무보강 성토지지말뚝과 보강된 성토지지말뚝의 특성 및 하중전달 메커니즘에 대하여 설명하시오. ······ 1500
32 대심도 연약지반 성토 시 측방이동 ······ 1503
33 생석회 말뚝(Chemico Pile)공법 ······ 1507
34 쇄석기둥공법(Stone Colume Method) ······ 1512
35 진공압밀 공법(Vacuum Consolidation Method, 대기압공법) ······ 1517
36 전기침투(Electrosmosis) / 전기삼투공법 ······ 1521
37 강제치환(활동치환, 압출치환) 깊이산정 ······ 1524
38 동치환 공법(Dynamic Replacement 공법) ······ 1528
39 연약지반의 조사(Trouble 원인, 대책) ······ 1532
40 연약지반에서 시료채취수량 부족 시 문제점 및 대책 ······ 1540
41 준설투기한 연약지반의 개량공법 ······ 1545
42 심도가 깊은 연약지반 조사 및 대책 ······ 1547
43 연약지반 성토 시 사면안정해석의 오류 원인 및 대책 ······ 1553
44 서해안 및 남해안 매립공사(방조제건설) 시 문제점 ······ 1558

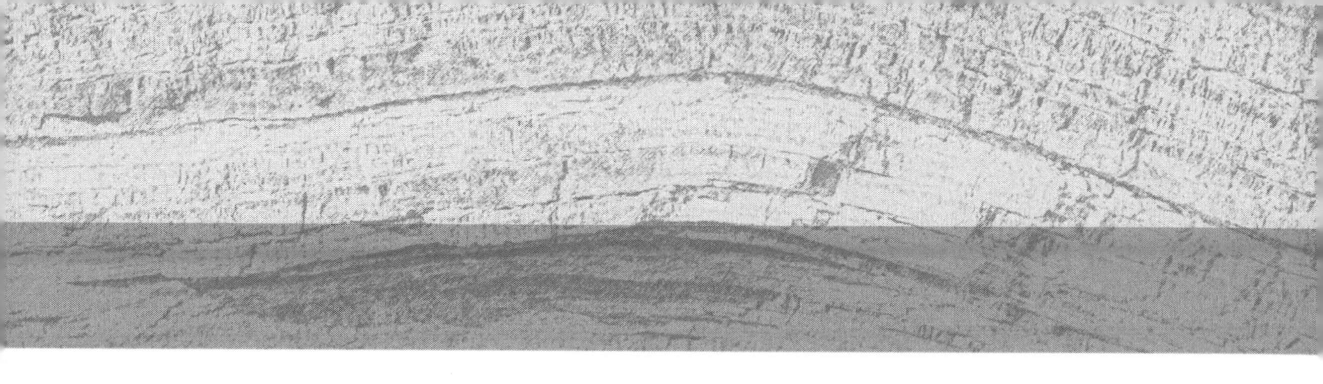

45 폐기물매립지의 안정화 과정과 폐기물 처리방법에 따른 사용종료 매립지의 정비방법 ······ 1563

CHAPTER 15 암반 및 터널

01 암석의 분류와 성질 ······ 1569
02 불연속면의 종류와 특징 ······ 1574
03 불연속면의 조사항목별 공학적 특성 ······ 1580
04 주향과 경사 ······ 1586
05 암반파괴기준(Failure Criteria) / 항복규준 ······ 1589
06 Mohr-Coulomb 암반파괴기준 ······ 1591
07 Griffith 파괴이론 ······ 1594
08 Hoek & Brown 암반파괴기준 ······ 1597
09 Face Mapping(굴착면 지질조사) ······ 1603
10 암반대표단위체적(Representative Elementary Volume) ······ 1608
11 암석과 암반의 공학적 특성, 비교 ······ 1609
12 RQD(Rock Quality Designation, 암질지수) ······ 1613
13 암반분류(RMR과 Q-System) ······ 1616
14 암반분류(SMR) ······ 1627
15 암석의 전단강도 시험 ······ 1632
16 암석의 점하중 시험(Point Load Test) ······ 1639
17 암반의 불연속면의 전단강도 ······ 1642
18 암반의 초기 지반응력(초기 지압) ······ 1651
19 터널 굴착에 따른 주변지압 ······ 1657
20 토사사면과 암반사면의 안정성 평가방법 ······ 1663
21 평사투영법(Stereographic Projection Method) ······ 1667
22 암반사면 평가 및 대책 ······ 1673
23 지반하중개념, 지반-구조물 상호작용개념 비교 ······ 1688
24 가축 지보재 ······ 1691

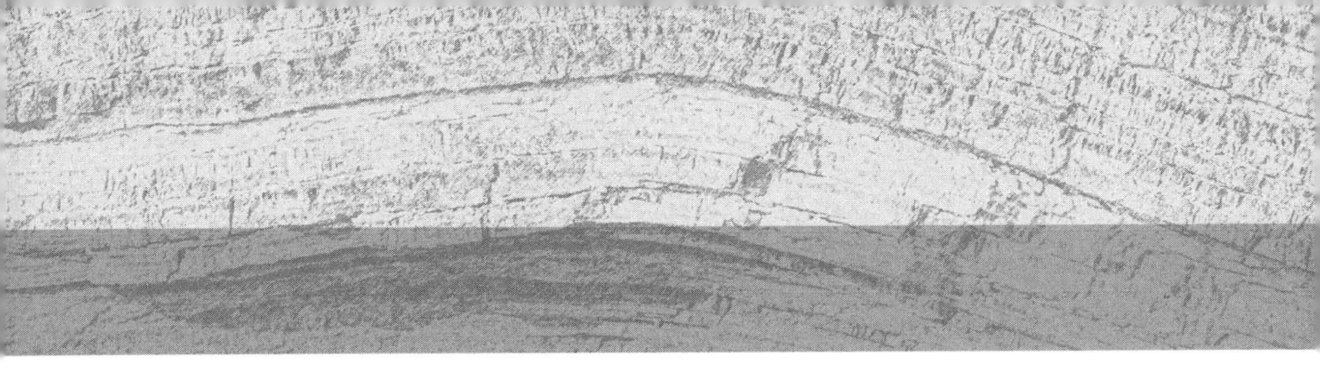

25 격자 지보재(Lattice Girder) ······ 1693
26 터널 구조해석(수치해석 등) ······ 1694
27 인접터널 설계검토 ······ 1697
28 하중분담률 ······ 1700
29 장대 대단면 터널 설계 시공 시 고려사항 ······ 1703
30 침매터널(Submerged Tunnel, Immersed Tunnel) ······ 1712
31 저토피터널 지표침하 ······ 1715
32 싱크홀과 지반 함몰 ······ 1717
33 터널과 지하수위 / 그라우팅 적정두께 ······ 1720
34 소성압 ······ 1725
35 포화된 연약한 세립토 지반에 지하철공사를 위하여 터널을 계획하려고 한다. 터널을 굴착할 때 예상되는 문제점과 대책을 설명하시오. ······ 1728
36 터널에서의 편토압 ······ 1734
37 터널 갱구부 문제점 및 대책 ······ 1736
38 1차 지보재 종류별 역할과 특성 ······ 1741
39 터널 보조공법 ······ 1747
40 록볼트의 정착력 확인방법 ······ 1749
41 NATM 막장 안정화 공법 ······ 1751
42 NATM 계측 ······ 1761
43 터널 설계 시 해석결과의 평가와 시공 시 계측결과의 활용방안 ······ 1766
44 터널누수 문제점 및 대책 ······ 1769
45 강섬유 숏크리트 ······ 1772
46 터널의 방재등급 ······ 1776
47 터널의 굴착공법 ······ 1777
48 TBM 굴진성능 예측을 위한 경험적 모델 ······ 1796
49 10km 이상의 초장대 산악터널 설계 시 고려사항과 공기단축 방안 ······ 1797
50 조절발파 = 터널여굴 최소화 대책 ······ 1802
51 최근 도심지 지반침하의 발생원인, 탐사방법 및 대책방안 (한국건설기술연구원 자료제공 참조) ······ 1811

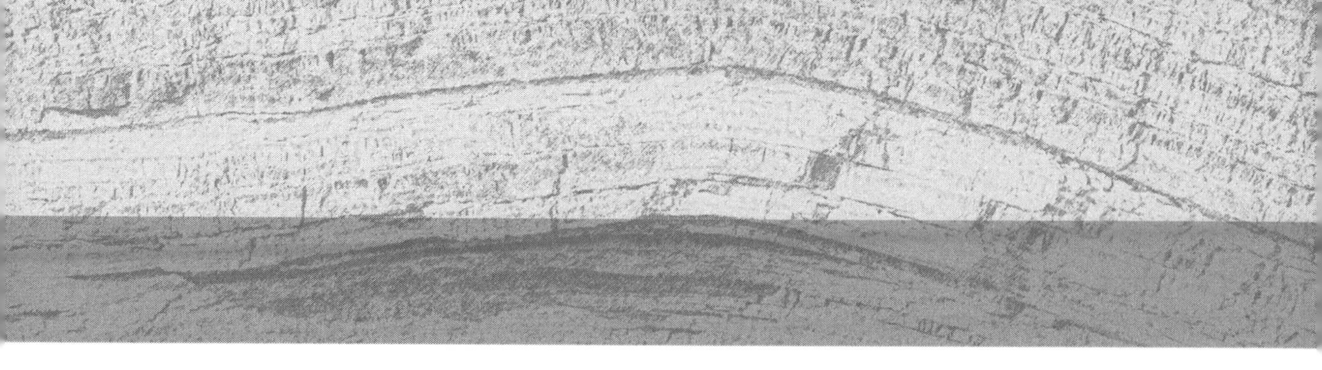

▶▶▶▶ 제 1 권 목차

CHAPTER 01 흙의 성질

01 흙의 생성과 종류 ………… 3
02 잔류토(풍화토) ………… 7
03 Over Compaction(과다짐) ………… 9
04 Talus(애추 : 崖錐) ………… 11
05 홍적토와 충적점토 ………… 13
06 풍적토 / 황토 / 붕괴토 : Loess, Sand Dune ………… 15
07 유기질토(Organic Soil) ………… 16
08 해성점토(Marine Clay) ………… 17
09 흙이 구조 ………… 18
10 상대밀도(Relative densiti, D_r) ………… 20
11 흙의 성질을 대표하는 기본공식 ………… 23
12 연경도(Consistency) ………… 27
13 활성도(Activity, A) ………… 33
14 점토의 기본구조 ………… 35
15 소성지수(Plastic Index) ………… 37
16 비소성(Non Plastic) ………… 39
17 확산 이중층(Double Layer) ………… 40
18 입도분포곡선(입경가적 곡선, Grain Size Distribution Curve) ………… 42
19 용적팽창(Bulking) 현상 → 겉보기 점착력 ………… 48
20 흙의 공학적 분류방법 ………… 50
21 흙의 이방성 ………… 59
22 암반의 이방성 ………… 63

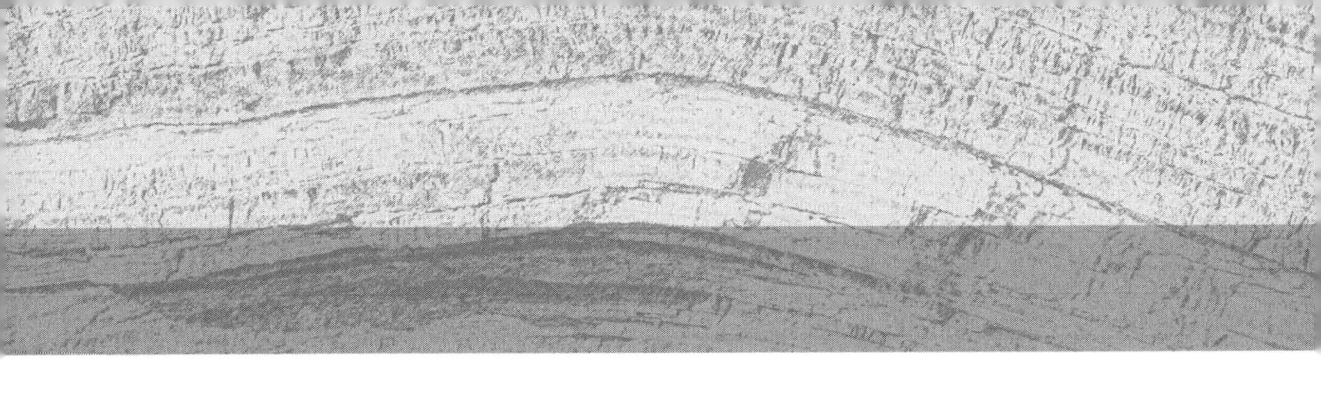

CHAPTER 02 흙 속의 물

01 투수계수(Coefficient of Permeability) ········· 71
02 Darcy의 법칙 ········· 78
03 비균질 토층에서의 평균투수계수 ········· 82
04 유선망(流線網, Flow Nct) ········· 85
05 Dupit-Forchhermer에 의한 유선망 ········· 92
06 침윤선(Seepage Line, Phreatic Line) ········· 94
07 배수재(Filter) ········· 97
08 모관현상 ········· 100
09 지연계수(Retardation Coefficient) ········· 104
10 동상(Frost Heave) ········· 106
11 저류계수(Coefficient of Storage) ········· 110

CHAPTER 03 유효응력과 지중응력

01 유효응력과 간극수압 ········· 115
02 침투에 의한 유효응력의 변화 ········· 123
03 압력수두와 유속관계 ········· 127
04 모관상승 시 유효응력 ········· 130
05 동수경사와 한계동수경사 ········· 132
06 분사현상 ········· 134
07 부력과 양압력 ········· 136
08 Dam에서의 차수벽 위치에 따른 침투수량과 파이핑 비교 ········· 137
09 양압력의 영향과 처리대책 ········· 139
10 사질토 지반에서의 보일링, 파이핑, 퀵 샌드 ········· 141
11 Heaving 방지대책 ········· 149
12 Leaching ········· 153
13 흙-수분 특성곡선(Soil-Water Characteristic Curve) ········· 155

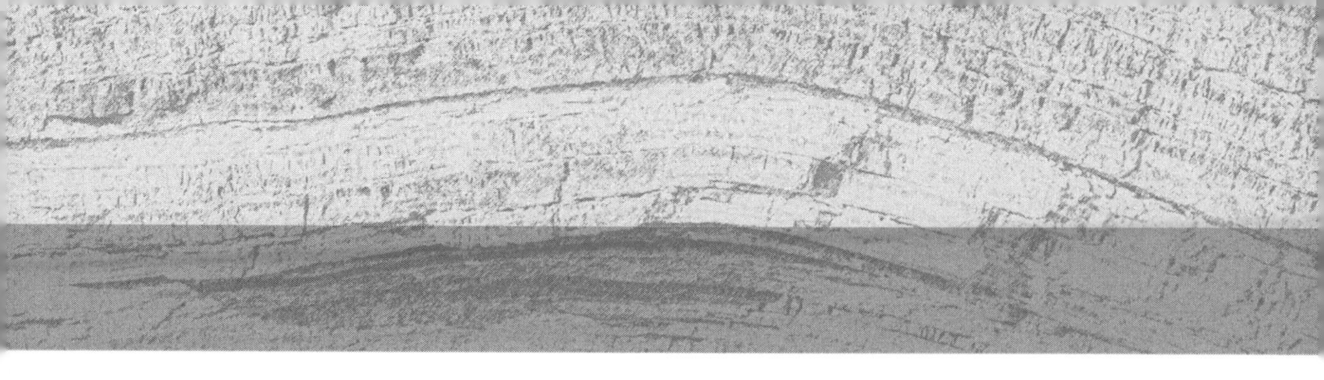

14 모관흡수력(흡입력) 측정 시 문제점과 대책 ······ 160
15 하천제방 재료와 제체의 안전성 평가 ······ 162
16 Earth Dam 심벽의 간극수압(시공단계와 운영단계) ······ 165
17 사력존 전단강도 시험과 현장 품질관리 방법 ······ 169
18 지반 내의 응력 ······ 173
19 지중응력 영향계수 ······ 182

CHAPTER 04 흙의 압밀

01 기본원리 ······ 187
02 압밀이론과 시험 ······ 190
03 압밀침하량 ······ 204
04 과소압밀 = 미압밀(Under Consolidation) ······ 213
05 정규압밀점토와 과압밀점토의 압밀, 전단 특성 ······ 215
06 1차 압밀비 ······ 220
07 등시곡선(Isocrone Map) ······ 222
08 정수압과 간극수압 ······ 224
09 압밀도와 평균압밀도 ······ 226
10 경시효과(Aging Effect) = 연대효과, 유사과압밀 ······ 230
11 압축지수(Compression Index, C_c) ······ 232
12 압밀계수(Cofficient of Cosolidation, C_v) ······ 234
13 선행압밀하중 결정법 ······ 238
14 K_o 압밀 및 측방변위 고려한 침하량 ······ 242
15 심도별 압밀 상태 예시 ······ 245
16 K_o - 압밀과 3차원 압밀 ······ 247
17 시간계수 ······ 250
18 Lambe의 응력경로를 고려한 압밀침하량 산정 ······ 253
19 압밀시험에서 얻어지는 계수와 이용 ······ 257

20 예측침하량과 실측침하량의 차이와 원인 ······ 259
21 일정 변형률 압밀시험, 일정 기울기 압밀시험 ······ 262
22 Rowe Cell 압밀시험 ······ 267
23 OCR(Over Consolidation Ratio) ······ 270
24 시료 교란원인과 판정법, 압밀 / 전단영향 ······ 273
25 토질압밀시험에 영향을 주는 요인과 압축지수가 작아지는 이유 ($e-\log P$ 곡선에 영향을 주는 요인) ······ 281
26 1차 압밀과 2차 압밀침하 ······ 284
27 점증하중에 의한 침하량 보정 ······ 289
28 교란을 최소화하기 위한 시료채취 방안(Thinwall Sampler) ······ 292
29 체적비와 준설매립 ······ 298
30 유한변형률(Finite Strain) 이론 ······ 302
31 재하중이 불필요한 압밀공법(자중압밀, 침투압밀, 진공압밀) ······ 304
32 영동작용(Brown 운동) ······ 308
33 침강압밀의 영향요인 ······ 310
34 토질 역학에서 깊이에 따라 유효응력이 감소하는 경우 검토해야 할 사항을 설명하시오. ······ 312

CHAPTER 05 전단강도

01 Mohr－Coulomb의 파괴이론 ······ 317
02 강도정수판정을 위한 전단강도시험 ······ 324
03 점성토와 사질토의 전단 특성 ······ 335
04 현장에서의 전단강도 측정 ······ 340
05 간극수압계수와 응력경로 ······ 346
06 Henkel의 간극수압계수를 활용한 제방 기초지반 안정성 검토 ······ 352
07 수정 파괴포락선(K_f선)과 Mohr－Coulomb 파괴기준 ······ 355
08 진행성 파괴(잔류강도) ······ 357

09 한계간극비(Critical Void Ratio = CVR, e_{cr}) ········· 360
10 Dilatancy ········· 362
11 배압(Back Pressure) ········· 364
12 Mohr의 응력원 ········· 366
13 직접전단시험(Direct Shear Test) ········· 369
14 사질토시료를 이용하여 직접전단시험을 실시하였다. 수직응력 900KN/m²을 재하한 상태에서 전단응력 600KN/m²에 이르렀을 때 전단파괴가 발생하였다. 점착력 c = 0으로 가정하여 다음을 구하시오. ········· 372
15 Ring 전단시험 ········· 375
16 일축압축강도시험(Unconfined Compression Test) ········· 377
17 응력 제어 방법과 변형률 제어 방법 ········· 380
18 삼축압축시험 = 전단강도시험 ········· 382
19 UU 시험 ········· 387
20 CU 시험 ········· 391
21 CD 시험 ········· 395
22 포화된 점토 공시체에 대하여 비배수 조건에서 구속압력 82.8KN/m²으로 압밀한 후에 축차응력 62.8KN/m²에 도달했을 때 공시체가 파괴되었다. 파괴 시 간극수압은 46.9KN/m²이다. 다음 사항을 구하시오. ········· 398
23 입방체 삼축압축시험(Cubical Triaxial Test) ········· 400
24 비틀림 전단시험(Torsional Ring Shear Test; 중공삼축압축시험) ········· 402
25 흙의 비배수 전단강도 이방성 ········· 404
26 $\phi = 0$ 해석결과, S_u의 사용상 문제점 ········· 407
27 등방(CIU), 비등방(CAU), 평면변형시험 ········· 409
28 전단강도시험(SHANSEP에 의한 비배수 전단강도) ········· 413
29 현장의 응력체계(Stress System)에 따른 전단강도시험 ········· 415
30 선행압밀하중에 따른 전단강도시험의 결정 ········· 416
31 전단강도와 전단응력(전단저항각, 파괴각 계산) ········· 418
32 모래와 점토의 경우 전단강도에 미치는 영향 ········· 420
33 모래와 점토의 전단강도 특성 ········· 426

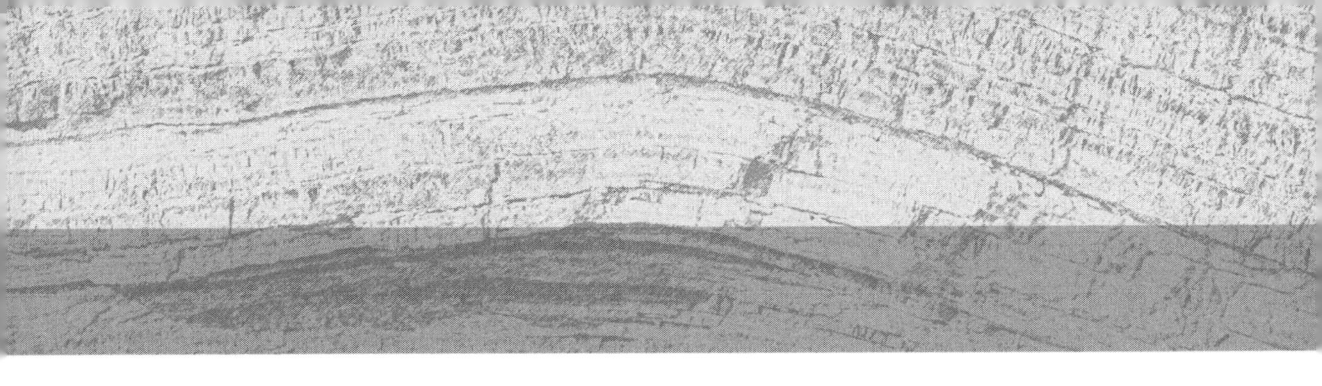

34 점토의 전단강도 특성(Thixotropy) ······ 427
35 전단강도의 증가와 강도 증가율 ······ 428
36 등방, 비등방조건에서의 강도 증가율 비교 ······ 431
37 CU 시험에서의 강도 증가율선 ······ 434
38 투수성 측면에서의 모래와 점토의 전단강도 설명 ······ 436
39 Hvorslev 파괴규준 ······ 438
40 비배수 강도 $S_u = \frac{q_u}{2}$ ······ 440
41 포화토와 불포화토의 전단 특성 ······ 442
42 재하·제하 시 응력경로(성토, 굴착 시) ······ 448
43 삼축압축시험에서의 응력경로 ······ 449
44 축압축, 축인장, 측압축, 측인장 응력경로 ······ 451
45 삼축압축시험에서의 응력경로 ······ 454
46 압밀시험에서의 응력경로 ······ 456
47 성토재하와 진공압밀 시 응력경로 비교 ······ 458
48 Cam－Clay Model에서 정규압밀곡선(NCL : Normally Consolidation Line)
한계상태곡선(CSL : Critical Sate Line) ······ 465
49 흙의 성질을 공학적으로 해석 시 문제점 ······ 468
50 탄성, 점성, 소성 ······ 470
51 변형연화 ······ 474
52 지반해석을 위한 수치구성 모델 ······ 476
53 수치해석, 유한요소 해석 ······ 478
54 역해석(역계산) ······ 484
55 인공신경망(Artificial Neural Network) ······ 485
56 $CD \rightarrow \overline{CU}$ 대체 이유, UD 시험이 없는 이유 ······ 487
57 안식각과 내부마찰각 ······ 489
58 재하속도와 비배수 전단강도(투수계수와 전단강도) ······ 491
59 한계상태설계법과 허용응력설계법 ······ 493

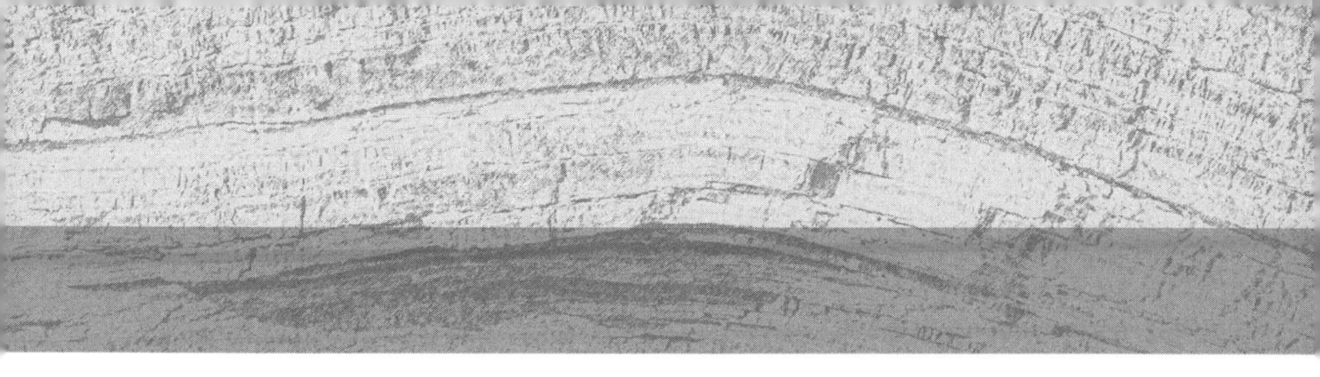

CHAPTER 06 토 압

01 벽체변위와 토압이론 ······ 497
02 탄성론에 의한 K_o 정지토압계수 ······ 502
03 Rankine, Coulomb 토압 비교 ······ 504
04 토압이론 비교 ······ 509
05 Rankine과 Coulomb의 토압이론(참고) ······ 510
06 중력식 옹벽의 활동과 전도에 대한 안전율(수압 고려 시) ······ 518
07 주동상태와 수동상태의 파괴각 유도 ······ 521
08 흙 쐐기 이론 ······ 524
09 토압에 의한 변위 ······ 526
10 정지토압계수를 구하는 방법 ······ 527
11 벽 마찰각 ······ 531
12 시행 쐐기법 ······ 533
13 뒷채움 공간이 좁은 경우의 토압 = 강성경사면에 인접한 옹벽 ······ 536
14 옹벽의 안정조건과 대책 ······ 540
15 옹벽의 배면이 점성토 지반인 경우 옹벽 설계 ······ 544
16 배수처리 방법에 따른 옹벽의 안정검토 ······ 548
17 Arching 현상 ······ 552
18 연성벽체와 강성벽체의 변위, 토압비교 및 단계굴착거동 ······ 555
19 연성벽체에 적용하는 경험토압 ······ 558
20 흙막이벽 벽체변위나 변형의 형태에 따른 토압분포 ······ 561
21 지하매설관에 작용하는 토압 ······ 565
22 캔틸러버식과 앵커지지식 널말뚝 ······ 568
23 압밀 중의 토압계산 ······ 572
24 토류벽에서의 수압적용 ······ 573
25 암지반 흙막이 벽체의 수평토압 ······ 576
26 Shear Key를 뒷굽 쪽에 두는 이유 ······ 578
27 지표면의 고저차에 의한 편토압 문제 및 대책 ······ 580

28 고저차가 없는 지반에서의 편토압 발생과 대책 ······ 582
29 다음 현장상황도에서 굴착공사 시 발생 가능한 문제점과 대책 ······ 584
30 측방유동 판정법 ······ 586
31 보강토 공법 ······ 595
32 보강토옹벽 설계법에서 마찰쐐기(Tie-Back Wedge)법과 복합중력식(Cohernet Gravity)법에 대하여 설명하시오. ······ 600
33 보강토의 보강재에 대한 인발강도 평가방법에 대하여 설명하시오. ······ 602
34 보강토 교대공법 설계 시 고려사항 ······ 606
35 분리형 보강토 공법 ······ 611
36 계단식 다단 보강토옹벽의 설계와 시공 ······ 613
37 석축의 안전성 검토 ······ 616

CHAPTER 07 흙막이

01 굴착공법 ······ 621
02 토류벽 종류 ······ 623
03 토류벽 지지공법 ······ 624
04 지하연속벽(Sluury Wall, Diaphragm Wall) ······ 628
05 토류벽 공법 선정 시 고려사항 ······ 633
06 토류벽 보강(LW 공법) ······ 639
07 SCW(Soil Cement Wall) 공법 ······ 641
08 SGR(Space Grouting Rocket) 공법 ······ 642
09 2중관 고압분사공법(JSP) ······ 644
10 가상 지지점 ······ 646
11 Ground Anchor 공법 ······ 651
12 비탈면에 이미 정착되어 있는 그라운드 앵커를 대상으로 실시되는 리프트오프시험을 설명하시오. ······ 657
13 Group Anchor Effect ······ 661

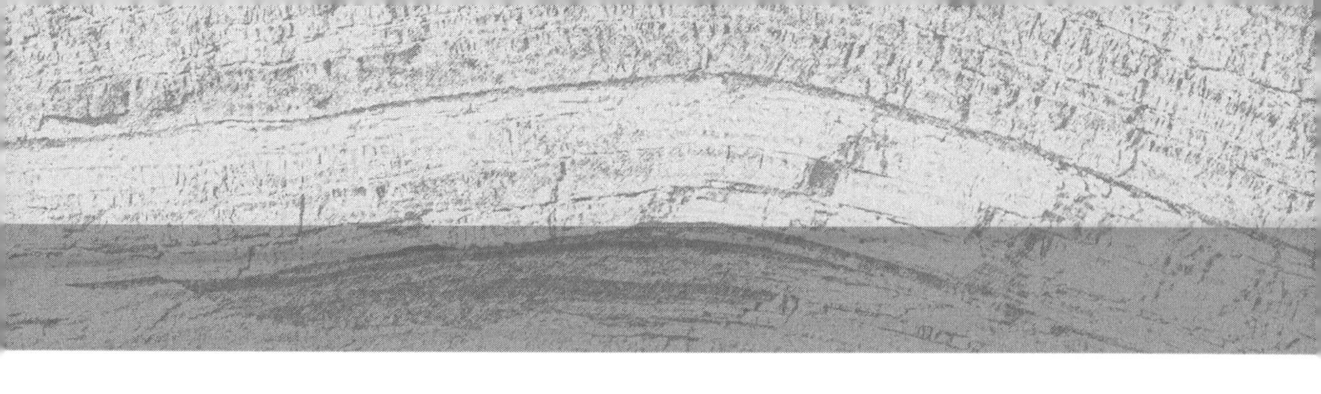

14 마찰형 앵커의 문제점과 개선대책 ········ 663
15 인장형 앵커와 하중 집중형 앵커의 하중 변화도 및 주변 마찰 분포도 ········ 666
16 설치기간과 인장력 유무에 따른 앵커의 형식별 비교 ········ 668
17 U-Turn Anchor 공법(제거식 앵커) ········ 670
18 점토지반 수직굴착 가능 이유와 Strut 설치방법 3가지 ········ 672
19 토류벽 굴착 시의 침하원인과 대책 ········ 676
20 연약지반 흙막이 문제점과 대책 ········ 678
21 토류벽의 계측관리=정보화 시공 ········ 681
22 도로확장공사에서 기존 도로 통로박스 연장시공을 위해 기존 도로 측에 H-PILE+어스앵커+토류판 흙막이공법을 시공 중에 있다. 굴착깊이는 15m이며, 어스앵커 정착부는 대부분 토사인 성토층에 위치한다. 성토층에 설치된 어스앵커에 대하여 확인시험결과 다음 그림과 같은 시험결과가 나타났을 때 앵커의 안정성 판단과 이와 같은 시험결과에 대한 원인분석 및 대책방안에 대하여 설명하시오.(단, 앵커긴장은 설계긴장력의 120%까지 수행) ········ 686
23 토류벽 배면지반 침하 예측방법 ········ 690
24 앵커 달린 널말뚝의 파손원인과 검토사항 ········ 693
25 흙막이 가시설로 Sheet Pile을 설계하고자 할 때 지반조사 및 시험방법과 시공 및 설계 시 발생 가능한 문제점 ········ 696
26 토류벽 탄소성 해석 ········ 700
27 토류벽 시공 중 침하원인과 대책 ········ 704
28 토류벽 선행하중 ········ 710
29 흙막이 설계 관련 중요 및 유의사항 ········ 712

CHAPTER 08 사면안정

01 사면의 안전율과 붕괴원인 ········ 719
02 절토사면 안정해석에서 강우 시 강우조건을 고려한 사면안정 해석방법 ········ 723
03 유한사면의 안정수와 한계고 ········ 727

04 무한사면의 안정해석 731
05 유한사면의 안정해석 736
06 $\phi = 0$ 해석(전응력해석) 742
07 전응력해석과 유효응력해석 745
08 토사사면에서의 강우영향과 간극수압비 748
09 강우강도와 지속시간에 따른 파괴형태, 사면지하수위 관측 753
10 흙 댐에서 수위 급강하로 인한 간극수압비($\overline{B}$) 755
11 사면안정해석에서의 간극수압비(γ_u) 757
12 사면붕괴 형태, 원인, 대책 759
13 억지말뚝공법(Stabilized Pile) 763
14 억지말뚝 안정해석과 말뚝의 중심간격 결정 765
15 Soil Nailing 767
16 토사비탈면 보강을 위하여 사용되는 마찰방식앵커에 대하여 다음 사항을 설명하시오. 772
17 인장균열과 사면활동 775
18 무한사면 활동 778
19 산사태와 사면붕괴의 차이 781
20 Debris Flow(토석류, 쇄설류) 783
21 지반의 활동파괴(Land Slide와 Land Creep) 786
22 사면계측 788
23 한계평형상태의 해석 790
24 한계해석(Limit Analysis) 793
25 절편법 분류이유와 방법 795
26 절편법의 가정과 특징=안전율이 다른 이유 797
27 사면파괴 형태의 종류와 안정해석방법 803
28 일반한계평형법(GLE : General Limit Equilibrium) 810
29 전응력해석과 유효응력해석 812
30 포화지반 절·성토 시 안전율의 변화 814

31 연약지반 저성토 문세점과 대책 ········ 818
32 연약지반 고성토 문제점과 대책 ········ 821
33 전단강도 감소기법(SSR : Shear Strength Reduction Technique) ········ 829
34 사면 허용안전율 ········ 831
35 정상침투 시(하류 측)와 수위 급강하 시 간극수압 결정 ········ 832
36 불투수층에 흙 댐이 축조되었다. 만수위까지 담수된 후
수위가 급강하하는 경우 사면안정해석 시 간극압계수로 가정하면
안전 측인지 여부를 설명하시오. ········ 835
37 Pile 및 중량구조물 설치 시 안전율 변화 ········ 837
38 흙 댐 사면 안전율 변화 ········ 839
39 흙 댐 사면안정해석 시 내외수압 처리 ········ 843
40 부분수중상태에서의 흙 댐 사면안정해석 ········ 846
41 지반조건이 다른 경우 사면안정해석과 강도정수의 적용 ········ 849
42 SMR 분류(Slop Mass Rating) ········ 852
43 터널갱구 비탈면 및 교량기초 설계 시 핵석층에 대한 조사방법 및
설계에 필요한 지반정수 산정방법에 대하여 설명하시오. ········ 854
44 낙석 방지공 ········ 857
45 피암터널(Rock Shed) ········ 858
46 암반사면 안정해석 ········ 860

CHAPTER 09 흙의 다짐

01 다짐이론 ········ 867
02 다짐의 성질 ········ 872
03 현장에서의 다짐관리 ········ 874
04 과다짐(Over Compaction) ········ 882
05 흙의 다짐 시 지중응력과 수평응력의 변화 ········ 884
06 최적 함수비 ········ 886

07 영공기 간극곡선 ··· 888
08 성토재료 구비조건 및 노상다짐기준 ··· 890
09 다짐공법 ··· 892

CHAPTER 10

진동, 내진

CHAPTER

10 진동, 내진

01 동하중 분류와 속도효과, 전단변형률

1. 동하중의 정의

시간변화량에 대한 하중변화량이 일정지 않은 하중 → $\frac{dp}{dt} \neq$ 일정

2. 동하중 분류

인위적 동하중	자연적 동하중
① 기계 – 소변형률, 피로	① 지진 : 소변형률 ~ 대변형률, 진동
② 건설진동(항타, 다짐) – 중변형률, 피로	② 파랑
③ 발파 – 중변형률, 충격	③ 바람
④ 교통 – 중변형률, 피로	

3. 속도효과 = 반복효과

(1) 정 의

① 지반을 대상으로 하는 동적하중은 충격, 진동, 피로, 파동을 야기하는 소규모 교번하중에 의해 발생하며

② 하중의 반복주기가 $12sec$ 이내일 때 동적하중으로 검토한다.

③ 즉, 동하중에 의한 구조물 영향은 하중 자체의 크기보다는 동하중의 재하시간과 반복횟수에 따라 구조물의 응답변위가 다르게 나타나는 현상을 속도효과 또는 반복효과라 한다.

(2) 속도효과(교번빈도)에 따른 동하중의 구분

구 분	충 격	파동 · 진동	피 로
교번빈도(초)	1/1,000 ~ 1/100	1/100 ~ 1	장기적인 작은 하중

4. 동하중으로 인한 전단 변형률

(1) 전단변형률

✓ 전단변형률(γ), 전단탄성계수(G)

$\gamma = \delta/\ell \qquad G = \tau/\gamma$

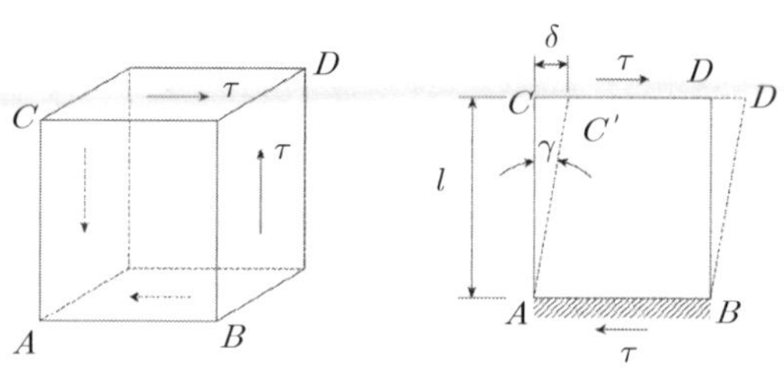

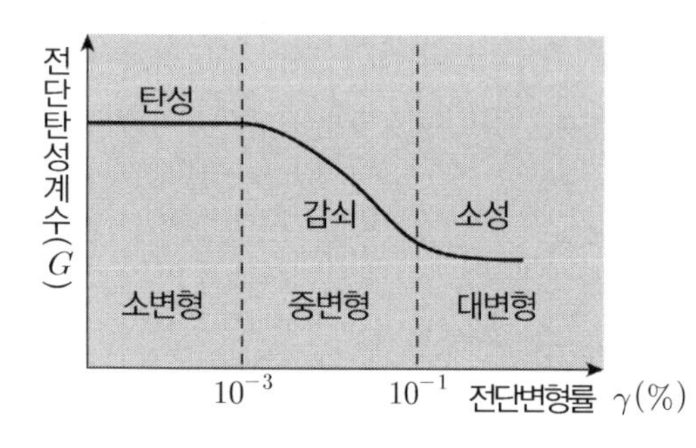

구 분 / γ(%)	전단변형률	동하중 종류
소변형률	10^{-3} 이하	기계진동
중변형률	10^{-3} ~ 10^{-1}	건설진동
대변형률	10^{-1} 이상	강 진

(2) 지반 및 구조물 영향

① 소변형률 : 탄성거동 → 구조물 영향 없음

② 중변형률 : 부등침하 → 구조물 균열 발생

③ 대변형률 : 액상화, 지반파괴, 사면붕괴

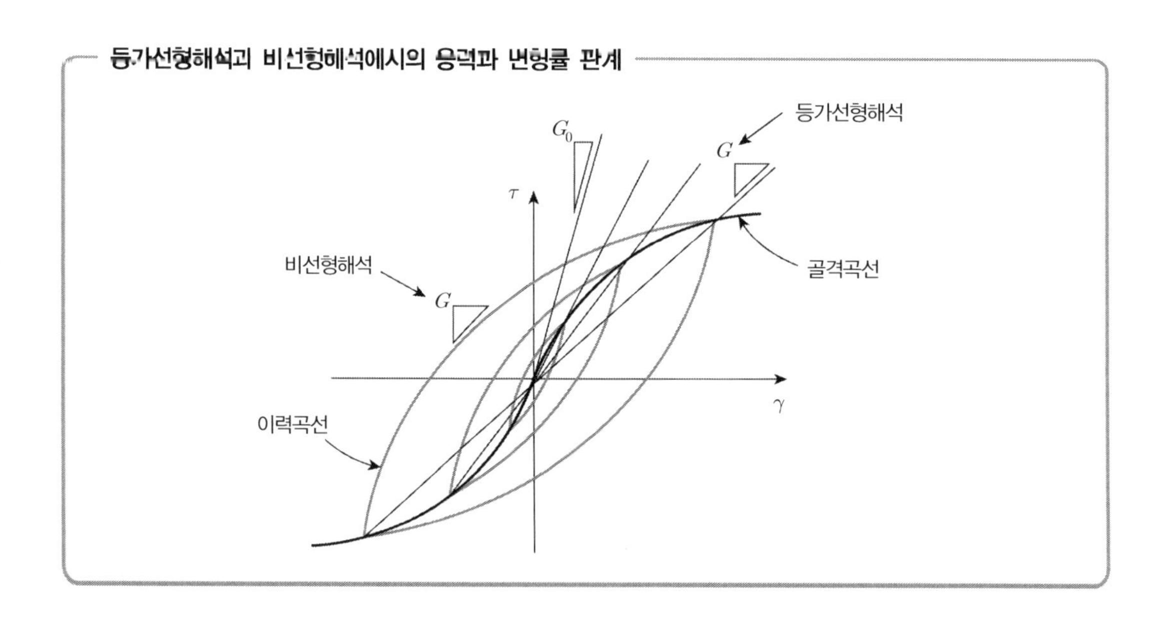

02 동하중의 속도효과

1. 정 의

(1) 지반을 대상으로 하는 동적하중은 충격, 진동, 피로, 파동을 야기하는 소규모 교번하중에 의해 발생하며

(2) 하중의 반복주기가 12*sec* 이내일 때 동적하중으로 검토한다.

(3) 즉, 동하중에 의한 구조물 영향은 하중 자체의 크기보다는 동하중의 재하시간과 반복횟수에 따라 구조물의 응답변위가 다르게 나타나는 현상을 속도효과 또는 반복효과라 한다.

2. 동하중 분류

인위적 동하중	자연적 동하중
① 기계 – 소변형률, 피로	① 지진 : 소변형률~대변형률, 진동
② 건설진동(항타, 다짐) – 중변형률, 피로	② 파 랑
③ 발파 – 중변형률, 충격	③ 바 람
④ 교통 – 중변형률, 피로	

3. 속도효과에 분류

구 분	충 격	파동·진동	피 로
교번빈도(초)	1/1,000 ~ 1/100	1/100 ~ 1	장기적인 작은 하중

4. 동하중에 따른 지반변형(응답)

구 분	소변형	중변형	대변형
감 쇠	없 음	감 쇠	전단변형
변 형	동탄성 거동	부등침하	액상화
파 손	파손 없음(탄성거동)	파손(소성)	파손(붕괴, 취성파괴)
지 진	소규모	중규모	대규모

5. 동하중으로 인한 전단 변형률과 시험법

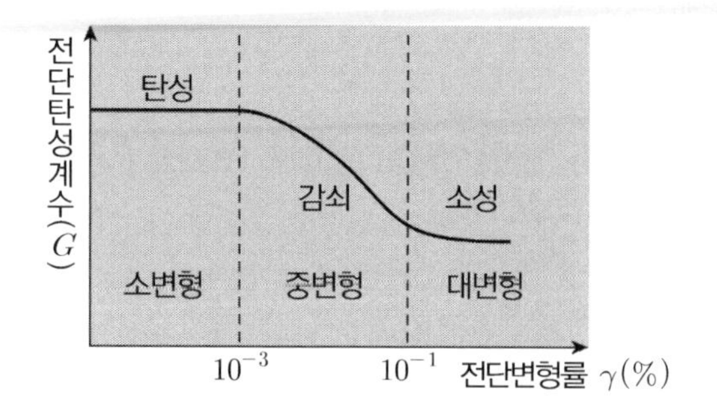

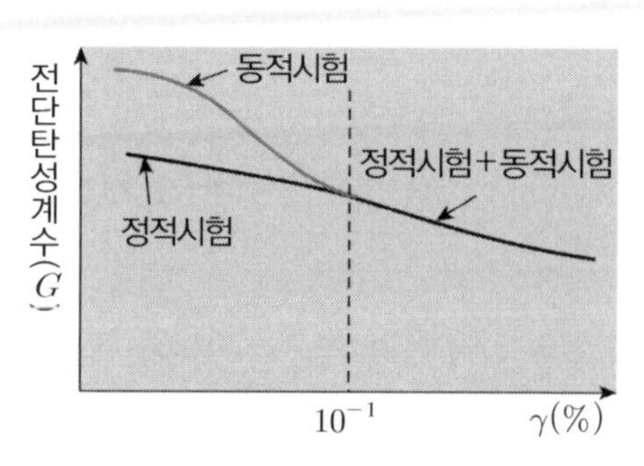

6. 평 가

(1) 전단변형률이 10^{-1}%보다 작은 경우 : G의 크기 → 동적시험 > 정적시험

(2) 지반의 동적물성치 [E_{d}, G, ν, D]는 전단변형률에 따라 비선형 거동함

(3) 현장시험과 전단변형률에 따른 시험결과는 상호 비교 후 합리적인 평가 후 선정

03 지반 내 진동전파 특성과 진동방지 대책

1. 개 요

(1) 진동의 전파경로는 진동원 → 지반 → 수진 구조물의 순이며

(2) 진동에너지는 지반조건과 진동특성에 따라 다르나 R파가 수진 구조물에 가장 크게 영향을 미침

2. 지반 내 전달파의 종류

동하중이 지반에 작용하면 일부는 소모되고 나머지는 파동에너지로 전파되며, 이때 파동에너지가 클수록 도달영역이 넓어지고 전파과정에서 에너지가 상실되며 도달되는 에너지의 크기는 거리에 따라 대수적으로 감소한다.

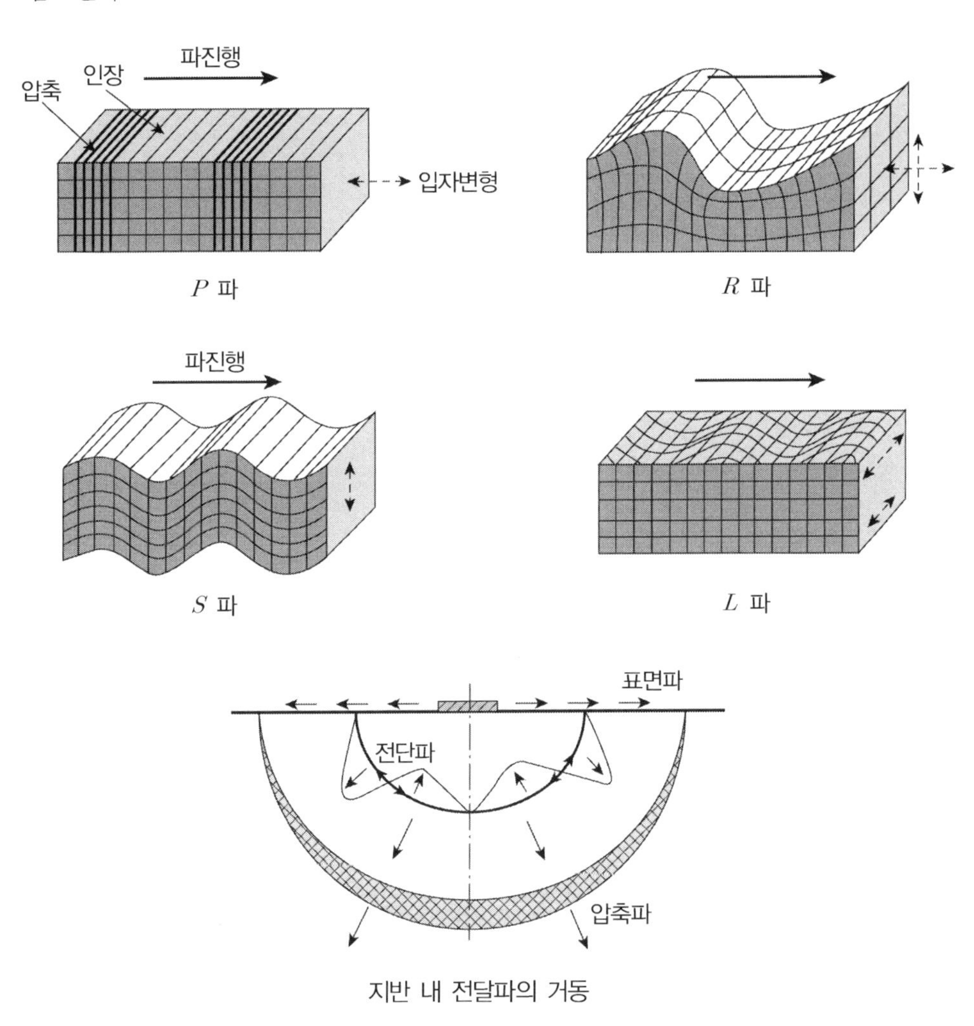

지반 내 전달파의 거동

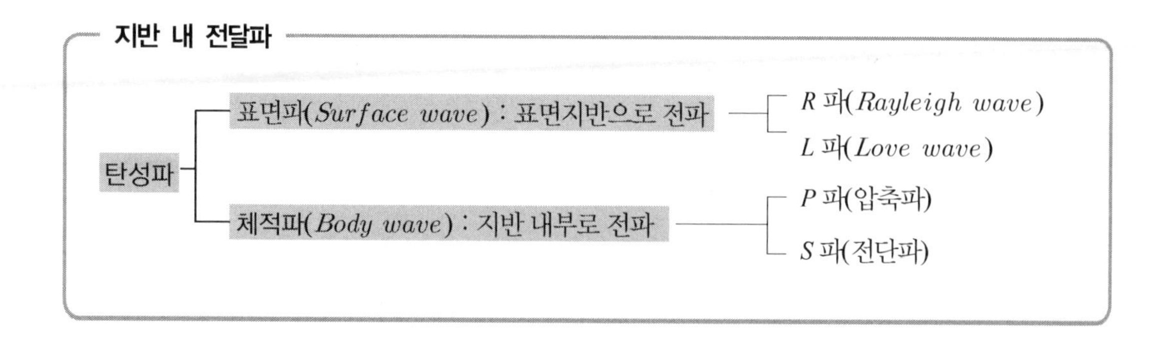

3. 지반 내 전달파의 특성

(1) 기하감쇠(거리감쇠)

① 정의 : 체적변화에 의해 에너지 감소

② 시험 : 고감도 진동측정기(수평, 수직 지진계)

③ 감쇠특성

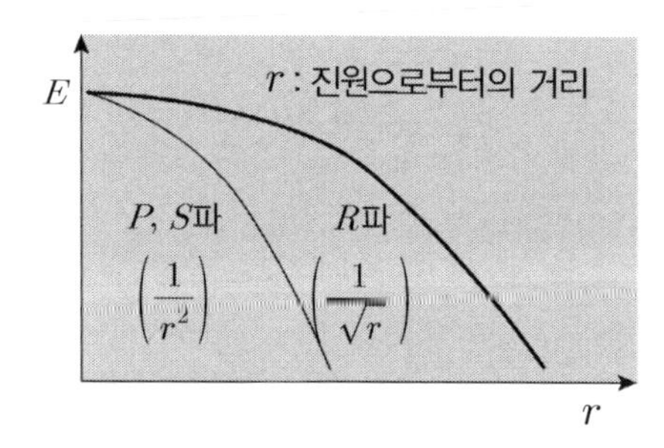

(2) 재료감쇠

① 정의 : 토립자 마찰 → 열 변환 → 에너지 감소

② 시 험

㉠ 공진주시험

㉡ 반복시험(삼축압축시험, 단순전단시험, 반복 비틀림전단시험)

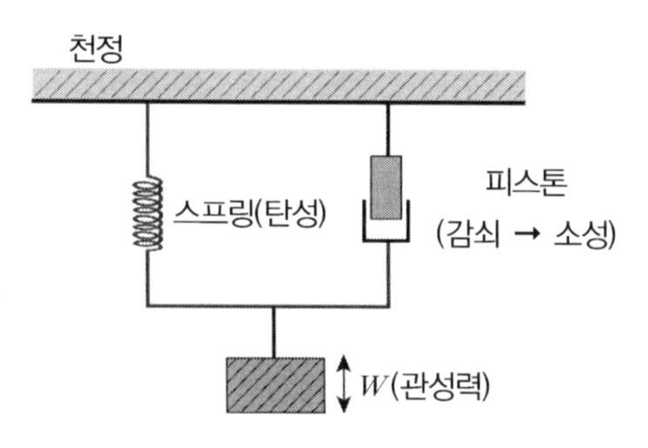

재료감쇠 모델

(3) 체적파의 특성(P, S 파)

① P파(압축파, Primary wave, 종파)

㉠ 속도가 가장 빠르며 최초로 도달되는 파임

㉡ 압축과 인장변형 발생(체적변화 수반)

② S파(압전단파, Secondary wave, 횡파)

㉠ 두 번째로 도달되는 파

㉡ 파의 진행방향에 직각으로 교차되는 두 축방향에 전단변형 유발(체적변화 없음)

(4) 표면파의 특성(R, L파)

① R파

㉠ 속도 느림

㉡ 수진 구조물에 가장 영향이 큼 → 감쇠 적음($\frac{1}{\sqrt{r}}$)

㉢ 에너지가 가장 큼(P파 : 7%, S파 : 26%, R파 : 67%)

㉣ 깊이별 에너지(수직분포)

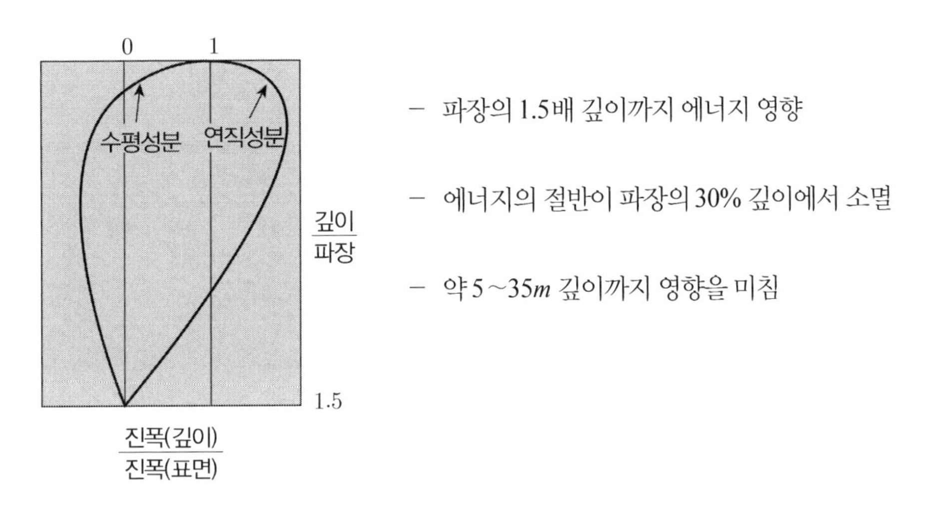

- 파장의 1.5배 깊이까지 에너지 영향
- 에너지의 절반이 파장의 30% 깊이에서 소멸
- 약 5～35m 깊이까지 영향을 미침

② L파 : 지표에 암등 특수한 경우 발생 / 변형형태는 횡방향 진행

4. 진동 방지 대책

(1) 지반으로 전달 방지(구조물 설치)

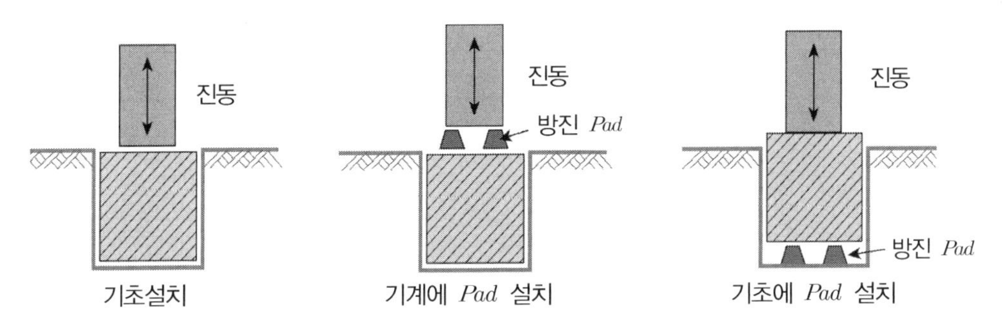

(2) 수진 구조물 진동전달 방지 → 방진구 설치

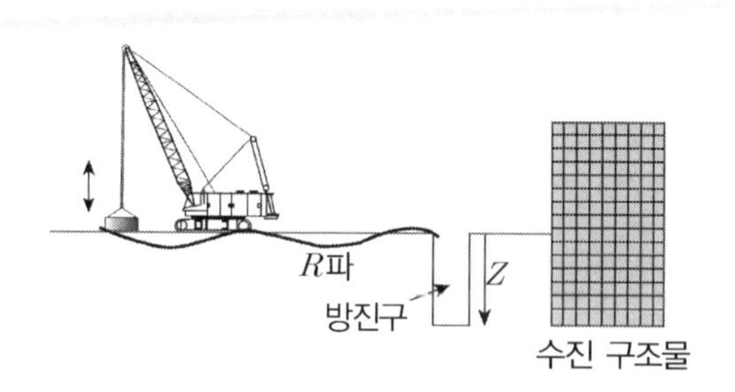

※ 방진구 깊이 : R 파 영향 범위까지 굴착

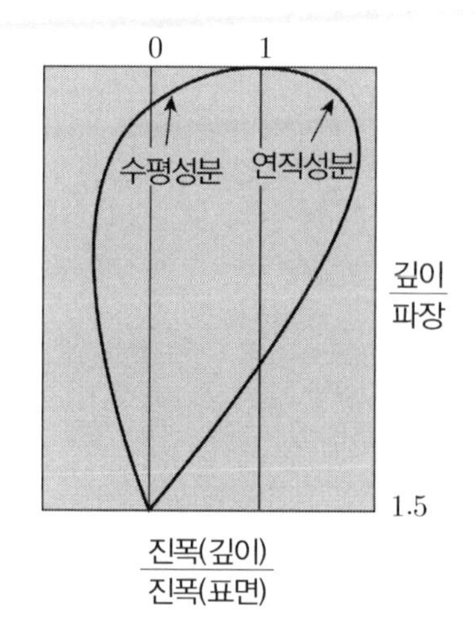

(3) 유사 방진구

① 개방형 : 방진효과 우수하나 함몰 위험

② 경량 材 : *EPS* 사용

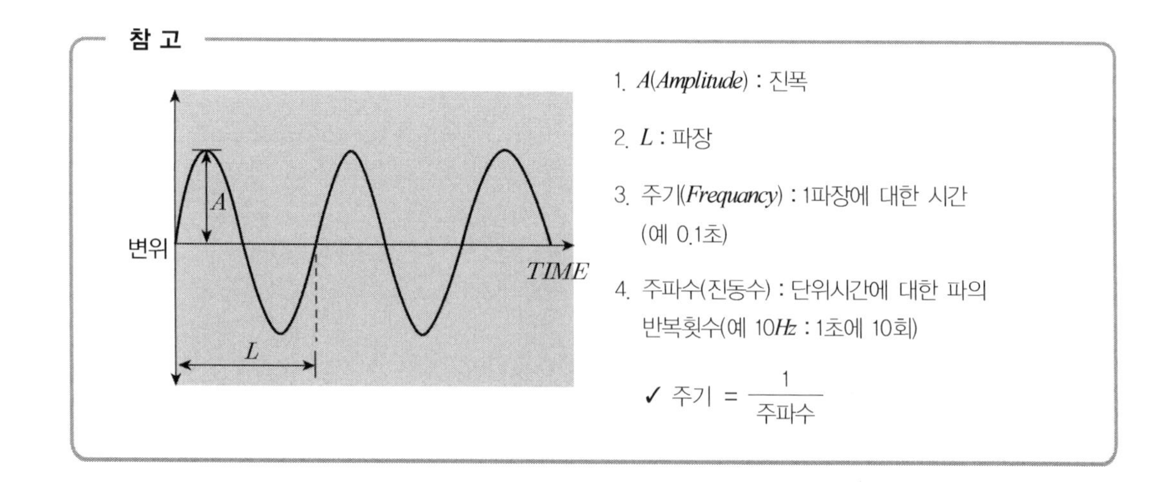

1. *A*(*Amplitude*) : 진폭
2. *L* : 파장
3. 주기(*Frequancy*) : 1파장에 대한 시간 (예 0.1초)
4. 주파수(진동수) : 단위시간에 대한 파의 반복횟수(예 10*Hz* : 1초에 10회)

✓ 주기 $= \dfrac{1}{\text{주파수}}$

04 지반 탁월주기(Predominant Period)

1. 정 의

(1) 일반적으로 지반은 지하심부가 지표에 비해 변형계수가 크므로 진반 내 전달파의 속도는 지표보다 심부의 속도가 대단히 빠르다.

(2) 지하심부로 전달된 횡파(V_s)는 굴절되어 지표에서 느리게 전달되는 표면파(V_R)와 조우되면서 다중 반사현상이 발생하며 이때 크게 진동하게 되는데 이러한 특정 주기를 지반 탁월주기라 한다.

(3) 또 다른 표현으로 공진주기라고 한다.

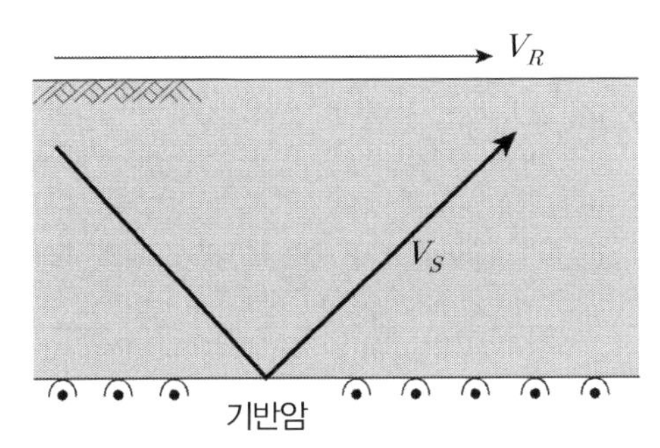

V_R : 표면파(대부분 *Rayleigh*)
V_S : S파(전단파)

2. 탁월주기(T) 관계식

$$T = \frac{4H}{\beta}$$

여기서, T : 지반의 탁월주기 H : 표토층의 두께 β : 표토층의 S파 속도

3. 측정방법

(1) 고감도 속도지진계에 의한 연속적인 지반진동의 미소진동 측정

(2) 탄성파의 층두께와 속도에 근거한 이론식

(3) 실제현장에서 지진운동자료 수집

4. 평 가

(1) 지반의 성층구조에 기인하는 탁월주기는 공진주파수를 의미하며 응답량 증폭 시 주기를 말한다.

(2) 즉, 지반의 고유 공신주파수(탁월주기)와 진동원의 기진 주파수(가진주기)가 근접할 때 지층의 공진이 발생되어 지반응답량이 증가된다.

(3) 탁월주기를 가진 지반의 경우 응답량 증가(변위 증가)로 파괴가 되므로 지반과 구조물 상호작용에 대한 내진설계를 고려해야 한다.

05 공진(Resonance)

1. 정 의

인위적이든 자연적 지진이든 진동원으로부터 발생된 가진진동수(f)와 구조물 자체가 가지고 있는 고유진동수(f_n)가 같게 되면 발생변위가 기하급수적으로 증폭되는 현상을 공진이라 하고 이때의 가진 진동수를 공진진동수라 한다.

2. 설계 적용(예 : 기계기초)

기계기초는 공진에 의해 진폭이 크게 발생되게 되면 기초파괴가 발생할 수 있으므로 발생 진폭은 허용진폭 이내가 되도록 설계해야 하며, 이는 지반의 고유진동수와 기계의 작동으로 인한 진동수가 일치되지 않도록 지반을 보강하기 위한 검토를 해야 함을 의미한다.

3. 공진주 시험

(1) 전단변형률에 따른 공진주 시험 적용

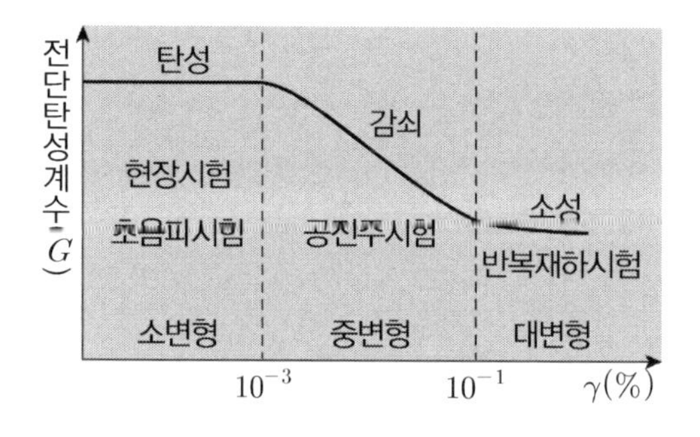

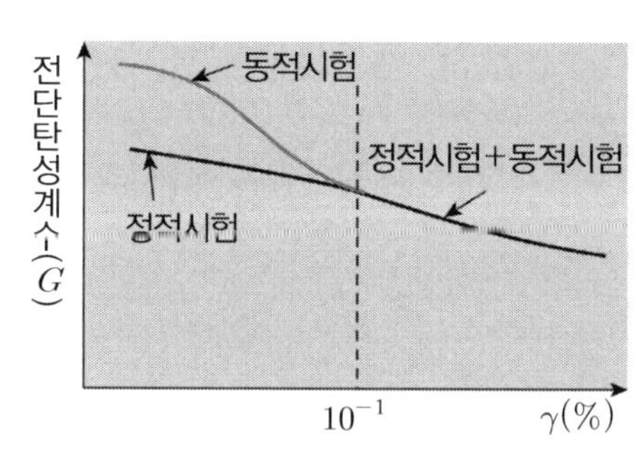

(2) 공진주 시험 방법 및 시험결과

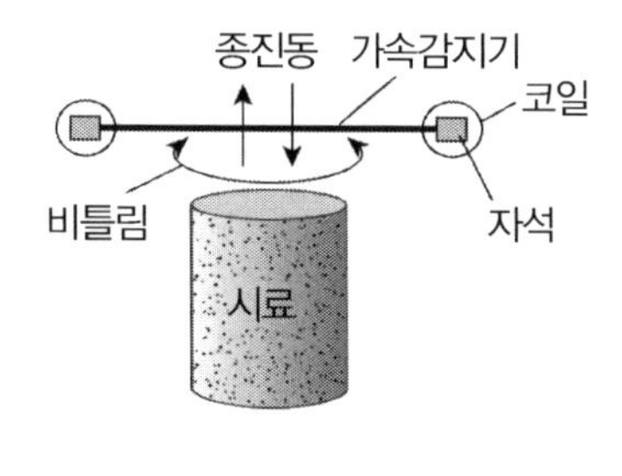

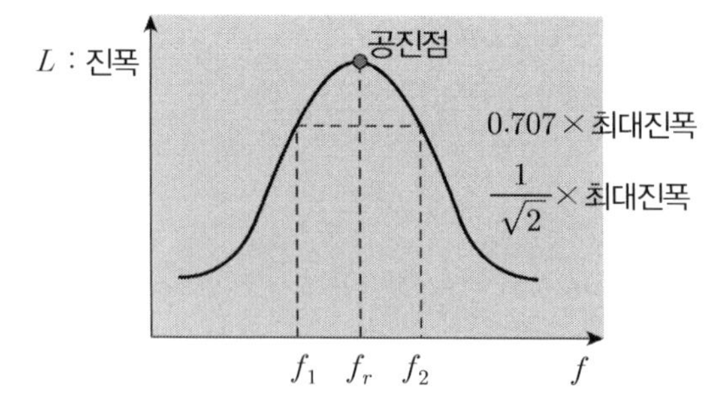

$$D=\frac{f_2-f_1}{2f_r}$$

① 동적지반 물성치

㉠ $G = 16f^2\rho L^2$(비틂 진동)

㉡ $E = 16f^2\rho L^2$(종진동)

㉢ $E = 2G(1+v)$ → v 구함

㉣ D (감쇠비) → 일반 공진주 시험에서 구함

$$D = \frac{f_2 - f_1}{2f_r}$$

4. 공진과 *Damping* 계수

(1) 가진진동수(f) ≒ 고유진동수(f_n) ➡ 공진

(2) $Damping$이 작으면 구조물 변위 큼

(3) $Damping$이 크면 구조물 변위 작아짐

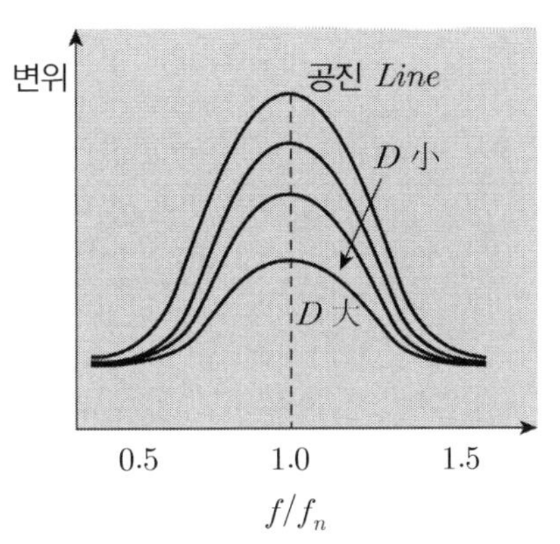

시험결과 적용

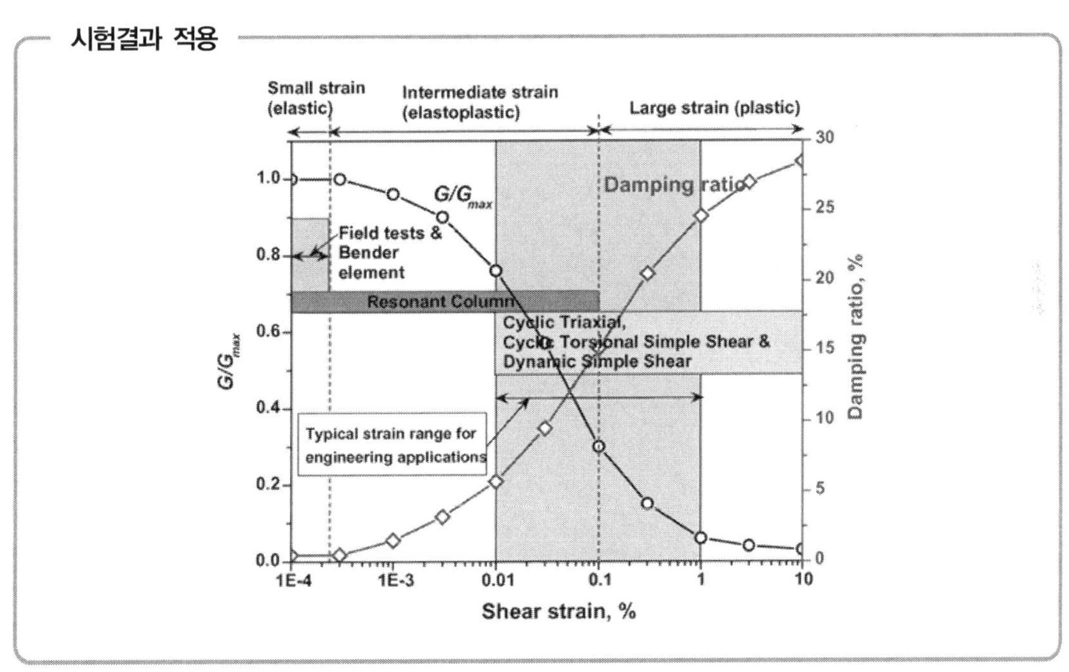

06 감쇠(Damping)

1. 정 의

(1) 진동 또는 파에너지가 시간이나 거리의 증가에 따라 진폭 또는 에너지의 크기가 감소하는 현상

(2) 감쇠의 종류

① 재료감쇠(*Material damping*)

진동파가 전파되면서 흙 입자의 운동으로 인한 마찰열에 의한 에너지 손실

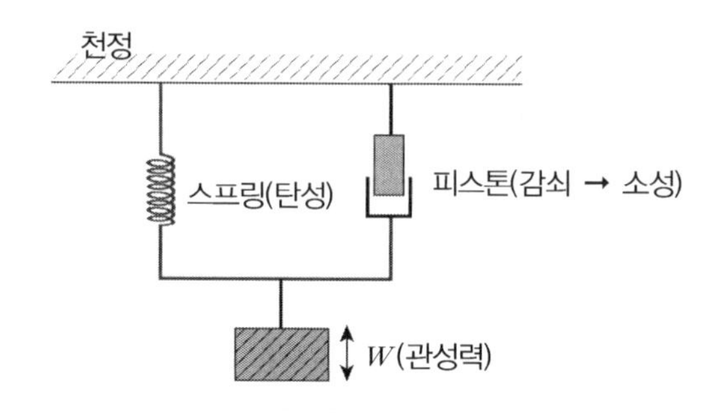

재료감쇠 모델

② 기하감쇠(*Gemetrical damping*)

진동파가 전파되면서 토체의 체적변화로 인해 에너지가 감소

2. 감쇠비 시험

(1) 재료감쇠(내부 감쇠)

① 공진주 시험 방법 및 시험결과

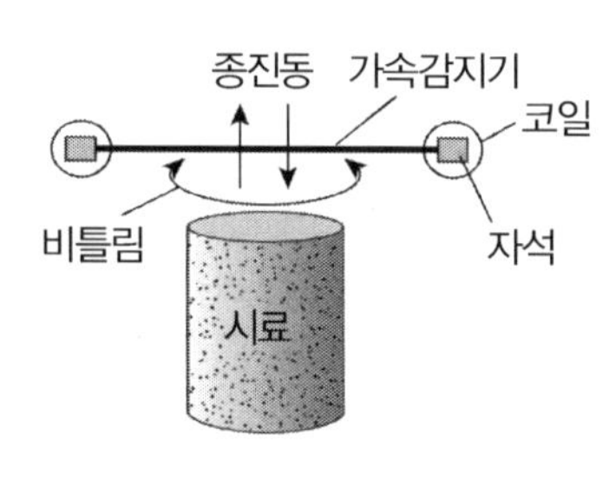

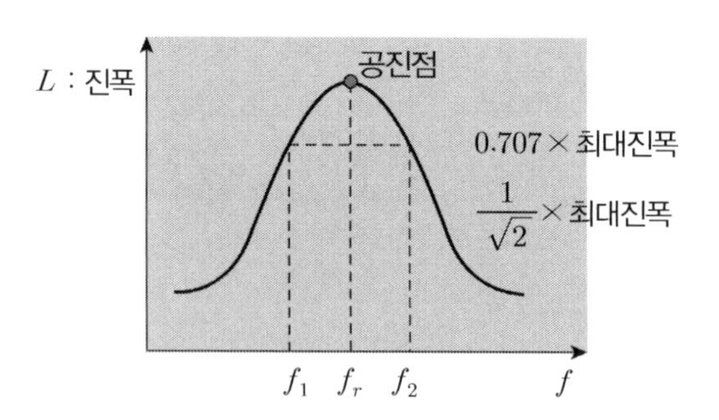

② 동적지반 물성치

㉠ $G=16f^2\rho L^2$(비틂 진동)

㉡ $E=G=16f^2\rho L^2$(종진동)

㉢ $E=2G(1+v)$ → v(동포아슨비)

㉣ D(감쇠비) − 일반 공진주 시험에서 구함

$$D = \frac{f_2 - f_1}{2f_r}$$

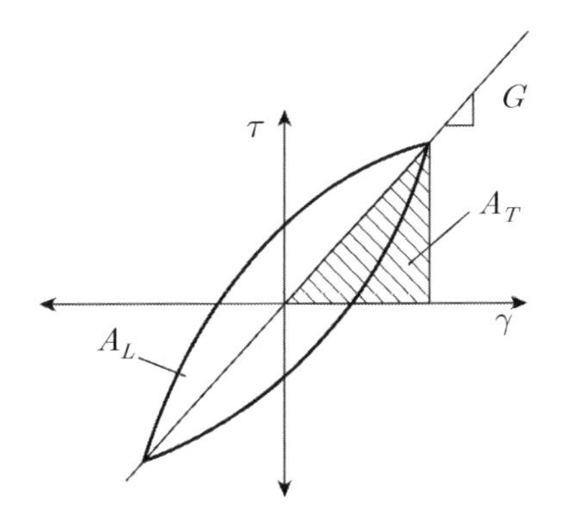

㉤ 비틀림전단시험에서의 감쇠비

$$G = \frac{\tau}{\gamma}$$

$$D = \frac{A_L}{4\pi A_T}$$

③ *Damping* 계수와 공진관계

㉠ 가진진동수(f) ≒ 고유진동수(f_n) ➡ 공진

㉡ *Damping*이 작으면 구조물 변위 큼

㉢ *Damping*이 크면 구조물 변위 작아짐

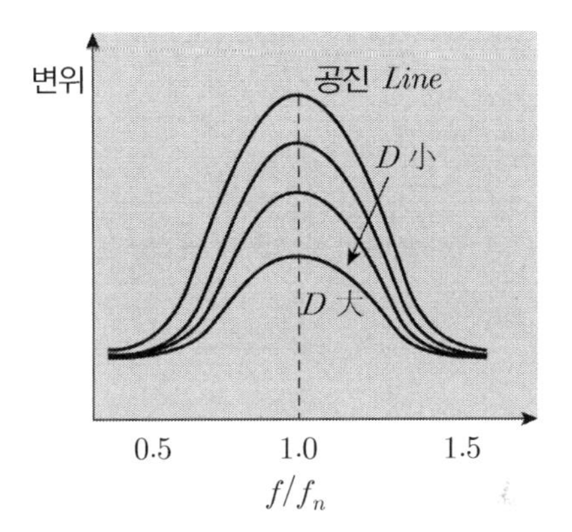

(2) 기하감쇠(*Gemetrical damping*)

① 시험법 : 거리별 지진계 설치

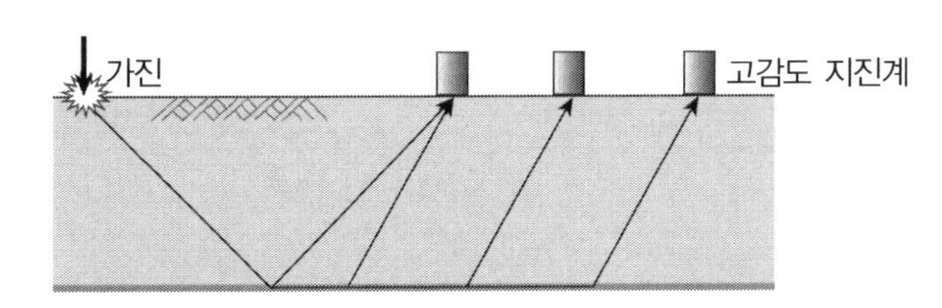

② 감쇠특성

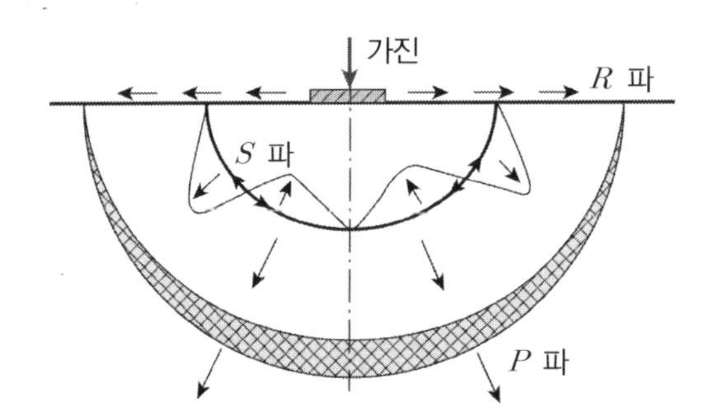

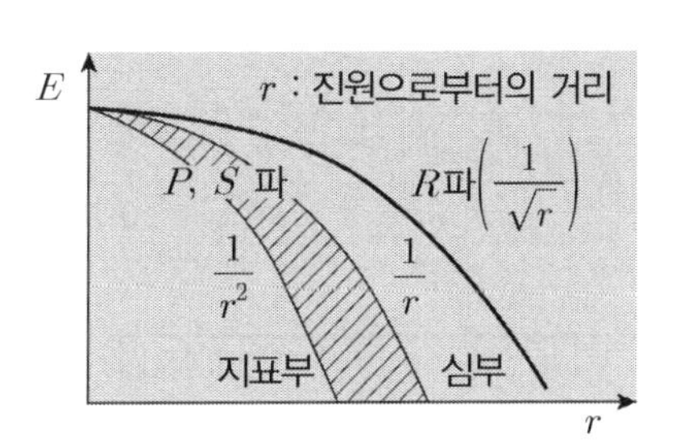

✓ 감쇠는 체적파가 표면파에 비해 큼

3. 전단변형률과 감쇠비 관계

(1) 전단변형률이 크면 감쇠비는 커짐 ➡ 소성거동과 관계

(2) 전단변형률이 작으면 감쇠비는 작음 ➡ 탄성거동

✓ **모래가 점토보다 감쇠비가 1.2～1.5배 정도 큼**

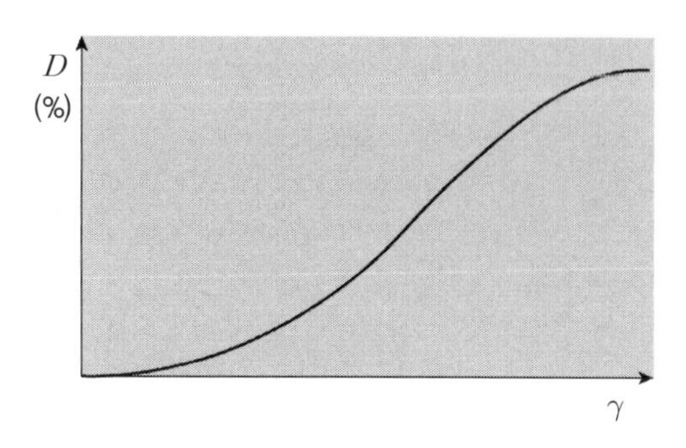

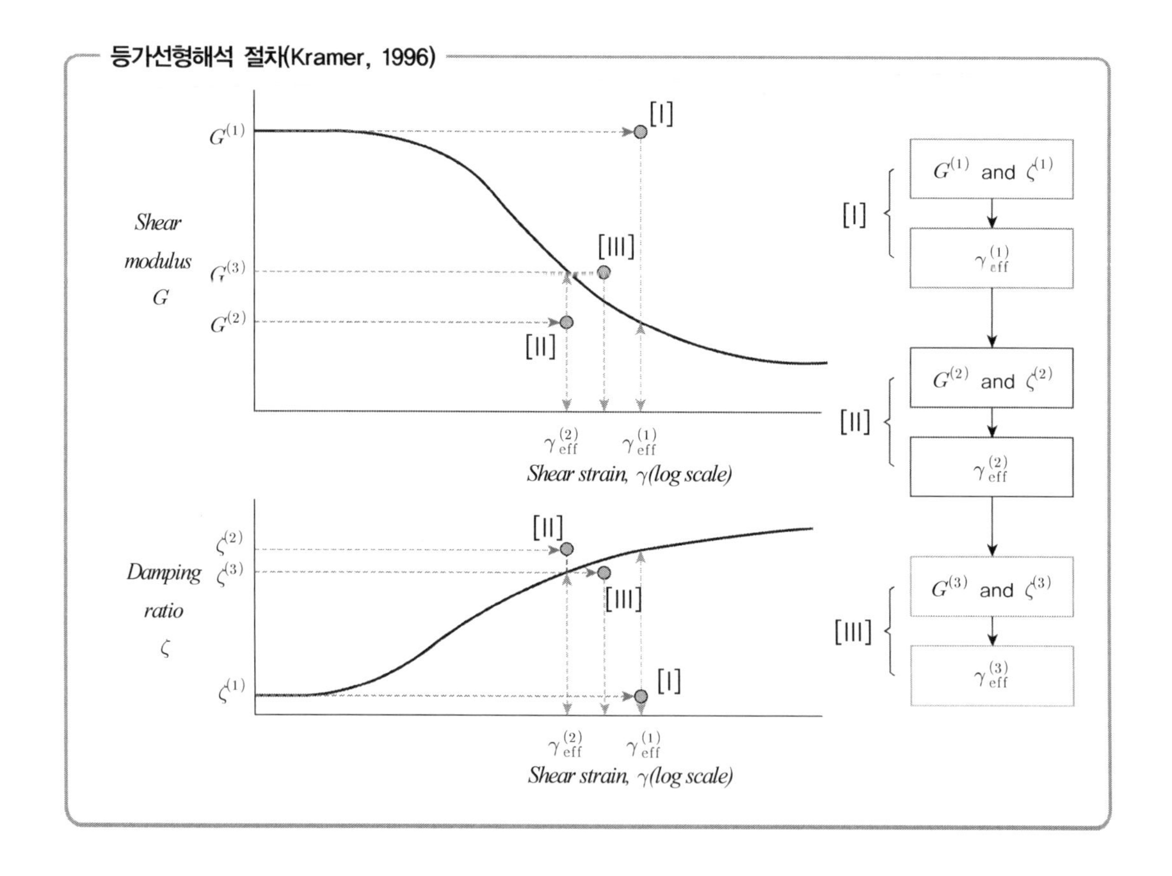

등가선형해석 절차(Kramer, 1996)

07 진동기계기초 공진최소화

1. 1차 자유도 진동계(*Single Degree of Freedom*)에서 점성감쇠를 고려하지 않는 진동양상

(1) 비감쇠 자유진동(*Free Vibration*)

① 비감쇠 자유진동이랑 *Newton*의 운동 제2법칙을 운동방정식에서 질량을 정지위치로부터 X만큼 이동하면 스프링 힘 K_X가 발생한다.

② *Newton*의 제2법칙

질량 × 가속도 = 질량에 작용하는 힘위 합력으로 $M_X = -K_X$

따라서, K : 스프링 상수　　X : 이동거리(변위량)

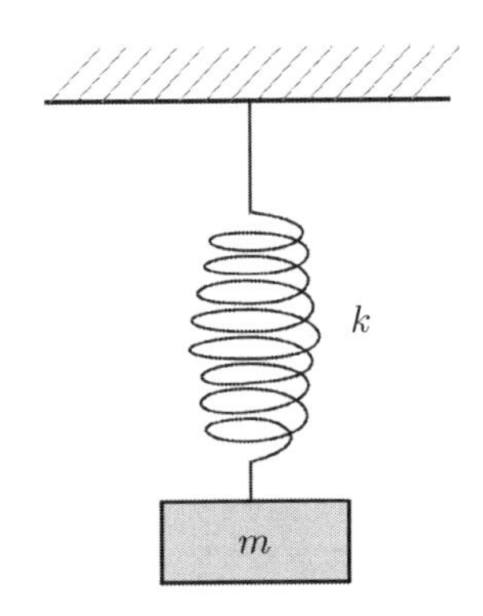

③ 진동에 대해 주기적인 외력이 없이 일어나는 것을 자유진동이라 한다.

(2) 비감쇠 강제진동(*Forced Vibration*)

① 임의의 동력계에 외부로부터 힘이 작용하는 경우 발생하는 진동현상이다.

② 외력이 가해지므로 자유진동과 다른 진동 특성이 나타난다.

③ 진동계에 주기적 외력이 연속적으로 가해지면 처음에는 자유진동과 강제진동이 쇠퇴하고 일정한 시간이 지난 후에 작용한 진동수의 진동만을 강제진동만 남게 된다.

(3) 조화진동과 강제진동

① 강제진동의 진폭은 작용외력의 진폭에 비례하며, 자유진동 주기에 접할수록 커진다.

② 용수철에 스프링상수 0.01N/m인 용수철에 질량 1kg 물체가 매달려 있고 용수철의 다른 끝의 위치를 바꾸어 주어 물체에게 강제력이 전달된다.

③ 끝을 흔드는 것도 조화진동이어서 조화력이 용수철을 통하여 물체에 전달되어 강제진동이 일어난다.

2. 기계 – 기초 – 지반계 고유진동수 결정방법

(1) 지반 – 기초 1자유도계로서 단순화한다.

실제 기초형상과 지반의 성질은 스프링상수 K와 감쇠비 D로 이루어진 1자유도계로 단순화하여 스프링상수와 감쇠비를 산정한다.

(2) 가진 하중의 형태를 결정한다.

크기가 일정한 진폭을 가진 기진하중 F는 t의 시간함수로 나타낸다.

$$F = F_0 \sin \omega\ t$$

여기서, ω : 기계작동 각진동수(*Raed/Sec*)($= 2\pi f$)

F : 작동 진동수(*cycle/sec*)

F_0 : 가진하중 진폭 $= m_e\ e\ \omega^2$

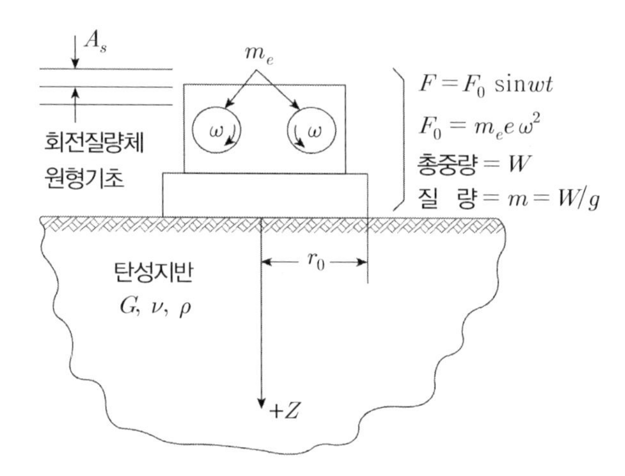

반무한 탄성지반 위에 놓인 회전운동 기계기초
(기계진동의 크기는 회전 질량체의 진동수에 의존)

(3) 기계기초 크기를 가정한다.

기계기초 크기를 가정하는 데 직사각형 경우 등가반경으로 환산한다.

(4) 비감쇠 고유진동수 또는 비감쇠고유 각진동수로 계산

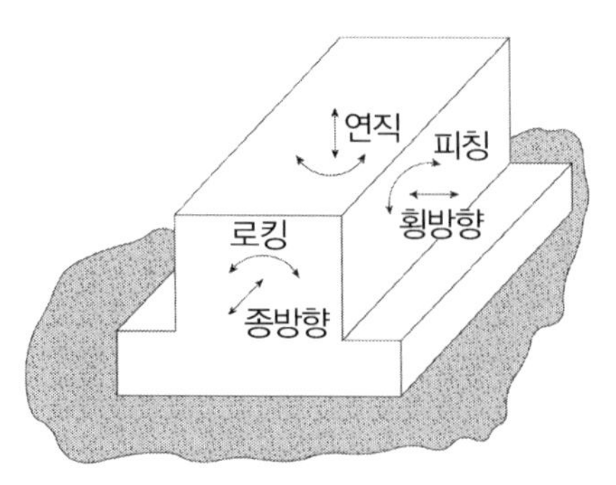

① 진동형태(해설그림 (2) 참조)에 따른 비감쇠 고유진동수 F_n *(cycle/sec)*

연직진동(*vertical vibration*) : $F_n = \frac{1}{2\pi}\sqrt{\frac{K_z}{m}}$

수평진동(*horizontal(sliding) vibration*) : $F_n = \frac{1}{2\pi}\sqrt{\frac{K_x}{m}}$

록킹진동(*rocking vibration*) : $F_n = \frac{1}{2\pi}\sqrt{\frac{K_\phi}{I_\phi}}$

비틀림(요잉)진동(*torsional(yawing) vibration*) : $F_n = \frac{1}{2\pi}\sqrt{\frac{K_\theta}{I_\theta}}$

② 진동형태에 따른 비감쇠 고유각진동수 ω_n *(rad/sec)*.

연직진동 : $\omega_n = \sqrt{\frac{K_z}{m}}$

수평진동 : $\omega_n = \sqrt{\frac{K_x}{m}}$

록킹진동 : $\omega_n = \sqrt{\frac{K_\phi}{I_\phi}}$

비틀림(요잉)진동 : $\omega_n = \sqrt{\frac{K_\theta}{I_\theta}}$

여기서, K_z : 연직진동 스프링상수　　K_x : 수평진동 스프링상수

K_ϕ : 록킹진동 스프링상수　　K_θ : 비틀림진동 스프링상수

m : 수평 또는 연직진동에 대한 기계 및 기초의 질량

I_ϕ : 록킹진동 질량관성모멘트　　I_θ : 비틀림진동 질량관성모멘트

(5) 계산식을 이용하는 방법

진동형태에 따른 계수 산정식을 이용한다.

08 이력곡선(Hysteresis Curve)

1. 정 의

(1) '동적반복전단시험'을 실시하여 동적 물성치를 얻기 위해 아래 그림과 같이 $\gamma - \tau$ 곡선을 얻을 수 있으며

(2) 정전단과 역전단(*Cycle* 전단) 동안 골격곡선을 중심으로 전단변형률-응력에 대한 이력을 나타낸 한계범위(*Boundary Limit*)를 말함

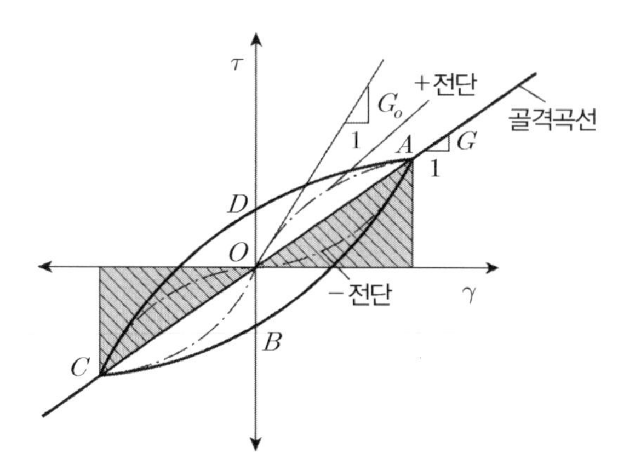

① 골격곡선 : $\widehat{AO}$, $\widehat{OC}$ (처음 재하 시 곡선임)

② 이력곡선 : $\overline{ABCD}$

✓ 한 *Cycle* 반복으로 그려진 방추형 곡선

③ G_o : 미소변형(교란되기 전) 시 전단탄성계수

2. 관련 시험

(1) 공진주시험

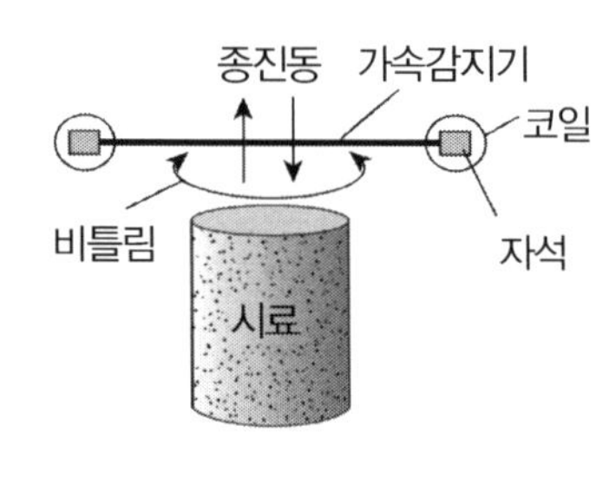

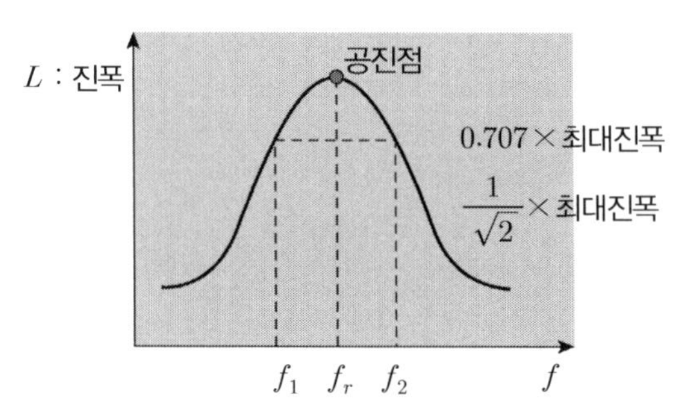

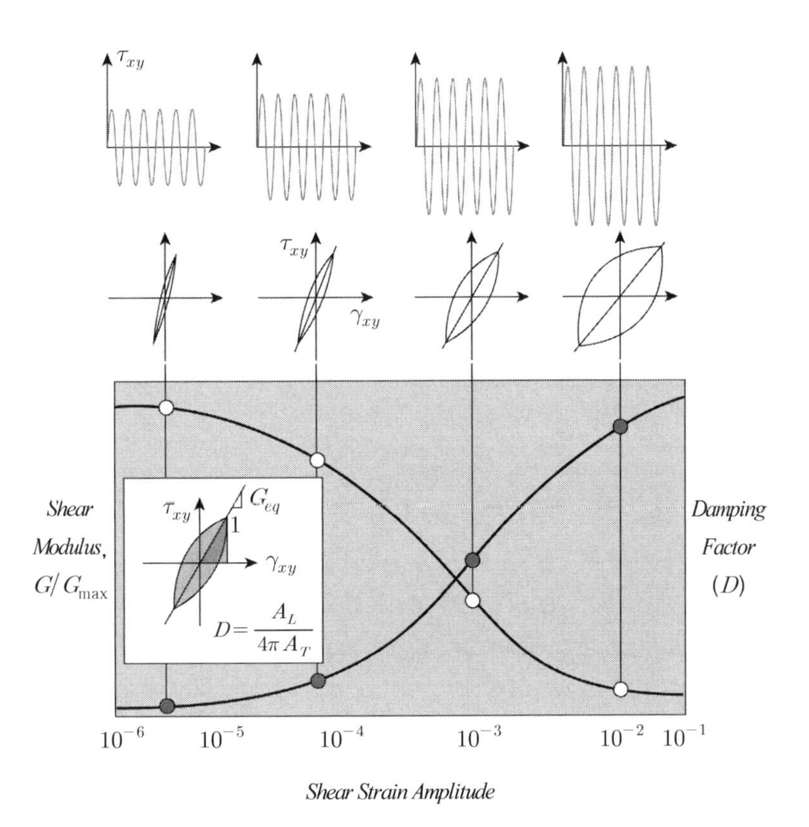

(2) 반복시험

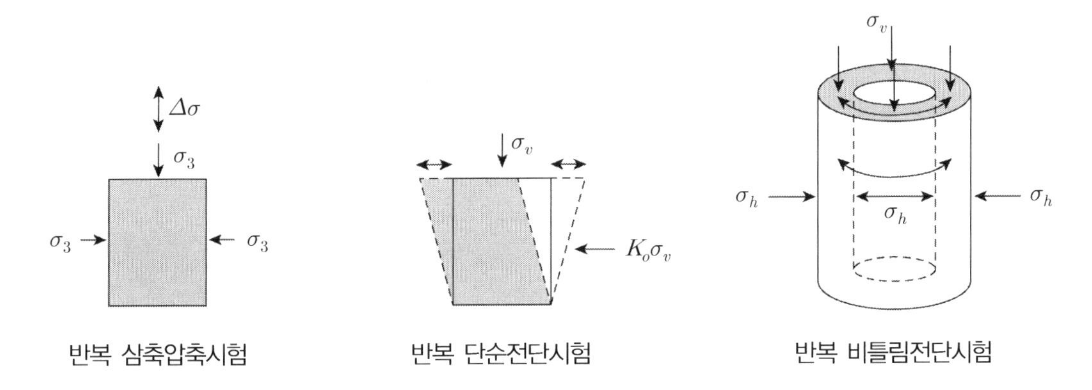

3. 동적 물성치

(1) 전단 탄성계수 : 이력 곡선의 양단을 이은 곡선의 기울기로 정의

$$G = \frac{\tau}{\gamma}$$

(2) 감쇠비(D)

진동 또는 파에너지가 시간과 거리의 증가에 따라 진폭 또는 에너지의 크기가 손실되는 크기로 정의되며 기하감쇠와 재료감쇠가 있다.

$$D = \frac{A_L}{4\pi A_T}$$

여기서, A_L : 이력곡선 $ABCD$의 면적　　A_T : AOT의 면적

(3) $E = 2G(1+v)$ → v(동포아슨비) 구함

4. 전단변형률에 따른 동적물성치의 특성

(1) 동적·정적 시험값의 비교

전단변형률이 10^{-1}(%)보다 작은 변형률에서는 동적시험에서의 전단탄성계수가 크게 나타나며 10^{-1}(%)보다 큰 변형률에서는 정적시험 결과와 값이 동일함

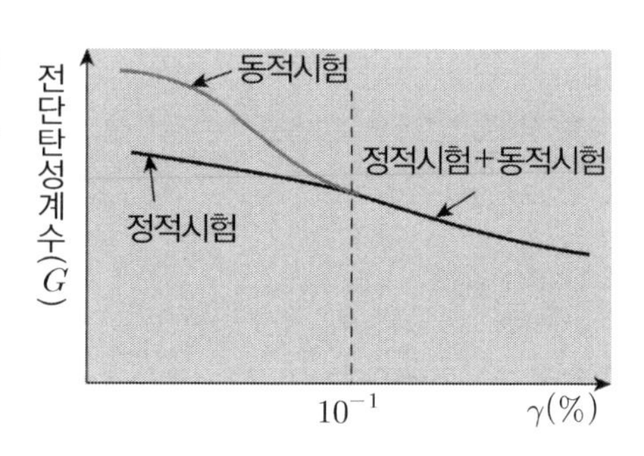

(2) $G/G_o - \gamma$ 관계

전단변형률이 커짐에 따라 감소

→ 전단탄성계수가 적어짐을 의미함

G : G_o에서의 변형률보다 큰 임의의 변형률에서의 전단탄성계수

G_o : 미소변형률에 대한 최대 전단탄성계수

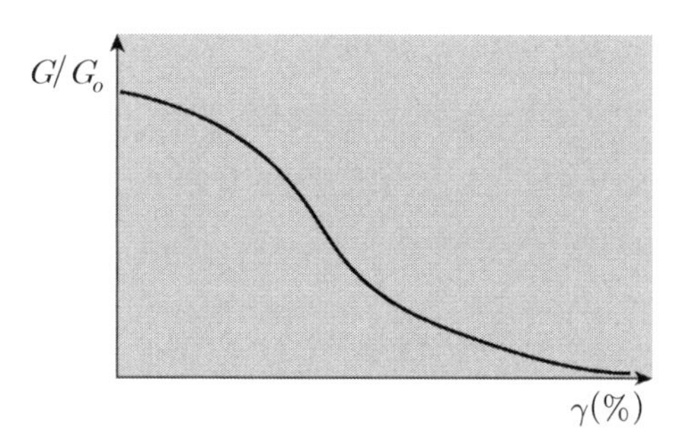

(3) 감쇠비

① 전단변형률이 증가함에 따라 감쇠비는 커짐

② 모래가 점토보다 감쇠비가 큼(약 1.5배)

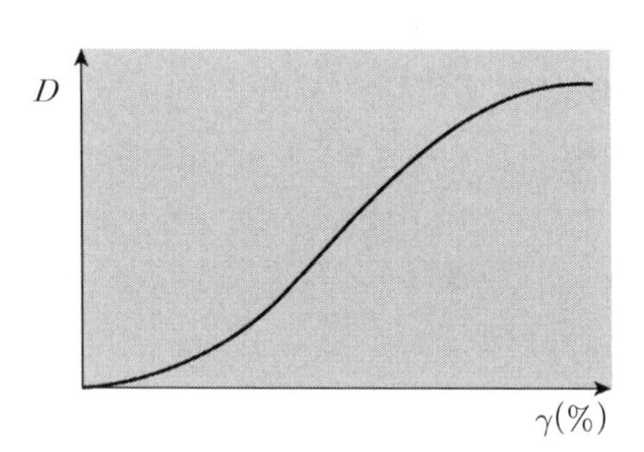

09 회복 탄성계수(Resilient Modulus, M_R)

1. 개 요

(1) 회복탄성계수란 아래 그림과 같이 수평변위를 구속하고 『반복축차응력에 대한 축변형률의 관계를 나타낸 그래프의 직선적 기울기』로 정의된다.

(2) 포장설계 시 포장의 소성변형, 요철, 균열이 발생되지 않기 위한 포장두께, 사용재료를 결정하기 위한 포장해석에 활용된다.

2. 시 험

(1) 시료 : 자연상태 또는 다져진 시료

(2) 응력 : 반복축차응력(일정주기)

(3) 변형 : 축방향 회복변위량 측정
✓ 변위 : 연직변위만 발생하도록 구속응력 관리

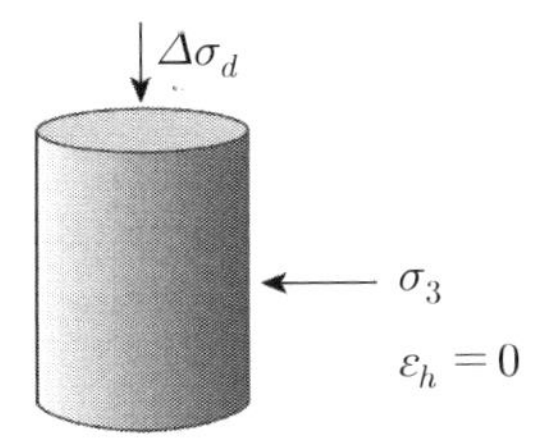

3. 회복 탄성계수 : 탄성범위 내

$$M_R = \frac{\Delta\sigma_d}{\varepsilon_v}$$

여기서, $\Delta\sigma_d$: 반복되는 축차응력
ε_v : 축방향 회복변형

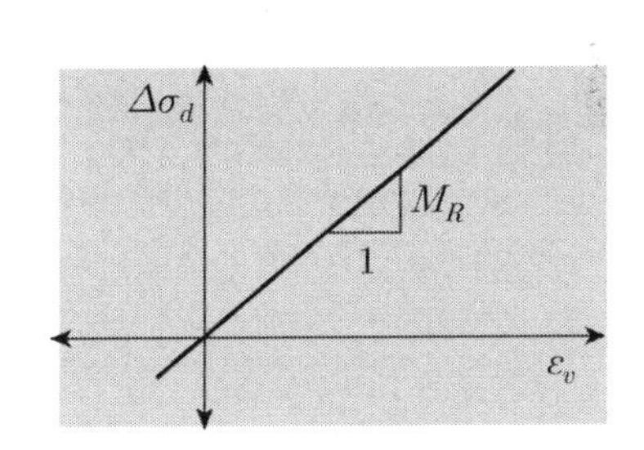

4. 시험결과와 특징

(1) 구속응력 – M_R 관계

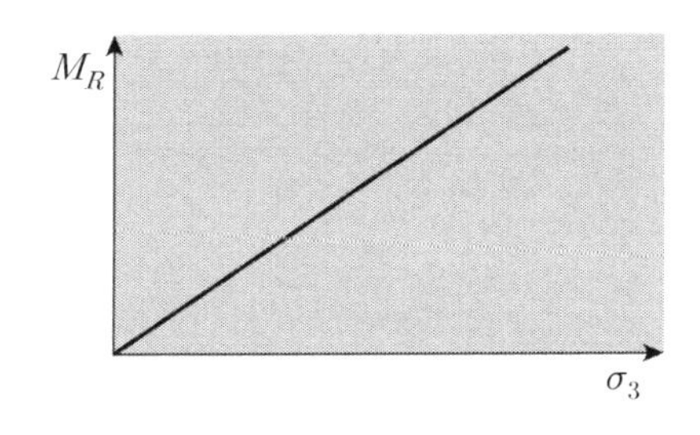

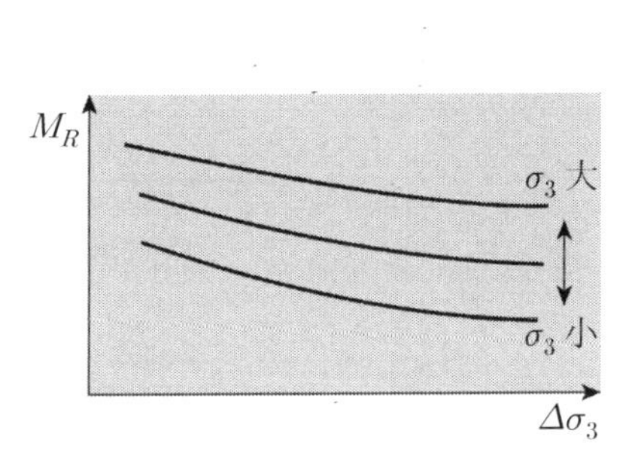

(2) CBR과의 관계 : $M_R \fallingdotseq 100\,CBR$

5. 활 용

(1) 포장의 응력

(2) 포장재료 선정

(3) 포장설계 : 두께, 노상 지지력

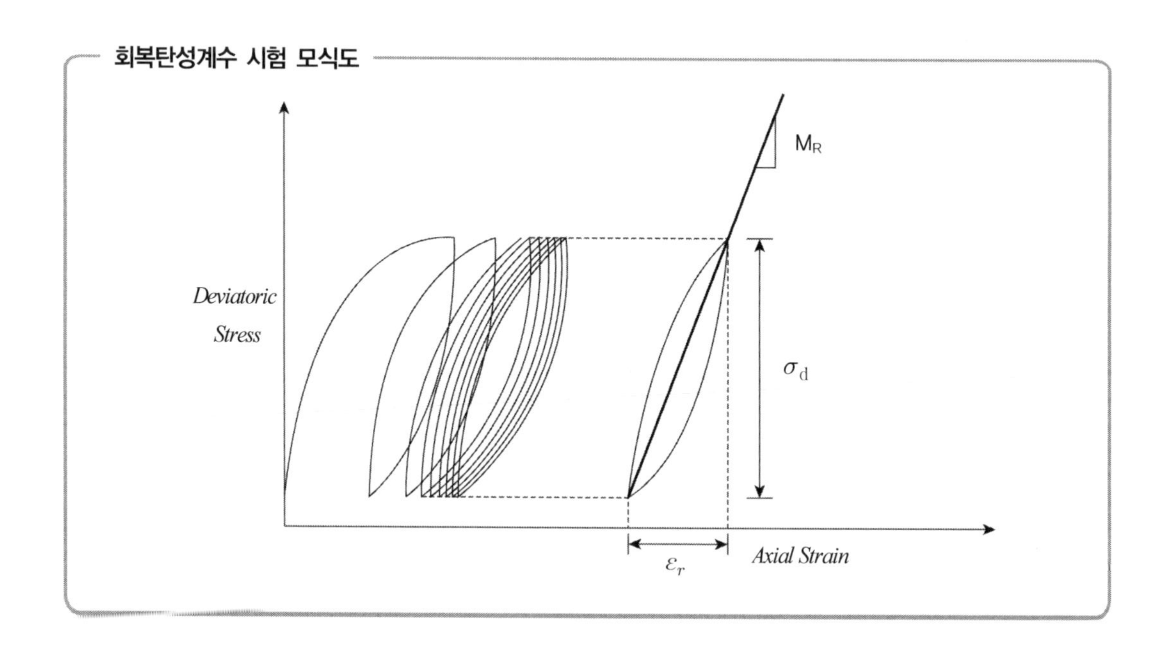

10 실내, 현장에서의 동적물성 시험

1. 개 요

(1) 동적 응력에 따른 지반과 구조물의 상호거동 특성을 파악하기 위해서는 동적 물성치를 파악해야 한다.

(2) 즉, 지진 시 지반에 가해지는 응력체계 재현 시험으로서 동적물성치(E, G, ν, D)를 구하여 동적 해석에 활용하기 위하여 실내, 현장시험을 시행한다.

2. 전단변형률과 시험적용

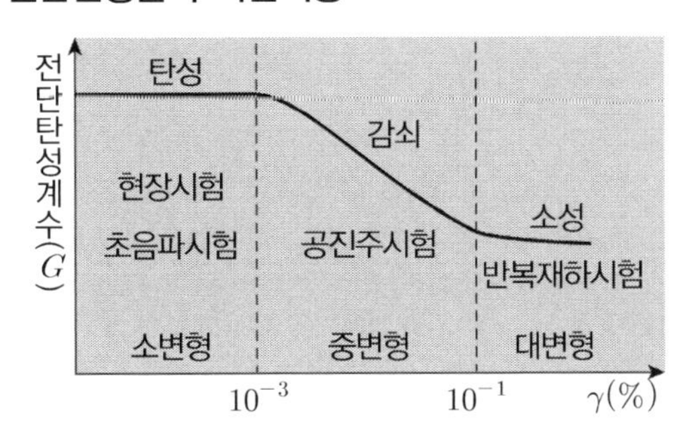

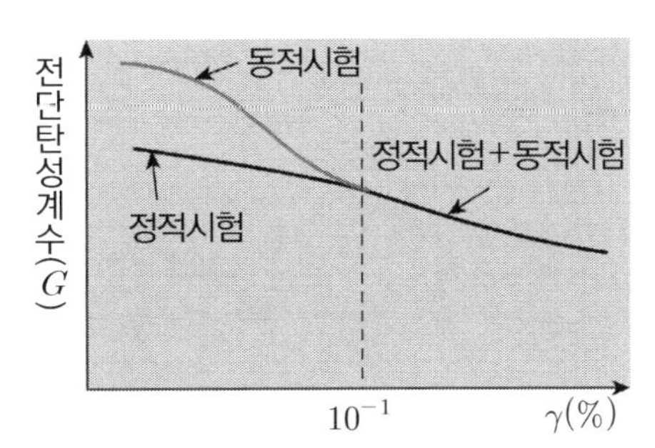

3. 실내시험

(1) 초음파 시험

① 시험법

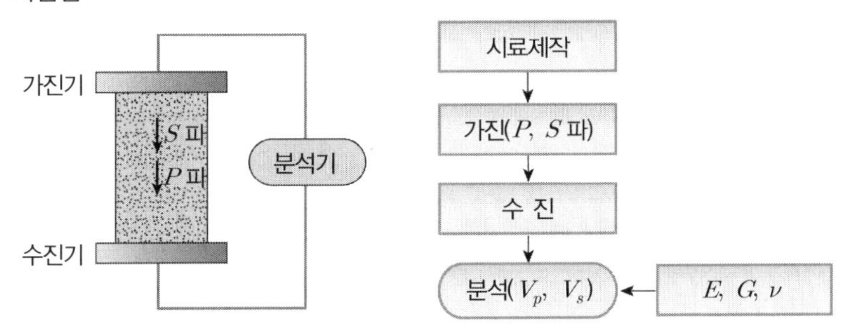

② 동적 지반 물성치

㉠ $G = \rho V_s^2$ ㉡ $v = \dfrac{1-2\left(\dfrac{V_s}{V_p}\right)^2}{2-2\left(\dfrac{V_s}{V_p}\right)^2}$ ㉢ $E = 2G(1+v)$

여기서, G : 동전단탄성계수 ρ : 밀도 V_s : S파 속도
V_p : P파 속도 E : 동탄성계수 v : 동포아슨비

③ 적용 : 전단변형이 극히 적은 지반(예 : 암반)

(2) 공진주 시험

① 시험법

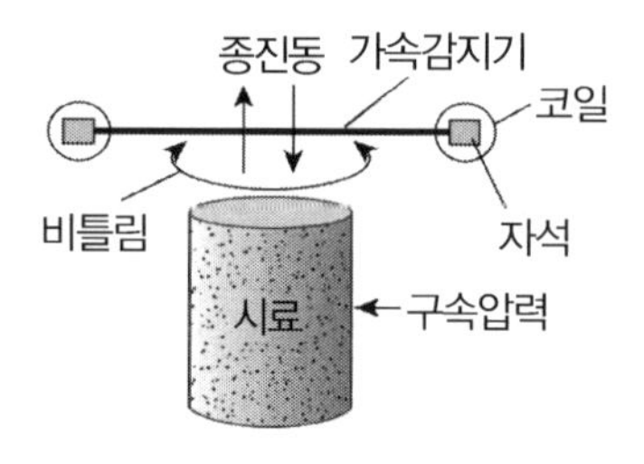

㉠ 종진동, 비틂 진동 병행

㉡ 적용변형률 범위 : 중변형률

→ 적용변형률 범위 큼

㉢ 진동 주파수 변경 자유로움

② 결과정리 및 물성치

㉠ 공진주 시험

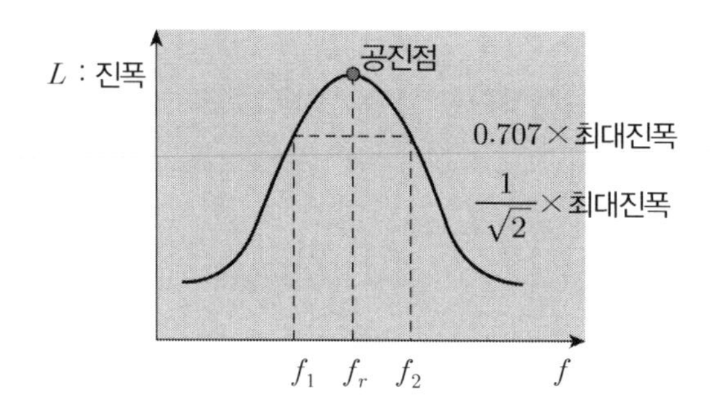

- $G = \rho V_s^2 = 16\rho(fL)^2$
- $D = \dfrac{f_2 - f_1}{2f_r}$

㉡ 공진주(비틀림 전단)시험

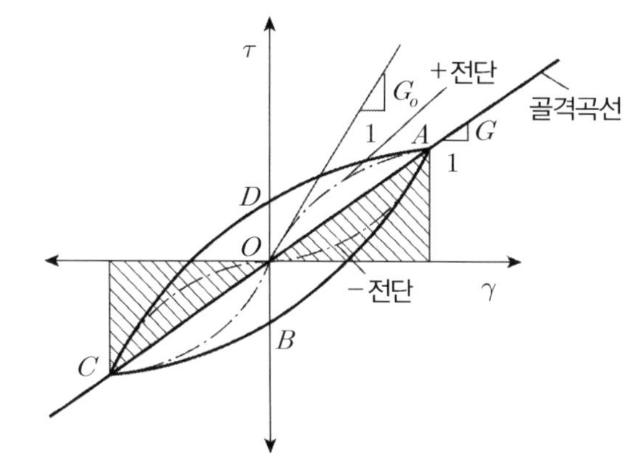

- $G = \dfrac{\tau}{\gamma}$
- $D = \dfrac{A_L}{4\pi A_T}$
- $E = 2G(1+v)$

→ v (동포아슨비) 구함

③ 적용 : 변형률 적용범위 큰 구조물(예 : 액상화)

(3) 반복시험

구 분	반복 삼축압축시험	반복 단순전단시험	반복 비틂전단시험
시험법	$\Delta\sigma$, σ_3	σ_v, $K_o\sigma_v$	σ_v, σ_h
결과정리	$\Delta\sigma_d$, E, A_T, A_L, ε	τ, G, A_T, A_L, γ	τ, G, A_T, A_L, γ
물성치	• $E=\dfrac{\Delta\sigma_d}{\varepsilon}$ • $G=\dfrac{E}{2(1+v)}$ • $D=\dfrac{A_L}{4\pi A_T}$	• $G=\dfrac{\tau}{\gamma}$ • $D=\dfrac{A_L}{4\pi A_T}$	• $G=\dfrac{\tau}{\gamma}$ • $D=\dfrac{A_L}{4\pi A_T}$
적 용	중 ~ 대 변형률	중 ~ 대 변형률	소 ~ 대 변형률

4. 현장시험

(1) 시험법

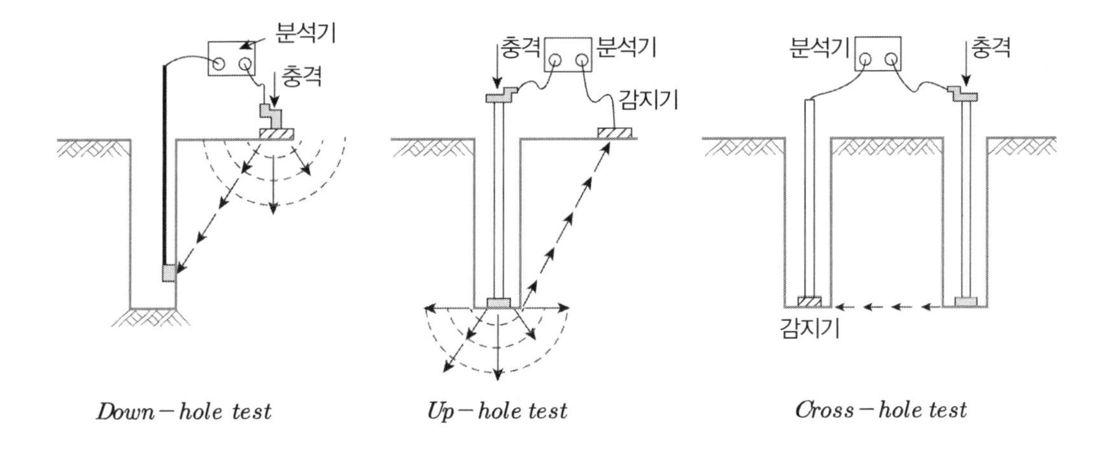

(2) 결과정리 및 물성치

① $G = \rho V_s^2 = \dfrac{E}{2(1+v)}$ ② $v = \dfrac{1-2\left(\dfrac{V_s}{V_p}\right)^2}{2-2\left(\dfrac{V_s}{V_p}\right)^2}$ ③ $E = 2G(1+v)$

(3) 특 징

① 경제성 비교 : $Cross-hole\ test > Down-hole\ test > Up-hole\ test$

② 도심지 적용 : $Up-hole\ test$ 적합

③ 지층구성 파악 : $Cross-hole\ test$ 적합

④ 변형률에 따른 감쇠특성 파악 곤란

(4) 적 용

① 소변형률에 따른 동적 물성치 산정

② 지반강도 파악(평균적 특성 파악) ⇒ 개량효과 판단

5. 평 가

(1) 동적 물성치를 파악하기 위해서는 실내시험과 현장시험으로 구분되며

(2) 실내시험의 경우에는 시료에 변형을 가할 수 있으므로 비선형 전단탄성계수와 감쇠비를 구할 수 있으나

(3) 현장시험의 경우는 탄성파(전단파)만 가할 수 있으므로 시험이 간편한 반면 감쇠비를 구하지 못하는 단점이 있다.

(4) 전단탄성계수와 감쇠비는 대변형률이 예상되는 지반에 대한 동적물성치로서

(5) 실내와 현장을 따로 구별하지 않고 변형을 고려한 실내시험과 비교 검증을 통한 합리적인 지반 물성치를 선정하도록 하여야 한다.

참 고

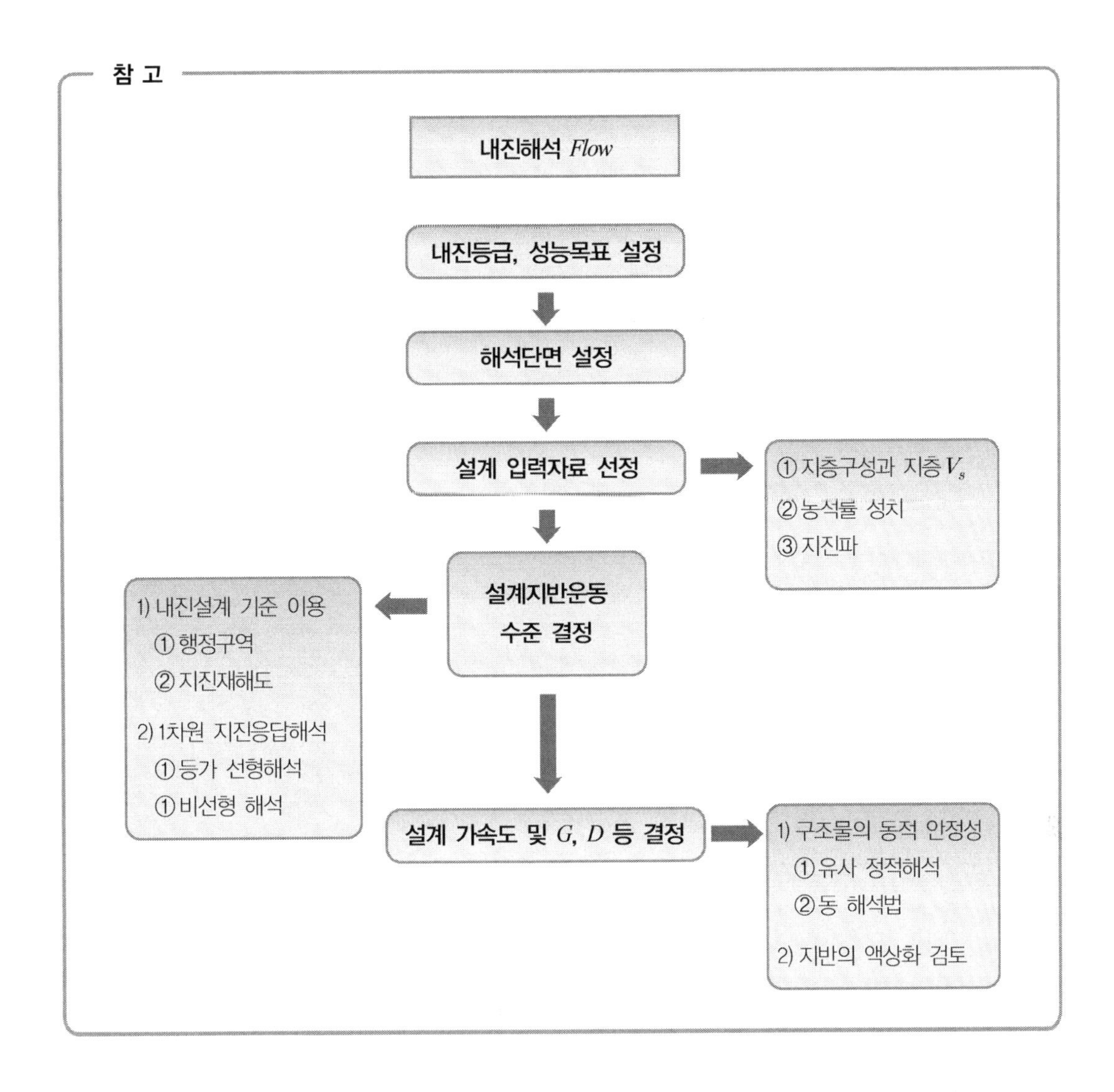

내진해석 Flow
내진등급, 성능목표 설정
해석단면 설정
설계 입력자료 선정
① 지층구성과 지층 V_s
② 농석률 성치
③ 지진파
설계지반운동
수준 결정
1) 내진설계 기준 이용
① 행정구역
② 지진재해도
2) 1차원 지진응답해석
① 등가 선형해석
① 비선형 해석
설계 가속도 및 G, D 등 결정
1) 구조물의 동적 안정성
① 유사 정적해석
② 동 해석법
2) 지반의 액상화 검토

11 Magnitude(지진규모)

1. 정 의

(1) 지진 발생 시에 발생하는 탄성에너지의 양을 나타내는 척도로서, 지진 발생 시 지진의 크기를 나타내는 정량적 표현으로 진폭, 진앙거리를 고려하여 산정한다.

(2) 시상구조물은 *Magnitude*에 영향이 크므로 재현주기와 규모를 고려한 내진설계가 필요하다.

2. 지진규모의 측정

(1) 지진규모 선정 절차

관측소(지진 가속도, 속도, 변위측정) ⇒ 진앙위치 결정 ⇒ 진앙거리 산정 ⇒ 지진규모 계산

(2) 측 정

기상청 산하 전국에 배치된 지진 관측소에 설치된 지진계를 통해 지진가속도, 속도, 변위를 측정

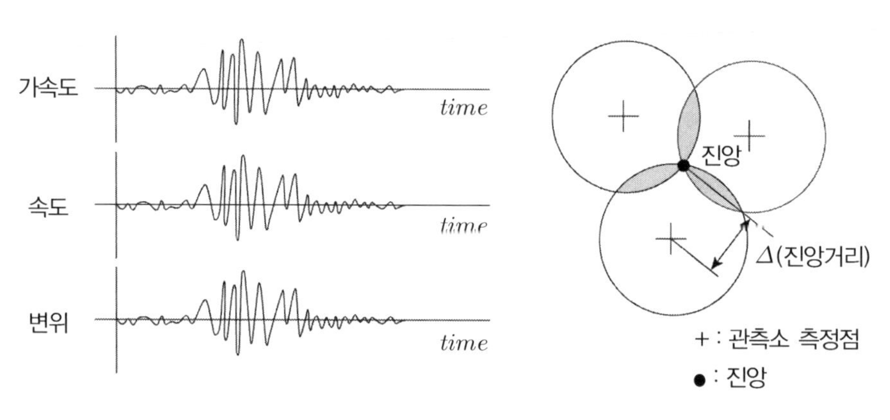

가속도 적분 ⇒ 속도 ⇒ 속도 적분 ⇒ 변위

(3) 진앙과 진앙거리

인근 관측점으로부터 지진파 속도를 이용 등심원을 중첩 ⇒ 진앙과 진앙거리

(4) 지진 규모(M) : *Tsuboi* 제안식

$$M = Log\,A + 1.731\,Log\Delta - 0.83$$

여기서, A : 최대진폭(mm)

Δ : 진앙거리(km)

3. 이 용

(1) 내진설계 활용

① 진도법(지진 가속도 활용)

② 지진 응답해석(동적 물성치 활용)

(2) 지진계수활용 구조물 내진설계(유사정적해석)

→ 사면안정, *Mononobe Okabe*(옹벽), 액상화

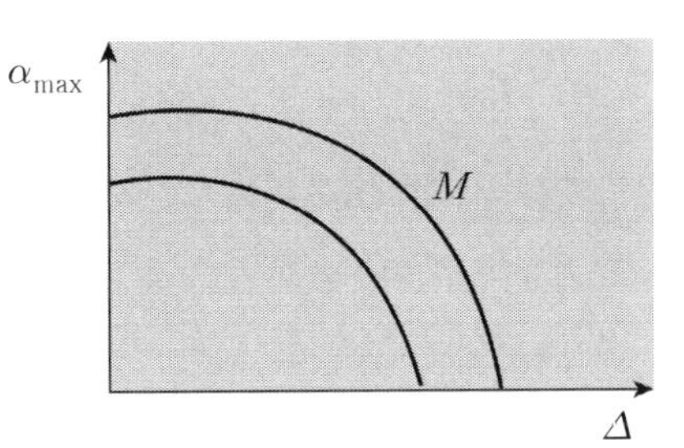

(3) 설계응답 *Spectrum* 작성

(4) M과 Δ를 이용한 지반 최대 가속도(α_{max}) 산정

→ K(진도지진계수) 구함

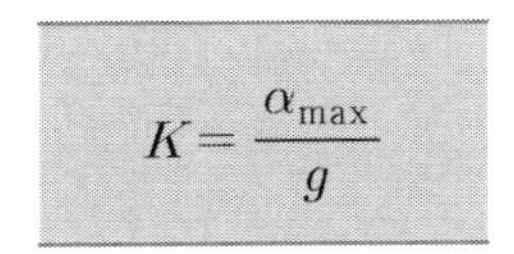

$$K = \frac{\alpha_{max}}{g}$$

4. 기타 : *M*이 1증가하면 지진에너지는 약 30배 증가

12 설계응답 스펙트럼(Design Response Spectrum)

1. 정 의

(1) 설계대상 지역의 지반조건별로 ① 과거 지진자료와 ② 모든 시간이력을 입력한 여러 개의 응답스팩트럼을 작성한 후 이를 정규화(평균화)하여 내진설계에 적용할 *Spectrum*을 설계응답스펙트럼이라고 한다.

(2) 설계응답 *Spectrum*은 주기(T)와 지반 가속도(α)의 관계를 토질별로 구분한 것으로

(3) 설계응답 스펙트럼을 사용하면 각 지역에 특성을 고려한 내진설계의 신뢰성을 높일 수 있고 특정지진을 사용함에 따른 위험성을 배제할 수 있다.

2. 설계응답 스펙트럼

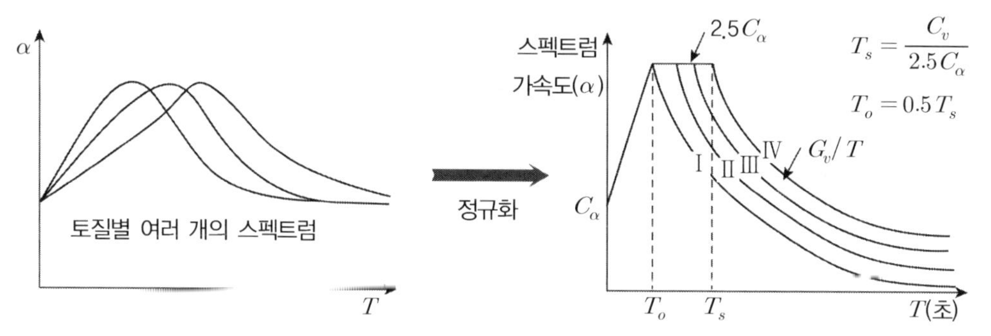

Ⅰ : 암반, Ⅱ : 굳은지반, Ⅲ : 모래지반, Ⅳ : 연약지반

✓ C_α, C_v : 스펙트럼 결정하기 위해 요구되는 지진계수로서 지반의 종류와 지진구역에 의해 결정된다.

구 분		지반 종류				
		Ⅰ(S_A)	Ⅱ(S_B)	Ⅲ(S_C)	Ⅳ(S_D)	Ⅴ(S_E)
C_α	Ⅰ 구역	0.09	0.11	0.13	0.16	0.22
	Ⅱ 구역	0.05	0.07	0.08	0.11	0.17
C_v	Ⅰ 구역	0.09	0.11	0.18	0.23	0.37
	Ⅱ 구역	0.05	0.07	0.11	0.16	0.23

3. 설계응답 스펙트럼 사용목적

(1) 다양한 지반조건별 특성 고려

(2) 신뢰성 있는 내진설계

(3) 특정지진 사용으로 인한 위험성 배제

4. 이 용

(1) 설계 지진력(응력, 토압) 계산

(2) 변위 계산(허용변위와 비교)

(3) 인공지진파 생성 시 적합성 검증

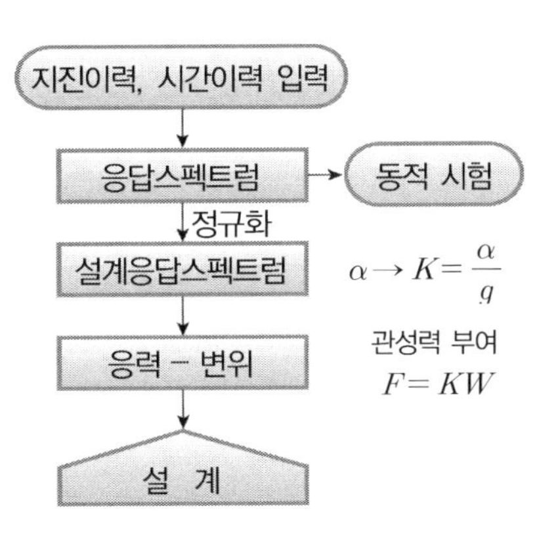

5. 평 가

(1) 현 단계에서는 자료의 부족과 연구결과에 대한 검토가 충분하지 못하여 1997년 UBC에 제시되이 있는 스펙트럼을 표준 설계응답 스펙트럼(5% 감쇠비 고려)으로 채택하고 있다.

(2) 국내 지반의 경우 암반의 깊이가 30m 이내로서 장주기 영역보다 단주기 영역에서 스펙트럼이 크게 증폭되는 경향이 있어, 국내 지반에 적합한 설계응답 스펙트럼을 개발하여 적용함이 타당하다.

단자유도 시스템의 변위응답 → 고유주기-가속도 그래프(설계응답스펙트럼)

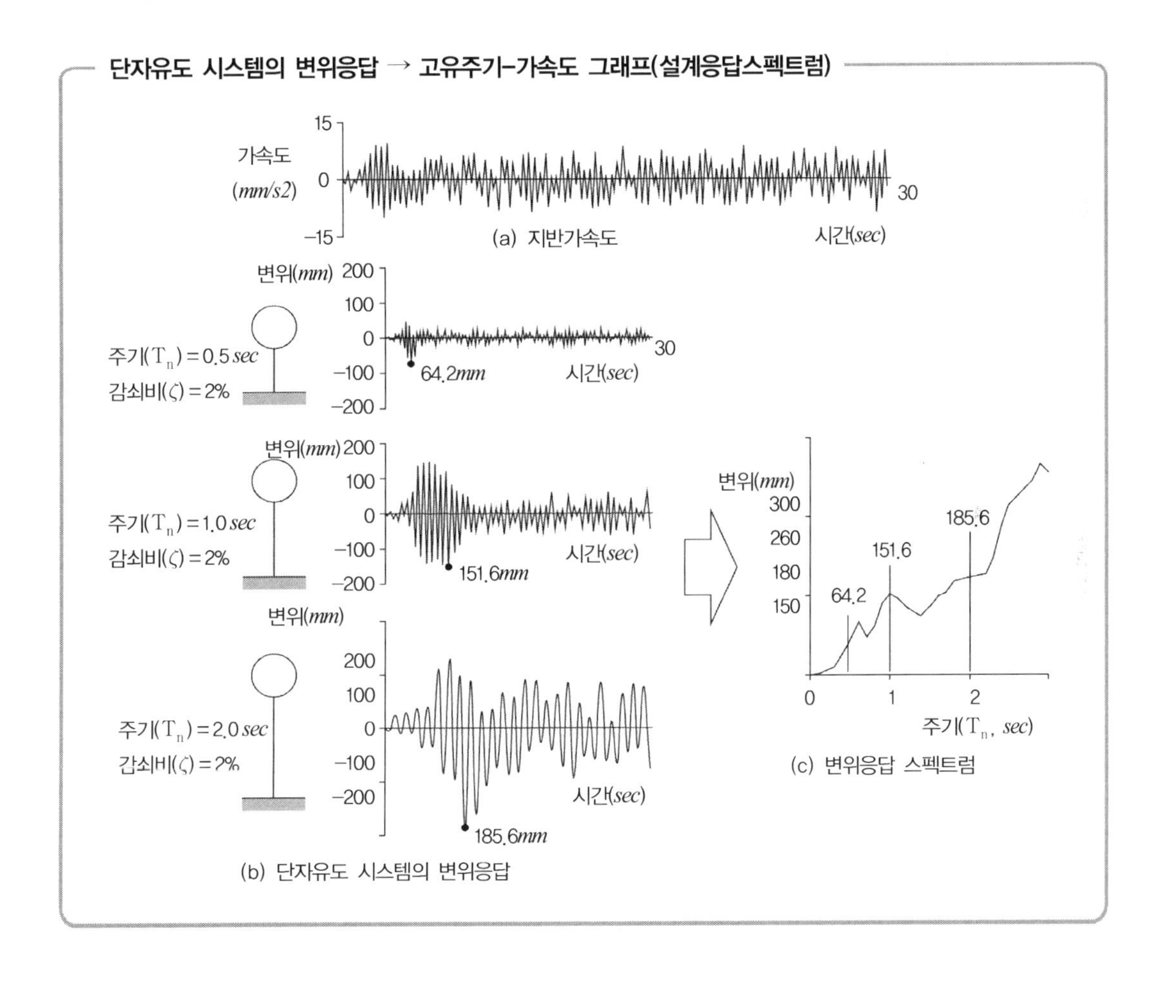

13 SASW(Spectral Analysis of Surface Wave, 표면파기법)

1. 정 의

$SASW$ 시험법은 아래 그림과 같이 가진원과 감지기를 모두 지표면에 설치하고 표면파(V_R)의 특성을 이용하여 지반 물성치를 구하는 시험이다.

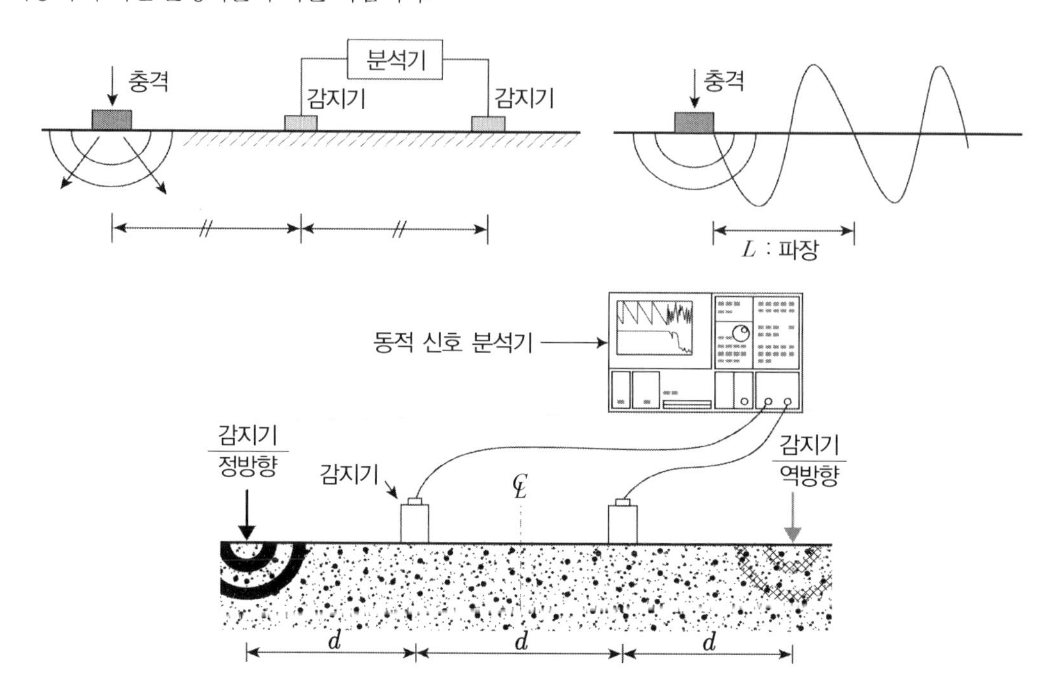

2. 얻는 물성치

(1) 전단탄성계수 결정 절차

주파수(진동수)를 조절하면서 진동을 가함 → 표면파속도(V_s) 측정 → 물성치 G 결정

(2) $V_R = fL$

여기서, V_R : 레일리파

f : 진동수

L : 파장

(3) $\dfrac{V_R}{V_s} ≒ 0.95$ 이므로

$V_R = V_s$ 라 하면 → $G = \rho V_s^2$

3. 전단파 속도 결정 절차

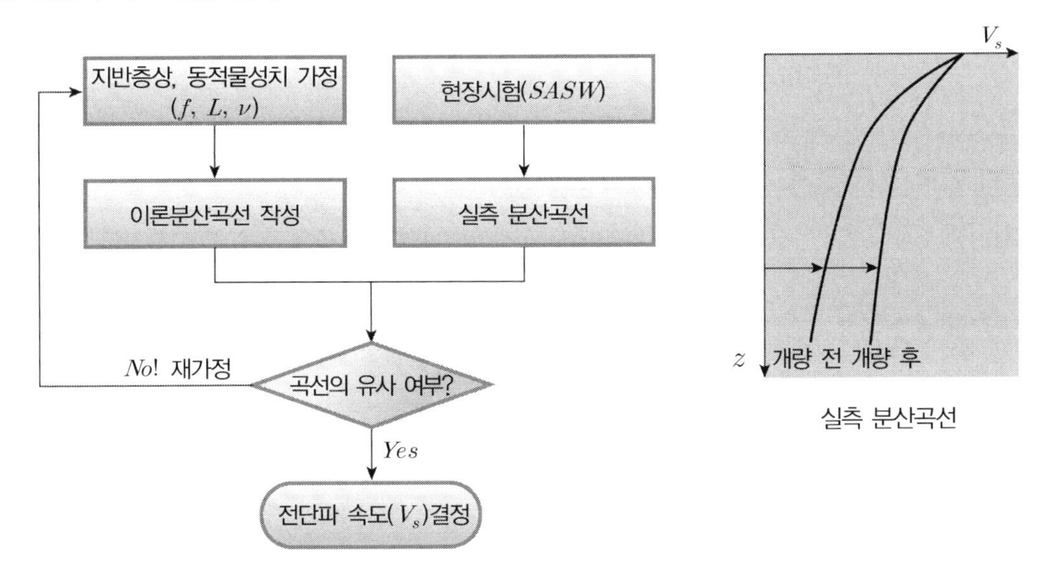

실측 분산곡선

4. 특 징

장 점	단 점
① 시험 간단(크로홀, 다운홀시험 비교) ② 신속한 시험 가능 ③ 광범위 지역에 대한 개략적 조사 ④ 시추 불필요 → 지표면 비파괴 검사 ⑤ 경제적인 시험	① 다층지반 적용 곤란 ② 심도에 제한 ③ 화약사용 → 민원발생, 안전문제

5. 이 용

(1) 동다짐 후 개량효과 확인

(2) 초기조사에서 개략조사

(3) 터널라이닝 배면공극 유무 판단

14 1차원 지진 응답해석

1. 개 념

지반이 층상으로 형성되어 있고 지진에 대한 지반의 응답이 기반암에서 전파되는 수평전단파(S_h)에 지배된다는 원리에 입각한 지진응답해석의 일종이다.

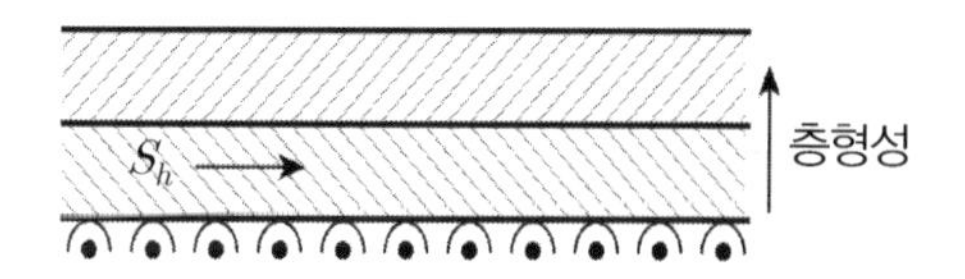

2. 해석을 통한 지반 물성치

(1) 전단탄성계수 – (그림 1)

(2) 감쇠비 – (그림 2)

(3) 시 험

실내 : 초음파 시험, 공진주 시험 반복재하시험

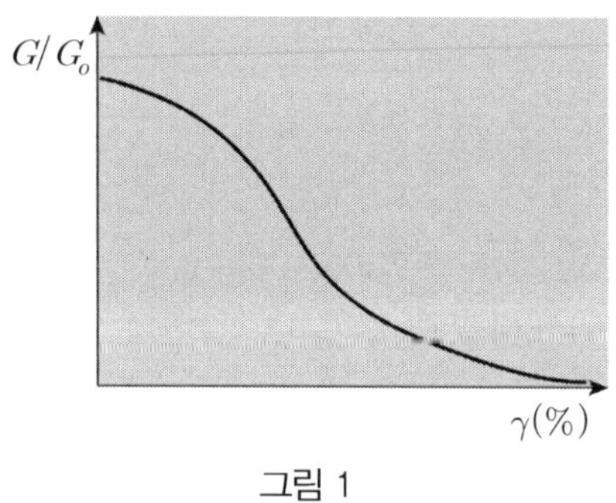

그림 1

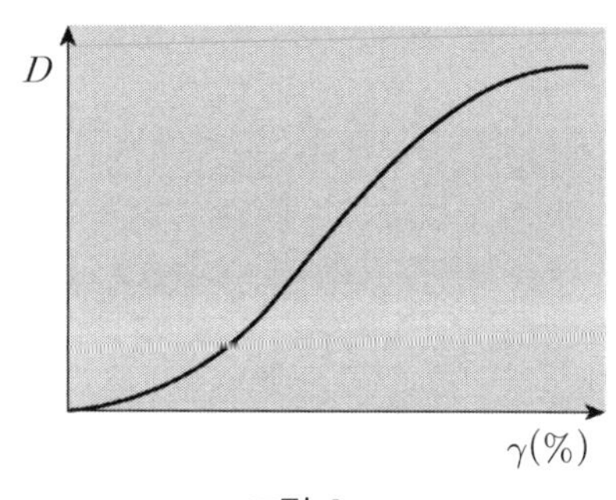

그림 2

※ 공진주시험과 물성치 : 비틂 진동(예)

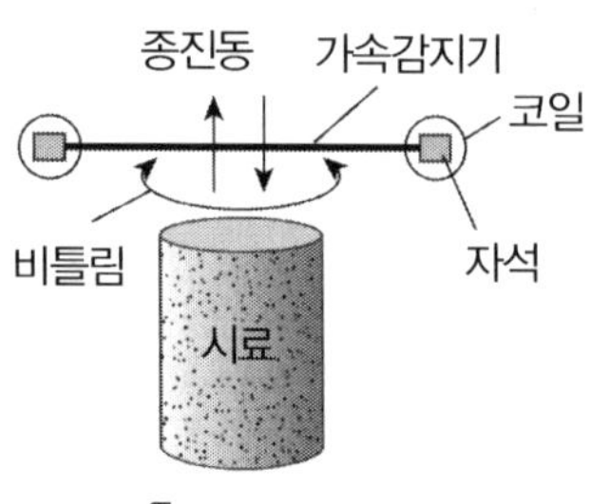

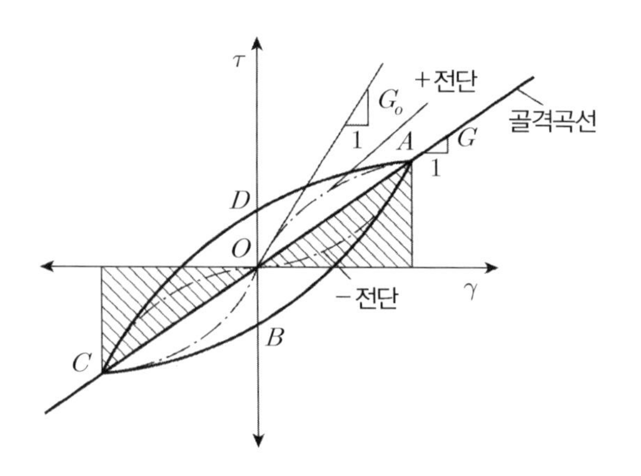

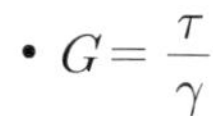

- $G = \frac{\tau}{\gamma}$
- $D = \frac{A_L}{4\pi A_T}$
- $E = 2G(1+V) \rightarrow v$(동포아슨비) 구함

3. 해석방법

(1) 해석 *Program* : *SHAKE* 등

(2) 해석 절차

(3) 1차원 지진응답 해석 결과 (예)

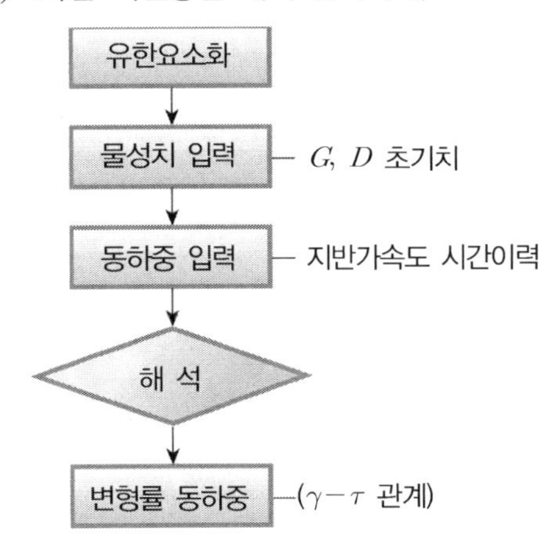

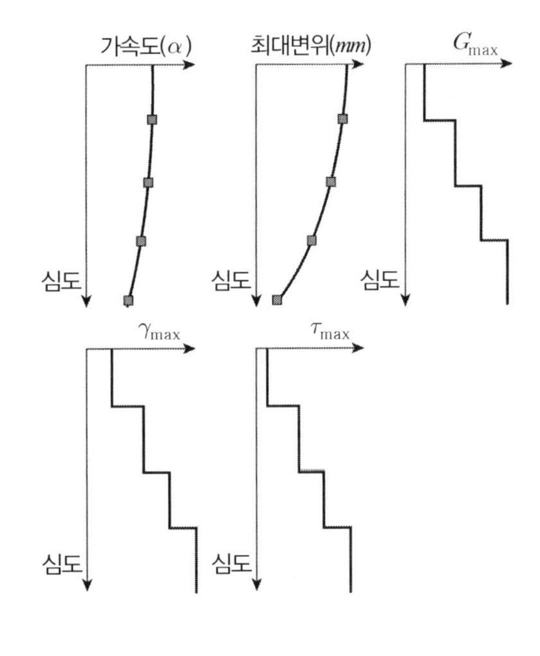

4. 이 용

(1) 액상화

(2) 지진 시 말뚝거동

(3) 사면 내진해석

(4) 옹벽, 토류벽 구조물

✓ 지반응답해석을 위한 상용 프로그램들과 각 프로그램의 해석조건 및 기법

프로그램	모델링 차원수	비선형성	해석조건	해석영역
SHAKE91	1	등가선형	전응력	주파수영역
NERA	1	비선형	전응력	시간영역
SUMDES	1	비선형	유효응력	시간영역
FLUSH	2	등가선형	전응력	주파수영역
FLIP	2	비선형	유효응력	시간영역
FLAC	2	비선형	전응력	시간영역
ABAQUS	2	선형	전응력	시간영역

15 지반조건별 구조물 지진거동 특성, 내진설계(입력지진)

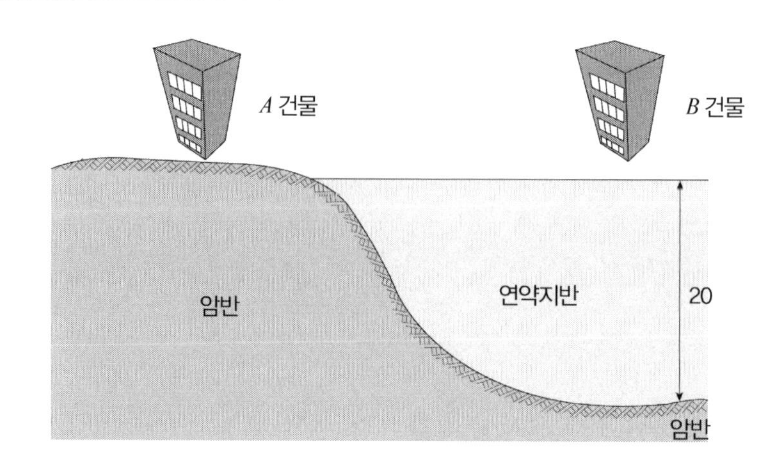

1. 지반조건별 구조물 지진거동 특성 비교

(1) A건물(암반지역)

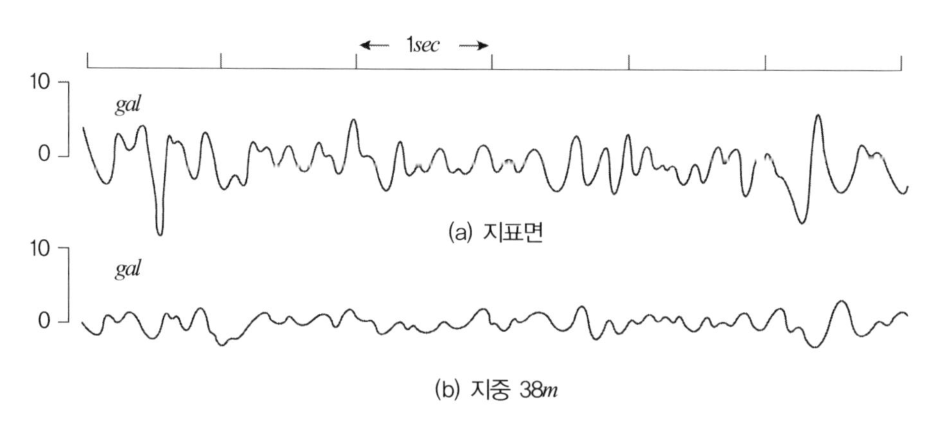

Sudagai북 Gumma에서의 지표면과 지중 38m에서 측정한 가속도 기록

① 견고한 암반지역은 단주기이다.

② 지표면보다 지하가속도는 0.3 ~ 1.0배로 평균 1/2이다.

③ 탁월주기는 약 0.1 sec이다.

④ 변형모드는 일정하게 팽창 및 수축을 하였으며 전단변형은 일어나지 않는다.

⑤ 지하 깊은 곳에서는 수평진동보다 수직진동이 탁월하다.

(2) *B*건물

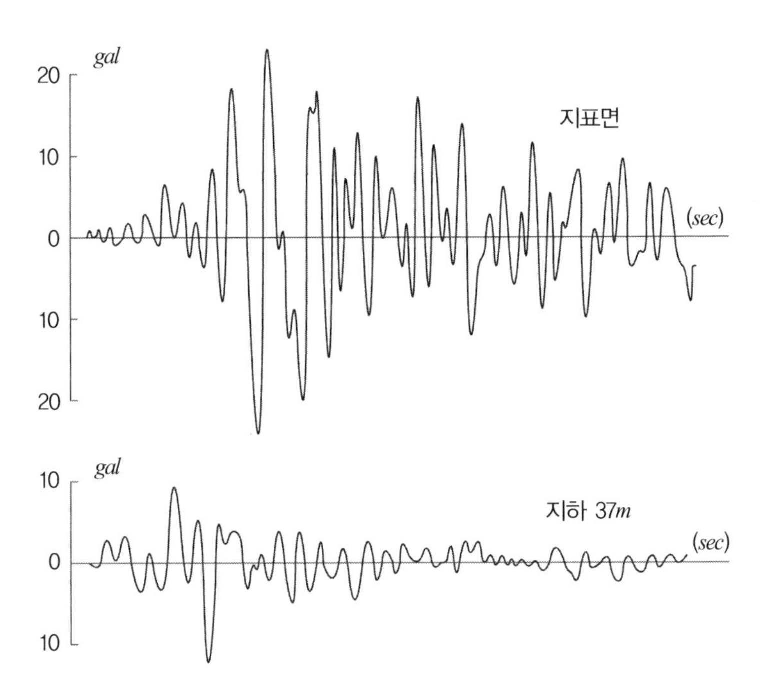

① 연약토사지반으로 장주기로 파가 발생한다.

② 탁월주기는 약 0.5*sec*이다.

③ 주요파동주기는 0.18*sec* 전후가 많고 탁월주기와는 일치하지 않는다.

④ 지표면이 진폭이 크고 지하는 진폭이 감소된다.

⑤ *A*건물 암반지역에 비하면 진폭이 크고 지진의 영향이 크다.

2. 내진해석 항목 및 절차

(1) 내진해석절차(해석항목)

구조내력 → 설계하중 → 기초면 전단력 산정 → 층지진하중 → 층전단력 → 전도 *Moment* → 층간변위 → 건물 최소 간격 결정 → 비구조재 및 건축설비 내진 조치

(2) 기초면 전단력 산정방법

① 전단력(V)

$$V=\left(\frac{AICS}{R}\right)W$$

A : 지역계수	R : 응답수정계수
S : 지반계수	W : 건축물 중량
I : 중요도계수	C : 동적계수

② 동적계수(C)

㉠ $C = \dfrac{1}{1.2\sqrt{T}}$

여기서, T : 건축물 고유진동주기

㉡ 구조물 고유진동주기(T)와 설계응답 스펙트럼

- 구조물 고유진동주기가 길수록 설계응답 스펙트럼 낮아진다.
- 구조물 고유진동주기 짧을수록 응답스펙트럼의 값이 증가하나 일정주기보다 짧은 경우 어떤 상한값으로 제한한다.
- 지반이 연약할수록 응답스펙트럼 값은 커진다.

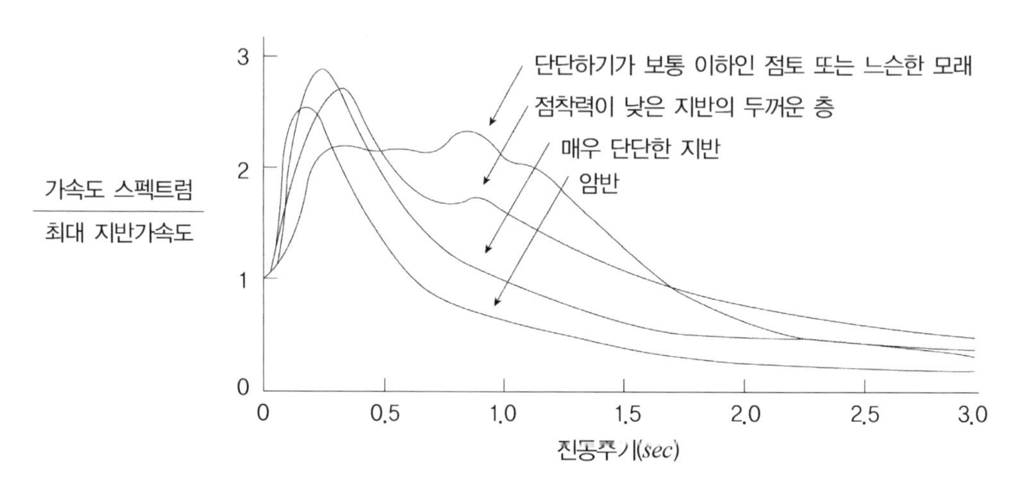

③ 지반계수

지반종류별 지반계수 적용한다.

지반종별	지반상태
지반 1	암반 또는 암반위의 매우 단단한 모래 자갈 또는 점토로서 암반까지의 전체깊이가 60m 미만인 지반
지반 2	지반 1과 같은 상태로서 암반까지의 전체깊이가 60m 이상인 경우와 깊이에 관계없이 단단한 모래 자갈 또는 점토인 지반
지반 3	단단하기가 보통 이하인 점토 또는 느슨한 모래로 전체 깊이가 9m 이상인 지반

3. 상이한 지반조건별 지진기록을 이용한 내진설계

(1) 동적계수

① 동적계수 $C = \dfrac{1}{1.2\sqrt{T}}$

② 건물고유진동주기(T)가 동일할 때, 가속도 스펙트럼/최대 가속도가 매우 작고, 토사지반은 매우 크다.

③ 가속도 따라 진동주기(T)가 변화가 심하다.

(2) 지반계수

① 지반종류에 따라
암반(A건물) 지반계수 : 1.0
암반(B건물) 지반계수 : 1.5

(3) 이용방법

① 탁월진동주기 수정 이용, 동적계수 결정

② 지반조건을 고려하여 지반계수를 적용

4. 평 가

(1) A건물

① 암반에서는 진폭이 작고 주기가 짧아 연약지반의 진폭이 큰 특성 적용으로 안전하다.

② 암반은 탁월주기가 짧아 공진대책이 필요하다.

(2) B건물(토사지반)

① 암반특성은 진폭이 작고 주기가 짧아 안전하다.

② B건물은 진폭이 크고 장주기가 발생하므로 내진검토가 별도 필요하다.

16 진동대 시험(Shaking Table Test)

1. 개 요

(1) 동적 하중에 대한 실내, 현장시험은 지진 시 지반에 가해지는 응력체계재현 시험으로서 동적물성치 (E, G, ν, D)를 구하여 동적해석을 통한 지반과 구조물의 상호거동특성을 파악하는 반면에

(2) 진동대 시험은 아래 그림과 같이 진동을 줄 수 있는 테이블에 원지반 시료를 채취하여 현장응력체계를 모형화하여 진동응력을 가하여 변위와 간극수압의 변화 등 지반과 구조물의 상호 거동특성을 관측하는 실내시험이다.

2. 시험의 개념

(1) 모형토조에 현장조건대로 시료제작 : 함수비, 상대밀도, 흙 종류

(2) 계측기 설치 : 간극수압계, 변형률계, 가속도계

(3) 그림과 같이 진동을 가함

(4) 거동특성 파악

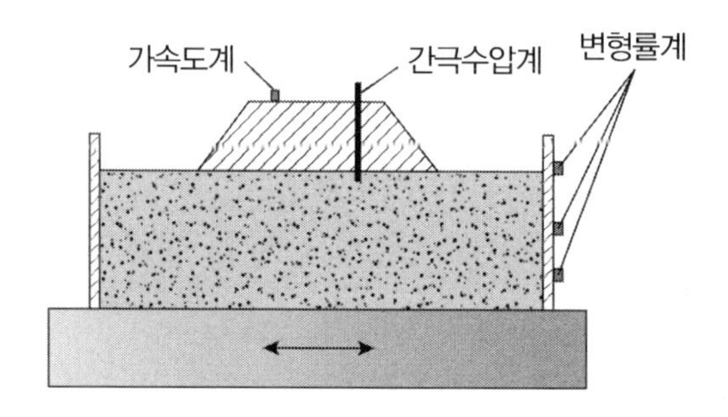

3. 현장조건 재현

(1) 구조물이 지표에 있는 경우 : 횡방향 변위 자유조건(구속 없음)

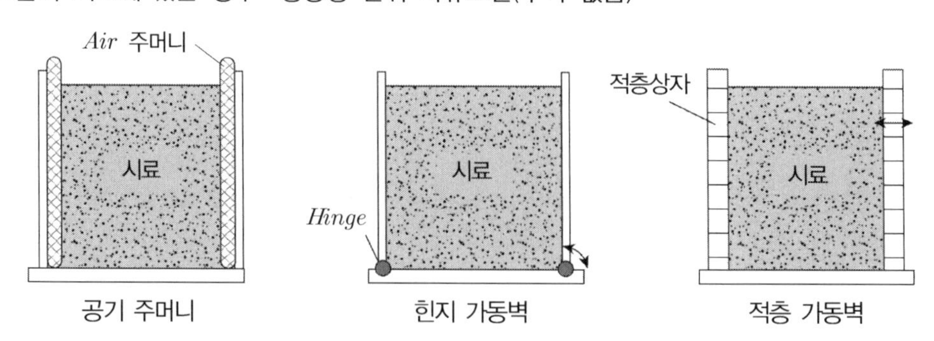

(2) 심부가정 : 측방구속 조건

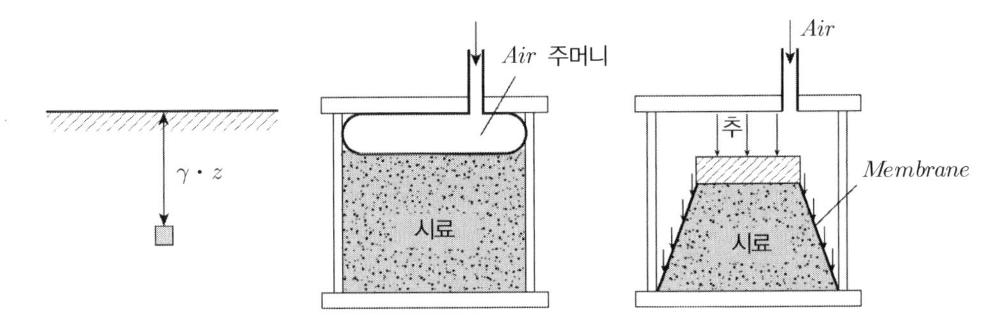

4. 이용성

(1) 액상화 평가
(2) 지진 시 말뚝의 거동
(3) 사면안정
(4) 옹벽의 내진평가

5. 평 가

진동대시험으로 지반과 구조물 관계에서 지진으로 인한 지반가속도, 간극수압분포, 변위량에 대한 직접 측정하므로 내진설계의 신뢰성이 증진됨

실험결과 가속도 응답 스펙트럼(예)

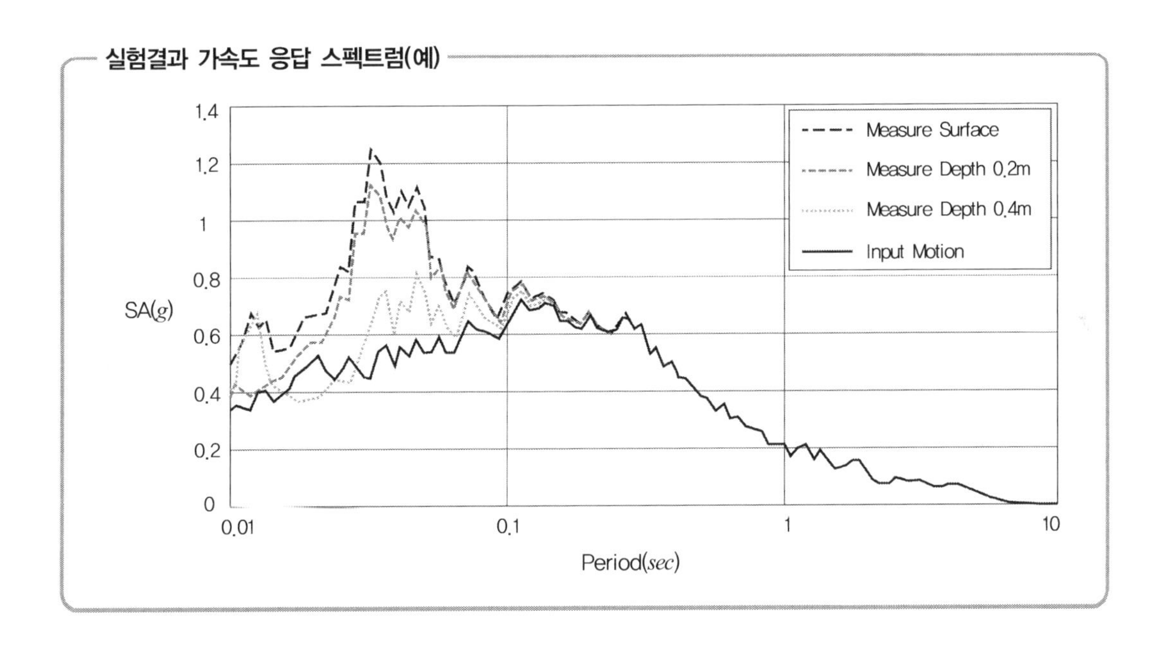

17 진도법 = 유사정적 해석 = Pseudo – Static Analysis

1. 정 의

지진에 의해 가해진 하중은 정적인 하중에 더하여 지진에 따른 관성력을 추가하여 구하며 한계평형 해석으로 안전율을 산출하는 방법을 유사정적 해석이라고 한다.

2. 지진해석 방법

(1) 유사정적 해석

① 진도법 : 동적하중을 정적하중으로 환산 ⇒ 한계 평형해석

② 응답변위법 : 지중구조물

(2) 지진응답해석 : 응답 $Spectrum$ → 수치해석 → 응력－변위 계산

(3) 설계응답 $Spectrum$ → α → 설계지진계수 K

3. 지진 관성력과 진도(K)

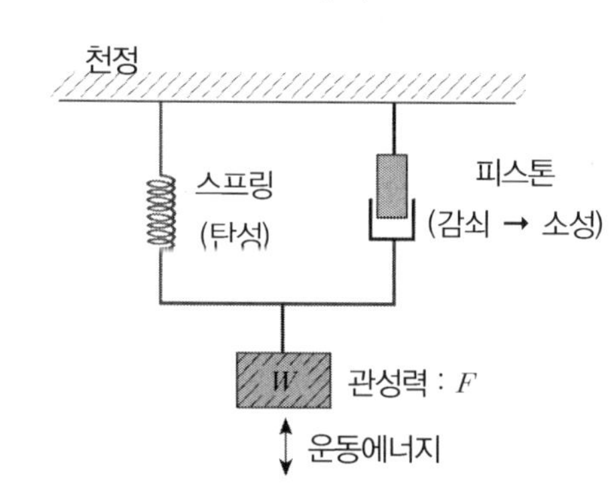

$$F = m \cdot \alpha = \left(\frac{W}{g}\right)\alpha = \left(\frac{\alpha}{g}\right)W$$

$$\therefore\ F = K \cdot W$$

여기서,

F : 지진 관성력　　m : 질량

α : 지진 가속도　　W : 토괴중량

g : 중력 가속도　　K : 설계 지진계수(진도)

4. 적 용

(1) 사 면

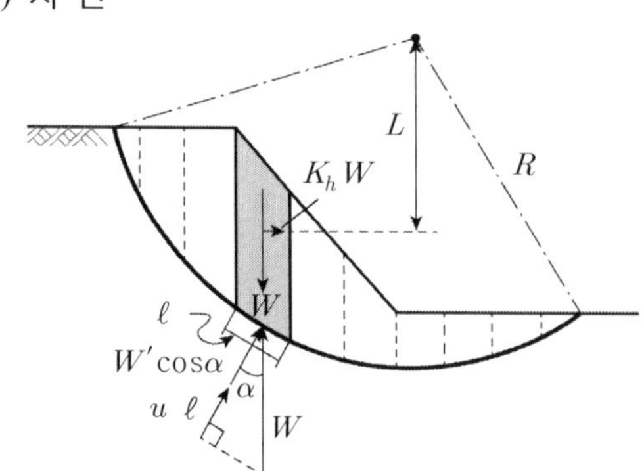

$$F_s = \frac{\sum(c'l + (W\cos\alpha - u\ell)\tan\phi')}{\sum W\sin\alpha + \sum K_h W\dfrac{L}{R}}$$

(2) 옹벽 : 지진 시 토압($Mononobe-Okabe$)

① 도해적 방법

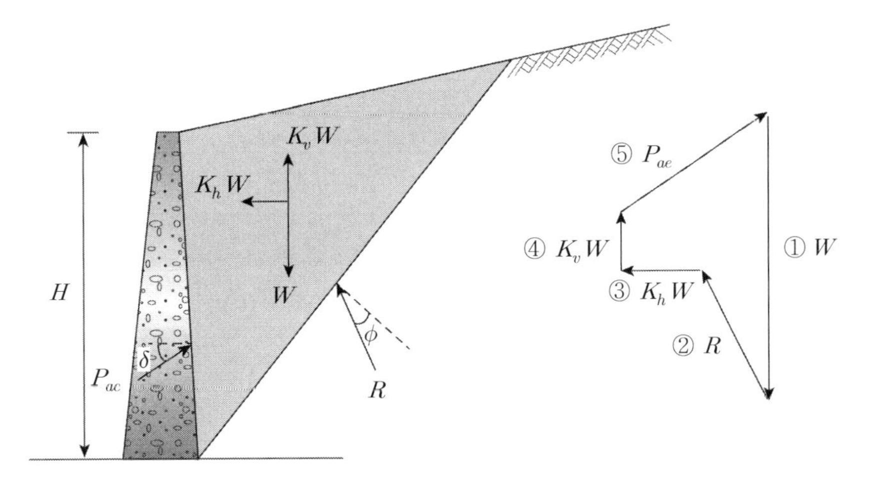

② 경험적 공식

$$P_{ae} = \frac{1}{2}\gamma H^2(1-K_v)K_{ae}$$

여기서, K_{ae} : 지진토압계수(도표 활용)

5. 특 징

(1) 장 점

① 사용 및 계산이 간편함

② 경험적으로 풍부하게 사용 → 안정성 인정

(2) 단 점

① 국부적 파괴만 판단 → 전체적 변위 파악 곤란

② 파괴에 따른 변형량 파악 곤란

③ 지진력의 크기가 변화할 때의 거동특성 무시

6. 결 론

(1) 전체적인 변위량과 응력파악이 필요하거나

(2) 중요구조물의 동적특성 파악이 필요한 경우에는 지진응답해석에 의한 수치해석결과를 병행하여 상호 검증 후 사용함이 타당하다.

18 사면 내진 검토

1. 정 의

(1) 지진에 의해 가해진 가진 진동수와 지반고유의 진동수가 같다면 응답량(전단응력, 변위량)의 증가로 인해 전단강도가 저하되며 사면안전율이 기준안전율 이하로 변화되는지 여부를 평가하는 행위로서

(2) 해석법에는 ① 진도법 ② 지진응답해석 ③ 설계응답 스펙트럼이 있음

2. 사면 안전율 저하 원인

내적 요인(전단강도 감소)	외적 요인(전단응력 증가)
① 흡수에 의한 점토의 팽창 : *Swelling, Slaking* ② 수축, 팽창, 인장으로 인해 발생한 미소균열 ③ 취약부 지반의 변형에 의한 진행성 파괴 ④ 간극수압의 증가 ⑤ 동결 및 융해 ⑥ 흙 다짐 불량 ⑦ 느슨한 사질토의 진동에 의한 활동 ⑧ 점토의 결합력 상실 = 용탈	① 인위적인 절토, 유수에 의한 침식으로 인한 기하학적인 변화 ② 함수비 증가로 인한 단위중량의 증가 ③ 인장균열 발생과 균열내 물의 유입으로 수압 증가 ④ 지진, 폭파등 진동 → 가속도 증가

3. 내진 해석 시 고려사항

(1) 지반조건 : 입도, N, 지하수위, 층상지반등

(2) 거동특성 : 원형파괴, 대수나선/복합곡선파괴, 무한사면, 암반사면(원형, 평면, 쐐기, 전도파괴)

(3) 시간이력 → 스팩트럼 작성, → α → K

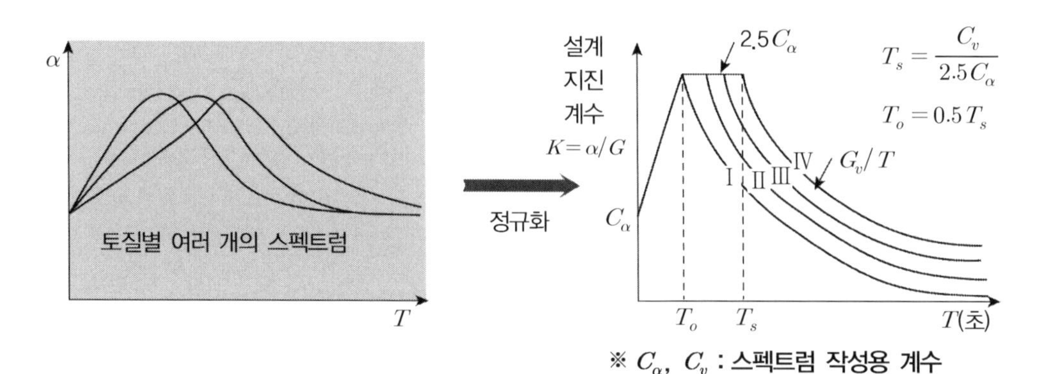

※ C_α, C_v : 스펙트럼 작성용 계수

4. 진도법(유사정적 해석)

(1) 절 차

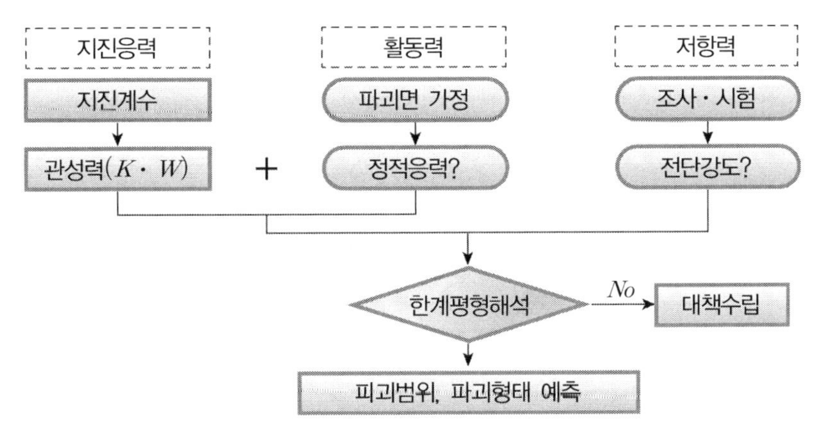

(2) 적용결과

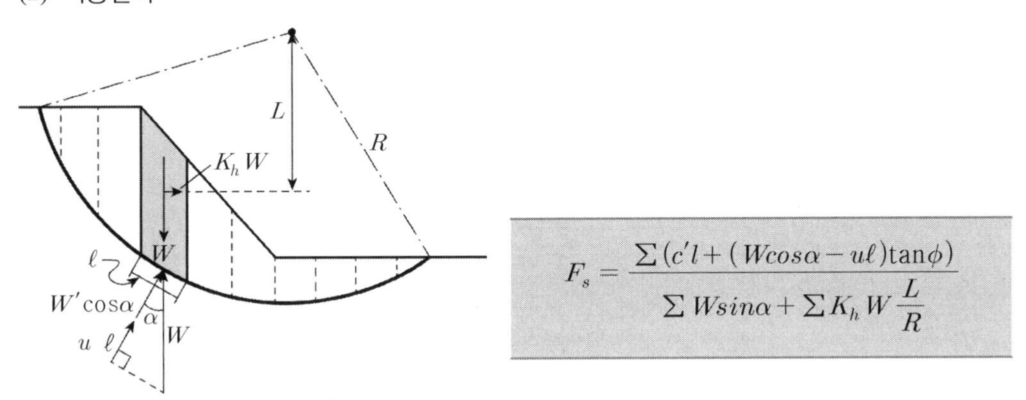

$$F_s = \frac{\sum(c'l + (W\cos\alpha - u\ell)\tan\phi)}{\sum W\sin\alpha + \sum K_h W \dfrac{L}{R}}$$

5. 지진 응답해석 = 동적 설계

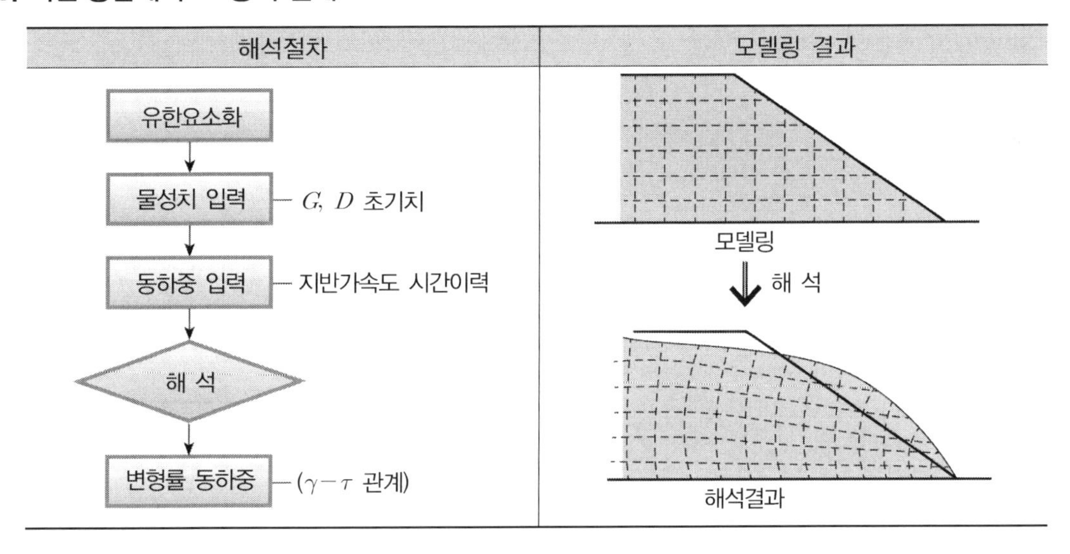

6. 유사정적 해석과 지진 응답해석의 차이점

구 분	유사 정적 해석	지진 응답 해석
해석방법	한계평형 해석	수치해석
지진력 적용	관성력 추가	설계응답스팩트럼에서의 지반가속도
시험정수	C', ϕ'	E, G, ν, D
계산결과	파괴면의 응력상태	유한요소별 응력과 변위
해석범위	사면전체 안정	국부 ~ 전체사면 안정
적 용	일반적 설계	중요 구조물

7. 사면해석결과 안전율 기준미달시 대책

소극대책 = 사면보호공법(억제공)	적극적 대책 = 사면보강공법(억지공)
① 표층 안전공 ② 식생공 ③ 블럭공 ④ 배수공 ⑤ 뿜기공	① 절토공 ② 압성토공 ③ 옹벽 또는 돌쌓기공 ④ 억지 말뚝공 ⑤ 앵커공 ⑥ *Soil Nailing* ⑦ *Grouting* 공

8. 결 론

일반적으로 진도법 → 중요구조물 → 지진응답해석에 의한 수치해석결과를 상호검증 후 사용

19 옹벽의 내진설계

1. 개 요

옹벽의 내진설계는 *Coulomb* 쐐기토압에 수평·연직 지지력을 고려한 *Mononobe-Okabe* 공식에 의해 유사정적 해석으로 구한다.

2. 해석 시 가정조건

(1) 변위 충분조건 : 주동토압이 자유롭게 발휘됨

(2) 점착력 없음 조건 : 뒷채움 토사의 $c=0$, ϕ만 존재(쇄석, 입상재료조건)

(3) 액상화 없음 조건 : 뒷채움 토사의 불포화 조건

(4) 파괴면 : $45° + \frac{\phi}{2}$ → 정적해석의 파괴면 이론에 따름

(5) 파괴면 내 흙 : 강체거동 → 도해적 토압산출 가능

3. 설계순서

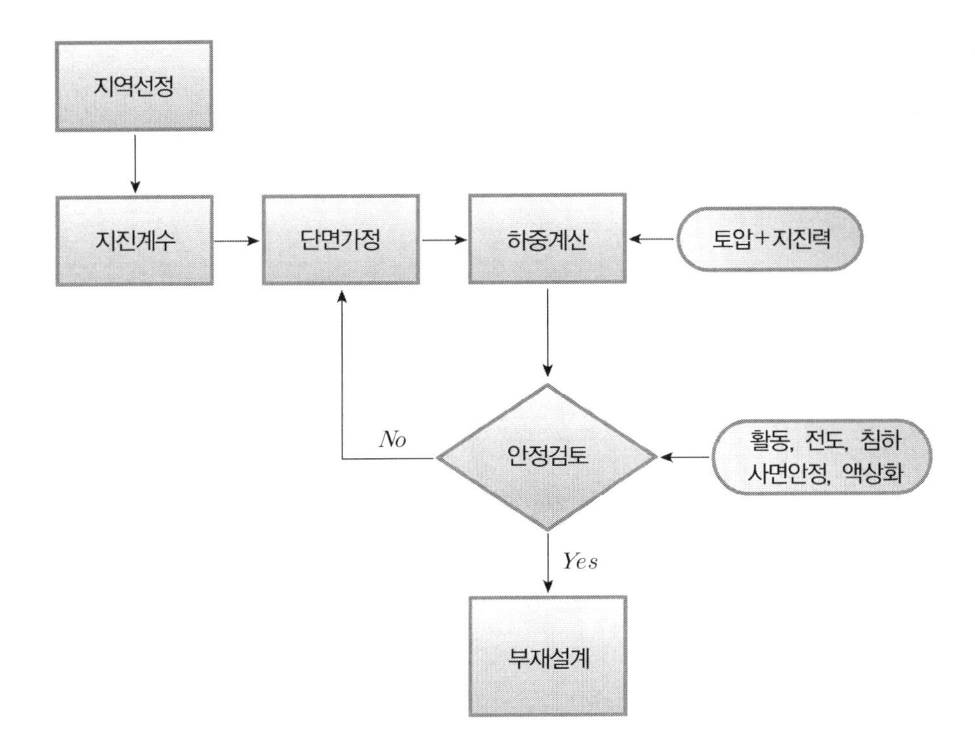

4. 토압계산

(1) 도해적 방법

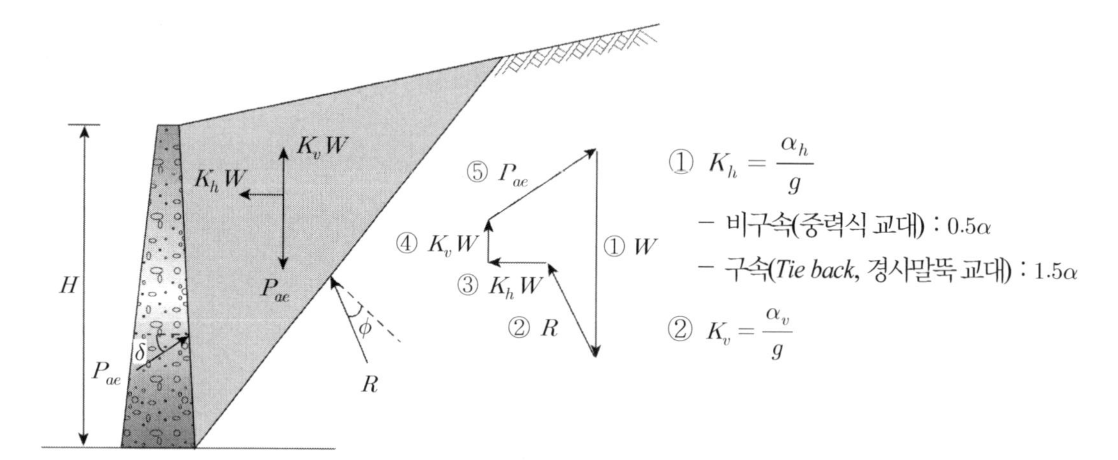

(2) 경험적 공식

① 주동토압 $P_{ae} = \frac{1}{2}\gamma H^2(1-K_v)K_{ae}$

K_{ae} : 지진토압계수(도표활용)

② 수동토압 $P_{pe} = \frac{1}{2}\gamma H^2(1-K_v)K_{pe}$

③ 토압작용거리(정적토압 $0.3H$)
$0.5H$(도로교 시방서) / $0.6H$($Seed$ 제안)

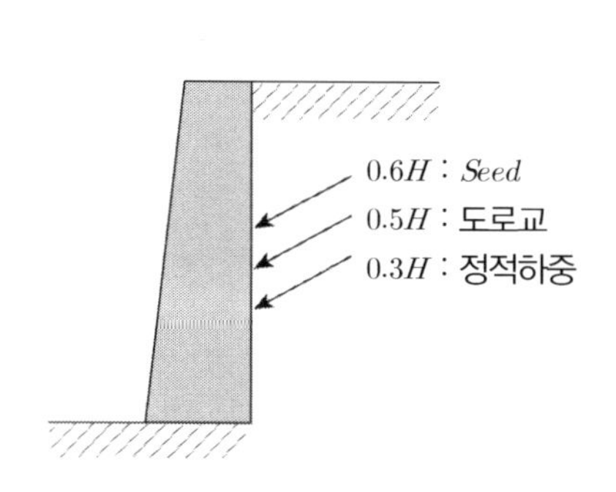

5. 안정검토

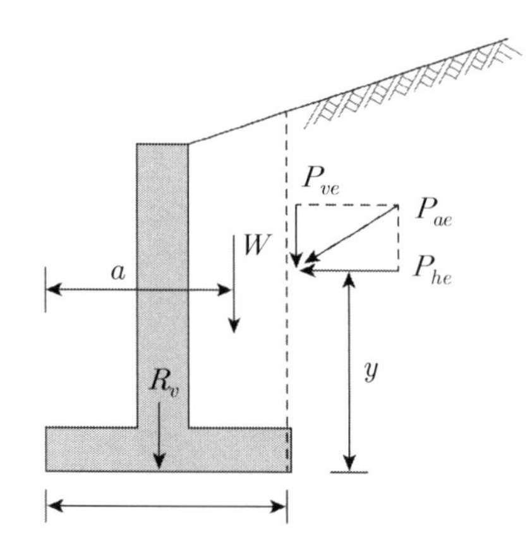

$R_v = P_v + W$(가상배면 내 흙 + 옹벽무게)

(1) 활 동

$$F_s = \frac{R_v \cdot \tan\phi + C_a \cdot B}{P_{he}} > 1.2(\text{상시 } 1.5)$$

(2) 전 도

$$F_s = \frac{W \cdot a}{P_{he} \cdot y - P_{ve} \cdot B} > 1.2(\text{상시 } 1.5)$$

(3) 지지력

$$F_s = \frac{q_a}{q} > 2.0(\text{상시}\ 3.0) \qquad q = \frac{R_v}{B}\left(1 \pm \frac{6e}{B}\right) \qquad e = \frac{B}{2} - \frac{M_v - M_h}{R_v}$$

6. 옹벽내진 설계 시 안전율 영향요소

(1) 뒷채움재의 마찰각과 배면경사(i)에 따라 지진 시 토압계수(K_{ae})에 영향을 주며 이 중에서 뒷채움재의 내부마찰각의 영향이 더욱 큼

(2) 따라서 지진으로 인한 옹벽의 안정성을 유지하기 위해서는 내부마찰각이 큰 재료로 뒷채움하는 것이 중요하다.

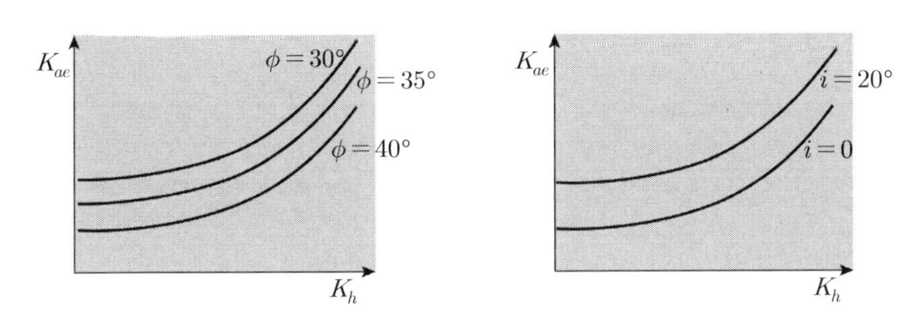

7. 설계 시 고려사항

(1) 기초지반에 대한 액상화 검토

(2) 사면안정 : 절토부, 연약지반상 옹벽은 전체 사면활동 검토

(3) 수평지지력 : 말뚝기초에서 횡방향의 수평지진력에 대한 수평지지력 검토

(4) 부재설계

① 외력에 대해 상시와 지진시로 구분된 하중계수를 각각 적용하여 부재두께, 철근비 결정

② 시방 규정에 맞는 배력근, 이음, 배수공 반영(과잉간극수압 발생 방지)

8. 평 가

(1) 진도법에 의한 내진해석에는 한계가 있으며 국부적 파괴만 판단 → 전체적 변위 파악 곤란

(2) 또한 파괴에 따른 변형량의 파악이 곤란하고 지진력의 크기가 변화할 때의 거동 특성파악이 곤란하므로 중요한 옹벽 구조물인 경우는 지진응답해석에 의한 수치 해석결과를 병행하여 상호 검증 후 사용함이 타당함

20 내진설계기준 ⇒ 설계지진계수 산출

1. 정 의

(1) 내진설계기준은 구조물의 안정과 기능유지를 위한 허용변위를 구하는 것이 목적이나

(2) 현실적으로 지진으로 인한 허용변위를 정략적으로 구하여 규정짓는 것은 극히 곤란한 실정임

(3) 즉, 아래 그림과 같이 변위에 따라 '기능수행 수준' 혹은 '붕괴방지 수준'으로 정성적 표현에 의한 내진설계기준으로 정의함

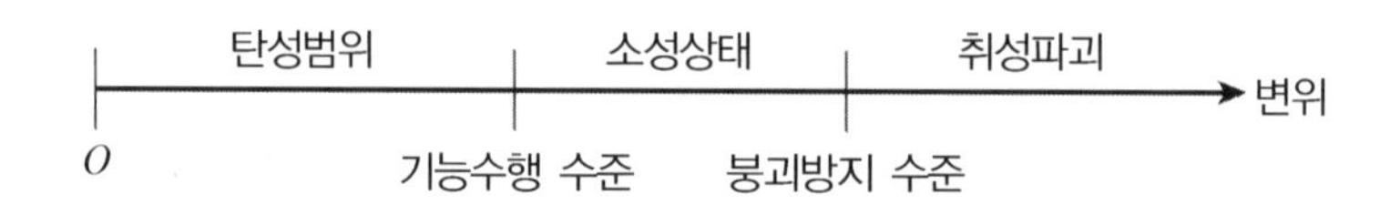

2. 내진설계기준

(1) 기능수행수준 : 변위와 관계

① 구조물에 구조적 손상이 없고 지진 시나 지진 경과 후에도 구조물의 기능은 정상적으로 유지될 수 있는 성능 수준임

② 액상화로 인한 상부구조물이 기능수행에 문제가 발생하지 않는 수준임

③ 말뚝과 상부구조물은 탄성거동 범위 내 거동 허용

④ 탄성적 영구변위만 허용함

(2) 붕괴방지 수준 : 응력과 관계

① 구조물에 제한적으로 피해는 허용한다. 그러나 피해정도가 긴급복구를 통해 기능이 회복될 정도의 수준이다.

② 액상화로 인해 상부구조물이 수리불능의 피해가 없어야 한다.

③ 말뚝과 상부구조물의 소성거동은 허용하나 취성파괴까지는 허용하지 않는다.

3. 설계지진계수

(1) 지진재해 위험도에 의한 방법

지진재해도(*Seismic Hazard*)란 과거의 지진기록을 분석하여 향후 발생 가능한 지진의 크기를 예측하기 위해 작성된 것으로 어떤 지역에서 지진으로 인해 발생한 최대 지반가속도, 응답가속도를 발생 빈도별로 나타내는 지역고유의 물리량으로 2개 구역으로 구분한다.

(2) 도표에 의한 방법(지진구역 계수)

예측기준 : 재현주기 500년, 보통암

구 분	Ⅰ 구역	Ⅱ 구역
계 수	0.11	0.07
지 역	Ⅱ 구역외 지역(광역시 포함)	강원도 북부, 전남 남서부, 제주도

✓ 0.11의 의미 : *W*에 11%의 수평하중을 추가하여 지반설계를 하라는 의미임

(3) 위험도 계수

① 정 의

지진구역계수가 500년 재현주기이므로 재현주기를 다르게 적용할 경우 보정계수임

② 위험도 계수

재현주기	50년	100년	200년	500년	1000년	2400년
보정계수	0.4	0.57	0.73	1.0	1.4	2.0

ex) 내진 1등급 교량 : 1000년 빈도, 내진 2등급 교량 : 500년 빈도

(4) 지반계수

① 정 의

지진구역 계수가 보통암 기준으로 예측되었으므로 설계대상지역의 실제 지반조건에 따라 다른 경우 보정시켜주기 위한 계수임

② 지반계수

㉠ 지반의 분류

지 반 분 류	지반종류의 호칭	지표면 아래 30*m* 토층에 대한 평균값		
		전단파 속도(*m*/*sec*)	표준관입시험	비 배수 전단강도(tf/m^2)
Ⅰ	경암, 보통암지반	760이상	–	–
Ⅱ	매우 조밀한 토사지반 또는 연암지반	360~760	> 50	> 10
Ⅲ	단단한 토사지반	180~360	15~50	5.0~10
Ⅳ	연약한 토사지반	180미만	< 15	< 5.0
Ⅴ	부지고유의 특성평가가 요구되는 지반			

㉡ 지반분류별 지반계수

지반분류	I	II	III	IV	비 고
지반계수	**1.0**	**1.2**	**1.5**	**2.0**	V : 지진응답해석으로 설계지진계수 산정

(4) 계산 예시

① 조 건 : I 구역, 1000년 빈도, 지반분류 IV

② 결 과 : 설계지진 계수 = 0.11×1.4×2.0 = 0.308

4. 내진설계 절차

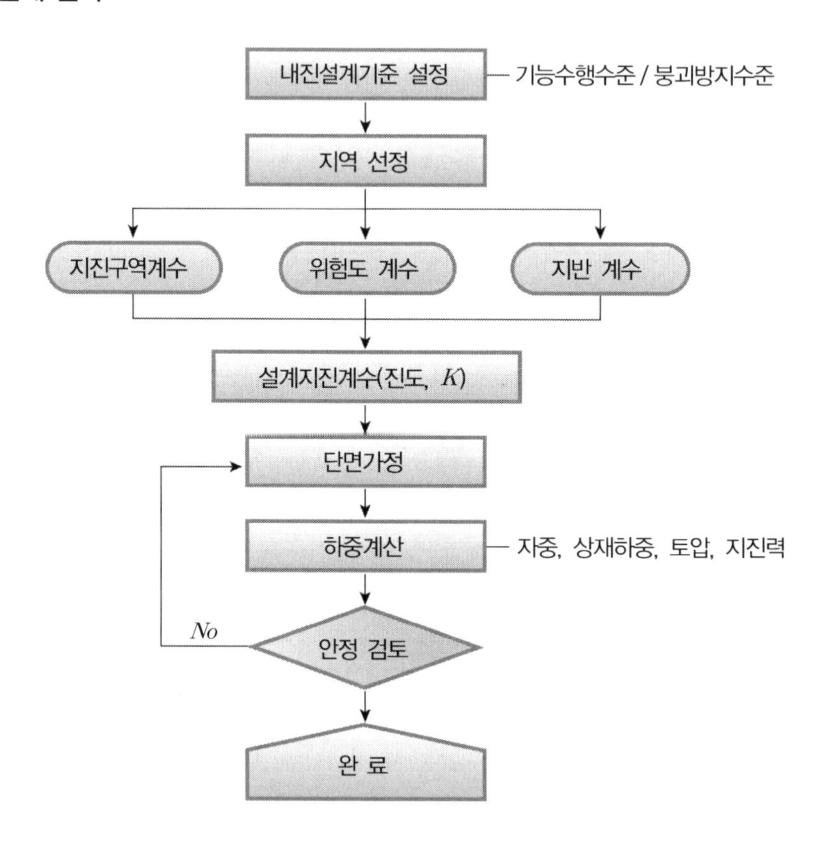

21 토사사면에 대한 내진설계(파괴면 직선가정)

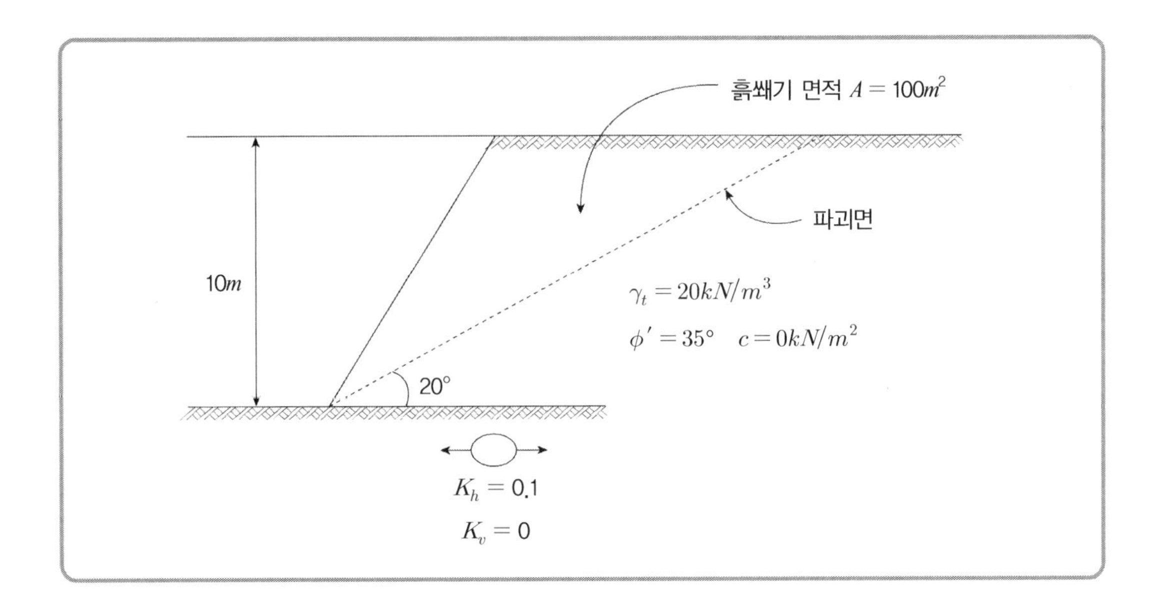

1. 사면 유사정적해석

(1) 해석방법

① $F_s=\dfrac{CA+(W\cos\alpha-ul)\tan\phi'}{W\sin\alpha+K_h W}=\dfrac{(W\cos\alpha-ul)\tan\phi'}{W\sin\alpha+K_h W}$

여기서, $W=A\times l\times\gamma_t=100\times1\times20=2{,}000kN$

$K_h=0.1$

② $F_s=\dfrac{(2000\cos20)\tan35}{2000\sin20+0.1\times2000}=\dfrac{1315}{884}=1.49$

③ F_s가 1.49로 사면파괴가 발생하지 않음

2. *Newmark* 활동블록 해석

(1) *Newmark* 활동 *Block* 해석

① F_s : 지진하중이 없을 때 안전율

$F_s=\dfrac{(2000\cos20)\tan35}{2000\sin20}=\dfrac{1315}{684}=1.92$

② 비탈면 평면파괴조건

$K=(F_s-1)\sin\alpha=(1.92-1)\sin20=0.31$

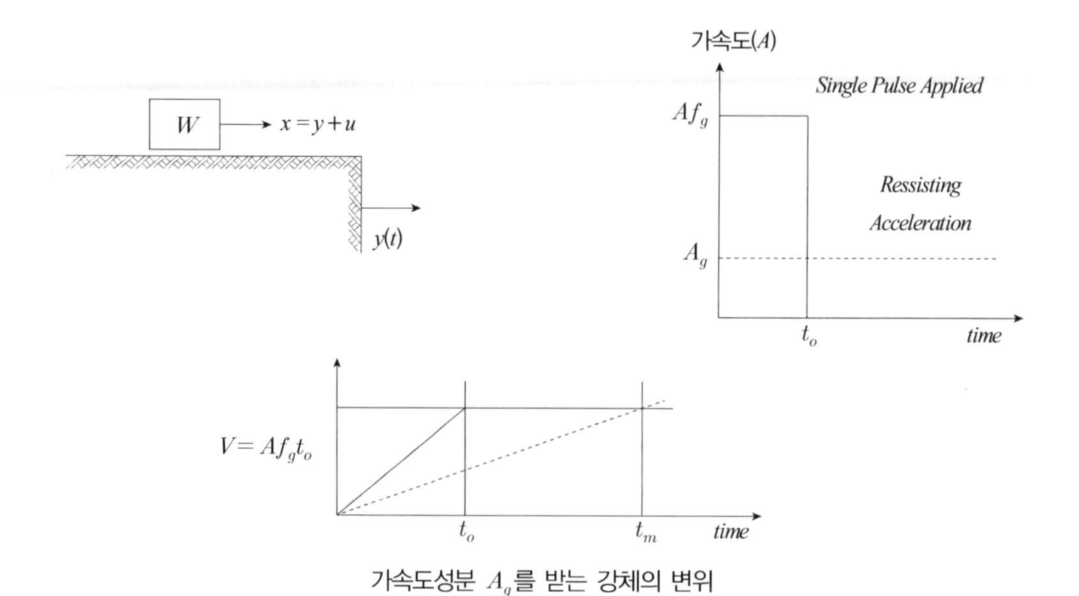

가속도성분 A_g를 받는 강체의 변위

(2) 위 그림에서 t_0 시간 동안 작용된 a_g의 항복가속도 성분에 의한 동하중 받는 무게(W)의 대한 최대변위

① $u = \frac{1}{2} Vt_m - \frac{1}{2} Vt_0 = \frac{V^2}{2gK}\left(1 - \frac{K}{K_1}\right)$

여기서, V 최대속도 $= 9.8 \times K_h = 0.98$

g : 중력가속도 9.8　K : 0.31　K_1 : 0.1

② $u = \frac{0.98^2}{2 \times 9.8 \times 0.31}\left(1 - \frac{0.31}{0.1}\right) = (-0.338)$

③ 변위발생 여부

u(변위)가 −0.338로 변위가 발생하지 않는다.

22 액상화

1. 정 의

(1) 느슨하고 포화된 사질지반에 반복된 진동이나 충격을 주면 비 배수 조건이 되면서 과잉간극수압이 발생할 수 있다.

(2) 이와 같은 반복진동은 (−) *Dilatancy* 성향으로 (+)과잉간극수압이 누적되어 유효응력의 감소로 이어지며 지반은 전단강도를 상실하고 마치 액체처럼 변하는 현상을 말한다.

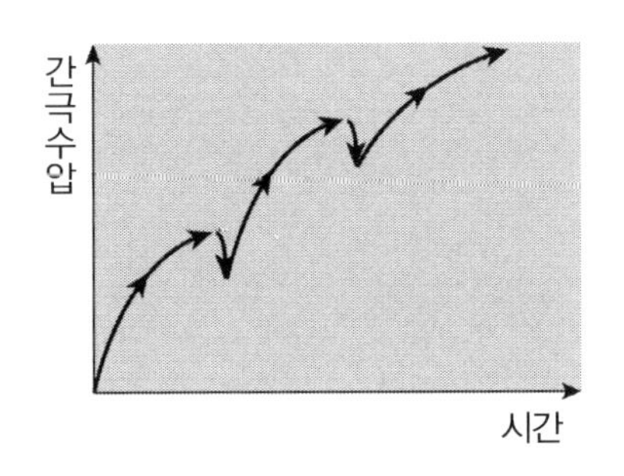

$S = c' + (\sigma - u)\tan\phi$

$\Rightarrow c = 0,\ \sigma = u$

$\Rightarrow S = 0$

2. 발생 *Machanism* 및 해석

(1) 액상화 시 간극비와 유효응력

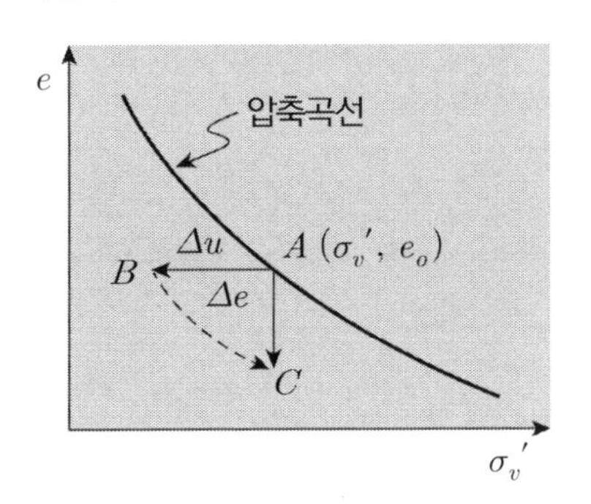

$B : (\sigma_v{}' - \Delta u,\ e)$ $\quad C : (\sigma_v{}',\ e - \Delta e)$

① 액상화 : $A \Rightarrow B$ 거동

② 액상화 후 입자 재배열 : $A \rightarrow B \rightarrow C$

③ 동적 지반개량 : $A \rightarrow C$

3. 발생 가능 지반 및 액상화 검토 대상

(1) 액상화 발생 가능 지반

① 지하수위가 높은 사질지반

② 매립지

③ 간척지

④ 퇴적토

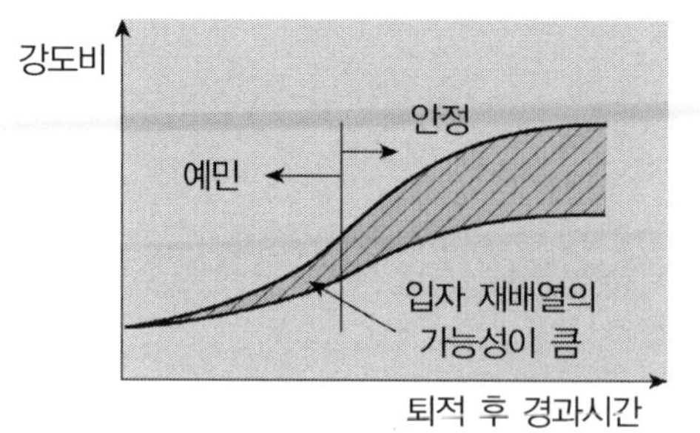

퇴적토의 액상화 현상

✓ 강도비 $= \frac{\text{장기강도}}{\text{퇴적 직후 강도}}$

(2) 검토대상 지반

① 입도 불량

㉠ 한계간극비 이상

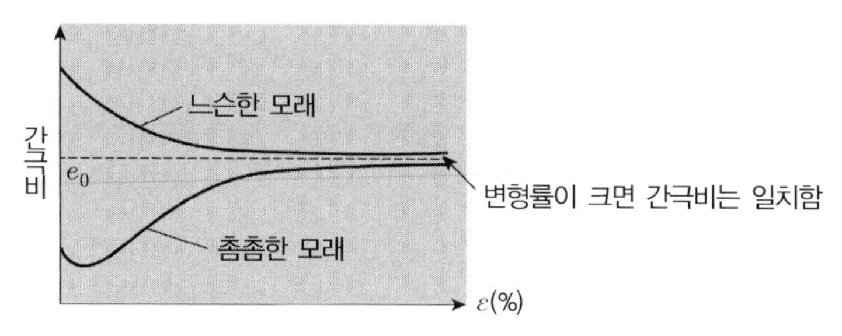

㉡ 점토 함유율 : 10% 이하

㉢ 균등계수 : $C_u > 10$

② 포화지반 : 지표하 2~3m 이내 지하수위 존재

③ 느슨한 퇴적 사질토 : 상대밀도 적은 경우

④ 퇴적층의 깊이 : 15~20m

액상화 평가 생략지반

① 지하수위 위의 지반

② 주상도상 표준관입시험 저항치 $N > 20$인 지반

③ 대상 지반심도가 20m 이상인 지반

④ 소성지수 PI가 10 이상이고 점토성분이 20% 이상인 지반

⑤ 세립토 함유율이 35% 이상인 경우

⑥ 상대밀도가 80% 이상인 지반

⑦ 지층분류상 I~IV인 지반

4. 액상화 평가방법

(1) 액상화 평가 순서

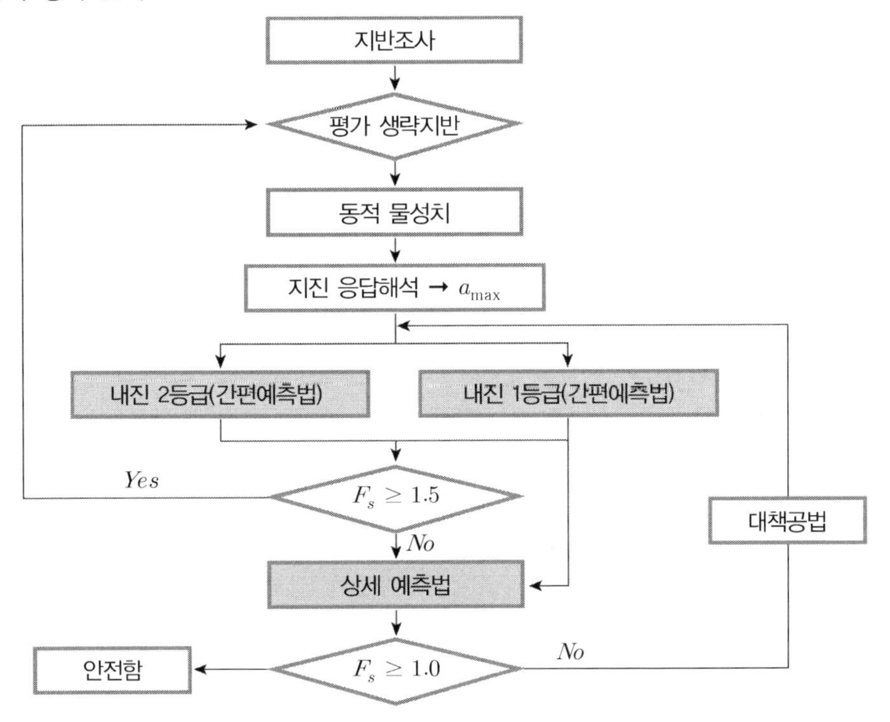

(2) 간편 예측법

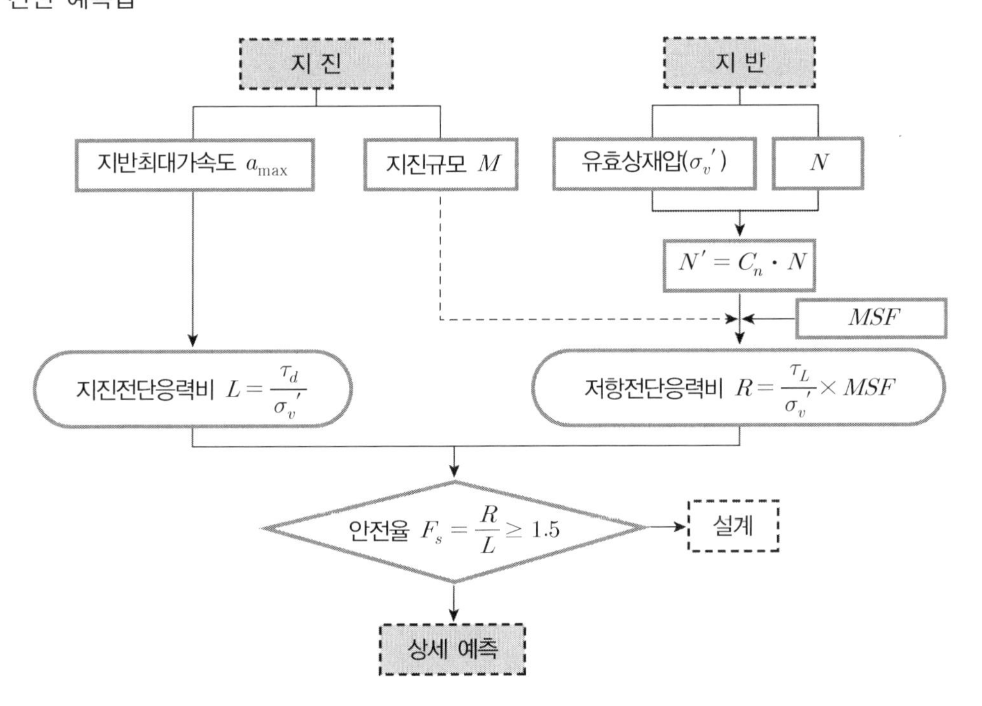

① 지진 전단응력비

$$L = \frac{\tau_d}{\sigma_v'} = 0.65\frac{\alpha_{\max}}{g} \cdot \frac{\sigma_v}{\sigma_v'}$$

여기서, $\alpha_{\max}$: 평가대상지반의 지층별 지반최대가속도(지진응답해석)

g : 중력 가속도 σ_v : 평가대상 깊이까지의 지반에 대한 총상재압

σ_v' : 평가대상 깊이까지의 시반에 대한 유효상재압

② 표준관입시험 저항치 수정

환산 N치 : $N' = C_n \cdot N_f$ $C_n = 0.77 Log\frac{20}{\sigma_v'}$ $\sigma_v' : tonf/m^2$

③ 지반의 저항응력비(R) – 환산 N치 관계도 → R 산정(MSF 고려)

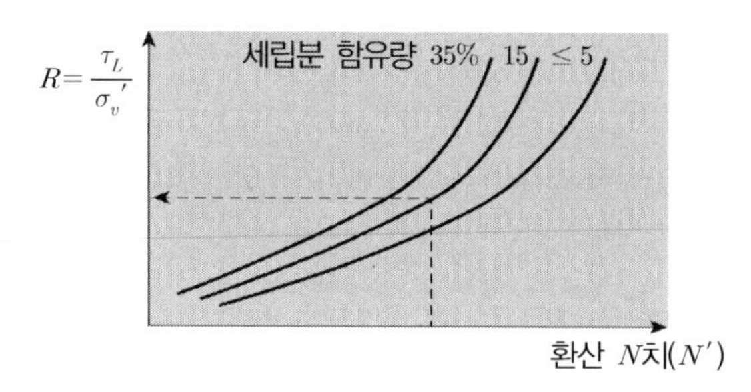

(3) 상세 예측법

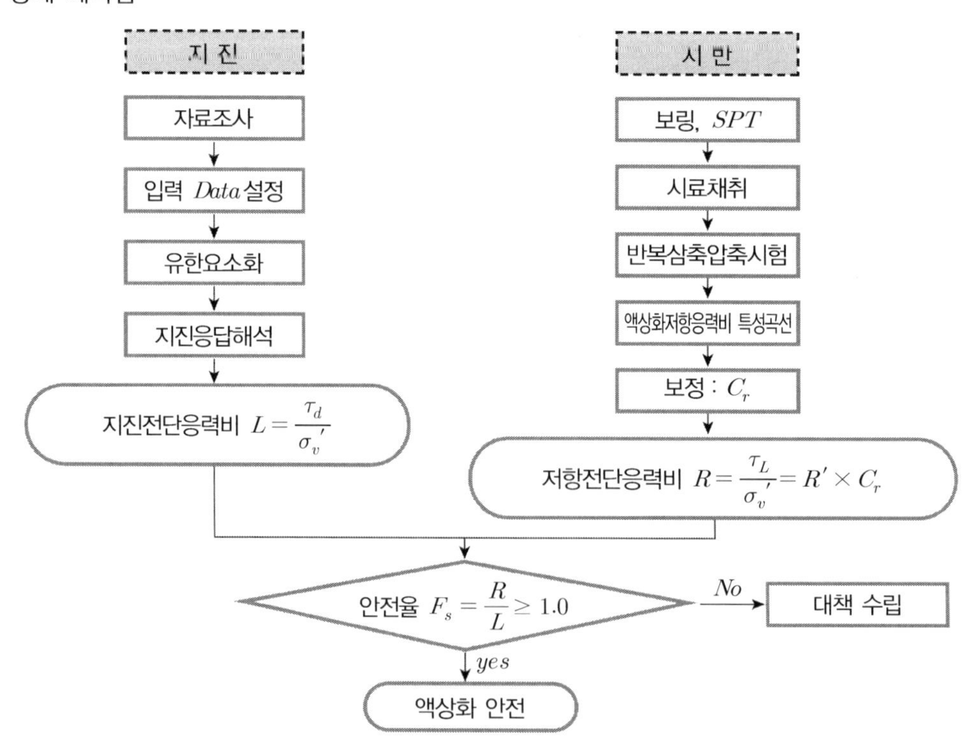

① 지진 전단응력비

$$L = \frac{\tau_d}{\sigma_v'} = 0.65 \frac{a_{\max}}{g} \cdot \frac{\sigma_v}{\sigma_v'}$$

여기서, $\alpha_{\max}$: 평가대상 지반의 지층별 지반최대가속도(지진응답해석)
g : 중력 가속도　σ_v : 평가대상 깊이까지의 지반에 대한 총상재압
σ_v' : 평가대상 깊이까지의 지반에 대한 유효 상재압

② 실내액상화시험

③ 액상화 저항응력비 특성 곡선 → 지반 저항전단 응력비(R') 측정

㉠ N에 따른 경험석 R' 석용

㉡ 반복 3축압축시험 → N치 측정 : $M = 6.5$일 때 10회 적용

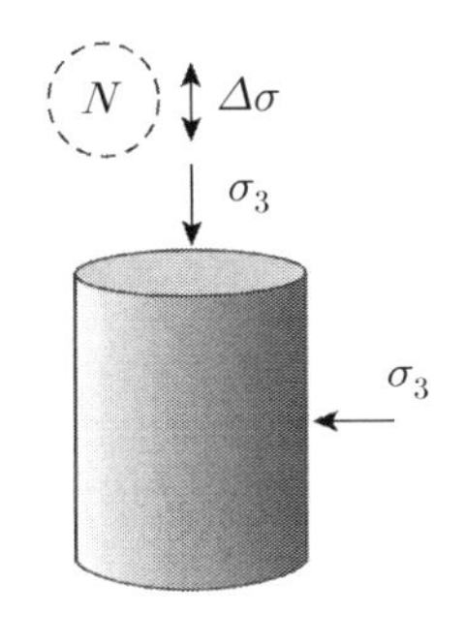

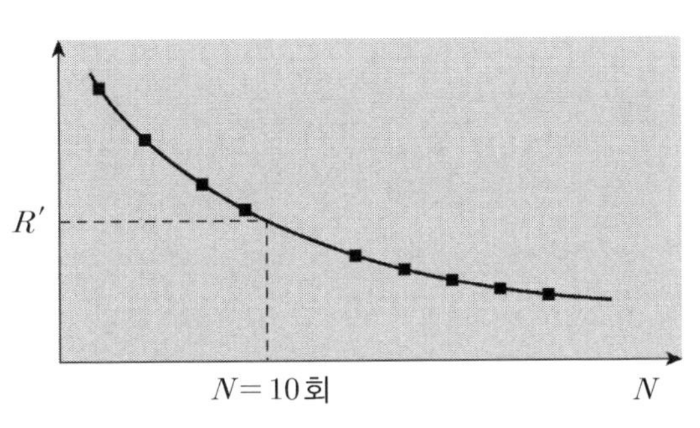

④ 강도비 보정계수(C_r)

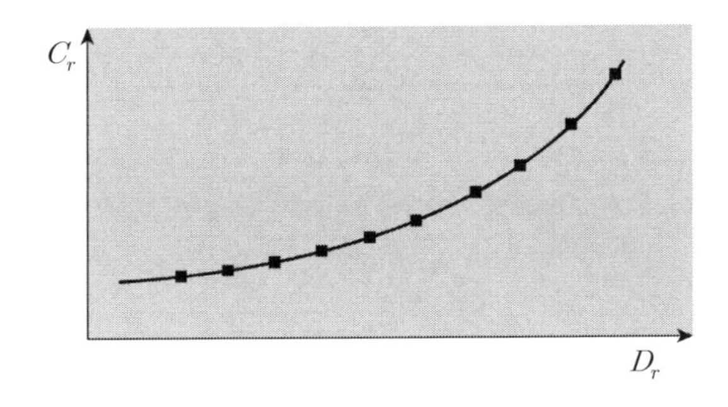

5. 액상화 문제점

(1) 활 동　　(2) 전 도

(3) 침 하　　(4) 측방유동

(5) 부마찰력 발생

6. 원리별 대책공법

원 리	대 책	고려 사항
간극수압 감소	*Gravel Drain*	• 액상화 시 상부구조물 지지역할 + 간극수압 감소
밀도개량	*Vibro Flotation, SCP,* 전기충격, 동다짐	• 밀도증가 → 한계간극비 이하로 상대밀도 유지
입도개량	치환, 동치환, 주입공법	• 치환의 경우 치환깊이 제한 • 치환깊이 깊은 경우 → *VF, SCP*, 동다짐
배 수	*Deep Well, Well Point*	• 포화도 저하원리 • 인근지하수위 저하로 인한 침하 발생 검토
전단변형 억제	*Sheet Pile, Slurry Wall*	

7. 평 가

(1) 액상화 시 지반거동에 대한 정량적인 판단이 어려운 사항이므로 액상화 발생 가능 지반에 대한 사전 대책이 강구함이 무엇보다 중요함

(2) 액상화에 대한 대책은 한 가지 방법보다는 대책가능한 공법을 조합하여 판단함이 바람직하며 *SCP, Gravel Drain*, 주입공법등이 주요한 방법으로 판단됨

액상화로 인한 피해현황 : (M=7.5, 1964년 *Nigata*)

23 유동액상화(Flow Liquefection)/반복변동(Cyclic Mobility)

1. 액상화 현상의 정의

(1) 느슨하고 포화된 사질지반에 반복된 진동이나 충격을 주면 비 배수 조건이 되면서 과잉간극수압이 발생할 수 있다.

(2) 이와 같은 반복진동은 (−) *Dilatancy* 성향으로 (+)과잉간극수압이 누적되어 유효응력의 감소로 이어지며 지반은 전단강도를 상실하고 마치 액체처럼 변화는 현상을 말한다.

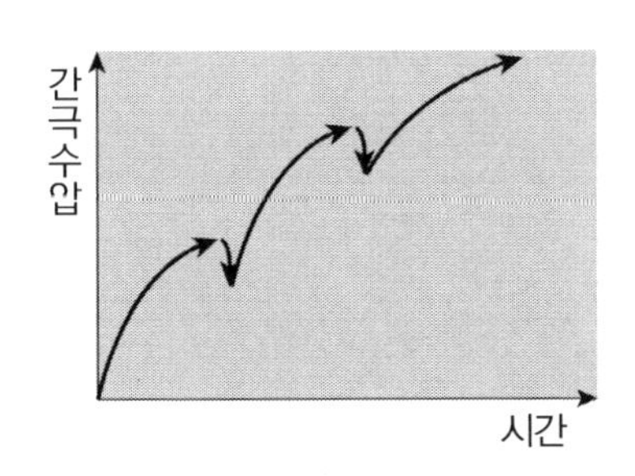

$$S = c' + (\sigma - u)\tan\phi'$$
$$\Rightarrow c = 0,\ \sigma = u$$
$$\Rightarrow S = 0$$

2. 동하중에 따른 액상화의 종류

(1) 유동액상화 → 지반의 전단강도보다 큰 동하중이 일시적 작용

(2) 반복변동 → 지반의 전단강도보다 작은 동하중이 장기간 작용

3. 동하중에 따른 변형과 간극수압의 변화

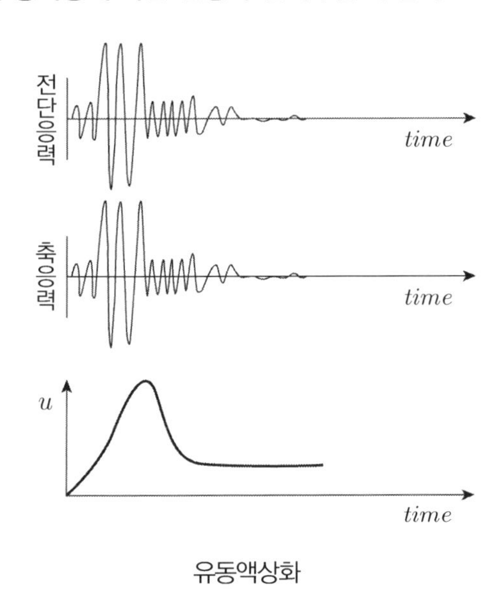

유동액상화

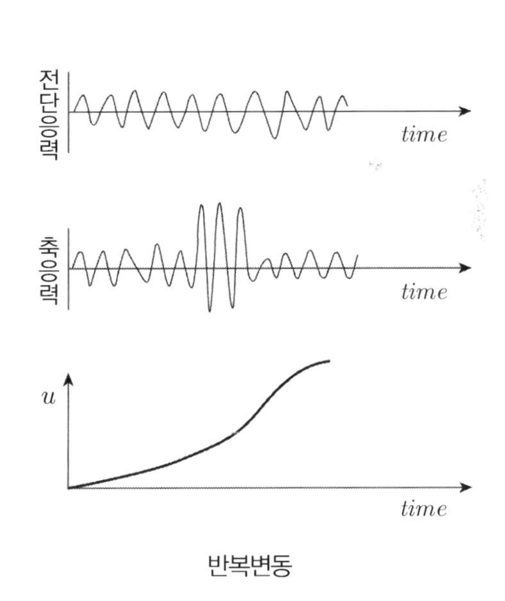

반복변동

4. 특 징

구 분	유동액상화 : 지반파괴	반복변동 : 변형
발생조건	액상화 전단강도 ≤ 정적 전단응력	액상화 전단강도 ≥ 정적 전단응력
발생시기	지진시 혹은 지진 직후	여진 기간 동안
발생지형	경사지반	물에 인접한 평지나 완만한 경사지반
상대밀도	*Loose Sand*	*Loose Sand*, *Dense Sand*
파괴유형	대규모 일시 파괴	진행성 파괴(변형연화)

응력경로로 표현한 액상화의 양상

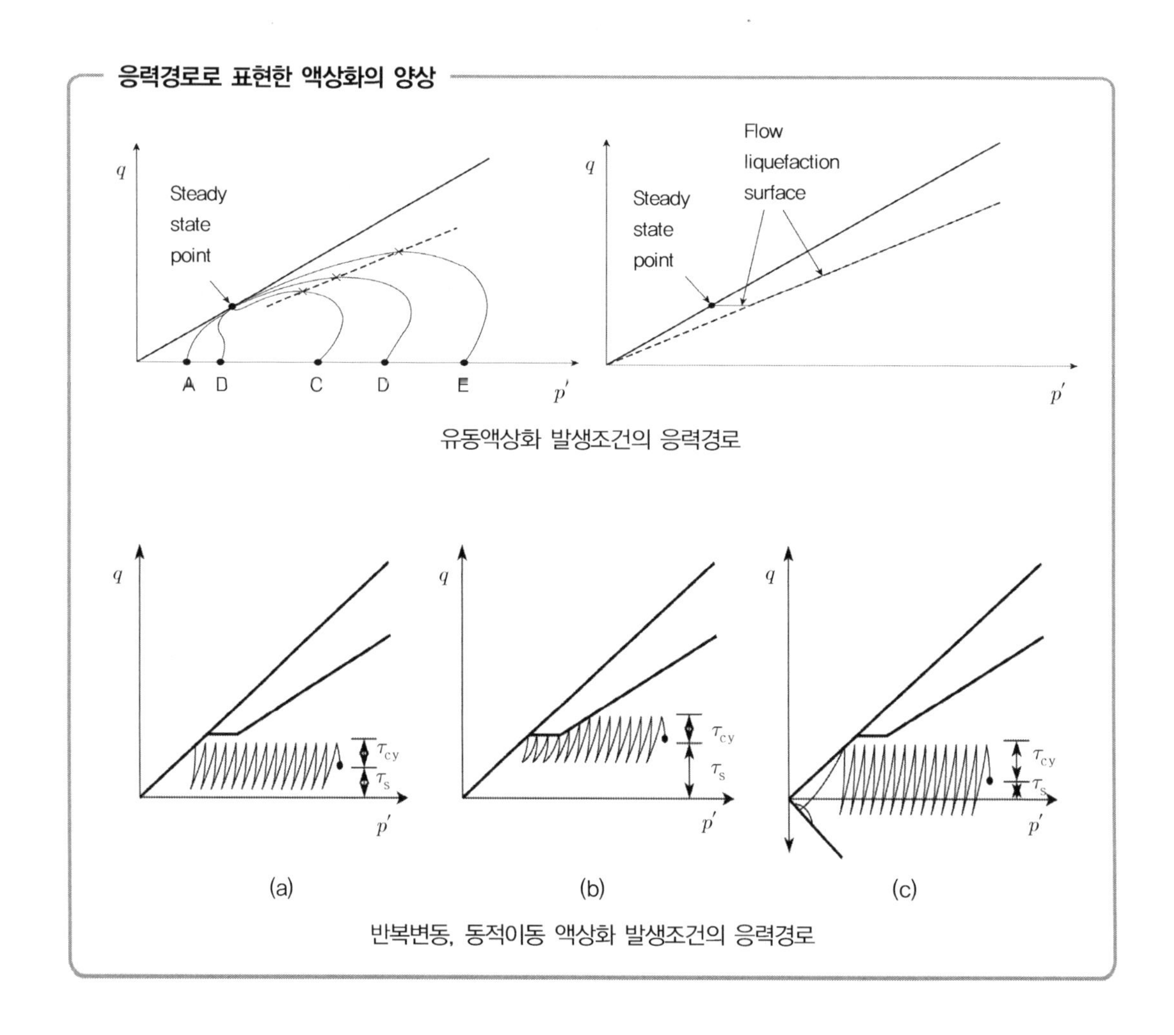

유동액상화 발생조건의 응력경로

반복변동, 동적이동 액상화 발생조건의 응력경로

24 응력경로에 의한 유동액상화(Flow Liquefaction)와 반복 변동(Cycle Mobility) 설명

1. 유동액상화(*Flow Liquefaction*)

(1) 정 의

① 지반 내 정적전단응력이 액상화 상태의 전단강도보다 클 경우 발생한다.

② 대규모 변형으로 피해가 크게 된다.

③ 지진이 계속되는 동안 끝난 후에도 발생하고 느슨한 사질토에 발생한다.

④ 주로 경사지에서 발생한다.

(2) 유동액상화 발생 범위

① 아래 그림에서 검은색 부분의 범위에 있게 되면 유동액상화 발생 가능 구역이다.

② 비 배수 진동이 유효응력 경로가 초기점에서 *FLS*까지 이동할 수 있을 정도로 충분히 강해야만 유동액상화는 일어난다.

③ 초기응력 상태가 *FLS*로부터 멀리 떨어져 있을수록 액상화에 대한 저항은 크다.

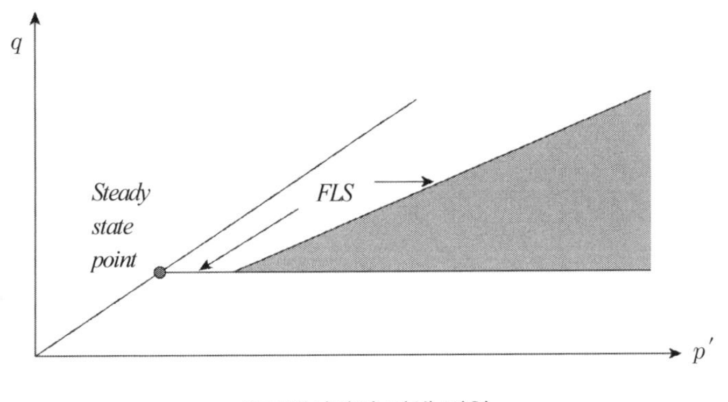

유동액상화의 발생 범위

④ *FLS*는 유동액상화가 시작되는 점에서 간극수압비 $\gamma_m(=u_t/\sigma_{3c}')$를 예측하는 데 이용될 수 있다.

⑤ 초기응력비 $K(=\sigma_{1c}'/\sigma_{3c}')$가 증가함에 따라 간극수압비는 감소한다. 초기응력비가 클수록 유동액상화는 더 적은 정적 또는 동적 재하에서 일어날 수 있다.

2. 반복하중(*Cyclic Mobility*)

(1) 정 의

① 포화된 사질토가 진동하중을 받아 생기는 진행성 현상

② 정적 전단응력이 액상화상태의 전단강도보다 적은 상태에서 발생

③ 변형은 지진이 계속되는 동안 점차적으로 증가함

④ 측방퍼짐(*Lateral Spreading*)이라고 하며, 물에 인접한 평지나 완만한 경사지반에서 발생

⑤ 느슨한 모래와 조밀한 모래에서 모두 발생할 수 있으며 밀도가 증가하면 변형은 감소됨

(2) 반복변동 발생 범위

① 정적 전단응력이 정상상태 전단강도보다 작을 경우에는 유동액상화는 일어날 수 없지만 *Cyclic Mobility*가 발생할 수 있다.

② 그림 중 검게 표시된 범위에 있을 때 *Cyclic Mobility*가 가능하다.

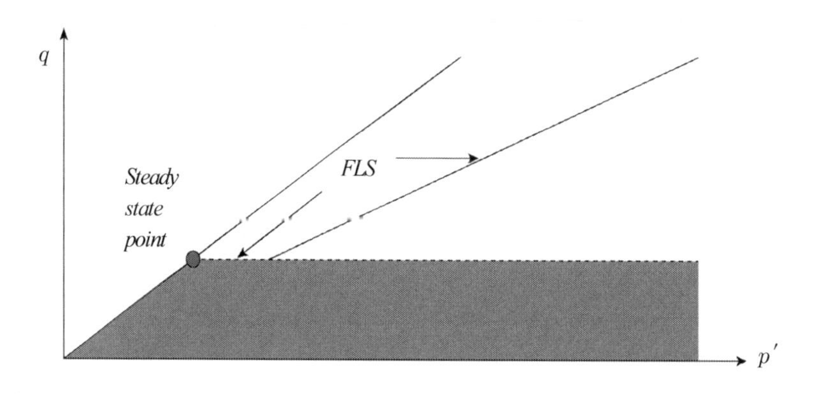

*Cyclic Mobility*의 발생범위

③ 그림에서 검게 표시된 범위는 유효구속응력이 대단히 낮은 응력부터 높은 응력까지 확장되어 있어 이에 해당하는 응력상태 *SSL* 상부와 하부 모두를 포함한 느슨한 흙이나 조밀한 흙에서 모두 반복변동이 발생할 수 있다는 사실에 주목할 필요가 있다.

④ *Cyclic Mobility*를 반복 삼축시험에서 일어나는 흙의 반응에 의해서 설명될 수 있다.

㉠ 첫째 경우 $\tau_{sta} - \tau_{cyc} > 0$

$\tau_{sta} + \tau_{cyc} < S_{su}$

㉡ 둘째 경우 $\tau_{sta} - \tau_{cyc} > 0$

$\tau_{sta} + \tau_{cyc} > S_{su}$

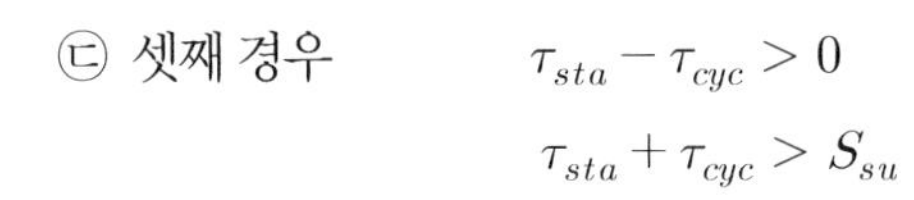

㉢ 셋째 경우

$$\tau_{sta} - \tau_{cyc} > 0$$

$$\tau_{sta} + \tau_{cyc} > S_{su}$$

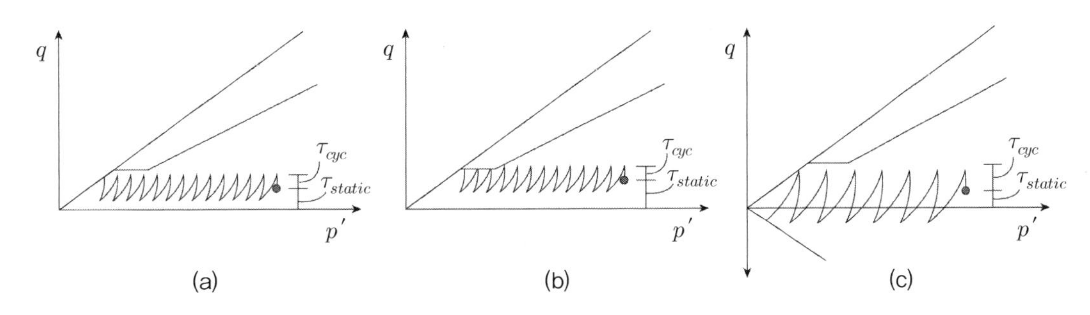

*Cyclic mobility*의 3가지 경우

25 내진설계 시 실지진기록을 바탕으로 구한 가속도이력 데이터를 직접 적용하지 않고 별도의 지진응답해석을 실시하는 이유

1. 지진응답해석이란

(1) 지진 등과 같은 동하중의 특성과 지반의 동적 물성치로부터 구조물, *Dam*, 사면 등의 변형 응력관계를 해석하는 방법이다.

(2) 해석방법

① 수치해석하기 위한 *Modeling*(유한요소화)

② 실내 또는 현장시험에 의한 전단탄성계수(G), 감쇠계수(D) 등을 구함

③ 실제 지진하중 시간이력이나 설계스펙트럼에 의한 동하중 입력

④ 수치 해석

⑤ 시간공간별, 응력 변위량 구함

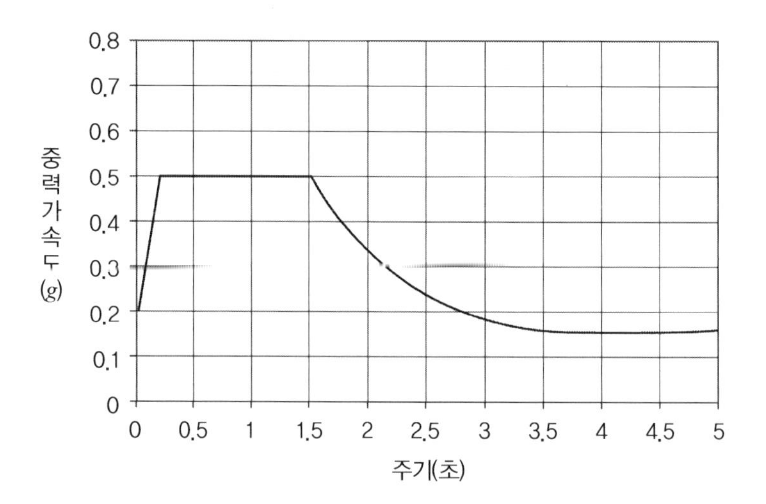

(3) 특 징

① 설계응답 스펙트럼 설계가속도 입력으로 복잡한 지진특성 고려 가능

② 동하중에 의한 응력 변형거동 파악

③ 입력(설계속도, 지반동적물성치) 및 해석 *Model*에 따라 결과가 상이할 수 있음

2. 지진응답해석 항목

(1) 설계응답 *Spectum*

① 정 의

㉠ 어떤 특정지역에서의 내진설계는 그 지역의 지진시간이력을 정확히 알 수 있다면 내진설계에 적용되는 안전율을 크게 고려하지 않고도 경제적으로 설계할 수 있다.

㉡ 실제로는 같은 지역이라도 발생하는 지진의 진앙, 강도, 깊이 등의 변수에 따라 지진특성이 다르다.

㉢ 때문에 해당지역에서 발생하는 많은 지진자료를 평균하여 내진설계에 적용하게 된다.

㉣ 그러나 해당지역의 평균시간 이력을 구하는 것은 시간의 함수라는 특성 때문에 불가능하고 공학적 의미가 없다.

㉤ 따라서 모든 지진시간 이력으로 응답스펙트럼(가시파장역)을 구한 후 평균하여 평균응답스펙트럼 구하면 다른 모든 지진 특성을 고려할 수 있게 된다.

② 설계응답 스펙트럼

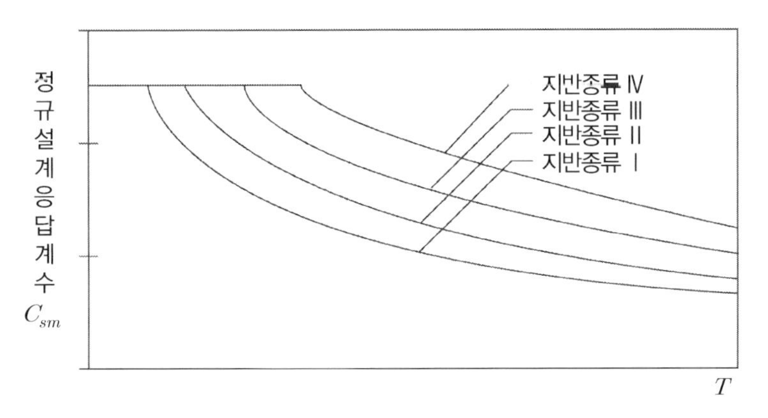

지반가속도 계수 A에 대해서 정규화된 탄성지진응답계수

※ 정규설계응답계수

$$C_{sm} = \frac{1.2AS}{T^{\frac{2}{3}}}$$

여기서, A : 가속도계수

S : 지반계수 지반종류 Ⅰ → S = 1.0(암반지반, 토층깊이 60m 이하이고 모래, 자갈 단단한 점토지반

지반종류 Ⅱ → S = 1.2(토층깊이 : 60m 이상이고 안정된 지반)

지반종류 Ⅲ → S = 1.5(점토, 모래지반으로 9m 이상인 지반)

지반종류 Ⅳ → S = 2(연약점토, 실트층 12m 이상인 지반)

T : 구조물의 진동주기

3. 별도지진 응답 해석하는 이유

(1) 특정지진가속도 이력 *Data* 사용 시

다른 지진 가속도 이력에 대한 지진 시 흡수할 수 없다.

(2) 주된 이유

① 해당지역에서 많은 지진자료를 평균하여 적용하기 때문에 하나의 특정지진을 사용하여 내진설계를 할 때, 위험성을 배제할 수 없다.

② 내진설계의 신뢰성을 높일 수 있다.

③ 해당지역에 발생하는 모든 지진에 파괴되지 않게 하기 위해서는 구조물은 언제라도 이 최대의 값을 견디도록 설계하여야 한다.

④ 일반적으로 설계자는 구조물 내진설계를 위해서는 이 하나(단일모드)의 값을 알게 되는데 이 값을 지진응답 *Spectrum*에서 구할 수 있기 때문이다.

⑤ 이 방법을 통상 단일모드 스펙트럼 해석법이라고 한다.

⑥ 구조물이 복잡하고, 비정형일 경우에는 복합모드에 대한 구조물 거동을 분석하기도 한다.

26 지중구조물 내진설계(응답변위법)

1. 지중구조물 내진설계의 핵심

지중구조물에 작용하는 지진력(관성력)과 주변지반의 지반반력계수의 상호 거동관계에서 지진력에 따른 발생응력과 변위를 구하는 방법이다.

2. 지중구조물 진동에 따른 특성

(1) 지중구조물 자체의 겉보기 중량은 주변지반의 단위중량보다 적으므로 관성력이 지상구조물보다 상대적으로 적으므로 피해가 적다.

(2) 또한 지중구조물은 주변지반에 의해 구속된 상태이고 진동으로 인한 방시감쇠가 크므로 짧은 시간에 진동이 정지한다.

(3) 따라서 지상구조물의 경우에는 관성력이 중요하지만 지하구조물은 지반반력계수에 의한 변위량이 지배적이므로 발생변위량이 중요한 관심사항이다.

✓ 지반 반력계수 $K = \dfrac{P}{S}$ (P, S : 평판재하시험에서 항복하중의 1/2에 해당하는 하중에 따른 침하량임)

3. 내진해석의 종류와 지중구조물 내진설계 적용

(1) 유사정적 해석

① 진도법(지상구조물 : 사면, 옹벽) : 동적하중을 정적하중으로 환산 ⇒ 한계 평형해석

② 응답변위법 : 지중구조물

(2) 지진응답해석(지상 및 지중구조물)

응답 $Spectrum$ → 수치해석 → 응력－변위 계산

(3) 설계응답 $Spectrum$ → α → 설계지진계수 K

4. 내진설계 기준

(1) 개 념

① 내진설계기준은 구조물의 안정과 기능 유지를 위한 허용변위를 구하는 것이 목적이나

② 현실적으로 지진으로 인한 허용변위를 정략적으로 구하여 규정짓는 것은 극히 곤란한 실정임

③ 즉, 아래 그림과 같이 변위에 따라 '기능수행 수준' 혹은 '붕괴방지 수준'으로 정성적 표현에 의한 내진설계기준으로 정의함

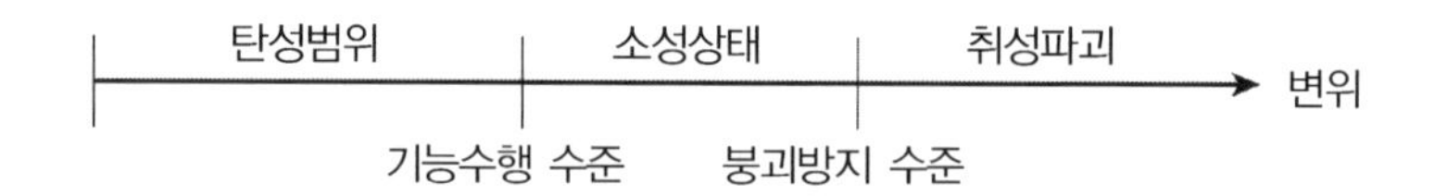

(2) 기능수행 수준 : 변위와 관계

① 구조물에 구조적 손상이 없고 지진 시나 지진경과 후에도 구조물의 기능은 정상적으로 유지될 수 있는 성능 수준임

② 액상화로 인한 상부구조물이 기능수행에 문제가 발생하지 않는 수준임

③ 지반과 구조물은 탄성거동 범위 내 거동 허용

④ 탄성적 영구변위만 허용함

(3) 붕괴방지 수준 : 응력과 관계

① 구조물에 제한적으로 피해는 허용한다. 그러나 피해 정도가 긴급복구를 통해 기능이 회복될 정도의 수준임

② 액상화로 인해 상부구조물이 수리불능의 피해가 없어야 함

③ 소성거동은 허용하나 취성파괴까지는 허용하지 않음

5. 응답 변위법

(1) 기본개념

『지중구조물의 진동특성에 따라 지진 시 발생하는 변위를 고려한 내진검토』

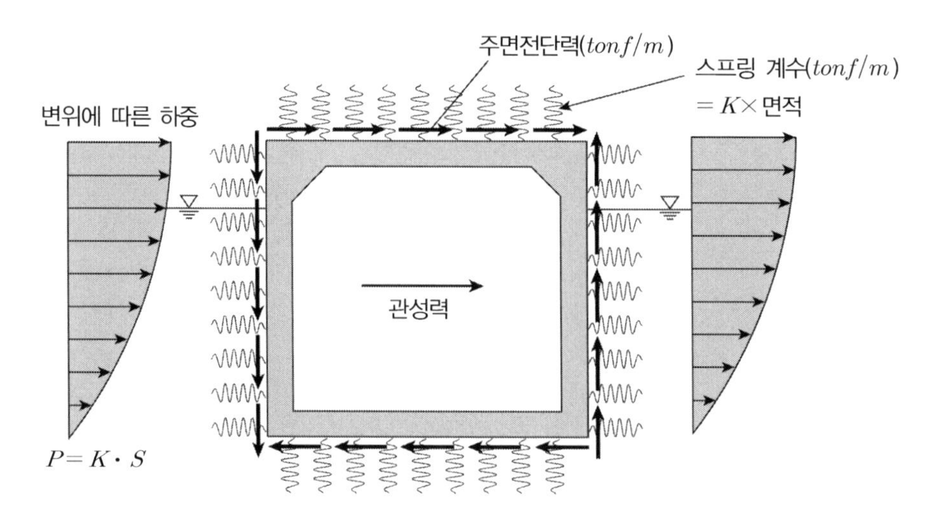

(2) 설계절차

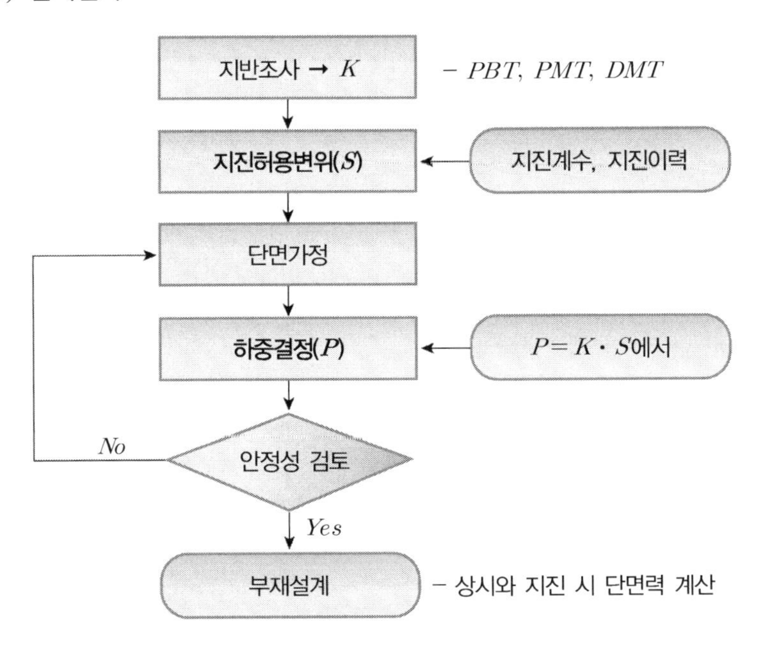

6. 평 가

(1) 지중구조물의 내진검토법은 '응답변위법'이 적합하다.

(2) 최근에 개정된 상수도 시설 내진설계 기준(1999년)에 적용된 방법이다.

(3) 내진 검토 시 단면 방향과 더불어 종방향에 대한 내진검토도 병행하여 검토하여야 한다.

(4) 특히, 연약지반에서의 공진, 액상화, 사면활동 등 전체적인 안정검토를 함께 검토하여야 한다.

응답변위법의 해석절차

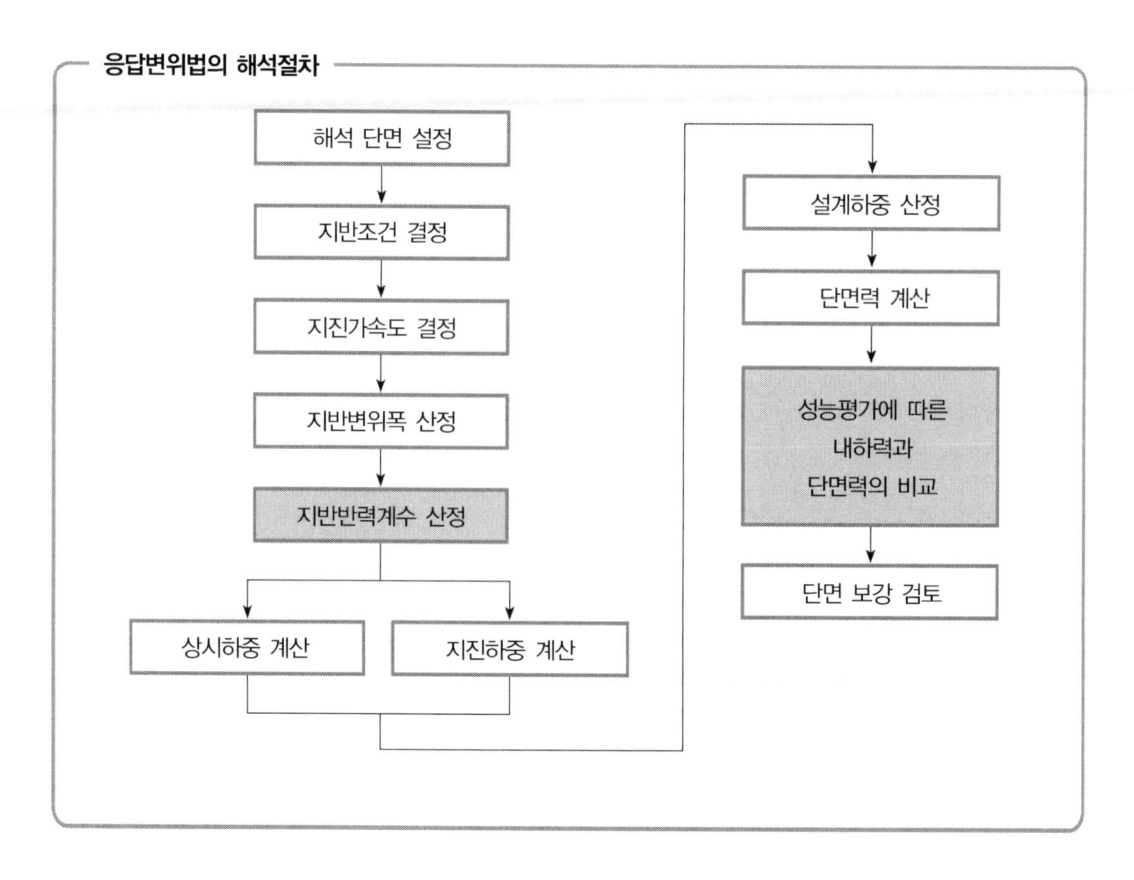

응답변위법을 사용한 공동구의 단면력

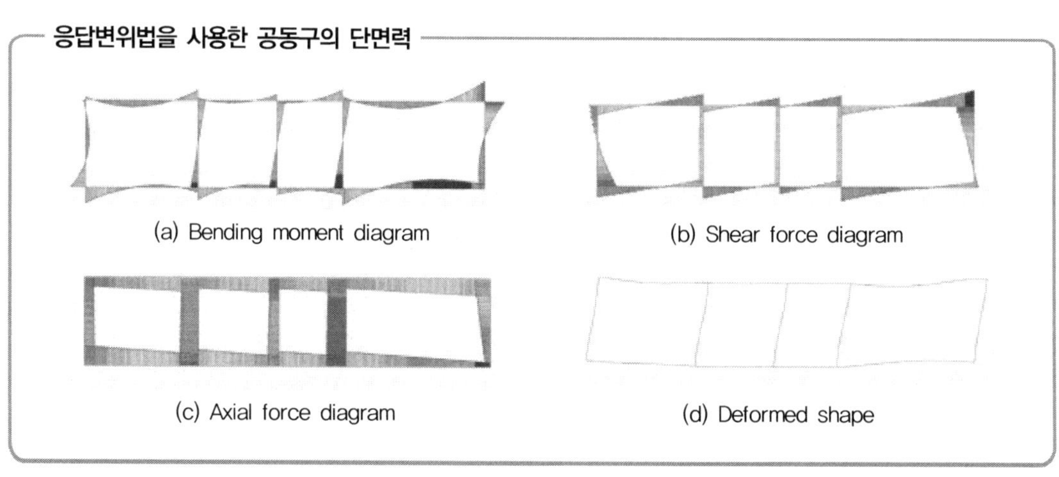

27 모래와 점토의 동하중 특성

1. 개 요

(1) 동하중의 정의

시간변화량에 대한 하중변화량이 일정치 않은 하중 $\frac{dp}{dt} \neq$ 一定

(2) 동하중은 속도효과, 즉 동하중의 크기와 재하시간, 반복횟수에 따라 지반거동특성이 달라진다.

(3) 동하중으로 인한 변형은 모래지반이 점토지반보다 상대적으로 크다.

2. 전단변형률과 동적물성치

(1) 전단변형률에 따른 적정시험

동하중으로 인한 지반의 영향은 전단변형률에 따라 지반거동이 달라지므로 전단변형률의 량에 따라 적정한 동적시험을 채택하여야 한다.

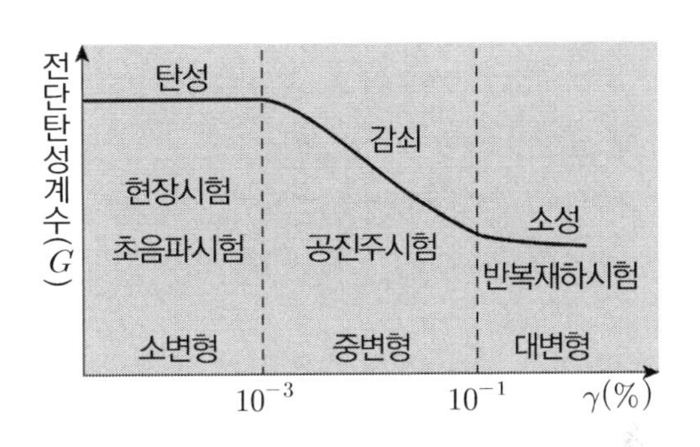

(2) 동적 · 정적 시험값 비교

전단변형률이 10^{-1}(%)보다 적은 변형률에서는 동적시험의 전단탄성계수가 크며 10^{-1}(%)보다 큰 변형률에서는 정적시험과 동일하게 측정된다.

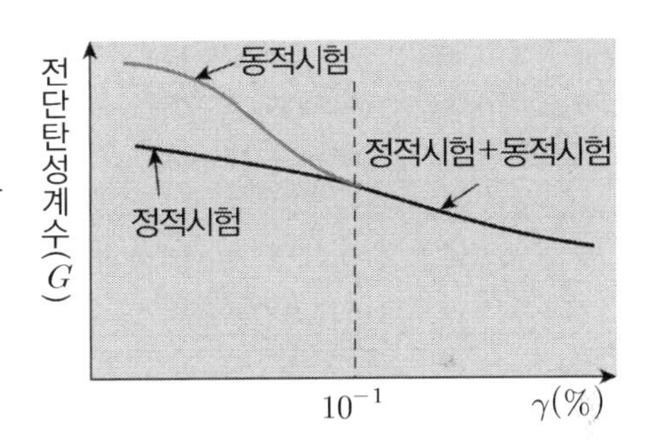

(3) $G/G_o - \gamma$ 관계

전단 변형률이 커짐에 따라 가 · 감소 → 전단탄성계수가 적어짐을 의미함

G : G_o에서의 변형률보다 큰 임의의 변형률에서의 전단 탄성계수

G_o : 미소변형률에 대한 최대 전단 탄성계수

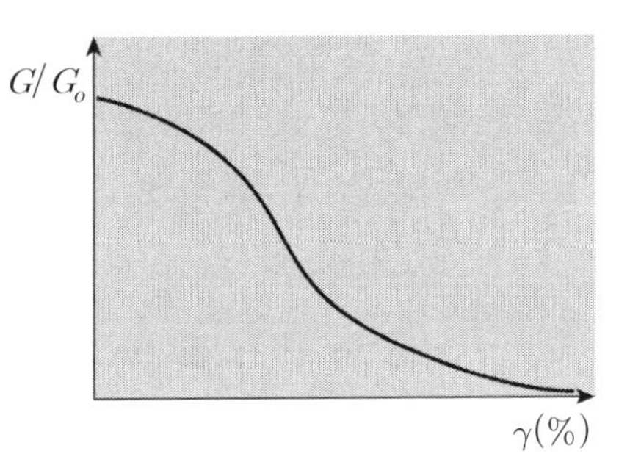

(4) 감쇠비

① 전단변형률이 증가함에 따라 감쇠비는 커짐

② 모래가 점토보다 감쇠비가 큼(약 1.5배)

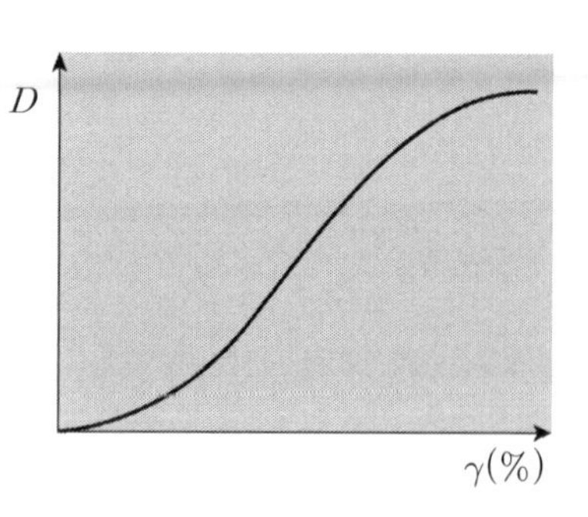

3. 모래 동하중 특성

(1) 1회 동하중 시 전단강도

① 모래는 동하중에 의한 강도가 정하중에 비해 10% 큼

② 변형계수는 거의 동일함

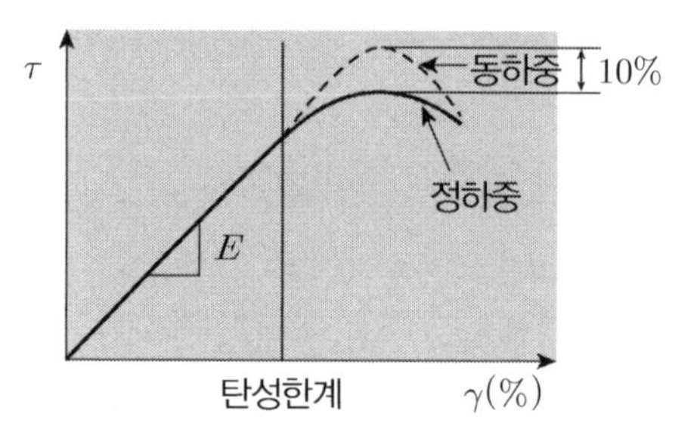

(2) 반복 동하중 시 전단강도

간극수압 증가로 유효응력이 '0'으로 될 때 전단변형 발생

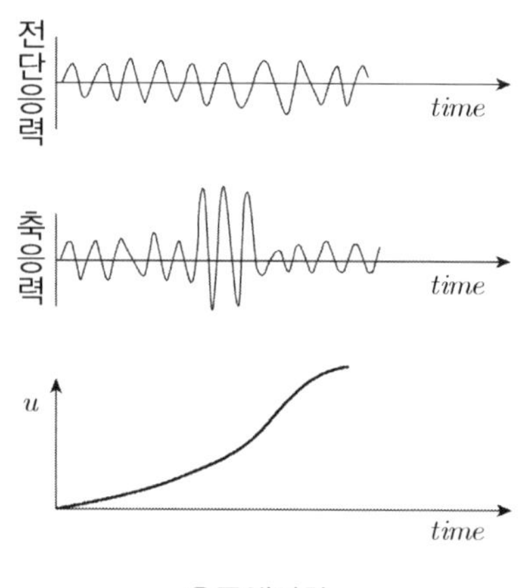

유동액상화

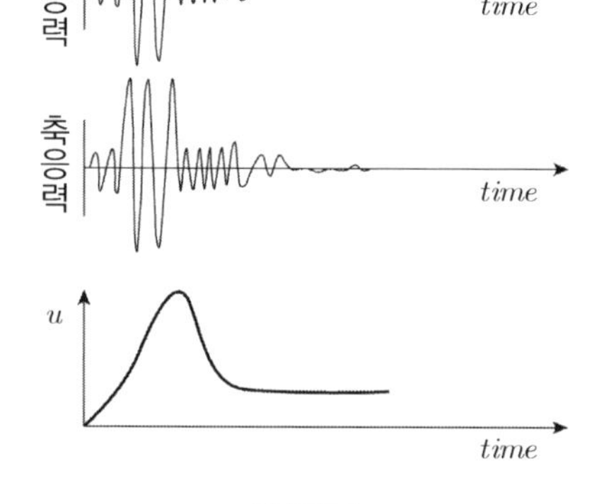

반복변동

구 분	유동액상화 : 지반파괴	반복변동 : 변형
발생조건	동적 전단강도 ≤ 정적 전단응력	동적전단강도 ≥ 정적 전단응력
발생시기	지진시 혹은 지진 직후	여진 기간 동안
발생지형	경사지반	물에 인접한 평지나 완만한 경사지반
상대밀도	*Loose Sand*	*Loose Sand*, *Dense Sand*
파괴유형	대규모 일시 파괴	진행성 파괴(변형연화)

4. 점토의 동하중 특성

(1) 1회 동하중 시 전단강도

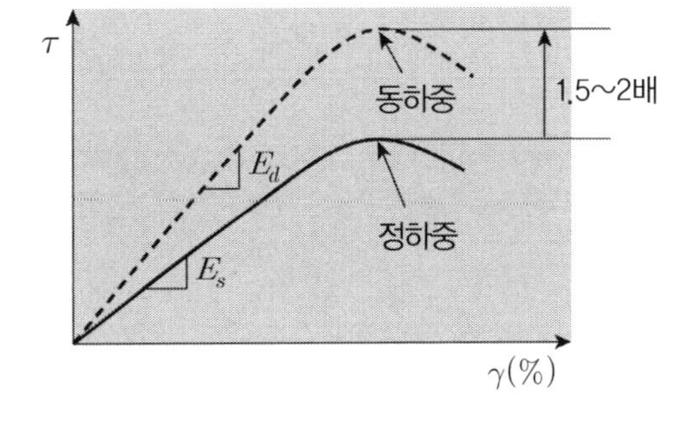

① 전단강도의 크기

동하중(τ) = 정하중(τ) × (1.5 ~ 2.0)

② 변형계수

$E_d : E_s = 2 : 1$

(2) 반복 동하중 시 전단강도

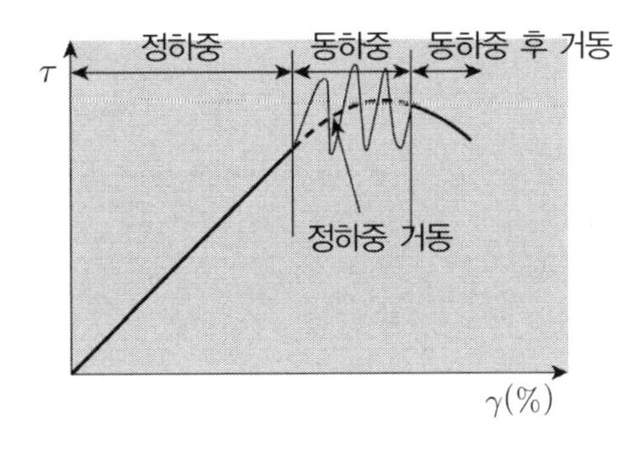

① 큰 동하중 혹은 반복횟수가 많으면 파괴에 이르거나 큰 변형이 발생함

② 동하중 제거 후 거동은 정하중의 거동과 유사함

③ 큰 동하중이나 하중크기가 작더라도 반복횟수가 크게 되면 파괴에 이르러 강도 저하가 생김

CHAPTER 11

지반조사

이 장의 핵심

- 지반조사의 대상은 지층구조를 파악하며 각 지층의 물성치를 정적, 동적시험을 통하여 물리적 공학적 특성을 파악하는 데 있다.
- 지반조사를 시행하는 궁극적인 이유는 구조물과 지반의 상호 작용에 대한 응력과 변형을 알기 위함이다.
- 지반조사는 기본설계를 위한 예비조사와 실시설계를 위한 본조사, 필요시 추가조사를 통해 시행된다.
- 토질조사는 지반의 설계를 위한 가장 기본적인 정보로서 최근 들어 컴퓨터의 발달로 상당 수준까지 지반의 거동을 예측할 수 있으나 잘못된 지반조사 결과는 엉뚱한 결과물이 도출되는 경우가 발생하므로 정성된 시험과 조사를 시행하여야 한다.
- 지반조사와 관련하여 용어설명이 주로 출제되며 논술형에서 답안을 구성하기 위한 배경항목으로 사용하면 고득점을 취득하기 위한 좋은 재료로서 충분히 이해하여 적절하게 기술하기 위한 준비가 필요하다.

CHAPTER 11

지반조사

01 토질조사

1. 개 요

(1) 토질조사는 건실공사의 계획, 설계, 시공에 필요한 지층구성, 원 위치의 역학적 특성, 물리적, 화학적 성질 등 지반관련 정보를 파악하는 행위로서

(2) 구조물의 종류와 형식, 입지조건과 공사의 규모, 목적, 경제성 등을 고려하여 조사방법과 범위를 합리적으로 결정하여야 한다.

2. 조사의 목적

(1) 흙의 성질 및 성층구조 파악

(2) 시료(불교란, 교란) 채취 및 판별

(3) 지지층 확인 : N, D_r

(4) 강도정수 파악 : c, ϕ

(5) 인접 구조물 영향 : 침하, 변위

(6) 배수조건(일면, 양면), 투수계수, *Piping*, 근입깊이 등

3. 토질조사의 절차(방법)

예비조사/현지답사
① 자료 조사 ② 지형도 ③ 지질도 ④ 기존 공사자료 ⑤ 지하수 조사 ⑥ 인접구조물 조사 ⑦ 지하매설물 조사

→

본조사	
실 내 시 험	현 장 시 험
① 흙 분류시험 – 입도시험 C_u, C_c – Atterberg 한계 PI, LL, PL, SL ② 토성 시험 – 함수비 ,비중, 건조밀도 등 ③ 강도 시험 – 1축압축시험 – 3축압축시험 – 직접전단시험 ④ 압밀시험	① 평판 재하시험 ② *Sounding* – 표준관입시험 – 더치콘관입시험 – 인발(*Isky meter*) – 회전 베인테스트 ③ *Sampling* ④ 투수시험 ⑤ 물리탐사

→

추가조사

✓ **추가조사** : 본조사 결과에 따른 설계, 시공 시 의심스러운 부분에 대한 조사 시행

4. 시험종류별 산출결과(물성치/이용)

(1) 실내시험

구 분	시험법	이 용
물리적 시 험	입도시험	D_{10}, C_u, C_g
	비중시험	G_s, S, e
	함수비	w
	밀도측정	γ_d
	상대밀도	D_r
	Consistency	LL, PL, SL, PI, SI
화학적 시 험	*PH*	PH
	염분 농도	*Leaching*

구 분	시험법	이 용
정역학적 시 험	전단시험	c, ϕ, P, q
	투수시험	K, i
	압밀시험	P_c, C_v, C_c, m_v
	1축압축	q_u, S_t
	3축압축	C_{cu}, C_u, C_d ϕ_{cu}, ϕ_u, ϕ_d
동역학적 시 험	초음파시험	E, G, v
	공진주시험	E, G, v, D
	반복삼축시험	E, G, D
	반복단순전단	E, G, D
	반복비틀림전단	E, G, D

(2) 현장시험

구 분	시험법	이 용	구 분	시험법	이 용
재 하 시 험	*PBT*	$P-S$, K	시 료 채 취	불교란	전단, 압밀, 역학, 투수, 입도, 비중, *Atterberg*
	PMT	ε, E		교 란	
Sounding	*SPT*	N	동 적 시 험	탄성파시험	E, G, v, D
	CPT	q_c		*PS* 검층	
	DCPT		지 층 구 성	*Boring*	*NX*, *BX*, *RQD*, *TCR*
	FVT	C		*BIPS*	

5. 지반조사 결과의 현장이용

시험법	이 용
PBT	(1) 지지력 (2) 기초형식 선정 (3) 지반개량 확인
투수시험	(1) *Boiling* (2) *Piping* (3) *Dam Core* 재료 이용가치
압밀시험	(1) 침하량 (2) 성토시기 (3) 한계성토고 (4) 흙의 이력
전단시험	(1) 흙의 파괴거동 (2) 지지력 (3) 사면 안정
동적시험	(1) 내진설계 (2) 진동기초 (3) 액상화 검토

6. 맺음말

(1) 현장 조사 1회가 실내시험 100회 정도의 가치를 가지므로 현장시험이 중요함

✓ 실내시험은 교란으로 인해 정확한 현장응력체계의 재현이 곤란함

(2) *Boring* 시 심도 : 계획고 하부까지 조사 시행

원칙적으로 지중응력 영향 범위로 구형의 경우 짧은 변의 2배 이상이며 대상형의 경우는 짧은 변의 4배 깊이까지로 한다.

(3) *Core* 회수율 향상방법

① 시추공경의 현실화 : *BX* → *NX Size* 추천

구 분	비트규격(*mm*)		케이싱 규격(*mm*)		코아 직경 (*mm*)
	내 경	외 경	내 경	외 경	
EX	21.5	37.7	41.3	46.0	20.2
AX	30.0	48.0	50.8	57.2	28.6
BX	42.0	59.9	65.1	73.0	41.3
NX	54.7	75.7	81.0	83.9	54.0
HX	68.3	98.4	104.8	114.3	67.5

② *core barrel* 선정

연경암 ➡ *Double tube core barrel*

풍화암 / 파쇄대 ➡ *Triple tube core barrel*

(4) 탄성파에 의한 조사결과와 비교 : 의심 가는 곳은 시추를 통한 추가조사 시행

02 구조물별 조사항목

구 분	목 적	항 목
구조물 기 초	① 지지층 판단 ② 지지력 ③ 침하 ④ 지하수위 ⑤ 공동유무 ⑥ 기초형식 ⑦ 지반반력계수 ⑧ 말뚝의 부마찰력	① *Boring* ② *SPT* ③ 공내재하시험 ④ 평판재하시험 ⑤ 물성시험 ⑥ 일축압축시험 ⑦ 삼축압축시험 ⑧ 압밀시험
도 로 철 도	① 성토재료 적정성 ② 다짐특성 ③ 동결심도 ④ 사면안정 ⑤ 토량변화율 ⑥ 굴착난이도	① *Boring* ② *SPT* ③ 지표지질조사 ④ 물리탐사 ⑤ 물성시험 ⑥ 직접전단시험 ⑦ 삼축압축시험 ⑧ 다짐시험 ⑨ *CBR*
호 안 방파제	① 치환깊이 ② 압밀침하 및 침하시간 ③ 사면안정 ④ 전단파괴	① *Boring* ② *SPT* ③ *DCPT* ④ *VANE Test* ⑤ 일축압축시험 ⑥ 삼축압축시험 ⑦ 압밀시험
터 널	① 갱문위치 ② 굴착 및 지보방법 ③ 암반분류 ④ 불연속면 검토 ⑤ 암반 투수성	① *Boring* ② 지표지질조사 ③ 물리탐사 ④ 공내검층 ⑤ 공내재하시험 ⑥ 절리면 전단시험 ⑦ 수압시험 ⑧ 초기지압측정 시험
DAM 제 방	① 지지층 분포와 지지층 판단 ② 지반 투수성 ③ 파이핑 검토 ④ 성토재료 ⑤ 사면안정	① *Boring* ② 입도 ③ 투수성 ④ 수압시험 ⑤ 물성시험 ⑥ 다짐시험 ⑦ 삼축압축시험 ⑧ 직접전단시험
지 하 토류벽	① 토압 ② 토류벽 형식 ③ *Boiling, Piping* ④ *Heaving*	① *Boring* ② *SPT* ③ 물리탐사 ④ 공내검층 ⑤ 공내재하시험 ⑥ 직접전단시험 ⑦ 일축압축시험 ⑧ 투수시험
연 약 지 반	① 연약층 두께 ② 압밀침하량 ③ 압밀침하시간 ④ 단계성토고 ⑤ 강도증가율 ⑥ 사면안정	① *Boring* ② *SPT* ③ 물성시험 ④ *VANE Test* ⑤ 일축압축시험 ⑥ 삼축압축시험 ⑦ 압밀시험 ⑧ *DCPT*
액상화 지 반	① 액상화 가능성 ② 지하수위 ③ 액상화 대책 검토	① *Boring* ② *SPT* ③ 물성시험 ④ 상대밀도 ⑤ 반복삼축압축시험 ⑥ 반복단순전단시험 ⑦ 반복비틀림시험 ⑧ 진동대시험

03 연약지반에서의 토질조사

1. 개 요

연약지반은 $N < 4 \sim 10$ 이하의 토질로서 압축성이 크고 변형이 큰 특징을 가진 지반으로서 구조물과 지반의 상호작용 측면에서 지반활동 파괴, 압밀침하량 등을 분석함으로써 적정공법을 선정하기 위한 기초자료로서 활용된다.

2. 연약지반의 문제점

(1) 전단강도가 작음 ➡ 활동파괴 가능성 큼
(2) 투수성(점토는 작으나, 사질토는 크다)
(3) 압축 및 압밀량이 큼
(4) 밀도가 작음(간극비가 큼)
(5) 변형량이 큼

3. 연약지반 토질조사의 목적

(1) 활동파괴 검토
　① 전단강도 : 성토 중 $\Phi = 0$ 해석(일축압축시험, 삼축압축시험, 압밀시험)
　※ 응력 조건별 시험

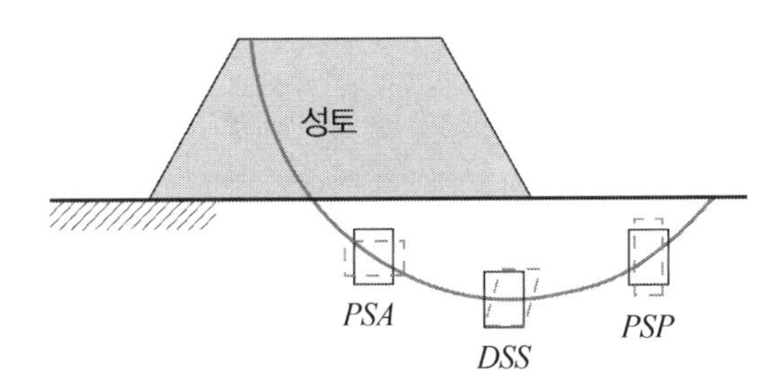

PSA(Plane strain active) 평면변형 주동상태	*DSS(Direct simple shear)* 단순전단상태	*PSP(Plane strain passive)* 평면변형 수동상태
σ_1, σ_3	σ_3, σ_1	σ_3, σ_1

※ 평면변형 주동 또는 수동조건 전단시험
: 직육면체의 공시체 양쪽 끝단을 강성 *Plate*로 고정 ➡ 변형 억제

② 연약층 심도

③ 지하수위 → 간극수압 측정

④ 강도증가율

$C = C_o + \Delta C$

$\Delta C = \alpha \cdot \Delta P \cdot U$

$$H_c = \frac{5.7 C_u}{\gamma \cdot F_s}$$

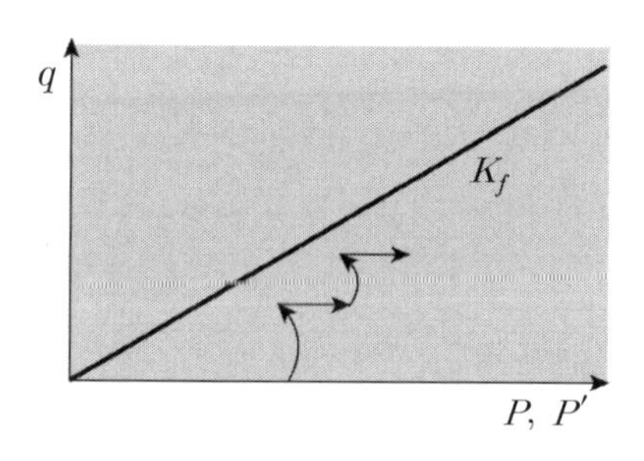

(2) 압밀침하량 및 기간

① 연약층 두께 ② 배수 조건 ③ 지하수위

④ 단위중량 ⑤ 응력이력(OC, NC)

✓ **압밀침하 소요시간 / 침하량 산정** $t = \dfrac{T_v \cdot H^2}{C_v}$ $S = \dfrac{C_c}{1+e_o} H \, Log \dfrac{P_o + \Delta P}{P_o}$

(3) 표층처리

장비 주행성, 수평배수 고려 *Sand Mat*, 토목섬유 반영

(4) 연직배수공법 공기검토

① 배치방법 및 설치간격, 모래기둥의 직경 가정

② 모래기둥의 직경과 등가유효직경의 비 : $n = \dfrac{d_e}{d_w}$

③ n, U_h, T_h 와의 관계도표 → 수평방향 압밀도 → 수평방향 시간계수 산정

④ 수평방향 압밀계수 : 현장시험($Piezo\ CPT$), 실내시험($Rowe\ cell$, 90° 회전 표준압밀)

⑤ 얻고자 하는 압밀도에 따른 소요시간 산정

$$t = \frac{T_h \cdot d_e^2}{C_h}$$

4. 연약지반 조사의 종류

(1) 예비조사

① 문헌조사 : 자료조사(지형도, 토질주상도, 인근의 토질조사보고서, 공사기록)

✓ **항공사진의 유효성** : 지형도나 지질도에 나타나지 않는 저습지 및 자연제방의 위치 등을 알 수 있어 유리하다.

② 현지조사

㉠ 연약지반지대의 지형은 대부분이 평지이므로 광범위하게 답사

㉡ 인접현장의 연약지반 처리 관련 문제점 파악, 환경 및 민원요소 파악

③ 개략조사

㉠ 문헌조사 및 현지답사로는 토층의 두께와 그 성질을 충분히 알 수가 없음

㉡ 그러므로 본조사를 위한 대표적인 지점에 대한 사운딩 및 보링을 시행하여 지반의 성층상태와 토질을 조사

(2) 본조사 : 개략조사 결과로부터 정밀조사 시행

(3) 추가조사 : 본조사의 불명확한 점이 있거나 시공 중 설계변경 사항이 발생한 경우

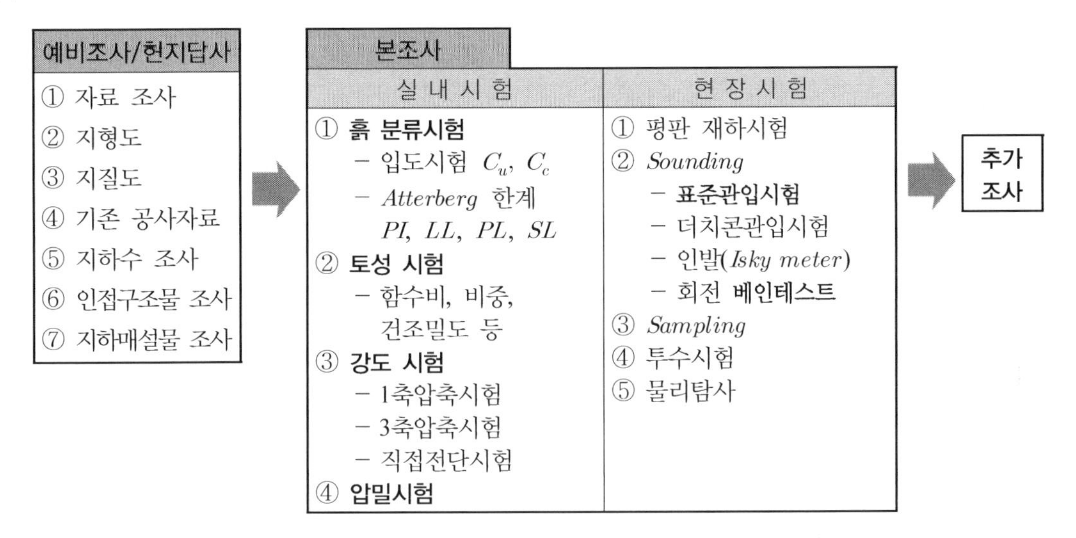

(4) 시공관리 조사

시공 중 설계목표물에 대한 안정성, 시공성, 설계와의 상관성을 확인하기 위한 시공 중 구조물의 동태관측, 지지력 확인 등이 있다.

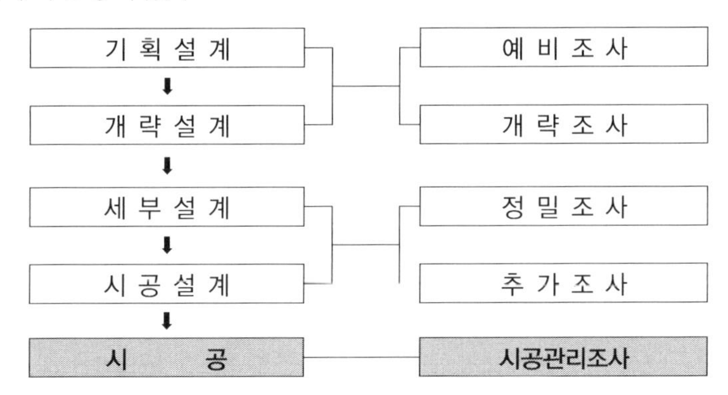

연약지반 토질조사의 흐름도

5. 연약지반 조사 시 중점관리 사항

(1) 시추조사 수량

① 조사간격이 넓으면 연약지반의 두께, 위치, 특성 파악 곤란

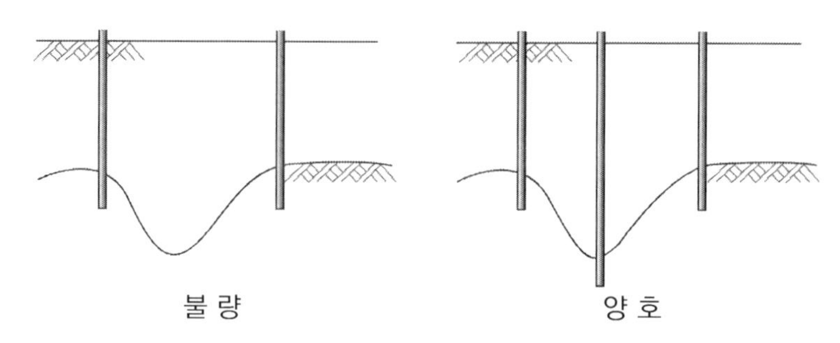

불 량 양 호

② 구조물별 조사간격 준수 : 구조물기초설계기준 해설 참조

예측방법	배치간격	심 도 (원칙적으로 지중응력 영향범위까지)
연약지반	① 연약지반 성토 : 200～300m 간격	① 연약지반 : 굳은 지층하 3～5m
단지 및 매립부지, 도로	① 절토 : 100～200m 간격 ② 호안, 방파제등 : 100m 간격 ③ 구조물 : 해당구조물 배치기준에 따름	① 절토 : 계획고하 2m ② 호안, 방파제 : 풍화암 3～5m
	대절토, 대형단면 등과 같이 횡단방향의 지층구성 파악이 필요한 경우는 횡방향 보링을 실시	
터 널	산악터널 : 갱구부에 2개소씩으로 1개 터널에 4개소 실시하며, 필요시 중간 부분도 실시함. 갱구부 보링 간격은 30～50m 중간부 간격은 100～200m 간격	① 개착부 : 계획고하 2m ② 터널구간 : 계획고하 0.5～1.0D
교 량	교대 및 교각에 1개소씩	기반암하 2m
건물, 하수처리장	사방 30～50m 간격, 최소한 2～3개소	기반암하 2m

(2) 지층별 시료채취

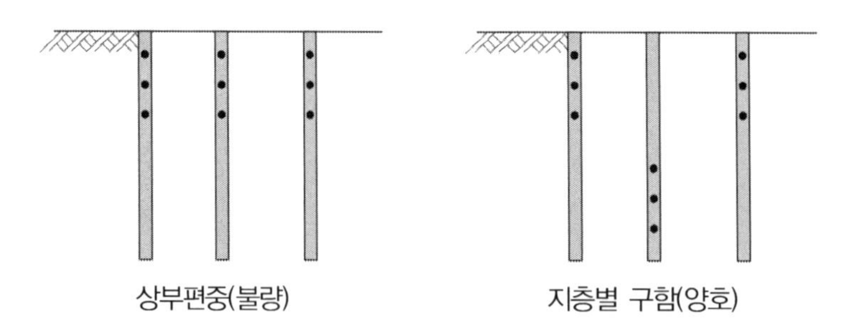

상부편중(불량) 지층별 구함(양호)

(3) 시료 채취 시 교란 최소화

① 시료교란의 원인

㉠ 샘플링에 의한 시료 주변의 구속압 해방 : 불가피한 교란

㉡ 샘플링 시 기계적인 교란

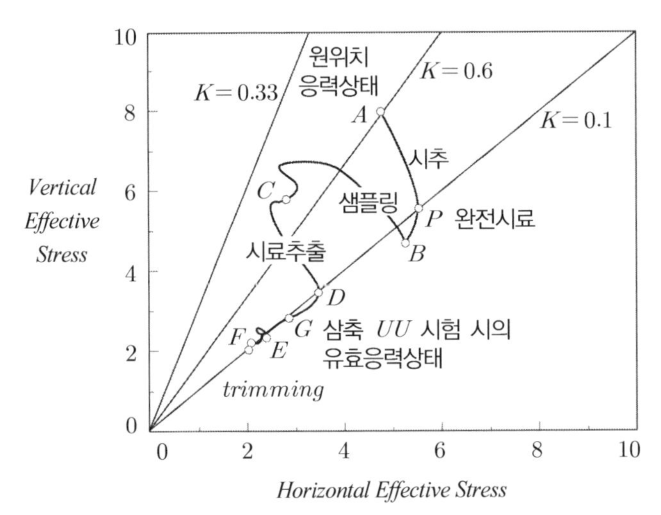

- ▸ A : 원위치 응력상태
  - ✓ 이상시료 (*ideal sample*)
- ▸ P : 전혀 교란되지 않았으나 시료채취에 의하여 현장 응력 이완 상태
  - ✓ 완전시료(*perfect sample*)
- ▸ F : 전단직전상태
  - ✓ 실제시료(*actual sample*)
- ▸ P점~F점 : 샘플링, 시료추출, 운반, 시료성형단계

시료채취 시와 채취 후의 응력변화(*Ladd* & *Lambe*, 1963)

② 교란으로 인한 역학적 문제점

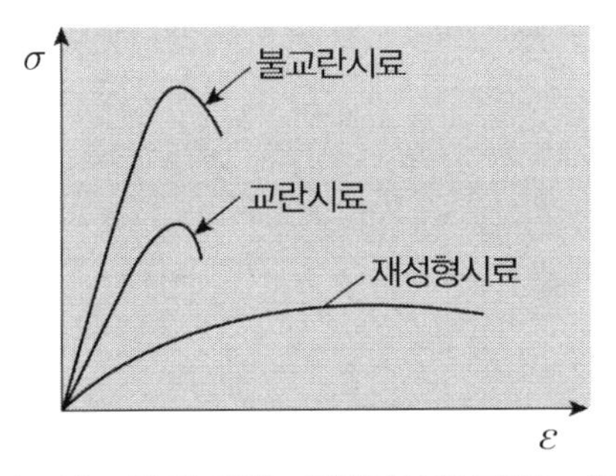

시료의 교란이 응력-변형특성에 미치는 영향

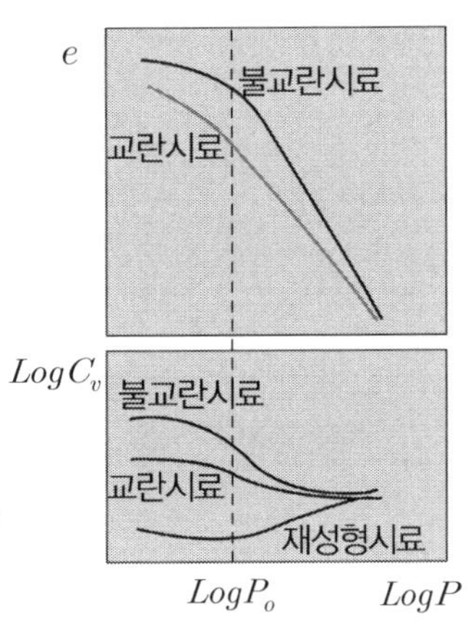

시료교란에 따른 압밀곡선과 압밀계수

분 류	영 향
강도특성	㉠ **배수 및 비 배수 상태에서 압축강도의 감소** ㉡ **변형계수의 감소** ㉢ **극한강도일때 변형률 증가**

분 류	영 향
압밀특성	㉠ **압축지수** – C_r 증가 : 과압밀 영역에서 침하량 크게 평가 – C_c 감소 : 정규압밀 영역에서 침하량 작게 평가 ㉡ **압밀곡선이 완만하게 되어 선행압밀응력을 구하기 힘들거나 작아지는 경우가 많다.** ㉢ **원위치 유효응력에 해당하는 응력까지 압밀시켰을 때의 체적변형률이 커진다.** ㉣ **선행압밀응력 이전의 불교란시료에 비해 압밀계수의 값이 불교란시료에 비해 작게 구해진다.**

③ 시료교란 최소화를 위한 조사시 대책

㉠ *Thin Wall Sampler* 또는 *Foil Sampler* 이용

㉡ $N=15$ 점성토, 심층 $N=10$ 점성토는 *Denison Type Sampler*, $N=10$ 이하의 느슨한 모래는 샌드샘플러(*Sand Sampler*)로 채취한다.

㉢ 기타 대구경 샘플러, 블럭 샘플링, *NX Size* 반영

내구성 *Sampler*

④ 교란된 시료에 대한 대책

㉠ 압밀곡선의 수정

㉡ *SHANSEP*

점토시료의 교란영향은 현위치 응력보다 더 큰 응력하에서 소멸되고 점토의 강도는 압밀압력에 대해 정규화거동을 나타낸다는 결과를 바탕으로 교란영향을 배제한 비배수 전단강도를 구하는 방법이다.

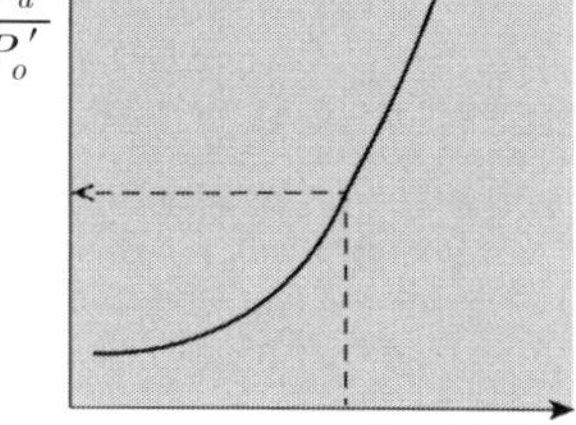

㉢ *Back pressure*

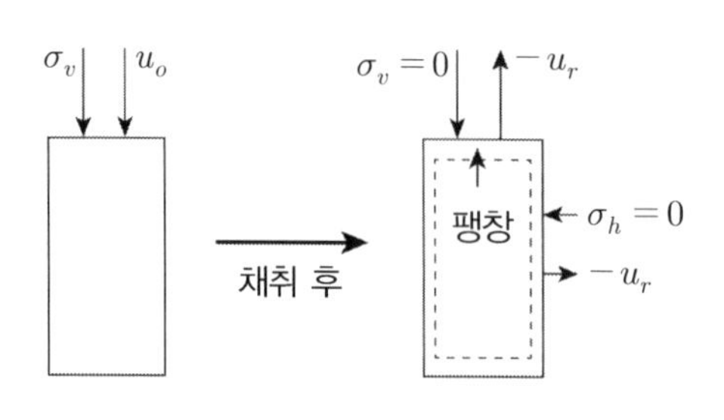

– $S<100\%$
– 불포화토 거동
– 배압이 필요함

$B=1$ 이면 $S=100\%$

$$B=\frac{\Delta u}{\Delta\sigma_3}=1$$

㉣ 압밀계수 수정(지반공학회 추천)

– P_c값 이상 하중에서의 C_v값 사용

– $P_o + \frac{\Delta P}{2}$의 C_v값 사용

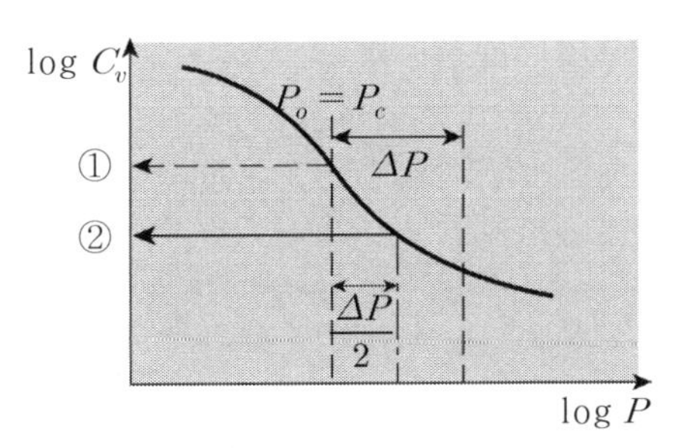

㉤ 전단 및 압밀 시 현장응력조건과 같은 비등방 압밀, 현장수직응력의 60% 정도로 등방압밀 후 시험

㉥ 교란도에 의한 방법

$$교란도 = \frac{이론치\ u_o}{실측치\ u_r}$$

→ 교란도에 따른 강도저하비 결정

$$교란보정강도 = \frac{실험강도}{강도저하비}$$

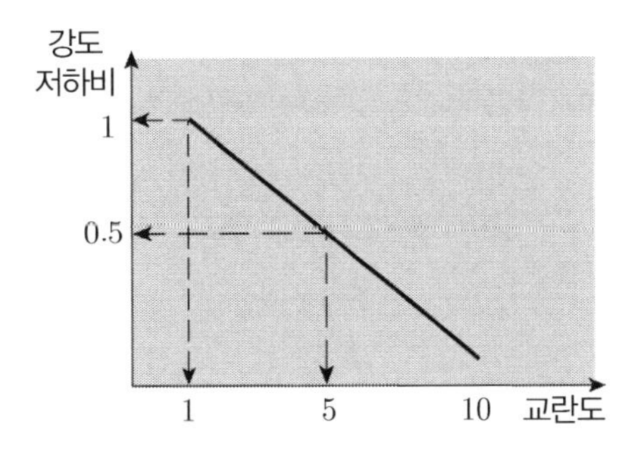

6. 지반조사 결과의 현장이용

시험법	이 용
PBT	(1) 지지력 (2) 기초형식 선정 (3) 지반개량 확인
투수시험	(1) *Boiling* (2) *Piping* (3) *Dam Core* 재료 이용가치
압밀시험	(1) 침하량 (2) 성토시기 (3) 한계성토고 (4) 흙의 이력
전단시험	(1) 흙의 파괴거동 (2) 지지력 (3) 사면 안정
동적시험	(1) 내진설계 (2) 진동기초 (3) 액상화 검토

7. 맺음말

(1) 현장 조사 1회가 실내시험 100회 정도의 가치를 가지므로 현장시험이 중요함

✓ 실내시험은 교란으로 인해 정확한 현장응력체계의 재현이 곤란함

(2) *Boring* 시 심도 : 계획고 하부까지 조사 시행

원칙적으로 지중응력 영향 범위로 구형의 경우 짧은 변의 2배 이상이며 대상형의 경우는 짧은 변의 4배 깊이까지로 한다.

(3) *Core* 회수율 향상방법

① *core barrel* 선정

연경암 ➡ *Double tube core barrel*

풍화암/파쇄대 ➡ *Triple tube core barrel*

② 시추공경의 현실화 : BX → NX $Size$ 추천

구 분	비트규격(mm)		케이싱 규격(mm)		코아 직경 (mm)
	내 경	외 경	내 경	외 경	
EX	21.5	37.7	41.3	46.0	20.2
AX	30.0	48.0	50.8	57.2	28.6
BX	42.0	59.9	65.1	73.0	41.3
NX	54.7	75.7	81.0	83.9	54.0
HX	68.3	98.4	104.8	114.3	67.5

(4) 탄성파에 의한 조사결과와 비교 : 의심 가는 곳은 시추를 통한 추가조사 시행

참고 : 지반조사란 토질조사 + 암조사를 포함하는 의미임

1. 토질 조사 : 예비조사(현지답사) → 본조사(현장시험, 실내시험) → 추가조사

2. 암 조사
   (1) 암분류 시험 : RQD, RMR, 풍화도, 균열계수, $Q-System$
   (2) 원위치 현장시험 : 강도, 투수성, 변형, 지압측정, 탄성파 측정
   (3) 계측 : 변위, 간극수압, 응력, 하중(토압), 소음, 충격계수

04 Fill Dam에서의 토질조사

1. 개 요

(1) *Fill Dam*은 제체의 투수성과 *Piping* 및 사면안정검토가 설계의 중요요소이다.

(2) 따라서 원지반과 토취장으로 구분하여 토질조사가 이루어져야 한다.

2. 예비조사 및 현장답사

(1) 예비조사
① 자료 조사(기존자료 포함 : 토질조사)
② 지형도
③ 지질도(풍화 정도, 암종 : 이암, *Sale*, 편마암)
④ 지진 관련 자료
⑤ 기존 공사자료
⑥ 지하수 조사
⑦ 인접구조물 조사
⑧ 지하매설물 조사
⑨ 홍수자료, 유역면적, 주변 하천자료

(2) 현장답사
① 과거 홍수 피해 및 주민의견
② 용출수, 지하수, 하천
③ 구조물 상태
④ 토취장 분석

(3) 지표지질 조사
① 노두 암종 및 성인 분류
② 불연속면 주향, 경사등
③ 암질의 특성

3. 본조사

(1) 기반암 조사
① 시추조사
② 시험굴 조사
③ 수압시험(*Luegeon test*)
④ 물리탐사(탄성파 탐사)
※ 이용 : ① *Grouting* 설계 ② 치환깊이 설계 ③ 기초형식 결정

(2) 토 질 조 사
① 절취수량(댐 양안 및 축상)
② *Sounding*(*SPT*, *CPT*)
③ 실내시험(투수, 입도, 비중, 밀도)

(3) 축제재료(토취량)

① 흙 분류

② 토성시험

③ 강도시험

④ 투수시험

4. 정밀조사

(1) 예비조사와 본조사를 바탕으로 경제적이며 안정성이 확보되는 *Dam*의 위치를 결정하여야 하며

(2) 상세한 조사가 이루어지도록 본조사 내용에 추가하여 위치 및 조사항목이 결정된다.

5. 평가 : 제1항 토질조사와 동일

05 시추조사 시 보링방법과 특징

1. 개 요

(1) 시추조사는 건설공사의 대상이 되는 지반의 물리적, 역학적 특성을 파악하기 위하여 시행하는 원위치 시험으로

(2) 교란이 최소화된 시료를 응력 영향 범위까지 조사하는 것이 매우 중요하다.

2. *Boring*의 목적

(1) 지하수 파악　　(2) 시료채취　　(3) 토성시험

3. *Boring*의 종류

종 류	방 법	적 용
Percussin 보링	• 공내에 해머를 이용하여 지반을 충격, 파쇄하여 원형의 공간 형성	• 암반의 지하수 조사 • 석유조사, *Pile boring* ✓ 시료채취용으로는 부적당
Rotary 보링	• *Rod* 선단에 부착된 *bit*를 고속회전하여 토사와 암을 절삭하여 공간 형성	• 시료채취에 적당 ✓ 규격 : *HX, AX, BX, NX*
	• ***Core barrel* : *Single, Double, Triple tube core barrel***	
Auger 보링	• 현장에서 간단히 할 수 있고 흐트러진 시료를 채취할 수 있다. • 심도는 6~7*m*이고 최대 심도는 10*m* 정도이다.	

4. 시추조사(원위치시험)의 장단점

장 점	단 점
(1) 모래질 지반 등 시료채취가 안 되는 흙의 특성 파악	(1) 배수조건 제어 곤란
(2) 실내시험에서의 교란문제 해결	(2) 실내시험과 대비 필요
(3) 원위치에서의 응력, 온도, 화학적 환경 반영	(3) 장래의 환경변화에 의한 영향 평가 미포함
(4) 연속적 토층파악, 지반개량 확인에 유용	(4) 응력경로 제어 곤란
	(5) 시료채취가 곤란한 경우가 있음

5. *Boring* 공의 배치기준 : 실시설계 기준

(1) 절성토 구간 : 100~200*m* 간격당 1개소

(2) 호안공 : 100*m*당 1 개소

(3) 교대 및 교각 : 각 개소당 1개소

(4) 하수처리장 : 30~50*m*당 2~3개소

✓ 기본설계인 경우 실시설계기준 거리의 2배 정도임

6. *Boring* 심도 : 원칙적으로 지중응력 영향 범위까지 시행

단지 및 매립부지, 도로	터 널	교 량	건물, 하수처리장
① 절토 : 계획고하 2*m* ② 연약지반 : 굳은 지층하 3～5*m* ③ 호안, 방파제 : 풍화암 3～5*m*	① 개착부 : 계획고하 2*m* ② 터널구간 : 계획고하 0.5～1.0*D*	기반암하 2*m*	계획고하 2*m*

7. *Core* 회수율 향상방법

(1) 시추공경의 현실화 : *BX* → *NX Size* 추천

(2) *Core barrel* 선정

① 연경암 ➡ *Double tube core barre*

② 풍화암/파쇄대 ➡ *Triple tube core barrel*

(3) *Bit* 형식

① 연경암 : *Metal bit*

② 풍화암, 파쇄대 : *Diamond bit*

(4) 숙련 기술자 배치

8. 평 가

(1) 현장 조사 1회가 실내시험 100회 정도의 가치를 가지므로 현장시험이 중요함

✓ **실내시험은 교란으로 인해 정확한 현장응력체계의 재현이 곤란함**

(2) *Boring* 시 심도 : 계획고 하부까지 조사 시행

원칙적으로 지중응력 영향 범위로 구형의 경우 짧은 변의 2배 이상이며 대상형의 경우는 짧은 변의 4배 깊이까지로 한다.

(3) *Core* 회수율 향상방법

① 시추공경의 현실화 : *BX* → *NX Size* 추천

② *core barrel* 선정 :

연경암 ➡ *Double tube core barre*

풍화암/파쇄대 ➡ *Triple tube core barrel*

(4) 탄성파에 의한 조사결과와 비교 : 의심 가는 곳은 시추를 통한 추가조사 시행

06 물리탐사(Geophysical Exploration, 지표탐사)

1. 정 의

지표에서 탄성파, 전기, 레이더, 음파 등을 가진으로 사용하고 일정거리에서 수진하여 진동의 도달시간, 속도 등을 파악하여 지반심부의 물성치를 규명하는 것이다.

2. 물리탐사의 종류

(1) 탄성파 탐사

(2) 전기 비저항 탐사

(3) 레이더 탐사

(4) 음파 탐사

3. 탄성파 탐사(굴절법, *PS*검층)

(1) 정 의

지표에서 해머, 화약폭발력을 이용하여 탄성파를 발생시키고 수진점에서 가장 빠르게 도달되는 P파의 속도를 이용하여 탄성파 속도를 측정함

(2) 원 리

① 아래 그림과 같이 굴절파 중 굴절각 $i = 90°$일 때 입사각을 임계각(θ)이라 하며, 이러한 굴절파를 임계 굴절파라 함

② 임계굴절파는 지층의 경계면을 따라 진행하며 도중의 파의 일부는 임계각으로 재차 상향으로 굴절하는데, 이때 파의 속도를 측정하여 지반물성을 평가함

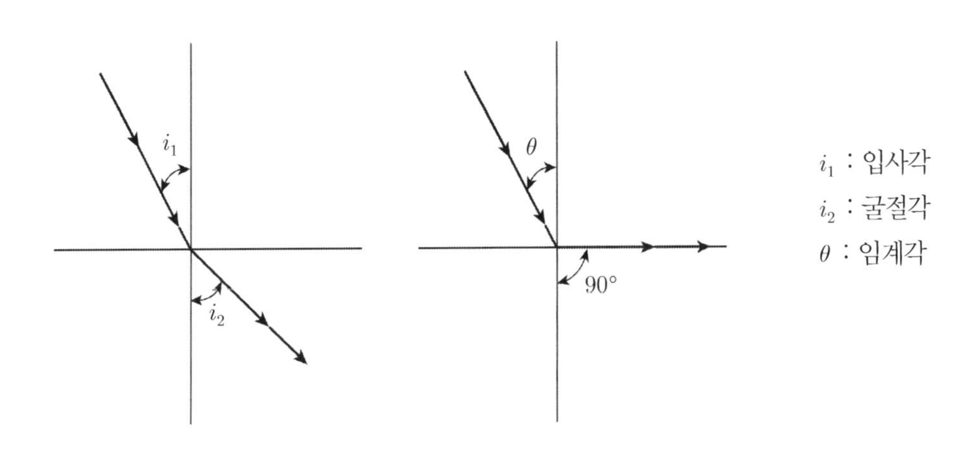

(3) 시험방법

① 측선간격 : 5m~10m

② 1 *Spread* : 55m~110m

③ 가진방법 : 화약, 해머, 엽총탄

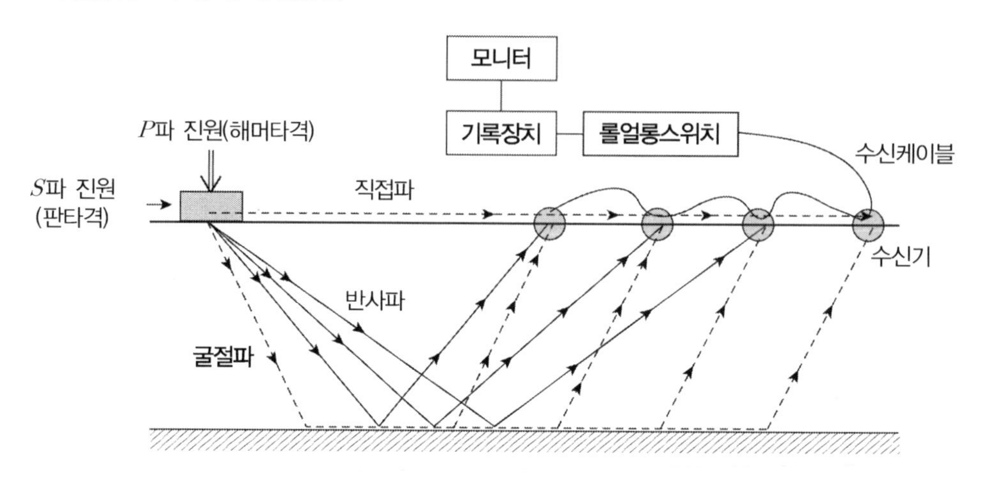

(4) 결과정리(주시곡선)

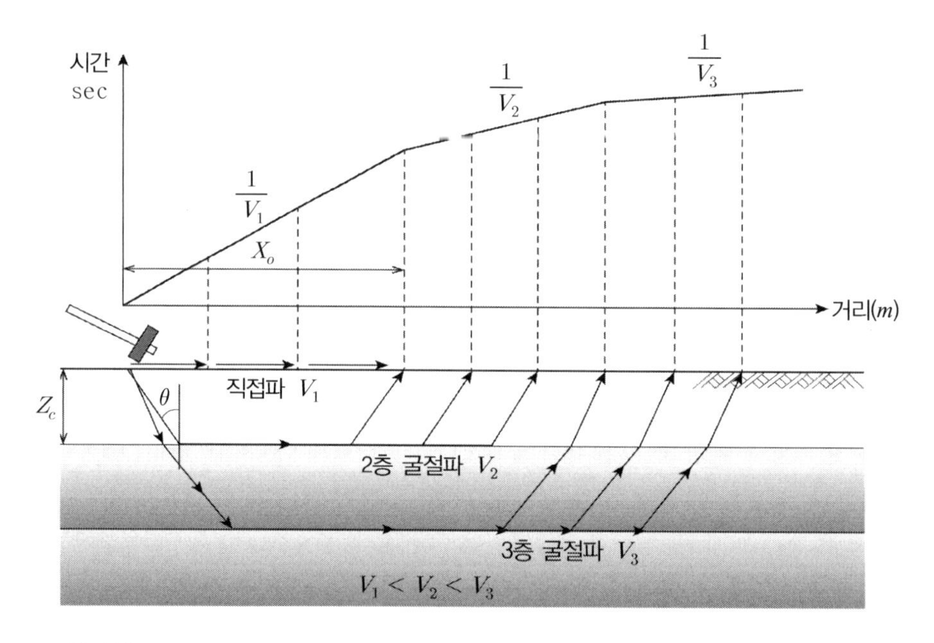

여기서,

$$Z_c = \frac{X_o}{2} \frac{\sqrt{V_2 - V_1}}{\sqrt{V_2 + V_1}}$$

V_p의 속도가 $V_1 < V_2 < V_3$이므로 심부로 갈수록 치밀해진다는 의미(지층구분의 역할)

(5) 이 용

① 개략적인 지층구조 파악 → 시추조사와 병행하여 판단함이 정확함

② *Rippability* : 탄성파 속도에 따라 토사, 리핑암, 발파암 구분

③ 탄성파 저속도대 → 파쇄대 추정

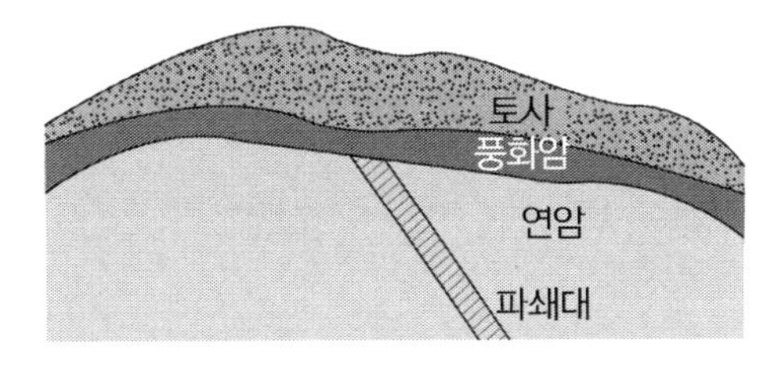

(6) 특 징

① 장 점

㉠ 넓은 면적 단시간 조사

㉡ 대략적 토층 구성

② 단 점

㉠ 시료채취 불가

㉡ 전문가 해석 필요

㉢ 하부층이 상부층보다 탄성파 속도가 느린 지층(역전층)의 경우에는 적용이 불가함

4. 전기 비저항 탐사(전기탐사)

(1) 원 리

지하의 전기적인 물성차이에 의한 반응을 지표에서 측정하여 지하구조를 영상화시키는 모든 방법을 큰 의미의 전기탐사라 하며, 지반에 한 쌍의 전극(⊕, ⊖)을 설치 후 통전하여 두 지점 간 비저항 분포를 측정함

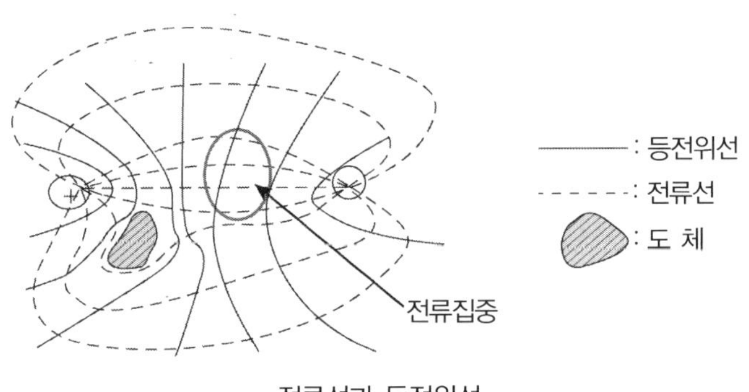

전류선과 등전위선

(2) 탐사 방법 : 조사환경, 조사목적에 따라 달라짐

① 일반적 분류 : 수직탐사, 수평탐사, 2차원 탐사

② 탐사방법에 따른 분류

웨너배열, 슐럼버저 배열, 쌍극자 배열, 단극－쌍극자 배열, 단극배열, 변형된 전극배열

③ 국내에서 가장 널리 이용되는 방법은 슐럼버저 배열과 쌍극자 배열방법이다.

(3) 웨너 배열(4극법)

① A, B 통전 ② M, N 전위차 측정 ③ 비저항 계산 $\rho = \dfrac{2phd V}{I}$

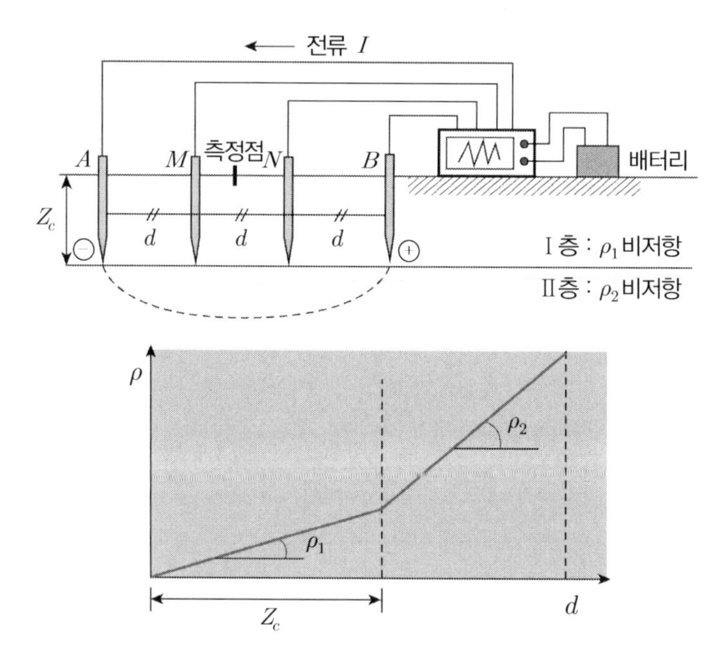

(4) 종 류

① 수평탐사 : *Set* 수평이동 ② 수직탐사 : $\overline{AB}$ 벌림

(5) 이 용

① 토층구성

② 지하수

③ 공 동

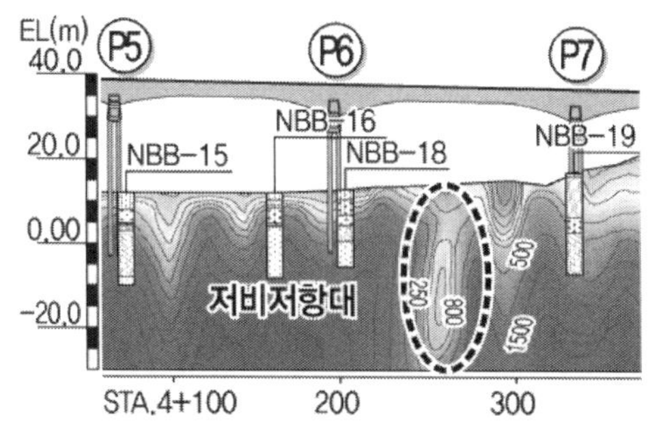

전기 비저항 탐사결과

5. 음파탐사

(1) 원 리

아래 그림처럼 관측선의 후방에서 수중에 음파를 발생하여 수저면과 지층경계면에서 반사되는 반사파를 측정하여 지반구조를 판정함

(2) 탐사방법

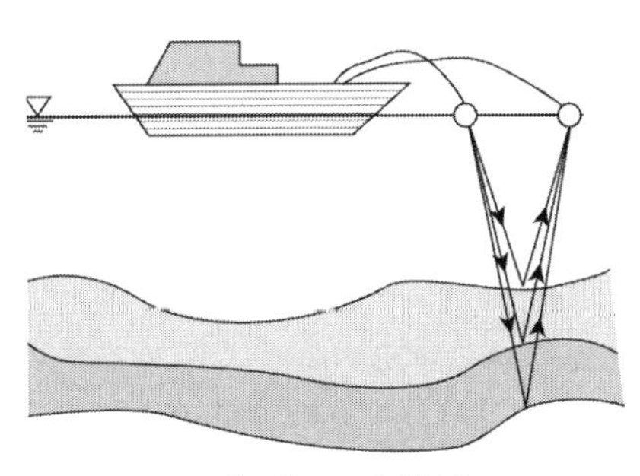

Single Channel 방식

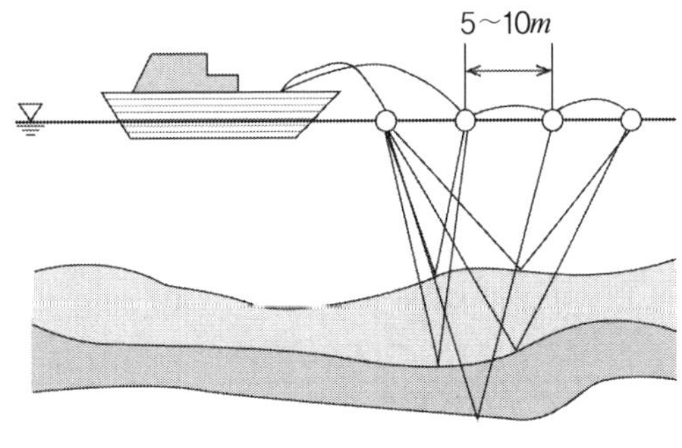

Multi Channel 방식

(3) 적 용 : 수면하의 매설물, 지층구조 파악

6. 물리탐사의 특징

(1) 장 점

① 넓은 지역의 개략적 지층구조 파악

② 단기간 조사 가능

③ 시추조사의 수량 감소(경제성 측면 : 의심스런운 곳만 선별적 시추)

④ 파쇄대, 공동 등 조사 가능

(2) 단 점

① 지층경계의 구분은 개략적으로 표시할 뿐 지반의 공학적 특성을 전부 표현하지는 않음

② 탐사장비의 조작과 해석에 전문적 기술이 필요함

③ 실내시험을 위한 시료채취가 불가능함 → 시추와 병행이 필요함

④ 탄성파 탐사의 경우 역전층에서는 적용이 불가능함

07 GPR(Ground Penetrating Radar) 탐사

1. 개 요

아래 그림과 같이 지중으로 발사된 전자파를 송신원으로 하여 매질의 물성이 바뀌는 지층의 경계면에서 반사된 전자파가 수진기까지 도달되는 시간을 측정하여 지반구조와 각종 구조물의 위치와 형상을 해석하는 탐사기법이다.

2. 탐사법

① 터널, 지표에서 송신기와 수신기를 함께 이동시키면서 자료를 획득

② 주파수 특징

구 분	해상도	가탐심도
고주파	우 수	얕 다
저주파	불 량	깊 다

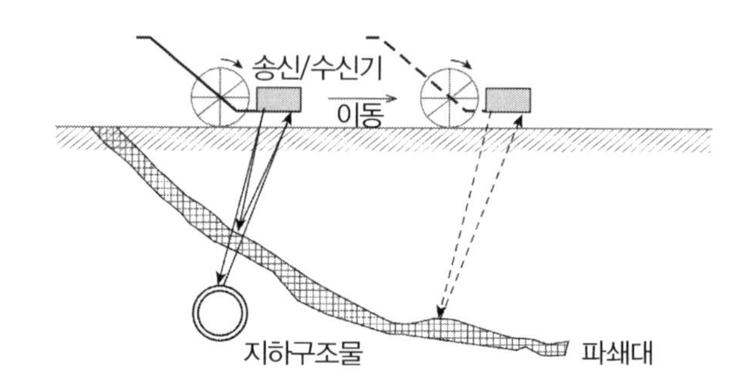

3. 특 징

장 점	단 점
① 해상도 우수 (고주파) ② 장비 간단 ③ 시험 간편 ④ 신속	① 전기 전도도가 높은 지역에서는 적용 곤란 (심한 감쇠) ② 심도 제한(약 10*M*)

4. 이 용

(1) 천부지반 정밀조사

(2) 매설물 조사

(3) 오염지반 조사

(4) 구조물 비파괴 검사

(5) 터널구조물(라이닝 배면 공동 유무)

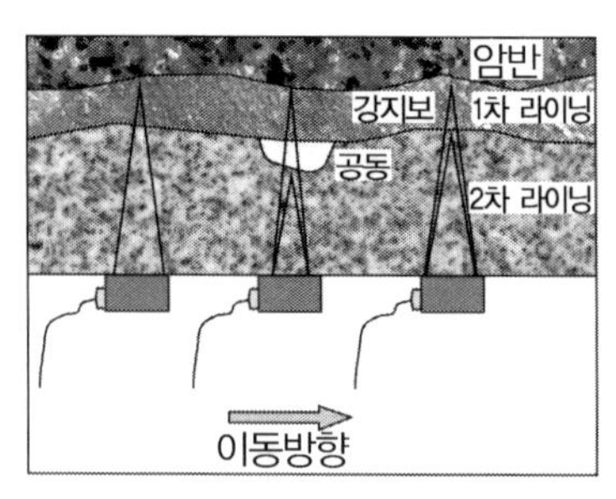

〈터널탐사 모식도〉

08 TSP(Tunnel Seismic Prediction) : 터널지진파 예측시스템

1. 개 요

(1) 터널 굴진 중 시추조사, 전기비저항 탐사 등이 이용되나 터널 전방 지반에 대한 암반상태를 파악하는 데는 제한이 된다.

(2) *TSP*는 화약의 폭발력을 이용하여 터널막장 전방의 암질상태, 불연속면의 특성, 단층파쇄대 등을 미리 파악하여 터널굴진의 효율성을 증진시키며 터널 굴진 전 굴착방법, 보강계획 등 사전계획을 수립하기 위한 터널막장 전방탐사를 위한 물리탐사의 한 방법이다.

2. 탐사방법

(1) 수신기 설치 : 터널 측면 설치(길이 약 2.5*m*)

(2) 발파공 배열
: 간격 1.5*m*, 길이 1.5*m*로 하여 약 20~30공 배치

(3) 분 석
발파 후 발파공에서 진행된 진동파가 지반경계면에서 반사되어오는 파속도 측정 → 해석 프로그램에 의한 파쇄대의 위치, 경사, 두께 등을 예측함

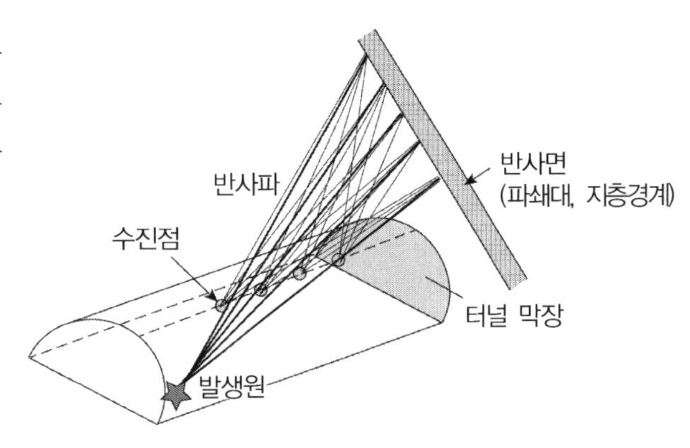

3. 특 징

장 점	단 점
① 1회 발파로 막장 전방 100~200*m*까지 지층 상태 파악 ② 굴착방법, 보강방법 등 효율적 굴착을 통한 *Cycle time* 단축 ③ 시추조사보다 신속함	① 천공품 추가(수진공, 발파공) ② 시험 중 시공 중단(대피)

4. 이 용

(1) 터널 막장 전방의 단층파쇄대의 위치, 경사, 두께 파악

(2) 터널 막장 전방의 지하수 존재 예측

(3) 터널 막장 전방의 암반강도변화 예측

(4) 지반조사의 불충분으로 인한 의심지역 추가조사

5. 선진 *Boring*(수평시추조사)과 비교

구 분	수평시추조사	*TSP*
방 법	직접조사	탄성파에 의한 간접조사
시료채취	가 능	불 가
버력처리	처리필요	무 관
정확도	우 수	개략적임
Cycle time	길 다	짧 다
공사 영향	크 다	적 다

09 BHTV(Borehole Teleview Test)와 BIPS(Borehole Image Processing System)

1. 개 요

(1) 시추공 내부를 시각적으로 확인하기 위하여 시추공벽을 고해상도로 촬영하여 시추공 내부의 불연속면의 특성을 파악하는 것을 '공내영상촬영' 또는 '공내검층'이라 하며 촬영 시 초음파와 빛을 이용한다.

(2) 초음파를 이용하는 것을 *BHTV*라 하고 빛(광원)을 이용하는 것을 *BIPS*라 한다.

(3) 두 방법 모두 주로 불연속면에 대한 정보를 얻는다는 공통점이 있다.

2. 측정방법

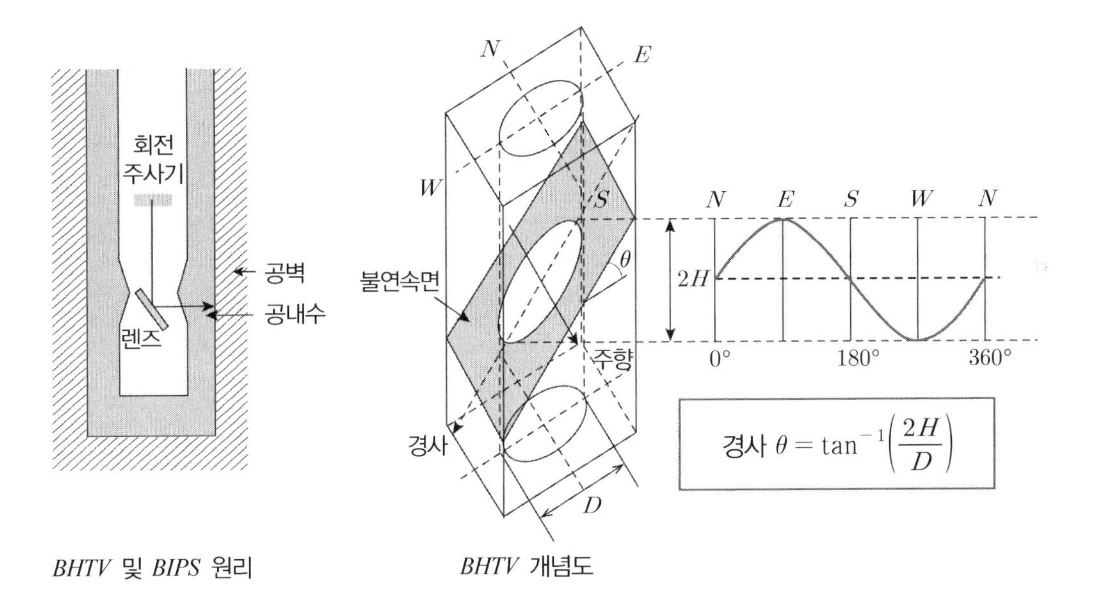

BHTV 및 *BIPS* 원리 *BHTV* 개념도

(1) *BHTV* : 공벽에 초음파를 주사하여 반사된 반사파의 진폭과 주시이미지 분석

① 진폭 이미지
불연속면의 특성 + 암석의 강도

② 주시 이미지
데이터의 교정 + 공경검층

(2) *BIPS* : 불연속면의 특성, 공극률 등 육안관찰, *Core* 불필요

3. 시추공 촬영결과 비교

구 분	초음파 촬영법(*BHTV*)	광원촬영법(*BIPS*)
원 리	360° 초음파 주사 : 반사되는 초음파의 주시와 진폭	광원이용 : 공벽에 반사이미지 스캐닝
공내수	반드시 필요 탁도와 관계 없음	무관(없을 때가 해상도 좋음) 공내수가 탁할 시 해상도 떨어짐
케이싱	없어야 됨	투명한 경우 가능 함몰 우려 시 투명한 *PVC*케이싱 사용
결과자료	불연속면의 주향 및 경사	좌 동
추가자료	암반강도 공경 검층(고분해능) 자료의 데이터 베이스	암층 + 충전물질 육안 확인 암맥, *Bedding plane* 구분 *Core image scanning*

4. 결과이용

(1) 방향성 : 주향(*Strike*)과 경사(*dip*)

① 주 절리군 파악　② 절리밀도

③ 평사투영 활용　④ 파괴 가능성

(2) 풍화도와 강도

① 색상 → 풍화도　② 암석 상대강도(*BHTV*)

(3) 파쇄대 충전물 : 파쇄대 방향, 분포, 폭, 충전물 여부

(4) 폐광, 공동위치 : 위치, 규모

(5) 터널의 이완영역

(6) 그라우팅 효과 : 동다짐 등 개량 확인

(7) 현장타설 말뚝 등 건전도 확보

(8) 암반분류 시 보완자료(*RMR*, *Q*분류)

5. 적용성

(1) 암반사면

(2) 암반지반 터파기

(3) 유류 비축기지 배치계획

(4) 폐광, 공동지역 조사

(5) *RQD*의 검증

(6) 각종 건설공사의 품질관리 및 검사

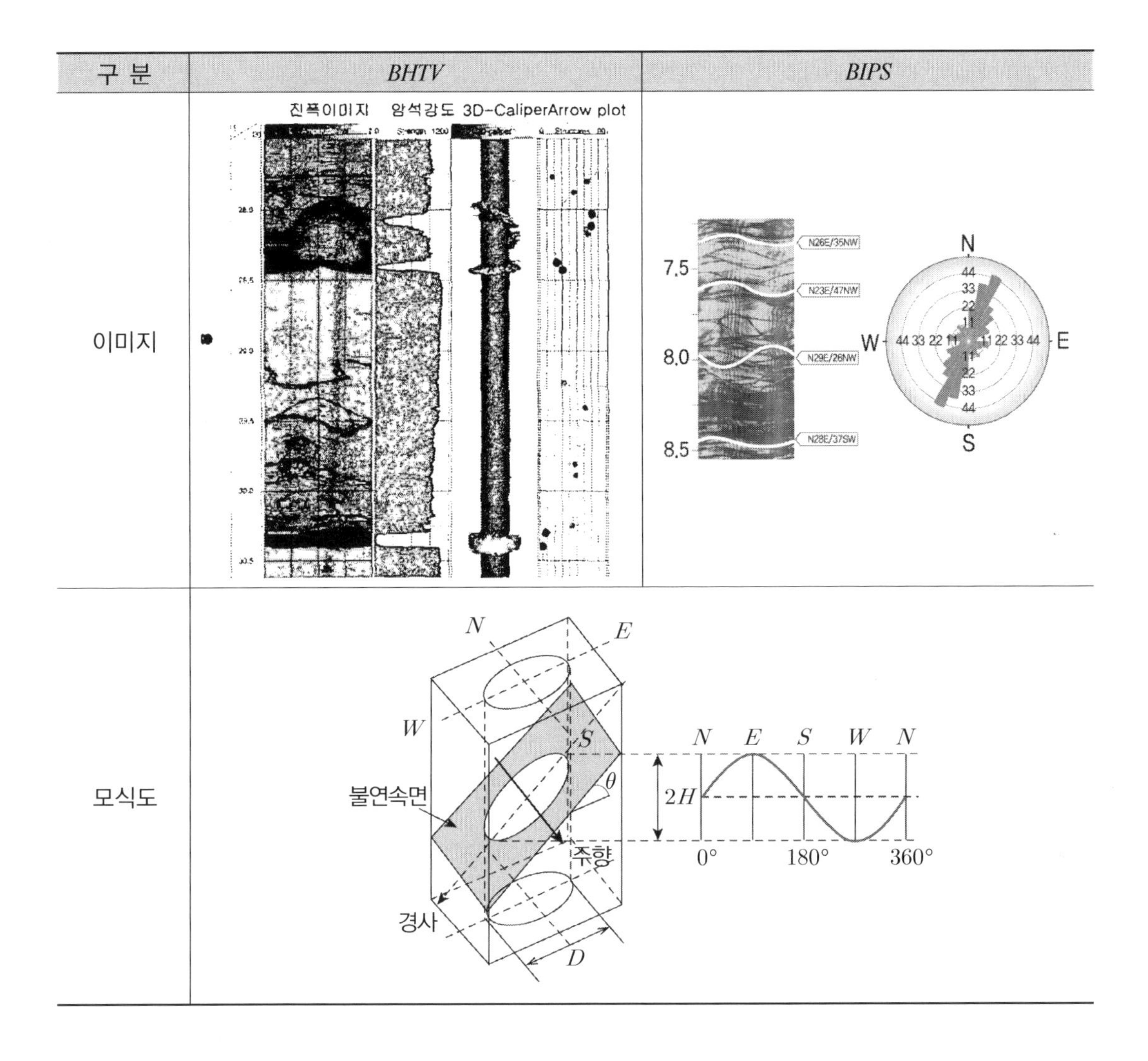

구 분	*BHTV*	*BIPS*
이미지		
모식도		

10 Geotomograpy

1. 개 요

(1) 토모그래피는 목적 대상체를 영상으로 구성하는 기술로서 의학에서 사용되는 단층촬영(*CT*) 기술을 지반분야에 응용한 것으로 필연적으로 컴퓨터의 도움을 받는 까닭에 *CT*(*computerized tomography*) 또는 *CAT*(*computer aided tomography*)라고도 부른다.

(2) 물리탐사에서는 파원으로부터 발생된 탄성파 또는 전자기파가 매질을 통과하여 수신되는 탄성파의 전파시간이나 진폭으로부터 파가 지나온 단면의 속도, 흡수성과 같은 물성분포를 영상화하는 기법으로 흔히 지오토모그래피라 부른다.

2. 시험방법

(1) 현장동적시험과의 차이점

① 현장동적시험

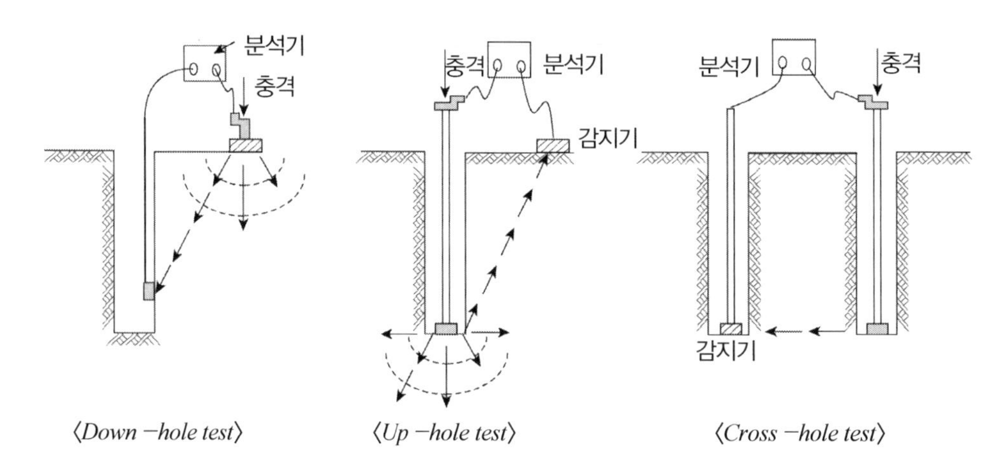

〈*Down −hole test*〉 〈*Up −hole test*〉 〈*Cross −hole test*〉

② 지오토모그래피

송신 시추공에 송신기를 수신시추공에 수신기를 설치하며 측정방법은 탄성파, 레이다, 전기비저항 토모그래피 기술이 있다.

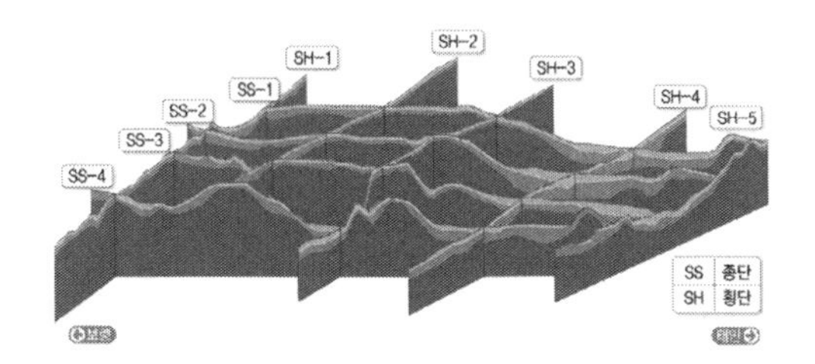

지오토모그래픽 3*D*해석 결과

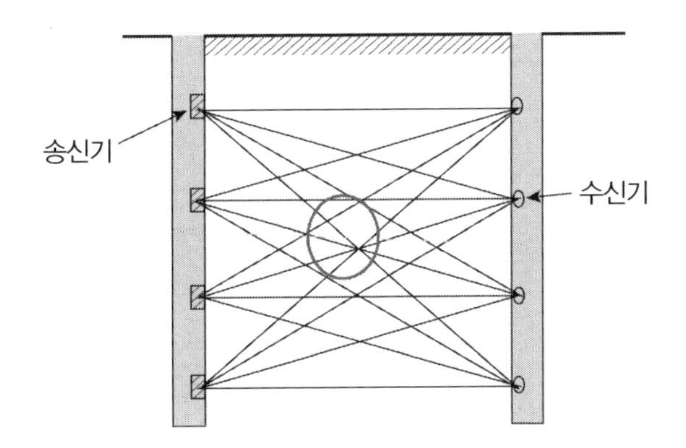

3. 특 징

(1) 해상도가 높은 영상처리기술로 정밀지반조사 가능

(2) 다방향 투시를 통한 입체적 촬영 가능

(3) 향후 토목분야에 전망이 있으며 자동측정기술, 공내수의 영향보정, 지하매질의 이방성, 전문인력에 의한 해석 등 연구 및 보완이 필요함

4. 이 용

(1) 매립장 침출수 오염

(2) 정밀지반조사

(3) 터널지반구조 판단(연약대, 파쇄대, 단층)

(4) 지하공동 조사

(5) 댐, 제방의 누수부위 탐사

5. 평 가

(1) 탄성파 토모그래피 : 시추공내수가 있어야 탐사 가능

(2) 레이다 토모그래피 : 전기전도도가 높은 지역 적용 곤란

(3) 전기비저항 토모그래피
전기전도도가 높은 지역에 적용 가능하나 탄성파, 레이다 토모그래피보다 해상도는 불량

(4) 지반의 이방성 평가 등 적용 분야가 확대되므로 관련 분야에 대한 연구발전 필요

11 표준관입시험(Standard Penetration Test)

1. 개 요

(1) 정의와 목적

토층과는 무관하게 깊이방향으로 1.5*M* 간격으로 *Split spoon sampler*를 지반에 관입시켜 지반의 저항(*N*치)를 측정함과 동시에 시료를 채취할 목적으로 시행하는 동적관입 *Sounding*이다.

(2) *N*치

*Sampler*를 시추 *Rod* 끝에 부착한 후 시추공에 넣고 63.5*kg* ± 0.5*kg*추를 높이 76*cm* ± 1.0*cm*로 자유낙하하여 타격 시 *Sample*가 30*cm* 관입 시 소요되는 타격횟수를 *N*치 또는 표준관입시험치라고 한다.

2. 시험방법

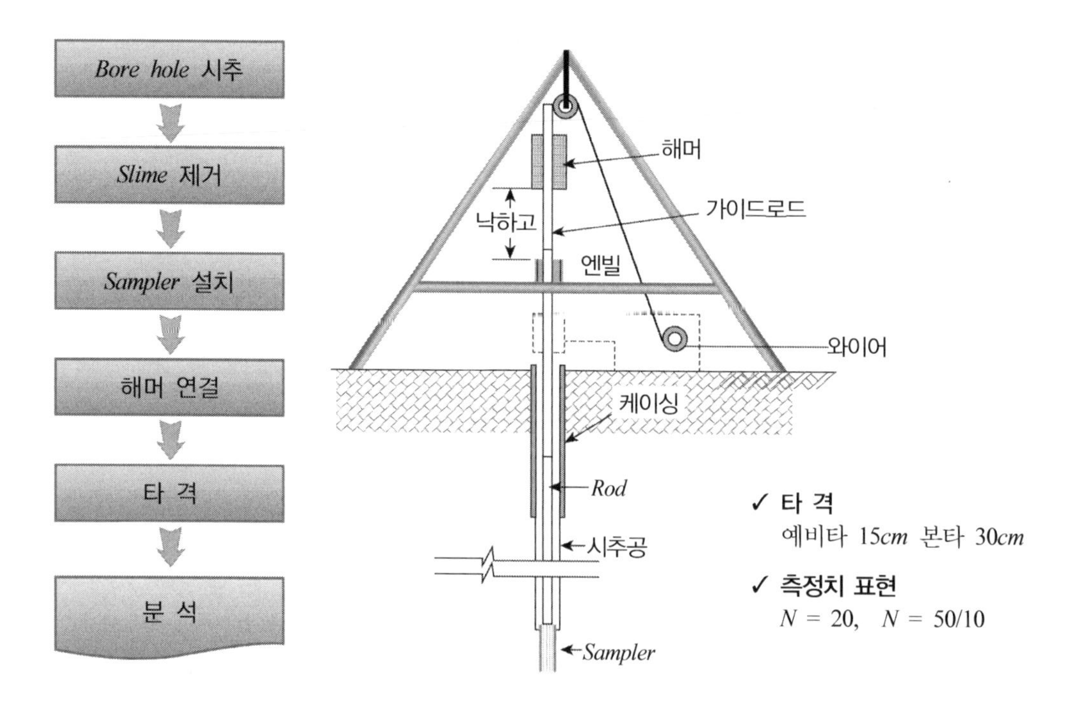

3. *N*치의 보정

(1) *N*값 보정의 원칙

① 해머의 타격에너지효율(에너지비) 보정은 반드시 포함

② 국내에서 검증되지 않은 항목에 대해서는 보정 유보

③ 적용대상 설계법, 경험식에 따라 보정의 필요성을 사전 판단

✓ 적용설계법에 따라 이미 *N*값의 보정효과가 포함된 경우가 있음

(2) 관계식

$$N_{60}' = N \cdot C_n \cdot \eta_1 \cdot \eta_2 \cdot \eta_3 \cdot \eta_4$$

여기서, N_{60}' : 해머 효율 60%로 보정한 N치

N : 시험 N치 C_n : 유효응력 보정

η_1 : 해머 효율 보정 η_2 : Rod길이 보정

η_3 : 샘플러 종류 보정 η_4 : 시추공경 보정

(3) 유효응력 보정 : 사질토만 보정함

① 모래의 경우 상재압력에 따라 같은 상대밀도라 하더라도 N값이 다르게 측정되므로 표준상재 압력 $1kgf/cm^2$에 대한 값으로 보정함

② 이 부분에 대한 보정은 액상화를 평가하는 경우 외에는 생략하는 것이 적절할 수도 있음

$C_n = \sqrt{\dfrac{1}{\sigma_v'}}$ 여기서, σ_v' : 시험위치의 유효상재압력(kgf/cm^2)

(4) 해머 효율의 보정 : η_1(주로 동재하 시험에서 확인이 가능함)

① $\eta_1 = \dfrac{\text{측정된효율}}{60}$, 국제 표준 에너지 비를 60%로 함

② 측정된 효율 = 에너지 비 = [현장측정 에너지 ÷ 이론적 에너지($m \cdot g \cdot h$)] × 100(%)

③ 에너지 측정법 : 동재하 시험, 초음파 측정, 비디오 측정

④ 장비별 에너지 효율

구 분	*Donut*형	자동형	*Safty*형
에너비 비	46%	65%	54%

(5) *Rod*의 길이 보정 : η_2

Rod 길이	3~4*m*	4~10*m*	10*m* 이상
효 율	0.75	0.85~0.95	1.0

(6) 샘플러 종류의 보정 : η_3

구 분	*Liner*가 없는 경우	*Liner*가 있는 경우
효 율	1.2	1.0

(7) 시추공경 보정 : η_4

직 경	65~115*mm*	150*mm*	200*mm*
효 율	1.0	1.05	1.15

4. *N*치의 활용

(1) ϕ의 추정

구 분	내 용
Dunham 공식	① 토립자가 모나고 입도가 양호한 경우 : $\phi=\sqrt{12N}+25$ ② 토립자가 모나고 입도가 불량한 경우 : $\phi=\sqrt{12N}+20$ ③ 토립자가 둥글고 입도가 양호한 경우 : $\phi=\sqrt{12N}+20$ ④ 토립자가 둥글고 입도가 불량한 경우 : $\phi=\sqrt{12N}+15$
Peck 공식	$\phi=0.3N+27$
오자키 공식	$\phi=\sqrt{20N}+15$

(2) 일축 압축강도 추정(*Terzaghi*) : $q_u = N/8,\ C_u = q_u/2 = N/16 = 0.0625N$

(3) 활 용

구 분	내 용	
시료채취 결과	① 토층의 분포와 종류 ③ 연약층 유무(압밀 침하층 두께) ⑤ 액상화 판단(사질토)	② 지지층의 분포심도 ④ 토사와 리핑암 구별
*N*치로 추정	점 토	사질토
	① 기초지반의 허용 지지력 ② 지반반력계수 ③ 탄성침하 ④ 일축압축강도(q_u) ⑤ 비 배수 점착력(C_u) ⑥ 연경도	① 상대밀도 ② 내부마찰각 ③ 침하에 대한 허용 지지력 ④ 지반반력계수(K) ⑤ 변형계수(E_s) ⑥ 기초지반의 탄성침하

5. *N*값에 영향을 미치는 요인

(1) 가장 큰 영향요인인 해머의 타격 에너지는 반드시 보정

(2) 시추공 바닥면 상태 : 슬라임 처리 확인

(3) 시추공경 100*mm* 이내가 적당 → 공경이 커질수록 *N*값 상승

(4) 시추공내 지하수위 : 주변수위보다 낮으면 *N*값 상승

(5) 슈의 상태 : 낡은 슈를 사용하거나 손상된 샘플러 사용 시 자갈이 박히어 N값 증가

(6) 롯드 : 규정 이상의 무거운 롯드를 사용하면 타격에너지가 롯드에 흡수되어 N값이 증가

(7) 라이너 : 국내의 경우 라이너를 거의 사용하지 않으며 N값이 감소

(8) 관입지반의 배수조건에 따라 N값에 차이 발생

(9) 상재압력에 따라 N값 차이 발생

6. 표준관입시험의 장 · 단점

(1) 장 점

① 흙의 시료를 육안관찰 가능

② 관입저항과 시료채취 동시수행 가능

③ N값 조사 및 연구사례 풍부

(2) 단 점

① 교란시험 채취로 역학시험 불가

② 초연약지반 적용 곤란(대용량 샘플링, *CPT*)

③ 자갈층 적용 곤란

12 표준관입시험 결과의 이용

구 분	내 용	
시료채취 결과	① 토층의 분포와 종류 ③ 연약층 유무(압밀침하층 두께) ⑤ 토사와 리핑암 구분	② 지지층의 분포심도 ④ 액상화 대상층 유무
N치로 추정	**사질토**	**점 토**
	① 상대밀도 ② 내부마찰각 ③ 침하에 대한 허용 지지력 ④ 지반반력계수(K) ⑤ 변형계수(E_s) ⑥ 기초지반의 탄성침하	① 기초지반의 허용 지지력 ② 지반 반력계수 ③ 탄성침하 ④ 일축압축강도(q_u) ⑤ 비배수 점착력(C_u) ⑥ 연경도

1. 지반 내 토층분포와 토층의 종류

시 추 주 상 도

DRILL LOG

공 사 명 PROJECT		공번 HOLE No.	BH-1
위 치 LOCATION	STA. 1+227	지반표고 ELEVATION	1.4 M
		지하수위 GROUND WATER	(GL-m) 0 M
날짜 DATE	2003-03-19 ~ 2003-03-19	감독자 INSPECTOR	S. K. M

(주) 시료채취방법의 기호 REMARKS
- ○ 자연시료 U.D. SAMPLE
- ◎ 표준관입시험에 의한 시료 S.P.T. SAMPLE
- ● 코어시료 CORE SAMPLE
- ⊗ 흐트러진 시료 DISTURBED SAMPLE

표고 Elev. M	심도 Depth M	층후 Thickness M	지층명	지층설명 Description	통일분류 USCS	시료번호	채취방법	채취심도	N치 (회/cm)
-2.40	3.80	3.80	매립층	▶ 매립층 점토질실트 심도 0.0 ~ 3.8m 암갈색, 매우연약(Very Soft) 포화상태	CL	S-1	◎	1.5	1/30
						S-2	◎	3.0	2/30
			풍화토	▶ 풍화토 풍화토 심도 3.8 ~ 12.8m 황갈색, 실트질모래 상태, 습윤(moist)한 상태 완전풍화(Comletely Weathered)상태 보통조밀(Medium Dense) 내지 매우조밀(Very Dense)한 상태	SW-SM	S-3	◎	4.5	18/30
						S-4	◎	6.0	23/30
						S-5	◎	7.5	34/30

2. 지지층의 분포심도

목적구조물과 관련하여 지지력과 침하가 만족되기 위한 기초깊이와 기초형식 결정

3. 연약층 유무 / 압밀층 두께

(1) 점토의 *Consistency*에 대하여 판단

N치	*Consistency*	일축압축강도(kgf/cm^2)	비 고
0~4	연 약	0.5	엄지손가락으로 쉽게 관입
4~8	보 통	0.5~1.0	엄지손가락으로 힘들게 관입
8~30	단 단	1.0 이상	손가락 관입 곤란, 손톱자국

✓ **전단강도** $\tau = C + \sigma \cdot \tan\phi$**에서** $\phi = 0 \rightarrow N$**치 추정** : $q_s = \dfrac{N}{8}(N = 8q_u)$

$$C_u = \frac{q_u}{2} \rightarrow \frac{N}{16} = 0.0625N$$

(2) 압밀층 두께 판단

토 성	N 값	일축압축강도(kgf/cm^2)	층두께(추정)
점성토	4 이하	0.6 이하	10m 미만
	6 이하	1.0 이하	10m 이상
사질토	10 이하	–	–

4. 액상화 대상층 판단

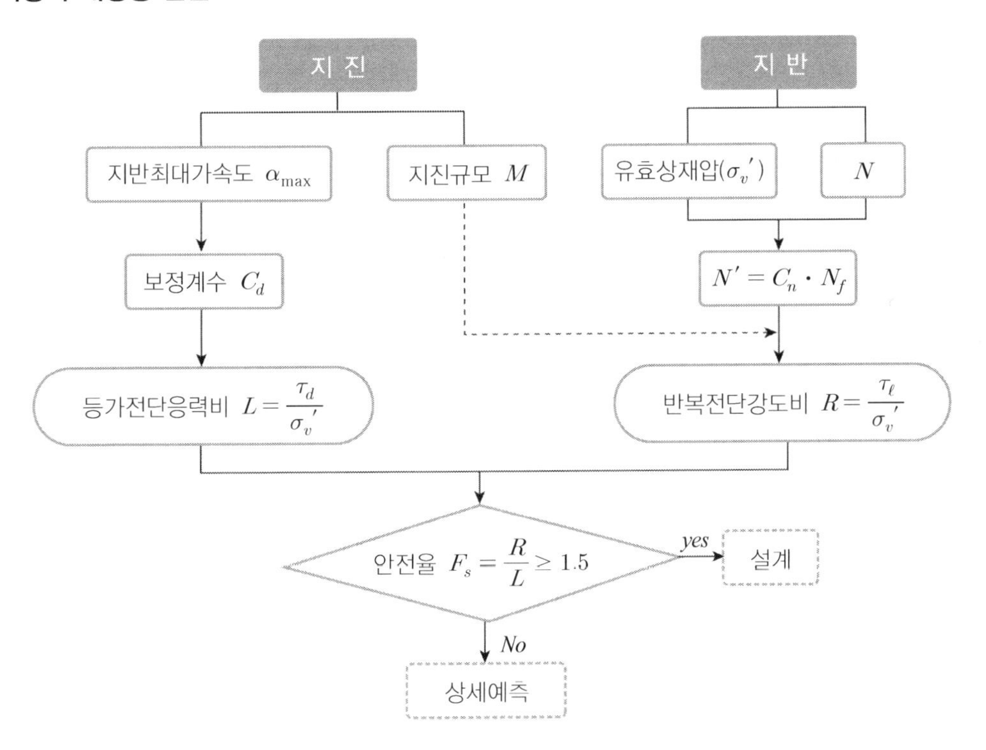

5. 토사와 리핑암 구분

구 분	토공작업		
	토 사	리핑암	발파암
표준관입시험	50/10 미만	50/10 이상	–

구 분		토공작업		
		토 사	리핑암	발파암
불연속면의 발달빈도 (*NX* 크기)		–	*TCR* = 25% 이하이고 *RQD* = 0% 정도	*TCR* = 25% 이상이고 *RQD* = 0~10% 이상
탄성파 속 도	*A* 그룹	700*m*/*sec*	700~1200*m*/*sec*	1200*m*/*sec* 이상
	B 그룹	1000*m*/*sec*	1000~1800*m*/*sec*	1800*m*/*sec*

TCR (*Total core recovery*) : 코아회수율　　　*RQD* (*Rock quality designation*) : 암질지수

*A*그룹, *B*그룹 : 건설표준품셈의 암종구분임

6. 상대밀도와 내부마찰각

(1) 상대밀도와 내부마찰각

상대밀도	조밀 정도	전단 저항각 ϕ	*N*치	비 고
0~40	느슨한 상태	0~35°	0~10	현장에서는 주로 표준관입시험에 의해 상대밀도를 측정한다.
40~60	보통	35°~40°	10~30	
60~100	조밀한 상태	40°~45°	30~50	

✓ **상대밀도, 간극비, 전단저항각과의 관계(*NAVFAC*, 1971)**

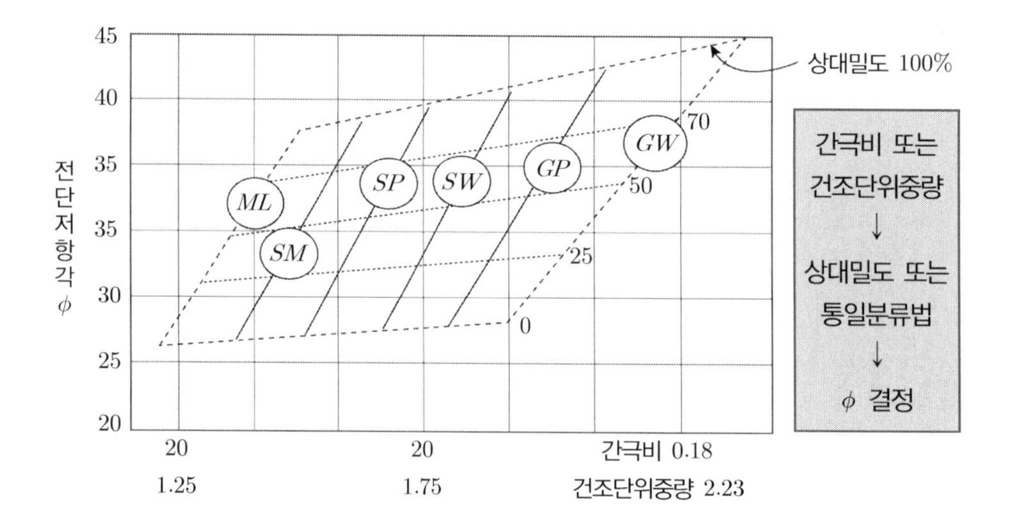

(2) N값에 의한 ϕ 추정

구 분	내 용
Dunham 공식	① 토립자가 모나고 입도가 양호한 경우 : $\phi = \sqrt{12N}+25$ ② 토립자가 모나고 입도가 불량한 경우 : $\phi = \sqrt{12N}+20$ ③ 토립자가 둥글고 입도가 양호한 경우 : $\phi = \sqrt{12N}+20$ ④ 토립자가 둥글고 입도가 불량한 경우 : $\phi = \sqrt{12N}+15$
Peck 공식	$\phi = 0.3N+27$
오자키 공식	$\phi = \sqrt{20N}+15$

7. 기초지반의 침하량

(1) 사질토(탄성침하)

$$S_i = 0.4\frac{P_o}{N}\ H\ Log\left(\frac{P_o + \Delta P}{P_o}\right)$$

여기서, P_o : 유효토피하중 N : 모래층의 평균 N값 H : 모래층 두께
ΔP : 지반재하하중

(2) 점성토(탄성침하) : N값과 무관

$$S_i = \mu_1 \cdot \mu_0 \cdot \frac{B \cdot q_o}{E_u}$$

여기서, μ_1 : H/B의 함수인 계수 μ_0 : D_f/B의 함수인 계수
E_u : 비 배수 조건으로 얻어진 탄성계수

8. 기초지반의 허용 지지력

(1) 사질토 : *Meyerhof*

① 얕은기초

$$B > 1.2m \qquad q_a = \frac{N}{0.8}\left(\frac{B+0.3}{B}\right)^2 \cdot F_d$$

여기서, q_a : 침하량 25*mm*를 기준으로 했을 때의 허용 지지력(*tonf/m*^{2})
N : 기초바닥 위로 $0.5B$와 아래로 $2B$까지 사이의 평균 N값
B : 기초폭 F_d : 깊이계수($F_d = 1 + 0.33(D_f/B) \geq 1.33$)

$$B \leq 1.2m \qquad q_a = \frac{N}{0.5} \cdot F_d$$

$$MAT \text{ 기초} \qquad q_a = \frac{N}{0.8} \cdot F_d$$

만일 사질토 지반에서 침하량의 기준이 25mm가 아닌 경우에는 허용 지지력은 침하량과 비례하므로 다음 식으로 보정하여 사용한다.

$$q_{ak} = \frac{S_k}{25} \cdot q_a$$

여기서, q_{ak} : S_k를 기준하였을 때의 허용 지지력

S_k : 기준하고자 하는 목적 구조물의 침하량

② 깊은기초의 극한 지지력

$$Q_u = 30NA_p + 0.2N_sA_s + 0.5N_cA_c$$

여기서, Q_u : 말뚝의 극한 지지력(tonf)

A_p : 말뚝선단부 단면적(m^2)

A_s : 사질토의 주면 면적(m^2)

A_c : 점성토의 주면 면적(m^2)

N_p : 말뚝선단부의 N 값

N_s : 사질토의 주면 N 값

N_c : 점성토의 주면 N 값

(2) 점성토의 지지력

① 얕은기초

$$Q_u = \alpha\, C N_c + \gamma\, D_f$$

N치 추정 : $q_u = \frac{N}{8} (N = 8q_u)$, $C_u = \frac{q_u}{2}$ → $\frac{N}{16} = 0.0625N$

② 깊은기초(사질토의 극한 지지력과 동일)

$$Q_u = 30NA_p + 0.2N_sA_s + 0.5N_cA_c$$

9. 지반반력계수

(1) 사질토

① 연직지반 반력계수 : N값과 무관

$$K_v = K_{vo}\left(\frac{B_v}{30}\right)^{-\frac{3}{4}}$$

② 수평지반 반력계수

모래지반 $K_h = 8\frac{B}{N}$

자갈지반 $K_h = 10\frac{N}{B}$

(2) 점토지반

① 연직지반 반력계수 : N값과 무관

$$K_v = K_{vo}\left(\frac{B_v}{30}\right)^{-\frac{3}{4}}$$

N치 추정 : $C_u = \frac{q_u}{2} \rightarrow \frac{N}{16} = 0.0625N$

② 수평지반 반력계수

$$K_h = \frac{67C_u}{B}$$

(3) 탄성계수

$$E = \alpha \cdot N$$

여기서, α : 4(실트, 모래질 실트), 7(가는 중간 모래), 10(굵은 모래), 12~15(모래질 자갈, 자갈)

10. 일축압축강도

$$Q_u = \frac{N}{8}$$

$C_u : N < 15$ $C_u = \frac{N}{16}$

$C_u : N > 15$ $C_u = \frac{N}{16} \times 80\%$

※ N값에 의한 일축압축강도 추정은 개략값이므로 필요시 삼축압축시험, *Sounding*으로 검증 후 사용

13 SPT 에너지비

1. 개 요

표준관입시험은 63.5*kg*의 해머를 76*cm*의 높이에서 자유낙하시키는 타격에너지를 사용하므로, 이론적인 최대에너지는 475*Joule*이다. 그러나 해머의 낙하 과정에서 자유낙하 조건을 방해하는 여러 요인들로 인해 에너지 손실이 발생하므로 이론적 에너지보다 작은 에너지가 전달되므로 *N*값이 실제보다 증가되는 경향을 보인다. 따라서 정확한 *N*값의 산정을 위해 다음의 에너지비의 적용이 필요하다.

2. 에너지비

$$\text{에너지비} = \frac{\text{현장측정에너지}}{\text{이론적 에너지}(m \cdot g \cdot h)} \times 100(\%)$$

3. 에너지 감소 원인

(1) 해머를 들어올린 후 낙하할 때 정확한 낙하거리

(2) 해머를 들어올릴 때 자아틀(*cat* −*head*) 또는 윈치(*winch*)와 로프(강선 포함) 간의 마찰력

(3) 순간적인 인장력, 로프가 자아틀에 감긴 횟수

(4) 로프의 굵기와 낡은 정도 / *Rod*의 마찰(경사, 편심)

(5) 자동장비 회전수와 낙하고 등 다양한 요소에 관련됨

4. 측정 원리 및 방법

(1) 측정원리

샘플러 관입에 실제 기여하는 롯드 에너지(E_r)가 관건이 된다. 이 에너지는 해머 타격으로 유발되는 롯드 내의 응력파를 측정하여 이 신호를 시간에 대해 적분하는 방법으로 산정할 수 있으며, 이를 위해서는 롯드에 로드셀이나 변형률계, 가속도계 등 필요한 계측기를 사전에 부착해야 한다.

① 힘 적분방법(F^2 *integration method*)

시험 수행 시 해머 타격에 의한 관입은 롯드 내에서 발생한 압축파의 힘에 대한 시간 범위 내의 적분 값은 대략적으로 실제 관입에 적용된 힘과 같음을 이용한다.

② 힘−속도 적분방법(*FV integration method*)

표준관입시험 연결 롯드에 로드셀과 가속도계를 설치하여 로드셀로부터는 시간에 따른 압축파의 힘을 측정하고, 가속도계로부터는 시간에 따른 압축파의 속도를 측정하여 적분을 통해 에너지를 구하는 방법이다.

(2) 측정방법

① 초음파 시험

② 동재하시험(*PDA*)

③ 비디오 촬영

5. 장비별 에너지 효율(조성민 등, 한국도로공사, 2002)

구 분	*Donut*형	*Safty*형	자동형
에너지비	45～55%	55～60%	60～70%

6. 에너지비의 국내외 기준

(1) 국제기준 : 60%(N_{60})

(2) 국내동향 : 도로공사 및 이명환 등 국내연구 일부 진행

7. 평 가

(1) 현장장비의 에너지비 측정 후 사용

(2) 자동화 장비의 에너지비가 우수하므로 사용을 권장하며 국내 *SPT* 장비의 표준화가 선행되어야 함

(3) 국제표준 N_{60}이 되기 위해서는 국내 측정장치에 80～90%를 적용해야 하는 것이 현실적 사항이므로 국내사례분석과 보다 많은 연구를 통해 체계화된 적용방안이 모색되어야 함

(4) 이를 위해 작업원의 숙련도 향상을 위한 교육과 제도발전이 병행되어야 하며

(5) 표준관입시험을 맹신하지 말고 타시험과 비교를 통한 검증 후 사용함이 타당하다고 판단됨

국내연구 동향(참고)

외국에서는 1970년대 후반부터 표준관입시험의 에너지 효율에 대한 연구가 집중적으로 시작되었는데, *Schmertmann*(1978), *Kovacs*와 *Salomone*(1982), *Seed* 등(1985), *Riggs*(1986), *Skempton*(1986), *Bowles*(1988), *Clayton*(1990), *Robertson*과 *Woeller*(1991) 등이 많은 성과를 이루어냈으며, F^2 방법과 FV 방법이 널리 적용되고 있다.

국내 표준관입시험이 가지는 산적한 문제에도 불구하고, 외국과 비교할 때, 우리나라의 표준관입시험 에너지 효율에 대한 연구 성과는 극히 미미한 수준이다.

이명환 등(1992)은 N 값에 가장 큰 영향을 주는 요인이 해머의 낙하에너지라고 보고, 에너지 수준이 상이한 상태에서 측정한 N 값을 그대로 일반적인 해석에 적용할 경우에 구조물의 안전상 문제를 초래하거나, 또는 과다설계를 유발할 수 있다고 하였다. 이들은 SPT 해머의 낙하속도를 측정함으로써 해머의 낙하에너지를 간접적으로 계산하여 우리나라에서 사용 중인 N 값을 낙하에너지 관점에서 분석하였다. 해석 결과, 국내 N 값은 국제적인 표준 값으로 인정되는 N_{60}과는 다소 차이가 있으며 에너지 효율이 미국이나 일본의 80~85% 수준에 불과하므로, 국제적인 기준인 N_{60}을 얻기 위해서는 시험에서 구한 N 값에 0.86~0.89의 값을 곱하여야 한다고 주장하였다.

이호춘 등(1996)도 역시 시험 시 초래되는 에너지 손실 때문에 실제의 해머 타격에너지는 이론적 타격에너지와는 그게 디르디고 지직하고, 초음파 송수신장치와 PC를 이용하여 국내 현장에서 시행되는 SPT 해머의 타격에너지를 측정하였다. 그 결과 $R-P$형 해머와 자동해머의 에너지 비는 이론적 에너지에 대하여 각각 64.2% 및 75.0%로 측정되었으며, 국내 N 값을 N_{60}으로 보정하기 위한 계수로 $R-P$형 해머의 경우에는 0.77, 자동해머의 경우에는 0.9를 제안하였다. 또한 이호춘 등(1997)은 앤빌과 롯드를 통하여 전달되는 도중에 발생하는 손실을 고려한 표준관입시험의 동적효율을 *CHarpy* 충격시험과 파동이론에 의한 해석 프로그램인 *WEAP*을 적용하고, 현장시험을 통하여 검증된 결과로부터 국내 SPT의 동적효율로 0.72를 제시하였다.

이우진 등(1998)은 해머 타격으로 롯드에 응력파가 전달되는 현상이 말뚝 타입 시 발생하는 현상과 동일하다고 보고, 항타분석기(*PDA, pile driving analyzer*)를 이용하여 도넛해머, 안전해머, 개량자동해머에 대해 관입에너지를 측정하였다. *PDA*에서는 해머에서 롯드로 전달되는 충격파를 분석하여 롯드에 실제 가해지는 에너지 값을 출력하므로 이론적인 에너지와의 비율로부터 에너지 전달효율을 즉시 산정할 수 있고, 동적효율과 속도에너지 효율을 따로 고려하는 불편과 부정확성을 제거할 수 있다고 하였다.

14 Flat Dilatometer

1. 개 요

(1) *Flat Dilatometer*는 1980년 이탈리아 *Marchetti*에 의해 처음 고안되어 사용되었으며, 특히 응력이력과 연관된 K_d를 관입장비에 의해 구함으로써 변형계수 및 침하예측을 위한 획기적인 지반조사기술의 발전을 이루었다는 데 의의가 있다.

(2) 아래 그림과 같이 *Blade*를 지중에 삽입한 후 수평방향으로 팽창재하하여 $\sigma - \varepsilon$ 관계에서 원위치 지반에 대한 역학적 정보를 다양하게 평가할 수 있는 장점이 있다.

2. 시험방법

(1) $Blade$ 관입 : 2*cm/sec*

(2) $Membrain$ 팽창

(3) $A \rightarrow B \rightarrow C$ 변위 시 압력 측정

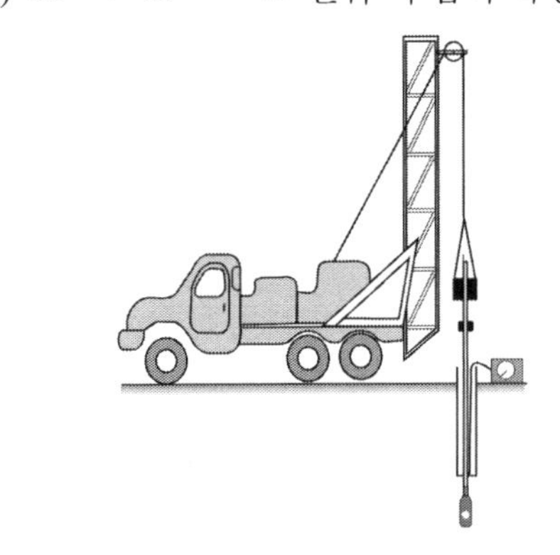

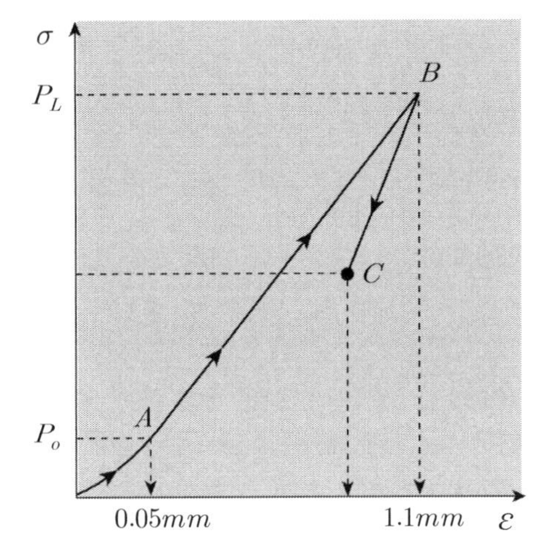

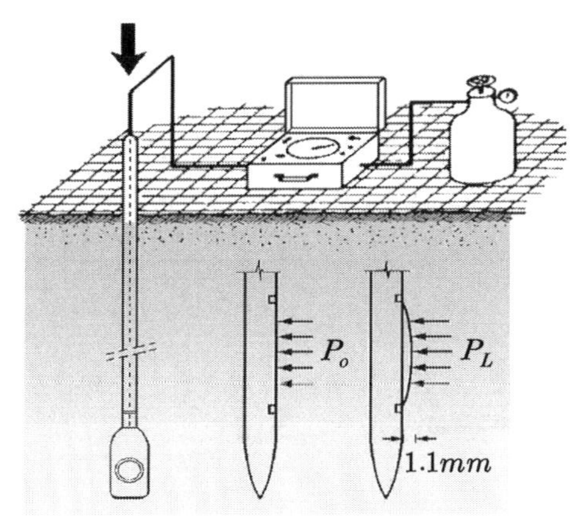

딜라토메타 실험 개요도

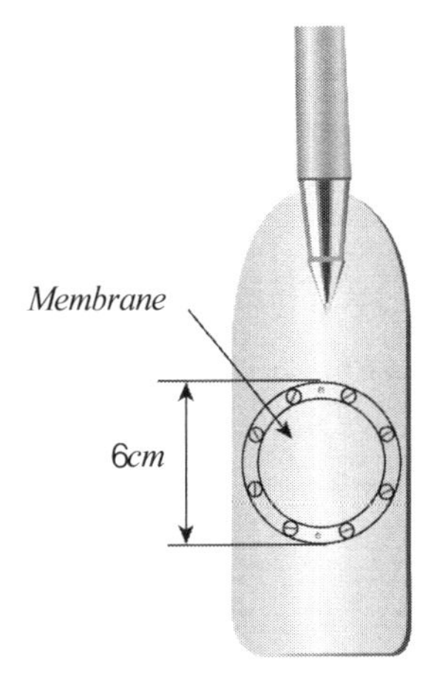

딜라토메타 *Blade*

3. 주요 딜라토메터 계수

(1) 수평 응력지수(K_D) : 관입에 의해 증가된 K_o의 값을 나타냄

$$K_D = \frac{(P_o - u_o)}{\sigma_v{}'}$$

여기서, P_o : $Membrain$이 0.05mm 팽창 시 압력

u_o : 초기 간극수압(정수압)

$\sigma_v{}'$: 시험위치에서의 연직유효응력

① 정지토압계수 $K_o = \left(\frac{K_D}{1.5}\right)^{0.47} - 0.6$

※ 일반적으로 만족할 만한 결과를 주는 것으로 알려져 있으며 매우 $Cemented$한 점성토의 경우 K_o 값이 과대평가됨에 유의해야 한다.

② 비 배수 강도 $C_u = 0.22\sigma_v{}'(0.5K_D)^{1.25}$

※ 일반적으로 경험에 의한 DMT 추정 C_u 값은 상당히 신뢰성이 있다.

③ 과압밀비 $OCR = (0.5K_D)^{1.56}$

※ $K_D = 2$일 때 OCR 값은 1이 된다($K_{D,NC} \approx 2$).

④ 내부마찰각 산정 $\phi = 28° + 14.6° Log\, K_D - 2.1°(Log K_D)^2$

※ 위 식은 ϕ에 대해 하한값으로 추정한 것이므로 통상적으로 $2 \sim 4°$ 정도 마찰각을 과소평가함에 유의해야 한다.

(2) *Dilatometer Modulus*(E_D) : 탄성론에 의해 P_L와 P_o에 의해 구함

$$E_D = 3.47(P_L - P_O) = \frac{E_s}{(1 - v^2)}$$

여기서, P_L : $Membrain$이 1.1mm 팽창 시 압력

P_o : $Membrain$이 0.05mm 팽창 시 압력

① 지반반력계수 $K = \frac{E_s}{B \cdot I(1 - v^2)}$

② 탄성침하량 $S_i = q \cdot B \cdot I \frac{1 - v^2}{E_s}$

(3) 재료지수(*Material Index, ID*) : 탄성론에 의해 P_L와 P_o에 의해 구함

※ 주로 토층구분에 활용(I_D가 클수록 ϕ값이 크다)

$$I_D = \frac{P_L - P_o}{P_o - u_o}$$

예) 점토지반 : $0.1 < I_D < 0.6$ **실트지반** : $0.6 < I_D < 1.8$ **모래지반** : $1.8 < I_D < 10$

① I_D 계수는 점성토의 경우에는 별 차이가 없으나 사질토의 경우에는 차이가 많이 난다는 관측으로부터 도입되었음

② 일반적으로는 체분석 결과를 나타내는 것이 아니라 주로 대상지반의 강성값과 관련된 거동특성을 나타내는 변수임

③ 따라서 점토라 하더라도 매우 강성이 큰 경우에는 실트로 분류되며 실제 입도분포에 의한 분류보다 거동특성분류를 나타낸다고 할 수 있다.

④ 그러므로 투수계수가 관심사인 경우에는 또 다른 U_d(*Pore pressure index*)에 의해 보완이 필요하다.

4. 장 · 단점

장 점	단 점
① 신뢰도 큼	① 시료채취 없음
② 사질토, 점성토의 지반정수	② 국내 적용사례 적음
③ 시추공 불필요	③ 견고층 적용 곤란

5. 이 용

(1) 흙의 종류와 단위중량 추정

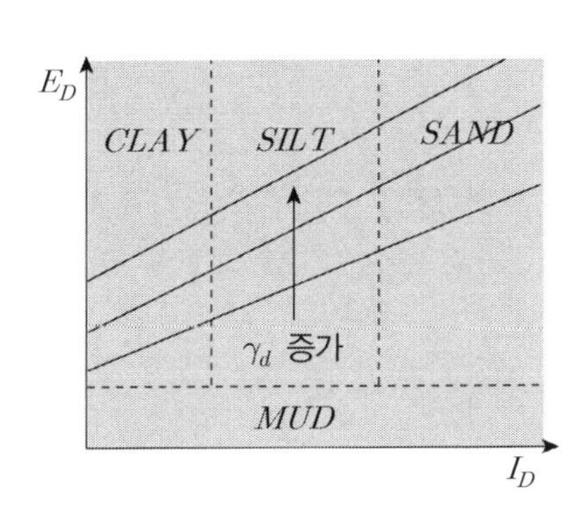

(2) *OCR*

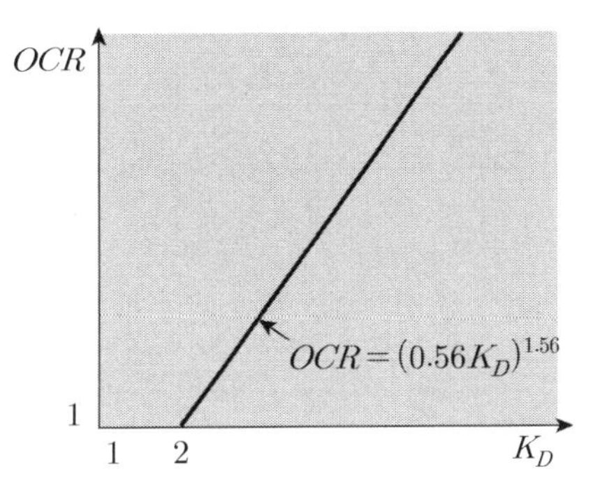

(3) 비 배수 강도

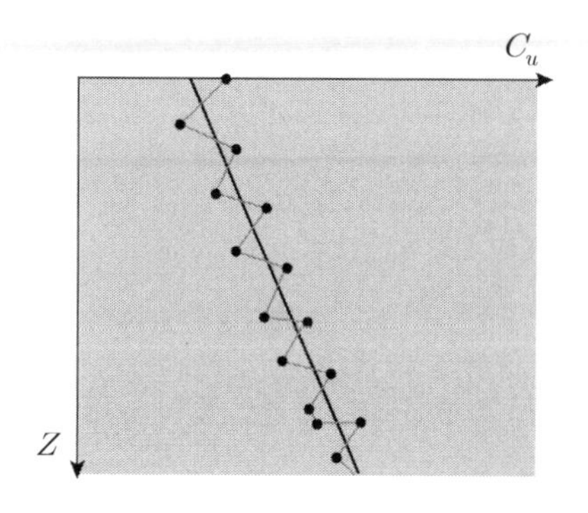

(4) 액상화

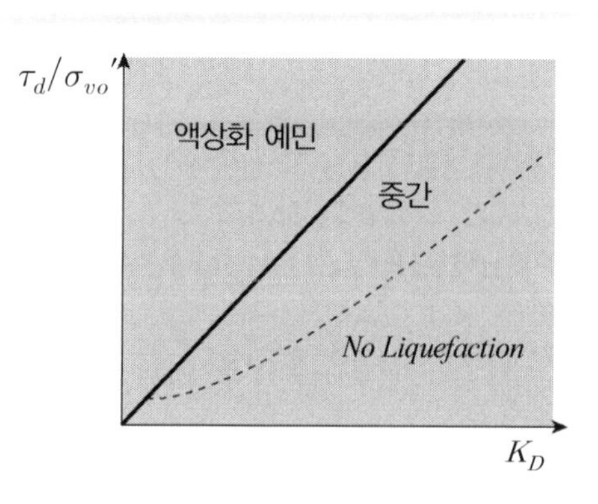

(5) 정지토압

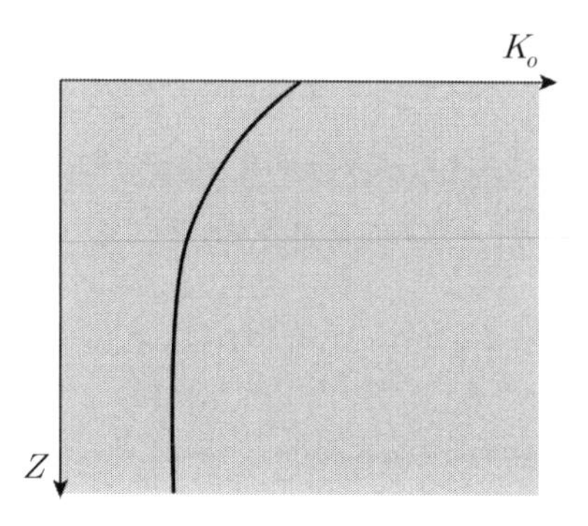

(6) 수평특성 : C_h, K_h

(7) 마찰각 : ϕ

(8) 개량효과

6. 평 가

(1) 점토층 관입속도 : 2*cm/sec* 준수

(2) 수직도 유지

(3) *Membrain* 정기점검

(4) 외국의 경험적인 분석에 따라 물성치를 평가하므로 국내에 적용된 사례가 적어 국내의 토질에 적합한지에 대한 관계성에 대하여 향후 연구가 필요하며

(5) 최근 인천 영종도 신공항부지 건설, 양산 신도시 택지개발 등에 적용된 바 있음

15 정적 콘 관입시험(Static Cone Penetration Test)

1. 개 요

원추형 *Cone*이 부착된 *Rod*를 일정한 속도로 지중에 관입시켜 *Cone*의 관입저항치(q_c, f_s)를 측정하여 비교적 연약지반의 공학적 특성을 평가하는 원위치 시험이다.

2. 사운딩(*Sounding*)

Rod 선단에 부착된 저항체를 지중에 삽입하여 관입, 회전, 인발 등 에너지를 가할 때 지반의 저항 정도에 따라 토층의 성상을 파악하는 것을 사운딩이라 한다.

(1) 사운딩의 종류

정적 사운딩	동적 사운딩
① 휴대용 원추관입시험기 (*Portable Cone Penetrometer*) ② 화란식 원추관입시험기 (*Dutch Cone Penetrometer*) ③ 스웨덴식 관입시험기 (*Swedish Penetrometer*) ④ 이스키 메터(*Iskymeter*) ⑤ 베인 시험기(*Vane shear test*)	① 동적 콘 관입시험기 (*Dynamic Cone Penetrometer*) ② 표준 관입시험기 (*Standard Penetration tester*)

3. 시험기의 분류

휴대용 *CPT*	*Dutch CPT*	*Piezo CPT*

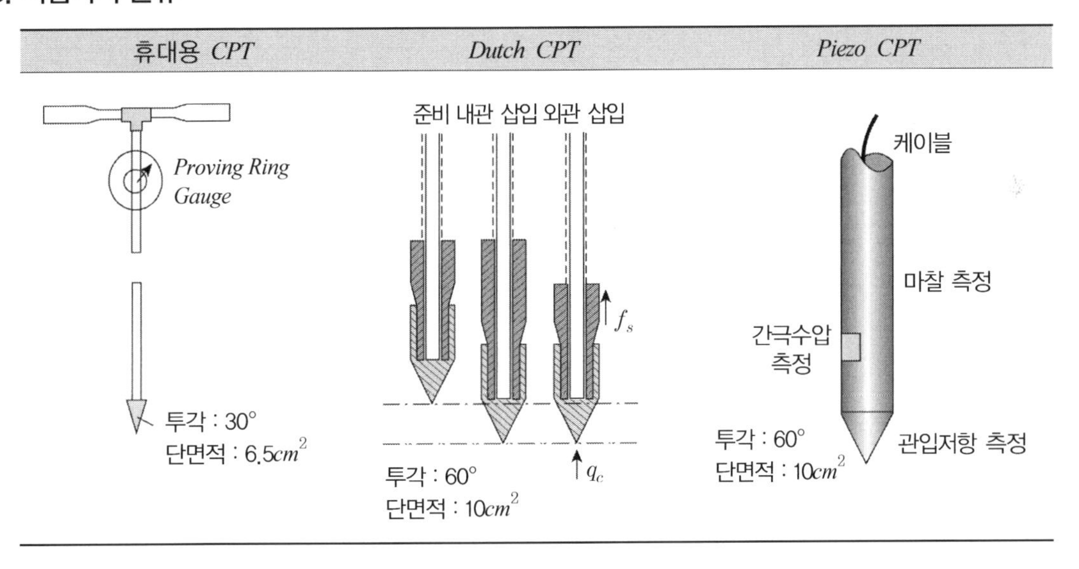

4. 시험의 영향요인

(1) 콘의 선단각도 : 각도가 크면 q_c 값 크게 평가

(2) 콘 단면적 : 단면적이 크면 q_c 값 크게 평가

(3) 관입속도 : 기준(2*cm*/*sec*) 이상 시 q_c 값 크게 평가

5. 장단점

장 점	단 점
① 보링 없이 시험신속	① 시료채취 없음
② 연속적 *Data*를 얻음	② 견고층 적용 곤란
③ *SPT*보다 정밀도 우수	

6. 특징 비교

구 분	휴대용 *CPT*	*Dutch CPT*	*Piezo CPT*
N 값	4 이하	4~30	4~30
적용토질	연약점토	점토/사질토	점토/사질토
유효심도	5*m*	25*m*	50*m*
휴대성	간 편	복 잡	복 잡
정밀도	小	中	大
연속 *data*	小	中	大
복합지층	불 량	보 통	우 수
간극수압측정	–	–	가 능
수평압밀계수	–	–	가 능
관입속도	1*cm*/*sec*	1*cm*/*sec*	2*cm*/*sec*
측정결과	q_c	q_c, f_s	q_c, f_s, u

7. 결과의 이용

(1) 토층성 상의 개략적 판단 → 마찰비(F_r) 이용

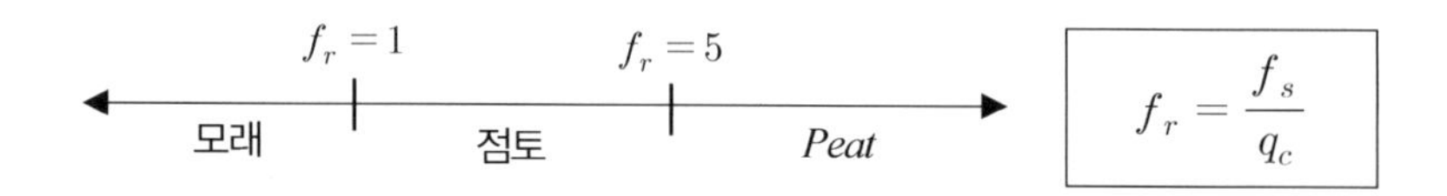

(2) *Consistency* 파악

(3) 점착력

$$q_c = 5q_u \qquad q_c = 10C \rightarrow C = \frac{q_c}{10}$$

(4) *Trafficability* : 휴대용 *CPT* (전차진입 여부 판단목적 개발)

(5) 얕은기초의 허용 지지력

① $B = 1.2m$ 이하 $\qquad q_a = \dfrac{q_c}{30}$

② $B = 1.2m$ 이상 $\qquad q_a = \dfrac{q_c}{50}\left(\dfrac{B+0.3}{B}\right)^2$

(6) 즉시 침하량

$$S_i = 0.53\frac{P_o}{q_c}H \cdot Log\frac{P_o + \Delta P}{P_o}$$

(7) 극한 지지력

$$q_{ult} = q_p \cdot A_p + q_s \cdot A_s \qquad q_s = \frac{q_c}{200}$$

(8) 개량효과 확인 : *Vertical Drain* 및 *SCP*에서 개량효과(강도 증가) 확인

16 피조콘 관입시험(Piezocone Penetration Test, CPTU)

1. 개 요

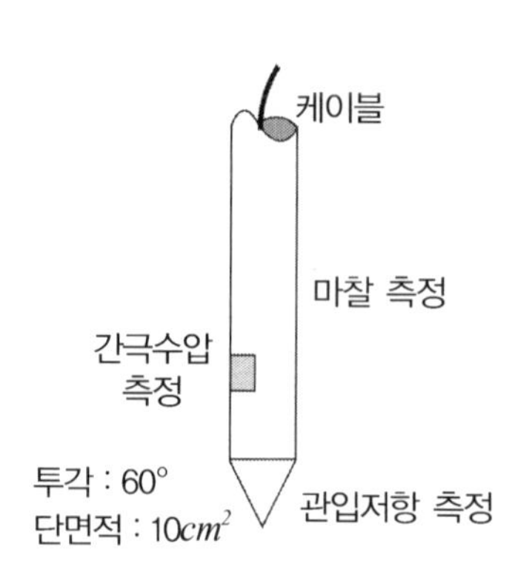

(1) 선단저항각이 60°이고 단면적 $10cm^2$인 *Strain gauge*형 *Load cell*과 다공질 필터가 부착된 전자식 피조콘을 지중에 관입, 저항치 (q_c, f_s, u) 측정, 지반의 물성을 측정하는 원위치 시험임

(2) 관입속도는 2*cm*/*sec* 정도로 연속적으로 측정하며

(3) 유효심도 : 40~50*m* 정도

2. 시험방법

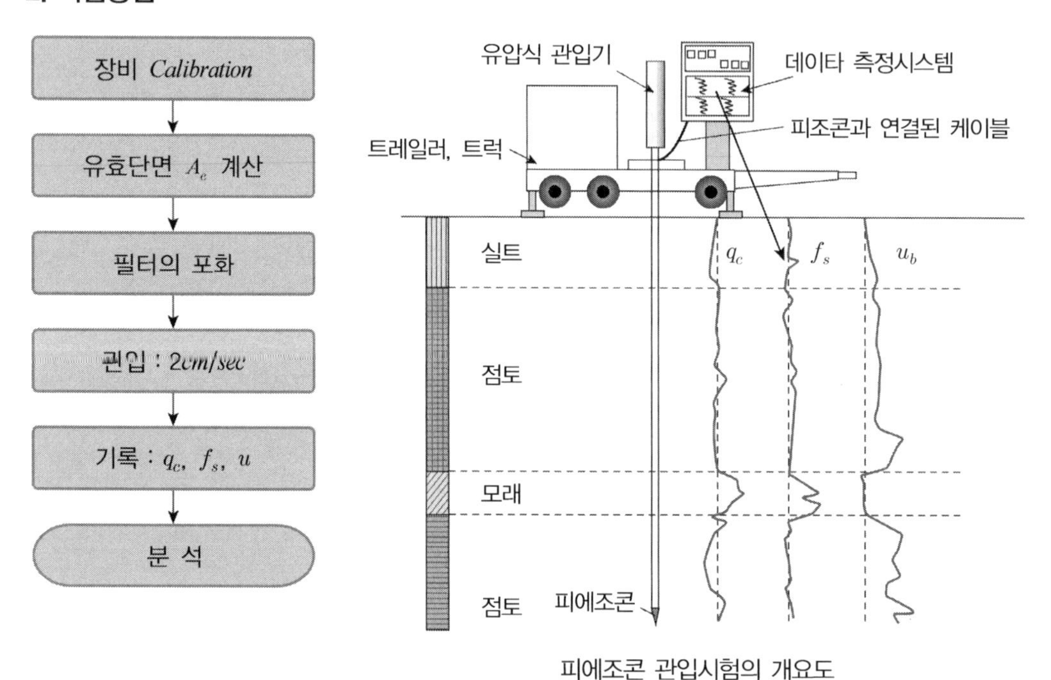

피에조콘 관입시험의 개요도

3. 특징 비교

구 분	휴대용 *CPT*	*Dutch CPT*	*Piezo CPT*
N 값	4 이하	4~30	4~30
적용토질	연약점토	점토/사질토	점토/사질토
유효심도	5*m*	25*m*	50*m*
휴대성	간 편	불 편	불 편

구 분	휴대용 CPT	Dutch CPT	Piezo CPT
정밀도	小	中	大
연속 data	小	中	大
복합지층	불 량	보 통	우 수
간극수압측정	–	–	가 능
수평압밀계수	–	–	가 능
관입속도	1cm/sec	1~2cm/sec	2cm/sec
측정결과	q_c	q_c, f_s	q_c, f_s, u

4. 결과 이용

(1) 연속적인 토층성상의 파악

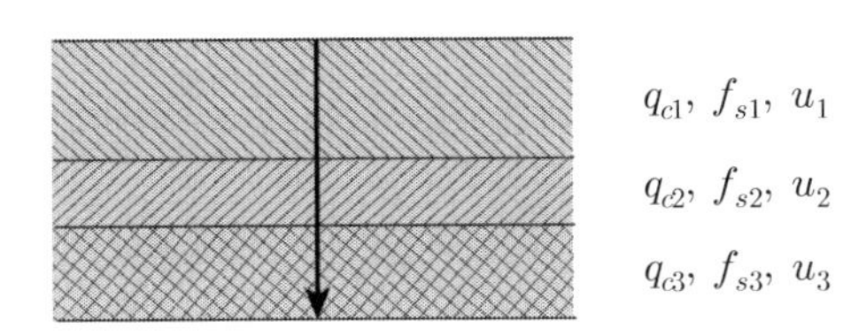

(2) 수평압밀계수, 수평방향 투수계수, 압밀기간

$C_h = \dfrac{R^2 T_h}{t_{50}}$ 여기서, R: Piezocone 반경, T_h : Piezocone 시험에 대한 시간계수

$K_h = C_h \cdot m_h \cdot \gamma_w$ $\qquad U_h = 1 - \exp(-8T_h/\mu_{sw})$

U_h : 수평방향 평균 압밀도 $\qquad \mu_{sw}$: Smear와 Well Resistence 고려계수

(3) 점토층의 Sand Seam의 깊이, 두께판단

(4) 직접기초 지지력

$q_{ult} = \alpha \cdot C \cdot N_c + \beta \cdot \gamma_1 \cdot B \cdot N_r + \gamma_2 \cdot D_f \cdot N_q$

지지력 계수 N_c, N_γ, N_q 결정(사질토 : $N = q_c/5$, 점성토 $N = q_c/15$)

윗 식에서 전단저항각(ϕ) 추정 ← N값

(5) 말뚝기초 지지력 : 선단 지지력 + 주면마찰력

$q_{ult} = q_p \cdot A_p + q_s \cdot A_s \qquad q_s = \dfrac{q_c}{200}$

(6) 지반개량효과 확인

$$C = C_o + \Delta C \qquad \Delta C = \alpha \Delta PU = \frac{C_u}{P_o'} \times \Delta P \times U \qquad C_u = \frac{q_c}{10}$$

(7) 간극수압 측정 → 유효하중 $\sigma' = \sigma - u$

(8) 사질토의 전단저항각, 상대밀도

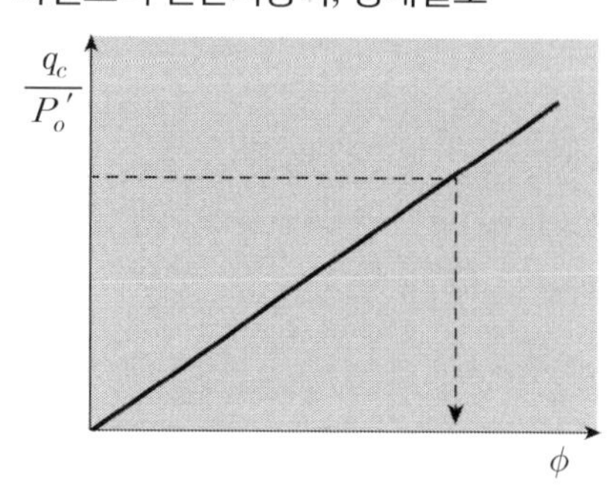

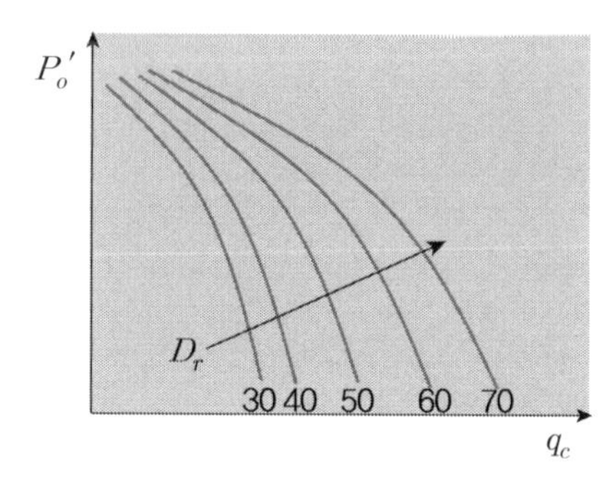

(9) 토층구분

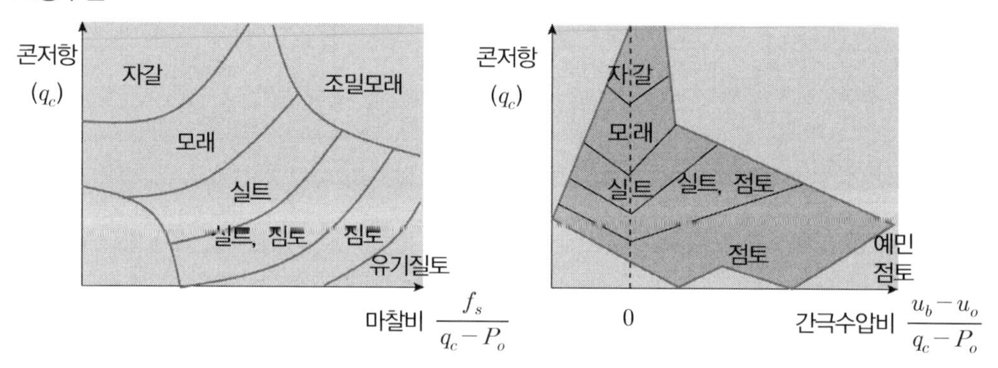

그림과 같이 과잉간극수압이 크면서 콘저항이 작게 나타나면 점토, 실트층으로 평가되며 반대로 과잉간극수압이 작게 발생하고 콘저항력이 크게 나타나면 모래나 자갈로 평가된다.

5. 평 가

(1) 측정 및 해석에 전문적 지식과 경험이 필요

(2) 본 시험은 연약지반 개량속도 검토를 위한 수평방향 압밀계수를 현장에서 측정할 수 있음

✓ C_h를 구하는 시험 : 실내시험(압밀시험) / 현장시험($CPTU$)

(3) 다공질 필터는 포화 후 시험

(4) 타 시험 결과와 비교 적용

Piezocone 소산시험(참고)

1. 소산시험

소산시험은 피조콘 장비로 수평방향압밀계수를 추정하는 시험임

2. 시험방법

(1) 콘을 포화시킴

(2) 콘을 지중에 관입하고 필요심도에서 콘을 정지함

(3) 시간에 따라 감소하는 간극수압을 측정함

(4) 압밀도를 구함

$$U = \frac{u_i - u_e}{u_i}$$

u_i : 최초의 간극수압

u_e : 현장의 평형간극수압

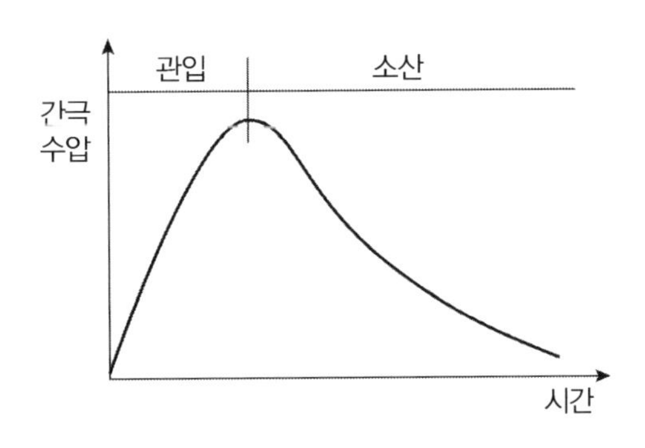

(5) 수평방향 압밀계수 산정

$$C_h = \frac{R^2 T_h}{t}$$

R: *Piezocone* 반경

T_h : *Piezocone* 시험에 대한 시간계수

3. 평 가

(1) 정확한 시험을 위해 포화 및 관입속도(2*cm/sec*) 유지가 중요함

(2) 콘정지에 따른 초기간극수압은 강성지수에 영향이 크므로 강성지수를 고려해야 함

$$\text{강성지수} = \frac{\text{전단탄성계수}}{\text{비 배수 전단강도}}$$

17 피조콘 관입시험에서 강성지수(I_R) : Rigdity Index

1. 정 의

(1) 지반에 전자식 *Poezocone*을 일정속도(*2cm/sec*)로 관입하면서 깊이별 지층별 선단저항(q_c)과 주면저항(f_s), 간극수압(u)을 측정하는 원위치 시험을 *Poezocone* 관입시험이라 하며, *Dilatometer*와 함께 모래, 점토지반에 적용되는 양질의 *Sounding*임

(2) 강성지수(I_R)

$$I_R = \frac{\text{전단탄성계수}(G)}{\text{비 배수 전단강도}(S_u)}$$

2. 강성지수와 과잉간극수압 관계

(1) 공동확장이론에 의한 과잉간극수압(원통형 공동의 경우)

공동주변의 주변요소 내에 전단응력이 존재하지 않는다고 가정하여 평형방정식으로부터 반경 r에 발생하는 간극수압의 크기를 나타내는 이론임

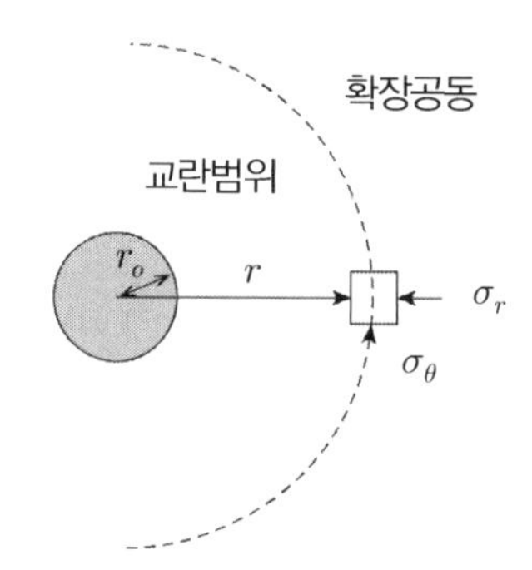

과잉간극수압

$$\Delta u = S_u\left(\ln\left(\frac{G}{S_u}\right) - 2\ln\left(\frac{r}{r_o}\right)\right)$$

여기서, r_o : 피조콘의 반경

r : 등가관입반경

3. 수평방향 압밀계수와의 관계

(1) 구하는 방법

『***Piezocone*** 관입시험 중 과잉간극수압소산시험($U = 50\%$)에서 t_{50}구해 C_h 산정』

$$C_h = \frac{R^2 T_{50}}{t_{50}}$$

여기서, R : *Piezoncone* 반경

T_{50} : *Piezoncone* 시간계수(압밀도 50%)

t_{50} : 압밀도 50% 해당소요시간

(2) 50% 소산도로부터 압밀계수 추정

소산도 $U = \dfrac{\Delta u}{u_i}$

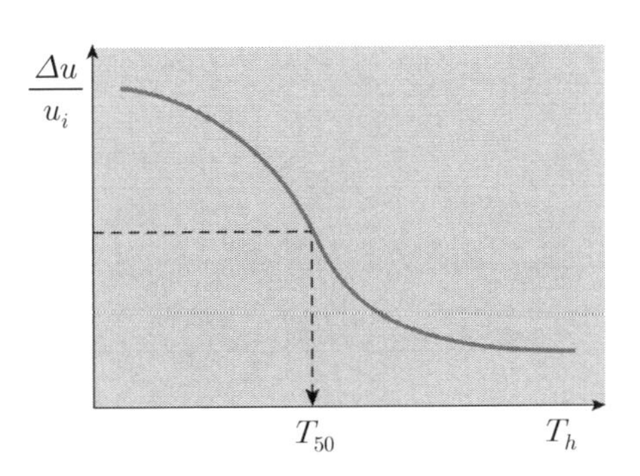

(3) 수평방향 압밀계수

※ 강성지수에 따라 시간계수 영향 미침

4. 평 가

(1) 수평방향 압밀계수는 T_{50}의 함수이고 T_{50}은 I_R에 관계하므로 강성지수에 영향 큼

(2) 강성지수(I_R)의 함수인 전단탄성계수(G)와 비 배수강도(S_u)는 변형률의존성이 크고 전단속도에 따라 일정치 않음

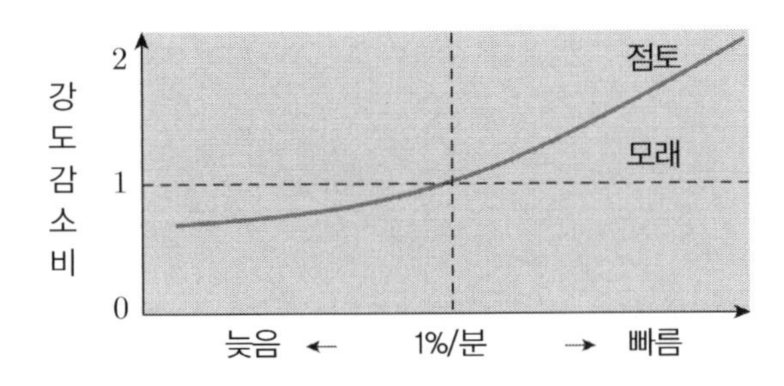

(3) 위 관계식으로부터 과잉간극수압의 분포범위와 크기가 강성지수(I_R)의 함수이므로 피조콘의 해석 시 강성지수와 관계된 변수들에 의해 과잉간극수압의 크기는 결정적으로 영향을 미치게 된다.

$f_{(I_R)} = \dfrac{G}{S_u}$ ➡ **Δu의 함수** ➡ **U의 함수** ➡ T_{50} ➡ **압밀계수(C_h) 결정**

18 동적 콘 관입시험(Dynamic Cone Penetration Test)

1. 시험방법

(1) *SPT*시험과 같이 *Rod* 선단에 콘이 부착하여 63.5*kg*의 해머로 76*cm* 높이에서 연속적으로 낙하 30*cm* 관입에 소요되는 타격횟수를 측정한다.

(2) 난, *SPT*시험은 1.5*M*마다 타격하여 *DATA*를 얻으나, *DCPT*는 연속적으로 타격하므로 연속적인 *DATA* 획득이 가능하다.

2. 시험목적

(1) 원위치 전단강도 파악

(2) 토층성상 파악

(3) 동적응력 파악

3. 시험의 특징과 결과 이용

시험의 특징		결과 이용
장 점	연속적 *data* 획득	N치 구성 $N = N_d/1.15$
	작업 신속	흙의 상대적 굳기(연경) 파악
	경제적(보링 불필요)	
단 점	시료채취 불가능	토층구성 판단
	심도가 깊어지면 *Rod* 주면마찰 영향 N_d 증가	다짐도

4. 결 론

(1) 정성적 개략 판단에 사용

(2) 깊이증가에 따른 지반특성에 대한 개략 평가

(3) *DCPT*는 자갈, 호박돌을 제외한 모든 토질에 적용 가능하나 사질토 지반에 적용함이 유리함

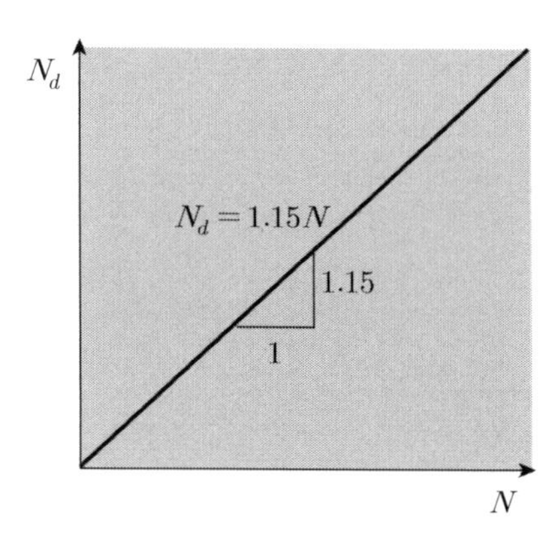

19 지반변형계수(E_s)

1. 정 의

흙의 변형특성을 나타내는 계수로서 흙의 경우 금속재료와는 달리 응력 - 변형과정에서 선형을 나타내지 못하고, 비선형 특성을 나타내므로 $\sigma-\varepsilon$ 곡선에서 $Peck$ 강도의 $1/2$ 되는 점(点)과 원점을 연결한 직선의 기울기로서 E_s 로 표기함

2. 일축압축시험에서의 지반변형계수 추정

(1) 최대압축응력의 $1/2$ 되는 곳의 응력과 변형률의 비, 즉 기울기임

(2) 관련 공식

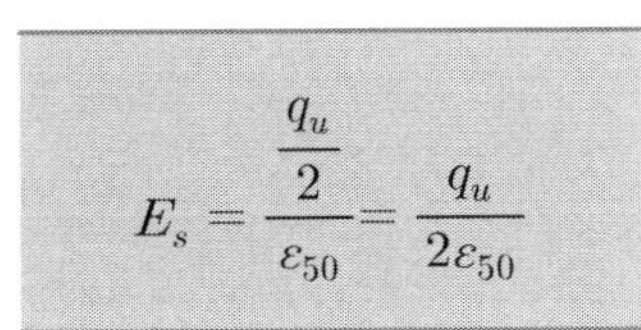

$$E_s = \frac{\frac{q_u}{2}}{\varepsilon_{50}} = \frac{q_u}{2\varepsilon_{50}}$$

단위 : kgf/cm^2

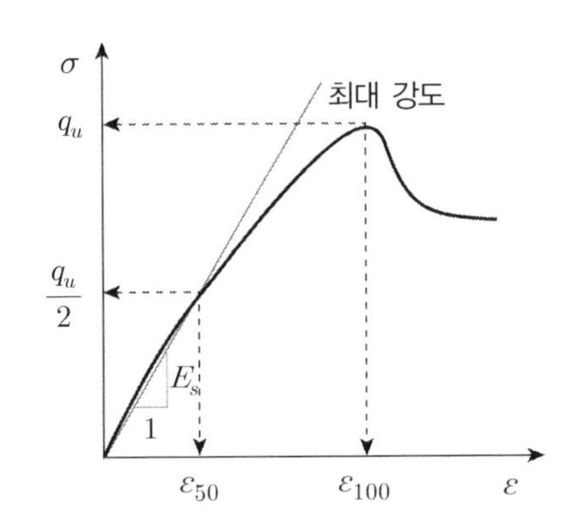

3. 측정방법

(1) 실내시험

① 일축압축시험 ② 삼축압축시험

③ 공진주시험 ④ 반복삼축압축시험

(2) 현장시험

① 공내재하시험 ② 평판재하시험

③ 표준관입시험 ④ 공내검층시험

4. 문제점

(1) 교란영향 : 원 위치 시험 E_s > 실내시험 E_s

(2) 시료의 $Size$ 영향

(3) 구속응력 영향 : 지표부가 값이 작은 것은 구속응력 때문

(4) 표준관입시험에 의한 N값

$E_s = 28N$ 적용 시 주의가 필요함. 즉, 위에 식은 견고한 풍화토 이상인 조건에서만 유효하며 이보다 연약한 지반조건에서의 사용은 과대평가됨에 유의해야 함

5. 활 용

(1) 즉시 침하량(탄성) 산정

$$S_i = q \cdot B \cdot I \frac{1-\nu^2}{E_s}$$

(2) 지반반력계수

$$K = \frac{q}{S_i} = \frac{E_s}{B \cdot I(1-\nu^2)}$$

(3) N값 추정 : $E_s = \alpha \cdot N$(도로교 시방서 : 지반양호한 경우, $\alpha : 28$)

(4) ϕ 값 추정 → 개량효과 판단

지반변형계수 산출

1. 일축압축시험

$$E_s = \frac{q_u}{2\varepsilon_{50}}$$

여기서, q_u : 일축압축강도(kgf/cm^2) ε_{50} : $\frac{q_u}{2}$ 에 대한 변형률(%)

2. 삼축압축시험

$$E_s = \frac{(\sigma_1 - \sigma_3)/2}{\varepsilon}$$

여기서, $(\sigma_1 - \sigma_3)$: 일축압축강도(kgf/cm^2) ε : $\frac{\sigma_1 - \sigma_3}{2}$ 에 대한 변형률(%)

3. 공진주시험

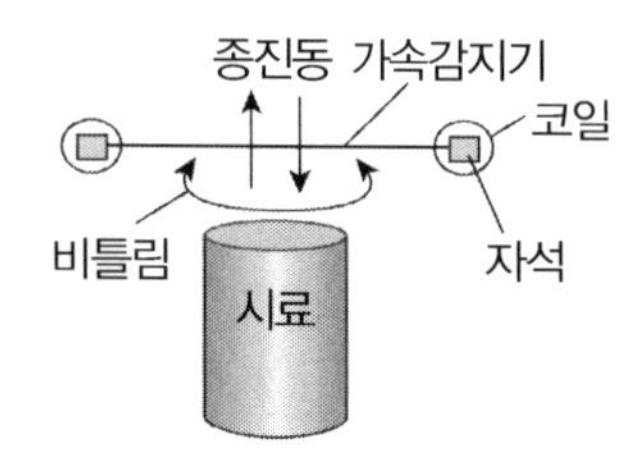

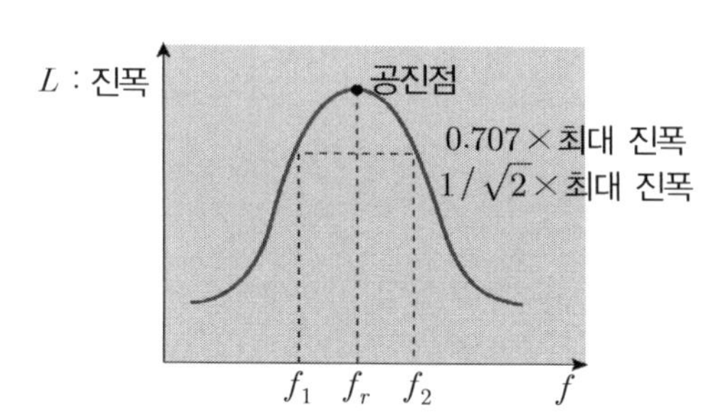

종진동 시 $E_s = 16 f^2 \rho L^2$

여기서, f : 공진 주파수(단, 종진동시험)　ρ : 밀도　L : 시료길이

4. 반복 삼축압축시험

모식도	결과 정리	물성치	적 용
$\Delta\sigma$, σ_3, σ_3, σ_3	$\Delta\sigma_d$, E, A_T, ε, A_L	• $E = \dfrac{\Delta\sigma_d}{\varepsilon}$ • $G = \dfrac{E}{2(1+\nu)}$ • $D = \dfrac{A_L}{4\pi A_T}$	중~대 변형률

5. 경험에 의한 추정치

(1) 점토 : 500~1,000*tonf/m*²

(2) 모래 : 1,000~5,000*tonf/m*²

(3) 자갈 : 5,000~15,000*tonf/m*²

6. 공내재하시험

지반의 횡방향 변형계수로서 탄성영역 내 체적과 압력관계의 평균 기울기임

$$E_s = (1+\nu)(V_o + V_m)\frac{\Delta P}{\Delta V}$$

여기서, ν : 포아슨비 (≒ 0.33)

ΔP : $P_y - P_o$

ΔV : $V_y - V_o$

V_m : $(V_o + V_y)/2$

V_y, V_o : 각각 P_y, P_o에 대응하는 측정셀의 체적

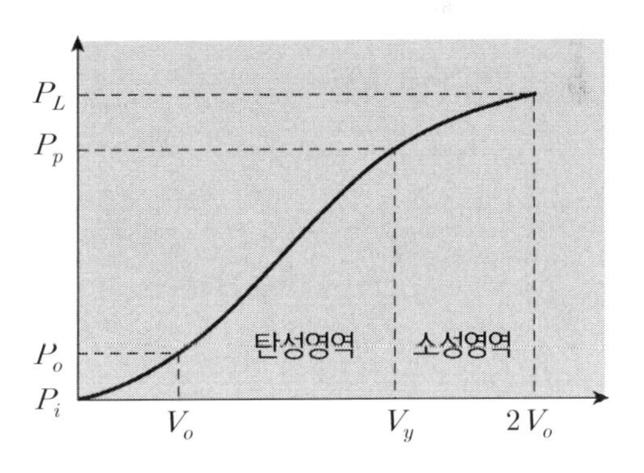

7. 평판재하시험

$$E_s = (1-\nu^2)K_v BI$$

여기서, ν : 포아슨비　　　　K_v : 지반반력계수
　　　　B : 재하판 크기　　　I : 영향계수

8. 표준관입시험

$$E_s = \alpha \cdot N$$

여기서, α : 실트, 모래질 실트 4, 가는~중간 모래 7, 굵은 모래 10

9. 공내검층시험

(1) 시험법

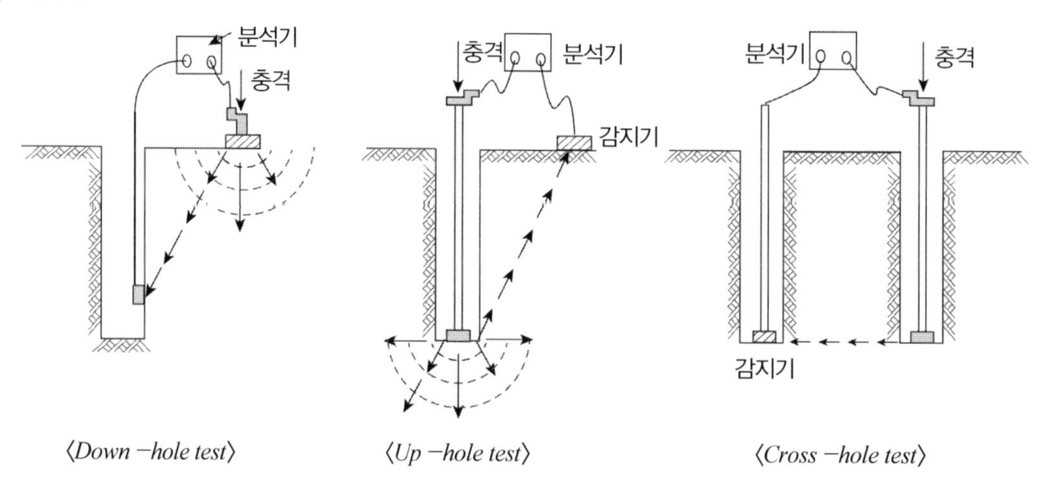

〈*Down −hole test*〉　〈*Up −hole test*〉　〈*Cross −hole test*〉

(2) 결과정리 및 물성치

① $G = \rho V_s^2 = \dfrac{E}{2(1+\nu)}$　　② $\nu = \dfrac{1-2\left(\dfrac{V_s}{V_p}\right)^2}{2-2\left(\dfrac{V_s}{V_p}\right)^2}$　　③ $E = 2G(1+\nu)$

20 VANE 전단시험

1. 정 의

(1) $VANE$ 시험은 4개의 날개가 달린 $Vane$을 Rod에 연결한 후 임의지점 연약점토(C_u : 3.5$tonf/m^2$)에 삽입 일정속도(6°/분)로 회전 시 저항 $Moment$를 구하여 시추교란이 배제된 비 배수 조건의 전단강도를 얻기 위한 원위치 UU $Test$임

(2) 삼축압축시험이 곤란한 연약지반의 비 배수 전단강도를 얻거나 실내시험확인에 이용함

2. 전단강도(S_u)를 구하는 방법

(1) 흙이 전단될 때의 우력을 측정 → 점착력(비 배수 전단강도)을 구함

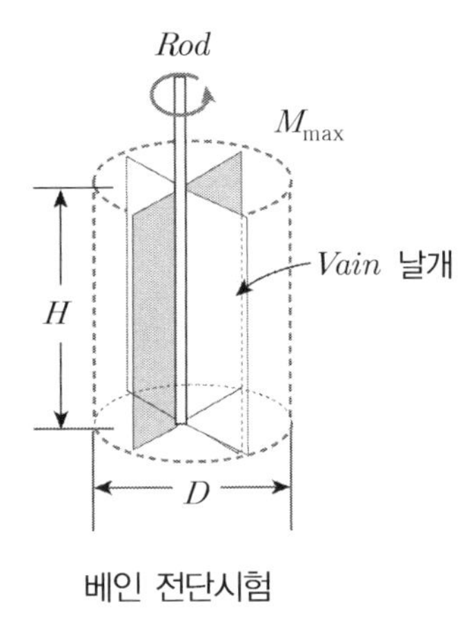

베인 전단시험

(2) 적용지반

깊이 10m 미만의 연약한 점토층의 비 배수 전단강도 측정

(3) 전단강도 구하는 방법

$C_u = S_u$ =비 배수 강도

$$M_{max} = c \cdot \pi \cdot D \cdot H \cdot \frac{D}{2} + 2 \cdot C \cdot \frac{\pi D^2}{4} \cdot \frac{D}{2} \cdot \frac{2}{3}$$

$$\therefore \ C_u = \frac{M_{max}}{\dfrac{\pi \cdot D^2 \cdot H}{2} + \dfrac{\pi \cdot D^3}{6}}$$

3. 장 · 단점

장 점	단 점
(1) 삼축압축시험이 불가능한 연약지반 비 배수 전단강도 추정 C_u : 3.5$tonf/m^2$	(1) 초 연약지반에만 한정 적용 C_u : 3.5~5.0 $tonf/m^2$
(2) 불교란 조건의 비 배수 전단강도 추정	(2) 심도별 연속적인 시험 불가
(3) 예민비 추정 : S_t $S_t = \frac{q_u}{q_{ur}}$	(3) 심도에 제한 : *Rod* 마찰에 따라 S_u 크게 평가
(4) 광범위한 연약지반의 신속한 조사	(4) 시료채취가 불가능함
(5) *Vane* 모양을 달리하여 전단강도의 이방성 확인 가능	(5) 속도에 의한 보정 필요 기준 : 360°/H_r, 6°/분
(6) 지반개량효과 확인	

4. 적용지반

(1) N 값 : 3~5 정도 지반

(2) 비 배수 전단강도 추정 : C_u : 3.5~5.0 $tonf/m^2$ 이하 지반

(3) 해성점토 지반

(4) 준설토 지반

5. 결과 이용

(1) 예민비 추정

(2) 보정된 비 배수 전단강도 적용
($S_{uc} = C_{uc}$)

(3) 사면안정해석($\phi = 0$ 해석)
전단강도에서 $\phi = 0$ 인 상태
즉, 포화점토의 비 배수상태에서의 사면안정 해석

$$\therefore\ F_s = \frac{C_u \cdot L_a \cdot r}{W \cdot a}$$

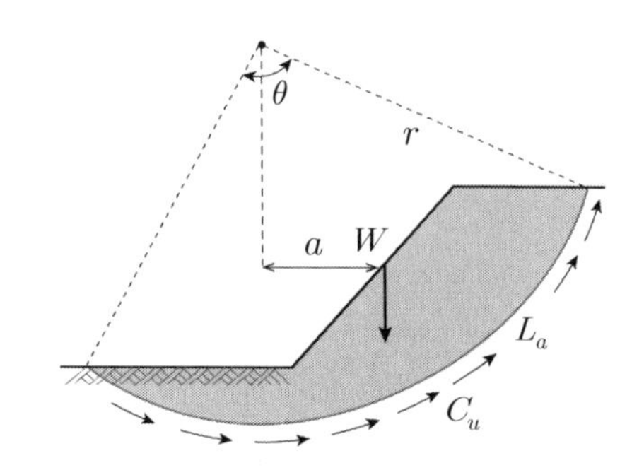

(4) 지지력 예측

① 일반식 $$q_u = \alpha \cdot c \cdot N_c + \beta \cdot \gamma_1 \cdot B \cdot N_\gamma + \gamma_2 \cdot D_f \cdot N_q$$

② 점성토 $q_u = \alpha \cdot c \cdot N_c + \gamma_2 \cdot D_f \cdot N_q$ ➡ 점성토의 $N_r = 0$

여기서, N_c, N_r, N_q : 지지력 계수(내부마찰각에 따른 계수)
α, β : 기초모양에 따른 형상계수(*Shape factor*)
c : 기초바닥 아래 흙의 점착력(*tonf/m*^{2})
γ_1 : 기초바닥 아래 흙의 단위중량(*tonf/m*^{2})
B : 기초의 최소폭(*m*) γ_2 : 근입깊이에 있는 흙의 단위중량(*tonf/m*^{3})
D_f : 기초의 근입깊이(*m*)

(5) 지반개량 효과 확인 : 성토시기 확인

$C = C_o + \Delta C$ $\Delta C = \alpha \cdot \Delta P \cdot U$ $H_c = \dfrac{5.7C_u}{\gamma \cdot F_s}$

6. 유의사항 및 보정 방법

(1) 유의사항

① *Sand seam*이 있게 되면 비 배수 강도가 과다하게 평가됨

② *Rod*의 회전속도가 규정(360°/시간)보다 빠를 경우 → 저항 *Moment*가 커지고 C_u 크게 평가됨

③ 심도가 깊어질수록 *Rod*의 마찰이 커지게 되므로 → 저항 *Moment*가 커지고 C_u 크게 평가됨

(2) 보정 방법(*Bjerrum* 1972) : PI가 20 이상의 경우 보정

$$\therefore C_{uc} = \mu \cdot C_{uf}$$

여기서, μ : 보정계수
C_{uf} : 현장실측 점착력
C_{uc} : 보정된 비 배수 전단강도

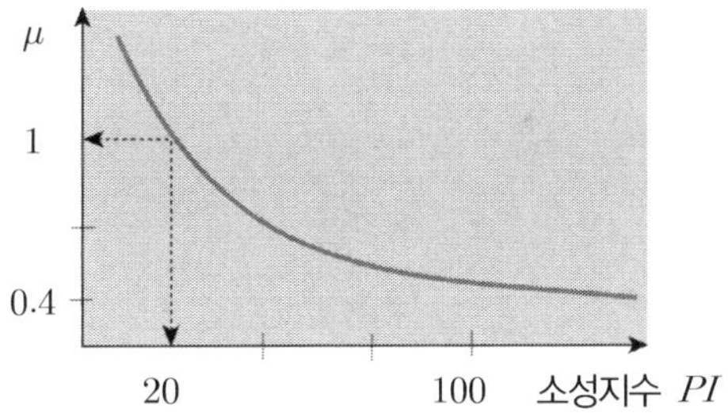

μ
1
0.4
20
100
소성지수 PI

※ 보정이유 : 고소성의 경우 UU시험에 비해 비 배수 전단강도가 과대평가되므로 보정계수를 통한 수정된 비 배수 점착력을 사용하여야 함

21 평판재하시험

1. 정 의

아래 그림처럼 침하판에 하중을 가하여 하중 – 침하관계로부터 지반의 파괴형태, 지반반력계수, 지반변형계수, 지반의 허용 지지력, 콘크리트 포장두께를 결정하기 위한 원위치 시험임

2. 시험방법

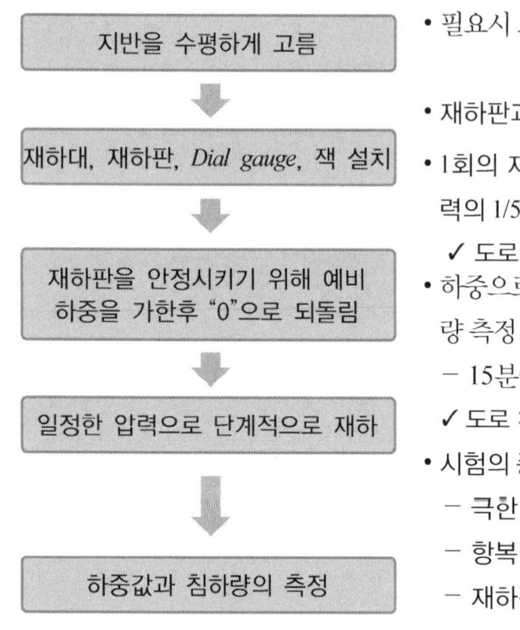

- 필요시 모래포설
- 재하판과 하중 지지점은 1.5*m* 이상 이격
- 1회의 재하 압력(단계하중)은 10$tonf/m^2$ 이하 또는 예상지지력의 1/5 이하로 한다.
  ✓ 도로 : 0.35kgf/cm^2씩 하중을 늘린다.
- 하중으로 인한 침하의 진행이 정지되었을 때 하중값과 침하량 측정 → 다음 단계 하중재하
  – 15분에 1/100*mm* 이하가 되면 정지된 것으로 봄
  ✓ 도로 : 침하량이 15*mm*, 항복하중 이상이면 시험 종료
- 시험의 종료
  – 극한 지지력의 거동을 보일 때까지(원칙)
  – 항복 지지력을 보일 때
  – 재하판 직경의 10%가 침하될 때

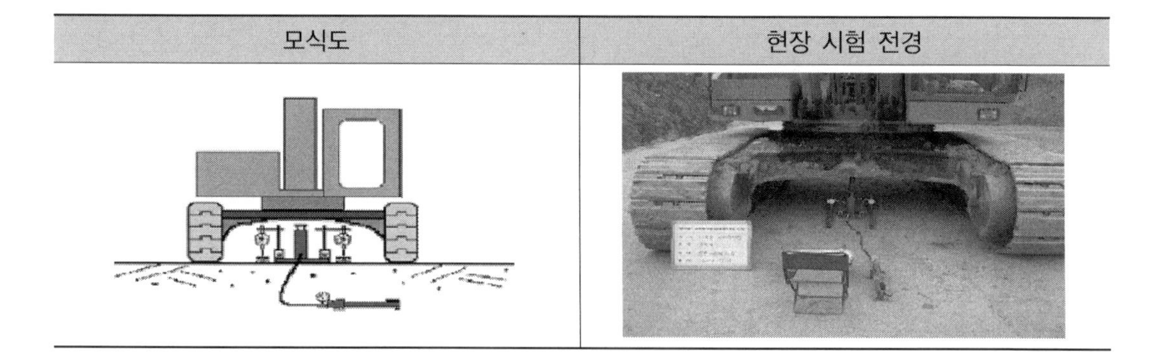

- 재하판 : 지름(30, 40, 75*cm*) 두께 2.2*cm*. 모양(정방형, 원형)
- 1회 재하 시 단계하중 : 0.35kgf/cm^2씩 증가하여 침하량이 그 단계하중의 총침하량의 1% 이하가 될 때까지 기다려 그때의 하중과 침하량을 읽는다.

3. 허용 지지력의 결정

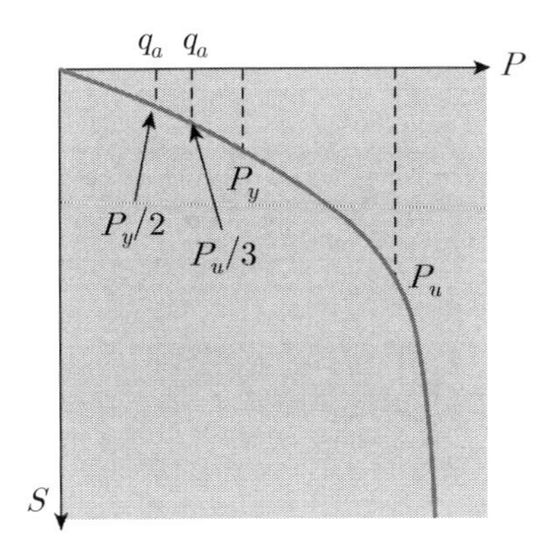

q_a : $P_y/2$와 $P_u/3$ 중 작은 값
P_y : 항복하중 P_u : 극한하중

4. 극한하중 결정(P_u)

(1) 침하축과 평행

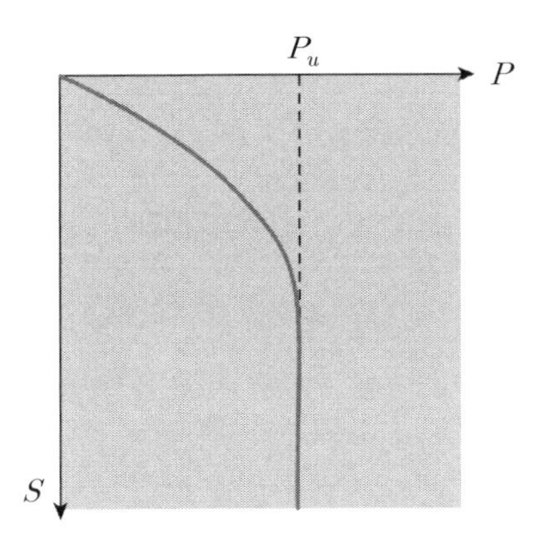

(2) 하중-침하관계 직선

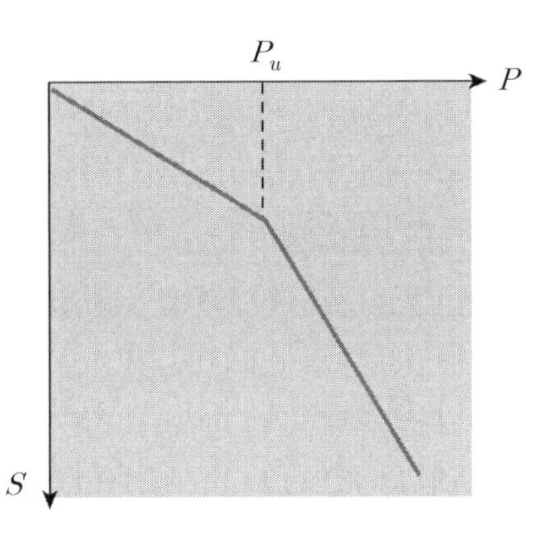

(3) 침하판 10% 침하 시 = 극한하중

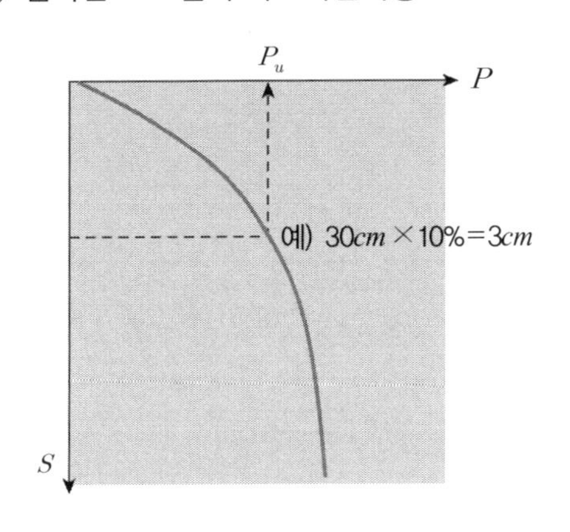

(4) *Housel* 방법

재하중을 60분간 지속적으로 준 각 단계하중에서 후반 30분에 발생한 침하량만 하중 침하량 곡선에 플롯하였을 때 곡선으로 진행하던 관계곡선이 직선으로 변할 때의 절점을 극한 지지력으로 한다.

5. 항복하중 결정(P_y)

(1) 하중－침하 곡선법 : 최대곡율법($P-S$ 법)

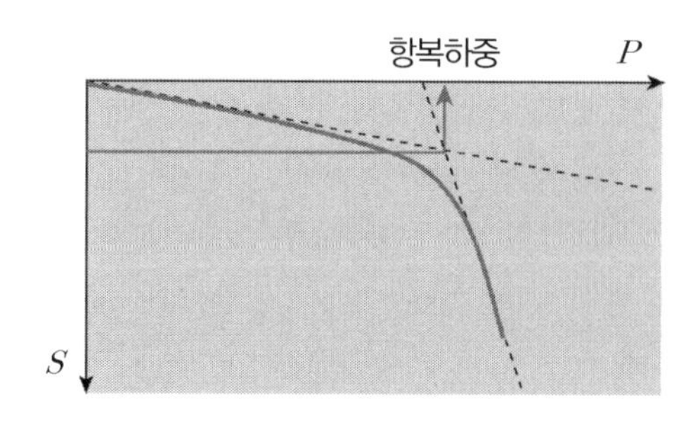

(2) $S-\log t$ 법

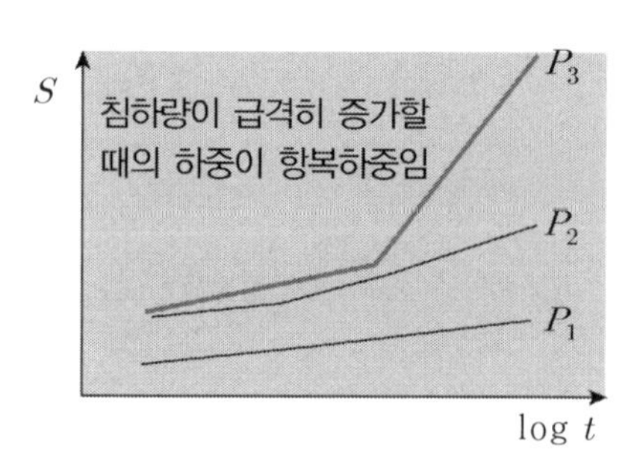

(3) $\log P-\log S$ 법

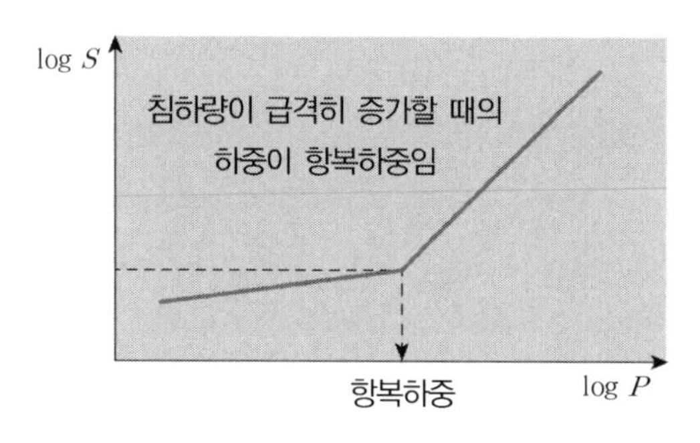

(4) $\dfrac{ds}{d(\log t)}-P$

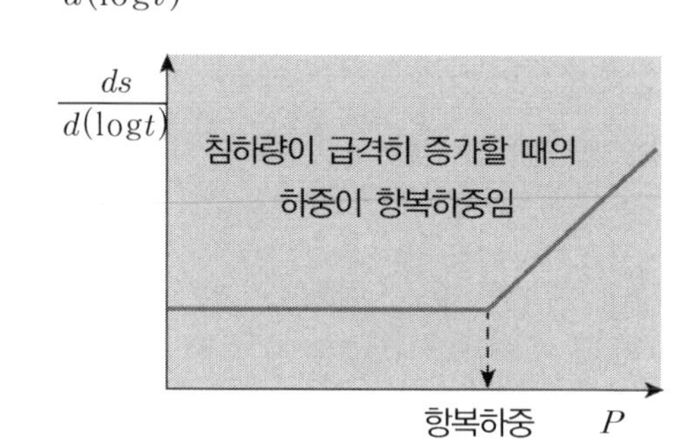

6. 시험결과 문제점

(1) *Scale effect*

① *Scale effect* : 재하판 30*cm* → 실제 기초폭 수 *m*

② 지반이 균질한 것으로 가정

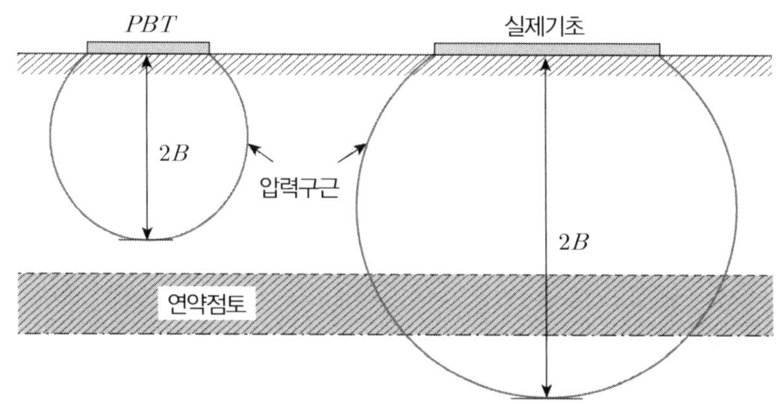

③ 문제점 : 침하와 지지력이 실제와 상이

(2) 근입깊이 미고려

$q_u = \alpha \cdot c \cdot N_c + \beta \cdot \gamma_1 \cdot B \cdot N_\gamma + \gamma_2 \cdot D_f \cdot N_q$에서 평판재하 시험은 제 3항을 무시한 지지력임에 유의한다.

(3) 재하기간이 짧으므로 압밀침하량에 대하여 별도로 고려하여야 한다.

(4) 지하수위에 대한 고려가 반드시 수반되어야 한다.

7. 시험 시 착안사항

(1) *Scale effect* 고려, 시추조사를 통한 지층상태와 지하수위를 파악해야 함

(2) 침하와 지지력 보정

① 압밀침하에 대하여는 별도로 산출한다.

② 시험에 의한 *Scale effect* 고려 방법

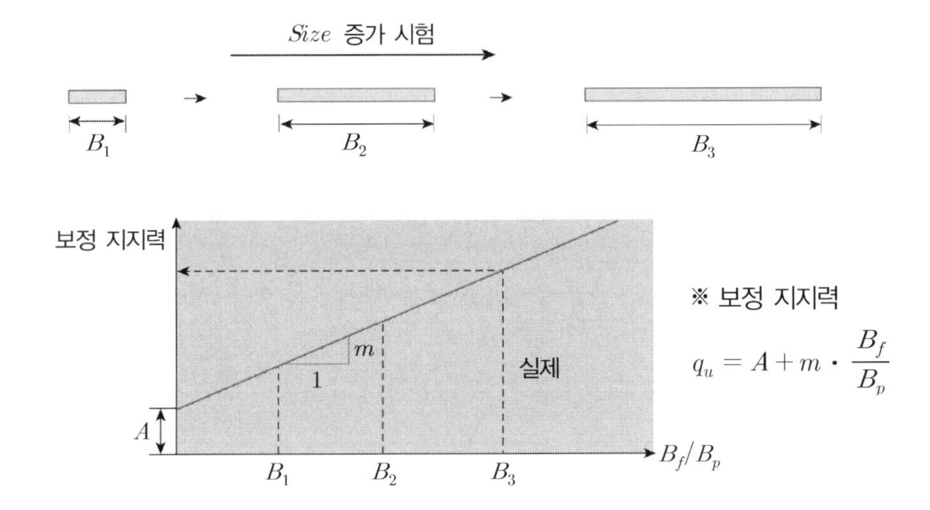

③ 경험적 공식에 의한 보정

구 분	지지력	즉시침하량
점 토	q_u (기초) $= q_u$ (재하)	$S_{(기초)} = S_{(재하)} \cdot \dfrac{B_{(기초)}}{B_{(재하)}}$
사질토	$q_{u(기초)} = q_{u(재하)} \cdot \dfrac{B_{(기초)}}{B_{(재하)}}$	$S_{(기초)} = S_{(재하)}\left(\dfrac{2B_{(기초)}}{B_{(기초)} + B_{(재하)}}\right)^2$
평 가	• 점토지반은 기초판 폭에 무관 • 모래지반은 기초판 폭에 비례	• 점토지반은 기초판 폭에 비례 • 모래지반은 기초판 커지면 처음에는 커지나 재하판의 4배 이상 커지면 더이상 침하하지 않음

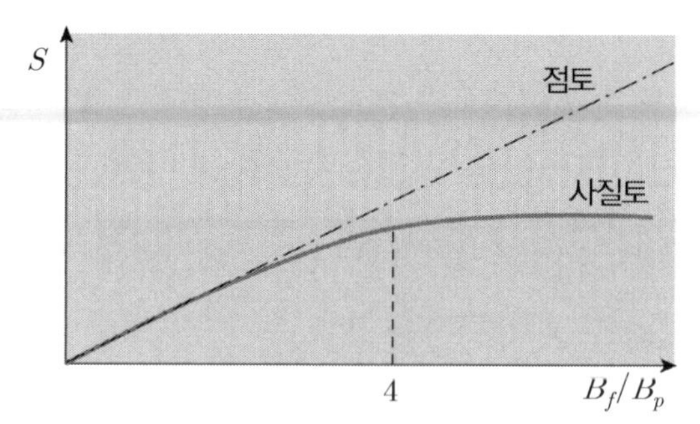

기초폭에 따른 토질별 침하량

④ 근입깊이 고려 지지력 보정

장기 허용 지지력 : $q_s = q_t + \frac{1}{3}\gamma \cdot D_f \cdot N_q$

단기 허용 지지력 : $q_a = 2 \cdot q_t + \frac{1}{3}\gamma \cdot D_f \cdot N_q$

✓ **여기서, $q_t : q_y/2,\ q_u/3$ 중 작은 값이며 위 식의 제 2항은 근입심도 고려**

⑤ 계산식에 의한 지지력 보정

재하판 2개를 이용하여 점착력과 전단저항각을 구해 테르쟈기 극한 지지력공식 대입하여 이론적으로 구함

1 재하판 $q_u = \alpha \cdot c \cdot N_c + \beta \cdot \gamma_1 \cdot B_1 \cdot N_r$ …… ❶

2 재하판 $q_u = \alpha \cdot c \cdot N_c + \beta \cdot \gamma_1 \cdot B_2 \cdot N_r$ …… ❷

8. 이 용

(1) 허용 지지력의 결정

① 장기 허용 지지력 : $q_a = q_t + \frac{1}{3}\gamma \cdot D_f \cdot N_q$

② 단기 허용 지지력 : $q_a = 2 \cdot q_t + \frac{1}{3}\gamma \cdot D_f \cdot N_q$

✓ **여기서, $q_t : q_y/2,\ q_u/3$ 중 작은 값이며 위 식의 제 2항은 근입심도 고려**

(2) 지반 반력계수(*Cofficient of subgrade reaction*)의 결정

① 지반반력계수란 어느 침하량에 대한 그때의 하중으로서 지반의 강도를 의미함

$$K = \frac{P_1}{S_1}$$

여기서, K : 지반 반력계수(kgf/cm^3), 단위에 주의

P_1 : $y(cm)$침하되기 위해 가해진 하중(kgf/cm^2)

S_1 : 침하량(표준 : 콘크리트 0.125cm, 아스팔트 0.25cm)

※ P_1과 S_1 측정방법

평판재하시험 시행 → 항복하중의 1/2에 해당하는 P_1과 S_1을 구한다.

② 재하판 크기에 대한 지반반력계수 관계

$$K_{30} = 2.2K_{75}$$
$$K_{40} = 1.5K_{75}$$

여기서, $K_{30,\ 40,\ 75}$: 30, 40, 75*cm* 재하판에서의 지반반력계수를 의미함

※ **지반반력 계수의 크기** : $K_{30} > K_{40} > K_{75}$

(3) 지반 변형계수

$$E_s = (1-\nu^2)K_vBI$$

여기서, ν : 포아슨비 K_v : 지반반력계수 B : 재하판 크기 I : 영향계수

(4) 즉시 침하량(S_i)

점 토	사질토
$S_{(기초)} = S_{(재하)} \cdot \dfrac{B_{(기초)}}{B_{(재하)}}$	$S_{(기초)} = S_{(재하)}\left(\dfrac{2B_{(기초)}}{B_{(기초)}+B_{(재하)}}\right)^2$

9. 평가 및 고려사항

(1) 시험 전에 지층구성을 파악해야 한다.

토질 종단상 균일한 지반인지 알고 시험 : 지층 파악

(2) 지하수위의 변동을 고려하여야 한다.

✓ **지하수위가 지중응력 범위에 없는 상태와 있는 상태는 최대 50% 정도의 지지력의 저하가 발생함**

(3) *Scale effect*를 고려하여야 한다.

재하판의 크기와 실제 기초의 크기는 다르며 이는 기초 폭에 대하여 지지력과 지중응력 영향원의 영향범위 확대로 인한 즉시침하량에 대한 보정이 필요하다.

(4) 장기압밀침하에 대한 별도의 고려가 반드시 수행되어야 한다.

(5) 혼합토의 경우 지지력은 평판재하시험과 실내선단강도시험에 의한 지지력을 종합적으로 검토 후 비교하여 평가함이 타당하다.

22 공내 재하시험(Bore hole Pressuremeter test)

1. 개 요

(1) 공내 수평재하 시험은 수평 평판재하 시험으로는 깊은 지층의 시험이 비용과 시간이 많이 소모되므로 이러한 난관을 극복하기 위해 탄생된 시험으로서

(2) 이 시험은 시추공을 뚫어 내부에 원하는 심도에 *Probe*를 설치하고 *Air*나 *Gas*를 이용, 재하하여 응력과 변형량으로부터 지반의 물성치를 파악함으로써 기초의 침하나 지지력은 물론 터널, 토류벽 등의 변형과 응력을 알기 위해 널리 이용된다.

2. 시험의 목적

(1) 변형계수 E_s (2) 정지토압계수 K_o

(3) 수평지반 반력계수 K_h (4) 마찰각 ϕ

(5) 지반개량효과 확인 (6) 지지력 측정

3. 시험방법

(1) 시험절차

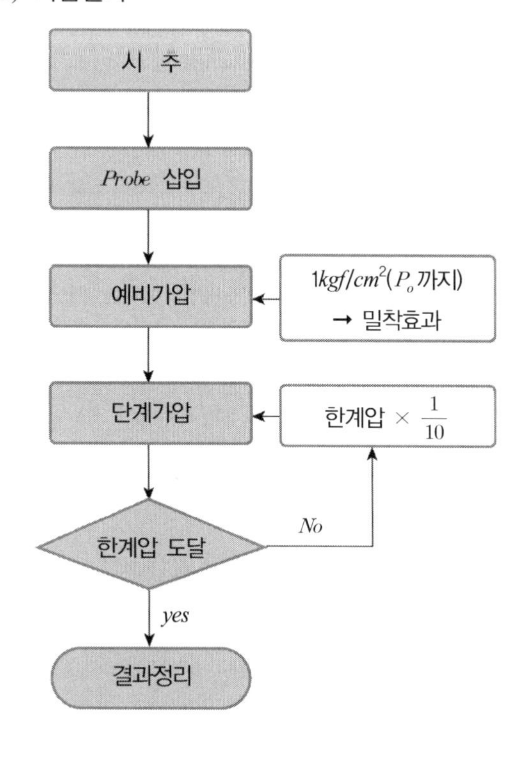

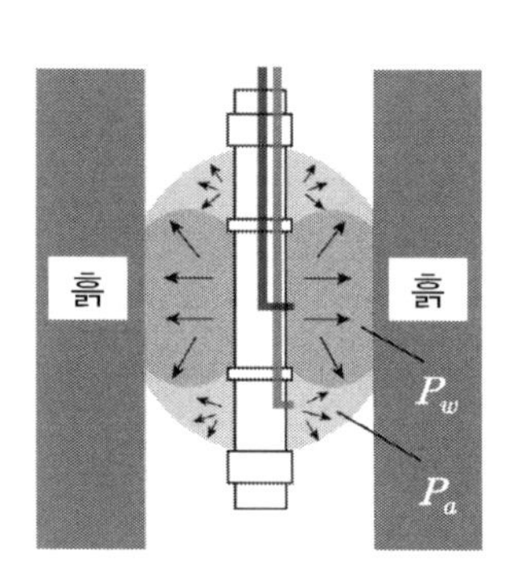

(2) 결과정리

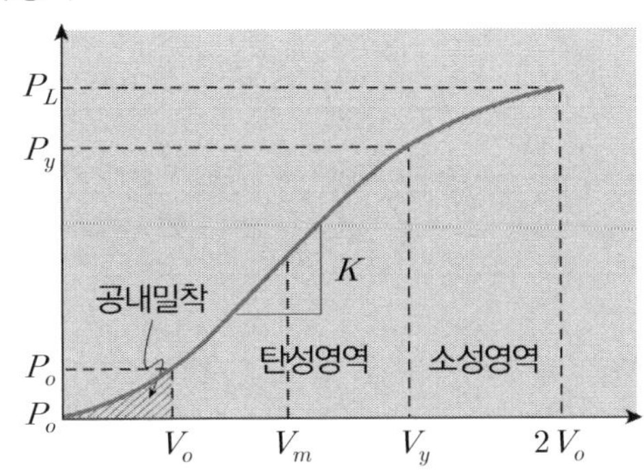

프레셔메터 압력과 체적팽창량과의 관계

P_L : 한계압
P_y : 항복압력
P_o : 정지토압
K : 수평지반반력계수

4. 결과이용

(1) 변형계수

지반의 횡방향 변형계수로서 탄성영역 내 체적과 압력관계의 평균 기울기임

$$E_s = 2(1+\nu)(V_o + V_m)\frac{\Delta P}{\Delta V}$$

여기서, ν : 포아슨비(≒ 0.33) $\Delta P : P_y - P_o$

$\Delta V : V_y - V_o$ $V_m : (V_o + V_y)/2$

$V_y,\ V_o$: 각각 $P_y,\ P_o$에 대응하는 측정셀의 체적

(2) 정지토압 : K_o

$$K_o = \frac{P_o}{\sigma_\nu{}'}$$

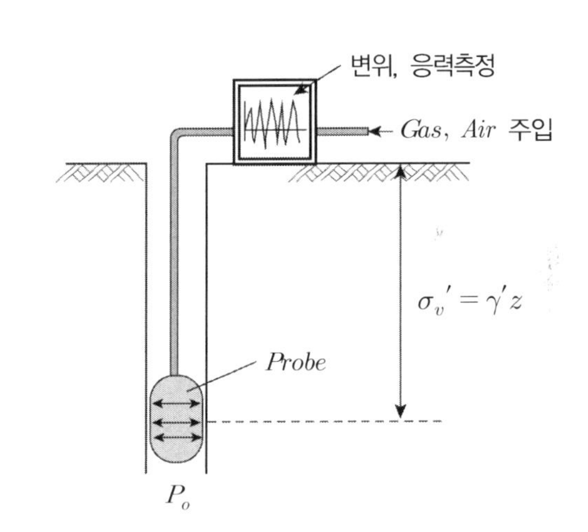

(3) 수평지반 반력계수(K_h)

$$\text{사질토} : K_h = 25\frac{P_L}{B}$$

$$\text{점성토} : K_h = 16\frac{P_L}{B}$$

(4) 마찰각 : ϕ

$$K_o = \frac{P_o}{\sigma_v{}'} \rightarrow K_o = 1 - Sin\ \phi'\text{에서 } \phi' \text{ 산출}$$

(5) 개량효과 확인 : 동치환, 동다짐 공법시행 후 필수 시험

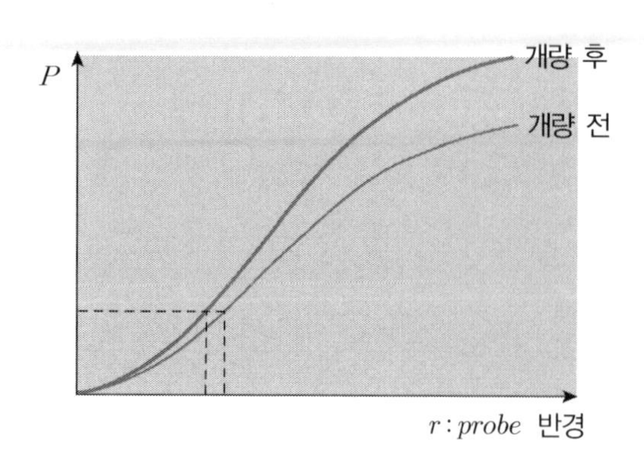

(6) 지지력 확인

① 얕은기초 : $q_u = P_o + K_g(P_L - P_o) \fallingdotseq P_L$

② 깊은기초 : $q_u = q_p \cdot A_p + q_s \cdot A_s = (P_o + K_g(P_L - P_o))A_p + f_s \times A_s$

5. 시험의 특징

(1) 적용범위 광범위(토사, 암, 자갈)

(2) 시험깊이 및 위치선정에 제한이 적음

(3) 깊은 곳의 지지력 측정이 가능함

(4) 신속한 시험 가능

(5) *Boring*시 *Boring*공 주변의 시료교란 우려

6. 시험 시 유의사항

(1) *Boring* 공 주변의 시료교란을 최소화하도록 *Bentonite* 나 *PVC Pipe* 등 지반교란 최소화 조치

✓ 부산 광안대교 시행사례 있음

(2) 천공즉시 재하시험 실시 → 측면방향 이방성이 심한 지반의 경우 시간경과 시 함몰 발생

(3) 시추 최소구경 : *NX Size*

23 Self Boring Pressuremeter Test

1. 개 요

*PMT*로 지반조사할 경우에 발생하는 지반교란을 배제하기 위해 개발된 것으로 신뢰성 있는 현장의 강도정수와 역학적 성질을 파악하기 위한 원위치 현장시험이다.

SBPMT

2. 시험방법 및 장비

(1) *Cutting shoe*로 토사절취

→ *Shoe* 내부 선단의 *Cutter*의 회전과 보링수에 의한 *Jet* 분사로 토사배출

→ 계획심도 도달

(2) *Membrain* 팽창 재하 → 응력－변위 측정

(3) 간극수압 측정

3. 시험 특징

(1) 장비규모의 제약으로 자갈층, 암반층 시행 곤란

(2) 시추가 불필요

(3) 시료채취 곤란

(4) 유효응력을 구할 수 있음

(5) 시험이 복잡

(6) 교란을 최소화한 시험 가능

4. *PMT*와 비교

(1) *PMT*

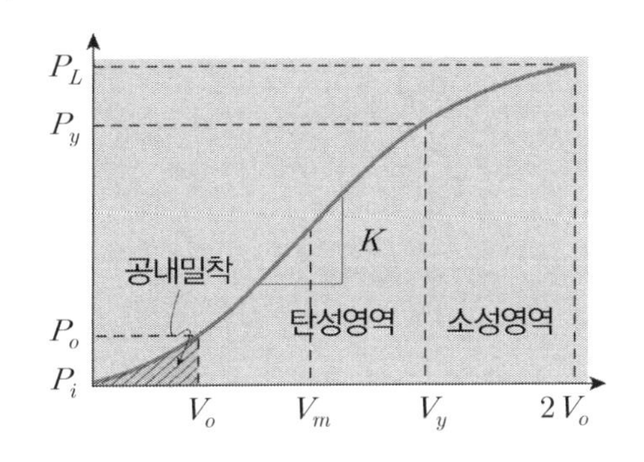

(2) *PMT*와 *SBPMT*

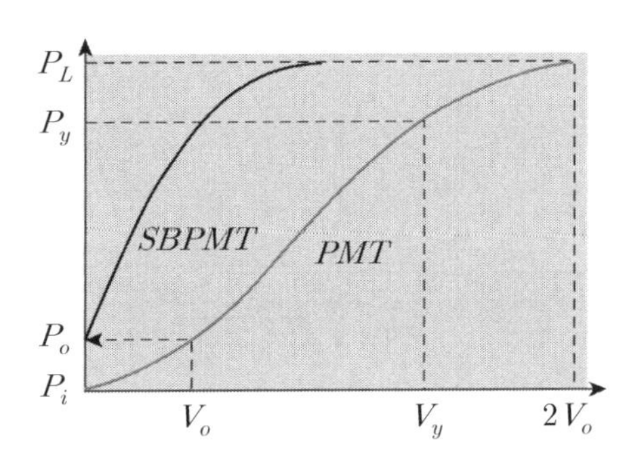

(3) *SBPMT*와 타시험 비교(변형계수)

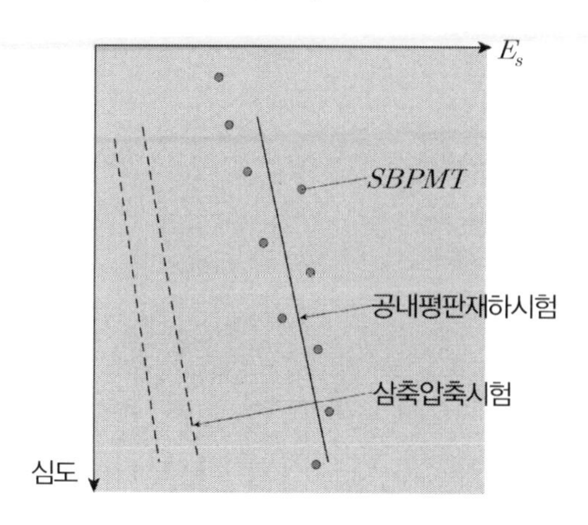

(4) 시험결과

① *SBPMT*는 지반의 팽창이 원위치의 수평응력에 해당하는 P_o에서 시작하므로 P_o의 결정이 용이하며 *PMT*에서의 *K*보다 경사가 급하다.

② 심도별 변형계수의 값은 공내 평판재하시험에서 얻은 결과와 동일한 결과를 나타내므로 정밀도가 우수하다.

5. 결과 이용

(1) 변형계수

*PMT*에 비해 교란이 적으므로 크게 측정됨 → 즉시 침하량은 크게 평가됨

$$S = q \cdot B \cdot I \frac{1-\nu^2}{E_s}$$

(2) 정지토압 : K_o

$$K_o = \frac{P_o}{\sigma_v{'}}$$

(3) 수평지반 반력계수(K_h)

$$\text{사질토} : K_h = 25\frac{P_L}{B}$$

$$\text{점성토} : K_h = 16\frac{P_L}{B}$$

(4) 마찰각 : ϕ

$$K_o = \frac{P_o}{\sigma_v{}'} \rightarrow K_o = 1 - SIN\,\phi'\text{에서 } \phi' \text{ 산출}$$

(5) 개량효과 확인 : 동치환, 동다짐 공법 시행 후 필수 시험

(6) 지지력 확인

① 얕은기초 : $q_u : P_o + K_g(P_L - P_o) \fallingdotseq P_L$

② 깊은기초 : $q_u = q_p \cdot A_p + q_s \cdot A_s = (P_o + K_g(P_L - P_o))A_p + f_s \cdot A_s$

24 Lugeon Test = 수압시험

1. 정 의

(1) *Lugeon* 시험이란?

시추공벽이 유지되는 지반 또는 암반의 투수성을 측정하는 시험으로 *Grouting*의 계획 및 결과를 확인하는 데 이용되며, 시추공 내에 *Packer*를 설치하고 주수량과 주입압력을 측정하여 K와 L_u 치를 산출하는 원위치 시험임

(2) 1 L_u 치 : $10kgf/cm^2$의 압력으로 시험구간 $1m$에 주입되는 주입량(ℓ/분)

2. 현장 투수시험의 종류

(1) 수위 변화법(주수시험, 양수시험)

(2) 수압시험(*Lugeon Test*)

(3) 관측정법

3. 시험방법

(1) 시추 : $5m$ 정도

(2) 시험관 / *Packer* 설치(*Single* 방식, *Double* 방식)

(3) 물 주입(단계별 10분 유지) : 1 → 3 → 5 → 7 - - 7 → 5 → 3 → $1kgf/cm^2$

(4) 주입량 및 주입압 측정 → 위치이동 및 결과정리

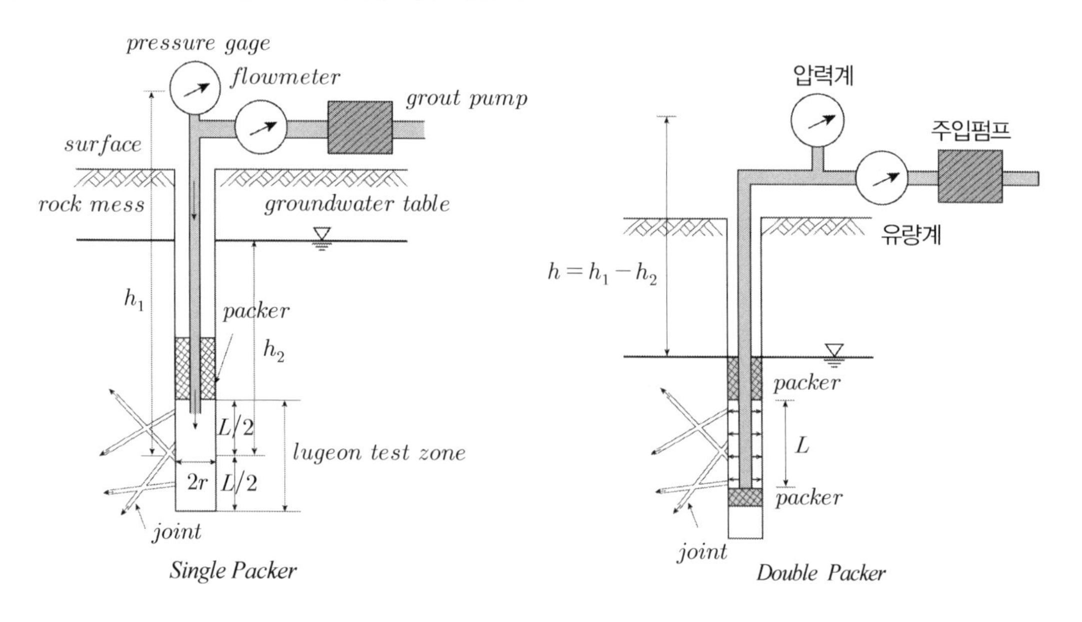

4. 시험결과

(1) 투수계수

$$K = \frac{Q}{2 \cdot \pi \cdot L \cdot h} \cdot ln\left(\frac{L}{r}\right) \ (L \geq 10r) \qquad 1\ Lugeon = \frac{10Q}{P \cdot L}$$

여기서, Q : 주입량 L : 시험구간

H : 지하수위로부터 *pipe* 상단의 압력계까지의 높이 r : 시험공 반경

(2) 단계 주입시험의 결과 해석(주입압력 − 주입량 곡선 : $P-Q$ 곡선)

① 유효주입압력 $P(kgf/cm^2)$를 종축에, 주입량 $Q(\ell/min/m)$를 횡축에 취하여 그린 그림을 주입압력 −주입량 곡선이라고 한다($P-Q$곡선이라고 약칭).

② 지반의 수리지질특성에 따라 $P-Q$곡선의 모양이 여러 형태로 나타난다.

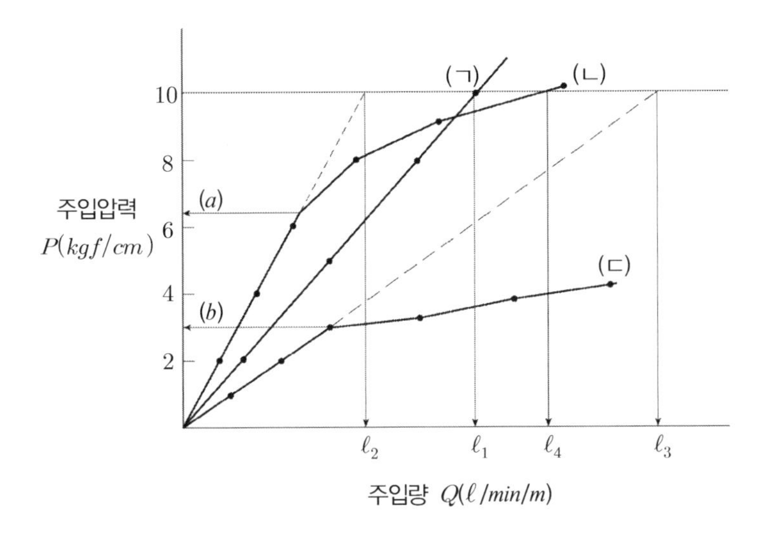

주입압력−주입량곡선과 *Lugeon* 값

③ 그림상의 (ㄱ)과 같이 유효주입압력 증가에 따라 주입량이 일정하게 증가하는 경우에는 주입압력 $10kgf/cm^2$와 만나는 점의 주입량 ℓ_1을 *Lugeon*값으로 한다.

④ (ㄴ), (ㄷ)과 같이 어느 주입압력이상에서 주입량이 급격히 증가하는 경우에는 직선부분을 연장해서 주입압력 $10kgf/cm^2$와 만나는 점의 주입량 ℓ_2 및 ℓ_3를 환산 *Lugeon* 값으로 한다.

✓ **한계압력**(그라우팅 시 최대 주입압력 설정의 중요한 자료)

주입압력과 주입량은 비례관계가 되어야 하지만 지반조건에 따라 어느 주입압력 이상에서 주입량이 급격히 증가하는 경우가 있는데, 이는 주입한 압력수에 의해 지반 중의 틈을 충전하고 있는 세립분이 쓸려 갔다든지 또는 틈이 확장되었기 때문에 나타나는 현상으로 이때의 주입압력을 한계압력이라 한다.

5. 시험결과의 이용

(1) 대상 지반의 투수성 판단

① $K = \alpha \times 10^{-3} cm/\sec$: 투수성 큼

② $K = \alpha \times 10^{-5} cm/\sec$: 투수성 적음

③ $K = \alpha \times 10^{-7} cm/\sec$: 거의 불투수

(2) 그라우팅 효과 확인($P-Q$ 관계도)

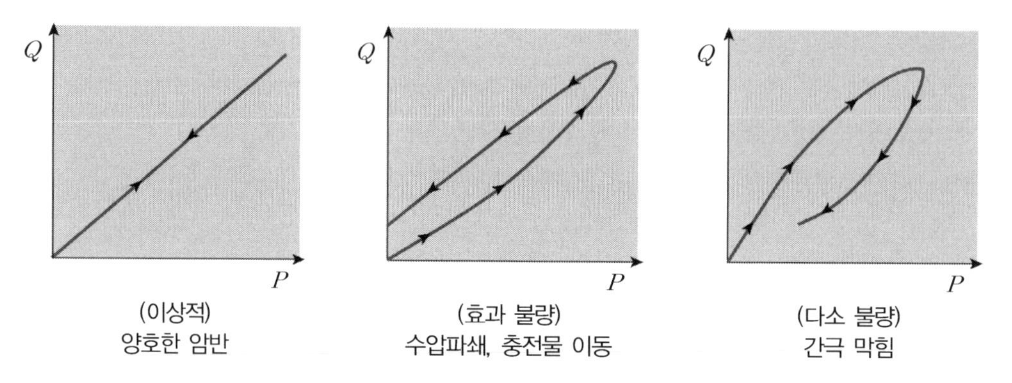

(3) 터널과 *Dam* 등 기초부의 누수량

유선망, 침투해석 *Program*(예 : *SEEP/W*) → 그라우팅의 필요성 판단

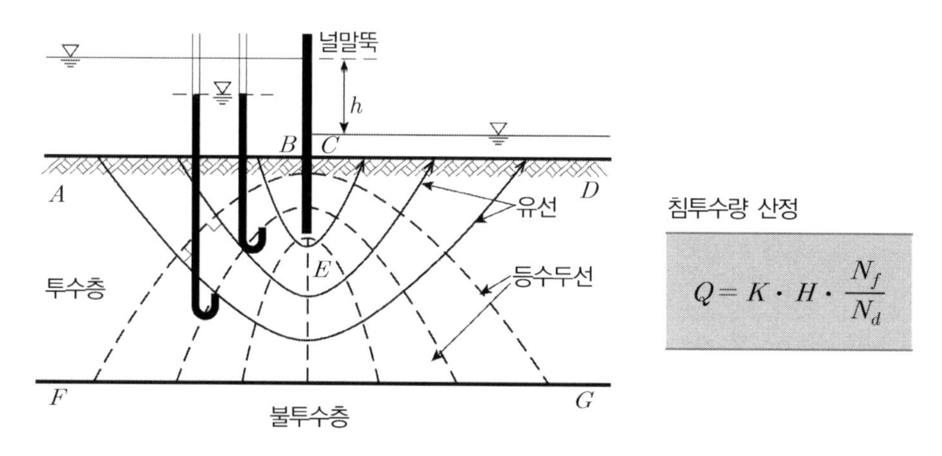

(4) *DAM*의 경우 그라우팅범위와 효과 판정

① L_u 치 분포도 제시(*Legeon map*)

ⓐ : $L_u = 4$ 이상

ⓑ : $L_u = 3 \sim 4$ 이상

ⓒ : $L_u = 3$ 이하

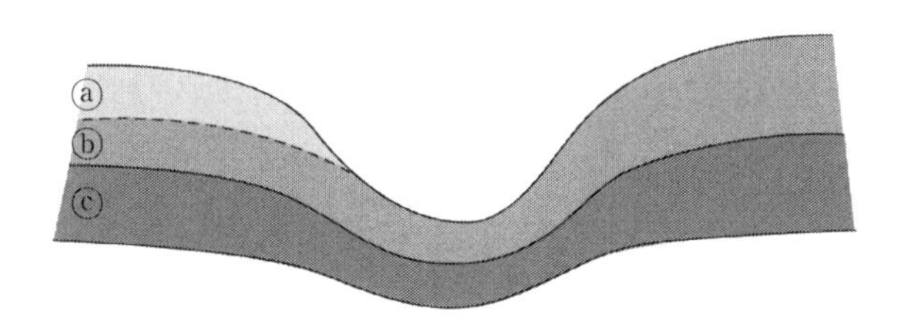

② 기초지반 *Grouting* 효과 확인

(5) 유류비축기지 수벽터널의 수리간섭시험

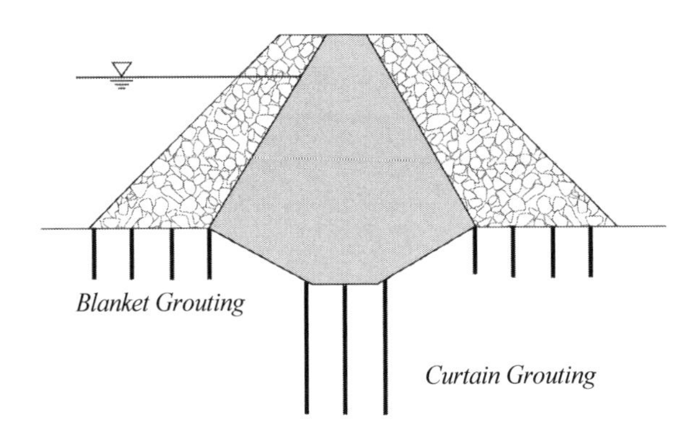

6. 시험 시 유의사항

(1) 지질에 따라서는 천공 후 공벽에 점토벽이 형성되어 투수를 방해할 수 있으므로 반드시 세척을 실시해야 한다.

(2) 지반상태나 틈, 벽면 요철 등에 의해 *Packer*효과가 무효가 될 수 있으므로 적절한 *Packer*를 선택하여 *Packer*를 통한 누수가 발생치 않도록 해야 한다.

(3) 주입관 연결부에서 누수가 발생할 수 있으므로 시험 전 확인하여야 한다.

(4) 주입관에 따라서 손실수두가 큰 차이가 있다.

(5) 주입관 중이나 시험구간 중에 공기가 잔류하고 있으면 큰 오차가 생긴다.

(6) 틈 중의 지하수 존재 여부에 따라 큰 차이를 보이므로 시험 전 사전에 충분히 주입하여 조건을 일정하게 유지하는 것이 바람직하다.

7. 평 가

(1) 수압시험은 야외에서 시추조사와 병행하여 지하수의 유동특성을 정량적으로 규명하기 위하여 시추공내의 일정구간에 *Packer*를 설치, 밀폐한 후 일정압의 압력수를 주입하여 주입압력과 주입량과의 관계로부터 대상지반의 투수성을 평가하는 현장시험법이다.

(2) 특히 암반을 대상으로 압력 $10kgf/cm^2$의 물을 암반 중에 압입하여 그때의 주입량으로 암반의 투수성을 평가하는 방법을 *Lugeon test*라고 하며, 단위는 *Lugeon*으로 표시하며 1*Lugeon*은 1분간 시험구간 1*m*당 1ℓ의 물이 압입되는 것을 의미한다. 그러나 이 시험법에서는 공경에 대한 통일된 규격이 없다는 문제점이 있다.

(3) 연약지반 보강공법의 하나인 그라우팅공법 시행 시 주입 전후의 주입효과 확인이나, 현탁액형 주입재의 초기 배합비 결정 등을위해 널리 이용되고 있다.

(4) *BHTV*, *BIPS*로 확인된 곳에 집중적으로 *Legeon Test*를 시행하여 불필요한 부분에 그라우팅을 시행함으로써 예산낭비 예방을 위한 효과적인 수단으로 활용하여야 한다.

✓ **Pattern별 주입특성 및 그라우팅 효과 판정**

Pattern	P-Q Curve [P=5~7단계]	Lugeon Curve [P=5~7단계]	특성/Lu 값 결정	효과 판정
1. 층류 (Laminar Flow)	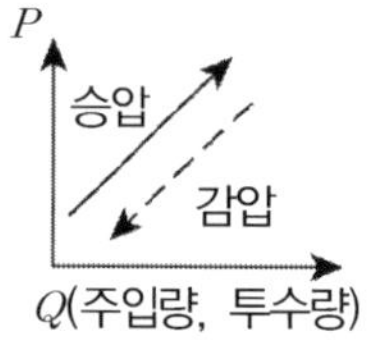 P, 승압, 감압, Q(주입량, 투수량)	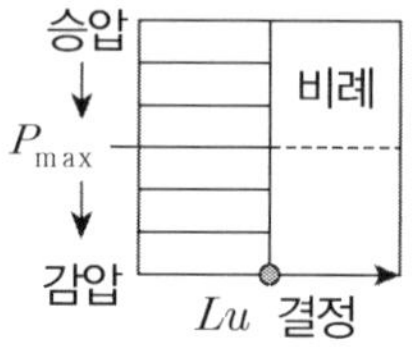 승압, P_{max}, 감압, 비례, Lu 결정	1. P, Q 비례 2. Lu = 평균값	매우 양호
2. 난류 (Turbulent Flow)	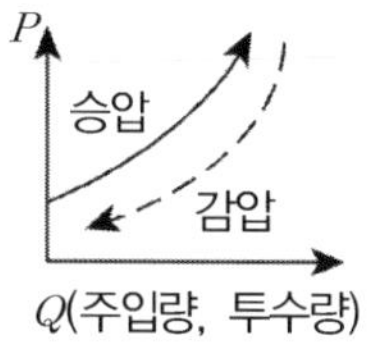 P, 승압, 감압, Q(주입량, 투수량)	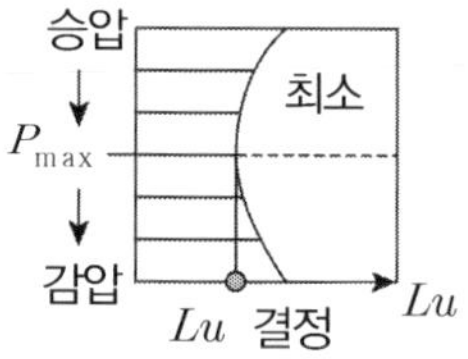 승압, P_{max}, 감압, 최소, Lu 결정, Lu	1. P 증가 ⇒ Q(투수량) 감소 2. P_{max} ⇒ Lu_{min} 최소 3. Lu값 = P_{max} 때의 값, 낮은 값의 대푯값	양호
3. 팽창 (Dilation Flow)	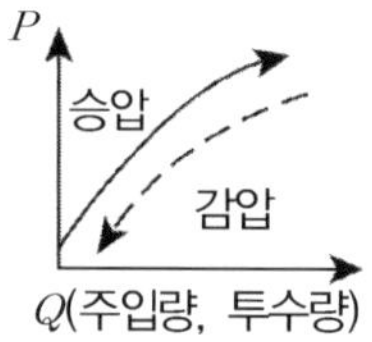 P, 승압, 감압, Q(주입량, 투수량)	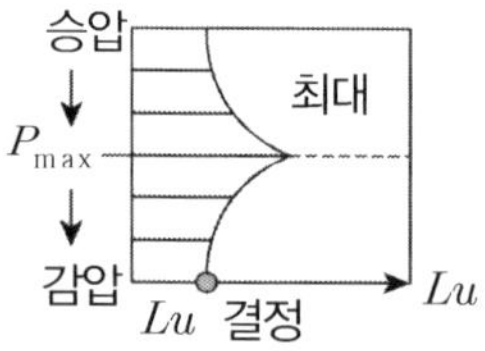 승압, P_{max}, 감압, 최대, Lu 결정, Lu	1. P 증가 ⇒ Q 증가 2. P_{max} ⇒ Lu_{min} 최대 3. Lu = P_{max} 최소 때의 값, = 중앙값 제외한 평균	양호
4. 공극 충전 (Void Filling Flow)	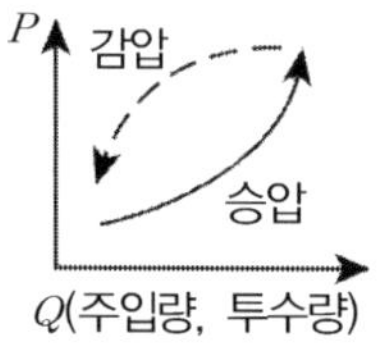 P, 감압, 승압, Q(주입량, 투수량)	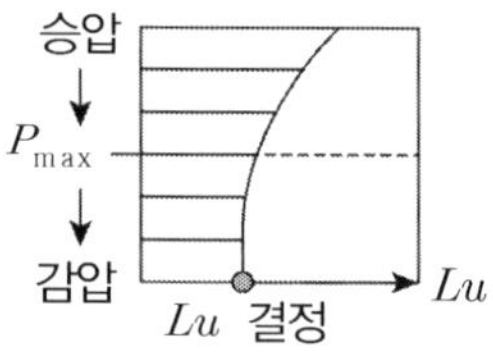 승압, P_{max}, 감압, Lu 결정, Lu	1. P 무관 ⇒ Q 감소 2. Lu = 최후 단계의 최소 투수계수	불량
5. 유실 (Wash Out Flow)	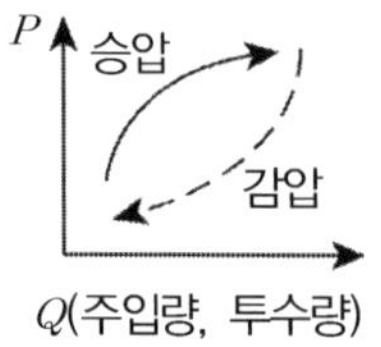 P, 승압, 감압, Q(주입량, 투수량)	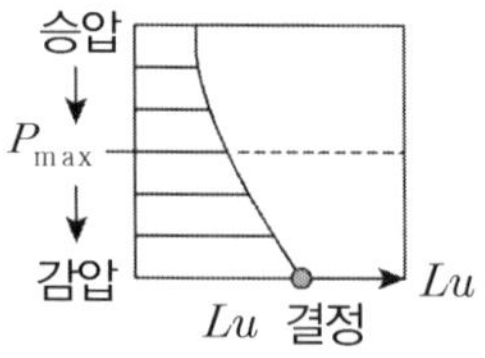 승압, P_{max}, 감압, Lu 결정, Lu	1. P 무관 ⇒ Q 감소 2. Lu = 최후 단계의 최소 투수계수	매우 불량

25 함수당량 시험(CME, FME)

1. 정 의

(1) 흙중의 간극속에 물을 많이 포함할 수 있는 흙을 보수력이 큰 흙이라고 하며
(2) 함수당량시험은 이러한 보수력을 측정하는 시험으로서
(3) 시험의 종류에는 *FME*와 *CME*가 있다.

2. 현장 함수당량시험 : *Field moisture equivalent* : *FME KSF2307*

(1) 시험법
습윤시료를 매끈하게 한 표면에 떨어뜨린 한 방울의 물이 흡수되지 않고 30초간 없어지지 않으며 미끈한 표면상에서 광택이 있는 모양을 띠면서 퍼질 때의 함수비

(2) 특징 및 적용
① 실트 및 점토의 보수능력 측정　　② 점성토 분류에 활용

3. 원심 함수당량시험(*Centrifuge moisture equivalent* : *CME KSF2315*)

(1) 시험법
물로 포화되어 있는 흙이 중력의 1,000배와 같은 힘(원심력)을 1시간 동안 받게 된 후의 시료에서 측정된 함수비

$$CME = \frac{(A_1 - B_1) - (A_2 - B_2)}{A_2 - (C + B_2)} \times 100$$

여기서, A_1 : 원심분리한 후의 도가니 및 내용물의 중량(g)
A_2 : 건조 후의 도가니 및 내용물의 중량(g)
C : 도가니의 중량(g)　　B_1 : 젖은 여과지의 중량(g)
B_2 : 건조한 여과지의 중량(g)

(2) 특징 및 적용
① 투수성이 크면(모래) → 흙의 보수력(保水力 = 함수당량) 감소
② 불투수성 흙의 판단기준
- $CME > 12\%$ 이면 투수성이 작고 보수력, 모관작용이 커서 팽창, 동상의 위험이 큼
- $CME < 12\%$ 이면 투수성이 크고 보수력, 모관작용이 적으며 팽창, 동상의 위험이 작음

③ 모래량 증가 시 *CME* 감소
- 순 모래의 *CME* : 3～4%　- 사질토의 *CME* : 5～12%　- 점토의 *CME* : 50%

26 팽윤(Swelling)

1. 정 의

(1) 지반(흙 또는 암석)에 물을 흡수시키면 간극을 채우는 1단계와 입자 또는 광물 자체가 물을 흡수하여 팽창하는 2단계로 구분되어 진행한다.

(2) 이때 2단계에서의 체적팽장으로 인한 압력을 팽윤압이라 한다.

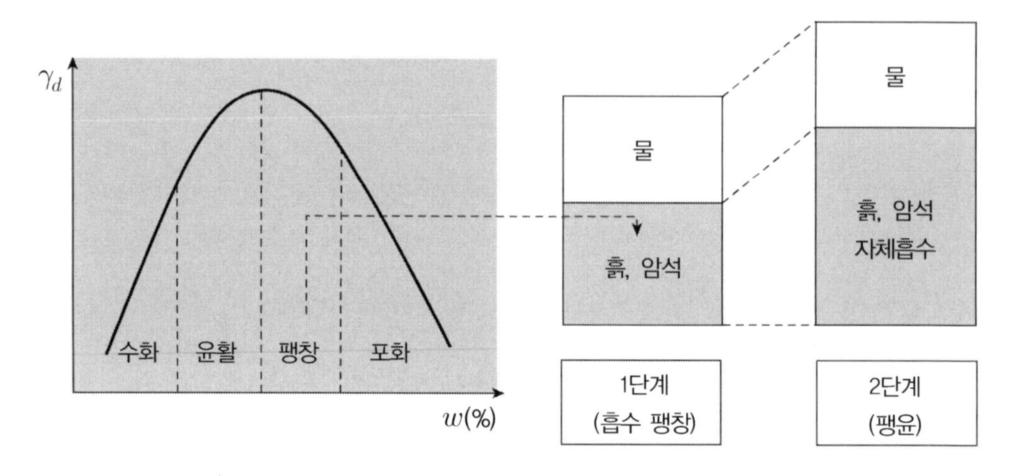

2. 시험방법

(1) 비구속 팽윤실험

① 압밀시험기에 넣은 후 물 첨가

② 팽창이 종료될 때까지 팽창량 측정

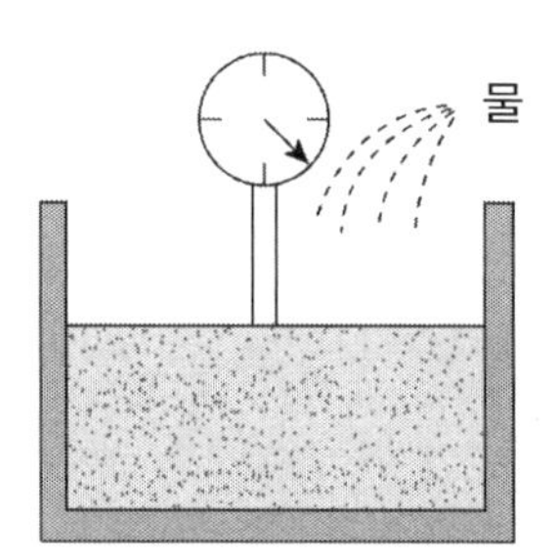

$$\text{팽윤률} = \frac{\Delta H}{H} \times 100\%$$

여기서, ΔH : 팽윤량 H : 원시료 높이

(2) 팽창압 시험

① 하중(유효하중 + 구조물하중)을 작용시키고 물 첨가

② 팽창이 방지되도록 압력을 추가

③ 팽창이 종료되면 ①의 하중에 도달될 때까지 압력 해제

④ 팽창량, 팽창압 측정

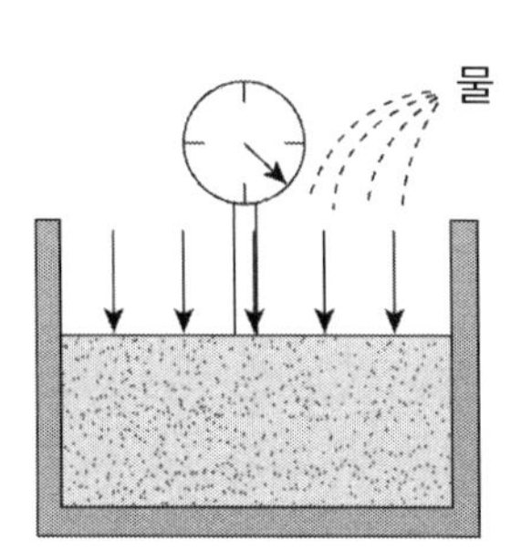

3. 함수비에 따른 팽윤량과 밀도

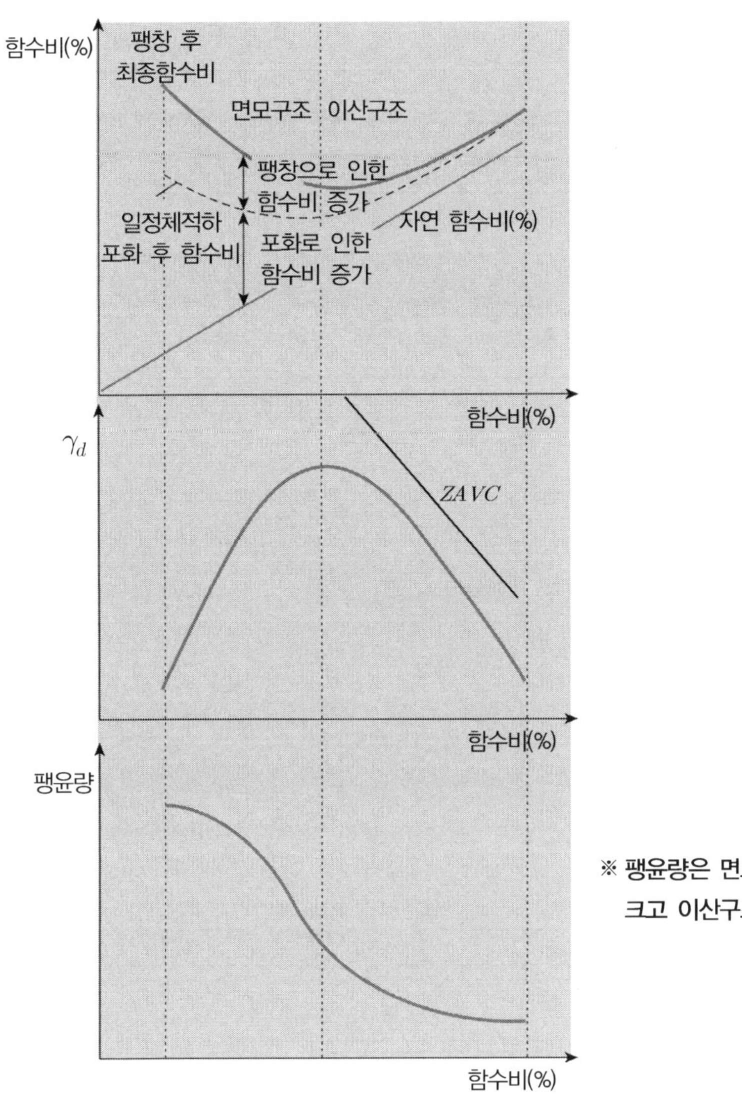

※ 팽윤량은 면모구조에서 팽윤이 제일 크고 이산구조에서 적음

4. 팽윤 심한 지반

(1) 흙

Kaolinite → *ilite* → *Montmorllonite* 순으로 심함

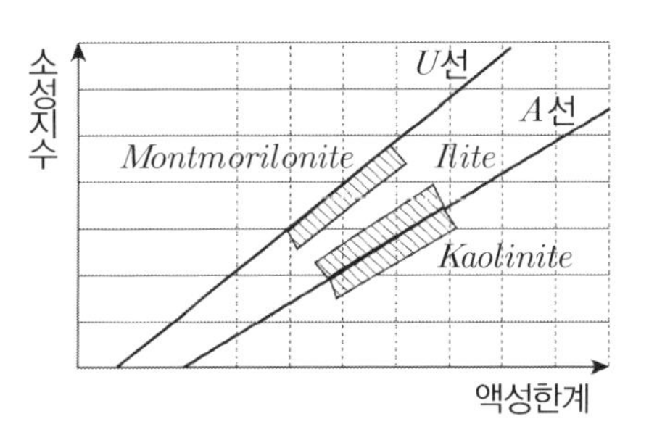

(2) 암 : 이암, 세일, 편암, 사문암, 녹니암 등 점토광물을 함유한 암반

5. 구조물에 미치는 영향과 대책

공 종	영 향		대 책
포 장	계절 및 강우에 따라 수축과 팽창 → 포장면 침하, 균열, 파손	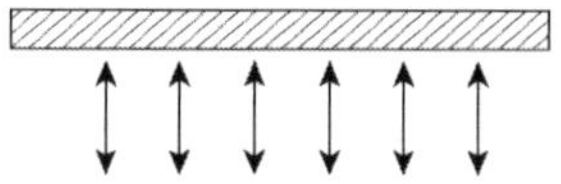	차단층, 안정처리, 지하수 배제 조치
터 널	터널 굴착 시 굴착면 낙반, 지보공에 큰 압력 발생	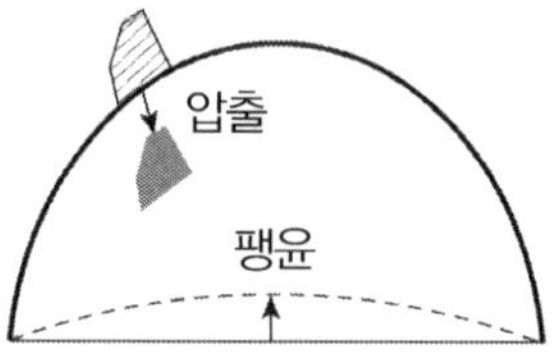 압출 팽윤	지반보강, *Invert Linning*
기 초	기초 *Slab* 융기, 균열 발생	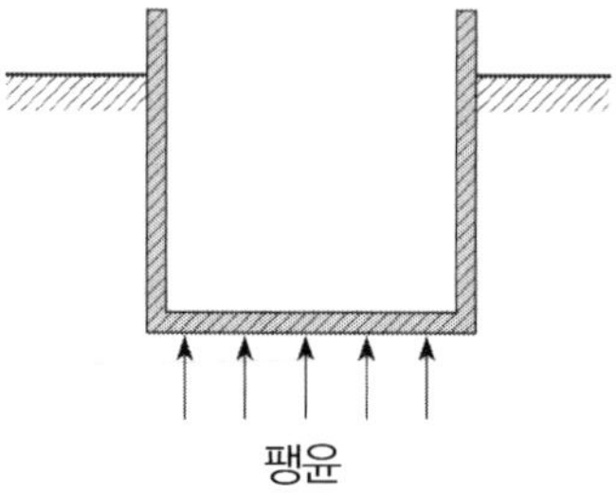 팽윤	*Groud Anchor*, *Footing* 증대
토류벽	기초굴착 시 팽윤으로 인한 융기 발전	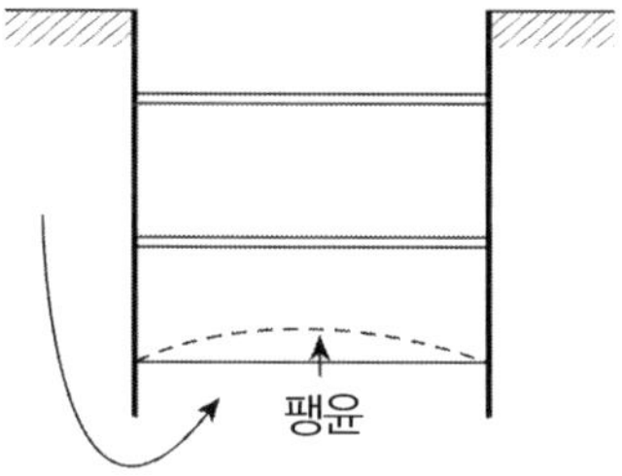 팽윤	근입깊이 증가, 지하수위 저하, 지반보강

27 암반 Slaking

1. 정의 : 건습반복에 따라 세편화 되는 현상

*Slaking*은 *Wetting*과 *drying*이 반복됨에 따라 암석의 표면부터 얇게 벗겨져 나가는 현상을 말한다. 특히 풍화가 상당히 진행된 암석의 경우에는 반복되는 *Wetting/drying*에 대해 취약하다. *Slaking durability*을 평가하기 위한 실험 중 간단한 것으로는 비커의 물에 암석시편을 담가 두고 변화를 관찰하는 방법이 있다.

2. 시험방법

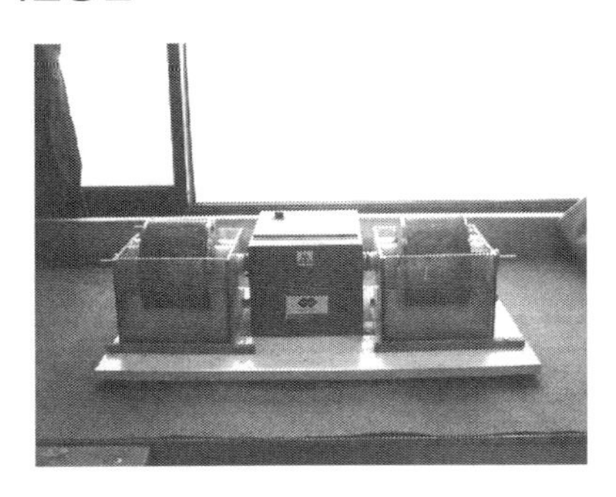

(1) *Slaking*의 정량적인 방법 : 암석이 물과 접촉하며 일정한 충격을 받을 때 입도 이하의 입자로 분해되는 질량비로 나타냄(국제암반공학회 : *ISRM*)

(2) 시험순서

① 50*g*의 암석 10개를 넣고 길이 100*mm* / 직경 140*mm*, 2*mm* 표준망체로 이루어진 *Test drum*에 넣고 110℃로 노건조시킴

② 수조에 넣고 200*RPM* / 10분(20*RPM*/분) 속도로 10분간 회전시킴

③ 시료를 오븐에서 105℃ 온도에서 노건조시킴

④ ②를 2회 이상 반복시험

(3) 耐 *Slaking* 지수 $= \dfrac{\text{시험 후 시료중량}}{\text{시험 전 시료중량}} \times 100\%$

3. *Slaking*에 의한 내구성 평가

Slaking 지수	80% 이상	50~80%	50% 이하
내구성 평가	우수함	보통	불량

4. *Slaking*에 취약한 암석

(1) 이 암

(2) 세 일

(3) 편 암

(4) 사문암

(5) 녹니암

5. 지반에 미치는 영향

(1) 사면 : 표면 탈락 → 산사태

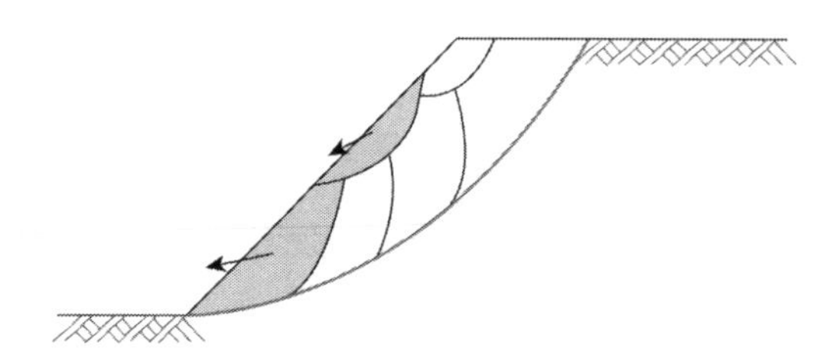

(2) 터널 : 터널 굴착 시 암반돌출로 지압 증가 → 붕괴

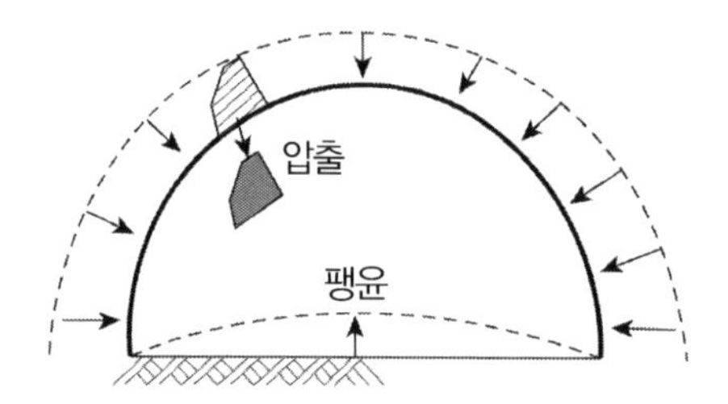

6. 평 가

(1) 본 시험법은 사면안정에 있어 정성적 평가사항으로 2*mm*체 값으로 세편화율이 크다고 하여 사면안정에 절대적으로 문제가 되는 것은 아니다.

(2) 따라서 암의 주향, 경사 등 종합적으로 판단하여 사면안정을 고려하여야 하며 한계평형해석, 평사투영 등을 병행한 사면안정검토가 되어야 할 것이다.

28 암반시간 의존성

1. 정 의

시간경과에 따라 암반의 공학적 성질(전단강도-투수성-압축성)에 변화가 발생하는 것을 말한다. 물질의 변형과 유동의 성질로는 탄성, 점탄성, 점성으로 나뉜다.

시간과 결부되어 취성영역에서 일정 응력에 대하여 변형률이 시간의 경과와 함께 증가한다는 유동적 거동을 취하는 *Creep* 현상을 발생시킨다. 암석의 *Creep* 현상은 *spring*과 *dashpot*의 조합에 의한 *Rheologic* 모델에 의하여 설명이 가능하며, 이는 암석이 시간에 대해서 점탄성적으로 거동한다는 것을 뜻하고 있다.

2. 종 류

(1) *Creep* (2) *Weathered* (3) *Swelling* (4) *Slaking*

3. *Creep*

(1) *Creep* 시험 : 응력을 일정하게 하고 변형률의 시간변화를 조사

(2) 단 계 : 아래그림 *B*곡선 − *Creep* 곡선

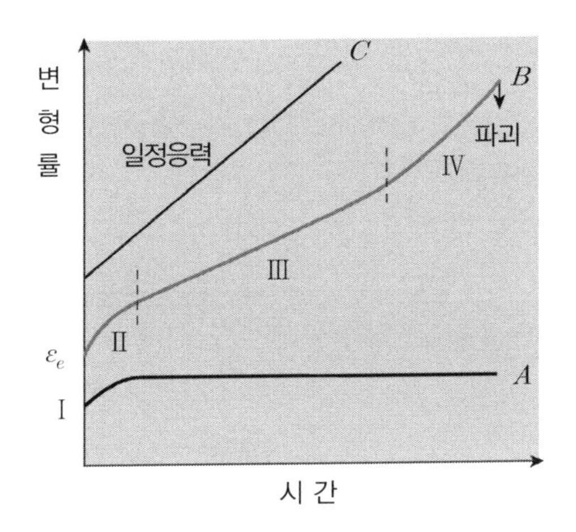

*A*곡선 : 응력이 작고 변형률의 시간변화가 거의 나타나지 않는 곡선

*C*곡선 : 연성이 증가하고 정상크리프만이 탁월한 경우

구 분	내 용
I 단계	하중을 가할 때 순간적으로 발생하는 변형률 ε_e(*Instantaneous strain*)이라고 한다. 이 순간변형률에는 탄성 변형률 외에도 비탄성 변형률이 포함되어 있다.
II 단계	변형률은 시간에 따라 증가하나 변형률속도는 감소해가며 천이크리프(*Transient creep*) 또는 1차 *Creep*(*Primary creep*)라고 한다.

구 분	내 용
Ⅲ단계	변형률속도가 일정하게 되는 구간으로 정상크리프(*Steady state creep*) 또는 2차 *Creep*(*Secondary creep*)라고 한다.
Ⅳ단계	변형률 속도가 가속화되고 파괴에 이르는 단계로 가속 크리프(*Accelerating creep*) 또는 3차 *Creep*(*Tertiary creep*)라고 한다.

(2) 영 향 : 이암, 세일, 편암, 사문암, 녹니암에 *Creep* 현상이 현저히 나타남

✓ **대형 사면파괴 현상 발생**

4. *Weathered*

(1) 종 류

① 물리적 *Weathered* : 건조, 습도, 온도, 바람

② 화학적 *Weathered* : 이온, 지하수, 산성비

③ 용해 : 가용성 물질

(2) 단 계

① 초기 : 물리적 우세　　② 후기 : 화학적 우세

(3) 영 향

① 사면안전율 저하　　② 지지력 저하

5. *Swelling*

(1) 정의 : 함수비 변화 → 체적 증가

(2) 단 계

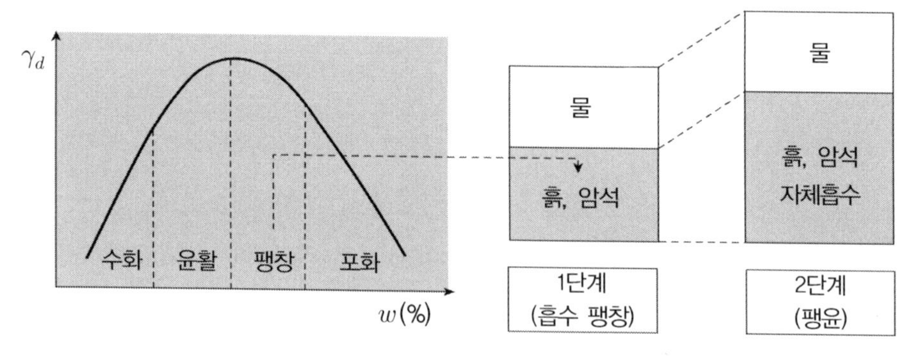

① 1단계 : 지반(흙 또는 암석)에 물을 흡수시키면 간극을 채우는 단계

② 2단계 : 입자 또는 광물 자체가 물을 흡수하여 팽창하는 2단계로 구분되어 진행한다. 이때 2단계에서의 체적팽창으로 인한 압력을 팽윤압이라 한다.

(3) 구조물에 미치는 영향과 대책

공 종	영 향		대 책
터 널	터널 굴착 시 굴착면 낙반, 지보공에 큰 압력 발생	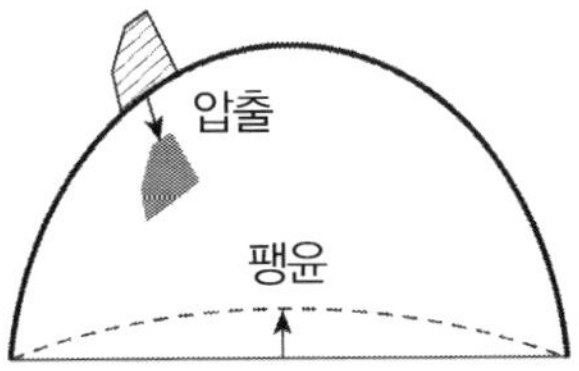	지반보강, *Invert Linning*
기 초	기초 *Slab* 융기, 균열 발생	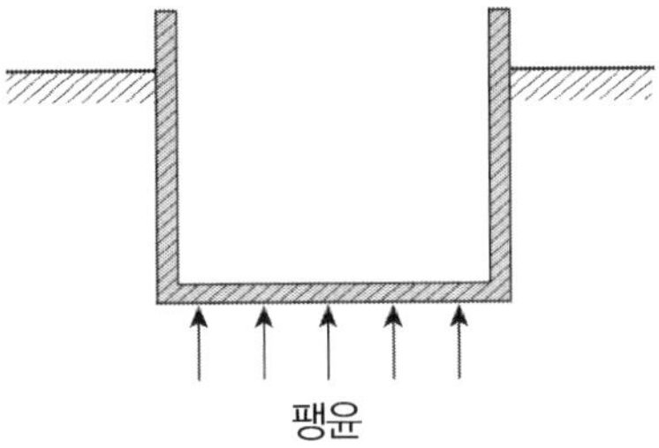	*Groud Anchor*, *Footing* 증대

6. *Slaking*

(1) 정 의 : 풍화 → 고결력 상실 → 세편화

(2) 단 계 : 초기(표면박리) → 후기(전체 안전율 저하)

(3) 영향

① 사면 : 안전율 저하 ② 터널 : 이완영역 증가

29 원심모형시험

1. 정 의

현장상황의 조건을 *Scale*을 축소하여 원심모형시험기에 넣고 중력보다 큰 회전력을 이용하여 대상물에 응력을 가하여 구조물에 대한 거동특성을 파악하기 위한 현장응력체계 재현시험의 일종이다.

2. 시험의 종류별 특징 비교

구 분	원형시험	축소 모형시험	원심 모형시험
Size(크기)	실제 크기	상사 축소	상사 축소
응력(하중)	실 제	축 소	실제 (향후 발생 응력 고려)
장 · 단점	시간과 비용부담 과다	현장응력체계의 변형 특성 재현 불확실 → 보정 필요	현장응력체계 재현 ($\sigma-\varepsilon$, t 관계 분석)

3. *Scale effect* 고려

(1) 축소모형시험 : *PBT, CPT, SPT* → *Scale effect* 고려

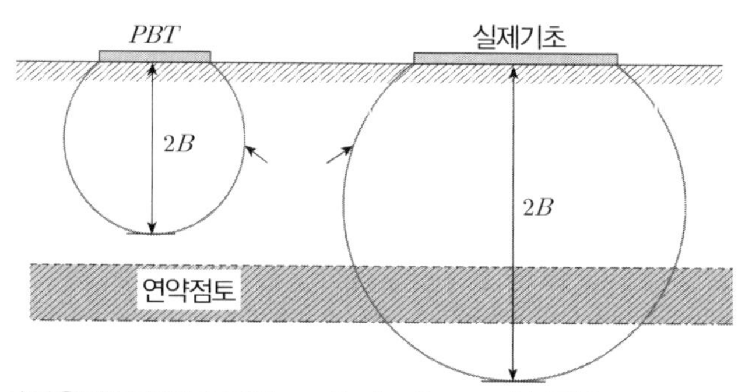

(2) 원심모형시험 : 실제응력조건대로 재현 → *Scale effect* 고려 불필요

4. 시험방법

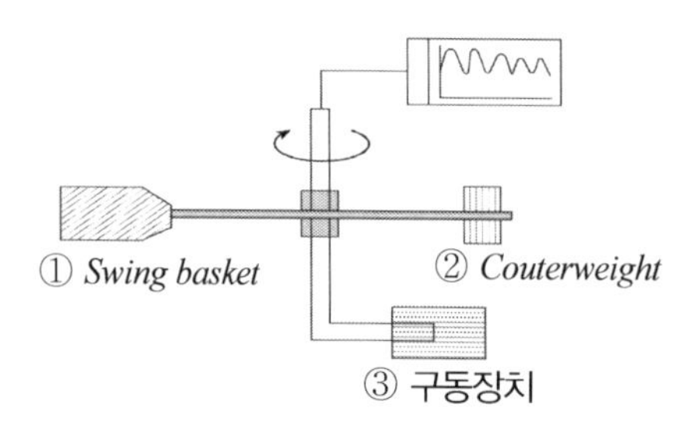

수자원 공사 대형 원심모형시험기

✓ 회전력 : 1/10 축소한 경우 10g의 원심력 가함(중력의 10배를 가한다는 의미)

5. 활 용

(1) 원형의 구조물에 대한 거동재현

(2) 수치해석의 검증 : 설계와 비교 차이점 분석

(3) 경시효과 검증 : 시공단계별, 시간변화에 따른 응력 – 변형거동측정

(4) 매개변수 연구 : 지반구조물의 주요 인자를 여러 변수로 변화시키면서 지반거동 분석

6. 평 가

(1) 지반 원심모형실험이란 실제 구조물의 크기를 축소하여 모형체를 제작한 후, 이를 고속으로 회전시켜 원심력을 기하여 실제 구조물과 동일한 자중(自重) 상태를 유지시킨 후, 실제 구조물에서는 인력으로 재현할 수 없는 외부조건(지진, 댐 및 제방 수위 증가 및 범람 등)을 모형 구조물에 수고, 이러한 외부조건에 대한 응답을 검토하여 실제 구조물이 외부 조건에 처했을 때의 거동을 사전에 예측할 수 있는 실험기법으로,

(2) 원심모형실험을 이용하면, 123*m* 높이의 소양강댐을 약 60*cm*로 축소시킨 모형을 통하여, 댐 안전도 평가, 물성상태 조사, 지진을 비롯한 여러 재해에 대한 안정성 평가 등을 수행할 수 있다. 또한 원심력을 이용하여 모형의 중력장 크기를 지구중력장의 100배로 구현하면 실제 구조물에서 약 1년 동안에 발생하는 현상을 원심모형실험을 통해서는 단 10분 정도에 재현해볼 수 있기 때문에, 구조물에 장기적으로 나타날 수 있는 제반현상을 사전에 예측할 수 있다.

(3) 실제 원심모형실험은 항만 · 도로 · 상하수도 · 공항 · 댐을 비롯한 국가 기간 산업시설의 설계와 공사, 유지관리 등에 직접적으로 이용되고 있으며, 건축, 지반 및 지질공학, 지하수 및 오염물 유동, 지진 안정성 평가, 폭파 시험과 같은 국방과학 분야 등에도 광범위하게 활용되고 있다.

30 시료채취

1. 개 요

(1) 지반이 가지고 있는 역학적 특성을 규명하기 위해 실내시험을 위한 시료를 채취하게 되는데

(2) 풍화토로 구성된 지표면과 점성토지반의 심부를 *Sampling*하기 위해서는 교란되지 않은 시료의 채취가 매우 중요함

2. 점성토지반의 시료채취

(1) 샘플러 구비조건

① 가능한 회수비가 100% 유지될 수 있어야 한다.

② 가능한 연속된 시료의 채취가 가능하여야 한다.

③ 시료와 샘플러 튜브 간의 마찰이 최소가 되어야 한다.

④ 시료 채취 시 시료가 교란되지 않아야 한다.

⑤ 시료는 제거하는 데 편리해야 한다.

(2) 샘플러 종류

① 고정 피스톤식 샘플러(*Stationary piston sampler*)

샘플러 끝을 피스톤으로 막고 시추공 바닥에 내리고 수압을 이용하여 얇은 관만을 지중에 밀어 넣어 시료 채취, 교란된 흙이 내부로 유입되지 않게 함. 연약한 점토의 비교란 채취에 유리함

② 포일 샘플러(*Foil sampler*)

샘플러 내부로 흙이 밀려들어올 때 관벽과 시료 사이의 마찰을 줄이기 위해 포일테이프를 이용하여 시료를 채취함

③ 이중관 샘플러, 데니슨 샘플러

얇은 관으로 관입이 안 되는 굳은 점토지반의 시료를 채취하기 위해 내관이 지중에 관입될 때 그 주변으로 흙을 외관이 회전하면서 깎아내는 원리를 이용함

(3) 불교란 시료의 샘플러 조건

① 면적비 : 10% 이내

일반적으로 면적비가 10% 이내이면 채취된 시료는 잉여토의 혼입이 불가능한 것으로 보며 불교란 시료로 간주한다.

$$A = \frac{D_o^2 - D_i^2}{D_o^2} \times 100(\%)$$

여기서, A : 면적비

D_o : 샘플러의 외경

D_i : 샘플러의 선단의 내경

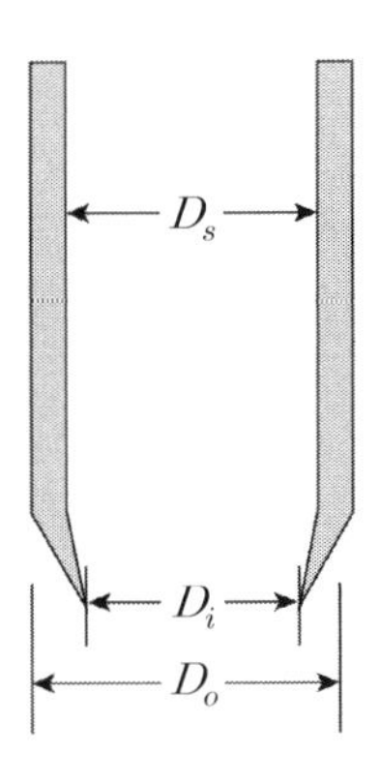

② 내경비 : 1% 정도(벽면마찰 감소)

$$\text{내경비} = \frac{D_s - D_i}{D_s} \times 100(\%)$$

3. 풍화토지반에서의 지표부 시료채취방법

(1) 못 타설 방법(*Nail Sampler*)

못구멍이 뚫린 아크릴 설치 → *Nail* 설치 → 시료채취(함수비 변동)

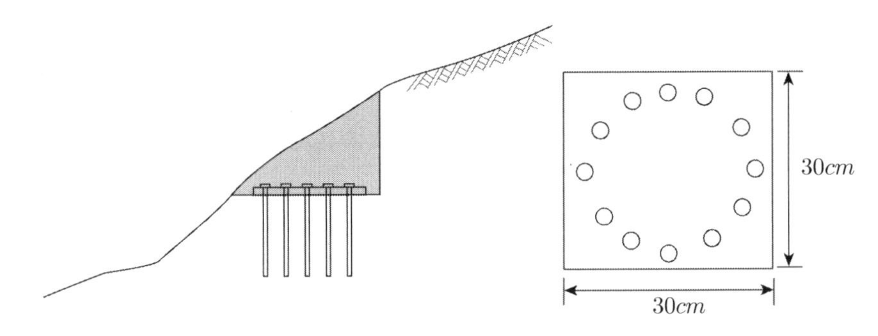

(2) *Shoe* 장착 직접전단상자

Shoe 장착 → 샘플러 관입 → *Cap trimming* → 전단시험기에 넣고 전단시험

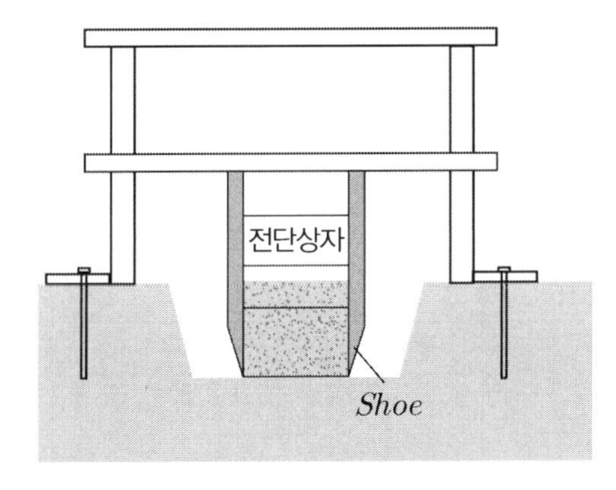

(3) 동결시료 채취법

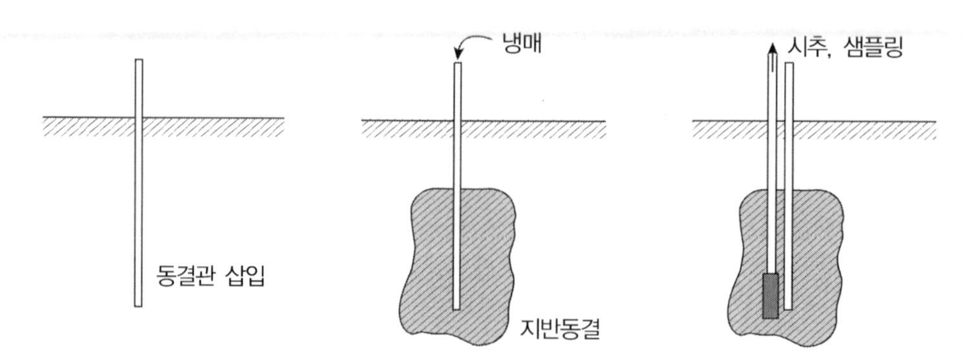

(4) 원통형 시료채취방법

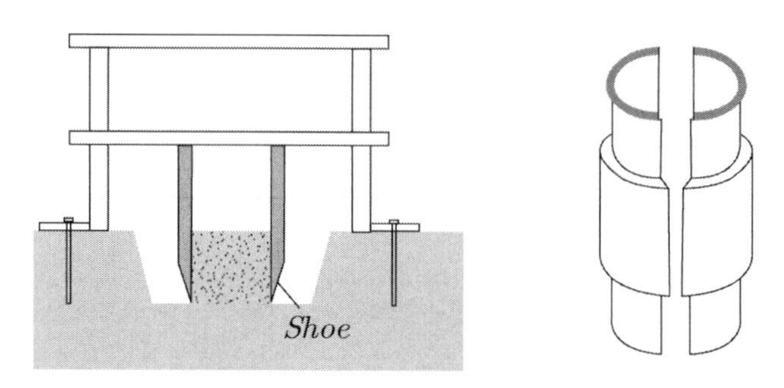

4. 암석의 시험

(1) 개 요

터널이나 암반사면, 현장 타설 콘크리트 말뚝의 설계 등 암반과 관계한 암석의 강도를 결정하기 위한 암석의 채취는 *Rod* 끝에 코아 베럴을 부착시키고 코어 베럴의 하단부에 코어 비트를 부착시킨 후 물을 순환시키며 회전굴착을 하여 시료를 채취한다.

(2) 암조사

암분류	현장시험	계 측
① *RQD* ② *RMR* ③ 풍화도 ④ 균열계수	① 강도 ㉠ 직접전단, 3축압축시험 ㉡ 실내시험 ② 투수시험(*Lugeon test*) ③ 변형시험(*Jacking*시험) ④ 지압측정 ⑤ 탄성파시험	① 변위 측정 ② 공극수압 측정 ③ 응력 측정 ④ 하중 – 토압 ⑤ 소음측정

(3) 암석 회수율(*Total core recovery, TCR*)

$$\text{회수율} = \frac{\sum \text{회수된 암석의 길이}}{\text{보링한 전체 길이}} \times 100(\%)$$

(4) RQD(*Rock Quality designation*) : 암반의 균열상태를 나타내는 지표

$$RQD = \frac{10cm \text{ 이상인 회수암석의 길이의 총합}}{\text{보링한 전체 길이}} \times 100(\%)$$

① 적 용

RMR 분류, Q 분류, 터널의 지지력, 암반의 변형계수, 터널지보패턴

② 이암의 경우 RQD가 좋다고 무조건 암질이 양호한 것은 아니다.

(5) *RMR*(*Rock mass rating*) : 암반평정에 의한 분류

암석의 강도 등 총 5가지 요소에 따라 각 요소별로 점수를 평가하여 모두 합한 값으로 암반을 분류하는 방법이다.

① 암반분류 요소

암석의 강도(점하중 강도, 일축압축강도), RQD, 불연속면 간격, 불연속면의 상태, 지하수의 상태

② 적 용

암반의 전단강도정수(C, Φ) 추정, 터널의 무지보 유지시간이나 지보패턴을 설계

CHAPTER 12

얕은기초

이 장의 핵심

- 구조물을 지지하는 기초는 얕은기초와 깊은기초로 대별되며, 이 중 얕은기초는 상부구조물의 하중을 직접 지반에 전달시키기 위한 지반 위 구조물을 말한다.
- 기초에서 가장 중요한 요소는 크게 지지력과 침하에 대하여 만족해야 한다는 사실이며, 이 중 지지력과 관련하여 지반마다 파괴형태에 따른 지지력 적용이 다름을 고려하여야 한다.
- 침하량 또한 토질마다 다른 거동을 보임에 착안하여 기초에 대한 설계와 시공에 주의를 기울여야 함에 유의하여야 한다.

CHAPTER 12

얕은기초

01 얕은기초란?

[핵심] 얕은기초란 상부구조물의 하중을 직접 지반으로 전달시키기 위하여 지반 위에 놓이는 기초구조를 말한다.

1. 기초의 분류

구 분	얕은기초	깊은기초	비 고
정 의	상부하중을 직접 지반에 전달시키기 위한 지반 위 기초구조이다.	상부하중을 말뚝이나 케이슨을 통하여 지중으로 전달되게 하는 기초구조이다.	$1 < \frac{D_f}{B} < 4$이면 얕은기초와 깊은기초 중 불리한 쪽으로 설계
$\frac{D_f}{B}$	$\frac{D_f}{B} < 1$	$\frac{D_f}{B} > 4$	

위 $\frac{D_f}{B}$에서 D_f는 근입깊이를 B는 기초폭을 말한다(아래 그림 참조).

2. 얕은기초의 종류

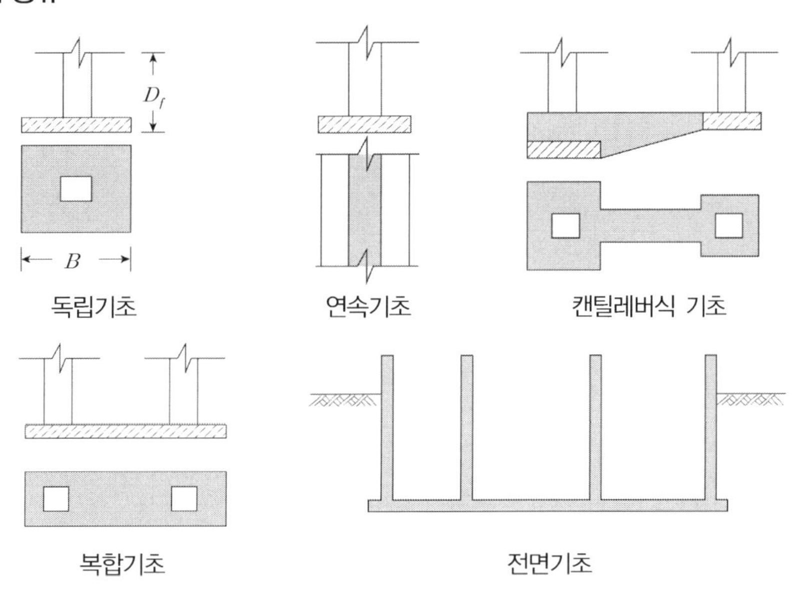

(1) *Footing* 기초

① 독립기초 : 한 개의 기둥을 지지하는 확대기초

② 복합기초

2개 이상의 기둥을 지지하는 확대기초로서 독립기초인 경우 기초공간이 부족하여 큰 하중을 지지할 수 없을 때 채택

③ 캔틸레버식 기초

복합 푸팅 기초의 일종으로 2개의 푸팅을 *Tie beam(strap)*으로 연결한 확대기초로서 복합기초보다 경제적임

④ 연속기초 : 기둥수가 많거나 연속적인 벽으로 하중을 지지하는 경우의 띠 모양의 기초

(2) 전면기초(*Mat*기초)

기초 바닥면적이 전체 구조물의 면적의 $\frac{2}{3}$ 이상을 차지하는 것으로 기초 지반의 지지력이 작은 경우나 개개의 푸팅을 하나의 큰 *Slab*로 연결하여 지반에 작용하는 접지압을 감소시켜 상부구조물을 단일 *Mat*로 지지하는 기초임

3. 기초 설계 시 구비조건

(1) 침하에 대하여 안정해야 한다(침하량이 허용치 이내이어야 한다.)

(2) 지지력에 대하여 안정해야 한다.

(3) 최소의 근입깊이를 만족해야 한다(동해, 지하수위, 지반의 팽창 등에 영향이 없는 깊이 유지).

(4) 경제적이고 시공이 가능한 공법으로 채택되어야 한다.

4. 얕은기초의 굴착공법

(1) *Open cut* 공법(개착공법)

① 지반이 양호하고 충분한 작업공간의 확보가 가능할 때

② 10*m* 정도 깊이의 얕은기초 터파기에는 이 공법을 많이 사용함

(2) *Island* 공법

① 굴착할 지반의 외주변에 토류벽을 설치하고 중앙부를 굴착, 구조물을 먼저 축조하고 이를 지탱점으로 주변토사를 단계적으로 굴착하여 구조물을 축조하는 공법

② 20*m* 깊이 정도의 연약지반에 사용

(3) *Tranch cut* 공법

① 구조물 주면에 도랑을 파고 구조물 외벽을 축조한 후 이를 지탱점으로 내부 토사를 굴착하여 나머지 구조물을 축조하는 공법

② 20*m* 정도 깊이의 지반이 좋은 곳에 사용

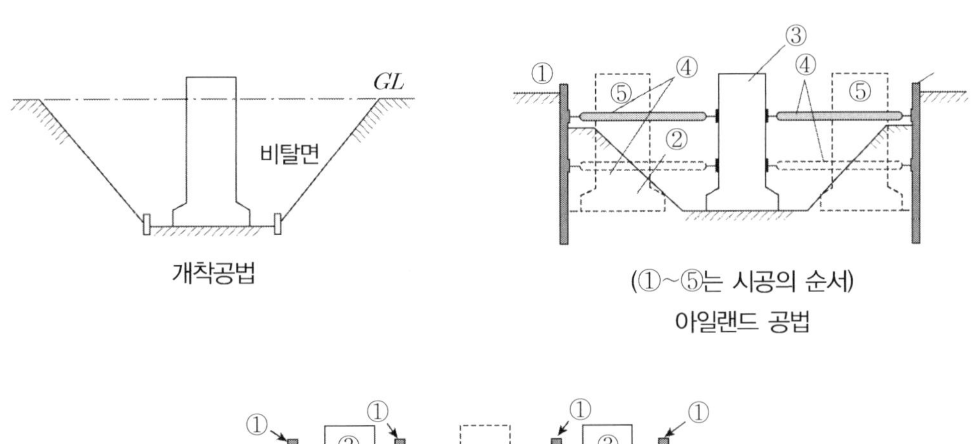

개착공법

(①~⑤는 시공의 순서)
아일랜드 공법

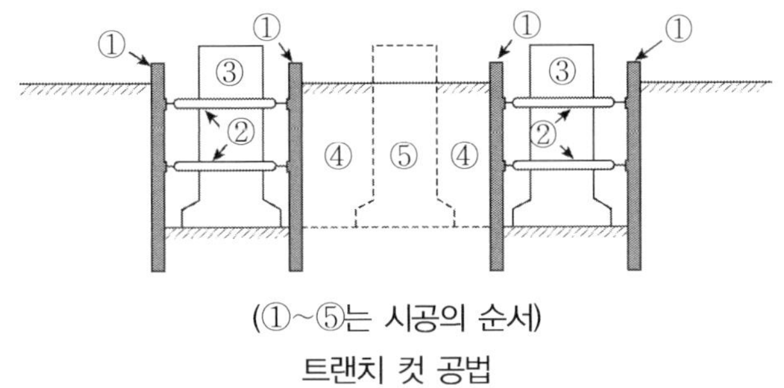

(①~⑤는 시공의 순서)
트랜치 컷 공법

02 지반의 파괴형태

1. 개 요

(1) 지반에 하중이 작용하면 소성영역이 확대되어 주응력이 회전하면서 전단파괴가 발생한다.

(2) 지반조건과 하중조건에 따라 지반의 파괴형태는 전반전단파괴, 국부전단파괴, 관입전단파괴로 구분하며, 이때의 하중을 지지력이라고 한다.

2. 전단파괴 형태 = 기초하부 지반의 거동

구 분	전반전단파괴	국부전단파괴	관입전단파괴
발생 지반	• 단단한 땅 • 조밀한 사질토 • 굳은 점성토	• 느슨한 사질토나 연약한 점성토 등 취약 지반	• 대단히 느슨한 모래 • 대단히 연약한 점토 • 연약지반 위 성토 • 말뚝기초
파괴 형태	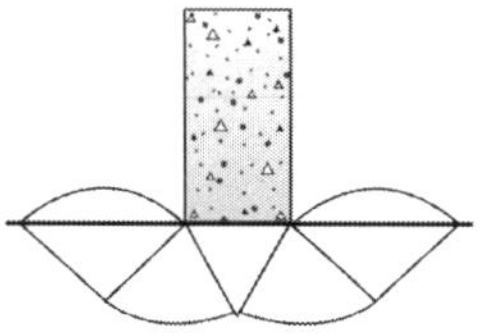 재하 초기에는 하중에 비해 침하량이 적게 직선적으로 침하되지만 항복하중을 초과하면 침하가 급작스럽게 커지고 전단파괴, 즉 균열이 생기면서 지반이 전단파괴, 즉 찢어지면서 지표면이 솟아오른다.	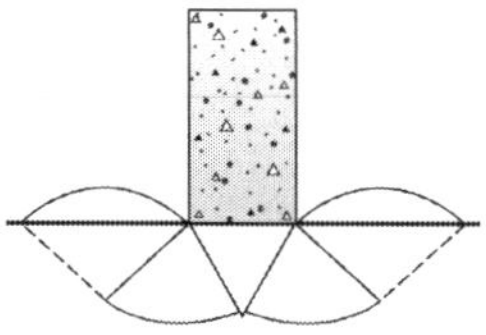 하중-침하 곡선이 그림처럼 뚜렷한 항복점을 보이지 않고 계속 침하된다. 활동파괴면도 뚜렷하지 않고 소성파괴가 지표면까지 도달하지 않으며 지반 내에서 발생한다.	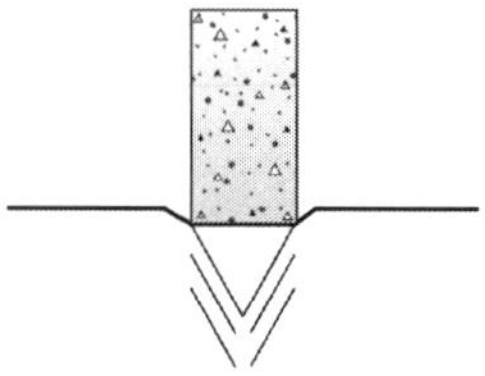 가라앉기만 하고 부풀어 오르지 않는다. 하중에 비해 상대적으로 큰 침하가 생기면서 흙이 전단파괴 되는 지반을 관입전단파괴 되었다고 한다.
하 중 – 침하량 곡 선	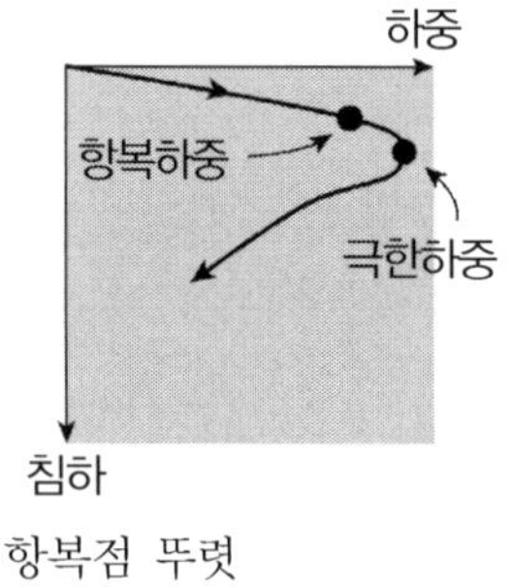 하중 / 항복하중 / 극한하중 / 침하 • 항복점 뚜렷 • 항복이나 극한하중을 구하기 간단	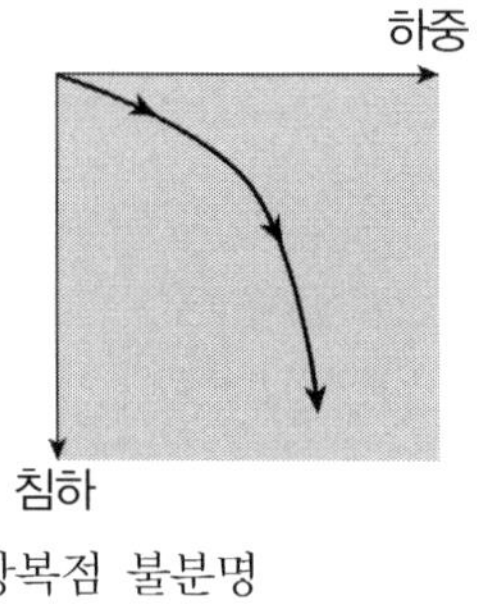 하중 / 침하 • 항복점 불분명 • 침하량이 크므로 대개 침하량 25mm를 초과하여 시험 종료 • 항복하중을 찾아내기 쉽지 않으며, 상당히 많은 경우 이러한 곡선의 모양을 나타냄	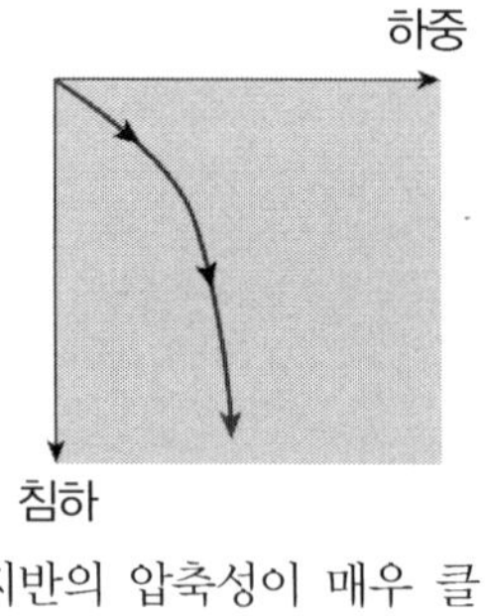 하중 / 침하 • 지반의 압축성이 매우 클 때에 해당 • 평판재하시험을 행하는 경우는 극히 드물게 발생

3. 전반전단파괴와 국부전단파괴의 구분

(1) 시험에 의한 구분

구 분	변형률(ε)	예민비(S_t)	상대밀도(D_r)	마찰각(ϕ)
전반전단파괴	5 이하	10 이하	30 이상	40 이상
국부전단파괴	5 이상	10 이상	30 이하	40 이하

(2) 사질토 지반에서의 기초파괴형태 예측

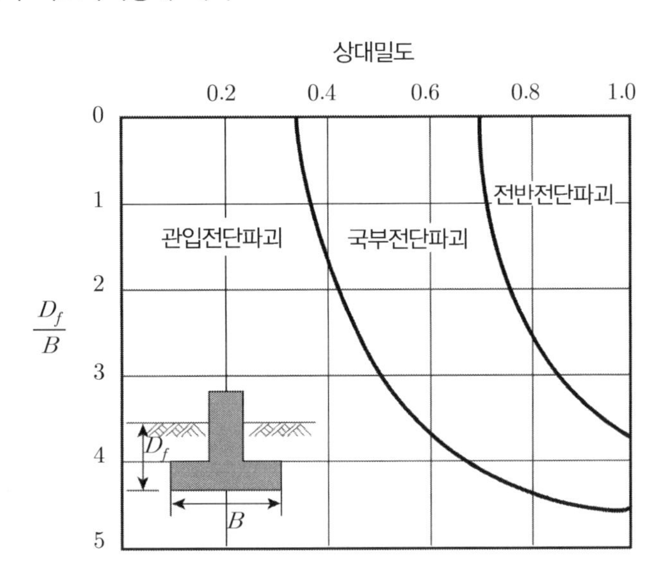

4. 기초의 파괴형태를 구분하는 이유

(1) 지지력에 영향을 미치는 인자중 하나로서 국부전단파괴될 때 *Terzaghi*는 C, ϕ를 다음과 같이 제안하였으며 지지력은 작아진다.

$$C' = \frac{2}{3}C, \quad \phi' = \tan^{-1}\left(\frac{2}{3}\tan\phi\right)$$

여기서, C', ϕ' : 국부전단 고려 C, ϕ

(2) 느슨한 사질토 지반과 연약한 점토지반은 국부전단파괴에서의 지지력으로 계산한다.

5. 평 가

(1) 지반의 전단파괴는 지반의 지지력보다 더 큰 하중이 작용할 때 일어나는 변형으로서

(2) 지반의 파괴는 지반의 특성 외에도 기초형식, 투수성, 지하수조건 등에 따라 다양하게 거동되므로 실내 및 현장시험을 통한 검증이 필요

03 얕은기초의 지지력

1. 개 요

(1) 지지력이란 지반이 전단파괴에 이르기까지 가한 하중을 의미한다.

(2) 지반의 지지력을 산정하기 위한 방법은 이론적 방법과 현장시험에 의한 방법이 있다.

2. 지지력 결정 방법

구 분	내 용			
이론적 방법	*Terzaghi* 방법	*Skempton* 방법	*Hansen* 방법	*Meyerhof* 방법
시험적 방법	공내재하시험 (*PMT*)	평판재하시험 (*PBT*)	표준관입시험 (*SPT*)	콘관입시험 (*CPT*)

3. 이론적 제안식

(1) *Terzaghi* 방법(점토와 사질토 적용)

① *Terzaghi*의 지반파괴 거동과 가정

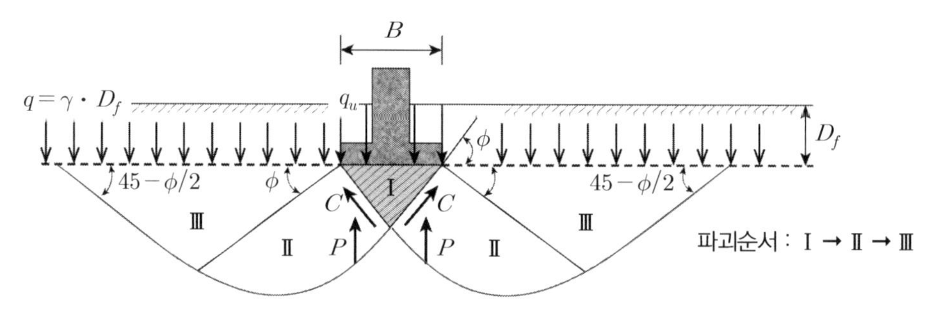

구 분	Ⅰ영역	Ⅱ영역	Ⅲ영역
흙의 상태	• **흙 쐐기로서 탄성상태**	• **방사전단영역** (원호전단영역)	• **수동영역**
거 동	• 기초면이 거칠고 마찰저항이나 점착력에 의해 전단변형이 억제되므로 주동상태가 되지않고 기초의 일부로서 동일 거동	• 대수나선, 원호활동	• 직선활동
가 정	• 흙 쇄기의 각도는 흙의 내부마찰각 ϕ와 같다. • 수동영역 Ⅲ의 파괴각은 수평면과 $45-\phi/2$와 같다. • 기초 위의 근입깊이에 대한 흙 무게는 상재하중, 즉 $q=\gamma \cdot D_f$이며 여기서의 전단저항은 없는 것으로 가정		

② 극한 지지력 개념

위 기초의 파괴거동과 가정을 토대로 흙 쐐기의 평형을 고려 산정

$$q_u \cdot B = 2P + 2C \cdot Sin\phi - W$$

여기서, W : 흙 쐐기의 무게

※ 이 식을 q_u에 대해 풀고 정리하면 $Terzaghi$의 극한 지지력 공식이 된다.

③ *Terzaghi*의 극한 지지력 공식

일반식 $$q_u = \alpha \cdot c \cdot N_c + \beta \cdot \gamma_1 \cdot B \cdot N_\gamma + \gamma_2 \cdot D_f \cdot N_q$$

점성토 $q_u = \alpha \cdot c \cdot N_c + \gamma_2 \cdot D_f \cdot N_q$ ⇨ $N_r = 0$

사질토 $q_u = \beta \cdot \gamma_1 \cdot B \cdot N_\gamma + \gamma_2 \cdot D_f \cdot N_q$ ⇨ $c = 0$

여기서, N_c, N_r, N_q : 지지력 계수(내부마찰각에 따른 계수)

α, β : 기초모양에 따른 형상계수(*Shape factor*)

c : 기초바닥 아래 흙의 점착력($tonf/m^2$)

γ_1 : 기초바닥 아래 흙의 단위중량($tonf/m^2$)

B : 기초의 최소폭(m)　γ_2 : 근입깊이에 있는 흙의 단위중량($tonf/m^3$)

D_f : 기초의 근입깊이(m)

④ 형상계수(*Shape factor*)

구 분	원형기초	정사각형	연속기초	직사각형 기초
α	1.3	1.3	1.0	$1+0.3\frac{B}{L}$
β	0.3	0.4	0.5	$0.5-0.1\frac{B}{L}$

여기서, B : 기초폭 중 짧은 변의 길이,　L : 기초폭 중 긴 변의 길이

(2) *Skempton* 방법($\phi = 0$인 포화점토 적용)

① 비 배수조건하에서의 흙의 강도는 기초폭과 무관하므로 다음과 같이 단순화하여 적용함

$\phi = 0$이면 $N_\gamma = 0$, $N_q = 1$이므로

$$q_u = c_u \cdot N_c + \gamma_2 \cdot D_f$$

여기서, C_u : 기초저면으로부터 $\frac{2}{3}B$ 깊이에서의 평균 점착력

N_c : 기초형상과 D_f/B에 의해서 정해지는 지지력 계수

단위중량 : 전 응력 해석이므로 γ_{sat}를 사용하여야 한다.

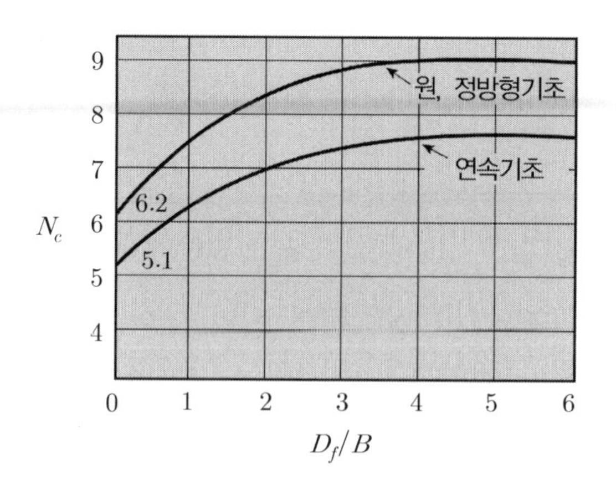

*Skempton*의 지지력 계수를 구하는 도표(1951년)

(3) *Hansen*의 제안식(점토 적용) : 기초형상계수(*Shape*)가 가장 큰 변수

$$q_u = c\,N_c\,S_c\,d_c\,i_c\,b_c\,g_c + 0.5\gamma_1\,B\,N_\gamma\,S_r\,d_r\,i_r\,b_r\,g_r + \gamma_2\,D_f\,N_q\,S_q\,d_q\,i_q\,b_q\,g_q$$

여기서, S : 기초형상계수(*Shape*)　　d : 근입깊이계수(*Depth*)
i : 하중경사계수(*Inclination*)　　b : 기초면 경사계수(*Base*)
g : 지반경사계수(*Ground*)

(4) *Meyerhof*의 제안식

$$q_u = c\,N_c\,S_c\,d_c\,i_c\,b_c + 0.5\gamma_1\,B\,N_\gamma\,S_r\,d_r\,i_r\,b_r + \gamma_2\,D_f\,N_q\,S_q\,d_q\,i_q\,b_q$$

여기서, S : 기초형상계수(*Shape*)　　d : 근입깊이계수(*Depth*)
i : 하중경사계수(*Inclination*)　　b : 기초면 경사계수(*Base*)

4. 시험적 방법

(1) 공내재하시험(*PMT*) : 프랑스에서 실제 크기의 시험결과로부터 설계원리 도입

$q_u = P_o + K_g(P_L - P_o) \fallingdotseq P_L$

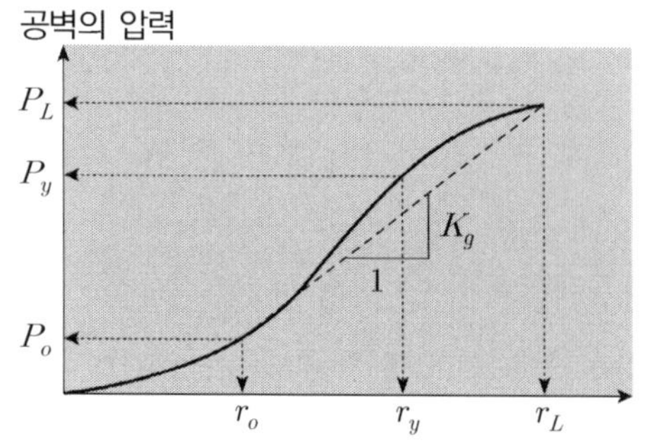

※ 깊은기초 지지력 :

$q_u = q_p \cdot A_p + q_s \cdot A_s$

$\quad = (P_o + K_g(P_L - P_o))A_p + P_L \cdot A_s$

(2) 평판 재하시험(*PBT*)

① 극한 지지력

구 분	지지력	즉시 침하량
점 토	$q_{u(기초)} = q_{u(재하)}$	$S_{(기초)} = S_{(재하)} \cdot \dfrac{B_{(기초)}}{B_{(재하)}}$
사질토	$q_{(기초)} = q_{(재하)} \cdot \dfrac{B_{(기초)}}{B_{(재하)}}$	$S_{(기초)} = S_{(재하)}\left(\dfrac{2B_{(기초)}}{B_{(기초)}+B_{(재하)}}\right)^2$
평 가	• 점토지반은 기초판 폭에 무관 • 모래지반은 기초판 폭에 비례	• 점토지반은 기초판 폭에 비례 • 모래지반은 기초판 커지면 처음에는 커지나 재하판의 4배 이상 커지면 더 이상 침하하지 않음

② 보정방법

㉠ 시험에 의한 보정

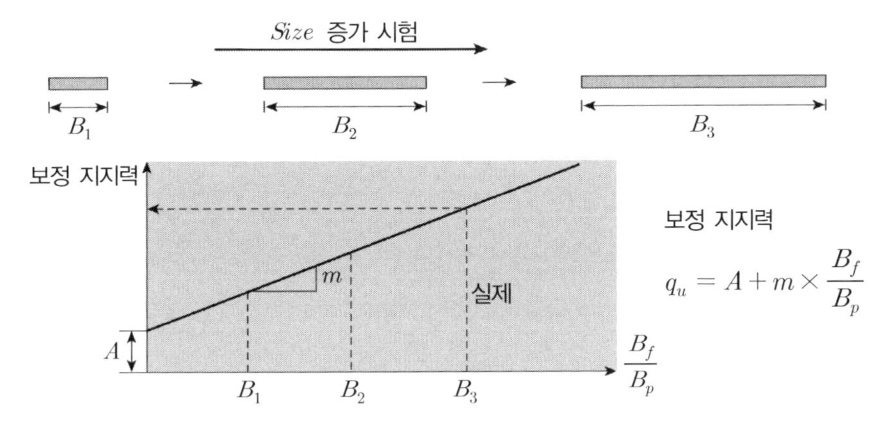

㉡ 계산식 이용

다음 2개의 재하판에 의한 시험에서 점착력, 전단저항각을 구함

− 1 재하판 : $q_u = \alpha\ c\ N_c + \beta\ \gamma_1\ B_1\ N_\gamma$

− 2 재하판 : $q_u = \alpha\ c\ N_c + \beta\ \gamma_1\ B_2\ N_\gamma$

✓ 극한 지지력을 알고 형상계수와 재하면의 지반단위중량, 재하면의 폭을 알고 있으므로 미지수인 점착력과 전단저항각을 구할 수 있다.

㉢ 근입깊이만 고려 보정(일본식)

− 장기 허용 지지력 : $q_a = q_t + \dfrac{1}{3}\gamma \cdot D_f \cdot N_q$

− 단기 허용 지지력 : $q_a = 2q_t + \dfrac{1}{3}\gamma \cdot D_f \cdot N_q$

✓ 여기서, q_t : 평판재하시험에서 얻은 $\dfrac{q_y}{2}$, $\dfrac{q_y}{3}$ 중 작은 값이며 위 식의 제2항은 근입심도 고려

(3) *SPT* 및 *CPT* : *Meyerhof* 제안식

구 분	*SPT*	*CPT*
적용토질	**사질토**	**점성토**
$B \le 1.2m$	$q_a = \dfrac{N}{0.5} F_d$ 여기서, 깊이계수는 다음과 같다 $\left(F_d = 1 + 0.33\left(\dfrac{D_f}{B}\right) \le 1.33\right)$	$q_a = \dfrac{q_c}{30}$
$B \ge 1.2m$	$q_a = \dfrac{N}{0.8}\left(\dfrac{B+0.3}{B}\right)^2 F_d$ 여기서, q_a : 침하량 25*mm* 기준	$q_a = \dfrac{q_c}{50}\left(\dfrac{B+0.3}{B}\right)^2$ 여기서, q_a : 침하량 25*mm* 기준

5. 지지력 영향인자

(1) 지반의 강도정수 : c, ϕ

(2) 근입깊이 : D_f

(3) 지하수위

(4) 기초형상 : α, β

(5) 기초폭 : B

(6) 파괴형태 : 국부전단파괴

$$C' = \frac{2}{3}C, \quad \phi' = \tan^{-1}\left(\frac{2}{3}\tan\phi\right)$$

(7) 사면이격거리

x가 B의 3배 이하인 경우에는 영향 고려 → 별도의 지지력 계수 활용

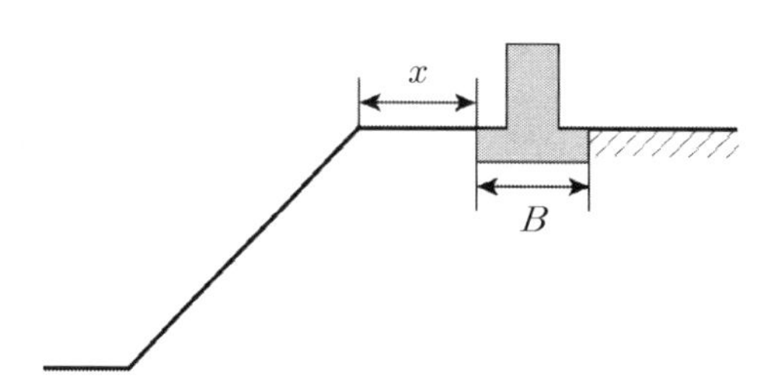

6. 극한 지지력과 허용 지지력

(1) 극한 지지력 : 지반이 파괴 시 가해진 응력임

(2) 허용 지지력

$$\text{허용 지지력 } q_a = \frac{\text{극한 지지력}(q_u)}{\text{안전율}(F_s)}$$

① 기초의 안전율 $F_s = 3$이며, 항복하중을 안다면 항복하중을 2로 나누어준 값과 비교하여 작은 값을 허용 지지력으로 취한다.

② 허용 지내력이란 지지력과 침하량을 동시에 만족하는 지반의 능력을 말하며, 지지력과 침하량을 검토하여 두 개 중 작은 값을 지내력이라 한다.

(3) 기초폭에 따른 허용 지지력 판단

① 지지력을 기준으로 하중강도를 보면 점성토의 경우에는 기초폭과 관계없이 일정하지만 사질토의 경우에는 기초폭에 따라 지지력이 커진다.

② 침하량을 기준으로 하중강도를 보면 점성토이건 사질토이건 관계없이 기초폭이 커지면 하중강도가 작아짐을 알 수 있다.

③ 여기서 기초폭이 작을 경우에는 지지력이 작으므로 지지력을 기준으로 허용 지내력을 판단해야 함을 알 수 있고, 반대로 기초폭이 큰 경우에는 침하량이 크므로 이에 대한 하중강도를 기준으로 허용 지내력을 정해야 함을 알 수 있다.

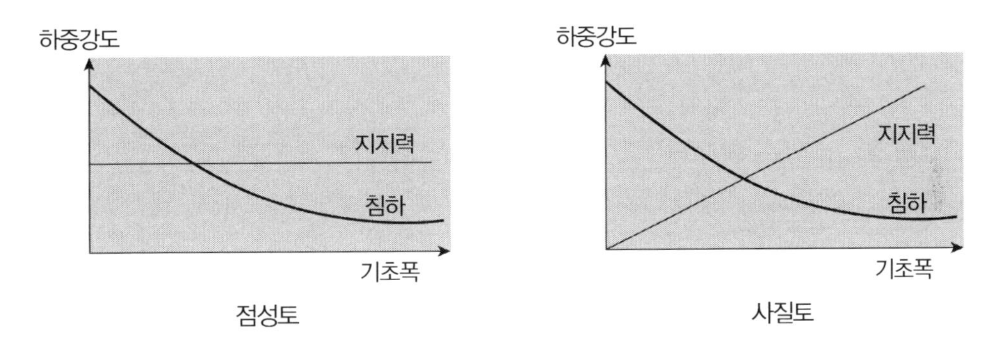

7. 평 가

(1) $Terzaghi$공식은 안전측이며 과대설계 경향이 있음

(2) $Hansen$의 공식은 점토지반에 적합

(3) 경사하중을 고려하는 경우 $Hansen$의 공식과 $Meyerhof$ 공식이 적합함

✓ **$Bowels$(1988년)에 의한 실험결과 위 공식은 실제와 일치함을 입증**

(4) PMT의 경우 국내에서는 아직 역사가 짧은 관계로 국내지반에 대한 자료 축적이 미진하므로 선진국에서 개발된 상관식들을 그대로 활용할 것이 아니라 국내 지반의 종류와 지질학적 특성에 맞게 보정된 관계식을 이용하여야 한다.

04 지지 메커니즘과 편심하중 고려방법

1. 개 요

(1) 지지력이란 지반에 하중이 작용하면 소성영역이 확대되어 주응력이 회전하면서 전단파괴가 발생할 때의 하중을 의미한다.

(2) 기초의 지지력은 기초의 형식에 따라 발생 메커니즘을 달리하며 지지력 산정 시 편심하중을 고려하여야 한다.

2. 기초형식에 따른 지지 *Mechanism* (원리, 개념)

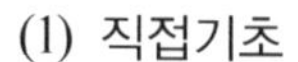

(1) 직접기초 (2) 말뚝기초 (3) 케이슨 기초

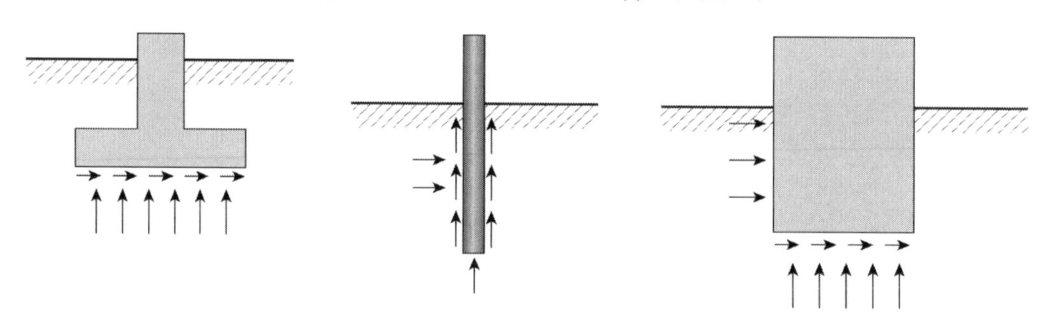

구 분	직접기초	말뚝기초	케이슨 기초
수평지지	×	○	○
마찰지지	×	○	×
전단지지	○	×	○
연직지지	○	○	○

① 측면마찰 고려 기초 : 타입식 말뚝

② 측면마찰 무시 기초 : 직접기초, 케이슨 기초, 매입말뚝공법

3. 지지력 산정 시 편심하중 고려

(1) 편심하중을 유효면적에서 고려하는 방법(*Meyerhof*)

아래 지지력 공식에서 B와 L대신에 B', L' 적용한 극한 지지력을 구한다.

$$q_u = c\ N_c\ S_c\ d_c\ i_c + 0.5\ \gamma_1\ B\ N_\gamma\ S_r\ d_r\ i_r\ + \gamma_2\ D_f\ N_q\ S_q\ d_q\ i_q$$

위 공식과 유효면적에 작용하는 지반반력과의 관계를 통하여 지반파괴 여부 확인

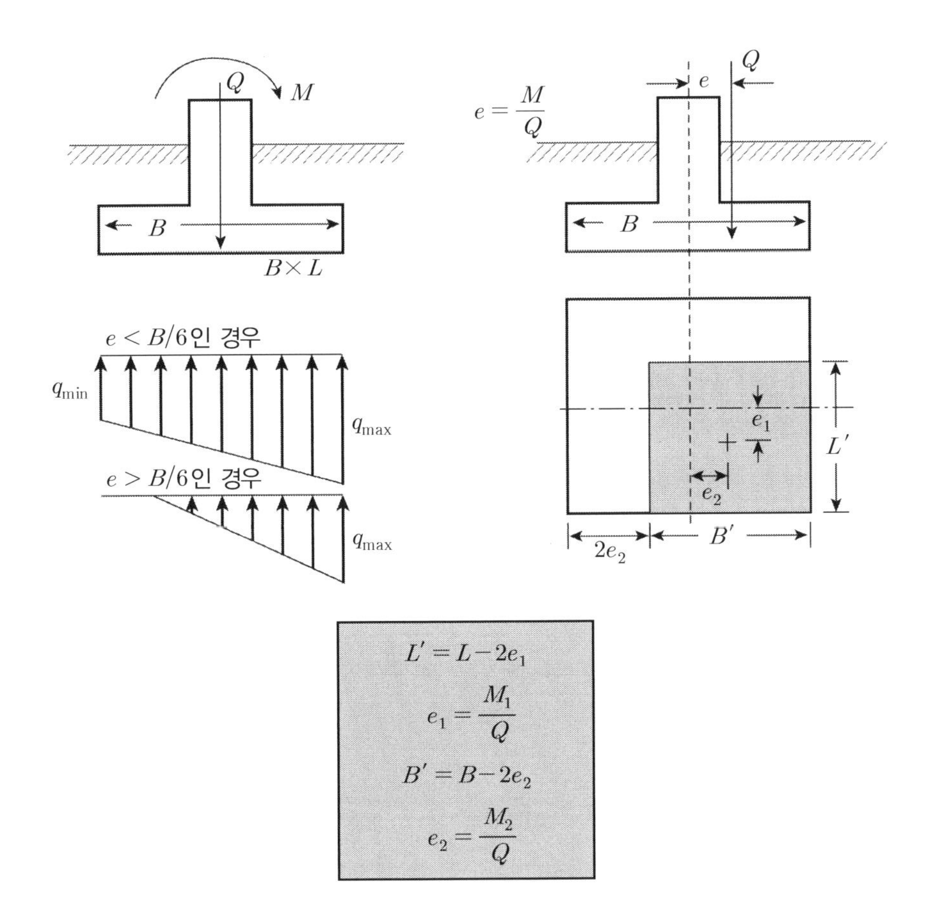

$$L' = L - 2e_1$$

$$e_1 = \frac{M_1}{Q}$$

$$B' = B - 2e_2$$

$$e_2 = \frac{M_2}{Q}$$

(2) 편심하중에 의한 지반반력과 극한 지지력 비교

편심하중 Q가 있으면 지반반력은 위 그림과 같이 사다리꼴 분포가 된다. 이때 편심하중이 아닌 등분포하중으로 구한 극한 지지력과 비교하여 편심하중으로 구한 지반반력이 작다면 지반은 파괴되지 않는다.

05 얕은기초 설계 시 지하수위 영향

1. 개 요

(1) 지지력 계산을 위한 흙의 단위중량은 유효단위중량이므로 지하수위에 따라 흙의 유효 단위중량이 변화하므로 지지력에 크게 영향을 미친다.

(2) 지하수위가 상승하게 되면 $q_u = \alpha \cdot c \cdot N_c + \beta \cdot \gamma_1 \cdot B \cdot N_r + \gamma_2 \cdot D_f \cdot N_q$에서 γ_1과 γ_2를 수중단위중량으로 사용하게 되므로 지지력은 반감되며, 침하량의 증가로 이어지므로 지지력 계산 시 지하수위의 영향을 반드시 고려하여야 한다.

(3) 지하수위의 영향범위 검토한계는 기초바닥 아래 기초폭깊이 이하이다.

2. 지하수 위치에 따른 단위중량의 수정

(1) 지하수위가 기초 바닥 위에 있는 경우

$q_u = \alpha \cdot c \cdot N_c + \beta \cdot \gamma_1 \cdot B \cdot N_\gamma + \gamma_2 \cdot D_f \cdot N_q$에서

$\gamma_1 = \gamma_{sub}$, $\gamma_2 \cdot D_f = \gamma_t (D_f - D) + \gamma_{sub} \cdot D$

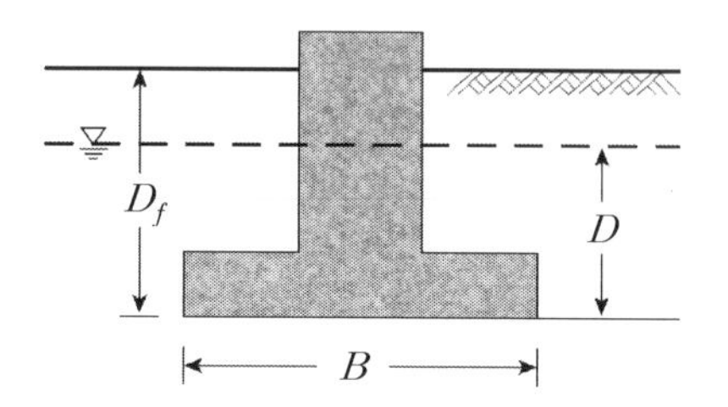

✓ **지하수위가 지표면과 일치한다면 지하수위가 없는 경우에 비해 기초의 지지력은 대략 반감한다.**

(2) 지하수위가 기초바닥과 일치하는 경우

$q_u = \alpha \cdot c \cdot N_c + \beta \cdot \gamma_1 \cdot B \cdot N_\gamma + \gamma_2 \cdot D_f \cdot N_q$에서 $\gamma_1 = \gamma_{sub}$, $\gamma_2 = \gamma_t$

(3) 지하수위가 기초바닥 아래에 위치하는 경우

$q_u = \alpha \cdot c \cdot N_c + \beta \cdot \gamma_1 \cdot B \cdot N_\gamma + \gamma_2 \cdot D_f \cdot N_q$에서

$D > B$이면 $\gamma_1 = \gamma_2 = \gamma_t$ $D < B$이면 $\gamma_1 = \gamma_{sub} + \dfrac{D}{B}(\gamma_t - \gamma_{sub})$, $\gamma_2 = \gamma_t$

✓ **지하수위가 기초지지력에 영향을 미치지 않는 거리는 지하수위가 기초폭(B)보다 큰 깊이에 위치이어야 한다.**

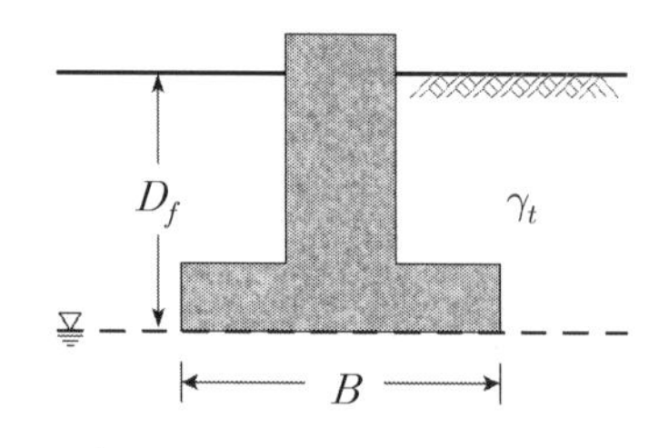

지하수위가 기초바닥과 일치

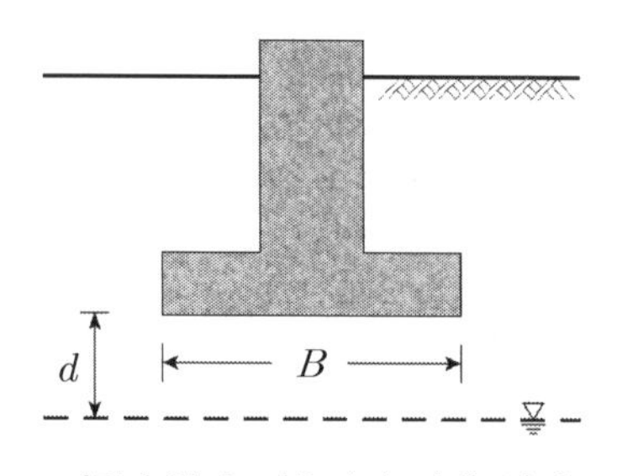

지하수위가 기초바닥 아래 일치

3. 기타 지지력에 영향을 주는 인자

(1) 강도정수 : C, $\phi(N_c,\ N_\gamma,\ N_q$ 의 함수), γ

(2) 근입깊이 : $q_u = \alpha \cdot c \cdot N_c + \beta \cdot \gamma_1 \cdot B \cdot N_\gamma + \gamma_2 \cdot D_f \cdot N_q$에서 D_f 크면 지지력이 커짐

(3) 지하수위

지하수위가 지표면과 일치한다면 지하수위가 없는 경우에 비해 기초의 지지력은 대략 반감함

(4) 기초의 형태 : 원형, 정사각형, 연속기초, 직사각형에 따라 α, β 달라짐

형상계수(*Shape factor*)

구 분	원형기초	정사각형	연속기초	직사각형 기초
α	1.3	1.3	1.0	$1+0.3\dfrac{B}{L}$
β	0.3	0.4	0.5	$0.5-0.1\dfrac{B}{L}$

여기서, B : 기초폭 중 짧은 변의 길이, L : 기초폭 중 긴 변의 길이

(5) 기초폭

구 분	지지력	즉시 침하량
점 토	$q_{u(기초)} = q_{u(재하)}$	$S_{(기초)} = S_{(재하)} \cdot \dfrac{B_{(기초)}}{B_{(재하)}}$
사질토	$q_{(기초)} = q_{(재하)} \cdot \dfrac{B_{(기초)}}{B_{(재하)}}$	$S_{(기초)} = S_{(재하)}\left(\dfrac{2B_{(기초)}}{B_{(기초)}+B_{(재하)}}\right)^2$
평 가	• 점토지반은 기초판 폭에 무관 • 모래지반은 기초판 폭에 비례	• 점토지반은 기초판 폭에 비례한다. • 모래지반은 기초판 커지면 처음에는 커지나 재하판의 4배 이상 커지면 더 이상 침하하지 않는다.

① 점토지반 : 기초폭과 무관 $q_u = \alpha \cdot c \cdot N_c + \gamma_2 \cdot D_f \cdot N_q$

② 사질토 지반 : 기초폭이 커지면 지지력 증가 $q_u = \beta \cdot \gamma_1 \cdot B \cdot N_\gamma + \gamma_2 \cdot D_f \cdot N_q$

✓ **단, 기초폭이 커지면 지중응력 영향범위가 커지므로 침하량은 증가함**

③ 평판재하시험에서의 재하판 크기에 따른 지지력과 침하량

(6) 지반의 파괴형태

① 전반전단파괴 : 일반식 적용

② 국부전단파괴 : 강도정수를 2/3배 감소하여 사용

$$C' = \frac{2}{3}C, \quad \phi' = \tan^{-1}\left(\frac{2}{3}\tan\phi\right)$$

여기서, C', ϕ' : 국부전단 고려 시 C, ϕ

(7) 사면이격거리 : x가 B의 3배 이하인 경우에는 영향고려 → 별도의 지지력 계수 활용

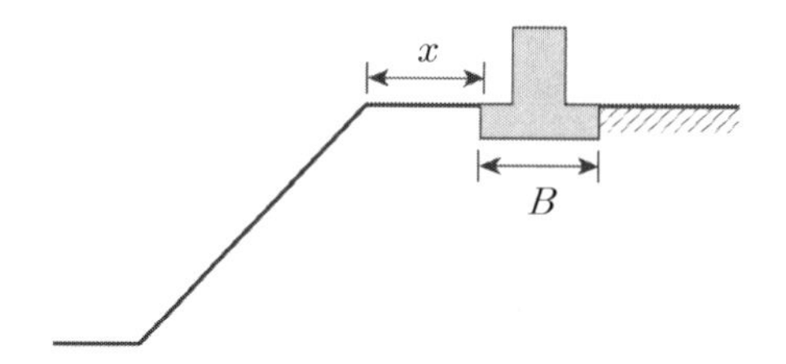

06 부력기초(Floating Foundation) = 보상기초

1. 개 요

부력기초는 지지층이 깊을 경우 기초가 설치되는 지반을 굴착하여 구조물로 인한 하중 증가를 감소하거나 완전히 제거시키는 형식의 기초형태로 지중응력의 증가를 발생치 않으므로 침하가 발생하지 않는다는 순 하중 개념의 얕은기초의 일종이다.

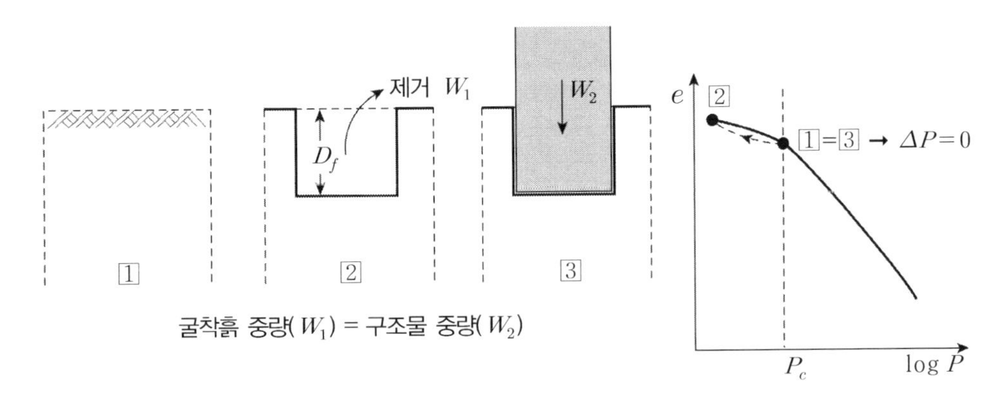

$$\Delta H = S = \frac{C_c}{1+e_o} H \log \frac{P_o + \Delta P}{P_o}$$ 에서 $\Delta P = 0$ 이므로 $S = 0$

2. 지지력 및 침하량

(1) 총지지력은 테르자기의 극한 지지력 공식 중 제3항인 기초깊이에 대한 지지력을 포함하는 지지력임

$$q_{ult} = \alpha \cdot c \cdot N_c + \beta \cdot \gamma_1 \cdot B \cdot N_\gamma + \gamma_2 \cdot D_f \cdot N_q$$

(2) 순 지지력은 총 지지력에서 기초깊이의 상재하중을 제외한 지지력임

$$q_{net} = q_{ult} - \gamma_2 \cdot D_f$$

(3) 부력(보상)기초는 순 지지력 개념으로 지지력을 검토함

(4) 따라서 굴착 후 가해지는 순 하중($P_{net} = P - \gamma_2 \cdot D_f$)은 안전율을 고려한 순 지지력보다 커서는 안 된다.

$$\frac{q_{net}}{F_s} = \frac{q_{ult} - \gamma_2 \cdot D_f}{F_s} > P_{net}$$

(5) 침하량의 산정은 순 하중에 의해 발생되는 침하량을 검토함

3. 고려사항

(1) 지지층 : 지지층이 너무 깊을 경우 위험할 수 있음 → 침하경감이 목적임

(2) 기초형식 : 전면기초 형식 채택(침하를 많이 허용하는 기초형식임)

(3) 재압축(C_r) 고려

이론적으로는 ΔP가 없어 침하량이 '0'이나 굴착 시 $e - logP$ 곡선에서 재압축되어 침하가 발생함

(4) 지하수위 고려 : 지하수위 저하 → ΔP 발생 → 침하 발생

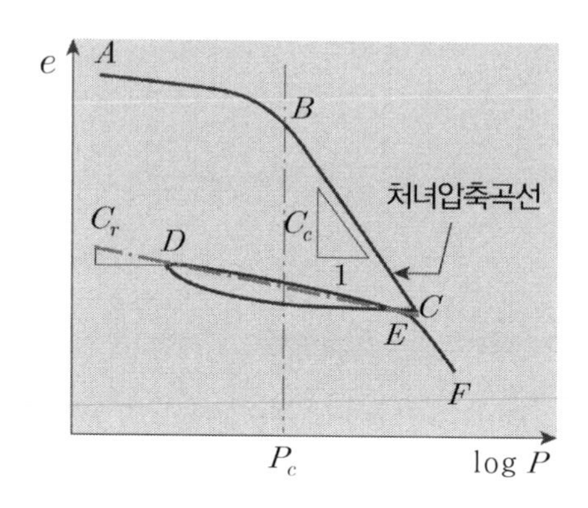

4. 평 가

(1) 부력기초는 전면기초, 전면기초와 유사한 지중구조물과 같이 비교적 근입깊이가 큰 경우에 해당하며 이때는 순 지지력을 적용하여야 한다.

(2) 총지지력은 총하중에 대한 검토이며 독립기초, 연속기초와 같이 비교적 근입깊이가 작은 기초에 적용한다.

(3) 총지지력이든 순 지지력이든 적정 안전율이 확보되어야 하며 침하량이 허용기준에 부합되도록 설계하여야 한다.

(4) 향후 양호한 지반인 경우 대심도 경량 구조물의 기초공법으로 부력기초, *Pile Raft* 기초, 마찰말뚝 등 공사비의 절감이 가능하고 지지력과 침하를 만족시킬 수 있는 공법 중 하나로서 설계적용이 더욱 많아질 것으로 기대된다.

※ 구조물(건물) 축조 가능높이(예)

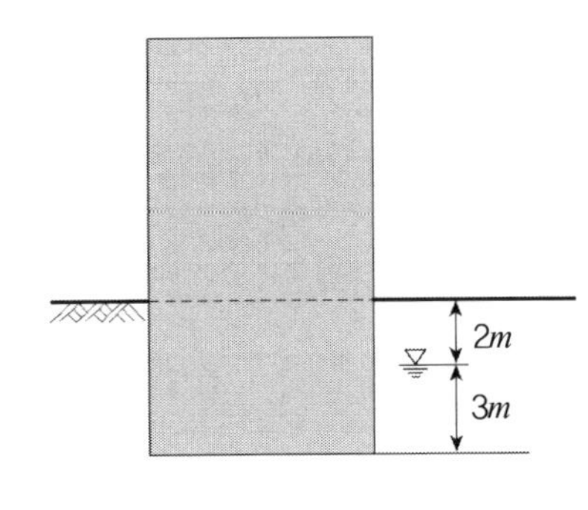

- 구조물 하중 $= 0.3tonf/m^2/m$
- 지하수위 위 $\gamma_t = 1.9tonf/m^3$
- 지하수 아래 $\gamma_{sat} = 2.0tonf/m^3$
- 굴착토사 무게

  $2m \times 1.9tonf/m^3 + 3m \times 2.0tonf/m^3 = 9.8tonf/m^2$
- 구조물 축조높이

  $H = \dfrac{9.8}{0.3} = 32.6m$

07 전단파괴 시 지반거동과 층상지반 지지력

1. 개 요

(1) 지반에 하중이 작용하면 소성영역이 확대되어 주응력이 회전하면서 전단파괴가 발생한다.

(2) 지반조건과 하중조건에 따라 지반의 침하 형태와 파괴형태는 전반전단파괴, 국부전단파괴, 관입전단피괴로 구분되어 거동된다.

2. 지반조건에 따른 하중-침하량 관계(문제 2번 지반의 파괴형태 참조)

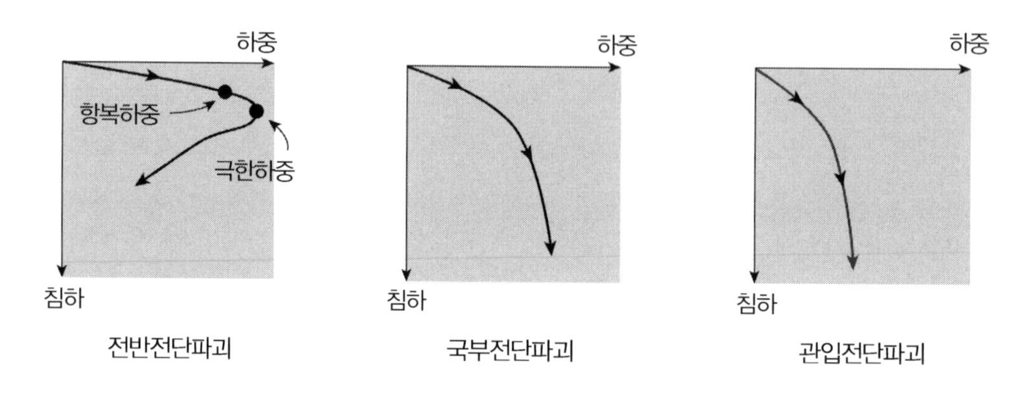

3. 지반의 거동

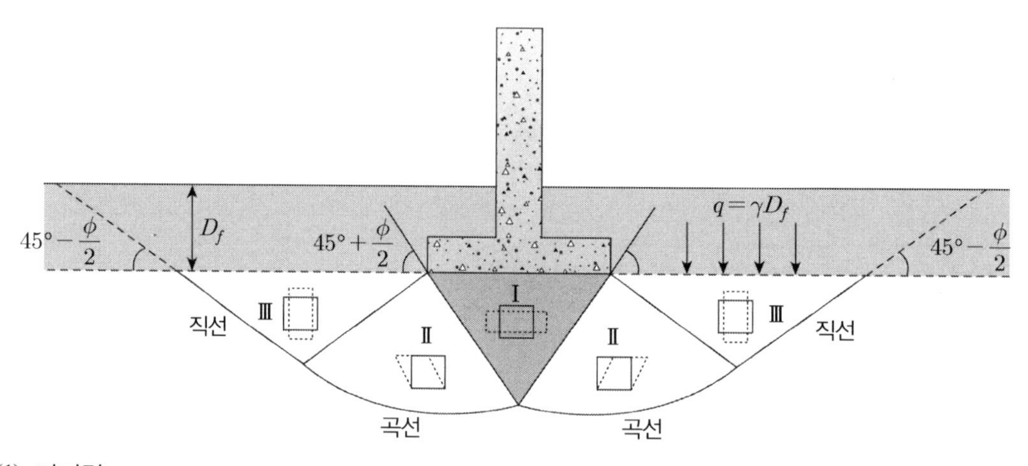

(1) 지지력

지반에 하중이 작용하면 소성영역이 확대되어 주응력이 회전하면서 전단파괴가 발생하게 되는데, 이때 임계 최대하중을 지지력이라 함

(2) 거 동

① 주동영역(Ⅰ) : 하중으로 인해 침하되면서 수평방향으로 팽창됨

② 전단영역(Ⅱ) : 흙 쐐기인 주동영역의 팽창으로 인해 곡선활동(단순전단)

③ 수동영역(Ⅲ) : Ⅱ의 전단으로 Ⅲ영역은 수동영역이 되며 활동면은 직선이고 측방구속으로 인해 지표의 융기 유발

(3) 활동면의 파괴각 가정

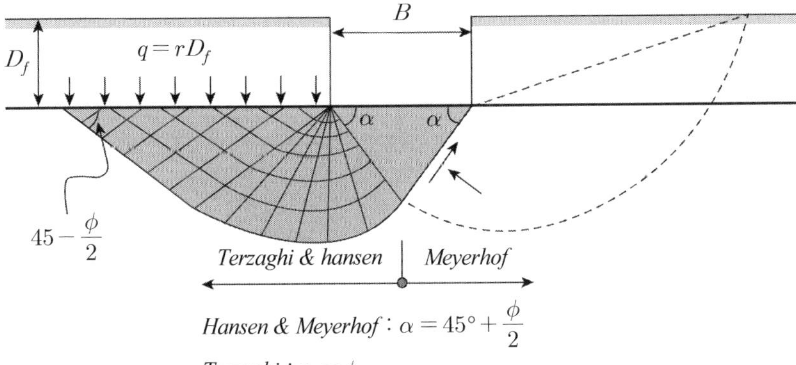

구 분	주동영역 파괴각	수동영역 파괴각	근입깊이에 대한 전단저항
테르쟈기	$\alpha = \phi$	$\alpha = 45° - \frac{\phi}{2}$	얕은기초이므로 무시
한 센	$\alpha = 45° + \frac{\phi}{2}$		얕은기초이므로 무시
메이여 호프			전단저항 고려

※ 테르쟈기는 기초위의 근입깊이에 대한 흙무게는 상재하중으로 취급 → 근입깊이에 대한 전단저항 무시

4. 상부 양호 - 하부 불량 지층에서의 층상지반 지지력

(1) 파괴형태와 지지력

구 분	양호한 상부층이 두꺼운 경우	양호한 상부층이 얇은 경우
파 괴 형 태	양호 / B / H / 불량	양호 / B / Punching / H / 불량
조 건	$H > 2B$	$H < 2B$
지지력 적 용	양호지층 지지력	연약지층 지지력

(2) 양호한 상부층 두께와 기초폭(B) 관계에서의 지지력 변화 추이

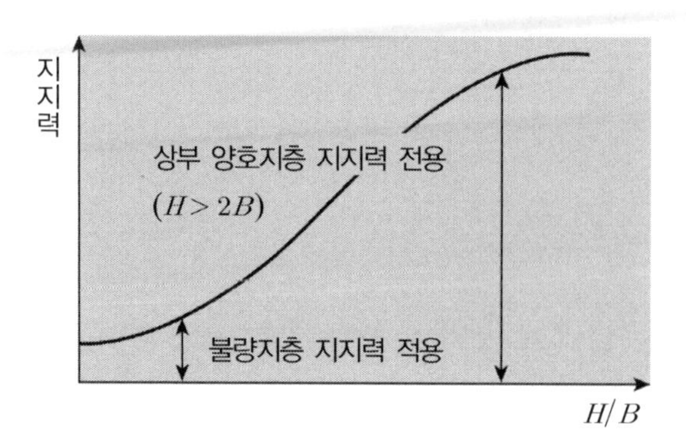

5. 상부 불량-하부 양호 지층에서의 층상지반 지지력

(1) 파괴형태와 지지력

구 분	상부 불량층이 두꺼운 경우	상부 불량층이 얇은 경우
파 괴 형 태	B / 불량 / H / 양호	불량 / B / H / 양호
조 건	불량한 지층으로 파괴면 발생	양호한 지층까지 활동면 연장
지지력 적 용	**불량지반 지지력**	**불량지반이 매우 얇을 경우 양호지반 지지력 적용**

(2) 상부 불량층(H)과 기초폭(B) 관계에서의 지지력 변화 추이

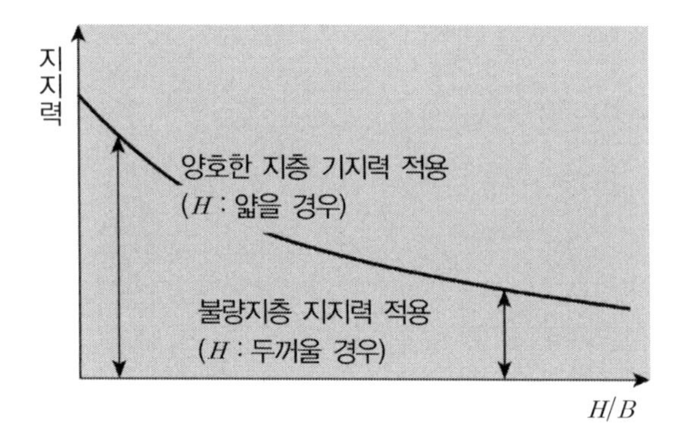

6. 호층지반 지지력(사질토 – 점성토)

(1) 연약층 위에 단단한 층이 존재할 경우

$$q_{u\ell t} = q_b + \frac{2(C_\alpha + P_p \sin\alpha)}{B} - \gamma_1 H \le q_1$$

여기서, $C_\alpha = c_\alpha H, \quad P_p = 0.5K_p\gamma_1 H\left(1+\frac{2D}{h}\right)/\cos\delta$

$$\therefore q_{u\ell t} = q_b + \frac{2C_a H}{B} + \gamma_1 H^2\left(1+\frac{2D}{H}\right)\frac{K_s \tan\phi_1}{B} - \gamma_1 H \le q_t$$

여기서, $q_b = c_2 N_{C2} + 0.5\gamma_2 B N_{\gamma_2} + \gamma_1 (D+H) N_{q2}$

$q_t = c_1 N_{C1} + 0.5\gamma_1 B N_{\gamma_1} + \gamma_1 D N_{q1}$

K_s = *coefficient of punching shear* = $f(q_2/q_1,\ \phi_1)$

c_a = *punching shear parameter* = $f(q_2/q_1)$

$q_1 = c_1 N_{C1} + 0.5\gamma_1 B N_{\gamma_1}$

$q_2 = c_2 N_{C2} + 0.5\gamma_2 B N_{\gamma_2}$

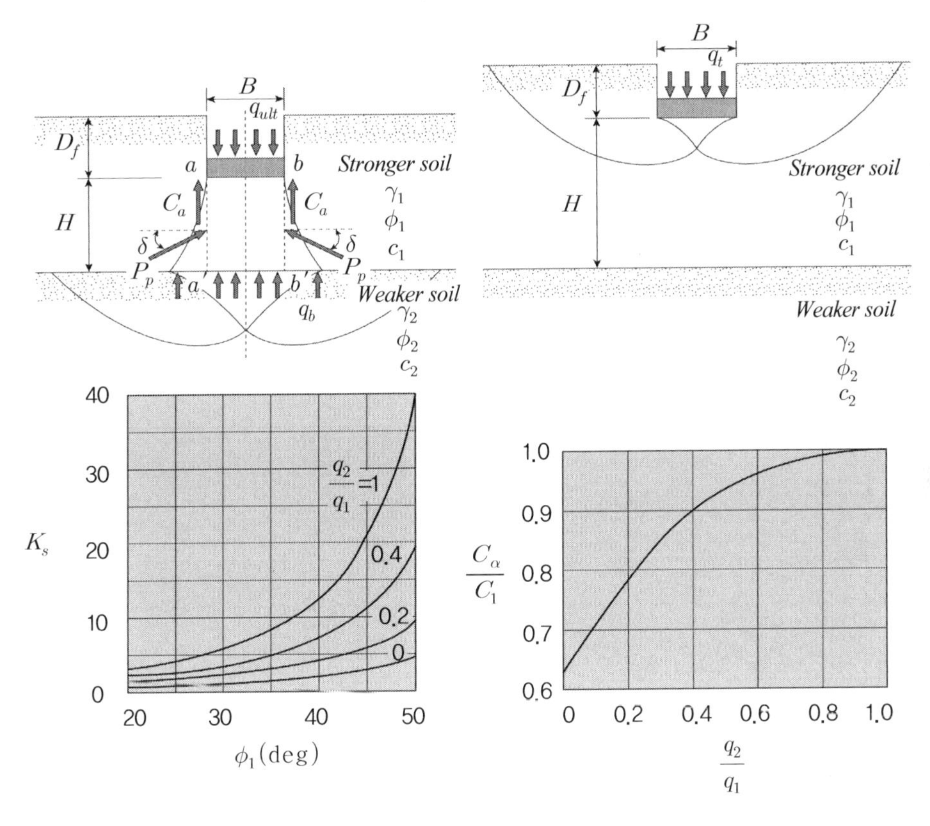

연약층 위 단단한 층에 설치된 연속기초의 파괴 모드 및 계수

(2) 상부지반이 사질토인 경우(하부 : 점성토)

사질토 두께	$H>2B$	$1.2B<H<2B$	$H<1.5B$
층 구조	B / 사질토 / $H>2B$ / 점토	B / 사질토 / $H>1.5B\sim2B$ / 점토	사질토 / B / $H<1.5B$ / 점토
지지력 적 용	**사질토 지지력**	**하중분포 고려 작은 지지력 적용**	**점성토 지지력**

(3) 상부 점성토인 경우(하부 사질토) : 점성토의 지지력이 작으므로 점성토 지지력 적용

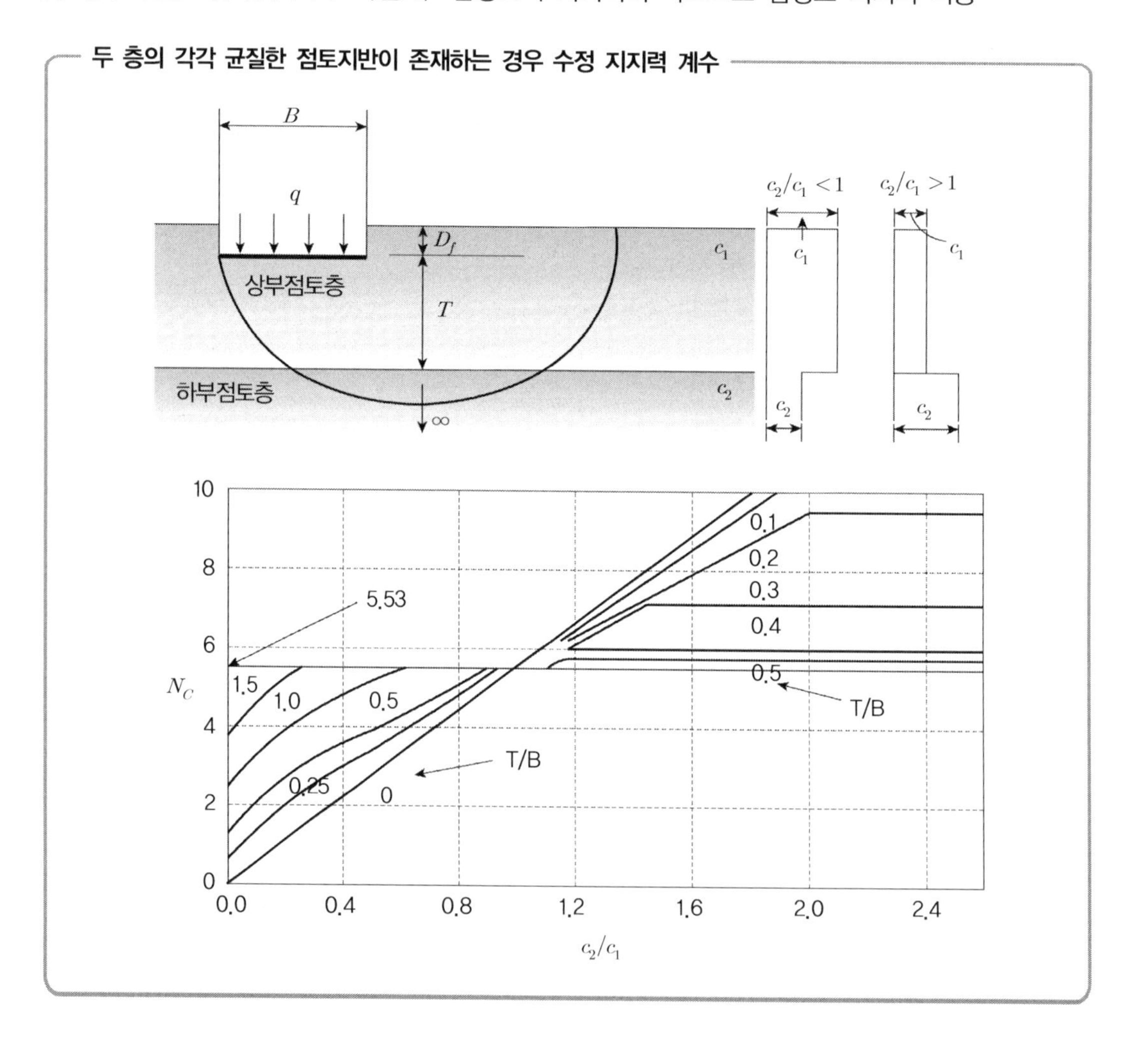

08 접지압에 따른 얕은기초 설계법

1. 개 요

(1) 접지압이란 상부하중에 대응하는 지반의 반력개념으로 지반의 최대지지능력인 지지력과는 상이한 개념

예 : 지반의 지지력이 100$tonf/m^2$이고 상부응력이 10$tonf/m^2$이면 접지압은 10$tonf/m^2$임

(2) 접지압은 기초의 종류(강성, 연성기초)뿐만 아니라 지반의 종류, 침하량에 따라 크기를 달리함

2. 접지압에 따른 얕은기초 설계특징

구 분	강성기초(*Rigid Foundation*)	연성기초(*Flexible Foundation*)
기초강성	**지반강성 < 기초강성**	**지반강성 > 기초강성**
침하조건	**일정 변형률**	**자유 변형률**
접지압 분포	균등, 직선적분포 Q_1 Q_2 Q_3 q	불균등, 곡선적분포 Q_1 Q_2 Q_3 q
접지압 (q)	$q=\dfrac{Q}{A}\left(1\pm\dfrac{6e}{B}\right)$	여기서, $q=KS$ K : 지반반력 계수 S : 침하량
장 점	① 접지압계산 용이 ② 강성기초의 경우 실제와 유사	① 지반과 구조물 상호작용 고려 ② 합리적인 접지압 분포 산출
단 점	① 지반－구조물 상호작용 무시 ② 침하검토 추가 필요	① 지반반력 계수 필요 ② 스프링을 독립적으로 취급
적 용	① 독립기초 ② 단경간 *BOX* ③ 옹벽기초	① 지중구조물 ② 전면기초 ③ 다경간 *BOX*

※ 기둥간격에 따른 기초형태 판별식

① **기둥간격** $< \dfrac{1.75}{\beta}$: **강성기초** ② **기둥간격** $> \dfrac{1.75}{\beta}$: **연성기초**

여기서, $\beta=\sqrt[4]{K_h D/4EI}$

3. 접지압 형태

(1) 연성기초(휨성기초, 탄성기초)

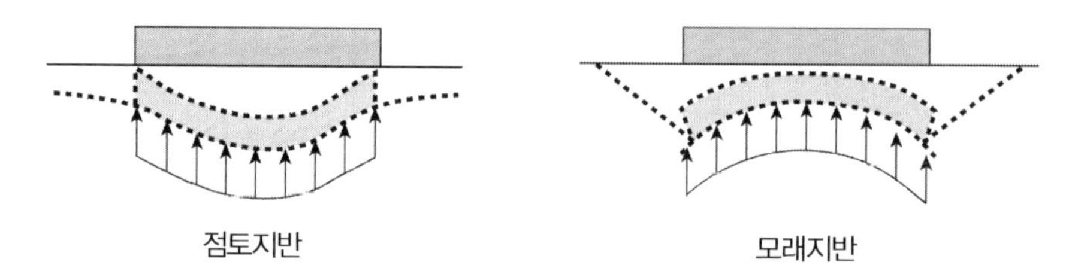

㉠ 접촉압력 : 기초가 유연하기 때문에 접촉압력은 기초 전체적으로 균등하다.

㉡ 점성토 지반에서는 침하현상이 오목하게 발생하며(기초 중앙에서 최대) 점착력 때문에 기초판 양 끝을 넘어 바깥 부분까지 침하가 발생한다.

㉢ 모래지반에서의 침하량은 양 단부가 크다(이론식에서 변형계수가 중앙이 크기 때문).

(2) 강성기초

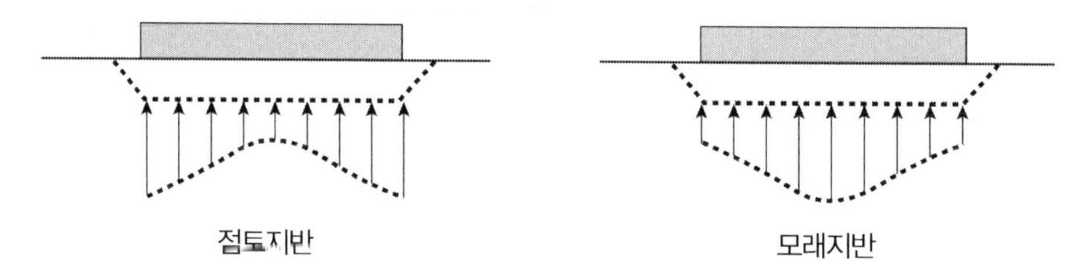

㉠ 접촉압력

기초가 강성이므로 균등침하를 일으켜야 하므로 연성기초에서 침하량이 큰 부분은 압력이 작아지고 침하량이 작은 부분은 큰 압력이 작용된다.

따라서 점성토에서는 양단이 크고 중앙이 작게 분포하고 모래지반에서는 중앙이 크고 양단이 작게 분포한다.

㉡ 침하 : 강성기초이므로 균등한 침하가 발생한다.

4. 전면기초의 설계

(1) 강성기초와 연성기초의 기본개념

① 기초판의 강성이 지반에 비해 상대적으로 큰 강성기초(*Rigid mat*)의 경우, 휨모멘트가 연성기초보다 크게 발생하며 결과적으로 기초판의 두께 및 철근량을 과다하게 설계하는 오류를 범할 수 있다. 반면에 기초판에 비해 지반 강성이 큰 연성기초(*Flaxible mat*)의 경우, 상대적으로 휨모멘트 및 전단력이 작게 발생하게 되며, 이에 따라 결과적으로 기초판의 두께 및 철근량을 줄일 수 있는 여지가 있다(장상섭 등, 2010).

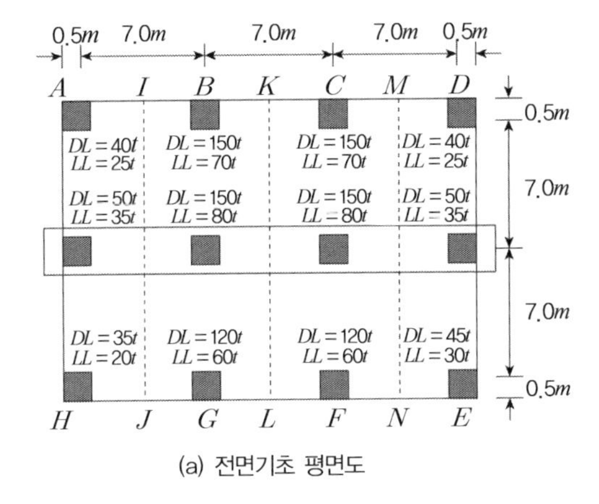

(a) 전면기초 평면도

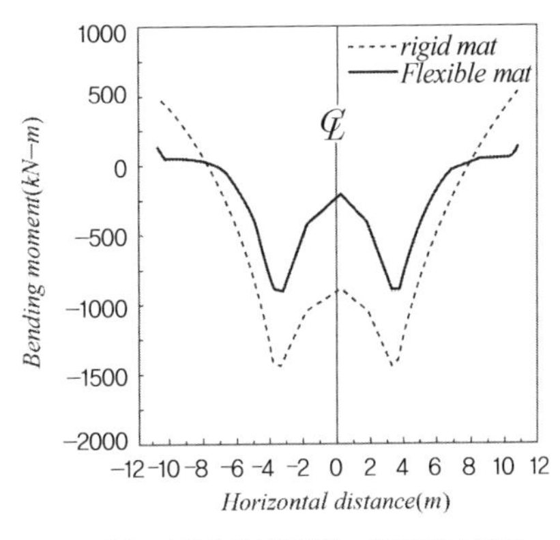

(b) 기초판에 작용하는 휨모멘트 결과

강성기초와 연성기초

② 이때 기초판의 강성에 따라 강성법 혹은 연성법의 적용 여부가 결정된다. 이를 위한 기초판의 강성기준으로서 *ACI Committee* 366(1988)에서는 다음과 같은 계수 β를 사용하였다.

$$\beta = \sqrt[4]{\frac{BK_{sp}}{4E_f I_f}}, \quad \text{단위}: (cm)^{-1}$$

여기서, $E_f I_f$: 기초판의 탄성계수 및 단면2차모멘트에 의한 강성

지반반력 계수 K_{sp} : 지반을 스프링으로 가정하였을 때, 스프링의 탄성계수를 나타내는 값

③ β는 전면기초의 설계가 재래식 강성법으로 설계되어야 할지 또는 근사저긴 연성법으로 설계되어야 할지를 결정하는 데 지침이 되는 중요한 변수이다. 일반적으로 기둥간격이 1.75/β보다 작으면 전면기초의 설계는 강성법에 의해 이루어지며, 1.75/β보다 클 경우에는 연성법을 적용하는 것으로 규정하고 있다.

(2) 강성법에 의한 전면기초 설계

① 각 기둥의 기초 하부지반에 작용하는 압력

$$q = \frac{Q}{A} \pm M_y \frac{x}{I_y} \pm M_x \frac{y}{I_x} \qquad \text{식 (1)}$$

여기서, A : 전면기초의 면적을 나타내며 $A = B \times L$

Q : 기초판에 가해지는 전체하중, $Q = Q_1 + Q_2 + Q_3 + Q_4 + \cdots$

I_x, I_u : x 및 y축에 대한 관성모멘트($I_x = BL^3/12$, $I_y = LB^3/12$)

M_x, M_y : 기둥하중의 x 및 y축에 대한 모멘트($M_x = Qe_y$, $M_y = Qe_x$)

e_x, e_y : x 및 y축 방향으로의 하중편심거리

② 하중편심거리 e_x와 x' 및 y'축을 사용해서 다음과 같이 결정할 수 있다.

$$x' = \frac{Q_1 x_1' + Q_2 x_2' + Q_3 x_3' \cdots}{Q} \quad y' = \frac{Q_1 y_1' + Q_2 y_2' + Q_3 y_3' \cdots}{Q}$$

$$e_x = x' - \frac{B}{2}, \quad e_y = y' - \frac{L}{2}$$

※ 식 (1)에서 결정한 접지압은 극한 지지력에 안전율 3.0을 사용하여 결정된 순 허용 지지력보다 작은지를 확인해야 한다.

③ x, y 방향으로의 각각의 띠에 대해서는 전다력도와 모멘트도를 그리게 된다. 예를 들어, 그림(a)에 있는 x 방향의 아래쪽 띠를 그림 (b)와 같이 선택하여 설명하면, 이에 해당하는 평균접지압 (q_{av})은 다음과 같다.

$$q_{av} \approx \frac{q_C + q_D}{2} \qquad \text{식 (2)}$$

여기서, q_C와 q_D는 각각 식 (1)로부터 결정된 C와 C', D와 D'의 평균 접지압이다. 식 (2)에 의한 q_{av}는 접지압이 선형적으로 변한다는 가정하에 얻어진 것으로, 접지압 변화가 크고 비선형적인 경우에는 각 지점의 개별 접지압을 고려하여 흙의 반력을 산정할 수도 있다.

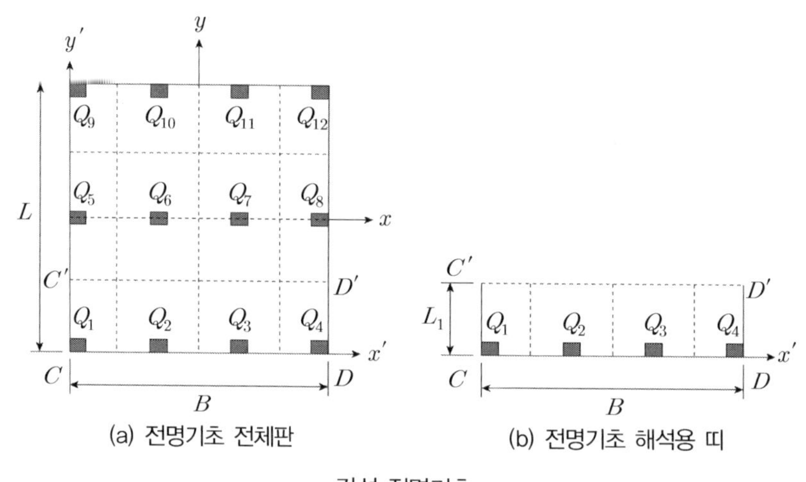

(a) 전명기초 전체판 (b) 전명기초 해석용 띠

강성 전면기초

(3) 연성법에 의한 전면기초 설계

① 연성법은 *Winkler*의 이론을 근거로 하므로 *Winkler* 모델이라고도 하며, 지반을 무한 개의 지반스프링으로 대체하여 계산한다. 이 가정된 지반스프링의 탄성계수를 지반반력계수(k_{sp})라고 한다. 메트기초를 보로 가정했을 때 재료역학의 원리로부터 임의의 단면에서 모멘트 M은 다음과 같다.

$$M = E_f I_f \frac{d^2 z}{d_x{}^2} \quad \text{식(3)}$$

여기서, E_f = 기초판의 탄성계수

I_f = 기초판의 관성 모멘트 = $\frac{1}{12}Bh^3$

z = 기초판의 처짐량

h = 기초판의 두께

B = 기초판의 폭

② 지반의 반력 q는 연속보 이론에서 전단력 V와 모멘트 M으로부터 구할 수 있다.

$$q = \frac{dV}{dx} = \frac{d^2 M}{dx^2} \quad \text{식 (4)}$$

식 (3)와 식 (4)를 결합하면 다음과 같다.

$$E_f I_f \frac{d^4 z}{dx^4} = q \quad \text{식 (5)}$$

그러므로 흙의 반력은 또한 다음과 같이 표현될 수 있다.

$$q = -k'z = -k_{sp} \cdot B \cdot z \quad \text{식 (6)}$$

여기서, k_{sp}는 지반반력계수이다. 지반반력계수(*coefficient of subgrade reaction, subgrade reaction modulus*)는 앞서 언급한 바와 같이 지반을 스프링으로 간주하여 기초의 강성을 나타내는 상수로서 기초에 작용하는 하중에 대한 지반 침하의 비로 정의된다. 식 (5)와 식 (6)을 결합하면 다음과 같다.

$$E_f I_f \cdot \frac{d^4 z}{dx^4} = -k_{sp} \cdot B \cdot z$$

위 방정식의 해는 다음과 같다.

$$z = e^{-\beta x}(A'\cos\beta x + A''\sin\beta x)$$

여기서, A'와 A''는 상수이며, β에 의해 구해진다.

09 즉시침하량 산정방법과 사질지반 재하폭이 침하에 미치는 영향

1. 개 요

(1) 즉시침하는 외부하중이 가해지자마자 토립자의 재배열로 인한 전단변형으로 발생하는 침하이다.

(2) 지반의 종류별 즉시침하 양상

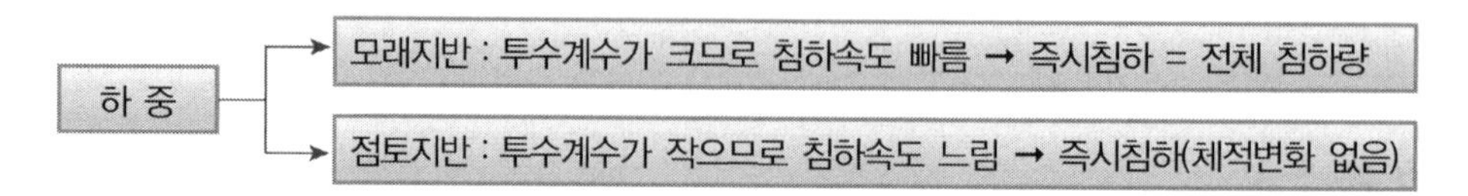

2. 탄성론에 근거한 즉시침하량의 산정

(1) 접지압과 침하

① 연성기초

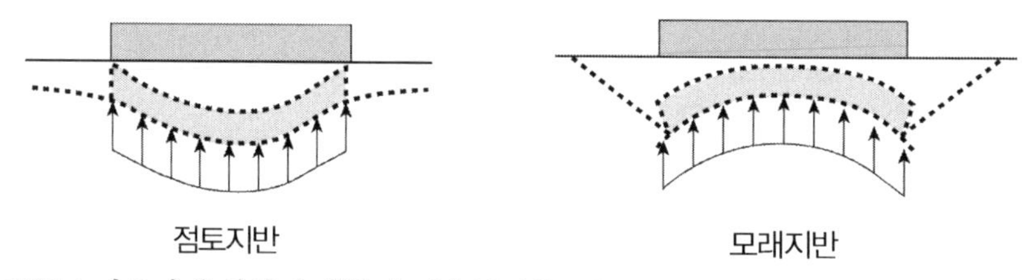

㉠ 접촉압력 : 기초가 유연하기 때문에 접촉압력은 기초 전체적으로 균등하나.

㉡ 점성토 지반에서는 침하현상이 오목하게 발생하며(기초 중앙에서 최대) 점착력 때문에 기초판 양 끝을 넘어 바깥부분까지 침하가 발생한다.

㉢ 모래 지반에서의 침하량은 양 단부가 크다(이론식에서 변형계수가 중앙이 크기 때문).

② 강성기초

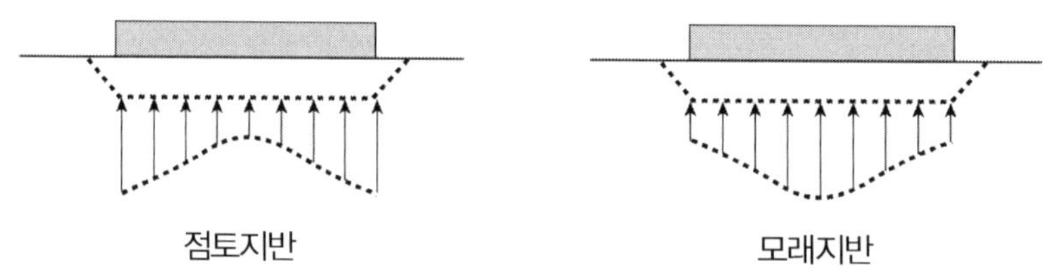

㉠ 접촉압력

기초가 강성이므로 균등침하를 일으켜야 하므로 연성기초에서 침하량이 큰 부분은 압력이 작아지고 침하량이 작은 부분은 큰 압력이 작용된다.

따라서 점성토에서는 양단이 크고 중앙이 작게 분포하며, 모래지반에서는 중앙이 크고 양단이 작게 분포한다.

㉡ 침하 : 강성기초이므로 균등한 침하가 발생한다.

(2) 이론식(*Harr*, 1966)

단위면적당 순 하중 q를 받고 있는 얕은기초의 탄성침하량은 다음과 같다.

$$S_i = q \cdot B \cdot I_s \cdot \frac{1-\nu^2}{E_s}$$

여기서, q : 기초에 작용하는 순 하중 B : 기초의 최소폭

E_s : 지반의 평균 변형계수 ν : *poisson* 비

I_s : 침하에 의한 영향계수(기초폭과 길이에 대한 함수)

✓ **즉시침하의 영향계수(I_s)**

구 분		연성기초				강성기초
		중심점	외변의 중심	모서리점	평 균	
원형 기초		1.00	0.637	–	0.848	0.785
정방형 기초		1.12	0.76	0.56	0.950	0.88
직사각형 기 초	$L/B=2$	1.53	1.12	0.79	1.30	1.12
	$L/B=5$	2.10	1.68	1.05	1.82	1.60
	$L/B=10$	2.56	2.10	1.28	2.24	2.00

○ 연성기초의 중심점 영향계수는 모서리점 영향계수의 2배임

→ 중심부 침하량은 모서리부 침하량의 2배임

○ 강성기초는 연성기초의 중심부 침하량의 약 80%

✓ **여러 가지 흙에 대한 변형계수와 포아슨비의 범위(*Das*, 1984)**

흙의 종류	탄성계수($tonf/m^2$)	포아슨비(ν)
느슨한 모래	1000~2400	0.2~0.4
촘촘한 모래	3500~5500	0.3~0.45
모래질 자갈	6900~17200	0.15~0.35
연약한 점토	200~500	0.2~0.5
견고한 점토	1000~2400	0.2~0.5
침하량 산정에 미치는 영향	**매우 중요**	**별 영향 없음**

✓ **변형계수를 구하는 방법**

① 실내시험 : 일축압축시험 삼축압축시험 공진주시험 반복삼축압축시험

② 현장시험 : 공내재하시험 평판재하시험 표준관입시험 공내검층시험

3. 사질토 지반의 즉시침하량의 산정

(1) *Schmertmann & Hartman* (1978) 제안식

사질토의 즉시침하는 반 경험적인 변형률 영향계수를 이용하여 각 층의 침하량을 합침으로써 전체 침하량을 계산하는 방법을 제안함

$$S_i = C_1 C_2 \Delta P \Sigma \frac{I_z}{E_s} \cdot \Delta z$$

여기서, C_1 : 근입깊이 보정 보정계수 $= 1 - 0.56\left(\frac{P_0}{\Delta P} \geq 0.5\right)$

P_0 : 기초면의 초기수직응력, rD_f

ΔP : 기초저면 수직응력 증가분(순 하중)

C_2 : $Creep$에 대한 보정계수 $= 1 + 0.2 log(년수/0.1)$

I_z : 변형률 영향계수

Δz : 각 토층의 두께

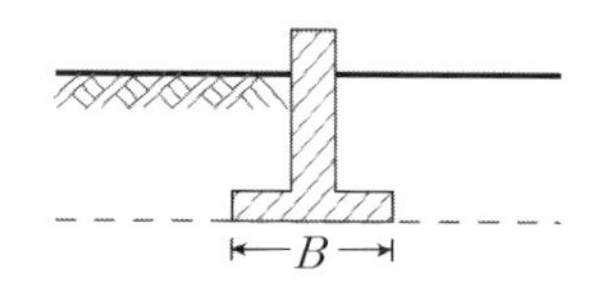

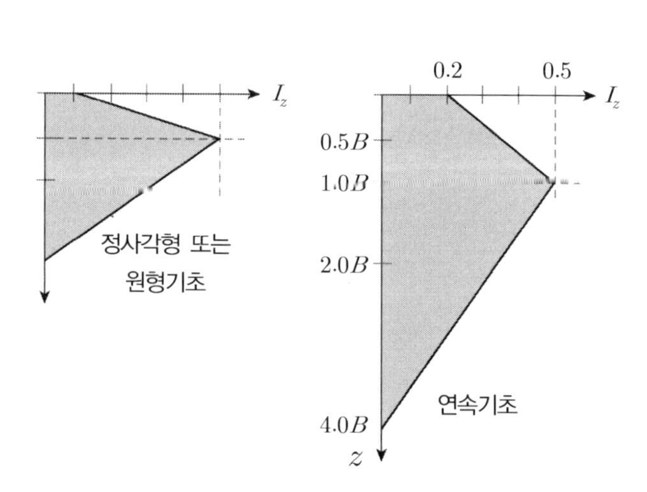

변형률 영향계수

✓ 깊이에 대한 변형률 영향계수

구 분	Z	I_z	구 분	Z	I_z
정사각형 원형	0	0.1	**연속기초** ($L/B > 10$)	0	0.2
	0.5B	0.5		B	0.5
	2B	0		4B	0
	기초폭의 2배까지 영향			**기초폭의 4배까지 영향**	

(2) 표준관입시험에 의한 방법

$$S_i = 0.4\frac{P_o}{N}\ H\ Log\left(\frac{P_o + \Delta P}{P_o}\right)$$

여기서, P_o : 유효토피하중 N : 모래층의 평균 N값

H : 모래층 두께 ΔP : 지반재하하중

(3) *Dutch Cone* 관입시험에 의한 방법

$$S_i = 0.53\frac{P_o}{q_c} H\ Log\left(\frac{P_o + \Delta P}{P_o}\right)$$

(4) 평판재하시험에 의한 방법 (*Tarzaghi－Pack*)

구 분	지지력	즉시침하량
사질토	$q_{u(기초)} = q_{u(재하)} \cdot \frac{B_{(기초)}}{B_{(재하)}}$	$S_{(기초)} = S_{(재하)}\left(\frac{2B_{(기초)}}{B_{(기초)} + B_{(재하)}}\right)^2$

4. 점성토 지반의 즉시 침하량 = 탄성침하량

(1) *Janbu* 식

$$S_i = \mu_1 \cdot \mu_0 \cdot \frac{B \cdot q_o}{E_u}$$

여기서, μ_1 : H/B의 함수인 계수

μ_0 : D/B의 함수인 계수

E_u : 비 배수 조건으로 얻어진 탄성계수

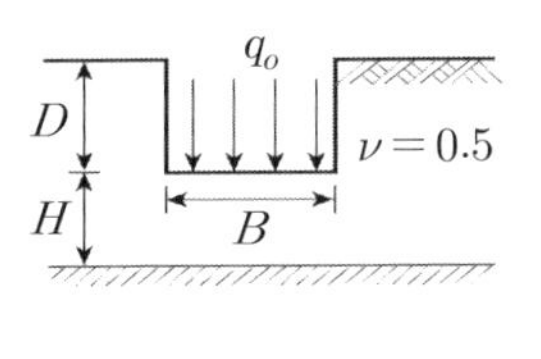

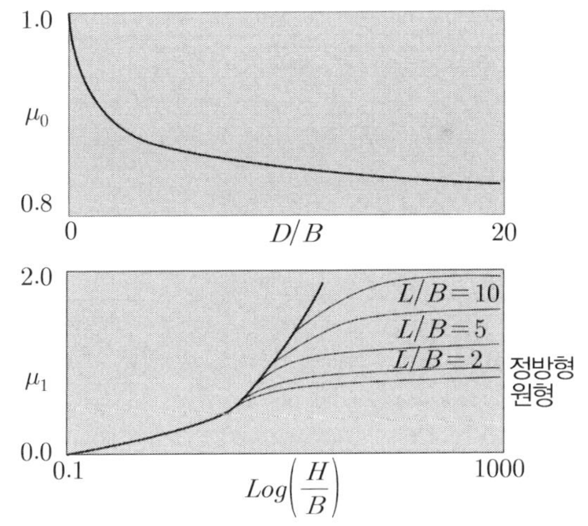

포화점토지반에서의 탄성침하량을 구하는 데 사용되는 계수 μ_0, μ_1을 구하는 도표

(2) 이론식

$$S_i = q \cdot B \cdot I_s \cdot \frac{1-\nu^2}{E_s}$$

(3) 평판재하시험에 의한 방법

구 분	지지력	즉시침하량
사질토	$q_{u(기초)} = q_{u(재하)}$	$S_{(기초)} = S_{(재하)} \cdot \frac{B_{(기초)}}{B_{(재하)}}$

5. 사질토 지반에서 재하폭이 침하에 미치는 영향

(1) 사질토 지반의 즉시침하량 공식에서 보듯이 기초폭이 커지면 침하량이 증가함

(2) *Schmertmann* & *Hartman*(1978) 제안식에서 기초형태에 따라 침하영향심도가 달라짐

구 분	Z	I_z	구 분	Z	I_z
정사각형 원형	0	0.1	연속기초 $(L/B>10)$	0	0.2
	$0.5B$	0.5		B	0.5
	$2B$	0		$4B$	0
	기초폭의 2배까지 영향			기초폭의 4배까지 영향	

즉, 기초폭이 커지면 지중응력이 미치는 범위가 깊어지므로 침하하는 압축층 두께가 증가함

(3) 평판재하시험에서 사질토의 경우 기초폭 증가에 따라 침하량은 직선비례로 증가하지는 않지만 개략 재하폭이 증가하면 침하량은 증가함

※ 그 이유는 깊이가 증가하면 구속응력의 증가로 탄성계수가 증가하여 침하량은 감소하기 때문임

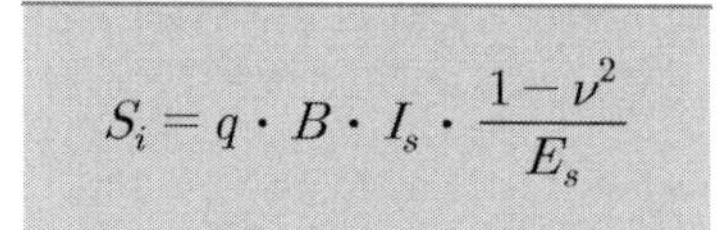

$$S_i = q \cdot B \cdot I_s \cdot \frac{1-\nu^2}{E_s}$$

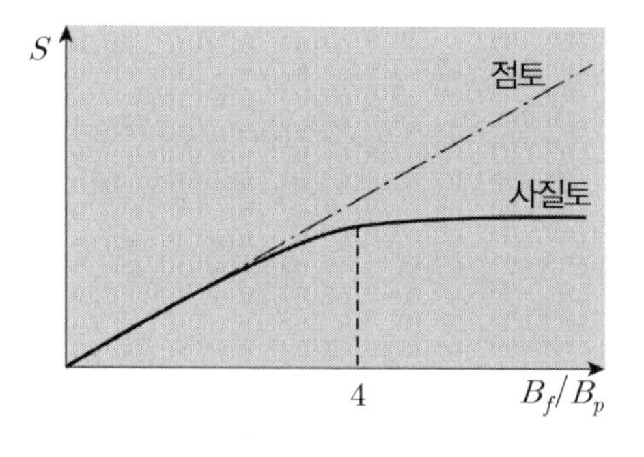

(4) 따라서 즉시침하량의 정확도를 높이기 위하여 변형계수의 평가가 적절하게 이루어져야 함

10 지반변형계수 측정 시 고려사항

1. 정 의

흙의 변형특성을 나타내는 계수로서 흙의 경우 금속재료와는 달리 응력－변형과정에서 선형을 나타내지 못하고, 비선형 특성을 나타내므로 $\sigma - \varepsilon$ 곡선에서 $Peck$ 강도의 1/2되는 점(点)과 원점을 연결한 직선의 기울기로서 E_s로 표기함

2. 일축압축시험에서의 지반변형계수 추정

(1) 최대압축응력의 1/2 되는 곳의 응력과 변형률의 비, 즉 기울기임

(2) 관련공식

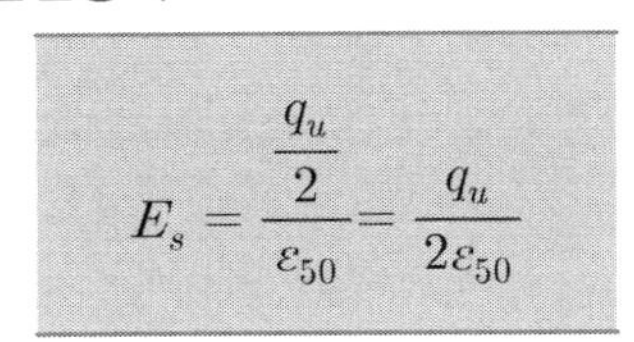

$$E_s = \frac{\frac{q_u}{2}}{\varepsilon_{50}} = \frac{q_u}{2\varepsilon_{50}}$$

단위 : kgf/cm^2

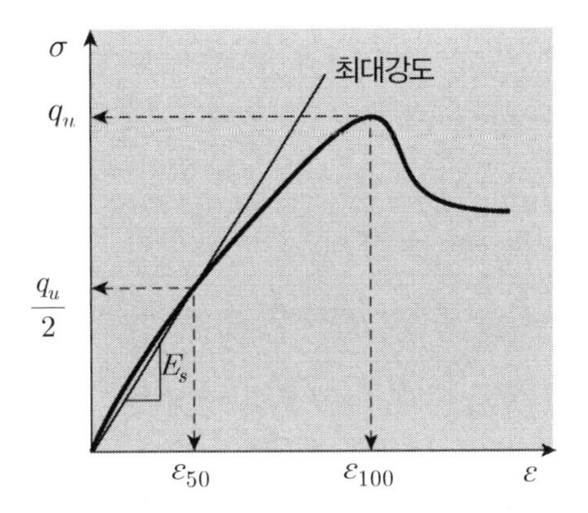

3. 측정방법 : *Chapter* 2 지반조사편 지반변형계수 산출편 참조

(1) 실내시험

① 일축압축시험　② 삼축압축시험
③ 공진주시험　④ 반복삼축압축시험

(2) 현장시험

① 공내재하시험　② 평판재하시험
③ 표준관입시험　④ 공내검층시험

4. 활 용

(1) 즉시 침하량(탄성) 산정

$$S_i = q \cdot B \cdot I \frac{1-\nu^2}{E_s}$$

(2) 지반반력계수

$$K = \frac{S_i}{q} = \frac{E_s}{B \cdot I(1-\nu^2)}$$

(3) N값 추정 : $E_s = \alpha \cdot N$(도로교 시방서 : 지반양호한 경우 $\alpha : 28$)

(4) ϕ값 추정 → 개량효과 판단

5. 고려사항

(1) 교란영향 → 과소평가 우려 : 원위치 시험 E_s > 실내시험 E_s

✓ 가급적 현장시험에 의한 방법인 공내재하시험, 평판재하시험, 표준관입시험 결과로부터 추정하여 사용함이 요망됨

(2) 시료의 *Size* 영향

(3) 구속응력 영향 : 지표부가 값이 작은것은 구속응력 때문

(4) 표준관입시험에 의한 N값 → $E_s = 28N$ 적용 시 주의가 필요함

즉, 윗식은 견고한 풍화토 이상인 조건에서만 유효하며 이보다 연약한 지반조건에서의 사용은 과대평가됨에 유의해야 함

(5) 동적(*dynamic*)기초인 경우는 공내검층시험, 공진주시험, 반복삼축압축시험결과에 의한 동탄성계수를 적용해야 함. 이는 변형률에 따라 탄성계수가 다르게 되며 전단 변형률(γ)이 10^{-1} 이상인 경우에 동탄성 계수와 정탄성계수는 같게 됨

(6) 따라서 현장과 실내시험결과와 경험적인 값을 참고로 선정토록 함에 유의해야 함

11 평판재하시험에 의한 기초크기 결정

평판재하시험(재하판 0.305m)에 대한 시험결과가 다음과 같을 때 2500KN의 하중을 받는 기초판의 크기를 결정하여라(단, 기초는 정사각형, 허용침하량 25mm 모래지반).

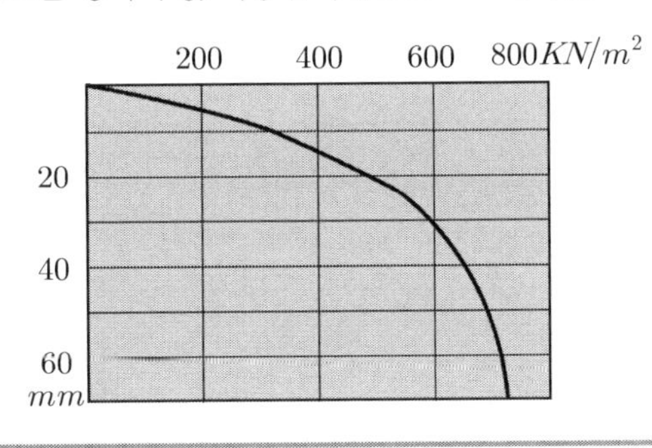

1. 기초크기 4m 가정

(1) 접지압 $= \dfrac{2500}{4 \times 4} = 156.3KN/m^2$

(2) 접지압에 의한 침하량 : 위 그림에서 $q = 156.3KN/m^2 \rightarrow$ 침 하 량 : $5mm$

(3) 기초크기에 따른 침하량 보정 $S = S_f\left(\dfrac{2B}{B_f + B}\right)^2 = 5\left(\dfrac{2 \times 4}{4 + 0.305}\right)^2 = 17.26mm$

✓ 기초폭 4M 가정 시 발생침하량이 허용침하량 25mm보다 작으므로 비경제적 설계임

2. 기초크기 3.2M 가정

(1) 접지압 $= \dfrac{2500}{3.2 \times 3.2} = 244.14KN/m^2$

(2) 접지압에 의한 침하량 : 위 그림에서 $q = 244.14KN/m^2 \rightarrow$ 침 하 량 : $7.5mm$

(3) 기초크기에 따른 침하량 보정 $S = S_f\left(\dfrac{2B}{B_f + B}\right)^2 = 7.5\left(\dfrac{2 \times 3.2}{3.2 + 0.305}\right)^2 = 25mm$

3. 기초크기 결정 : 3.2M

12 즉시침하에서의 기초크기 결정

아래 그림과 같이 2개의 기초가 있을 때 A에는 70ton이 작용하고 기초크기가 2.0×2.0m, 변형계수는 1500$tonf/m^2$이며 기둥 B가 180ton이 작용하고 변형계수가 1600$tonf/m^2$이라고 한다면 A, B 모두 동일한 침하량이 발생하기 위한 B기초의 크기를 구하라. 단, 지지력은 만족하는 것으로 한다.

$$(\text{단}, S_i = q \cdot B \cdot I\frac{1-\nu^2}{E},\ \nu = 0.25,\ I = 0.88)$$

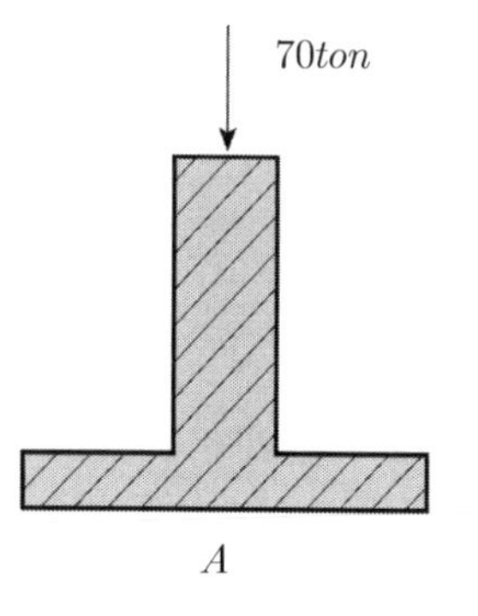

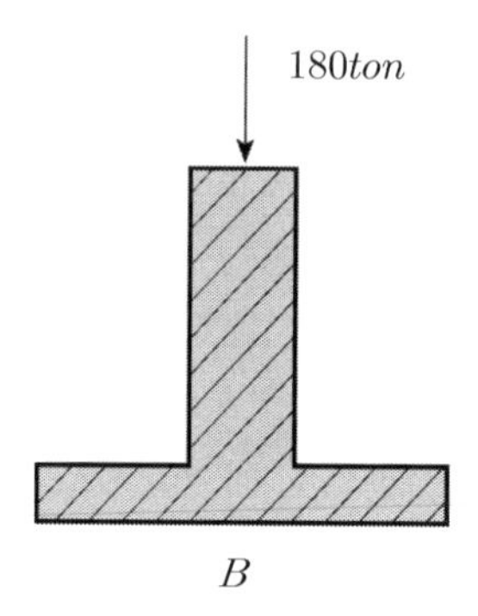

1. A기초의 침하량

$$S_i = q \cdot B \cdot I\frac{1-\nu^2}{E_s} \qquad \text{여기서, } q = \frac{70}{2\times 2} = 17.5tonf/m^2$$

$$\text{그러므로 } S_i = 1.75\times 2.0\times 0.88\frac{1-0.25^2}{1500} = 0.019m = 1.9cm$$

2. B기초가 1.9cm 침하되기 위한 기초크기 결정

$$S_i = q \cdot B \cdot I\frac{1-\nu^2}{E_s} \text{에서 } 0.019 = \frac{180}{B^2}\times B\times 0.88\times\frac{1-0.25^2}{1600}$$

$$B = \frac{0.0928}{0.019} = 4.8842 \fallingdotseq 4.9m$$

✓ 위 식에서 q는 기초저면에 작용하는 순 하중의 크기임

13 다층지반에서의 평균토질정수 결정방법

1. 개 요

(1) 지층은 대개 다층지반으로 구성되어 있으나 이에 대한 공학적 문제(압밀, 투수, 전단)와 관련된 토질정수의 적용은 지반조건이 균질하고 등방인 경우로 취급하게 된다.

(2) 따라서 실제 지반조건에 부합된 합리적인 토질정수를 적용함이 매우 중요하다.

2. 이방성 정의

(1) 한 위치에서 방향에 따라 공학적 성질이 달라지는 것을 비등방(*Anisotropy*)이라 하며 비균질과는 개념을 달리한다.

(2) 이방성은 초기이방성과 유도이방성으로 구분되며 초기 이방성(*Inherrent anisotropy*)은 흙의 생성과 관련된 흙의 구조상 차이로 인한 이방성이며

(3) 유도이방성은 인위적으로 힘을 가하여 변형을 줄 때 방향에 따른 이방성을 의미한다.

3. 평균 토질정수 결정

(1) 전단강도 관련 : 각층의 강도정수의 차이가 상대적으로 크지 않은 경우에 적용

① $C = \dfrac{C_1 H_1 + C_2 H_2 + C_3 H_3 + \cdots\cdots\cdots + C_n H_n}{H}$

② $\tan\phi = \dfrac{\tan\phi_1 H_1 + \tan\phi_2 H_2 + \cdots\cdots\cdots + H_n \tan\phi_n}{H}$

✓ 적용대상 지층의 강도정수 차가 큰 경우 : 층상지반 지지력 적용

(2) 투수계수 관련

① 수평방향 투수계수

$$K_h = \frac{1}{H}(K_1 \cdot h_1 + K_2 \cdot h_2 + K_3 \cdot h_3)$$

② 수직방향 투수계수

$$K_v = \frac{H}{\dfrac{h_1}{K_1} + \dfrac{h_2}{K_2} + \dfrac{h_3}{K_3}}$$

③ 자연퇴적토 보통 평행한 층을 이루면서 쌓이므로 수평방향 투수계수가 연직방향투수계수보다 약 10배 정도 크다.

④ 풍적토인 *Loess*는 연직균열로 연직방향 투수계수가 수평방향 투수계수보다 크다.

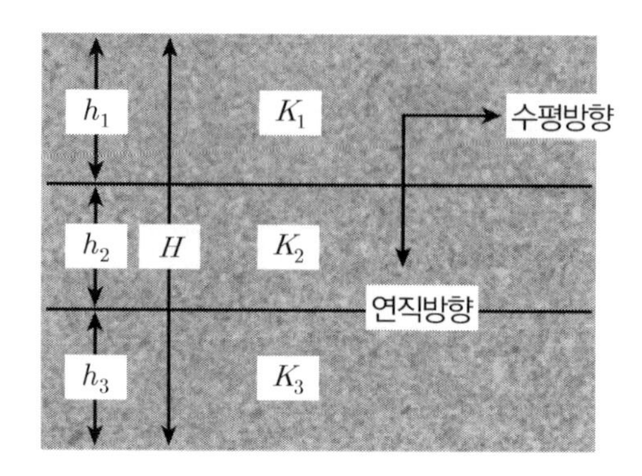

(3) 압밀계수 관련

$$H = H_1\sqrt{\frac{C_v}{C_{v1}}} + H_2\sqrt{\frac{C_v}{C_{v2}}} + \cdots\cdots$$

여기서, H : 환산 연약층 두께 C_v : 평균 압밀계수

14 Winkler Foundation

1. 정 의

전면기초에서 기초판의 강성에 따라 강체기초설계법(*Rigid Method*)과 탄성기초설계법(*beam −on − elastic foundation method*)이 있으며 후자를 Winkler 기초라고도 한다.

2. *Winkler* 기초의 개념

(1) 강성기초는 침하발생이 일정변형률 조건하에서 아래 그림과 같이 작용하중에 대한 접지압이 직선적으로 분포한다는 가정이나

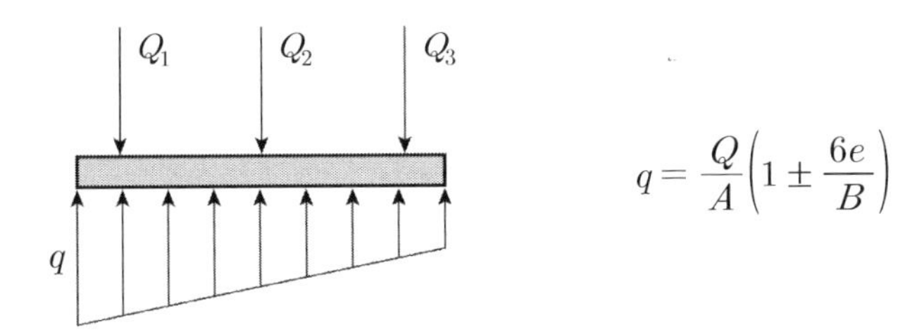

(2) 연성기초는 침하발생이 자유변형률 조건이고 아래 그림과 같이 작용하중에 대한 접지압이 곡선적으로 분포한다는 가정이며 *Winkler* 기초라 한다.

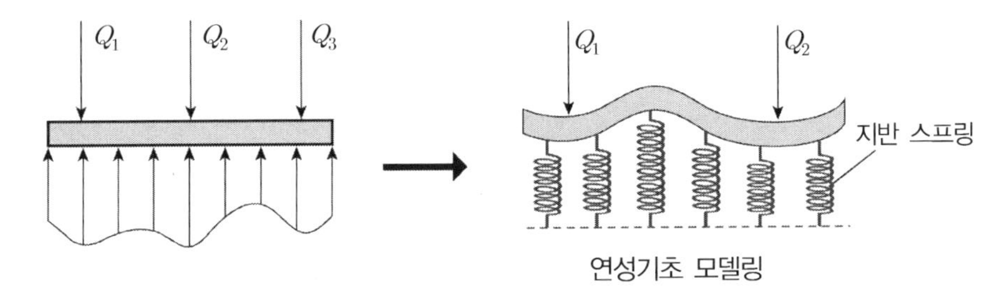

연성기초 모델링

① 위 그림과 같이 기초판이 무한개의 스프링으로 지지되며 임의 단면을 보로 가정하여 *Moment*를 계산함

② $M = EI\left(\frac{d^2 z}{dx^2}\right)$ 여기서, I : 단면2차모멘트$\left(\frac{BH^3}{12}\right)$

③ 전단력 $S = \frac{dM}{dx}$, 지반반력 $q = \frac{ds}{dx} = \frac{d^2 M}{dx^2} = EI\left(\frac{d^4 z}{dx^4}\right)$

여기서, $q = -Kz$(z는 처짐량)

④ $\therefore EI(\frac{d^4 z}{dx^4}) = -Kz \rightarrow z = e^{-\beta x(A'\cos\beta x + A''\sin\beta x)}$

여기서, A', A'' : 적분상수, β : 기둥간격에 따른 기초형태 판별식

3. 강성기초와 연성기초의 특징

구 분	강성기초(*Rigid Foundation*)	연성기초(*Flexible Foundation*)
기초강성	**지반강성 < 기초강성**	**지반강성 > 기초강성**
침하조건	**일정 변형률**	**자유 변형률**
장 점	① 접지압계산 용이 ② 강성기초의 경우 실제와 유사	① 지반과 구조물 상호작용 고려 ② 합리적인 접지압 분포 산출
단 점	① 지반-구조물 상호작용 무시 ② 침하검토 추가 필요	① 지반반력 계수 필요 ② 스프링을 독립적으로 취급
적 용	① 독립기초 ② 단경간 *BOX* ③ 옹벽기초	① 지중구조물 ② 전면기초 ③ 다경간 *BOX*

4. 평 가

(1) 기초지반은 탄성체로 보며 지반의 지반반력계수를 *spring*으로 하여 설계하고 보통 유한요소법에 의한 *Frame*, *SAP*, *Safe program* 계산함

(2) 독립기초, 단경간 *box*는 강성기초법에 의해서도 적정 설계가 가능하나 건물의 저면기초, 지하철 정거장과 같이 폭이 큰 기초는 강성기초로 하면 과소설계가 될 수 있으므로 *Winkler* 기초로 함이 합리적임

15 지반반력계수 K(Subgrade Reaction Modulus)

1. 정 의

(1) 기초에 가해진 하중에 대한 침하량의 비를 지반반력 계수라 한다.

(2) 변형계수는 지반의 고유한 상수인 데 반해 지반반력 계수는 기초크기, 지반의 종류에 따라 변화하는 것이 특징이다.

(3) 지반반력계수가 크면 지반은 단단하고 압축성이 작으며 지지력이 크다는 의미와 같다.

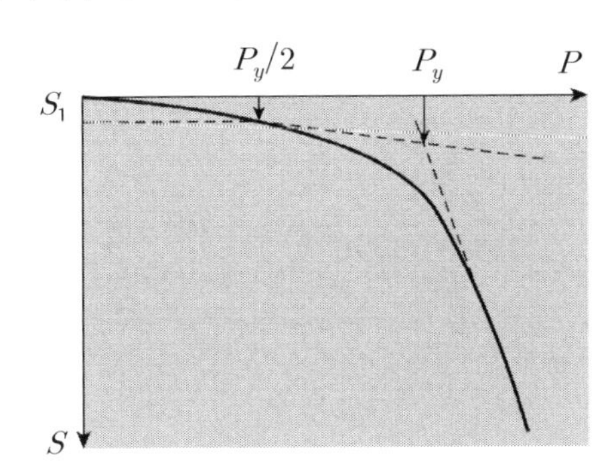

① 평판재하시험 시행

② 접선 교점에서 P_y 구함

③ $P_1 = \frac{P_y}{2}$

④ $K = \frac{P_1}{S_1}$

2. 영향인자

$$S_i = q \cdot B \cdot I \frac{1-\nu^2}{E_s}, \quad K = \frac{E}{B \cdot I \cdot (1-\nu^2)}, \quad K = \frac{P_1}{S_1}$$

(1) 재하판 폭 : 재하판의 폭이 증가하면 K 값 감소

(2) 탄성계수(변형계수) : 증가하면 K 값 증가

(3) 포아슨비 : 증가하면 K 값 증가

(4) 근입깊이 : 증가하면 E_s 증가로 K 값 증가

3. 측정방법

(1) 연직 지반 반력 계수(PBT)

$$K_v = K_{vo} \times \left(\frac{B_v}{30}\right)^{-\frac{3}{4}} = \alpha \cdot E_o \frac{1}{30}\left(\frac{B_v}{30}\right)^{-\frac{3}{4}}$$

여기서, K_{vo} : 평판재하시험에서의 K 값(kg/cm^3)

※ **평판재하시험이 아닌 변형계수를 구한 경우는 다음의 식으로 추정할 수 있다.**

$$K_{vo} = 1/30 * \alpha * E_o$$

B_v : 실제 기초 환산폭($B_v = \sqrt{A_v}$). 다만, 저면형상이 원형인 경우에는 지름으로 한다.

E_o : 대상이 되는 지반의 위치에서의 지반의 변형계수(kg/cm^2)

α : 지반 반력계수의 추정에 쓰이는 보정계수로서 표에 주어져 있다.

시험방법에 의한 변형계수 $E_o(kg/cm^2)$	α	
	평상시	지진 시
지름 30cm의 강체원반에 의한 평판재하시험을 반복시킨 곡선에서 구한 변형계수의 1/2	1	2
보링공내에서 측정한 변형계수	4	8
공시체의 1축 또는 3축 압축시험에서 구한 변형계수	4	8
표준관입시험의 N값에서 $E_o = 28N$으로 추정한 변형계수	1	2

(2) 수평지반 반력 계수 : 말뚝 설계 시 유효

① SPT : 모래층 대상

㉠ 퇴적 모래 : $K_h = \dfrac{8N}{D}$ ㉡ 자갈 : $K_h = \dfrac{10N}{D}$ 여기서, D : 말뚝 직경

② 비 배수 강도 : 점토대상 $K_h = \dfrac{67C_u}{D}$

③ 공내 재하시험

$$\text{사질토} : K_h = 25\frac{P_L}{B} \qquad \text{점성토} : K_h = 16\frac{P_L}{B}$$

④ 수평재하 시험

조건 : 콘크리트 말뚝 $\phi 600$, 재하위치 : 지상 30cm, 수평력 9ton, 변위 1.5cm

$E = 400{,}000Kgf/cm^2$ $I = 5.13 \times 10^{-5}cm^4$

$\beta = \sqrt[4]{\dfrac{K_hD}{4EI}} = 2.6 \times 10^{-3}cm^{-1}$ $h = 30cm$

㉠ 두부자유 지상돌출조건

$$K_h = \frac{3EI\beta^3}{(1+\beta h)^3 + 1/2}$$

$$= \frac{3 \times 400{,}000kgf/cm^2 \times 5.13 \times 10^5cm^4 \times (2.6 \times 10^{-3}cm^{-1})^3}{(1 + 2.6 \times 10^{-3}cm^{-1} \times 30cm) + 0.5}$$

$$= \frac{10{,}819}{1.578} = 6{,}856kgf/cm^3$$

ⓛ 두부고정 지중매입조건

$$K_h = 4EI\beta^{3=4} \times 400,000kgf/cm^2 \times 5.13 \times 10^5 cm^4 \times (2.6 \times 10^{-3} cm^{-1})^3$$
$$= 14,425kgf/cm^3$$

4. 결과이용

(1) 변형계수 추정

여러 가지로 변형계수를 구하는 식이 있으며, 이 중 지반반력 계수를 활용한 방법으로 평판재하시험에 의한 방법이 있다.

$$E_s = (1-\nu^2)K_v BI$$

여기서, ν : 포아슨비 　　K_v : 지반반력계수

B : 재하판 크기 　　I : 영향계수

(2) 연성기초의 부재설계 : ① 지중구조물 　② 전면기초 　③ 다경간 BOX

구 분	강성기초(Rigid Foundation)	연성기초 (Flexible Foundation, Winkler 기초)
접지압 분 포	균등, 직선적분포 Q_1 Q_2 Q_3 q	불균등, 곡선적분포 Q_1 Q_2 Q_3 q
접지압 (q)	$q = \dfrac{Q}{A}\left(1 \pm \dfrac{6e}{B}\right)$	$q = KS$ K : 지반반력 계수 　S : 침하량

(3) 말뚝의 허용 수평지지력

$$H_a = \frac{K_h \cdot D}{\beta}\delta_a(kg)$$

(말뚝머리 고정일 때, 힌지는 1/2배)

여기서, H_a : 말뚝의 허용 수평지지력(kg)

K_h : 수평지반 반력계수($K_h = 4EI\beta^3$)

D : 말뚝의 직경(cm) 　　δ_a : 말뚝머리의 수평변위량(cm)

β : 말뚝의 특성치$\left(\beta = \sqrt[4]{\dfrac{K_h \cdot D}{4EI}}\right)$

(4) 전면기초의 침하량

$K = \frac{q}{S}$ 에서 $S = \frac{q}{K}$ 여기서, K : 지반반력 계수 S : 침하량

(5) 토류벽의 탄소성 해석

해석의 모델링

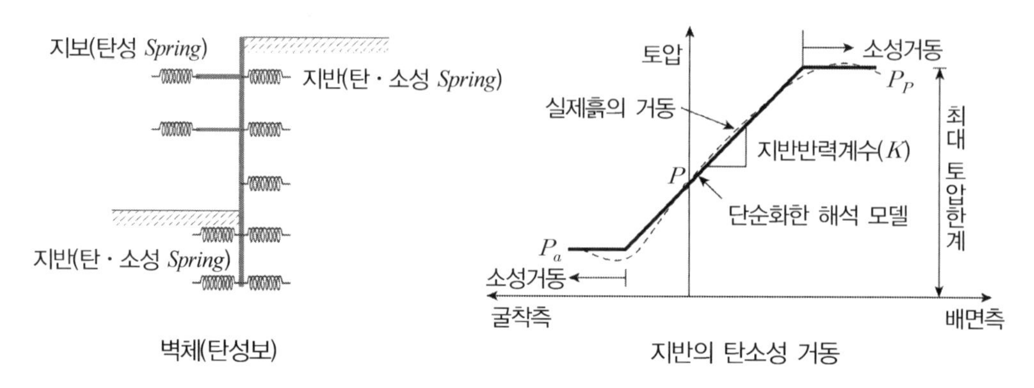

(6) 측방유동압 산정 : 수치해석에 의한 추정방법

① *Hyperbolic Model*과 같은 비선형 탄성 모델, *Cam－clay Model*과 같은 탄소성 모델에 의한 수치해석 시행

② 수치해석은 스프링 상수, 탄성계수, 변위, 반력과의 관계에서 발생 변위를 추정하여 측방유동압 산정

우측 그림에서, P_z : 측방 유동압(*tonf/m*)

K_h : 횡방향 지반반력 계수(*tonf/m*)

Y_z : 성토의 높이 z 심도의 측방변위량

B : 기초의 폭(*m*)

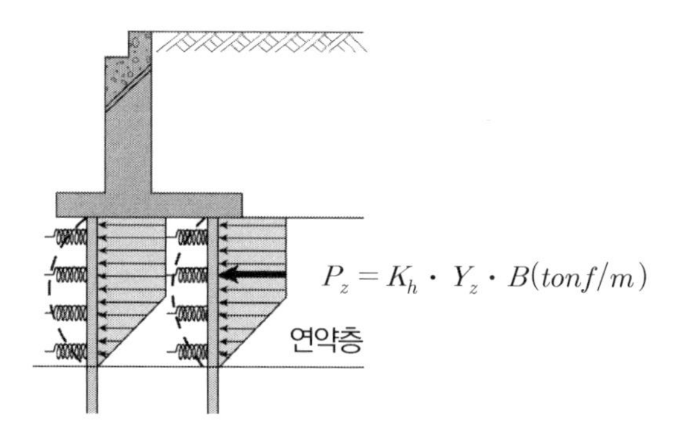

5. 적용 시 유의사항

(1) 지반반력 계수는 아래 식과 같이 변형계수의 추정으로 구할 수 있으나 일축압축시험에 의한 변형계수는 지나치게 과소한 값이 나오며 표준관입시험에 의한 변형계수는 지반이 불량 시 과대 평가되므로 가급적 평판재하시험이나 공내재하시험에 의한 결과를 사용함이 요구된다.

$$K = \frac{S_i}{q} = \frac{E_s}{B \cdot I(1-\nu^2)}$$

(2) 연직 지반 반력 계수로 수평지반 반력계수를 추정할 수 있으나 N 값에 의해 구한 $E_o = 28N$ 은 지반이 양호한 경우에 국한되어 적용되므로 수평지반 반력계수가 과대하게 나올 수 있음에 유의해야 한다.

$$K_v = K_{vo} \times \left(\frac{B_v}{30}\right)^{-3/4} = \alpha \cdot E_o \frac{1}{30}\left(\frac{B_v}{30}\right)^{-3/4}$$

α : 변형계수 시험방법에 따른 보정계수 　 E_o : 지반의 변형계수

(3) 지반의 탄성적 거동을 표현한다는 의미에서 탄성계수(변형계수)와 같지만 탄성계수는 지반의 상태에 따라 일정한 값을 가지나 지반반력계수는 같은 지반이라도 기초크기, 형상, 근입깊이 등에 따라 변화하는 특성이 있다.

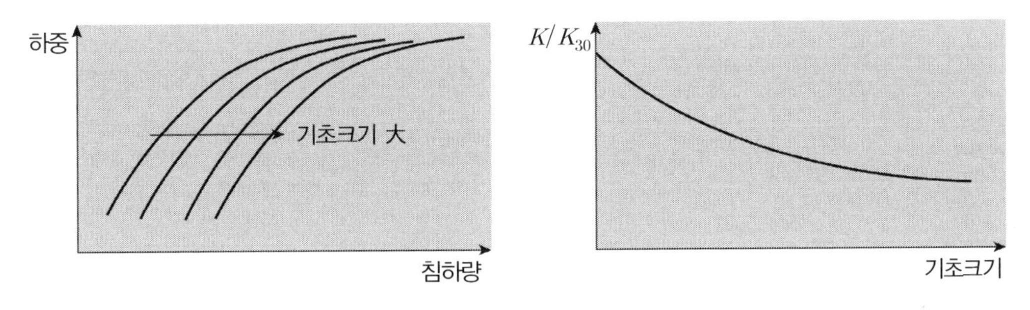

① 기초판의 크기가 클 경우에는 단위면적당 하중이 같은 경우 지중응력의 영향범위가 커지므로 기초판이 작은 경우에 비해 침하량이 상태적으로 커지므로 지반반력계수는 작아짐. 따라서 설계 반영 시에 기초크기에 대한 고려를 해야 함

② 지반의 종류에 따른 영향
침하에 민감도가 사질지반이 적으므로 사질지반이 점성토 지반보다 지반반력계수가 큼

구 분	즉시침하량	평 가
점 토	$S_{(기초)} = S_{(재하)} \cdot \dfrac{B_{(기초)}}{B_{(재하)}}$	점토는 깊이에 따른 탄성계수가 일정하므로 침하량은 기초폭에 비례
사질토	$S_{(기초)} = S_{(재하)}\left(\dfrac{2B_{(기초)}}{B_{(기초)} + B_{(재하)}}\right)^2$	모래는 탄성계수값이 깊이가 깊어질수록 구속응력에 의해 커지므로 기초폭에 정비례하지는 않음

③ 기초의 형상은 직사각형보다 원형기초가 모서리 응력의 불균등이 없게 되므로 국부적 집중응력이 없어 지반반력계수가 크게 됨

④ 근입깊이가 있게 되면 없는 경우보다 침하량이 적게 되므로 지반반력계수가 커짐

16 기초의 침하원인 및 대책

1. 개 요

(1) 기초지반의 침하원인은 지반에 기인했거나 구조물, 가시설에 기인한 것으로 대별됨

(2) 지반침하는 지반의 종류에 따라 사질지반에서의 탄성적 거동과 점성토지반에서의 소성적 거동으로 전반선단파괴, 국부전단파괴, 관입전단파괴의 형태를 보이며

(3) 지반의 특성 외에도 기초형식, 투수성, 지하수조건 등에 따라 다양하게 거동되므로 실내 및 현장시험을 통한 검증이 필요함

2. 지반의 파괴형태별 침하형태

구 분	전반전단파괴	국부전단파괴	관입전단파괴
발생 지반	• 단단한 땅 • 조밀한 사질토 • 굳은 점성토	• 느슨한 사질토나 연약한 점성토 등 취약 지반	• 대단히 느슨한 모래 • 대단히 연약한 점토 • 연약지반위 성토 • 말뚝기초
파괴 형태	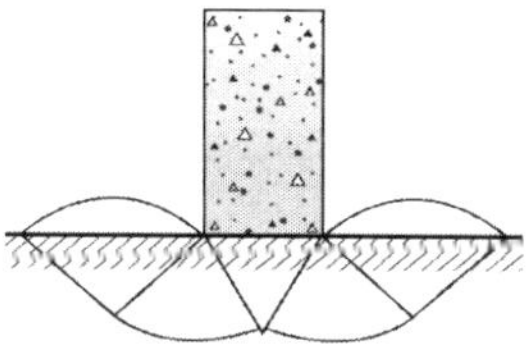 재하 초기에는 하중에 비해 침하량이 적게 직선적으로 침하되지만 항복하중을 초과하면 침하가 급작스럽게 커지고 전단파괴, 즉 균열이 생기면서 지반이 전단파괴, 즉 찢어지면서 지표면이 솟아오른다.	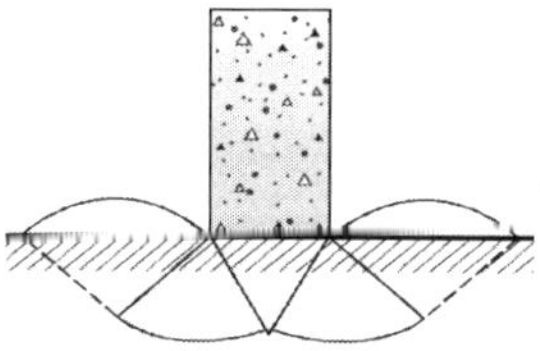 하중-침하 곡선이 아래 그림처럼 뚜렷한 항복점을 보이지 않고 계속 침하된다. 활동파괴면도 뚜렷하지 않고 소성파괴가 지표면 까지 도달하지 않고 지반 내에서 발생한다.	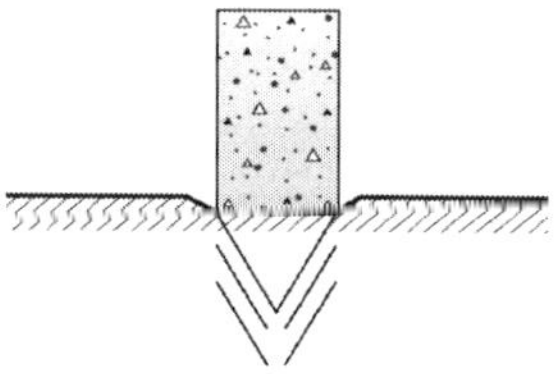 가라 앉기만 하고 부풀어 오르지 않는다. 하중에 비해 상대적으로 큰 침하가 생기면서 흙이 전단파괴되는 지반을 관입전단파괴 되었다고 한다.
침하 형태	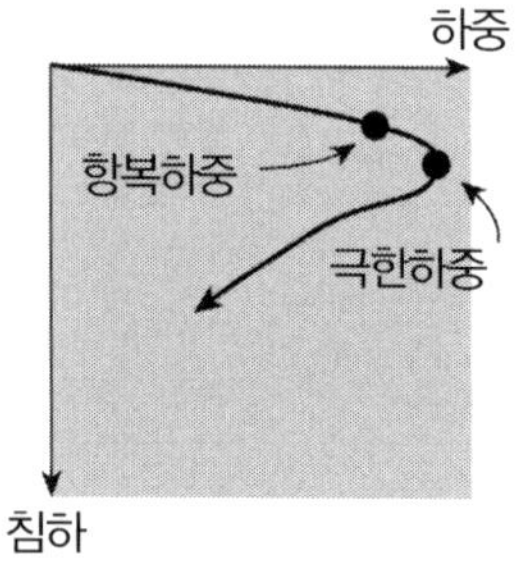 하중, 항복하중, 극한하중, 침하	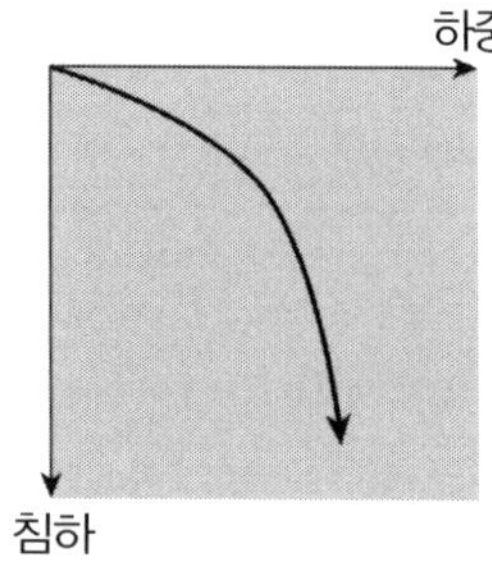 하중, 침하	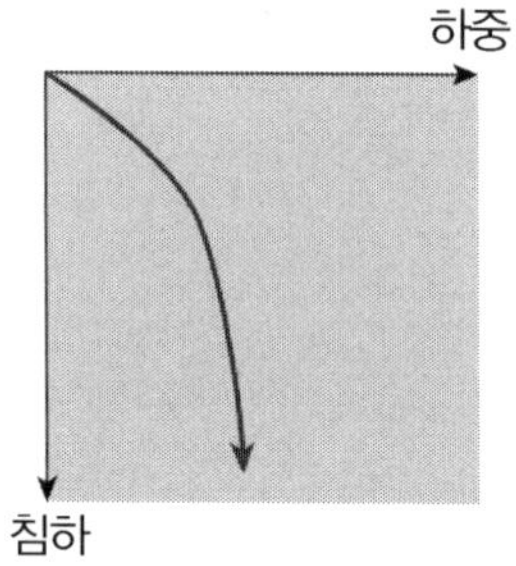 하중, 침하

3. 전반전단파괴와 국부전단파괴의 비교

구 분	변형률(ε)	예민비(S_t)	상대밀도(D_r)	마찰각(ϕ)
전반전단파괴	5 이하	10 이하	30 이상	40 이상
국부전단파괴	5 이상	10 이상	30 이하	40 이하

4. 구조물에 의한 원인과 대책

구 분	원 인	대 책
중 량 과 다	**지지력 부족** **→ 침하, 변위발생**	• 구조물의 경량화 • 기초형식 변경 (독립기초를 연속기초, 복합기초, 전면기초로 변경 → 하중분포 균등, 접지압 감소) • 지지력 부족 → 말뚝기초 변경
중 량 불균일	**지중응력 불균일**	• 기초형식 변경 (독립기초를 연속기초, 복합기초, 전면기초로 변경 → 하중분포 균등, 접지압 감소) • 구조물의 중량 배분 균등하게 설계
근 접 시 공	**인접구조물에 근접시공** **→ 지중응력 증가**	• 구조물 간 거리 증가 또는 보강 • 기존 기초와의 응력중첩 없도록 배치 계획 • 기존 구조물과 인접될 경우 기존, 신설기초 보강

5. 기초지반에 대한 원인과 대책

침하 원인	대 책
동결, 융해	• 치환, 차단재 설치, 단열재 설치, 안정화 처리
연약한 점토, 느슨한 모래지반위 상재하중	• 기초지반 개량 – 점토 : 치환, *Prelaoding*, 연직배수공법 – 모래 : 모래다짐말뚝, *Vivrofloatation*, 동다짐공법 구조물 : 강성이 큰 구조물 시공, 보완
연약층 두께가 다르거나 층 두께가 같더라도 압축지수가 다른경우	
팽창성 지반	• 치환, 안정처리, 말뚝기초
붕괴성 지반(풍적토, 화산재)	
지반에 공동이 있는 경우	• 구조물과 지반의 관계 : 응력, 변형의 검토 필요 • 공동충전, 말뚝기초 보강
지하수위 변화	• *Well point*, *Deep Well*, 부력앵커, 말뚝기초

6. 기타 원인 및 대책

(1) 기존구조물에 근접하여 흙막이 시공 중 지하수 저하로 인한 침하
→ 강성이 크고 차수성이 우수한 흙막이 공법 채택

(2) 지진으로 인한 액상화

원 리	대 책	고려 사항
간극수압 감소	*Gravel Drain*	• 액상화 시 상부구조물 지지역할 + 간극수압 감소
밀도 개량	*Vibro Flotation, SCP,* 전기충격, 동다짐	• 밀도증가 → 한계간극비 이하로 상대밀도 유지
입도 개량	치환, 동치환, 주입공법	• 치환의 경우 치환깊이 제한 • 치환깊이 깊은경우 → *VF, SCP,* 동다짐
배 수	*Deep Well, Well Point*	• 포화도 저하원리 • 인근지하수위 저하로 인한 침하 발생 검토
전단변형 억제	*Sheet Pile, Slurry Wall*	

(3) 동결 또는 융해 → 치환, 차단재 설치, 단열재 설치, 안정화 처리
(4) 세굴에 의한 침식 → 세굴방지용 사석 설치, *Sheet Pile* 등으로 세굴 보호
(5) 공사 중 수도관, 하수관 파손 → 시공 전 매설물 위치 확인 및 주의 시공

7. 결 론

(1) 구조물의 침하는 구조물의 중량배분 부적정과 기존 구조물과의 근접시공으로 인한 지중응력상이로 기인되며

(2) 지반 자체의 변형특성과 연관되어 발생한다.

(3) 따라서 지반정보(지반조사, 시험)와 구조물정보(하중특성)을 정확히 파악하여 설계함이 매우 중요하다.

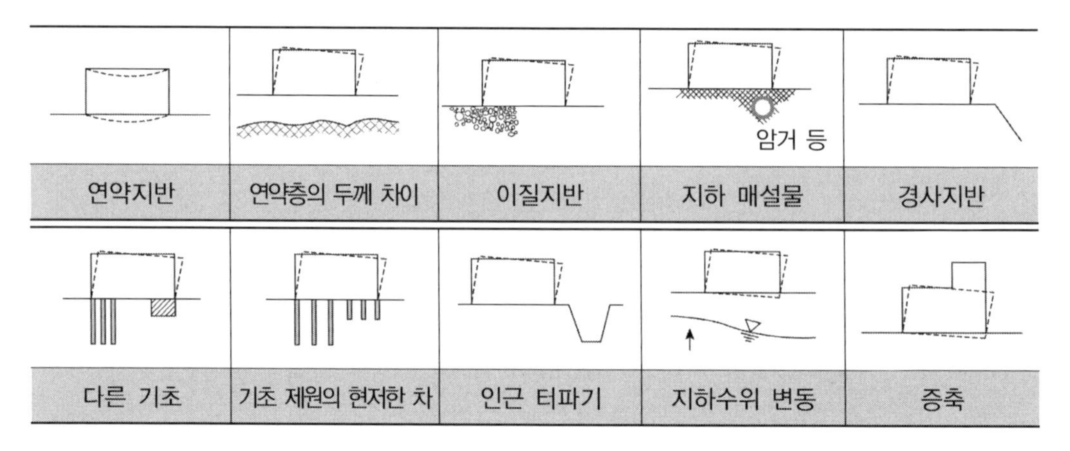

17 팽창성 지반(Expensive Soil)에서의 기초처리

1. 개 요

(1) 지반(흙 또는 암석)에 물을 흡수시키면 간극을 채우는 1단계와 입자 또는 광물자체가 물을 흡수하여 팽창하는 2단계로 구분되어 진행한다.

(2) 이때 2단계에서의 체적팽창으로 인한 압력을 팽윤압이라 한다.

(3) 이러한 지반을 팽창성 지반이라고 하며 패윤압에 의해 구조물을 상승 혹은 뒤틀리게 만든다.

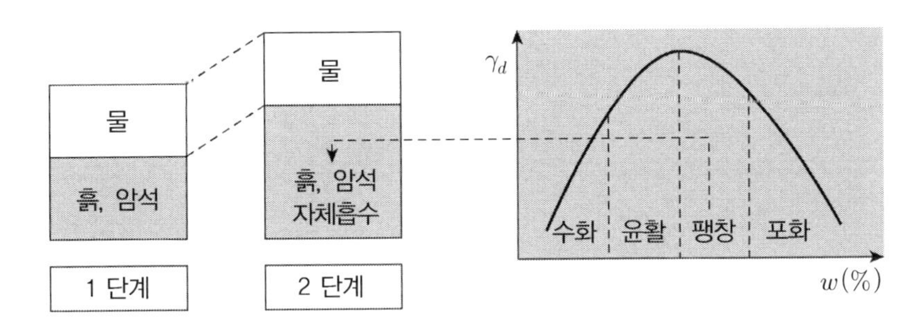

2. 팽창성 지반의 물리적 성질

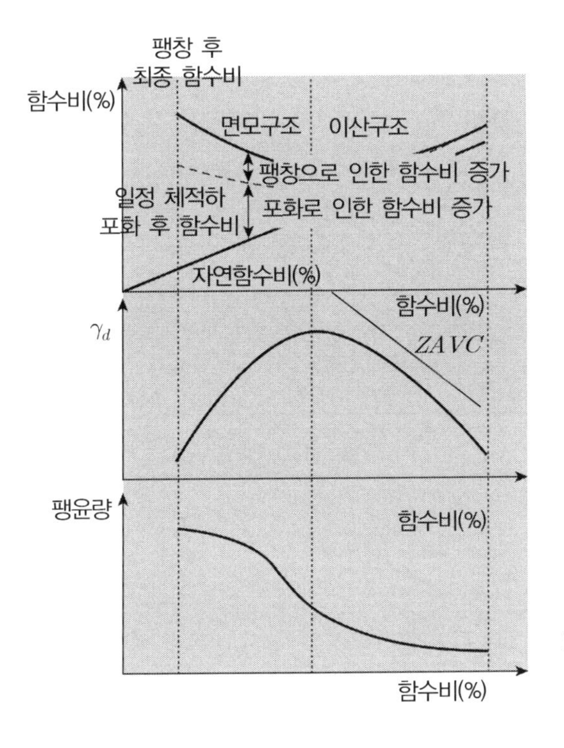

※ 팽윤량은 면모구조에서 팽윤이 제일 크고 이산구조에서 적음

3. 시험방법

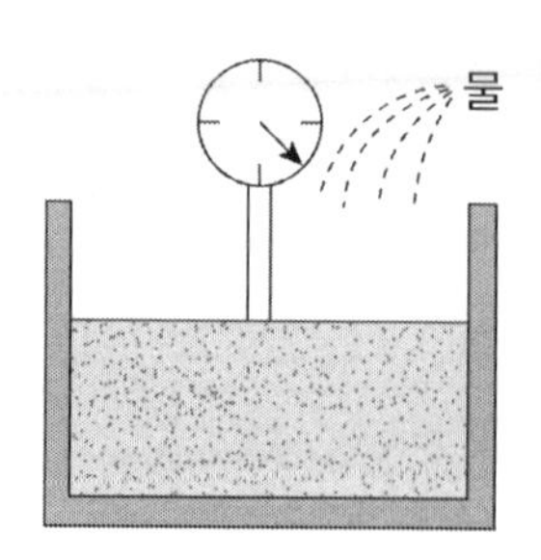

(1) 비구속 팽윤실험

① 압밀시험기에 넣은 후 물 첨가

② 팽창이 종료될 때까지 팽창량 측정

$$팽윤률 = \frac{\Delta H}{H} \times 100\%$$

ΔH : 팽윤량 H : 원시료 높이

(2) 팽창압 시험

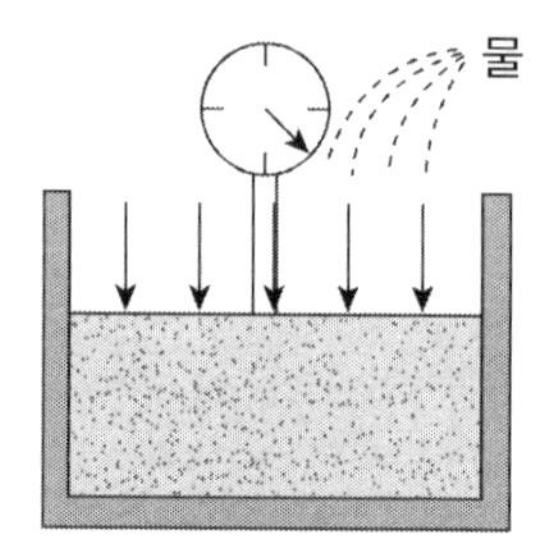

① 하중(유효하중 + 구조물하중)을 작용시키고 물 첨가

② 팽창이 방지되도록 압력을 추가

③ 팽창이 종료되면 ①의 하중에 도달될 때까지 압력 해제

④ 팽창량, 팽창압 측정

4. 팽윤 심한 지반

(1) 흙

Kaolinite → *ilite* → *Montmorllonite* 순으로 심함

(2) 암 : 이암, 세일, 편암, 사문암, 녹니암 등 점토광물을 함유한 암반

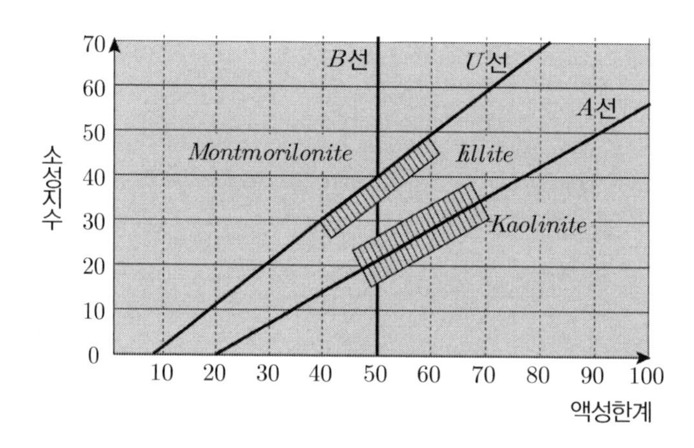

5. 팽창지반의 문제점

(1) 부등침하 발생

(2) 균열(구조물)

(3) 뒤틀림

6. 원리별 기초처리 대책

(1) 원인 제거

① 지반에 수분이 공급되지 못하도록 포장을 시행

② 최적함수비보다 3 ~ 5% 큰 습윤상태로 다짐 시행

③ 지반의 안정처리 : 석회, 시멘트를 혼합한 안정처리하거나 치환한다.

(2) 피해감소

① 팽창을 허용하는 구조(공간 부여) : *Waffle Slab*

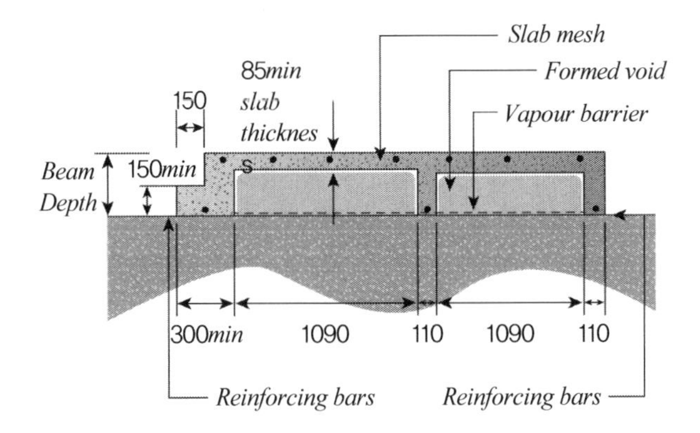

② 팽윤압과 균형을 이루게 적정 하중을 가한다.

③ 융기방지 기초 : 팽이기초

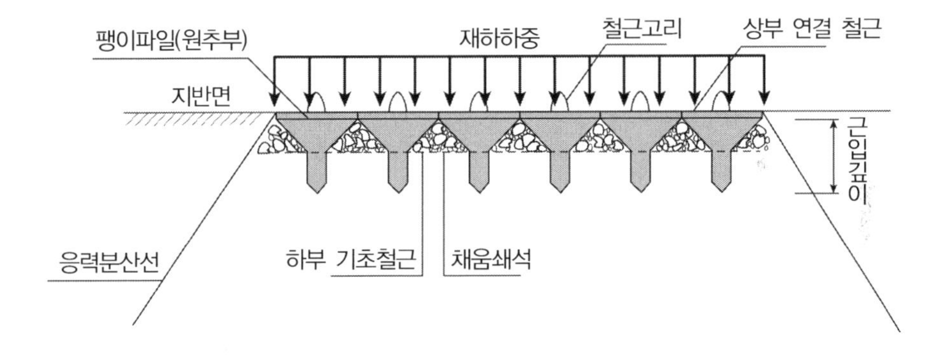

④ 차단벽을 설치 : 구조물 주변에 차단벽을 시공 → 함수비 변화로 체적변화 차단

⑤ 지하수위 조절 : 연직배수공법, *Deep well*, *Well Point*

✓ 구조물에 미치는 영향과 대책(참고)

공 종	영 향		대 책
포 장	계절 및 강우에 따라 수축과 팽창 → 포장면 침하, 균열, 파손		차단층, 안정처리, 지하수 배제 조치
터 널	터널 굴착 시 굴착면 낙반, 지보공에 큰 압력 발생	압출 팽윤	지반보강, *Invert Linning*
기 초	기초 *Slab* 융기, 균열 발생	팽윤압	*Groud Anchor*, *Footing* 증대
토류벽	기초굴착 시 팽윤으로 인한 융기 발전	팽윤	근입깊이 증가, 지하수위 저하, 지반보강

18 풍적토(붕괴성 흙)

1. 개 요

(1) 바람에 의하여 운반 퇴적된 것으로 운적토의 일종

(2) 입경에 따른 구분

① *Loess* : 0.05*mm* 이하의 입경을 갖는 실트크기 이하의 토립자가 대기 중에 날리어서 운반 퇴적

② 사구(*Sand dune*) : 모래크기보다 큰 조립토가 지표면상에서 움직이면서 운반 퇴적

(3) 붕괴성 판단은 압밀하중 변화와 함수비를 변화시켜 $e-Log\ P$곡선에서 구함

2. 공학적 성질

(1) 주로 황색을 띠고 있으며 점성이 없기 때문데 물에 포화되면 쉽게 붕괴됨

(2) 봉소구조이며 연직방향으로 균열이 생기고 연직방향 투수계수가 수평방향 투수계수보다 큼

(3) 간극비가 크고 단위중량이 작으며 0.01~0.05*mm*의 일정한 입경을 가짐

(4) 이러한 흙 구조는 물이 공급되어 포화될 경우 기초부에 큰 침하가 발생한다.

3. 붕괴 포텐셜 : 붕괴 가능성 판단

$$C_p = \frac{e_1 - e_2}{1 + e_0} \times 100\%$$

여기서, C_p : 붕괴 포텐셜(*Collapse potential*) e_0 : 자연상태에서의 간극비

e_1 : 물을 공급하기 전 간극비 e_2 : 물을 공급한 후의 간극비

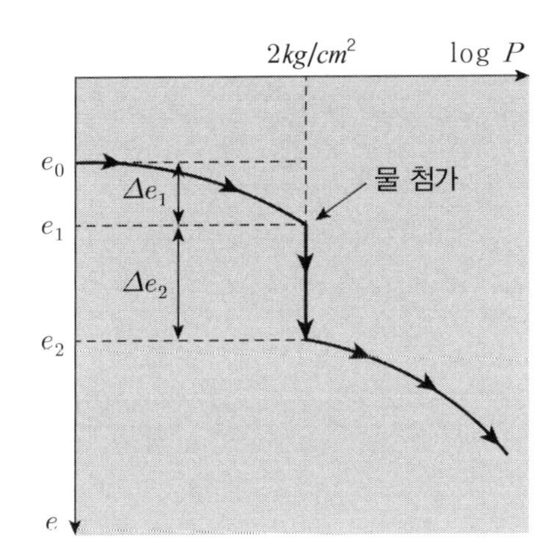

C_p	0~1	5~10	20 이상
기초지반	문제 없음	곤란	매우 곤란

4. 침하량 산정($S = S_1 + S_2$)

(1) 흙 침하량(초기 S_1)

$$S_1 = \frac{\Delta e_1}{1+e_0} \times H$$

(2) 붕괴 침하량(후기 S_2)

$$S_2 = \frac{\Delta e_2}{1+e_0} \times H$$

5. 붕괴성 흙에 대한 기초대책

(1) 기초면을 규산나트륨이나 염화칼슘 등 첨가제에 의한 화학적 고결

(2) 붕괴 가능깊이가 얕은 1.5~2.0m의 경우에는 물을 뿌리면서 다지는 방법으로 사전에 침하를 유도하는 방법으로 시행

(3) 토층이 30m 이상인 경우에는 진동다짐 공법으로 다진 후 기초를 설치

(4) 또는 말뚝기초를 설치

19 얕은기초 설계 시 지지력, 침하를 제외한 고려사항

1. 개 요

(1) 얕은기초에서의 기본적인 고려사항은 지지력과 침하가 허용치 이내에 만족하도록 해야 한다.

(2) 기타 고려사항으로 동결, 팽창성, 붕괴성 지반, 인접시공, 세굴, 지하수위, 급경사지의 사면붕괴 등 검토가 필요하며 이에 따른 적정한 대책을 수립하여야 한다.

2. 동 결

(1) 문제점

0℃ 이하 온도 지속 → 동상 → 해빙기 → 연화 → 함수비 증가 → 부등침하, 지지력 저하

(2) 대 책

① 기초에 대한 대책 : 동결심도 이하로 기초를 내림

$$Z = C\sqrt{F}$$

여기서, Z : 동결심도(cm) F : 동결지수(℃ · day)

C : 햇빛이 쪼이는 조건, 토질, 배수조건 등을 고려하여 3~5의 값

동결지수

일 평균 기온(3시, 9시, 15시, 21시에 측정한 평균기온)의 누계를 매일 측정하여 그림과 같이 기록하면 적산기온의 최대치(+에서 −로 전환되는 값)와 최소치(−에서 +로 변화되는 값)의 차이의 절대치를 θ라고 한다. **동결일수**는 θ에 해당하는 기간이 되며 **동결지수는 동결일수에 θ를 곱한 값**을 말한다.

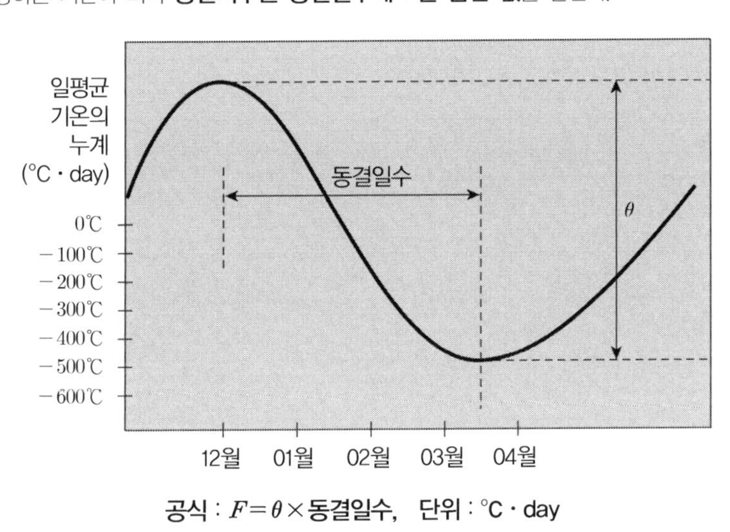

공식 : $F = \theta \times$ 동결일수, 단위 : ℃ · day

② 지반에 대한 대책

㉠ 동결심도에 해당되는 토층을 조립토로 치환한다.

㉡ 모관현상이 안 생기는 조립토로 차단층을 설치한다.

㉢ 지표면 위로 단열재로 덮는다(석탄재, 코크스, 기타).

㉣ 지표의 흙을 안정처리 : 시멘트, 석회, 역청제, 화학적 약품처리($CaCl_2$, $NaCl$, $MgCl_2$)

㉤ 지하수위 저하 : 배수구 설치

3. 팽창성 지반

(1) 문제점 : 함수비 증가 → 팽창

① 침하　　② 균열(융기)　　③ 뒤틀림

(2) 대 책

① 지반에 수분이 공급되지 못하도록 포장을 시행

② 최적함수비보다 3～5% 큰 습윤상태로 다짐 시행

③ 지반의 안정처리 : 석회, 시멘트를 혼합한 안정처리하거나 치환

④ 팽창을 허용하는 구조(공간 부여) : *Waffle Slab*

⑤ 팽윤압과 균형을 이루게 적정 하중을 가함

⑥ 융기 방지 기초 : 팽이기초

⑦ 차단벽을 설치 : 구조물 주변에 차단벽을 시공 → 함수비 변화로 체적변화 차단

⑧ 지하수위 조절 : 연직배수공법, *Deep well*, *Well Point*

4. 붕괴성 지반

(1) 문제점

풍적토나 화산재의 퇴적토와 같이 0.05*mm* 이하의 실트질 혹은 간극비가 크고 단위중량이 적어 함수비 변화에 예민하게 반응하며 붕괴될 수 있음

(2) 붕괴 가능성 판단

$$C_p = \frac{e_1 - e_2}{1 + e_0} \times 100\%$$

여기서, C_p : 붕괴 포텐셜(*Collapse potential*)

e_0 : 자연상태에서의 간극비

e_1 : 물을 공급하기 전 간극비

e_2 : 물을 공급한 후의 간극비

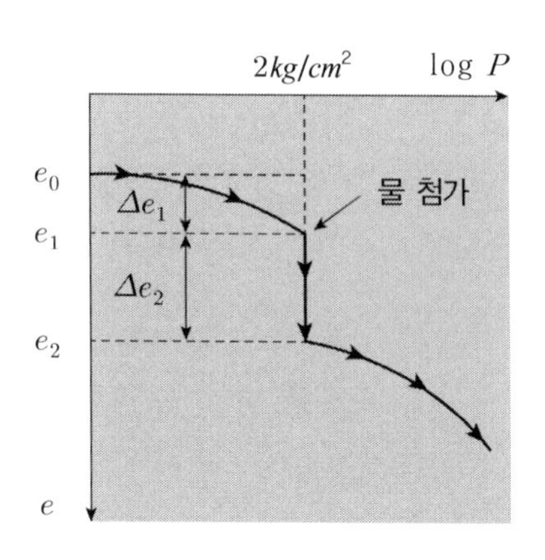

(3) 대 책

① 얕은 경우 : 치환, 안정처리, 살수하면서 습윤측 다짐(사전붕괴)

② 중간 깊이 : *Vibrofloatation* 공법

③ 깊은 경우 : 말뚝기초 처리, *Caisson* 처리

5. 인근구조물에 근접시공

(1) 문제점 : 인접 구조물에 침하, 균열, 경사 발생

(2) 대 책

① 강성이 큰 토류벽 시공 : *Slurrywall*

② 차수성 토류벽 설치

③ 지반개량 : *Underpinning*

④ 지중응력 영향범위 고려

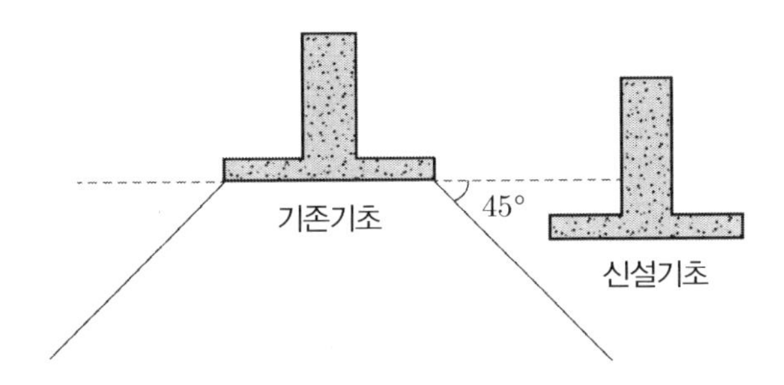

6. 세굴(*Scouring*)

(1) 원 인

하천 교각설치로 인해 유로폭이 작게되어 유속의 증가로 인한 세굴 발생

(2) 세굴의 3가지 구성성분

총세굴 = 장기적인 하상변동 + 국부세굴 + 수축세굴

① 장기적인 하상변동(*Long－term aggradation and degradation*)

이것은 교량이 설치되는 하천구간에 영향을 줄 수 있는 자연적 혹은 인위적 원인으로 생기는 장기적인 하상높이의 변동으로서 상류로부터 유송된 토사의 퇴적으로 인하여 발생하는 하상 상승(*Aggradation*)과 상류로부터 토사공급의 부족으로 인한 하상 저하(*Degradation*)로 구분

② 국부세굴(*Local scour*)

국부세굴은 유수의 흐름을 방해하는 교각, 교대, 돌출수제, 제방의 주변에서 하상물질을 이동시키는 현상과 관계가 있고, 유수의 가속작용과 유수장애물에 의하여 유발된 와운동(渦運動)이 원인이며, 마제형와류, 반류형와류, *Trailing*형 와류의 3가지 형태로 발생함

㉠ **마제형 와류** : 교각전면에서 발생하며, 교각설치로 인하여 수로바닥 또는 벽면에 3차원적인 분리 현상에 의해 발생함

㉡ **반류형 와류** : 교각 자체에 의해 발생되며 주로 교각 후면에서 발생함

㉢ ***Trailing*형 와류** : 대개 물에 의해 완전히 잠긴 수중에서 발생하며, 3차원 교각의 첨두부분과 접촉된 상태에서 여러개로 분리된 맴돌이로 이루어짐

③ 수축세굴(*Contraction scour*)

수축세굴은 유수단면적의 수축이나 하류에서 수위를 조절함으로써 생기는 결과로 홍수터나 수로를 잠식하는 교량접속제방으로 인한 수축흐름이 수축세굴의 가장 보편적인 원인이다.

(3) 예상 세굴심 계산

① *Inglis－Poona* 공식

② *Laursen* 공식

③ *C.S.U*(*Colorado State University*) 공식

④ *Shen* 공식(*Clear－water scour*)

⑤ *Breusers* 공식(*Sediment－transport and clear－water scour*)을 이용

(4) 대 책

① 세굴심도 이하로 기초깊이를 내림

② 사석, 피복석 설치

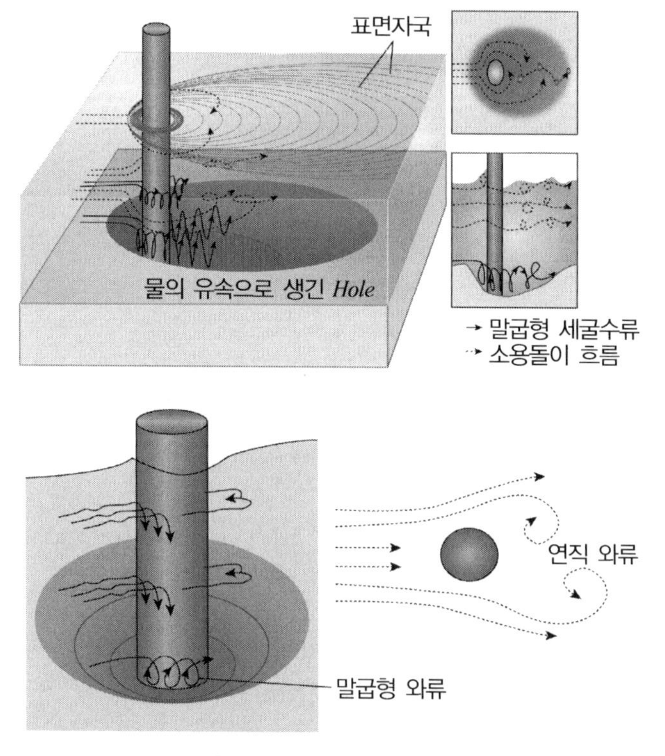

원형교각의 국부세굴 모형

7. 지하수위

(1) 문제점

① 부력, 양압력

② 기초터파기 시 가시설에서의 *quick snad*, *Piping*, *Boiling*

(2) 대 책

① 지하수위 저하(*Well point*)

② 하중 증가 및 부력 앙카

8. 급경사지의 기초

(1) 문제점

지지력, 침하가 만족되더라도 사면안정검토 필요

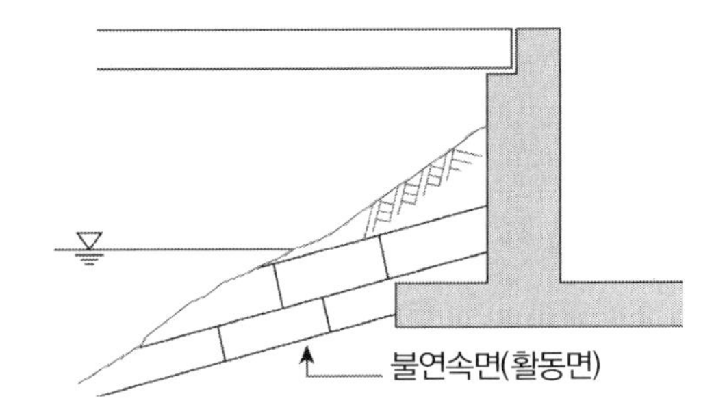

(2) 대 책

① 암반사면인 경우 불연속면 파악

② *BHTV*, *BIPS* 조사

③ 압성토, *Soil nail*, *Rock Bolt* 검토

9. 기 타

(1) 지하공동 : 지하공동위치, 규모 등을 조사 후 *Grouting* 또는 깊은기초 처리함

(2) 유기질 토층 깊이 및 교란된 토피층 깊이 고려

(3) 다양한 기초형식을 고려

20 부력을 고려한 얕은기초 설계 시 고려사항

1. 부력의 정의 : *Buoyancy*

(1) 부력은 물체가 물에 잠긴 부분과 같은 부피의 물 무게만큼 물체를 위로 밀어 올리는 힘을 말한다.

(2) 즉, 물체가 물속으로 가라앉지 못하도록 방해하는 힘으로 표현되며 물 속에 잠겨 있는 물체는 중력과 부력을 동시에 받는데, 부력이 중력보다 크면 물에 뜨고 중력이 부력보다 크면 가라앉는다.

(3) 양압력(*Up lift*)

물속에 구조체가 있을 때 수압에 작용하게 되는데 이 중 상향의 수압을 양압력이라고 한다.

2. 부력검토 방법

물속에 잠겨 있는 체적만큼의 상향의 물무게인 부력에 대한 구조물의 자중과 구조물측면과의 흙 마찰저항력을 비교하여 안전율을 정한다.

$$F_s = \frac{W+Q}{u} \geq 1.2$$

여기서, W : 기초저면에 작용하는 하중(구조물+흙무게)

Q : 구조물 측면과 흙과의 마찰저항

u : 부력($u = \gamma_w \cdot V$) V : 물속에 구조물 체적

3. 대책공법

(1) 사하중(死荷重) 증가

부력에 의해 안전율이 크게 저하되지 않을 경우 적용하는 공법으로 중력과 부력을 평행하게 유지시키는 원리임

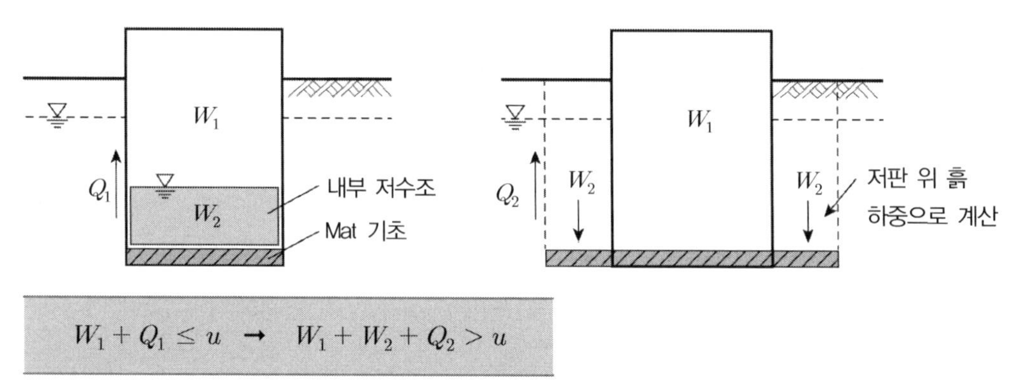

※ $C_\alpha, \delta < C, \phi \rightarrow Q_1 < Q_2$

(2) 부력 *Anchor* 공법

$$W_1 + Q_1 \leq u \rightarrow W_1 + Q_1 + \text{앵커력} > u$$

① 3조건 검토

PS 강선 파괴, $Anchor$ 체와 지반의 인발파괴, PS 강선과 $Anchor$체와의 부착 파괴

② 재료검토 : 부식문제

이중피막형 앙카(*DOUBLE CORROSION PROTECTION TYPE ANCHOR*)

(3) 외부 배수처리 방법

① 수위 저하로 인한 주변지반 침하문제가 없는 경우 고려(ΔP 발생)

② 공사 완료 후에도 영구적으로 배수처리를 하여야 하므로 유지관리가 용이하도록 해야 함

③ 공법의 원리 : $u = \gamma_w \cdot V = \gamma_w \cdot h \cdot A$에서 h를 저감

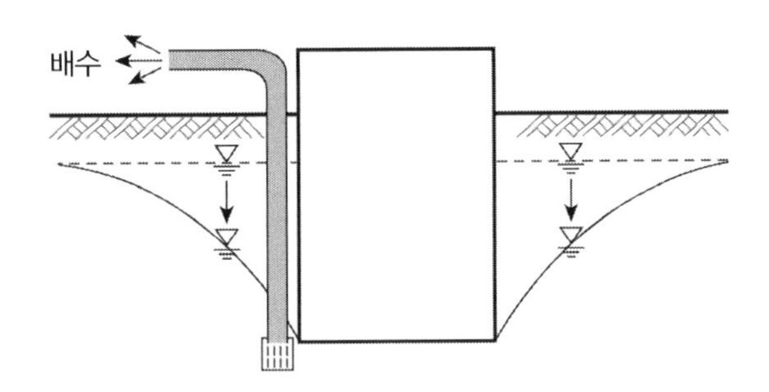

(4) 기초바닥 배수처리 방법

① 기초 슬라브에 배수필터층을 두어 집수정으로 배수하는 공법임

② 유입수만 배제하므로 수위 저하로 인한 침하문제가 없음

③ 투수성이 적은 지반에 유리함(펌핑량에 제한)

④ 부력 저감 : 정수압 → 침투압 → 수압 감소

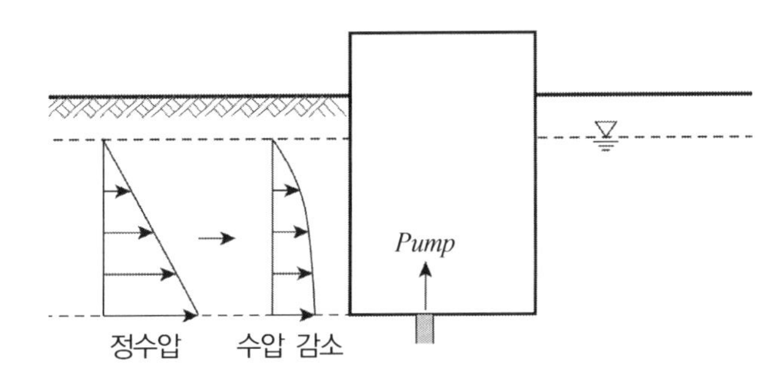

4. 평 가

(1) 부력에 대한 적정공법 선정은 부력의 크기, 지반의 투수성 크기, 인근 구조물 조건등을 고려하여 선정해야 한다.

(2) 특히, 부력앙카의 경우 바닥 *Slab*의 모멘트를 고려하여야 한다.

(3) 공사 중 부력방지 대책 수립

① 지하구조 내부 물 채움　　② 지하구조 상부 토사성토　　③ *Pumping*

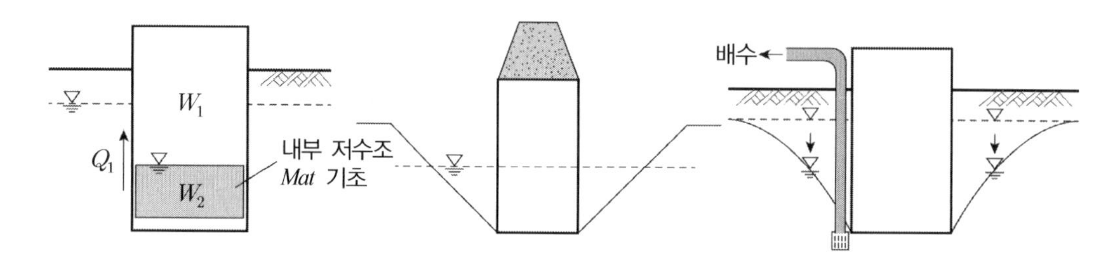

(4) 구조물을 시공하고 뒷채움을 하고 나면 상부구조가 축조되기 전에 지하수가 다시 회복되므로 지하구조물이 뜨게 될 수 있으므로 뒷채움부에 유공관을 설치하고 집수정을 통해 양수될 수 있도록 조치를 취하여야 한다.

21 얕은기초와 깊은기초의 차이점

1. 기초의 분류

구 분	얕은기초	깊은기초
정 의	상부하중을 직접 지반에 전달시키기 위한 지반 위 기초구조	상부지지층이 지지력을 확보하지 못하는 경우 상부하중을 말뚝이나 케이슨을 통하여 지중으로 전달되게 하는 기초
$\frac{D_f}{B}$	$\frac{D_f}{B}<1$	$\frac{D_f}{B}>4$
비 고	$1<\frac{D_f}{B}<4$이면 얕은기초와 깊은기초 중 불리한 쪽으로 설계	

2. 지중응력 분포 및 파괴형태

(1) 얕은기초

① 응력분포 : 원형, 정사각형　　② 파괴형태 : 전반전단파괴, 국부전단파괴

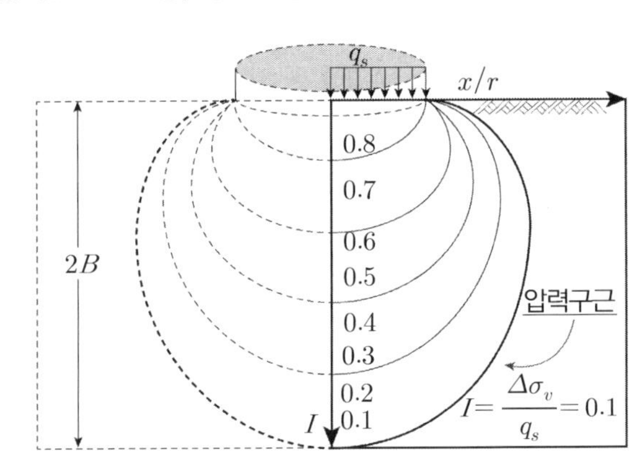

(2) 깊은기초

① 응력분포 : 우측 그림 참조

② 파괴형태 : 관입전단파괴

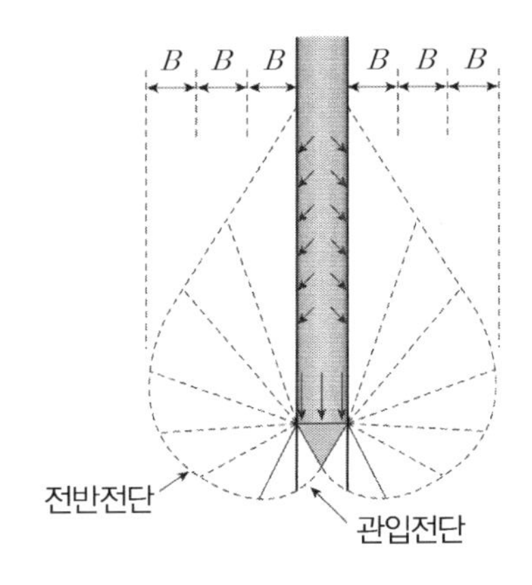

3. 지지 메커니즘 비교

(1) 직접기초 (2) 말뚝기초 (3) 케이슨 기초

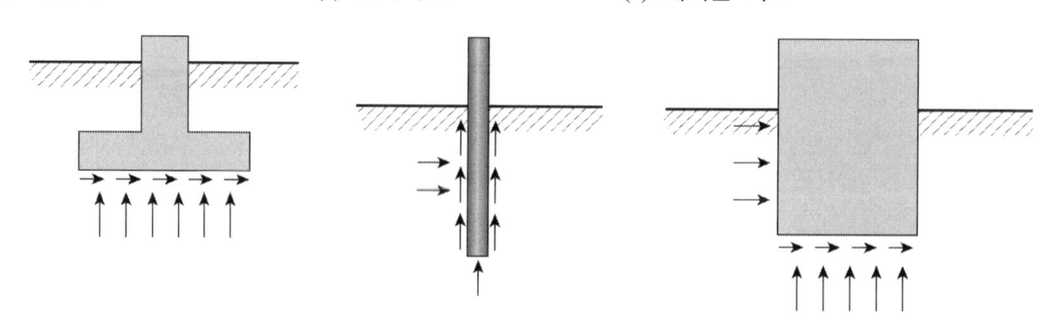

구 분	직접기초	말뚝기초	케이슨 기초
수평지지	×	○	○
마찰지지	×	○	×
전단지지	○	×	○
연직지지	○	○	○

- 측면마찰 고려 기초 : 타입식 말뚝
- 측면마찰 무시 기초 : 직접기초, 케이슨 기초, 매입말뚝공법

4. 기초의 형식별 분류

(1) 얕은기초

① 독립기초 ② 복합기초 ③ 캔틸레버식 기초 ④ 연속기초

(2) 깊은기초

① 재료별 : 목재말뚝, *RC* 말뚝, *PC* 말뚝, *PHC* 말뚝, 강관말뚝, 합성말뚝(*SC* 말뚝)

※ *SC* 말뚝 : 내부 콘크리트 + 외부 강관말뚝

② 현장타설 말뚝 : *Benoto* 공법, *Riverse circulation* 공법, *Earth Drill* 공법, 심초공법

22 총지지력과 순 지지력

1. 정 의

(1) 총지지력(*Gross bearing capacity*) : 총지지력은 테르자기의 극한 지지력 공식 중 제3항인 기초깊이에 대한 지지력을 포함하는 지지력임

$$Q_{ult} = \alpha \cdot c \cdot N_c + \beta \cdot \gamma_1 \cdot B \cdot N_\gamma + \gamma_2 \cdot D_f \cdot N_q$$

(2) 순 지지력(*Net bearing capacity*) : 총지지력에서 기초깊이의 상재하중을 제외한 지지력임

$$Q_{net} = Q_{ult} - \gamma_2 \cdot D_f$$

2. 부력기초에서의 지지력 및 침하량

(1) 부력(보상)기초는 순 지지력 개념으로 지지력을 검토함

(2) 따라서 굴착 후 가해지는 순 하중($P_{net} = P - \gamma_2 \cdot D_f$)은 안전율을 고려한 순 지지력보다 커서는 안 됨

$$\frac{Q_{net}}{F_s} = \frac{Q_{net} - \gamma_2 \cdot D_f}{F_s} > P_{net}$$

(3) 침하량의 산정은 순 하중에 의해 발생하는 침하량을 검토함

3. 적용방법

(1) 총지지력

① 총하중 : q_u

② 총지지력

$Q_{ult} = \alpha \cdot c \cdot N_c + \beta \cdot \gamma_1 \cdot B \cdot N_\gamma + \gamma_2 \cdot D_f \cdot N_q$

③ 총 허용 지지력 : $Q_{all} = \dfrac{Q_{ult}}{F_s}$

④ 관계 : $Q_{all} > q_u$

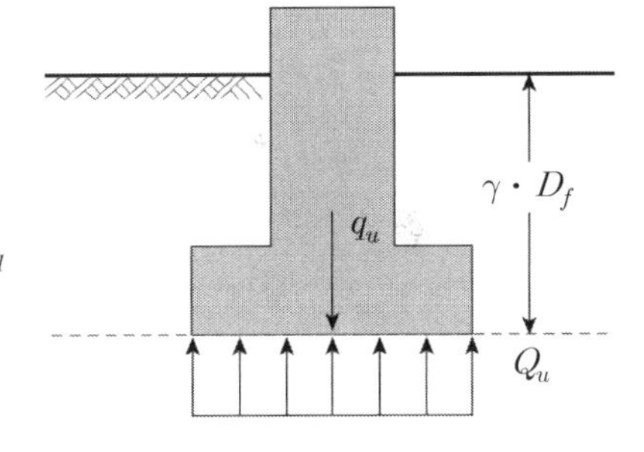

(2) 순 지지력

① 순 하중 : $q_{net} = q - q' = q - \gamma_2 \cdot D_f$

② 순 지지력 : $q_{u(net)} = q_{ult} - \gamma_2 \cdot D_f$

③ 순 허용 지지력 : $q_{a(net)} = \dfrac{q_{u(net)}}{F_s}$

④ 관계 : $q_{a(net)} > q_{net}$

4. 평 가

(1) 총지지력은 총하중에 대한 검토이며 근입깊이가 비교적 작은 기초에 적용(독립기초, 연속기초)

(2) 순 지지력은 순 하중에 대한 검토이며 근입깊이가 비교적 큰 기초에 적용

(3) 총지지력이든 순 지지력이든 하중에 대한 침하는 허용 범위 이내이여야 함

(4) 허용 지지력 산정 시 안전율

① 총지지력, 순 지지력에서의 안전율 : $F_s = 3 \sim 4$

② 전단파괴에 대한 안전율 : $F_s = 2 \sim 3$

(5) 지지력 검토 시 침하량은 사질토에서 기초폭 B의 5~25%, 점성토에서 폭 B의 3~15% 정도로 발생량이 대단히 크므로 총지지력이든 순 지지력이든 침하는 기초폭에 영향이 크므로 안전율을 고려한 허용침하도 만족해야 한다.

5. 계산(예)

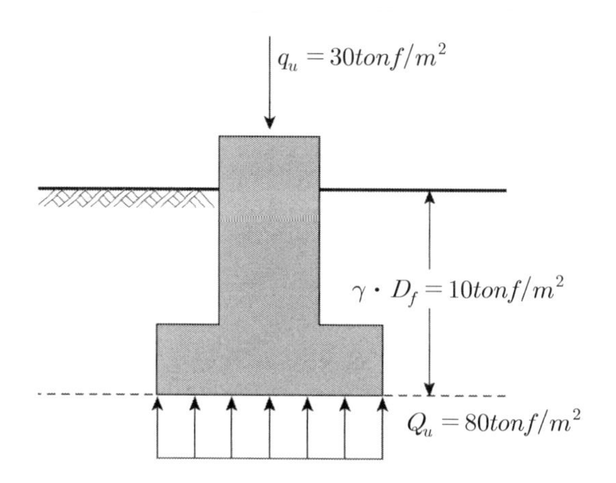

(1) 총하중, 총지지력

① 총하중 : $q = 30tonf/m^2$

② 총지지력 $q_{ult} = \alpha \cdot c \cdot N_c + \beta \cdot \gamma_1 \cdot B \cdot N_\gamma + \gamma_2 \cdot D_f \cdot N_q = 80tonf/m^2$

③ 총허용 지지력

$$q_{all} = \frac{q_{ult}}{F_s} = \frac{80}{3} = 26.6tonf/m^2$$

④ 관계 : $q_{all} < q$ → 불안전

(2) 순 하중, 순 지지력

① 순 하중 : $q_{net} = q - q' = q - \gamma_2 \cdot D_f = 30 - 10 = 20tonf/m^2$

② 순 지지력 : $q_{u(net)} = q_{ult} - \gamma_2 \cdot D_f = 80 - 10 = 70tonf/m^2$

③ 순 허용 지지력

$$q_{a(net)} = \frac{q_{u(net)}}{F_s} = \frac{70}{3} = 23.3tonf/m^2$$

④ 관계 : $q_{a(net)} > q_{net}$ → 안전

✓ **위와 같이 검토 대상 기초를 총지지력으로 보고 검토할 경우 불안전하므로 깊은기초를 검토해야 함**

23 공동기초 처리대책

1. 개 요

(1) 최근 들어 도로의 양호한 선형확보를 위해 불가피하게 석회암지대에 건설되는 교량, 터널과 대형구조물이 증가하고 있는 추세이다.

(2) 이러한 석회암 공동부로 인해 구조물 시공과정에서 자연붕락에 의한 지반침하 또는 함몰 등이 발생하여 구조물의 설계 변경 및 공사 중단, 붕괴로 인한 인명 및 재산피해사례가 국내외에서 보고되고 있으며

(3) 석회암 지대의 공동과 불균질한 연약층으로 인한 구조물의 지지력과 침하에 대한 안정성 검토와 보강대책의 필요성이 부각되고 있는 실정이다.

2. 공동 발생 원인

(1) 자연적 원인

방해석이 대기 중의 이산화 탄소와 빗물에 의해 용해되면서 형성 : 카르스트 지형

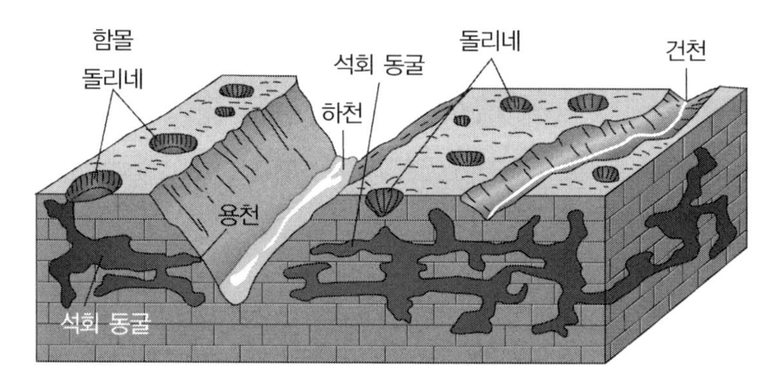

(2) 인공적 원인 : 광산개발로 인한 폐광, 터널, 지하철, 유류기지 등

3. 지반의 파괴형태 / 문제점

(1) *Trough*형 침하

① 광주(鑛柱, *Pillar*)의 파괴

㉠ 광주강도 저하 및 지표구조물 하중이 광주에 부과

㉡ 단일광주 파괴 후 주위 광주로 하중 집중

㉢ 연속파괴 발생

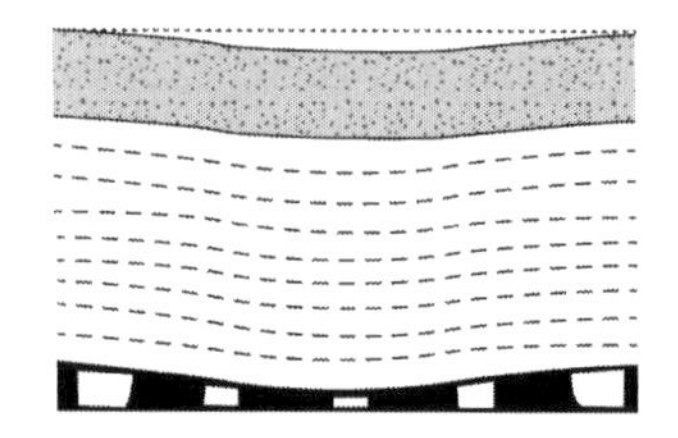

② 광주의 관입파괴

㉠ 채굴 바닥의 지지력 상실로 채굴적 바닥이 내부로 밀림

㉡ 채굴 바닥이 연약한 암석(이암 등)이고

㉢ 큰 응력 작용하고 지하수유입 시 광범위한 침하 발생

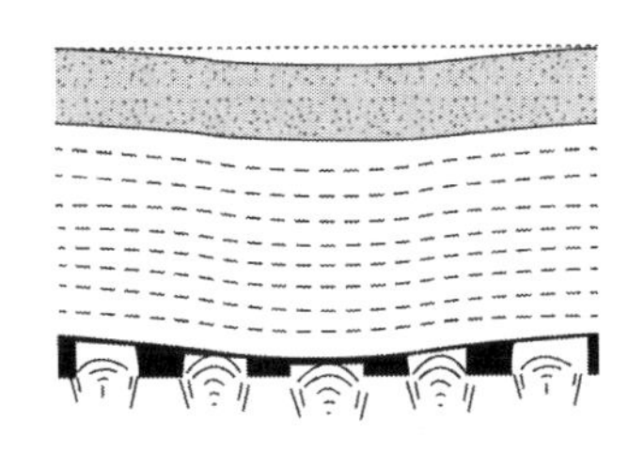

③ 천정의 파괴

㉠ 천반에서 파괴 발생으로 지표 침하

㉡ 아치효과 발현 시까지 파괴 진행

㉢ 광주강성이 공동의 주변의 강성보다 큰 경우 발생

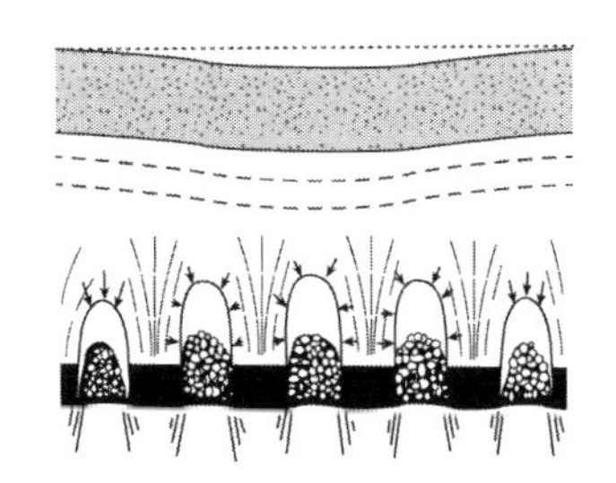

(2) 함몰형 침하

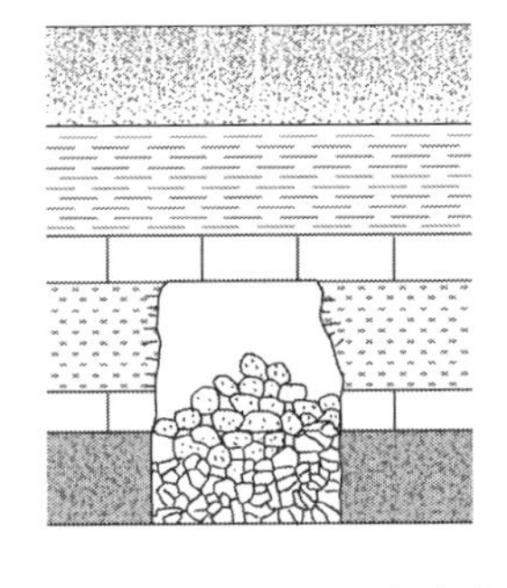

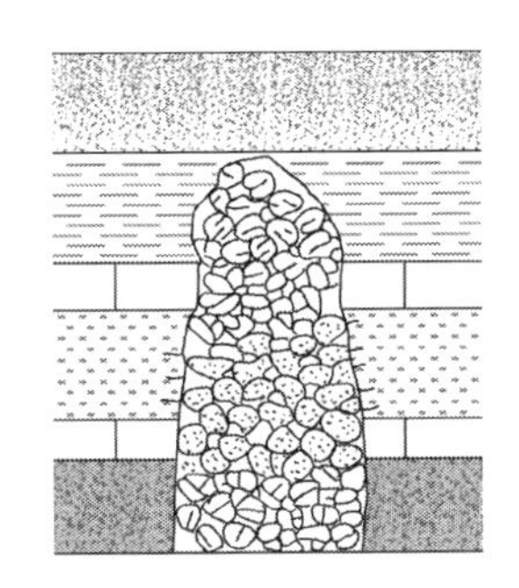

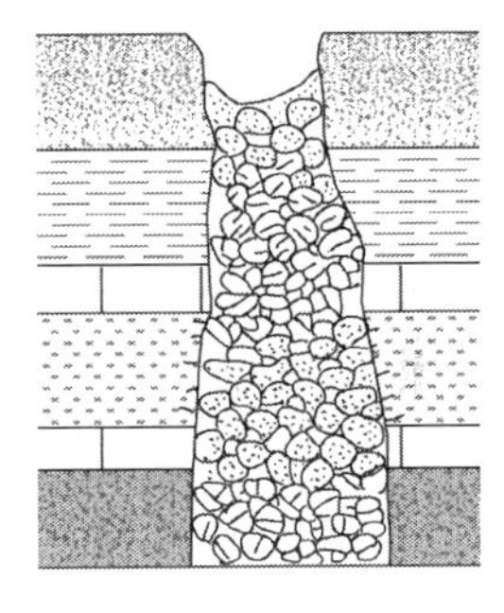

① 공동의 심도가 90*m* 이내에서 발생

② 천정부 파괴 후, 상부로 붕괴 진행, 점진적으로 지표로 연결

③ 함몰형 침하는 좁은 지역에 국한되며 큰 수직변위가 발생

(3) 문제점

① 지지력 부족

② 침하

③ 활동

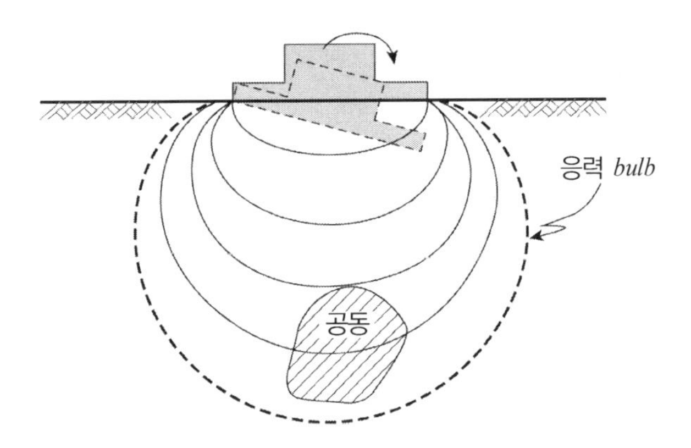

4. 조사 및 설계

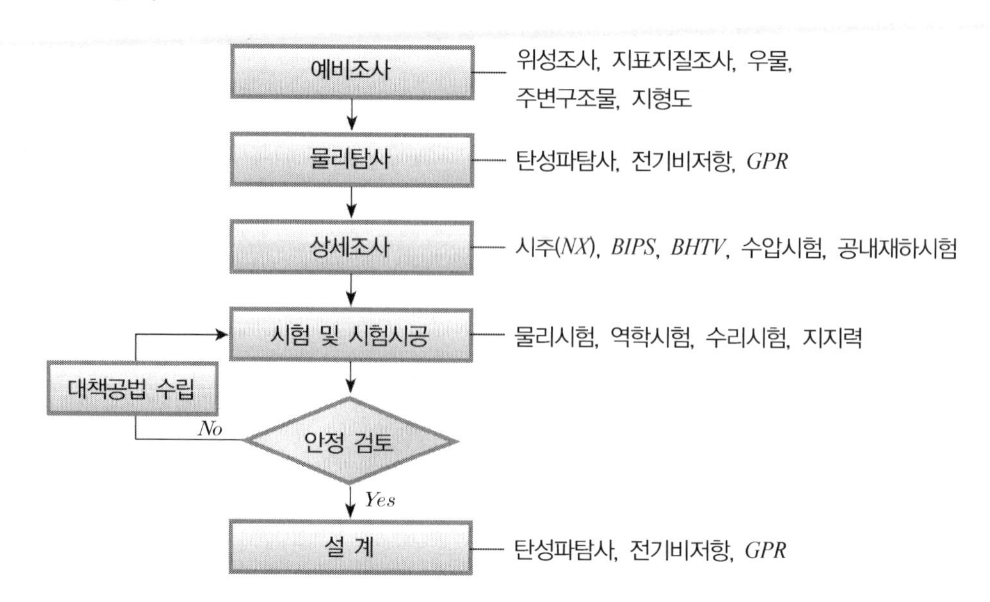

5. 침하방지 보강공법

(1) 보강공법의 종류

① 공동을 직접 충전하는 공동 충전공법 : 시멘트몰탈 그라우팅, *CGS*, *SIG*, *JSP* 공법

② 국부보강 공법 : 구조물에 영향을 미치는 부분에만 국부적으로 보강(마이크로시멘트 파일, 인젝션 마이크로파일, *TAM*, 시멘트 밀크 그라우팅 공법)

(2) 공동충전 공법 : 충전재 이송방법에 따른 분류

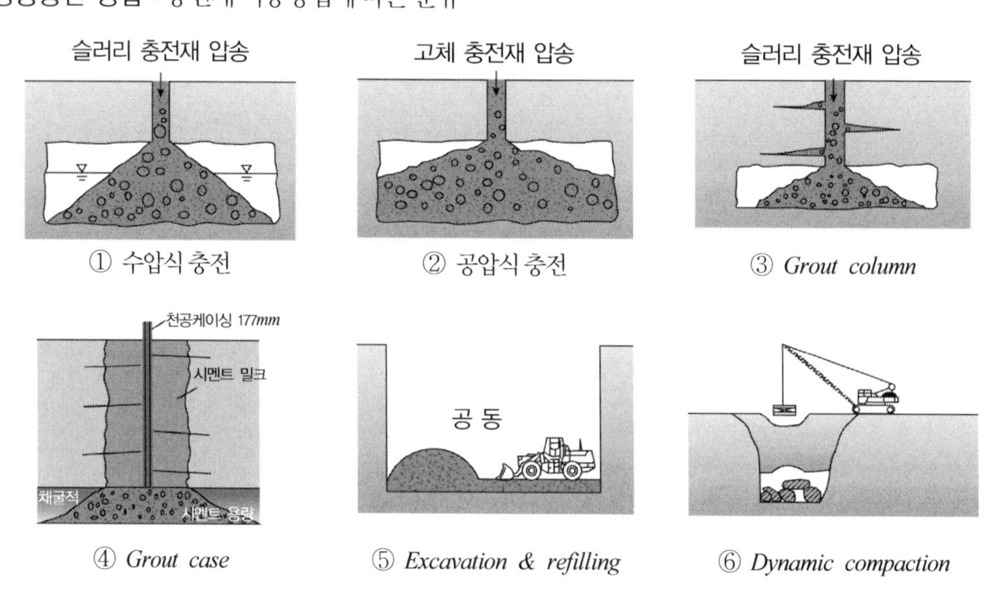

① 수압식 충전 ② 공압식 충전 ③ *Grout column*

④ *Grout case* ⑤ *Excavation & refilling* ⑥ *Dynamic compaction*

(3) 국부보강 공법

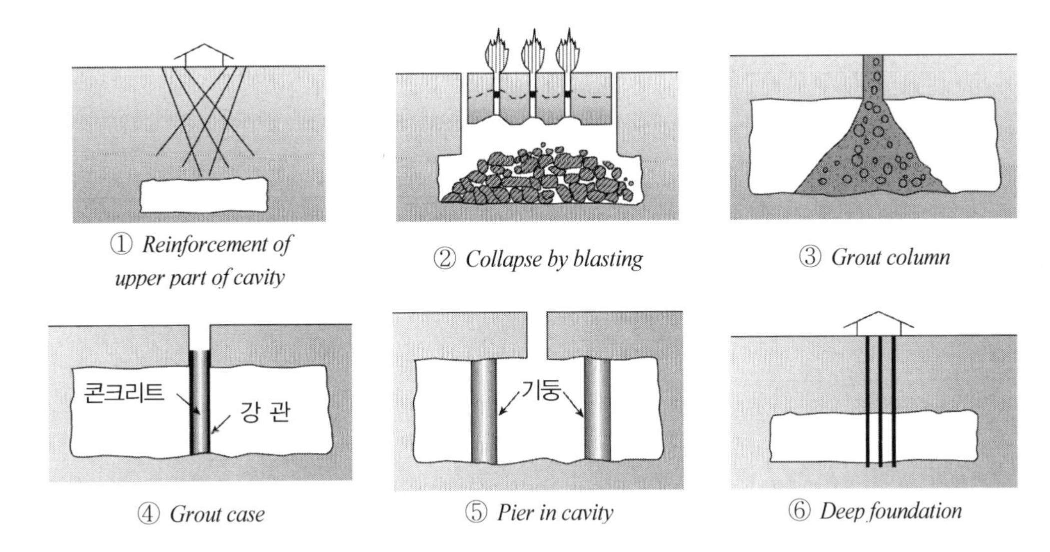

① *Reinforcement of upper part of cavity* ② *Collapse by blasting* ③ *Grout column*

④ *Grout case* ⑤ *Pier in cavity* ⑥ *Deep foundation*

6. 기초 처리 대책

(1) 직접기초인 경우

① 기초 밑에 얕은 위치 공동

㉠ 공동에 압력구근이 걸리지 않도록 기초를 내림

㉡ 공동내 충전물을 제거하고 시멘트 밀크 주입 / 인위적 함몰 후 동다짐

㉢ 충전물 제거가 곤란할 경우 고압분사공법, *CGS* 공법 적용

㉣ 암반보다 *Grouting* 부분의 강도가 더 약하므로 *Grouting* 재료에 대한 지지력, 변형량 검토 필요.

② 기초 밑에 깊은 위치 공동

㉠ 공동이 압력구근 밖에 존재하는 경우로서, 지지력 확보는 가능함

㉡ 지지력은 확보가 가능하더라도 상부하중 재하에 따라 공동에 변형이 발생할 수 있으므로 변형으로 인한 침하량은 3차원 유한요소 해석 등을 통한 응력-변위의 수치해석이 필요함

㉢ 3차원 유한요소 해석결과에서 변위가 크게 되면 *Chemical Grouting* 처리 검토

(2) 말뚝기초인 경우

① 기초 밑에 얕은 위치 공동

㉠ 지지력과 침하에 문제가 발생하므로 말뚝길이를 연장하여 시공 후 공동부는 그라우팅 처리

㉡ 말뚝길이 연장이 불가한 경우에는 고압분사공법, *CGS* 공법으로 공동을 밀실하게 충전하고 공동천정부의 공극은 2차로 *Chemical Grounting* 처리

② 기초 밑에 깊은 위치 공동

㉠ 공동이 압력구근 밖에 존재하는 경우로서, 지지력 확보는 가능함

㉡ 지지력은 확보가 가능하더라도 상부하중 재하에 따라 공동에 변형이 발생할 수 있으므로 변형으로 인한 침하량은 3차원 유한요소 해석 등을 통한 응력-변위의 수치해석이 필요함

㉢ 3차원 유한요소 해석결과에서 변위가 크게 되면 공동의 상부에 *Arch*효과가 발현되도록 *Micro Pile*을 설치함

㉣ *Micro Pile*을 보강하더라도 침하 우려 시는 공동자체에 고압분사공법, *CGS* 공법 적용 여부 검토

7. 평 가

(1) 공동으로 인한 기초의 안정성과 보강방안을 수립하기 위해서는 공동의 위치, 크기, 공동주변의 암반상태, 공동 내 충전물, 지하수위 등에 대한 상세한 조사가 매우 중요하며 보강공법은 채굴적 형상과 현장작업, 경제성 등을 고려하여 적용된다.

(2) 보강부위는 얕은기초의 경우 평판재하시험, 깊은기초의 경우 말뚝재하시험, 공내재하 시험, 시추에 의한 시료채취, 압축강도, 투수시험, 공내검층을 통한 보강성과를 반드시 확인해야 하며 필요시 추가보강 여부를 검토하여야 한다.

(3) 폐광지역에 대한 정확한 지반보강공법 설계를 위하여는 지반조사결과에 근거한 안정성 검토와 해석프로그램이 필요하나 현재까지 국내 연구결과로는 폐탄광지역 지반여건을 정확히 반영할 수 있는 안정성검토 프로그램(*program*)이 개발되지 못하였다. 따라서 향후 국내 폐탄광지역 실정에 맞는 안정성 검토 방법과 해석 모델(*model*)에 대한 연구가 계속되어야 할 것이다.

(4) 터널의 경우

터널구조물의 경우에는 라이닝(*lining*) 배면공동에 시멘트 몰탈 등으로 충전하고 배면 이완지역에는 충전 그라우팅으로 보강하였으며, 하부지반에 대하여는 인버터(*invertor*)를 설치하였다.

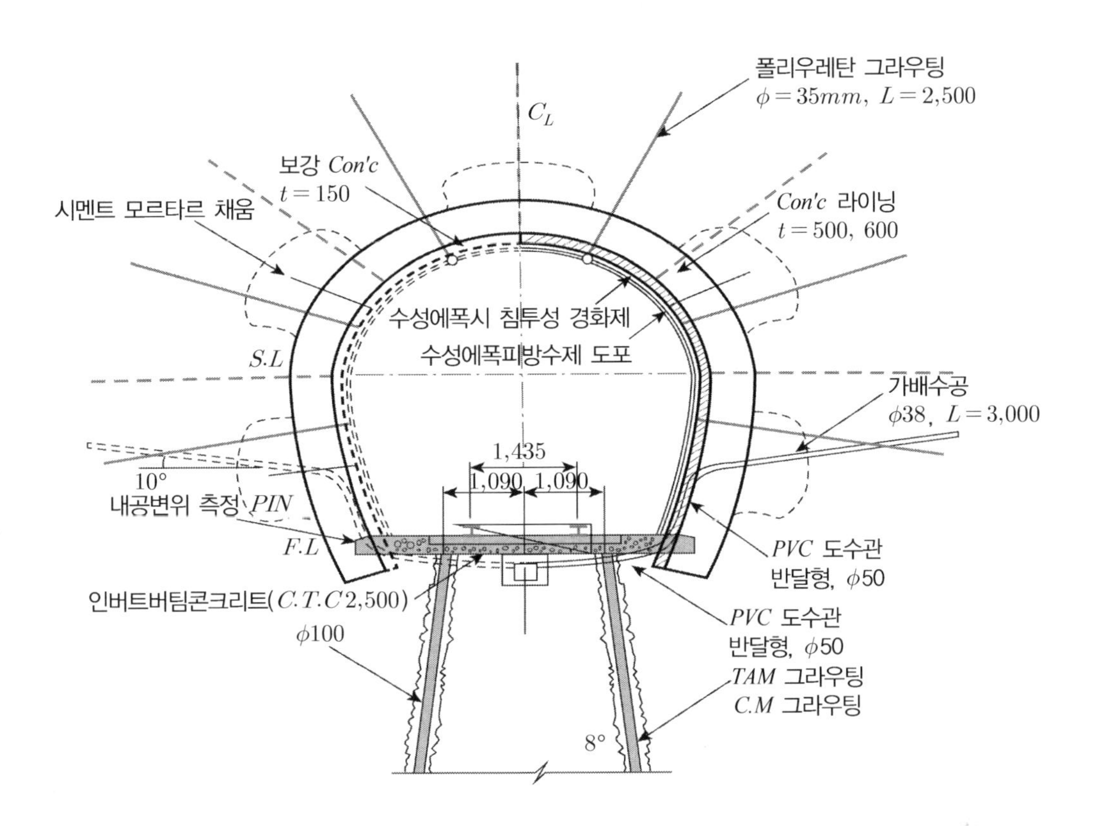
폴리우레탄 그라우팅
$\phi = 35mm,\ L = 2{,}500$
C_L
보강 Con'c
$t = 150$
시멘트 모르타르 채움
Con'c 라이닝
$t = 500,\ 600$
수성에폭시 침투성 경화제
수성에폭피방수제 도포
S.L
가배수공
$\phi 38,\ L = 3{,}000$
1,435
1,090 1,090
10°
내공변위 측정 PIN
F.L
PVC 도수관
반달형, ϕ50
인버트버팀콘크리트(C.T.C 2,500)
ϕ100
PVC 도수관
반달형, ϕ50
TAM 그라우팅
C.M 그라우팅
8°

24 폐기물 위에 얕은기초 설계

1. 폐기물의 공학적 성질

(1) 폐기물은 점토와 사질토의 공학적 성질을 공유하고 있다.

(2) 폐기물은 간극이 크고 압축성이 크며 투수성이 크다.

2. 기초파괴 양상

(1) 폐기물 매립층의 지지력 부족으로 인한 파괴

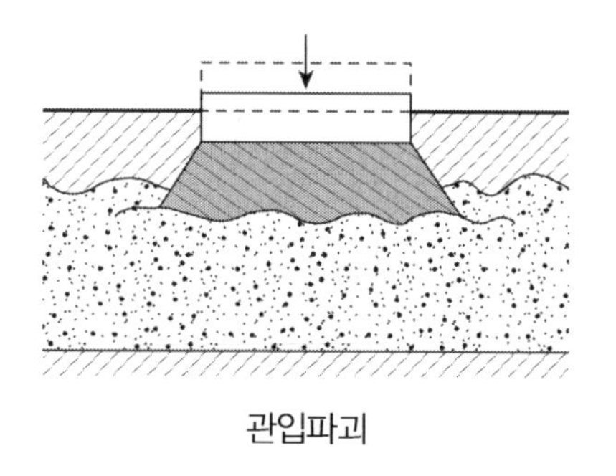

관입파괴

전반전단파괴

(2) 폐기물 매립층의 침하

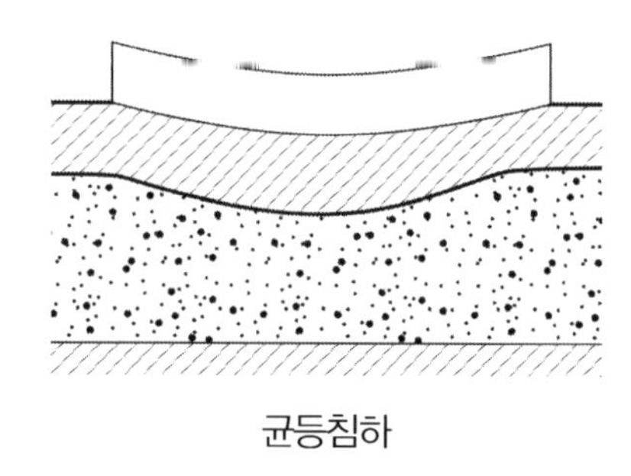

균등침하

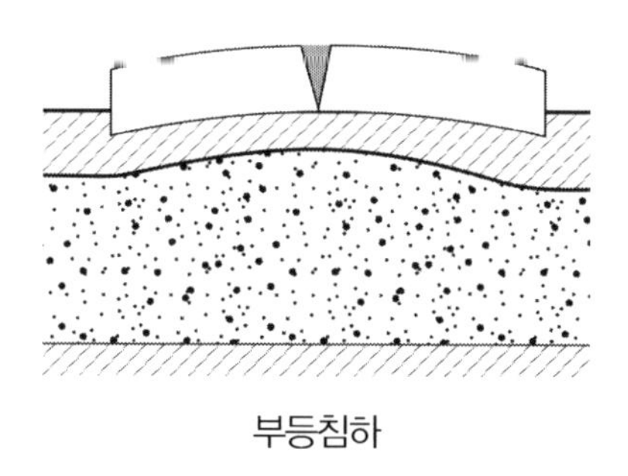

부등침하

3. 기초설계 시 문제점

(1) 침하 → *NF*

(2) 유독 *Gas*(메탄가스) 및 재료 부식

(3) 부등침하 및 쓰레기장 유독 *Gas*

(4) 폐기물 부패진행에 따른 침하 → 지반 함몰

4. 지지력 및 침하대책

(1) 하중감소 효과를 위해 추가 성토 후 기초설치 : 성토두께 $1.5B \sim 2.0B$

구 분	양호한 상부층이 두꺼운 경우	양호한 상부층이 얇은 경우
파괴 형태	양호 / 불량 / B / H	양호 / 불량 / B / Punching / H
조 건	$H > 2B$	$H < 2B$
지지력	**양호지층 지지력**	**연약지층 지지력**

(2) 비교적 가벼운 1~2층 정도의 구조물은 연속기초 사용

① 극한 지지력 $q_u = \alpha \cdot c \cdot N_c + \beta \cdot \gamma_1 \cdot B \cdot N_\gamma + \gamma_2 \cdot D_f \cdot N_q$에서

② 연속기초일 경우 β가 가장 크므로 β가 크면 지지력이 커짐

형상계수(*Shape factor*)

구 분	원형기초	정사각형	연속기초	직사각형 기초
α	1.3	1.3	1.0	$1+0.3\dfrac{B}{L}$
β	0.3	0.4	0.5	$0.5-0.1\dfrac{B}{L}$

여기서, B : 기초폭 중 짧은 변의 길이, L : 기초폭 중 긴 변의 길이

(3) 상재하중 경감 : *Mat* 기초

(4) 중량구조물로 인한 지지력 부족 및 허용침하량 초과 시 : 필요시 *Pier* 기초 사용

✓ *Pile* 사용 시 부식경감을 위해 부식방지 처리 강관말뚝, 콘크리트 말뚝 사용

(5) 지지력 증대를 위한 피복토 두께 증가 시 과다한 성토하중으로 인한 최종 침하량 증가

25 지하매설관의 파괴원인 및 대책

1. 관 매설 형태

지하매설관의 설치방법은 굴착식(*Ditch type*), 돌출식(*Projection type*), 넓은 굴착식(*Wide Ditch type*) 등이 있으며 매설관 설치방법에 따라 관에 작용하는 토압이 다르게 된다.

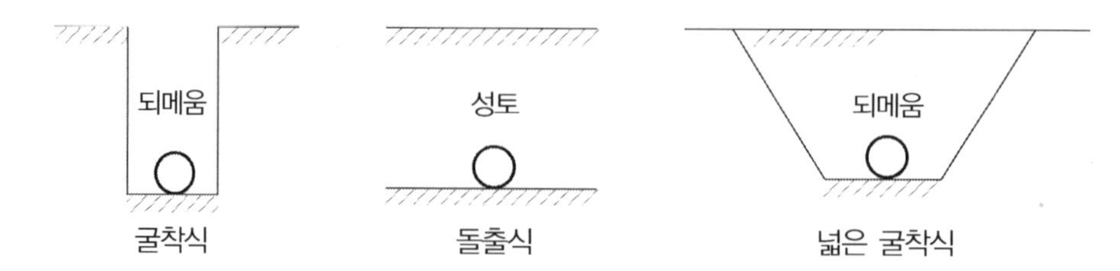

2. 배관 종류별 파괴형상

(1) 강성이음관(상수도관) : 용접, 나사이음부의 수직전단파괴

(2) 연성이음관(우수 및 하수관) : 매설관의 휨으로 이음부 파손

3. 지하매설관 파괴원인

(1) 매설방법 부적정

① 굴착식과 반대로 되메움 토사하중(W)에 부마찰력(F)가 작용하여 관에 토압이 추가로 작용하여 매설관의 변형을 유발

② 이는 관재질에 따라 다르나 관주변 지반의 침하가 상대적으로 관로 위보다 크게 되어 발생한 부착력의 발생에 기인된다.

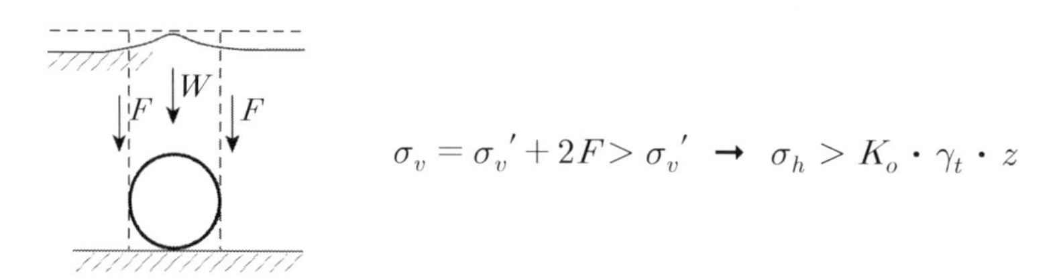

$$\sigma_v = \sigma_v{}' + 2F > \sigma_v{}' \rightarrow \sigma_h > K_o \cdot \gamma_t \cdot z$$

(2) 매설지반의 부등침하

① 과소압밀(미압밀) 점토지반에 매설

② 매설지반위 추가성토

② 침하량

$$\therefore \Delta H = S = \frac{H}{1+e_o}\Delta e = \frac{C_c}{1+e_o} H \log \frac{P_o + \Delta P}{P_o}$$

4. 대 책

(1) *Pile* 기초 지지

① 비용과다

② 중요배관에 적용

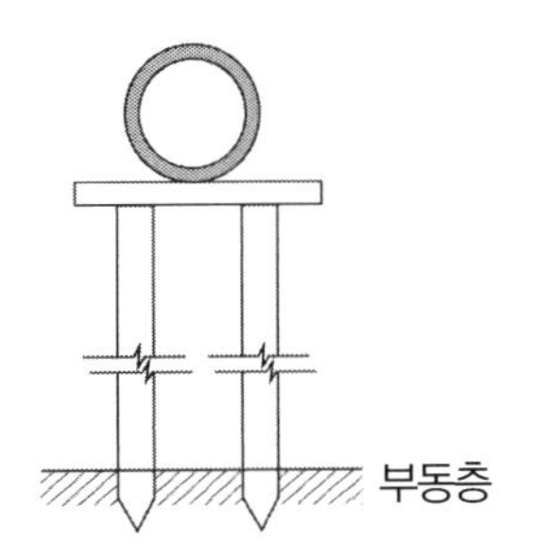

(2) 주입공법

① 시공기간 단축

② 비용 과다

③ 지지력 확인 곤란

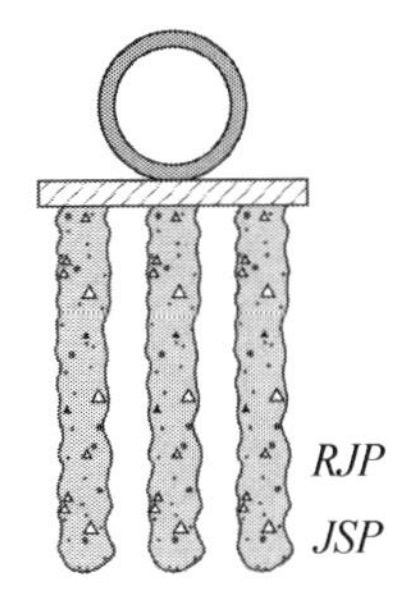

(3) 치환공법

① 지반침하가 크지 않은 지역 적용

② 양질의 모래, 자갈 등으로 치환

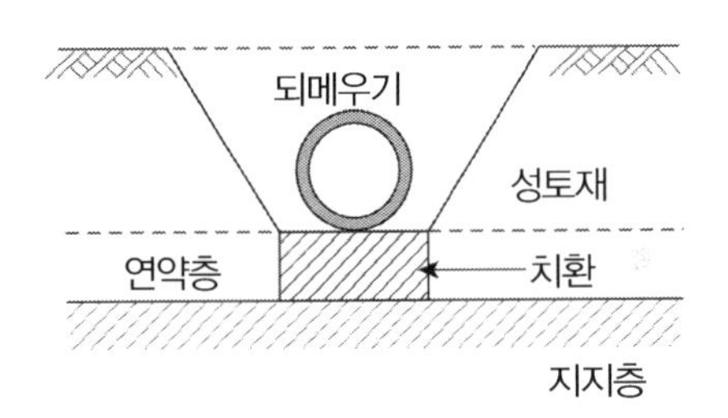

(4) 기 타

① 자갈 기초 ② 침목 기초

③ 사다리 기초 ④ 말뚝 기초

⑤ *Concrete Pad* (*Badding*) : 매설관의 강성을 증가

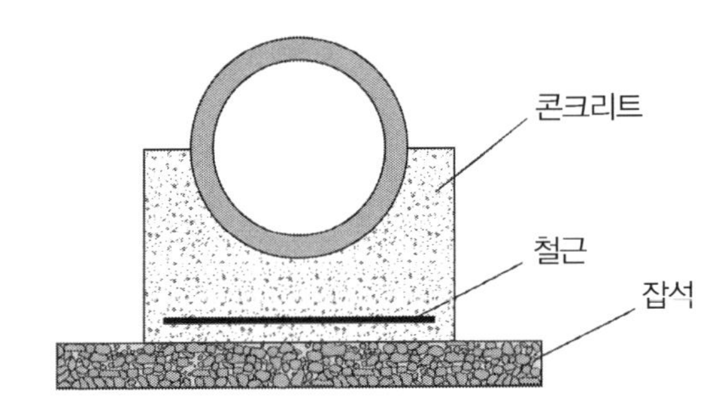

26 Top Base 공법(팽이기초)

1. 개 요

지내력이 부족한 지반 위에 기하학적인 형상 및 다짐된 채움쇄석이 응력집중을 방지하여, 상부하중을 기초지반에 분산시켜 지지력 향상과 침하억제 효과를 통하여 기초지반을 개량/보강함으로써 안전성, 시공성, 경제성이 뛰어난 신기초 공법

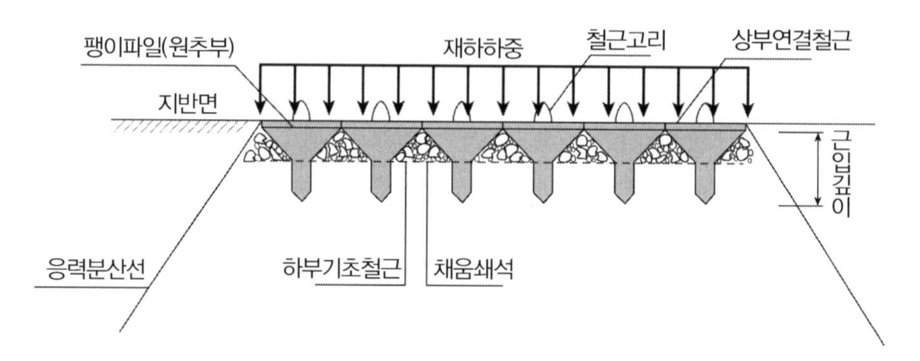

2. 공법의 메커니즘

(1) 측방유동(側方流動)의 억제

① 팽이기초의 가장 특징적이고 효과적인 메커니즘

② 간극수압의 측정결과에서 확인 → 일차원적인 침하에서 그치게 함

③ 즉시침하와 압밀침하를 억제하는 주요인

(2) 접지면적의 증대(약 1.5배의 접지면적 증가 효과)

기초저면적을 확대하지 않고도 1.5배 확대한 효과

(3) 응력분산효과의 극대화

재하하중이 기초에서 팽이파일로 전달 → 쇄석으로 전달 → 팽이파일이 쇄석을 구속 압축

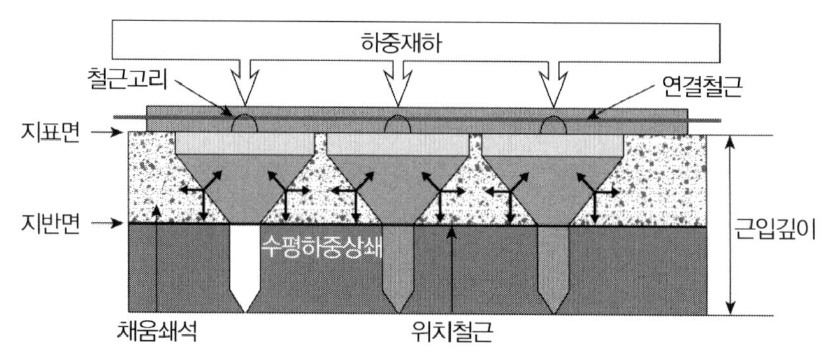

(4) 즉시침하 및 장기압밀침하 억제

(5) 지지력증가
  ① 응력분포를 등분포에 가깝게 분산
  ② 지반의 국부파괴 방지

3. 공법의 효과

(1) 균등침하 유도

(2) (−)*Dilatacy* 억제

(3) 침하감소 : 무처리보다 50% 감소

(4) 지지력 증대 : 무처리보다 50~100% 증가

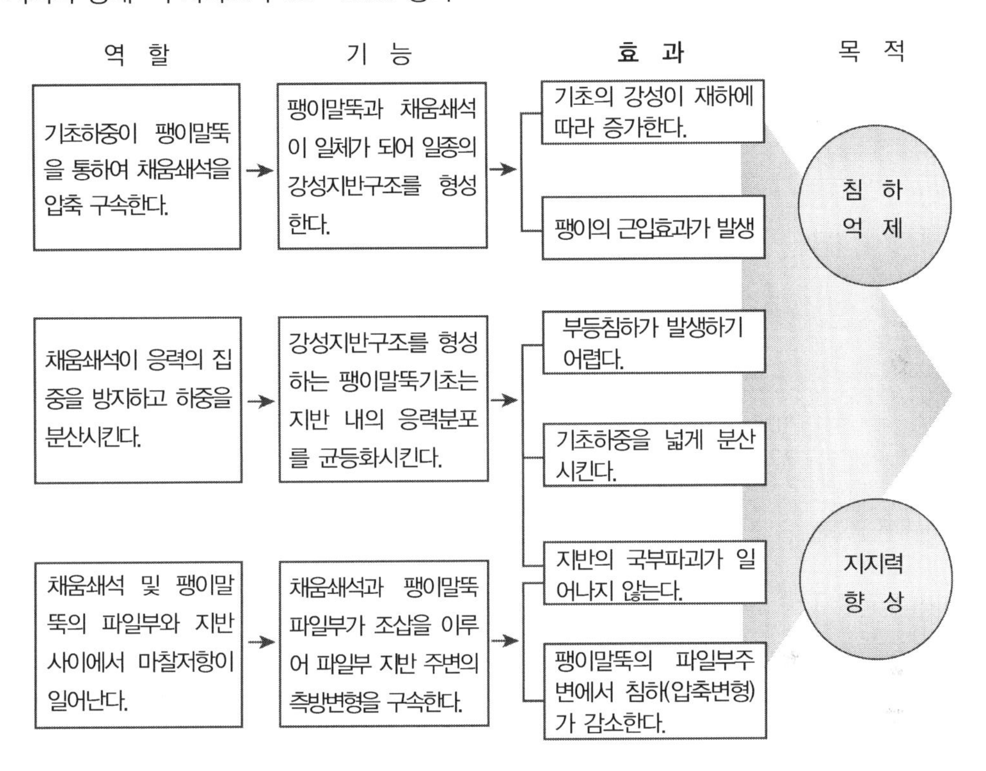

4. 시공순서

*PP*매트설치 → 모래쇄석 부설 → 위치철근설치 → 팽이파일 부설 → 채움쇄석다짐 → 연결철근배근

5. 지지력 향상 이유

(1) *Terzaghi* 식에서와 같이 α 값은 같으나 β 값이 클수록 원지반의 허용 지지력보다 팽이파일 허용 지지력이 크게 나타나게 된다.

구 분	기초저면형상	연속형	정방형	장방형	원형
원지반 기 초	α	1.0	1.3	$1.0+0.3B/L$	1.3
	β	0.5	0.4	$0.5-0.1B/L$	0.3
팽 이 기 초	α	1.0	1.3	$1.0+0.3B_k/L_k$	1.3
	β	1.0	0.6	$1.0-0.4B_k/L_k$	0.3
평 가			가장 유리		

(2) 지지력 증가

① 전단 저항각(25°)이 클수록 지지력계수는 2배 이상 증가하는 것으로 나타남

원지반의 수정 지지력계수 (국부전단파괴의 경우)			
ϕ	N'_c	N'_q	N'_r
0	5.71	1.00	0.00
5	6.72	1.39	0.00
10	8.01	1.94	0.00
15	9.69	2.73	1.20
20	11.90	3.88	2.00
25	14.80	5.60	3.30
30	19.10	8.32	5.40
35	25.20	12.80	9.60
40	34.80	20.50	19.10
45	51.10	35.10	27.00

팽이기초의 지지력계수 (전반전단파괴의 경우)			
ϕ	N'_c	N'_q	N'_r
0	5.0	1.0	0.10
5	6.3	1.6	0.17
10	8.0	2.5	0.53
15	11.5	4.0	1.40
20	15.0	6.3	3.00
25	20.0	11.0	6.50
30	30.0	18.0	15.00
35	46.0	32.0	35.00
40	73.0	63.0	86.00
45	130.0	130.0	220.00

② 지지력 산정

$q_a = 1/3\left\{\alpha\, C^{\frac{2}{3}} N_c' + \beta_\nu B N_r' + P_0 N_q'\right\}$ ··············· *Terzaghi*식

$q_{ka} = \dfrac{1}{F} K_1 K_2 \{\alpha c N_c + \beta_{\nu 1} B N_r / 2 + P_0 N_q\}$ ······· 팽이 지지력식

여기서, $P_0 = r_2 D_f$: 근입깊이, $K_1,\ K_2$: 팽이효과 계수(응력분산효과)

위의 위 지지력 식에서 $\alpha \cdot c \cdot N_c = A$로 $\beta \cdot r \cdot B \cdot N_r = B$로 $q_o \cdot N_q = C$로 놓으면

$q_a = \dfrac{1}{3}\left(\dfrac{2}{3}A + B + C\right)$, $q_{ka} = \dfrac{1}{3} \cdot K_1 . K_2\left(A + \dfrac{1}{2}B + C\right)$가 되므로 원지반식에 비해 팽이식에서 A의 비중이 커지고 B의 영향이 반감되었음을 알 수 있다.

이것을 다시 풀어보면 점착력과 α, N_c의 영향이 커지고 흙의 단위중량과 건물기초폭, β의 영향이 반감되었음을 알 수 있다.

따라서 지지력식에서 B항보다는 A항의 비중이 크므로 기초의 형상이 정방형에 가까울수록 대체로 유리하다.

27 토목섬유를 이용한 기초보강

1. 개 요

기초지반 하부에 그림과 같이 토목섬유를 포설하여 *Highbrid Soil*을 구성함으로써 *Arching*에 의한 구속 응력 증대로 전단강도를 도모하는 공법이다.

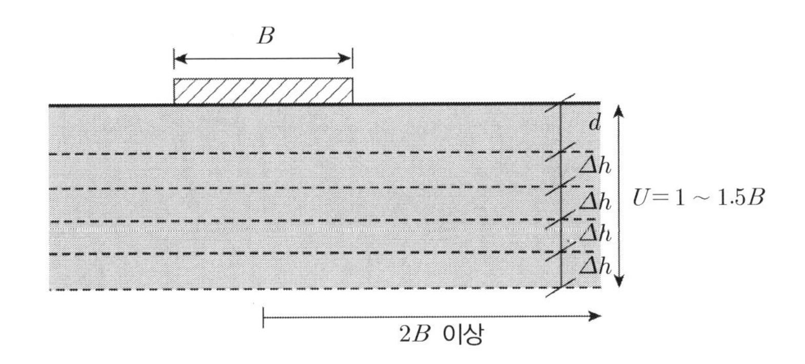

2. 공법의 원리(테르아르메 원리)

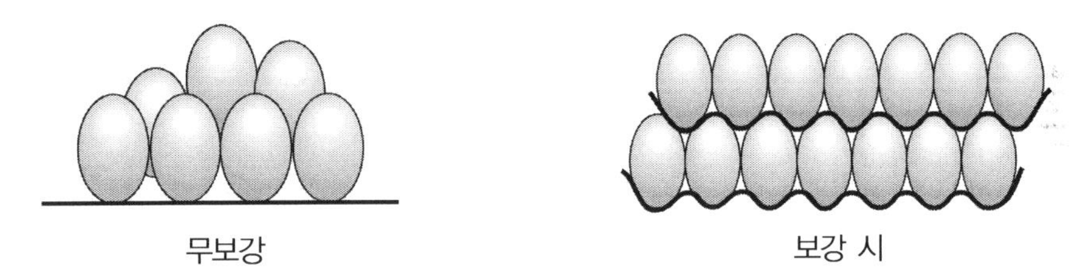

아칭 개념 : 기초 하부에 마찰력이 크고 인장강도가 우수한 토목섬유를 포설하면 토립자와 보강재 사이의 마찰로 횡방향 변위를 구속하여 점착력을 가진 것과 동일한 효과를 갖게 하여 강화된 흙(*Hybrid soil*化)을 만드는 것이 공법의 원리이다.

3. 지반거동에 따른 *Mechanism*과 효과

(1) 내부 마찰각(*Hybrid soil*)

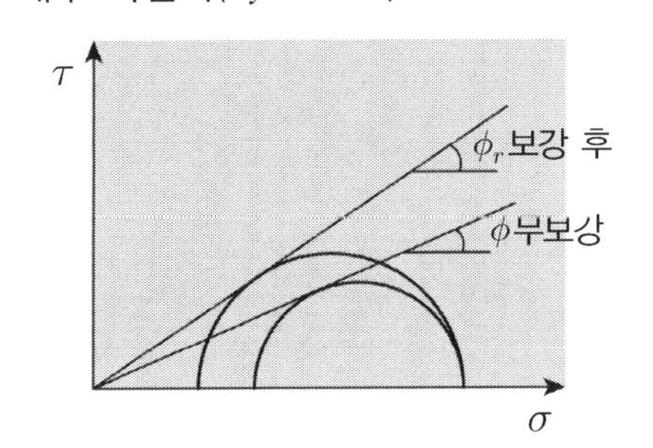

(2) 구속응력 증가

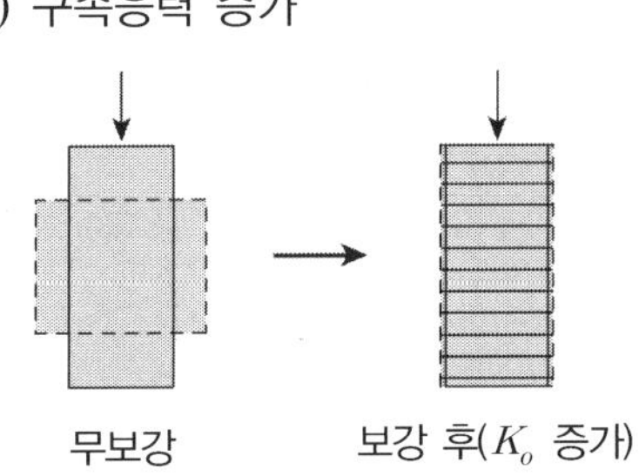

(3) 겉보기 점착력 증가

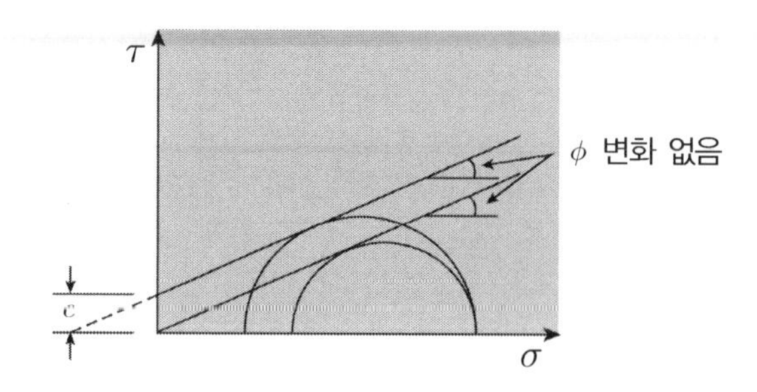

(4) 전단강도 증대 : 전단강도 $\tau = c + \sigma \tan\phi$에서 c, ϕ 증대로 전단저항 증가

4. 보강유무에 따른 지지력

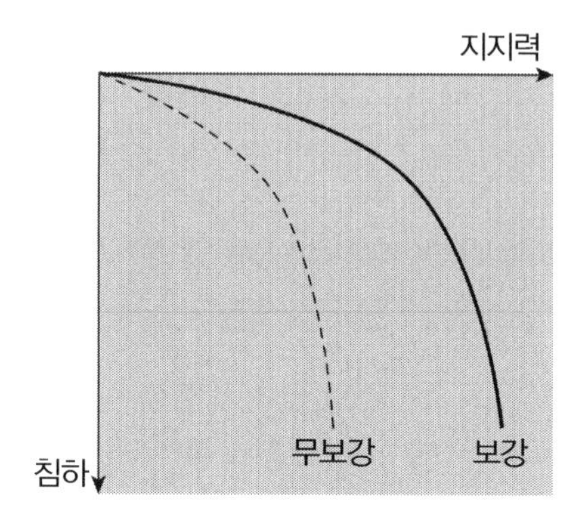

(1) 지지력 증대를 위한 보강조건

① $U = 1 \sim 1.5B$

② $L = 2B$ 이상

(2) 침하억제는 곤란하므로 지지력 평가 시 반드시 일정 침하 고려

5. *d*와 *U*에 따른 지지력비

(1) $BCR - d/B$

① d의 영향 : d가 얇을 경우 BCR 커짐

② BCR(지지력비) 무보강 지지력에 대한 보강지지력의 비

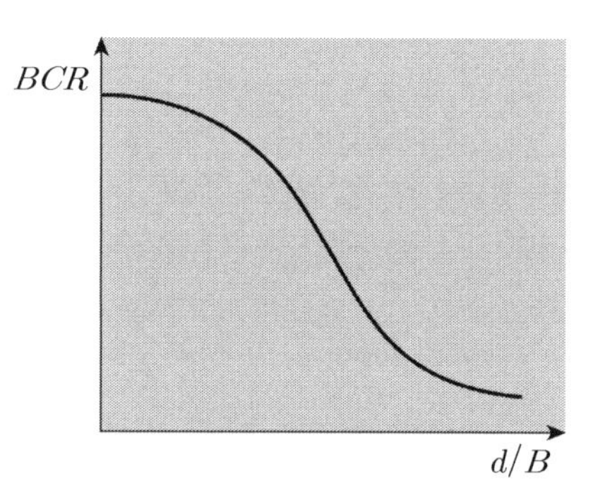

(2) $BCR - U/B$

: U가 커지면 지지력비 커짐

✓ **U가 일정 두께 이상이면 지지력 증가량 둔화**

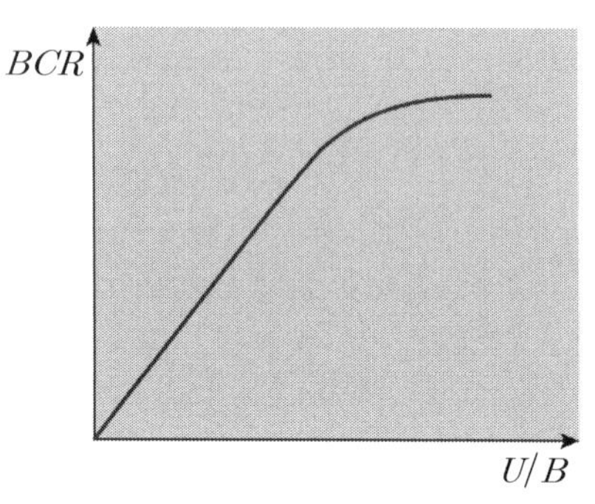

6. 평 가

(1) 원심모형실험, 수치해석에 의한 검증된 *Data* 분석을 통한 실무적용이 필요하다.

(2) 토목섬유 포설로 인한 지지력의 증가는 기대되나 침하의 억제가 곤란하므로 허용침하량을 포함한 지지력 평가가 되어야 한다.

(3) 지지력에 미치는 영향인자중 보강재의 초기 포설심도와 전체 포설심도가 영향을 크게 미치므로 이에 대한 검토는 신중하여야 한다.

CHAPTER 13

깊은기초

이 장의 핵심

- 구조물 바로 아래 있는 흙이 연약하여 상부구조물에서 오는 하중을 지지할 수 없을 때에는 깊은기초를 사용해야 한다.
- 이러한 깊은기초는 과거에는 항타에 의한 공법이 주류를 이루었으나 최근에 진동, 소음 등 환경과 관련한 각종 제한으로 인해 현장타설 콘크리트 말뚝으로의 시공이 대중화되고 있는 실정이다.
- 이번 장에서는 깊은기초의 지지력과 지지력에 영향을 미치는 부마찰력, 군항효과와 현장타설 콘크리트 말뚝에 대한 공법소개를 통해 깊은기초에 대한 설계와 시공 시 주의사항에 대하여 알아보고자 한다.

CHAPTER

13 깊은기초

01 깊은기초의 종류와 시공법별 특징

1. 기초의 분류

구 분	얕은기초	깊은기초	비 고
정 의	상부하중을 직접 지반에 전달시키기 위한 지반 위 기초구조	상부하중을 말뚝이나 케이슨을 통하여 지중으로 전달되게 하는 기초구조	$1 < D_f/B < 4$이면 얕은기초와 깊은기초 중 불리한 쪽으로 설계
D_f/B	$D_f/B < 1$	$D_f/B > 4$	

위 D_f/B에서 D_f는 근입깊이를 B는 기초폭을 말한다.

2. 말뚝기초의 분류

구 분	대분류	소분류	
시공법	타입 공법	**타격 공법**	해머의 타격력에 의해 지반에 관입하여 설치하는 말뚝
		진동 공법	
	매입 공법	**압입 공법**	지반을 선 굴착하여 기성말뚝을 지반 속에 타입한 말뚝으로 소음이나 진동 등의 건설공해를 저감시킬 목적으로 개발한 공법
		프리보링 공법	
		내부굴착 공법	
		제트 공법(사수식)	
	현장타설 말뚝	기계적 굴착 공법	올 케이싱(베노토 공법)
			RCD 공법
			어스드릴 공법
			마이크로 파일 공법
		인력 굴착 공법	심초 공법
재질별	**강 말뚝**	강관/널/$H-$말뚝	
	콘크리트 말뚝	기성 콘크리트 말뚝 : RC/PC/PHC 말뚝	
		현장타설 콘크리트 말뚝	
	합성 말뚝	**다른 재료로 된 말뚝을 이은 말뚝**	
기능별 / 지지력 / 전달 기구별	**선단지지 말뚝**	선단지반(주로 암반)의 지지력에만 지지되는 말뚝	
	하부지반지지 말뚝	선단지지말뚝+마찰말뚝으로 지지되는 말뚝	
	마찰 말뚝	지지층이 깊이시 주면미찰력에만 의지하는 말뚝	
	다짐 말뚝	주로 느슨한 사질토에 말뚝을 타입하여 다짐효과를 기대하는 말뚝	
	활동방지말뚝(억지말뚝)	사면활동을 방지하기 위해 시공, 활동면에 저항 말뚝	
	수평저항 말뚝	해양 구조물 및 안벽에서 수평력에 저항하는 말뚝	
	인장 말뚝	인발력에 저항하는 말뚝/**큰 벤딩 모멘트에 저항**	

3. 시공법별 특징

구 분	타 입	매 입	현장타설
적용 토질	풍화토	풍화토	암
구 경	小	小	대구경
시공속도	빠 름	빠 름	느 림
경제성	小	中	大
공해(진동)	큼	저소음 저진동	저소음 저진동
지지력	中	小	大
강 성	小	小	大
이 음	있 음	있 음	없 음
Slime 처리	–	–	필 요

4. 말뚝시공 소음 및 진동규제 기준

(1) 진동소음 관리기준

구 분	대상물	진동기준	단 위
물적 피해기준	건물, 시설물 등	진동속도	*KINE(cm/sec)*
정신적 피해기준	인체, 가축 등	진동가속도 *level*	*dB(V)*

① 소음기준

㉠ 주간 : 75*dB* ㉡ 야간 : 55*dB*

② 국토교통부 고시 발파진동 허용기준

대 상	문화재, 유적, 컴퓨터시설물	주택, 아파트	상 가	철근콘크리트 건물 및 공장
허용진동속도(*cm/sec*)	0.2	0.2~0.5	1.0	1.0~5.0

(2) 수진 구조물 진동전달 방지

방진구 설치 및 효과

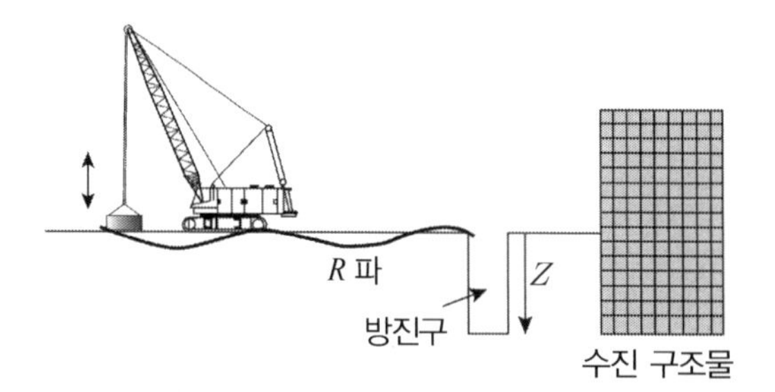

✓ 방진구 깊이 : ***R*** 파 영향 범위까지 굴착

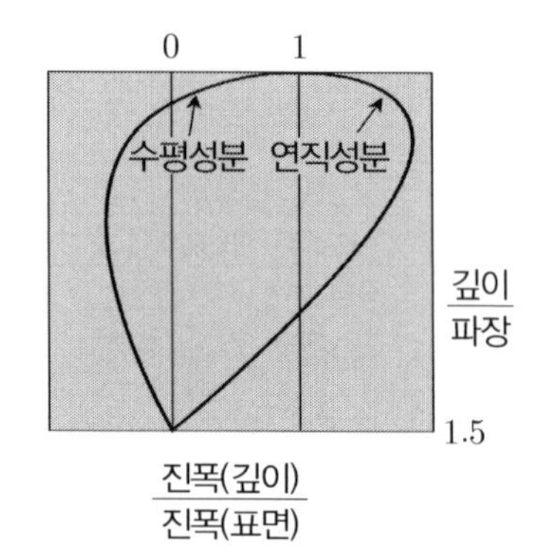

(3) 유사 방진구

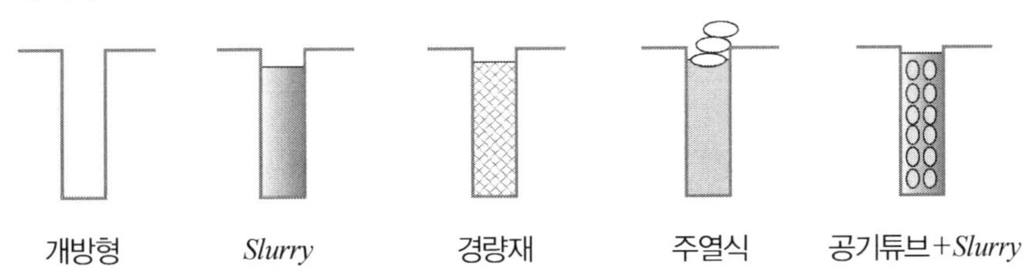

① 개방형 : 방진효과 우수하나 함몰 위험

② 경량 材 : *EPS* 사용

기능별 말뚝의 분류(참조)

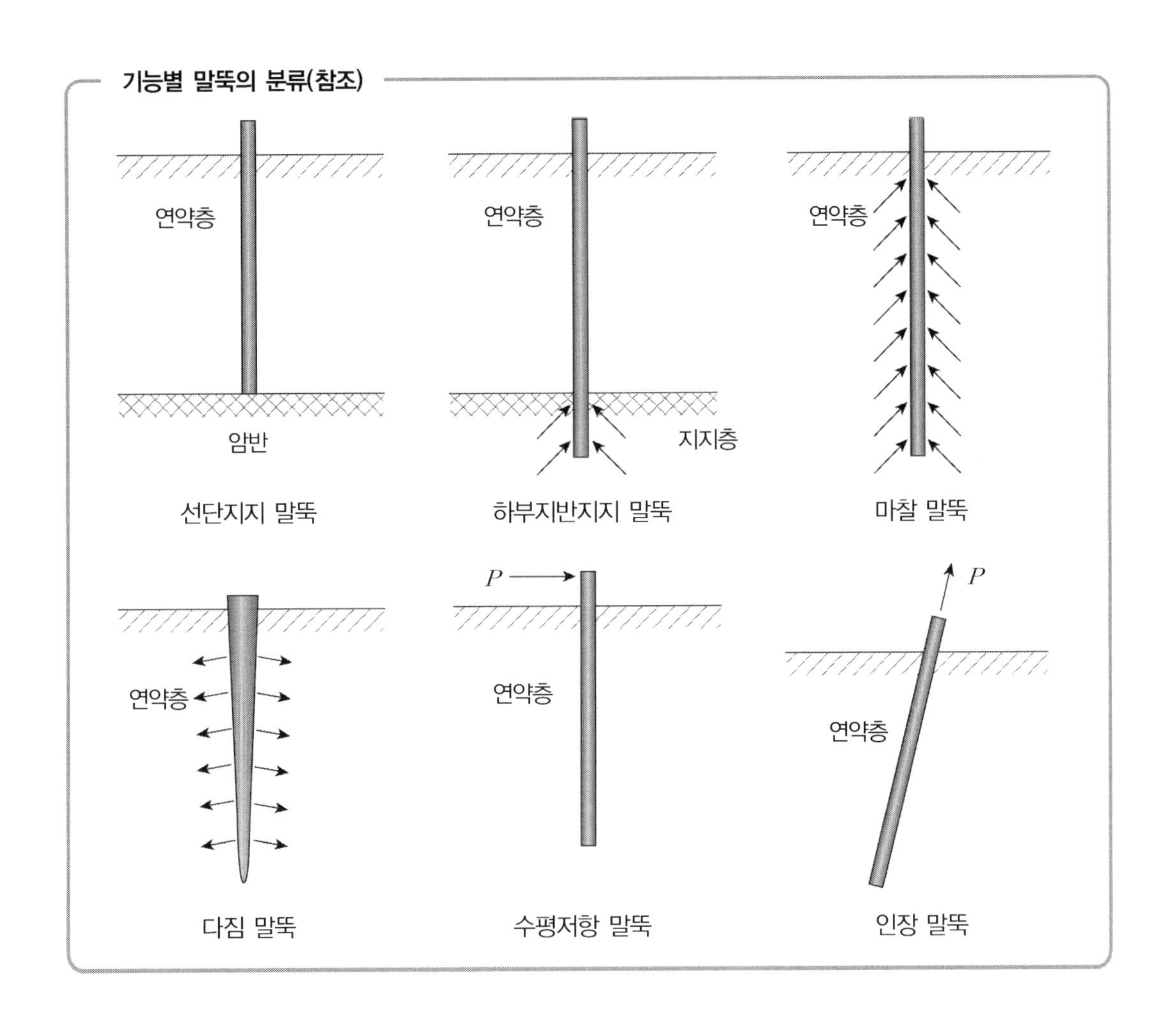

02 말뚝기초의 지반거동

1. 개 요

(1) 시공방법에 따라 다름 : 타입식, 매입식

(2) 지반조건에 따라 다름 : 점성토, 사질토

(3) 경시변화에 따라 다름 : *Time Effect* → *Thixotropy*

2. 시공방법에 따른 지반거동

구 분	점토 지반	사질토 지반
천공말뚝 (매입식)	천공구멍쪽으로 팽창 → 강도저하	• 공벽붕괴 가능성 큼
타입말뚝	교란 → C_u 저하	• 느슨한 모래 : (−)*Dilatancy*로 강도증가 • 조밀한 모래 : (+)*Dilatancy*로 강도저하

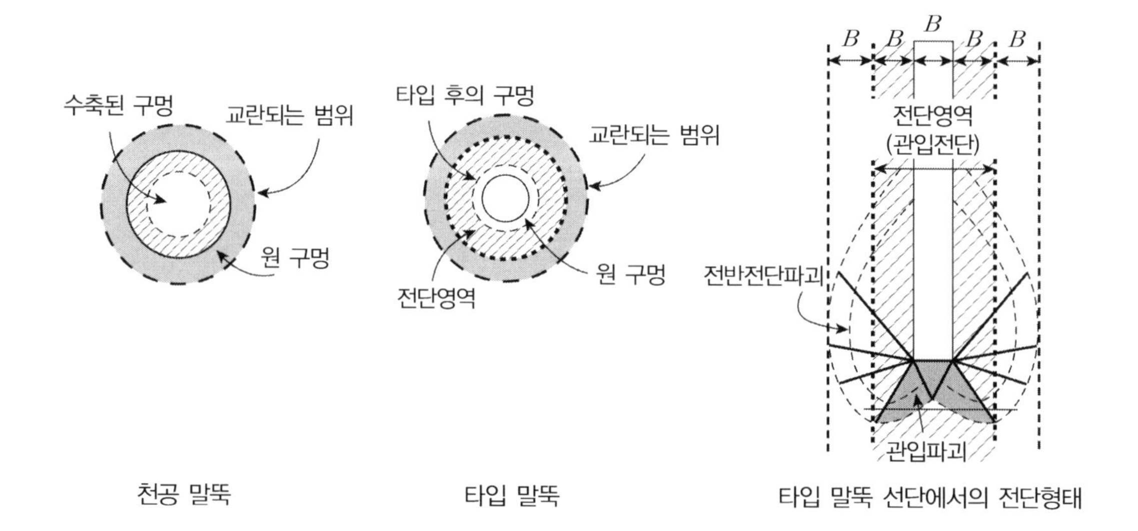

천공 말뚝 타입 말뚝 타입 말뚝 선단에서의 전단형태

3. 타입 말뚝에서의 지반거동에 따른 영향

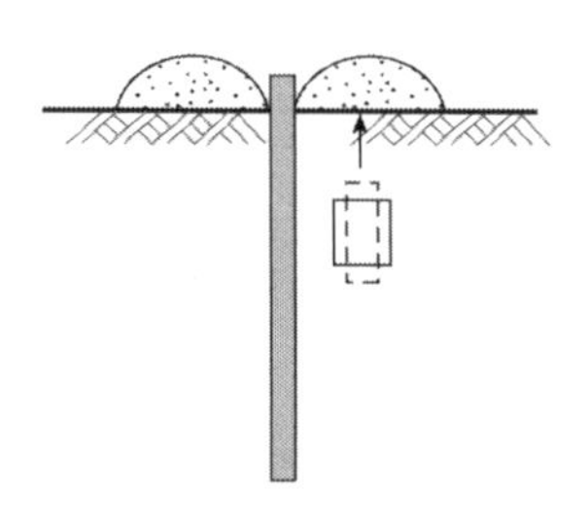

(1) 융기(과압밀 점토, 조밀한 모래)

말뚝 관입체적만큼 융기

✓ 느슨한 모래의 경우 침하현상 / 액상화 발생

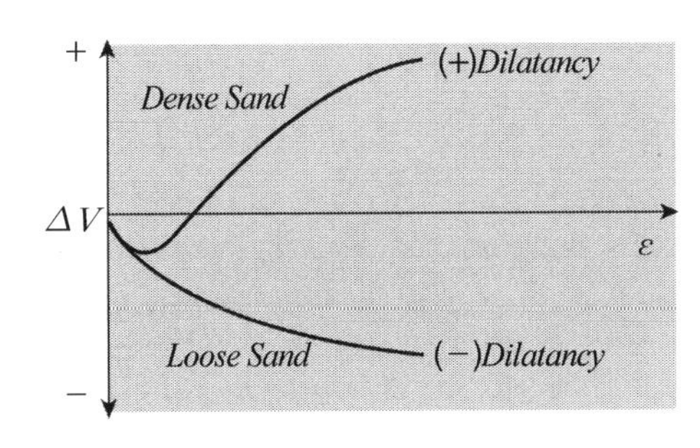

체적변화와 *Dilatancy*

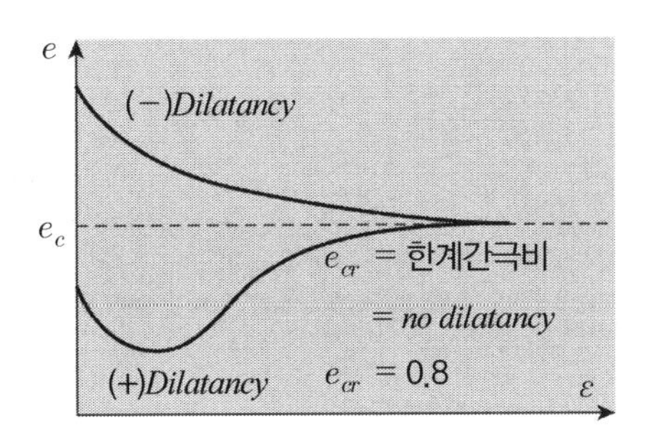

한계간극비와 *Dilatancy*

(2) 수평이동

수평토압에 기인하여 주변말뚝 이동

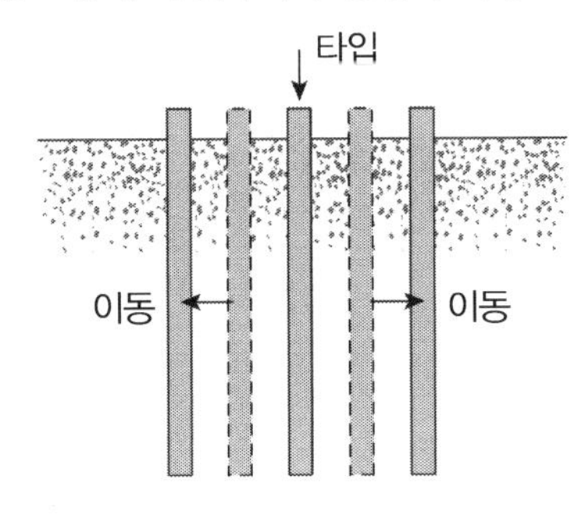

(3) 수평토압

*Vesic*에 의하면 포화된 점토지반의 경우 전 수평토압이 전 연직하중의 2배이고 모래지반의 경우에는 4배까지 이를 수 있다고 한다.

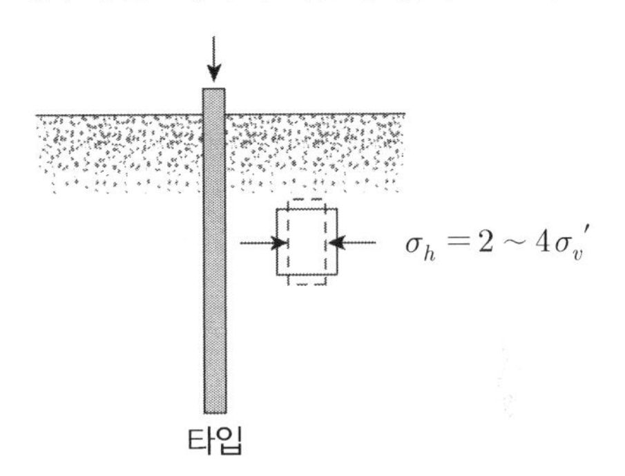

4. 변위의 영향

(1) 피해의 유형

① 항타로 인한 인접구조물 진동

② 느슨하고 포화된 사질지반 : 액상화

③ 지반의 침하, 융기로 인한 인접구조물 손상

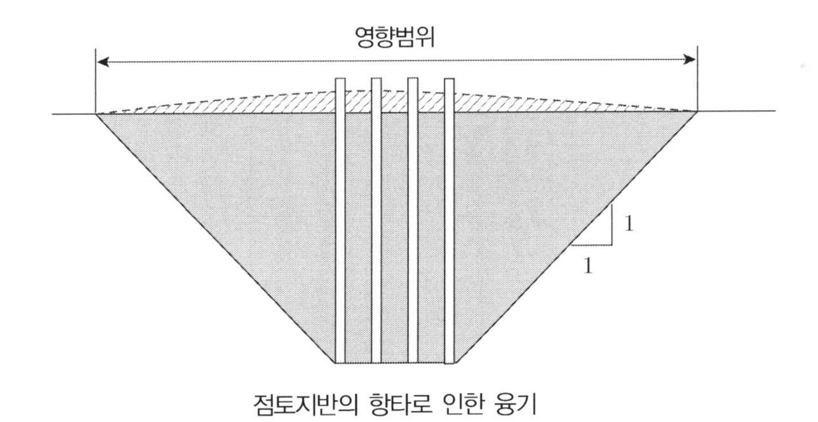

점토지반의 항타로 인한 융기

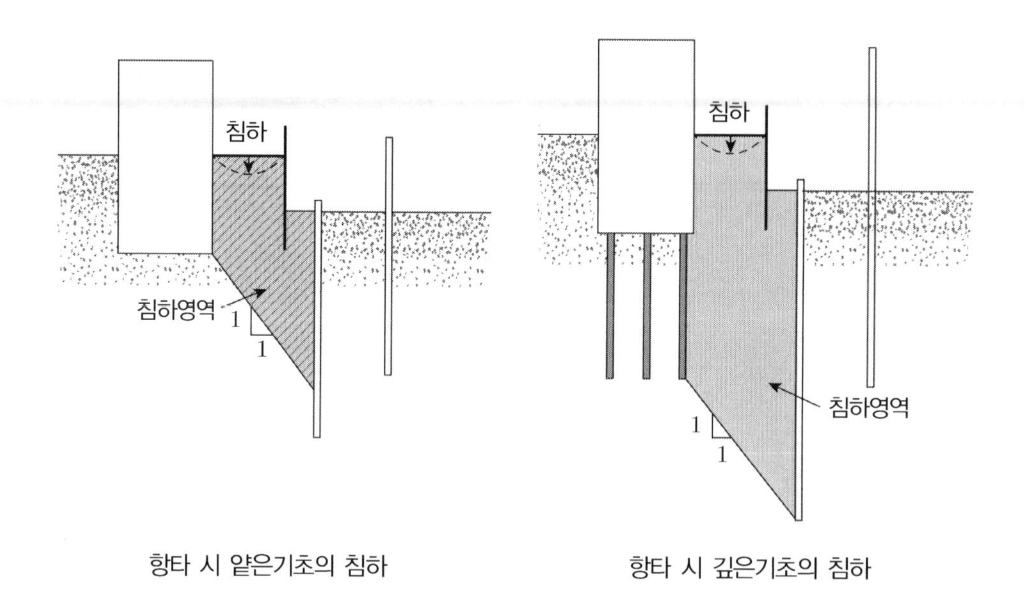

항타 시 얕은기초의 침하　　　　항타 시 깊은기초의 침하

(2) 융기 및 수평이동을 방지를 위한 말뚝타입 순서

① 중앙부의 말뚝을 먼저 타입 후 외측을 향해 말뚝타입 시공

② 육지에서 바닷가를 향해 타입

③ 건물이 있는 경우는 건물에서 건물 밖으로 말뚝을 타입해 나감

03 하중전이(Stress Transfer)

1. 개 요

(1) 하중전이는 변위되는 쪽이 변위가 없는 쪽으로 *Stress*를 *Transfer*하는 것으로

(2) 상대변위가 있어야 발생하는 것으로 말뚝, 옹벽, 앙카, 보강토에서 발생하며 여기서는 말뚝의 하중전이사항을 위주로 설명하고자 함

2. 하중전이 *Mechanism*(발생기구)

(1) 말뚝의 지지력 구성

$Q_u = Q_p + Q_s$ = 선단 지지력 + 주면 지지력

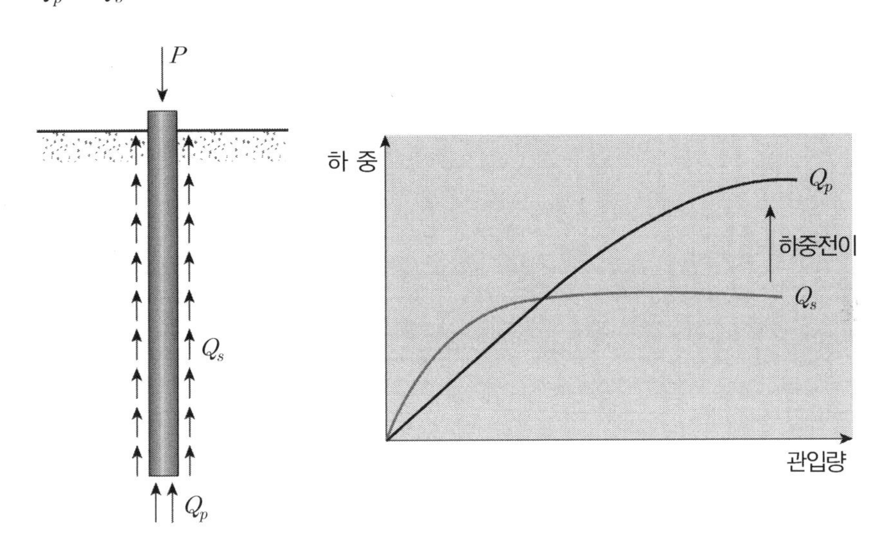

(2) 최대 주면마찰력 발휘를 위한 소요변위 : 0.5～1*cm*

✓ 흙의 강도정수와 관계하며 말뚝의 직경과 길이와는 무관

(3) 선단 지지력 발휘를 위한 소요변위

① 타입말뚝 : 말뚝직경의 10%

② 천공말뚝 : 말뚝직경의 30%

(4) 하중전이(*Stress Transfer*)

① 재하초기 : 재하 초기에는 주면마찰력으로 전체하중 지지

② 재하하중 증가 → 변위 발생 → 주면 지지력 초과 → 선단 지지력 발휘

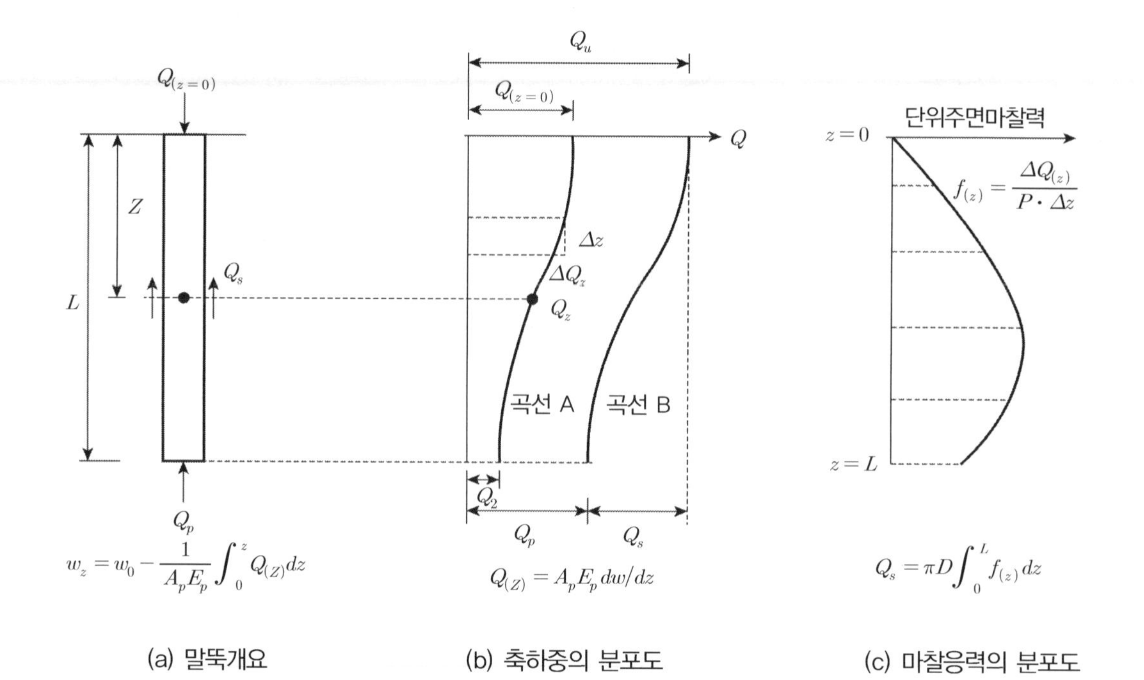

(a) 말뚝개요 (b) 축하중의 분포도 (c) 마찰응력의 분포도

3. 하중전이 분석방법

(1) 방 법

① 실험적 방법 ② 계산에 의한 방법(하중전이 함수방법)

③ 동재하 시험 ④ 정재하 시험

(2) 실험적 방법 : 가장 확실한 방법으로 계측방법

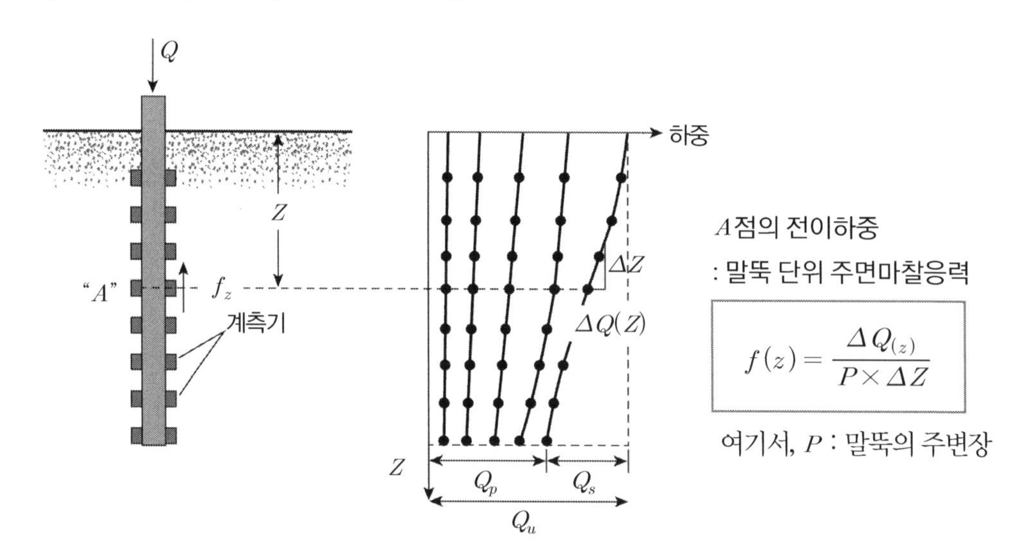

(3) 계산에 의한 방법 : 전이함수 방법

① 말뚝을 n개의 요소로 분할, 길이 ΔL인 단기둥으로 가정하여 단위마찰저항 F_i 계산

② 말뚝 머리 변위만을 안다고 가정하여 각 요소의 변위와 관련한 관계식인 전이함수를 이용함

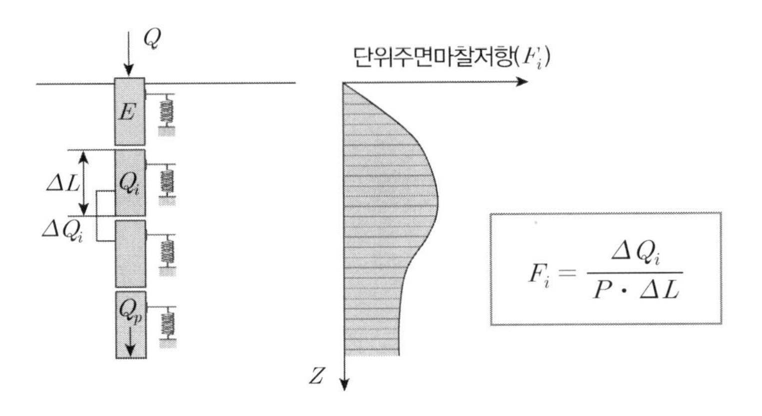

$$F_i = \frac{\Delta Q_i}{P \cdot \Delta L}$$

③ 지반을 탄소성 스프링으로 이상화

④ 하중전이 함수제약으로 모든 지반에 적용에는 제한

⑤ 사용이 단순하고 다층지반에 적용이 가능

(4) 동재하 시험 : PDA

① 말뚝두부에 변형률계, 가속도계를 부착하고

② 말뚝을 항타할 때 발생하는 응력분포를 분석하여 말뚝의 지지력을 산정함

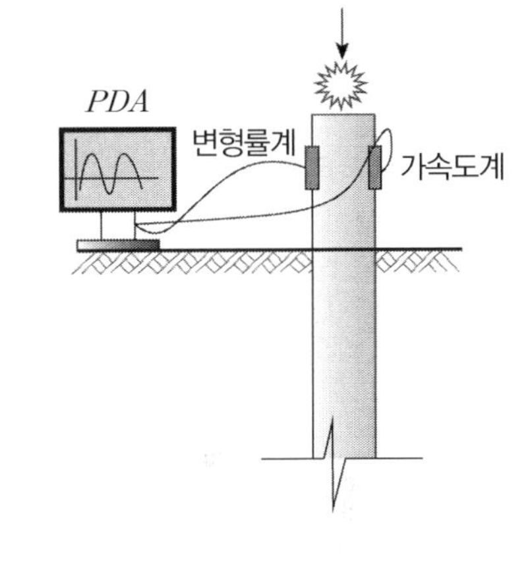

(5) 정재하 시험

① 말뚝에 계측기(하중계, 변형률계)를 부착함

② 말뚝에 하중을 재하하여 발생하는 침하량과 하중을 측정하여 아래와 같이 분석함

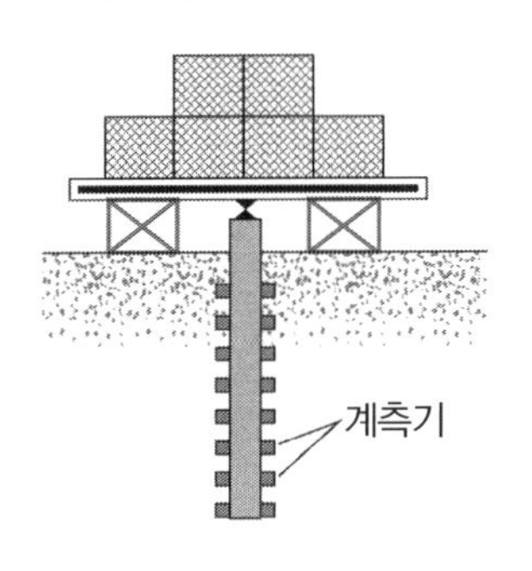

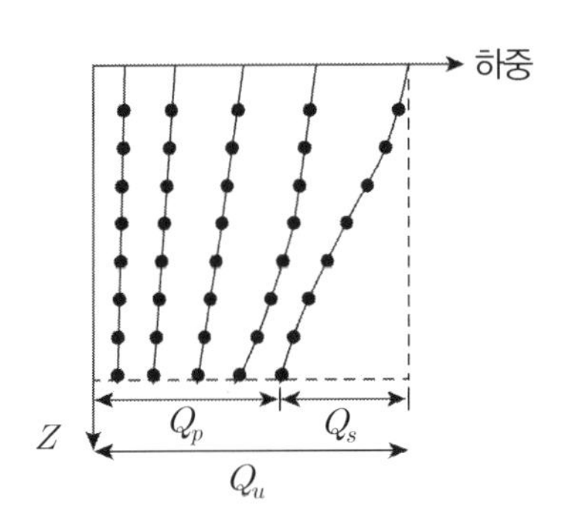

4. 하중전이 분석 결과의 이용

(1) 하중 증가에 따른 하중전이에 의한 말뚝 지지거동 분석

(2) 말뚝의 선단 지지력과 주면마찰력의 지지비율 분석

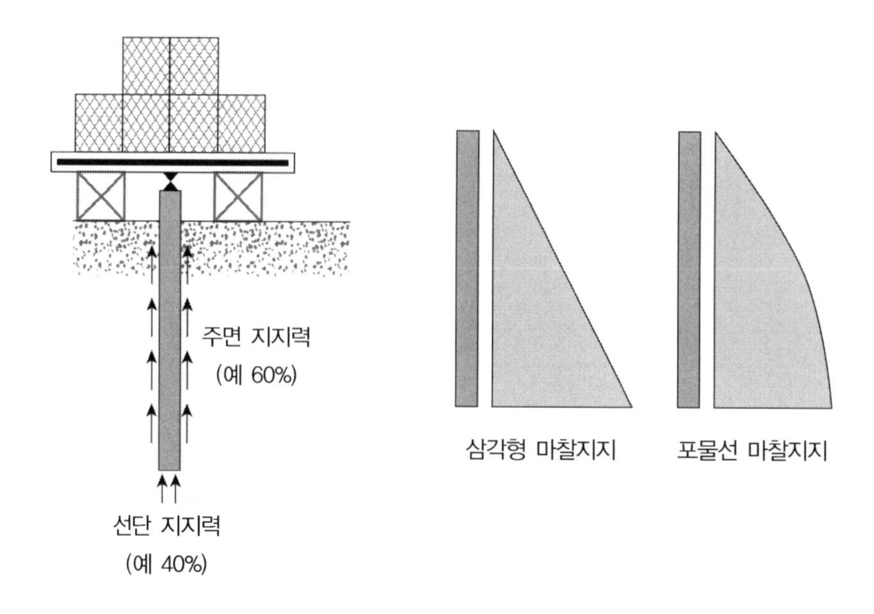

(3) 말뚝 지지방식 검토(선단, 마찰, 선단＋마찰지지말뚝)

(4) 말뚝의 지지력 산정

(5) 말뚝 길이의 적정성 산정

5. 기타 구조물에서의 하중전이(응력전이)

(1) 옹 벽

① 변위와 토압

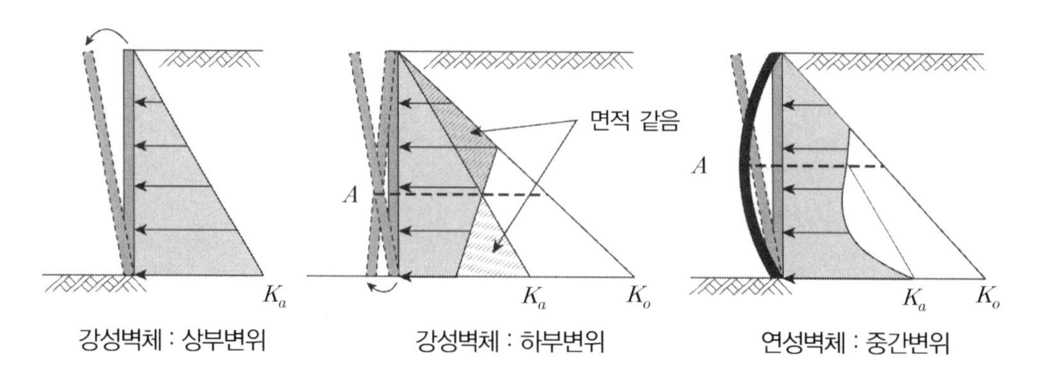

② 평 가

상부변위와 중·하부 변위를 비교하면 A점을 기준으로 상부는 횡방향 변위가 구속되므로 토압이 증가하고 A점 하부에서는 토압이 재분배되면서 감소하게 된다. 그러나 전체토압의 합은 동일하다.

(2) 지하매설 배관 및 *Box*

① 변위와 토압

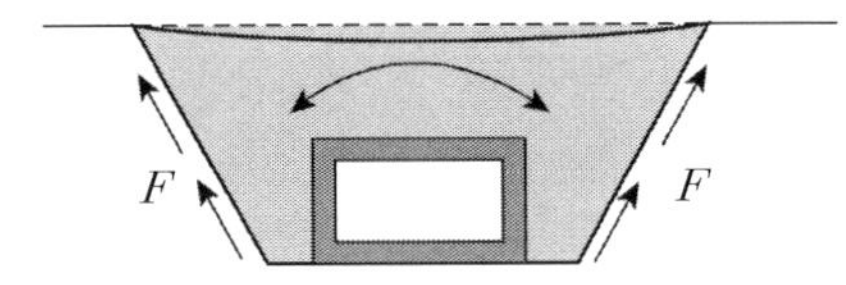

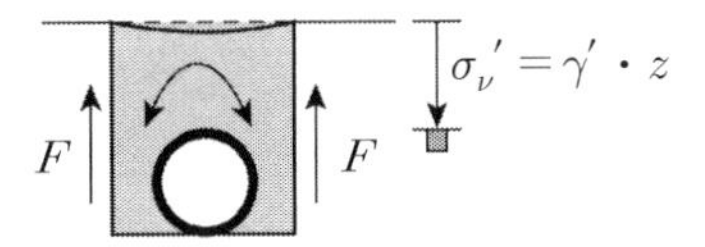

② 평 가

굴착폭이 클 경우에는 일반토압이 작용되나 굴착폭이 좁을 경우에는 원지반의 굴착면과 되메우기 토사 사이에 *Stress transper(Arching)*가 생겨 토압이 감소한다.

$$\sigma_v = \sigma_v' - 2F < \sigma_v' \rightarrow \sigma_h < K_o \cdot \gamma_t \cdot z$$

(3) 보강토 구조물

① 변위와 토압

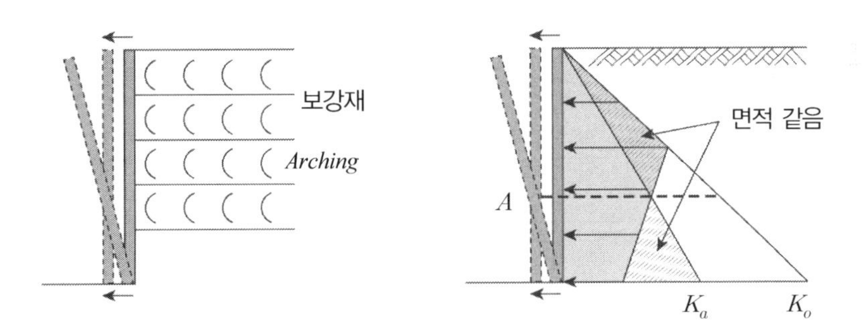

② 평 가

A점 상부는 강성벽체의 이론적 변위보다 작아 토압이 증가하나 A점 하부 지반은 *Arching*에 의한 응력전이로 토압 감소

(4) 사력댐

① 변위와 토압

심벽과 필터층의 강성 차이로 압축량이 달라지므로 상대변위가 발생되어 이론적으로 계산된 연직유효응력의 일부를 주변의 필터층에 응력이 전이되어 토압을 감소시키는데, 이때 수압보다 수평토압이 작게되면 수압할렬 등 문제를 일으킴

② 평 가

a점의 연직 및 수평응력이 *Arching*에 의해 정수압보다 다음 그림과 같이 작아지는 경우 수압할렬이 발생함

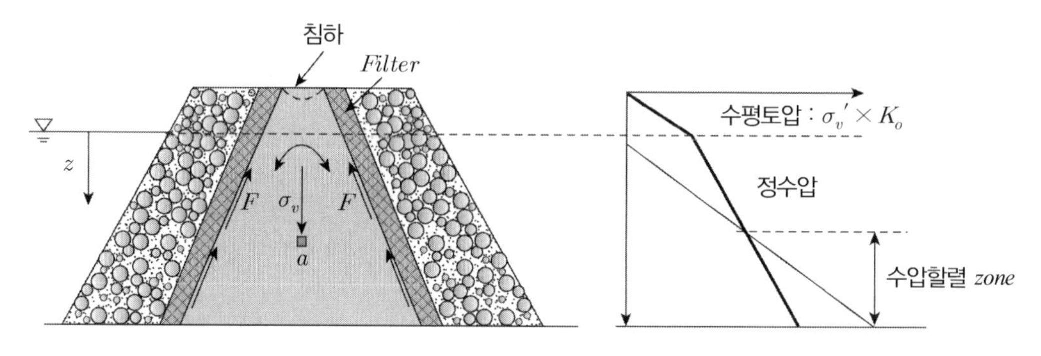

이론 $\sigma_v{}' = \gamma_t \cdot z$ γ_t : 점토 단위중량

실제 $\sigma_v = \sigma_v{}' - 2F$ F: *Friction*에 의한 응력 전이량

6. 평 가

(1) 말뚝설계 시 하중전이를 고려한다면 말뚝의 전체 지지력 중 주변지지력 비율이 상대적으로 큼

(2) 그러나 일반적으로 주면마찰력을 무시하고 보수적으로 선단 지지력만으로 말뚝의 지지력으로 결정하는 경향이 있음

(3) 또한 주면 지지력에서 *Set up* 현상까지 고려하면 안전하고 경제적인 말뚝의 설계가 가능함

04 공동확장이론(Cavity Expantion Theory)

1. 개 요

(1) 원지반에 말뚝을 타입하면 말뚝 주변지반에 체적변화가 발생하는데

(2) 말뚝주변에 발생하는 체적변화로 인한 말뚝의 지지거동의 관계를 파악하기 위한 이론

2. 기본개념

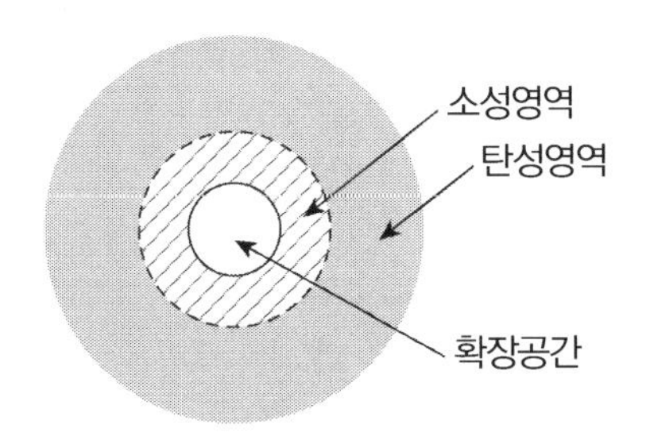

(1) 확장공간에서 일정 거리까지 심하게 밀려 소성거동하며

(2) 소성영역을 벗어나면 일정 거리까지 말뚝의 타입으로 인한 영향이 없는 탄성영역이 존재한다고 가정한 이론으로서

(3) 소성영역의 크기 : 타입식 > 매입식

3. 말뚝 타입 후 소성영역의 경시효과

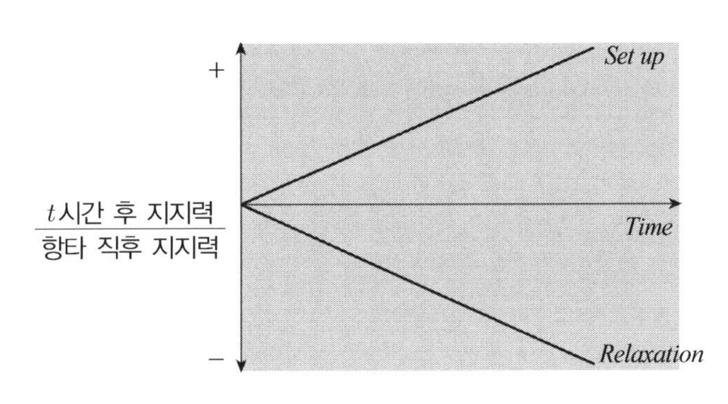

(1) 항타 초기 : 교란 → 강도 저하

(2) 시간 경과 : 입자 재배열 (*Tixotropy*) → 강도 증가

4. *Piezocone* 시험에서의 공동확장이론에 의한 압밀계수 결정

(1) 강성지수(I_R)

$$I_R = \frac{\text{전단탄성계수}(G)}{\text{비 배수 전단강도}(S_u)}$$

(2) 공동확장이론에 의한 과잉간극수압(원통형 공동의 경우)

공동주변의 주변요소 내에 전단응력이 존재하지 않는다고 가정하여 평형방정식으로부터 반경 r에 발생하는 간극수압의 크기를 나타내는 이론임

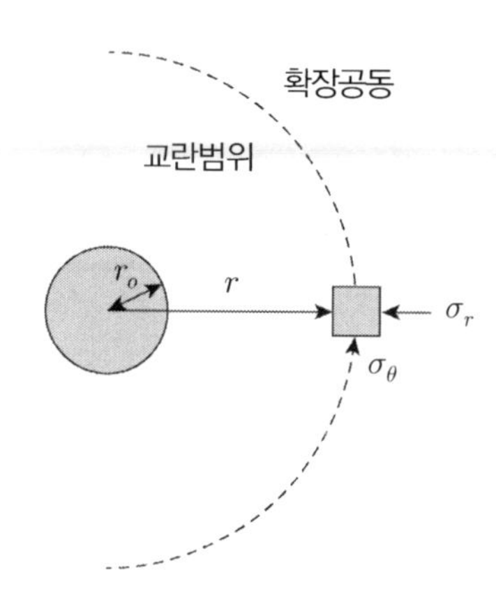

과잉간극수압

$$\Delta u = S_u\left(\ln\left(\frac{G}{S_u}\right) - 2\ln\left(\frac{r}{r_o}\right)\right)$$

여기서, r_o : 피조콘의 반경

r : 등가관입반경

(3) 구하는 방법

『*Piezocone* 관입시험중 과잉간극수압소산시험($U=50\%$)에서 t_{50}구해 C_h 산정』

(4) 50% 소산도로부터 압밀계수 추정

소산도 $\boldsymbol{U} = \dfrac{\boldsymbol{u_t - u_0}}{\boldsymbol{u_i - u_0}}$

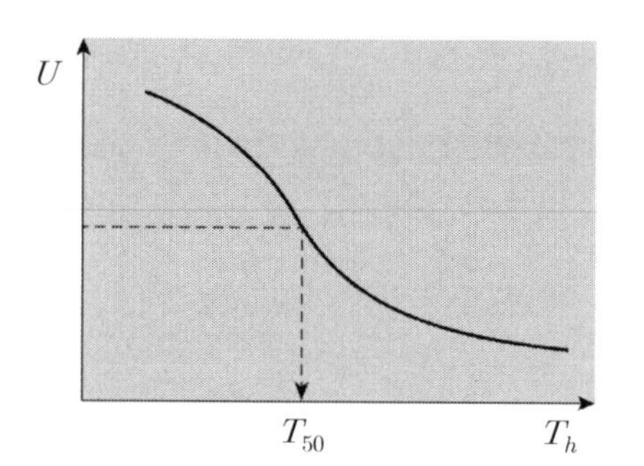

(5) 수평방향 압밀계수 결정

$$C_h = \frac{R^2 T_{50}}{t_{50}}$$

여기서, R : *Piezocone* 반경

T_{50} : 50% 압밀도일 때 시간계수

t_{50} : 50% 압밀도에서의 소요시간

※ 강성지수에 따라 시간계수 영향 미침

5. 평 가

(1) 말뚝 지지력 평가면

이 론	정역학적 지지력 공식	공동확장이론
지반의 거동개념	강소성체	탄소성체
평 가	–	실제에 근접

(2) *Sand Drain* 공법 설계 시 압밀침하량의 산정결과 비교

구 분	압밀침하량(이론식)	공동확장이론
기본 개념	$K = C_v \cdot m_v \cdot \gamma_w$ 침하되는 동안 일정하다고 가정	확장공간의 체적변화에 대한 영향 고려
계측치 비교	**크게 평가**	**실제에 근접**

05 말뚝의 시간효과(Time Effect)

1. 개 요

말뚝이 지반 내에 항타시공되면 항타관입에 따라 주변지반은 극심한 변화를 겪게 되며 이후 지반의 강도는 시간에 따라 변화한다. 이러한 지반조건의 변화는 말뚝이 설치된 이후부터 시간 경과에 따라 변화하며, 따라서 말뚝의 지지력도 시간의존적인 함수가 되는데 이를 말뚝지지력의 시간경과효과라 한다. 아래 그림에서와 같이 항타 후 시간 경과에 따른 말뚝의 지지력은 증가(*set −up* 또는 *freeze*)할 수도 있고 감소(*relaxation*)할 수도 있는데 대부분의 현장에서는 증가현상이 나타나는 것이 일반적이다.

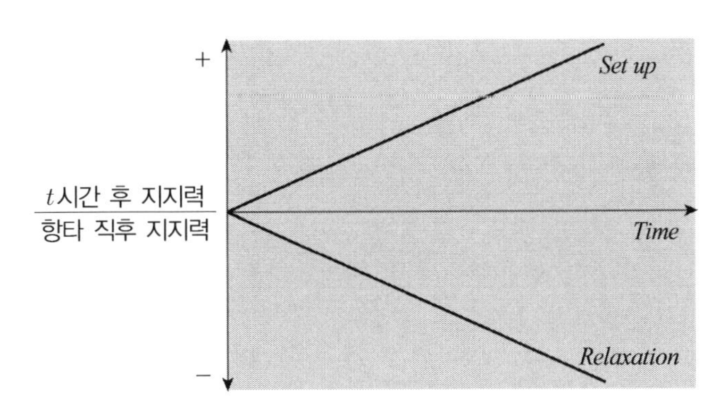

(1) 항타 초기 : 교란 → 강도 저하

(2) 시간 경과 : 입자 재배열 (*Tixotropy*) → 강도 증가

2. *Set −up*과 *Relaxation*

구 분	*set −up / freeze*	*Relaxation*
지반조건	***Loose Sand, NC***	***Dense Sand, OC***
체적변화	**압 축**	**팽 창**
과잉간극수압	(+)	(−)
시간효과	***Thixotropy***	***Swelling***

***Thixotropy*현상**

교란된 시료가 시간이 경과하면서 서서히 강도가 회복되는 현상으로서 함수비의 변화가 없는 조건에서 교란된 점토의 구조가 면모구조에서 이산구조로 바뀌며 지하된 전단강도가 다시 면모구조로 복귀되면서 전단강도가 회복되지만 교란전강도로 완전히 회복되지는 않는다.

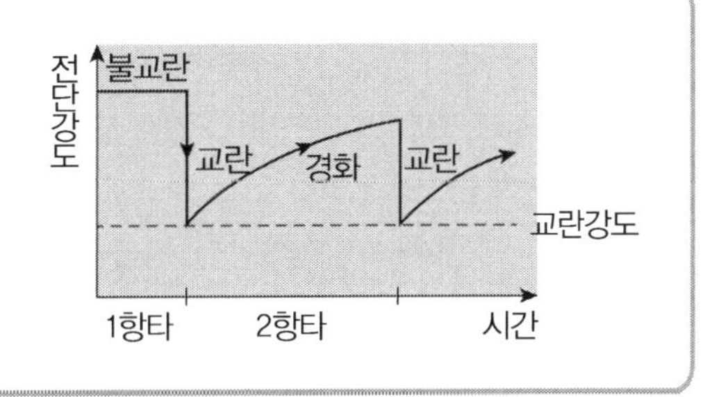

3. *Set－up* 효과의 원인

(1) 주요 원인

① 1차 : 항타 시 발생한 과잉간극수압의 소산

② 2차 : 유효응력의 변화, 항타에 의한 밀도 및 입자의 재배치

(2) 점성토 : 토성 및 강도시험, 미세구조관찰 등 연구진행(*Mitchell*, 1960)

① 과잉간극수압의 소산

② *Aging*효과 : 유효응력 변화, 입자의 재배치 등 외부요인에 의한 에너지 효과

③ 향후 지지력은 상당기간에 걸쳐 증가

(3) 사질토

① *Mitchell*(1986)은 사질토의 *aging* 효과의 원인에 대한 가설로 입자 표면에의 실리카 점막(*silicaacid gel film*)의 형성, 입자면에 용해물로부터 형성된 실리카 등의 침전부착 등에 의한 입자 접촉면에서의 부착력 생성을 들고 있다.

② *Schmertmann*(1991)은 사질토의 aging 원인으로서 토립자의 이동(*particle reorientation*)이 발생한 흙은 점착력보다는 내부마찰각이 증가하는 것으로 보고 있다.

4. 특징 및 평가

(1) *Relaxation* 현상은 극히 예외적이나 드물게 보고되고 있다.

(2) *Relaxation* 현상은 이암, *Shale* 등에서 주로 발생하며 과소설계를 미연에 방지해야 한다.

(3) 말뚝재하시험은 반드시 항타후와 18시간 경과 후 재항타한 지지력을 상호 비교하여야 한다.

(4) 시간경과효과에 의해 말뚝의 시공기준은 물론 설계지지력도 크게 달라질 수 있으므로 이를 고려하면 경제적이고 안전한 설계를 할 수 있다.

(5) 시간경과효과에 대한 많은 연구에도 불구하고 아직까지 실무에서는 시간경과 효과를 적극적으로 반영하지 못하고 있는데, 이는 시간효과에 따른 지지력 변화의 연구가 용이치 않고 정량화도 쉽지 않다는 데 있다.

(6) 일련의 연구결과로부터 판단할 때 *set－up* 효과는 각종 요인에 의해 영향 받아 나타나는 예측 곤란한 현상으로 단순히 토질종류만으로 판단하는 것은 문제가 있다. 즉, 현장의 지반조건은 기존의 연구결과들에서와 같이 단순히 지반분류에 따라 평가된 *set－up* 효과를 적용할 만큼 단순하지 않으며, 또한 공학적으로 동일하게 분류된 흙이라도 흙의 성상 및 광물조성에 따라 *set－up* 효과는 달라지므로 토질종류에 따라 지반의 *set－up* 효과를 간단히 판단할 수는 없는 것이다. 따라서 지반의 *set－up* 효과를 실무에 반영하기 위해서는 해당 현장의 시험값을 기준으로 평가해야 한다.

06 말뚝의 인발저항 = 인장말뚝

1. 개 요

(1) 주로 인발력에 저항하도록 계획된 말뚝으로 마찰말뚝과 원리는 같으나 힘의 방향이 다르다.

(2) 말뚝자체가 인장력을 받으므로 인장에 강한 재질을 사용한다.

(3) 인발 지지력은 주면 마찰저항력만 고려되며 토질에 따라 적용법이 각각 상이하다.

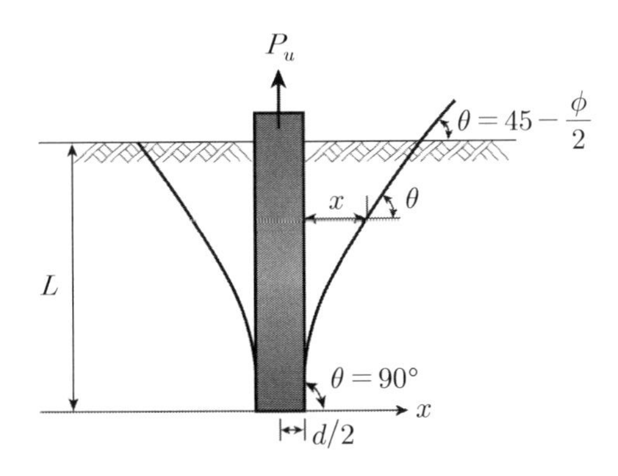

말뚝의 파괴면

2. 점성토

(1) 외말뚝 허용 인발 지지력

$$T_{as} = \frac{Q_s}{\text{안전율}} + W$$

여기서, $Q_s : \alpha \cdot c_u \cdot A_s$ c_u : 점착력(비 배수 강도) W : 말뚝 무게

(2) 군말뚝 허용 인발 지지력 : 다음 ① ② 중 작은 값 적용

① $T_{ag_1} = \frac{Q_{sg} + W_t}{\text{안전율}} + W$ ② $T_{ag_2} = T_{as} \times n$(본수)

여기서, $Q_{sg} = 2(B+L) \cdot H \cdot c_u$ W_t : 흙+말뚝의 무게

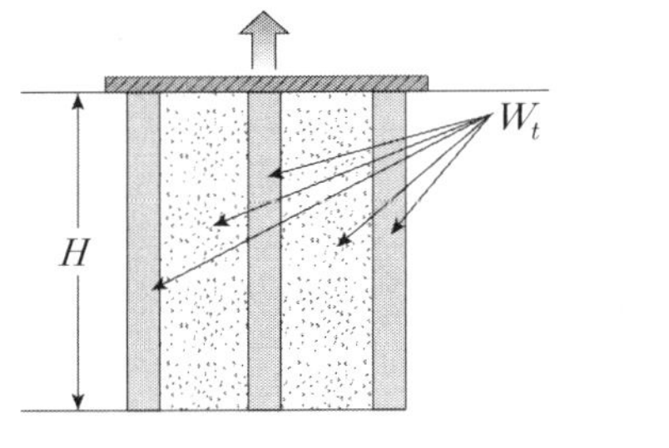

3. 사질토

(1) 외말뚝 허용 인발 지지력

$$T_{as} = \frac{Q_s}{\text{안전율}} + W$$

여기서, Q_s : 극한 주면마찰력 $= K_s \cdot \sigma_v{}' \cdot \tan\delta \cdot A_s$ W : 말뚝 무게

(2) 군말뚝 허용 인발 지지력 : 다음 ①② 중 작은 값 적용

① $T_{ag1} = \frac{\text{1:4 경사면 내 흙무게} + \text{말뚝의 무게}}{\text{안전율}}$

② $T_{ag2} = T_{as} \times n(\text{본수})$

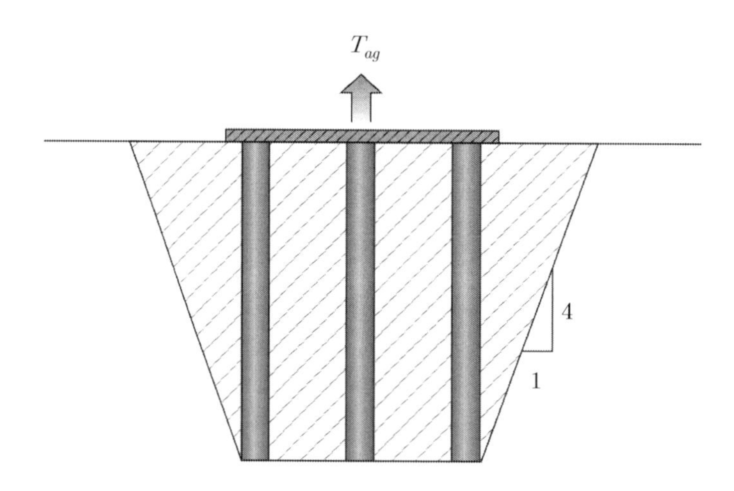

4. 적 용

(1) 기초에 양압력이 작용하는 경우

(2) 기초판에 작용하는 하중의 합력이 기초판 중앙 3분폭 밖에 있게 될 때에 편심의 반대쪽에 위치한 쪽으로 인장력에 대응한 말뚝 시공

(3) *PBT* 반력 *Pile*

(4) 잔교 및 계류시설

(5) 고층건물에서의 풍하중 고려한 *Pile* 기초

(6) 장력 고려된 철탑 *Pile* 기초

5. 평 가

(1) 지반의 인발저항력과 더불어 말뚝 자체의 안정성을 고려해야 한다.

(2) 시험의 원칙 : 정적 인발시험(비용, 시간 고려)

(3) 허용 인발력 계산 시 말뚝 및 흙 무게는 유효응력의 개념이므로 지하수위 이하에서는 수중 무게로서 부력을 제한 값을 적용하여야 한다.

(4) 실무 적용
인발 시 주면마찰저항은 압입 시의 마찰저항보다 작은 것이 실제이므로 연직하중 마찰지지력의 2/3를 인발저항력으로 판정한다.

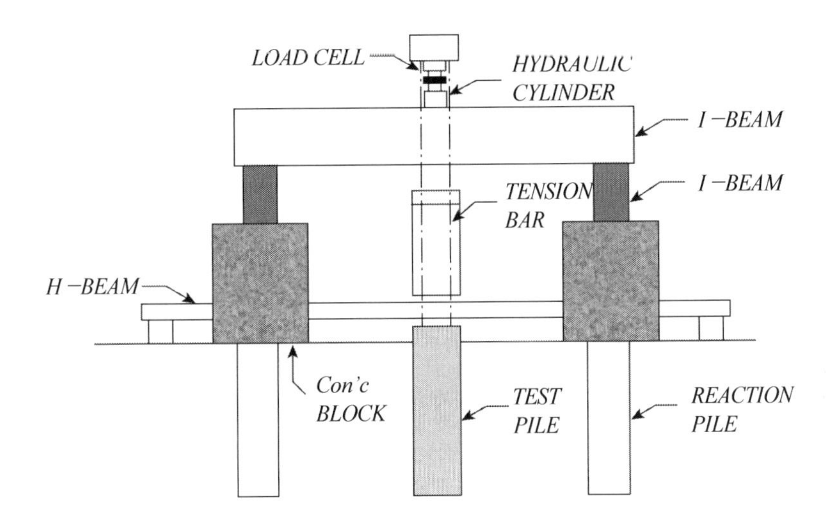

정재하 인발시험 모식도

07 Group Pile(단항, 군항)

1. 개 요

(1) 지반 중에 박혀진 두 개 이상의 말뚝이 하중을 받았을 때에도 말뚝 사이의 거리가 가까워 서로 간의 지중응력이 영향 받지 않을 만큼 떨어져 있을 때는 외말뚝이라 하며, 서로가 영향을 받을 만큼 접근해 있는 말뚝들을 무리말뚝이라 부르게 된다.

(2) 이때 말뚝간격의 한계는 말뚝의 직경과 말뚝의 근입깊이에 의해서 정한다.

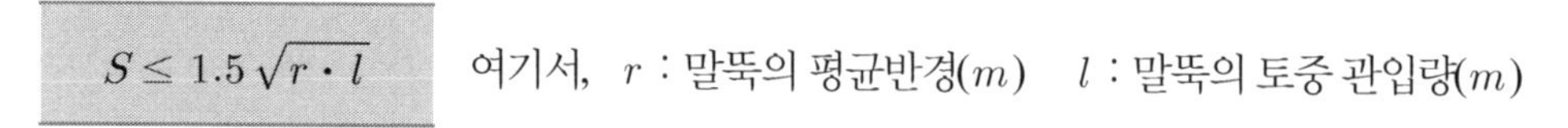

$S \leq 1.5\sqrt{r \cdot l}$ 여기서, r : 말뚝의 평균반경(m) l : 말뚝의 토중 관입량(m)

(3) 무리말뚝에서 말뚝을 박는 순서는 중앙부에서 차차 외측으로 향해서 박도록 하여야 한다.

2. 무리말뚝과 외말뚝 비교

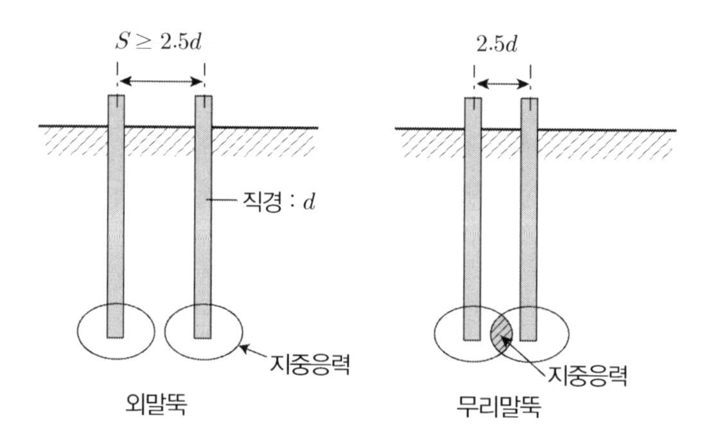

3. 무리말뚝의 문제점

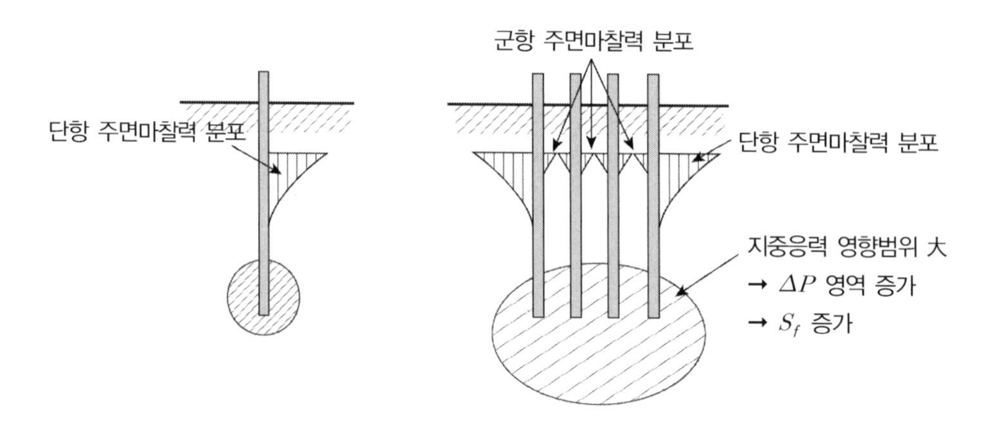

(1) 지지력 저하 : 외말뚝의 본당지지력 비교 무리말뚝이 작음

(2) 침하량 증가 : 지중응력 영향 범위 증가

(3) 경제성 저하 : 본당 지지력 저하

(4) 마찰지지력 저하

4. 무리말뚝의 지지력 영향 요인

(1) 말뚝간격

(2) 토질(점토, 사질토)

(3) 시공방법(디입, 매입)

(4) *Pile* 길이(매입길이)

(5) *Pile* 형상(사각, 원형, 유각, 무각)

(6) *Pile*의 직경

5. 토질별 무리말뚝 효율 고려

(1) 정 의

지중응력 중복에 의해 감소된 무리말뚝의 지지력과 지중응력의 영향이 없는 외말뚝의 지지력 비

$$\eta_g = \frac{Q_{g(u)}}{\sum Q_u}$$

여기서, η_g : 무리말뚝의 효율

$Q_{g(u)}$: 무리말뚝의 극한 지지력

$\sum Q_u$: 외말뚝의 극한 지지력 合

(2) 토질별 무리말뚝 효율

구 분	사질토	점성토
η_g	$\eta_g \fallingdotseq 1.0$	$\eta_g < 1.0$

(3) 사질토의 무리말뚝 효율이 없는 이유

『말뚝타입 시 사질토의 상대밀도 증가와 동시에 무리말뚝으로 인한 지지력 감소가 상쇄』

6. 지지력 산정방법

(1) 사질토 지반 지지력 : 무리말뚝 효율 미고려한 지지력 산정

$\sum Q_u = Q_{g(u)}$

(2) 점성토 : 방법 1, 2 중 작은 값 채택

① 방법 '1' : $\sum Q_u \times \eta_g = Q_{g(u)}$

② 방법 '2' : $Q_{g(u)} = q_p \cdot A_p + f_s \cdot A_s$

여기서, $Q_{g(u)}$: 무리말뚝의 극한 지지력

q_p : 가상케이슨 바닥면의 극한 지지력($q_p = c \cdot N_c + q' \cdot N_q$)

A_p : 바닥면의 면적($A_p = a \times b$)

f_s : 가상케이슨 단위주면 마찰력($f_s = c_\alpha + K \cdot \sigma_v{}' \cdot \tan\delta$)

A_s : 가상케이슨의 주면 면적($A_p = 2(a+b)L$)

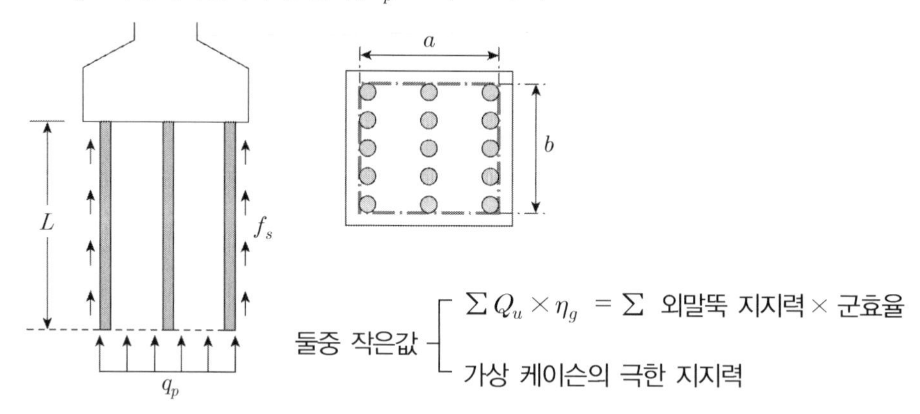

(3) 암 반

① 경사진 암반 혹은 불연속면에 설치된 기초의 경우 활동, 전단파괴 검토

② 단, 지지력에 대하여는 무리말뚝 효율의 적용은 불필요함

7. 침하량 산정방법

(1) 사질토 : 탄성침하량

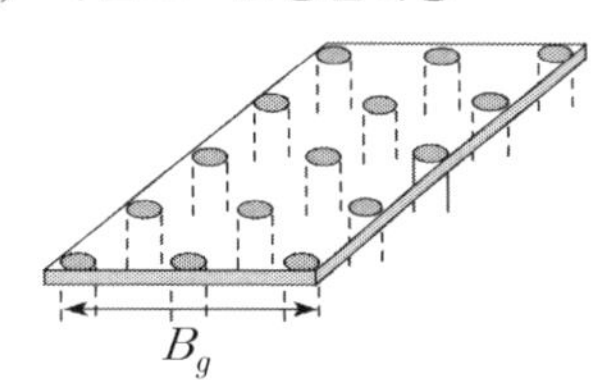

$$S_g = S_o \times \sqrt{\frac{B_g}{D}}$$

여기서, S_g : 무리말뚝의 침하량 S_o : 외말뚝의 침하량

B_g : 무리말뚝의 단폭 D : 외말뚝의 직경

(2) 점성토 지반 : 압밀침하량

① 균질한 토층인 경우에 기초바닥으로부터 $\frac{2L}{3}$의 위치에 가상기초가 있다고 가정

② 가상기초로부터 2 : 1 분포로 지중응력의 증가분이 가해진 것으로 가정하여 침하량을 산정함

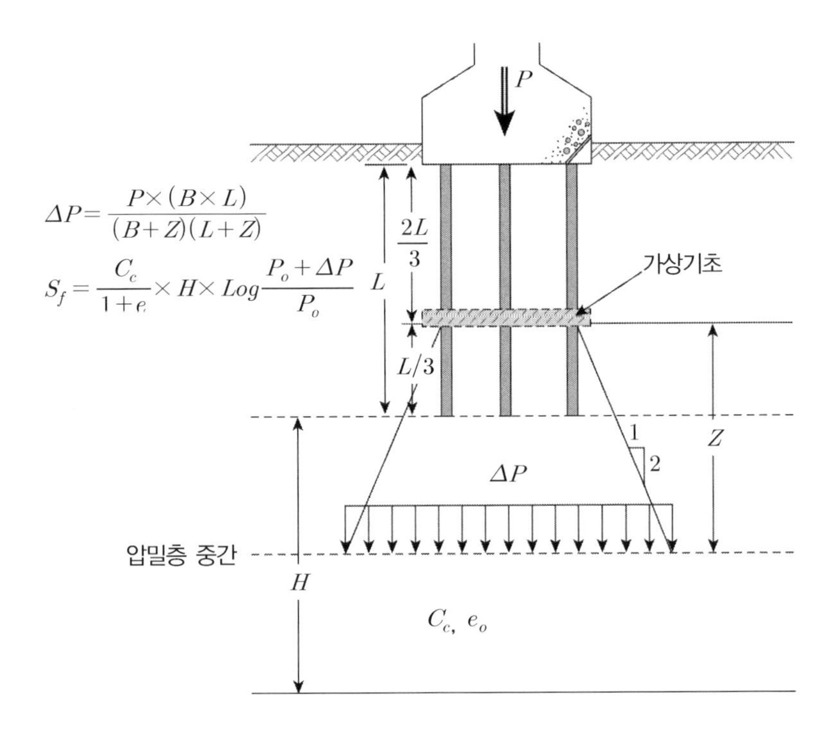

8. 부마찰력

(1) 외말뚝

$$Q_{ns} = f_n \cdot A_s = \sigma_h{}' \cdot \tan\delta \cdot A_s = \sigma_v{}' \cdot K \cdot \tan\delta \cdot A_s = \sigma_v{}' \cdot \beta \cdot A_s$$

여기서, Q_{ns} : 부주면마찰력(*ton*)

f_n : 주면마찰력(*tonf/m*^{2})

A_s : 말뚝 주면적(*m*^{2})

$\sigma_h{}'$: 말뚝에 작용하는 평균 유효수평응력(*tonf/m*^{2})

δ : 흙과 말뚝의 마찰각

K : 횡방향 토압계수

$\sigma_v{}'$: 말뚝에 작용하는 평균 유효연직응력(*tonf/m*^{2})

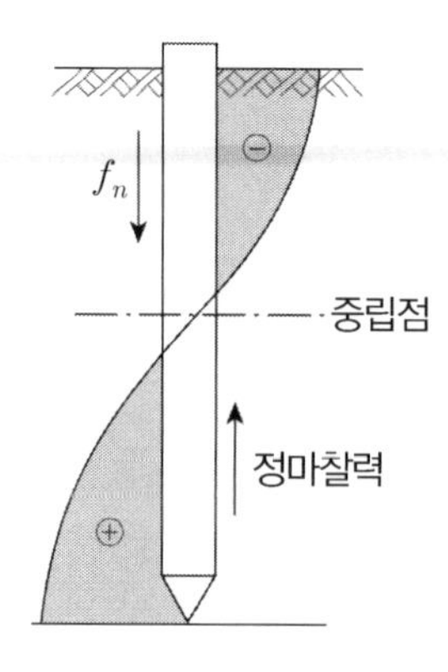

토질에 따른 β값의 대표치

토 질	β
점 토	0.2~0.25
실 트	0.25~0.35
모 래	0.35~0.50

✓ $\delta = \frac{3}{4}\phi'$ $K = 1 - Sin\phi'$

(2) 무리말뚝

① 무리말뚝에 부주면마찰력은 외말뚝의 부주면마찰력의 합보다 작다.

② 무리말뚝 내에서도 외부측보다 내부말뚝의 부주면마찰력이 훨씬 작다.

③ 외말뚝과 같이 말뚝 개개의 중립점 산정과 부마찰력에 대한 확립된 기준은 없다.

④ 근사적으로 **무리말뚝의 부주면마찰력의 최댓값**은 무리말뚝으로 둘러싸인 흙덩어리와 그 위의 성토무게를 합한 값이다.

$$Q_{ng(\max)} = BL(\gamma_1{}' D_1 + \gamma_2{}' D_2)$$

여기서, B : 무리말뚝의 폭 L : 무리말뚝의 길이

$\gamma_1{}'$: 성토된 흙의 유효단위중량 D_1 : 성토층의 두께

$\gamma_2{}'$: 압밀토층의 유효단위중량 D_2 : 중립점 위의 압밀토층 두께

$Q_{ng(\max)}$: 무리말뚝의 부주면마찰력의 상한치

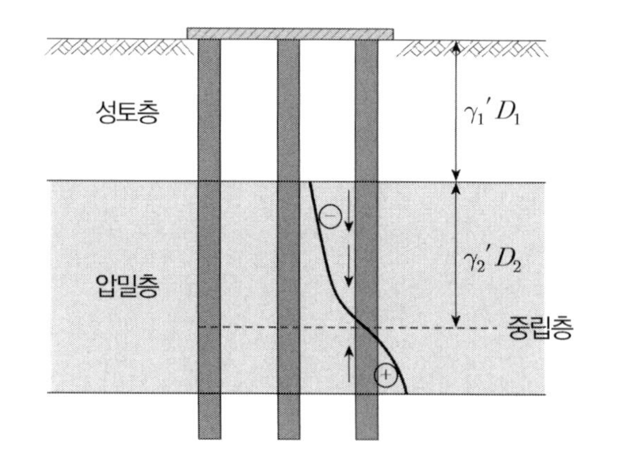

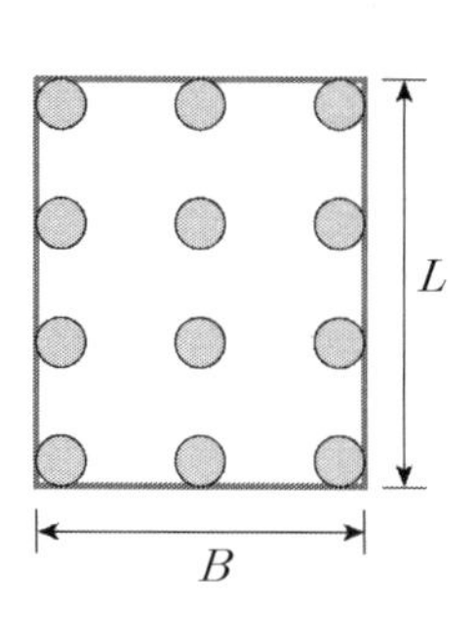

(3) 적 용

둘 중 작은 값 ─ $Q_{us} \times$ 본수 / $Q_{ng(max)}$

9. 활 용

(1) 점토지반에서는 무리말뚝의 지지력 산정을 고려함

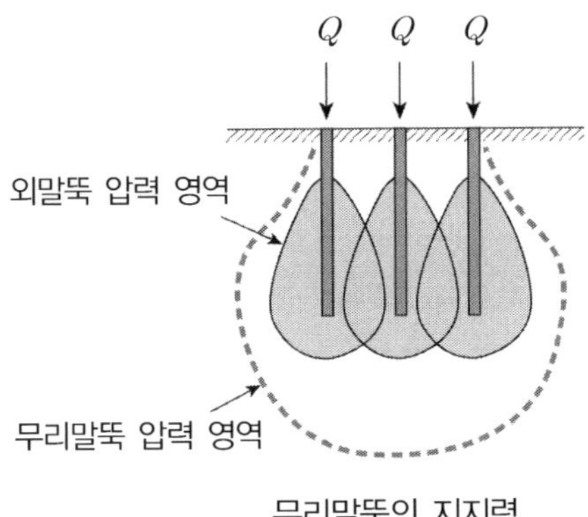

무리말뚝의 지지력

(2) 점토, 사질토지반에서 무리말뚝의 침하량 산정

(3) 무리말뚝에서 부마찰력의 결정

(4) 무리말뚝에서 수평지지력 : K_h(수평지반반력계수) × 감소계수(말뚝 간격에 의함)

08 배토말뚝과 비배토말뚝(Displacement Pile, Non – Displacement Pile)

1. 개 요

말뚝 설치 시 말뚝의 체적만큼 말뚝의 주변지반과 선단지반이 밀려서 배토되는 경우를 배토, 못밀어내는 경우를 비배토 말뚝이라 한다.

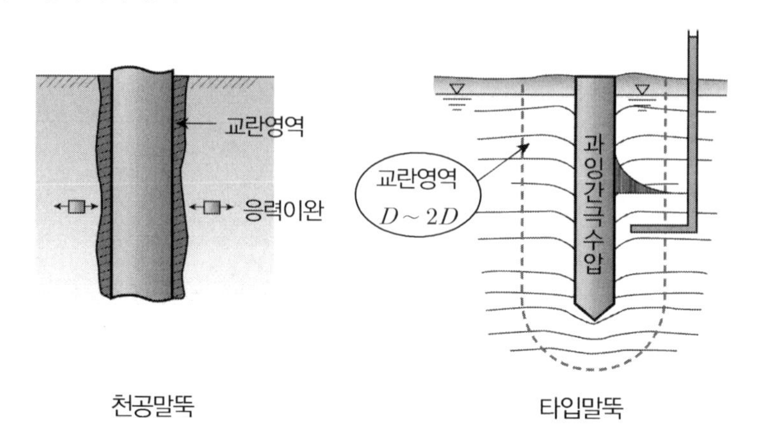

천공말뚝　　　　타입말뚝

2. 종 류

(1) 배토말뚝 : 타격, 진동으로 타입 → 폐단말뚝

(2) 소배토 말뚝 : *H*−*Pile*, 개단 강관말뚝

(3) 비배토 말뚝 : *Preboring* 말뚝, 중굴공법, 현장타설 콘크리트 말뚝

3. 특 징

구 분	배토 말뚝	비배토 말뚝
단 면	지반이동방향 $\sigma_v' \cdot K \cdot \tan\delta$	지반이동방향 $\sigma_v' \cdot K \cdot \tan\delta$
장 점	지지력 大(구속응력 증가)	저소음, 저진동 → 도심지 용이
	시공 용이(타입식)	자갈층 시공 가능
단 점	소음, 진동 → 민원 발생	지지력 저하
	자갈층 시공 곤란	공사비 비쌈

4. 평 가

(1) 배토 말뚝이 비배토 말뚝보다 지지력이 2배 정도 크다.

(2) 말뚝 설계 시 안전측면에서 주면 지지력을 고려하지 않는 것이 일반적이므로 비배토 말뚝이라도 지지력측면에서 문제는 없으나 주면 지지력($Qs = \sigma_v{}' \cdot K \cdot tan\delta$)을 고려한 말뚝의 설계면에서 말뚝측면의 구속응력이 큰 배토말뚝이 유리하다.

(3) 프링보링의 경우 굴착 후 최종 항타가 항타 없는 시멘트풀 주입보다 선단 지지력이 크다.

(4) 배토 말뚝은 도심지의 경우 소음, 진동이 크므로 시공이 곤란하다.

09 개단말뚝(Open End Pile)과 폐단말뚝(Closed End Pile)

1. 정 의

아래 그림과 같이 말뚝의 선단이 막혀 있는 개념인지에 따라 개단말뚝 혹은 폐단말뚝으로 구분된다.

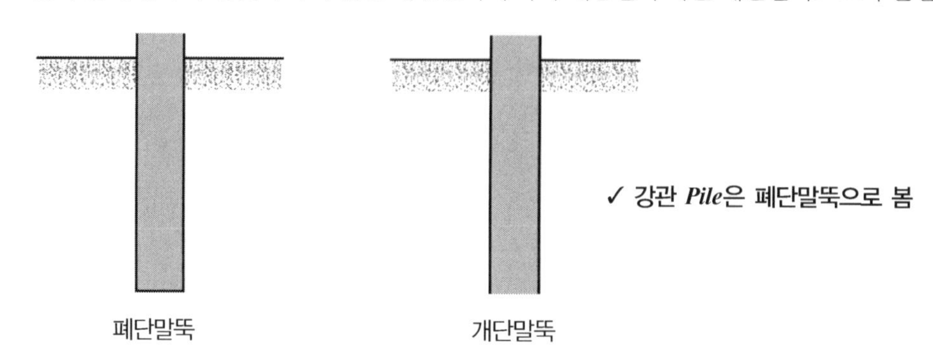

폐단말뚝　　　　개단말뚝

2. 폐색상태 판정 : 강관 *Pile*

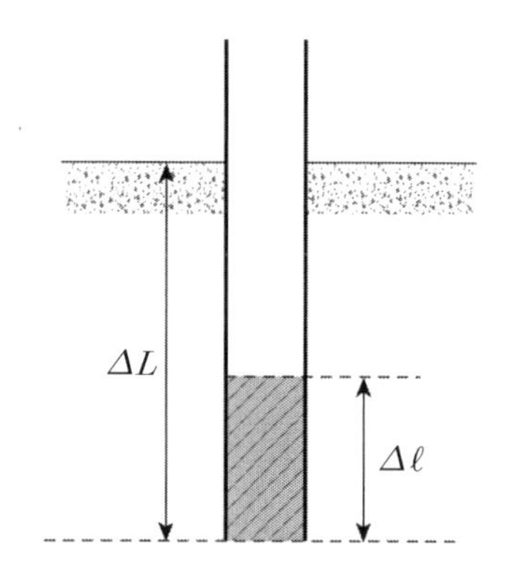

(1) 관내토 증분비에 의한 폐색상태 판정 = 폐색효과 판정

① 완전 개방 : $\gamma = 100\%$

② 부분 폐색 : $0 < \gamma < 100\%$

③ 완전 폐색 : $\gamma = 0\%$

(2) 관내토 증분비(*Incremental plug length ratio*, γ)

$$\gamma = \frac{\Delta \ell}{\Delta L} \times 100(\%)$$

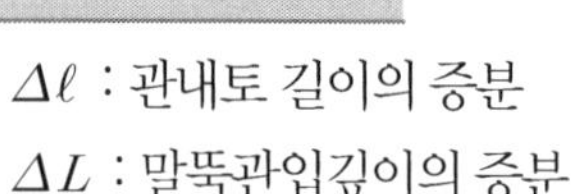

여기서, $\Delta \ell$: 관내토 길이의 증분

ΔL : 말뚝관입깊이의 증분

3. 특 징

구 분	완전개방, 부분 폐색 (개단말뚝)	완전 폐색 (폐단말뚝)
관입성	용 이	곤 란
장 비	소 형	대 형
주변지반 변형	적 음	많 음
주면 지지력	적 음	큼
선단 지지력	적 음	큼

4. 폐색상태에 따른 지지력

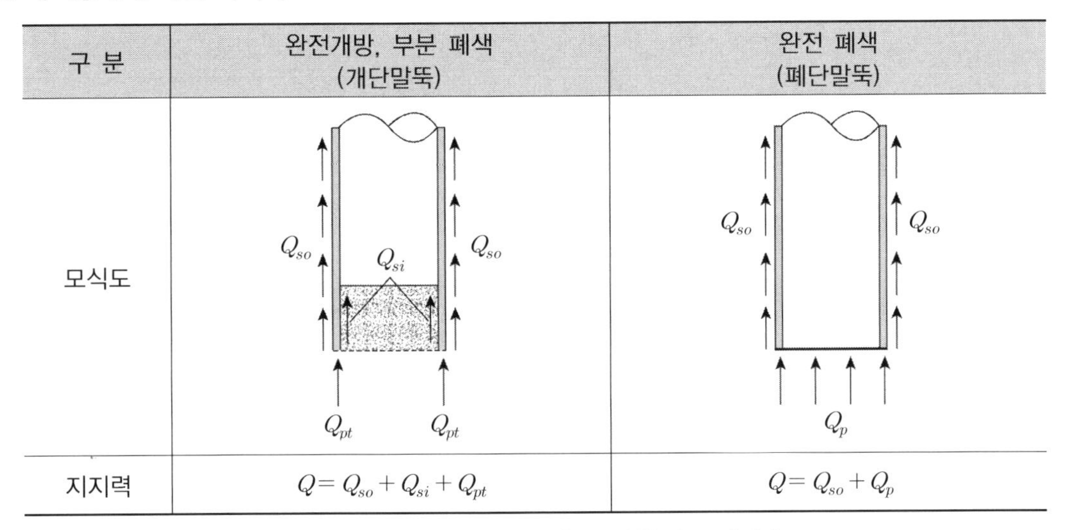

구 분	완전개방, 부분 폐색 (개단말뚝)	완전 폐색 (폐단말뚝)
모식도	Q_{so}, Q_{si}, Q_{so}, Q_{pt}, Q_{pt}	Q_{so}, Q_{so}, Q_p
지지력	$Q = Q_{so} + Q_{si} + Q_{pt}$	$Q = Q_{so} + Q_p$

✓ $Q_{si} + Q_{pt} < Q_p$이므로 완전 개방, 부분 폐색 지지력 < 완전 폐색 말뚝 지지력

5. 설계 적용 : 말뚝관입 깊이에 따른 폐색 상태

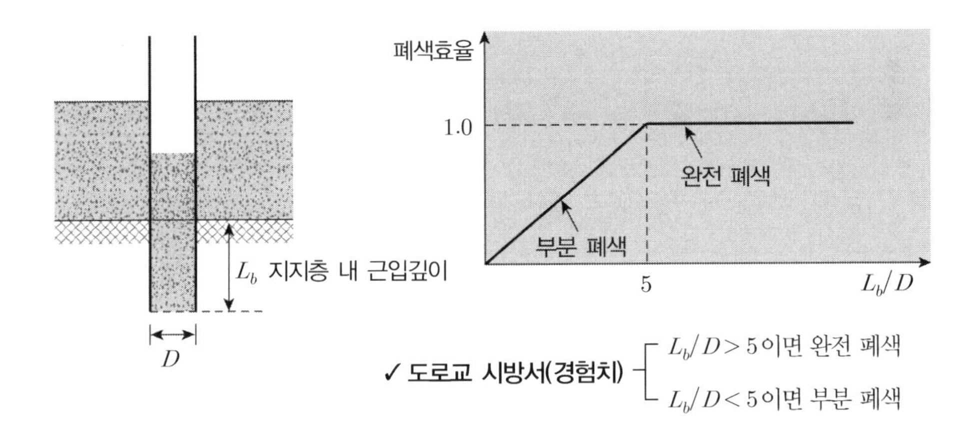

6. 평 가

(1) 도로교 시방서 상에서 제시한 말뚝의 관입비의 경우 동일한 지반조건인 경우 폐색 정도는 말뚝의 직경이 큰 경우에는 감소하는 경향을 보이므로 단순히 관입깊이에 의한 폐색 정도를 판정해서는 안 된다.

(2) 관내토 증분비가 동일하다 하더라도 말뚝의 직경이 큰 경우의 단위 관내토 지지력을 동일하게 적용하여서는 안 되므로 기존의 일정한 크기의 단위 관내토 지지력을 정하여 설계에 반영하는 기존의 지지력 산정식에 대하여는 수정할 필요가 있다.

(3) 개단말뚝의 경우 말뚝 직경이 커지더라도 적합한 해머를 사용할 경우 단위 항타수당 얻어지는 말뚝의 지지력은 증가할 수 있다.

(4) 개단말뚝의 경우 지지력 산정시 폐색효과를 고려하여야 한다.

(5) 폐색효율은 말뚝의 직경, 지반조건, 관입깊이에 따라 차이가 있으므로 지속적인 연구개발을 통해 현실적인 지지력 산정을 위한 기술발전이 이루어져야 한다.

수동말뚝 간편해석(Tschebotarioff법) → 10번 문제 보충

측방토압 P_H와 모멘트 M_B는 다음과 같다.

$$P_H = 0.8 d \gamma H' \qquad M_B = -\frac{(Pa(L^2 - a^2))}{2L}$$

여기서, d : 말뚝직경　　　　　　　γ : 지반의 단위체적 중량

H' : 교대 전후 지반의 높이차　　　a : 연약층 저면에서 전 측방토압 작용점까지의 거리

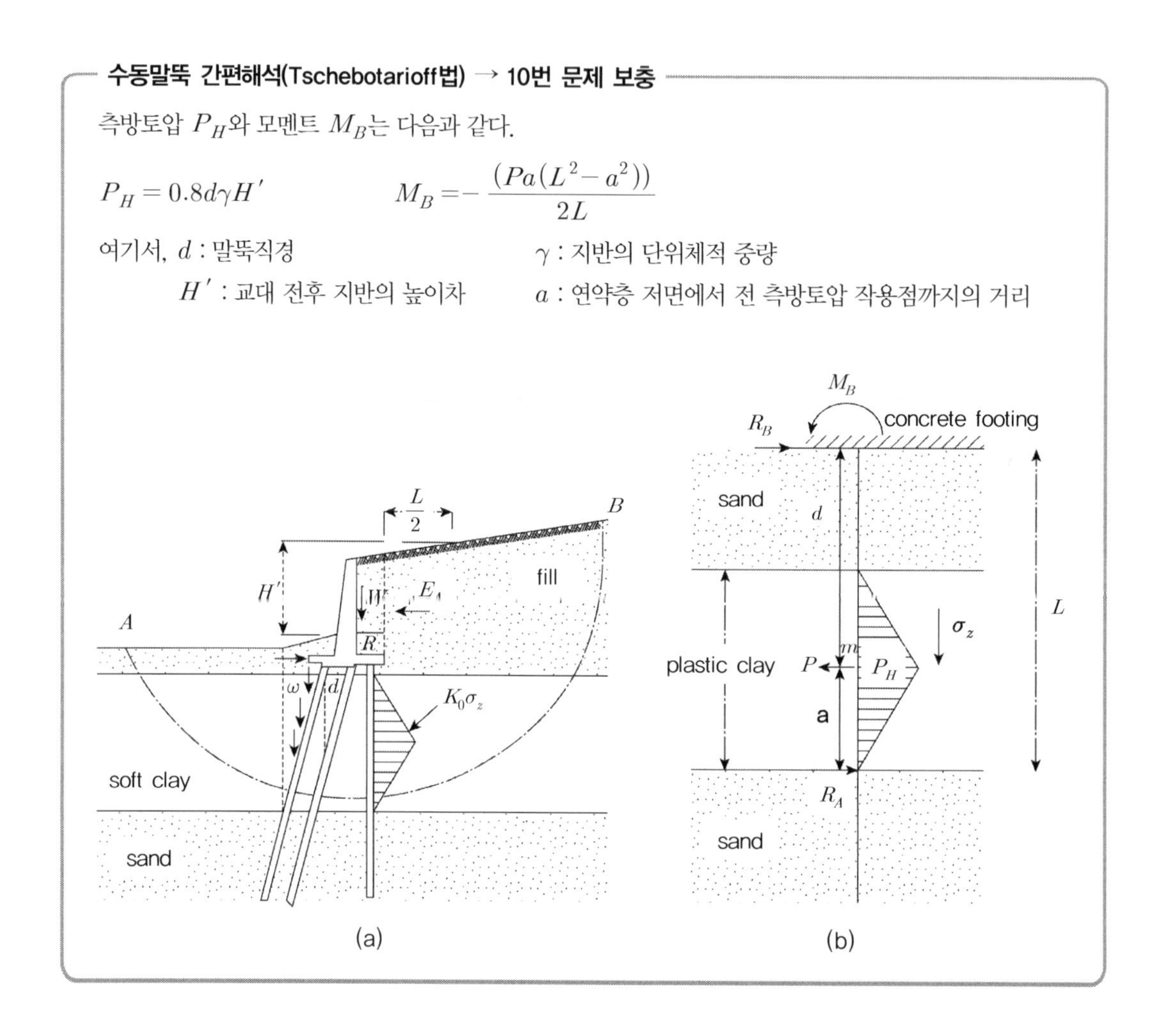

(a)　　　　　　(b)

10 주동말뚝과 수동말뚝(Active Pile, Passive Pile)

1. 정 의

(1) 수평력을 받는 말뚝은 말뚝과 지반 중 어느 것이 변위의 주체인가에 따라 아래 그림처럼 주동말뚝과 수동말뚝으로 구분한다.

구 분	주동말뚝	수동말뚝
변위의 주체	말 뚝	지 반
저항의 주체	지 반	말 뚝
발생 지반	무 관	연약지반, 사면

(2) 말뚝 혹은 지반 중 어느 것이 움직임의 주체냐에 따라 토압과 지반반력은 다르게 발현됨

① 주동말뚝

㉠ 말뚝이 지표면상 기지의 수평하중을 받는 경우

㉡ 말뚝에 변형이 발생 → 말뚝 주변지반이 저항하고 하중으로 지반에 전달 → 말뚝이 움직이는 주체로 먼저 변위 → 주변지반의 변형을 유발

② 수동말뚝

㉠ 말뚝 주변지반이 먼저 변형하는 경우

㉡ 말뚝에 측방토압이 작용 → 부동지반면 아래 지반으로 이 측방토압이 전달 → 말뚝 주변지반이 움직이는 주체가 되어 말뚝이 지반변형의 영향을 받음

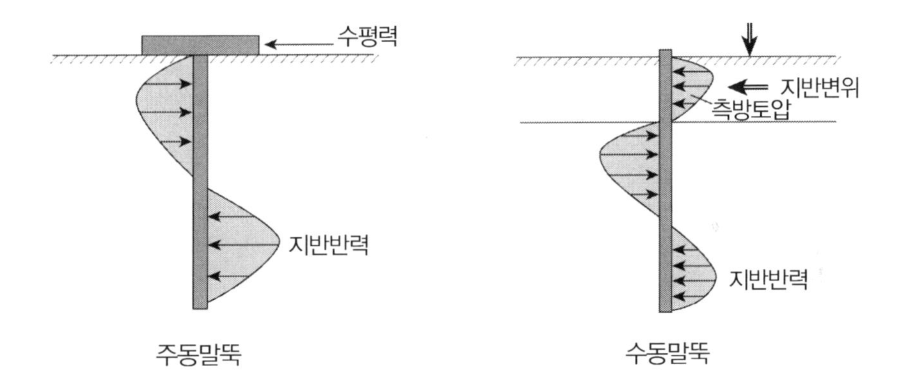

2. 검토 방법

(1) 주동말뚝

① 재하시험에 의한 말뚝 횡방향 지지력의 추정

② *PMT*에 의한 결과 추정

③ 극한하중을 계산한 후 적적한 안전율로 나눔으로써 허용 수평저항력 산정 : 브롱스 방법(*Broms* 방법)

④ 허용수평변위량에 해당하는 하중판정 : 수평지반 반력법, 비선형 해석법($p-y$ 곡선법), 탄성지반 반력법(*Chang* 방법 : 지반반력계수 K_h 이용)

⑤ 전산해석 프로그램을 통한 예측

(2) 수동말뚝 : Σ(측방유동압+상재하중) → 응력과 변위 검토

① 간편법 : 지반변형에 의한 최대 측방토압 산정

② 지반 반력법 : 지반을 *Winkler Model*로 이상화

③ 탄성법 : 변형 시 지반을 이상적 탄성체 혹은 탄소성체로 해석

④ 유한요소법(*FEM*) : 지반을 요소 분할

3. 적용(예)

구 분	주동말뚝	수동말뚝
교 대	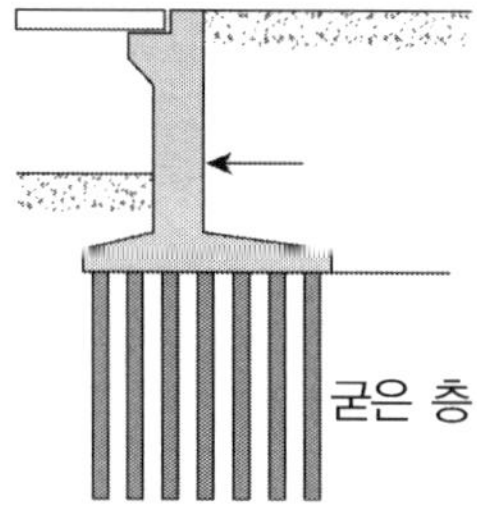 굳은 층	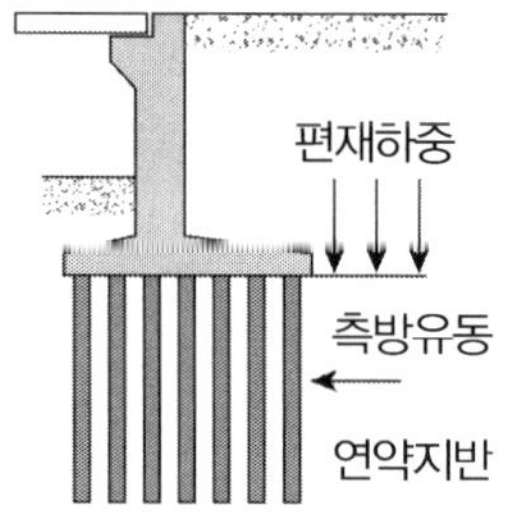 편재하중 측방유동 연약지반
구조물	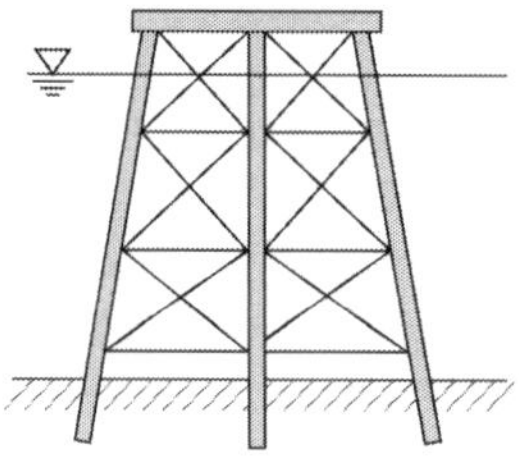	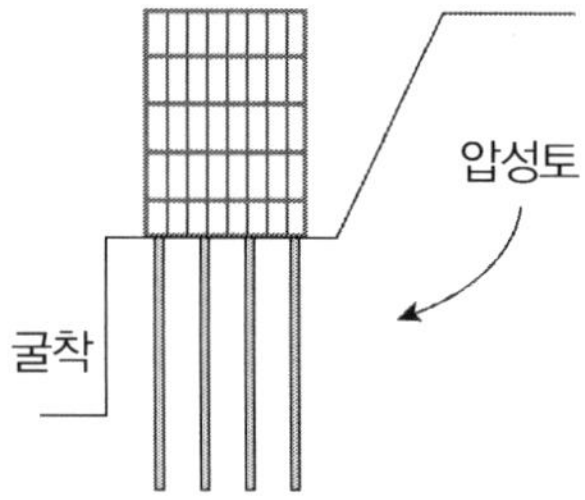 압성토 굴착
사면안정		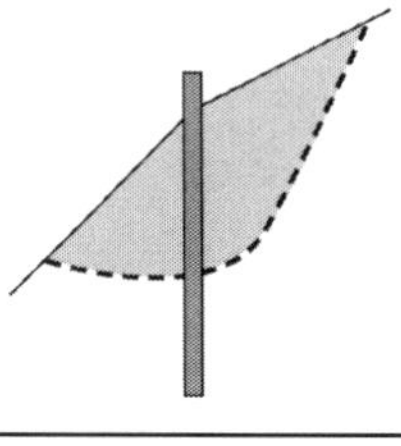

4. 평 가

(1) 사면안정 검토

① 말뚝안정에 문제가 없으면 수평저항력을 부가하여 사면안정을 검토한다.

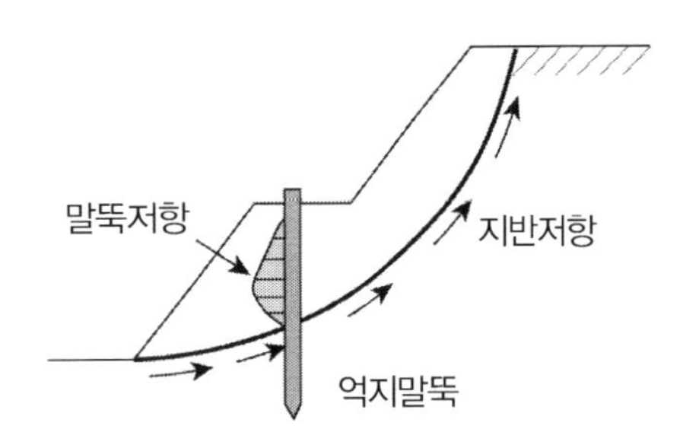

② $F_s = \dfrac{\text{지반저항력+말뚝저항력}}{\text{활동력}}$

③ 말뚝의 안정이 사면안정에 우선하여야 하고 측방토압에 대해 말뚝 자체가 안전해야 한다.

측방 토압	말 뚝	사면안정
크게 평기	안 전	위 험
작게 평가	위 험	안 전

(2) 두 말뚝의 최대 차이점은 말뚝에 작용하는 수평력의 작용방법에 있음

① 주동말뚝 : 수평력을 설계전 정하여 설계

② 수동말뚝 : 지반과 말뚝 상호작용에 의해 수평력을 결정

(3) 따라서 수동말뚝은 말뚝 주변지반과 말뚝의 상호거동이 매우 복잡하므로 수동말뚝의 해석이 주동말뚝의 해석보다 어려움

11 수동말뚝에 작용하는 수평토압을 고려하여 말뚝의 거동방정식을 설명하시오.

1. 수평토압(측방토압) 발생 시 말뚝의 거동방정식

(1) 수평토압의 산정

① 줄말뚝에 작용하는 측방토압

② 분포하중으로 고려

③ 지반의 변위에 대하여 일정한 소성영역을 가정한 주동 및 수동토압의 차이를 측방토압으로 산정

④ 토층의 단위깊이당 1개의 말뚝에 작용하는 측방토압의 최대치

$$P_{(z)}/d = K_{p1}\ C + K_{p2}\sigma_{h(z)}$$

여기서, $P_{(z)}$: 측방토압의 최대치 d : 말뚝의 직경 C : 활동토괴의 점착력

$\sigma_{h(z)}$: 지반의 측방유동에 저항하여 말뚝전면으로부터 줄말뚝에 작용하는 토압으로 주동토압임

$K_{p1},\ K_{p2}$: 측방토압계수로 공식, 도표를 활용

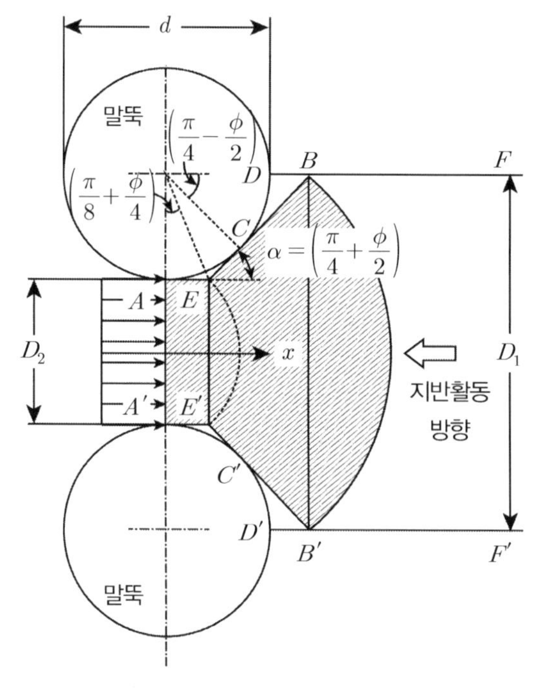

말뚝 주변지반의 소성상태

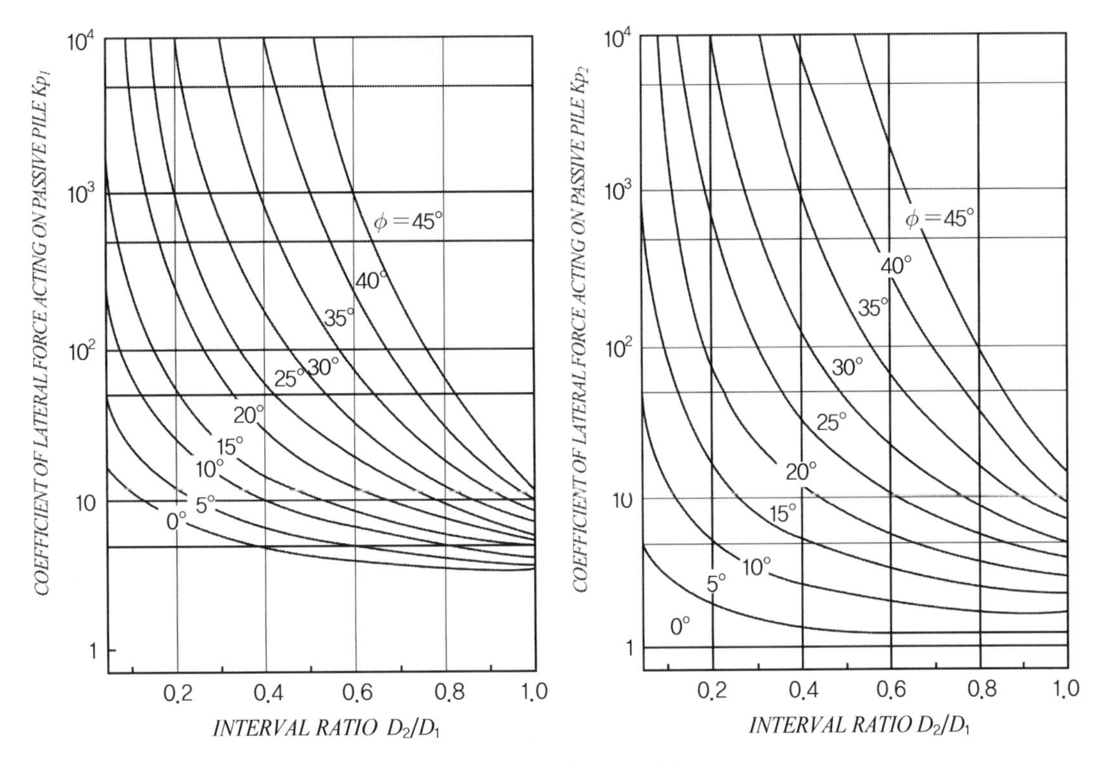

원형말뚝의 측방토압계수

(2) 말뚝의 안정해석

① 측방토압을 분포하중으로 취급할 경우 말뚝에 관한 거동방정식은 다음과 같다.

$$E_p\ I_p \frac{d^4_{yi}}{d_z^4} = P_{i(z)} - E_{s1i} y_{1i} \quad (0 \le z \le H)$$

$$E_p\ I_p \frac{d^4_{yi}}{d_z^4} = P_{i(z)} - E_{s2i} y_{2i} \quad (0 \le z \le H)$$

여기서, $E_p\ I_p$: 말뚝의 강성　　z : 지표면으로부터의 깊이

i : 다층 지반에서의 각층의 번호　　H : 파괴면에서 말뚝머리까지의 거리

$E_{s1i}\ E_{s2i}$: 사면파괴면 상하부의 각 지층의 지반변형계수

$y_{1i}\ y_{2i}$: 각 파괴면 상하부의 말뚝의 변위량

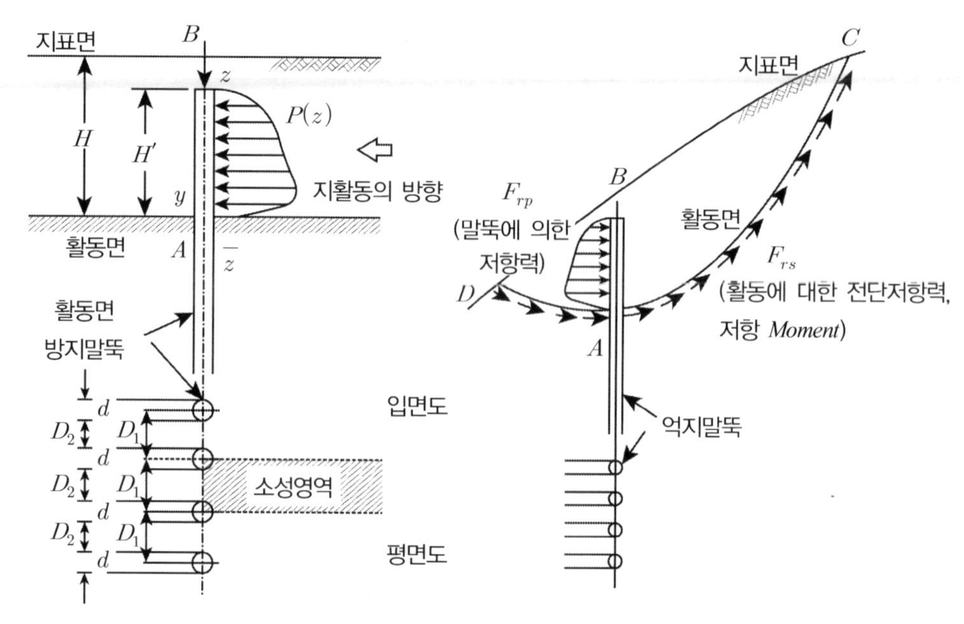

말뚝효과를 고려한 사면안정의 해석

2. 검토 방법

(1) 주동말뚝

① 재하시험에 의한 말뚝 횡방향 지지력의 추정

② *PMT*에 의한 결과 추정

③ 극한하중을 계산한후 적적한 안전율로 나눔으로써 허용 수평저항력 산정
: 브롱스 방법(*Broms* 방법)

④ 허용수평변위량에 해당하는 하중판정
: 수평지반 반력법, 비선형 해석법($p-y$ 곡선법), 탄성지반 반력법(*Chang* 방법 : 지반반력계수 K_h 이용)

⑤ 전산해석프로그램을 통한 예측

(2) 말뚝 : Σ(측방유동압 + 상재하중) → 응력과 변위 검토

① 간편법 : 지반변형에 의한 최대 측방토압 산정

② 지반 반력법 : 지반을 *Winkler Model*로 이상화

③ 탄성법 : 변형 시 지반을 이상적 탄성체 혹은 탄소성체로 해석

④ 유한요소법(*FEM*) : 지반을 요소 분할

12 Suction Pile

1. 정 의

*Suction Pile*은 파일 내부의 물이나 공기와 같은 유체를 내외부로 *Suction*함으로써 발생한 파일 내부와 외부의 압력 차를 이용하여 설치되는 파일을 말한다.

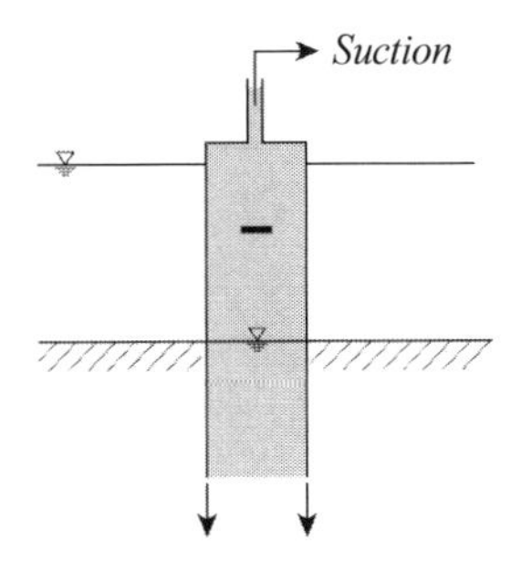

관입 : *Pile* 내부에 *Suction*

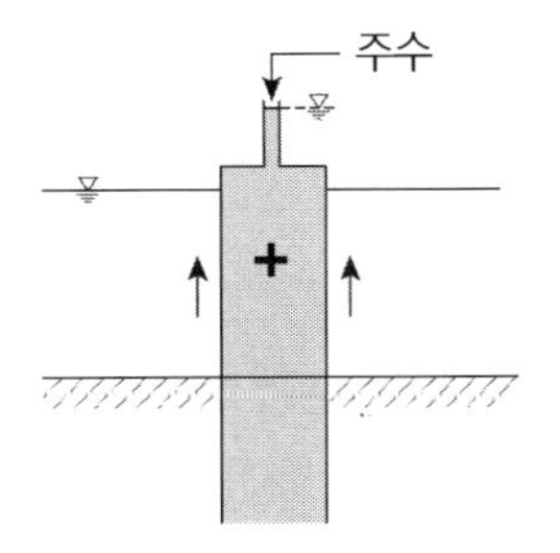

인발 시 : *Pile* 내부에 물 주입

2. 지지원리

(1) 압축 지지력 = $Q_p + Q_s$ −자중

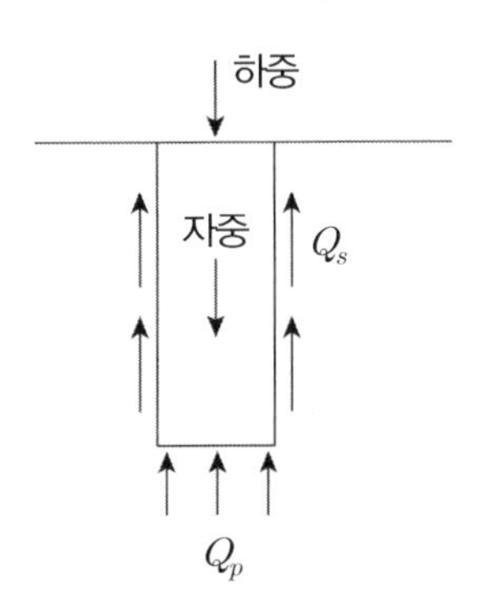

(2) 인발 지지력 = Q_s +자중

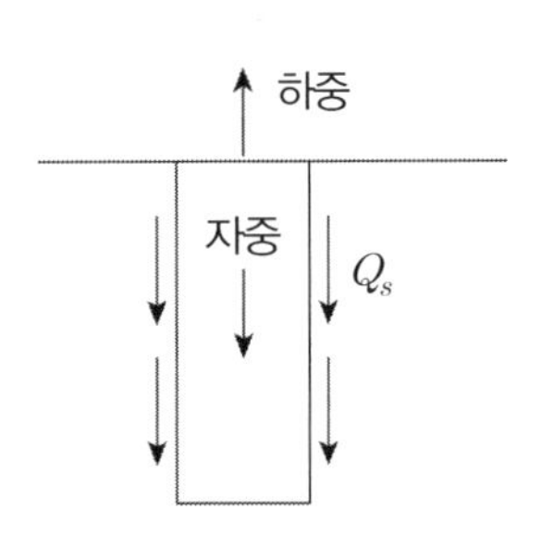

3. 주입압의 영향

(1) 주요 설계인자로는 *Suction*압, 파일 내부와 외부의 압력 차 그리고

(2) 물과 파일 관입으로 인한 지반의 교란, *Sand Boiling*, *Clay Column Plugging* 등이 있다.

(3) 압력 차가 너무 작으면 관입력이 지반의 저항력을 극복하지 못하여 관입이 불가능하다.

(4) 이때 최소한의 압력차를 *Lower Bound*라 하며, 압력 차가 너무 크면 모래층의 경우 *Uplift Seepage Force*에 의해 *Boiling*이 발생한다.

(5) 점토층의 경우에는 파일 내부 전체의 점토 기둥이 절단(*Soil Tension Failure*)되면서 밀려 올라오는 *Plugging* 현상이 발생한다.

(6) 어떤 경우이든 파일 내부가 토사로 가득차 파일 관입에 실패하게 되므로 적정한 압력 차인 *Upper Bound*이 되도록 설계함이 중요하다.

(7) 설치 도중 관입깊이에 따라 설계압력이 연속적으로 자동 조절될 수 있는 기능이 필요하다.
: *Closed*－*Loop System*

4. 평 가

(1) 최근 점토지반인 옥포항과 모래지반인 온산항에서 현장시험을 성공적으로 수행했으며

(2) 방파제, 해상공항, 해상 신도시, 군사기지, 연약층 말뚝시공, 준설매립지 말뚝 지지력 확보에 적용, 연구 및 시험시공이 진행 중이다.

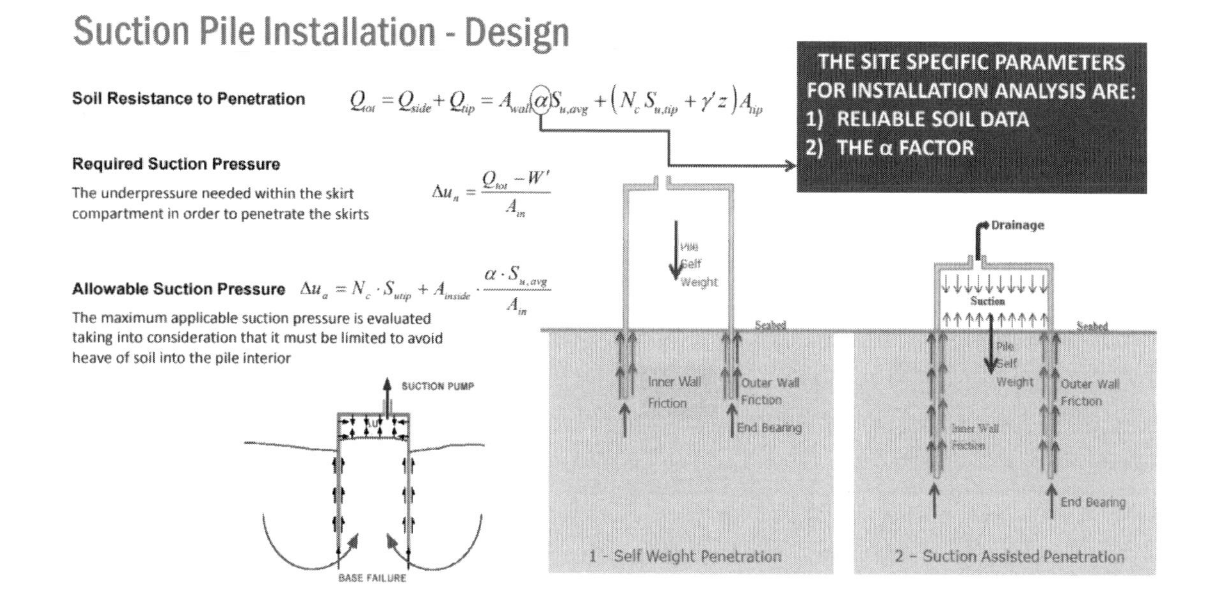

13 SPLT(Simple Pile Load Test)

1. 개 요

(1) 일반 압축재하시험의 경우 재하시험 실시를 위해서는 재하구조물, 재하하중의 준비, 설치 및 해체에 상당한 시간과 비용이 소용된다.

(2) *SPLT*는 이러한 재하장치가 없어도 강관말뚝 선단부에 부착된 *Cone*을 이용하여 소정의 깊이까지 타입하여 3(2)항의 그림처럼 강관 내부의 강봉을 강관 본체의 주면마찰력을 이용하여 재하함으로써 하중 침하곡선을 작성, 선단 지지력과 주면마찰력을 구하는 시험이다.

2. 기존 정재하시험의 문제점

(1) 재하시험 실시에 과대한 시간 및 비용이 소요

(2) 경사 *Pile*(*Batter Pile*)의 재하시험 곤란

(3) 주면 지지력과 선단 지지력의 분리 측정 곤란

(4) 재하시험을 실시하더라도 결과해석의 불분명한 요소들로 인하여 과대설계 우려

3. *SPLT*의 시험법과 원리

(1) 지지력의 구성 : $Q_u = Q_p + Q_s$ = 선단 지지력 + 주면 지지력

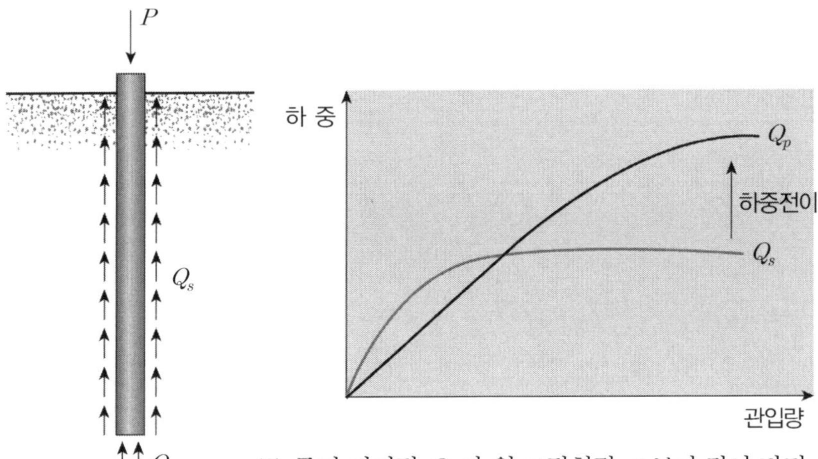

※ 주면 지지력 Q_s가 위 그림처럼 Q_p보다 작아 단면 A를 줄이면 선단에 작용응력(σ)이 증가하고 주면마찰력을 이용하여 선단 지지력을 구할 수 있다.

(2) 주면 지지력 결정　　　　　(3) 선단 지지력의 결정

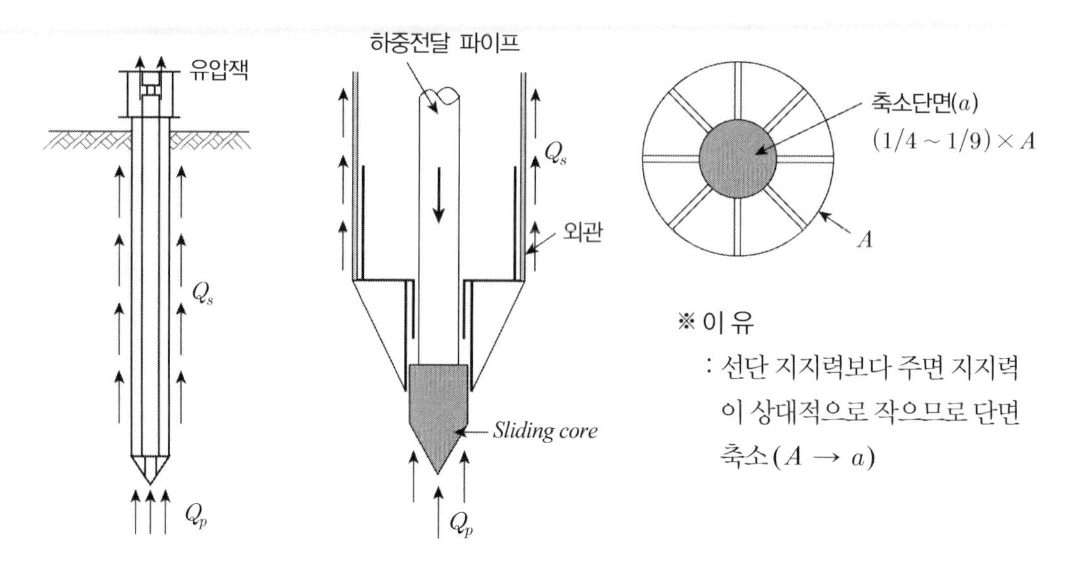

(4) 시험 순서

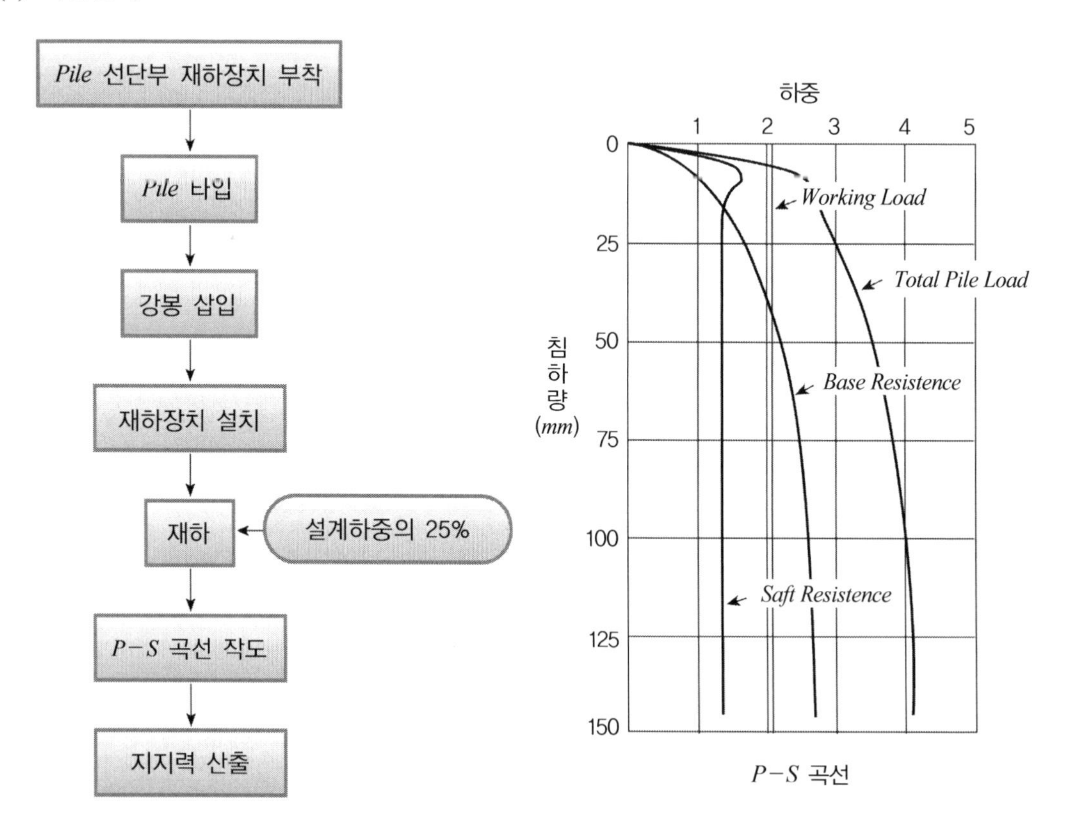

P－S 곡선

4. 정재하시험과 비교

구 분	정재하시험	*SPLT*
재하중 방법	상부 재하, 반력 앵커	말뚝 주면마찰력
지지력	선단과 주면 지지력 통합	선단, 주면 지지력 분리
시험장치	대규모, 복잡	소규모, 단순
경사말뚝	불 가	가 능
공 기	길 다	짧 다
비 용	크 다	작 다

5. 이용 및 효과

(1) 선단과 주면 지지력을 분리한 합리적인 지지력 측정

(2) 경제적 설계 도모

(3) 인발지지력 측정

(4) *Batter Pile* 시험

시험 전경

SPLT 내부강관 및 선단부 장치

SPLT 시험모습

14 Piled Raft 기초 = 말뚝지지 전면기초

1. 정 의

(1) *Piled Raft* 기초 시스템은 단단한 점토층과 같은 지반조건에서 *Raft* 기초만으로 충분한 지지력의 확보가 가능하나 과도한 침하가 발생하여 구조물의 사용성에 문제가 발생할 경우 주로 사용되는 기초 시스템이다.

(2) *Piled Raft* 기초 시스템에 있어서 *Raft*는 상부구조물의 하중을 분산시키고 충분한 지지력을 확보하며, 말뚝은 *Raft*의 과도한 침하를 억제시켜 상부구조물을 지지하는 상호 보완적인 역할을 한다.

(3) 즉, 얕은기초와 깊은기초의 복합체 개념으로 *Pile*의 상대적 변위에 따라 *Raft*의 지지력이 발휘된다.

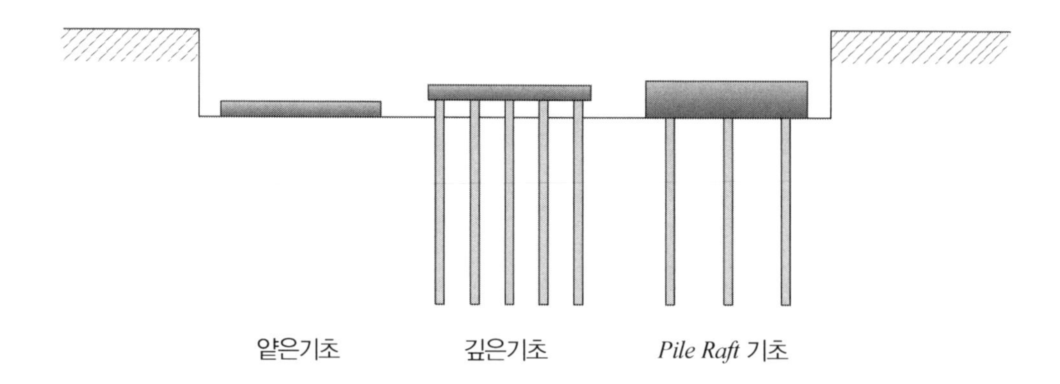

2. 특 징

(1) 무리말뚝과 비교 말뚝이 길이와 갯수를 절감시킴

(2) 전면기초 비교 침하량을 현저하게 줄임

(3) 경제적 기초 시스템
 ① 말뚝 위치를 조절하여 *Raft*에 발생하는 응력 및 휨 모멘트를 최소화
 ② 편심하중 작용 시 말뚝 배치 조정

(4) 기초 지지력 향상(말뚝 + *Raft*)

(5) *Raft*의 하중 분담률 증가
 ① 지반강성이 큰 경우 ② 침하 증가 시

(6) 침하에 따른 지지거동 변화
 ① 침하 초기 : 깊은기초 거동 ② 침하 후기 : 얕은기초 거동

3. 말뚝 지지 전면기초의 하중지지 기구

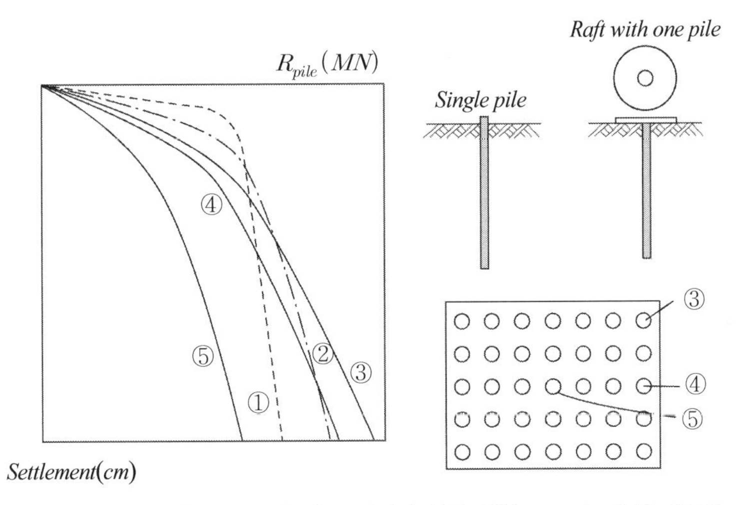

말뚝과 *Raft* 상호작용과 말뚝과 말뚝 사이의 상호작용(*Katzenbach* 등, 2000)

(1) 말뚝－*Raft* 사이의 상호거동

① 곡선 ①은 단일말뚝 하중－침하곡선

② 곡선 ②는 원형 전면기초에 단일말뚝이 설치된 경우

(2) 말뚝－말뚝 사이의 상호거동

① 최외곽 말뚝 : 말뚝의 지지력이 가장 큼

② 중앙부 말뚝 : 가장 작은 지지력

✓ 중앙부 말뚝이 지반과 말뚝 사이의 상대적 변위면에서 최외곽 말뚝에 비해 작기 때문

4. 지지력과 침하 해석

(1) 지지력

① 총지지력 = R

② *Pile Raft* 상수(α_{pr})

$$\alpha_{pr} = \frac{\sum R_p}{R}$$

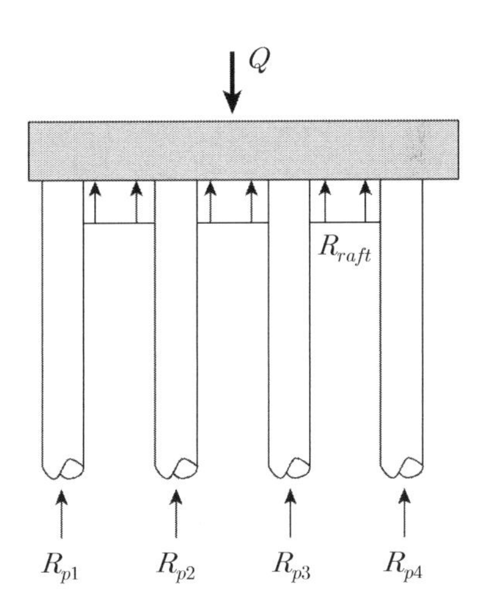

(2) 침하량에 따른 적정 기초형식 판단

① 그림처럼 얕은기초의 하중-침하량 곡선은 *Raft*만으로 설계된 경우로서 허용 침하기준을 만족시키지 못하므로 추가로 말뚝을 설치한다.

② 일반적인 군말뚝 관점으로 설계하는 경우에는 하중-침하거동 측면에서 비경제적인 설계가 된다.

③ 가장 적합한 설계는 *Piled Raft* 곡선과 같이 나타나며 전체 침하량과 부등 침하량을 허용침하기준 이내로 제한하면서 말뚝 수와 *Raft*의 두께를 최소화하는 것이다.

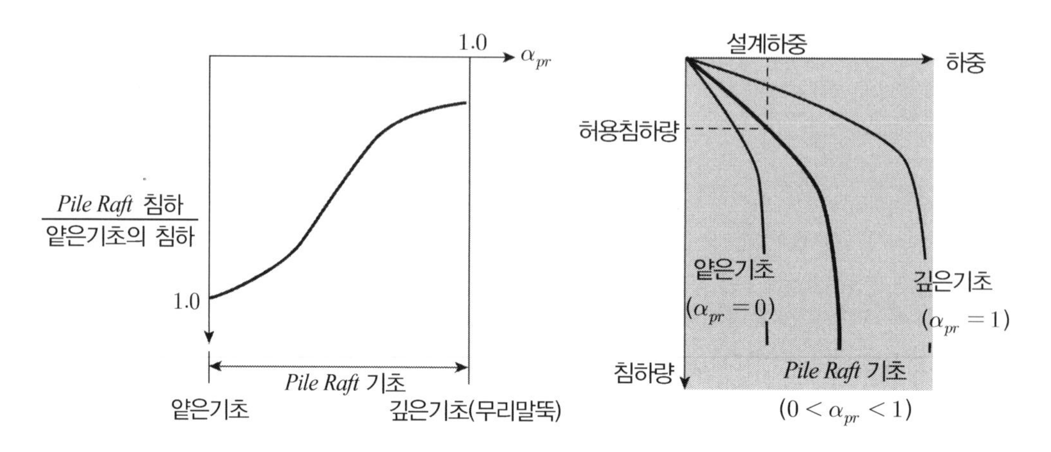

5. 해석방법

말뚝지지 전면기초에 대한 다양한 해석적, 실험적 연구가 진행되고 있으나 실험적 연구는 다양한 기초형상 및 지반조건에 대한 적용이 어려워 주로 수치해석을 통한 해석적 연구가 다음과 같이 이루어지고 있다.

(1) 단순해석방법

① 근사적 하중-침하 곡선 산정법으로서

② 초기에는 대부분의 하중을 말뚝이 지지하고 추가하중에 대해서는 *Raft*가 지지한다는 가정 하에 해석한다.

③ 말뚝의 강성, *Raft*의 강성 및 *Raft*와 말뚝과의 극한 지지력에 대한 탄성해를 사용하였다.

④ 또한 *Raft*를 완전강체로 가정하여 *Raft*의 유연성을 고려하지 않는다.

(2) 근사적 해석방법

*Raft*를 판으로 해석하고 말뚝은 스프링, 1차원 봉요소로 모델링하여 간편하게 해석한다.

(3) 수치해석에 의한 방법

① 경계요소법

흙과 말뚝 *Raft*를 요소로 분할하고 각 요소의 변위와 응력관계를 *Green*함수로 정의하여 해석을 수행한다.

② 유한요소법

③ 복합해석기법(*Hybrid approach method*)

말뚝은 1차원 요소인 봉요소(*rod element*)인 경계요소로 *Raft*는 2차원 박판요소로 한 유한요소법을 조합하는 방법

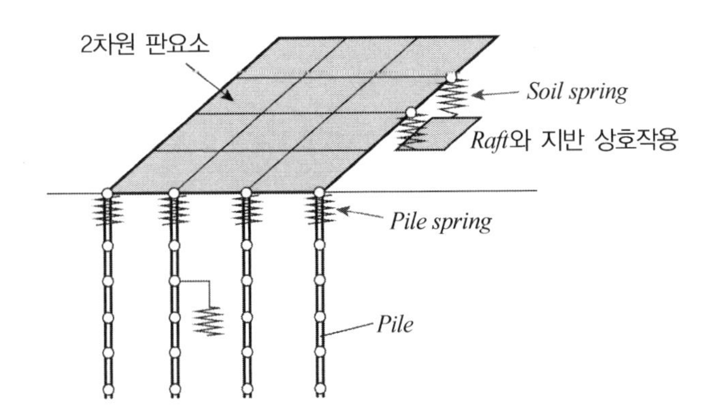

④ 최근에는 *Poulos*(2001)에 의한 3차원 유한요소법이 기초의 거동을 비교적 정확히 나타낼 수 있는 방법으로 보고됨

6. 효 과

(1) 경제적 설계 : *Pile* 갯수 감소 선단과 주면 지지력을 분리한 합리적인 지지력 측정

(2) 구속응력 증대 : *Raft*에 의한 구속응력 증대

(3) 지지력 증대

(4) 침하억제

전체 침하량은 얕은기초보다 감소하며, 균등침하 유도, 편심응력 억제

(5) 내진구조(지반과 *Pile*이 동시에 거동)

(6) 근접시공 시 안정성 확보

7. 평 가

(1) 국외의 경우 유럽, 동남아시아, 일본 및 중국 등에서 비교적 체계적인 설계기준 및 다양한 시공사례에 많이 적용되고 있으나 국내의 경우 설계기준이 명확하지 않고, 적용사례 또한 매우 미미한 실정이다.

(2) 초고층 주상복합빌딩 및 초장대 교량 등의 대형 구조물 건설이 증가하고 있는 상황 속에서 시공비용을 절감할 수 있는 말뚝지지 전면기초 개념이 하루 빨리 국내설계기준에 도입되어 실무에 적용할 수 있도록 많은 연구와 노력이 필요하다.

(3) *Piled raft* 기초 시스템에 있어서 허용침하량을 제한하기 위한 목적으로 말뚝을 사용하고 있으므로 *Piled raft* 기초 시스템의 설계방식도 지지력의 관점보다는 침하량의 관점에서 접근해야 한다.

(4) 그러나 대부분 지반의 강성 및 말뚝－지반－*raft* 사이의 상호작용 등을 평가하는 경험이 부족하고 침하량의 계산결과가 지지력의 계산결과보다 신뢰도가 더 낮다는 인식으로 침하량의 관점보다는 지지력의 관점에서 *piled raft* 기초 시스템의 설계를 주로 행하여 왔다.

(5) 따라서 *piled raft* 기초 시스템의 거동을 정확히 예측하기 어렵다는 이유만으로 *piled raft* 기초 시스템의 설계를 침하의 관점이 아닌 침하를 거의 허용하지 않는 지지력 관점으로 접근할 필요는 없으며, 경제적인 측면에서도 바람직한 것은 아니다. 그러므로 앞으로의 *piled raft* 기초 시스템의 설계에서는 침하의 관점에서 설계하여 허용침하량을 만족하는 최소한의 말뚝을 사용함으로써 시공비용과 거동을 최적화할 수 있는 최적설계기법의 도입이 필요할 것으로 사료된다.

Pile과 Raft의 거동추이

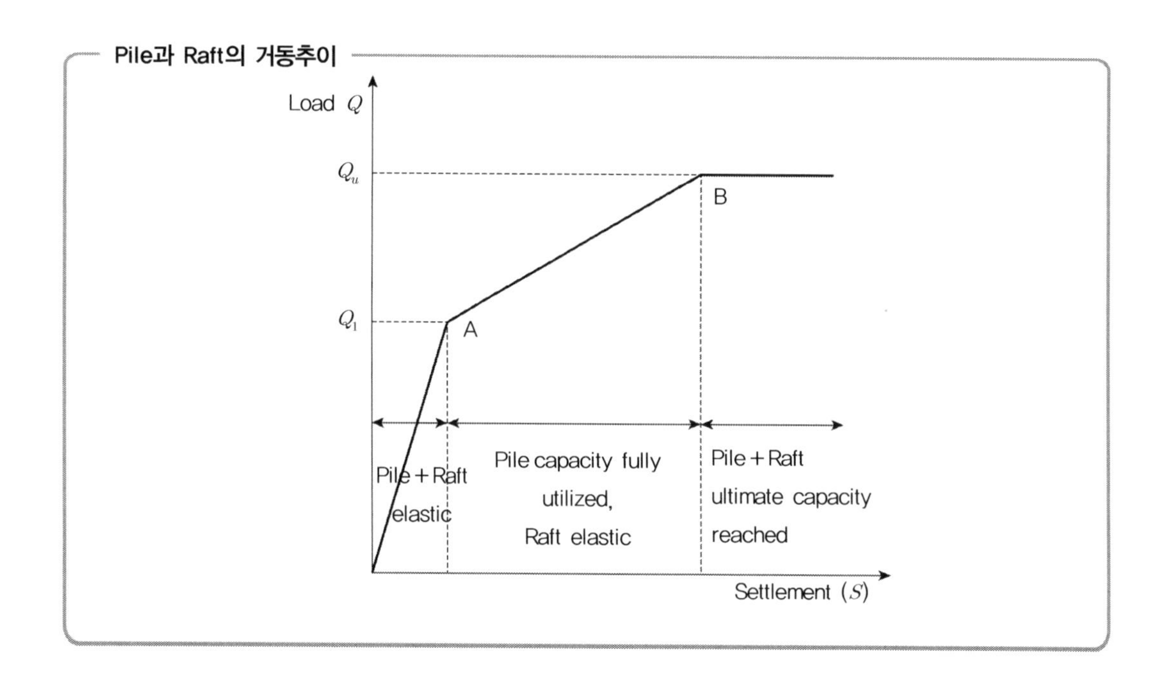

15 Micro Pile = 소구경 말뚝

1. 정 의

(1) *Micro Pile*은 소구경(30*cm*)으로 주입에 의해 지반과 복합체를 형성하여 지지하는 개념

(2) 시공순서 : 천공 → 철근(강봉)삽입 → *Grouting* → 상부 *Cap* 설치

(3) 즉, 지반강도 증대와 *Pile*의 지지력 증대의 복합지지력 확보 개념임

2. 시공순서

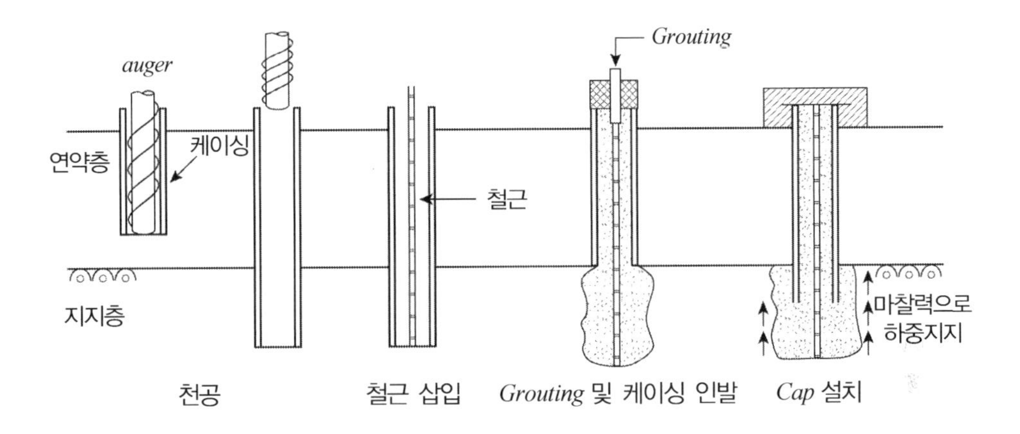

3. 공법의 특징

(1) 소구경으로도 대구경 파일의 지지력 확보 가능

(2) 압축력과 인장력을 동시에 발휘하므로 부력앙카를 겸할 수 있음

(3) 건설장비 규모가 작아 건물 내부, *Strut* 하부 등 협소한 현장에서 시공이 용이함

(4) 진동의 우려가 적음

(5) 직경이 작아 어떤 종류의 지반에서도 천공 작업이 가능

(6) 수직에서 수평이 이르기까지 어느 각도로나 시공 가능

(7) 시멘트 밀크를 사용하므로 천공공 및 주변진반 균열부에 충진이 가능

(8) 부등침하 등을 해결할 수 있는 부분 보강이 용이함

(9) 소구경이라 *Pile* 간의 간격을 좁힐 수 있어 군말뚝의 지지력 감소와 부마찰력 문제를 최소화함

4. 마이크로 파일의 분류

(1) 말뚝거동에 의한 분류

① *Case* Ⅰ : 단일말뚝 개념(마찰말뚝)

단일말뚝으로 하중을 직접적으로 지지하며 하중의 대부분을 보강된 강재가 지지한다.

※ 적용 분야

- *UNDER PINNING* 공법 시공 시
- 대형기초 굴착장비의 불가능한 협소한 지역 시공 시
- 연약지반(압축 및 인장 동시 사용), 사면의 보강
- 기존건물(구조물)의 기초보강
- 타워, 굴뚝 및 송전탑의 기초파일(압축 및 인장 동시사용)
- *PHC PILE* 시공 후 중파 및 편차, 보강 시

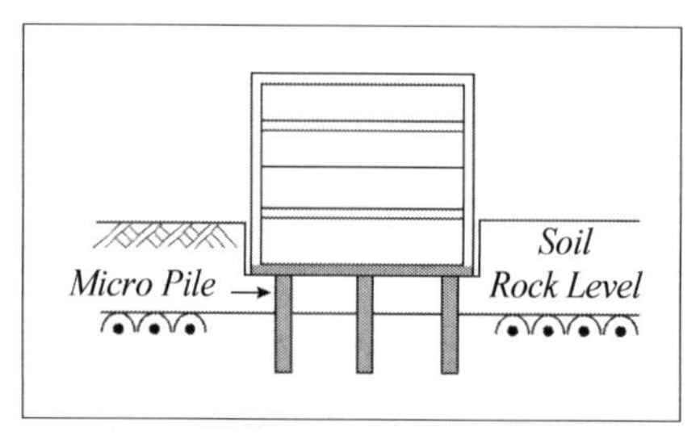

기존 구조물 증·개축 시 기초보강

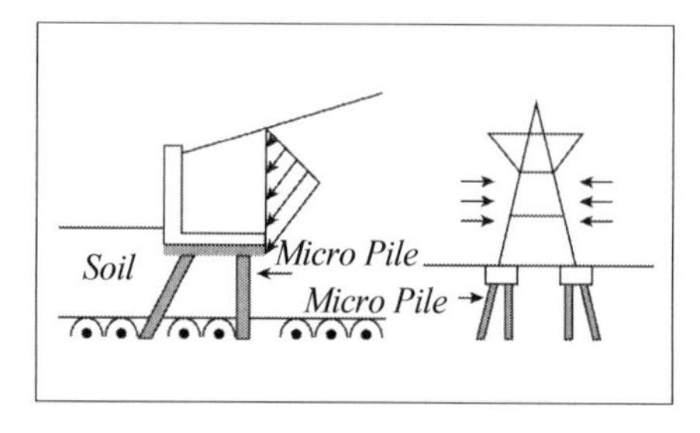

수평하중의 전달·타워기초

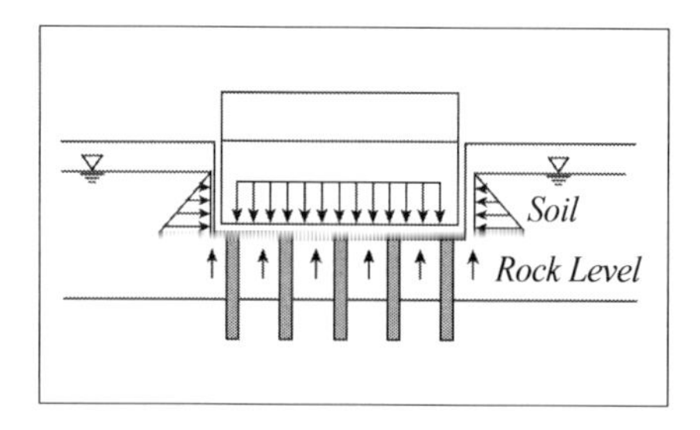

구조물 기초 및 부력대항 앵커의 기능

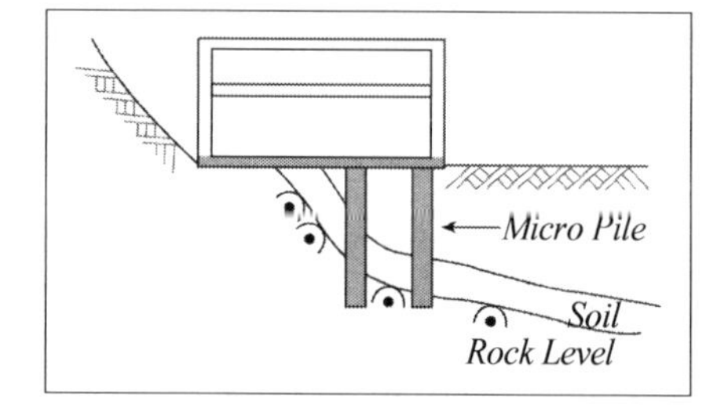

사면에 축조된 구조물 기초

② *Case* Ⅱ : 그물식 마이크로 파일

복합지반 개념 : *Group*화된 그물식 *Pile* 벽체가 복합체를 형성하여 지지

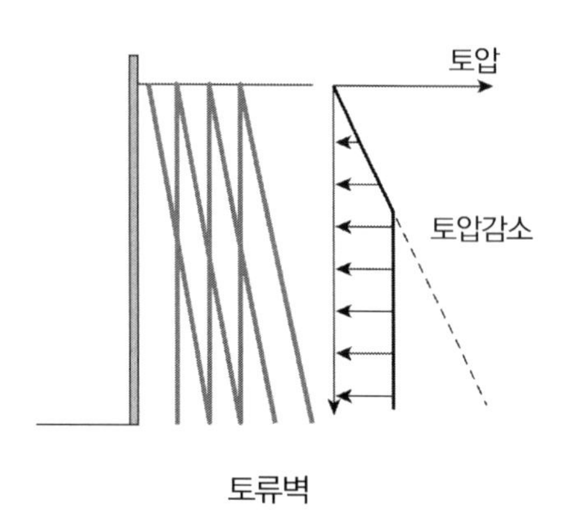

토류벽

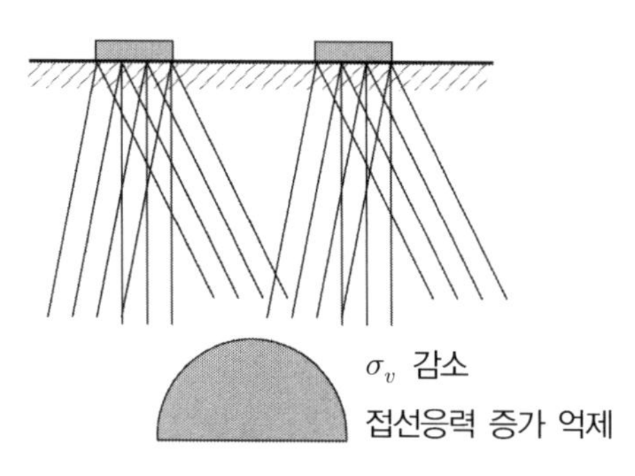

Tunnel

③ *Case* Ⅰ + *Case* Ⅱ 개념
각 *Pile*과 지반의 *Interaction*
(상호작용, *Arching*)에 의해 지지되는
개념

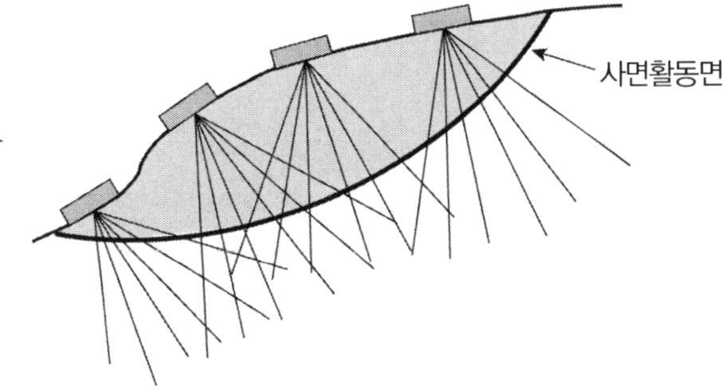

(2) 그라우팅 방법에 의한 분류
① 중력에 의한 그라우팅

② 가압그라우팅

③ *Postgrouting*

5. 지지력 설계(단일말뚝)

(1) 기본 개념
일반 *Pile* 지지력 산정과 유사하나 선단 지지력은 제외(주면마찰력만 고려)

$$Q_u = Q_s = f_s \cdot A_s$$

(2) *Grout*에 따른 단위주면마찰력

구 분	*Grout* 없는 경우	*Grout* 있는 경우
사질토	$f_s = \beta \cdot \sigma_v'$ $= K_o \cdot \sigma_v' \cdot \tan\delta$	$f_s = P_g \cdot \tan\phi$ P_g : 주입압
점성토	$f_s = \alpha \cdot C_u$	$f_s = \alpha \cdot C_u$ C_u : 비 배수 전단강도 (*UU* 시험, *CPTU*, *VANE* 시험)

✓ **점성토 지반에서의 *Grouting*은 사질토에 비해 주면마찰력의 증대효과가 없는 특징이 있음**

6. 적 용

(1) 사면안정 보강 → 활동 저항력 증대

(2) 터널의 지표안정 → σ_v 감소 → *Arching* 효과

(3) *Underpinning* → 지지력 증대

(4) 석회암 공동지역 보강

(5) 토류벽에서의 토압경감

16 선회식 말뚝(로타리 파일, 헬리컬 파일 등)

1. 선회식 말뚝 허용 지지력 산정방법

(1) 기본개념

선회식 말뚝은 회전관입공법으로 로터리 파일, 헬리컬파일(*Helical Pile*) 또는 스크류파일(*Screw Pile*)이라고 불리는 스크류가 부착된 소구경 파일로서, 지반에 회전 압입시켜 말뚝의 주변지반을 나셔지게 하고 말뚝과 지반의 결합력을 높여주면 마찰력을 증대시키는 공법이다.

스크류파일은 천공과 동시에 설치되므로 작업의 효율성이 높으며 저진동 저소음의 장점을 지니고 있다. 그러나 아직 지반 특성에 따른 비배토 압입이 가증한 스크류 제원 및 설계가 확립되어 있지 않다.

(2) 시공순서

고강도 강관에 스크류를 부착한 소구경파일 제작 → 소형 천공장비로 천공과 동시 파일을 지반에 관입 → 강관 내부로 그라우팅 실시(구근형성)

■ SB Helicalpile 이란?

나선형 날개가 달린 파일을 회전력을 이용하여 지반에 시공되며, 파일은 주변마찰과 선단 지지를 발쉬하는 공법이다.

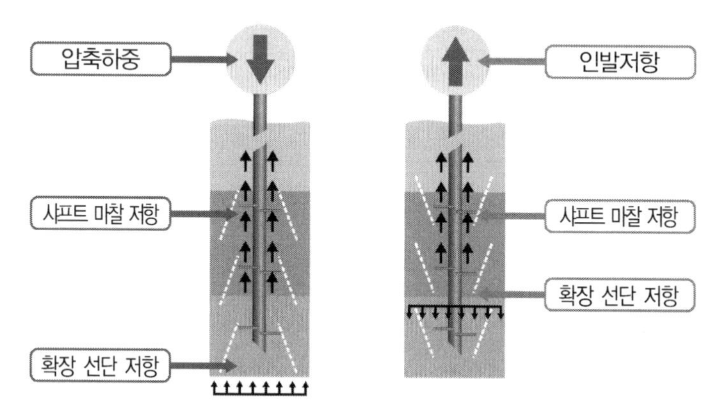

특허등록 : 충전 강관식 로타리 파일

■ 공법특징

- 특성화한 장비와 백호후와의 결합으로 시공가능
- 일체화된 파일시공으로 공기단축(300M/DAY)
- 파일의 조립이 간편(시공성 향상)
- 무소음, 무진동 공법으로 친환경적
- 파일 시공 시 슬라임이 발생하지 않음
- 어떠한 각도에서도 시공이 가능(경사시공 용이)

(3) 선회식 말뚝 허용 지지력 산정

① 스크류가 설치된 파일의 주면마찰력만 고려

② 선단 지지력과 스크류날개가 설치되지 않은 말뚝 주면의 마찰력은 무시

③ 다만 선단지반이 연암인 경우에는 선단 지지력을 함께 고려

$$Q_a = \frac{\pi \times D \times L}{F_s} \times \tau$$

여기서, D : *Screw* 날개 직경
L : *Screw*가 부착된 파일의 길이
τ : 지반의 마찰저항
F_s : 안전율

2. 선회식 말뚝 적용 시 설계 시 고려사항

(1) 설계검토항목

① 말뚝 지지력

② 기초연결부 검토(스크류 용접부 지압응력, 펀칭전단, 좌굴 등)

③ 부력 검토

(2) 품질관리 차원 : 그라우팅 시멘트 페이스트 배합비

(3) 시공여건

① 일반 크롤러드릴에 말뚝과 어댑터를 체결하여 사용 가능한 장소 여부

② 천공을 이한 콤프레샤, 그라우팅 시공을 위한 믹서플랜트 배치 가능 부지 판단

17 말뚝의 지지력 산정방법

[핵심] 깊은기초의 지지력은 정역학적 공식과 현장 재하시험 등 여러 가지 방법을 통하여 구할 수 있으며 말뚝의 지지력에 영향을 주는 군항효과, 말뚝이음, 부마찰력 등을 고려하여야 하며 말뚝의 지지력은 선단 지지력과 주면마찰력에 의해 발휘된다.

1. 개 요

(1) 지지력은 하중에 의해 지반이 전단파괴 될 때 최대하중으로 정의됨

(2) 말뚝의 지지력 구성

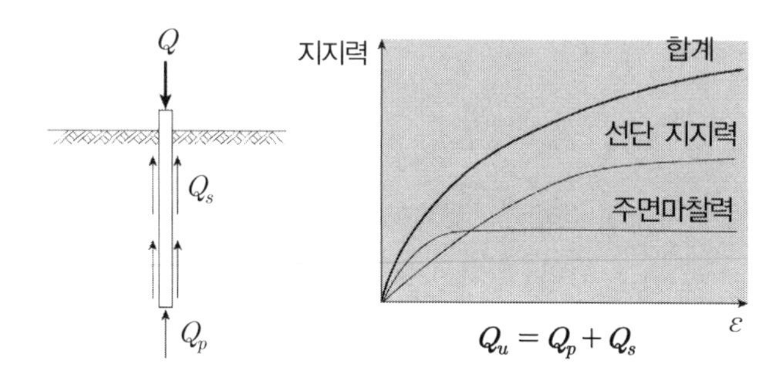

2. 지지력의 결정

(1) 말뚝의 지지력 설계 절차

예비(또는 추정) 설계	시험말뚝에 대한 검증시험	예비설계의 수정 또는 재설계	설계 완성
• 정역학적 지지력 공식 • 현장시험결과에 의한 경험 공식 • 파동방정식 • 동역학적 공식(항타 공식) • 말뚝해석 코드 • 기존의 설계사례나 말뚝 재하시험 결과를 활용 • 필요한 경우 연직압축력 인발력 수평력에 대한 검토 및 내진설계 수행	• 시험말뚝에 대한 말뚝재하 시험 – 예비설계에서 정한 말뚝의 제원을 활용하여 시험말뚝 선정 – 극한하중상태까지 재하 – 하중전이측정 포함 – 지반조사 및 지반특성치 산출시험 – 인발 및 수평시험 포함 • 극한 지지력 측정 • 침하량 확인 • 말뚝지지거동 확인 • 시공기준 설정 • 상당한 중요성을 가지는 구조물의 설계 시 필요	• 검증시험결과에 기초 • 예비설계수정 – 관입깊이 조정 – 소요개수 조정 • 재설계 – 공법변경 – 말뚝직경 변경 • 재설계 시에는 확인 시험을 부가할 수도 있음	
• 개략적인 지지력 산정 • 개략적인 변위량 산정 • 개략적인 시공기준 제시			

(2) 설계, 시공 단계별 지지력 결정법

구 분	지지력 결정법
설계 시	• 정 역학적 지지력 공식 • 현장시험에 의한 결정 – ***PMT***, 시험말뚝, ***PBT***, ***SPT***, ***CPT*** • ***WEAP*** 해석 : 항타, 시공 관입성 고려
시공 시	• 재하시험 • 동역학적 지지력 공식

3. 정역화적 지지력 공식

(1) *Terzaghi*의 공식

① 말뚝의 주면마찰력과 선단 지지력의 합이 말뚝의 극한 지지력이며 *Terzaghi*의 얕은기초 지지력 공식을 근간으로 만들어진 공식이다.

$$Q_u = Q_p + Q_s = q_p \cdot A_p + q_s \cdot A_s$$
$$= (\alpha \cdot c \cdot N_c + \beta \cdot \gamma_1 \cdot B \cdot N_\gamma + \gamma_2 \cdot D_f \cdot N_q) \cdot A_p + q_s \cdot U \cdot L$$

② 여기서 말뚝의 폭은 길이에 비해 대단히 작으므로 $B=0$로 놓고 D_f는 말뚝의 근입길이이므로 L로 대치한다.

③ 또한 $\gamma \cdot L$은 유효토피하중이므로 q'로 놓고 정리하면

$$Q_u = q_p \cdot A_p + q_s \cdot A_s$$
$$= (c \cdot N_c + q' \cdot N_q) \cdot A_p + q_s \cdot U \cdot L$$

여기서, Q_u : 말뚝의 극한 지지력(*ton*)
q_p : 단위면적당 극한 선단 지지력(*tonf/m*^{2})
q_s : 단위면적당 극한 주면마찰력 지지력(*tonf/m*^{2})
A_p : 말뚝의 선단 단면적(*m*^{2})
U : 말뚝의 둘레 길이(*m*)
L : 말뚝의 관입깊이(*m*)

(2) 토질별 지지력 공식

구 분	공 식	비 고
점성토	$q_p = 9 \cdot C_u$	• $N_c = 9$, *Skempton* 제안(1951)
	$q_s = c_\alpha + \sigma_h{}' \cdot \tan\delta$ $= c_\alpha + K \cdot \sigma_v{}' \cdot \tan\delta$ $-$ c_α : 말뚝과 지반의 부착력 $-$ δ : 말뚝과 지반의 마찰각	• 주면마찰력 산정 $-$ α법 : 전 응력 해석 $-$ β법 : 유효응력 해석 $-$ λ법 : 전 응력+유효응력해석
사질토	$q_p = q' \cdot N_q = \gamma \cdot L \cdot N_q$	• $c = 0$ • L 적용 시 한계깊이 적용(대략 $20D$)
	$q_s = K \cdot \sigma_v{}' \cdot \tan\delta$	• K : 말뚝측면에 작용하는 토압계수 타입말뚝의 경우 느슨한 모래 $K = 1.0$ 조밀한 모래 $K = 1.5$ • $\sigma_v{}'$: 말뚝측면의 유효상재압 • δ : 말뚝과 지반 사이의 마찰각 $-$ 강말뚝 : 20° $-$ 콘크리트 말뚝 : $(3/4)\phi$

✓ 토압계수 K는 흙의 밀도, 말뚝의 설치방법, 세장비(L/D), 그리고 말뚝의 표면거칠기 정도에 따라 달라지게 된다. K 값을 정확히 결정하기가 어렵기 때문에 일반적으로 정지토압계수(K_o)를 산정한 후에 지반의 과압밀비를 고려하여 이 값을 수정하여 사용한다.

벽면 마찰각 δ 값은 실내에서 직접전단시험을 통하여 측정하거나 또는 변위 후 말뚝과 주변지반의 접촉면의 상태는 극한 파괴상태라고 간주하여야 하므로 *Vesic*(1963)은 δ는 흙의 잔류마찰각과 ϕ_{cr}와 같다고 제안한 바 있다.

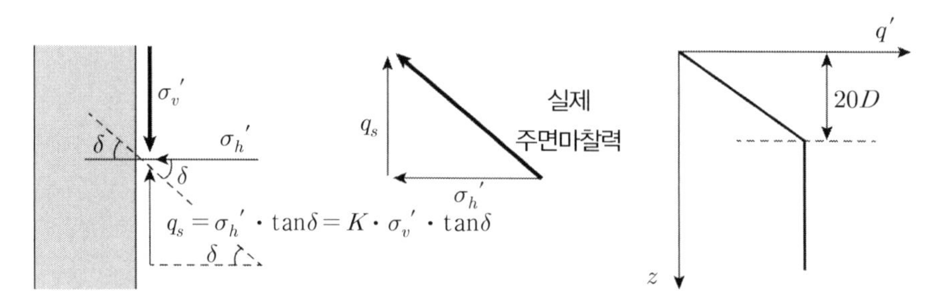

주면마찰력의 힘의 크기와 방향　　　　사질토 지반에서의 말뚝 선단부 유효상재압

① 점성토 지반에서의 단위면적당 극한 주면마찰력

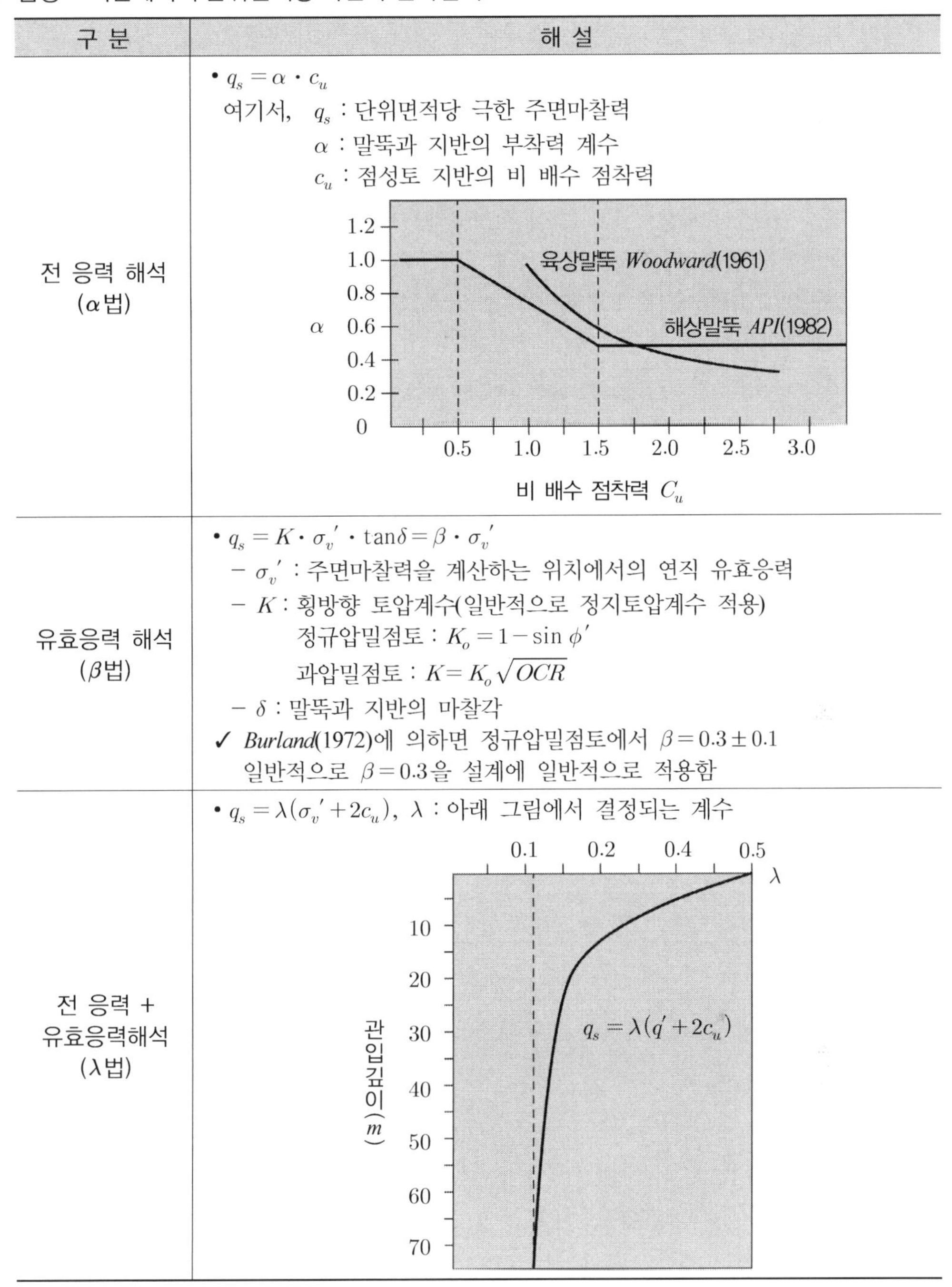

구 분	해 설
전 응력 해석 (α법)	• $q_s = \alpha \cdot c_u$ 여기서, q_s : 단위면적당 극한 주면마찰력 α : 말뚝과 지반의 부착력 계수 c_u : 점성토 지반의 비 배수 점착력
유효응력 해석 (β법)	• $q_s = K \cdot \sigma_v{'} \cdot \tan\delta = \beta \cdot \sigma_v{'}$ – $\sigma_v{'}$: 주면마찰력을 계산하는 위치에서의 연직 유효응력 – K : 횡방향 토압계수(일반적으로 정지토압계수 적용) 정규압밀점토 : $K_o = 1 - \sin\phi'$ 과압밀점토 : $K = K_o\sqrt{OCR}$ – δ : 말뚝과 지반의 마찰각 ✓ *Burland*(1972)에 의하면 정규압밀점토에서 $\beta = 0.3 \pm 0.1$ 일반적으로 $\beta = 0.3$을 설계에 일반적으로 적용함
전 응력 + 유효응력해석 (λ법)	• $q_s = \lambda(\sigma_v{'} + 2c_u)$, λ : 아래 그림에서 결정되는 계수

② 사질토에서의 말뚝의 선단부 유효토피하중 : 한계깊이 고려

✓ 사질토의 경우 아무리 깊은 *Pile*도 구속응력의 영향 때문에 유효연직응력이 일정 깊이 이상이 되면 지지력의 증가가 없게 된다.

(3) 기타 정역학적 지지력 공식

① *DÖrr*의 공식 : 마찰말뚝 적용

② *Dunhum*의 공식 : *Pier*와 같이 주면 지반이 압축되지 않는 지반에는 적용하지 못한다.

(4) 특 징

① 실제 말뚝의 지지력 개념에서 출발하므로 논리적으로 타당함(예비적 지지력 판단)

② 계산을 위한 단위중량, 전단 저항각, 점착력의 값을 구하는 면에서 사질토의 경우 교란으로 인한 부정확한 계산결과 초래

③ 시공방법에 따른 지지력 구분 곤란 : 매입말뚝, 타입말뚝

④ 말뚝의 경시효과를 고려한 지지력 평가 곤란

⑤ 항타장비, 지반, 말뚝과의 관련성을 고려한 항타시공관입성 판단 곤란

(5) 주의사항

① 정역학적 지지력 공식은 말뚝의 예비적 지지력 추정과 이에 따른 말뚝의 적정길이를 판정함에 있어 합리적이나

② 반드시 정재하 시험 등 현장시험을 실시하여 지지력을 확인하여야 한다.

4. 현장시험에 의한 지지력 결정

(1) *PMT*(*Pressure meter test*) / 공내 재하 시험

$$Q_u = Q_p + Q_s$$
$$= q_p \cdot A_p + q_s \cdot A_s$$

여기서, $q_p = P_o + K_g(P_L - P_o)$,

$q_s = P_L$을 이용한 그래프 추정

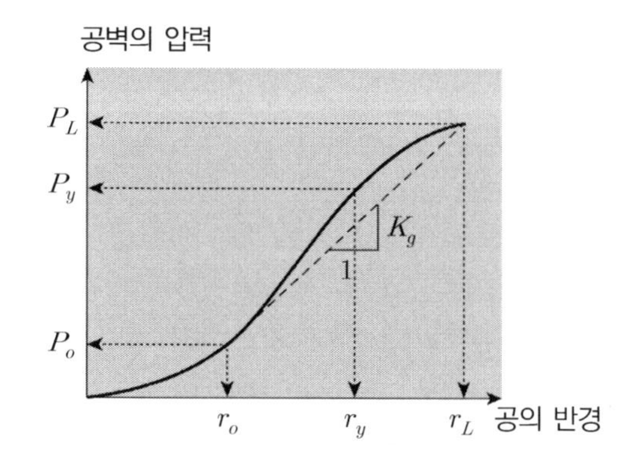

(2) 정재하시험

① 허용 지지력의 결정

q_a : $P_y/2$와 $P_u/3$ 중 작은 값

P_y : 항복하중 P_u : 극한하중

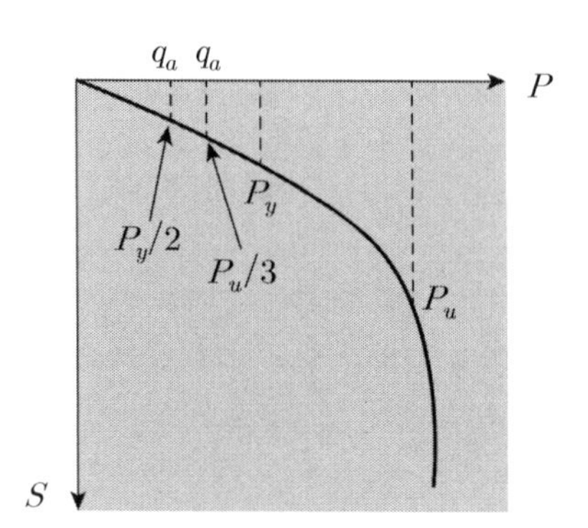

② 항복하중의 결정

㉠ 하중－침하 곡선법 : 최대 곡율법($P-S$ 법)

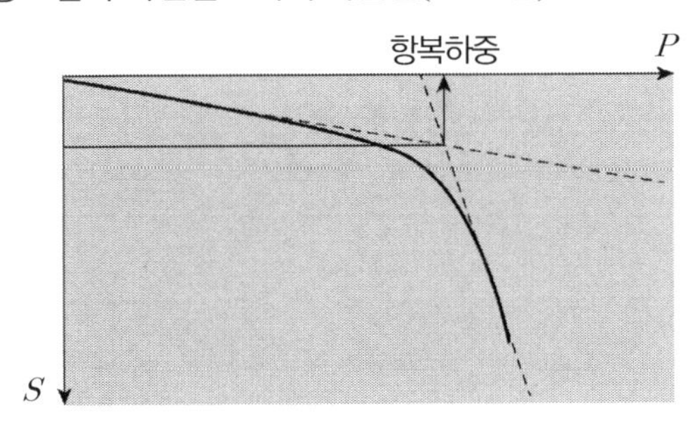

㉡ $S-log\,t$ 법

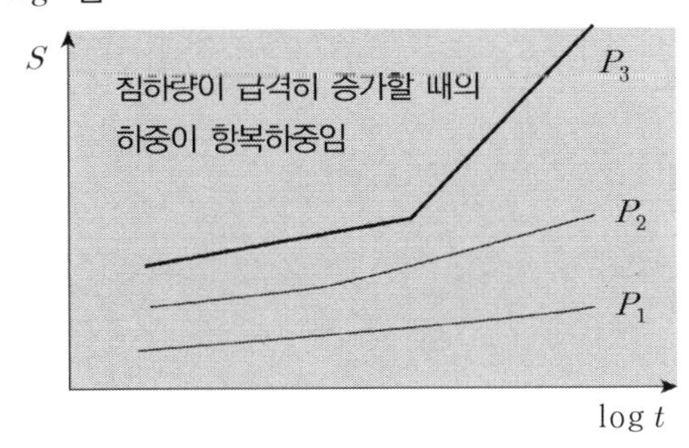

㉢ $log\,P-log\,S$ 법

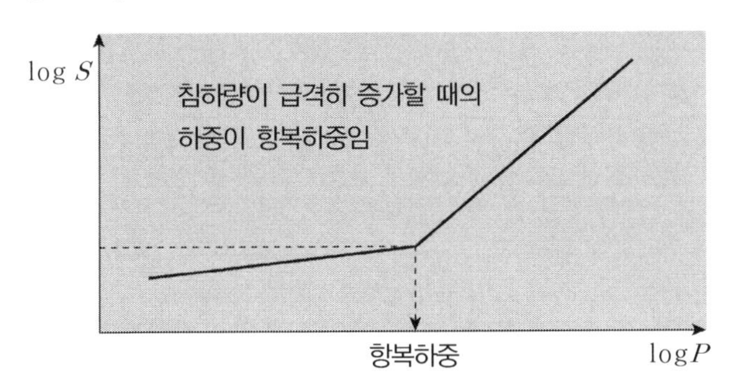

㉣ $\dfrac{ds}{d(\log\ t)}-P$

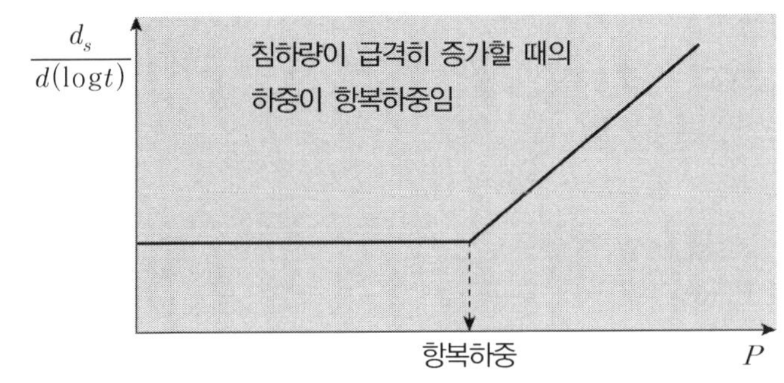

③ 극한하중 결정(P_u)

㉠ 침하축과 평행

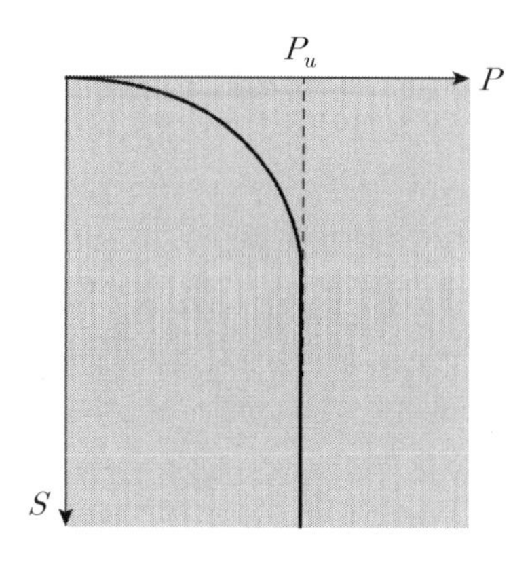

㉡ *Hansen*의 90% 개념

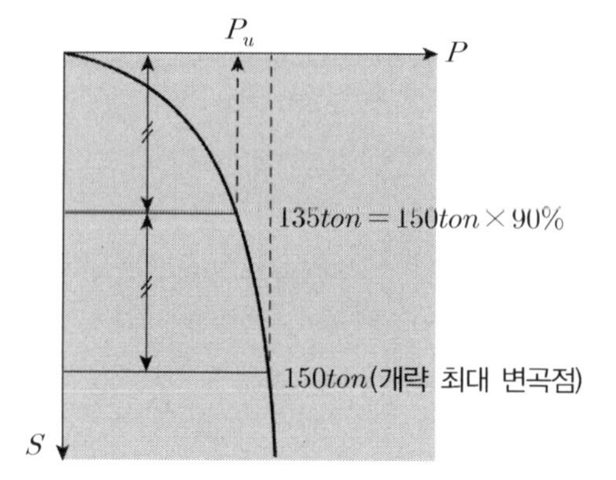

㉢ 말뚝직경의 10% 침하시＝극한하중

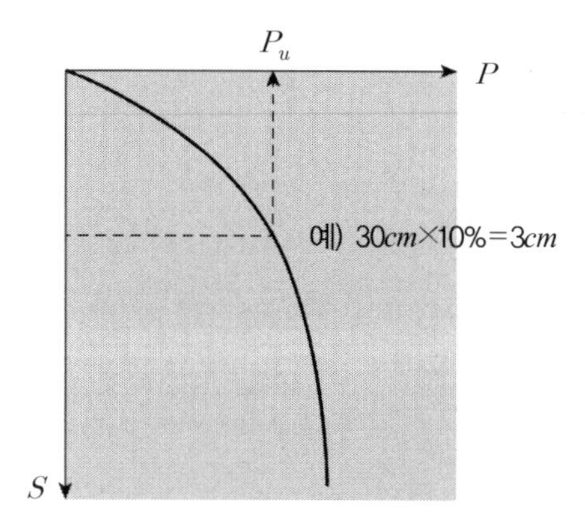

㉣ *Davisson* 방법

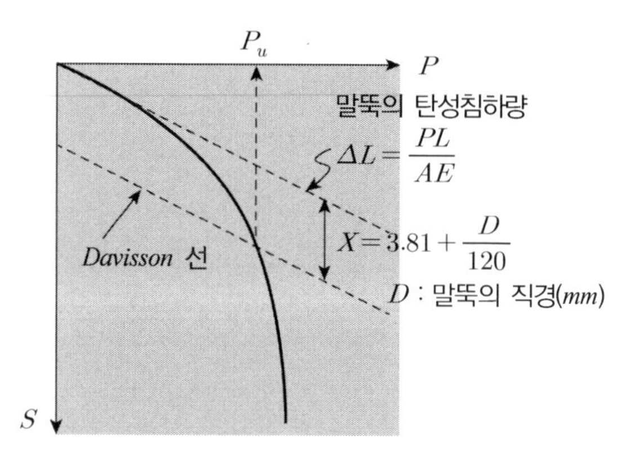

(3) 표준관입시험에 의한 방법 : *Meyerhof*의 공식

① 표준관입시험을 통해 얻어낸 N치를 통해 말뚝의 지지력 산정

$$Q_u = Q_p + Q_s = 30 \cdot N' \cdot A_p + \frac{1}{5} \cdot N_s' \cdot A_s + \frac{1}{2} \cdot N_c' \cdot A_c$$

여기서, N' : 말뚝선단 지반의 N치

$N' = C_n' \cdot N_f = 0.77 Log(20/\sigma_v') \times N_f$

A_p : 말뚝의 선단 단면적(m^2)

A_s : 모래층에 둘러 쌓인 말뚝의 주면적(m^2)

N_s' : 말뚝주변 모래층의 평균 N치

N_c' : 말뚝주변 점토층의 평균 N치

② 지층별 N치에 대한 평균

$$N' = \frac{N_1 \cdot H_1 + N_2 \cdot H_2 + N_3 \cdot H_3}{H_1 + H_2 + H_3}$$

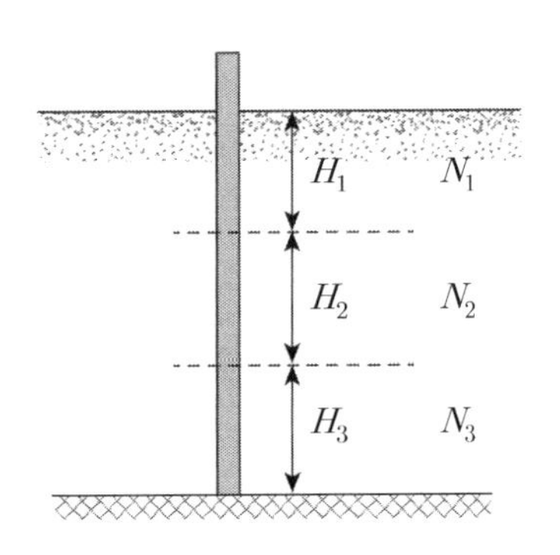

(4) *CPT* (*Cone penetration test*)

$$Q_u = Q_p + Q_s = q_p \cdot A_p + q_s \cdot A_s$$

여기서, $q_p = q_c \quad q_s = 0.05q_c = 2f_c : cone$ 마찰

5. 파동 방정식 해석 : *Weap* 해석

(1) 개 요

말뚝항타 시 말뚝재료, 항타장비, 지반조건에 따라 말뚝의 관입, 지지력, 말뚝손상 유무가 달라진다. 파동방정식(*wave equation*)은 말뚝을 유한 개의 요소로 나누어 항타에 의한 충격파의 전파과정을 각 요소마다 시간별로 표시하여 변위와 응력을 계산하고, 극한 지지력에 따르는 항타관입량을 해석하는 수치해석방법이다.

(2) *WEAP* 해석에서의 모델링

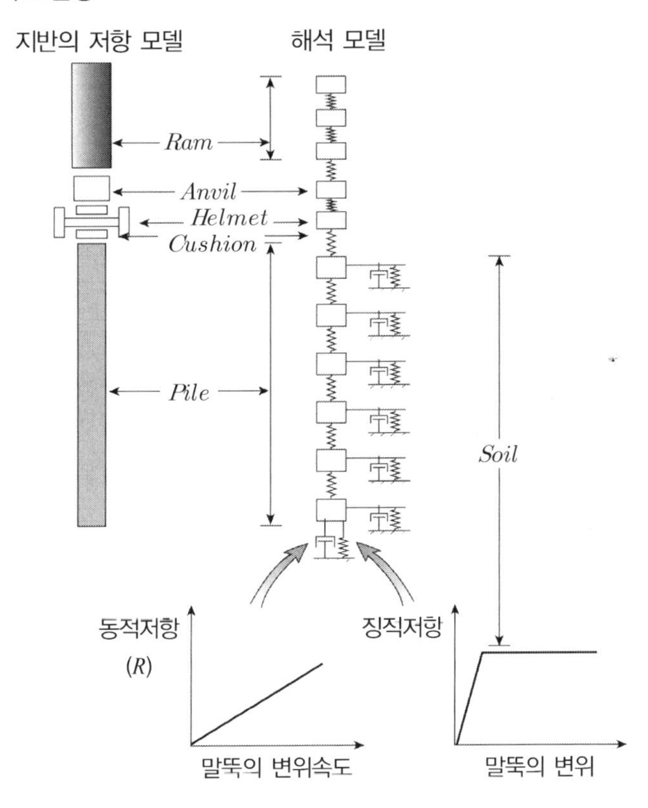

① 그림에서 좌측은 실제 말뚝을 나타내고 우측은 컴퓨터 프로그램(*WEAP* 프로그램)에 적합하도록 말뚝을 유한한 요소로 나누어놓는다.

② 각 요소는 재료의 탄성(*elasticity*)을 나타내는 *spring*으로 연결되어 있으며 지표면 이하의 요소는 지반의 정적 저항력을 나타내는 *soil spring*과 동적 저항력에 대한 지반의 *damping* 효과를 나타내는 *dashpot*가 작동하며 양자의 저항력은 *R*로 표시한다.

(3) *Bearing graph* 출력

① 파동이론분석에 의해 출력된 *Bearing graph*는 항타기, 지반조건, 말뚝의 조건에 대한 입력자료에 따라 결과가 상이하므로 입력자료의 결정이 대단히 중요하다.

② *Bearing graph* 에는 말뚝의 압축응력과 인장응력의 최댓값들이 표시된다.

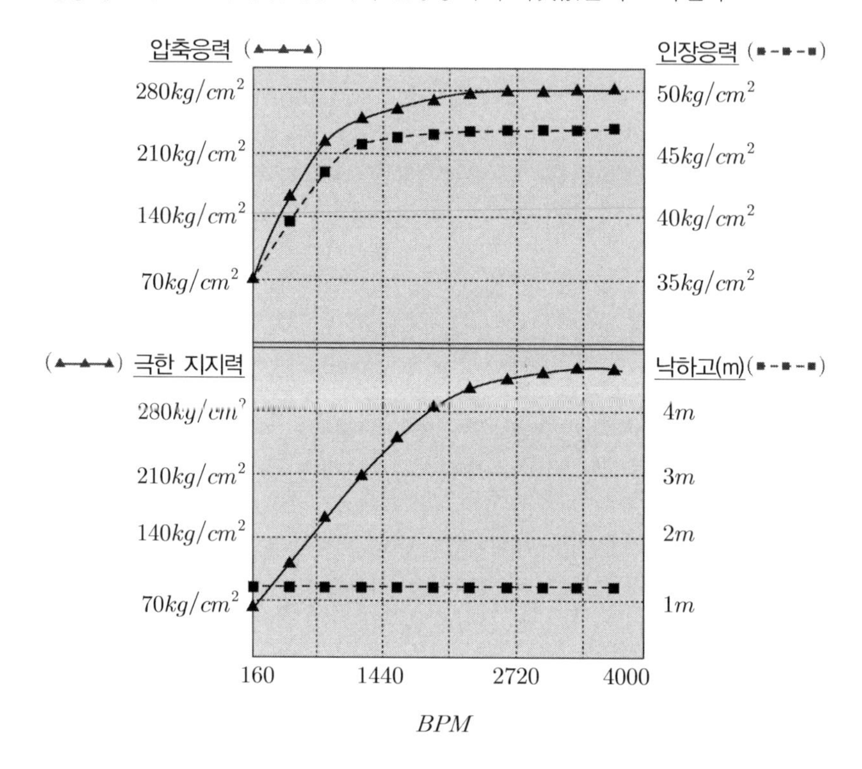

(4) 입력자료

항타기	지반조건	말 뚝
• 낙하고 • 중량 • 해머 효율 • 해머, 캡의 탄성계수 반발계수	• 응력 분담비 (극한 지지력에 대한 주면마찰력의 비율) • 주면마찰력 분포형태 • *Quake*(지반의 탄성변형량) • *Damping* 계수	• 길이 • 단면 • 단위중량 • 탄성계수 • 반발계수

(5) *WEAP* 해석의 원리

① 램의 속도(램의 효율과 거리 이용) → 헬멧과 말뚝 두부 스프링의 변위 유발

② 이에 따라 각 말뚝요소들의 상·하부는 압축(또는 인장)에 의한 변위와 이에 따른 압축력(또는 인장력)이 발생하게 되며 말뚝요소의 거동은 주위 지반의 저항력을 유발시킨다.

③ 어떤 (말뚝)요소에 작용하는 모든 힘의 합을 그 요소의 질량으로 나누면 가속도를 얻을 수 있으며 가속도를 시간에 대해 적분하면 속도를 구할 수 있다.

④ 구해진 속도에 시간을 곱하면 말뚝 요소의 변위를 얻을 수 있으며 각 요소들의 변위의 차이는 결국 이들에 작용하는 새로운 힘(*spring force*)을 나타낸다. 이와 같은 힘을 말뚝요소의 단면적으로 나누면 해당 부위에 작용하는 응력(*stress*)을 구할 수 있다.

⑤ 이와 같은 방법으로 각 말뚝요소에 대한 계산을 수행하여 첫 번째 시간 단계(*time step*) 동안의 모든 요소들에 대한 가속도와 속도, 그리고 변위를 계산한다. 다음으로 파동분석은 앞서의 시간 단계에서 구해진 각 말뚝요소들의 거동을 기준으로 하여 다음 시간 단계에 대해 같은 방법에 의한 계산을 반복한다.

⑥ 이와 같은 과정에 의해 시간에 대한 각 말뚝요소들의 가속도, 속도, 변위, 힘, 그리고 응력들을 계산하되, 말뚝이 *rebound*될 때까지 연속되는 시간 단계에 대한 분석을 진행한다.

⑦ 이상의 방법으로 극한 지지력에 대한 파동이론분석을 수행함으로써 극한 지지력과 이에 상응하는 관입저항과의 관계를 나타내는 *bearing graph*를 얻을 수 있다.

(6) 이용

① 말뚝기초 설계 및 시공관리에 이용하여 경제성 및 신뢰성을 증대

② 극한 지지력과 이에 상응하는 *set value*(최종관입량)의 관계

③ 말뚝에 발생하는 항타응력

④ 지반의 지층변화에 따른 말뚝의 항타시공성

⑤ 적절한 항타장비의 선정 및 말뚝의 최적단면결정

6. 시공 단계에서의 지지력 산정

(1) 동재하 시험 : *PDA*

① 시험방법

㉠ 말뚝두부에 변형률계, 가속도계를 부착하고 말뚝을 항타할 때 발생하는 응력분포를 분석하여 말뚝의 지지력을 산정한다.

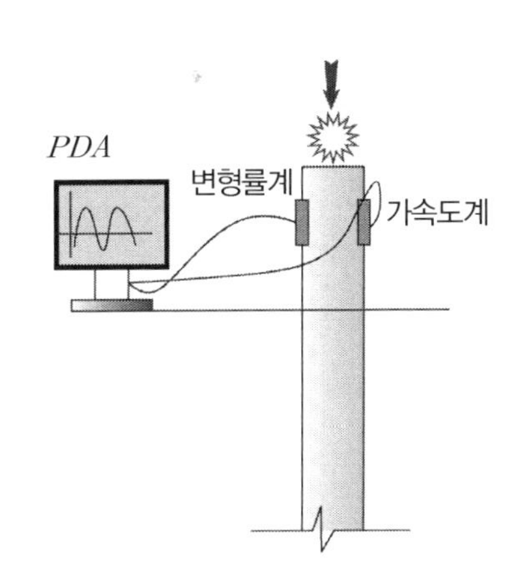

㉡ 항타장비로 타격하여 변형률계와 가속도계에서 측정한 아날로그 신호를 *A/D* 변환기를 통해 힘과 속도가 디지탈 데이터로 변환한다.

㉢ 입력된 데이터로부터 *Case method* 와 *CAPWAP method* 로 말뚝지지력 및 기타사항을 파악한다.

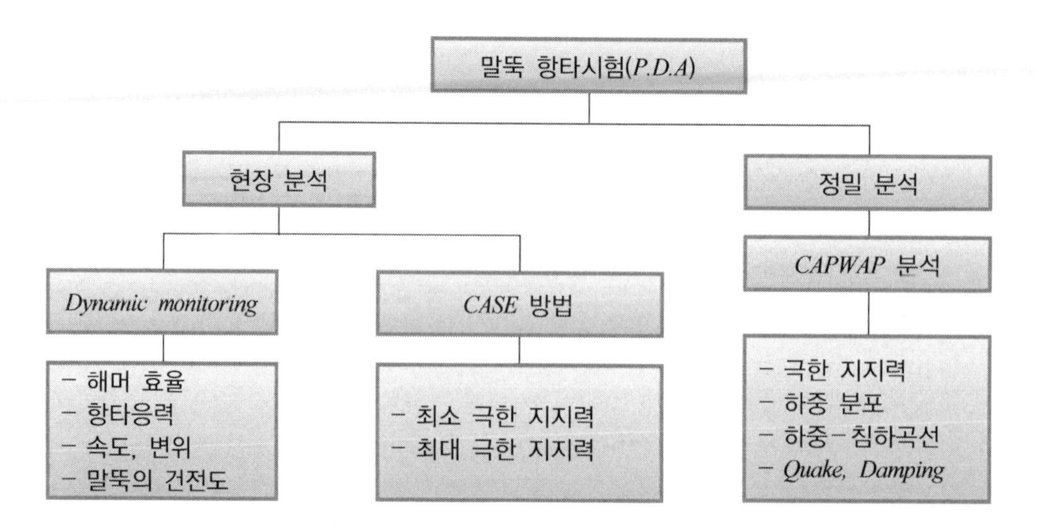

② 지지력 산정

㉠ *CASE* 방법 : 가속도계와 변형률계로 측정된 힘과 속도에 대한 *PDA* 분석결과로부터 계산

$$S = R - D$$

여기서, S : 말뚝의 정적 지지력

R : 말뚝의 동적 지지력을 포함한 지지력

D : 말뚝의 동적 저항력

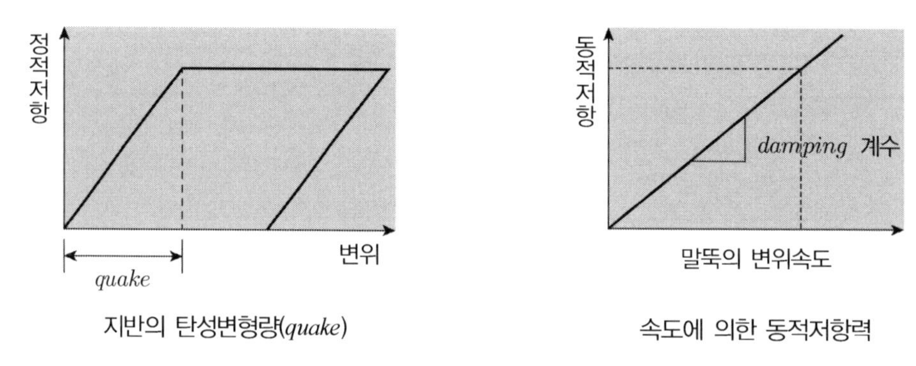

지반의 탄성변형량(*quake*) 　　　속도에 의한 동적저항력

㉡ *CAPWAP*(*Case Wave Pile Analysis Program*) 방법

*PDA*에 저장된 *DATA*를 *CAPWAP* 프로그램에 입력하여 정밀분석하며 가속도계와 변형률계로부터 측정된 힘-시간, 가속도-시간에 대한 *PDA* 측정 결과값을 가지고 말뚝의 지지력을 측정하는 프로그램임

- *PDA*에서 측정된 가속도로부터 힘 계산
- 실제 현장에서 가해진 힘(해머의 무게, 낙하고)과 계산된 힘 비교
- 계산된 힘과 실제 힘이 동일하도록 반복계산하여 지지력 산출
- 산출내용(극한 지지력, 하중 분포, 하중-침하곡선, *Quake*, *Damping*)

(2) 정·동재하시험

대구경 현장 콘크리트 말뚝의 경우 정재하시험을 시행하는 것은 시간, 경비, 하중의 재현면에서 매우 곤란하기 때문에 가스의 폭발력을 이용하여 정재하시험과 유사한 시험성과를 도출할 수 있는 시험이다.

① 지지력 : *Computer*가 해석하여 $\sigma-\varepsilon$ 관계로부터 해석함

② 영어로 *Statnamic test*로서 정적의 의미인 *Static*과 동적의 의미인 *Dynamic*의 합성어로서 시험의 행위는 동적시험과 유사하나 시험결과는 정적 재하와 신뢰성면에서 유사함

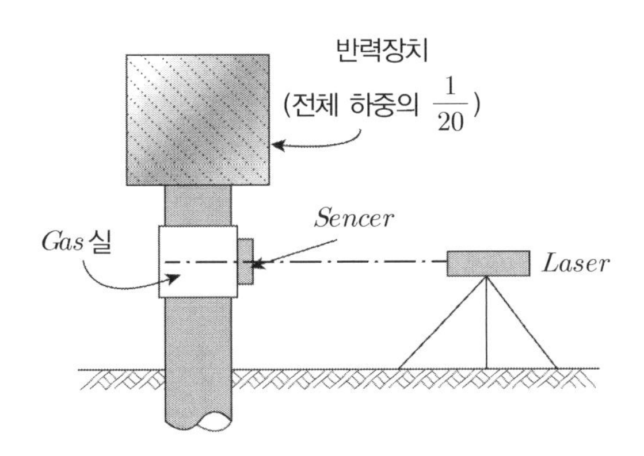

(3) 정재하시험

① 시험방법

㉠ 단계별 하중의 크기 : 총하중의 25%씩 분할하여 하중을 가함

㉡ 다음 단계 하중재하

각 단계별 침하량이 0.25*mm*/시간 미만 또는 최대 2시간이 지나면 다음 단계 하중재하

② 순 침하량 : 총침하량 − 탄성 침하량

(탄성침하량 : 하중을 '0'까지 제하한 후 10~20분간 방치)

반력말뚝을 이용한 정재하시험

③ 극한 지지력 판정

㉠ 하중－침하곡선이 세로축과 평행할 때

㉡ *Hansen* 의 90% 개념

㉢ 침하량이 말뚝경의 10%일 때

㉣ *Davisson* 방법 : 말뚝의 탄성침하량 + $x(x = 3.81 + D/120, mm)$에 해당하는 하중

④ 항복 지지력 판정

㉠ 하중－침하 곡선법 : 최대 곡율법($P-S$ 법)

㉡ $S - Log\,t$

㉢ $ds/d(log\,t) - P$

㉣ $Log\,P - Log\,S$

⑤ 허용 지지력의 결정 : $\frac{P_y}{2}$ 와 $\frac{P_u}{3}$ 중 작은 값을 허용 지지력으로 한다.

7. 동적 지지력 공식에 의한 극한 지지력 결정

모든 동적공식은 말뚝해머의 낙하로 인한 운동 에너지와 말뚝에 행한 일은 같다는 방정식으로 공식이 구성된다. 그러나 말뚝에 가해진 운동에너지가 모두 일로 바뀌지는 않는다. 왜냐하면 해머의 낙하 시 마찰, 충격, 말뚝과 지반의 일시적인 힘의 흡수, 즉 압축 등 운동에너지의 일부가 손실되기 때문이다.

(1) 이것을 식으로 나타내면 다음과 같다. = *Hiley*의 공식

해머의 운동에너지 = 말뚝에 가해진 일

$$Wr \times H \times (\text{효율}) = (R_o \times S) + \text{손실에너지}$$

여기서, Wr : 해머의 무게

H : 해머의 낙하고

효율 : 기계효율(e)×타격효율(η)

R_o : 말뚝의 저항력 = 극한 지지력

S : 한 타격으로 인한 말뚝의 침하량

① 기계효율 : 타격방법과 해머의 종류에 따라 정해진 계수(0.75～1.0)

② 타격효율

$$\eta = \frac{W_r + n^2 W_p}{W_r + W_p}$$

여기서, η : 타격효율

W_r : 해머의 무게

n : 반발계수(말뚝의 재질과 두부조건 타격장비에 따라 정해진 계수 0.25～0.5)

W_p : 말뚝의 무게

③ 손실 에너지

$$\text{손실에너지} = \frac{R_o C_1}{2} + \frac{R_o C_2}{2} + \frac{R_o C_3}{2}$$

여기서, C_1 : 말뚝캡의 탄성 압축량　　C_2 : 말뚝의 탄성 압축량

C_3 : 지반의 탄성 압축량　　✓ $(C_2 + C_3)$ = 현장에서의 리바운드 량

④ 이상을 모두 정리하면

$$R_o = \frac{W_r \cdot H \cdot e \cdot \eta}{S + C}$$

여기서, $C = \frac{C_1 + C_2 + C_3}{2}$

(2) *Engineering News*의 공식

① *Hiley* 의 공식이 대단히 복잡하므로 간단하게 사용하기 위해 만든다.

② $(C_1 + C_2 + C_3) = 5.08cm$로 하고 기계효율과 타격효율을 1로 잡으면 다음과 같다.

$$Q_u = \frac{W_r \cdot H}{S + 2.54}$$

③ 이 공식은 *Drop hammer*로 나무말뚝을 박을 때 잘 맞는다.

④ 증기 해머의 경우는 2.54 대신 0.254를 넣도록 수정하고 단동식과 복동식으로 구별된다.

$$\text{단동식 증기 해머} \quad Q_u = \frac{W_r \cdot H}{S + 0.254}$$

$$\text{복동식 증기 해머} \quad Q_u = \frac{(W_r + A_p P)H}{S + 0.254}$$

여기서, A_p : 피스톤의 단면적(cm^2)　　P : 해머에 작용하는 증기압($tonf/cm^2$)

S : 타격당 말뚝의 평균 관입량(cm)　　H : 해머의 낙하고(cm)

⑤ 허용 지지력 : 각종 계수를 상수로 임의로 사용하기 때문에 불확실성을 고려 안전율은 6을 쓴다.

(3) *Sander*의 공식

① 극한 지지력

$$Q_u = \frac{W_r \cdot H}{S}$$

② 허용 지지력 : 안전율 8을 쓴다.

$$Q_a = \frac{W_r \cdot H}{8 \cdot S}$$

(4) 동역학적 지지력 공식의 문제점

말뚝 항타공정과 관련된 항타장비, 토질, 말뚝종류에 영향

① 램만 고려하고 헬멧(드라이브 캡), 캡 블록(해머 쿠션), 말뚝 쿠션 및 앤빌 등은 고려하지 않으므로 타격에 따른 타격 에너지의 분포가 부정확하게 평가된다.

② 지반의 저항력을 일정한 것으로 가정하였지만 실제로 해머 타격에 의한 빠른 속도의 말뚝 관입에 대한 지반의 동적저항과 말뚝선단부를 매우 느린 속도로 관입시키기 위해 필요한 정적하중 값은 큰 차이를 보이므로 모순이다. 지반으로의 말뚝선단부의 빠른 관입은 정적마찰력(*static friction*)과 점착력(*cohesion*)뿐만 아니라 물체의 빠른 변위에 대한 액체의 점성 저항과 비교할 수 있는 지반의 점성(*viscosity*)에 의해 서도 저항된다.

③ 항타공식에서는 말뚝을 유연성이 없는 경직된 물체로 가정하고 있으며 그 길이는 고려되어 있지 않다. 그러나 이 가정은 지반으로의 관입성을 감소시키는 말뚝의 굴신성을 완전히 무시하고 있다.

말뚝은 응축된 질량(*concentrated mass*)으로서가 아니라 응력(*stress*)이 파(*wave*)로서 길이 방향으로 전달되는 긴 탄성 막대로 작용한다. 즉, 말뚝 선단에 전달되는 압축파에 의해 말뚝이 지반으로 관입되는 것이다.

8. 지지력 측정법별 특징

측정 방법	이론적 특징
정역학적 지지력 공식	① **논리적으로 타당함**(예비적 지지력 판단) ② **계산을 위한 단위중량, 전단 저항각, 점착력을 구하기 위한 시료 채취 시 교란 문제** ③ **시공방법에 따른 지지력 구분 곤란** : 매입말뚝, 타입말뚝 ④ 말뚝의 **경시효과를 고려한 지지력 평가 곤란** ⑤ 항타장비, 지반, 말뚝과의 관련성을 고려한 **항타시공관입성 판단 곤란**
현장시험에 의한 지지력	① 정역학적 공식보다 **신뢰성 우수** ② 항타장비, 지반, 말뚝과의 관련성을 고려한 **항타시공관입성 판단 곤란**
파동방정식	① 항타장비, 지반, 말뚝과의 관련성을 고려한 **항타시공관입성 판단** ② 주면마찰력, 선단 지지력 분담비에 대한 **가정이 필요** ③ 정역학적 지지력 공식에 대한 타당성과 현장시험에 의한 지지력 검증이 필요함
동적 지지력 공식	① **경시효과 고려 곤란** ② 정재하 시험과의 결과면에서 차이가 큼 : **부정확** ③ 항타장비, 지반, 말뚝과의 관련성을 고려한 **항타시공관입성 판단**

9. 정재하 시험의 필요성

(1) 조사, 시험결과의 신뢰성에 한계 → 검증이 필요함

(2) 지반의 경시효과로 인한 주면 지지력의 증가분 고려 필요 → 경제적 설계 / 시공

(3) 항타시공관입성과 *Unknow factor* 고려측면에서 가장 신뢰성 높은 시험방법임

18 말뚝의 축방향 지지력 결정 시 고려사항(지지력 제외)

1. 개 요

(1) 지지력은 하중에 의해 지반이 전단파괴 될 때 최대 하중임

(2) 말뚝의 지지력 구성 : 주면마찰력+선단 지지력

(3) 지지력의 영향 요인

① 지반 ② 말뚝 ③ 시공방법

2. 말뚝의 압축응력 검토

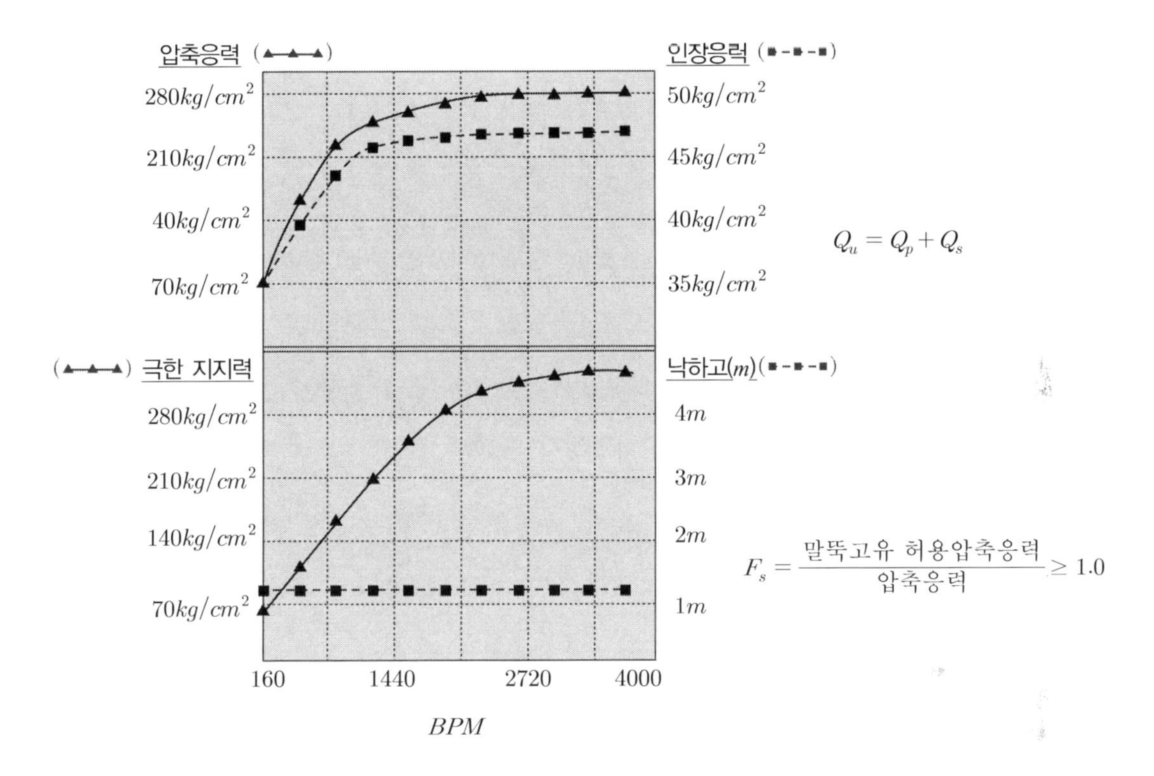

$$Q_u = Q_p + Q_s$$

$$F_s = \frac{\text{말뚝고유 허용압축응력}}{\text{압축응력}} \geq 1.0$$

3. 말뚝의 이음에 의한 지지하중 감소

이음방법	용접이음	볼트식 이음	충전식 이음	벤드식 이음
감소율 (개소당)	5%	10%	최초 2개소 20% 3개소째 30%	30%

✓ 프리보링 말뚝의 경우 말뚝이음에 의한 지지력 감소비율은 말뚝 타격에 의한 이음부의 손상이 없으므로 허용하중의 감소율은 절반으로 평가함

4. 장경비에 의한 지지하중 감소

긴말뚝의 경우 축선에 일치되게 연직으로 타입함에 있어 편심타입의 우려와 휨이 발생하거나 타격에너지가 큼으로 인한 말뚝재질의 손상을 고려하여 허용응력도를 아래와 같이 감소하여 적용한다.

$$\alpha = \left(\frac{L}{d} - \eta\right) \times 100$$

여기서, α : 장경비에 의한 말뚝의 허용응력 감소율(%)

L/d : 말뚝길이/말뚝직경 = 장경비

η : 말뚝의 허용응력을 감소시키지 않아도 되는 L/d의 상한값에 따른 계수

말뚝의 종류	η	장경비의 상한값
RC 말뚝	70	90
PSC 말뚝	80	105
PHC 말뚝	85	110
강관말뚝	100	130
현장타설 콘크리트 말뚝	60	80

✓ **장경비에 의한 말뚝재료의 허용응력의 감소를 감안한다 하지만 장경비의 상한값 이상의 긴 말뚝은 설계에 반영하지 않아야 한다.**

5. 무리말뚝의 영향

(1) 사질토 지반 지지력 : 무리말뚝 효율 미고려한 지지력 산정

$\sum Q_u = Q_{g(u)}$

(2) 점성토 : 방법 1, 2중 작은 값 채택

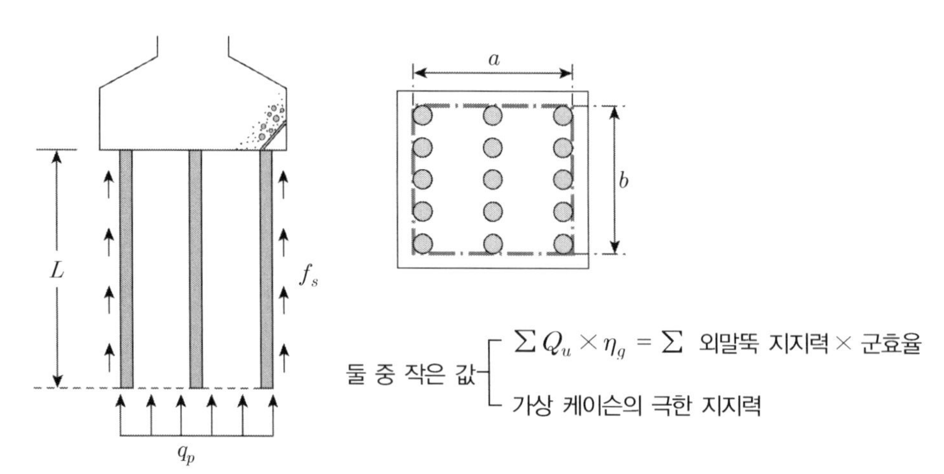

① 방법 '1' : $\Sigma Q_u \times \eta_g = Q_{g(u)}$

② 방법 '2' : $Q_{g(u)} = q_p \cdot A_p + f_s \cdot A_s$

여기서, $Q_{g(u)}$: 무리말뚝의 극한 지지력

q_p : 가상케이슨 바닥면의 극한 지지력($q_p = c \cdot N_c + q' \cdot N_q$)

A_p : 바닥면의 면적($A_p = a \times b$)

f_s : 가상케이슨 단위주면마찰력($f_s = \alpha \cdot c_u + K \cdot \sigma_v{}' \cdot \tan\delta$)

A_s : 가상케이슨의 주면 면적($A_s = 2(a+b)L$)

(3) 암 반

① 경사진 암반 혹은 불연속면에 설치된 기초의 경우 활동, 전단파괴 검토

② 단, 지지력에 대하여는 무리말뚝 효율의 적용은 불필요함

6. 부주면마찰력

(1) 외말뚝

$$Q_{ns} = f_n \cdot A_s = \sigma_h{}' \cdot \tan\delta \cdot A_s = \sigma_v{}' \cdot K \cdot \tan\delta \cdot A_s = \sigma_v{}' \cdot \beta \cdot A_s$$

여기서, Q_{ns} : 부주면마찰력(*ton*)

f_n : 주면마찰력(*tonf/m*^{2})

A_s : 말뚝 주면적(*m*^{2})

$\sigma_h{}'$: 말뚝에 작용하는 평균유효수평응력(tonf/m^2)

δ : 흙과 말뚝의 마찰각

K : 횡방향 토압계수

$\sigma_v{}'$: 말뚝에 작용하는 평균유효연직응력(*tonf/m*^{2})

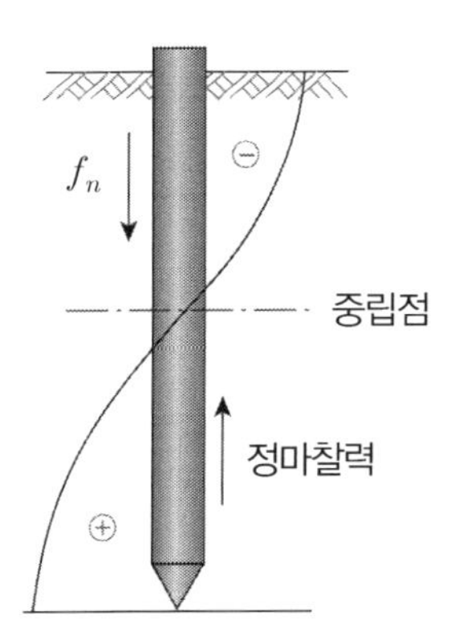

토질에 따른 β값의 대표치

토 질	β
점 토	0.2～0.25
실 트	0.25～0.35
모 래	0.35～0.50

✓ $\delta = \phi\left(\frac{3}{4}\right)$ $K = 1 - Sin\phi'$

(2) 무리말뚝

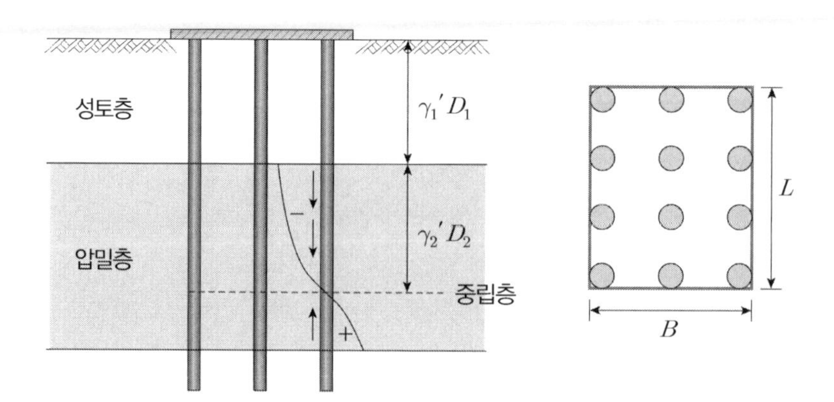

① 무리말뚝에 부주면마찰력은 외말뚝의 부주면마찰력의 합보다 작다.

② 무리말뚝내에서도 외부측보다 내부말뚝의 부주면마찰력이 훨씬 작다.

③ 외말뚝과 같이 말뚝 개개의 중립점 산정과 부마찰력에 대한 확립된 기준은 없다.

④ 근사적으로 **무리말뚝의 부주면마찰력의 최댓값**은 무리말뚝으로 둘러쌓인 흙덩어리와 그위의 성토무게를 합한 값이다.

$$Q_{(ng)\max} = BL(\gamma_1{}'D_1 + \gamma_2{}'D_2)$$

여기서, B : 무리말뚝의 폭
L : 무리말뚝의 길이
$\gamma_1{}'$: 성토된 흙의 유효단위중량
D_1 : 성토층의 두께
$\gamma_2{}'$: 압밀토층의 유효단위중량
D_2 : 중립점 위의 압밀토층 두께
$Q_{ng(\max)}$: 무리말뚝의 부주면마찰력의 상한치

7. 말뚝의 침하

(1) 외말뚝의 침하

$$S_o = S_1 + S_2 + S_3$$

여기서, S_1 : 말뚝자체 압축침하량
S_2 : 선단하중에 의한 침하량
S_3 : 주면마찰에 의한 침하량

(2) 무리말뚝의 침하

① 사질토 : 탄성침하량

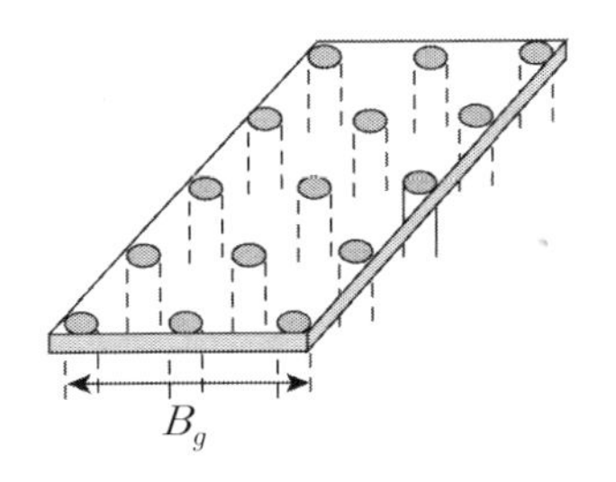

$$S_g = S_o \times \sqrt{\frac{B_g}{b_o}}$$

여기서, S_g : 무리말뚝의 침하량

S_o : 외말뚝의 침하량

B_g : 무리말뚝의 단폭

b_o : 외말뚝의 직경

② 점성토 지반 : 압밀침하량

㉠ 균질한 토층인 경우에 기초바닥으로부터 $\frac{2L}{3}$ 의 위치에 가상기초가 있다고 가정

㉡ 가상기초로부터 2:1 분포로 지중응력의 증가분이 가해진 것으로 가정하여 침하량을 산정

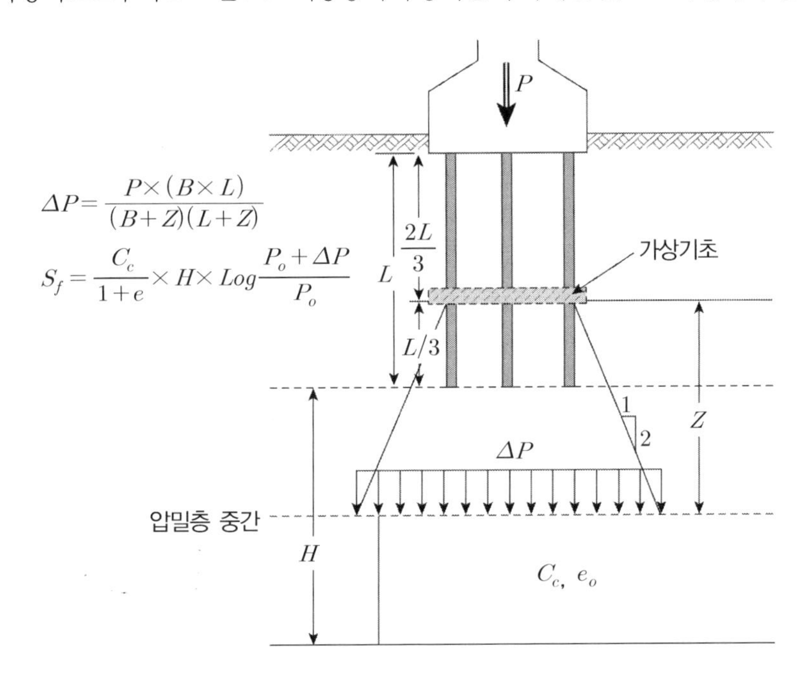

8. 말뚝의 부식

(1) 강관말뚝의 경우에는 해수, 담수, 수위조건, 지반의 부식성 물질 등에 의한 부식을 고려하여야 한다. 강말뚝의 부식은 보통 지반 중에서는 1년에 0.05*mm*, 해수에 직접 노출되거나 수면 부근에 있는 경우에는 연간 0.1~0.2*mm* 정도이다.

(2) 부식에 대한 대책

① 두께를 증가

단순히 소요단면보다 두꺼운 부재를 사용하는 방법이다. 공사비가 많이 든다.

② 도장에 의한 방법 : 부식을 방지하기 위해서 표면을 방식도장한다.

③ 콘크리트 피복 : 부식이 심한 지표면 부근이나 건습이 되풀이되는 부분을 콘크리트로 피복한다.

④ 전기방식법(*Anobe*, 희생방식) : 전기적으로 처리하여 부식을 감소시킨다. 이 경우에 부식량을 1/10 이하로 감소시킬 수 있다.

9. 말뚝의 간격

(1) 말뚝간격이 너무 좁으면 무리말뚝의 영향으로 지지력과 수평저항력이 저하됨에 유의해야 한다.

(2) 마찰말뚝으로 설계 시에는 말뚝의 긴 경우에는 말뚝의 간격을 충분히 확보해야 한다.

(3) 보통 시공성을 감안하여 말뚝지름의 2.5배 정도이면 큰 문제는 없다.

10. *Set*−*up*과 *Relaxation*

구 분	*set*−*up* / *freeze*	*Relaxation*
지반조건	*Loose Sand*, *NC*	*Dense Sand*, *OC*
체적변화	압 축	팽 창
과잉간극수압	(+)	(−)
시간효과	*Thixotropy*	*Swelling*

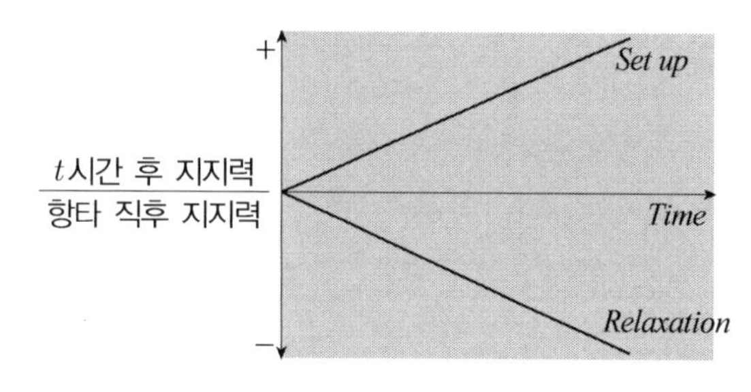

(1) 항타 초기 : 교란 → 강도 저하

(2) 시간 경과 : 입자 재배열 (*Tixotropy*) → 강도 증가

Thixotropy현상

교란된 시료가 시간이 경과하면서 서서히 강도가 회복되는 현상으로서 함수비의 변화가 없는 조건에서 교란된 점토의 구조가 면모구조에서 이산구조로 바뀌며, 저하된 전단강도가 다시 면모구조로 복귀되면서 전단강도가 회복되지만 교란전 강도로 완전히 회복되지는 않는다.

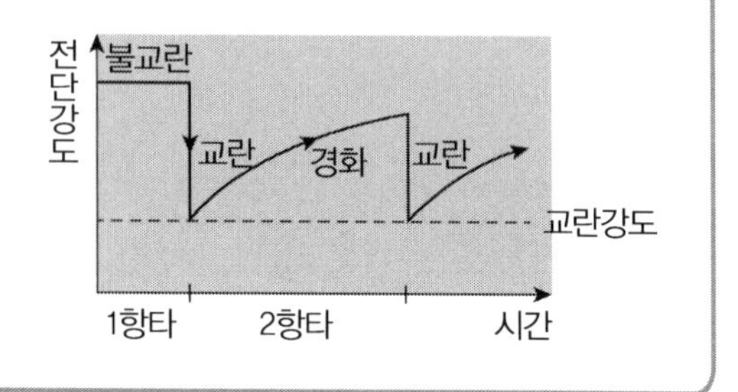

19 현장시험 결과에 따른 말뚝의 지지력 산정방법

1. 개 요

(1) 지지력은 하중에 의해 지반이 전단파괴될 때 최대하중으로 정의됨

(2) 말뚝의 지지력 구성

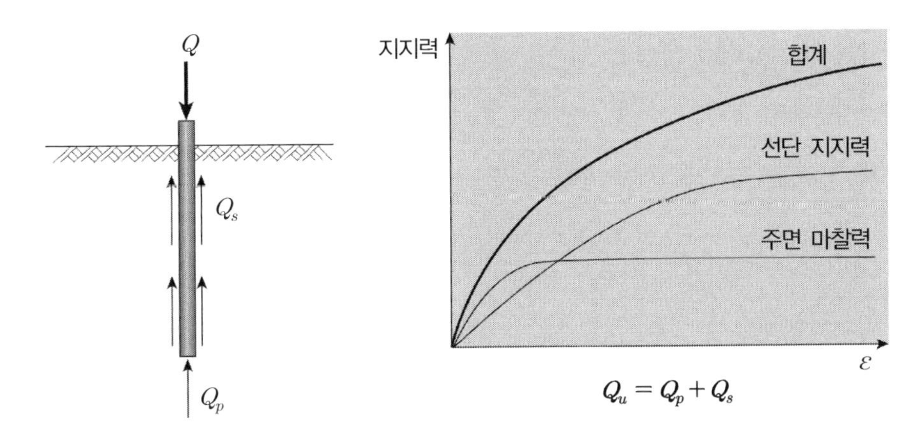

2. 지지력의 결정

(1) 설계, 시공 단계별 지지력 결정법

구 분	지지력 결정법
설계 시	• 정역학적 지지력 공식 • 현장시험에 의한 결정 – *PMT*, 정재하, 동재하시험, *SPT*, *CPT* • *WEAP* 해석 : 항타, 시공 관입성 고려
시공 시	• 재하시험 • 동 역학적 지지력 공식

(2) 말뚝의 지지력 설계 절차 : 설계 → 시공단계

절 차	내 용
설 계 단 계	• 지반조사 → 말뚝 가정 → 정역학적 공식에 의한 지지력 산정 → 현장시험, *WEAP* 해석을 통한 지지력 검증 → *Pile* 설계(구경, 심도, *hammer* 등)
시 공 단 계	• 시항타 : *PDA*, 정재하, 동재하를 통한 지지력 확인 → 지지력 미달 : 설계 변경, 지지력 만족 : 계속 시공

3. 특 징

장 점	단 점
• 신뢰성 우수(정역학적 공식 비교) • 경험이 풍부함 • 지지력 예측(재하시험전)	• 재하시험보다 신뢰성 결여 • 항타시공관입성고려 곤란 (지반조건, 말뚝조건, 장비, 관입깊이, 말뚝응력)

4. 현장시험에 의한 지지력 결정

(1) *PMT(Pressure meter test)* : 공내 재하 시험

$$Q_u = Q_p + Q_s = q_p \cdot A_p + f_s \cdot A_s$$

여기서, $q_p = P_o + K_g(P_L - P_o)$ f_s는 P_L을 이용한 도표 활용

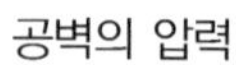

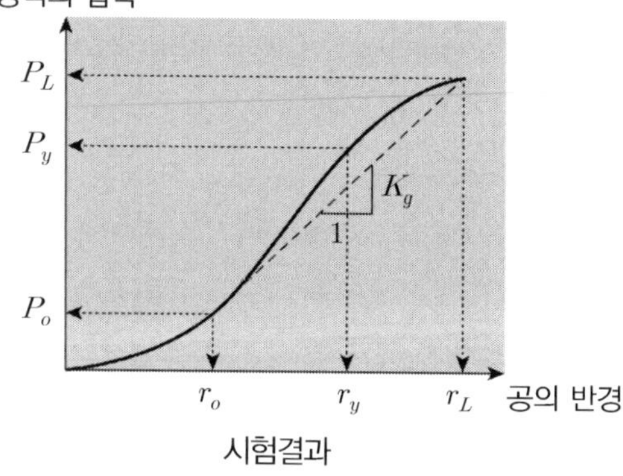

시험결과

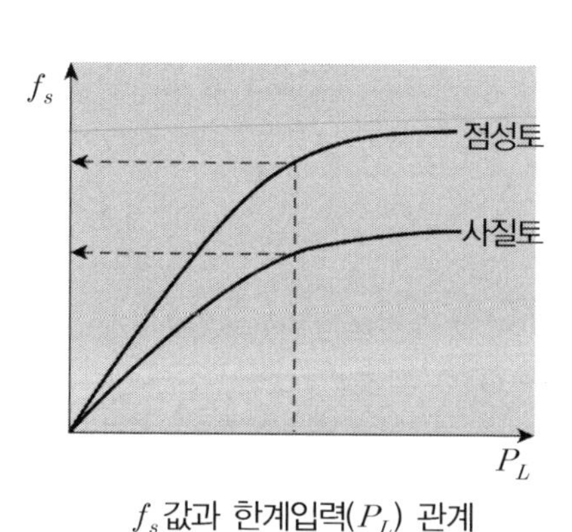

f_s값과 한계입력(P_L) 관계

(2) 정재하시험

① 허용 지지력의 결정

q_a : $P_y/2$와 $P_u/3$ 중 작은 값

P_y : 항복하중 P_u : 극한하중

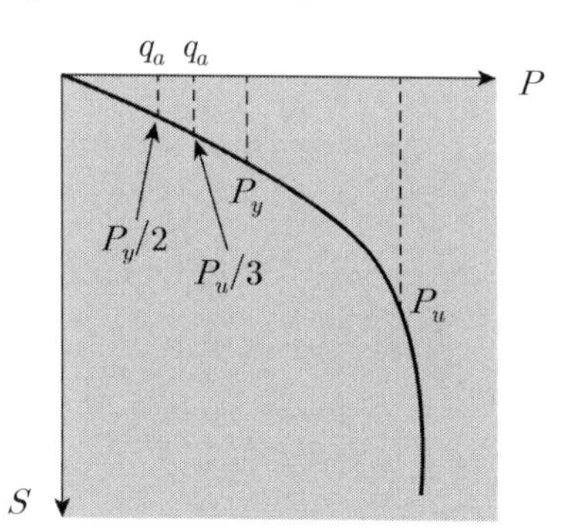

② 항복하중의 결정

㉠ 하중－침하 곡선법 : 최대 곡율법($P-S$ 법)

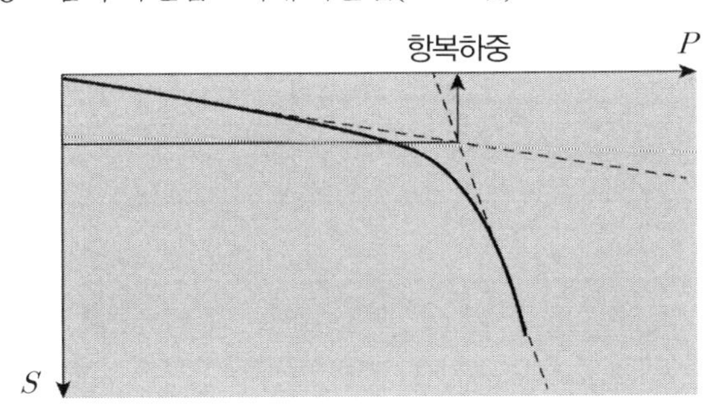

㉡ $S-log\,t$ 법

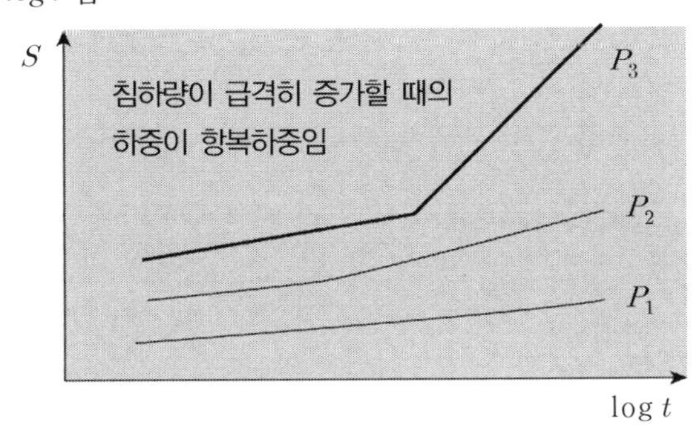

㉢ $log\,P-log\,S$ 법

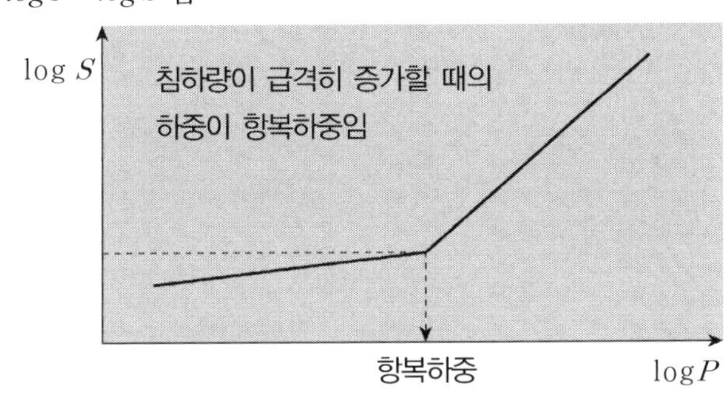

㉣ $\dfrac{d_s}{d(\log t)}-P$

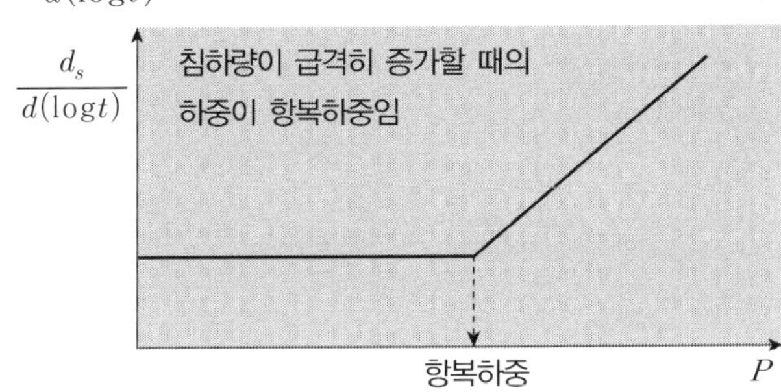

③ 극한하중 결정(P_u)

㉠ 침하축과 평행

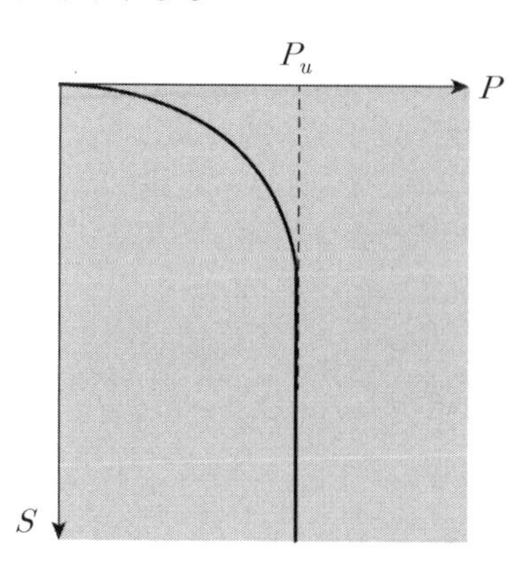

㉡ *Hansen*의 90% 개념

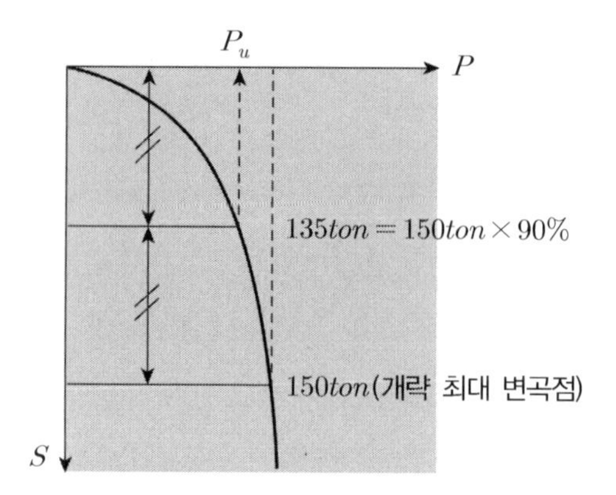

㉢ 침하판 10% 침하 시 = 극한하중

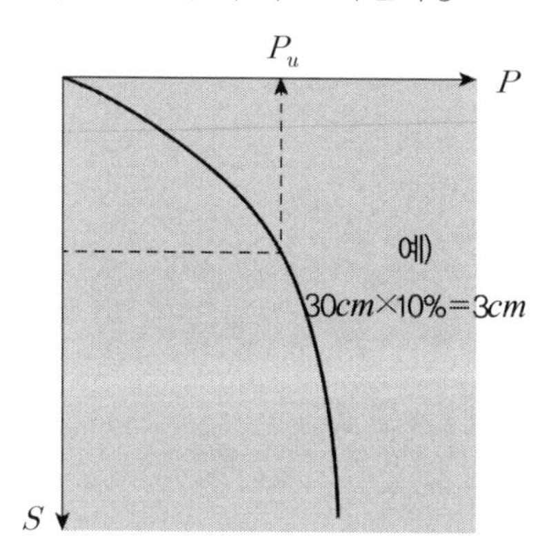

㉣ *Davisson* 방법

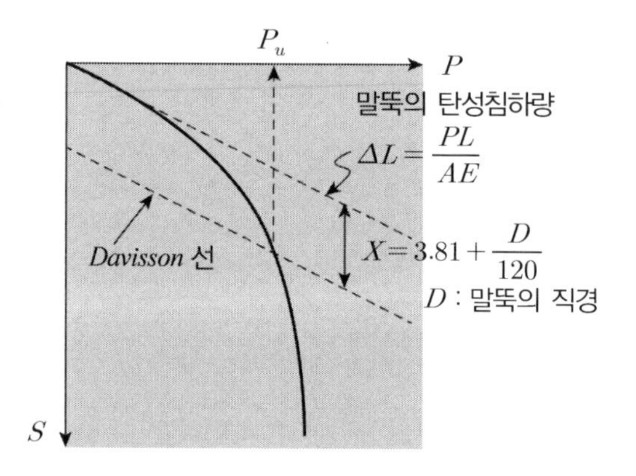

(3) 표준관입시험에 의한 방법 : *Meyerhof*의 공식

① 표준관입시험을 통해 얻어낸 N치를 통해 말뚝의 지지력 산정

$$Q_u = Q_p + Q_s = 30 \cdot N' \cdot A_p + \frac{1}{5} \cdot N_s' \cdot A_s + \frac{1}{2} \cdot N_c' \cdot A_c$$

여기서, N' : 말뚝선단 지반의 N치

$N' = C_s' \cdot N_f = 0.77 Log(20/\sigma_v') \times N_f$

A_p : 말뚝의 선단 단면적(m^2)

A_s : 모래층에 둘러싸인 말뚝의 주면적(m^2)

N_s' : 말뚝주변 모래층의 평균 N치

N_c' : 말뚝주변 점토층의 평균 N치

② 지층별 N치에 대한 평균

$$N' = \frac{N_1 \cdot H_1 + N_2 \cdot H_2 + N_3 \cdot H_3}{H_1 + H_2 + H_3}$$

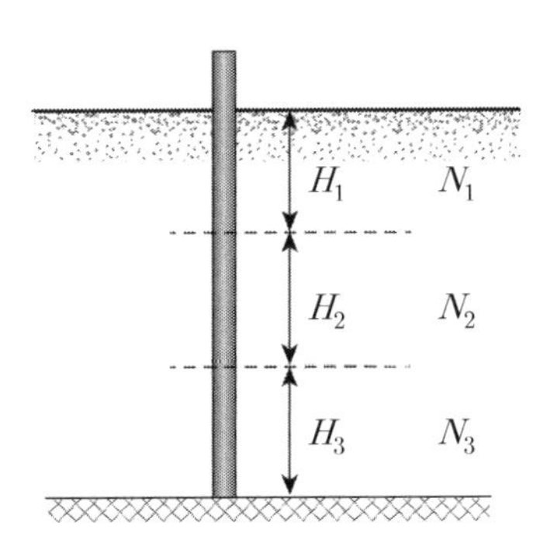

③ 선굴착 말뚝의 극한 지지력 : 타입말뚝 지지력의 1/2 적용

④ 현장타설 콘크리트 말뚝의 극한 지지력 : 위와 동일

(4) *CPT(Cone penetration test)*

$$Q_u = Q_p + Q_s = q_p \cdot A_p + q_s \cdot A_s$$

여기서, $q_p = q_c$ $\quad q_s = 0.05q_c - 2f_c$: *cone* 마찰

✓ 선굴착 말뚝의 극한 지지력 : 타입말뚝 지지력의 1/2 적용

5. 시험 적용 시 유의사항

(1) 반드시 재하시험을 통한 지지력 검증이 필요하다.

(2) 항타말뚝이 매입말뚝보다 지지력이 2배로 큰 차이를 보임에 주의해야 한다.

(3) 정역학적 공식보다는 신뢰성이 있지만 현장재하와는 차이가 있으므로 예비적 지지력 평가에 국한되어 사용하여야 한다.

(4) 항타시공 관입성(지반, 항타장비 효율, 관입깊이, 말뚝응력)이 고려되지 않은 지지력이므로 이에 대한 누락 부분에 대한 검토가 병행되어야 한다.

20 정재하 시험

1. 정 의

(1) 재하시험은 정재하, 동재하, 정·동재하 시험이 있으며 정재하 시험은 말뚝에 작용하는 정하중에 대한 변위량을 구하여 지지력을 평가하는 방법

(2) 정재하시험 구분(*ASTM D 1143*에 규정)

재하 속도	침 하
• 완속재하(표준재하) 방법	• 일정 침하율 방법
• 급속재하(등속도재하) 방법	• 일정 침하량 방법

(3) 시험 모식도

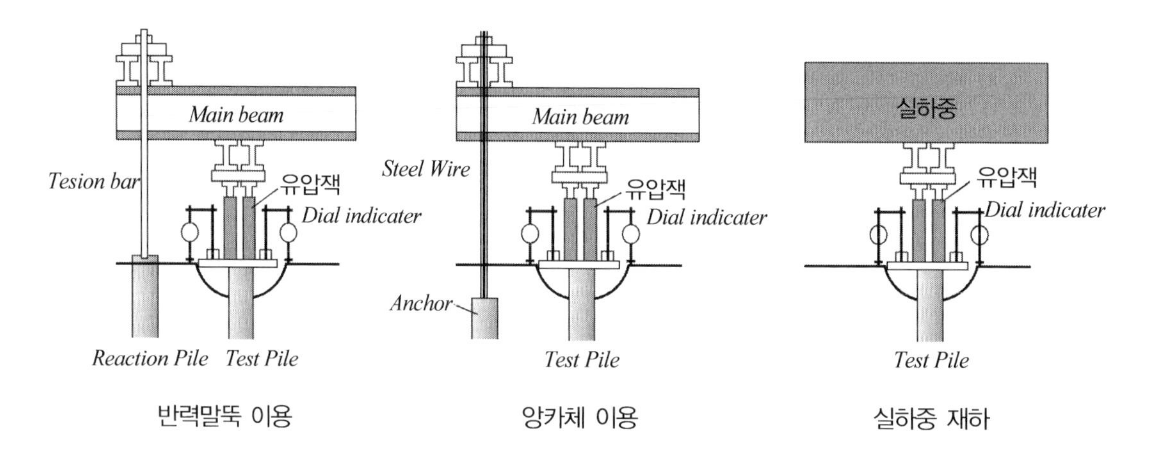

반력말뚝 이용 앙카체 이용 실하중 재하

2. 말뚝 재하시험의 목적에 따른 시험방법의 선택

(1) 말뚝 재하시험의 목적 : 말뚝설계를 위한 설계지지력 결정 또는 기시공된 말뚝의 허용안전하중 확인

(2) 이러한 재하시험의 목적을 달성하기 위해서는 말뚝 설계개념이 분명히 규명되어야 한다.

(3) 말뚝기초의 설계개념은 상부구조물이 파괴에 대하여 안전하여야 한다는 극한 또는 항복하중 대비 일정 안전율 감안의 개념과 허용된 침하량 이상의 침하가 발생하지 말아야 한다는 개념으로 대별된다.

(4) 그러므로 두 가지 설계개념이 모두 만족하도록 말뚝설계가 이루어져야 한다.

(5) 각국의 설계기준은 침하량 기준개념 혹은 극한 또는 항복하중을 기준으로 대별할 수 있으며

(6) 말뚝기초의 허용침하량은 지반의 지지능력 이외에 말뚝의 재질, 길이 등에 따라 변화가 있으므로 일률적으로 침하량을 적용할 수 없으나 *BS*의 0.1*D* 전침하량 기준 또는 *DIN*의 2.5%*D* 잔류침하량 기준, *New York* 시의 0.01*inch*/시간 잔류침하량 기준들은 재하시험 결과인 하중-시간-침하량 관계에서 극한 지지력의 불분명한 산정을 인위적인 침하량기준으로 단순화시킴으로써 기준침하량에 해당되는 하중을 극한 또는 항복하중으로 간주하고 여기에 안전율을 적용한 설계지지력을 구하기 위한 하나의 편법으로 사용하고 있다.

(7) 국토교통부 제정 「구조물 기초 설계기준」에서 채택하고 있는 설계기준은 극한 또는 항복하중 결정과 여기에 일정한 안전율을 적용하는 해석방법으로 규정하고 있으나 극한 또는 항복하중 결정방법에 있어 침하량에 대한 기준들이 포함되지 않아 매우 보수적인 해석으로 치우칠 수 있는 단점을 내포하고 있어 향후 보완이 필요할 것으로 사료된다.

(8) 이상의 설명을 종합해보면 말뚝의 정재하시험 실시목적은 상부구조물이 파괴에 대하여 안전하여야 한다는 극한 또는 항복하중 결정과 허용된 침하량 이상의 침하가 발생하지 않기 위한 말뚝의 목적에 따라 선정되어야 할것이다.

3. 시험방법

(1) 완속재하(표준재하) 방법 : 총 시험 소요시간 3~4일

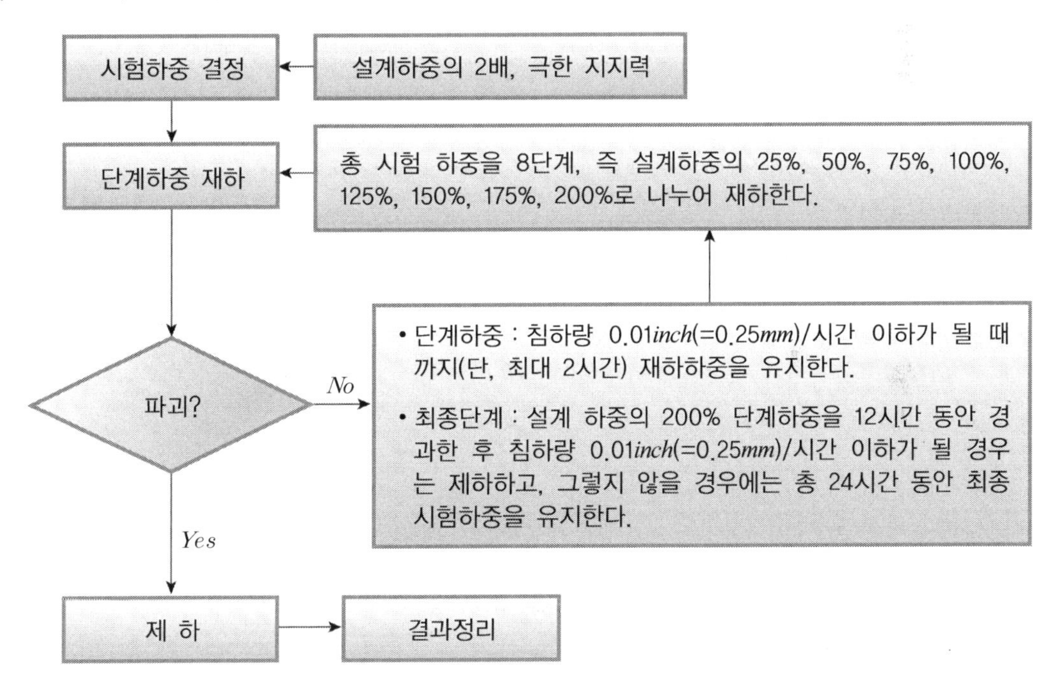

(2) 급속(등속도) 재하방법 : 시험소요시간 2～3시간, 점성토, 마찰말뚝에 유리

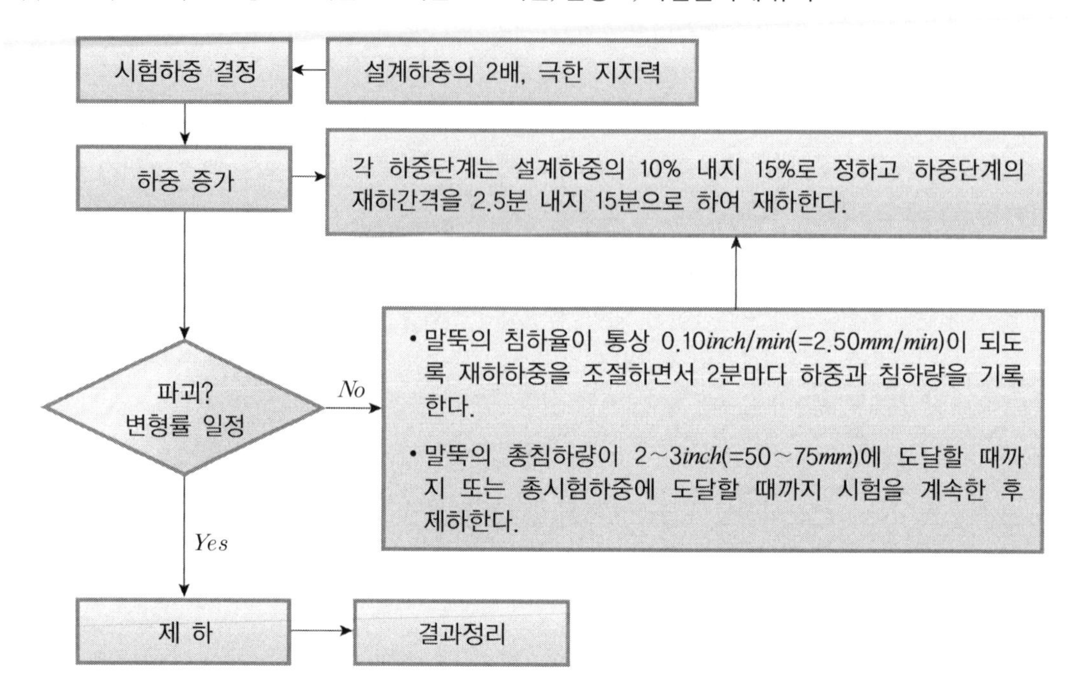

4. 결과 이용

(1) 극한 및 항복 지지력의 산정

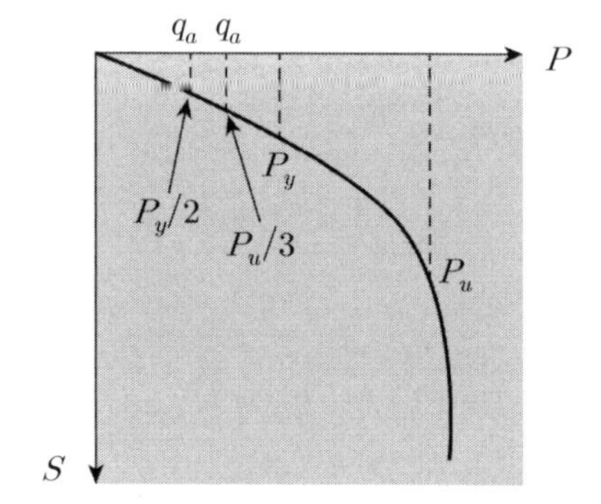

① 허용 지지력의 결정

q_a : $P_u/2$와 $P_u/3$ 중 작은 값

P_y : 항복하중 　 P_u : 극한하중

② 항복하중의 결정

'구조물 기초설계 기준' 해설편에서는 극한하중이 확인되면 문제 없으나 그렇지 못할 경우 항복하중에 의하도록 규정하고 있음

㉠ 하중 - 침하 곡선법 : 최대 곡율법($P-S$ 법)

㉡ $S-\log t$ 법

㉢ $\log P-\log S$ 법

㉣ $\dfrac{ds}{d(\log t)}-P$

③ 극한하중 결정(P_u)

㉠ 침하축과 평행

㉡ *Hansen*의 90% 개념

㉢ 침하판 10% 침하시 = 극한하중

㉣ *Davission* 방법

***Davisson*의 판정법은** 말뚝의 전침하량과 말뚝직경, 단면적, 탄성계수 및 말뚝길이 등을 고려한 순 침하량 판정을 복합적으로 적용한 것으로 **최근 서구에서는 가장 합리적인 말뚝 허용하중 판정법으로 인정받고 있다.** 국내에서도 *Davisson* 판정법에 의한 말뚝지지력 해석을 실시해본 결과 **국내의 항복하중기준 설계법과 비교적 잘 일치하고 있는 것으로 나타났다.**

그러나 *Davisson*의 판정법은 말뚝길이가 지나치게 짧거나 주면마찰력이 낮은 말뚝의 경우에는 다른 판정기준 보다도 낮은 허용하중을 나타낸다. 이와 같은 경우 다른 판정기준들과의 비교를 통한 기술자의 판단이 요구된다.

5. 정재하 시험의 이유

(1) 설계 시 지반조건에 대한 조사, 시험치의 산정미흡과 가정이 내포하므로 현상에서 지지력 확인이 필요하게 된다.

(2) 말뚝 지지력은 지층조건, 물성치와 더불어 항타장비의특성, 시공방법(항타, 매입말뚝)의 차이, 항타 시공관입성의 고려 등에 따라 달라지게 되므로 재하시험에 의한 방법이 가장 신뢰성이 우수하다.

6. 기타 정재하 시험

(1) 인발시험

① 말뚝의 인발시험은 말뚝기초의 2가지 지지력 성분 중 주면마찰력에 대한 시험이다.

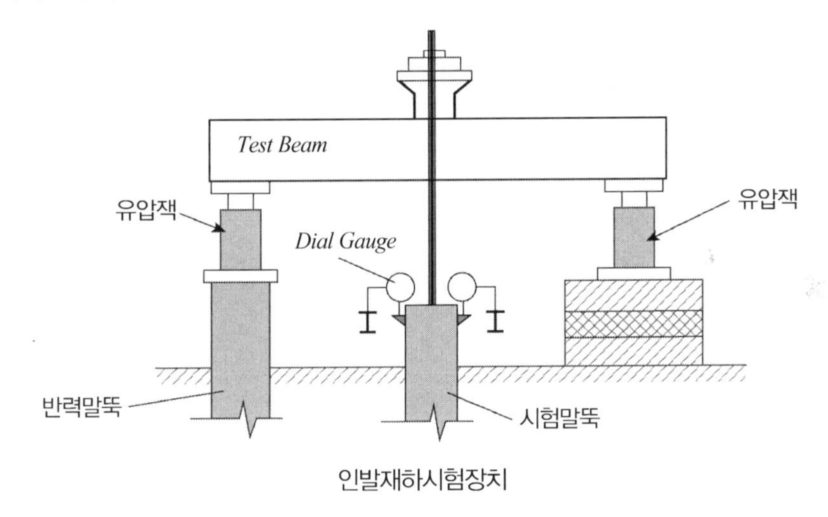

인발재하시험장치

② 따라서 선단 지지력의 불확실성이 배제된 확실한 시험결과가 도출된다.

③ 인발하중은 설계하중(인발설계하중이 규정되지 않은 경우는 압축설계하중 적용)의 25%를 단계로하여 재하하며 50% 하중단계마다 제하하여 잔류인발량을 측정한다.

④ 최대 시험하중은 인발시험의 목적에 따라 설계하중의 150% 또는 200%까지로 한다.

⑤ 인발시험 결과 해석은 하중－인발량관계, 인발량－시간관계 등 압축재하시험 결과해석과 대동소이하며

⑥ 각 단계별 인발하중을 제거하여 말뚝이 지반 내로 끌려 들어갈 때의 잔류인발량, 즉 하중－잔류인발량 관계를 통해 주면마찰력을 해석하게 된다.

⑦ 인발시험은 말뚝기초 설계 시 풍하중 또는 인발하중에 저항하는 인발저항력 산정을 위해서도 필수적이지만, 압축재하시험 결과의 보완, 주면마찰력 크기의 규명을 위해서도 효과적이다. 또한 말뚝의 부주면마찰력의 예상을 위해서도 인발시험이 활용된다.

(2) 수평재하 시험

① 말뚝의 수평재하시험은 시험말뚝 부근에 사하중 또는 중장비를 동원, 이를 반력으로 하여 유압 *Jack*으로 하중을 가하거나 기시공된 말뚝을 반력말뚝으로 동시에 시험하는 방법 등이 있다.

② 국내의 경우 수평재하시험은 물론 허용수평지지력을 결정하는 기준이 명확하게 명시된 시방서는 없으나 말뚝의 수평허용 지지력은 다음 두 가지 점을 만족하여야 한다.

㉠ 말뚝에 발생하는 휨응력이 말뚝재료의 허용휨응력을 넘어서는 안 된다.

㉡ 말뚝머리의 변위량(휨방향 변위량)이 상부구조에서 정해지는 허용변위량을 넘어서는 안 된다.

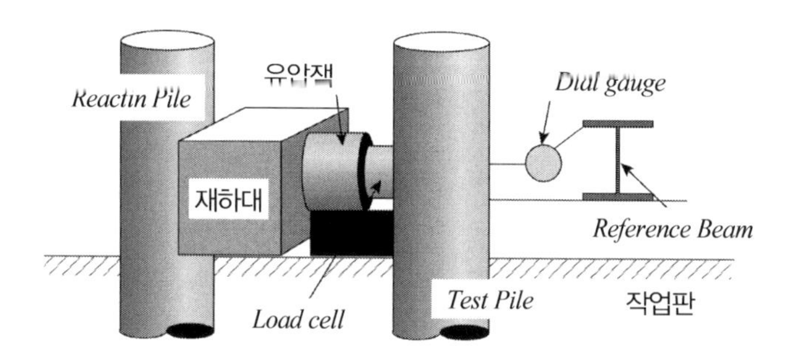

③ 그러므로 수평재하시험의 허용수평지지력은 압축재하시험에서 처럼 항복하중이나 극한하중까지를 구하지 않으며 말뚝 자유두부조건에서 시험을 시행하므로 고정두부조건으로 시공되는 경우에는 허용수평력은 수정 후 사용하여야 한다.

7. 결 론

(1) 정재하 시험은 과거에는 시공중 주로 행하여 왔으나 최근에는 설계단계부터 시행토록 반영하는 추세이다.

(2) 현장시험 시 극한하중까지 시험이 필요하며 실제 현장에서는 설계하중까지 재하 후 안전율을 고려한 허용 지지력을 추정하고 있는 실태이다.

(3) 전침하량을 기준으로 말뚝의 설계하중을 결정하는 것은 말뚝의 길이와 재료특성으로부터 결정되는 탄성압축량 값의 영향을 고려할 수 없기 때문에 장대말뚝의 경우 적용이 곤란한 문제가 있다. 또 말뚝의 지지력이 지반조건, 말뚝설치방법에 따라 선단 지지력 또는 주면마찰력의 비율이 상이하게 되고, 이에 따라 말뚝의 하중－침하량 거동이 결정되는 점을 감안할 수 없다는 단점이 있다.
따라서 전침하량 기준에 의한 말뚝의 설계하중 결정은 극히 제한적인 경우에 국한하여 적용할 수 있으며, 반드시 다른 해석결과와 비교하는 과정이 필요하다.

말뚝 정재하시험 전경

21 말뚝의 정 · 동재하시험

1. 정 의

(1) 재하시험은 정재하 시험에서의 시험 장기화, 동적 지지력공식을 얻기 위한 항타과정에서의 말뚝두 부손상문제를 해결하기 위해 1989년에 네덜란드의 *TNO*와 캐나다 *Berminghammer*사가 합작으로 정동적 재하시험(*Statnamic pile load test*)을 개발하였다.

(2) 정·동재하시험은 아래 그림처럼 실린더 내에 폭약을 장착하여 폭파시킴으로써 발생하는 높은 가스압을 이용하여 말뚝에 재하하중을 가하게 된다.

(3) 정·동재하시험은 작용과 반작용의 원리를 응용한 것으로 실린더 내의 폭발력에 의해 반력장치가 밀려 올라갈 때 사용한 힘의 크기를 알고 작용방향이 반대인 말뚝을 관입시키기 위해 필요한 관입 응력의 크기를 평형방정식을 이용하여 구하는 원리를 이용한다.

2. 정 · 동재하시험의 원리

(1) 개념도

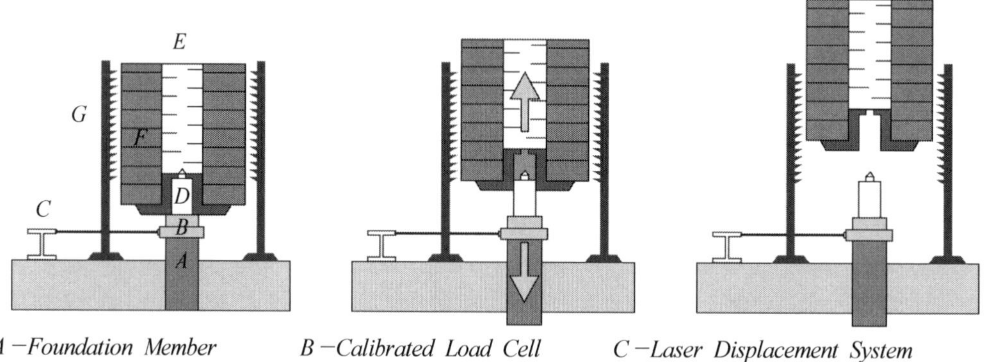

A −Foundation Member　　*B* −Calibrated Load Cell　　*C* −Laser Displacement System
D −Piston & Cylinder　　*E* −Silencer　　*F* −Reaction Mass
G −Catch Mechanism

(2) 원 리

① 작용 반작용의 법칙 : $F_{12} = F_{21}$

② 관성의 법칙 : $\Sigma F = F_{12} - F_{21} = 0$

③ 가속도의 법칙

$$F = m \cdot a = \left(\frac{m}{20}\right) \times 20g$$

여기서, $\frac{m}{20}$: 반력하중　　$20g$: 반력하중 가속도

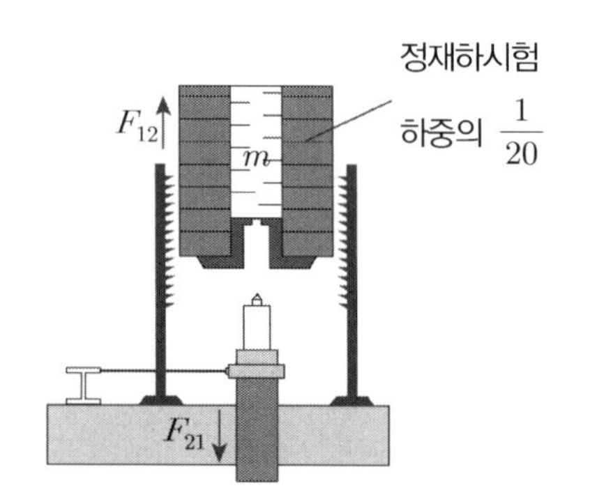

가속도의 법칙

1. **힘과 가속도**
   - 물체에 생기는 가속도의 크기는 작용하는 힘의 크기에 비례한다.
   - 가속도의 방향은 힘의 방향과 같다.
2. **질량과 가속도** : 가속도의 크기는 물체의 질량에 반비례한다.
   $\therefore F = m \cdot a$(운동 방적식)
3. **힘의 단위**
   $1\,N$: $1kg$의 물체에 $1m/\sec^2$의 가속도가 생기게 하는 힘의 크기
   kg중(kgf) : $1kg \times 9.8m/\sec^2 = 9.8N$
   $1dyne$: $1g$의 물체에 $1cm/\sec^2$의 가속도가 생기게 하는 힘의 크기

3. 정 · 동재하시험 해석

(1) 정·동적 재하시험은 하중의 재하시간이 순간적이긴 하나 말뚝 내부에 응력파를 발생시키지 않고 말뚝 전체가 일시에 관입되는 거동을 일어남으로 정재하시험 조건과 유사한 말뚝의 하중-침하거동 특성을 얻는다.

(2) ***Modeling***

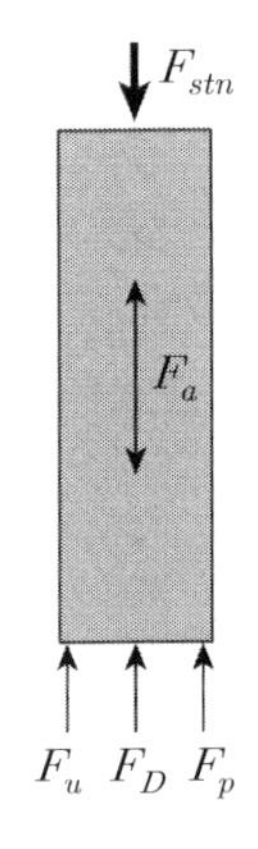

F_{stn} : 정동재하시험기의 힘
F_a : 관성력
F_u : 간극수압 저항
F_D : 감쇠저항
F_P : 정적 지지력

F_u, F_D, F_P → $F_{soil} = F_u + F_D + F_p$

(3) 평형 방정식

급속재하로 인한 말뚝 주면 및 선단지반의 점탄성(*visco-elastic*) 특성에 의한 감쇠저항(*damper resistance*) 효과와 간극수에 의한(포화지반의 경우) 간극수압 저항(*pore pressure resistance*) 효과를 보정하여 정재하시험 조건에 상응하는 하중-침하특성 곡선, 이른바 등가 정재하시험 곡선(*equivalent static curve* 또는 *derived static curve*)을 얻는 것이다.

$$F_{stn} = F_{soil} + F_a = F_u + F_d + F_p + F_a$$

4. 특 징

(1) 장 점

① 응력파가 발생하지 않고 말뚝 전체가 일시에 관입되므로 정재하시험과 유사한 말뚝의 지지력 및 침하특성을 판단할 수 있음

② 정재하시험이 곤란한 해상 대구경 현장타설 말뚝과 같이 비교적 큰 시험하중이 요구되는 경우 시간·비적으로 매우 유리한 시험법

③ 경사말뚝이나 군말뚝의 경우에는 사실상 유일한 재하시험 수단

(2) 단 점

① 말뚝의 주면 지지력과 선단 지지력을 정량적으로 분리 추정할 수 없음

② 진동, 소음 발생

5. 평 가

(1) 가속도의 법칙 $F=ma$에서 a의 크기가 매우 크다면 m의 크기를 $1/20$로 작게 할 수 있다는 장점을 이용하여 말뚝에 동재하 시험과 같은 충격이 없이 응력파를 발생시키지 않으므로 말뚝 전체가 일시에 관입되는 거동을 일어남으로 정재하시험 조건과 유사한 말뚝의 하중-침하 거동특성을 얻는다.

(2) 수평말뚝에 대한 연구가 추가적으로 필요하다.

(3) 마찰말뚝의 경우 재하속도 효과로 하중-침하 곡선이 정재하 시험과 상이하다.

(4) 항타시공 관입성, 경시효과가 고려가 안 되므로 정재하시험과 비교해야 한다.

22 말뚝의 횡방향 지지력

1. 개 요

(1) 말뚝 두부에 수평력이 작용할 경우 수평 지지력과 변위량의 검토는 최근 컴퓨터의 발달과 함께 다양하게 성장하여 왔다.

(2) 수평하중을 받는 주동말뚝의 대표적인 해석법으로는 지반반력법과 탄성해석법이 사용된다. 특히, 이러한 형태의 말뚝구조물 해석은 지반과 말뚝 사이의 상호작용과 매우 깊은 관련이 있으며 지반과 말뚝의 상호작용을 어떻게 보느냐에 따라서 비선형해석과 선형해석으로 나뉜다.

2. 수평력에 저항하는 말뚝의 조건

(1) 휨 강도 : 휨 응력보다 커야 함

(2) 말뚝두부 변위 : 허용변위 이내

3. 말뚝기초 수평방향 안정성 검토 방법

<table>
<tr><th colspan="3">구 분</th><th>검토 방법</th></tr>
<tr><td colspan="3">현장 수평재하시험</td><td>실제 규모의 실 재하 하중을 가하여 하중－변위 관계로 해석</td></tr>
<tr><td rowspan="3">해석적 검 토</td><td>지지력</td><td>극한지반 반력법 (Broms)</td><td>말뚝에 작용하는 본당 최대 수평력에 대한 지반의 반력과 말뚝의 강성을 평형조건으로 놓고 해석</td></tr>
<tr><td rowspan="2">변 위</td><td>선형탄성 해석법 (Chang 방법)</td><td>기초저면으로부터 $1/\beta$ 심도까지의 수평지반반력계수를 적용하여 말뚝두부에 작용하는 하중에 의한 탄성변위 산정</td></tr>
<tr><td>비선형 해석 ($p-y$ 곡선)</td><td>각 층의 응력－변형특성을 고려한 $p-y$ 곡선을 작성하여 말뚝두부에 작용하는 하중에 의한 탄소성 변위 산정</td></tr>
</table>

4. 극한 평형법(*Broms*)

(1) 개 념

지반의 종류(점성토, 사질토) 말뚝의 매입길이(짧은말뚝, 긴말뚝), 두부조건(자유, 구속)에 따라 극한 수평하중(H_u)에 대한 지반의 반력에 따른 말뚝의 최대 휨 멘트로부터 힘의 평형조건을 통해 말뚝의 허용수평지지력(H_a)을 구한다.

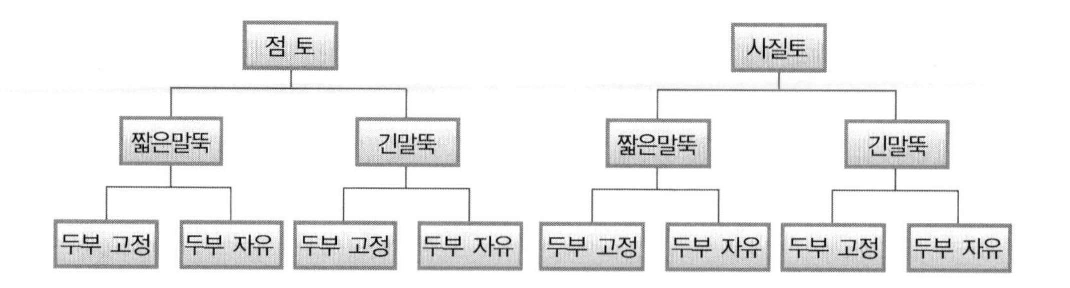

① 짧은 말뚝에서의 두부상태에 따른 변위, 지반반력, 휨 모멘트 분포도

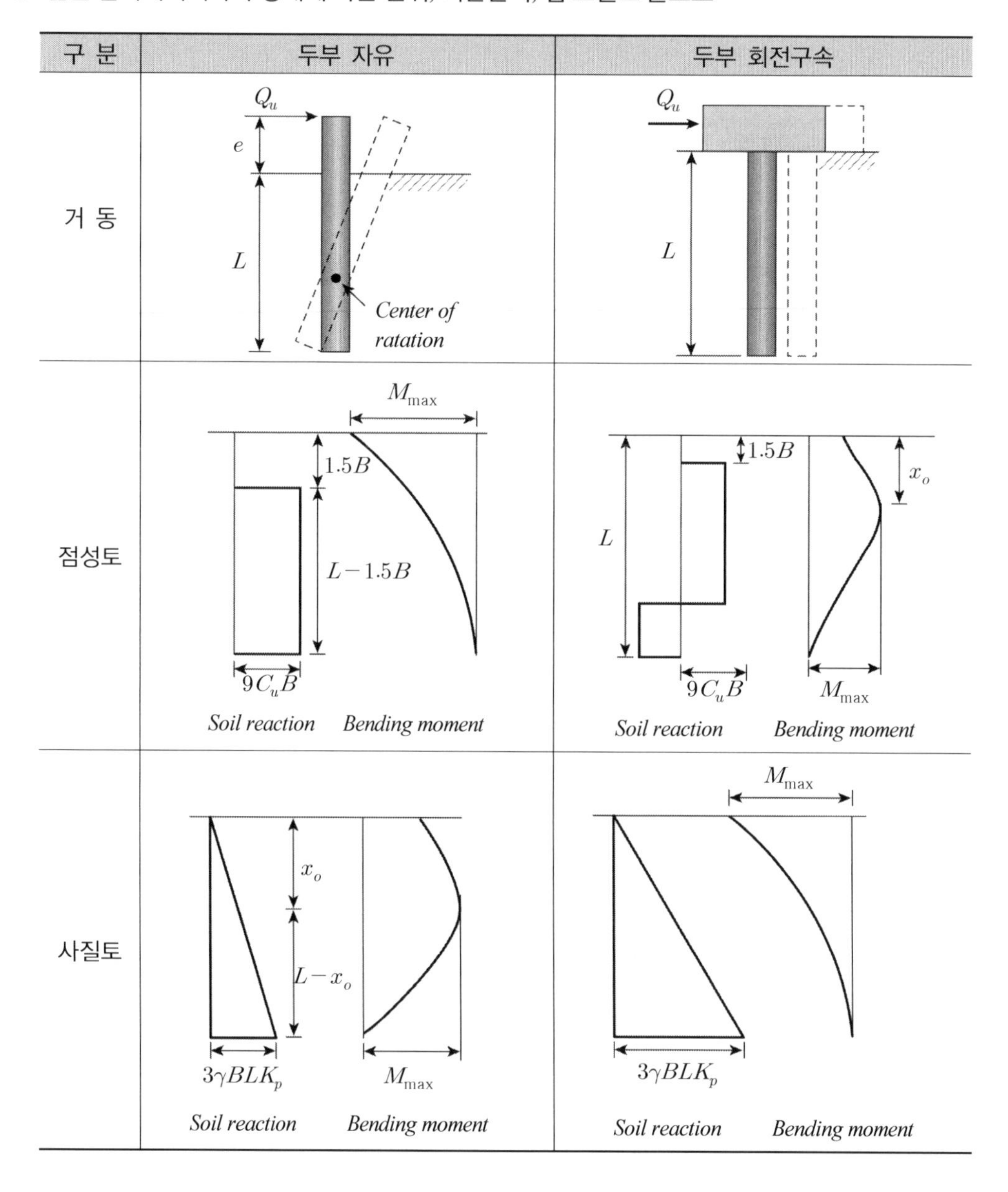

② 긴 말뚝에서의 두부상태에 따른 변위, 지반반력, 휨 모멘트 분포도

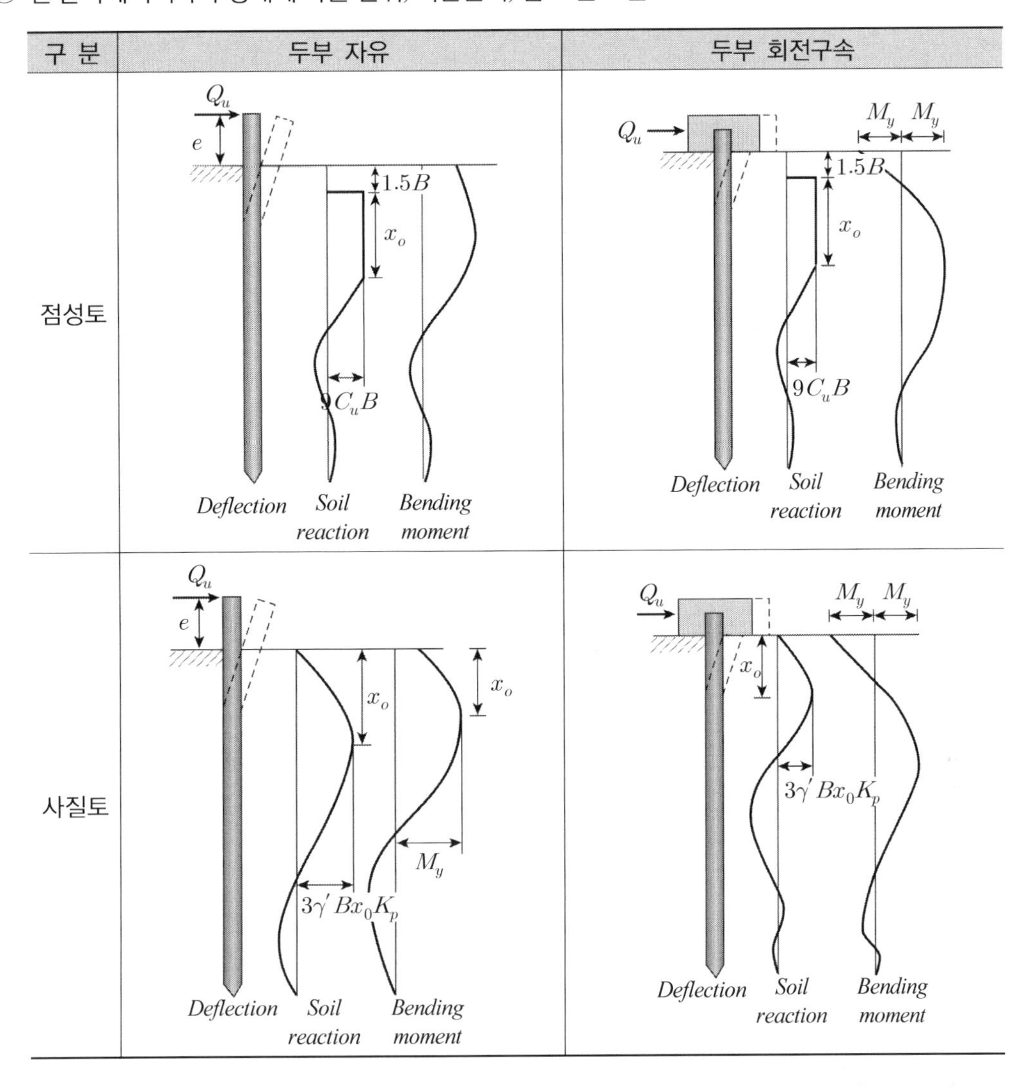

(2) 허용 수평지지력의 산정

① 말뚝의 제원

직경, 두께, 말뚝길이, 순단면적, 탄성계수, 단면2차 M, 휨강성(EI), 단면계수(Z), 항복휨응력(σ_y)

② 수평지반 반력계수 결정

㉠ 도로교 표준시방서에 의한 방법

$$K_h = K_{ho} \times \left(\frac{B_h}{30}\right)^{-\frac{3}{4}} = \alpha \cdot E_o \frac{1}{30}\left(\frac{B_h}{30}\right)^{-\frac{3}{4}}$$

여기서, K_{ho} : 평판재하시험에서의 K 값(kg/cm^3)

평판재하시험이 아닌 변형계수를 구한 경우는 다음의 식으로 추정할 수 있다.

$$K_{vo} = \frac{1}{30} * \alpha * E_o$$

B_h : 하중방향에 직교하는 기초의 실제 환산폭으로서 $\sqrt{\frac{D}{\beta}}$ 정도까지 고려한다.

E_o : 대상이 되는 지반의 위치에서의 지반의 변형계수(kg/cm^2)

α : 지반 반력계수의 추정에 쓰이는 보정계수로서 표에 주어져 있다.

㉡ SPT : 모래층 대상

- 퇴적 모래 : $K_h = \frac{8N}{D}$　　　　- 자갈 : $K_h = \frac{10N}{D}$

여기서, D : 말뚝 직경

㉢ 비 배수 강도 : 점토대상　　$K_h = \frac{67C_u}{D}$

㉣ 공내재하 시험

사질토 : $K_h = 25\frac{P_L}{B}$

점성토 : $K_h = 16\frac{P_L}{B}$

㉤ 수평재하 시험

콘크리트 말뚝 ϕ600, 재하위치 : 지상 30cm, 수평력 9ton, 변위 1.5cm

$E = 400,000 Kgf/cm^2$　　　　$I = 5.13 \times 10^{-5} cm^4$

$\beta = \sqrt[4]{\frac{K_h D}{4EI}} = 2.6 \times 10^{-3} cm^{-1}$　　　$h = 30cm$

- 두부자유 지상돌출조건

$$K_h = \frac{3EI\beta^3}{(1+\beta h)^3 + \frac{1}{2}}$$

$$= \frac{3 \times 400,000 kgf cm^2 \times 5.13 \times 10^{-5} cm^4 \times (2.6 \times 10^{-3} cm^{-1})^3}{(1 + 2.6 \times 10^{-3} cm^{-1} \times 30cm) + 0.5}$$

$$= \frac{10,819}{1.75} = 6,182 kgf/cm$$

– 두부고정 지중매입조건 $K_h = 4EI\beta^3$

$= 4 \times 400{,}000kgfcm^2 \times 5.13 \times 10^{-5}cm^4 \times (2.6 \times 10^{-3}cm^{-1})^3 = 14{,}425kgf/cm$

③ 말뚝길이와 두부조건에 따라 *Broms*가 제시한 공식을 적용, 극한 수평력 산정

㉠ 말뚝길이의 판단

구 분		짧은말뚝	긴말뚝
점성토	$\beta \cdot L = \left\{\dfrac{K_h \cdot D}{4EI}\right\}^{\frac{1}{4}} L$	2.25 이하	2.25 이상
사질토	$\eta \cdot L = \left\{\dfrac{\eta_h}{EI}\right\}^{\frac{1}{5}} L$	2.0 이하	4.0 이상

여기서, β : 말뚝의 특성치(cm^{-1}) η_h : 지반반력상수(kgf/cm^3)

$$\eta_h = \frac{K_h \cdot D}{z}$$

지반반력상수는 지반의 종류와 조건에 따라 도표로도 구할 수 있음

㉡ 횡방향 지지력 계산(긴 말뚝이고 사질지반 예)

구 분	공 식
짧은말뚝	$H_u = 1.5K_p \cdot \gamma \cdot D \cdot L^2,\ M_{max} = K_p \cdot \gamma \cdot D \cdot L^3$
중간말뚝	$\dfrac{H_u}{K_p \cdot \gamma \cdot D^3}\left(\dfrac{L}{D}\right) - \dfrac{1}{2}\left(\dfrac{L}{D}\right)^3 = \dfrac{M_y}{K_p \cdot \gamma \cdot D^4}$ $M_{max} = M_y$
긴말뚝	$H_u = 2.38\left(\dfrac{M_y}{K_p \cdot \gamma \cdot D^4}\right)^{\frac{2}{3}} K_p \cdot \gamma \cdot D^3$ $M_{max} = M_y$

㉢ 최대 휨 모멘트 : $M_{max} = M_y$

$$M_y = Z\left(\sigma_{\max} - \frac{N_{a\max}}{A}\right)$$

항복 휨응력 $\sigma_{\max} = \left(\dfrac{M_y}{Z} + \dfrac{N_{a\max}}{A}\right)$

㉣ 극한 수평 지지력

$$H_u = 2.38\left(\frac{M_y}{K_p \cdot \gamma \cdot D^4}\right)^{\frac{2}{3}} K_p \cdot \gamma \cdot D^3$$

㉤ 허용 수평 지지력

$$H_a = \frac{H_u}{F_s}$$

(3) 두부조건별 – 말뚝길이별 변위형태

① 짧은말뚝 : 지반저항에 좌우

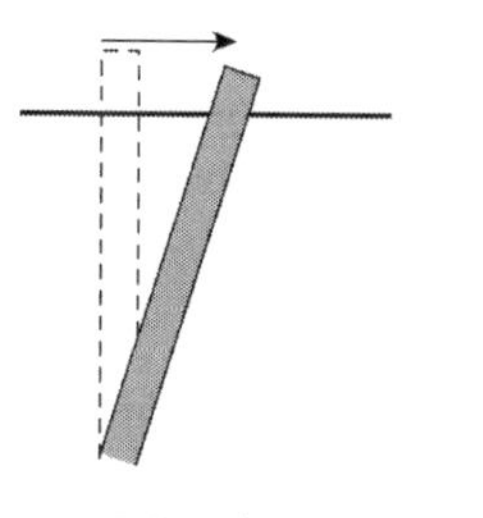
두부 자유

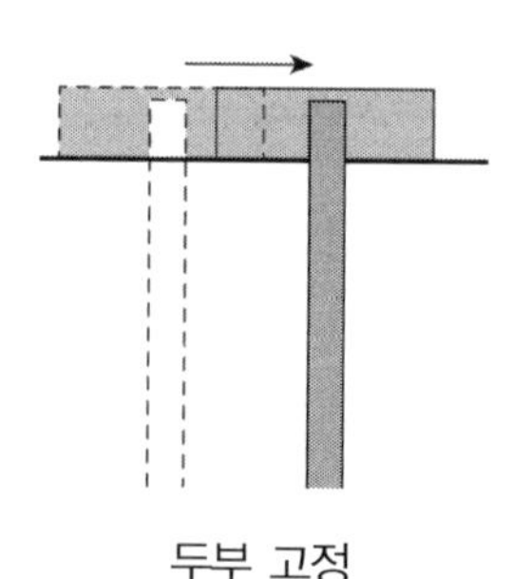
두부 고정

② 긴말뚝 : 말뚝 휨 강도에 좌우

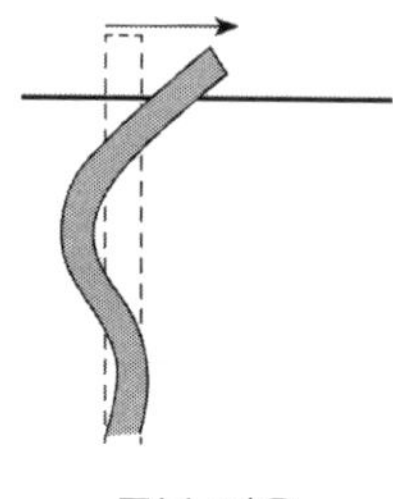
두부 자유

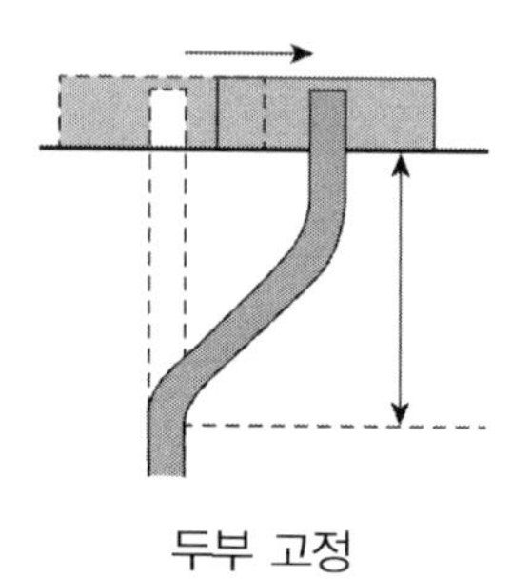
두부 고정

(4) 적 용

① 순수점토, 사질토지반인 경우에 적용

② 두부조건과 말뚝길이 조건에 따라 구분 적용

5. 탄성지반 반력법(*Chang* 방법)

(1) 해석 개념

① 기초저면으로부터 $1/\beta$ 심도까지의 수평지반반력계수를 적용, 허용탄성변위를 기준으로 수평지지력 산정

② 수평응력에 대한 말뚝 변형과 지반반력계수가 그림처럼 선형거동을 한다는 개념

③ 지반의 종류에 관계 없이 긴 말뚝, 두부 자유/ 고정 조건

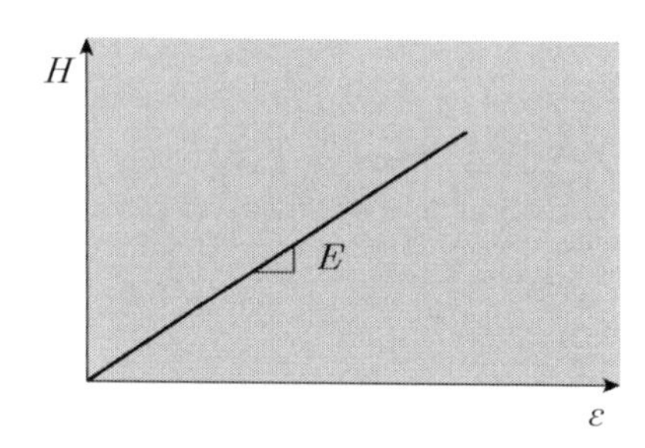

(2) 해석 모델

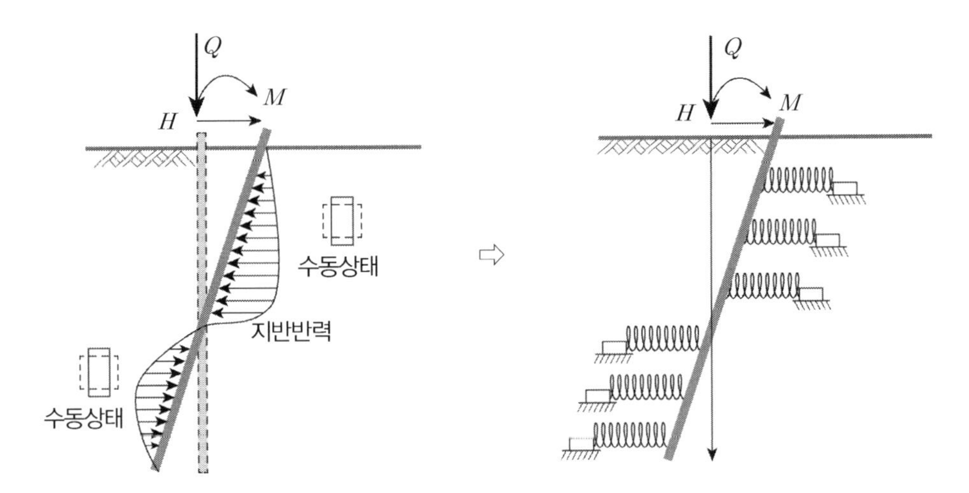

① 지반 : 하중방향으로 수동상태

② 탄성스프링을 이용하여 깊이에 따른 지반반력계수를 활용한 수평변위량 파악

③ 말뚝의 휨변형에 관한 기본 방정식

$$EI\frac{d^4y}{dz^4}+P=0$$

여기서, z : 말뚝축에 따라 측정한 지표면에서의 깊이(cm)

y : 말뚝의 수평변위(cm)

E : 말뚝의 탄성계수(kgf/cm^2)

I : 말뚝의 단면2차 모멘트(cm^4)

P : 수평지반 반력(kgf/cm)

$P=K_h \cdot y \cdot D$(K_h가 깊이에 따라 일정한 때)

$P=n_h \cdot z \cdot y$(K_h가 깊이에 따라 선형적으로 증가한 때)

(3) 긴말뚝에서의 두부조건별 변위형태 : 말뚝길이에 관계 없음

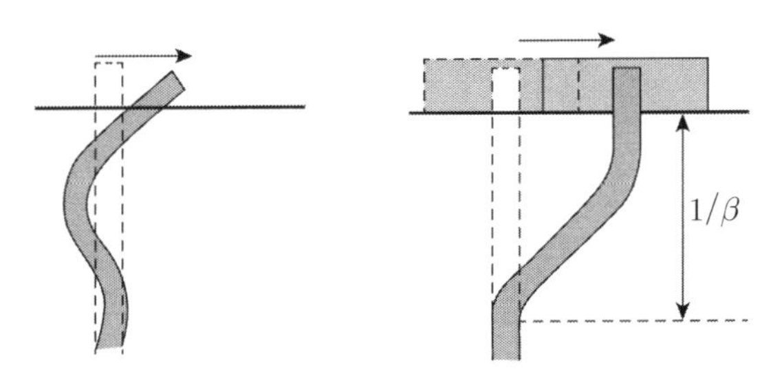

(4) 적 용

① 긴말뚝에 대한 해석

② 지층별로 강도정수가 상이한 복합지층에서의 긴말뚝 해석

③ 허용 변위에 의한 말뚝의 수평지지력의 산출

$$H_a = \frac{K_h \cdot D}{\beta} \times \delta_a$$

여기서, K_h : $1/\beta$ 구간의 평균 지반반력계수

D : 말뚝의 직경

δ_a : 말뚝머리의 허용변위

※ 수평력을 받는 긴말뚝의 응력과 변형의 이론해석(K_h가 깊이방향으로 일정한 경우)

말뚝머리 조건	자유(핀)	회전구속(고정)
$\beta = \sqrt[4]{\frac{K_h D}{4EI}}$ K_h : 수평지반반력계수 D : 말뚝의 폭 EI : 말뚝의 휨강성		
말뚝의 휨모멘트 M_0	0	$\frac{H}{2\beta}$
지중부의 최대휨모멘트 M_{max}	$0.3224\frac{H}{\beta}$	$0.2079\frac{H}{\beta}$
M_{max}의 발생깊이 L_m	$\frac{\pi}{4\beta} = \frac{0.785}{\beta}$	$\frac{\pi}{2\beta} = \frac{1.571}{\beta}$
말뚝머리의 변위 y_0	$\frac{H}{2EI\beta^3} = \frac{2H\beta}{K_h D}$	$\frac{H}{4EI\beta^3} = \frac{2H\beta}{K_h D}$
제1부동점 깊이 L_0	$\frac{\pi}{2\beta} = \frac{1.571}{\beta}$	$\frac{3\pi}{4\beta} = \frac{2.356}{\beta}$

6. $p-y$ 해석

(1) 해석 개념

① 말뚝의 허용수평지지력은 해석의 용이성 측면에서 보통 탄성지반반력법(*Chang*)을 사용하고 있으며 이는 지반반력을 선형탄성으로 놓고 해석하기 때문이다.

② 그러나 실제로는 수평응력으로 인한 지반반력과 말뚝변형은 비신형 거동하므로 $p-y$ 해석에서는 수평응력에 대한 말뚝의 거동을 보다 정확히 고려할 수 있다.

③ $p-y$ 곡선 및 말뚝의 변형

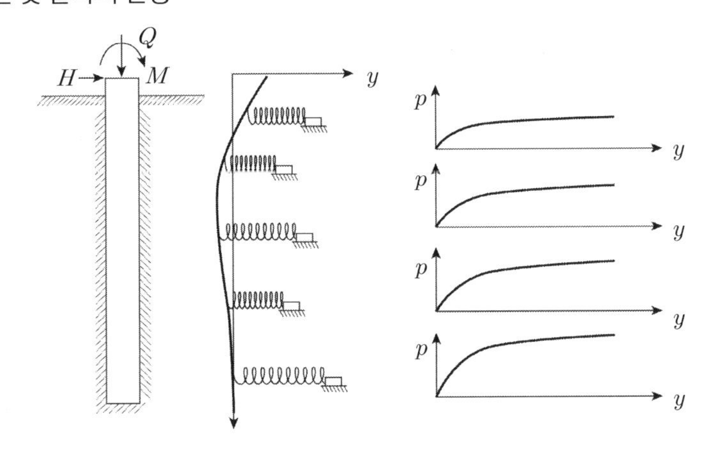

(2) 해석 모델

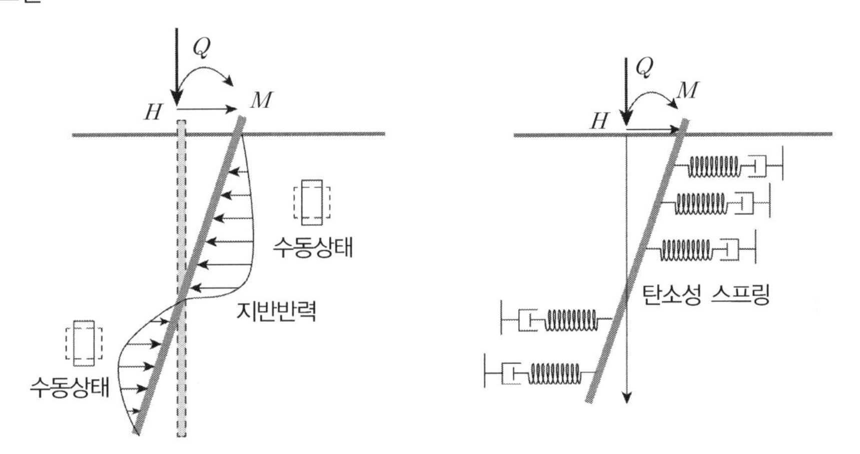

① 지반을 탄소성체로 모델링함

② 수평하중 말뚝의 지배 방정식(*Reese*)

$$EI\frac{d^4y}{dz^4}+Q\frac{d^2y}{dz^2}-K_hy-W=0$$

여기서, Q : 말뚝의 축방향력 W : 말뚝의 길이당 분포하중

(3) 해석 절차

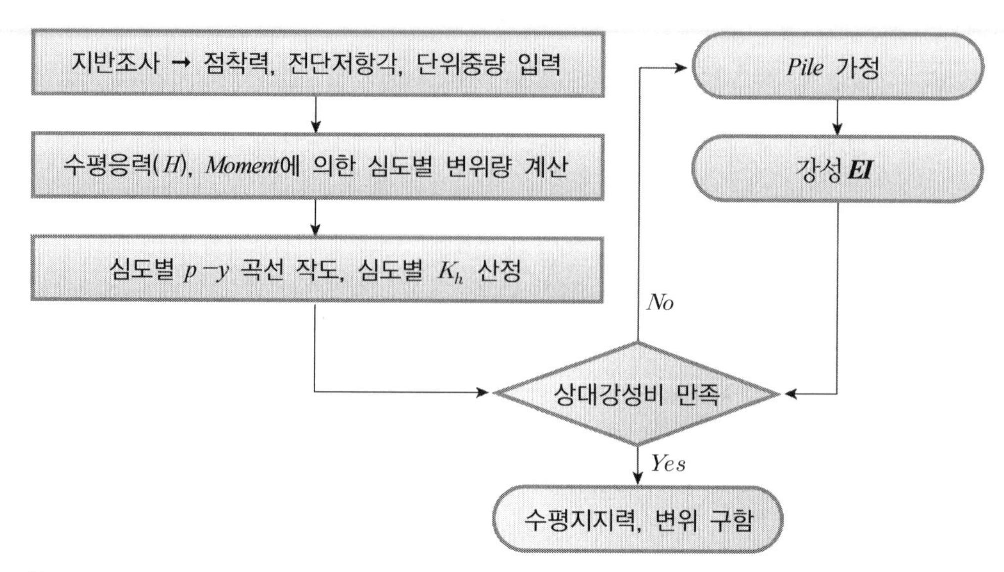

① 상대 강성비

㉠ 깊이에 따라 지반반력계수가 증가하는 경우

$$T=\left(\frac{EI}{n_h}\right)^{1/5}$$

㉡ 깊이에 따라 지반반력계수가 일정한 경우

$$R=\left(\frac{EI}{K_h}\right)^{1/4}$$

② 가정 상대강성과 계산과정상 상대강성이 일치되도록 적정 *Pile* 선정

(4) $p-y$ 곡선의 종류

① *Matlock*  ② *Reese* ③ *O'neill* ④ *Kondner*

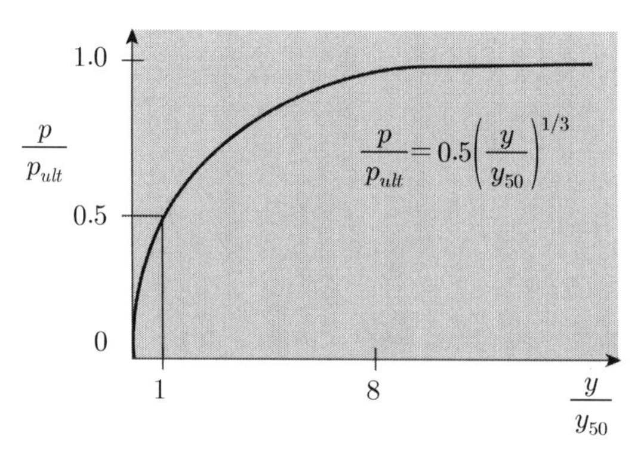

Matlock $p-y$ 곡선

23 말뚝의 특성치

1. 정 의

수평응력을 받는 말뚝에서 말뚝의 강성(EI)에 대한 지반강성(K_h)과의 관계를 나타내는 수치로서 다음과 같이 표현한다.

$$\beta = \left(\frac{K_h \cdot D}{4EI}\right)^{1/4} (cm^{-1})$$

여기서, K_h : 수평지반 반력계수(kgf/cm^3)　　D : 말뚝의 직경(cm)
E : 말뚝탄성계수(kgf/cm^2)　　I : 말뚝의 단면 2차 모멘트(cm^4)

2. 적 용

(1) 짧은말뚝과 긴말뚝의 구분

구 분	짧은말뚝	긴말뚝
β 이용	$\beta L \leq 2.25$	$\beta L \geq 2.25$ 이상
거 동 형 태		1/β
수 평 저 항	지반강도에 좌우	말뚝 휨 강성에 좌우

(2) 수평지지력 분담길이

① 말뚝특성치의 역수 : $\frac{1}{\beta}$

② 일반적으로 $\frac{1}{\beta} \fallingdotseq 5 \sim 6D$(예, $D508$ → 약 $3m$)

③ $\frac{1}{\beta}$ 범위의 수평지반 반력계수값은 평균치를 적용

(3) 허용 변위에 의한 말뚝의 수평지지력의 산출(*Chang* 방법)

$$H_a = \frac{K_h \cdot D}{\beta} \times \delta_a$$

여기서, K_h : $1/\beta$ 구간의 평균 지반반력계수　D : 말뚝의 직경　δ_a : 말뚝머리의 허용변위

24 동재하시험의 기본원리(참고)

1. 해머가 말뚝두부를 타격하면 그림처럼 압축변형(ε)과 압축력(F)이 발생한다.

2. 이 힘(F)은 말뚝재료의 압축시키며 말뚝입자들은 어떤 속도로 변위를 일으키게 되는데, 이속도를 입자속도(*Particle Velocity*, V)라고 부른다.

3. 질량 m을 갖는 말뚝의 한 입자가 Δt의 시간 동안 어떤 크기의 변위속도 V를 갖게 되면 이 입자는 가속되어 관성력($m \cdot \dfrac{V}{\Delta t}$)을 유발한다. 이 관성력은 압축력과 균형을 이루게 되는데, 말뚝의 입자들이 가속화되기까지에는 얼마간의 시간이 소요되므로 변형(*Strain*)은 어떤 속도 C로 이동하게 되며 이를 파의 속도(*Wave Speed*)라 부른다.

4. 그림에서 보는 바와 같이 타격으로 인해 발생한 파가 Δt 시간 동안 ΔL만큼 이동하였다면, ΔL은 다음 식으로 표현할 수 있다.

$\Delta L = C \cdot \Delta t$ $\quad$ $\delta = \Delta t \cdot V \quad (V = \delta / \Delta t)$

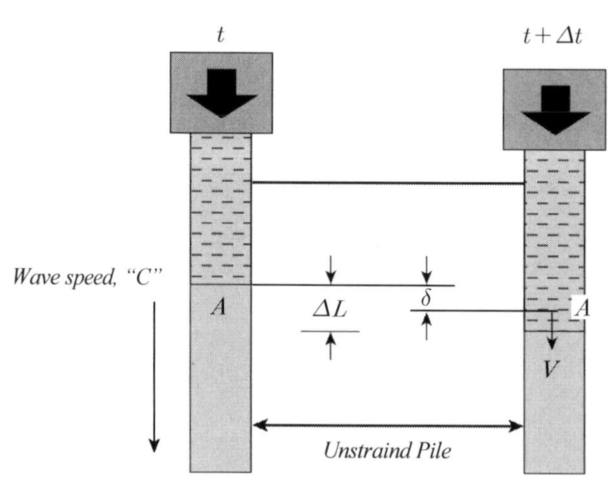

힘과 속도의 관계

5. 이러한 파의 전파에 따른 어떤 점에서의 말뚝입자 A의 변위량을 δ라 하면 변형률(ε)은 다음과 같다.

$$\varepsilon = \frac{\delta}{\Delta L} = \frac{\Delta t \cdot V}{\Delta t \cdot C} = \frac{V}{C}$$

6. 탄성공식 $\varepsilon \cdot E = \sigma = \dfrac{F}{A}$ 으로 정리하면

$$F = \varepsilon \cdot E \cdot A = \frac{EA}{C} V$$

7. 위 식으로부터 말뚝 내 어느 한 점에서의 힘은 동일한 점에서의 입자속도에 비례한다는 것을 알 수 있으며 이를 힘과 속도의 비례관계(*Proportionality*)라 규정한다.

8. *PDA*는 말뚝두부에서 약 2*D*되는 지점에 부착된 변형률계(*Strain Transducer*)와 가속도계를 이용하여 측정한 변형률과 가속도로부터 각각 독립적으로 F와 V를 얻는다.

9. 항타분석기에 의해 측정된 F와 V, 즉 힘과 속도의 파형기록은 말뚝의 지지력, 손상도를 평가하며 말뚝에 대한 흙의 저항력의 위치와 크기를 결정하는 데 사용할 수 있다.

25 동재하시험

1. 정 의

(1) 말뚝의 동적재하시험은 말뚝 타격 시에 발생하는 충격파의 전달에 대한 파동 방정식을 이론적 근거로 하여 미국 오하이주의 케이스 웨스턴(*case western*) 대학교에서 1964년에 개발되었다.

(2) 그림처럼 가속도계와 변형률계를 부착하고 말뚝 타격 시 발생하는 충격파의 전달 과정을, 즉 *PDA*를 이용하여 '힘과 속도'측정 '파동방정식'으로 말뚝이 타격관입되는 과정에서 측정되는 자료로부터 말뚝의 지지력, 말뚝에 전달되는 응력분포, 말뚝에 발생하는 압축력과 인장력, 응력파의 전달속도 등의 자료를 얻으며 타격 관입 중에 말뚝에 발생하는 이상 여부를 판정한다.

(3) 해석방법은 *CASE* 법, *CAPWAP* 방법이 있다.

2. 시험 방법

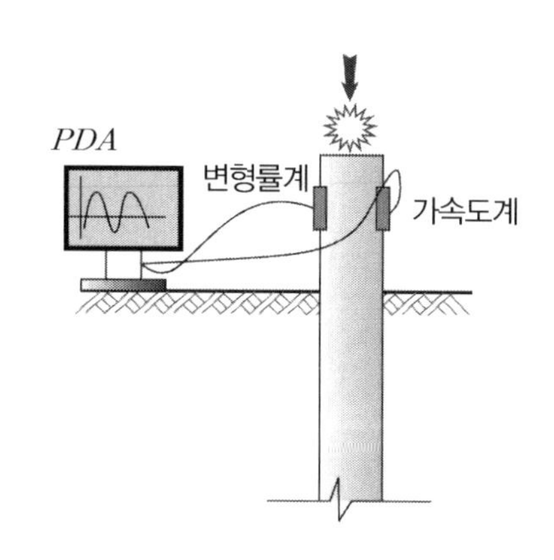

(1) 말뚝두부에 변형률계, 가속도계를 부착하고 말뚝을 항타할 때 발생하는 응력분포를 분석하여 말뚝의 지지력을 산정한다.

(2) 항타장비로 타격하여 변형률계와 가속도계에서 측정한 아날로그 신호를 *A/D* 변환기를 통해 힘과 속도가 디지탈 데이타로 변환된다.

3. 지지력 산정

(1) *CASE* 방법

가속도계와 변형률계로 측정된 힘과 속도에 대한 *PDA* 분석결과로부터 계산

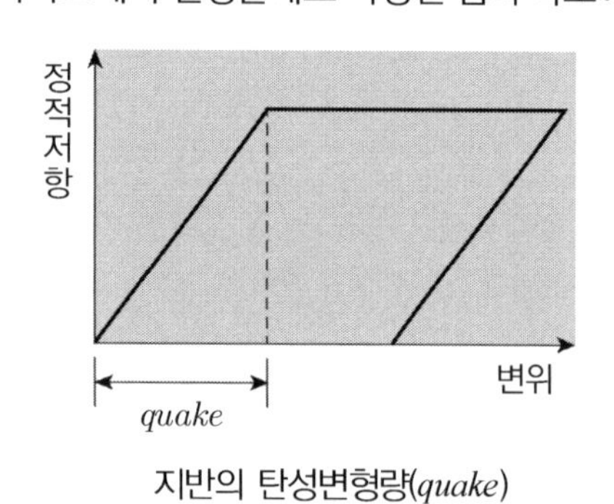

지반의 탄성변형량(*quake*)

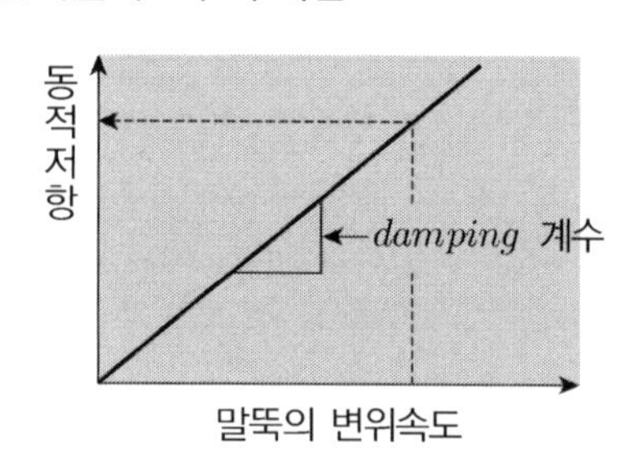

속도에 의한 동적저항력

$$S = R - D$$

여기서, S : 말뚝의 정적 지지력

R : 말뚝의 동적 지지력을 포함한 지지력

D : 말뚝의 동적 저항력

(2) *CAPWAP*(*Case Wave Pile Analysis Program*)

*PDA*에 저장된 *DATA*를 *CAPWAP* 프로그램에 입력하여 정밀분석함. 가속도계와 변형률계로부터 측정된 힘－시간, 가속도－시간에 대한 *PDA* 측정결과값을 가지고 말뚝의 지지력을 측정하는 프로그램이다.

① *PDA* 에서 측정된 가속도로부터 힘 계산

② 실제 현장에서 가해진 힘(해머의 무게, 낙하고)과 계산된 힘 비교

③ 계산된 힘과 실제 힘이 동일하도록 반복 계산하여 지지력 산출

④ 산출내용
: 극한 지지력, 하중 분포, 하중－침하곡선, *Quake*, *Damping*

4. 보정법

(1) 점성저항 보정

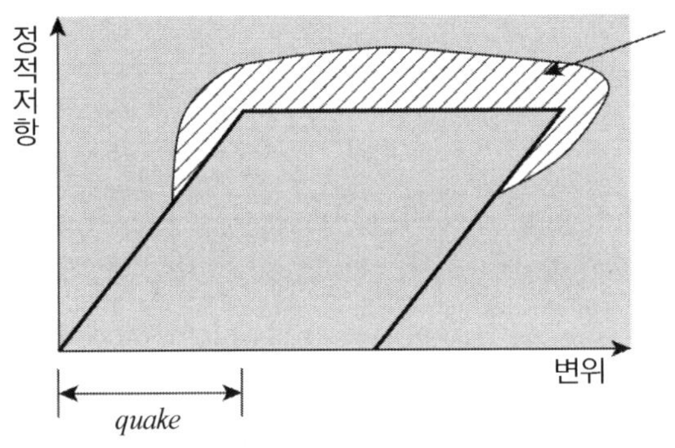

변위에 따른 정적저항력

(2) *Set*－*Up* 보정

시간 경과에 따른 지지력 증가

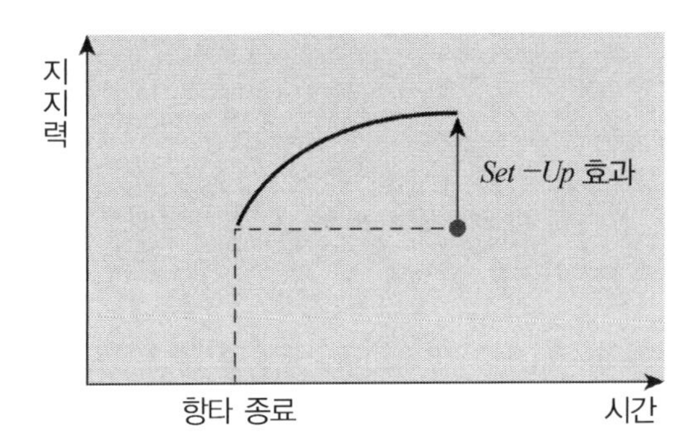

5. 손상도 판단원리

(1) 그림에서 보는 바와 같이 타격으로 인해 발생한 파가 Δt시간 동안 ΔL만큼 이동하였다면, ΔL은 다음 식으로 표현할 수 있다.

파의 이동거리 $\Delta L = C \cdot \Delta t$

입자의 이동거리 $\delta = \Delta t \cdot V(V = \delta / \Delta t)$

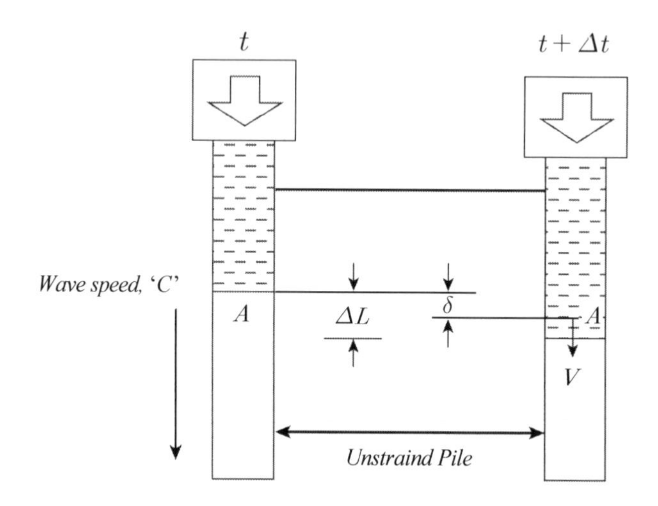

(2) 파의 전파에 따른 어떤 점에서의 말뚝입자 A의 변위량을 δ라 하면 변형률(ε)은 다음과 같다.

$$\varepsilon = \frac{\delta}{\Delta L} = \frac{\Delta t \cdot V}{\Delta t \cdot C} = \frac{V}{C}$$

(3) 탄성공식 $\varepsilon \cdot E = \sigma = \dfrac{F}{A}$ 으로 정리하면

$$F = \varepsilon \cdot A = \frac{EA}{C} V$$

(4) 위 식으로부터 말뚝 내 어느 한 점에서의 힘은 동일한 점에서의 입자속도에 비례한다는 것을 알 수 있으며 이를(힘과 속도의) 비례관계(*Proportionality*)라 규정한다.

(5) *PDA*는 말뚝두부에서 약 2*D*되는 지점에 부착된 변형률계(*Strain Transducer*)와 가속도계를 이용하여 측정한 변형률과 가속도로부터 각각 독립적으로 *F*와 *V*를 얻는다.

(6) 말뚝은 전체 길이의 1/3되는 지점 '*A*'에 작은 저항요소를 갖고 있으며 2/3 되는 지점 '*B*'에는 이보다 큰 저항요소를 갖고 있다. 또한 깊이 L 되는 곳의 말뚝선 단부에는 아무런 저항도 작용하지 않고 있다.

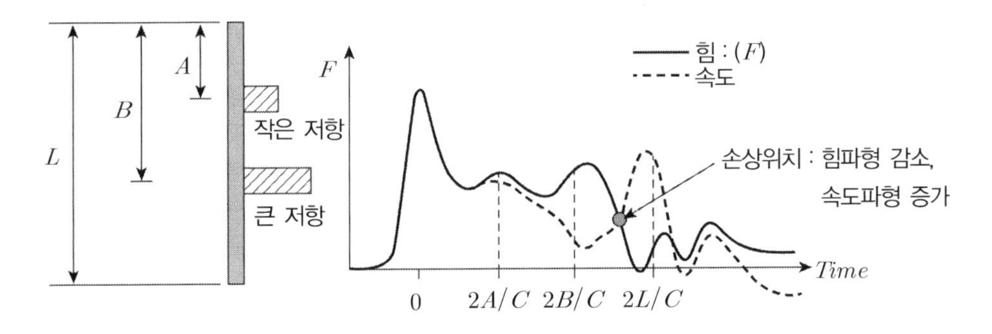

(7) 지반조건에 대한 힘, 속도, 파형관계를 통한 건전도 분석

① $2A/C$ 시간까지 : 힘과 속도의 파형은 비례

② $2A/C$ 시간 : A점의 흙의 저항력으로 힘의 파형은 증가, 속도파형 감소

③ $2B/C$ 시간 : B점의 흙의 큰 저항력으로 힘의 파형은 더욱 증가, 속도파형은 크게 감소

④ $2L/C$ 시간 : 말뚝선단부의 흙의 저항력이 존재하지 않으므로 힘의 파형은 크게 감소, 속도파형은 급증함

✓ 이와 같이 힘과 속도의 비례관계가 깨지게 되면 말뚝의 손상을 의미함

6. 손상도 판단방법

(1) 압축응력

① 말뚝고유의 허용압축강도 > PDA 측정 압축응력

② 허용 압축응력

㉠ 콘크리트 말뚝의 허용 항타응력 : $0.6f_{ck}$(f_{ck} : 설계기준강도)

㉡ 강말뚝의 허용 항타응력 : $0.9f_y$(f_y : 항복응력)

(2) 인장응력

① 허용 인장강도 > PDA 측정 인장응력

② 허용 인장강도

㉠ 콘크리트 말뚝의 허용 인장응력 : $0.025\sqrt{f_{ck}+f_{se}}$

여기서, f_{ck} : 설계기준강도

f_{se} : 유효프리스트레스

㉡ 강말뚝의 허용 항타응력 : $0.9f_y$(f_y : 항복응력)

(3) 말뚝 중간부의 손상

① 힘과 속도의 파형이용 손상위치 평가

급격히 감소하는 힘파형과 급격히 증가하는 속도파형곡선의 교차지점

② 건전도 지수(β)에 의한 평가

β(%)	평 가	β(%)	평 가
100	양 호	60~80	손 상
80~100	약간 손상	60 이하	파 손

✓ **건전도 지수(β)** : 말뚝재질이 일정한 경우 원단면적에 대한 줄어든 단면적의 비율

(4) 유의사항

건전도 지수는 *PDA*에 표시되지만 이것만 의존하면 다층지반의 경우 오차가 발생할 수 있으므로 *CAPWAP* 방법에 의한 검증을 시행하여야 한다.

7. 동재하 시험의 이용

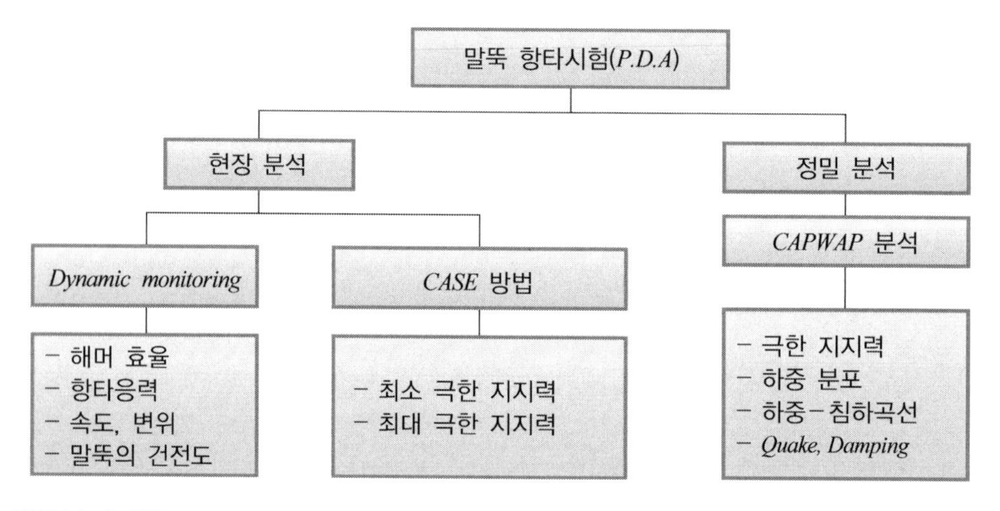

(1) 말뚝의 지지력 : $S = R - D$

(2) 압축응력과 인장응력

(3) 경시효과 : 경사변화 기울기 결정

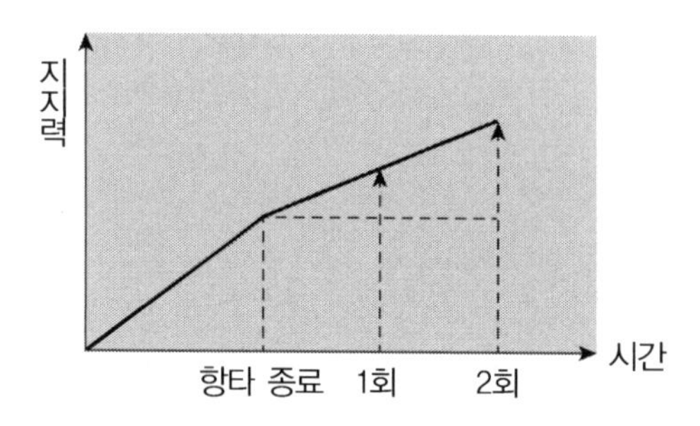

(4) 융기된 말뚝의 지지력

(5) 말뚝에 전달되는 응력분포 : 선단 지지력, 주면마찰력 분리

(6) 말뚝의 건전도 : 손상부 → 속도파형 증가, 힘파형 감소 → 파형 교차됨

(7) 해머의 효율 측정 = *Hiley*의 공식

해머의 운동에너지 = 말뚝에 가해진 일
$W_r \times H \times (\text{효율}) = (R_o \times S) + \text{손실 에너지}$

여기서, W_r : 해머의 무게

H : 해머의 낙하고

해머 효율 : 기계효율(e) × 타격효율(η)

R_o : 말뚝의 저항력 = 극한 지지력

S : 한 타격으로 인한 말뚝의 침하량

① 기계효율 : 타격방법과 해머의 종류에 따라 정해진 계수(0.75~1.0)

② 타격효율

$$\eta = \frac{W_r + n^2 W_p}{W_r + W_p}$$

여기서, η : 타격효율

W_r : 해머의 무게

n : 반발계수(말뚝의 재질과 두부조건 타격장비에 따라 정해진 계수 0.25~0.5)

W_p : 말뚝의 무게

③ 손실 에너지

$$\text{손실 에너지} = \frac{R_o C_1}{2} + \frac{R_o C_2}{2} + \frac{R_o C_3}{2}$$

여기서, C_1 : 말뚝캡의 탄성 압축량

C_2 : 말뚝의 탄성 압축량

C_3 : 지반의 탄성 압축량

※ $(C_2 + C_3)$ = **현장에서의 리바운드 량**

④ 이상을 모두 정리하면 다음 식으로 표현되며 동재하시험은 아래 식에서의 해머 효율 e를 구할 수 있다.

$$R_o = \frac{W_r \cdot H \cdot e \cdot \eta}{S + C}$$

여기서, $C: \dfrac{C_1 + C_2 + C_3}{2}$

(8) *Quake, Damping*

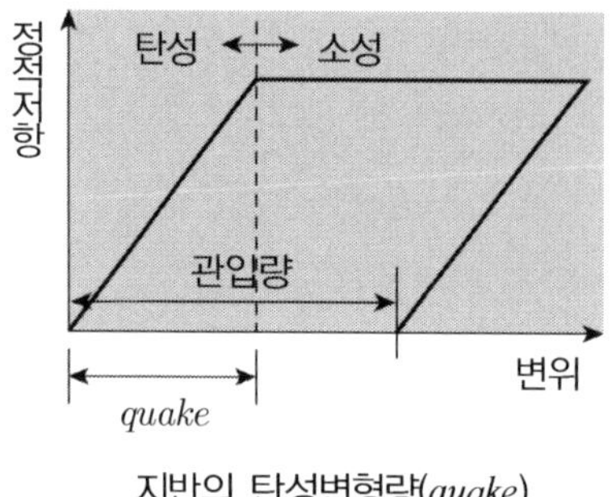

지반의 탄성변형량(*quake*)

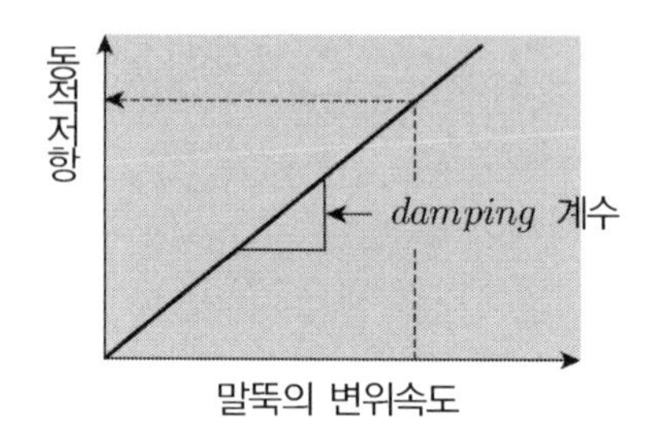

속도에 의한 동적저항력

8. 평 가

(1) 국내에서 동재하시험 적용을 위한 신뢰도 검증을 실시한 결과 동재하시험은 적절히 수행되고 합리적으로 해석될 경우 실무적으로 만족할 만한 지지력 판정이 가능한 것으로 나타났다.

(2) 동재하시험 결과해석은 기술자의 능력에 크게 좌우되며 동재하시험을 채택할 때는 이에 대한 고려가 필수적이며 이를 위해 정재하시험 병행 등의 조치가 요구된다.

(3) 대부분의 말뚝은 시간이 경과함에 따라 지지력이 변화하므로 말뚝설치로부터 상당한 시간이 경과한 후에 재하시험을 실시하는 것이 필요하다.

26 SIMBAT 시험

1. 정 의

(1) *Dr. Smith*의 파동방정식을 이용한 방식은 말뚝에 설치된 가속도계에 의하여 탄성파의 속도와 변형율 값을 이용하여 말뚝의 지지력을 산정하였으나, 대구경 현장타설 말뚝에까지 적용하기에는 단면적과 표면적이 매우 커짐으로 인해 주면마찰력에 대한 영향이 매우 커졌기 때문에 일반 파동방정식에 의한 지지력 산정방법은 신뢰성에 문제가 발생한다.

(2) *SIMBAT TEST*란 토양의 *parameter*에 관한 연구와 실제로 수많은 모형 *Pile*을 만들어 다양한 토질에 따라 변화하는 정적, 동적 재하능력의 비교치와 결과치 실험을 통하여 말뚝의 동적인 반응에서 정적인 지지력을 분석하는 시험방식으로 *SIMBAT TEST*(정·동적 재하시험)의 기본적 이론은 말뚝의 두부에 불변의 약한 지속적 운동을 가하여 말뚝 반력측정과 말뚝 반응의 비교 분석으로 이루어진다.

(3) *SIMBAT*의 용어는 영어의 *Simulation*과 불어의 *Battage*(*Drop*)의 합성어로 아래 그림처럼 현타말뚝에 *Hammer*를 타격하여 얻은 동적물성치를 *Simulation*하여 정적 지지력을 도출하는 최근의 현장타설 말뚝에 대한 지지력 시험법이다.

2. 기본 원리

(1) 모식도

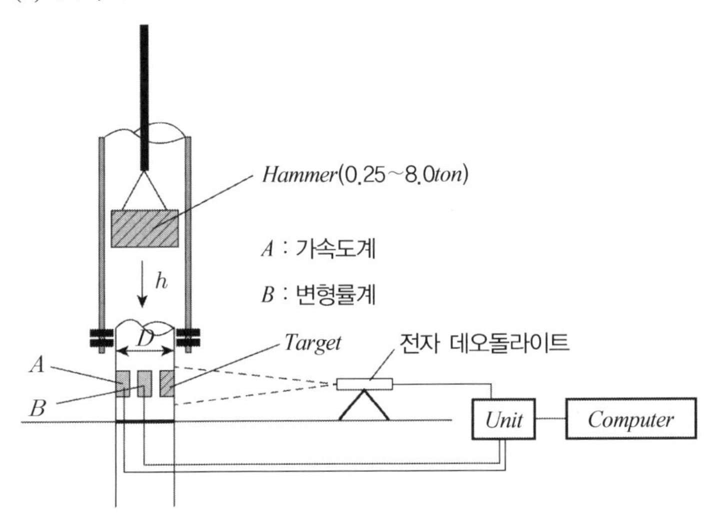

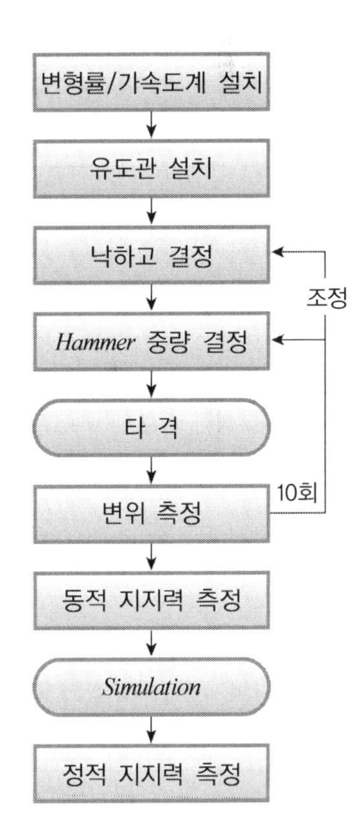

그림처럼 *Hammer*의 낙하고와 하중을 변화시키면서 타격하여 동적지지력을 구한 후 *Computer Simaulation*을 통하여 정적지지력을 추정하는 현장타설말뚝 지지력 시험법이다.

(2) 낙하고와 타격횟수 조정

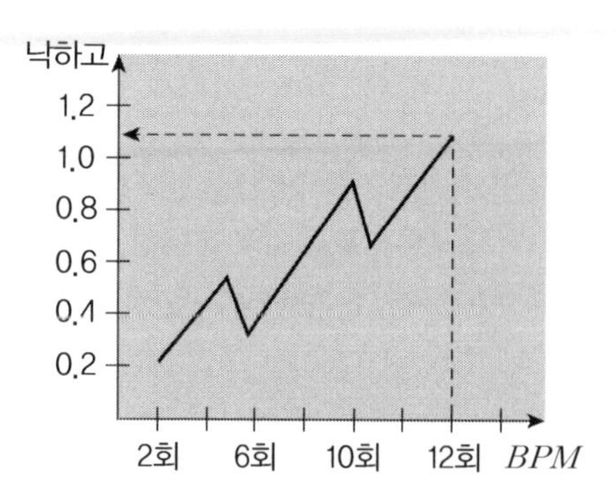

✓ 하중과 타격높이를 점차로 증가

(3) 변위 측정법(컴퓨터 활용) : ①과 ②가 동일할 때까지 반복 계산

① 가속도 2회 적분 → 변위

② 데오돌라이트 실측치 → 변위

3. *Computer Simulation* 목적 2가지

(1) 동적 반발력 → 정적 지지력 산정

(2) 주면마찰력과 선단 지지력 분포 결정

4. 타 지지력 측정법과 비교

구 분	정재하 시험	동적 재하 시험	
		CASE 법	*SIMBAT* 법
침하량 측정	◎	×	◎
가속도 측정	×	◎	◎
교정된 속도	×	×	◎
동적 *Simulatin*	×	◎	◎
하중 조절	×	×	◎

(1) *CASE* 법과 비교

① *CASE* 법 : 최종 항타 결과만 분석하여 지지력 예측

② *SIMBAT* 법 : 항타 과정 중 해머의 높이, 중량의 변화를 통한 말뚝과 지반의 상호작용을 반영한 지지력 예측

(2) *CAPWAP* 법과 비교

① *CAPWAP* 법 : 말뚝 두부에 반사되는 파의 형태 → 지지력 예측

② *SIMBAT* 법 : 말뚝 두부의 파속도 + 주변지반 거동 고려한 말뚝 내부의 파 속도 측정 → 지지력 예측

5. 적 용

(1) 동적재하 방식으로 동적 및 정적 재하시험의 결과를 동시에 획득

(2) 말뚝 재하시험에서 침하량의 측정오류 보정(데오돌라이트)

(3) 순간 및 영구 침하량 측정 가능

(4) 경사말뚝과 정재하 시험을 할 수 없는 마찰 말뚝 지지력 측정

6. 평 가

(1) *PDA*시험에서는 말뚝 주변 토양의 성질에 따라 말뚝의 측면 마찰 유동성에 영향을 받아 상승하는 탄성파에 대한 분석이 용이하지 않으나 *SIMBAT DATA BASE*에서 수많은 실제 실험에서 상승과 하강하는 파동의 분배는 파일 내에서의 파동전달 분배공식으로 해결하였다.

(2) 상승파동의 신뢰성을 높이기 위하여 또 다른 계측기기, 즉 10*E*−4*mm*까지 측정 가능한 *Electric Theodolite*를 이용한 변위값을 가속도계 결과값과 합성하여 다양한 토양으로 인한 하강 및 상승하는 탄성파의 속도 오차를 제거하여, 결과의 신뢰도를 최적화시켰다.

27 말뚝항타해석 Program(WEAP, Wave Equation Analysis Program)

1. 개 요

(1) 말뚝 항타 시 말뚝재료, 항타장비, 지반조건에 따라 말뚝의 관입, 지지력, 말뚝손상 유무가 달라진다.

(2) 파동방정식은 항타 시 작용하는 말뚝을 유한개의 요소로 나누어 유한차분법(*FEM*)으로 해석함으로써 항타에 의한 충격파의 전파과정을 각 요소마다 시간별로 응력변화와 위치별 변위를 계산하여 말뚝의 지지력을 예측하는 *Program*이다.

2. 파동 방정식 해석 : *Weap* 해석

(1) 기본 개념

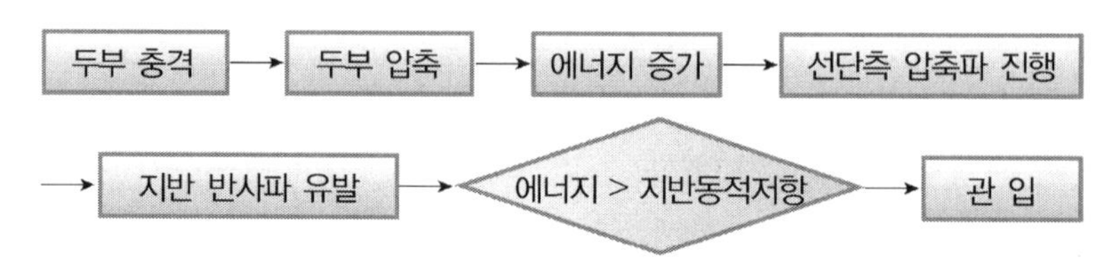

(2) *WEAP* 해석에서의 모델링

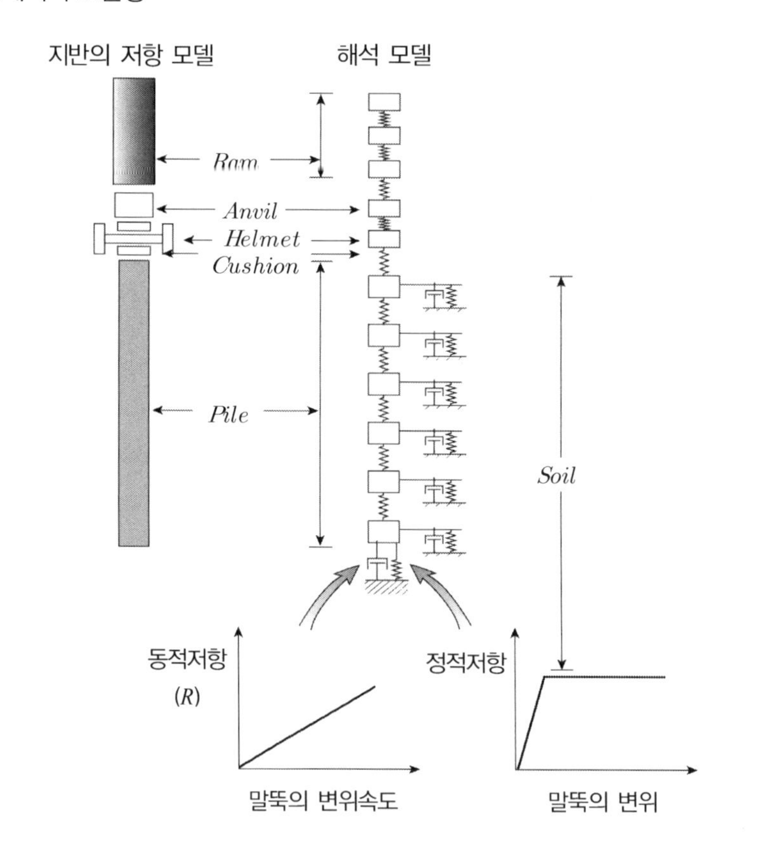

① 그림에서 좌측은 실제 말뚝을 나타내고 우측은 컴퓨터 프로그램(*WEAP* 프로그램)에 적합하도록 말뚝을 유한한 요소로 나누어 놓는다.

② 각 요소는 재료의 탄성(*elasticity*)을 나타내는 *spring*으로 연결되어 있으며 지표면 이하의 요소는 지반의 정적 저항력을 나타내는 *soil spring*과 동적 저항력에 대한 지반의 *damping* 효과를 나타내는 *dashpot*가 작동하며 양자의 저항력은 *R*로 표시한다.

(3) *WEAP* 해석의 원리 : 가속도 → 속도 → 변위 → 힘 → 응력 → 극한 지지력

① 램의 속도(램의 효율과 거리 이용) → 헬멧과 말뚝두부 스프링의 변위 유발

② 이에 따라 각 말뚝요소들의 상·하부는 압축(또는 인장)에 의한 변위와 이에 따른 압축력(또는 인장력)이 발생하며 말뚝요소의 거동은 주위 지반의 저항력을 유발시킨다.

③ 가속도 계산($F/m = a$) : 어떤 (말뚝)요소에 작용하는 모든 힘의 합을 그 요소의 질량으로 나누면 가속도를 얻을 수 있으며 가속도를 시간에 대해 적분하면 속도를 구할 수 있다.

④ 변위계산($\delta = V \cdot t$) : 구해진 속도에 시간을 곱하면 말뚝 요소의 변위를 얻을 수 있으며 각 요소들의 변위의 차이는 결국 이들에 작용하는 새로운 힘(*spring force*)을 나타낸다. 이와 같은 힘을 말뚝요소의 단면적으로 나누면 해당 부위에 작용하는 응력(*stress*)을 구할 수 있다.

⑤ 모든 요소들에 대하여 같은 방법으로 구해진 각 말뚝요소들의 거동을 기준으로 하여 다음 시간 단계에 대해 같은 방법에 의한 계산을 반복한다.

⑥ 이와 같은 과정에 의해 시간에 대한 각 말뚝요소들의 가속도, 속도, 변위, 힘, 그리고 응력들을 계산하되, 말뚝이 *rebound*될 때까지 연속되는 시간 단계에 대한 분석을 진행한다.

⑦ 이상의 방법으로 극한 지지력에 대한 파동이론분석을 수행함으로써 극한 지지력과 이에 상응하는 관입저항과의 관계를 나타내는 *bearing graph*를 얻을 수 있다.

3. 입력 및 출력

(1) 입력 자료

항타기	지반 조건	말 뚝
• 낙하고 • 중량 • 해머 효율 • 해머, 캡의 탄성계수, 반발계수	• 응력 분담비 (극한 지지력에 대한 주면마찰력의 비율) • 주면마찰력 분포 형태 • *Quake*(지반의 탄성변형량) • *Damping* 계수	• 길이 • 단면 • 단위중량 • 탄성계수 • 반발계수

(2) *bearing graph* 출력

① 파동이론분석에 의해 출력된 *bearing graph*는 항타기, 지반조건, 말뚝의 조건에 대한 입력자료에 따라 결과가 상이하므로 입력자료의 결정이 대단히 중요하다.

② *bearing graph*에는 말뚝의 압축응력과 인장응력의 최댓값들이 표시된다.

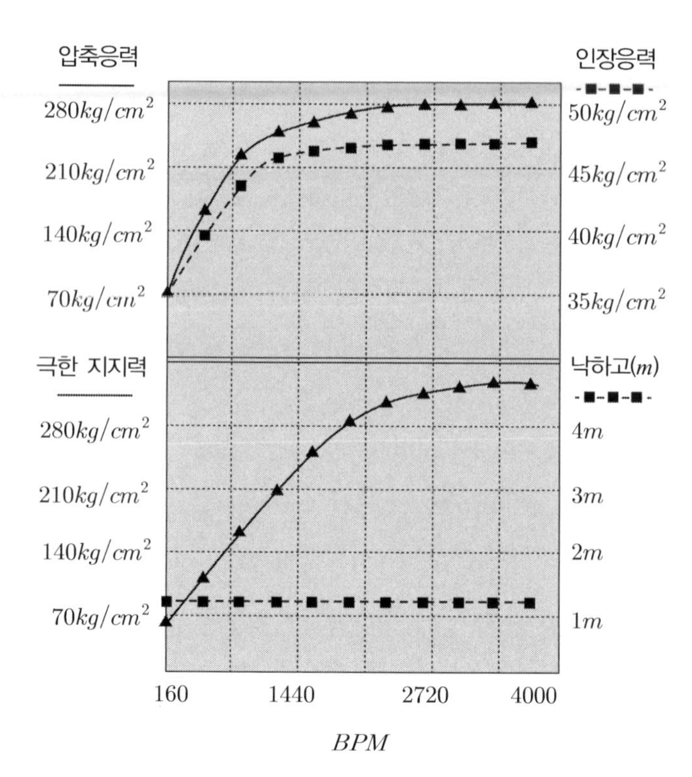

4. 해석 절차

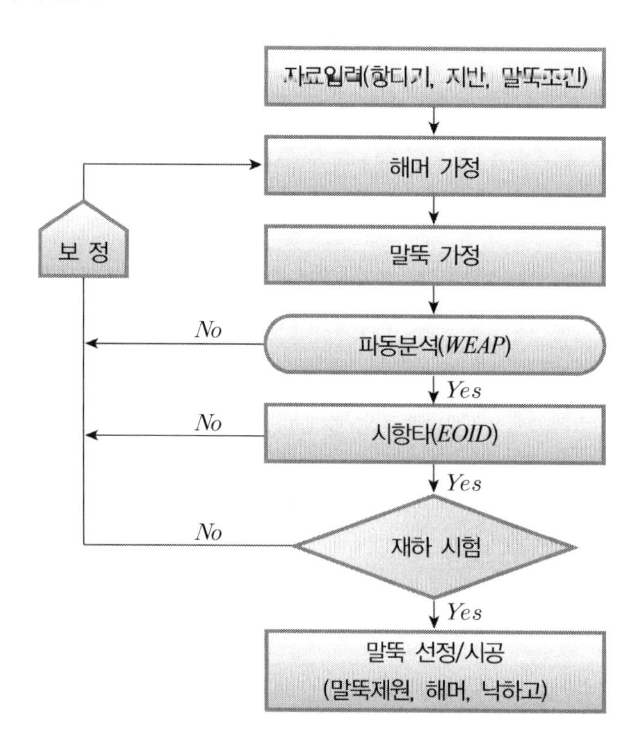

5. 결과 이용

(1) 말뚝기초 설계 및 시공관리에 이용하여 경제성 및 신뢰성을 증대

(2) 극한 지지력과 이에 상응하는 *set value*(최종관입량)의 관계

(3) 말뚝에 발생하는 과대응력 발생 방지

(4) 지반의 지층변화에 따른 말뚝의 항타시공성

(5) 적절한 항타장비의 선정 및 말뚝의 최적단면 결정

6. *WEAP* 해석 시 유의사항 = 입력자료의 정확성이 중요

(1) 파동이론분석이 지질주상도를 근거로 한 말뚝의 지지력을 결정해주는 것은 아니며 정적지지력 분석과 혼동되어서는 아니 된다.

(2) 즉, 지반 모델이나 지반특성계수가 실제 지반의 거동특성을 부정확하게 반영하였다면, 또한 *modeling*한 항타장비의 요소들이 해머의 정비상태나 쿠션의 상태를 고려하지 않았다면 파동이론 분석결과의 정확도는 크게 떨어질 것이다.

(3) 파동이론 분석에서 결과에 가장 큰 영향은 해머의 효율이다. 해머 효율을 너무 높게 책정하면 낮은 관입저항으로 나타날 것이므로 말뚝의 극한 지지력이 과대 평가될 수 있다. 또한 보수적인 말뚝지지력 산정을 위해 효율을 아주 낮게 책정하면 관입저항, 즉 항타응력이 과소평가되어 결국 항타 도중 말뚝이 파손되는 상태에 도달할 가능성이 있다.

(4) 낙하고와 말뚝에 전달되는 에너지 사이에는 밀접한 관련이 있으며 파동이론분석에 의한 예상치와 실제와의 사이에 큰 차이(10% 이상)가 있을 경우에는 반드시 그 원인이 규명되어야 한다.

(5) 쿠션은 계속적으로 타격이 진행됨에 따라 강성의 현저한 증가를 가져온다. 보수적인 분석결과를 얻기 위해서는 항타응력에 기준을 두는 경우 단단한 쿠션재를 사용하고 지지력의 크기에 기준을 두는 경우 효율이 낮은 쿠션, 즉 강성 및 회복지수(*C.O.R, Coefficient Of Restitution*)가 낮은 것을 사용하여야 한다.

7. 평 가

(1) 본 해석법은 정역학적 지지력 공식에 의한 지지력의 검증의 수단에 불과하다.

(2) 따라서 정확한 지지력의 확정을 위해서는 현장 재하시험에 의해 반드시 검증되어야 한다.

(3) 현장 재하시험시 항타시공 관입성과 시간효과를 재검증하여야 한다.

(4) 입력 데이터 중 아래 항은 경험적 판단이나 가정치를 사용하므로 실제 말뚝의 지지력과 차이가 발생할 수 있음에 유의하여야 한다.

입력자료	항타기	지반 조건	말 뚝
내 용	• 낙하고 • 중량 • 해머 효율 • 해머, 캡의 탄성계수 반발계수	• 응력 분담비 (극한 지지력에 대한 주면마찰력의 비율) • 면 마찰력 분포형태(삼각형, 포물선) • *Quake*(지반의 탄성변형량) • *Damping* 계수	• 길이 • 단면 • 단위중량 • 탄성계수 • 반발계수
실제와 부합 여부	**실 제**	**가 정**	**실 제**

28 말뚝의 관입력(Drivability), 항타시공 관입성

1. 개 요

(1) 정역학적 지지지력 공식에서 구한 소요깊이까지 말뚝파손없이 관입시킬 수 있는 능력을 '항타시공 관입성'이라 한다.

(2) 항타시공 관입성은 *WEAP* 해석으로 구하며 *WEAP* 해석은 항타 시에 사용되는 말뚝 및 항타장비의 제원과 현장 지반 특성치로부터 동적 이론을 이용하여 말뚝의 지지력을 예측하는 프로그램이다.

(3) 그러나 말뚝의 지지력을 구하는 방법 중 정역학적, 동역학적 지지력공식은 말뚝의 항타시공관입성을 고려하지 못하므로 *WEAP* 해석을 통한 말뚝의 항타시공관입성을 반영할 필요성이 있다.

2. *WEAP* 해석 절차 = 항타시공 관입성 검토 절차

(1) 검토 절차

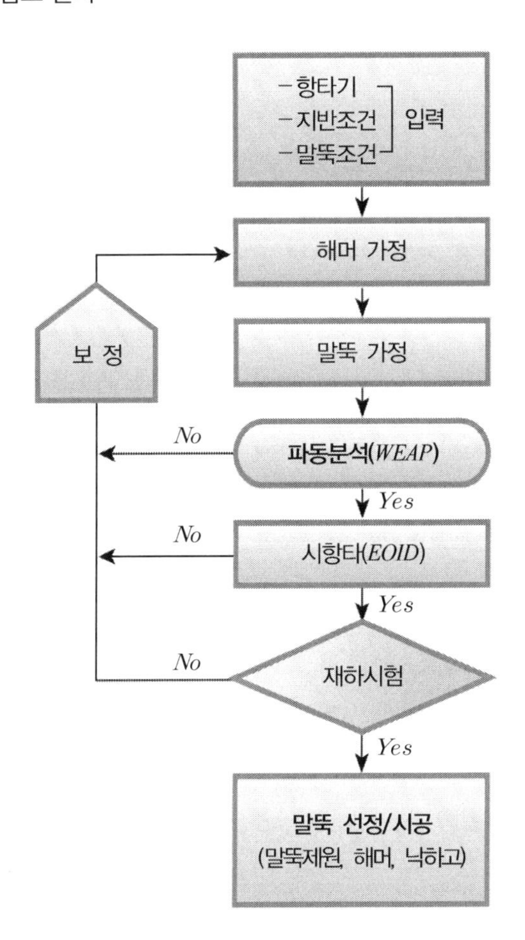

(2) 결 과

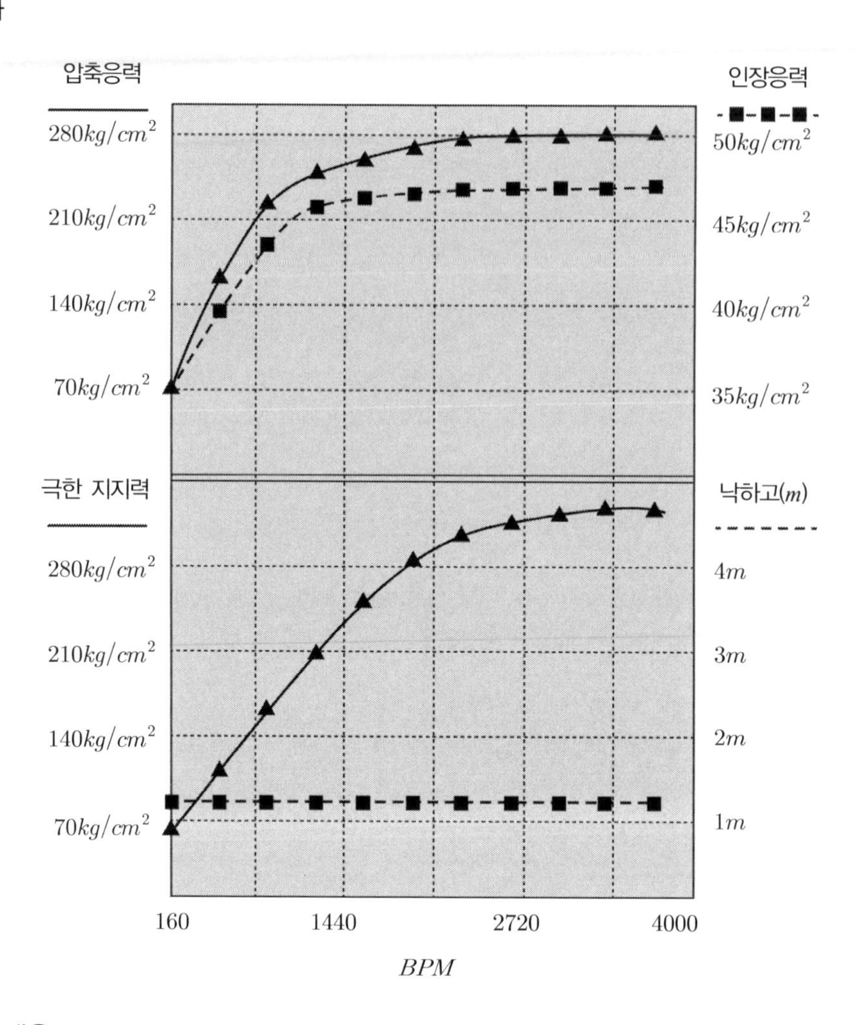

(3) 입력 내용

입력 자료	항타기	지반 조건	말 뚝
내 용	• 낙하고 • 중량 • 해머 효율 • 해머, 캡의 탄성계수 반발계수	• 응력 분담비 (극한 지지력에 대한 주면마찰력의 비율) • 주면마찰력 분포형태(삼각형, 포물선) • *Quake*(지반의 탄성변형량) • *Damping* 계수	• 길이 • 단면 • 단위중량 • 탄성계수 • 반발계수
실제와 부합 여부	**실 제**	**가 정**	**실 제**

3. 항타시공 관입성 향상을 위한 고려사항

(1) 지반조건에 따른 검토

구 분	고려사항	해머 선정
점성토	• 측방유동 • 부마찰력 → *Pile* 인장응력	***Disel Hammer***보다는 유압 ***Hammer***가 유리함
사질토	• 전석층 • 한계깊이	유압 ***Hammer***보다는 ***Disel Hammer***가 유리함
공 통	• 연약지반 : 트래피커빌러티, 인장균열, 부마찰력 • PDA 이용 : 응력분포와 지지력, 손상도 평가	

(2) 말뚝재료 검토

구 분	증가 이유	평가 방법
압축응력	• 굳은지반의 과도한 항타 • 편타	• 말뚝고유의 허용압축강도 > *PDA* 측정 압축응력 • 허용 압축응력 – 콘크리트 말뚝의 허용 항타응력 : $0.6f_{ck}$ – 강말뚝의 허용 항타응력 : $0.9f_y$(f_y : 항복응력)
인장응력	• 연약지반 항타	• 허용 인장강도 > *PDA* 측정 인장응력 • 허용 인장강도 – 콘크리트 말뚝의 허용 인장응력 : $0.025\sqrt{f_{ck}+f_{se}}$ 여기서, f_{se} : 유효프리스트레스 – 강말뚝의 허용 항타응력 : $0.9f_y$(f_y : 항복응력)

(3) 말뚝의 손상도 판단

① 힘과 속도의 파형이용 손상위치 평가

: 급격히 감소하는 힘파형과 급격히 증가하는 속도파형곡선의 교차지점

② 건전도 지수(β)에 의한 평가

β(%)	평 가	β(%)	평 가
100	양 호	60~80	손 상
80~100	약간 손상	60 이하	파 손

✓ **건전도 지수(β) : 말뚝재질이 일정한 경우 줄어든 단면적에 대한 원단면적의 비율**

③ 유의사항

건전도 지수는 *PDA*에 표시되지만 이것만 의존하면 다층지반의 경우 오차가 발생할 수 있으므로 *CAPWAP* 방법에 의한 검증을 시행하여야 한다.

4. 항타시공 관입성 향상을 위한 현장관리

(1) 해머 축선이 일치되도록 관리 → 수직도 유지 및 편타 방지

(2) 해머 중량 적정 관리 : 허용치 이내 관리

(3) 항타응력 관리(낙하고, 해머 중량) : 허용치 이내 관리

5. 평 가

(1) 말뚝설계 시 정역학적 지지력 외에 항타기, 지반조건, 말뚝조건에 대하여 추가로 고려하여야 한다.

(2) 위 고려사항을 바탕으로 파동방정식에 의한 말뚝의 압축응력, 인장응력, 지지력을 검토하여야 하며

(3) 검토된 지지력을 근거로 현장에서는 *PDA*에 의해 말뚝의 건전도와 항타 시 말뚝 내 압축, 인장응력 분포 등 설계의 적정성을 검토하여야 하며

(4) 최종적으로 정재하 시험을 시행하여 지지력을 검증하여야 한다.

29 연약지반에 말뚝 항타 시 문제점과 대책

1. 개 요

(1) 연약지반에 말뚝을 시공하게 되면 장비 진입이 어려우며, 항타 중 장비의 전도문제로 편타 가능성이 높아진다.

(2) 파일 항타로 인해 말뚝에 인장응력이 발생하며 말뚝의 건전도가 현저히 저하될 수 도 있다.

(3) 항타 후 부마찰력에 의한 침하문제와 지지력 감소의 문제 등이 발생한다.

2. 문제점

(1) 장비 주행성 저하 : 표층의 콘지수에 의한 샌드매트 포설

(2) 부마찰력

① 부마찰력은 말뚝의 축 하중을 증가시켜 말뚝이 휘게 되고 상부의 본래 하중에 더하여 허용 지지력을 상회하여 말뚝이 부러지는 경우도 발생한다.

② 부마찰력 발생 시 극한 지지력

$$Q_u = Q_p + Q_s - Q_{ns}$$

※ 부마찰력(Q_{ns})만큼 극한 지지력의 감소를 가져온다.

③ 적 용

㉠ 단항에서의 부마찰력 × 말뚝본수와 무리말뚝에서의 부마찰력 값 중 작은 값을 설계 적용

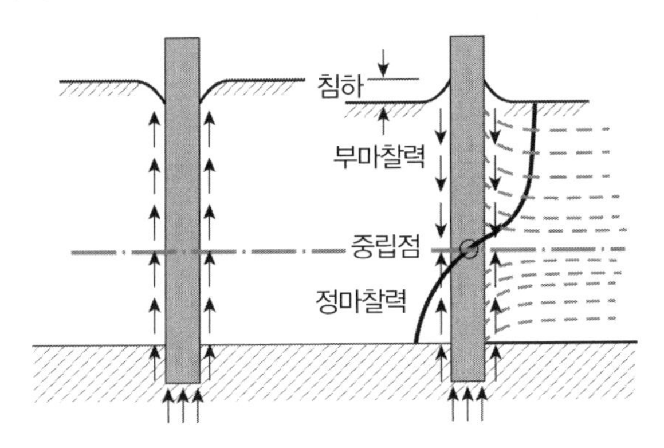

㉡ 점성토 지반에서의 단위면적당 부마찰력

$$F_n = q_u/2 = C_u$$

여기서, q_u : 일축압축강도

㉢ 중립점

말뚝의 침하량과 지반의 침하량에 상대적 차이가 없는 위치로서 부마찰력이 정마찰력으로 변화하는 위치를 중립점이라고 한다.

※ 중립점의 위치 : 마찰말뚝(0.8*H*), 모래나 모래자갈층이 지지층인 경우(0.9*H*), 암반이나 굳은 지지층에 말뚝이 설치된 경우(1.0*H*)　여기서, *H* : 압밀층의 두께

(3) 항타중 인장응력 발생

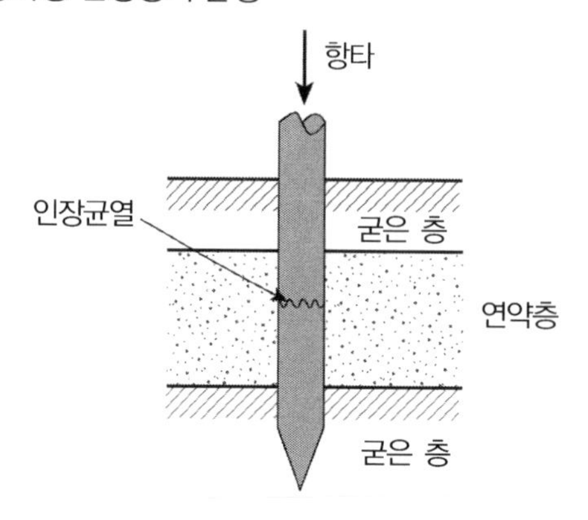

(4) 수평 지지력 저하 : 수평지반 반력 계수 저하

① 수평지반 반력 계수 산정방법

SPT : 모래층 대상	비 배수 강도 : 점토대상
– 모래 : $K_h = \frac{8N}{D}$ – 자갈 : $K_h = \frac{10N}{D}$	$K_h = \frac{67C_u}{D}$
공내재하 시험	**수평재하 시험**
– 사질토 : $K_h = 25\frac{P_L}{B}$ – 점성토 : $K_h = 16\frac{P_L}{B}$	실제 규모의 실재하 하중을 가하여 하중–변위 관계로 해석

② 연약지반인 경우 저하로 수평 지지력 저하(N, C_u, P_L 값 저하)

– 허용 변위에 의한 말뚝의 수평지지력의 산출(*Chang* 해석)

$$H_a = \frac{K_h \cdot D}{\beta} \times \delta_a$$

여기서, K_h : $\frac{1}{\beta}$ 구간의 평균 지반반력계수　D : 말뚝의 직경

δ_a : 말뚝머리의 허용변위

(5) 측방유동

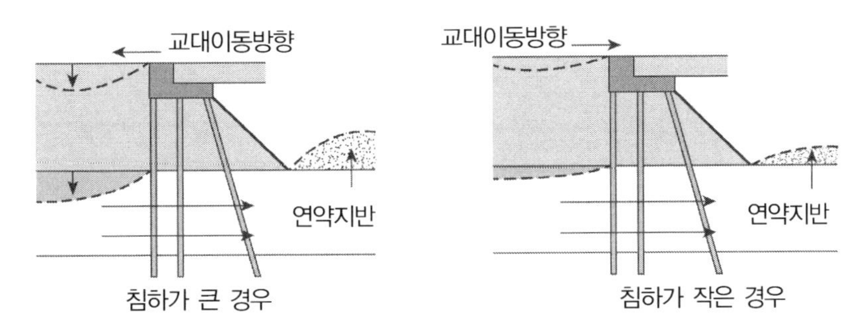

(6) 구조물 하부 공동 발생과 배관 부등 침하

① 구조물 밑 공극 : 말뚝의 수평 지지력 감소

② 부등침하 : 배관파손, 바닥 슬라브 손상

3. 대 책

(1) 장비 주행성 : 접지압 작은 장비 선정, *Sand Mat* 포설

(2) 부마찰력 저감대책

① 지지력 증가

말뚝단면 증가, 압축강도가 큰 말뚝 선정, 말뚝의 본수 증가, 지지층 근입깊이 증가

② 부주면마찰력의 저감

이중관 사용, 말뚝표면에 아스팔트 도포, *Tapered pile* 사용, 표면적이 적은 말뚝을 많이 사용한다.

③ 설계변경 : 마찰말뚝으로 설계, 무리말뚝으로 설계

(3) 시공중 인장응력 대책 : 연약지반 개량, 이중관 사용, 현장타설 말뚝 적용

4. 측방유동에 대한 대책

(1) 편재하중 경감

① *EPS* ② *Slag* ③ *Box*, 강판 ④ 기타 경량성토

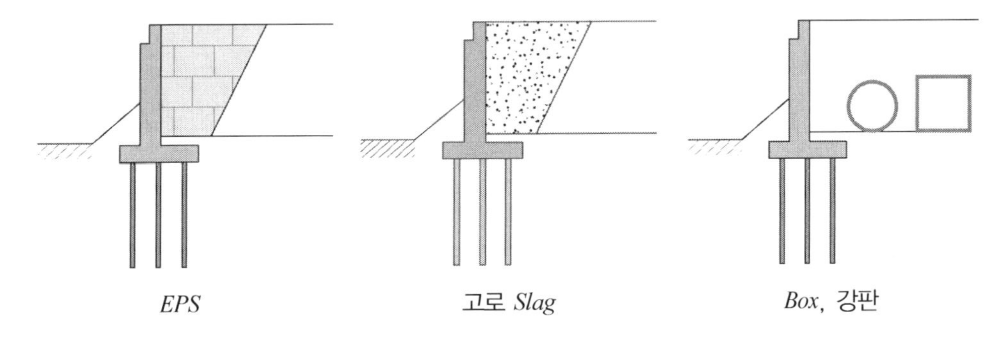

구 분	주의사항
EPS	• 성토하중과 교통하중을 고려한 적정강도의 *EPS* 설계가 중요 → 제 강도 미달 제품 사용 시 과도한 침하 발생
BOX	• *BOX*의 부등침하에 대한 고려가 필요함 • 다짐작업이 불충분할 수 있음 • 내진성이 부족함 • 지하수위가 높을 경우 부력에 대한 검토가 필요함
Pipe	• 교대배면의 전압이 불충분할 수 있음 • *Pipe* 자체가 작업 중 변형될 수 있음 • 지반에 작용하는 하중이 불균질할 수 있음

(2) 지반개량

① 주입공법

㉠ 연약지반 속에 주입재를 주입하거나 혼합하여 지반을 고결, 경화시켜 지반을 강화

㉡ 주입재는 시멘트 주입재가 가장 신뢰성이 있으며 경제적이고 시공성이 우수

㉢ 지반개량 후 지반개량에 대한 불확실성, 주입효과의 판정방법, 주입재의 내구성에 대한 신뢰성 확인 곤란 등 근본적인 문제가 내포된 공법으로, 공법 선정에 있어 주의를 기울여야 함

② *SCP*

㉠ 측방유동에 대한 확실한 공법으로

㉡ 연약지반중에 진동, 충격하중을 이용 모래를 강제 압입하여 지반 내에 다짐모래말뚝을 형성하여 지반을 개량함

㉢ 해성점토층의 경우 지반교란이 심하여 강도 저하현상이 크고 강도회복시간도 상당히 늦으므로 공정관리에 이를 반영하여야 함

㉣ 시공 시 소음과 진동에 대한 영향을 고려하여야 함

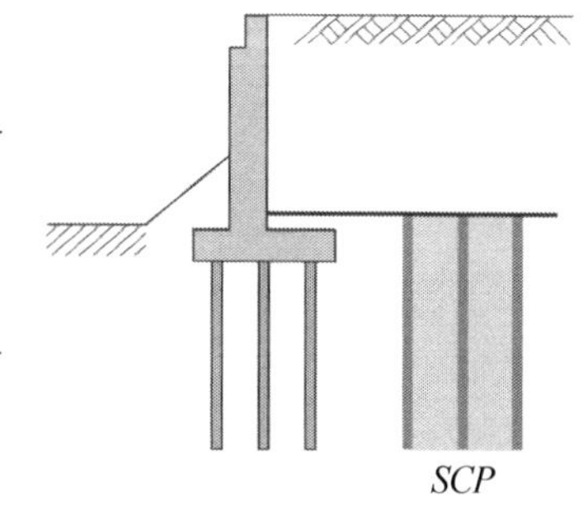

SCP

③ *Preloading* 공법

㉠ 교대 설치 위치에 미리 성토하중을 가하여 잔류침하를 방지하고 압밀을 통한 지반강도를 도모하는 공법임

㉡ 연약층 상부지반의 모래층이 두꺼울 경우 지중응력이 미치는 범위가 미미하므로 부적정한 공법임

㉢ 성토 후 방치기간이 최소 6개월 정도로서 공사기간을 고려하여 채택하여야 함

㉣ 경제성 측면에서 매우 유리한 공법임

㉤ *Preloading*에 따른 용지 확보가 가능하여야 함

④ 압성토

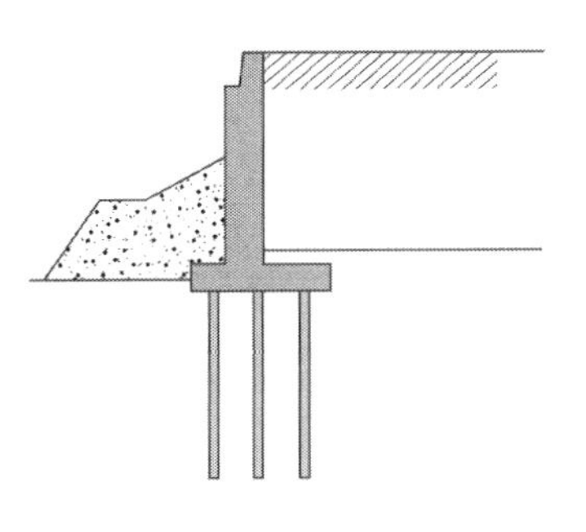

㉠ 교대전면에 압성토를 실시하여 교대의 측방토압에 대처하도록 하는 공법이다.

㉡ 측방토압이 비교적 작은 경우 유효한 공법으로 측방토압이 클 경우에는 위험 할 수도 있다.

㉢ 경제적이며 공사기간이 짧고 부지의 여유가 있는 경우 채택 가능한 공법이다.

⑤ 기 타

㉠ 치환(강제치환, 굴착치환, 폭파치환) ㉡ 탈수(*VD*)

(3) 교대형식 변경

① 교대의 종방향 연장 : 측방유동이 발생하지 않도록 안정구배로 토공 처리

✓ 교량연장이 길어짐 / 효과가 확실함

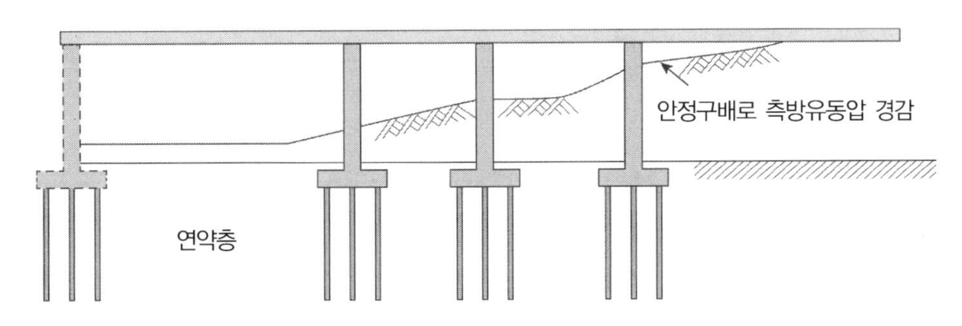

② *BOX*형 교대형식(하중경감)

: 교대배면 하부지반이 경사져 있는 경우 부등침하에 유의

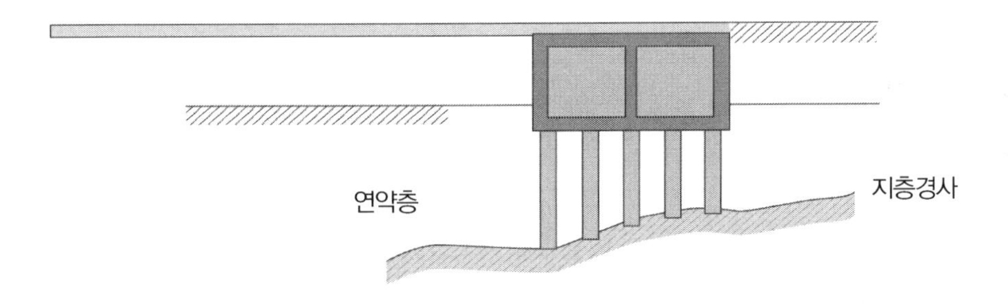

③ 기초형식 변경 : 강성 큰 기초형식 선정

㉠ *Caisson* 기초 ㉡ *RCD* 기초 ㉢ *Benoto* 기초 ㉣ *Earth Drill* 기초

30 부마찰력

1. 정 의

(1) 연약지반에 말뚝시공 시 말뚝의 침하량보다 지반의 침하량이 상대적으로 클 경우 부마찰력이 작용하며, 부마찰력은 말뚝을 끌어내리는 하향의 힘으로 하중과 더불어 작용한다.

(2) 즉, 부마찰력은 말뚝보다 지반의 상대변위속도가 클수록 크게 작용한다.

(3) 부마찰력 발생 시 극한 지지력

$$Q_u = Q_p + Q_s - Q_{ns}$$

✓ **부마찰력(Q_{ns})만큼 극한 지지력의 감소를 가져온다.**

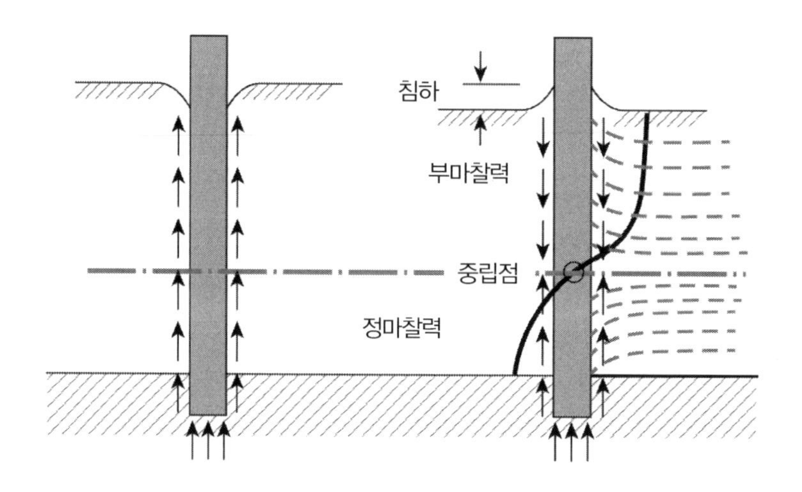

(4) 현재 국내에서는 구조물 기초 설계기준(한국지반공학회, 2009) 등에 부주면마찰력을 고려한 말뚝의 허용압축지지력 공식이 존재하나 그 적용성에서 정확한 기준이 없는 것이 현실이다. 따라서 부마찰력이 고려된 말뚝기초의 설계를 위해서는 먼저 침하량 해석이 수행된 후에 말뚝의 침하량과 상부구조의 허용침하량 산정이 선행되어야 한다(*Jeong et al*., 1997; 정상섬, 2001).

2. 부주면마찰력 발생 원인

(1) 압축성 토층 위의 성토 재하중

(2) 지하수위 하강

(3) 압밀침하

(4) 항타 → 과잉간극수압 상승 → 교란 → 과잉간극수압 소산, 틱소트로피 → 압밀

3. 부주면마찰력으로 인한 허용 지지력 및 말뚝재료의 허용하중

(1) 구조물 기초 설계기준(한국지반공학회)에 따른 부마찰력을 고려한 허용 지지력 산정

$$Q_a = \frac{Q_p + Q_{ps}}{Fs} - Q_{ns} \quad ①$$

$$Q_a = \frac{Q_p + Q_{ps} - Q_{ns}}{Fs} \quad ②$$

① 식 ①은 암반에 근입된 대구경 강성말뚝에서 침하가 작은 경우 적용

② 식 ②는 침하가 어느 정도 예상되는 경우에 적용

③ 그러나 이와 같은 각각의 설계 방법 중 어느 방법이 규정되어 있다기보다 먼저 말뚝의 침하량 해석을 수행하여 상황에 따라 결정하는 것이 지배적

(2) 말뚝재료의 허용하중

부주면마찰력은 말뚝재료의 구조적 손상을 유발한다.

따라서 말뚝 재료의 허용하중($\sigma_y \cdot A_t$)은 다음 식을 만족하여야 한다.

$$\sigma_y \cdot A_t = (Q_t + Q_{ns}) \cdot Fs$$

여기서, σ_y : 말뚝재료의 항복응력

A_t : 말뚝의 순 단면적

Q_t : 말뚝에 작용하는 상부하중(일시적인 활하중을 제외한 장기하중)

Q_{ns} : 중립점에 작용하는 부주면마찰력

Fs : 안전율(정확한 지반의 강도 및 중립축 산정 시에는 1.0을 적용하며 그 외에는 1.2를 적용)

(3) 수치해석적 개념

① 정역학적으로는 말뚝의 허용 지지력 산정 시 부주면마찰력이 발생하는 만큼을 허용 지지력에서 감소시키도록 하고 있으나, 이는 과대설계라는 문제점이 제기되어 왔다.

② 따라서 *Unified Design Method*에서는 허용 지지력이 부주면마찰력과 무관하다는 이론을 도입하고 있는 실정에 따라 수치해석을 통한 말뚝의 지지력을 검토하여 구조물 기초 설계기준의 식과 *Unified Design Method*가 제안하는 식들을 상호 비교 후 말뚝의 지지력을 결정하는 것이 검토하는 것이 합리적이다.

4. 부주면마찰력의 산정

(1) 외말뚝

$$Q_{ns} = f_n \cdot A_s = \sigma_h{}' \cdot \tan\delta \cdot A_s = \sigma_v{}' \cdot K \cdot \tan\delta \cdot A_s = \sigma_v{}' \cdot \beta \cdot A_s$$

여기서, Q_{ns} : 부주면마찰력(*ton*)

f_n : 주면마찰력($tonf/m^2$)

A_s : 말뚝 주면적(m^2)

$\sigma_h{}'$: 말뚝에 작용하는 평균 유효수평응력($tonf/m^2$)

δ : 흙과 말뚝의 마찰각

K : 횡방향 토압계수

$\sigma_v{}'$: 말뚝에 작용하는 평균 유효연직응력($tonf/m^2$)

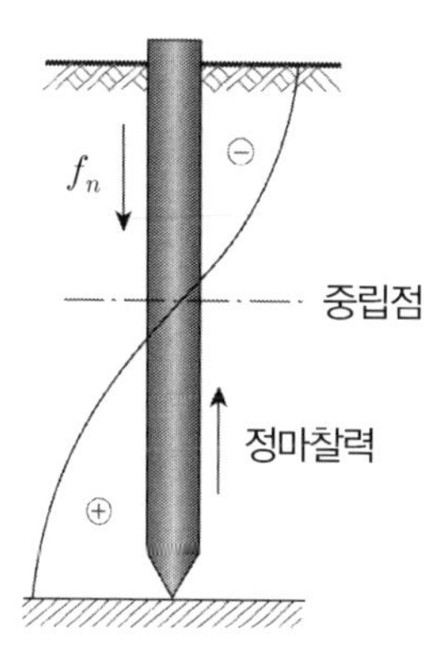

토질에 따른 β값의 대표치

토 질	β
점 토	0.2～0.25
실 트	0.25～0.35
모 래	0.35～0.50

✓ $\delta = \frac{3}{4}\phi$ $K-1$ $Sin\psi'$

(2) 무리말뚝

$$Q_{ng(\max)} = BL(\gamma_1{}' D_1 + \gamma_2{}' D_2)$$

여기서, B : 무리말뚝의 폭　　L : 무리말뚝의 길이

$\gamma_1{}'$: 성토된 흙의 유효단위중량　　D_1 : 성토층의 두께

$\gamma_2{}'$: 압밀토층의 유효단위중량　　D_2 : 중립점 위의 압밀토층 두께

$Q_{ng(\max)}$: 무리말뚝의 부주면마찰력의 상한치

① 무리말뚝에 부주면마찰력은 외말뚝의 부주면마찰력의 합보다 작다.

② 무리말뚝 내에서도 외부측보다 내부말뚝의 부주면마찰력이 훨씬 작다.

③ 외말뚝과 같이 말뚝 개개의 중립점 산정과 부마찰력에 대한 확립된 기준은 없다.

④ 근사적으로 무리말뚝의 부주면마찰력의 최댓값은 무리말뚝으로 둘러싸인 흙덩어리와 그 위의 성토무게를 합한 값이다.

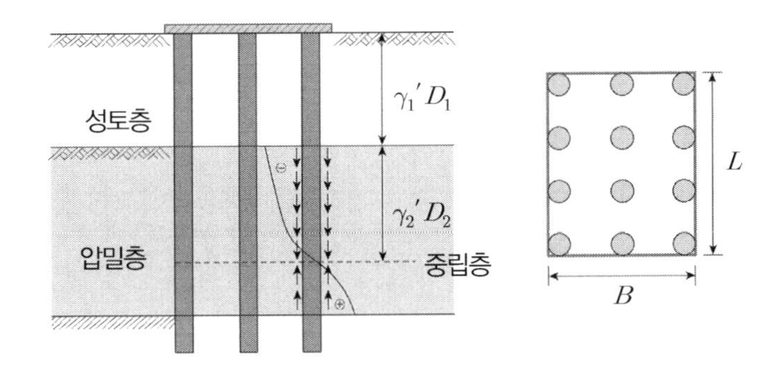

(3) 적 용

둘 중 작은 값 ─ $Q_{us} \times$ 본수 / $Q_{ng(max)}$

5. 중립점

(1) 정 의

① 정마찰력과 부마찰력의 경계

② 상대적 변위가 '0'인 점

(2) 중립점과 말뚝 파손 위치

말뚝에 작용하는 최대 응력의 위치는 중립점이므로 말뚝은 중립점에서 파손된다.

(3) 중립점의 깊이 산정방법

① 말뚝근입길이에 대한 말뚝의 침하량과 주변지반 침하량 계측

② 부주면마찰력에 의한 말뚝두부로부터의 축하중 곡선과 정주면마찰력을 고려한 지지력 곡선의 조합

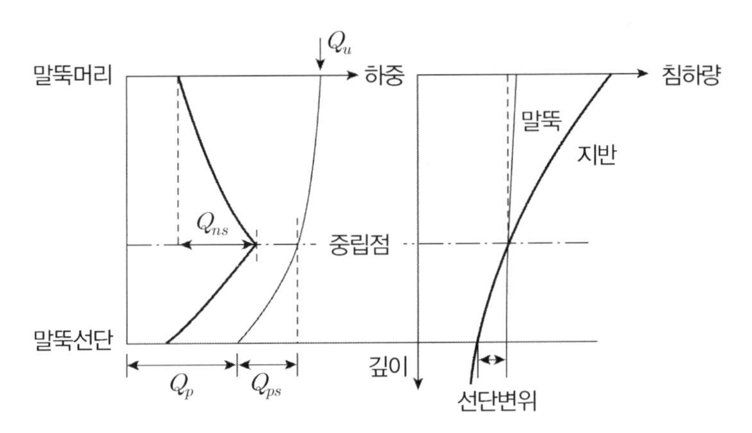

③ 경험식의 적용

㉠ 마찰말뚝이나 불완전 지지말뚝의 경우 : $0.8H$

㉡ 모래, 자갈층에 지지된 경우 : $0.9H$

㉢ 암반이나 굳은 지층에 완전 지지된 경우 : $1.0H$

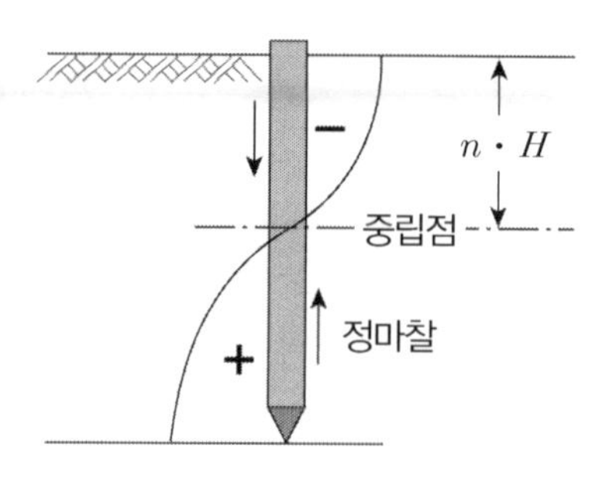

6. 문제점

(1) 항타 중 인장파괴 및 압축, 전단파괴

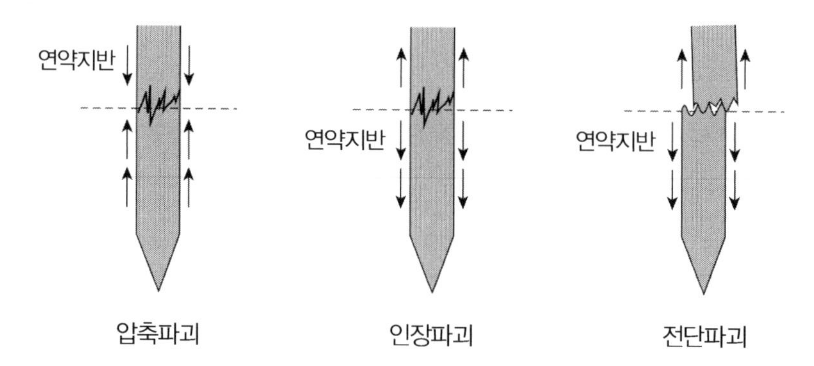

압축파괴 인장파괴 전단파괴

(2) 지지력 저하 침하 ➜ 구조물 균열

$$Q_u = Q_p + Q_s - Q_{ns}$$

✓ 부마찰력(Q_{ns})만큼 극한 지지력의 감소를 가져온다.

(3) 수평 지지력 저하 : 수평지반 반력 계수 저하

① 수평지반 반력 계수 산정방법

SPT : 모래층 대상	비 배수 강도 : 점토 대상
− 모래 : $K_h = \frac{8N}{D}$ − 자갈 : $K_h = \frac{10N}{D}$	$K_h = \frac{67C_u}{D}$
공내재하 시험	**수평재하 시험**
− 사질토 : $K_h = 25\frac{P_L}{B}$ − 점성토 : $K_h = 16\frac{P_L}{B}$	• 실제규모의 실재하 하중을 가하여 하중−변위 관계로 해석

② 연약지반인 경우 저하로 수평 지지력 저하(N, C_u, P_L 값 저하)

– 허용 변위에 의한 말뚝의 수평지지력의 산출(*Chang* 해석)

$$H_a = \frac{K_h \cdot D}{\beta} \times \delta_a$$

여기서, K_h : $\frac{1}{\beta}$ 구간의 평균 지반반력계수

D : 말뚝의 직경

δ_a : 말뚝머리의 허용변위

(4) 측방유동

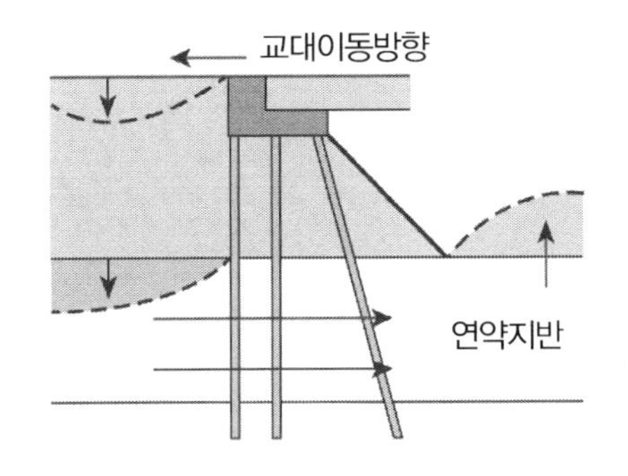

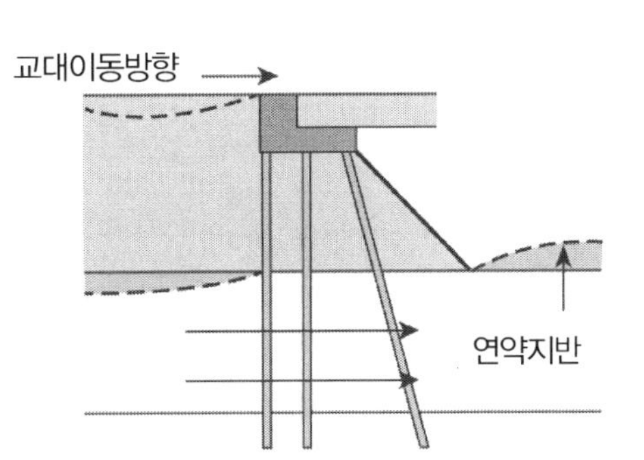

(5) 구조물 하부 공동 발생과 배관 부등침하

① 구조물 밑 공극 : 말뚝의 수평 지지력 감소

② 부등침하 : 배관파손, 바닥 슬라브 손상

7. 대 책

(1) 지지력 증가

① 말뚝단면 증가　　② 압축강도가 큰 말뚝 선정

③ 말뚝의 본수 증가　　④ 지지층 근입깊이 증가

(2) 부주면마찰력의 저감

① 이중관 사용　　② 말뚝표면에 아스팔트 도포

③ *Tapered pile* 사용　　④ 표면적이 적은 말뚝을 많이 사용

(3) 설계 변경 : 마찰말뚝으로 설계, 무리말뚝으로 설계

8. 평 가

(1) 국내 실험에 의하면 부주면마찰력의 발생 유무와 무관하게 극한하중은 일정한 것으로 실험된 예가 있다.

(2) 즉, 극한하중에 의해 산정되는 말뚝의 허용 지지력은 부마찰력으로 인한 허용 지지력 감소보다는 부마찰력으로 인한 말뚝의 침하량이 그렇지 않은 경우에 비해 크게 산정되므로 부주면마찰력이 발생하는 말뚝의 거동은 말뚝의 지지력의 문제라기보다는 침하량과 하향력으로 인해 가중되는 말뚝 재료의 허용응력에 관심을 가져야 한다.

(3) 하중별 말뚝깊이에 따른 축력 분포 분석을 통하여 각 두부하중에 따른 극한선단 지지력과 극한주면마찰력, 부주면마찰력을 이용하여 구조물 기초 설계기준(한국지반공학회, 2009)에서 제안된 허용 지지력식을 검토 시 안전율 3을 적용한 경우 매우 작은 값이 산정되어 말뚝의 지지력을 지나치게 과소평가하는 경향이 있는 것으로 실험결과 판단되었으며, 반면 안전율 2를 적용한 경우는 ①은 선단지지말뚝에, 식 ②는 마찰지지말뚝에 적용하는 것이 비교적 정확한 것으로 나타났다.

(4) 부마찰력은 무엇보다 중립점의 정확한 산정이 중요하다.

31 말뚝의 침하량

1. 정 의

(1) 말뚝기초에 침하량의 전제조건은 설계하중이 재하되었을 때의 침하량은 허용 침하량 범위 이내이어야 한다.

(2) 말뚝의 침하는 지반조건(사질, 점성토), 시공방법(매입, 타입말뚝), 지지형식(선단지지, 마찰말뚝), 외말뚝, 무리말뚝인지에 따라 침하특성이 상이하다.

(3) 침하량 $= S_1 + S_2 + S_3 + S_{nf} + S_{cr}$

2. 침하 요인

(1) 말뚝 자체 압축 : S_1

(2) 말뚝선단부에 가해진 하중에 의한 침하량 : S_2

(3) 주면마찰력에 의해 지반에 전달된 하중에 의한 침하량 : S_3

(4) 부마찰력에 의해 지반에 전달된 하중에 의한 침하량 : S_{nf}

(5) 말뚝재료의 장기적 $Creep$: S_{cr}

3. 외말뚝 침하량

(1) 침하량

$$S_o = S_1 + S_2 + S_3$$

① S_1 : 말뚝 자체 압축량

$$S_1 = (Q_p + \alpha \cdot Q_s)\frac{L}{A_p \cdot E_p}$$

여기서, Q_p : 말뚝의 설계하중이 재하되었을 때 말뚝 선단부에 가해진 하중

α : 말뚝의 주면마찰력 분포에 따른 계수

Q_s : 말뚝의 설계하중이 재하되었을 때 말뚝주면에 전달되는 하중

L : 말뚝길이

A_p : 말뚝의 순 면적

E_p : 말뚝의 탄성계수

말뚝의 주면마찰력 분포에 따른 계수(α)

– *Vesic*(1977)제안 : 균등, 포물선 분포인 경우 $\alpha = 0.5$, 삼각형 분포인 경우 $\alpha = 0.67$

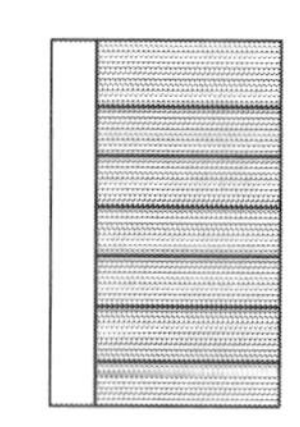
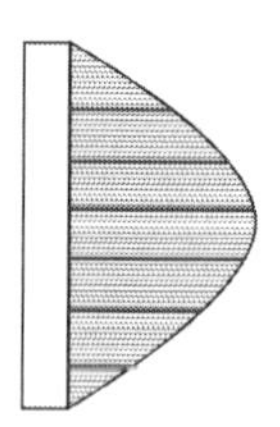
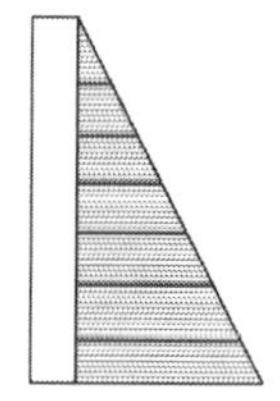

✓ 계측장치가 설치된 말뚝재하시험, 동재하시험결과, N값에 의한 추정

✓ α 값은 전체 말뚝의 침하량에 영향을 미치지 않음

② S_2 : 말뚝선단부에 가해진 하중에 의한 침하량

$$S_2 = \frac{C_p \cdot Q_p}{D_p \cdot q_p}$$

여기서, C_p : 흙의 종류와 시공법에 따른 계수(0.02~1.12)

Q_p : 말뚝의 설계하중이 재하되었을때 말뚝 선단부에 가해진 하중

D_p : 말뚝의 직경

q_p : 말뚝의 단위면적당 선단 지지력

③ S_3 : 주면마찰력에 의해 지반에 전달된 하중에 의한 침하량

$$S_3 = \frac{C_s \cdot Q_s}{L_b \cdot q_p}$$

여기서, $C_s = \left(0.93 + 0.16\sqrt{\frac{L_b}{D}}\right) C_p$ L_b : 말뚝의 근입깊이

4. 무리말뚝의 침하량

(1) 사질토 : 탄성침하량(*Vesic*에 의한 방법)

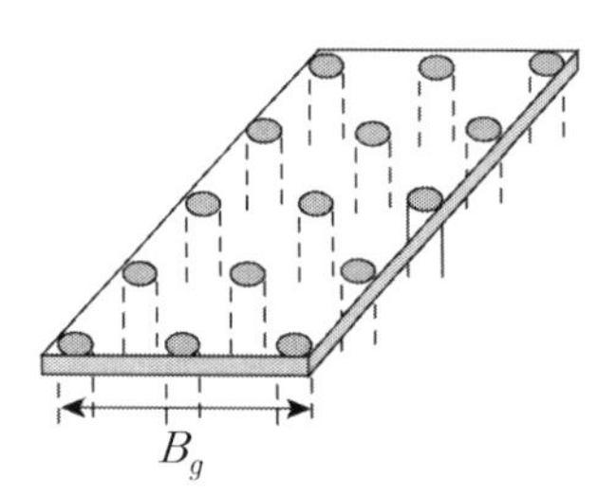

$$S_g = S_o \times \sqrt{\frac{B_g}{b_o}}$$

여기서, S_g : 무리말뚝의 침하량

S_o : 외말뚝의 침하량

B_g : 무리말뚝의 단폭

b_o : 외말뚝의 직경

(2) 점성토 지반 : 압밀침하량(*Terzaghi & Peck*, 1967)

① 균질한 토층인 경우에 기초바닥으로부터 $2L/3$의 위치에 가상기초가 있다고 가정

② 가상기초로부터 2 : 1 분포로 지중응력의 증가분이 가해진 것으로 가정하여 침하량을 산정

③ 위 방법으로 구한 침하량은 실제 침하량보다 상당히 크므로 사용상 주의가 요구됨

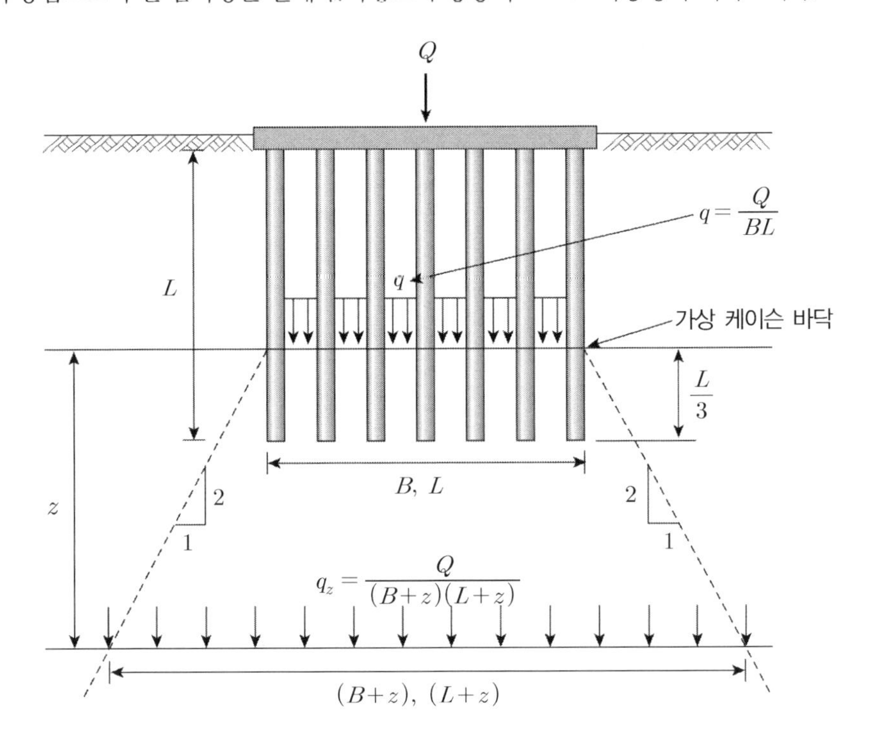

(3) 무리말뚝의 침하량이 외말뚝의 침하량보다 큰 이유 : 지중응력영향 때문임

※ $S = q \cdot B \cdot I \dfrac{1-\nu^2}{E_s}$ 의 개념과 동일함

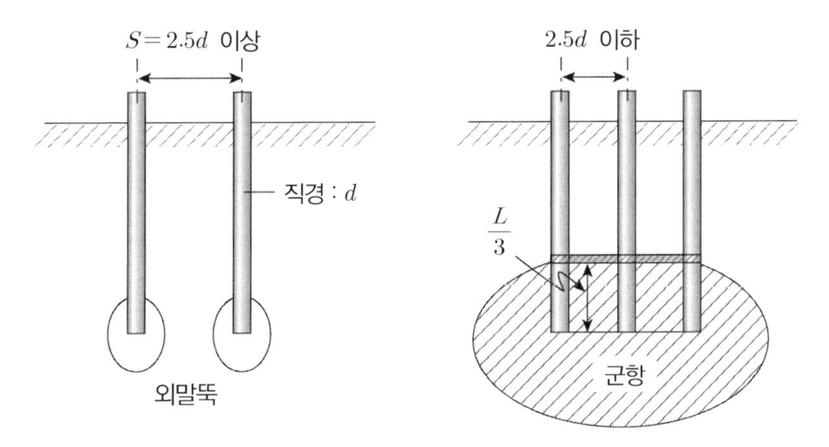

5. 시공방법별 침하량 특성

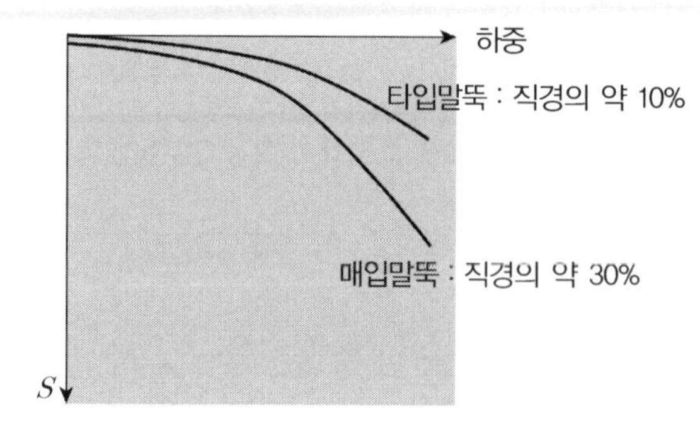

$Q_u = Q_p + Q_s$ 에서

$Q_s = f_s \cdot A_s$

$= (c_\alpha + K\sigma_v{}' \tan\delta)A_s$ 이므로

∴ 지지력 : 타입말뚝 > 매입말뚝

6. 침하량 산정방법

(1) 경험적 자료에 의한 방법

(2) 이론적 방법

(3) 원위치 시험 : 정재하 시험, 동재하 시험

(4) 수치해석

7. 평 가

(1) 말뚝의 침하를 판정할 때에는 외말뚝의 침하량, 무리말뚝의 침하량, 부주면마찰력에 의한 외말뚝의 침하량, 부주면마찰력에 의한 무리말뚝의 침하량, 그리고 부등침하량 값을 상부구조물의 허용침하량값과 비교하여야 한다.

(2) 말뚝의 허용침하량은 상부구조물의 구조형식, 용도, 중요성, 침하의 시간적 성격 등을 고려하여 합리적으로 결정하여야 하며 단순히 어느 수치로 규정한 허용침하량 제시값을 맹신하여서는 안 된다.

(3) 외 말뚝의 침하량은 정재하 시험을 실시하여 판정함이 가장 바람직하다.

(4) 일반적으로 극한하중의 $\frac{1}{3}$ 정도를 설계하중으로 취급하므로 허용 지지력에 만족한다면 침하에 대한 문제는 발생하지 않는 편이나 연약지반에 말뚝기초 설치 시는 고려하여야 한다.

32 암반 위에 설치되는 현장타설 말뚝의 지지력

1. 개 요

(1) 현장타설 말뚝은 단면이 크므로 강성이 크며, 매우 큰 지지력을 얻을 수 있어 대형 구조물의 기초형식으로 적용한다.

(2) 암반 위에 설치되는 현장타설 말뚝의 지지력은 일반적인 정재하시험으로 확인이 곤란하며 시추를 통한 암편의 강도, 불연속면의 특성 혹은 암반과 콘크리트와의 부착강도를 이용하여 지지력을 추정한다.

(3) 단, 암편은 불연속면의 특성을 포함하지 않으므로 실제 지지력과 차이가 나는 것을 고려하여 극한강도의 20%를 허용 지지력으로 정한다.

2. 현장타설 말뚝기초의 지지 *Mechanism*(원리, 개념)

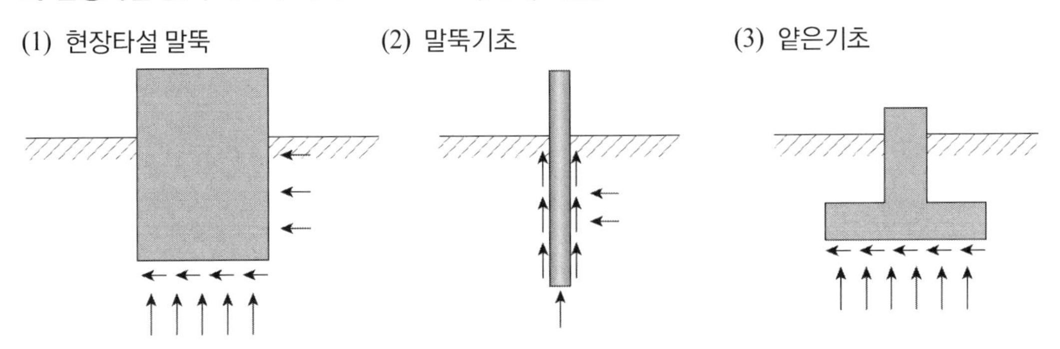

구 분	현장타설 말뚝	말뚝기초	케이슨 기초
수평지지	○	○	×
마찰지지	×	○	×
전단지지	○	×	○
연직지지	○	○	○

- 측면마찰 고려 기초 : 타입식 말뚝
- 측면마찰 무시 기초 : 직접기초, 케이슨 기초, 현장타설말뚝

3. 지지력 산정방법 분류

(1) 추정에 의한 방법

① 선단 지지력에 의한 방법

② 암과 콘크리트의 부착에 의한 방법

(2) 현장시험에 의한 방법 : 공내 재하시험

(3) 재하시험에 의한 방법 : 정재하, 동재하시험

4. 선단 지지력에 의한 방법

(1) 선단 지지력에 의한 방법

① 일축 압축 강도 고려

$$q_a = \left(\frac{1}{5} \sim \frac{1}{8}\right) q_u$$

여기서, q_a : 허용 지지력(t/m^2) q_u : 일축 압축 강도(t/m^2)

② 일축 압축 강도, 불연속면 간격과 틈 고려

$$q_a = K_{sp} \cdot q_u \cdot d(t/m^2)$$

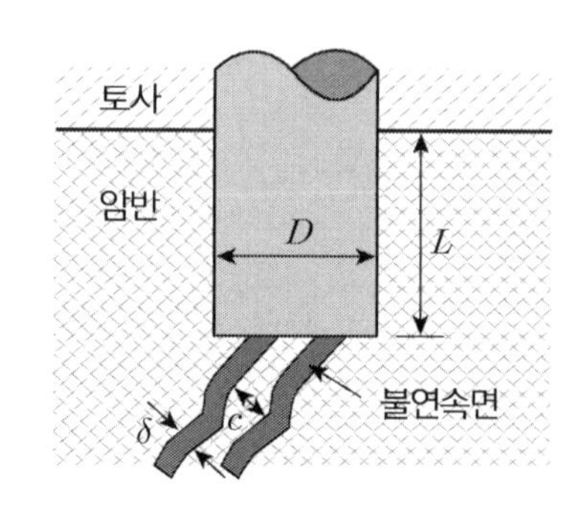

여기서, K_{sp}: 암반 상태에 따른 계수

d : 근입깊이 계수$\left(1+0.4\dfrac{L}{D}\right) \leq 3$

(L : q_u가 적용된 암반속 말뚝 길이)

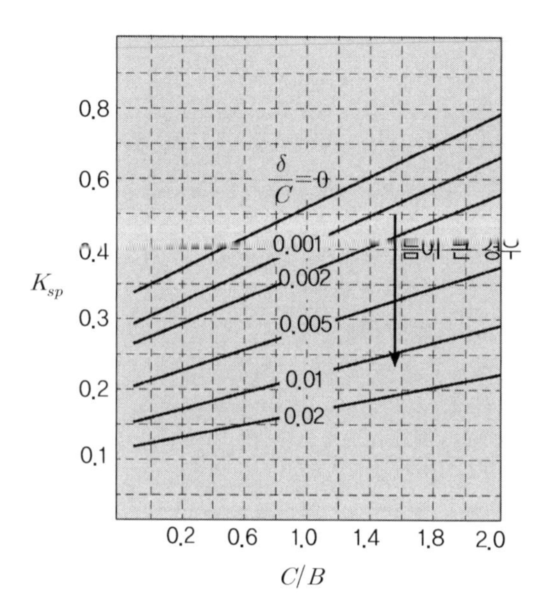

$0.05 < C/B < 2.0$

$0 < \delta/C < 0.02$에서 유효함

$$K_{sp} = \frac{3 + \dfrac{C}{B}}{10\sqrt{1 + 300\dfrac{\delta}{C}}}$$

여기서, C : 불연속면의 간격

δ : 불연속면의 틈새

B : 푸팅 폭

※ **K_{sp}는 푸팅 크기와 불연속면의 특성을 감안하여 결정되는 값으로 안전율 3을 포함한 값이다.**

5. 암과 콘크리트의 부착에 의한 방법

$$q_a = \pi \cdot D \cdot L \cdot f_a(ton)$$

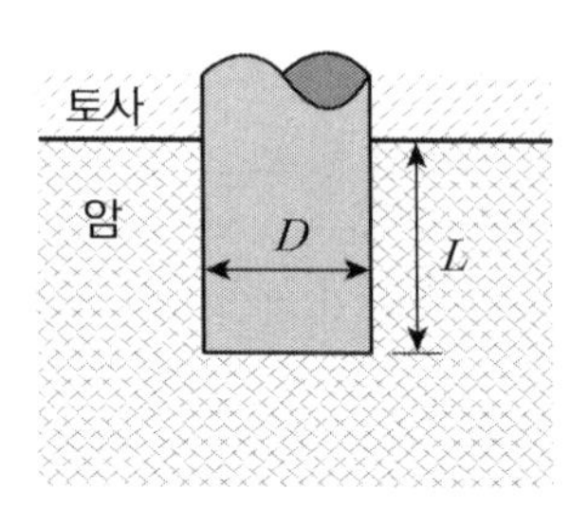

여기서, L : 암속의 말뚝 길이

f_a : 허용 부착 강도(콘크리트 강도의 약 3%)

6. 공내 재하시험

(1) 선단 : $q_u = P_o + K_g(P_L - P_o)$

(2) 주면 : 한계압에서 추정(P_L)

※ **현장타설 말뚝** : $q_u = q_p \cdot A_p + q_s \cdot A_s = (P_o + K_g(P_L - P_o))A_p + P_L \times A_s$

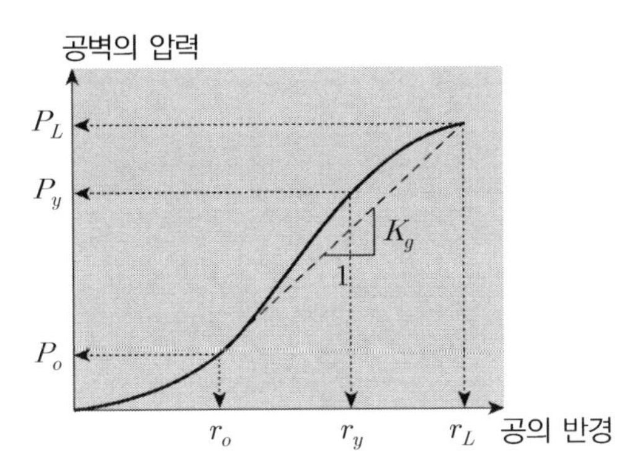

7. 정 · 동재하시험

(1) *Statnamic test*란 말뚝의 극한 지지력을 시험하는 방법으로 *static*의 *stat*와 *dynamic*의 *namic*을 조합하여 만든 용어이다.

(2) 이 시험의 특징은 하중 재하시험은 *dynamic test*와 비슷하여 *static test*에 비하여 시험기간이 적게 소요되고, *dynamic test*의 부정확성과 말뚝의 손상에 대한 우려 없이 비교적 정확한 결과를 얻는다.

(3) *statnamic test*는 지금까지 시험이 불가능했던 대구경 말뚝의 극한 지지력 시험이나 지지력이 큰 현장 타설 말뚝의 재하시험에 가능한 방법이다.

(4) 시험방법은 *Gas Chamber*에서의 폭발력을 이용하여 장약이 폭발하는 순간 *Reaction Mass*는 위쪽으로 반발하여 말뚝은 하강을 받는다.

(5) 시험 결과는 *laser*를 이용하여 직접 측정한 변위와 다른 장비를 통해 측정된 속도, 가속도, 하중 등을 *computer*로 해석하여 얻게 된다.

(6) ***Modeling***

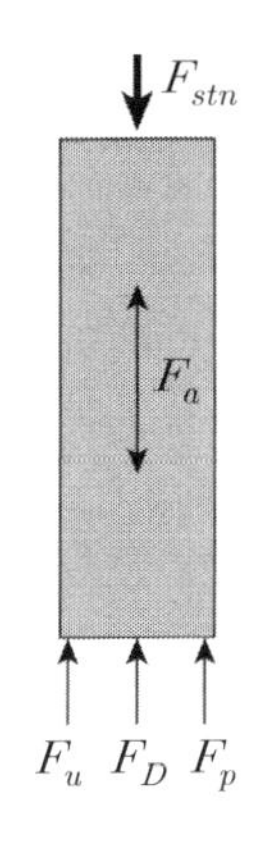

F_{stn} : 정동재하시험기의 힘

F_a : 관성력

F_u : 간극수압 저항

F_D : 감쇠저항

F_P : 정적 지지력

$F_{soil} = F_u + F_D + F_p$

(7) 평형 방정식 → 등가 정재하시험 곡선(*equivalent static curve*)

$$F_{stn} = F_{soil} + F_a = F_u + F_d + F_p + F_a$$

(8) 정재하 시 하중의 1/20 정도가 필요하며 암반 지지된 경우 정재하와 일치율이 크다.

✓ **세계 : 수십 대(가격 매우 고가) / 국내 : 서해대교(3400*TON*) 시험 사례**

8. *Osterberg* 재하시험

Osterberg 재하장치를 말뚝의 선단과 중간에 설치하여 선단 및 주면 지지력을 구한다.

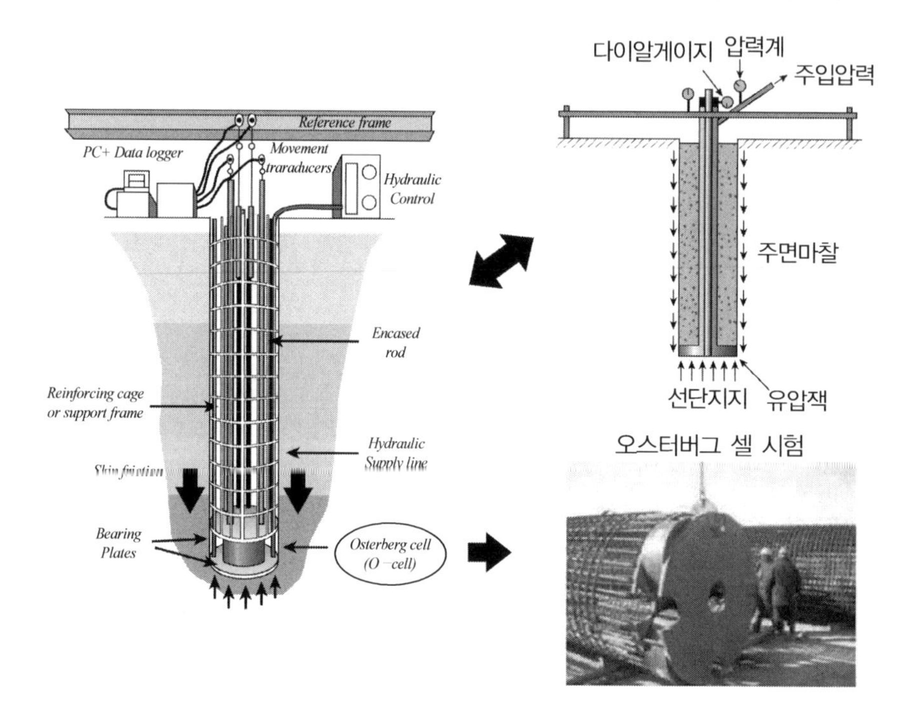

9. 평 가

(1) 암반에 대한 지지력을 산출하기 위해서는 *NX* 시추공에서의 *Double core barrel*로 시료 채취가 양호해야 함(불연속면 파악, *RQD*에 의한 지지력 표 이용 가능)

(2) 공내 재하 시험 실시 요망됨

(3) 일축압축강도 시험 실시하며 시료 성형이 어려운 경우 점하중 시험 실시함

(4) 근입깊이는 최소 1*m*로 하며 1*D*가 바람직함

(5) 연암은 $300t/m^2$, 경암 $700t/m^2$ 정도의 허용 지지력으로 판단됨

(6) 현장타설 말뚝 자체의 강도가 가장 중요함

33 현장타설 말뚝의 양방향 재하시험 방법

1. 시험의 원리

(1) *Osterberg Cell* 또는 유압잭을 현장타설말뚝 기초 부분에 매설한다.

(2) 이 장치는 양방향으로 작동되며 말뚝의 주면마찰력에 저항하는 상향재하와 말뚝의 하향재하로 인한 선단 지지력을 구할 수 있다.

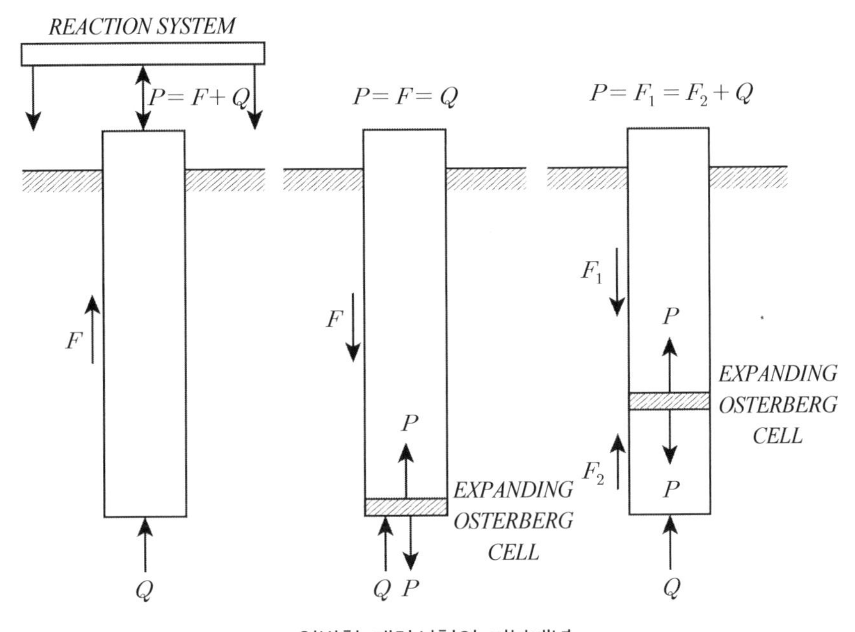

양방향 재하시험의 기본개념

2. 방향 재하 및 측정방법

(1) 하중재하방법은 표준 재하방법 또는 반복하중재하 방법 중 하나를 선택하되 가급적 반복재하방법을 사용하도록 권고함

(2) 측정항목 : 시간, 하중, 말뚝두부 및 양방향 말뚝재하장치의 하향/상향 변위량, 선단 및 중간부의 변위량, 말뚝체의 변형률, 말뚝 주변지반의 변위량

(3) *Osterberg Cell*을 이용한 재하시험은 다음 중 먼저 발생되는 현상이 있을 때까지 수행됨

① 주면마찰력이 극한에 도달하거나,

② 선단 지지력이 극한에 도달하거나,

③ *Osterberg Cell*의 재하용량이나 변위측정 *stroke*이 초과될 때까지 재하
상기 3가지 조건 중 먼저 발생되는 현상까지 하중을 재하

3. 분석방법

(1) 양방향 말뚝재하시험은 선단 지지력과 주면마찰력이 상호 간에 반력으로 작용하여 동시에 측정된다.

(2) 따라서 여기서 얻은 두 개의 하중－변위곡선(선단 지지력－하향변위곡선/주면마찰력－상향변위곡선)을 이용하여 등가하중－침하량 곡선을 그릴 수 있다.

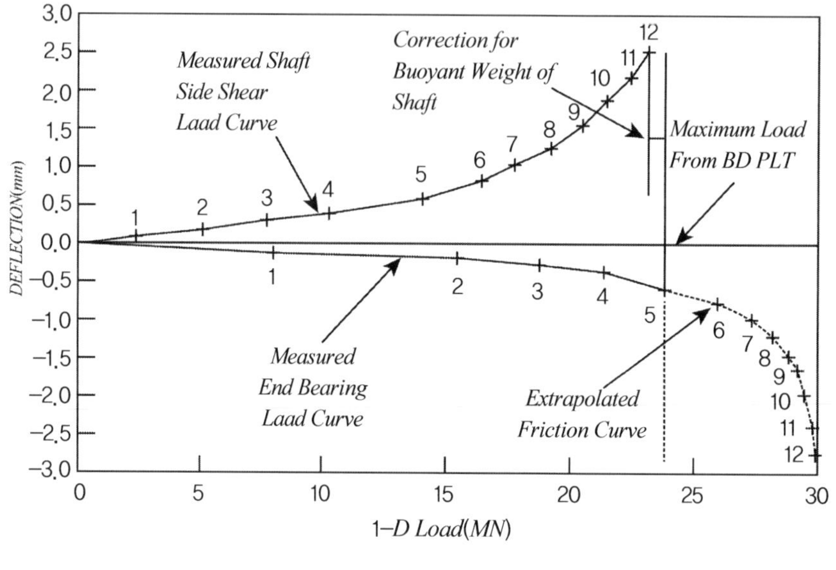

하중－변위곡선 작도(예)

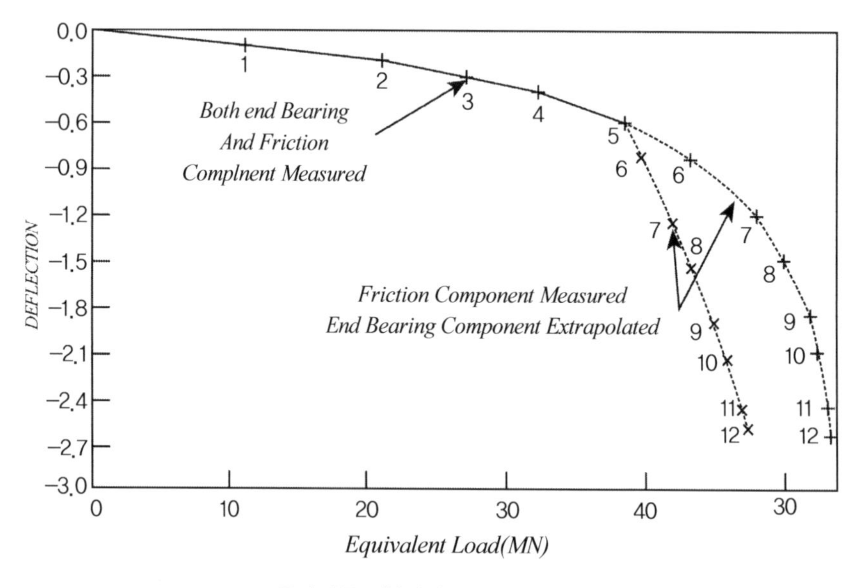

등가하중－침하량 곡선 작도(예)

34 PRD 말뚝(Percussion Rotary Drill)

1. 정 의

(1) 외측 강관 선단에 *Bit*를 부착하고 내부 *Auger*와 상호 역회전시켜 암반을 천공하는 말뚝기초공법 중 매입공법의 일종으로, 이 중 굴진 방식의 특성으로 인해 수직도가 향상될 수 있는 특징이 있다.

(2) 특히 도심지에서 *Top Down*공사를 할 때에는 정확한 수직도가 요구되므로 기존에 사용하던 *R.C.D* 보다 정밀시공이 뛰어나고 시공기간이 단축되는 장점이 있다.

2. 시공방법에 따른 말뚝 공법의 종류

<table>
<tr><th>대분류</th><th>소분류</th><th>내 용</th></tr>
<tr><td rowspan="2">타입 공법</td><td>타격 공법</td><td rowspan="2">해머의 타격력에 의해 지반에 관입하여 설치하는 말뚝이다.</td></tr>
<tr><td>진동 공법</td></tr>
<tr><td rowspan="4">매입 공법</td><td>압입 공법</td><td rowspan="4">매입말뚝 공법은 지반에 구멍을 파고 말뚝을 설치하는 방법으로 지반과 말뚝의 공간은 시멘트풀로 충전하여 지반에 고정한다.
매입말뚝 공법에는
SIP(soil −cement injected precast pile) 공법
SAIP(special auger SIP) 공법
SDA(separated doughnut auger) 공법, 중굴공법, 코렉스 공법,
PRD(percussion rotary drill) 공법 등이 있다.</td></tr>
<tr><td>프리보링 공법</td></tr>
<tr><td>내부굴착 공법</td></tr>
<tr><td>제트 공법(사수식)</td></tr>
<tr><td rowspan="5">현 장
타 설
말 뚝</td><td rowspan="4">기계적 굴착 공법</td><td>올 케이싱(베노토 공법)</td></tr>
<tr><td>RCD 공법</td></tr>
<tr><td>어스드릴 공법</td></tr>
<tr><td>마이크로 파일 공법</td></tr>
<tr><td>인력 굴착 공법</td><td>심초 공법</td></tr>
</table>

3. 매입말뚝의 지지력 평가

(1) 말뚝 설치 시 주변흙의 이동 : 배토말뚝, 비 배토말뚝

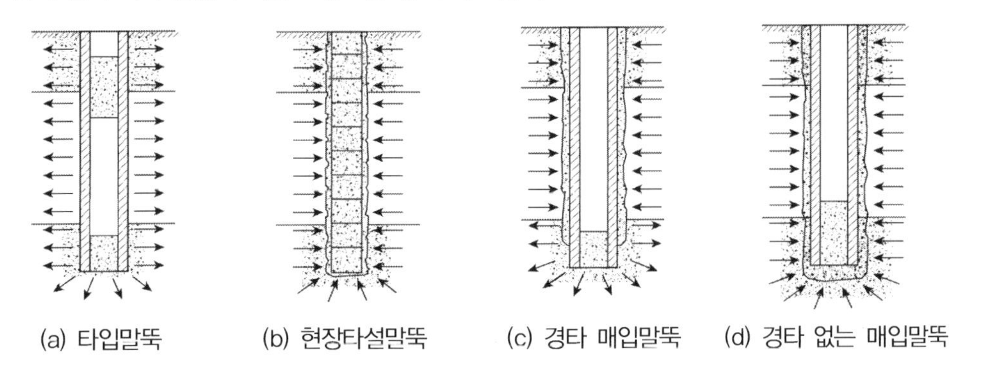

(a) 타입말뚝 (b) 현장타설말뚝 (c) 경타 매입말뚝 (d) 경타 없는 매입말뚝

① 그림처럼 매입말뚝은 천공깊이 이하로 경타된 경우(c)와 천공깊이 이상으로 말뚝을 설치한 경우(d)로 구분할 수 있다.

② (c)의 경우 선단부는 타입말뚝과 유사한 경우를 보이고 (d) 말뚝의 경우에는 현장타설 말뚝과 유사한 거동을 보인다.

③ 이와 같이 *PRD*와 같은 매입말뚝의 경우 지지력 평가는 말뚝 설치 시 주변흙의 거동에 따른다.

4. 시공 순서

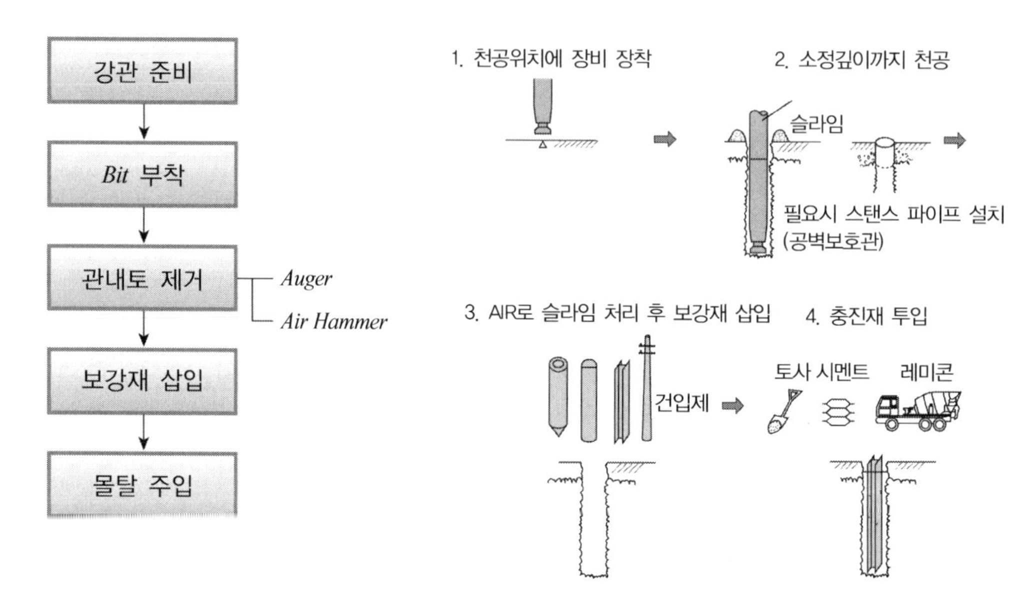

5. 공법 적용지반

(1) *N*치 50 이상의 사력층으로 *Hole*이 붕괴되는 경우

(2) 불안정한 토사층을 통과하여 암반에 말뚝을 정착시키는 경우

(3) 심한 자갈, 전석층, 불균질한 매립층, 연약지반 등

6. 특 징

장 점	단 점
① *Cassing* 사용으로 공벽붕괴 없음	① 주면마찰 지지력이 작음
② 자갈층에 적용성 우수(*Preboring* 및 항타 시 적용 곤란 지반)	② 암반의 파쇄조각의 배출이 어려움
③ 지지력이 큼(연암까지 *Bit* 사용 굴진)	③ 강관 말뚝만 사용

7. 평 가

(1) 타 매입공법과 비교

공법 분류	공벽 붕괴	경 타	공 기	공사비	사용말뚝
SIP 공법(경타방식)	없 음	실 시	빠 름	저 가	*PHC*, 강관
SDA 공법(침설방식)	케이싱	실 시	중 간	고 가	*PHC*, 강관
PRD 공법	말뚝 본체	실 시	중 간	고 가	강관

(2) *PRD* 공법은 외주강관 자체로 공벽붕괴 방지 역할을 한다.

(3) *SIP* 공법도 굴착액을 이용하여 공벽을 보호하지만 시공성 및 품질관리가 용이하지 않아 자주 사용하지는 않고 있다.

(4) *PRD* 공법은 일종의 저진동 저소음 공법이므로 대부분 경타를 실시하지 않는 개념이나 실무적으로 품질관리가 어렵고 시공 중 적절한 품질확인과정이 없다는 점에서 경타를 하는 것이 보편적이다.

(5) 그러나 민원발생의 어려움으로 인해 경타를 생략할 수밖에 없는 추세이므로 이에 대한 지지력 확인을 위한 정량화된 데이터에 의한 품질관리 지침에 대한 연구가 필요할 것으로 사료된다.

(6) 최근 부산의 강동교, 서울 한강철교에 사용한 예가 있다.

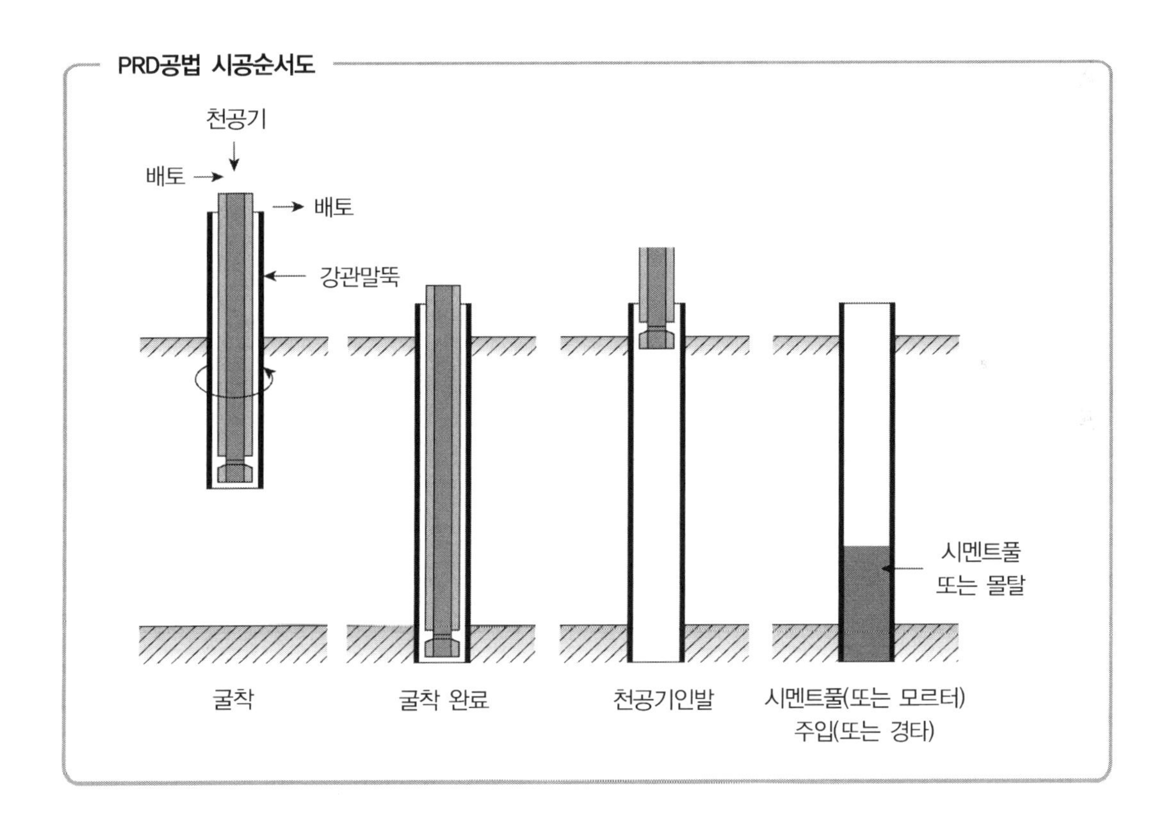

35 SIP(Soil cement Injection Precast Pile)

1. 개 요

(1) *SIP(soil cement injected precast pile)*이란 *auger*로 굴착하여, 지지층에 도달하면 *cement paste*를 주입하면서 서서히 *auger*를 인발한 후, 기성말뚝을 삽입하여 압입 또는 경타하는 공법이다.

(2) 시반을 굴착 후 시멘트 페이스트와 하부토사를 교반하여 파일을 삽입시켜 파일 주변 마찰력을 증대시키고, 아울러 선단부에서는 교반된 *Soil Cement*가 완전히 충전되어 말뚝의 침하량을 최소화시키는 매입말뚝공의 일종이며 말뚝시공 초기에 발휘되는 지지력은 작으나 차후 *Soil Cement* 등으로 인해 발휘되는 장기적인 지지력의 상승이 크다.

2. 매입말뚝공법의 종류

<table>
<tr><th>대분류</th><th>소분류</th><th>내 용</th></tr>
<tr><td rowspan="4">매입 공법</td><td>압입 공법</td><td rowspan="4">① 매입말뚝 공법은 지반에 구멍을 파고 말뚝을 설치하는 방법으로 지반과 말뚝의 공간은 시멘트풀로 충전하여 지반에 고정하게 된다.
② 매입말뚝 공법에는
SIP(soil −cement injected precast pile) 공법
SAIP(special auger SIP) 공법
SDA(separated doughnut auger) 공법
중굴 공법, 코렉스 공법,
PRD(percussion rotary drill) 공법 등이 있다.</td></tr>
<tr><td>프리보링 공법</td></tr>
<tr><td>내부굴착 공법</td></tr>
<tr><td>제트
공법(사수식)</td></tr>
</table>

3. 매입말뚝의 지지력 평가

(1) 말뚝 설치 시 주변 흙의 이동 : 배토말뚝, 비배토말뚝

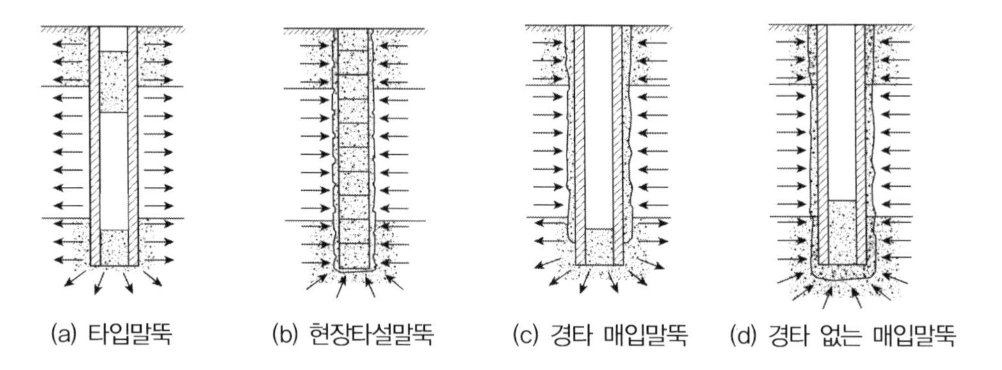

(a) 타입말뚝 (b) 현장타설말뚝 (c) 경타 매입말뚝 (d) 경타 없는 매입말뚝

(2) 그림처럼 매입말뚝은 천공깊이 이하로 경타된 경우(c)와 천공깊이 이상으로 말뚝을 설치한 경우(d)로 구분할 수 있다.

(3) (c)의 경우 선단부는 타입말뚝과 유사한 경우를 보이고 (d) 말뚝의 경우에는 현장타설 말뚝과 유사한 거동을 보인다.

(4) 이와 같이 *SIP* 매입말뚝의 경우 지지력 평가는 말뚝 설치 시 주변 흙의 거동에 따른다.

4. 시공 순서

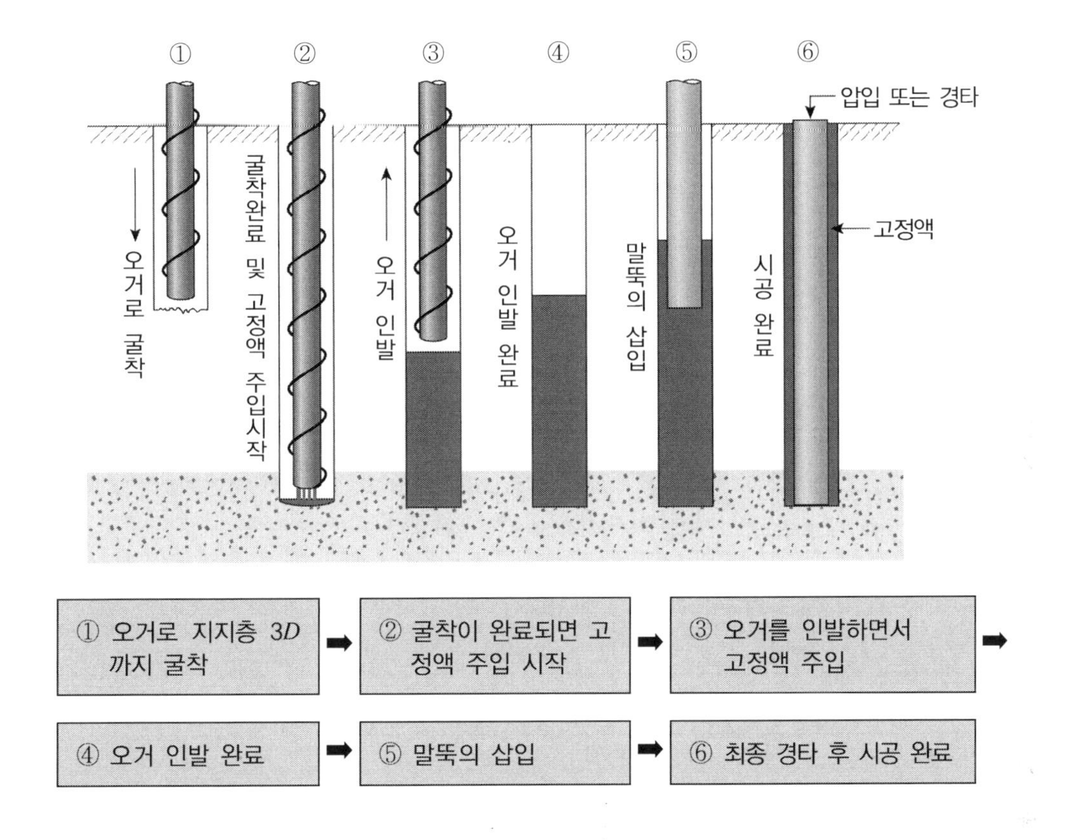

5. 특 징

장 점	단 점
① 저 소음 · 저 진동 공법	① 공사비가 크고 공기가 늦음
② 다양한 지층에서의 활용 가능	② 최종항타 시 소음진동 발생
③ 공정이 단순하여 공기 단축	③ 공벽붕괴 가능(오거굴착 중)

6. *S.I.P* 공법의 결함발생 원인 및 대책

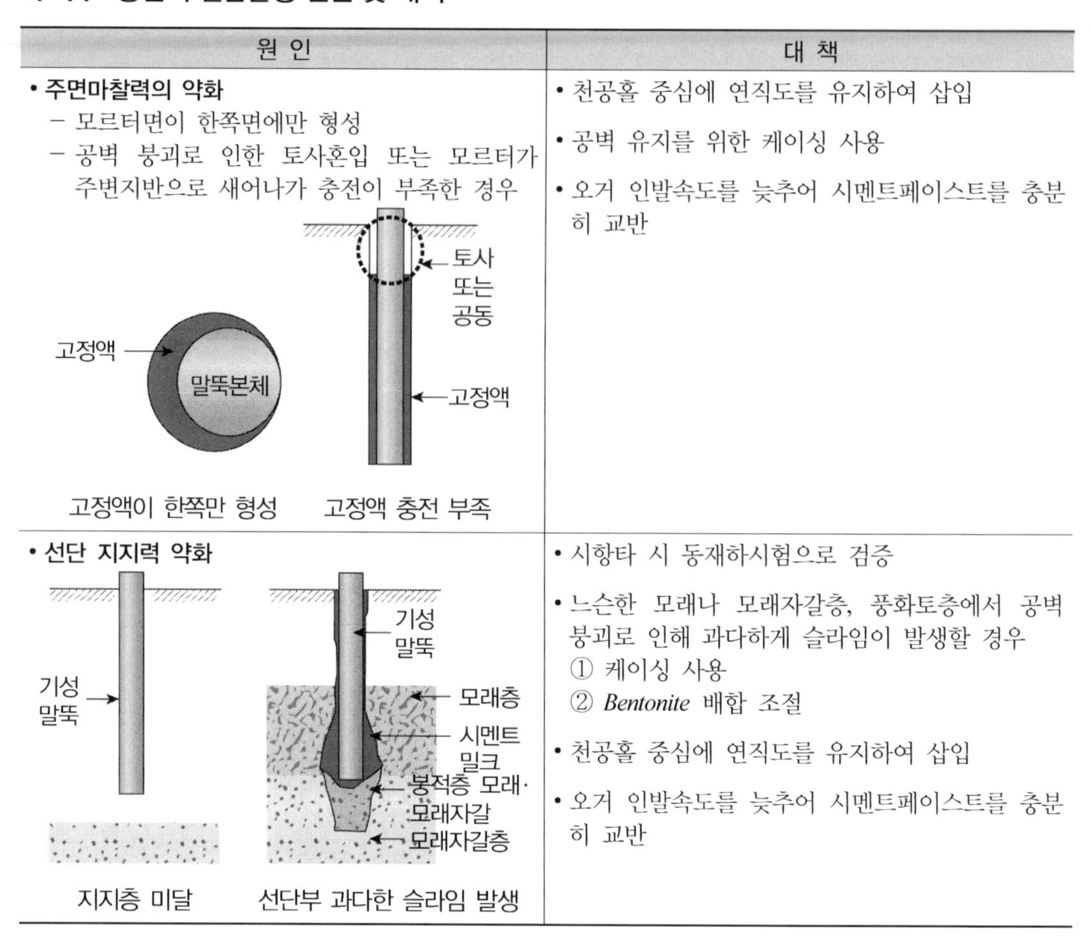

원 인	대 책
• **주면마찰력의 약화** – 모르터면이 한쪽면에만 형성 – 공벽 붕괴로 인한 토사혼입 또는 모르터가 주변지반으로 새어나가 충전이 부족한 경우 고정액이 한쪽만 형성　고정액 충전 부족	• 천공홀 중심에 연직도를 유지하여 삽입 • 공벽 유지를 위한 케이싱 사용 • 오거 인발속도를 늦추어 시멘트페이스트를 충분히 교반
• **선단 지지력 약화** 지지층 미달　선단부 과다한 슬라임 발생	• 시항타 시 동재하시험으로 검증 • 느슨한 모래나 모래자갈층, 풍화토층에서 공벽 붕괴로 인해 과다하게 슬라임이 발생할 경우 ① 케이싱 사용 ② *Bentonite* 배합 조절 • 천공홀 중심에 연직도를 유지하여 삽입 • 오거 인발속도를 늦추어 시멘트페이스트를 충분히 교반

7. 시공관리 주요사항

(1) 지반 천공 시 공벽붕괴 방지 : 지반에 따른 *auger*의 굴착 및 인발 속도 조절

(2) 수직도 확인

(3) 선단부 근입깊이 확인 : 500*mm* 정도 선단부 *cement paste* 보강으로 선단 지지력 확보

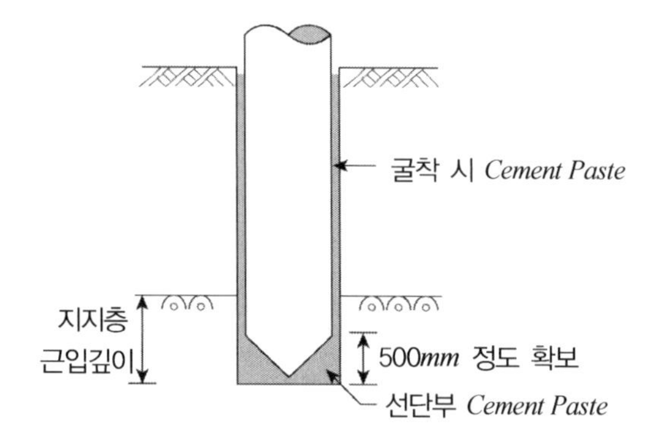

(4) *Cement paste* 배합관리 철저

종 류	시멘트	물	벤토나이트
굴착 시 paste	120*kg*	450 *L*	25*kg*
선단부 paste	400～800*kg*	450 *L*	

(5) 시험말뚝으로 지지력 확인 후 말뚝 시공 : *Ager*굴진 속도 및 인발속도 정함

8. 결 론

(1) *SIP* 공법은 선단부 *cement paste*의 품질관리에 따라 지지력의 차이가 많으므로 선단부 *cement paste* 배합관리를 철저히 하여야 한다.

(2) *Auger* 인발 시 공벽붕괴에 유리하며, *pilc* 경타 시 소음에 대한 대책을 수립한 후 시공에 임하여야 한다.

참고 : SAIP공법(강관 케이싱 굴착공법)

매입말뚝의 공법선정에 중요한 영향을 미치는 요소는 공벽붕괴이다. 일반적으로 굴착 시 공벽이 붕괴되어 *SIP* 공법의 적용이 불가능한 조건이 많다.

지반이 공벽붕괴되는 조건에서 시멘트풀 주입으로 소정의 주면마찰력을 기대할 수 있는 충분한 관입깊이가 확보될 경우는 평균적인 시멘트풀 배합비($w/c = 0.83 \sim 1.0$)의 주입으로 마찰말뚝의 설계가 가능하다. 이 경우 소요 말뚝 관입깊이는 현장주변의 여건에 따라 최종 경타 또는 별도의 오거에 의한 관입으로 확보될 수 있다.

그러나 최종 경타 또는 별도 오거에 의한 압입으로도 충분한 주면마찰력을 기대할 수 있는 정도까지 말뚝을 관입시킬 수 없을 때에 이용할 수 있도록 *SAIP* 공법이 고안되었다. <그림>에는 *SAIP* 공법의 시공순서를 나타내었다.

SAIP 공법에서 강관케이싱의 내경은 말뚝직경보다 $50mm$ 정도 크며, 강관케이싱의 외벽에는 폭이 $50mm$ 정도인 오거날개를 나선형으로 용접하여 굴착을 용이하게 한다. 강관케이싱의 바닥에는 굴착 시 강관케이싱 내부로 토사가 유입되지 못하도록 선단부용 마개를 설치한다.

지지층까지 굴착이 완료되면 케이싱 내부에 시멘트풀을 주입하고 기성말뚝을 삽입한다. 기성말뚝의 삽입은 케이싱 상부로부터 말뚝을 낙하시키는 방법이 일반적으로 사용된다. 이는 강관케이싱 하부에 가용접한 선단부용 마개를 케이싱으로부터 분리하기 위함이다. 그러나 이 경우 말뚝의 낙하에너지(말뚝자중 × 낙하고)의 값이 크게 되어 말뚝재료의 파손이 우려되며 낙하된 말뚝이 선단부에 완전하게 접촉되고 있는지가 의문시된다. 따라서 바람직한 말뚝 삽입방법은 말뚝을 서서히 삽입한 후 선단부용 마개 분리와 선단부의 완전한 접촉을 위하여 최종 경타를 실시하는 방안이 좋다.

선단부용 마개가 강관케이싱으로부터 분리된 후에는 내부오거로 말뚝을 누른 상태에서 강관케이싱을 회전 인발한다. 이 과정에서 기주입된 시멘트풀과 토사와의 교반으로 말뚝 주위에는 흙-시멘트층이 형성된다.

SAIP 공법은 적절히 시공될 경우 만족할 만한 지지력을 얻을 수 있으나, 전술한 바와 같이 시공상의 문제 가능성을 포함하고 있으며, 시공 시간이 길고 시공비가 고가인 점이 단점으로 지적된다.

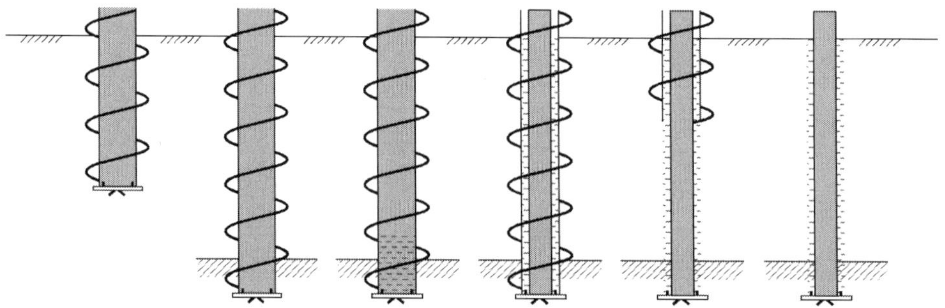

강관케이싱 굴착공법의 시공순서

36 OMEGA Pile

1. 개 요

(1) *Omega Pile* 공법은 저소음, 저진동 소구경 현장타설 말뚝(*Cast in Place pile*) 공법이다.

(2) 암반오거굴착 토사배출 문제를 해결하고자 특수 고안된 *Omega* 오거를 사용하여 굴착토사의 배출 문제를 해결하였다. 또한 저소음, 저진동 공법으로 말뚝형성 시 최종 항타 과정이 필요치 않아 지반 진동이나 소음 등 건설공해 문제에 대처 하였으며, 연약지반의 굴착 중 *Heaving*이나 진동에 따른 액상화 문제를 해결함으로써 연약지반에 적용 가능하다.

(3) 1997년도에 국내에 도입되어 수평지지력을 향상시키기 위해 배토하면서 *Auger* 굴착하면서 인발 시 *Auger* 선단에서 *Con'c*를 주입하여 말뚝을 형성하는 개념이다.

2. 오거구조

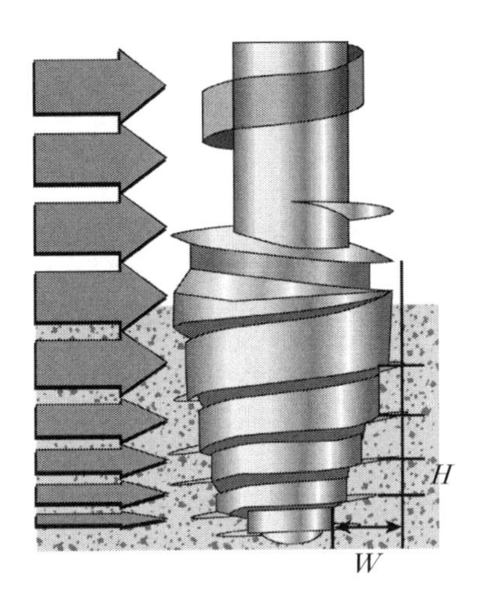

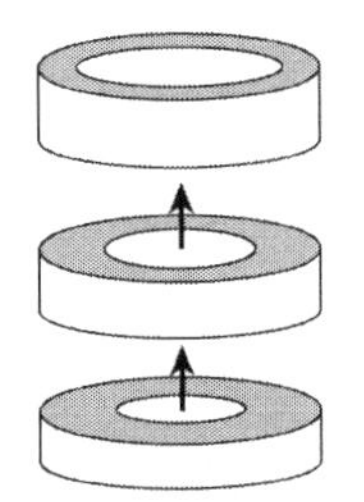

오메가 오거 굴착 시 흙의 거동

① 각 단의 W와 H는 다르지만 체적은 동일함

② 굴착진행에 따라 흙이 1단 → 2단 → 최종단으로 이동되면서 W=0이 됨

③ 결국, 주변 흙이 밀려나가면서 배토말뚝이 되어 주면 지지력의 증대를 가져옴

3. 말뚝 설치 시 주변 흙의 이동

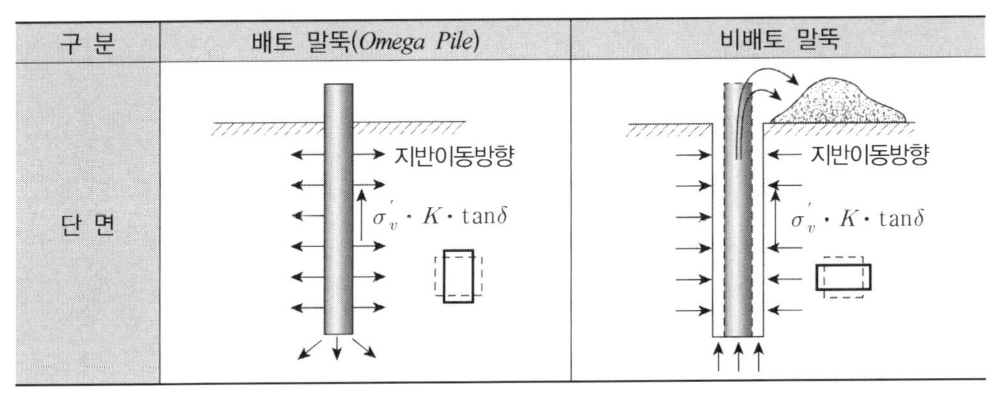

구 분	배토 말뚝(*Omega Pile*)	비배토 말뚝
단 면	지반이동방향 $\sigma_v' \cdot K \cdot \tan\delta$	지반이동방향 $\sigma_v' \cdot K \cdot \tan\delta$

구 분	배토 말뚝(*Omega Pile*)	비배토 말뚝
장 점	지지력 大(구속응력 증가)	저소음, 저진동 → 도심지 용이
	시공 용이(타입식)	자갈층 시공 가능
단 점	소음, 진동 → 민원 발생	지지력 저하
	자갈층 시공 곤란	공사비 비쌈

4. 시공 순서

(1) *Omega* 오거 굴착

(2) 콘크리트 주입하며 오거 인발

(3) 철근 또는 *H* 형강 삽입

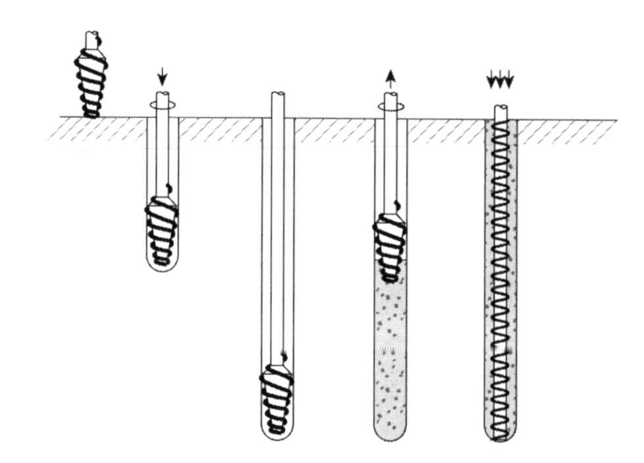

※ ***Omega* 공법에서는 다른 공법들과는 달리 오거 인발 시에도 굴착 시와 같은 방향으로 오거를 회전하는데, 이는 오거 역회전 시 토입자의 재배열(*Reorientation*)로 인한 지반의 추가 교란을 방지하기 위함이다.**

5. 특 징

(1) 타 매입 공법과 비교 주면 지지력 증대(배토말뚝 개념)

(2) 최종 항타 불필요

(3) 소음 진동 없음

(4) 굴착공벽 붕괴 방지

(5) *Slime* 발생 않음

(6) 주변지반 침하 없음

(7) 말뚝길이 조절 용이

(8) 말뚝이음 없음

6. 평 가

(1) 배토 말뚝이 비배토 말뚝보다 지지력이 2배 정도 크다.

(2) 말뚝 설계 시 안전측면에서 주면 지지력을 고려하지 않는 것이 일반적이므로 비배토 말뚝이라도 지지력측면에서 문제는 없으나 주면 지지력($Q_s = \sigma_v' \cdot K \cdot \tan\delta$)을 고려한 말뚝의 설계면에서 말뚝측면의 구속응력이 큰 배토말뚝이 유리하다.

(3) 프링보링의 경우 굴착 후 최종 항타가 항타 없는 시멘트풀 주입보다 선단 지지력이 크다.

(4) 일반 배토 말뚝은 도심지의 경우 소음, 진동이 크지만 *Omega* 공법은 배토말 뚝과 비배토 말뚝의 장점을 혼용한 공법으로 향후 사용빈도가 많아질 것으로 사료된다.

37 도심지 말뚝 시공 시 진동, 소음 저감 대책

1. 개 요

(1) 기초 설계 시는 상부구조물의 특성과 지반조건, 주변상황에 대하여 종합적으로 고려하여야 하며, 이 중에서 도심지 대형 구조물 시공에 따라 진동과 소음으로 인한 민원발생사례가 증가되고 있는 상황으로 기존의 항타공법으로의 시공이 곤란한 상황이다.

(2) 지지력 측면에서는 항타말뚝이 가장 바람직하나 항타말뚝을 시공하기 위해서는 적어도 300*m* 이상의 이격거리가 필요하게 되므로 선택 공법에 따라 인접건물과의 이격거리별로 소음과 진동치를 측정하여 적정한 공법이 선택될 수 있도록 소음과 진동에 대한 관리가 이루어져야 한다.

2. 진동 및 소음 규제 기준

(1) 진동소음 관리기준

구 분	대상물	진동기준	단 위
물적 피해기준	건물, 시설물 등	진동속도	*KINE(cm/sec)*
정신적 피해기준	인체, 가축 등	진동가속도 *level*	*dB(V)*

① 소음기준

㉠ 주간 : 75 *dB*

㉡ 야간 : 55 *dB*

② 국토해양부 고시 발파진동 허용기준

보안 대상	문화재, 유적, 컴퓨터시설물	주택, 아파트	상 가	철근콘크리트 건물 및 공장
허용진동속도(*cm/sec*)	0.2	0.2~0.5	1.0	1.0~5.0

3. 주요 문제점

(1) 침 하

① 사질토 : 입자구조 재배열

② 점성토 : 과잉 간극수압 발생 → 소산 → 압밀침하

(2) 균열 : 침하로 인한 구조물 균열

(3) 하수관, 도로파손

4. 소음, 진동 저감대책

(1) 기성말뚝에 대한 저감공법

① 방음 커버 사용

㉠ 해머와 말뚝을 완전히 감싸는 것으로 소음을 저감시킴

㉡ 소음 : 20dB 정도 저감

㉢ 진동 : 효과 없음

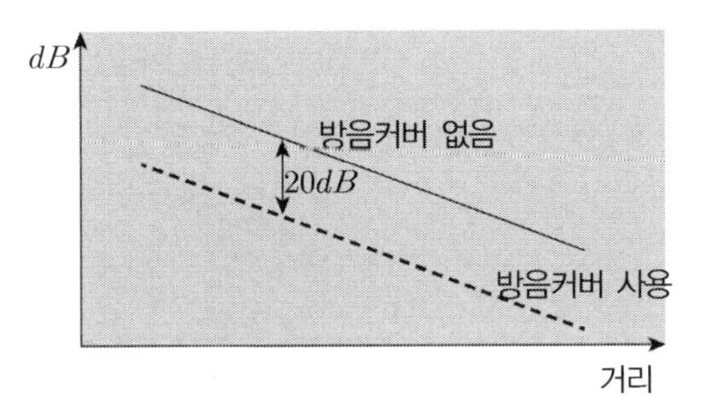

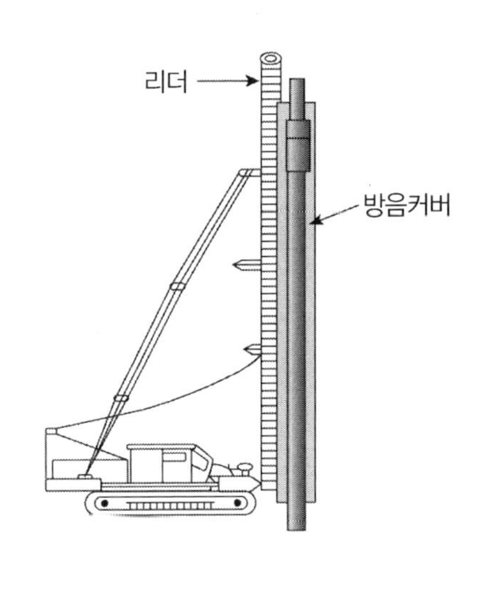

② 프리보링 공법

오거로 굴착 후 선단부와 주면 고정액을 주입하여 말뚝을 삽입하여 소음과 진동을 경감시키는 공법

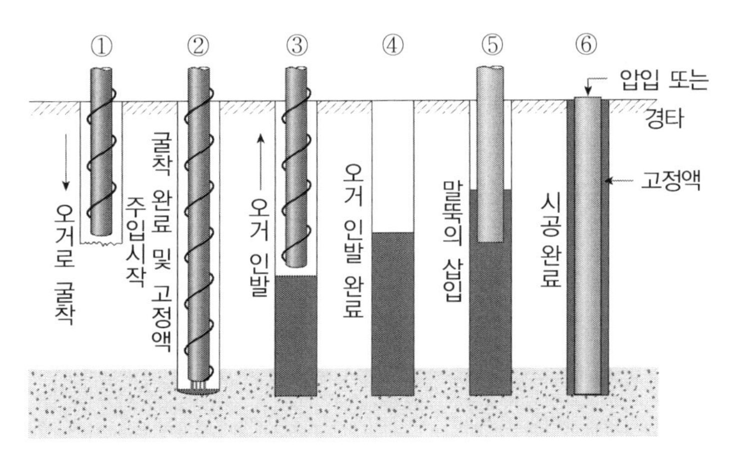

③ 수진 구조물 진동전달 방지

㉠ 기하감쇄(거리감쇄) 효과 이용

체적변화에 의해 에너지 감소

㉡ 감쇄특성

- R 파 : P, S 파보다 감쇠가 적으므로 피해 큼
- 즉, R 파에 대한 억제가 중요

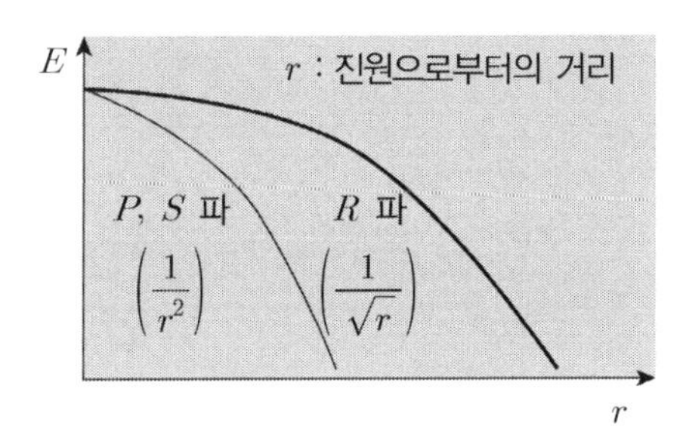

㉢ 방진구 설치 및 효과

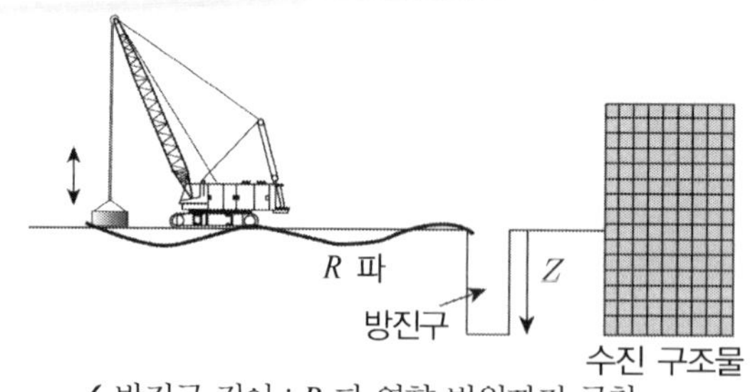

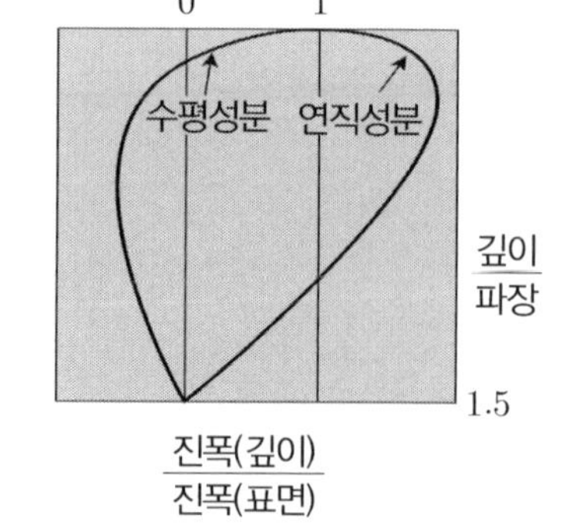

✓ 방진구 깊이 : R 파 영향 범위까지 굴착

㉣ 트렌치 : 공기주머니, 물, *Slurry*

④ 유압 해머 사용

㉠ 소음 : 10~20*dB* 저감

㉡ 진동 : 약간 저감

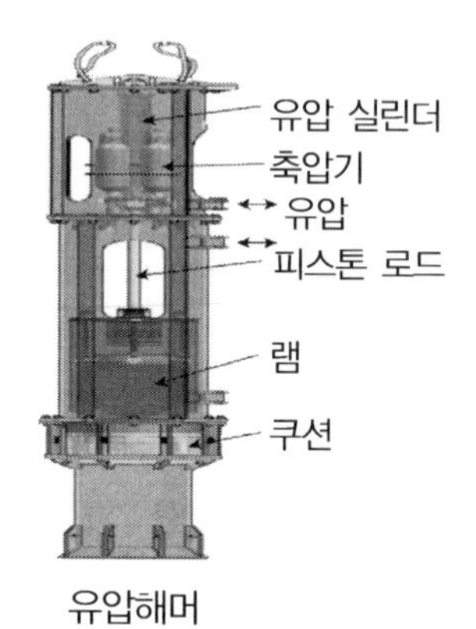

유압해머

(2) 소구경 현장타설 말뚝에 의한 저감

① *CIP*(*Cast In place Pile*) 공법

㉠ 오가(*Auger*) 등의 천공 → 조립된 철근 건입
→ 콘크리트를 타설 / 토류벽체 형성

㉡ 시공방법

- 안내벽(*Guide Wall*)을 설치한다.
- 천공장비를 사용하여 설계 깊이까지 천공한다(풍화암층 1*m*까지 천공).
- 토사 부분에서 공벽이 붕괴될 경우에는 강재 케이싱을 사용한다.
- 슬라임(*Slime*)은 *Screw Rod*나 *Air Lifting Pump*를 이용하여 배출시킨다.
- 철근 케이지(*Cage*) 또는 *H -Pile*을 공내로 삽입한다.
- *Tremi Pipe*를 이용하여 콘크리트를 타설한다.
- *C.I.P* 시공이 완료되면 두부를 정리하고 캡빔(*Cap Beam*)을 설치한다.

② *MIP*(*Mixed In place Pile*) 공법

*Cement Milk*를 *Rod* 중공(中空)을 통해 주입하면서 원지반 토사를 골재로 사용하여 혼합하면서 지반 내에 현장 타설 말뚝을 형성시키는 공법으로 *S.C.W*가 대표적인 공법이다.

③ *PIP*(*Packed In place Pile*) 공법

천공후 천공장비의 중공(中空)을 통해 *Cement Milk*을 주입하면서 *Rod*를 인발한 후에 조립된 철근 삽입하고 자갈로 충진시킨다.

④ 기타 소구경 말뚝 : *Frankey Pile*, *Raymond Pile*, *Pedestal Pile*

(3) 대구경 현장타설 말뚝에 의한 저감

① 인력 굴착공법

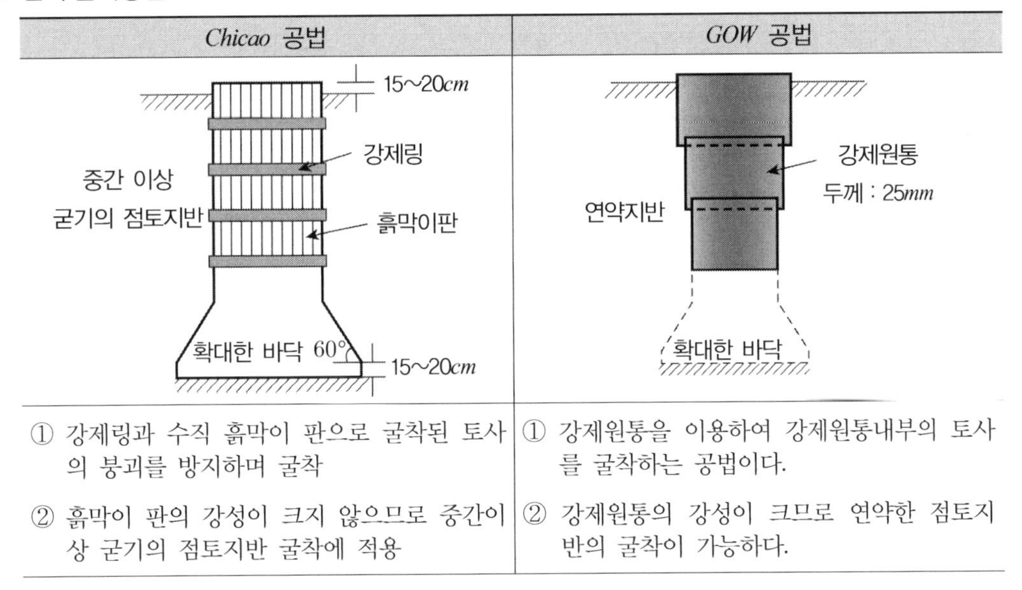

Chicao 공법	*GOW* 공법
① 강제링과 수직 흙막이 판으로 굴착된 토사의 붕괴를 방지하며 굴착 ② 흙막이 판의 강성이 크지 않으므로 중간이상 굳기의 점토지반 굴착에 적용	① 강제원통을 이용하여 강제원통내부의 토사를 굴착하는 공법이다. ② 강제원통의 강성이 크므로 연약한 점토지반의 굴착이 가능하다.

② 기계굴착 공법

㉠ *Benoto* 공법

*All Caising*으로 공벽붕괴를 막으면서 해머 그래브로 내부토사를 굴착 후 철근콘크리트 말뚝을 형성

㉡ *RCD* 공법 : 안정액으로 공벽붕괴 막으면서 굴착 및 슬라임 처리

㉢ *Earth drill* 공법

미국의 *Calwelde*사가 개발한 공법으로 말뚝을 설치하고자 하는 구멍의 굴착은 크레인에 부착된 캐리바(*Kelly－Bar*)에 의해 회전되는 *Drilling bucket*을 활용하고 공벽의 안정을 안정액을 사용하여 굴착한 후 철근망을 넣고 콘크리트를 타설하여 콘크리트 말뚝을 만드는 공법이다.

5. 시공관리 방안

(1) 계측관리

① 계측 장비 : 균열계, 진동계, 소음계(*Geophone*)　② 설치위치 : 인접건물, 민원발생 우려지역

(2) 공법 선정

① 저소음, 저진동 장비 사용　② 현장타설 말뚝으로의 설계변경

(3) 특정 공사 사전 신고(소음 · 진동관리법 제22조, 규칙 제21조)

특정 장비(항타기)를 사용하여 소음, 진동을 발생하는 공사는 특정공사 사전신고를 공사 개시 3일 전까지 시, 군, 구에 제출하여야 한다.

38 현장타설 말뚝공법의 종류와 특징

[핵심] 지지층이 깊고 상재하중이 매우 큰 대형 구조물과 초고층 건물에서의 깊은기초는 기성 콘크리트 말뚝으로는 말뚝의 이음으로 인한 지지력의 감소로 인하여 대 구경 수직공을 뚫고 콘크리트를 타설하는 공법으로 대체되고 있으며 수직공 굴착방법과 공벽보호방법, 콘크리트 타설방법 등에 따라 공법에 차이가 있으며 여기서는 공법의 종류와 특징에 대하여 각 공법별로 상호 비교하며 이해하여야 한다.

1. 개 요

(1) 지지층 심도가 깊고 상부하중이 큰 경우 기초의 강성(EI)이 크게 요구되므로 현장 타설말뚝이 필요함

(2) 저소음, 저진동 공법으로 도심지에서 적용 시 유리함

2. 지지 메커니즘 비교

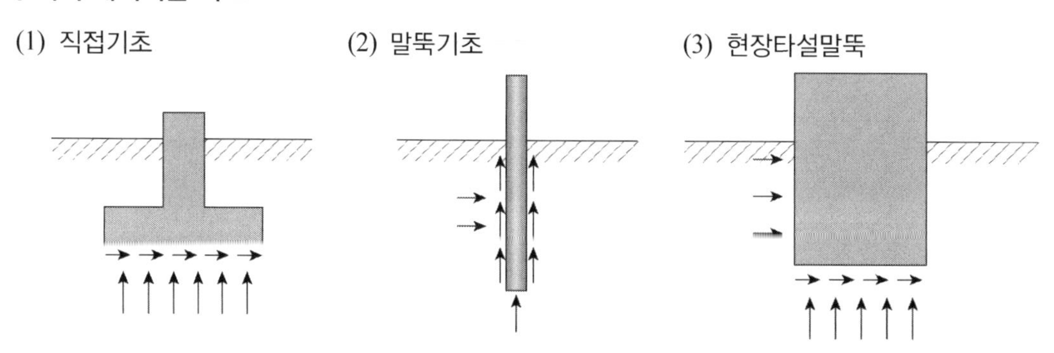

구 분	직접기초	말뚝기초	현장타설 말뚝
수평지지	×	○	○
마찰지지	×	○	×
전단지지	○	×	○
연직지지	○	○	○

- 측면마찰 고려 기초 : 타입식 말뚝
- 측면마찰 무시 기초 : 직접기초, 케이슨 기초, 현장타설 말뚝

3. 현장타설 말뚝의 지지력 산정

(1) 추정에 의한 방법

① 선단 지지력에 의한 방법

② 암과 콘크리트의 부착에 의한 방법

(2) 현장시험에 의한 방법 : 공내 재하 시험

(3) 재하 시험에 의한 방법 : 정재하, 동재하시험

4. *Benoto* 공법(*All Casing* 공법)

(1) 개 요

Benoto 공법은 파리의 *Benoto Co.*가 고안한 *Benoto* 굴착기를 사용하여 소정의 지지 지반까지 구멍을 파서 그 속에 콘크리트를 타설하여 원형기둥 기초를 만드는 공법이다.

(2) 시공 순서

① 요동장치를 이용 케이싱 압입
➜ 내부 토사 굴착(*Hammer Grab*)

➡

② 지지층 확인 및 공내 청소(*Slime* 처리)

➡

③ 철근망(*Cage*) 제작 후 공내 근입
➜ 케이싱 인상

➡

④ 트레미관 설치 후 콘크리트 타설
➜ 케이싱 튜브 인발

(3) 공법의 특징

장 점	단 점
① 저진동, 저소음 공법이다.	① 암반의 경우 굴착이 불가능하다.
② 배출되는 토사로 지반의 상태와 종류를 파악할 수 있다.	② 콘크리트 타설 후 케이싱을 인발 시 철근이 같이 따라 올라오는 현상이 있다. = 공상 현상
③ 15° 정도까지의 경사말뚝의 시공이 가능하다.	③ 대형 장비로서 넓은 작업장이 필요하다.
④ *All cassing*이므로 공벽붕괴의 우려가 없다.	④ 안정액을 사용하지 않으므로 지하수의 처리가 어렵다.
⑤ *Heaving, Boiling*의 우려가 없다.	⑤ 전석이나 호박돌이 있는 지층에서는 케이싱의 압입이 어렵다.

✓ 케이싱 튜브의 요동장치는 *Oscillator*라 불리는 기계를 이용하여 상하, 좌우방향으로 유압 피스톤으로 케이싱에 요동을 주어 지중에 압입한다.

5. *RCD* 공법(*Reverse circulation drill method*)

(1) 개 요

독일에서 개발한 공법으로 지하수위 이하까지 *Stand pipe*로 공벽을 보호하면서 천공하고 지하수위 이하는 정수압을 이용하여 공벽을 보호하면서 압력수를 순환하여 *Drill bit*로 토사를 굴착하고 *Drill pipe*로 배출 처리하며 현장타설 콘크리트 말뚝을 설치하는 공법이다.

(2) 공벽붕괴 방지의 원리

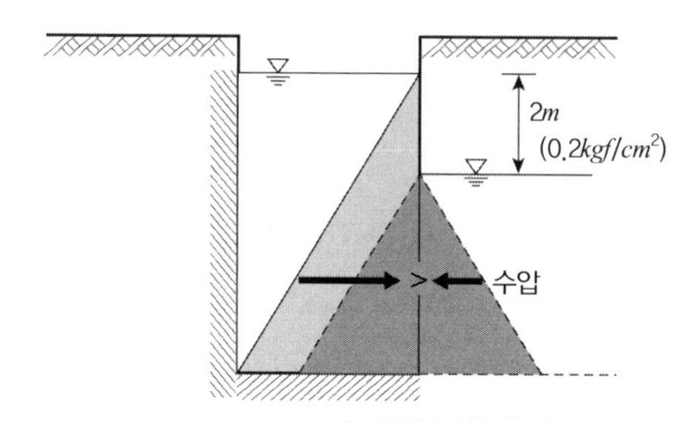

(3) 시공 순서

① *Stand pipe* 설치

➡

② 정수압($0.2kgf/cm^2$)으로 공벽을 유지하면서 *Drill bit*로 토사굴착 및 배출

➡

③ 철근망 제작 후 공내 근입

➡

④ 트레미관 설치 후 콘크리트 타설
➜ *Stand pipe* 인발

(4) 공법의 특징

장 점	단 점
① 저진동, 저소음 공법이다. ② 배출되는 토사로 지반의 상태와 종류를 파악할 수 있다. ③ *Benoto*, *Calwelde* 등의 공법과는 달리 그래브 또는 버켓을 지상으로 인양하는 수고가 없어지므로 연속굴착이 가능하며 시공 능률이 좋다. ④ 특수한 빗트에 의해서 연경암층도 무진동으로 굴착 가능하다.	① 드릴파이프 직경(150~200*mm*)보다 큰 호박돌이 있는 경우 굴착이 불가능하다. ② 지층조건에 따라서는 말뚝선단 및 주변지반이 이완되는 경향이 있다. ③ 이수 순환설비를 위한 공간이 확보되어야 하고 굴착토 및 이수 처리가 어렵다. ④ 정수압 또는 안정액만으로 수위가 유지되지 않는 지층조건에서는 시공이 곤란하다.

6. *Earth drill* 공법(*Calwelde* 공법)

(1) 개 요

미국의 *Calwelde* 사가 개발한 공법으로 말뚝을 설치하고자 하는 구멍의 굴착은 크레인에 부착된 캐리바(*Kelly*−*Bar*)에 의해 회전되는 *Drilling bucket*을 활용하고 공벽의 안정을 안정액을 사용하여 굴착한 후 철근망을 넣고 콘크리트를 타설하여 콘크리트 말뚝을 만드는 공법이다.

(2) 시공순서

Drilling bucket 굴착 → 케이지 삽입 → 슬라임 처리 → 트레미관 설치 → 콘크리트 타설

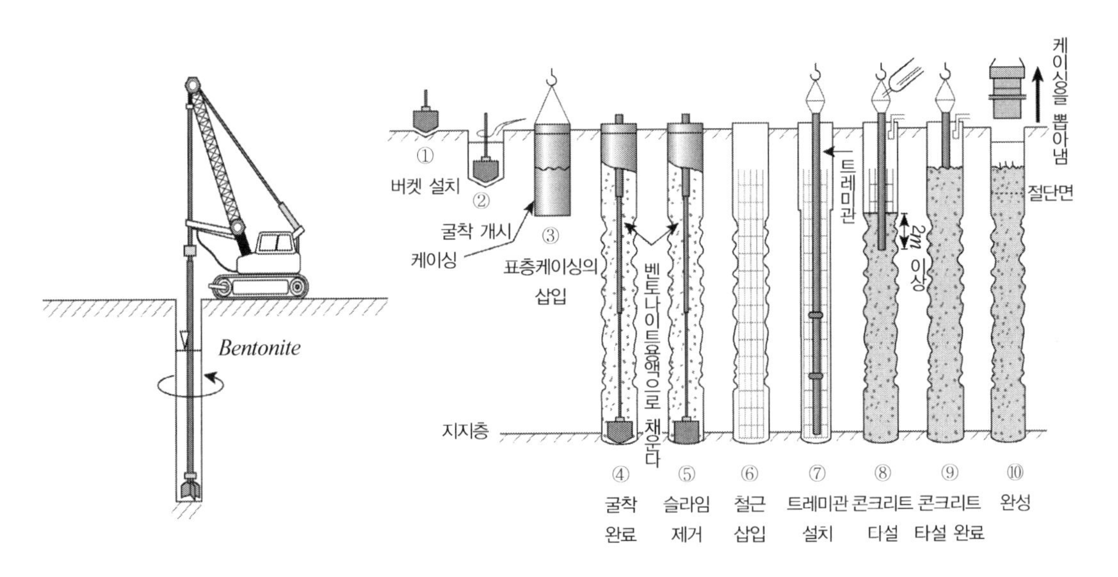

(3) 특 징

장 점	단 점
① 저진동, 저소음 공법이다. ② 배출되는 토사로 지반의 상태와 종류를 파악할 수 있다. ③ 굴착속도가 빠르다. ④ 타공법에 비해 가격이 저렴하다. ⑤ 기계장치가 소형으로 기동성이 좋다.	① 전석, 호박돌이 있으면 굴착이 곤란하다. ② 공벽붕괴의 우려가 있다. ③ 안정액 사용후 별도의 폐기처리가 필요하다. ④ 안정액을 사용하므로 지반과 콘크리트와의 부착력이 저하되어 말뚝의 주면마찰저항이 적어진다.

7. 심초공법 : 인력 굴착 공법

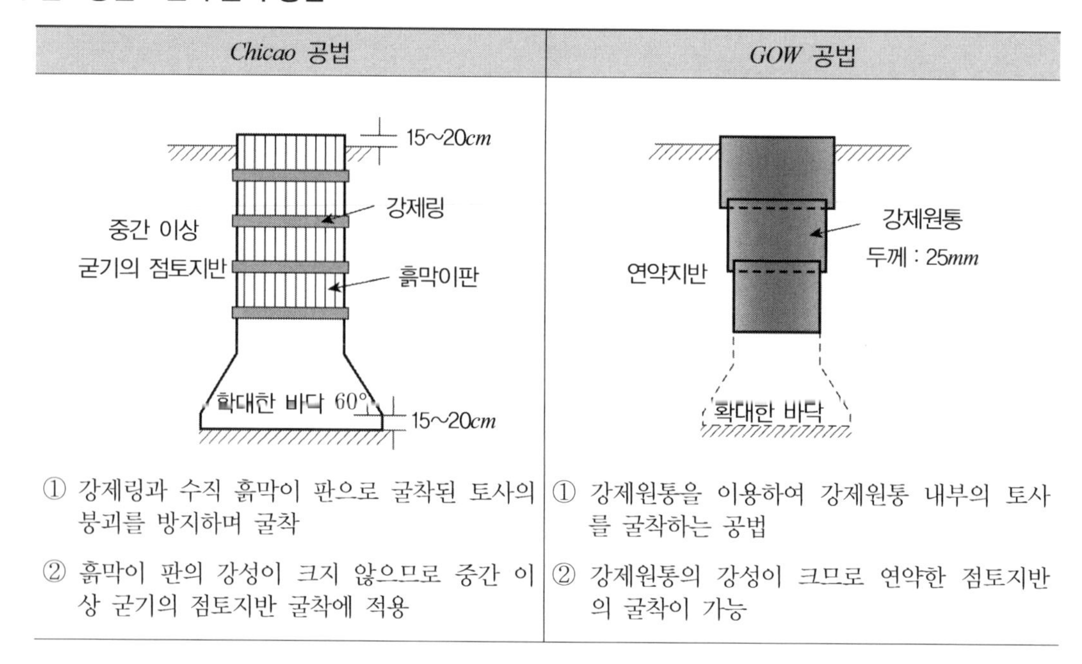

Chicao 공법	*GOW* 공법
① 강제링과 수직 흙막이 판으로 굴착된 토사의 붕괴를 방지하며 굴착 ② 흙막이 판의 강성이 크지 않으므로 중간 이상 굳기의 점토지반 굴착에 적용	① 강제원통을 이용하여 강제원통 내부의 토사를 굴착하는 공법 ② 강제원통의 강성이 크므로 연약한 점토지반의 굴착이 가능

8. 현장타설 콘크리트 말뚝의 특징

(1) 공법 비교

공법명	굴착장비	공벽보호	안정액
베노토 공법	***Hammer grab***	***Cassing tube***	미사용
RCD	***Drill Bit***	정수압	필요시 사용
Earth drill 공법	***Drilling Bucket***	안정액	사 용
심초 공법	인력굴착	흙막이 판, 원통	미사용

(2) 특 징

구 분	*Benoto* 공법	*RCD* 공법	*Earth drill*
적용 토질	매우 단단한 지반	$N \leq 50$	$N \geq 5$
암반 굴착	불 가	가 능	불 가
구 경	2*m*	6*m*	2*m*
굴착 심도	50*m*	200*m*	30*m*
피압 지반	가 능	니수로 누를 정도면 가능	니수로 누를 정도면 가능
복류수 구간	가 능	어려움	어려움
경사 말뚝	가 능	불가능	불가능
수상 시공	불 리	가장 유리	불 리
작업 공간	넓어야 함	가장 유리	넓어야 함
공벽 붕괴	없 음	정수압 유지로 가능	안정액 관리 시 가능
철근 공상	있 음	없 음	없 음

39 현장타설 말뚝공법에서의 슬라임 처리

1. 개 요

(1) *Slime*이란 굴착 도중 공벽 붕괴를 방지하기 위해 사용한 *Bentonite*와 굴착토사 중 지상으로 배출되지 않고 공저에 남아 침전된 찌꺼기를 말한다.

(2) 굴착 후 시간이 경과하면 침전된 *Slime*이 제거되지 않을 경우 콘크리트의 강도가 저하되고 말뚝의 선단 지지력 저하, 침하로 인한 상부구조물에 변위를 수반하는 결과를 초래하므로 반드시 제거되어야 한다.

2. *Slime*을 고려해야 할 현장타설 말뚝의 종류

(1) *Benoto* (2) *RCD* (3) *Earth Drill*

3. *Slime*의 영향

(1) 침 하 (2) 지지력 저하 (3) 상부구조 균열

4. *Slime* 제거방법

(1) *Slime* 제거 시기

① 굴착 직후 : 1차 처리

② 2차 처리
철근망 건입 후 혹은 *concrete* 타설 직전에 시행하는 것으로서 통상 *tremie pipe*를 이용한 *Air Lift* 또는 *Suction Pump* 에 의한 배출방식이 많이 쓰임

(2) 제거 방법

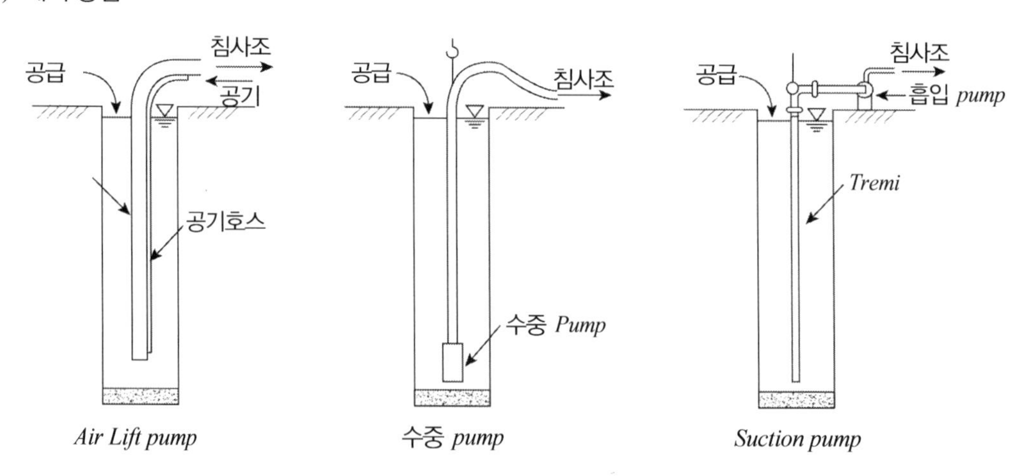

① *Air Lift*
② 수중 *pump*
③ *Water jet*
④ *Suction pump*
⑤ *Mortar* 바닥처리

(3) *Slime* 제거 시 주의사항

① 수위저하 방지 대책 수립 → *Benoto*를 제외한 현장타설 말뚝의 경우 공벽 붕괴 우려

② 분리침전조 → 별도 처리대책 강구

③ 대구경 현장타설 콘크리트 공법의 경우 *Air Lift* 방법만으로 *Slime* 제거가 곤란 → *RCD*의 경우 공회전에 의한 흡입 제거+*Suction Pump* 동시 가동

④ 확인사항 : 배출수 탁도 확인, *Concrete* 타설 전 *CCTV* 촬영 방법 가동

40 현장타설 말뚝의 설계와 시공

1. 개 요

(1) 현장타설 말뚝은 단면이 크므로 강성이 크며, 매우 큰 지지력을 얻을 수 있어 대형 구조물의 기초형식으로 적용한다.

(2) 암반 위에 설치되는 현장타설 말뚝의 지지력은 일반적인 정재하 시험으로 확인이 곤란하며 시추를 통한 암편의 강도, 불연속면의 특성 혹은 암반과 콘크리트와의 부착강도를 이용하여 지지력을 추정한다.

(3) 단, 암편은 불연속면의 특성을 포함하지 않으므로 실제지지력과 차이가 나는 것을 고려하여 극한강도의 20%를 허용 지지력으로 정한다.

2. 현장타설 말뚝기초의 지지 *Mechanism*(원리, 개념) : 교재내용 반복됨에 생략(복습 요망)

3. 현장타설 말뚝의 설계를 위한 지반조사

(1) 시추조사 : 불연속면의 특성 → *RQD*, *RMR*

① 공경의 현실화 : *BX* → *NX Size* 추천

② *core barrel* 선정

연경암 ➡ *Double tube core barrel*, 풍화암/파쇄대 ➡ *Triple tube core barrel*

③ *Bit* 형식 : 연 경암(*Metal bit*) / 풍화암, 파쇄대(*Diamond bit*)

④ 숙련 기술자 배치

(2) 공내재하 시험(深度別) : 주면 지지력, 선단 지지력 추정

(3) 일축 압축강도 : 시추 *Core* 실내시험 → 지지력 추정

(4) 시추조사 깊이

① 지중응력 영향 범위

② 말뚝 직경의 2~3배 깊이까지

4. 지지력 산정방법 분류

(1) 총 괄

추정에 의한 방법	현장시험에 의한 방법	재하시험에 의한 방법
① 선단 지지력에 의한 방법 ② 암과 콘크리트의 부착에 의한 방법	공내 재하 시험	정재하, 동재하시험

(2) 선단 지지력에 의한 방법

① 일축 압축 강도 고려

$$q_a = \left(\frac{1}{5} \sim \frac{1}{8}\right) q_u$$

여기서, q_a : 허용 지지력($tonf/m^2$) q_u : 일축 압축 강도($tonf/m^2$)

② 일축 압축 강도, 불연속면 간격과 틈 고려

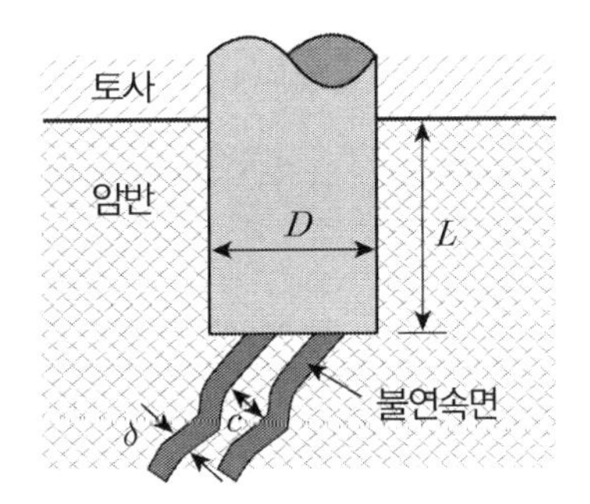

$$q_a = K_{sp} \cdot q_u \cdot d$$

여기서, K_{sp} : 암반 상태에 따른 계수

d : 근입깊이 계수$\left(0.8 + 0.2\frac{L}{D}\right) \leq 2$

(L : q_u 가 적용된 암반 속 말뚝 길이)

(3) 암과 콘크리트의 부착에 의한 방법

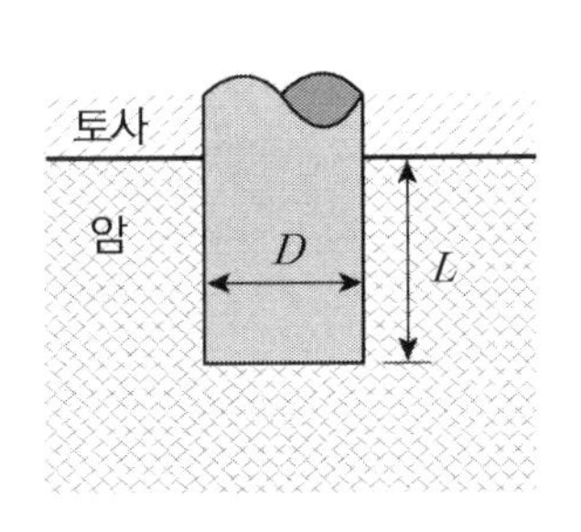

$$q_a = \pi \cdot D \cdot L \cdot f_a (ton)$$

여기서, L : 암속의 말뚝 길이

f_a : 허용 부착 강도 (콘크리트 강도의 약 3%)

(4) 공내 재하시험

① 선단 : $q_u = P_o + K_g (P_L - P_o)$

② 주면 : 한계압에서 추정(P_L)

✓ **현장타설 말뚝** : $q_u = q_p \cdot A_p + q_s \cdot A_s = (P_o + K_g(P_L - P_o))A_p + P_L \times A_s$

(5) 기타시험 : 정 · 동재하 시험, *Osterberg* 재하시험

※ 정 · 동재하시험의 *Modeling*

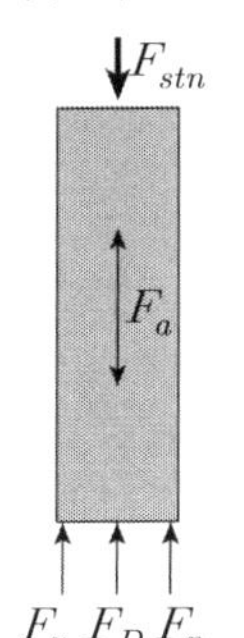

F_{stn} : 정 · 동재하시험기의 힘

F_a : 관성력

F_u : 간극수압 저항

F_D : 감쇄저항

F_P : 징직 지지력

$F_{soil} = F_u + F_D + F_p$

✓ **평형 방정식 → 등가 정재하시험 곡선(*equivalent static curve* 또는 *derived static curve*)**

$$F_{stn} = F_{soil} + F_a = F_u + F_d + F_p + F_a$$

5. 지지력 평가 시 고려사항

(1) 말뚝 재료의 압축응력 : 항타할 때나 항타 후 상부하중에 비교한 말뚝의 장기 허용압축응력이 커야 함

✓ 보통 300kgf/cm^2이 공칭강도이므로 설계기준강도는 공칭강도의 80%로서 240kgf/cm^2이며 허용응력은 설계기준강도의 1/4인 60kgf/cm^2으로 보며 말뚝의 허용응력과 지반의 허용 지지력중 작은 값을 기준으로 설계 검토함

(2) 세장비 = 장경비 : μ = 말뚝길이 / 말뚝직경

긴 말뚝의 경우는 휘어지고 연직으로 관입되지 않고 편심이 생기기 때문에 타격에너지가 크게 되어 말뚝에 손상을 주는 등 지지력의 저하를 가져온다.

(3) 무리말뚝 : 사질토에서는 고려하지 않으며 점토지반에서만 고려한다.

(4) 부주면마찰력

선단 지지말뚝이 점토층을 관통하여 설치된 경우, 점토층 상부에 성토를 하거나 지하수위가 저하되는 등 점토층이 압밀침하가 되는 경우 말뚝을 점토층이 끌어내리면서 말뚝 주면에 부주면마찰력이 발생하여 지지력의 저하를 가져온다.

(5) 말뚝의 침하 : 외 말뚝보다 군항의 침하량이 많다.

(6) 적당히 말뚝을 배치하고 상재하중에 의한 말뚝반력을 계산해 말뚝의 지지력이 크게 되도록 설계한다.

6. 시공 시 주의사항

(1) 장비이동 및 설치

① 작업장은 균일하게 정지해놓는다.

② 지중 매설물에 대해서는 이설 또는 방호 조치한다.

③ 기계를 수평으로 하여 말뚝 중심에 설치한다.

④ 작업 중 기계가 기울어져 말뚝이 경사지거나 편심을 받을 우려가 있거나 *CASING TUBE* 인발 시 인발반력에 따른 설치지반의 지내력이 부족할 경우에는 복공판 등으로 보강한다.

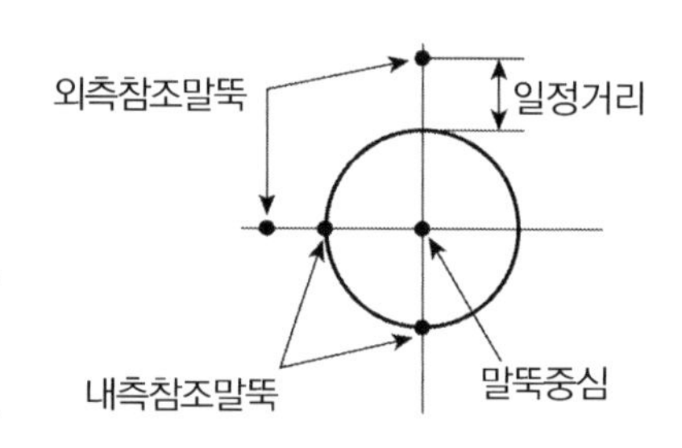

⑤ 정확한 말뚝중심과 굴착 중심을 일치시키기 위하여 미리 지상에 중심점을 기준으로 *CASING TUBE*와 외주를 그려놓고 그림과 같은 참조말뚝을 설치하여 굴착 작업시 편심의 유무를 확인한다.

(2) 굴착 시 주의사항

① 지하수위 이하의 사층 또는 자갈층을 굴착할 경우에는 공내수위를 유지하여야 한다.

② 구조물에 근접해서 시공할 경우에는 *PILE* 주변지반이 연약해지는 것을 방지하기 위해 굴착기가 *CASING TUBE* 선단보다 앞서는 것을 가능한 피해야 한다.

③ 굴착 중 지중으로부터 천연가스 분출에 충분히 주의해야 한다.

④ 말뚝 선단지반의 연약화(굴착에 의한 지반응력의 해방과 굴착기의 충격 보링현상) 굴착 중 공내 수위 유지와 단단한 지층을 굴착할 경우 *HAMMER GRAB* 및 *CHISEL*의 낙하고를 줄여 시공하고 필요시에는 *BASE GROUTING*을 실시하여 말뚝선단 지반을 보강할 수 있다.

⑤ 말뚝 주변지반의 연약화

㉠ 주 원인 : *CASHING SHOE*의 외경과 *CASHING TUBE* 외경과의 차이에 의한 공극과 *CASHING* 압입보다는 굴착이 선행 → 공벽붕괴에 따른 공극, 굴착기 충격 및 진동, 느슨한 모래 지반에서 굴착 시 간극수압의 상승에 의한 유효응력 감소

㉡ 대책 : *CASHING*을 굴착보다 선행시키며 굴착 중 충격 및 진동을 최소화하는 방법 외에는 없다.

⑥ 지지층의 확인 및 근입

㉠ 굴착기로부터 배출되는 토사를 확인

㉡ 굴착깊이 및 굴착속도를 참고하여 굴착토사와 지반조사자료를 비교

㉢ 관입깊이는 가능한 1.0m 이상 견고한 지반 속에 관입시켜야 함

(3) *SLIME* 제거

① 침전물은 상부구조물의 치명적인 침하가 발생하므로 어떤 방법으로든지 *SLIME*은 제거되어야 한다.

② *SLIME*을 미제거 후 콘크리트를 타설하게 되면, 말뚝의 지지력이 떨어지고 때로는 철근망을 밀어올리는 등의 폐해가 발생하게 된다.

③ *SLIME* 처리방법은 굴착 완료 후 철망을 삽입하기 전에 처리하는 1차 처리와 콘크리트 타설 직전에 하는 2차 처리로 구분된다.

(4) 철근망 공상 방지 : *Benoto* 공법에 한함

철근망 하부에 보강근 또는 철판을 부착하여 철근망이 뜨는 것을 방지한다.

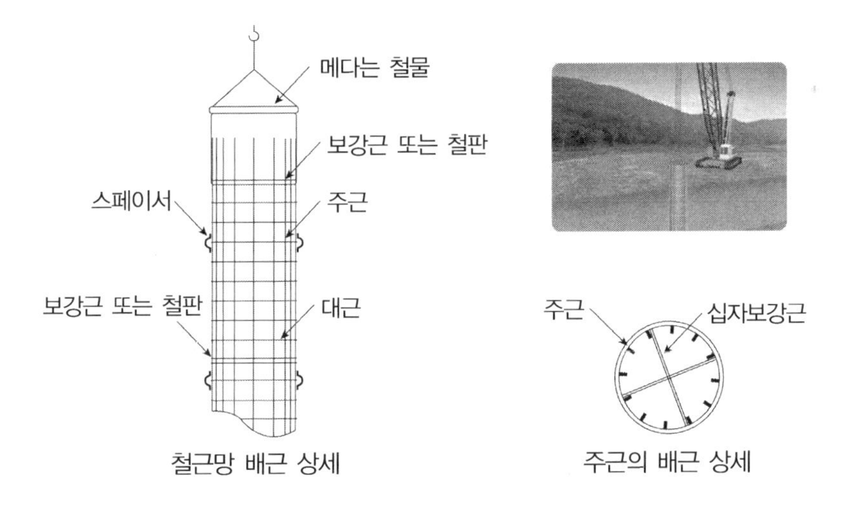

철근망 배근 상세

주근의 배근 상세

(5) 콘크리트 타설

① 트레미관에 의한 수중 콘크리트 타설

② 배합설계에 따른 품질 확보(재료분리 방지와 유동성을 고려 필요시 혼화재 첨가)

③ 콘크리트 타설은 완료 시까지 연속 타설되야 하며 트레미관이 콘크리트 속에 2.0*m* 이상 묻혀 있도록 해야 한다.

④ 계산상 콘크리트 타설량과 실제 콘크리트 타설량을 비교하여 변화가 없는지 체크한다.

7. 평 가

(1) 암반에 대한 지지력을 산출하기 위해서는 *NX* 시추공에서의 *Double core barrel*로 시료 채취가 양호해야 함(불연속면 파악, *RQD*에 의한 지지력 표 이용 가능)

(2) 공내 재하 시험 실시 요망됨

(3) 일축압축강도 시험 실시하며 시료 성형이 어려운 경우 점하중 시험 실시함

(4) 근입깊이는 최소 1*m*로 하며 1*D*가 바람직함

(5) 연암은 $300 tonf/m^2$, 경암 $700 tonf/m^2$ 정도의 허용 지지력으로 판단됨

(6) 현장타설 말뚝 자체의 강도가 가장 중요함

41 현장타설 말뚝의 건전도

1. 개 요

(1) 국내외에서 장대교량과 초고층 건축물에 대한 수요가 급증하고 있는 바, 설계하중이 큰 대형 구조물의 기초는 일반적으로 직경 1*m* 이상의 대구경 현장타설 말뚝으로 시공된다.

(2) 국내 지반의 경우에는 암반층이 비교적 얕은 심도에 존재하기 때문에 토사층과 암반층의 이중 굴착이 이루어지고 있으며, 지하수위가 높으므로 주로 *RCD* 공법에 의한 수중 콘크리트 타설을 시행한다.

(3) 따라서 공장에서 제작되어 검사를 완료한 기성콘크리트 말뚝과는 달리 말뚝 자체의 결함을 내포할 가능성이 많은 현장타설 말뚝에 대한 시공과정에서의 결함을 감지하기 위한 건전도 검사는 매우 중요한 품질관리 사항의 일부이다.

(4) 건전도 검사는 말뚝의 설계조건과 상이하게 시공된 사항에 대하여 평가하는 행위이다.

2. 현장타설 말뚝의 건전도 위해요인

(1) 콘크리트 타설 중 *Cold Joint* 발생

(2) 케이싱의 인발을 위하여 지나친 요동을 가한 경우

(3) 철근망의 공상

3. 현장타설 말뚝의 결함 종류

현장타설 말뚝기초에서 흔히 발생하는 내부 결함으로는 아래 그림에 제시되어 있는 바와 같다.

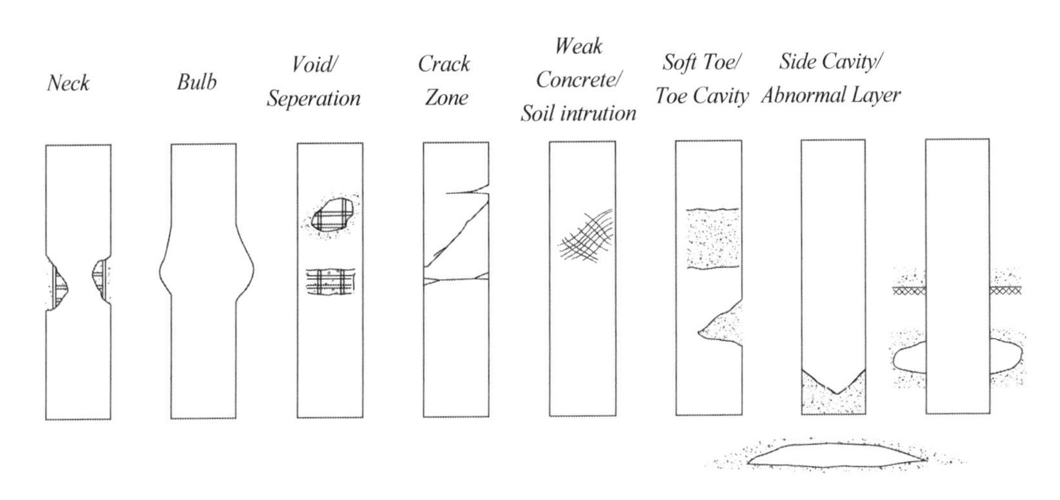

(1) 병목부(*Neck*)

(2) 확대부(*Enlarged zone* 또는 *Bulb*)

(3) 공동(*Void*)

(4) 콘크리트 재료 분리(*Separation*)

(5) 균열(*Crack*)

(6) 파쇄부(*Crushed zone*)

(7) 시공이음(*Splice*)

(8) 불량 콘크리트(*Weak concrete*) 그리고 토사 혼입부(*Soil Intrusion*) 등을 들 수 있다.

4. 건전도 평가 종류와 절차

(1) 종 류

① 비파괴 시험 : 탄성파 이용 혹은 *Sonic test*(비검층, 검층)

② *Core* 채취

③ 재하시험(정재하, 정·동재하 시험)

(2) 절차 : 비파괴 시험 → *Core* 채취 → 재하시험

5. 건전도 평가 방법

(1) 비파괴 검사

구 분	결함 조사법
검측공 시험법	***Crosshole Sonic Logging(CSL)*** 기법
	Gamma 선을 이용하는 방법
비검측공 시험법	충격반향기법(***Impact－Echo Method***)
	충격응답기법(***Impulse Response Method***)

① 검측공 이용 비파괴 검사

㉠ *CSL* 기법 : 말뚝에 검측공을 설치하고 발진자와 수신자 *Senser*에 의해 검사하는 방법

ⓐ 초음파를 이용

ⓑ 지지력 측정 곤란

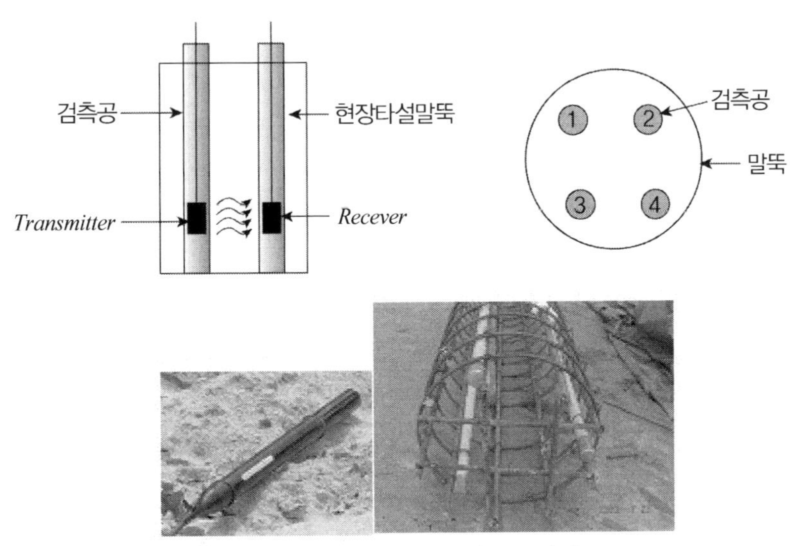

Crosshole Sonic Logging(*CSL* 기법)

㉡ *Gamma* 선 이용법

CSL 동일한 방법으로 검측공은 *PVC* 사용하고 감마선 *Source*와 *Receiver* 이용

② 비검측공 이용 비파괴 검사

㉠ 충격반향기법

말뚝 표면에 충격을 가하여 말뚝 내부로 전파되는 *P*파와 *S*파를 이용하여 검사하는 방법

㉡ 충격응답기법

충격 *Hammer*를 말뚝 두부에 타격한 후 이때 발생하는 충격력과 응답을 말뚝 표면에 설치되어 있는 감지기로 측정하는 방법

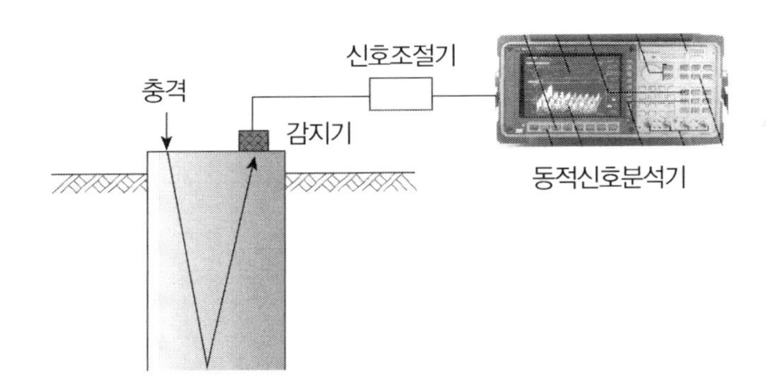

(2) *Core Boring*

① 규격 : $NX\ size(\phi 76mm)$

② 결함형태 확인

③ 지지력 확인 곤란

④ *Core* 압축강도 측정

⑤ 육안 판독 가능 검측공 이용 비파괴 검사

(3) 동재하시험

① 지반조건에 대한 힘, 속도, 파형관계를 통한 건전도 분석

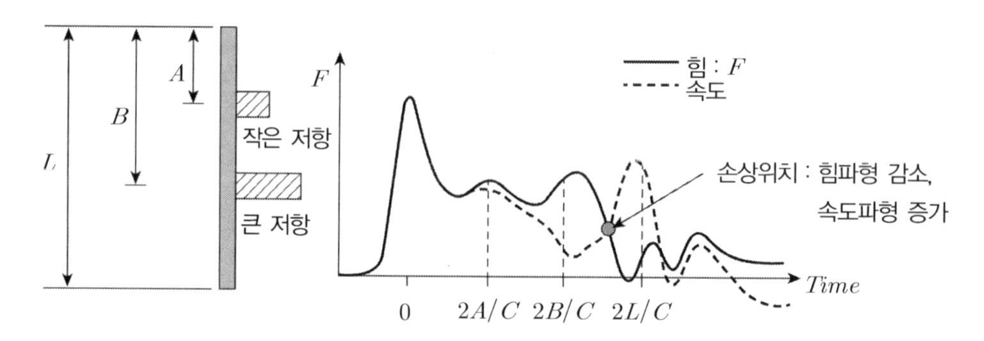

✓ **힘과 속도의 비례관계가 깨지게 되면 말뚝의 손상을 의미함**

② 압축응력

말뚝고유의 허용압축강도 > PDA 측정 압축응력

③ 인장응력

허용 인장강도 > PDA 측정 인장응력

④ 건전도 지수(β)에 의한 평가

β(%)	평 가	β(%)	평 가
100	양 호	60～80	손 상
80～100	약간 손상	60 이하	파 손

✓ 건전도 지수(β) : 말뚝재질이 일정한 경우 원 단면적에 대한 줄어든 단면적의 비율

⑤ 특 징

㉠ 손상위치 판단

㉡ 지지력 측정 가능

㉢ 손상형태의 육안판별 불가능

(4) 정재하 시험 : 지지력 확인은 가능하나 결함부위의 파악은 곤란

예) 완속재하(표준재하) 방법 : 총 시험 소요시간 3～4일

(5) 정 · 동재하시험

① 시험법 : 작용 – 반작용의 원리 이용

② 판정특성

지지력은 측정 가능하나 손상형태의 측정은 불가

6. 보강 대책

(1) 현장 타설 콘크리트 말뚝 보수, 보강 공사 절차

① 건전도 검사 대상 파일 선정

② 선정 파일 건전도 검사 / 분석

③ 결함 및 결손 파일 선정

④ 결함 부위의 심도 및 결합 정도에 따라 시추공수, 굴진 심도 결정

⑤ 천공 및 공청소

⑥ 공청소 및 수압시험

⑦ *DRILL LOG*, *CORE* 회수상태 및 *LUGEON* 값을 이용하여 공동 유무, 균열 발달상태 등 분석

⑧ 주입재, 배합비 및 주입압력 결정

⑨ *GROUTING* 실시

⑩ 확인 *SONIC TEST*

(2) 고압분사 공법

① 적용 : *Slime* 또는 결함부가 큰 경우

② 결함부를 완전 치환토록 주입

(3) *GROUTING* 시공(주입공법)

① 적용 : 공동과 균열

② 미세균열 : *Micro Cememt*

(4) *Micro Pile*

① 적용 : 지지력 확보가 불가능하다고 판단된 경우

② 방법

GROUTING 보강과 병행하여 철근 보강재를 사용, *MICIRO* − *PILE*을 설치

㉠ 내경 $\Phi 100mm$(4") 천공 공내에 공당 $\Phi 29mm$ 이형철근 4가닥 한 묶음씩을 설치하고 1차 중력식 *GROUTING*을 실시

㉡ *SLEEVE PIPE*에 설치한 패커에 단계별로 압력주입을 실시한다.

42 RC Pile 두부, 중간부, 선단부 파손원인과 대책

1. 개 요

(1) 말뚝의 파손의 원인은 지반과 항타장비, 말뚝재료 등의 부조화로 인하여 발생한다.

(2) 정역학적 지지지력 공식에서 구한 소요깊이까지 말뚝 파손없이 관입시킬 수 있는 능력을 '항타시공 관입성'이라 한다.

(3) 항타시공 관입성은 *WEAP* 해석으로 구하며 *WEAP* 해석은 항타 시에 사용하는 말뚝 및 항타장비의 제원과 현장 지반 특성치로부터 동적 이론을 이용하여 말뚝의 지지력을 예측하는 프로그램이다.

(4) 그러나 말뚝의 지지력을 구하는 방법 중 정역학적, 동역학적 지지력공식은 말뚝의 항타시공관입성을 고려하지 못하므로 *WEAP* 해석을 통한 말뚝의 항타시공관입성을 반영할 필요성이 있다.

2. 말뚝파손을 방지하기 위한 *WEAP* 해석 절차 → 출력

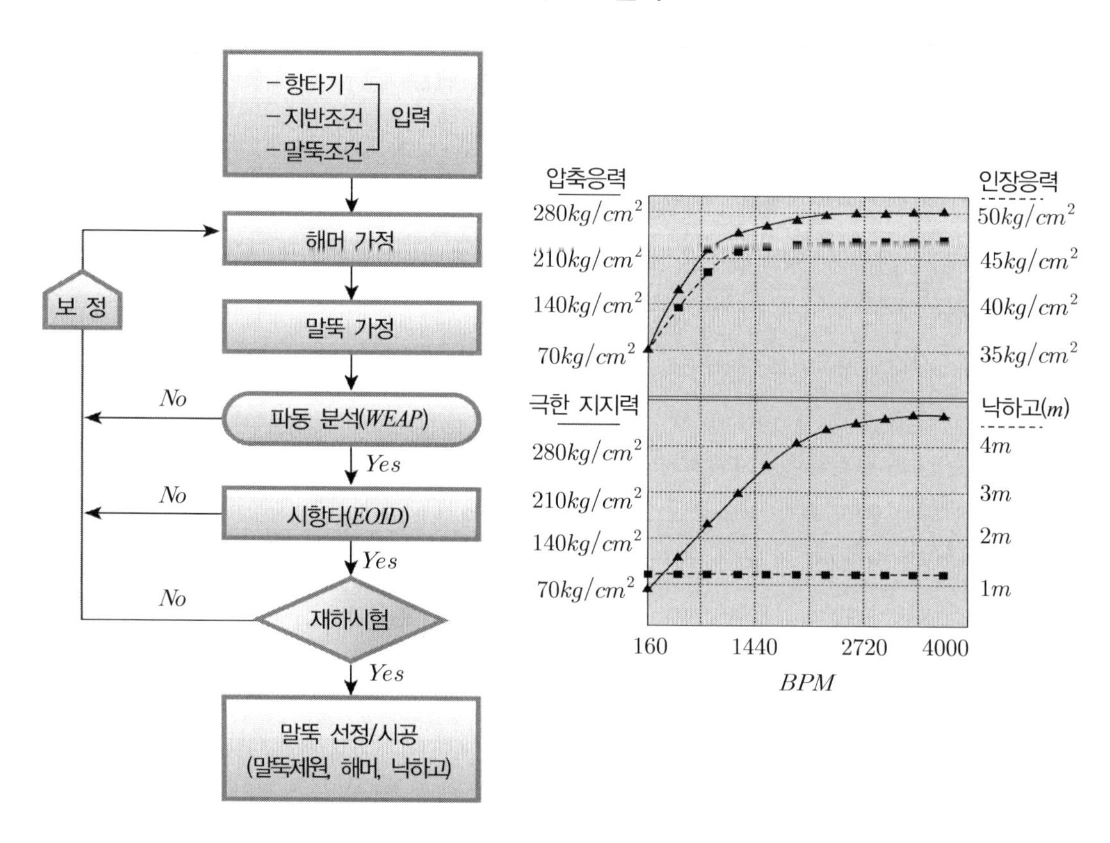

3. 말뚝파손의 주요원인

(1) 해머 중량
(2) 해머의 낙하고
(3) 이음
(4) 용접 불량
(5) 1회 타격깊이
(6) 총타격횟수
(7) 축선 불일치
(8) 부마찰력

4. 말뚝파손의 형태

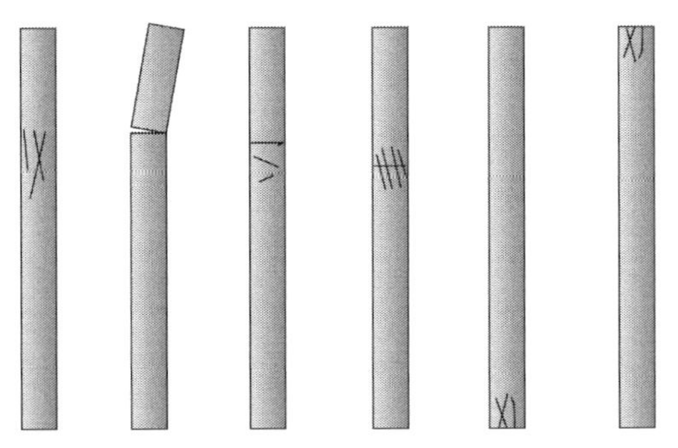

5. 두부파손

(1) 원 인

① 말뚝강도 부족
② 편심 항타
③ 타격에너지 과다
④ 축선 불일치
⑤ *Hammer*의 과다 용량
⑥ *Cushion* 두께 부족

(2) 대 책

① 강도 확보

제조 시 타설, 원심력, 양생에 주의하여 충분한 강도가 확보되도록 품질관리를 함

② 편타 금지 : *Pile*의 연직도 *check* (수직 허용오차는 *L*/50 이하)

③ *WEAP* 해석에 의한 적정 중량의 해머 및 낙하고 결정

④ 축선 일치 : *Leader*와 *pile*의 중심선은 일치시킴

⑤ *Cushion*의 두께 확보

- *Cushion*의 두께가 얇으면 타격 시 충격에 의해 파손되므로 두께를 확보하여 파손 방지함
- *Cushion*은 결속을 단단히 하여 충격 시에 이탈되지 않도록 함

⑥ 총타격횟수 제한 : 2,000회, 최종 10*m* 부분은 800 이하로 한다(강관 말뚝은 3,000회 이내).

6. 중간부 파손

(1) 원 인

① 연약지반의 항타 시 인장응력 발생

연약한 점토나 사질 지반에서 타격 시 중간부 또는 이음부에서 이완되어 인장균열이 발생

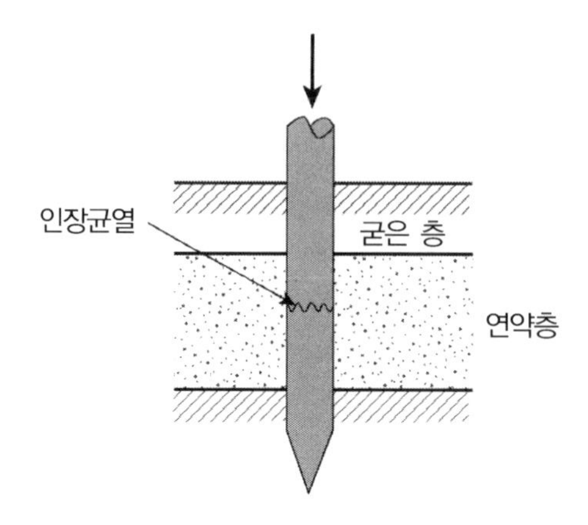

② 이음부 불량

(2) 대 책

① 설계 시 : *WEAP* 해석에 의한 인장응력 검토

② 시공 시 : *PDA*에 의한 인장응력 확인

③ 타격력 완화를 위한 *Cushion*의 두께를 증가

④ 인장내력이 큰 재료 선택(A → B → C 종) : 강관 말뚝이 안전함

⑤ 유압 해머 사용 : 낙하고 조정 용이

7. 선단부 파손

(1) 원 인

① 지층경사 ② 전석층

③ 해머중량 과다 ④ 총타격횟수 과도

(2) 대 책

① 지층이 경사진 경우 : 강관 교체, *Flat Shoe* 사용

② 전석층 : *Preboring* 후 말뚝 설치

③ *WEAP* 해석에 의한 적정 중량의 해머 및 낙하고 결정

④ 총타격횟수 제한

2,000회, 최종 10*m* 부분은 800 이하로 한다(강관 말뚝은 3,000회 이내).

8. 평 가

(1) 지반의 종류별 항타시공 관입성에 적합한 공법선정

구 분	고려사항	해머 선정
점성토	• 측방유동 • 부마찰력 → *Pile* 인장응력	*Disel Hammer*보다는 유압 *Hammer*가 유리함
사질토	• 전석층 • 한계깊이	유압 *Hammer*보다는 *Disel Hammer*가 유리함

(2) 시항타를 통한 시공장비 및 작업방법 선정 → 최종적으로 정재하 시험을 시행

(3) 말뚝이음부 시공철저

(4) 디격횟수 엄수
R.C 말뚝 : 1,000회 이하, *P.C* 말뚝 : 2,000회 이하, 강재말뚝 : 3,000회 이하

(5) 타입저항이 적은 말뚝 선정 : *H* −*pile*

(6) 기초 말뚝은 상부건물의 하중을 받아 이것을 지반에 전달하는 구조부분이므로 말뚝재의 파손은 구조물의 구조적 불안정 결과를 가져오게 한다.

(7) 따라서 말뚝재료의 강도 확보와 *Cushion*재의 두께 확보 및 연직도 확보 등으로 말뚝의 파손을 방지하여야 한다.

43 항타잔류응력(Residual stress)

1. 정 의

(1) 잔류응력이란 탄성 한계 이상의 하중을 재하로 말뚝이 소성 변형을 한 후 그 하중을 제거해도 말뚝에 남아 있는 응력을 말한다.

(2) 잔류응력의 최대크기는 말뚝의 탄성한도와 동일하며 잔류응력은 말뚝에 가해진 에너지와 평형을 이루기 위해 말뚝 자체 내부에 압축력과 인장력이 존재하게 되는데, 이 둘의 힘의 합은 '0'이다.

(3) 항타에너지에 의해 관입에 필요한 일을 한 후 말뚝에 남은 응력으로서, 즉 항타 시 지반에 관입되기 위한 일보다 큰 에너지를 말하며

(4) 지반과 말뚝의 상대강도차가 큰 경우 발생한다.

2. 잔류응력의 개념도

(1) 잔류응력의 크기
주면마찰력 및 선단 지지력의 크기에 따라 말뚝의 신장이 억제되는 평균상태에서 결정

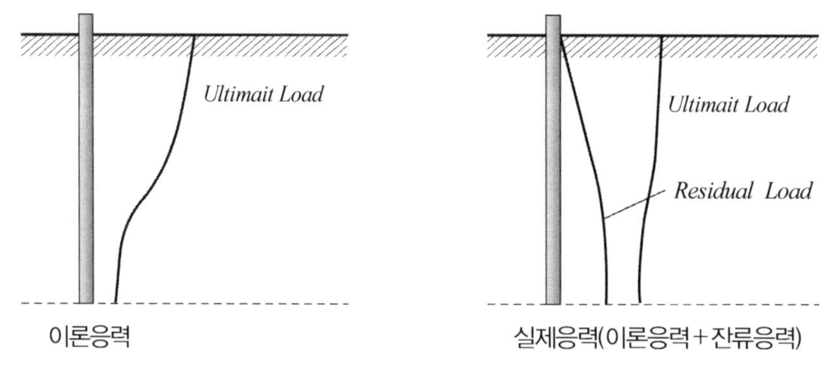

✓ **말뚝재하시험에서 하중전이측정을 위한 스트레인게이지를 이용한 변형값으로부터 잔류응력 측정 가능**

3. 잔류응력의 문제점

(1) 말뚝 파손

(2) 인장 균열

(3) 휨 발생

(4) 지지력 저하

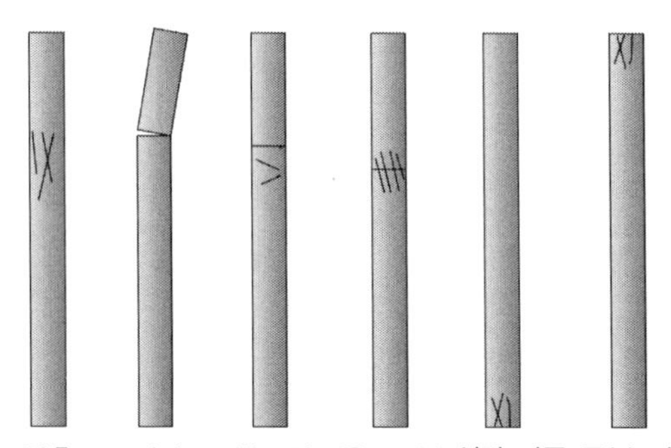

4. 발생 원인

(1) 에너지 : 항타 응력 부조화

① 해머 중량 과다

② 해머의 낙하고 과다

③ 이음 불량 / 용접 불량

④ 총타격횟수 미준수

⑤ 축선 불일치

(2) 재료 : 상대 강도차

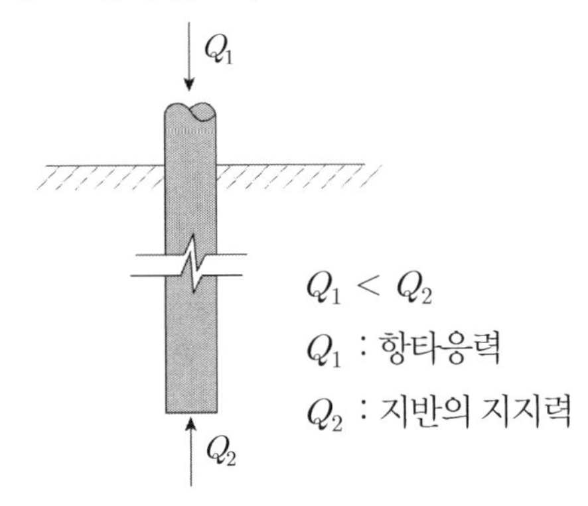

(3) 지반 : 연약지반 시공

(4) 시공 심도가 큰 경우 : 세장비가 큰 경우 잔류응력에 의한 휨, 전단파괴 발생

5. 잔류응력 확인방법

(1) 설계 시 : *WEAP* 해석

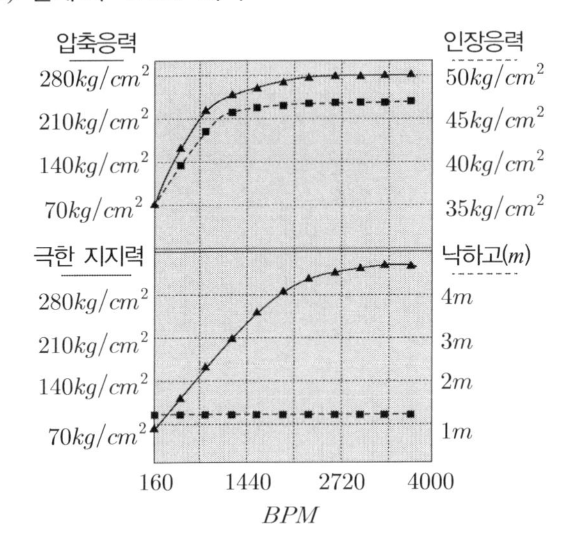

(2) 시공 시 : *PDA*

① 지반조건에 대한 힘, 속도, 파형관계를 통한 건전도 분석

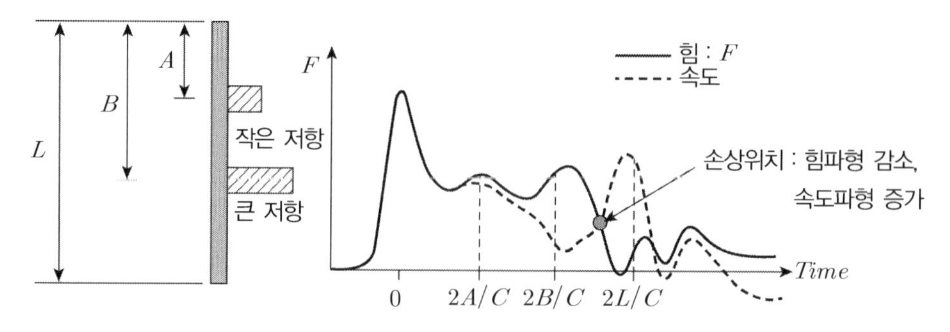

✓ **힘과 속도의 비례관계가 깨지게 되면 말뚝의 손상을 의미함**

② 압축응력 : 말뚝고유의 허용압축강도 > *PDA* 측정 압축응력

③ 인장응력 : 허용 인장강도 > *PDA* 측정 인장응력

④ 건전도 지수(β)에 의한 평가

β(%)	평 가	β(%)	평 가
100	양 호	60~80	손 상
80~100	약간 손상	60 이하	파 손

✓ 건전도 지수(β) : 말뚝재질이 일정한 경우 원 단면적에 대한 줄어든 단면적의 비율

6. 잔류응력 저감대책

(1) 지반조건에 적합한 말뚝과 해머(에너지) 선정

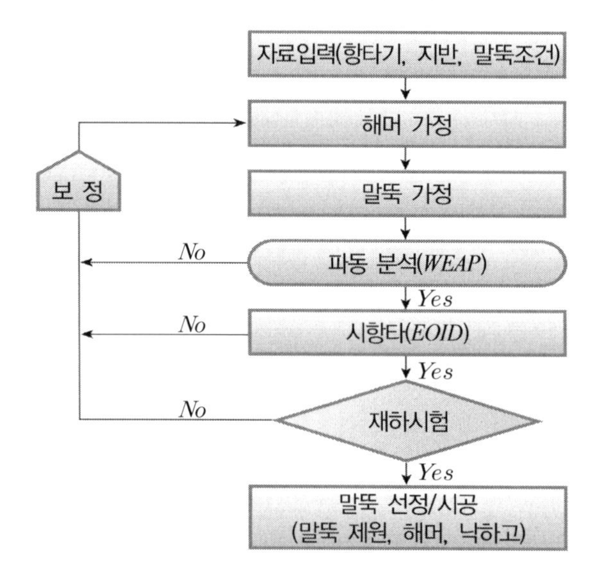

① 적정한 강도의 말뚝재질 사용 : 기성 콘크리트 말뚝보다 강관말뚝, 현장타설 말뚝으로 검토

② 편타 금지 : *Pile*의 연직도 *check* (수직 허용오차는 *L*/50 이하)

③ 축선 일치 : *Leader*와 *pile*의 중심선은 일치시킴

④ *Cushion*의 두께 확보
- *Cushion*의 두께가 얇으면 타격 시 충격에 의해 파손되므로 두께를 확보하여 파손 방지
- *Cushion*은 결속을 단단히 하여 충격시에 이탈이 되지 않도록 함

⑤ 총타격횟수 제한
2,000회, 최종 10*m* 부분은 800 이하로 한다(강관 말뚝은 3,000회 이내).

(2) 부마찰력 저감 조치 후 말뚝시공
연약지반 개량(약액주입공법), 프리보링, 중굴공법

7. 평 가

(1) 지반의 종류별 항타시공 관입성에 적합한 공법선정

구 분	고려사항	해머 선정
점성토	• 측방유동 • 부마찰력 → *Pile* 인장응력	*Disel Hammer*보다는 유압 *Hammer*가 유리함
사질토	• 전석층 • 한계깊이	유압 *Hammer*보다는 *Disel Hammer*가 유리함

(2) 시항타를 통한 시공장비 및 작업방법 선정 → 최종적으로 정재하시험을 시행

(3) 말뚝이음부 시공 철저

(4) 타격횟수 엄수 : *R.C* 말뚝 : 1000회 이하, *P.C* 말뚝 : 2000회 이하, 강재말뚝 : 3000회 이하

(5) 타입저항이 적은 말뚝 선정 : *H*−*pile*

(6) 기초 말뚝은 상부건물의 하중을 받아 이것을 지반에 전달하는 구조부분이므로 말뚝재의 파손은 구조물의 구조적 불안정 결과를 가져오게 한다.

(7) 따라서 말뚝재료의 강도 확보와 *Cushion*재의 두께확보 및 연직도 확보등으로 항타 잔류응력으로 인한 말뚝의 파손을 방지하여야 한다.

44 한계상태 설계법과 허용응력설계법

1. 정 의

(1) 한계상태 설계란 응력과 변위가 일정한 한계상태(구조물의 기능이 종료되는 상태)에 도달되는지 여부를 확률론적으로 고려한 신뢰성 개념의 설계법

(2) 확률론은 신뢰성개념으로 응력의 변동요인과 조사 · 중설계의 불확실 요소를 고려한 설계법으로

(3) 국제기준(*ISO*)에서 제시한 설계법으로 *Eurd code* 와 *LRFD*
(하중저항 계수법 : *Load and Resistance Factor Design*)라고도 함
즉, 허용응력설계법이 불확실요소(변동요인)를 안전율로 고려하였다면 한계상태설계법은 강도와 응력의 적용에 있어 경험적 요인을 고려한 설계임

2. 한계상태설계법과 허용응력설계법 개념 비교

(1) 한계 상태

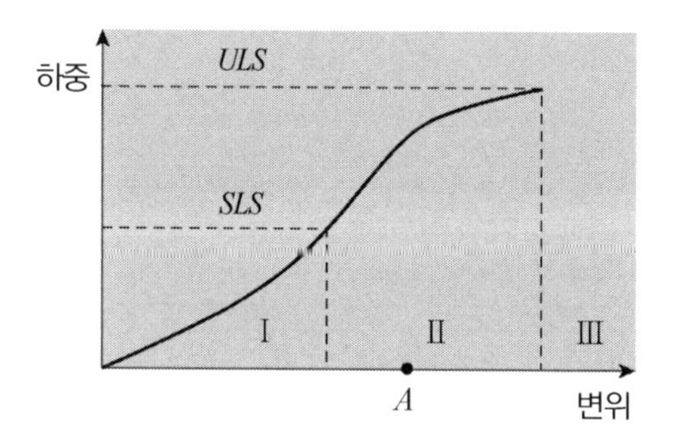

① *ULS*(*Ultimate limit state*) : 극한한계상태(파괴)

② *SLS*(*Serviceability limit state*) : 사용한계상태(사용성에 문제없는 한계)

③ Ⅰ : 공용기간 중 사용성, 내구성이 탄성 범위에 있는 범위

④ Ⅱ : 공용기간 중 사용성, 내구성이 제 기능을 가끔 잃음(소성상태)

⑤ Ⅲ : 공용기간 중 사용성, 내구성을 완전 상실 : 취성파괴(손상파괴)

(2) 허용응력 설계
변위와 응력의 한계범위(위 그림 *A*)를 안전율로 고려하여 설계

3. 한계상태설계법과 허용응력설계법 결과 비교

가정조건

어느 지반에 *SPT*시험결과에서 얻은 말뚝의 지지력은 다음과 같다.

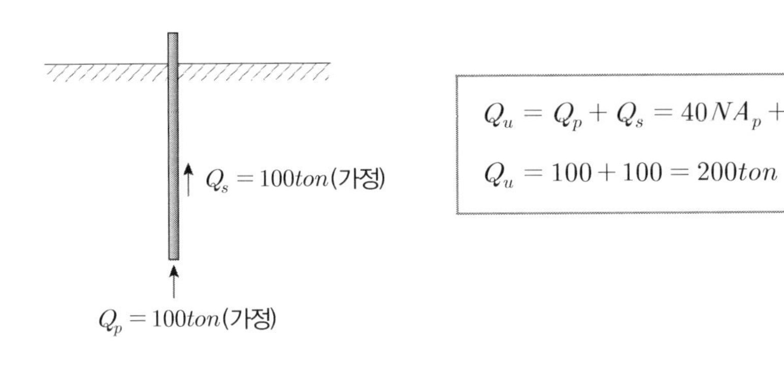

(1) 허용응력 설계법 $Q_a = \dfrac{Q_u}{F_s} = \dfrac{200}{3} = 67ton$

(2) 한계상태 설계법

① 개 념

$$\phi \cdot R_n \geq \sum r_i \cdot Q$$

↓ ↓

지반저항 ≥ 설계하중

ϕ : 저항계수 또는 강도감소계수(<1) *or SPT* → 0.45

R_n : 공칭강도

r_i : 하중증가계수(>1) / *Pile* → 1.25

Q : 하중

② 허용 지지력 산출

$R_n = Q_u$ 이므로 $0.45 \times 200 \geq 1.25 \times Q_a$ 에서

$$Q_a = \frac{0.45 \times 200}{1.25} = 72ton$$

(3) 평 가

구 분	허용응력 설계	한계상태 설계	차
허용 지지력	67*ton*	72*ton*	5.0*ton*

※ 허용응력에 비해 5톤 차이만큼 경제적 설계가 가능함

4. 평 가

(1) 한계상태 설계법은 지반강도(지지력)에 시험여건과 지지조건 등을 고려하여 1보다 작은 강도감소계수 ϕ를 적용하여 사용하고 하중에는 외력(지진 등)에 대한 변동요인을 고려하여 1보다 큰 하중증가계수 r_i를 곱하여 허용 지지력 Q를 구하는 설계이다.

(2) 한계상태 설계는 신뢰성과 확률론에 기초한 설계로서 국제적으로 광범위하게 채택되어 사용 중인 설계법으로

(3) 현재 구조물의 경우 설계기준이 극한강설계(한계상태설계)이나 하부 지반에 대한 설계는 허용응력법으로 설계하는 것은 모순인 것으로 보인다.

(4) 각 계수에 대한 더욱 많은 연구자료를 통해 정량적 평가에 의한 적용이 되도록 향후 발전이 되어야 할 부분으로 사료된다.

하중저항계수 설계법

한계상태설계법은 북미지역에서 사용되는 하중저항계수설계법과 유럽에서 사용되는 유로코드로 나뉜다. 하중저항계수설계법은 설계모델에 의해 계산된 저항(강도)에 재료나 설계모델의 불확실성을 반영하기 위해서 저항계수를 곱해준다. 하중저항계수설계법은 경험과 판단에 근거한 획일적인 안전율을 적용한 기존의 결정론적 설계법과 달리, 대상 구조물에 대해 정의된 각각의 한계상태에 대하여, 하중과 저항(강도) 관련 모든 불확실성을 확률·통계적으로 처리하는 신뢰성 이론에 기초하여 하중계수와 저항계수를 보정(calibration)함으로써 대상 구조물이 일관성 있는 적정수준의 안전율, 즉 최적의 목표신뢰성(target reliability)을 갖도록 하는 보다 합리적인 설계법이다.

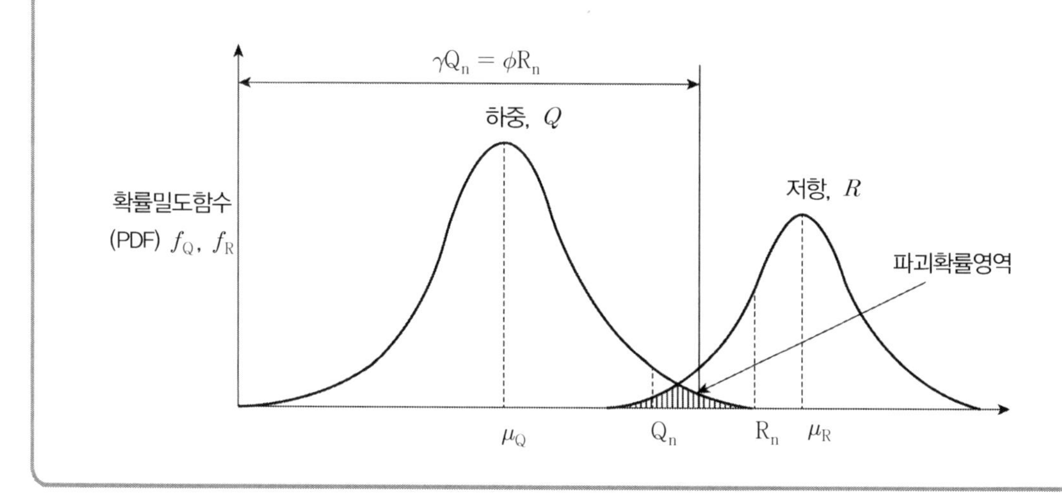

45 소구경 말뚝

1. 개 요

보링 등의 방법으로 지반에 구멍을 뚫고 그 속에 콘크리트를 타설하여 만든 말뚝으로 일반적으로 콘크리를 타설한 후 케이싱이나 외관을 땅속에 남겨두는 유각 현장 타설 콘크리트말뚝과 남겨두지 않는 무각 현장 타설 콘크리트말뚝이 있다.

2. 특 징

(1) 장 점

① 운반비 및 야적에 따르는 비용이 들지 않는다.

② 지지층의 깊이에 따라 말뚝길이의 조절이 가능하다.

③ 말뚝 선단부에 구근을 만들어 지지력을 크게 할 수 있다.

④ 운반이나 기타 취급 중에 손상을 받을 우려가 없다.

⑤ 말뚝의 양생기간이 필요치 않다.

(2) 단 점

① 케이싱 등의 타입에 의한 소음이 일어난다.

② 인접 말뚝의 타입 작업 시에 진동, 수압, 토압 등을 받아 소정의 치수 및 품질이 되지 않는 경우가 있다.

③ 말뚝 몸체가 지반 내에서 형성되므로 품질관리상 어려움이 있다.

④ 중간지층이 $N > 30$의 굳은 지반이면 외관의 타입 및 회수가 곤란하다.

⑤ 케이싱이 없는 경우에 지하수에 함유된 화학성분에 의하여 시멘트가 잘 경화되지 않을 우려가 있다.

3. 종류 및 시공방법

<table>
<tr><th colspan="2">공법명</th><th>시공방법</th><th>특 징</th></tr>
<tr><td rowspan="3">프리팩트 콘크리트 말 뚝</td><td>CIP (Cast in place pile)</td><td>Auger나 시추기로 천공하고 철근과 굵은 골재를 채운다음 시멘트 몰탈을 주입하여 Prepacked 콘크리트 말뚝을 만드는 공법</td><td>MIP, PIP에 비해 지지력이 큼</td></tr>
<tr><td>MIP (Mix in place pile)</td><td>Auger로 굴착하고 Auger 상승 시 원지반과 Auger 선단으로 공급하는 시멘트 몰탈과 혼합하여 일종의 Soil cement를 만드는 공법</td><td>Soil cement로서 강도가 일정하지 않을 수 있음
먼저 시공된 말뚝과 중첩하여 시공함으로써 차수벽의 역할도 가능</td></tr>
<tr><td>PIP (Packed in place pile)</td><td colspan="2">Auger로 굴착하고 Auger 선단의 중공부를 통해 시멘트 몰탈을 주입한 다음 철근이나 H-BEAM을 삽입하여 Prepacked 콘크리트 말뚝을 만드는 공법</td></tr>
</table>

공법명	시공방법	특 징
관입공법	*Franky* 말뚝	외관 사용, 무각
	Pedestal 말뚝	내 · 외관 사용, 무각
	Raymond 말뚝	내 · 외관 사용, 유각

4. 관입공법

(1) *Franky* 말뚝

① 외관 내에 구근이 될 콘크리트를 물이 거의 없는 저 *Slump* 상태로 채우고 무거운 중추로 낙하하여 외관을 지지층까지 관입시킨다. 그 후 외관 내의 콘크리트를 채우고 중추로 타격하고 외관의 일부를 빼면서 반복적으로 콘크리트를 채워 넣으면 지반 내에 구근이 형성되면서 도깨비 방망이 같은 주면마찰력의 발휘가 용이한 콘크리트 말뚝을 형성한다.

② 무각이고 소음 진동이 적어 도심지 공사에 적용 가능하다.

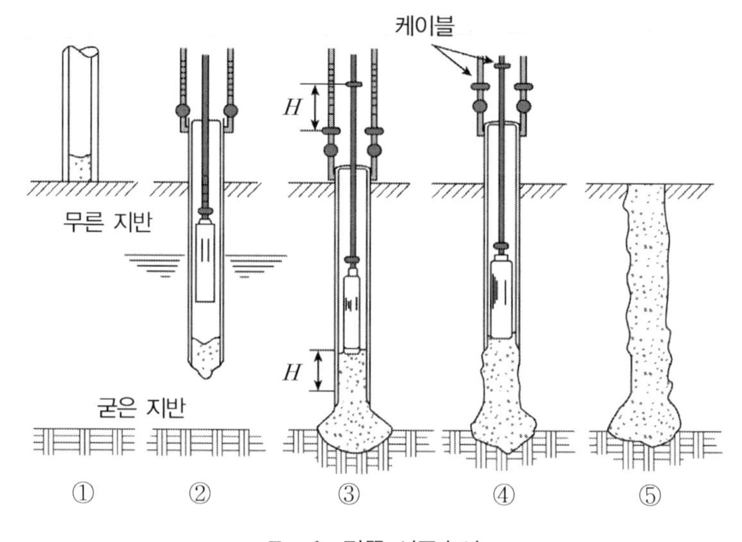

Franky 말뚝 시공순서

(2) *Pedestal* 말뚝

① 케이싱을 직접 타격하여 내·외관을 지반에 관입한 후 내관 내에 구근이 될 콘크리트를 채워넣고 외관 선단부에 막혀 있던 덮개를 개방하고 내관으로 다지면서 콘크리트를 채우면서 외관을 같이 인발하는 공법이다.

② 내관을 직접 해머로 타격하므로 소음이 크며 무각이다.

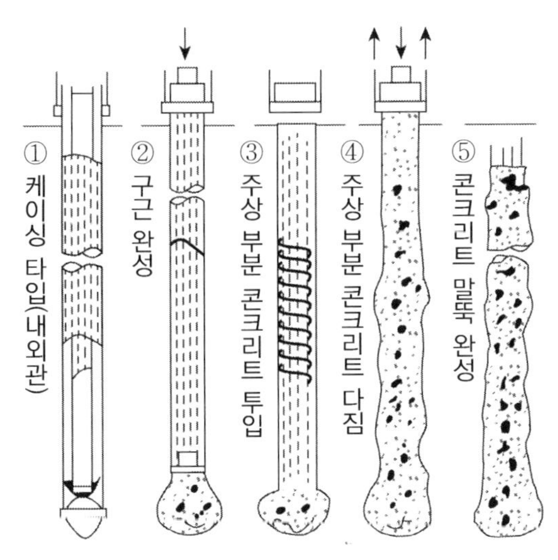

Pedestal 말뚝 시공순서

(3) *Raymond* 말뚝

① 내·외관을 동시에 지중에 관입한 후 내관을 빼내고 외관 속에 콘크리트를 채워 넣고 외관은 그대로 지반에 남겨두는 말뚝이다.

② 유각이며, 구근을 형성하지 않는다.

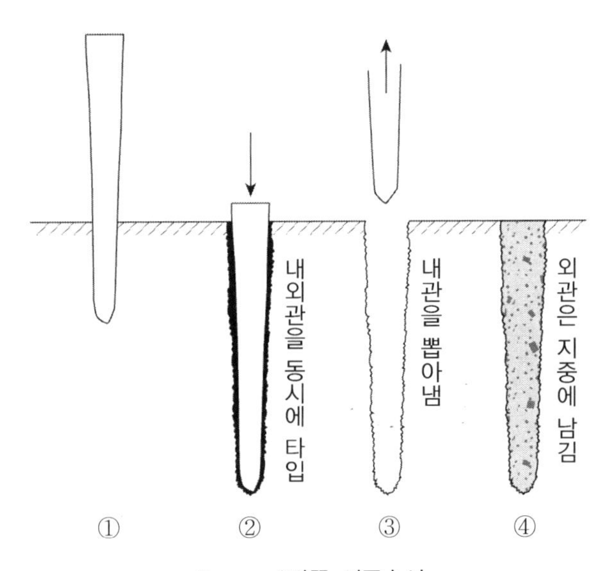

Raymond 말뚝 시공순서

46 타입말뚝에서의 시공방법과 특징

1. 기초의 분류

구 분	얕은기초	깊은기초	비 고
정 의	상부하중을 직접 지반에 전달시키기 위한 지반 위 기초구조	상부하중을 말뚝이나 케이슨을 통하여 지중으로 전달되게 하는 기초구조	$1 < \frac{D_f}{B} < 4$이면 얕은기초와 깊은기초 중 불리한 쪽으로 설계
$\frac{D_f}{B}$	$\frac{D_f}{B} < 1$	$\frac{D_f}{B} > 4$	

위 $\frac{D_f}{B}$에서 D_f는 근입깊이를 B는 기초폭을 말한다.

2. 말뚝 기초의 분류

구 분	대분류	소분류	
시공법	타입 공법	타격 공법	해머의 타격력에 의해 지반에 관입하여 설치하는 말뚝
		진동 공법	
	매입 공법	압입 공법	지반을 선 굴착하여 기성말뚝을 지반속에 타입한 말뚝으로 소음이나 진동 등의 건설공해를 저감시킬 목적으로 개발한 공법
		프리보링 공법	
		내부굴착 공법	
		제트 공법(사수식)	
	현장타설 말뚝	기계적 굴착 공법	올 케이싱(베노토 공법)
			RCD 공법
			어스드릴 공법
			마이크로 파일 공법
		인력 굴착 공법	심초 공법
재질별	강 말뚝	강관/널/$H-$말뚝	
	콘크리트 말뚝	기성 콘크리트 말뚝 : RC/PC/PHC 말뚝	
		현장타설 콘크리트 말뚝	
	합성 말뚝	**다른 재료로 된 말뚝을 이은 말뚝**	
기능별 / 지지력 / 전달 기구별	선단지지 말뚝	선단지반(주로 암반)의 지지력에만 지지되는 말뚝	
	하부지반 지지말뚝	선단지지말뚝 + 마찰말뚝으로 지지되는 말뚝	
	마찰 말뚝	지지층이 깊어서 주면마찰력에만 의지하는 말뚝	
	다짐 말뚝	주로 느슨한 사질토에 말뚝을 타입하여 다짐효과를 기대하는 말뚝	
	억지 말뚝	사면활동을 방지하기 위해 시공, 활동면에 저항 말뚝	
	수평저항 말뚝	해양 구조물 및 안벽에서 수평력에 저항하는 말뚝	
	인장 말뚝	인발력에 저항하는 말뚝/**큰 벤딩 모멘트에 저항**	

3. 시공법 비교

구 분	타 입	매 입	현장타설
적용 토질	풍화토	풍화토	암
구 경	小	小	대구경
시공속도	빠 름	빠 름	느 림
경제성	小	中	大
공해(진동)	큼	저소음 저진동	저소음 저진동
지지력	中	小	大
강 성	小	小	大
이 음	있 음	있 음	없 음
Slime 처리	-	-	필 요

4. 타입말뚝 특징

(1) 타입공법

① *Drop hammer*

해머를 적당 높이에서 낙하, 즉 위치 에너지에 의해 말뚝을 지중에 관입시키며 보통 해머의 중량은 말뚝의 3배 정도이다.

② *Steam hammer*

㉠ 단동식 증기 해머 : 해머를 들어올릴 때만 증기 사용

㉡ 복동식 증기 해머 : 해머를 내릴 때에도 증기압 사용 → 속도가 매우 빠름

③ *Disel hammer* : 치수가 크고 타격당 해머의 에너지가 크다.

④ 진동식 : 말뚝의 종방향으로 진동을 주어 말뚝을 관입시키는 공법이다.

※ 말뚝에 손상이 적고 소음이 적은 반면, 점토지반에는 교란을 주어 주면 지지력에 저하를 초래하므로 사질토 지반에 적합한 공법임

(2) 압입식

① 유압잭(오일잭)을 사용하여 말뚝을 압입, 지반에 관입시키는 공법으로서 말뚝의 주면과 선단지반을 교란시키지 않는 것이 장점이다.

② 저소음, 저진동 공법이며

③ N=30까지 압입 가능하다.

47 무리말뚝의 허용 지지력 중 Convers-Labarre 식

1. 깊은기초의 지지력 설계 시 고려사항

(1) 말뚝 재료의 압축응력 : 항타할 때나 항타 후 상부하중에 비교한 말뚝의 장기 허용압축응력이 커야 함

(2) 말뚝이음에 의한 지지하중의 감소

이음방법	용접 이음	볼트식 이음	충전식 이음
감소율	5%/개소	10%/개소	• 최초 2개소 : 20%/개소 • 3개째부터 : 30%/개소

(3) 세장비 = 장경비 : μ = 말뚝길이/말뚝직경

긴 말뚝의 경우는 휘어지고 연직으로 관입되지 않고 편심이 생기기 때문에 타격에너지가 크게 되어 말뚝에 손상을 주는 등 지지력의 저하를 가져온다.

(4) 무리말뚝 = 군항 : 사질토에서는 고려하지 않으며 점토지반에서만 고려한다.

(5) 부주면마찰력 : 선단 지지말뚝이 점토층을 관통하여 지지층에 박힌 경우, 점토층 상부에 성토를 하거나 지하수위가 저하되는 등 점토층이 압밀침하가 되는 경우 말뚝을 점토층이 끌어 내리면서 말뚝 주면에 부주면마찰력이 발생하여 지지력의 저하를 가져옴

(6) 말뚝의 침하 : 외 말뚝보다 군항의 침하량이 많음

(7) 부식 : 강관 말뚝의 경우 해수면, 담수, 수위 위, 아래 조건에 따라 부식에 대한 설계 반영

(8) 말뚝 간격 : 무리말뚝의 영향, 시공성을 감안하여 말뚝지름의 2.5배가 바람직하며 마찰말뚝의 경우에는 좀 더 간격을 확보함이 요망

2. 무리말뚝 = 군항

(1) 정 의

2개 이상의 말뚝에서 지중응력이 상호 중복될 정도로 근접되게 시공된 경우를 군항이라 하며, 그렇지 않고 충분히 이격된 경우는 단항이라 한다.

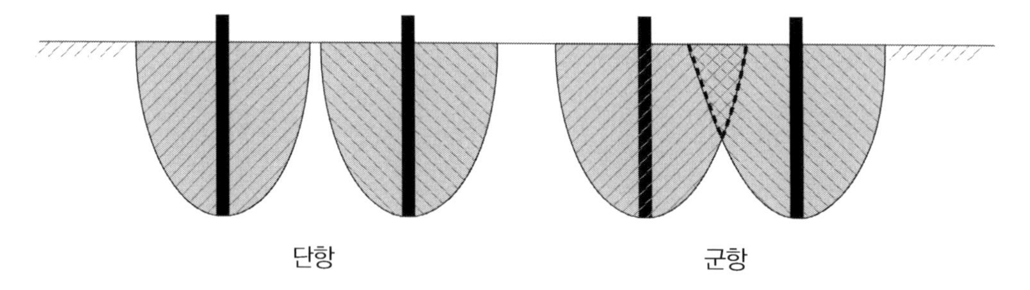

(2) 무리말뚝의 적용

구 분	사질토	점성토	평 가
지지력	×	○	사질토의 경우는 무리말뚝으로 인하여 효율이 저하되지만 타입으로 인한 지반의 밀도가 증대되므로 무리말뚝에 대한 효율은 적용하지 않는다.
침 하	○	○	사질토는 단항의 침하량을 기준으로 무리말뚝의 폭에 대한 단항의 직경의 1/2승을 곱하여 구하고 점성토 지반의 경우는 군항을 케이슨으로 가정하여 지표로부터 관입깊이의 2/3배 되는 지점에 스라브가 있고 여기에 가해진 압력에 의한 점토 압밀층 중간 지점까지의 증가 하중에 의한 압밀침하량을 구한다.

(3) 무리말뚝의 문제점 : 단항에 비해 지지력 저하, 침하량 증가

(4) 무리말뚝의 판정 : 경험적 공식에 의한 말뚝 간격과 비교

$$S \leq 1.5\sqrt{r \cdot l}$$

여기서, S : 말뚝의 중심 간격 r : 파일의 반경 ℓ : 근입 깊이

(5) 무리말뚝의 허용 지지력 : 점성토 지반에만 적용(사질토지반 지지력 = $N \cdot Q_a$)

① *Convers* − *Labarre* 식

$$Q_{ag} = E \cdot N \cdot Q_a$$

여기서, Q_{ag} : 무리말뚝의 허용 지지력 E : 무리말뚝의 효율

N : 말뚝의 총개수($m \times n$) Q_a : 말뚝 1개의 허용 지지력

※ 무리말뚝의 효율

$$E = 1 - \frac{\phi}{90} \cdot \left(\frac{(m-1) \cdot n + (n-1) \cdot m}{m \cdot n} \right)$$

여기서, $\phi : tan^{-1}\dfrac{D}{S}$

S : 말뚝의 중심 간격

D : 말뚝의 지름

m : 각 열의 말뚝수

n : 말뚝 열의 수

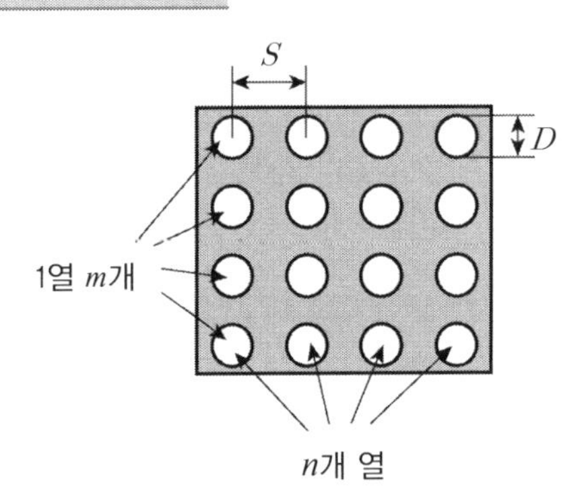

② 가상 케이슨 법 : 극한 지지력에 유의

$$Q_{ug} = q_p \cdot A_p + q_s \cdot A_s$$

여기서, $q_p = c \cdot N_c + q' \cdot N_q$

$A_p = a \times b$

$q_s = c_\alpha + K \cdot \sigma_v' \cdot tan\delta$

$A_s = 2(a+b) \times L$

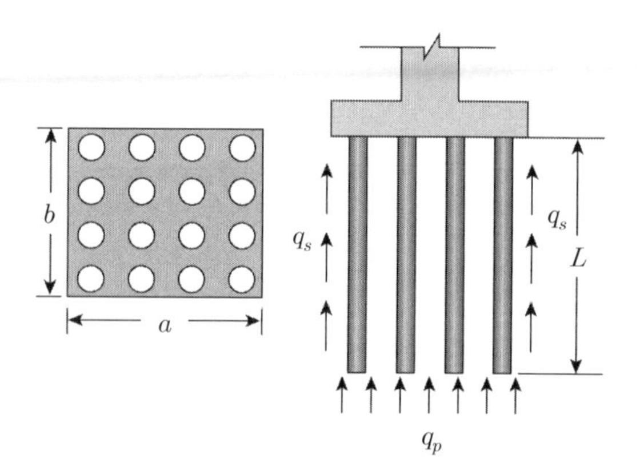

③ *Convers* − *Labarre* 식과 가상 케이슨 법 중 작은 값을 허용 지지력으로 선택

3. 부마찰력(*Negative skin friction*)

(1) 개 요

① 점성토 지반에 말뚝을 지지 지반에 설치한 경우, 성토하중 또는 지하수위 저하에 의한 압밀침하가 발생할 때 말뚝을 둘러싸고 있는 지반이 움직이지 않는 말뚝을 끌어 내리려고 할 때 말뚝에 가해진 하향의 힘을 부마찰력이라고 한다.

② 부마찰력은 말뚝의 축 하중을 증가시켜 말뚝이 휘게 되고 상부의 본래 하중에 더하여 허용 지지력을 상회하여 말뚝이 부러지는 경우도 발생한다.

(2) 부마찰력 발생 시 극한 지지력 : 부마찰력(Q_{ns})만큼 극한 지지력의 감소를 가져온다.

$$Q_u = Q_p + Q_s - Q_{ns}$$

(3) 부마찰력의 산정

① 외말뚝 = 단말뚝

$$Q_{ns} = F_n \cdot A_s = \sigma_h' \cdot \tan\delta \cdot A_s = \sigma_v' \cdot K \cdot \tan\delta \cdot A_s = \beta\sigma_v' \cdot A_s$$

여기서, Q_{ns} : 부주면마찰력(*ton*) F_n : 단위면적당 주면마찰력(*tonf/m²*)

A_s : 말뚝 주면의 면적(m^2) σ_h' : 말뚝에 작용하는 평균 유효수평응력(*tonf/m²*)

δ : 흙과 말뚝의 마찰각(보통 $\frac{2}{3}\phi°$)

σ_v' : 말뚝에 작용하는 평균 유효수직응력(*tonf/m²*)

K : 수평방향 토압계수(정지토압계수)

$\beta = k \cdot tan\delta$: 점토(0.2), 실트(0.25), 모래(0.35)

✓ **정지토압계수** : $K_o = 1 - \sin\phi'$, σ_v' **는 중립점 깊이까지의 상재하중**

② 무리말뚝

무리말뚝인 경우 부마찰력은 무리말뚝 내 흙의 무게와 그 위에 성토된 흙의 무게를 합한 것과 같다.

$$Q_{gn} = a \cdot b(\gamma_1{}' \cdot D_1 + \gamma_2{}' \cdot D_2)$$

여기서, a : 무리말뚝의 폭 b : 무리말뚝의 길이

$\gamma_1{}'$: 압밀토 층의 유효단위 중량 D_1 : 중립점 위의 압밀층 두께

$\gamma_2{}'$: 성토흙의 유효단위 중량 D_2 : 성토높이

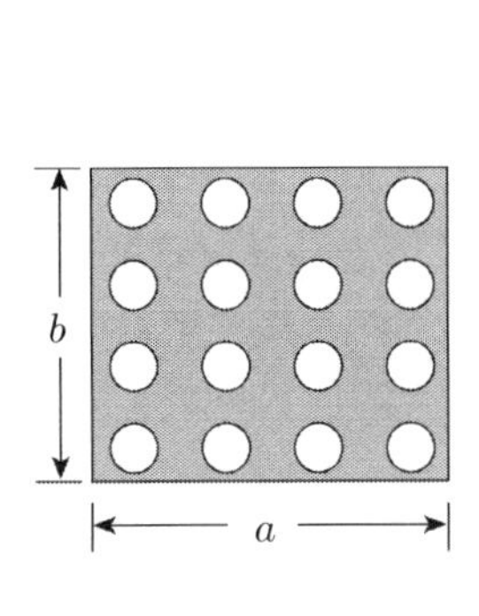

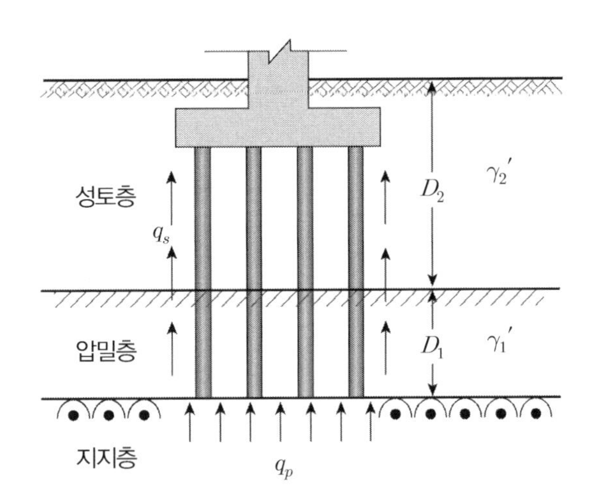

③ 적 용

㉠ 단항에서의 부마찰력 × 말뚝본수와 무리말뚝에서의 부마찰력 값 중 작은 값을 설계 적용

㉡ 점성토 지반에서의 단위면적당 부마찰력

$$F_n = \frac{q_u}{2} = C_u$$

여기서, q_u : 일축압축강도

㉢ 중립점

말뚝의 침하량과 지반의 침하량에 상대적 차이가 없는 위치로서 부마찰력이 정마찰력으로 변화하는 위치를 중립점이라고 한다.

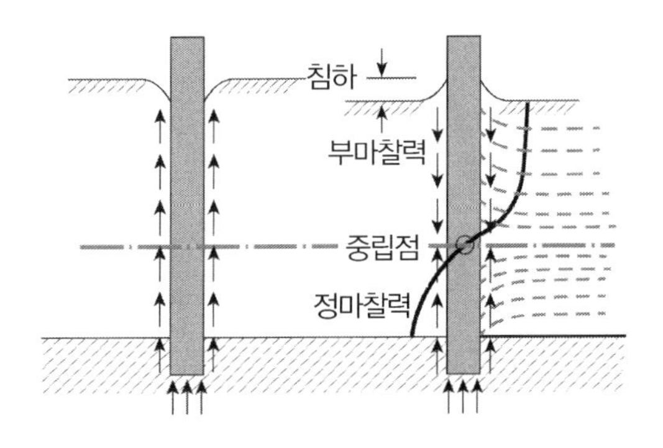

✓ **중립점의 위치**

마찰말뚝(0.8*H*), 모래나 모래자갈층이 지지층인 경우(0.9*H*), 암반이나 굳은 지지층에 말뚝이 설치된 경우(1.0*H*) **여기서, *H* : 압밀층의 두께**

(4) 부마찰력 저감 대책

① 지지력 증가

말뚝단면 증가, 압축강도가 큰 말뚝 선정, 말뚝의 본수 증가, 지지층 근입깊이 증가

② 부주면마찰력의 저감

이중관 사용, 말뚝 표면에 아스팔트 도포, *Tapered pile* 사용, 표면적이 적은 말뚝을 많이 사용

③ 설계변경

마찰말뚝으로 설계, 무리말뚝으로 설계

48 Caisson 기초

[핵심] 기초의 지지원리에 따르면 기초는 크게 직접기초와 말뚝기초 그리고 케이슨 기초로 나뉘며 기초에 가해지는 하중에 대하여 수평방향 지지, 마찰지지, 전단지지, 연직지지력에 대하여 기초마다 다르게 지지력을 발휘하게 되는데, 케이슨 기초의 경우에는 이 중에서 마찰지지력은 발휘되지 않는 기초이지만 대규모의 수평하중과 연직하중에 대한 지지력은 가장 확실한 기초로서 주로 해상의 장대 교량에 사용되며 시험에서는 공기 케이슨에 대한 특징에 대하여 주로 출제되고 있다.

1. 개 요

(1) 대단히 큰 수직 하중에 대한 지지력이 요구되는 해상의 장대교량이나 부두의 안벽 등 구조물에 기초는 보통 케이슨 기초를 사용한다.

(2) 케이슨 기초는 지상에서 구축한 중공의 콘크리트 구체를 그 자리 또는 타 장소로 운반하여 설치하게 되는데, 수중의 경우에는 케이슨 자체의 부력을 이용하여 배로 견인 후 원하는 위치에 침설하기도 한다.

2. 공법의 종류

(1) 공기 케이슨(*Pneumatic caisson*) 기초

(2) *Box caisson*

(3) *Open caisson*

박스 케이슨 운반모습

3. 공기 케이슨 기초

콘크리트로 만든 케이슨 바닥의 작업공간을 진공상태로 만들고 사람이나 장비가 들어가서 굴착작업을 하면 외부의 물이 들어오지 못하므로 원하는 심도까지 케이슨을 침하시킬 수 있는 원리에 착안한 기초공법이다.

(1) 특 징

① 장 점

㉠ 작업실 내부에 지하수 유입이 없음

㉡ 침하공정이 빠르고 장애물 제거가 쉬움

㉢ 지지층의 확인이 가능

㉣ 침하 중 경사발생에 대한 수정이 용이

㉤ *Boiling, heaving*을 예방할 수 있음

㉥ 수중이 아니므로 콘크리트의 품질관리가 용이

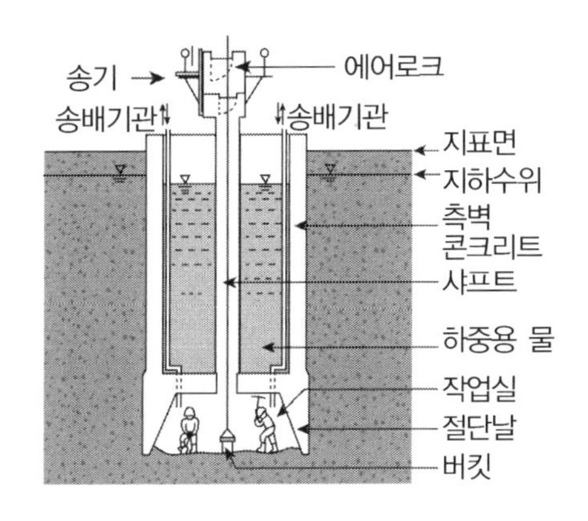

② 단 점

㉠ 발전설비에서의 소음과 진동이 큼

㉡ 케이슨 병의 발병 우려가 있음

㉢ 너무 깊은 곳(40*m* 내외)은 공기압 ≥ 수압 불가

㉣ 기계설비가 복잡하고 노무자 조달에 애로가 있음

(2) 공기 케이슨의 침하 조건식

$W > F + U + P$

케이슨의 자중(재하하중 포함) > 케이슨의 주면마찰력 + 양압력 + 케이슨의 날 끝 지지력

4. *Box Caisson* 기초

(1) 해상에서 부력을 이용하여 운반하기 위해 케이슨을 만들고 원하는 위치에 운반하기 전 지지층을 장비와 잠수부를 동원하여 평활하게 고른 다음 케이슨 내부에 모래, 자갈, 콘크리트 또는 물을 채워 침하시키는 공법이다.

(2) 시공법

① 방파제와 같이 횡 하중을 받는 구조물에 적용

② 지상에서 만든 후 수상에 바지(*Barge*)선을 이용하여 예인한 뒤 지지하고자 하는 위치에 설치

③ 설치 시에는 보통 물을 많이 사용

(3) 특 징

① 공사비가 저렴

② 지상에서 만들므로 품질 확보 가능

③ 케이슨 설치 전 지지지반의 수평작업이 중요

④ 운반 시 주의를 요함

⑤ 항만 공사에 많이 사용

㉠ 안벽

㉡ 방파제

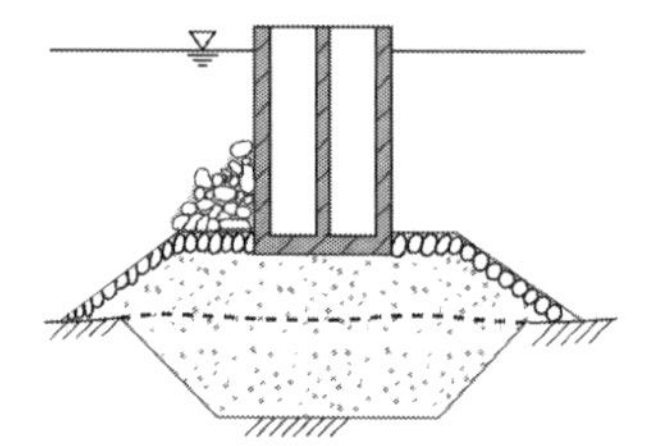

Box caisson

5. *Open caisson* 기초 = 우물통 기초

(1) 개 요

기초하부가 막힘없이 뚫려 있어 마치 우물과도 같은 형태의 케이슨으로서 원하는 위치에 지반을 정리하고 구조물을 축조한 뒤 내부의 토사를 굴착하여 지지 지반까지 침하시켜 기초를 설치하는 공법이다.

(2) 특 성

장 점	단 점
① 기계설비가 간단 ② 공사비가 쌈 ③ 심도를 깊게 할 수 있음	① 침하심도가 커지면 주면마찰력이 커져서 침하가 어려운 경우가 있음 ② 굴착 시 ***Boiling***, ***heaving***이 발행할 수 있음 ③ 침하나 경사되기 쉽고 수정이 어려움 ④ 침하를 위해서 상재하중이 필요

(3) 시공 순서

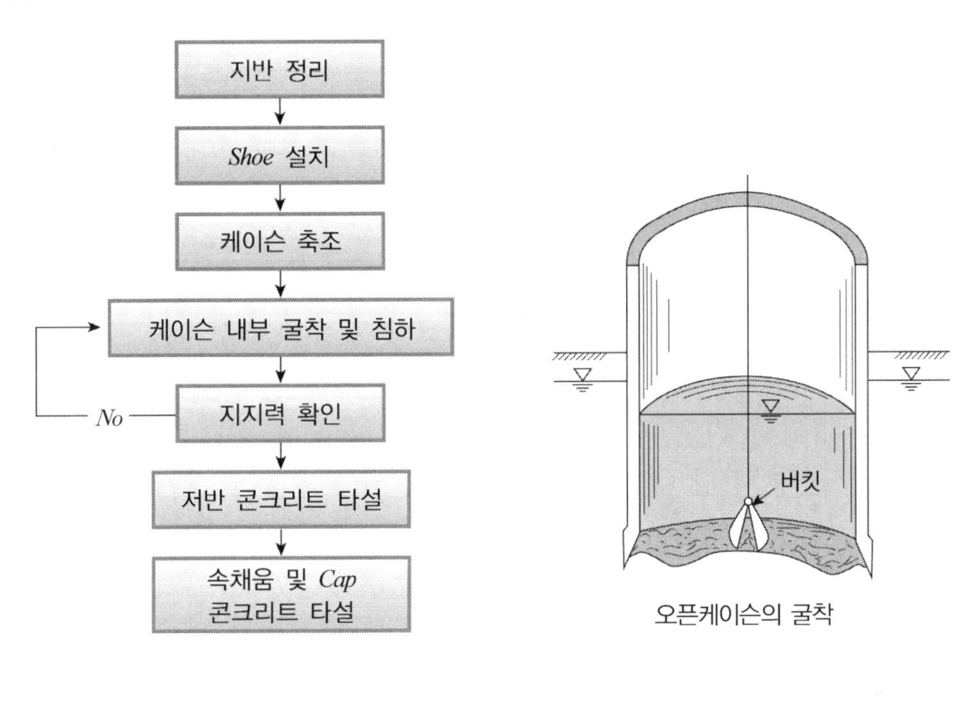

오픈케이슨의 굴착

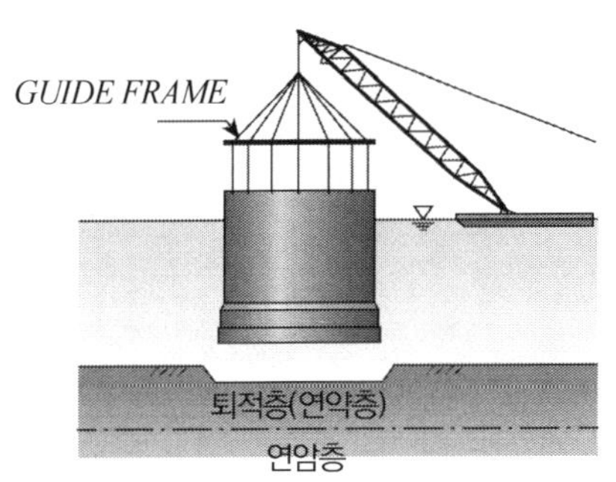

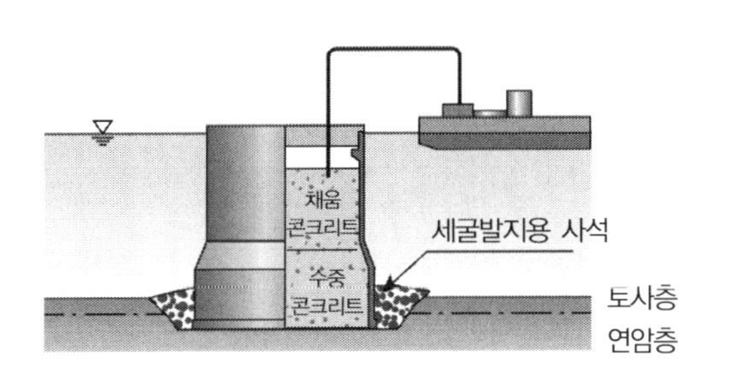

CHAPTER 14

연약지반의 개량

이 장의 핵심

- 연약지반이라고 하면 제방, 도로, 건축 구조물과 같은 인공적인 하중을 자연 상태로서는 충분히 지지할 수 없는 지반을 말한다.
- 이 장에서는 연약지반을 개량하기 위한 각종 공법에 대한 종류와 지반별 연약지반에 대한 처리공법에 대하여 종류별로 정리하였다.
- 시험에서는 점토지반에 대한 탈수공법에 대한 문제가 자주 출제되었으므로 정리를 하여야 한다.

CHAPTER

14 연약지반의 개량

01 원리별 연약지반 개량공법

[핵심] 연약지반 개량공법의 분류는 주로 지반의 종류별로 구별하거나 지반보강의 목적별로 구분되는데, 시험에서는 각각의 개량 공법들의 특징에 대한 문제가 주를 이루므로 여러 가지 공법들에 대한 특징을 정리하여 숙지하여야 한다.

1. 연약지반의 정의와 문제점

(1) 정 의

① 성토, 구조물, 옹벽, 굴착, 터널, 댐 등을 지반에 축조하고자 할 때 자연지반이 응력과 변위에 문제를 일으키는 지반으로

② 대체로 연약한 점토, 느슨한 사질토, 유기질토 등이 해당된다.

(2) 문제점

① 응력 측면 : 지지력 부족, 사면활동

② 변위 측면 : 침하, 수평이동(측방유동), 융기, 부등침하, 단차 등

2. 연약지반의 개량의 원리

(1) 간극의 감소

(2) 밀도의 증가

(3) 입도개량

(4) 배수공법

3. 원리별 공법

(1) 지하수 저하

① *Deep well* 공법 ② *Well point* 공법

(2) 탈수(배수촉진)

① *Plastic board drain(PBD)* ② *Sand drain(SD)*

③ *Sand peck drain(SPD)* ④ *Menard drain(MD)*

⑤ 생석회 공법, 전기침투, 쇄석기둥 공법

(3) 다짐 공법

① *Sand compaction pile(SCP)*
② *Vibro − Floatation* 공법
③ 동 다짐 공법
④ 쇄석기둥 공법

(4) 재하 공법

① *Pre −Loading* 공법
② 완속재하 공법
③ 압성토 공법
④ 진공압밀 공법

(5) 고결 공법

① 약액주입 공법
② 심층혼합 공법
③ 천층혼합 공법
④ 고압분사 공법

(6) 치환 공법

① 굴착치환
② 강제치환
③ 동치환
④ *CGS*

(7) 보강 공법

① 토목섬유 보강
② *Pile net* 공법

4. 점성토 지반의 개량 공법(함수비를 줄여서 유효응력 증진에 목적)

(1) 치환 공법

(2) 압밀(*Preloading* 공법. 압성토)

(3) 탈수 공법

(4) 배수 공법

(5) 고결 공법

5. 사질토 지반의 개량 공법 (간극을 줄이는 데 목적 = 밀도 증진)

(1) 진동(*Vibroflotation* 공법)

(2) 다짐(*SCP*)

(3) 폭파치환

(4) 전기충격공법

(5) 약액주입 공법

(6) 동압밀 공법

6. 임시 개량 공법

웰포인트 공 법	지하수위가 깊고 수량이 대단히 많은 사질지반에 웰포인트라는 흡수관을 지반에 관입하고 수평방향으로 상호 연결하고 지하수위가 깊을 경우에는 여러 단으로 분할하여 설치하며 진공펌프를 이용하여 강제 배수시키는 지하수 저하공법의 일종임
대기압 공 법	개량하고자 하는 지반에 사전 연직 배수재를 설치하고 나서 기밀한 막을 이용하여 지표면을 봉하고 진공펌프를 이용하여 대기압보다 압력을 저하시켜 등방 압밀하는 공법임
동 결 공 법	차수목적과 지반의 강도 증진을 위해 동결관을 개량하고자 하는 지반에 설치하고 냉각제를 순환시켜 일시적으로 지반을 동결시키는 공법임
소 결 공 법	지반 내에 시추공을 뚫고 공 내로 연료를 분사하면서 연소시켜 일시적으로 지반을 개량하는 공법임

7. 언더피닝(*Underpinning*) 공법

언더피닝(*Underpinning*)은 구조물에 인접하여 새로운 기초를 건설하기 위해서 인접한 구조물의 기초보다 더 깊게 지반을 굴착할 경우에 기존의 구조물을 보호하기 위하여 그 기초를 보강하는 대책을 말한다. 즉, 기존구조물의 일부 또는 전체의 하중을 더 깊은 위치에 설치한 기초에 전달시키는 방법을 말한다.

02 연약지반개량 공법 선정 시 고려사항

1. 연약지반의 정의

(1) 구조물 설치 시 자연지반이 응력과 변위에 문제를 일으키는 지반으로

(2) 대체로 연약한 점토, 느슨한 사질토, 유기질토 등이 해당된다.

(3) 토질별 일반기준

구 분	N 값	q_u	D_r
점성토	4 이하	$0.5t/m^2$ 이하	–
사질토	10 이하	–	35% 이하

2. 연약지반의 문제점

(1) 응력 면 : 지지력 부족, 사면활동

(2) 변위 면

① 침하

② 수평이동(측방유동)

③ 융기

④ 부등침하

⑤ 단차

3. 연약지반판정을 위한 조사

실내시험	현장시험
① **흙 분류시험** – 입도시험 : C_u, C_c – *Atterberg* 한계 : *PI, LL, PL, SL* ② **토성 시험 : 함수비, 비중, 건조 밀도 등** ③ **강도 시험** – 1축압축시험 – 3축압축시험 – 직접전단시험 – 압밀시험	① **평판 재하시험** ② ***Sounding*** – **표준관입시험** – 더치콘관입시험 – 인발 : *Isky meter* – 회전 : **베인테스트** ③ ***Sampling*** ④ **투수 시험**

4. 지반조건에 따른 공법선정

(1) 지반의 종류별 지반개량

구 분	점성토 지반	사질토 지반
목적 / 기대효과	함수비를 줄여서 유효응력 증진	간극을 줄이는 데 목적 = 상내밀도 증진
개량 방안	① 치환 공법 ② 압밀(Preloading 공법. 압성토) ③ 탈수 공법 ④ 배수 공법 ⑤ 고결 공법	① 진동(*Vibroflotation* 공법) ② 다짐(*SCP*) ③ 폭파치환 ④ 전기충격 공법 ⑤ 약액주입 공법 ⑥ 동압밀 공법

(2) 연약층의 깊이 및 분포

① 연약층의 두께가 얇을 경우 : 치환, 표층처리, 표층다짐, 재하공법이 유리

② 연약층의 두께가 두꺼울 경우 : 심층다짐, 연직배수, 심층혼합처리 등

(3) 투수층의 존재 및 위치

(4) 지지층의 깊이 및 종류

5. 구조물 조건에 따른 공법선정 : 침하제한, 안정처리

(1) 구조물 성격

① 침하를 허용하는 구조인지 여부(허용침하량)

② 기초의 형상

(2) 성토부 : 한계성토고, 사면활동 검토, 재하속도(강도 증가 고려)

(3) 구조물 접속부 : 단차검토

6. 시공조건에 따른 공법선정

(1) 공기

① 공기충분 : 완속재하

② 공기부족 : 연직배수공법

(2) 재료 구득

① 투입예상 재료, 재료 취득의 용이성

② 토취장 확보, 운반거리

(3) 투입예상 장비, 트래피커빌러티

(4) 환경조건 : 민원, 소음, 진동, 지하매설물

7. 시공목적에 따른 조건

(1) 지지력 증대, 허용침하량, 부등침하

(2) 구조물의 내구성 증대

(3) 투수계수 감소

8. 공사예산 확보량에 따른 조건 : 타 공법과의 비교

9. 기타 : 시공실적, 적용범위, 환경관련 제한사항

03 점토지반의 개량

[핵심] 연약지반에서의 점토지반은 흙의 *Cosistency*와 밀접한 관련이 있으며 이는 함수비에 따라 소성, 액체상태로 변화는 경우 비 배수 전단강도의 급격한 저하를 가져오므로 점토지반에서의 지반개량은 함수비를 줄이기 위해 탈수공법을 비롯하여 유효응력의 증대에 목적이 있으며 시험에서는 탈수공법위주로 출제되므로 이해하고 숙지하여야 한다.

1. 점토지반에서의 연약지반 개량

점토지반은 동적인 충격이나 진동을 주게 되면 교란이 발생하고 점토구조의 변화로 인하여 점착력을 잃게 되어 강도가 저하되고 투수성이 감소한다.
따라서 점토지반은 정적인 방법에 의한 함수비저하를 위한 공법을 선택하여야 한다.

2. 치환 공법

연약점토층의 전부 또는 일부를 제거하며, 이때 굴토깊이는 경제성과 장비의 조합, 지지력, 침하 등 다양하게 검토하여 결정하여야 하며 보통은 양질의 사질토로 치환하여 지반을 개량하는 공법이다.

공법명		현장 상황
굴 착 치 환	전면 굴착치환	연약지반의 두께가 굴착장비로 제거될 만큼 얕은 경우
	부분 굴착치환	연약지반의 두께가 깊은 경우
강 제 치 환	성토하중 공법	충분한 공기가 확보될 때
	폭파치환 공법	주변에 환경피해 요인이 없고 사질토 지반에 적용

3. *Preloading* 공법 = 사전압밀 공법 = 여성토 공법

(1) 개 요

① 구조물 축조 전 계획하중보다 큰 하중을 미리 재하하여 계획하중에 의한 최종침하를 조기에 달성, 잔류침하를 없애고 지반의 강도를 증진하고자 시행한다.

② 공정상 준공 시까지 여유가 있는 경우 적용 가능하다.

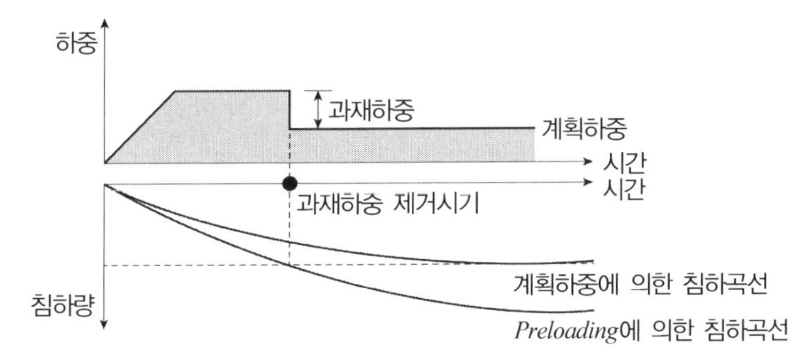

(2) 목 적

① 계획하중보다 큰 성토하중에 의해 구조물에 악 영향을 끼치는 잔류침하 제거

② 지반강도 증진, 투수계수 저하 → 지지력 확보(지반의 전단파괴 방지)

(3) 설계 : 과재하중 결정(성토높이 결정), 과재하중 제거 시기 결정, 사면 안정 검토

(4) 특 징

장 점	단 점
① 토취장 근거리 시 경제적	① 토취장 원거리 비경제적
② 연약층 두께와 무관하게 시공	② 공기가 길
③ 잔류침하 억제	③ 계측에 대한 경비 소요
④ *Sand drain* 있을 때 유리	④ 사토 발생

4. *Sand drain* 공법

(1) 개 요

투수성이 작은 연약지반에 연직방향으로 모래 기둥을 설치하여 배수거리를 단축하여 조기에 압밀침하를 완료하는 공법이다.

(2) 공법의 원리 = 목적

① 배수거리 단축 → 압밀 시간 단축 : *Barron*의 이론

$$t = \frac{T_v \cdot H^2}{C_v} \rightarrow \frac{T_v \cdot {d_e}^2}{C_v}$$

㉠ 배수거리 단축(당초 : H → 변경 : d_e)

㉡ 예를 들어 d_e가 $\frac{H}{10}$이면 침하시간은 $\frac{1}{100}$배로 단축

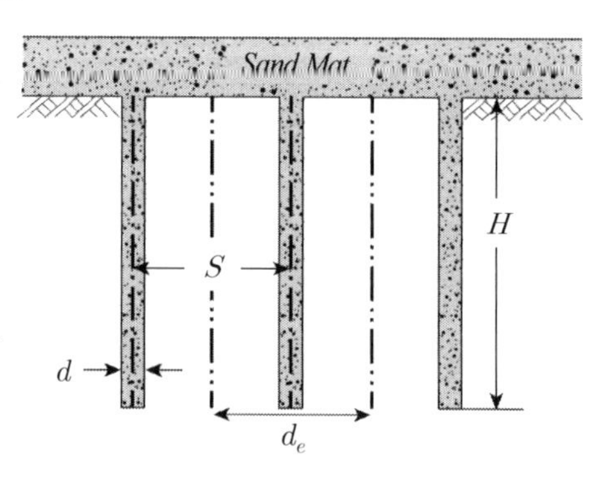

② 압밀도 증가 = 유효응력 증가 = 강도 증가

$$t = \frac{T_v \cdot H^2}{C_v} \text{에서 } T_v = \frac{\pi \cdot U^2}{4}$$

이므로 압밀소요시간 t는 압밀도(U)와의 함수임

여기서, 평균 압밀도 $U_{age} = \frac{u_i - u}{u_i} = 1-(1-U_h)(1-U_v)$

∴ 증가된 강도 : $C = C_o + \Delta C$, $\Delta C = \alpha \cdot \Delta P \cdot U$, α : 강도 증가율

(3) *Sand Mat* 기능 : 모래말뚝 설치 전 지표면에 50～100*cm* 두께로 포설된 모래층

① 모래말뚝에서 배출된 지하수의 배수 기능

② 시공기계가 진입하여 작업할 수 있는 지지 지반 기능(주행성, *Trafficability* 확보)

③ 성토체로의 지하수 상승 억제 기능

(4) 공법 선정 시 고려사항

구 분	세부 내용
설계기준	① **강도 증가 : $C = C + \Delta C$** ② **침하량 허용기준** ③ **배수거리에 따른 공기검토**
지반조건	① C, Φ, γ, C_v, m_v, C_c, H ② $K = C_v \cdot m_v \cdot \gamma_w$, $t = \dfrac{T_v \cdot H^2}{C_v}$
배수재	① ***Smaer*** **영향 : 교란으로 인한 C_h값 저하 → 압밀시간 지연** ② ***Well*** **저항 : 압밀과정에서 연직방향 투수계수 감소** ※ 영향요소 : 측압, 동수경사, 기포 등

(5) 공법선정 및 설계 절차

① 설계절차

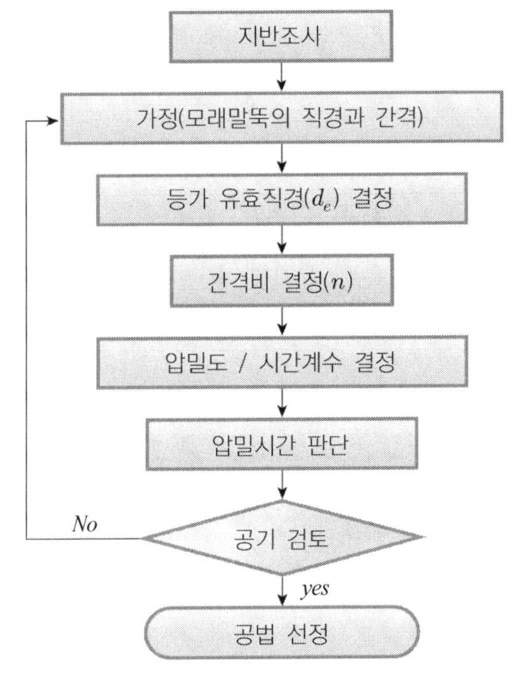

Sand drain 공법 설계 *Flow*

② 등가 유효직경: d_e

㉠ 정삼각형 배열 : $1.05S$

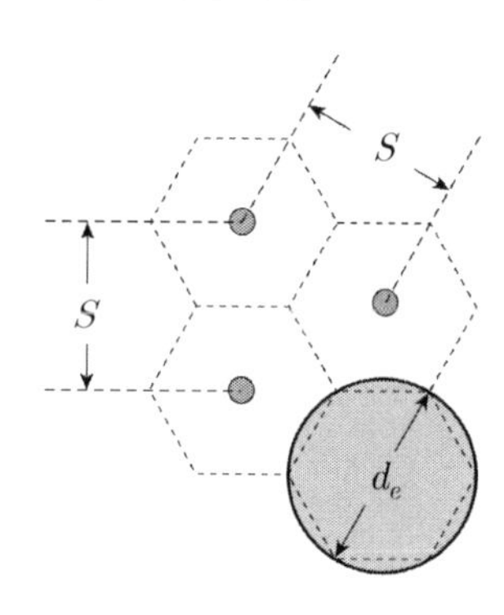

㉡ 정사각형 배열 : $1.13S$

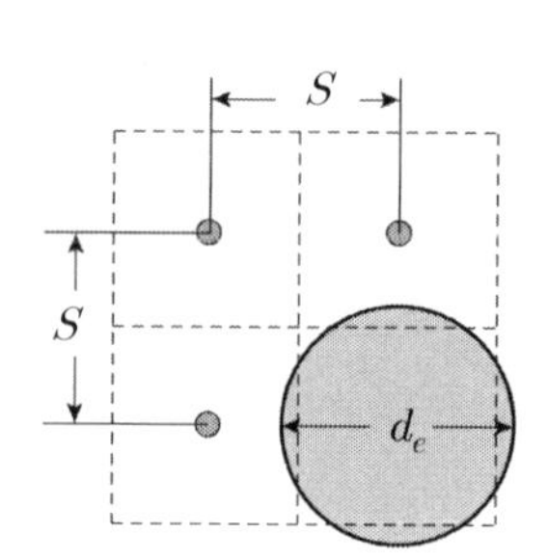

③ 간격비 : $n = \frac{d_e}{d_w}$

④ 압밀도 시간계수 관계

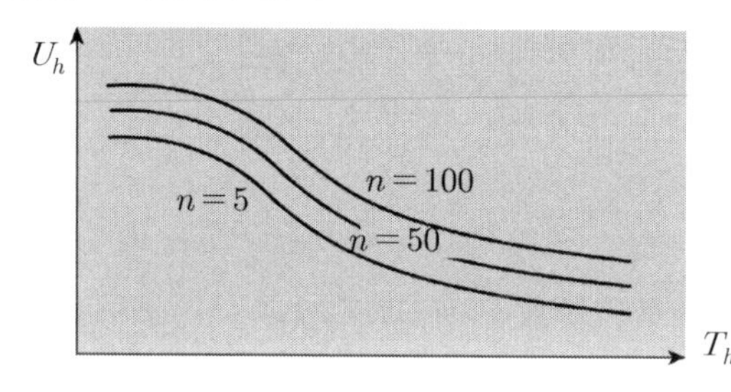

5. ***Paper drain* 공법**

(1) 개 요

① 연직 배수공법의 일종으로 *Sand drain*공법의 모래 대신 합성수지로 된 *Drain board*를 땅속에 박아 지반 내의 간극수를 짧은 시간 내에 탈수하여 압밀침하와 지반의 강도를 꾀하는 방법

② 단독으로 사용하지 않고 *Preloading*이나 완속 재하공법과 병용 시공

③ 심도가 깊을 때 유로 내의 흐름저항(*Well Resistence*)에 의한 배수능력 저하 우려가 매우 큼

(2) 특 징

장 점	단 점
① *Drain board*가 공장 제품으로서 제품이 균질하고 신뢰성이 있음 ② *Drain board*의 단면이 적어 지반교란이 적고 수평방향 압밀계수(C_h)로 설계 ③ 장비가 소형으로 주행성 확보에 유리 ④ *Sand drain*에 비해 공사비 저렴	① 심도가 깊을 때 유로 내의 흐름저항(*Well Resistence*)에 의한 배수능력 저하 우려 ② 장시간 사용하면 열화현상에 의한 배수효과 감소

(3) 환산직경

$$D = \alpha \cdot \frac{2(t+b)}{\pi}$$

여기서, D : 드레인 페이퍼의 등치 환산원의 지름(cm)
α : 형상계수
t, b : 드레인 페이퍼의 폭과 두께(cm)

6. *Pack drain* 공법

(1) 개 요

합성 섬유로 된 포대에 모래를 채운 말뚝을 배치하여 지하수를 탈수하는 연직배수공법임

(2) 특 징

장 점	단 점
① *Sand drain*에서 발생하는 지반 내에서의 모래말뚝의 절단현상 저감 ② 4축 동시 시공으로 공기단축	① 연약층 심도가 불규칙할 경우 균질한 배수 효과 달성 제한 ② 심도가 깊으면 유로 내의 장시간 사용하면 배수 흐름저항 발생(*Well Resistence*)

7. 생석회 말뚝 공법(*Chemico Pile* 공법)

생석회가 물을 급속하게 흡수하여 탈수함과 동시에 체적이 2배로 팽창하여 지반을 강제 압밀시키는 특성을 가지고 있으며, 그 밖에 물을 흡수 시 발열반응에 의한 건조효과로 인한 간극 내 물의 흡수와 이로 인한 침하로 인한 유효응력의 증가효과를 꾀하는 공법이다.

※ 생석회 말뚝 공법의 효과

(1) 탈수효과
(2) 건조효과
(3) 팽창효과

8. 침투압 공법(*MAIS* 공법)

포화점토 지반에 반투막 중공원통($\phi \fallingdotseq 25cm$)을 넣고 그 안에 농도가 큰 용액을 넣어서 점토분의 수분을 흡수, 탈수시켜 지반의 지지력을 증가시키는 공법으로 깊이 약 $3m$ 이내의 천층에 대한 지반개량 공법이다.

9. 전기 침투공법(*Elestro −Osmosis*)

포화된 점성토 지반에 직류 전극봉을 지중에 관입하여 전기를 흘려 보내면 (+)전극봉에서 (−)전극봉으로 지하수의 흐름이 발생하는데, (−) 전극봉에 우물을 파서 강제 배수시켜 지반의 지지력을 증가시키는 공법이다.

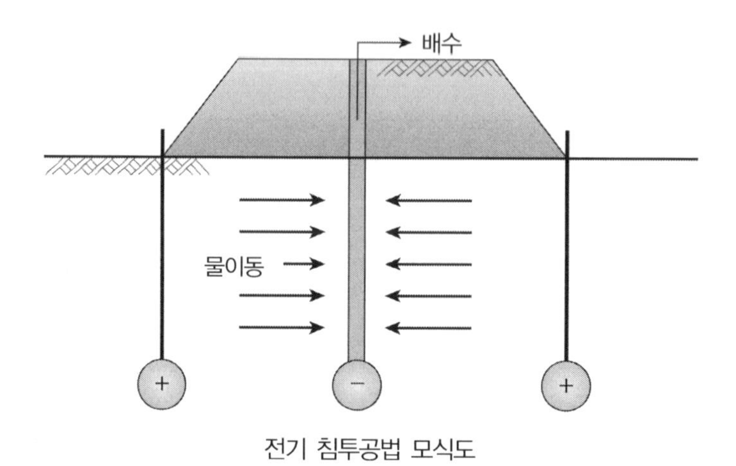

전기 침투공법 모식도

10. *Wick Drain* 공법

포화된 점토지반의 연직방향의 배수를 일으키기 위한 *Sand drain* 공법의 대체공법이다. *Sand drain* 공법보다는 효과적이고 신속하며 비용이 저렴하다. 굴착이 필요 없기 때문에 시공속도가 빠르다.

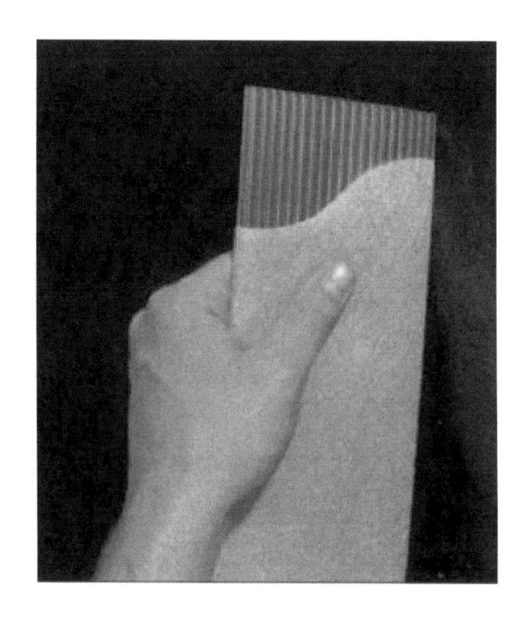

04 모래지반의 개량

[핵심] 연약지반에서의 모래지반은 느슨하고 포화된 지반을 말하며 모래지반의 개량은 진동이나 충격을 가하여 상대밀도를 증진, 입자 간 재배열로 간극비를 감소시키기 위한 일련의 행위라 할 수 있다. 시험에서는 다짐모래 말뚝공법과 바이브로 플로테이션(*Vibroflotatin*) 공법이 많이 출제되므로 이해하고 숙지하여야 한다.

1. 다짐 모래 말뚝 공법(*Sand compaction pile* 공법, *Compozer* 공법)

개량 대상지반에 모래말뚝기둥을 형성하여 지반을 개량하는 공법으로 사질토와 점성토에 적용할 수 있는 방법으로 모래지반은 다짐에 의해, 점토지반은 치환에 따른 복합지반에 의해 지반을 개량하는 공법

(1) 공법의 종류

① *Hammering - compozer* : *Hemmer*의 충격을 이용하여 모래를 다지는 공법

② *Vibro - compozer* : 진동을 이용하여 모래를 다지는 공법

(2) *Vibro - compozer* 시공순서

① 직경 20～30*cm*의 파이프를 소정의 위치에 설치한다.

② 진동기(수직방향 진동)를 진동시켜서 파이프를 지중에 관입시킨다.

③ 개량심도까지 도달하면

④ 상부 호퍼로부터 파이프 속으로 모래를 투입하고 압축공기를 이용하여 모래를 바닥으로 보내면서 일정높이로 파이프를 뽑아 올린다.

⑤ 다시 파이프를 관입시키면서 진동을 가하여 투입된 모래를 다진다.

⑥ 모래를 추가로 일정량 투입하고 반복하여 파이프를 일정량 뽑아 올린 후 다시 진동을 가하면서 투입된 모래를 다진다.

⑦ 이상의 공정을 반복하여 직경 60～80*cm*의 *Sand compaction pile*을 지상까지 마무리한다.

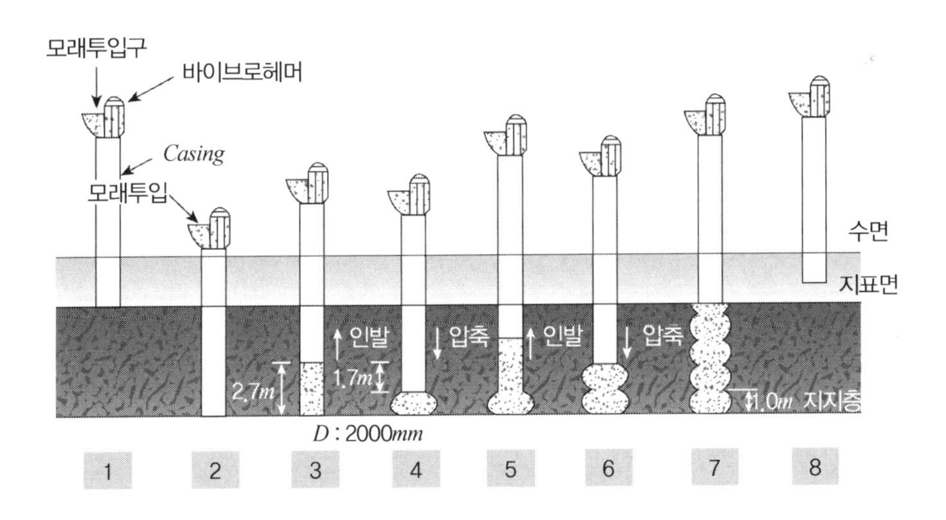

2. 바이브로플로테이션(*Vibroflotation*) 공법

수평방향으로 진동하는 봉상의 *Vibroflot*로 물 분사와 진동을 동시에 일으켜서 소정의 깊이까지 지반에 관입하여 구멍을 생기게 하여 여기에 모래나 자갈을 지표면까지 채워서 느슨한 모래 지반을 개량하는 공법이다.

(1) 특 징

① 공사속도가 빠르다.

② 지하수위와 관계 없이 시공이 가능하다.

③ 깊은 곳의 다짐을 지표면에서 할 수 있다.

④ 상부구조물의 진동이 있을 때 효과적이다.

⑤ 지반을 균일하게 다질 수 있다.

⑥ 공사비가 싸다.

3. 폭파다짐 공법

다이너마이트, *TNT* 등 폭약을 이용하여 인공지진을 발생, 느슨한 사질지반의 입자배열을 조밀하게 다지는 공법이다.

4. 약액 주입공법

주입공법은 지반 내에 주입관을 통하여 주입재를 지중에 압송, 충전하고 일정한 시간(*Gel time*) 동안 경화시켜 지반을 고결하는 공법으로 주입공법은 지반의 차수, 지수 또는 지반 강도증대를 목적으로 한다.

(1) 목 적

① 지반의 전단강도 증대

② 지반의 부등침하 감소

③ 지반의 차수효과 달성

④ 투수계수의 감소

(2) 설 계

① 주입목적 확인

② 지반조사 후 공법에 적합한 약액 선택

③ 주입률, 주입량 결정

④ 주입재의 배합비 결정

⑤ 주입압 , *Gel time* 결정

⑥ 주입공의 배치, 시공계획 수립

(3) 주입재료

① 현탁액 형 : 시멘트계 , 아스팔트계, 점토계

② 용액형 : 우레탄계, 물 유리계, 아크릴계, 크롬리그닌계, 요소계

5. 기 타

(1) 다짐 말뚝 공법

목재, *RC*, *PC* 말뚝을 땅속에 박아서 말뚝이 박힌 체적만큼 흙을 배제하여 밀도를 증진시킴으로써 모래지반의 전단강도를 증대시키는 공법이다.

(2) 전기 충격 공법

포화된 지반속에 방전 전극봉을 지중에 삽입하여 방전 전극봉에 고압전류를 흘려 보내면 일시적으로 지반에 전기적인 충격을 가하여 다지는 공법이다.

05 Smear 영향, Well Resistence

1. 개 요

(1) 연직배수공법 중 대표적 공법인 샌드 드레인(*sand drain*)공법에 대한 기본 이론은 *Terzaghi*의 압밀이론을 기본으로 해서 *Barron*(1948)에 의해 발전되었다.

(2) *Barron*(1948)에 의한 압밀 방정식은 간극수가 연직방향 및 수평방향으로 흐를 경우의 압밀방정식이지만 일반적으로 연직배수재는 점토층의 두께에 비해 상당히 작은 간격으로 타설되기 때문에 연직방향의 흐름은 무시하고 수평방향의 흐름만을 고려하여 압밀해석을 수행하였으나 배수재의 투수성이 반무한적이며, 배수재의 설치에 따른 점토층의 지반교란에 대한 영향을 무시한 것으로 실제로는 드레인재의 설치과정에서 점토층이 교란되며 이로 인해 흐름 및 점토의 강도를 변화시킴으로 인해 *Barron*의 압밀방정식은 압밀도를 과대평가하는 경향이 있다.

(3) 이와 같은 문제점을 감안하여 *Hansbo*(1979)는 배수재 설치에 따른 스미어존(*Smear Zone*) 효과 및 통수단면에 대한 웰저항(*well resistance*)을 고려한 수평방향 압밀도식을 발표하였다.

2. *Smear* 영향

(1) 연직 배수재 시공으로 인해 교란된 영역을 *Smear Zone*이라 하고 이 *Zone*은 투수계수가 저하되어 압밀이 지연되는 원인을 제공한다.

※ 교란 : 면모구조 → 이산 구조(유로가 길어지면서 투수계수 저감)

(2) 위와 같은 현상을 *Smear Effect*라고 한다.

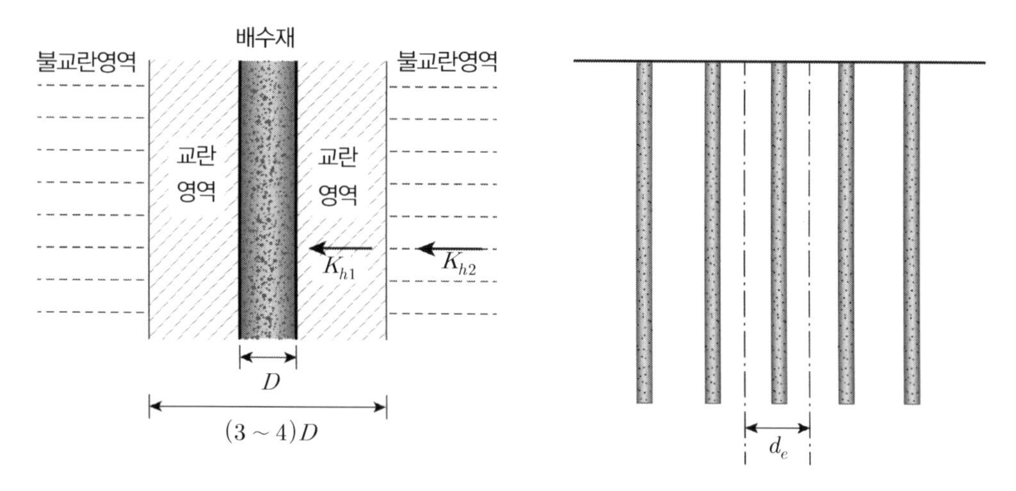

(3) 즉, $K_{h1} < K_{h2}$ 이므로 $C_h = \dfrac{K_h}{M_v \cdot \gamma_w}$가 적어지므로 $t = \dfrac{T_h \cdot d_e^2}{C_h}$에 의해 압밀 지연

3. *Well Resistance*

(1) 연직배수재의 방사선 방향, 즉 수평방향만의 투수를 고려하고 연직방향의 투수계수는 압밀과정에서 일정하다고 가정하나

(2) 실제로는 다음과 같은 이유로 연직방향 투수계수 저하로 압밀이 지연되는 현상을 말한다.

① 측 압

② 절 곡

③ *Clogging* (작은 입자에 의해 막힘)

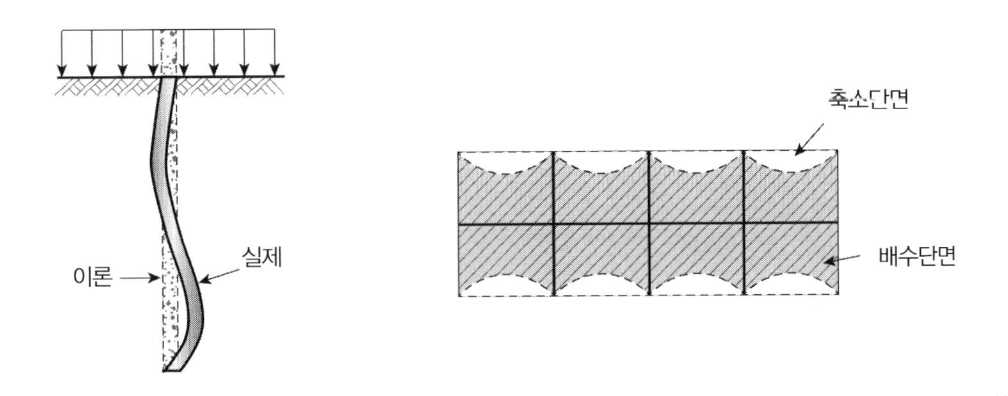

4. *Smear* 영향과 *Well Resistance* 고려한 연직배수공법 설계

(1) 제안자에 따른 *Well* 저항 및 *Smear Effect* 고려 여부

영향요인	제안자			
	Barron (1948)	*Hansbo* (1981)	*Yoshikuni* (1979)	*Onoue* (1988)
Smear Effect	미고려	고 려	미고려	고 려
Well Resistance	미고려	고 려	고 려	고 려

(2) *Hansbo*의 식

① *Well* 저항 및 *Smear Effect*를 모두 고려한 압밀도 사용

$$U_h = 1 - \exp(-8T_h/\mu_{sw})$$

여기서, U_h : 수평방향 평균 압밀도

μ_{sw} : 타설간격, *Well* 저항 및 *Smear Effect*을 고려한 계수

μ_{sw} = **타설간격 영향 + *Smear Effect* + *Well* 저항 영향**

$$\mu_{sw} = \left(\ln\frac{d_e}{d_w} - 0.75\right) + \left(\frac{K_h}{K_s} - 1\right)\left(\ln\frac{d_s}{d_w}\right) + \left(\pi\ Z(L-Z)\ \frac{K_h}{q_w}\right)$$

여기서, d_e : 영향원 직경(등가유효직경)

– 정삼각형 배열 : $1.05S$

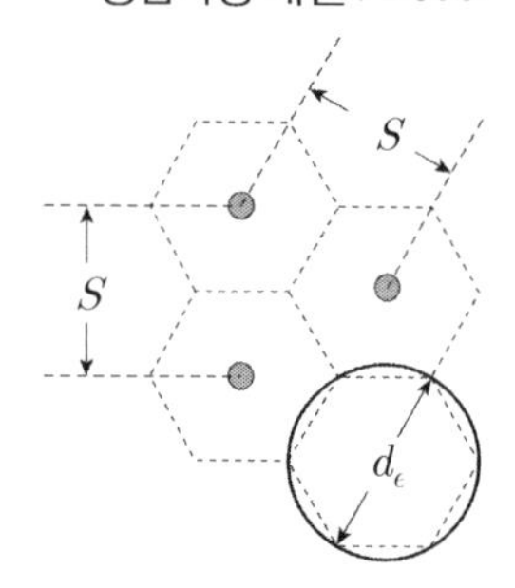

– 정사각형 배열 : $1.13S$

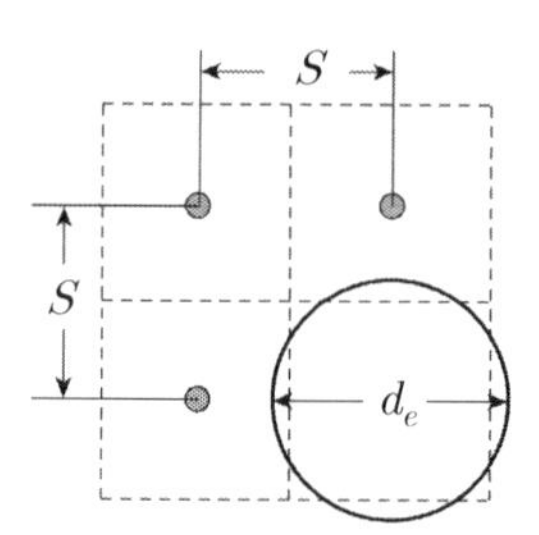

d_w : 배수재의 직경

K_s : *Smear Zone*의 투수계수

Z : 드레인의 배수거리

q_w : 배수재의 통수능력

K_h : 연약층의 수평방향 투수계수

d_s : *Smear Zone*의 직경 두께

L : 드레인의 길이

② 시간계수(*Time facter*)

$$T_h = \frac{C_v\ t}{{d_w}^2}$$

여기서, C_h : 압밀계수　　t : 침하소요 시간　　d_e : 배수거리

③ 연직방향과 수평방향의 배수효과를 고려한 평균 압밀도

$$U_{ave} = 1 - (1 - U_v)(1 - U_h)$$

④ K_s와 d_s의 결정

㉠ 현장시험을 통한 결정

– 교란범위 : *Cone* 관입 시의 유효응력과 과잉간극수압을 이용하여 가정

– 투수계수 : 실내모형시험 후 수평으로 채취된 시료에 대하여 수평투수시험 또는 수평으로 채취된 시료로 압밀시험을 실시하여 투수계수 산정

㉡ 개략적인 범위

– 교란범위 : 맨드렐 직경의 3～4배

– 투수계수(K_s) : $\left(\frac{1}{3} \sim \frac{1}{5}\right)$ 불교란 시료의 투수계수

⑤ 배수재의 통수능력(*Delft* 시험기준) : q_w

㉠ 배수재 주위를 고무 멤브레인으로 설치

㉡ 멤브레인과 배수재 사이를 점토로 채움

㉢ 타설심도 측압의 2배를 가함

㉣ 시험조건 : 직립조건, 20% 자유변형조건

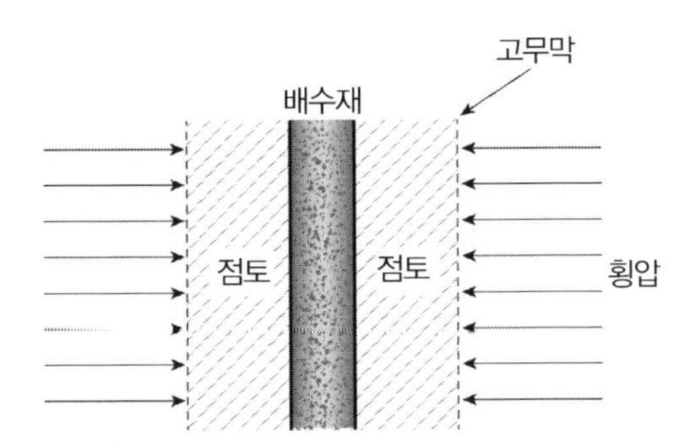

(3) 배수재의 직경 감소

: *Smear Effect* 영향은 배수재의 직경이 클수록 교란의 영역이 증가함

(4) 불교란 시료의 연직 압밀계수 사용

① 이론배경

㉠ 일반적으로 불교란 시료의 $C_h = (2 \sim 10)C_v$

㉡ 교란된 C_h ≒ 불교란된 C_v

② *Hansbo*의 식에서 μ_{sw}는 타설 간격, *Well* 저항 및 *Smear Effect*을 고려한 계수이나 교란된 C_h ≒ 불교란된 C_v 적용 시는 *Smear Effect* 영향만 사용

③ 시간계수 사용

$$T_h = \frac{C_v \cdot t}{{d_e}^2}$$

(5) 저감된 연직방향 압밀계수 적용

① 교란된 C_h ≒ 불교란된 C_v이나

② $C_h = (\frac{1}{2} \sim \frac{1}{4})C_v$ 사용하며

③ 시간계수 사용

$$T_h = \frac{C_v/3 \cdot t}{{d_e}^2}$$

(6) 요시쿠니 방법 : *Well* 저항에 대한 근사식

*Well Resistance*의 영향이 무시할 정도로 작은 경우, 즉 드레인의 통수능력이 큰 경우 *Hansbo*의 방법은 전체 평균압밀도를 고려한 해를 구하기가 복잡하기 때문에 잘 이용하지 않으며, 이러한 경우에 대해 *Yoshikuni*(1979)는 *Well Resistance*를 고려하여 다음과 같이 압밀도를 제안하였다.

$$U_h = 1 - \exp^{(-8T_h/F + W)}$$

여기서, F : 타설간격영향 계수 W : *Well* 저항 영향계수

5. *Smear* 영향과 *Well Resistance* 현상의 주요 영향 요인

(1) *Smear Effect*

① 배수재에서 멀어질수록 영향 감소

② *Smear zone*의 두께보다 저하된 투수계수의 정도가 *Smear Effect*에 더 큰 영향을 끼침

(2) *Well resistance*

① 배수재의 투수계수, 단면, 길이에 따라 영향을 받음

② 원지반의 수평방향 투수계수에 따라 영향을 받음

③ 배수재의 투수계수가 원지반의 투수계수보다 1,000배 이하이면 *Well resistance*을 고려하여야 함

6. 평 가

(1) *Well resistance* 고려

: 배수재의 투수계수가 원지반의 투수계수보다 1,000배 이하인 경우

(2) *Well resistance* 이 *Smear Effect* 영향보다 큼에 유의

① 압밀과정 : 찢김, 절곡, 측압에 의한 통수단면 축소, 시간경과 시 *Clogging*

② 심도가 증가할수록 *Well resistance* 증가

(3) 교란의 최소화 대책

① 단면이 작은 것 사용 : *Sand drain* → *Pack drain*

② 타입장비 : 교란이 최소화되는 장비 선정

(4) 통수능시험 실시(*Well resistance* 고려) → 적정 q_w 적용

(5) *Sand Mat* 재료 : 적정 투수계수 확보

06 통수능 시험

1. 개 요

(1) 연직 배수공법에 영향을 미치는 다양한 인자들 중 통수능은 실제 배수재의 성능을 평가하는 매우 중요한 파라미터이다.

(2) 현장에서 배수재의 통수능은 배수재의 단면적과 배수재에 작용하는 토압, 지반의 침하에 따른 굽힘과 절곡현상, 미세 토립자의 유입으로 발생하는 내·외부의 막힘 현상, 필터의 크리프 변형 등 다양한 인자들에 의해 영향을 받는다.

(3) 통수능 시험은 위와 같은 영향으로 인해 수평 및 연직방향 투수계수 저감 정도를 파악하여 정확한 압밀도의 파악과 예측공기를 파악하기 위한 시험이다.

2. 시험의 목적

(1) 배수재에 가해지는 측압으로 인한 투수계수의 저감 정도 파악

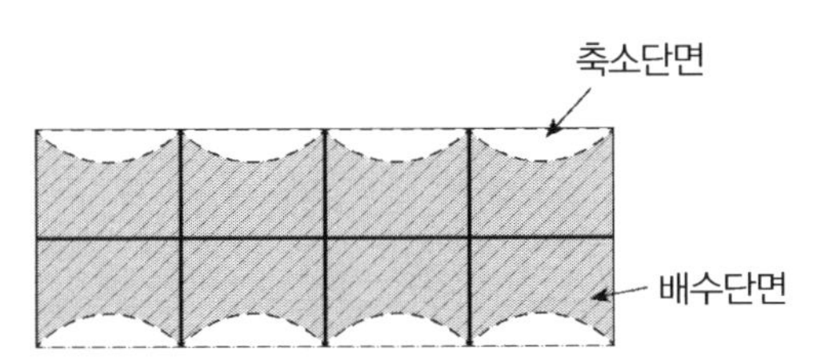

(2) 시공 시 교란과 시공 후 압밀과정에서의 투수계수 변화 → 통수량의 감소

→ *Well resistance, Smear Effect*

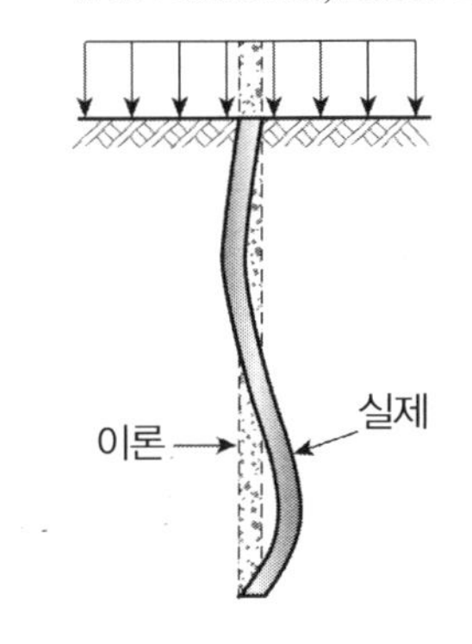

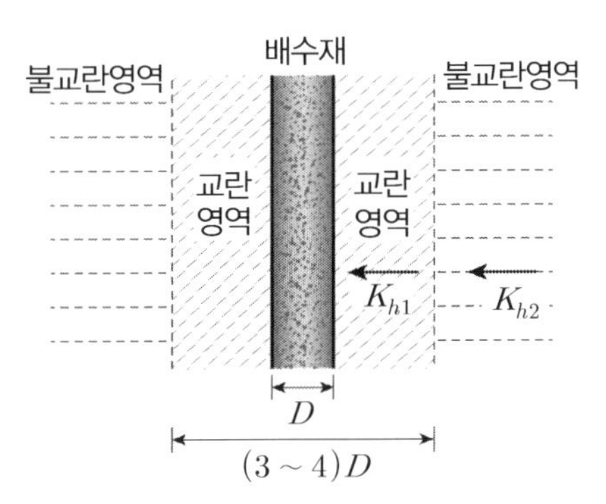

(3) *Hansbo*의 식을 통한 압밀도에 따른 압밀소요시간 판정

① *Well* 저항 및 *Smear Effect*를 모두 고려한 압밀도 사용

$U_h = 1 - \exp^{(-8T_h/\mu_{sw})}$

여기서, U_h : 수평방향 평균 압밀도

μ_{sw} : 타설간격, *Well* 저항 및 *Smear Effect*를 고려한 계수

② 시간계수(*Time facter*)

$$T_h = \frac{C_h \cdot t}{d_e^2}$$

여기서, C_h : 압밀계수

t : 침하소요 시간

d_e : 배수거리

③ 연직방향과 수평방향의 배수효과를 고려한 평균 압밀도

$U_{ave} = 1 - (1 - U_{v)}(1 - U_h)$

(4) 압밀시간 판정

$$t = \frac{T_h \cdot {d_e}^2}{C_h}$$

3. 시험방법

(1) *Delft* 통수능 시험

① 배수재 주위를 고무 멤브레인으로 설치

② 멤브레인과 배수재 사이를 점토로 채움

③ 타설심도 측압의 2배를 가함

④ 시험조건

: 직립조건, 20% 자유변형조건

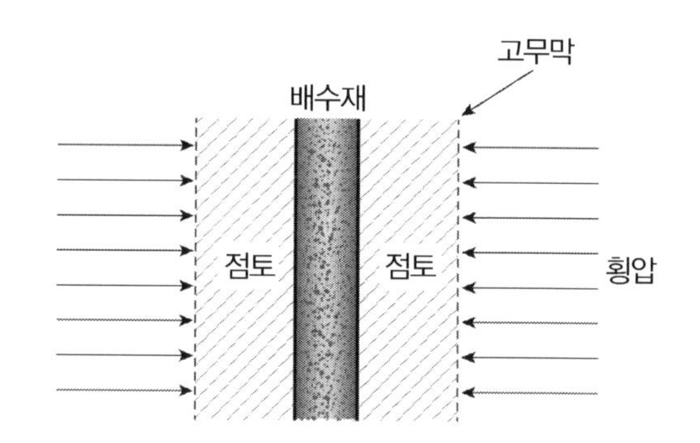

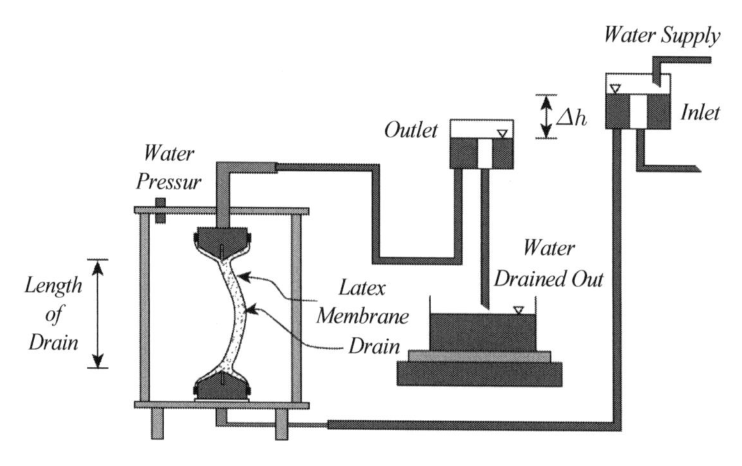

Delft 통수능 시험기 모식도

(2) 복합 통수능 시험

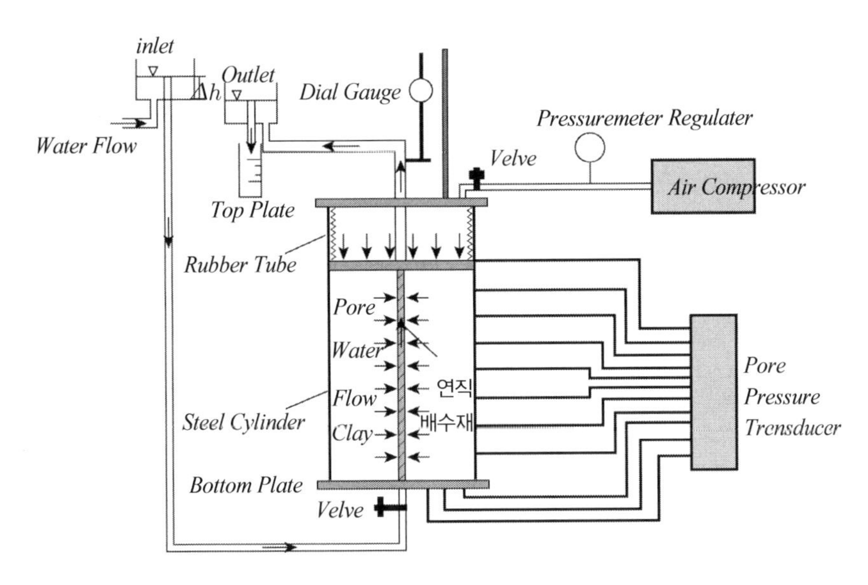

① *Delf* 공대형 통수능력 시험장치가 실제 지반에 타설된 배수재에서 발생하는 *Clogging*과 재하응력에 따른 굴곡의 영향을 파악하지 못하는 단점을 보완

② 현장조건에 근사한 상황에서의 배수재 통수 능력을 산정하기 위해 개발한 장비

③ 원통형 실린더 내부에 배수재를 타설하고 주변을 재조성 토사로 채운 후 상재하중을 가하고 이때의 통수능력 산정함

④ 시험이 진행되는 동안 재하응력에 따른 침하량과 깊이별, 배수재로부터의 거리별 지반의 간극수압 변화를 직접 측정

⑤ 시험 종료 후 콘 관입시험과 함수비 측정을 통해 배수재 타설지반의 개량효과 및 배수재 굴곡현상을 파악하고, 해체 후 배수재의 필터에 대한 광학현미경 촬영을 통해 막힘 현상 검토

(3) 즉, $K_{h1} < K_{h2}$ 이므로 $C_h = \dfrac{K_h}{M_v \cdot \gamma_w}$ 가 적어지므로 $t = \dfrac{T_h \cdot d_e^2}{C_h}$ 에 의해 압밀 지연

4. 통수능력 영향요소

(1) 기포에 의한 영향

① 초기 : 과잉간극수압보다 상대적으로 공기량이 적어 영향 적음

② 후기 : 잔류 과잉간극수압보다 상대적으로 공기량이 많으므로 영향이 큼

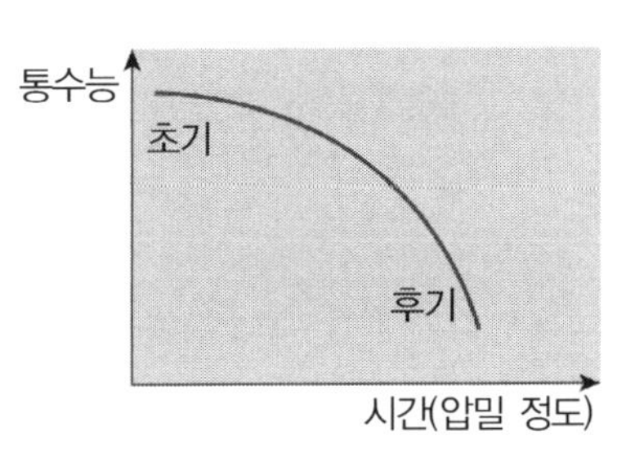

(2) 경과시간에 의한 영향

① 시간경과에 따라 일부 감소 : *Clogging* 때문

② 시간영향 : 10~20%/월

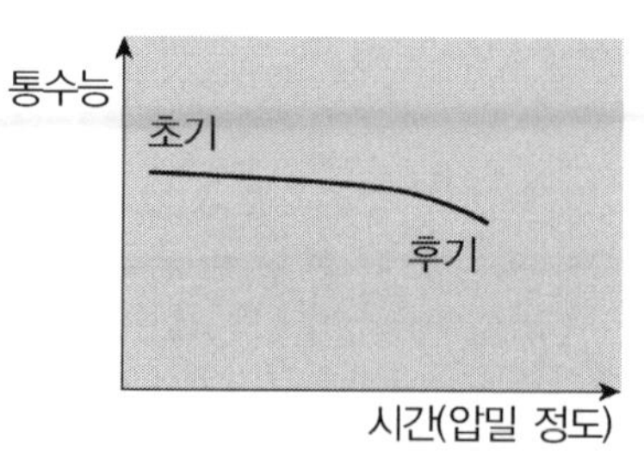

(3) 구속압 영향

① 구속압 증가에 따라 급속히 감소함

② 따라서 심도 20*m* 이하의 연직배수재에 대한 통수능영향 요인 적용 필요

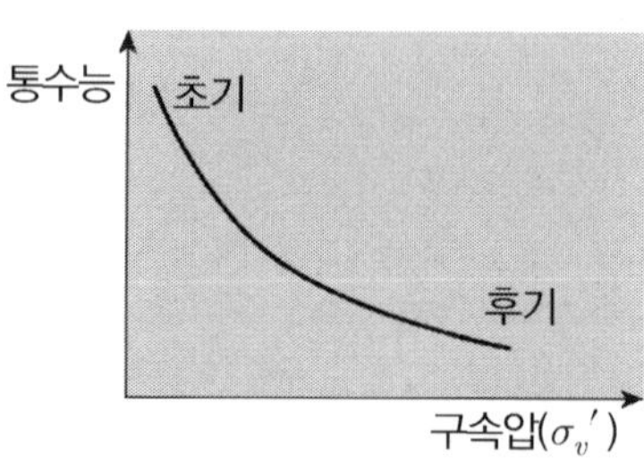

(4) 동수경사에 의한 영향

① 동수경사가 크면 : 통수능 커짐

② 구속압이 커지면 통수능은 작아짐

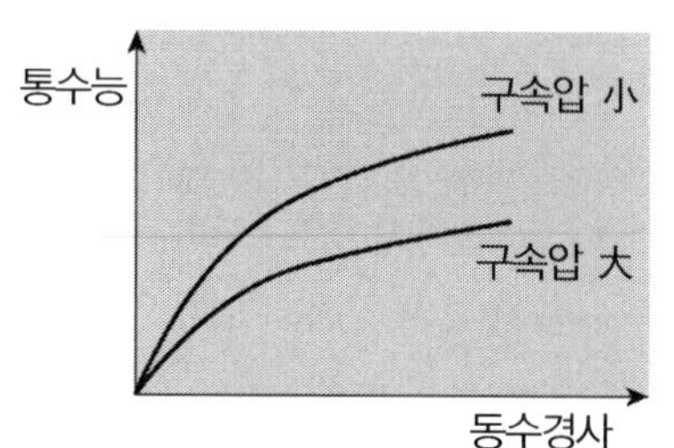

(5) 횡방향 변형에 의한 영향

만곡형 비교 국부적 꺽임영향이 통수능 저하에 영향이 큼

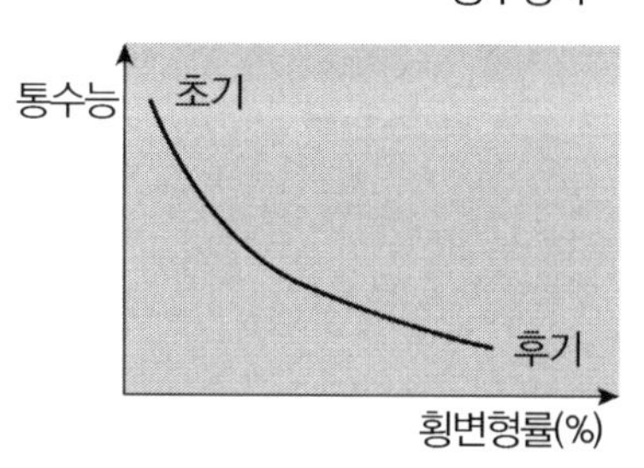

5. 통수능 크기 산정

(1) 최소 통수능 결정(*Holtz* 1991) $q_w = 4cm^3/\sec$

(2) *Well* 저항 무시 통수능 $\dfrac{q_w}{K_h} \geq 1{,}000 \sim 1{,}500m^2$

(3) 압밀에 따른 통수능

$$q_{ast} = \frac{\pi D^2}{4} \times \frac{S}{t}$$

$$q_d = q_{ast} \times F_s$$

q_{ast} : 계산 통수능

D : 배수재 간격

t : 압밀시간

q_d : 설계 통수능

S : 침하량

F_s : 안전율(보통 3)

6. 평 가

(1) 통수능력에 미치는 영향은 기포와 구속압(측압)이 가장 크며

(2) 배수재는 통수능 시험을 통하여 결정하여야 정확한 압밀소요시간에 대한 설계가 가능하다.

복합통수능 시험후 배수재의 변형

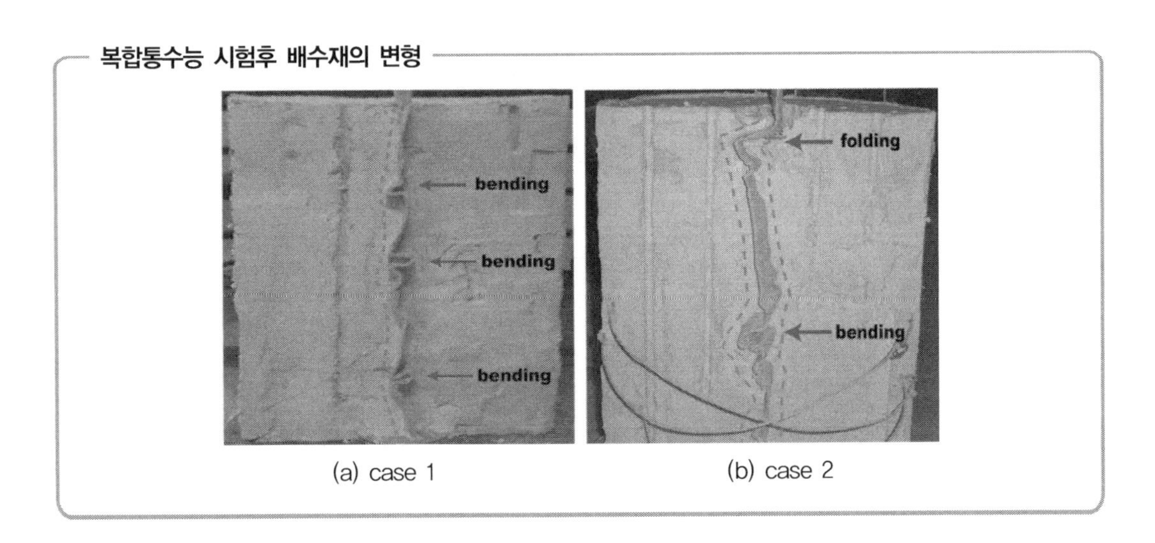

(a) case 1

(b) case 2

07 연직배수공법 = 실패방지 대책

1. 정 의

(1) 연직배수공법이란 투수성이 작은 연약지반에 연직방향의 배수재를 설치하여 배수거리를 단축시킴으로써 조기에 압밀침하를 완료하는 공법을 말한다.

(2) 즉, 압밀소요시간이 배수거리의 자승에 비례한다는 원리를 이용한 것이다.

2. 공법의 원리

(1) 배수거리 단축 → 압밀 시간 단축 : *Barron*의 이론

$$t = \frac{T_v \cdot H^2}{C_v}$$

① 배수거리 단축
당초 : H → 변경 : d_e

② 예를 들어 d_e가 $\frac{H}{10}$이면 침하시간은 $\frac{1}{100}$배로 단축

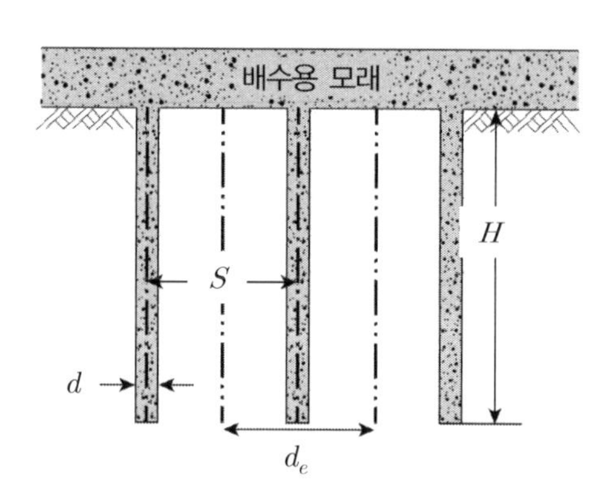

(2) 압밀도 증가 = 유효응력 증가 = 강도 증가

$$t = \frac{T_v \cdot H^2}{C_v} \text{에서 } T_v = \frac{\pi \cdot U^2}{4}$$

t는 압밀도(U)와의 함수임

여기서, 평균 압밀도 $U_{ave} = \frac{u_i - u}{u_i} = 1 - (1 - U_h)(1 - U_v)$

✓ **증가된 강도**

$C = C_o + \Delta C,\ \ \Delta C = \alpha \cdot \Delta P \cdot U,\ \ \alpha$: 강도 증가율

(3) *Well* 저항 및 *Smear Effect*를 모두 고려한 압밀도 : *Hansbo*의 式

$U_h = 1 - \exp^{(-8T_h/\mu_{sw})}$

여기서, U_h : 수평방향 평균 압밀도

μ_{sw} : 타설간격, *Well* 저항 및 *Smear Effect*를 고려한 계수

3. 설계 *Flow*

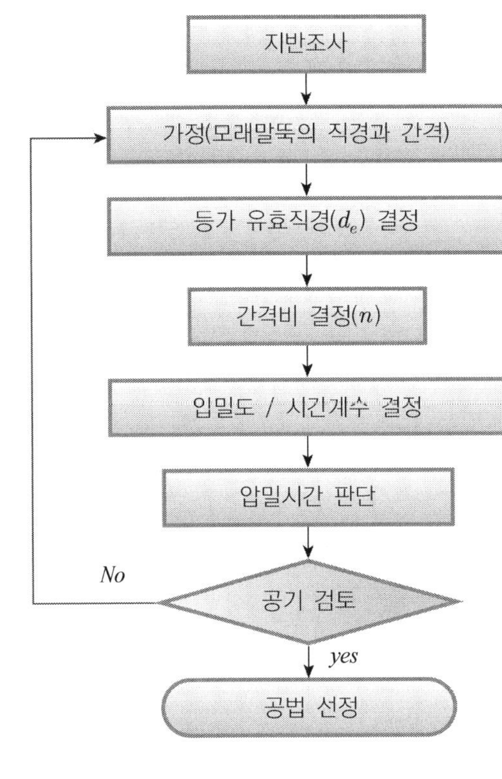

Sand drain 공법 설계 *Flow*

(1) 등가 유효직경: d_e

① 정삼각형 배열 : $1.05S$

② 정사각형 배열 : $1.13S$

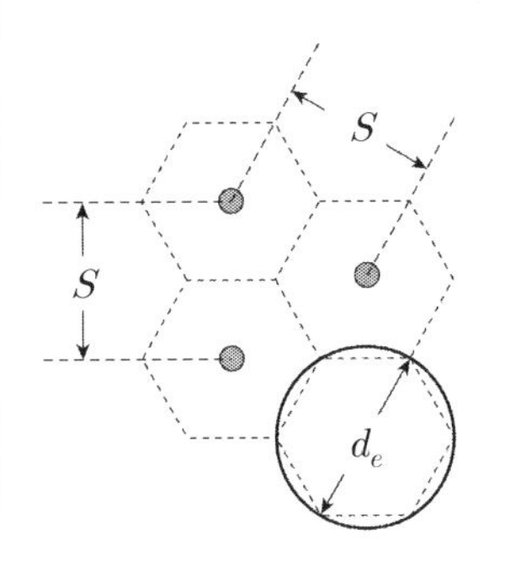

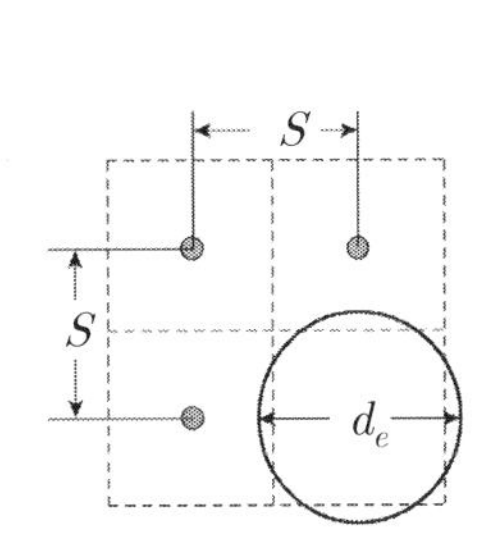

(2) 간격비 : $n = \dfrac{d_e}{d_w}$

d_e : 등가유효직경

d_w : 모래말뚝의 직경

(3) 압밀도 시간계수 관계

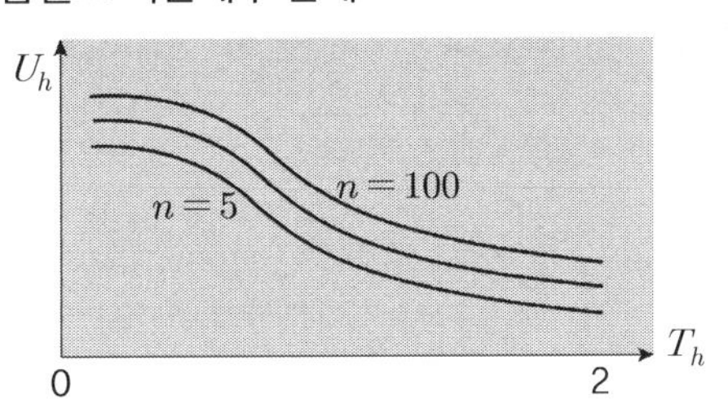

(4) 수평방향으로의 압밀소요시간 추정 : 공기검토

① 배치방법 및 설치간격, 모래기둥의 직경 가정

② 모래기둥의 직경과 등가유효직경의 비 : $n = \dfrac{d_e}{d_w}$

③ n, U_h, T_h 와의 관계도표 → 수평방향 시간계수 → 수평방향 압밀도 산정

④ 수평방향 압밀계수

현장시험(*Piezo CPT*), 실내시험(*Rowe cell*, 90° 회전 표준압밀)

⑤ 얻고자 하는 압밀도에 따른 소요시간 산정

$$t = \frac{T_h \cdot d_e^2}{C_h}$$

4. 공법 선정 시 고려사항

(1) 설계기준 : 개량목표

① 강도 증가 : $C = C_o + \Delta C$, $\Delta C = \alpha \cdot \Delta P \cdot U$, α : 강도 증가율

② 침하량 허용기준

③ 배수거리 → 공기 검토

(2) 원지반의 조건

C, ϕ, σ, C_v, m_v, C_c, $H \rightarrow K = C_v \cdot m_v \cdot \gamma_w$

(3) 배수재의 투수성 영향

① *Smear effect*

㉠ 정의 : 연직 배수재 시공으로 인해 교란된 영역인 *Smear Zone*으로 인해 수평방향 투수계수가 저하됨으로써 압밀이 지연되는 현상을 말한다.

즉, $K_{h1} < K_{h2}$이므로 $C_h = \dfrac{K_h}{m_v \cdot \gamma_w}$가 적어지므로

$t = \dfrac{T_h \cdot d_e^2}{C_h}$에 의해 압밀 지연

㉡ 영향요소 : 모래말뚝의 직경, 숙련도

② *Well Resistance*

㉠ 정의 : 연직배수재의 방사성 방향, 즉 수평방향만의 투수를 고려하고 연직방향의 투수계수는 압밀과정에서 일정하다고 가정하나, 실제로는 다음과 같은 이유로 연직방향 투수계수 저하로 압밀이 지연되는 현상을 말한다.

㉡ 영향요소 : 측압, 기포, 동수경사 등

③ 대 책

㉠ 통수능 시험

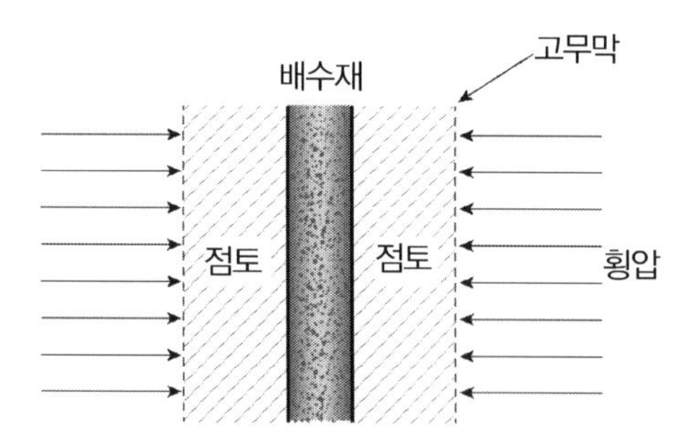

㉡ *Hansbo*의 식 $U_h = 1 - \exp^{(-8T_h/\mu_{sw})}$

여기서, U_h : 수평방향 평균 압밀도

μ_{sw} : 타설간격, *Well* 저항 및 *Smear Effect*를 고려한 계수

㉢ 배수재의 직경 감소 : *Smear Effect* 저감

㉣ 불교란 시료의 C_v 사용

$$t = \frac{T_h \cdot d_e^2}{C_h \rightarrow C_v}$$

㉤ 저감된 연직방향 압밀계수 사용 $C_h = (1/3 \sim 1/4)C_v$

㉥ 요시쿠니 방법 $U_h = 1 - \exp^{(-8T_h/F+L)}$

여기서, F : 타설간격 영향계수 L : *Well* 영향계수

(4) 배수재 재료

구 분	투수계수	0.074*mm*체 통과율
Mat	1×10^{-3}*cm/sec*	15% 이하
Drain	1×10^{-3}*cm/sec*	3% 이하

5. 공법의 특징 비교

구 분	*Sand Drain* 공법	*Paper Drain* 공법	*Pack Drain* 공법
직 경	30~50*cm*	0.3×10*cm*	12*cm*
심 도	40*m*	20*m*	20*m*
웰저항	작 다	크 다	중 간
교란영향	크 다	작 다	중 간
재 료	모 래	토목섬유	모래+토목섬유
모래절단	발 생	없 다	없 다
타입본수/회	1	4	4
지층경사	대처 용이	불 리	불 리
모래량	많 다	없 다	적 다
공사기간	길 다	짧 다	중 간

6. 시공 시 주의사항

(1) 배수재의 선정

① 인장강도 확보 : *PBD*

② 통수능이 우수한 재료 선정 : 통수능 확인시험 요

③ *PBD* 재료 선정 시 접착식보다 *Pocket*식 선택

④ 배수재 재료

구 분	투수계수	0.074*mm*체 통과율
Mat	1×10^{-3}*cm/sec*	15% 이하
Drain	1×10^{-3}*cm/sec*	3% 이하

(2) 장비 주행성

① 장비의 접지압을 고려한 저면 토목섬유 및 *Sand Mat* 포설

② 저면 토목섬유는 연약토와 *Sand Mat* 분리, 주행성 확보, 균등침하 유도, 표층보강의 기능이 있으며 포설 후 조기에 피복토록 함

③ *Sand Mat*는 간극수 배제, 주행성 확보, 지하수 상승억제 기능으로 연약층 표층강도, 장비 접지압을 고려하여 결정함

④ 특히 *Sand Mat*는 시방규정인 75μm 체 통과량이 15% 이하, 투수계수 1×10^{-3}*cm/sec* 이상인 재료로 두께를 유지하여야 하며 연속성 있게 포설되어야 함

(3) 배수재 타설

① 타설 시 교란 최소화 : 원형보다 사각형, 직사각형 *Mandrel* 사용

② 타설된 배수재는 심도확인이 곤란하므로 시간대별로 타설깊이를 알 수 있도록 자동기록장치를 이용함

③ 연직도 유지 : 간격이 멀어지며 개량시간이 크게 증가함

$t = \dfrac{T_h \cdot d_e^2}{C_h}$ 에 의해 압밀지연

④ 지층경사지에 대한 적정 장비 사용

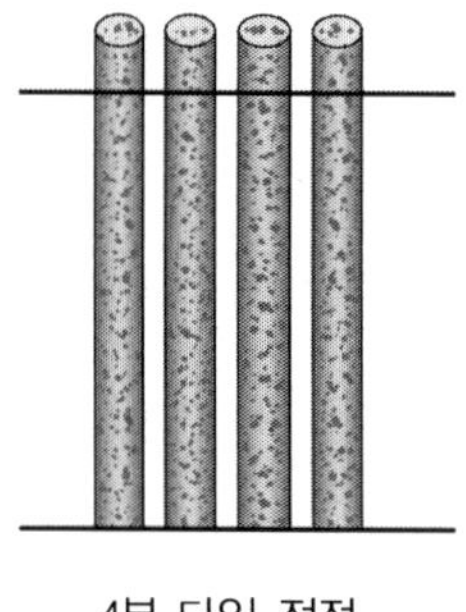

4본 타입 적정

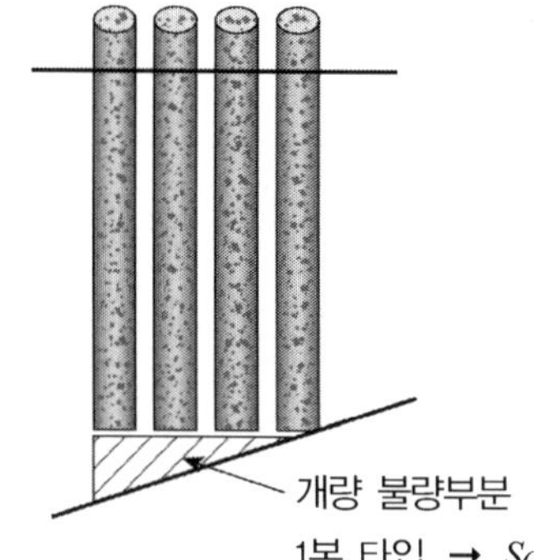

1본 타입 → *Sand Drain* 적정

(4) 계측 : 급속성토되지 않도록 시공관리 요망

① 계측의 종류 : 침하, 변위, 간극수압

관리 항목	계기명	중요사항
침 하	**침하판**	원지반 지표면 침하량 측정
	층별 침하계	연약층이 두꺼운 경우 차등침하가 예상되는 곳
변 위	**경사계**	성토사면 선단부에 설치
간 극 수 압	**간극수압계**	층별 침하계와 인접되게 설치
	지하수위계	성토하중에 의한 과잉 간극수압의 영향을 미치지 않는 정수두의 측정이 가능한 곳 설치

② 계측을 통한 장래 침하량 예측

계측결과 침하량의 추이로부터 장래침하량을 추정하여 계산 침하량과의 비교를 통한 침하관리

: 쌍곡선법, 평방근법(*Hoshino*법), *Asaoka*법

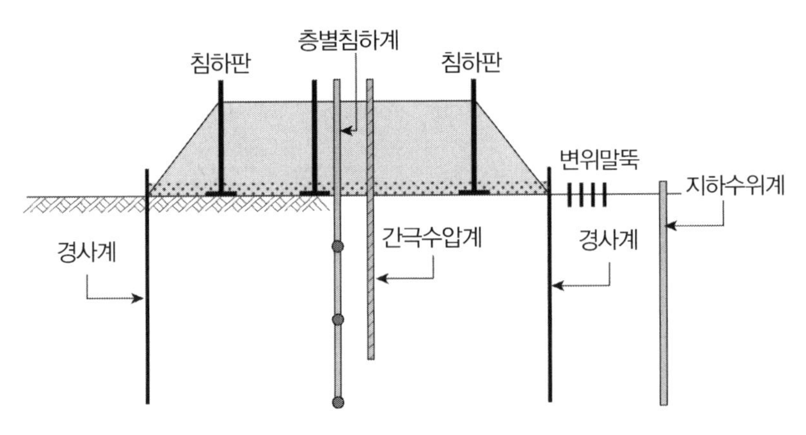

각종 계측기의 배치사례

③ 급속성토 관리

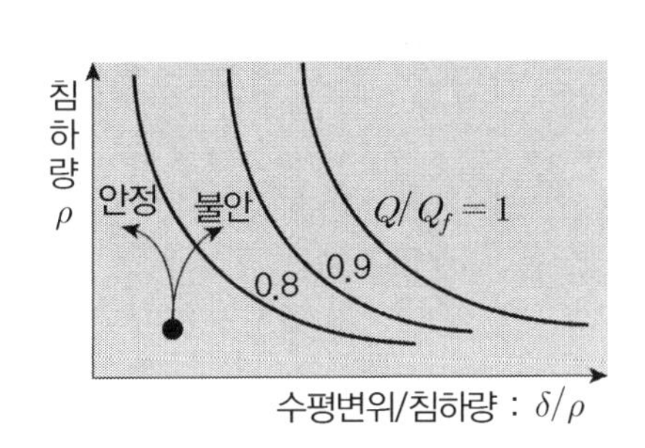

Matsuo − *Kawamura* 방법

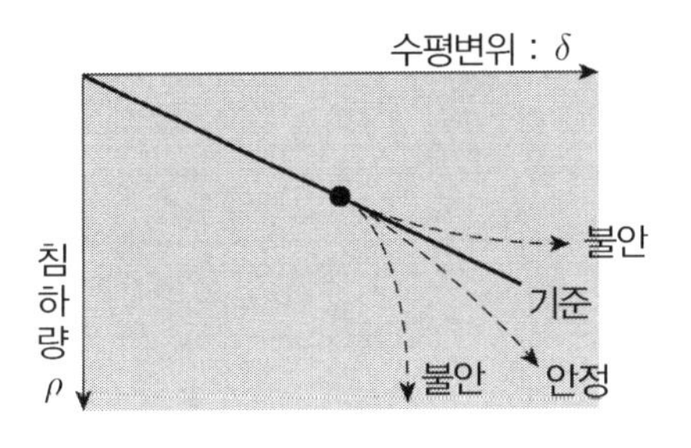

Tominaga − *Hasimoto* 방법

④ 공사 후 지반개량효과 확인 : 정적 *Sounding*, 실내시험

7. *Pack Drain* 공법

기존 *Sand drain* 공법에서 압밀 중 모래기둥 절단의 단점을 보완한 공법이며 모래량이 적게 소요됨

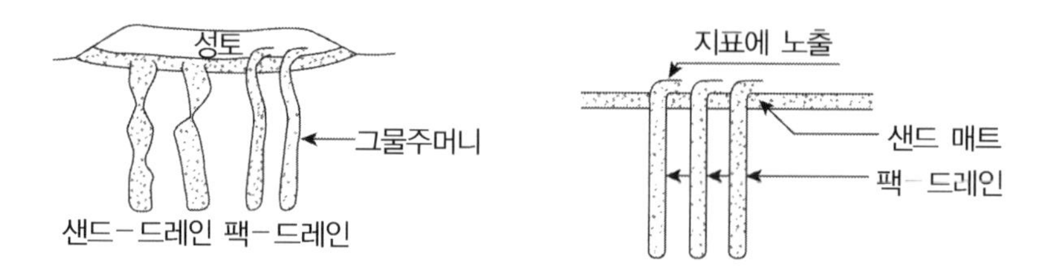

8. *PTC Drain* 공법(*Pack Twist Check Drain*)

기존 팩드레인 공법의 단점인 팩망의 꼬임현상을 방지하기 위하여 팩망의 하단부에 안내판을 부착하고, 케이싱 내에 걸림턱을 설치하여 팩망의 꼬임으로 인한 배수 단절을 개선한 공법임

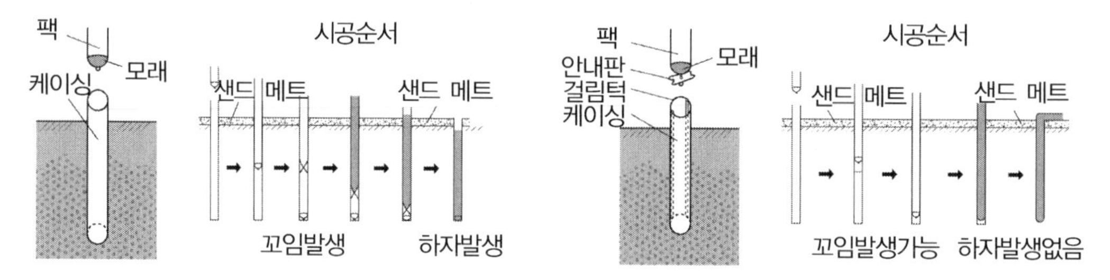

Pack Drain 공법 꼬임 발생도

P.T.C Drain 공법 꼬임 방지 시스템

일본 치요다공업(주)에서 개발하여 국내에 1992년 6월 경남 양산 냉정-구포 간 고속도로 공사에서 첫 도입

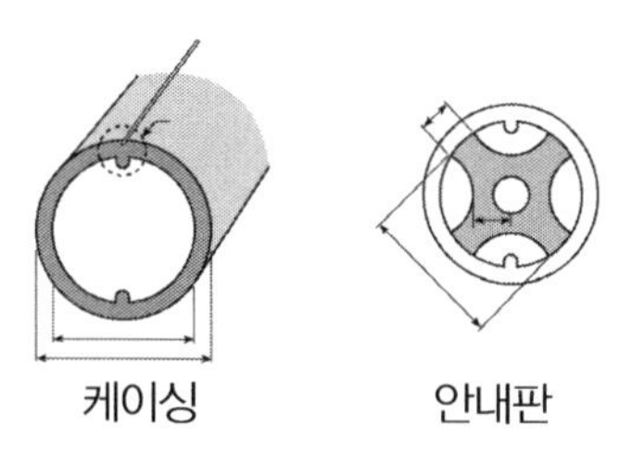

08 SCP 공법

1. 공법의 개요

(1) 모래다짐말뚝(*SCP*) 공법은 모래 또는 점토로 구성된 연약지반에 모래(또는 유사재료)를 압입하여 큰 직경의 다져진 모래말뚝을 조성하는 지반개량공법이다.

(2) 지반개량공법의 원리에는 치환, 압밀배수, 다짐, 고결, 보강 등이 있는데 모래다짐말뚝공법은 다짐과 보강 및 압밀배수를 기본원리로 하고 있다.

(3) 즉, 모래지반은 다짐에 의해 점토지반은 치환에 의해 복합지반에 의해 지반을 개량하는 공법이다.

2. 시공방법

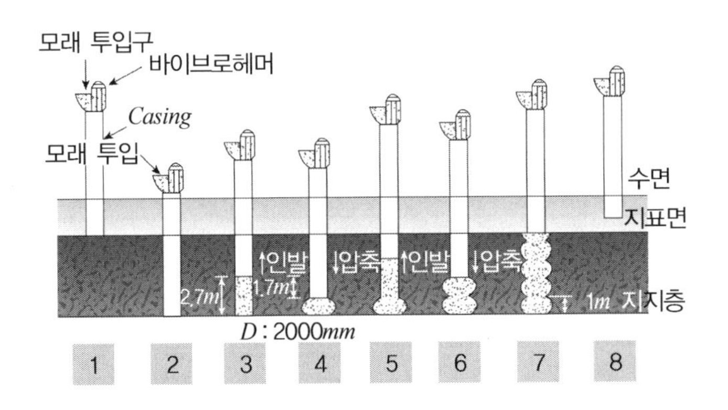

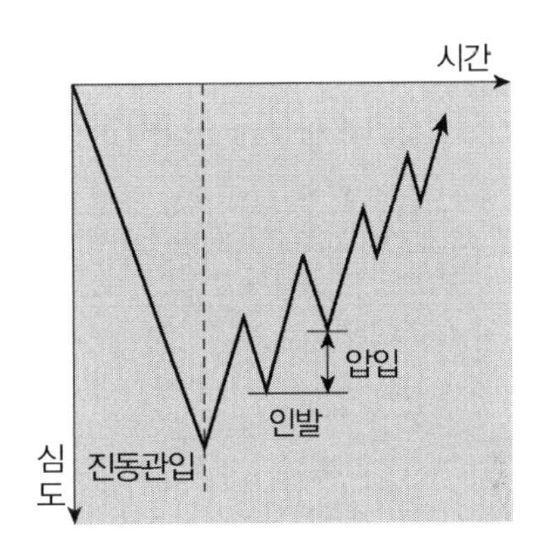

3. 개량의 원리

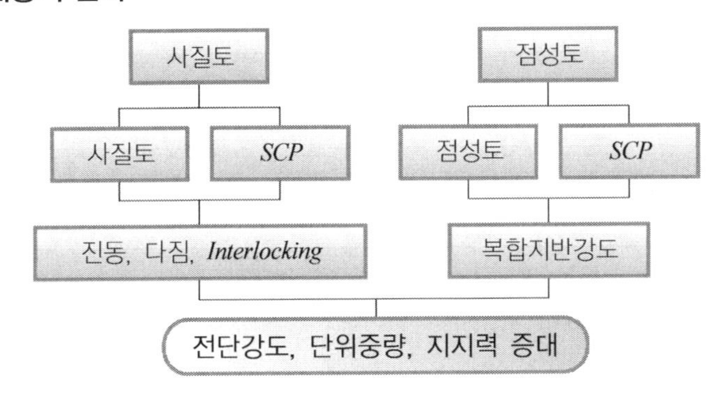

4. 공법의 효과

(1) 사질지반

① 탄성침하가 이루어지므로 잔류침하 억제 효과

② 느슨한 지반을 조밀한 지반으로 변화 : 상대밀도 증가

③ 액상화 대책에 유효한 공법

④ 공통사항(점성토와 동일) : 전단강도 증대, 지지력 증대

(2) 점성토 지반

① 복합지반지지력 형성

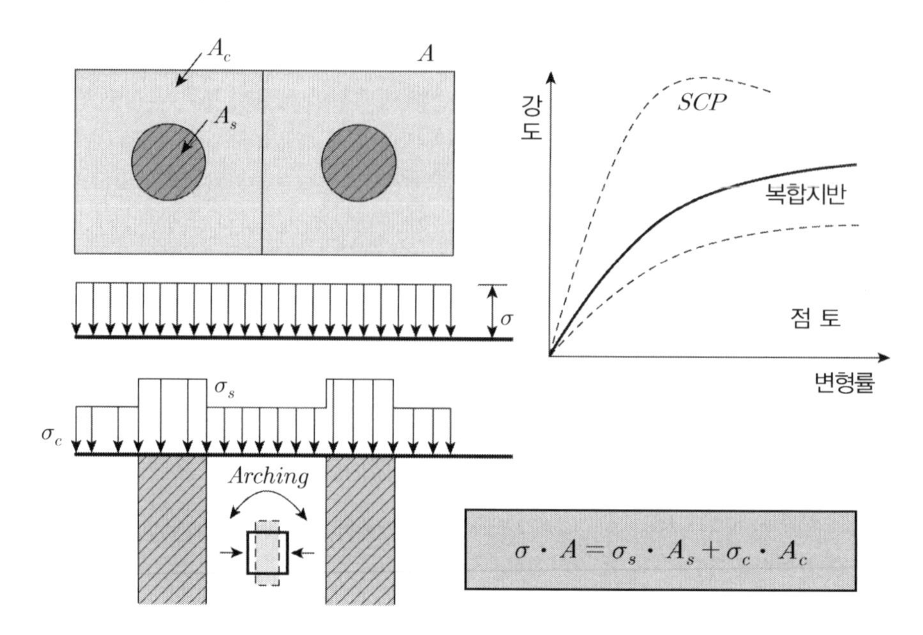

② 전단강도

㉠ 개량 전

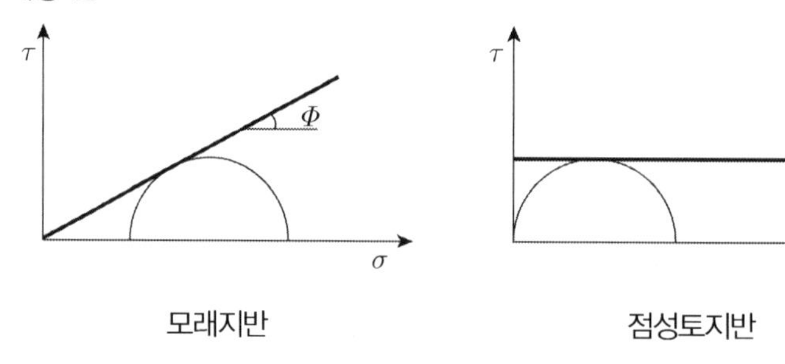

모래지반 점성토지반

㉡ 개량 후 : 복합지반 강도

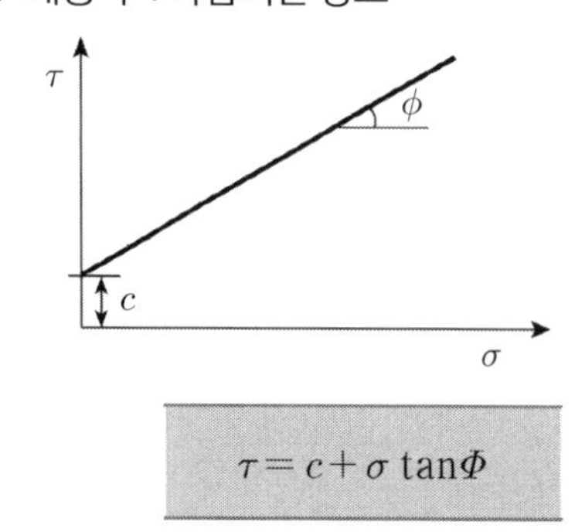

$$\tau = c + \sigma \tan\Phi$$

③ *Arching Effect* : 침하감소, 지지력 증대

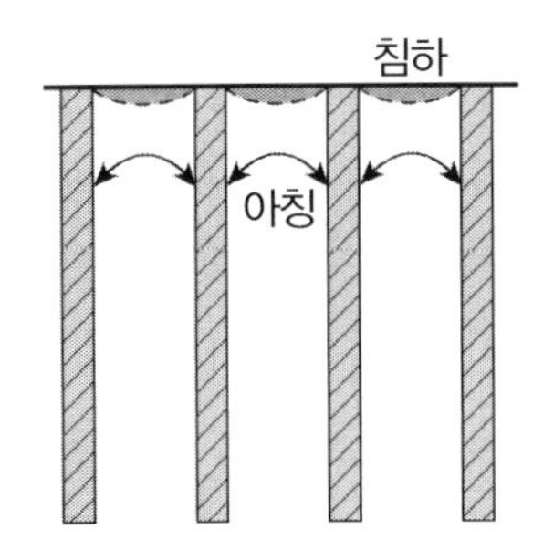

$$S = \mu_c \cdot S_c$$

여기서, S : *SCP* 시공 후 발생침하량

μ_c : 응력저감계수

S_c : *SCP* 무시한 계산 침하량

④ 배수효과

⑤ 다짐효과 : 구속압 증대

복합지반 설계를 위한 설계변수

1. 치환율

㉠ 정방형 배치 : $a_s = \dfrac{A_s}{A} = \dfrac{A_s}{x^2}$

㉡ 삼각형 배치 : $a_s = \dfrac{A_s}{A} = \dfrac{2}{\sqrt{3}} \dfrac{A_s}{x^2}$

여기서, A_s = *Sand Pile*의 단면적

A = *Sand Pile*의 단면적 + 점성토의 단면적

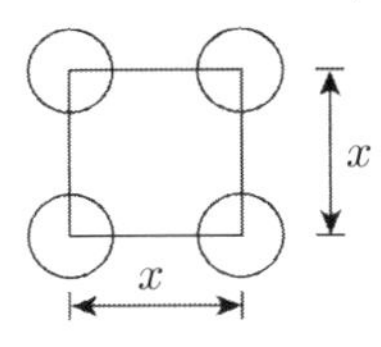

(a) 정방형 배치

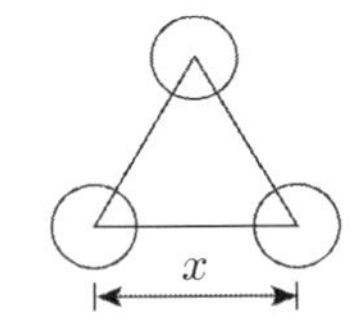

(b) 정삼각형 배치

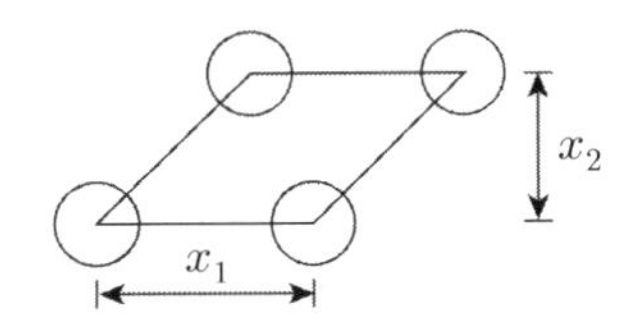

(c) 평행사변형 배치

2. 응력저감계수 : μ_c

$$\mu_c = \frac{\sigma_c}{\sigma} = \frac{A}{n \cdot A_s + A_c} = \frac{A}{n \cdot A_s + A - A_s}$$

$$= \frac{A}{(n-1)A_s + A} = \frac{A}{(n-1)a_s \cdot A + A} = \frac{A}{A((n-1)a_s + 1)}$$

$$= \frac{1}{((n-1)a_s + 1)}$$

3. 응력집중계수 : μ_s

$$\mu_s = \frac{\sigma_s}{\sigma} = \frac{\sigma_c}{\sigma} \times \frac{\sigma_s}{\sigma_c} = \frac{\sigma_c}{\sigma} \times n$$

$$= \mu_c \times n = \frac{n}{((n-1)a_s + 1)}$$

5. 강도 산정

모래다짐말뚝 공법의 설계는 원지반의 지지력과 압밀침하 등에 의한 치환율, 말뚝 배치형태 및 말뚝 간격 및 직경 결정 등의 검토를 실시한다.

$$\bar{c} = (1 - a_s)c, \quad \bar{\phi} = \tan^{-1}(\mu_s\, a_s \tan\phi_s)$$

(1) 복합지반 강도 이용

① 사면안정 검토 : 복합지반 설계강도정수 적용

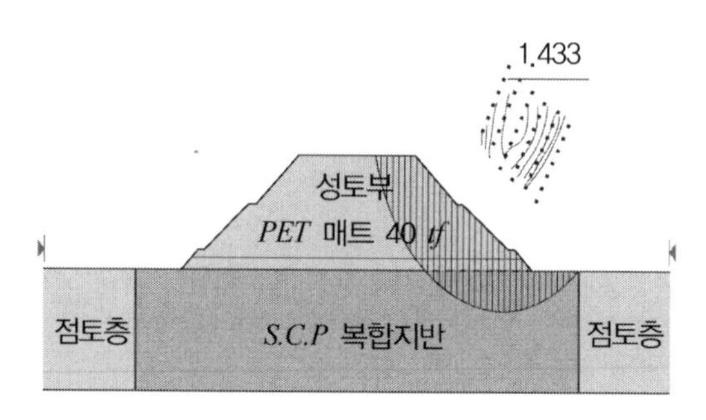

SLOPE/W에 의한 원호파괴 안정성 평가

② 지반의 지지력 산정 : 아래 식에 복합지반 강도정수 적용(안전율 3)

$$Q_{ult} = \alpha \cdot c \cdot N_c + \beta \cdot \gamma_1 \cdot B \cdot N_\gamma + \gamma_2 \cdot D_f \cdot N_q$$

(2) 모래말뚝의 지지력과 원지반 지지력에 의한 방법 : 말뚝개념

$$\text{복합지반 지지력} = \frac{A_s Q_s + A_c Q_c}{A_s + A_c}$$

여기서, $A_s,\ A_c$: 각각의 말뚝과 점토의 면적

$Q_s,\ Q_c$: 각각의 말뚝과 점토의 지지력

Q_s : 평판재하시험을 통해 현장에서 구할 수 있음

계산 예)

▶ 설치간격 : 1.5*m* × 1.5*m* 정사각형 배치

▶ *S.C.P* 설치 직경 : 70*cm*

▶ 치환율 $a_s = \dfrac{A_s}{A} = \dfrac{\pi d^2/4}{1.5 \times 1.5} = 0.1771 = 17.1\%$

▶ 응력분담비 $n = 3$, 일반적으로 2.5~3.5의 범위를 보이므로 평균값 3을 적용

▶ 응력증가계수 $\mu_s = \dfrac{n}{((n-1)a_s + 1)} = \dfrac{3}{(3-1)0.1717 + 1} = 2.235$

▶ 응력저감계수 $\mu_c = \dfrac{1}{((n-1)a_s+1)} = \dfrac{1}{(3-1)0.171+1} = 0.745$

▶ 원지반 비 배수 전단강도 c_u = 2.163 tf/m^2 (내부마찰각 =0)

▶ *S.C.P* 복합지반의 설계정수 산정 : *SCP* 말뚝모래의 내부마찰각 30°

－ $\phi = \tan^{-1}(\mu_s a_s \tan\phi_s) = \tan^{-1}(2.235 \times 0.171 \times \tan 30°) \fallingdotseq 12°$

－ $c = (1-a_s)c = (1-0.171)2.163 \fallingdotseq 1.79tf/m^2$

▶ 이용 : 지지력 산정, 사면안정 해석

6. 압밀시간 산정

(1) 수평방향으로의 압밀소요시간 추정(예)

① 배치방법 : 정사각형 배열, 설치간격 : 1.5*m*, 모래기둥의 직경 : 70*cm*

등가유효직경 d_e : $1.13 \times 1.5 = 1.695m$

② 모래기둥의 직경과 등가유효직경의 비

$n = d_e/d_w = 1.695/0.7 = 2.42$

③ n, U_h, T_h 와의 관계도표 ➞ 수평방향 압밀도 ➞ 수평방향 시간계수 산정

㉠ *Well* 저항 및 *Smear Effect*를 모두 고려한 압밀도 : *Hansbo*의 식

$U_h = 1 - \exp(-8T_h/\mu_{sw})$ 여기서, U_h : 수평방향 평균 압밀도

μ_{sw} : 타설간격, *Well* 저항 및 *Smear Effect*를 고려한 계수

㉡ 등가유효직경에 의한 μ_{sw}의 약식

$$\mu_{sw} = \frac{n^2}{n^2-1}\ln(n) - \frac{3n^2-1}{4n^2} = \frac{2.42^2}{2.42^2-1}\ln 2.42 - \frac{3 \times 2.42^2 - 1}{4 \times 2.42^2} = 0.358$$

㉢ 수평방향 압밀도 95%일 때의 수평방향 시간계수

$U_h = 1 - \exp(-8T_h/\mu_{sw}) \rightarrow T_h = 0.134$

④ 수평방향 압밀계수 : 현장시험(*Piezo CPT*), 실내시험(*Rowe cell*, 90° 회전 표준압밀)이 원칙이나 일반적으로 수평방향의 압밀계수 C_h가 연직방향압밀계수 C_v보다 크지만 근사적으로 $C_h = C_v$로 가정한 후 압밀기간을 산정

⑤ 얻고자 하는 압밀도에 따른 소요시간 산정(가정 : $C_h = C_v = 8.39 \times 10^{-4}$)

$$t = \frac{T_h \cdot {d_e}^2}{C_h} = \frac{0.134 \times 169.5^2}{8.39 \times 10^{-4}} = 4.859 \times 10^6 = 53\text{일}$$

7. 지반종류별 유의사항

(1) 점성토 지반

① 요구되는 복합지반강도에 따라 치환율 결정 → 배치간격 결정

② *SCP*를 배수촉진과 전단강도 증진의 목적으로 사용할 경우 사용모래의 투수계수
: $K = 1 \times 10^{-3} cm/sec$ 이상 사용

③ 치환율이 30% 이상이면 압밀계수 저감 : 압밀소요시간 길어짐

(2) 사질토 지반

① 세립토가 20% 이상 시 *SCP* 다짐효율 저감

② 표층 1~2*m* 부분은 유효상재하중이 적어 다짐이 원활하게 되지 못하므로 *Roller* 등으로 표면다짐을 해야 함

(3) 공통사항

① 연직도 유지, 투입모래량 관리

② 인접지반 침하 고려

③ 개량효과 확인 : *SPT*, *CPT* 등

8. 개량효과 영향요인 = 처리지반 강도 영향요소

(1) 사용 모래

① 둥근입자보다 모난 입자가 전단강도가 커서 해사보다는 하천모래를 사용함

② 양호한 입도의 모래가 빈 입도의 모래보다 전단강도가 큼

(2) 진동크기, 압축공기

① *SCP* 심도 - 시간관계에서 관입과 진동이 크고 모래 투입 시 압축공기가 세면 강도가 큼

② 즉, 진동에너지가 크면 상대밀도 증가로 전단강도가 큼

(3) *SCP*의 간격 : 간격이 작을수록 전단강도 큼

(4) 모래의 투입량

① 개량대상지반 1m^3에 보급할 모래량

$$V = \frac{\Delta e}{1+e}$$

여기서, Δe : 간극비 감소량 e : 초기 간극비

$$S = d^2 \cdot V$$

여기서, S : *SCP* 1*m*당 보급되는 량(0.4m^3/m)
d : *SCP* 간격

② 모래투입량에 따라 *SCP* 간격이 결정되며 간격이 작을수록 강도가 크게 됨

(5) 점토의 원래 전단강도

원래의 점토강도가 크면 복합지반 강도가 크게 됨

(6) 점토 함유율

사질토 지반에서 75㎛체 통과량이 20% 이상인 지반은 *SCP*에 의한 다짐효과가 감소되어 효과가 적음

9. *Sand Drain* 공법과 비교

구 분	*Sand Drain* 공법	*SCP* 공법
직 경	40*cm*	70*cm*
심 도	약 30*m*	약 30*m*
재 하	필 요	불필요
배 수	고 려	불고려
적용토질	점 토	점토, 사질토
주변강도	주변강도 저하 없음	주변강도 저하 발생
개량목적	압밀촉진 + 전단강도 증대	사면활동 억제, 침하 저감, 지지력 증대
다 짐	**불필요**	**필 요**

10. *SCP* 파괴형태

벌징파괴(*bulging failure*), 전단파괴(*shear failure*), 관입파괴(*punching failure*)로 구분할 수 있으나, 대부분 파괴형태는 벌징파괴(*bulging failure*)로 볼 수 있다.

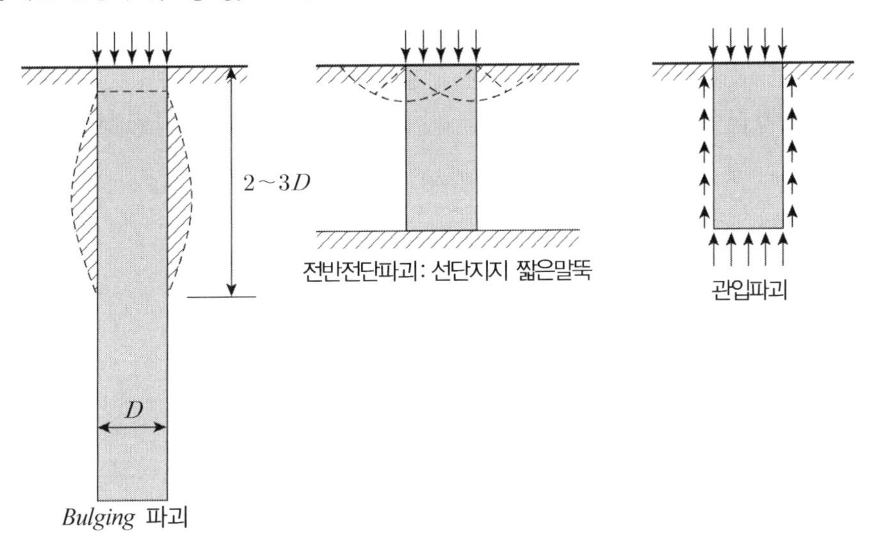

09 SCP 공법에서의 Heaving 원인과 융기량 추정

1. 점성토 지반에서의 *SCP* 원리와 효과

(1) 원 리

점토지반에 모래기둥을 형성하여 모래와 점토의 복합지반 강도에 의해 전단강도를 증가시킨다.

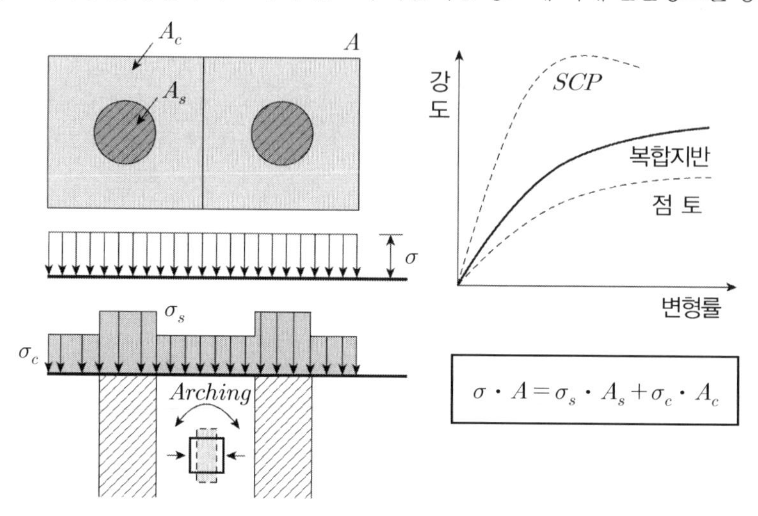

(2) 효 과

① 복합지반 강도

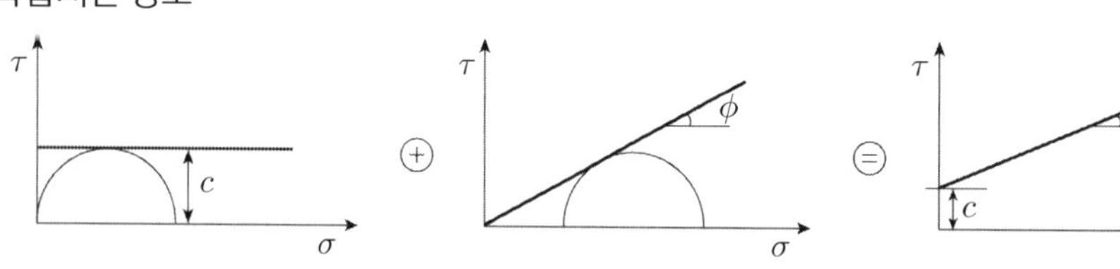

$\bar{c} = (1 - a_s)c$, $\bar{\phi} = \tan^{-1}(\mu_s\ a_s \tan\phi_s)$

여기서, 치환율 $a_s = \dfrac{A_s}{A}$ 응력분담비율 $n = \dfrac{\sigma_s}{\sigma_c}$ 응력저감계수 $\mu_s = \dfrac{1}{((n-1)a_s + 1)}$

② 배수효과 ③ 다짐효과 : 구속압 증대

④ *Arching Effect* : 침하 감소, 지지력 증대

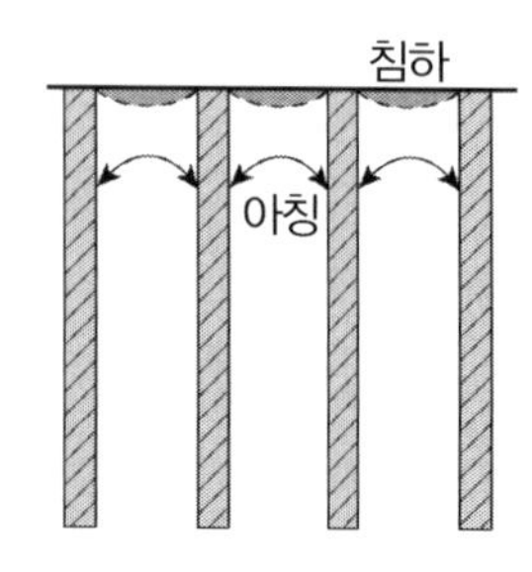

$S = \mu_c \cdot S_c$

여기서, S : *SCP* 시공 후 발생침하량

μ_c : 응력저감계수

S_c : *SCP* 무시한 계산 침하량

2. *Heaving* 원인

(1) 배토말뚝과 폐색말뚝 개념 : 관입체적만큼 융기(주변지반 압축)

구 분	배토 / 폐색말뚝	비배토말뚝
단 면	지반이동방향 $\sigma_v' \cdot K \cdot \tan\delta$	지반이동방향 $\sigma_v' \cdot K \cdot \tan\delta$
관입성	곤 란	용 이
장 비	대 형	소 형
주변지반 변형	많 다	적 다
주면 지지력	크 다	적 다
선단 지지력	크 다	적 다

(2) 완전 비 배수 조건

① 시공조건 : *Cassing* 관입, 모래투입이 비교적 단기간에 실시되므로 주변점토의 배수조건이 비 배수 조건과 유사하게 됨

② 일정체적 조건하 변형

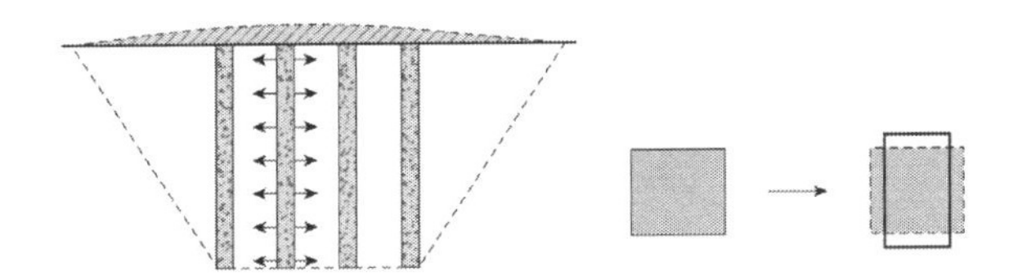

③ 점토지반의 배수 조건별 체적변화

㉠ 비 배수 조건 : 간극수 배출 억제 → 일정체적(융기)

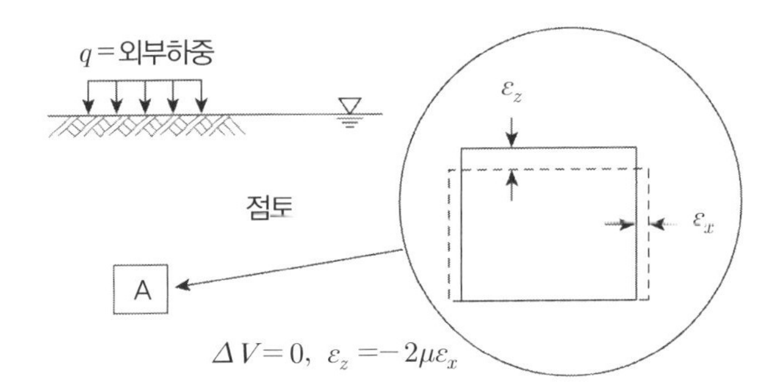

㉡ 배수조건 : 간극수 배출 허용(간극수압소산) → 체적변화(압밀침하)

구 분	다일러턴시=체적변화	간극수압	유효응력
조밀한 모래 (과압밀 점토)	(+)*Dilatancy* = 체적 팽창	(−)간극수압	증 가
느슨한 모래 (정규압밀 점토)	(−)*Dilatancy* = 체적 수축	(+)간극수압	감 소

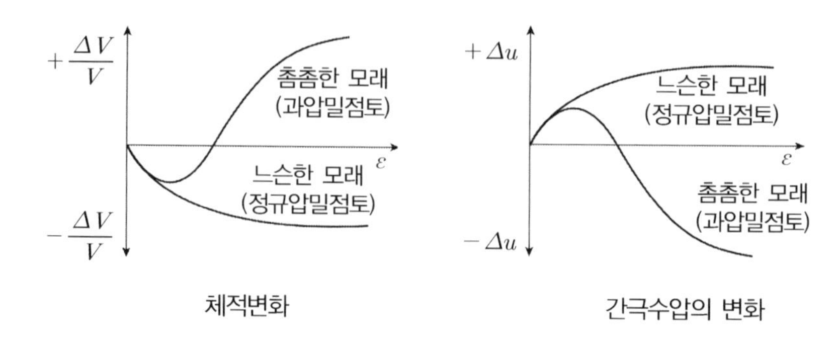

체적변화 간극수압의 변화

3. 융기량 추정

모래말뚝 타설 후 지반은 부풀어오르게 된다. 융기 높이에 대해서는 많은 연구가 있으나, 지반 융기높이를 엄밀하게 추정하는 것은 어려우며, 기존의 시공사례를 통계적으로 분석해서 융기율(융기 토량/설계 투입 모래량)을 이용하여 설계에 이용한다.

(1) 융기율 $\mu = 2.803(1/L) + 0.356a_s + 0.112$

(2) 융기량 $H = \dfrac{\mu \cdot a_s \cdot A \cdot B \cdot \ell}{A \cdot B + (A+B)L\tan\theta + 4/3 \cdot (L\tan\theta)^2}$

만일 $A = \infty$, $H = \dfrac{\mu \cdot a_s \cdot B \cdot \ell}{B + L\tan\theta} = \dfrac{\mu \cdot V_s}{B + L\tan\theta}$

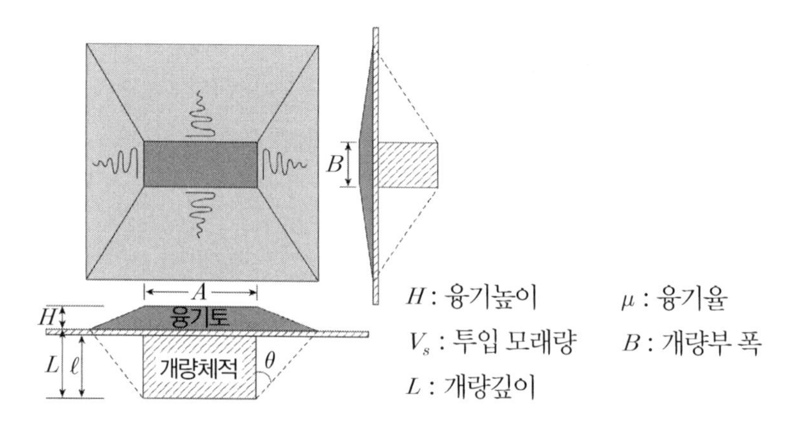

융기현상(일본토질공학회 1993)

10 동다짐 공법(Dynamic Compaction, Heavy Tamping), 동압밀 공법, 중량다짐공법

1. 개 요

(1) 무거운 중량의 추를 상당 높이에서 자유낙하시켜 지반에 충격에너지를 가함으로써 지반을 상당 깊이까지 강제다짐시키는 지반개량공법이다.

(2) 이 공법은 중량 10~40*ton*, 강재 및 콘크리트 등으로 제작한 추를 70~250*ton*의 대형 크레인이나 전용장비를 이용하여 5~40*m* 높이에서 자유낙하시켜 발생한 충격에너지를 이용하여 지하 심부 5~20*m* 정도의 지반을 개량하는 것으로

(3) 일반적인 다짐공법은 무계획적으로 지표부근을 다지는 방법이었으나 본 공법은 심부로부터 상부까지 개량을 한 번에 가하는 것이 아니고 여러 회로 나누어 시공하는 것으로 각 시공단계가 끝나고 개량효과를 확인하여 그 결과를 다음의 시공단계에 반영하는 것으로 정보화 시공을 실시할 수 있다.

2. 시 공

(1) 최초에 심부를 다져서 우선 개량 : *Tamping Energy*를 충분한 간격으로 시공

(2) 순차적으로 상부개량을 실시 : 최초 1회보다 적은 에너지로 간격을 좁혀서 시공

(3) 최종적으로 끝막음 *Tamping* (*Ironing*)으로 지표면을 다짐

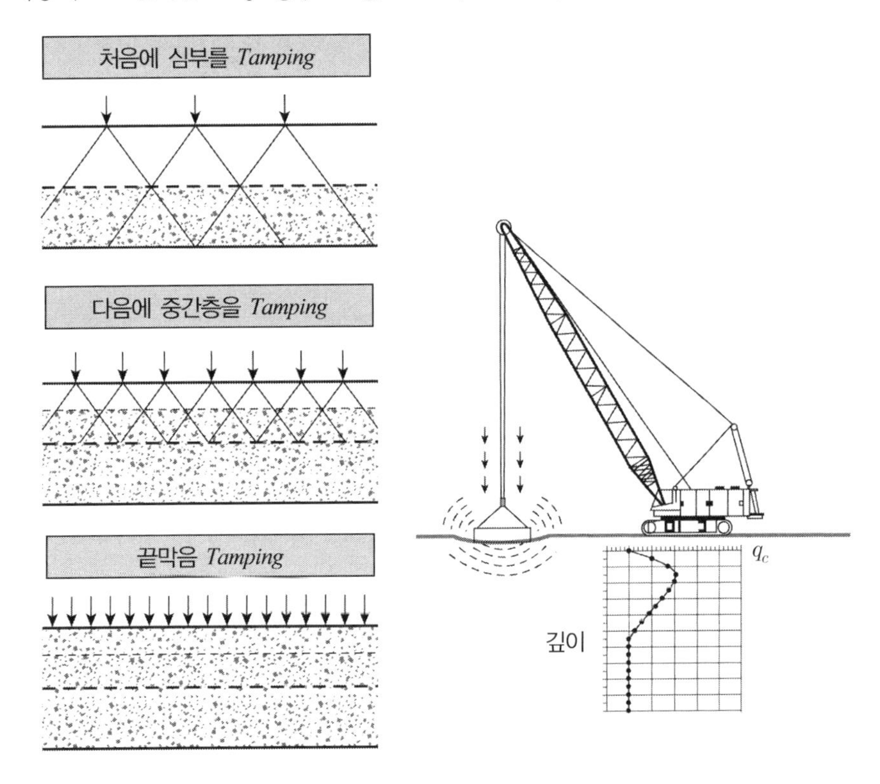

3. 토질별 개량 원리

(1) 사질토 : 다짐 + *Interlocking*

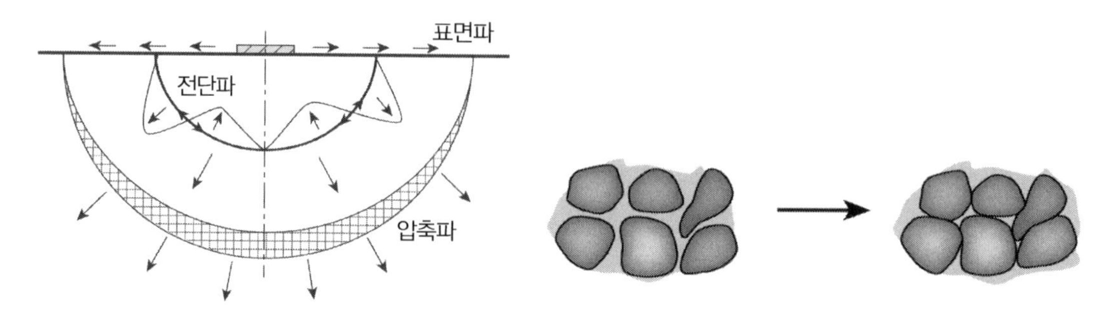

지표면의 충격에 의한 토립자의 재배열

① *P*파 : *Push – Pull Motion*을 하여 입자구조를 파괴 또는 이완

② *S*파 : 입자 간의 전파속도가 다소 느리나 입자들을 조밀한 상태가 되게끔 재배열시킴

(2) 점성토 : 압밀탈수 + 복합지반 형성

① 충격하중에 의해 발생된 여러 종류의 파들은 과잉간극수압이 발생한다.

② 지반 내부에 인장응력을 유발시켜 충격하중이 가해진 중심부에서 방사상으로 인장균열을 만든다.

③ 인장균열은 배수길(*Drainage Path*)로서 작용하여 수압파쇄로 인한 포화토의 과잉간극수압의 소산과 유효응력의 증진 → 지반의 지지력을 증대시킨다.

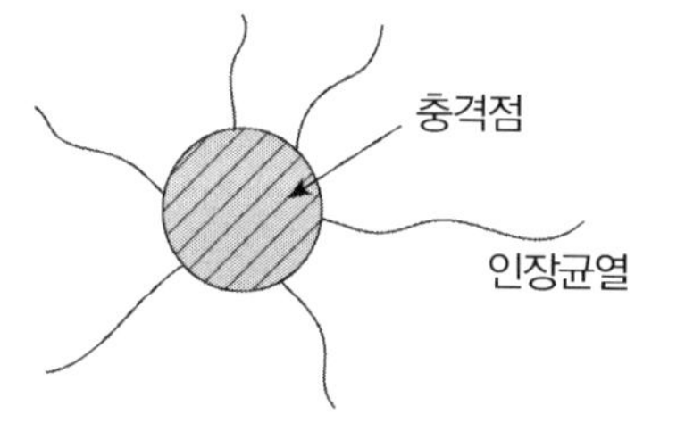

4. 설 계

(1) 주요 결정사항

추의 중량 : $W(ton)$, 낙하 높이 : $H(m)$, 타격지점간격 : $L(m)$, 타격에너지 : $(t \cdot m / m^2)$

타격 회수 : Nb(회), 타격단계 수 : n, 휴지기간 : T(일)

(2) *Parameter* 결정 시 고려사항

① 개량목적에 필요한 목표치

② 개량심도

③ 지반조건(토질구성에 의한 토질특성)

④ 지하수위 분포상태

⑤ 부지 주변여건 및 상황(환경, 기존구조물 등)

(3) 개량심도 결정 → 아래 관계식에 의해 추의 중량(W)과 낙하고(H) 결정

$$D = C \cdot \alpha \sqrt{W \cdot H} \text{ 또는 } \alpha \sqrt{W \cdot H}$$

여기서, D : 개량심도(동다짐에 의한 영향깊이 m)

C : 토질계수(지반 *Damping facter*)

α : 개량심도 영향계수(경험적 값 : 0.3 ~ 0.8)

W : 추의 중량 H : 추의 낙하고

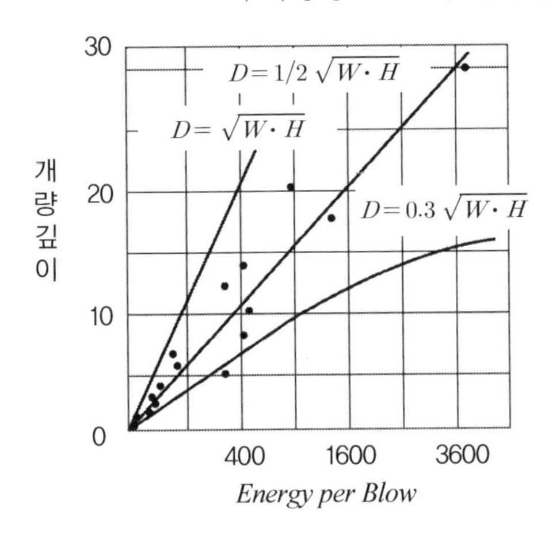

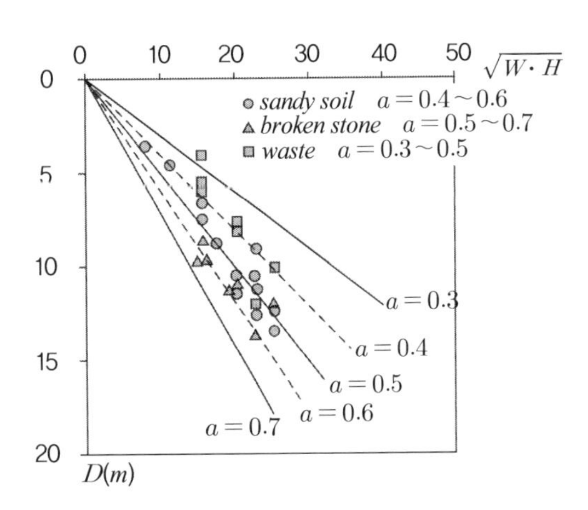

예) 평균 요구 개량심도가 약 $5.0m$ 라고 가정하고 $\alpha = 0.5$ 로 정하면

$D = 5.0m$ 일 때 $W \cdot H = 5^2/0.5^2 = 100 ton \cdot m$

안전율을 고려하여 $W = 15ton$, $H = 10.0m$ 결정

(4) 타격점 간격의 결정

심부개량에서부터 지표부의 개량을 효과적으로 하기 위해서는 종래의 시공실적을 감안하여 다음의 값을 사용하고 있다.

① 토질에 따른 간격

- 사질토의 경우 : $L = D$
- 점성토의 경우 : $L = 0.5D$

여기서, L : 제 1 단계의 타격지점 간격(m),

D : 개량심도(m)

② 제2단계, 제3단계의 타격점 배치는 제1단계의 타격점의 중간으로 하고 타격단계수가 증가함에 따라 타격점의 간격은 점차 좁아지도록 배치한다.

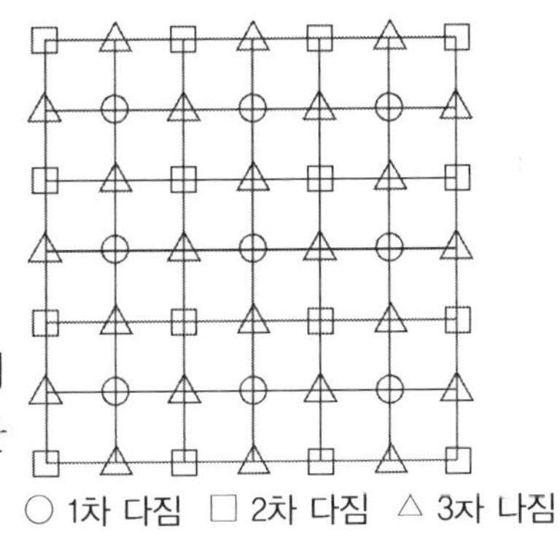

예) 설치예정 지반이 매립층의 사질토로 구성되어 있고 평균개량심도가 대략 $5.0m$ 이므로 안전율 고려 $L = 4.0m$ 로 결정

(5) 타격에너지

① 타격에너지는 지반의 개량심도 및 개량효과에 큰 영향을 준다.

② 타격에너지가 너무 클 경우에는 지반의 진동이 커져서 지반이 교란되고

③ 너무 작을 경우에는 큰 개량효과를 기대하기 힘들기 때문에 적절한 타격에너지 결정이 필요하다.

④ N치 증가분인 ΔN과 단위체적당 타격에너지 E_v의 관계는 다음과 같다.

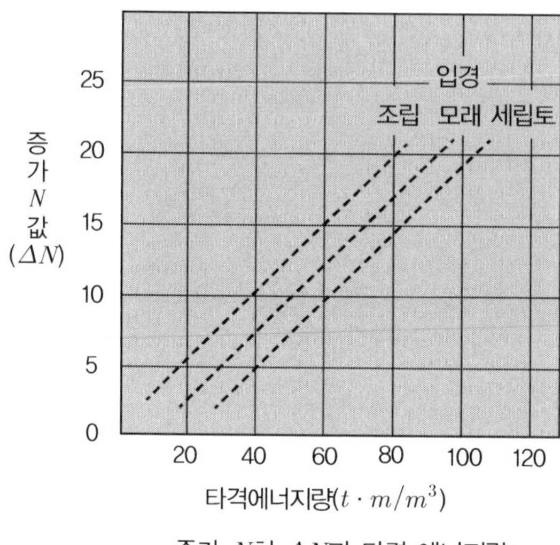

증가 N치 ΔN과 타격 에너지량

⑤ 그림과 같이 ΔN에 대한 체적당 타격에너지(E_v)는 토질조건 및 현장 여건에 따라 달라진다. 점성토를 많이 함유하는 지반이나 중요구조물 예정지에는 큰 값을 채택하여야 한다.

예) 기존 지반이 사질지반이고 N치가 5, 개량목표치가 15라면 $\Delta N = 10$, 이때 타격에너지량(E_v)은 $50t \cdot m/m^3$이다.

(6) 1회 차수당 타격 횟수

추의 무게, 낙하높이 타격에너지가 결정되면 각 타격점의 타격 횟수는 다음과 같다.

$$N_b = \frac{E \cdot L^2}{W \cdot H \cdot n}$$

여기서, N_b : 1타격점당 타격 횟수(회)
E : 단위면적당 타격에너지 ($ton \cdot m/m^2$)
L : 제1단계의 타격점 간격(m)
W : 추의 중량 (ton)
H : 낙하높이 (m)
n : 시공의 단계수

※ 시공단계의 수 n은 개량층 두께가 두꺼울수록 많아지는데 n의 결정방법은 아직 정식화되어 있지 않으므로 기존의 유사 시공예를 참고로 전문기술자의 경험적 판단에 의하여 결정한다.

예) • $\Delta N = 10,\ W = 15ton,\ H = 10.0m,\ L = 4.0m$

• $D = 5.0m$

• $E = E_v \cdot D = 50 \times 5.0 = 250t \cdot m/m^2$

• $n = 3$ *Series*

$$N_b = \frac{E \cdot L^2}{W \cdot H \cdot n} = \frac{250 \times 4.0^2}{15 \times 10 \times 3} = 9\text{회}$$

따라서 15*ton Hammer*로 10.0*m* 높이에서 걸쳐 동다짐을 실시한다.

그러나 단계별 개량효과를 고려, 단계별 타격 횟수를 다음과 같이 결정한다.

− 1단계 : 10회 − 2단계 : 8회 − 3단계 : 6회

(7) 정치기간 = 휴지기간 : 과잉간극수압 소산 시까지

① 사질토 지반 : 수 분~수 시간에 불과하므로 정치기간을 고려할 필요가 거의 없다.

② 세립질토 지반 : 휴지기간이 1주~4주 정도가 소요되는 경우가 많으며, *Piezometer* 등을 설치, 간극수압의 변화를 측정하는 것이 좋다.

③ 동다짐에 의한 시간에 따른 지지력 거동 = 간극수압 소산관리의 원리

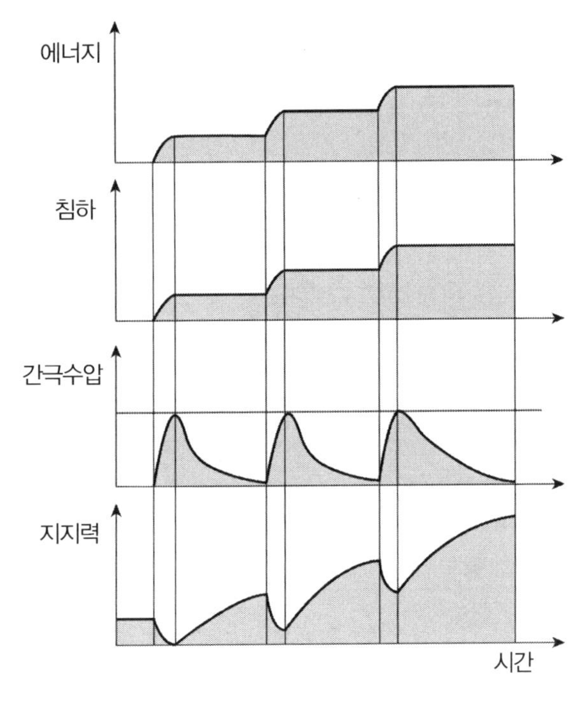

✓ 정치기간 중 시공장비가 유휴상태에 있는 것은 아니고 부지를 순차적으로 *Tamping*하여 전 지역의 *Tamping*이 끝나면 처음 *Tamping*을 시작한 위치로 돌아와서 다음 *Seriese*의 *Tamping*을 시작할 때까지의 기간을 소요 정치기간 이상이 경과하도록 해서 다음 *Seriese*의 *Tamping*을 기다리지 않고 즉시 시작할 수 있도록 시공계획을 수립한다.

(8) 마무리 *Tamping*

Tamping 시공 후의 교란된 지표면은 타격당 에너지를 작게 하여 전면다짐을 실시하거나 *Roller* 등으로 다짐을 실시한다.

5. 개량효과 확인 = 시험시공 결과 평가

(1) 설계에서 결정된 아래 순서에 따라 시험시공 실시

① 개량소요심도 결정 → 해머중량, 낙하고 결정

② 타설간격 결정 → 1회차 수당 타격 횟수 결정

③ 시험시공 실시 → 시공평가 → 수정(필요시) → 본시공 실시

(2) 개량심도 확인

① 필요한 심도까지 개량이 되었는지 확인

② 확인방법

㉠ 표준관입시험 : 동다짐 전후 비교

㉡ 동적콘관입시험 : 동다짐 전후 N_d 값 비교($N_d = 1.15N$)

㉢ 공내재하시험 결과분석 : 동다짐 전후 지반변형계수 비교 → N값 증가량 추정

㉣ 현장밀도 시험

㉤ 대형 평판재하시험

(3) 동다짐으로 인한 예상 침하량 평가

동다짐 공법은 예상 침하량의 정확한 추정은 거의 불가능하다. 그러나 지반의 물리적 특성, 동다짐으로 인한 침하 *Mechanism*을 통한 정성적인 추정은 가능

① 정량적인 침하량 추정 곤란 이유

㉠ 압축되는 층후의 차이(지반의 불규칙성)

- 개량심내에 국부적으로 비압축성 지층이 존재할 경우 침하량 감소

㉡ 동다짐 시공 후 체적 변화

- 노상기면을 부득이 절토할 경우 체적 증가 발생
- 동다짐 시공 후 강우로 인한 함수비가 증가 → 체적 증가

㉢ 국부적인 면적에 대하여 동다짐을 실시할 경우 침하 *Mechanism*

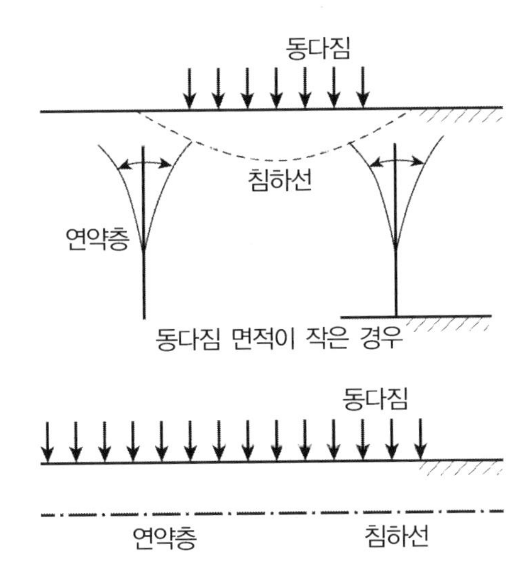

동다짐 면적이 큰 경우

동다짐 적용면적에 따른 침하형태

- 국부적인 면적에 대하여 동다짐을 실시할 경우, 횡방향 변위가 발생한다.
- 전체적인 동다짐을 실시할 경우 침하는 거의 연직방향으로만 발생한다.
- 또한 전체적으로 넓은 면적에 동다짐을 실시할 경우, 타격지점 간의 *Heaving* 효과로 인하여 체적감소는 시험 동다짐보다 작을 것으로 판단된다.

② 사질토 지반에서의 체적변화 추정

$$\gamma_t = \frac{W}{V} = \frac{G_s + Se}{1+e}\gamma_w = \frac{1+w}{1+e}G_s \cdot \gamma_w$$

✓ **함수비의 변화가 없는 상태에서 간극비 감소로 인한 흙의 밀도 증가**

예) 사질토의 $G_s = 2.67$이고 $w = 20\,\%$, $e = 0.6$일 경우, 간극비가 5% 및 10% 감소할 때 흙의 단위중량은 각각 약 2% 및 4%가 증가된다. 포화된 사질토는 일반적 간극비의 변화가 10%를 넘지 않으므로 최대 10%의 간극비 감소가 발생하고 단위중량의 증가는 4%에 이른다. 이때 단위중량에 따른 체적변화는 정량적인 판단이 불가능하나 단위중량의 증가율은 체적변화율과 같으므로 체적변화율은 약 4%를 넘지 않을 것으로 판단하며 개량심도가 6.0*m*일 경우, 예상침하량은 약 24*cm*로 산정된다. 그러나 지반의 불규칙성, 시공 후 팽창성 타격지점 간의 *Heaving* 효과 등에 의해 과대평가된 침하량이며 이를 감안한 적정한 예상침하량은 약 20*cm*로 정한다.

(4) 제 시험 간의 상관성

관리항목에 의한 여러 시험 간의 상관성을 파악한다.

예로, 표준관입시험치와 동적콘관입시험치의 상관성을 설정하여 시험시공 시 동적 콘관입시험으로 개량 정도를 관리할 수 있다.

6. 시공 시 유의사항

(1) 인접구조물 보호

(2) 불균일성 지반 시공 : 균일성 미확보 시 타격을 추가하여 지반을 개량

(3) 진동 : 방진용 *Trench* 설치

(4) 지하수위 : 지하수위 높은 경우 치환 후 *Tamping* 실시

(5) 분진 : 집진 및 살수 장치 설치

(6) 소음

(7) 토립자 비산

(8) 세립토 지반 세립토 지반은 간극수압의 발생 및 소산과정 측정

(9) 정보화 시공

7. 문제점

(1) 인접구조물 피해

(2) 진동, 소음 발생

(3) 비산먼지 발생

(4) 스톤 칼럼의 파괴

벌징파괴(*bulging failure*), 전단파괴(*shear failure*), 관입파괴(*punching failure*)로 구분할 수 있으나, 대부분 파괴형태는 벌징파괴(*bulging failure*)로 볼 수 있다.

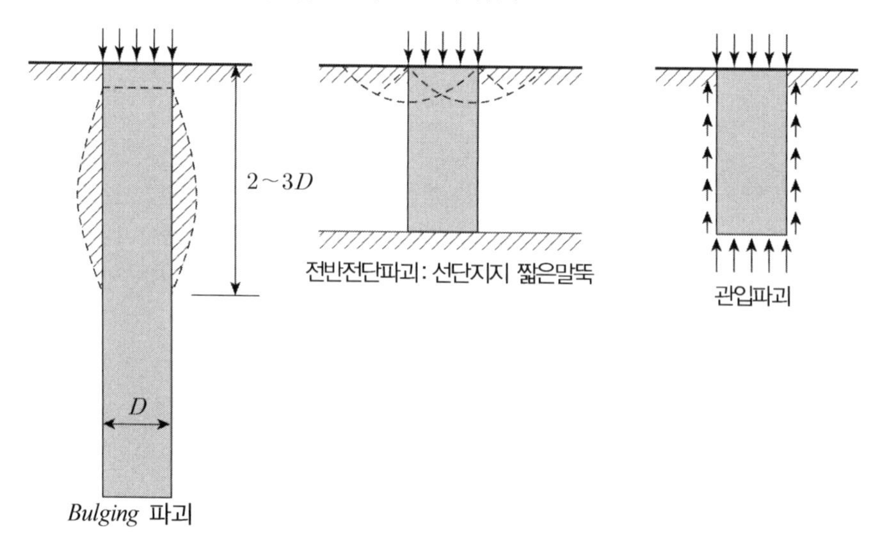

8. 대 책

(1) 사전조사 철저

(2) 적정타격 *Energy* 설정

(3) 시공효과 점검

(4) 진동, 소음 피해 : 인접구조물에 영향 최소화 → 적정이격거리, 방진구 조치

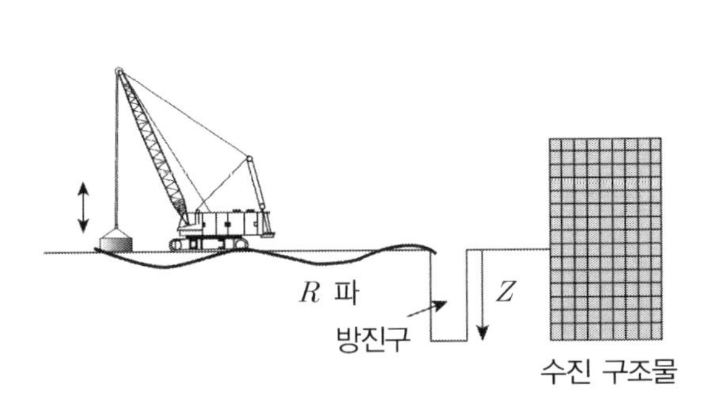

0 1
수평성분 연직성분
깊이/파장
1.5
진폭(깊이)/진폭(표면)

✓ 방진구 깊이 : *R*파 영향 범위까지 굴착

※ 사전 시험시공 시 계측시행 후 적정방진구 설치

9. 개발 방향

(1) 기존자료의 *Data*화

(2) 무진동 다짐기계 개발

(3) 지역별 지반 자료 *Data*화

11 유압식 해머 다짐공법

1. 개 요

유압 해머 다짐은 동다짐과 유사한 공법이나 동다짐과 달리 고공에서 다짐추를 낙하시키지 않고 비교적 짧은 거리(약 1.0～1.5*M* 정도)에서 유압식해머(10*ton*)와 진동판(*Foot*)을 이용하여 지반을 다짐하는 공법으로 비교적 얕은심도의 지반개량에 적합하다.

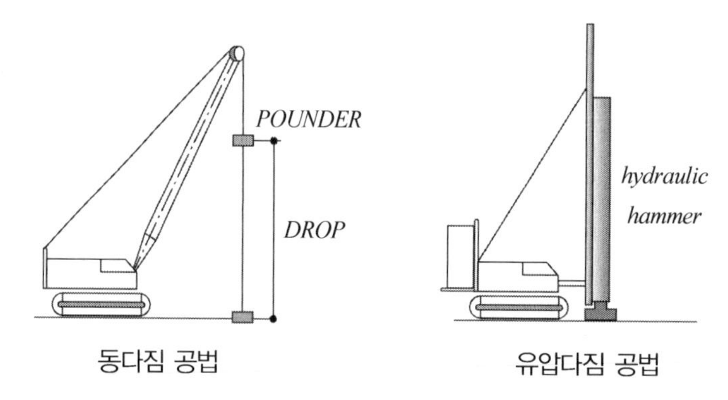

동다짐 공법 유압다짐 공법

2. 시공 순서

(1) 지반정지 및 시험시공 위치 선정
(2) 타격지점측량 및 표시
(3) 시험시공 전 조사(평판재하시험)
(4) 시험동다짐 시공(*Pilot Test*)
(5) 시험동다짐 실시
(1차, 2차, 3차, 마무리다짐 실시)
(6) 시험시공 후 조사 및 결과 분석
(7) 본 동다짐 실시
(1차, 2차, 3차, 마무리다짐 실시)
(8) 본시공 후 조사(평판재하시험)
(9) 결과정리 및 분석

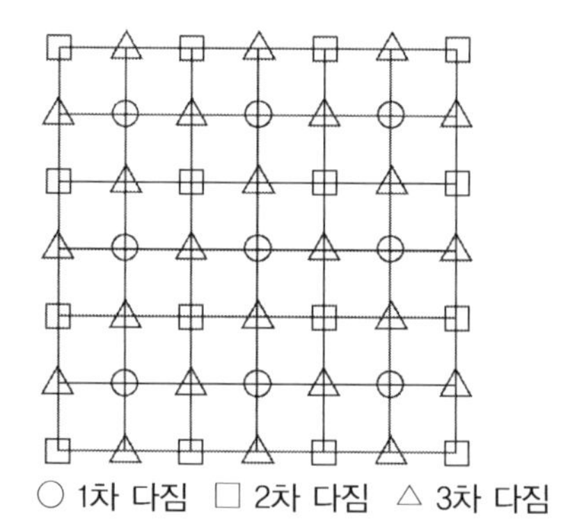

○ 1차 다짐 □ 2차 다짐 △ 3차 다짐

3. 공법의 특징

(1) 사질토 지반의 압축침하를 초기에 발생시켜 잔류침하 저감
(2) 동다짐보다 타격이 신속하고 다짐효율 좋음
(3) 타격지점에 정확한 타격 가능
(4) 비교적 얕은 심도에 효과적임

(5) 동다짐과 비교

구 분	유압다짐	동다짐
특 징	유압식해머를 사용하여 비교적 낙하고가 낮음	중추를 사용하여 상대적으로 낙하고가 높음
장 점	타격지점에 정확하게 타격 가능 공기가 짧음, 경제적	시공이 간단하며 품질관리 용이, 공기가 짧음
단 점	개량범위가 2~3m 지하수위가 높은지반의 경우 작업에 지장 타격홀이 깊은 경우 에너지전달이 어려움	격파에 의한 인접구조물 피해영향에 따른 이격거리(약 40m) 필요 점성토분이 많은 경우 높은 지지력을 얻기가 곤란

4. 설 계

(1) 설계 주요 인자

① *Hydraulic Hammer*의 무게 : $W(ton)$

② 낙 하 고 : $H(m)$

③ 타격점 간격 : $L(m)$

④ 타격횟수 : N_b

⑤ 타격단계수 : n

⑥ 타격에너지 : $E(t \cdot m/m^2)$

(2) 설계 시 고려사항

① 개량목적에 필요한 목표치

② 개량심도

③ 지반조건(토질구성에 의한 토질특성)

④ 지하수위 분포상태

⑤ 부지주변 여건 및 상황(환경, 기존구조물 등)

(3) 개량심도 결정 → 추의 중량(W)과 낙하고(H) 결정

$$D = c \cdot \alpha \sqrt{W \cdot H} \text{ 또는 } \alpha \sqrt{W \cdot H}$$

여기서, D : 개량심도(동다짐에 의한 영향깊이 m)

C : 토질계수(지반 *Damping facter*)

α : 개량심도 영향계수(경험적 값 : 0.3 ~ 0.8)

W : 추의 중량

H : 추의 낙하고

위의 식과 같은 계산으로 심도 산정 시 동다짐에 비해 개량심도가 현저하게 작게 나타나는 것은 동다짐과는 다른 *Mechanism*이 작용하는 것으로 알려져 있다.

(4) 타격점 간격의 결정

P_r : 다짐효율(%), V_1: 타격 구멍의 체적(m^3), V_2: 주변 융기 부분의 체적(m^3)에 의해 결정

(5) 1회 차수당 타격 에너지

(6) 타격 회수

(7) 정치기간 = 휴지기간 : 과잉간극수압 소산 시까지

(8) 마무리 *Tamping*

Tamping 시공 후의 교란된 지표면은 타격당 에너지를 작게 하여 전면다짐을 실시하거나 *Roller* 등으로 다짐을 실시한다.

5. 확인시험 및 *QC*

(1) 적용대상의 지반조건에 따라 결정한다.

(2) 다짐 전후에 확인시험을 시행하여 개량효과를 판단하고 이에 따라 *Q. C* 방법 및 기준을 결정한다.

(3) 현장시험에는 표준관입시험 및 평판재하시험, 동적콘시험 등을 활용한다.

(4) 개량효과를 분석하고 개량 진행 상태를 단계별 및 시간별로 검토하여 정확한 공사 수행 및 공기를 예측할 수 있다.

(5) 시험다짐 시 체적 변화율에 따른 지반거동 분석 방법으로도 개량효과를 판단한다.

6. 국내사례

(1) 군장산업기지 및 영종도 신국제공항

(2) 군산직업전문학교 부지조성, 광주공항 건설공사

(3) 경기도 평택시 미군기지 내 연합 방위능력 증강사업(*CDIP*) 현장(9억 절감)

7. 활용성

타격에너지가 한정되어 개량심도가 제한적이나 동다짐보다 타격이 신속하고 다짐효율이 좋으므로 느슨한 매립지, 준설매립지의 천층개량에 효과적인 공법이다.

12 Preloading 공법(선행재하공법)

1. 개 요

(1) 구조물 축조 전 계획하중보다 큰 하중을 미리 재하하여 계획하중에 의한 최종침하를 조기에 달성하여 지반강도를 증진시키는 공법이다.

(2) 이 공법의 목적은 ① 구조물에 유해한 잔류침하를 제거하는 것, ② 압밀에 의하여 점성토지반의 강도를 증가시켜서 기초지반의 전단파괴를 방지하는 것이다.

(3) 선재하공법의 결점은 압밀의 종료를 기다리기 때문에 공기가 길어진다는 점이다.

(4) 일반적으로 지반개량이 필요한 연약점성토 지반에서는 선재하하기 위한 재하중 자체의 안정이 문제될 때가 많다. 그러므로 재하를 여러 단계로 나누어서 각각 80% 정도의 압밀도가 될 때끼지 방치하게 되므로 더욱 공기가 장기화하게 된다.

(5) 연약층이 두꺼운 경우 압밀시간을 단축하기 위하여 연직배수재를 삽입하는 경우가 일반적이다.

2. 공법의 원리

(1) 과압밀화 → 잔류침하 억제

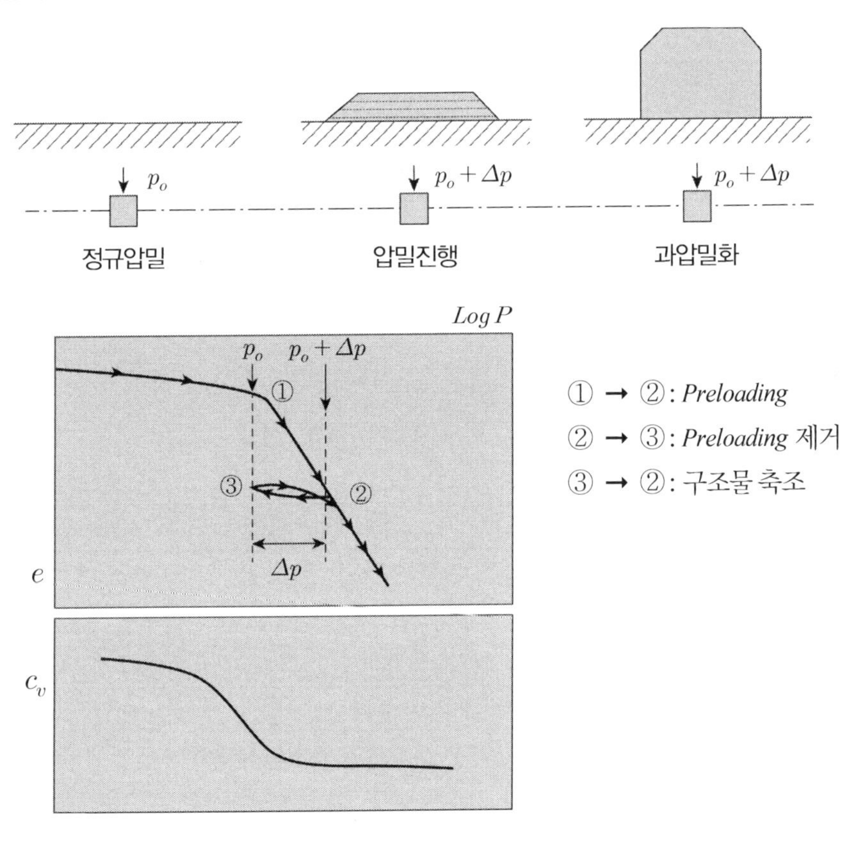

(2) 압밀침하 시기 단축 : $t_1 \rightarrow t_2$

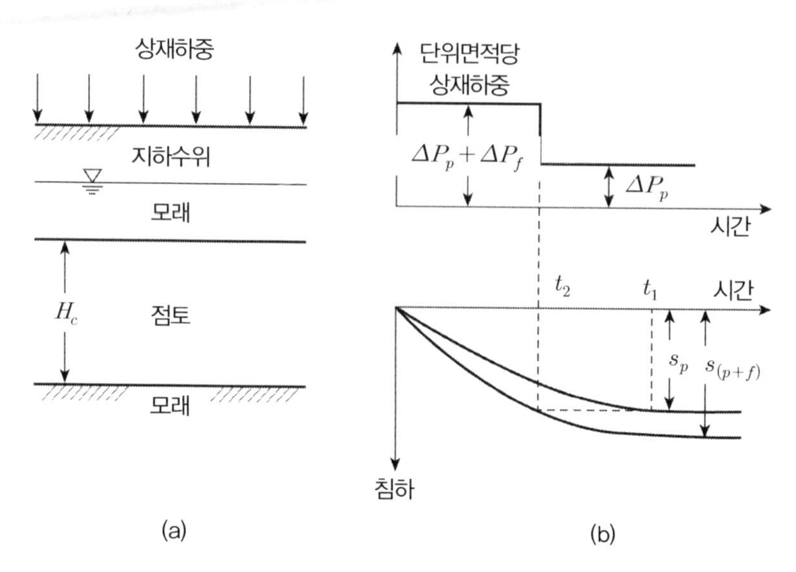

(a) (b)

여기서, t_2 : *Preloading* 제거 시기

S_p : 구조물의 예상하중 침하량 및 *Preloading* 제거 시 침하량

$S_{(p+f)}$: 구조물의 예상하중 + 초과하중에 대한 침하량

3. 설계 시 중요사항

구조물 배치계획이 결정되면, 토질조사를 실시하고, 지반이 구조물을 지지할 수 있는 강도를 가지고 있는지, 혹은 구조물의 중량에 의한 침하량이 어느 정도인지를 검토한다. 지지력과 침하에 문제가 발생하는 경우 재하중 공법을 선정하며 소정의 개량기간이 경과한 후에 구조물을 시공할 때, 잔류침하량이 허용치 이내에 들어가도록, 또는 필요강도가 얻어지도록 공법을 선정한다. 경우에 따라서는 다른 공법과의 병용도 고려한다.

(1) 설계 목적

① 압밀침하의 단기간 내 종료 ② 강도증가의 충분한 시행

③ 안전하고 경제적인 시공

(2) 설계 시 결정사항

① 재하 소요일수 ② 구조물의 허용침하량 및 허용부등침하량

③ 침하량과 속도 ④ 강도증가

⑤ 기초지반에 활동파괴를 일으키지 않는 허용재하중 및 그 수단

⑥ 재하중 철거 후 잔류침하량이 허용침하량 이하일 것

(지반의 불균일성, 압밀침하의 복잡성 등을 생각하면 잔류침하량이 거의 발생되지 않도록 설계함이 바람직)

4. 설 계

(1) 선행하중 제거시기 결정방법

① 설계 시 예상침하량과 측정 침하량을 비교하는 방법

설계 시 예상침하량과 측정침하량을 비교하여 측정침하량이 설계 시 예상침하량에 도달하면 성토를 제거한다.

→ 지반의 탄성침하, *Creep* 등을 고려하지 못하는 단점이 있다.

이 방법은 압밀시험에 의한 압밀특성과 현장에서의 압밀특성이 동일하다는 전제하에 성립되는 것이므로 가장 초보적이고 비합리적이다.

② 압밀도 기준

현재의 침하량과 침하자료로부터 예측한 최종침하량의 비에 의하여 현재의 압밀도를 판단한 후 현재의 압밀도가 설계 시 요구된 압밀도보다 크면 성토를 제거한다. 이 방법은 압밀시험에 의한 자료에 직접 의존하지 않으나, 현장계측에 의한 최종 침하량이 설계 시 예측된 값보다 클 경우에는 과소평가되는 문제가 있다.

③ 허용잔류침하 기준

프리로딩에 의한 침하자료로부터 최종 침하량을 예측하고, 현재 침하량과 최종침하량을 비교하여 잔류침하량이 허용침하량보다 적으면 프리로딩을 철거하고, 그렇지 않은 경우는 프리로딩을 방치한다. 이 방법은 안전측이기는 하나 잔류침하량을 설계하중에 대해 계산하지 않고 프리로딩(*Pre−Loading*)에 대해서 계산한다는 단점이 있다.

※ 외국의 경우 프리로딩의 하중은 설계하중의 약 1.3～1.5배를 쓴다.

④ 계측에 의한 방법

성토 재하 후에 측정된 침하자료로부터 최종침하량을 예측하고 현재 침하량과 비교하여 그 차이가 허용침하량보다 작으면 성토를 제거한다. 설계 시 반영된 압밀침하량이 계측에 의해 예측된 침하량과 차이를 보이는 경우는 압밀도(U)로 관리할 경우 잔류침하량이 허용치보다 크게 나타날 수 있다(실측 침하량이 계산된 침하량보다 클 경우). 따라서 계측결과에 따른 침하 안정관리는 ㉠ 실측 최종침하량이 계산치보다 작을 경우에는 압밀도로 관리하여야 하며, ㉡ 실측 최종침하량이 계산치보다 클 경우 잔류침하량으로 관리하여야 함을 원칙으로 하여야 한다.

예 1) 설계 최종 침하량 50*cm*일 때

− 실측에 의한 최종 침하량 40*cm*일 때 : 압밀도로 관리할 경우

압밀도(U) : 최종 침하량 50*cm* − (허용잔류침하량 5*cm*) = 45*cm* / 50*cm* = 90%

$U = 90\%$ 일 때 침하량 = 40 × 0.9 = 36*cm*

잔류침하량 4*cm* < 허용잔류침하량 5*cm* ∴ *OK*

예 2) 실측에 의한 최종 침하량 100*cm* 일 때

- 허용잔류침하량으로 관리할 경우

  최종 침하량 100*cm* − 허용잔류침하량(5*cm*) = 95*cm*

  잔류침하량(5*cm*) = 허용잔류침하량(5*cm*) ∴ *OK*

- 압밀도로 관리할 경우

  $U=90\%$ 일 때 침하량 = 100 × 0.9 = 90*cm*

  잔류침하량(10*cm*) > 허용침하량(5*cm*) ∴ *N.G*

(2) 구조물의 예상하중 침하량

$$S_p = \frac{C_c}{1+e_o} H_c \cdot \log \frac{P_o + \Delta P_p}{P_o}$$

(3) 구조물의 예상하중 + 초과하중 = 과재하중으로 인한 침하량

$$S_{p+f} = \frac{C_c}{1+e_o} H_c \cdot \log \frac{P_o + (\Delta P_p + \Delta P_f)}{P_o}$$

(4) 과재하중에 의한 압밀도에 의한 과재하중 제거시기 t_2

$$U_c = \frac{S_p}{S_{p+f}} \rightarrow U_c = \frac{Log\left(1+\frac{\Delta P_p}{P_o}\right)}{Log\left(\left(1+\frac{\Delta P_p}{P_o}\right)\left(1+\frac{\Delta P_f}{\Delta P_p}\right)\right)}$$

$$t_2 = \frac{T_v \cdot H_c^2}{C_v}$$

① 압밀계수 c_v 값에는 1차 압밀비로 보정한 것과 보정하지 않은 것이 있는데, 현장에서의 압밀침하는 1차, 2차 쌍방이 병행해서 진행되므로 보정한 값을 사용한다.

② 시간계수 T_v는 *Terzaghi*가 제안한 다음과 같은 근사식을 사용하여 구한다.

$$T_v = \frac{\pi}{4}\left(\frac{U(\%)}{100}\right)^2 \qquad : 0 < U < 53\,\%$$

$$T_v = 1.781 - 0.933\,(\log(100 - U(\%))) \quad : U > 53\,\%$$

③ 이론상으로는 *Preloading*을 하고 평균압밀도가 U_c에 이르는 시간 t_2가 경과된 후, 초과하중을 제거하여도 더 이상의 침하는 발생하지 않는다. 그러나 실제 시공 시에는 성토가 순간적으로 재하되는 것이 아니며, 또한 여성토 제거 시에 약간의 *Rebound*가 발생하므로 다소의 침하는 발생할 수 있다.

④ 이들 식은 $\dfrac{\Delta P_p}{P_o}$를 Parameter로 U와 $\Delta P_f/\Delta P_p$의 관계를 도표를 통해 하중증가량의 비율에 따라 손쉽게 압밀도를 구할 수 있다.

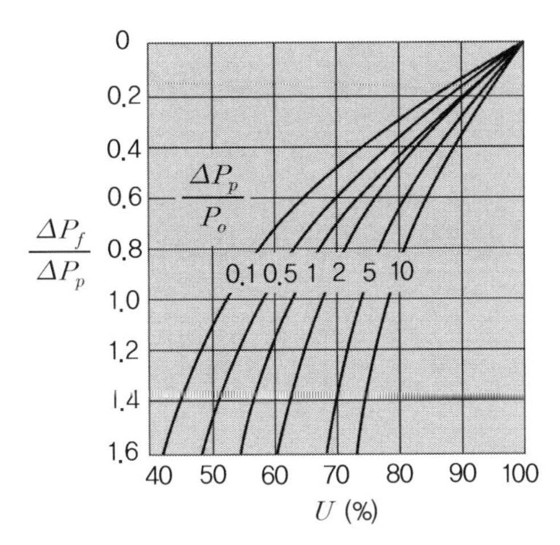

$\Delta P_p/P_o$와 여러 값에 대한 U와 $\Delta P_f/P_p$의 관계

(5) 과재하중 높이 결정

성토고가 높지 않은 경우에는 한꺼번에 성토하여도 지반의 지지력 부족으로 인한 전단파괴나 사면 활동파괴는 일반적으로 발생하지 않는다. 그러나 연약지반에 고성토를 할 경우에는 단계별 성토를 실시할 필요성이 있다.

① 지반의 지지력 : $q_{ult} = C \cdot N_c$

② 한계성토고 : 연약지반에 한번에 성토할 수 있는 최대 성토고

$$H_c = \frac{q_{ult}}{\gamma_t \cdot F_s} = \frac{c \cdot N_c}{\gamma_t \cdot F_s}$$

여기서, γ_t : 성토재의 단위중량　　　N_c : 지지력계수(보통의 점토질지반에서는 5.7)

F_s : 안전율(지지력공식을 이용한 영구하중의 안전율은 3 이상을 사용하지만 단계성토 시에는 공사 중의 임시하중이므로 안전율을 1.5 ~ 2.0을 사용하는 것이 바람직)

③ 2단 이후의 한계성토고 : 강도 증가를 고려

$$H_c = \frac{5.7c}{\gamma_t \cdot F_s}$$

여기서, c (압밀에 의해 증가된 비 배수 전단강도) $= c_o + \dfrac{c_u}{p_o} \cdot \Delta P \cdot U$

c_o : 초기 비 배수 전단강도　　　$\dfrac{c_u}{p_o}$: 강도증가율

ΔP : 성토하중　　　U : 검토 시점에서의 평균 압밀도

(6) 사면안정 검토 : 재하높이 결정 시 사면안정이 확보되는 규모로 시행

(7) 공기가 너무 긴 경우 : 연직배수공법 병행 검토

5. 2차 압밀 침하량을 고려한 압밀도 결정

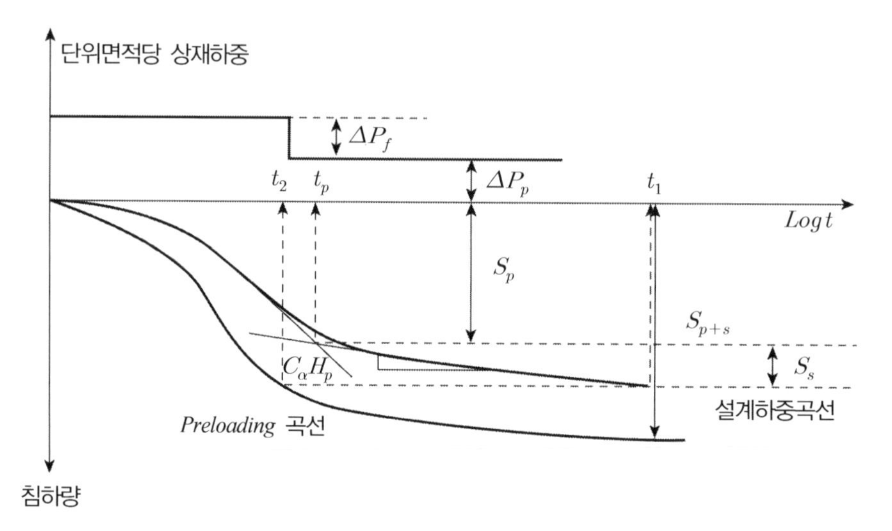

(1) 압축성 지반에 1차 압밀에 더불어 크기는 상대적으로 작지만 2차 압밀에 의한 침하도 포함하고 있다.

(2) *Preloading*을 이용하여 설계하중에서 2차 압밀침하가 발생하지 않도록 하려면 1차 압밀침하 방지를 위해서 행한 것과 비슷한 방법으로 *Preloading* 하중의 재하시간을 산출해야 한다.

(3) 이때 필요한 가정은 다음과 같다.

① 설계하중(ΔP_p) 하에서 1차 압밀침하(S_p)는 시간 t_p에 완료된다.

② 1차 압밀 완료 후 2차 압밀에 의한 침하량은 다음과 같다.

$$S_s = C_\alpha \cdot H_p \cdot Log\frac{t_1}{t_p}$$

여기서, C_α : 2차 압축지수　　H_p : 1차 압밀이 완료된 시간(t_p)에서의 압밀층 두께

t_p : 1차 압밀이 완료된 시간　　t_1 : 1차 압밀이 완료된 후 Δt가 경과한 시간

(4) *Preloading* 하중 하에서 시간 t_1 경과 후 지반의 압밀도(U_c) : $S_p + S_s = U_c \cdot S_{p+s}$

$$U_c = \frac{S_p + S_s}{S_{p+s}} = \frac{S_p + C_\alpha \cdot H_p \cdot Log(t_1/t_p)}{S_{p+s}}$$

(5) 평균압밀도 U_c가 얻어지는 시간 t_2 및 t_p는 1차 압밀침하의 경우와 동일한 방법으로 구할 수 있으며, 2차 압밀침하를 산정하는 시간 t_1은 목적 구조물의 수명이나 기타 사항을 고려하여 결정한다.

6. 연직배수공법 병행

위 설계를 통해 계산된 '평균압밀도 소요일수'가 공사기간을 초과할 경우 적용

(1) 연직배수 공법 적용

① 지반에 배수재를 타입하여 배수거리를 단축 → 압밀 촉진을 도모

② 연약지반에 성토나 그 밖의 구조물을 재하시키는 데 지반붕괴의 염려는 없으나 침하량이 크고 그 침하가 장기간에 걸쳐 계속적으로 발생할 경우 → 소요기간 내에 압밀이 종료될 수 있는 간격으로 배수재를 설치하여 잔류침하량을 줄이고 압밀기간을 단축시킨다.

(2) 공법의 설계 : 배수재의 종류, 직경, 설치간격 결정

① 배수재 설치 시 압밀도 결정 : *Barron*

$U_h = 1 - \exp^{(-8T_h/F_n)}$

② 모래기둥의 직경과 등가유효직경의 비

$$n = \frac{d_e}{d_w}$$

여기서, d_w : 드레인재의 지름 d_e : 드레인재의 유효지름

㉠ 배수재설치에 따른 등가유효직경

✓ 등가유효직경

일반적으로 수직배수재는 삼각형 또는 정방형 배치로 타설된다. 그러므로 간극수가 드레인재에 유입되는 범위는 육각형 또는 사각형이지만 이 면적을 원의 면적으로 환산하여 사용하고 이때의 원지름을 유효지름이라 한다.

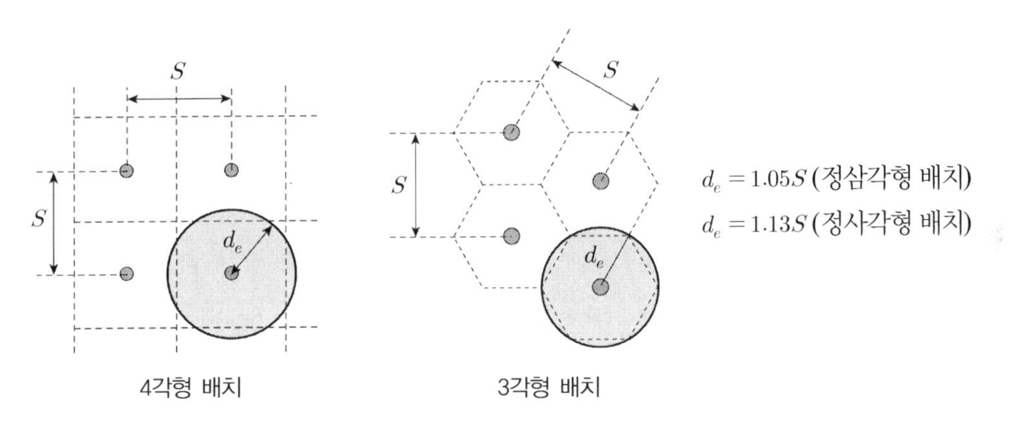

4각형 배치 3각형 배치

㉡ 페이퍼 드레인 공법에서의 드레인 지름 환산

$$d_w = \alpha\frac{2(b+t)}{\pi}$$

여기서, α : 형상계수(0.75) b : 드레인의 폭 t : 드레인의 두께

✓ 일반적으로 *PBD*의 폭은 10*cm*이고, 두께는 4*mm*이므로 때문에 *PBD*의 환산직경은 약 5*cm*이다.

③ 등가유효직경에 의한 F_n의 약식

$$F_n = \frac{n^2}{n^2-1}\ln(n) - \frac{3n^2-1}{4n^2}$$

④ ①에서 구한 압밀도에서 수평방향 시간계수 산출

$T_h = \dfrac{c_h \cdot t}{d_e^2}$ (시간계수)　여기서, c_h : 수평방향 압밀계수

⑤ 수평방향 압밀계수 : 현장시험(*Piezo CPT*), 실내시험(*Rowe cell*, 90° 회전 표준압밀)이 원칙이나 일반적으로 수평방향의 압밀계수 C_h가 연직방향압밀계수 C_v보다 크지만 근사적으로 $C_h = C_v$ 로 가정한 후 압밀기간을 산정

⑥ 얻고자 하는 압밀도에 따른 소요시간 산정

$$t = \frac{T_h \cdot d_e^2}{C_h}$$

7. 개량효과 확인

(1) 지반조사 항목

① 지반조사(시추조사)

② 원위치시험(*SPT*시험, 콘 관입 시험)

③ 자연시료채취(*KSF 2317*) : 연약지층

④ 실내토질시험

(2) 지반 조사공 관리내용 : 원지반 점성토층의 특성 및 분포상황 확인

① 계획공사 기간 내의 개량 가능성 및 효과 판단

② 계획공사 흙의 토질정수 및 강도정수 분석

③ 압밀도 측정

④ 추가성토시기 및 성토 제거 시기 판단

⑤ 강도증가에 관한 판단

⑥ 종합분석

(3) 강도시험

① C (압밀에 의해 증가된 비 배수 전단강도) $= C_o + \Delta C$

$\Delta C = \alpha \cdot \Delta P \cdot U = \dfrac{c_u}{p} \cdot \Delta P \cdot U$

② 실내시험 : 일축압축강도시험, 직접 전단 시험, 삼축압축시험

③ 현장시험

㉠ *Vane Test*　㉡ 콘관입시험　㉢ *SPT*

(4) 압밀시험 (*KSF* 2316) : 간극비 변화 파악

(5) 현장주상도 작성

(6) 계측관리 : 침하관리 + 안정관리

① 계측항목 : 침하(지표면 침하계), 수평변위(경사계), 정수위(관측정), 기타 간단한 측정(변위 말뚝)

② 계측빈도

구 분	지반개량 시공 중	성토기간	*Preloading* 완료 후			측정기간
			처음 1개월	2~3개월	3개월 이후	
지표면 침하판	1회/1일	1회/1일	1회/1일	2회/1주	1회/1주	토질분야 기술지원 기술자 확인 후 승인기간까지
층별 침하계	1회/1일	1회/1일	1회/1일	2회/1주	1회/1주	
간극수압계	1회/1일	1회/1일	1회/1일	2회/1수	1회/1주	
수위 관측	1회/1주	1회/1주	1회/1주	2회/1주	1회/1주	
경사계	1회/1주	1회/1주	3회/1주	2회/1주	1회/1주	

③ 계측결과 분석항목

㉠ 안정성을 확보할 수 있는 성토고

㉡ 성토 단계별 시간의 변화에 따른 압밀도

㉢ 증가된 전단강도의 유추

㉣ 다음단계 성토 가능시기

㉤ 잔류 침하량 및 성토 방치 기간

8. 공법의 특징

장 점	단 점
(1) 토취장 근거리 시 경제적	(1) 토취장 원거리 : 비경제적
(2) 연약층 두께 무관 시공	(2) 공기가 김
(3) 확실한 공법(잔류침하 억제)	(3) 계측비용 추가
(4) ***Sand seam*** 있을 때 유리	(4) 사면안정이 문제가 되는 경우 별도의 대책 강구
	(5) 사토 발생 가능

참고사항(강도증가율 결정)

1. 다음 공식 중에서 삼축압축시험에 의해 산출하는 것이 가장 이상적이다.
2. 소성지수가 30~60%인 점성토에서는 일반적으로 1/3~1/4이 사용된다.
3. 기본 물성값만으로 강도증가율을 산출할 경우에는 아래 5~6의 방법으로 구한 값 중 불리한 값을 사용한다.

1. 깊이 - 비 배수 전단강도 : UU시험

점착력 C_u의 깊이방향(z)의 직선분포성을 이용하여 추정하는 방법이다.

임의 깊이에서 $\alpha = \dfrac{C_u}{P'} = \dfrac{K \cdot Z}{\gamma' \cdot Z} = \dfrac{K}{\gamma'}$

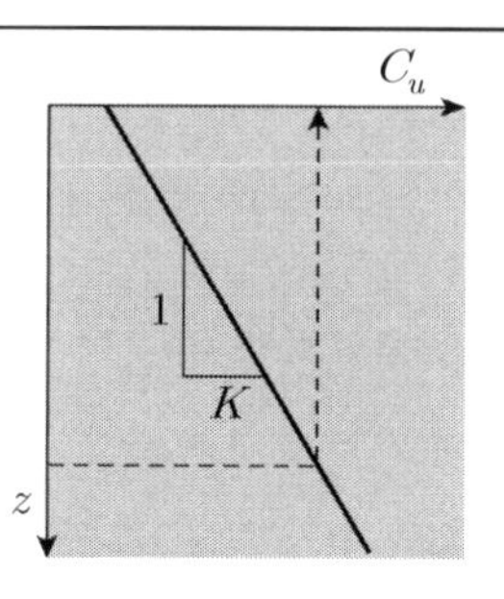

2. $\overline{CU}$시험에 의한 방법(*Leonards*)

$$\alpha = \frac{C_u}{P'} = \frac{\sin\phi'(K_o + A_f(1-K_o))}{1+(2A_f-1)\sin\phi'}$$

$A_f = 1$ 이면 $\alpha = \dfrac{\sin\phi'}{1+\sin\phi'}$

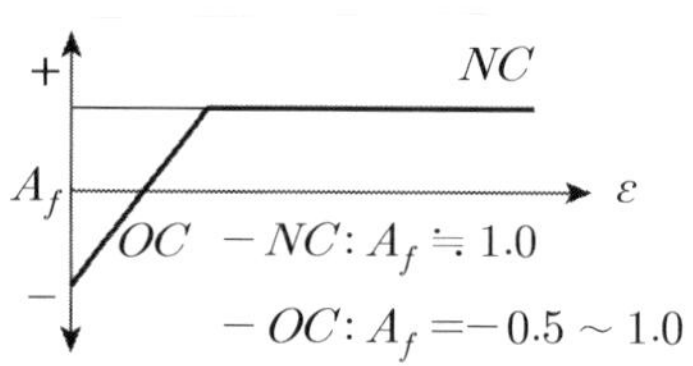

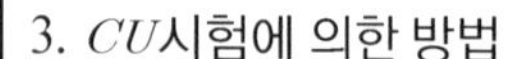

3. CU시험에 의한 방법

압밀비 배수 시험에서 구해진 전 응력에 의한 모어의 응력원을 각각 3등분점의 전단응력을 그림과 같이 측압 σ_3 위로 이동해서 얻을 수 있는 점을 연결한 직선의 각도 θ를 이용해서 다음 식으로 결정한다.

임의 깊이에서 $\alpha = \dfrac{C_u}{P'} = \tan\theta$

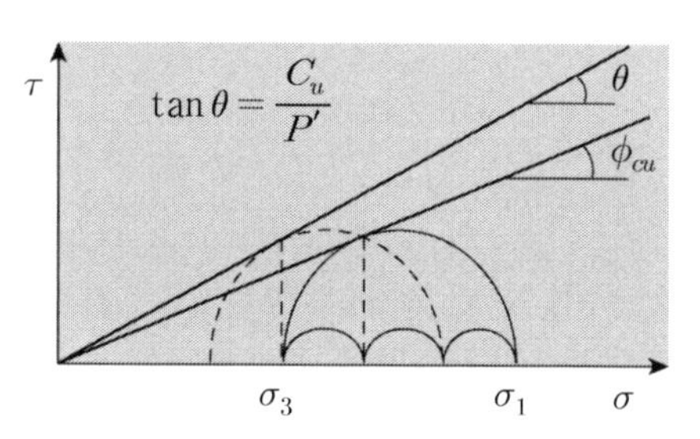

3축압축시험(CU)시험에 의한 C_u/P' 결정

4. 직접전단시험에 의한 경우

임의 깊이에서 $\alpha = \dfrac{C_u}{P'} = \tan\phi_{cu}$

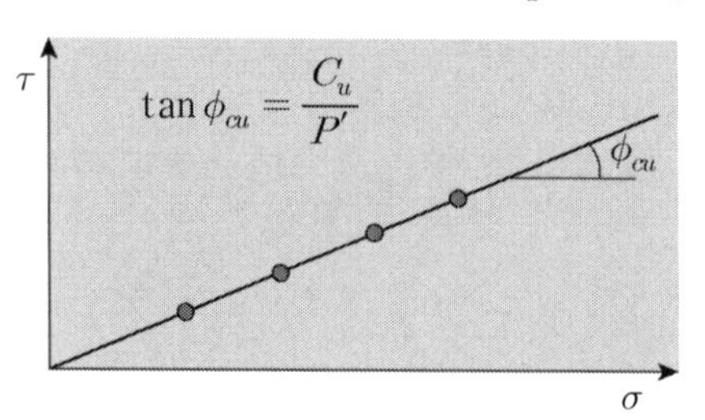

직접전단시험에 의한 C_u/P' 결정

5. 소성지수에 의한 방법(*Skempton*)

$\alpha = \dfrac{C_u}{P'} = 0.11 + 0.0037PI$(단, $PI > 10$)

6. 액성한계를 이용하여 구하는 방법(*by Hansbo*)

$\dfrac{C_u}{P'} = 0.45LL$ (단, $LL > 40$)

13 완속재하공법 / 단계성토 Stage Construction

1. 개 요

(1) 연약지반에 급속성토하면 아래 그림과 같이 K_f 선에 접하면서 지지지반의 전단파괴가 발생하거나

(2) 사면안정에 문제가 발생하여 *Sliding* 파괴가 발생할 수 있다.

(3) 따라서 전단파괴 방지를 위하여 1차적으로 한계성토고를 정하여 성토 후 방치를 반복함으로써 강도증가를 고려한 성토관리를 하는 지반개량공법을 말한다.

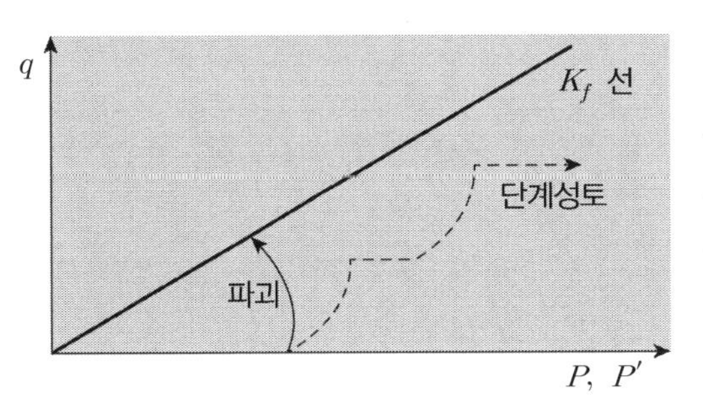

참고
수정 파괴포락선은 최대 전단응력점(정점)을 연속적으로 연결한 선분으로 수정파괴포락선 또는 K_f선이라고 한다.

2. 시험방법

(1) 비압밀 비 배수 시험(UU시험) : 초기의 사면 안정해석 및 지지력 계산
① 성토 직후 원지반은 압밀이나 함수비의 변화가 없으므로 체적변화가 없음
② 그러므로 급속파괴의 우려가 있음

(2) 압밀비 배수 시험(CU시험, $\overline{CU}$시험)
① 1단계 성토로 인해 어느 정도 압밀이 이루어진 상태이고
② 추가 성토로 인해 비 배수 상태에서 갑자기 파괴가 예상될 때 행함
㉠ 전 응력으로 강도정수 결정 － CU시험
㉡ 유효응력으로 강도정수 결정 － $\overline{CU}$시험

(3) 압밀배수시험(CD시험)
성토된 하중에 의해 서서히 압밀이 되고 파괴도 완만하게 일어나며, 구조물 재하 후 장시간을 경과한 후 안전성 검토 시

3. 선행압밀 하중에 따른 전단강도의 결정

(1) 현장응력체계에 따른 응력조건과 배수조건에 따라 불리한 조건을 선택하여 안전성 확보를 위한 시험방법의 선택이 필요

(2) *Mikasa*에 의해 제시된 다음 도표는 전 응력으로 해석된 수직응력－전단강도 관계이며 가장 위험한 배수조건에 대응하는 전단강도를 사용

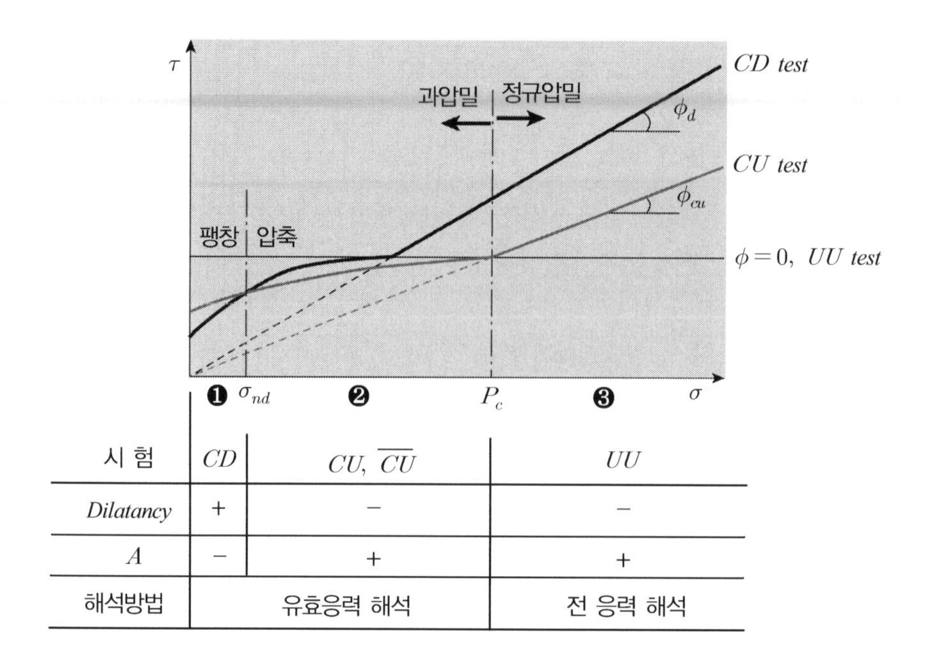

시 험	CD	CU, $\overline{CU}$	UU
Dilatancy	+	−	−
A	−	+	+
해석방법	유효응력 해석		전 응력 해석

4. 재하속도와 안전율의 관계

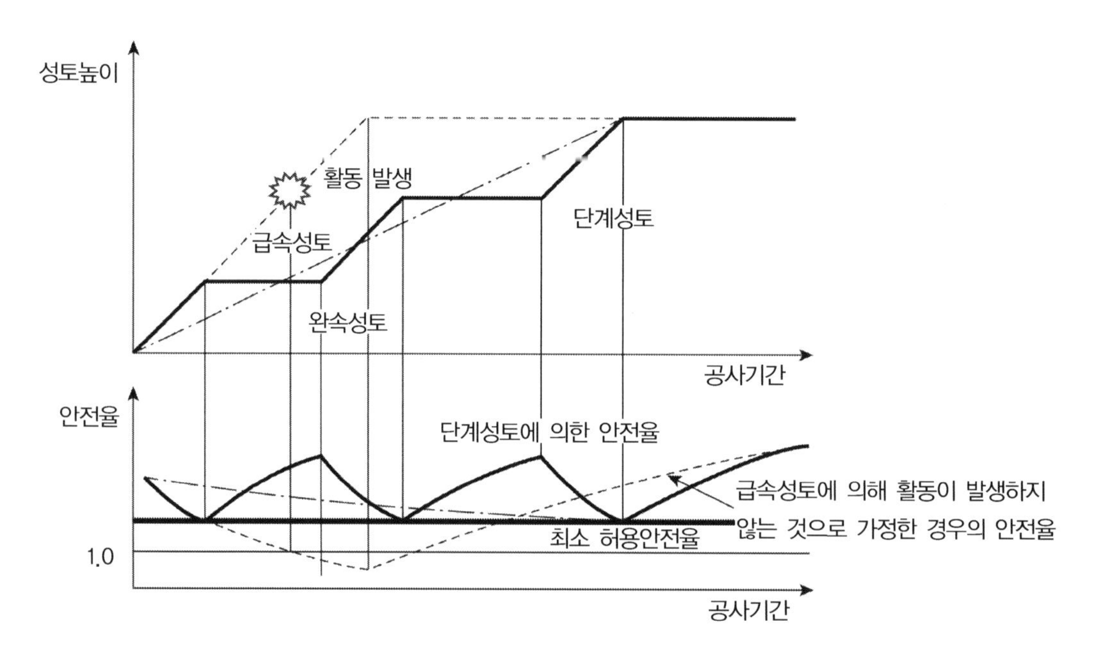

(1) 성토속도가 빠르면 → 간극수압 증가 → 전단파괴

(2) 위 그림과 같이 단계성토를 하는 대신 일점쇄선으로 표시된 것처럼 매일 조금씩 성토하더라도 거의 같은 결과가 때문에 이 공법을 완속성토공법이라고 부른다.

5. 성토고와 시기

(1) 1차 한계 성토고

① 지반의 지지력

$q_{ult} = c\,N_c$

② 한계성토고 : 연약지반에 한 번에 성토할 수 있는 최대성 토고

$$H_c = \frac{q_{ult}}{\gamma_t \cdot F_s} = \frac{c \cdot N_c}{\gamma_t \cdot F_s}$$

여기서, γ_t : 성토재의 단위중량

N_c : 지지력계수(보통의 점토질지반에서는 5.7)

(2) 2단계 성토시기

$$t = \frac{T_v \cdot H^2}{C_v}$$

시간계수 T_v는 *Terzaghi*가 제안한 다음과 같은 근사식에서 2단계 성토 시의 강도 증가를 고려한 $\Delta C = \alpha \Delta PU$에서 U값에 대응하는 시간계수를 사용한다.

$$T_v = \frac{\pi}{4}\left(\frac{U(\%)}{100}\right)^2 : 0 < U < 53\,\%$$

$$T_v = 1.781 - 0.933\,[\log(100 - U(\%))] : U > 53\,\%$$

(3) 2단계 성토고

$$H_2 = \frac{5.7C_u}{\gamma_t \cdot F_s}$$

$$C = C_o + \Delta C$$
$$\Delta C = \alpha\,\Delta PU$$

6. 공법의 특징

(1) 장점 : 공정이 단순하고 추가적인 자재 및 장비가 필요치 않아 경제적임

(2) 단점 : 연약층의 두께가 과도하면 공사기간이 길어지며 잔류침하가 크게 발생함

7. 개량효과 확인

(1) 토성시험 : 함수비, 간극비, 단위중량

(2) 압밀시험 : 간극비 변화 확인

(3) 강도증가율 → 증가된 강도

① 깊이 – 비 배수 강도

② $\overline{CU}$ 시험

③ CU 시험

④ 소성지수

⑤ 액성한계

(4) 현장시험을 통한 증가된 전단강도 확인

① *Vane Shear Test*

② CPT 시험

③ SPT 시험

(5) 계측관리 : 침하관리, 안정관리

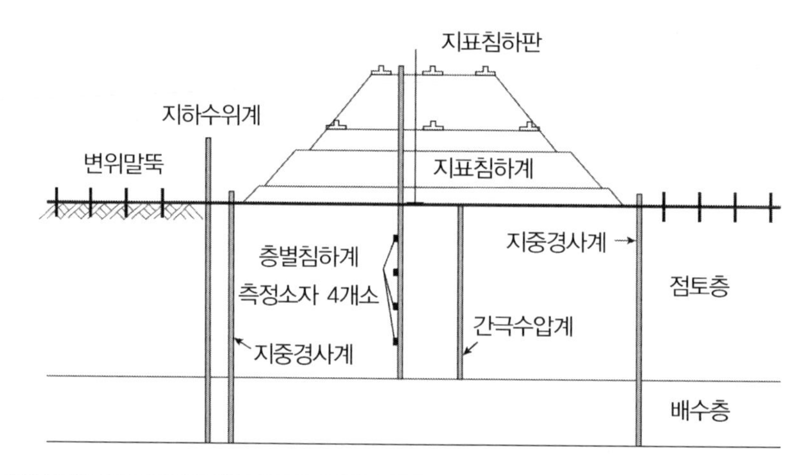

계측기 종류	계측기 설치위치
지표침하판	성토천단 중앙부, 성토사면 중앙부
층별 침하계	성토중앙부의 지중
지중 경사계	성토사면 선단
간극수압계	층별침하계 주변 3m 이내
변위말뚝	성토사면 하단에 일정한 간격으로 배치

14 연약지반 계측관리 = 침하 및 안정관리

1. 개 요

(1) 개량 후 지반상에 성토 등의 구조물을 구축할 때 공사의 최종단계에 이를 때까지의 거동을 미리 정확하게 예측하는 것은 매우 어렵다.

(2) 그 이유는 구조물의 설계 시공에 이르는 과정에서 지반의 모델화, 이론적인 가정, 조사 시험방법, 시공방법 등에 포함되는 불확적성 요인 때문이다.

(3) 그러므로 계측관리를 통하여 실제 현장 지반의 거동을 정량적으로 파악하고 설계치와 비교하여

(4) 설계의 *Feed back*, 시공에서 다음 단계의 상황을 예측하고 대책을 확립함으로써 침하관리와 안정관리를 함에 목적이 있다.

2. 압밀침하 이론 및 시공에 따른 불확실성 요인

(1) 압밀이론의 한계성 : 학자에 따라 가정조건 상이

(2) 설계 시 사용된 압밀정수의 부정확성

: 시료의 불균질성, 시험의 부정확성, 시료크기의 유한성, 조사 개소의 한계성 등

(3) 연약지반 처리공법의 불확실성(예 : *Paper Drain*일 경우)

① 스미어 영향과 웰저항으로 인한 배수지연효과로 인한 불확실성

② 드레인재의 구속압 증가에 따른 통수단면 감소 및 시간경과에 따른 배수 능력 저하

③ 박테리아, 황산염성분 등에 의한 장기적으로 *filter*재의 부식

④ 지반침하에 따른 드레인재의 절곡에 따른 배수능 저하

⑤ 적용타입공법, 타입심도, 타입간격, 타입속도 등에 따라 지반교란의 차이 발생

3. 계측의 목적

(1) 시공관리 : 안정 및 침하관리

(2) 거동예측 : 압밀진행 사항 파악(간극수압계 → 압밀도 → 강도증진 확인)

(3) 설계의 역해석

현장계측자료를 근거로 응력과 변형에 대한 데이터를 이용하여 설계결과를 검증하거나 필요시 다음 단계의 시공을 위한 지반의 물성치를 결정하는 데 사용됨

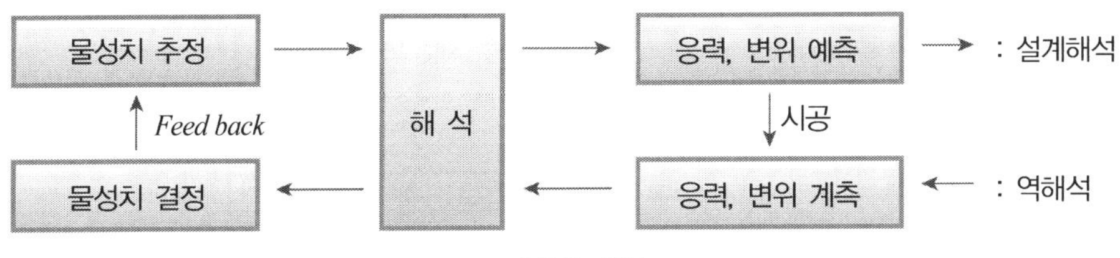

시공법 개선

(4) 안전진단 : 안정 및 침하 검토

(5) 관리기준치 설정

① 절대치 관리

시공 전에 설정한 관리기준치와 실측치를 비교 검토하여 그 시점에서의 안전성을 확인하는 방법

㉠ 측정치 < 1차 관리치 : 계속공사

㉡ 1차 관리치 < 측정치 < 2차 관리치 : 주의시공 및 동태관찰

㉢ 측정치 > 2차 관리치 : 공사 중지 및 대책 강구

② 예측치 관리

㉠ 다음 단계 이후의 예측치를 관리기준치와 비교하여 안전성 판단

㉡ 공사 전 지반거동, 부재력을 판단 → 대책검토시간에 여유

(6) 분쟁 시 증거자료

(7) 사례축적

4. 계측절차(침하관리)

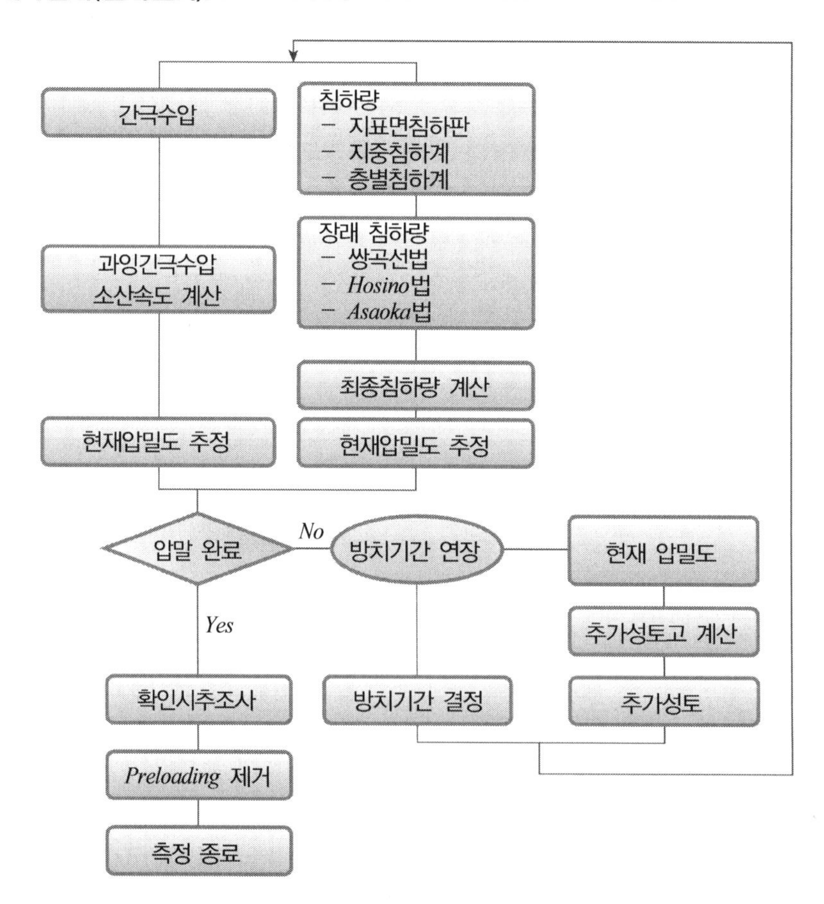

5. 계측기의 종류 및 설치위치

관리항목	계기명	중요사항
침 하	침하판	원지반 지표면 침하량 측정
	층별 침하계	연약층이 두꺼운 경우 차등침하가 예상되는 곳
변 위	경사계	성토사면 선단부에 설치
간극수압	간극수압계	층별 침하계와 인접되게 설치
	지하수위계	성토하중에 의한 과잉 간극수압의 영향을 미치지 않는 정수두의 측정이 가능한 곳 설치

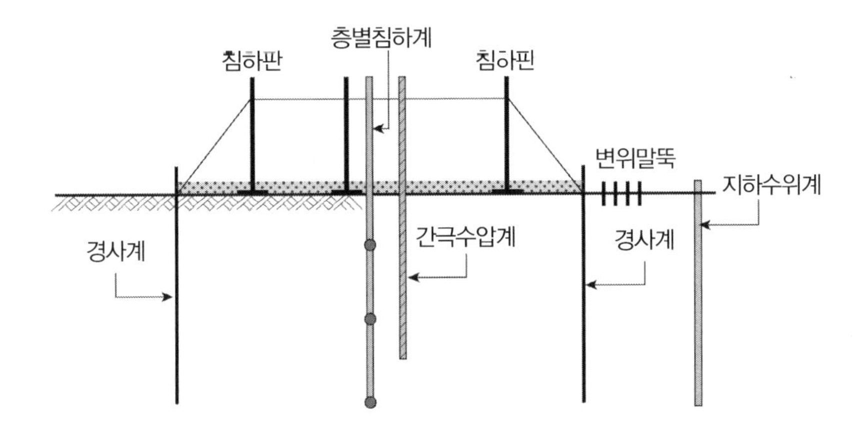

6. 안정관리 방법(사면안정 관리)

(1) 안정관리 방법은 실제 연약지반상의 계산 안전율과 성토속도와의 관계에서 안전율이 커도 성토속도가 커지면 파괴 또는 불안정한 상태가 발생한다.

(2) 따라서 성토하중의 증가가 지반의 강도증가와 정확히 균형을 이루도록 성토속도를 조절하기 위한 시공관리하는 것이 안정관리의 핵심이다.

(3) 안정관리의 방법

① 정성적 지표에 의한 관리(침하량, 지표변위량, 지중 변위량)

㉠ 성토 상단에서 사면을 따라 실균열의 발생 여부

㉡ 성토중앙부의 침하가 급격히 커지는지

㉢ 사면인근의 지반의 수평변위가 성토 외측방향으로 급속히 커지는지

㉣ 성토사면 근처에서 지반의 연직변위가 상향으로 급속히 증가하는지

㉤ 성토작업을 중단했으나 ㉢과 ㉣의 경향이 계속되고 지반 내의 간극수압상승이 계속되는지 등

② 정량적 지표에 의한 관리

(4) 정량적 지표에 의한 안정관리

① *Matsuo* − *Kawamura* 방법($\rho-\delta/\rho$: 침하량 − 수평변위/침하량)

성토의 파괴 사례를 조사한 바, 파괴 시 성토 중앙부의 침하량(ρ)과 δ/ρ(δ는 성토 경사면의 수평변위량)의 관계가 대개 하나의 곡선(파괴 기준선)으로 나타난다는 점에 착안하여 시공 중의 측정값을 $\rho-\delta\ /\ \rho$의 관계도상에 플로트하여 파괴기준선과의 근접 여부에 따라 안정성을 판단하는 방법

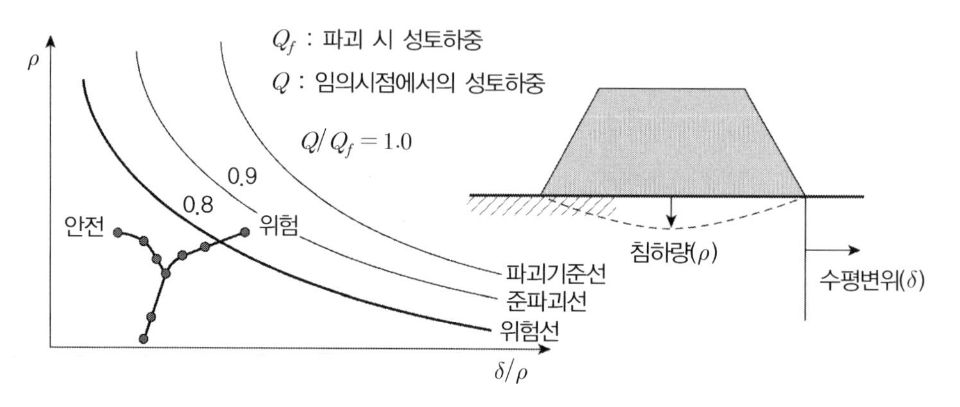

Matsuo − *Kawamura* 안전관리도

② *Tominaga* − *Hashimoto* (富永 − 橋本)방법

㉠ 이 방법은 *Matsuo* − *Kawamura*의 이론을 토대로 ρ와 δ를 측정, 그림과 같이 플로트하여 성토하중이 적은 초기 단계의 ρ와 δ값으로 기준선(E선)을 표시한다.

㉡ 이 선을 기준으로 윗쪽으로 멀어지는 D 선상으로 진행되는 경우는 침하량보다도 수평변위가 크기 때문에 위험하다고 판단하며, 또한 이 선 아래쪽으로 진행되는 경우에도 δ/ρ가 급증하면 위험하다고 판단한다.

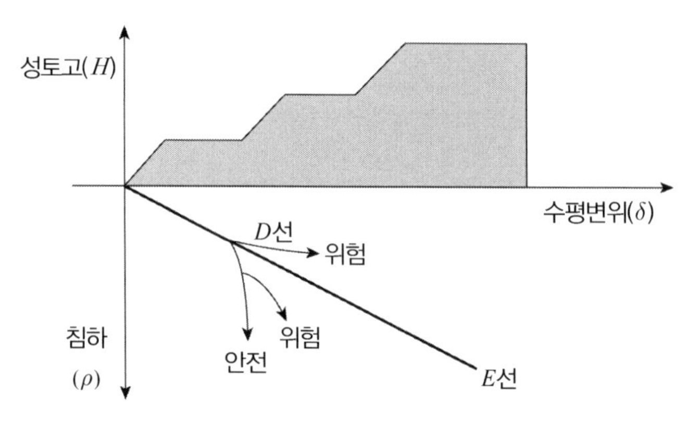

Tominaga − *Hashimoto* 안전관리도

③ *Kurihara* (栗原) 방법

㉠ 이 방법은 성토 경사면의 수평변위 속도에 착안하여 관리하는 방법으로서 현장에서 적용이 간단하다.

㉡ 측정값에서 $\Delta\delta / \Delta t$와 t의 관계를 플로트하여 $\Delta\delta / \Delta t$가 어느 한계값(과거의 예는 2*cm*/일)를 넘는 경우에 위험하다고 판단한다.

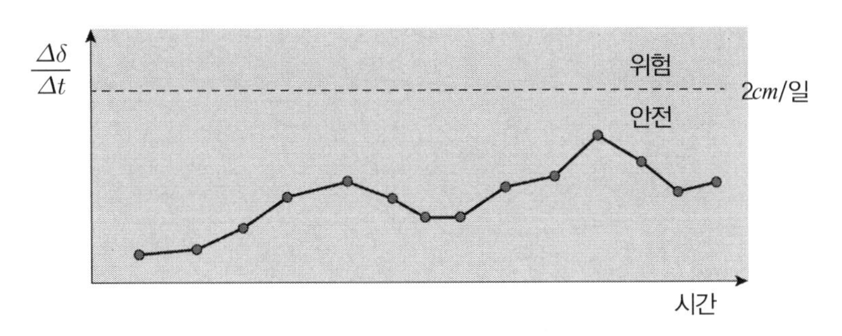

Kurihara 안전관리도

④ *Shibata* −*Sekiguchi*(紫田 − 關口) 방법 : 한계성토고 판단

㉠ 성토하중 Δq에 대한 수평변위 δ를 측정하여 $\Delta q / \Delta\delta$와 h(성토고)를 *Plot*하여 관리하는 방법이다.

㉡ 성토하중 q대신 성토고 h로 나타낼 수 있는바, $\Delta q / \Delta\delta$는 h의 증가에 따라 일정하게 감소하는 경향을 나타내며 이러한 감소성을 이용하여 한계성토고를 추정할 수 있다.

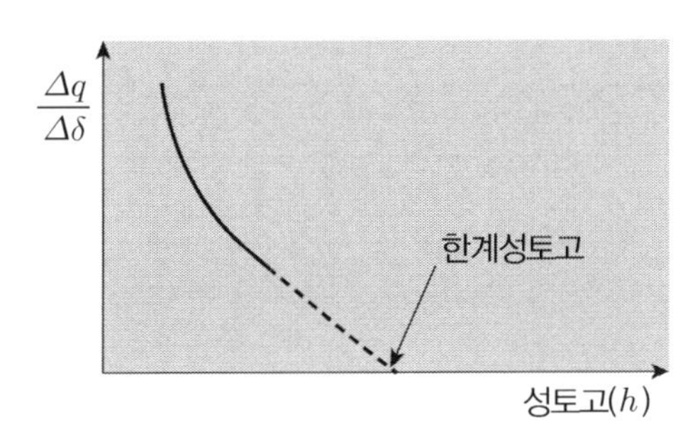

7. 침하관리(장래침하량 예측)

(1) 시공 중, 시공 후에 그 침하를 실측하여 침하−시간곡선이 설계 시 압밀 시험값을 이용하여 계산한 예측침하 − 시간곡선과 일치 여부를 검증함으로써 시공관리를 한다.

(2) 장래침하량 추정 방법 : 쌍곡선법, *Hoshino*법, *Asaoka*법

15 연약지반 계측관리를 통한 장래침하량 예측

1. 개 요

(1) 침하관리는 안정관리와는 별개의 것이지만 침하관리만을 위해 계측이 실시되는 일은 드물고 일반적으로 안정관리와 같이 시행된다.

(2) 침하관리는 침하량의 측정결과로부터 시공후에 계속될 침하량을 추정하는 것이 주안점이라 할 수 있다.

(3) 압밀과정의 어느 시점에서 관측된 실측자료로부터 장래침하량을 추정하는 방법으로는 쌍곡선법, *Hoshino*($\sqrt{t}$ 법), *Asaoka*법 등이 있다.

2. 장래침하량 추정방법

(1) 쌍곡선법

쌍곡선법은 '침하속도가 쌍곡선적으로 감소한다'는 가정하에 초기 침하량으로부터 장래의 침하량을 예측하는 방법이다.

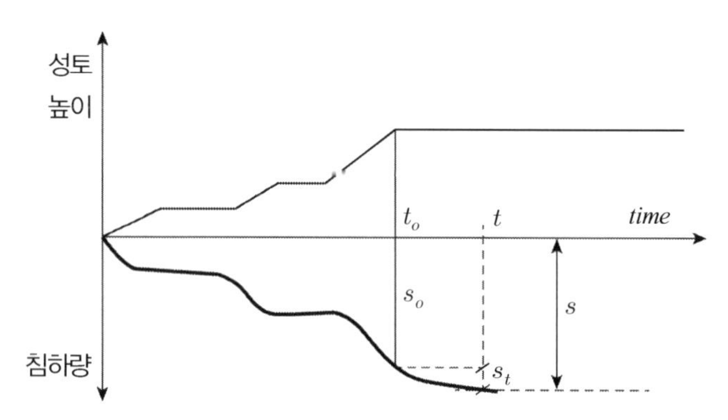

① 계산 방정식

$$\frac{(t-t_o)}{(S-S_o)}=\frac{(t-t_o)}{S_t}=\alpha+\beta(t-t_o)$$

여기서, t_o, t : 성토 종료시점, 종료시점으로부터 임의의 경과 시점

S_o, S_t : 성토 직후, t 시간 경과 후 침하량

α, β : 실측 침하량으로부터 구한 계수

② 임의 시간 t에 대한 침하량

$$S=S_o+\frac{(t-t_o)}{\alpha+\beta(t-t_o)}=S_o+S_t$$

③ 쌍곡선 법에서의 계수 결정법

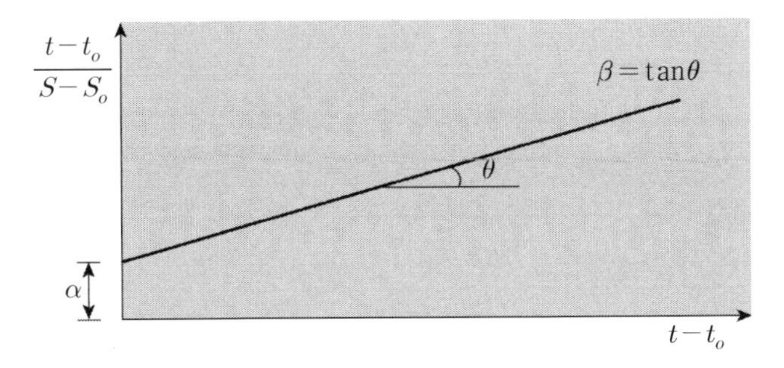

④ 최종 침하량 S_f는 $t=\infty$로 보면 다음과 같다.

$$S_f = S_o + \frac{1}{\beta}$$

(2) *Hoshino*법(星野, $\sqrt{t}$ 법)

*Hoshino*법은 쌍곡선법과 유사하며 전단에 의한 측방유동을 포함하여 전 침하가 시간의 평방근에 비례한다는 기본원리를 토대로 장래의 침하량을 예측하는 방법

① 테르쟈기 압밀론 : $U<53\%$

$$T_v = \frac{\pi}{4}\left(\frac{U}{100}\right)^2 \quad \rightarrow \quad U = 2\sqrt{\frac{T_v}{\pi}}$$

② 성토 종료 후 t시간 동안의 실측 침하량을 토대로 하여 $t/(S-S_o)^2$을 계산한 결과를 그림과 같이 $t-t_o$와 $(S-S_o)^2$의 관계를 플로트하면 직선이 구해지는데 이 직선의 종축절편이 α, 직선구배가 β로 되며 최종 침하량은 $t=\infty$로 보면 다음 식으로 구할 수 있다.

③ *Hoshino*법에서의 계수 결정법

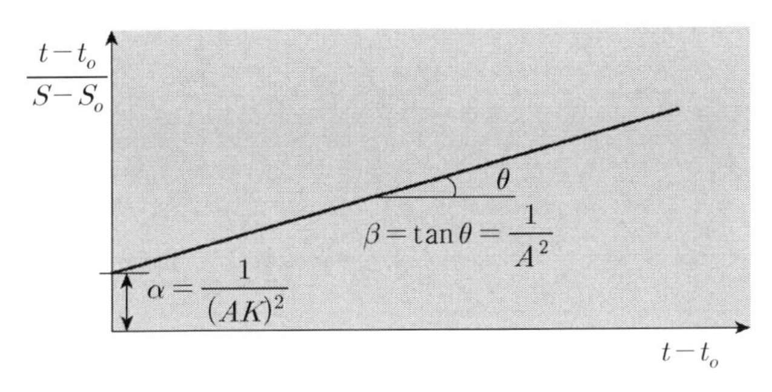

④ 관계식

$$\frac{t-t_o}{(S-S_o)^2} = \alpha + \beta(t-t_o) \qquad (S-S_o^2) = \frac{t-t_o}{\alpha+\beta(t-t_o)}$$

$$S = S_o + \sqrt{\frac{t-t_o}{\alpha+\beta(t-t_o)}}$$

그러므로 임의시간 경과 후 침하량은 다음과 같다.

$$S = S_o + S_t = S_o + A \cdot K \frac{\sqrt{t}}{\sqrt{1 + K^2 t}}$$

여기서, S : 성토 종료 후 경과시간 t 일 때의 침하량(*cm*)

S_o : 성토 종료 직후의 침하량 (*cm*)

S_t : 시간경과와 함께 증가하는 침하량(*cm*)

t : 성토 종료 후부터 측정한 경과시간

A, K : 그림에서 구한 계수

⑤ 최종 침하량

$$S_f = S_o + A = S_o + \frac{1}{\sqrt{\beta}}$$

(3) *Asaoka*법(淺岡法) : 도해법

*Asaoka*법은 1차원 압밀방정식에 의거 하중이 일정할 경우의 침하량을 나타내는 간편식으로 침하량을 구하며, 그 모델식은 다음의 차분식과 같다.

① *Asaoka*법에서의 계수결정법

㉠ 계측을 통해 동일한 시간간격(Δt)에 대한 침하량 S_1 $S_2 \cdots$, S_{i-1}을 구함

㉡ S_{i-1}과 S_i를 축으로 하는 좌표상에 (S_1, S_2), $(S_2, S_3) \cdots (S_{i-1}, S_i)$를 플로트하면 직선이 얻어지는데, 이 직선의 종축 절편이 β_o, 직선구배는 β_1이 됨

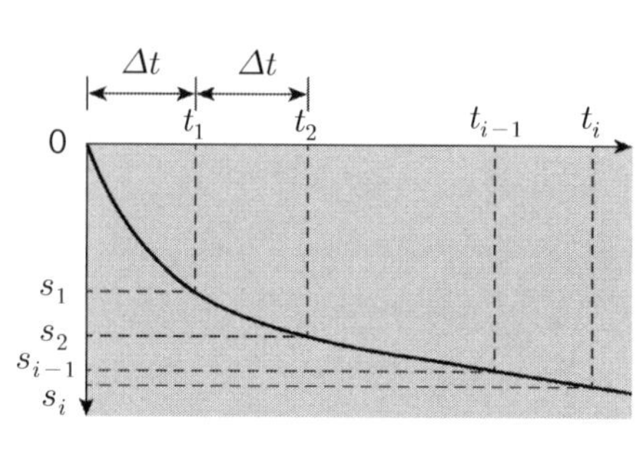

실측 침하량-시간곡선도

*Asaoka*법에서 계수의 측정법

② 관계식

$$S_i = \beta_o + \beta_1 S_{i-1}$$

여기서, S_i : 시간 t_i에서의 침하량

β_o, β_1: 실측 침하량으로 구한 계수

S_{i-1}:시간 t_{i-1}일 때의 침하량(*cm*)

③ 최종 침하량 : 플로트된 직선과 $S_{i-1} = S_i$인 직선(45°선)의 교점

$S_f = \beta_o + \beta_1 S_f \qquad S_f(1-\beta_1) = \beta_o$

$$\therefore S_f = \frac{\beta_o}{1-\beta_1}$$

3. 장래침하량 예측방법의 신뢰성 검토

예측방법	특 징
쌍곡선법	① 침하량 내에 2차 압밀침하가 포함되어 있으므로 예측값와 실측값은 잘 대응함 ② 예측침하량은 실측값보다 작은 값으로 예측되다가 점차 실측값과 가까워짐 ③ *Data*의 처리가 간단하고 예측정도가 높으며 예측가능시기가 빠름 **(압밀도 70% 이상에서는 오차범위 10% 이내에서 예측이 가능함)** ④ 시공 완료 후 장기간 방치한 시점의 침하량을 이용해야 하며, 시공 직후의 측정값을 이용하는 것은 부적당함
*Hoshino*법	① S_i, T_i의 선정방법에 따라 예측정도가 크게 달라지고, 예측침하량은 실측값보다 작은 값을 나타내며, 시간이 경과함에 따라 실측값에 근접함 ② 침하의 예측은 압밀도가 작은 단계에서도 예측이 가능하며, 예측 정도가 높음 **(압밀도 75% 이상에서는 오차범위 10% 이내에서 예측이 가능함)**
*Asaoka*법	① 예측침하량은 실측값보다 작은 값으로 예측되다가 점차 실측값과 가까워짐 **(압밀도 80% 이상에서는 오차범위 10% 이내에서 예측이 가능함)**

4. 평 가

(1) 쌍곡선법은 가장 손쉽게 장래침하량을 예측할 수 있음

(2) 쌍곡선법은 성토 완료 후 방치기간에 여유가 충분할 경우 실측치에 근접한 방법임

(3) *Asaoka*법은 Δt를 되도록 많이 분할하여 계측하였을 때 실측치에 근접한 방법임

(4) 따라서 각 방법의 장단점을 고려한 합리적인 장래침하량 예측방법을 선정함이 중요

(5) 실무에서는 계측치에 대한 실시간 계측결과의 변화시 수시점검 및 이상 유무를 확인하여야 함

(6) 침하관리
연약지반 개량기준은 최종침하량이 허용잔류 침하량 이하이거나 산정된 최종압밀도가 90% 이상이 될 때까지 지속적으로 실시해야 하며, 도로 및 아파트 단지 등의 일반적인 허용잔류침하량은 10*cm* 이내로 관리

(7) 예기치 않은 부등 침하 발생 시 신속한 대책을 수립할 수 있도록 계측자료에 대한 관리와 *Data*에 대한 분석을 하여야 함

16 선행하중재하공법에서의 과재하중 제거시기 결정 시 적정 압밀도 사용

1. 개 요

(1) 본 공법은 구조물의 시공에 앞서 구조물의 중량과 같거나 혹은 그 이상의 하중을 사전에 가하여 기초지반의 압밀침하를 촉진시키는 동시에 강도 증가를 도모하고, 침하량이나 강도가 사전에 기대한 값에 도달한 것을 확인한 후에 제하하고 구조물을 건설하는 공법이다.

(2) *Preloading* 공법의 설계에서 문제가 되는 사항은 과재하중의 크기와 재하기간의 결정이며 이 중에서 과재하중의 제거시기를 합리적으로 결정함이 중요

2. 과재하중 제거 시기 결정방법

(1) 설계 시 예상침하량과 측정 침하량을 비교하는 방법
설계 예상침하량 = 측정 침하량 → 과재하중 제거
① 지반의 탄성침하, *Creep* 등을 고려하지 못하는 단점이 있다.
② 압밀시험에 의한 압밀특성과 현장에서의 압밀특성이 동일하다는 전제하에 성립되는 것이므로 가장 초보적이고 비합리적이다.

(2) 압밀도 기준 : 계측에 의한 압밀도 ≥ 설계 시 제시된 압밀도 → 과재하중 제거
① 계측에 의한 최종 침하량이 설계 시 예측된 값보다 클 경우에는
② 현재 압밀도가 과소평가되어 너무 빨리 과재하중을 제거하는 문제가 있을 수 있다.

(3) 허용잔류침하 기준
① 계측자료로부터 최종 침하량을 예측하고
② 현재 침하량과 최종침하량을 비교하여
③ 잔류침하량이 허용침하량보다 적으면 프리로딩을 철거하고, 그렇지 않은 경우는 프리로딩(*Pre−Loading*)을 방치한다.
④ 이 방법은 안전측이기는 하나 잔류침하량을 설계하중에 대해 계산하지 않고 프리로딩에 대해서 계산한다는 단점이 있다.

※ 외국의 경우 프리로딩의 하중은 설계하중의 약 1.3～1.5배를 쓴다.

(4) 계측에 의한 방법 적용 시 유의사항
① 압밀도로 관리할 경우 : 실측 최종 침하량이 계산된 침하량보다 작을 경우
② 허용잔류침하기준으로 관리하는 경우 : 실측 최종 침하량이 계산치보다 클 경우

※ 어느 방법을 결정하든 허용잔류침하량 이내로 현재시점을 기준으로 잔류침하량이 발생하여야 한다는 안전측 개념의 과재하중 제거시기 결정방법임

3. 침하량에 의한 압밀도 결정방법

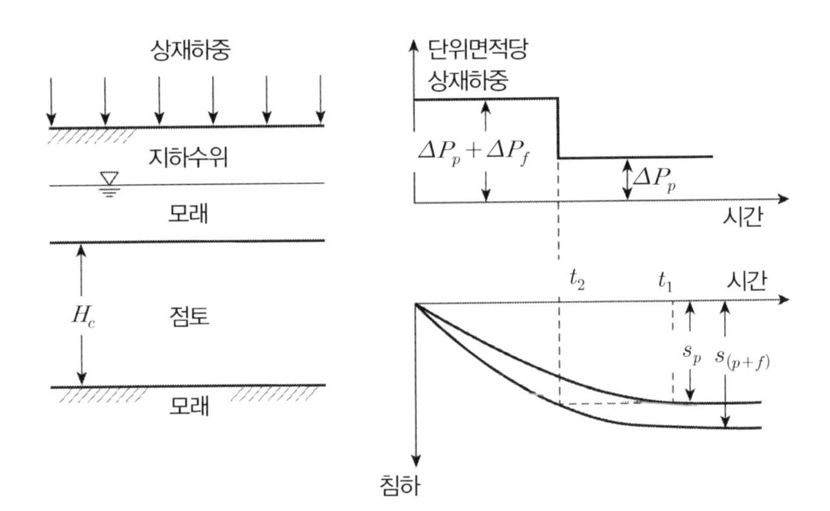

(1) 구조물의 예상하중 침하량

$$S_p = \frac{C_c}{1+e_o} H_c \cdot \log \frac{P_o + \Delta P_p}{P_o}$$

(2) 구조물의 예상하중 + 초과하중 = 과재하중으로 인한 침하량

$$S_{p+f} = \frac{C_c}{1+e_o} H_c \cdot \log \frac{P_o + (\Delta P_p + \Delta P_f)}{P_o}$$

(3) 과재하중에 의한 압밀도에 의한 과재하중 제거시기 t_2

$$U_c = \frac{S_p}{S_{p+f}} \quad \rightarrow \quad U_c = \frac{Log\left(1 + \dfrac{\Delta P_p}{P_o}\right)}{Log\left(1 + \dfrac{\Delta P_p}{P_o}\left(1 + \dfrac{\Delta P_f}{\Delta P_p}\right)\right)} \quad \rightarrow \quad t_2 = \frac{T_v \cdot H_c^2}{C_v}$$

① 압밀계수 c_v 값에는 1차 압밀비로 보정한 것과 보정하지 않은 것이 있는데, 현장에서의 압밀침하는 1차, 2차 쌍방이 병행해서 진행되므로 보정한 값을 사용

② 시간계수 T_v 는 *Terzaghi* 가 제안한 다음과 같은 근사식을 사용하여 구한다.

$$T_v = \frac{\pi}{4}\left(\frac{U(\%)}{100}\right)^2 \quad : 0 < U < 53\,\%$$

$$T_v = 1.781 - 0.933\,(\log(100 - U(\%))) \quad : U > 53\,\%$$

③ 이론상으로는 *Preloading*을 하고 평균압밀도가 U_c에 이르는 시간 t_2가 경과한 후, 초과하중을 제거하여도 더 이상의 침하는 발생하지 않는다. 그러나 실제 시공 시에는 성토가 순간적으로 재하되는 것이 아니며 또한 여성토 제거 시에 약간의 *Rebound*가 발생되므로 다소의 침하는 발생할 수 있다.

4. 과잉 간극수압분포에 따른 평균압밀도 결정방법

(1) 이론상으로 구한 평균압밀도 문제점

① 과재하중 제거 시점에서의 과잉간극수압분포

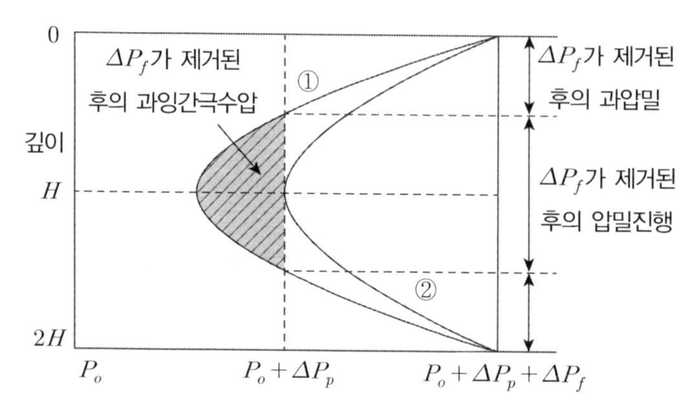

② 이론상으로 구한 평균압밀도에 의해 구한 시간계수를 적용한 과재하중의 제거시기 결정 시 등시곡선은 곡선 ①과 같게 된다.

③ 연약층의 중앙 부분은 평균압밀도보다 더 작게 압밀되었고(미압밀부분) 상하부분은 평균값보다 더 압밀(과압밀)되었다.

④ 따라서 중앙부분은 과잉간극수압이 남아 있으므로 설계하중하에서 계속 침하가 발생하고 반면 점토층 상하부분은 과압밀되었으므로 하중 제거 시 팽창하려 할 것이다.

⑤ 이와 같이 서로 상반되는 거동때문에 침하량은 상쇄되나 압축지수가 팽창지수보다 우세하므로 결과적으로 침하가 우세할 것이다.

⑥ 따라서 과재하중의 제거시기의 기준을 평균압밀도로 삼는다면 실제로는 설계하중에 의한 침하량보다 더 큰 침하가 발생한다.

(2) 평균 압밀도의 합리적인 결정

① 이론식을 구한 평균압밀도 대신에 점토층 중간에서의 압밀도(일면 배수인 경우 점토층 바닥)를 적용한 ②곡선의 등시곡선을 적용하여 구한 압밀도를 적용하면 잔류침하로 인한 추가 침하를 극복할 수 있게 된다.

② *Johnson*은 이론상으로 구한 압밀도에서 범하기 쉬운 과소한 평균 압밀도의 적용을 배제한 위와 같은 이론이 포함된 합리적 평균 압밀도를 구하기 위해 $\Delta P_p / P_o$를 *Parameter*로 U와 $\Delta P_f / \Delta P_p$의 관계를 도표를 통해 제시한다.

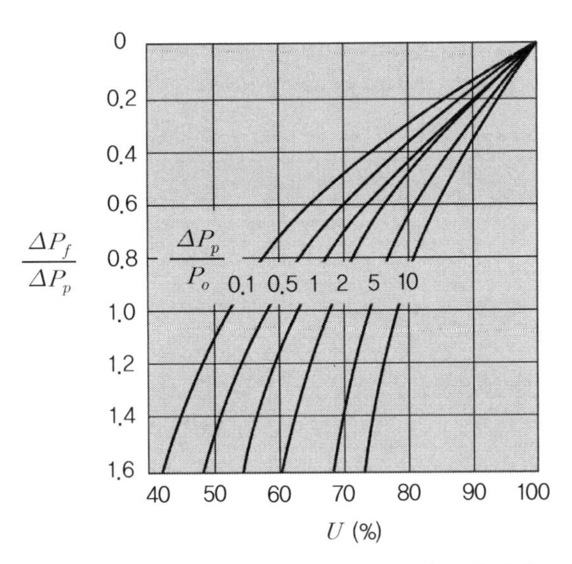

$\Delta P_p / P_o$와 여러 값에 대한 U와 $\Delta P_f / P_p$의 관계

5. 평 가

(1) 이론상으로 구한 과재하중 제거시기를 제시하기 위한 평균압밀도는 계측 시행 시 기준이 되므로 매우 중요한 *Parameter*이다.

(2) 그러므로 계측과 병행하여 관리하여야 하며 평균압밀도는 1차 압밀침하만을 적용한 사항이므로 유기질 점토, 니탄 등 소성지수가 높은 예민한 점토의 경우에는 2차 압밀침하를 고려한 평균 압밀도를 고려하여 과재하중에 대한 신뢰성 있는 제거 시기를 결정하여야 한다.

17 EPS 공법

1. 개 요

(1) 일반적인 흙 무게에 비해 약 1/20 정도의 무게이면서도 적정한 강도를 보유하고 있다.

(2) 1982년 노르웨이 국립도로 연구소(*NRRL*)에 의해 개발되었으며 연약지반상의 흙쌓기 및 옹벽 · 교대의 뒷채움, 자립벽, 또는 매설관기초 등의 각종 구조물에 적용한다.

(3) 즉, 지중응력의 증가가 억제되므로 침하와 토압을 경감하고 사면활동을 방지하기 위한 목적으로 사용한다.

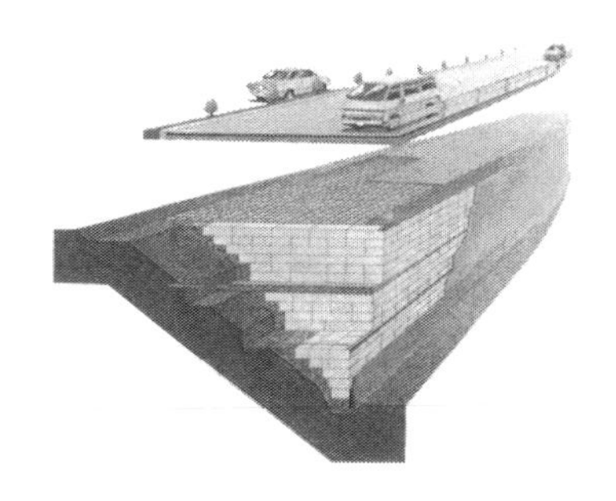

토압경감 공법

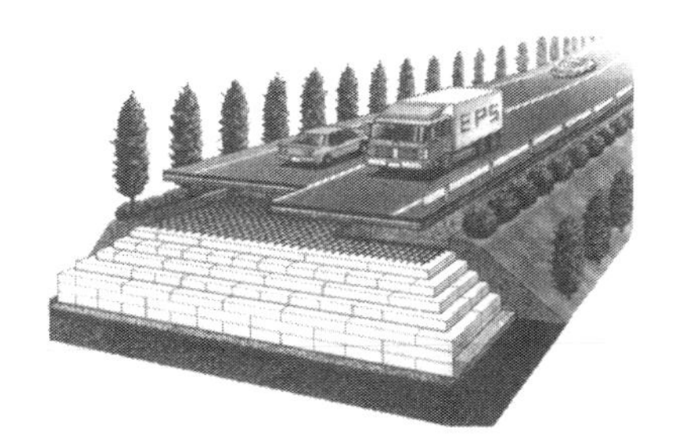

하중경감 공법

2. 공법의 특징

(1) 경량성 : 토사 1/20

(2) 자립성 우수

(3) 부력이 큼

(4) 내구성 : 벤젠 용해

(5) 내수성

(6) 압축강도 : 5 ~ 15$tonf/m^2$

(7) 내열성 : 매우 작음(화재위험)

3. 원리 비교

(1) 일반 성토

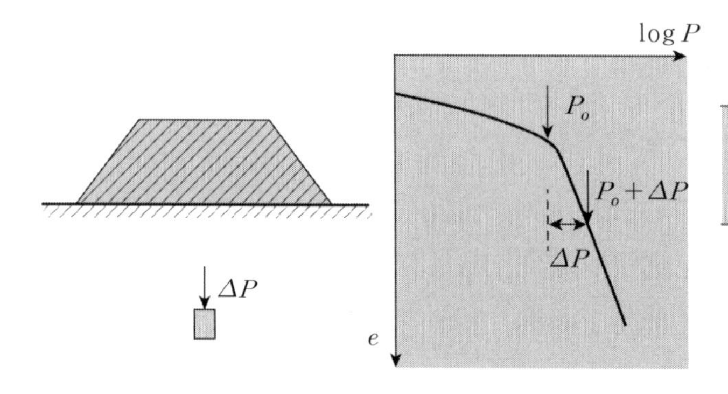

$$S_f = \frac{C_c}{1+e_o} H \cdot Log \frac{P_o + \Delta P}{P_o}$$

(2) EPS : A 요소에 ΔP를 최소화 → 성토보다 Δe 작아 침하 작음

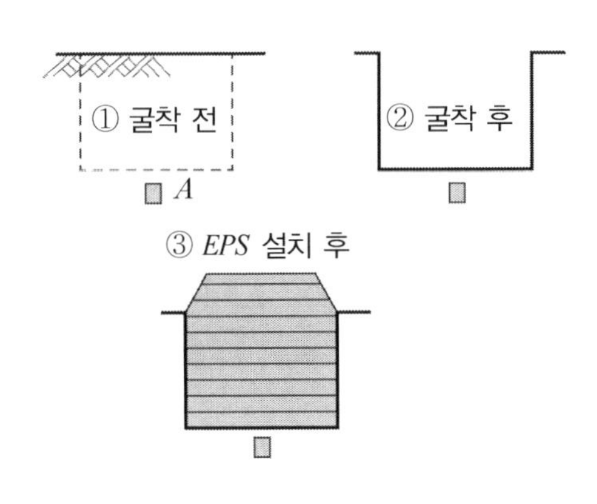

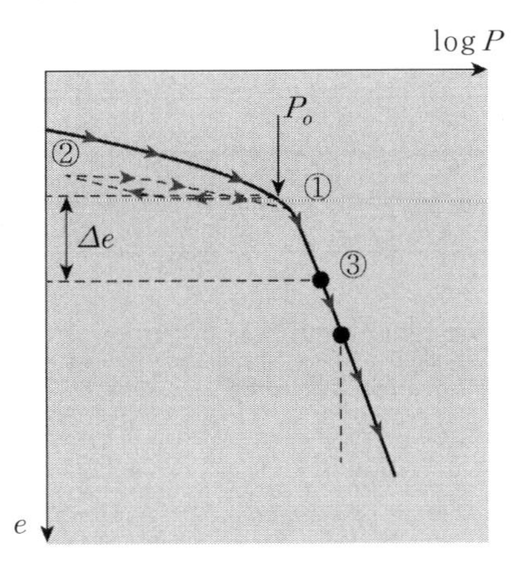

$$S_f = m_v \cdot \Delta P \cdot H = \frac{\Delta e}{1+e_o} H$$

4. 설 계

(1) 하중경감 관련

① EPS 부재의 응력도 검토

EPS 재료는 장기 안정성을 확보하기 위해서 사하중, 활하중에 의해 EPS에 작용하는 응력보다 큰 허용응력을 가져야 한다.

$$\sigma = \sigma_1 + \sigma_2 < EPS \text{ 부재의 허용 응력도}$$

여기서, σ_1 : 사하중에 의한 응력(상부포장 + 성토하중)

σ_2 : 활하중에 의한 응력

$$\sigma_2 = \frac{P_w(1+i)}{(B+2z\tan\theta)(L+2z\tan\theta)}$$

여기서, P_w : 최대 바퀴하중

i : 충격계수(=0.3)

B : 바퀴 폭

L : 바퀴 접지길이

Z : 도로면으로부터 EPS 흙쌓기층 최상부면까지의 깊이

θ : 하중분산각도(RC 슬래브가 있는 경우 $\theta = 45°$, 없는 경우 $\theta = 30°$)

② EPS 치환두께 : 잔류침하 배제 목적

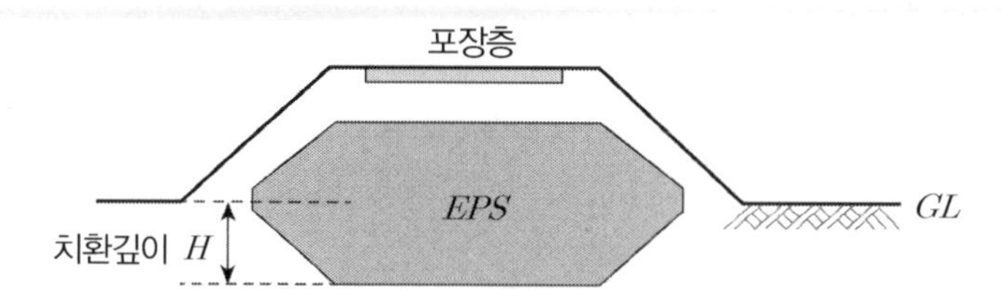

㉠ 치환깊이까지의 상재하중

P : 교통하중 + 포장 및 성토하중 + EPS 단위중량 × (GL 위 두께 + 치환깊이)

㉡ 치환될 흙의 무게 : $P_o = \gamma \times$ 치환깊이

$P = P_o$로 하여 치환깊이 H 결정

③ 부력 검토 : 부력에 대한 안정검토는 설계최고수위를 적용하고 안전측 적용

㉠ 하중제외사항(안전율 고려) : EPS 자중, 교통하중

㉡ 부력 : 지하수위 이하의 EPS 두께 만큼 부력 검토

$$F_s = \frac{P}{U} = \frac{(\text{포장층} + \text{성토층})\ \text{단위면적당 무게}}{\text{지하수위 아래}\ EPS\ \text{두께} \times \gamma_w}$$

④ 침하에 대한 검토

㉠ 성토에 따른 응력증가량 계산 : ΔP

㉡ 치환 후 점성토층 중앙부의 선행압밀하중 계산 : P_o

㉢ 상재하중을 포함한 유효응력 : $P_o + \Delta P$

㉣ 압밀침하량 계산 : 압밀시험 $\log P - e$ 곡선으로부터 Δe 계산

$$S_f = \frac{\Delta e}{1 + e_o} H$$

여기서, H = 치환 전 압밀층 두께 − 치환깊이

㉤ 허용침하량과 비교

⑤ 사면안정 검토

EPS는 전단강도 무시하고 하중으로만 작용한다고 보며 사면안정 검토

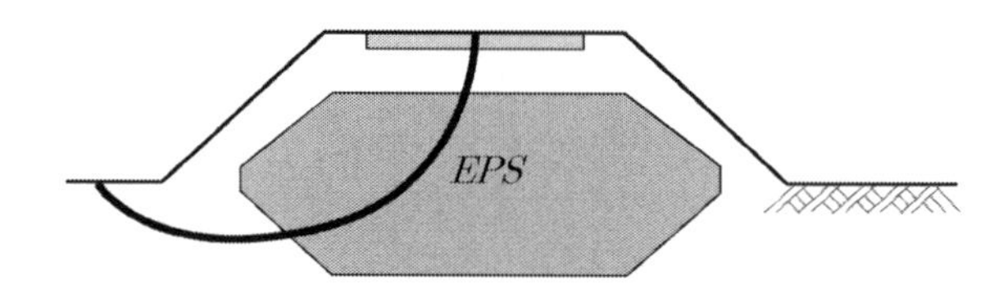

(2) 토압경감공법에 대한 설계 : 옹벽

① 설계조건의 설정

㉠ 옹벽 및 기초콘크리트의 단면형상

㉡ 포장구성 및 하중조건

㉢ 토질정수 및 배면토압의 유무

㉣ *H*형강, 앵커볼트 및 앵커 설치방법

㉤ 설계 지하수위 및 *EPS* 옹벽의 양압력에 대한 설계안전율

㉥ 사용할 *EPS* 종류의 설정

② 설계하중 계산 : 상재하중, 배면토압, *EPS*측압, 양압력 등에 대한 설계하중 계산

※토압검토

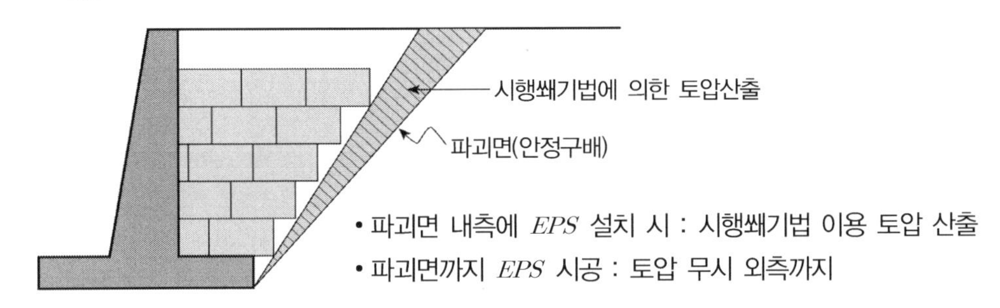

③ 안정검토 : 활동, 전도, 지지력 검토

5. 시 공

(1) 지반 정리

(2) 5*cm* 정도 레벨링 모래 포설 : 최하층 *EPS BLOCK* 수평 유지

(3) *EPS BLOCK* 설치

(4) *BLOCK*과 *BLOCK*은 *EPS*연결핀으로 연결

(5) *EPS BLOCK*은 *zig*−*zag*으로 설치하며, 아래 위층 간의 단차는 1*cm*

(6) 피복토는 25*cm* 이상으로 하고 법면구배는 1 : 1.5 이상으로 함

(7) *EPS BLOCK* 4～6*m*를 쌓은 후에는 중간 *Slab*를 타설

(8) 다시 *EPS BLOCK*을 쌓은 후 상판 *Slab*(10～15*cm*)로 마감

(9) 지하수위가 높은 경우 지하배수구 설치가 바람직함

6. 시공 시 유의사항

(1) 경사 지반상의 굴착

굴착면은 활동을 방지하기 위해 그림과 같이 층따기를 실시, *E.P.S*가 사면에 파고들게 하여야 한다. 사면이 암반일 때는 지형의 상황에 따라 층따기의 폭과 높이를 적당히 축소할 수 있다.

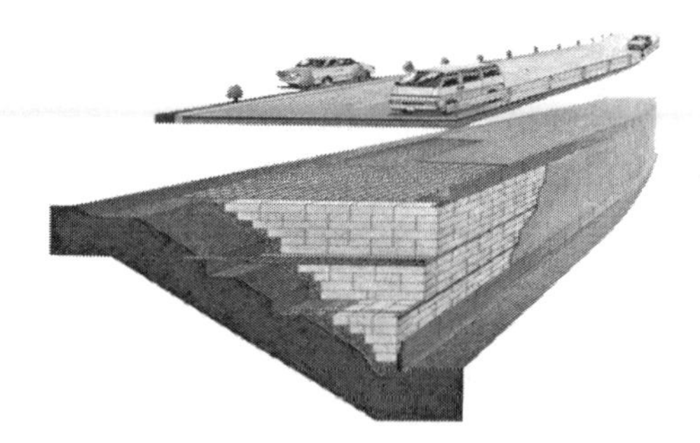

(2) 배수공 : 침투수 등의 유입수를 신속히 배수시킨다.

(3) 보관 : 바람에 의한 비산 방지와 화기, 인화물질에 유의한다.

(4) 시공 중에는 트럭 및 기타 중기를 직접 *E.P.S* 위에 주행시켜서는 안 된다.

(5) 쌓아올린 높이가 2.0*m* 이상이 되면 전도 방지처리를 하여야 한다.

(6) 상판 콘크리트

① 상판의 2～3*m*마다 1개소를 설치함을 원칙으로 한다.

② *E.P.S* 성토는 부력에 취약하므로 신속한 공사를 위해 조강시멘트가 바람직하다.

③ 종, 횡단 방향의 접속부는 지지력의 불연속을 피하기 위하여 상판 설치 구간을 연장한다.

7. 적용 분야

적용 분야	효 과	모식도
연약지반의 성토	• 침하 경감 • 사면안전율 확보 • 유지 관리 저감	
교대 및 옹벽 뒷채움	• 배면 측압 경감 • 측방 유동압 경감 • 단차 방지	
자립벽	• 성토 및 조성지 확보 • 최소한의 용지 확보 • 벽면 구조물의 간소화	
재해 복구 시 성토	• 매설관 기초 및 낙석 대책 • 성토의 조기 복구 • 가복구, 본복구 적용 가능	

적용 분야	효 과	모식도
구조물 메우기	• 최소한의 용지확보 • 벽면 구조물의 간소화	
급경사지 성토	• 활동에 대한 안전율 확보 • 활동 방지 대책 공사 저감 • 용지 확보 감소	
성토 및 조성지 확보	• 기존 구조물의 영향 감소 • 용지 확보 감소 • 침하 방지	

8. 평 가

경량성토는 *EPS* 이외에 *Box* 설치, *Pipe* 매설, 고로슬래그(1.3~1.5$ton f/m^3$) 공법이 있으며 다각적으로 검토하여야 한다.

18 표층처리 공법

1. 개 요

준설토 투기장을 조성하는 데 초연약지반의 개량을 위한 장비 진입을 위해 토목 섬유, 첨가제, 배수 등을 시공하여 지반강도를 증대시킴으로써 지반의 국부적 변형을 방지하고 장비의 주행성을 확보함과 동시에 성토하중을 지지지반에 균등하게 분포시키기 위한 공법으로 표층처리 공법의 필요성이 증가하고 있는 추세이다.

2. 공법의 종류

(1) 표층배수 : 함수비 저하 → 장비주행성 확보

① *Sand Mat* 공법 : 점성토 지반 개량

㉠ 연약층의 압밀을 위한 상부배수층 역할

㉡ 성토층으로 수위 상승 억제

㉢ 장비의 주행성 향상

㉣ *Sand Mat*만으로 주행성 확보를 하려면 모래층의 두께가 너무 두꺼워지므로 토목섬유를 포설한후 *Sand Mat*를 깔면 경제적이다.

② *PTM* (*Progressive Trench Method*) + 복토공법

표층건조처리공법은 초연약지반 표층의 배수와 건조를 촉진시키는 공법으로, 초연약지반 표층에 *Amfirol* 장비를 이용하여 체계적인 트렌치망을 단계적으로 형성시켜 표면증발 및 *Trench* 주변의 지하수위 저하에 따른 표면건조층의 두께와 강도를 증가시켜 복토두께를 최소화하는 공법

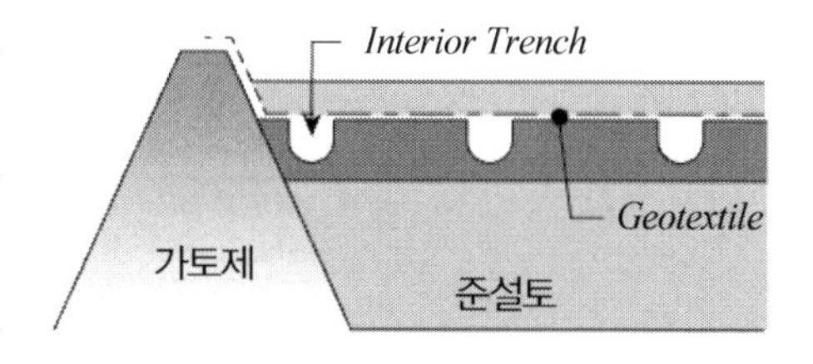

③ 수평진공배수 공법

진공펌프로부터 지중에 매설된 수평드레인으로 전달되는 진공압을 가하여 지반 내의 간극수를 신속히 배출함으로써 지반의 안정화를 도모하는 공법

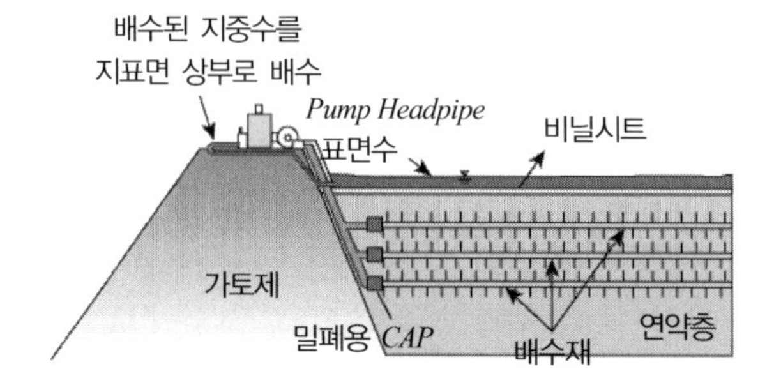

(2) 표층혼합처리 공법

① 고화재에 의해 표층의 일부를 고화시키는 공법

② 시멘트계 혹은 플라이애쉬계의 고화재를 사용하여 준설매립지표층을 일정두께로 고화처리하여 시공장비의 주행성을 확보하는 공법

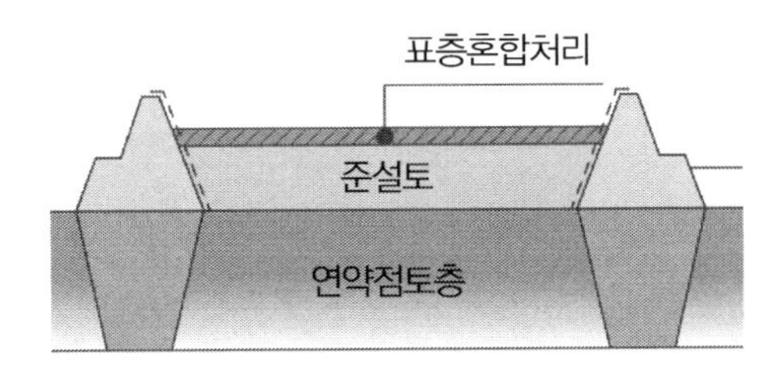

3. 주요 목적과 효과

(1) 목 적

① 장비 주행성 확보

② 상부하중 균등 분포

③ 연직배수재 배수효율 증대

(2) 효 과

① 강도 및 지지력 확보

② 변형 억제

4. *Sand Mat* 공법

(1) 정 의

아래 그림과 같이 연약지반 위에 50～100*cm* 두께의 모래층을 깔고 연약층의 간극수 배제시킴으로써 지반강도를 발현시킴

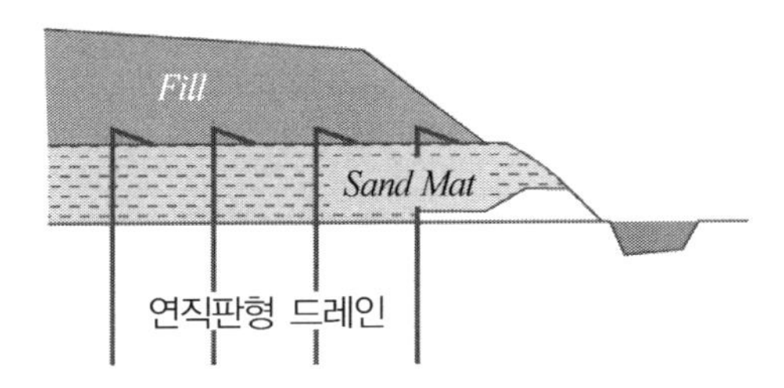

(2) 기 능

① 장비 주행성 확보

② 개량대상 지반 배수기능

③ 성토층 내로 수위 상승 억제

(3) *Sand Mat* 두께 설계

① 장비 주행성 확보를 위한 두께 결정

㉠ 경험적 두께 결정 : 접지압과 연약층 표면의 콘지수에 따라 경험적 결정

항 목		모래층 두께(*cm*)	비고
i 사용토공 기계 중의 최대 접지압(kgf/cm^2)	0.7 이하 0.7～1.0 1.0～1.5 1.5～2.5 2.5 이상	50 50～80 80～120 120～150 150 이상	i, ii 중에서 현장조건 고려 결정 : 보통 50～100*cm* 적용
ii 연약층 표층의 콘지수(kgf/cm^2)	0.5 이하 0.5～0.75 0.75～1.0 1.0～2.0 2.0 이상	150 이상 120～150 80～120 50～80 50	

㉡ 토목섬유 미포설시 두께

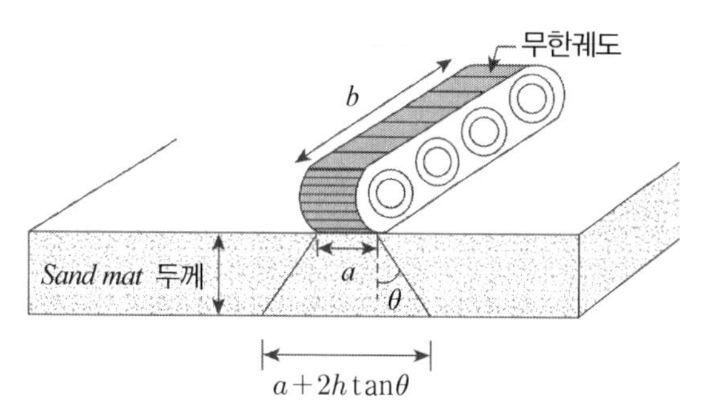

$$F_s = \frac{q}{q_d} \geq 1.5$$

$$q = C \cdot N_c + \gamma_t \cdot D_f$$

$$q_d = q_b + q_m$$

여기서, q : 원지반 지지력($tonf/m^2$)　　q_d : 상재하중($tonf/m^2$)

C : 원지반 점착력($tonf/m^2$)　　q_b : 성토하중

N_c : 지지력 계수(*Terzaghi*, $N_c = 5.7$)　　γ_t : 모래의 단위중량

D_f : *Sand Mat*의 두께　　q_m : 장비하중

$$q_m = \frac{W(1+i)}{(a+2h\tan\theta)(b+2h\tan\theta)}$$

W : 장비하중(*ton*)　　i : 충격계수(0.2)

θ : 하중분산각(2 : 1 분포 = 26.6°)

㉢ 토목섬유 포설 시 두께

$$h = a\left(\frac{P \cdot F_s}{5.3c + \left(2T\frac{\sin\theta}{a}\right)} - 1\right)$$

여기서, a : 무한궤도 폭

P : 장비의 접지압(*tonf/m*^{2})

P=(장비중량÷(무한궤도폭 × 길이 × 2)) × 충격계수

F_s : 안전율(1.5)

C : 원지반의 점착력(*tonf/m*^{2})

T : 토목섬유의 인장력(*tonf/m*^{2})

θ : 접선각(보통 20°)

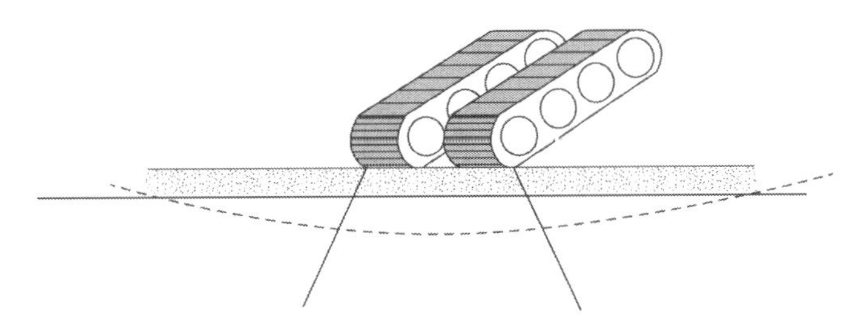

★ 동일한 지반에서 토목섬유 포설 시, 미포설 시 비교 *Sand Mat* 두께 절감

② 배수기능 확보

㉠ 두께 충분조건 검토 : 압력수두 < *Sand Mat* 두께

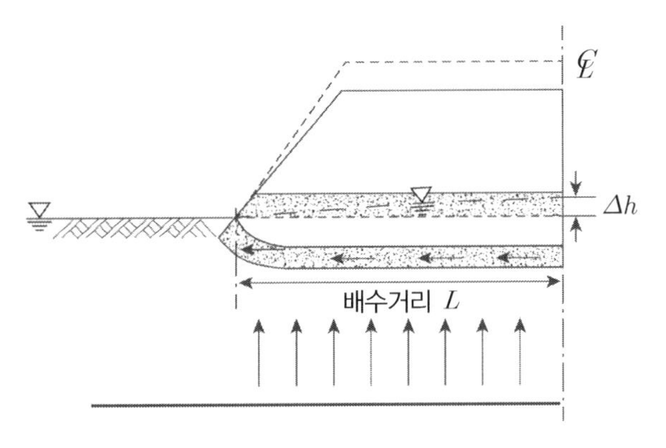

$$Q = L \cdot S = K \cdot i \cdot A = K \cdot \frac{\Delta h}{L} \cdot h \cdot 1$$

$$\Delta h = \frac{L^2 \cdot S}{K \cdot h}$$

여기서, Q : 침하에 의한 배수량(*cm*^{3})

S : 평균 침하속도(*cm*/일)

Δh : 압력수두(*Sand Mat* 내 수위)

L : 배수거리(집수정 간격 / 2)

K : *Sand Mat* 내 투수계수

h : *Sand Mat* 두께

계산 예) *Sand Mat* 내 투수계수 : $5 \times 10^{-3} cm/sec = 432 cm/day$

압밀침하량	압밀도(50%)		평균침하 속도	*Sand Mat* 두께	평균 배수거리	Δh	판정
	침하량	침하시간					
50*cm*	25*cm*	250일	0.1*cm*/일	50*cm*	30*m*	41.7*cm*	*OK*

㉡ 투수계수 / 입도 기준 : 1×10^{-3} *cm/sec* 이상 / 75μm 체 통과율 15% 이하

㉢ 건조단위 중량 증가 → 투수계수 저하

: 시공 중 장비에 의한 다짐으로 투수계수가 저감되므로 고성토 설계 시 유의

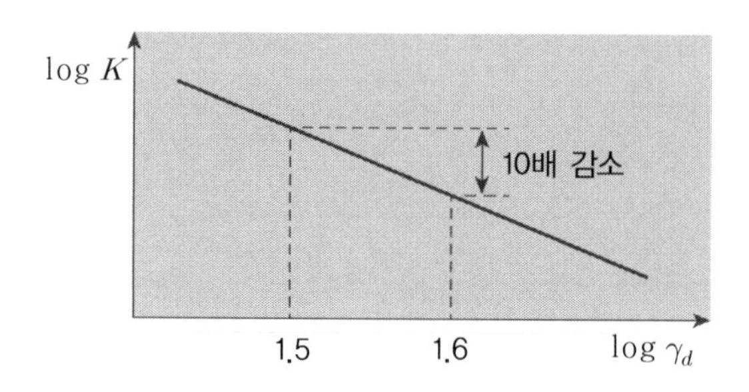

③ 설계 시 유의사항

㉠ 원지반의 전단강도와 접지압, *Sand Mat* 배수성 고려 *Sand Mat* 두께 결정

㉡ *Sand Mat* 의 두께가 과도할 시 토목섬유 포설 고려(균등침하, 하중균등분포)

㉢ 적정 입도와 투수계수 선정

㉣ *Sand Mat*의 배수거리가 너무 길어 *Sand Mat* 내 압력수두가 큰 경우

- *Sand Mat* 내 수평 배수관 적용(유공관) : 격자형 배치 검토
- 압밀에 따른 배수관 기능 저하 → 집수정 및 배수펌프 사용

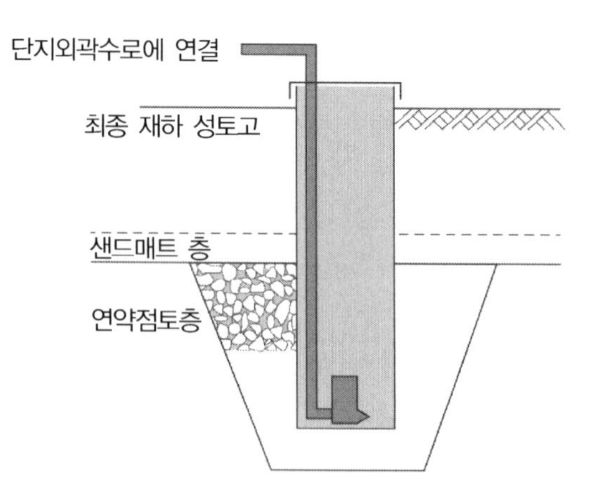

19 PTM 공법(Progressive Trenching Method)

1. 개 요

Progressive Trenching Method (*P.T.M*)를 이용하여 표층의 배수와 건조를 촉진시키는 공법으로, 표층에 체계적인 *Trench* 망을 형성하여 표면에 건조층(*Crust*)을 형성하고 *Trench*의 깊이와 간격을 조절하여 건조층의 두께를 늘려가는 공법이다.

Amfirol 장비를 이용 *Trench*를 형성하여 표층을 건조

2. 연약지반 공법 선정시 고려사항

고려사항	검토항목		비 고
지반조건	토 질	• 사질지반 • 점토질 지반 • 이탄질 지반	• 액상화 유무 • 입도분포, 예민비(흙의 교란) • 함수비, 투수성
	지 반 구 성	• 연약층의 두께 • 연약층의 두께가 얇고(3~4*m* 이하) • 배수층(모래층)이 협재한 경우 • 연약층이 두껍고 배수층이 없는 경우 • 얇은 모래층 밑에 4*m* 이상의 두꺼운 • 연약한 점토층이 있는 경우 • 연약층의 기반이 경사되어 있는 경우	• 토질조사에 의한 배수 • 층의 확인 • 침하대책 • 부등침하대책
구조물 조건	상부구조물의 형태가 다른 경우		구조물의 성격, 형상, 부위
시공조건	공사기간		급속시공 필요성과 공기별 대책공법
	재 료		각 공법의 사용재료 구득의 난이
	시공기계의 가동성		표층처리 공법 병용의 필요성
	시공심도		각 공법의 한계시공심도
	주변에 미치는 영향		각 공법의 문제점

3. 개발배경

(1) 율촌 제1 지방산단 조성사업에서 해사를 이용한 매립재료의 구득이 곤란하여 단지 전면의 해성점토를 이용하여 매립하기 위한 방법으로 고안됨

(2) *PTM* 공법은 기술개발보상제도에 의한 중앙건설기술심의위원회의 심의 의결을 거쳐 건설신기술(제127호)로 지정된 공법임

4. 주요 목적 및 효과

(1) 목 적

① 장비의 주행성 확보

② 상부하중 균등 분포

③ 배수효율 증대

(2) 효 과

① 변형 억제

② 강도, 지지력 증대

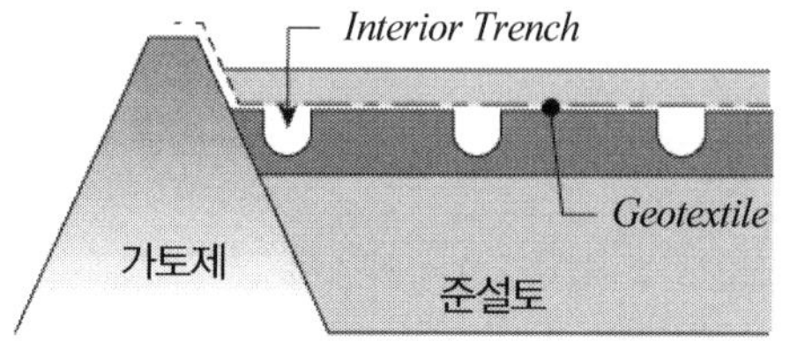

PTM + 복토

5. 공법의 원리

(1) 초연약지반의 표층에 *Trench* 및 수평배수재를 설치하여 표층 배수

→ 준설매립 표층 여수의 배수와 *Trench* 주변의 지하수위 저하를 유도

→ 자연건조에 의한 건조층을 형성 → 유효응력 증대

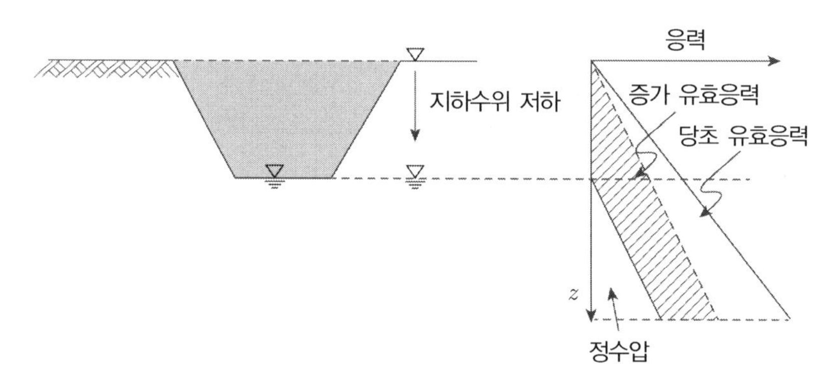

(2) 단면 붕괴 방지 : 단계적 시공 / *Trench* 깊이와 간격을 변화시키면서 건조

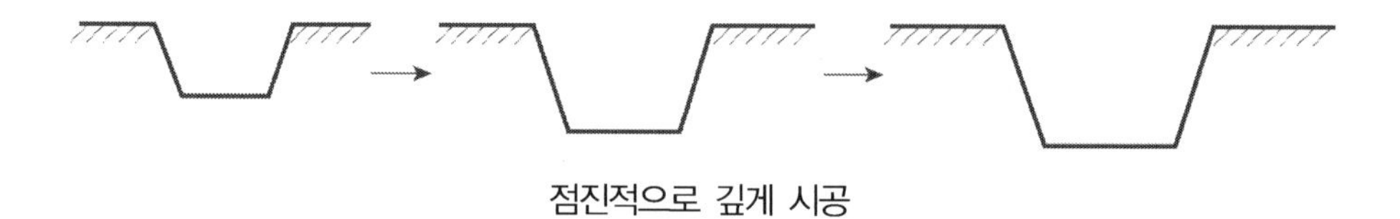

점진적으로 깊게 시공

6. 검토사항

(1) 원지반 특성 : q_c, S_u, w

(2) 개량 목표 : 필요한 건조층 두께와 건조 후 전단강도

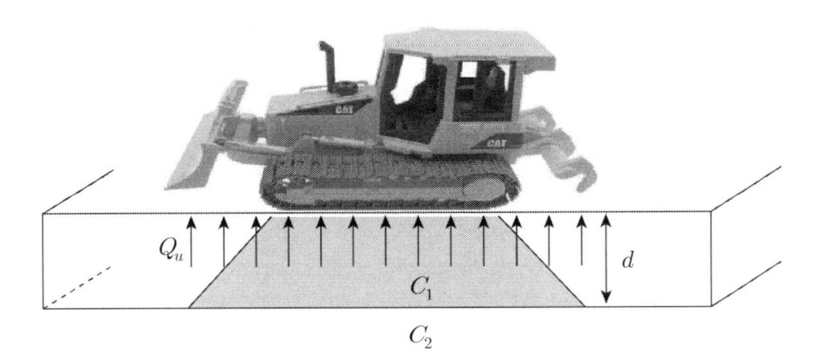

① 원지반 지지력 : $Q_u = C_1 \cdot N_c$

② 상재하중 $Q = q_b + q_m$

여기서, C : 원지반 점착력($tonf/m^2$)

q_b : 성토하중

N_c : 수정 지지력 계수

d : 건조층 두께

q_m : 장비하중 = 장비의 접지압

③ 안전율 : $F_s = Q_u / Q \geq 1.5$

7. 설계 시 유의사항

(1) 공기 제한 시 적용 불능 및 특수시공장비(*Amfirol*) 동원 필요

(2) 트렌치로부터 거리에 따른 표층건조두께 불균일

(3) 지반조건 및 기상조건에 큰 영향을 받음

(4) 협소한 면적에 활용 시 비경제적

(5) 표층강도발현 소요공기 장기 소요

8. 적용 사례

(1) 전라남도 여천군 율촌공단 : 건조두께 60*cm*(*If* 자연건조 20*cm*)/전단강도 1.0$tonf/m^2$(*If* 자연건조 0.5$tonf/m^2$)

(2) 광양항 3단계 1차 공사

(3) 광양항 중마 일반부두

20 수평진공 배수공법

1. 개 요

(1) 점성토 준설매립 시 매립 단계별로 지중에 수평드레인을 설치하면서 준설 완료 후 진공막을 덮고 진공펌프를 이용하여 지반 내의 간극수를 신속히 배출함으로써 지반의 안정화를 도모하는 공법

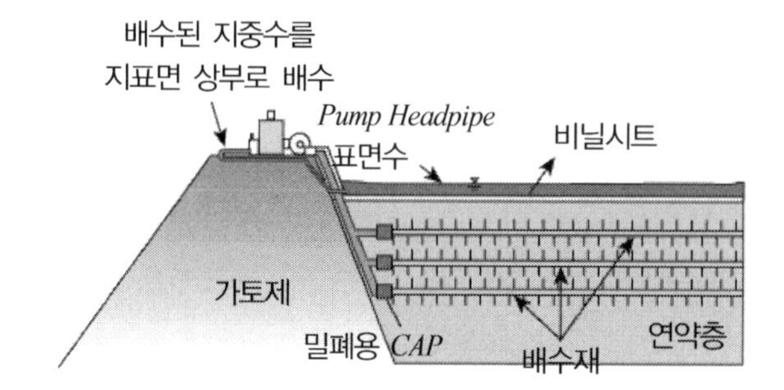

(2) 공법의 원리

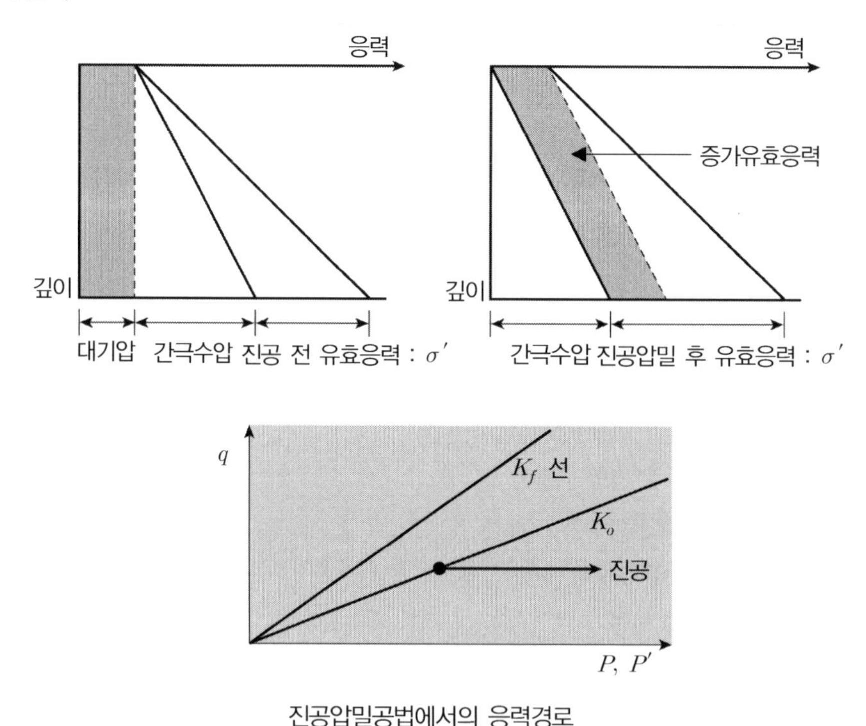

진공압밀공법에서의 응력경로

2. 시공방법

(1) 이 공법은 *PTM* 공법을 개량한 공법으로, 매설선을 이용하여 준설매립지반에 수평배수재(*Plastic Board drain*, *Menard drain* 등)를 설치

(2) 이때 배수재의 간격과 설치 단수는 장비하중을 감안하여 계획

(3) 표면에 진공막을 설치하고 진공펌프를 가동하여 지반 내부를 진공상태로 만들어 대기압의 하중을 표층에 작용시켜서 단시간에 압밀을 완료

3. 특 징

(1) 장 점

① 단기간 내 장비진입 가능(압밀 촉진 → 전단강도 증가)

② 표층처리를 위한 *Sand Mat* 투입량 절감

③ 공사기간 단축을 위한 배수재의 설치간격, 설치단수의 유연성 있는 설계

④ 지반교란 억제 및 개량효과 확실 : 등방압밀로 전단파괴 없음

(2) 단 점

① 실제 시공 시 대규모의 면적에 대한 진공압 확보 및 진공압 유지에 문제 발생

② 설계기법이 정립되지 않아 설치깊이 및 수평드레인 설치간격 결정 시 실내 또는 현장 모형시험 필요

③ 시공사례 거의 없음

④ 깊은 심도는 곤란함

⑤ 1회의 재하면적은 5,000～7,000m^2로 한정되므로 그이상의 재하면적 개량 시는 단계화 시공으로 인한 공정관리의 번거로움 발생

4. 평 가

(1) 준설매립 점토에 의해 형성된 초연약지반을 조기에 개량하기 위한 목적에서 본 공법은 타당하며

(2) 이에 대한 국내 지반에 부합된 합리적 설계를 위한 실내 모형시험, 원심모형시험 등을 시행하여 장비의 개발, 사례축적을 통한 지속적인 연구와 관심을 갖어야 할 것으로 사료됨

21 Sand Mat 투수성 불량 시 문제점 및 대책

1. *Sand mat* 기능

연약지반 위에 두께 0.5~1.2*m* 정도의 모래를 깔아서 지반을 개량하는 방법으로 아래와 같은 기능을 확보해야 하며 표층처리공법의 일종이기도 하다.

(1) 연약층 압밀을 위한 상부 배수층을 형성

(2) 성토시공을 위한 트래피커빌리티(*frafficability*) 향상

(3) 성토체 내로 수위 상승 억제

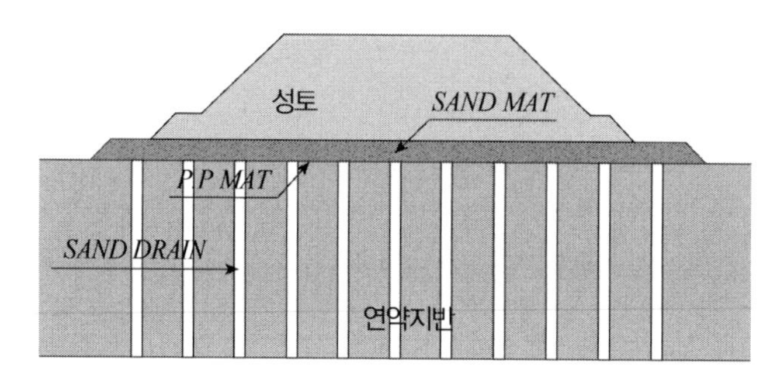

2. 투수성 불량 시 문제점

(1) 배수기능 저하로 인한 압밀 지연 → 계획공기 내 준공 불가

(2) 실무적으로 압밀이 종료된 것으로 오판할 할 경우 큰 잔류침하로 구조물 파손 및 단차 발생(남해고속도로, 서해안 고속도로 사례)

3. 투수성 불량의 원인

(1) 배수를 위한 *Sand Mat* 두께가 기준보다 얇음 : 압력수두 > *Sand Mat* 두께

(2) 투수계수 / 입도 기준 미준수 : $1 \times 10^{-3} cm/sec$ 이하 / 75μm체 통과율 15% 이상

(3) 과도한 다짐 : 건조단위 중량 증가 → 투수계수 저하

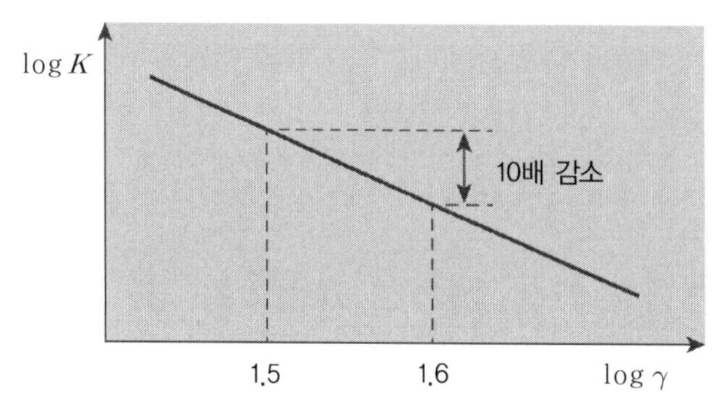

(4) 기타 : 침하, 두께 불균 등

4. 대책방안

(1) 배수를 위한 *Sand Mat* 두께준수 : 압력수두 < *Sand Mat* 두께

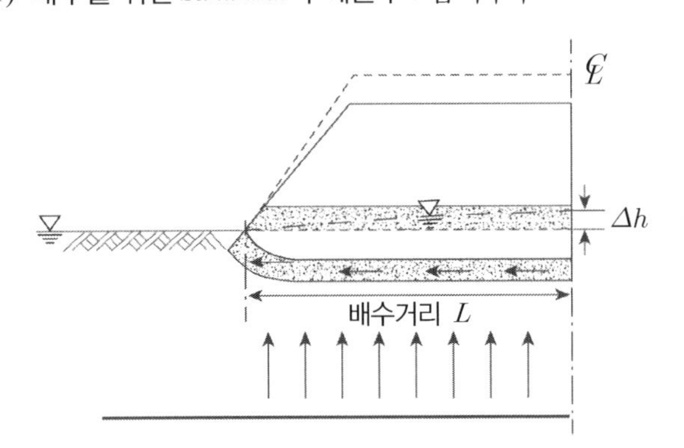

$$Q = L \cdot S = K \cdot i \cdot A = K \cdot \frac{\Delta h}{L} \cdot h \cdot 1$$

$$\Delta h = \frac{L^2 \cdot S}{K \cdot h}$$

여기서, Q : 침하에 의한 배수량(cm^3)
S : 평균 침하속도(cm/일)
Δh : 압력수두(*Sand Mat* 내 수위)
L : 배수거리(집수정 간격 / 2)
K : *Sand Mat* 내 투수계수
h : *Sand Mat* 두께

계산 예) *Sand Mat* 내 투수계수 : $5\times10^{-3}cm/sec$ = $432cm/day$

압밀침하량	압밀도(50%)		평균침하 속도	*Sand Mat* 두께	평균 배수거리	Δh	판 정
	침하량	침하시간					
50*cm*	25*cm*	250일	0.1*cm*/일	50*cm*	30*m*	41.7*cm*	*OK*

(2) 투수계수 / 입도 기준 준수 : $1\times10^{-3}cm/sec$ 이상 / 75μm체 통과율 15% 이하

(3) 투수계수가 저하되지 않기 위한 다짐관리 / 고성토 시 γ_d 관리

(4) 토목섬유 포설 : *Sand mat* 일정두께 유지(부등침하 예방)
① 배수기능을 가진 토목섬유 포설
② 토목섬유는 전수성과 유효구멍크기에 대한 시방기준을 만족해야 함

(5) 쇄석혼합 → 투수성 개선
: 부직포가 손상되지 않도록 시공관리 요망

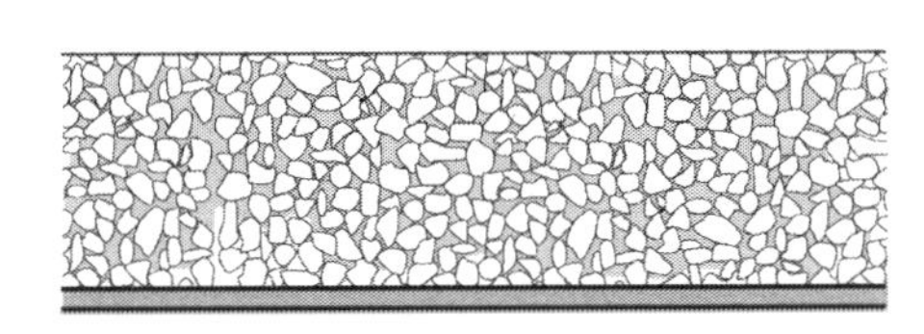

(6) *Sand Mat* 내 수평 배수관 적용(유공관 격자형 배치 검토)
✓ 유공관은 유효구멍크기를 고려한 *Filter*로 보호하여 *Clogging*이 발생하지 않도록 조치한다.

(7) 압밀에 따른 배수관 기능 저하 → 집수정 및 배수펌프 사용

5. 평 가

(1) *Sand Mat*는 매립층 상부에 일정한 두께로 부설하고 지반의 불균일로 인한 Sand Mat의 단절부가 생기지 않도록 하여야 한다.

(2) 시험 횟수 : 매 10,000m^3당 1회 이상 혹은 골재원이 변경된 경우나 건설사업관리자가 필요하다고 요구할 경우

(3) 연직배수공법 적용 시 *Smear Effect*, *Well* 저항은 중요하게 다루어지나 *Sand Mat*의 투수성은 간과되어지는 경우가 많음

(4) 현장 관리면에서 간극수압계를 통한 *Sand Mat* 기능을 유지하도록 함이 바람직함

(5) 현장에 반입되는 모래는 반입전 투수시험을 시행하여 적정성을 확인하며 적정두께를 유지하도록 지반정리를 실시하고 *Sand Mat* 포설전 토목섬유가 필요한 경우 이를 설계에 반영하도록 검토하여야 함

22 약액 주입공법

1. 정 의

(1) 약액주입공법은 지중에 주입관을 삽입하고 화하약액을 적당한 압력(저압·고압)으로 흙의 공극에 주입, 압입, 혼합, 충진하여 일정한 시간(*Gel −time*, *Setting −time*)을 경과하여 지반을 고결시키는 공법이다.

(2) 주입공법은 연약지반강도의 증대 혹은 연약지반의 불투수성(지수, 차수, 고결, 경화, 점착력)의 증가를 목적으로 시행된다.

(3) 이러한 목적외에 최근에는 지반의 진동을 경감시킬 목적으로 사용하기도 하며 종래의 응급대책, 보조공법에서 항구적 지반개량공법으로 발전되는 추세에 있다.

2. 주입재의 종류 및 구비조건

약액주입에 이용되는 주입재는 시멘트를 사용하는 비약액계, 물유리를 주 재료로 하는 물유리계, 그리고 고분자계 등 3가지로 대별된다. 고분자계 약액은 공해성 문제 때문에 원칙적으로 사용이 금지되며 침투성은 현탁액형, 물유리계, 고분자계 순으로 우수하다.

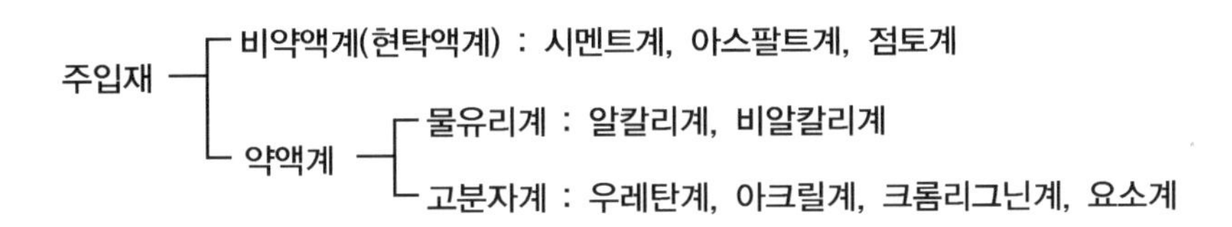

(1) 주입재의 구비조건(약액선택시 고려사항)

① 침투능력 : 처리대상 지반의 간극의 범위에 따라 효과적 침투성 확보

② 내구성(용탈현상) : 건설기간에 따른 차수 및 강도의 지속시간 충분

③ *Gel time* 조절이 용이해야 함

④ 유해성

3. 주입공법의 특징

장 점	단 점
• 소규모의 장비로 지반개량이 가능 • 소음, 진동, 교통난 등의 공해가 적음 • 공기가 짧음 • 적용지반 다양 : 점토, 모래, 자갈, 암반, 쇄석, 폐기물, 공동 처리	• 공사비가 고가임 • 고압분사 : 지반융기, 수평변위, 양생기간 필요 • 점성토에서는 맥상주입 우려 있음 • 주입효과 판정방법, 주입범위 신뢰문제 • 교반혼합 : 자갈층 곤란, 양생기간 필요

4. 주입 형태 및 방법(메커니즘별 공법의 종류)

(1) 주입형태

① 침투주입

가장 이상적인 주입형태로 지반의 토립자 배열을 변화시키지 않으면서 흙의 간극 속으로 약액을 주입시키는 것

② 맥상주입(할렬주입)

㉠ 지반의 인장강도 이상으로 주입압을 가하면 수압파쇄 현상으로 지반이 할렬되며, 이때 할렬 부분에 액상으로 주입재가 들어가는 것

㉡ 세사보다 작은 입경을 갖는 세립토층에서 맥상주입이 발생

③ 압축주입

느슨한 사질지반 또는 점토지반에 점성이 큰 주입재, 저 *Slump Mortar*을 천천히 주입하여 주변의 흙을 압축하면서 약한 부분을 강화시킴

④ 충전주입

기초지반 하부의 공동이나 터널 복공 뒷면의 간극 등을 메우기 위해 주입하는 것으로, 주입이 양호하므로 시멘트 몰탈 등의 안정재를 사용

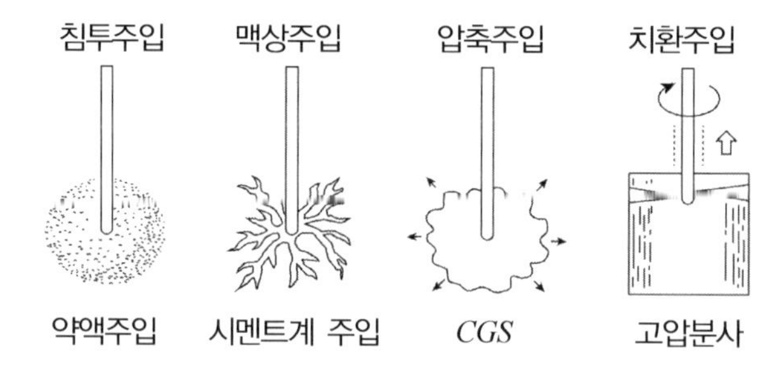

(2) 주입방법

① 1.0 *shot system*

㉠ 한 개의 믹서로 약액을 충분히 혼합하여 주입관을 통해 주입

㉡ *Gel time*이 긴 주입재를 사용(20분 이상)

㉢ 지하수 유속이 그다지 크지 않은 곳에 사용

② 1.5 *shot system*

㉠ 주입 지점 부근에서 *Y*자 관 등으로 2가지 액을 합류하여 지반에 주입

㉡ *Gel time*이 비교적 짧은 경우(2~10분)

㉢ 간편하여 가장 보편적인 방법

③ 2.0 *shot system*

㉠ 주입관의 토출공 부근에서 합류 혼합하여 지반에 주입하는 방식

㉡ *Gel time*이 매우 짧은 경우

㉢ 지하수 유속이 크거나 용수, 누수가 많은 곳에 사용

5. 적용범위

다른 개량 공법에 비해 공사비가 고가이나 단기간 내에 간편히 시공하여 우수한 효과를 나타내므로 다음과 같은 경우에 주로 사용된다.

(1) 흙막이공 바닥의 히빙(*heaving*) 방지
(2) 건물기초의 *underpinning*
(3) 토류벽의 토압경감 및 차수
(4) 말뚝기초, *pier*기초의 지지력 보강
(5) 댐기초, 제방, 터널, 토류벽의 지수
(6) 터널 굴진 시 지반붕락 방지
(7) 지반진동 경감

6. 설계절차

(1) 설계 시 고려사항 = 지반 조사 시 확인해야 할 사항
① 대상지반이 토질구성, 지하수위 등
② 지반의 물리특성(함수비, 입도조성 등)
③ 지반이 강도특성(N치, 점착력)

(2) 주입목적 결정 : 차수, 지반강도 증진, 차수 + 지반강도 증진

(3) 지반조사 결과와 시공깊이, 주입목적에 부합된 주입공법 및 주입약액 결정

(4) 주입률 및 주입비 결정
① 침투주입에서 주입재가 흙의 간극에 완전히 충전된 경우 주입량 → 주입률 결정

$$Q = \lambda V = n\alpha(1+\beta) \times V$$

여기서, Q : 주입량
주입률(λ) : 주입지반체적에 대한 주입재 비율
V : 주입대상지반의 체적
n : 간극률(%)
α : 충전율(계수로 표시) : 주입재의 점도에 의지(현탁액 < 용액형)
β : 손실계수

② 주입비 : 그라우팅 성패에 큰 영향인자이므로 신중하게 결정해야 함

$$주입비 = \frac{D_{15}}{G_{85}} \geq 15$$

따라서 지반의 입도시험에 의해 D_{15}로부터 G_{85}를 설정하고 주입재의 시멘트 종류를 결정함

(5) *Grout* 배합
주입목적에 따라 경험적인 자료로부터 배합비를 선정하고, 시험 배합하여 투수계수, 압축강도, X-선회절, *SEM*(주사 전자현미경) 결과에 의해 결정함

LW 공법 배합비 : 차수 및 지반보강 (예)

주입 공법	*A*액		*B*액		
	Water Glass(kg)	*Water*(ℓ)	*Cement(kg)*	*Bentonite(kg)*	*water*(ℓ)
LW	350	150	200	20	430
	$500m^3$		$500m^3$		

(6) 주입압의 설정

간극수압 < *P*(주입압) < (3～5)간극수압

(7) *Gel Time* 결정

*Gel Time*이 길 때는 1.0 *Shot*(1액 1계통), *Gel Time*이 약간 짧을 때(2～10분)은 1.5*Shot*(2액 1계통), *Gel Time*이 극히 짧을 때(2분 이내)는 2.0*Shot*(2액 2계통)으로 함

(8) 주입공 배치 및 깊이 결정

① 주입공의 간격 : 0.6～1.5*m*

② 주입공의 배치

㉠ 단열식

㉡ 복열식 : 정방형, 정삼각형

③ 주입공은 지수목적으로 하는 경우에는 간격을 좁히는 것이 좋음

(9) 시공계획 수립

7. 시공절차

(1) 사전조사(토질, 지하수, 환경조사)

(2) 개략설계(주입공법, 주입약액, 주입범위)

(3) 현장시험 주입

(4) 상세설계

(5) 주입시공

(6) 주입효과 판정

① 차수효과 판정 시 : 실내 및 현장투수시험에 의한 투수계수 측정

② 전단강도증대 판정 시

- 실내시험 : 시추코아 일축압축, 삼축압축, 직접 전단강도 시험
- 현장시험 : 표준관입시험, 공내재하시험, 평판재하시험
- 물리탐사시험 : *Down hole*, 전기비저항탐사, 탄성파탐사, 지오토모그라피, 텔레뷰어 탐사
- 기타 : 중성자수분계, 감마(γ)선 밀도계

③ 주입 설계 시 주입량, 주입비에 의한 시공상태 검측

8. 주입공법 문제점 / 유의사항

(1) 지반개량효과에 대한 불확실성

① 약액의 정확한 주입범위

원칙적으로 자연지반은 비균질, 비등방성이기 때문에 설계 시 주입범위를 정한다해도 실제 목적한 범위에 충분히 주입되지 않은 경우도 많다.

② 주입고결토의 강도증대 효과

㉠ 사질지반 : 약액을 주입하면 배수상태에서 비 배수상태가 되므로 간극수압이 높아져 모래의 마찰저항이 감소하고 주입재의 겔강도가 원래의 배수 전단강도보다 저하되는 경우도 있다.

㉡ 세립토 : 간극에 주입이 어려우므로 맥상주입되어 약액주입 효과를 저감시킨다.

③ 주입효과 판정방법에 대한 불확실성

㉠ 보링 등에 의해 개량효과를 확인하고 있으나 지층의 상태를 정확히 파악하기는 곤란하다.

㉡ 특히, 맥상주입 등에 의한 국부적인 개량의 경우는 더욱 확인이 어렵다.

(2) 주입재의 내구성 및 환경문제

① 용탈현상으로 차수성 및 강도 감소

② 고분자계 약액의 경우 환경문제 심각 (최근 시멘트계도 환경문제 대두)

(3) 점성토에서는 침투주입이 되지 않고 수압파쇄현상(*Hydraulic Fracturing*)에 의한 맥상주입(할렬주입)이 되기 쉬움

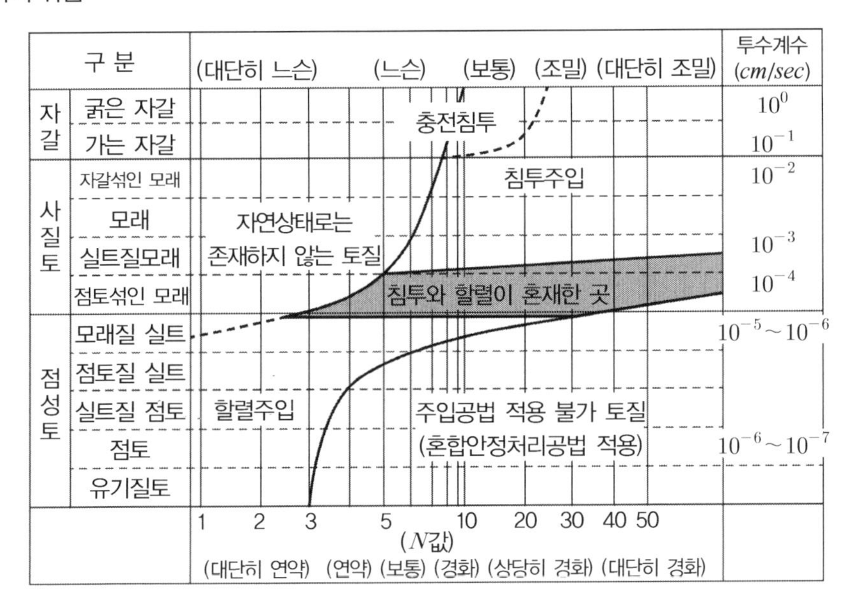

① 개량 패턴이 침투인가 맥상인가는 토질에 의해 사질토(점토 함유량 10~15% 이하)는 침투, 세립토(점성토)는 맥상으로 분류해도 지장은 없지만 실제 흙은 통상 서로 다른 토립자가 섞인 혼합토이다.

② 세립토는 완전한 침투가 곤란하다.

③ 그러나 점토분을 10~15%를 함유한 사질토는 침투인지 맥상인지 애매한 경우가 발생한다.

④ 위와 같은 경우는 안전측면에서 맥상주입을 주로 한 일부 침투주입으로 판정함이 타당하다.

⑤ 따라서 주입재로서 필요한 조건은 침투성이 우수하고 맥상으로 주입된 호모겔의 강도도 겸비한 것이 바람직하다(예컨대 침투를 목적으로 주입한 경우도 역으로 맥상으로 들어가도 목적을 완수하는 주입재).

(5) 고압분사공법(*JSP*, *SIG*, *RJP*, *JET* 그라우팅 등)은 해성점토(일명 뻘층) 또는 매립지층에서는 그 효과가 크게 감소하며, 지반의 융기에 따른 피해가 발생할 수 있다.

(6) 환경 공해의 문제
물유리계 약액을 제외한 대부분의 약액은 독성 문제로 사용에 제한을 받는다. 특히 효과가 매우 우수한 고분자계 약액은 사용이 금지되므로 같은 성능을 지닌 무공해의 주입재 개발이 필요하다.

참고사항

1. 주입공법의 종류별 특징

주입공법	종 류	목 적
침투주입, 맥상주입	*LW*, *SGR*, *MSG*	① 체적의 변화, 즉 원지반의 구조의 변화가 없음 ② 적용지반 : 가는 모래보다 굵은 흙과 암반의 균열에만 적용 가능 → 최근 마이크로 실리카 시멘트를 사용, 세립토도 적용
교반혼합	천층혼합처리공법 심층혼합처리공법 (*SCW*, *SCF*)	중간 정도 강도의 지반보강, 차수
충전주입 (콤펙션 주입)	*CGS*	견고한 혼합물로 간극을 채우면서 주위에 있는 흙에 압축을 가하여 지반의 변위가 일어나게 하는 것 ① 적용 : 부등침하 수정, 언더피닝, 굴착지반에 인접한 지반 강화, 심층지반 개량, 액상화 방지 ② 적용지반 : 불포화 지반이나 간극이 큰 느슨한 지반 ③ 주입제 : 저슬럼프(약 2.5*cm* 이하) 시멘트 또는 모르타르
고압분사	2중관 분사(*JSP*) 3중관 분사(*RJP*, *SIG*)	고강도 지반 보강 순수차수목적은 비경제적

2. 토질별 주입목적에 따른 주입공법과 주입약액의 종류

<table>
<tr><th>구 분</th><th colspan="3">내 용</th></tr>
<tr><td>토질별</td><td colspan="3">① 점성토(씰트, 점토계) : CEMENT계, WATER GLASS계 현탁액형
② 사질토(모래, 씰트질 모래) : 침투성 용액형 약액, WATER GLASS계 현탁액형 약액
③ 사력 : WATER GLASS계 현탁액형 약액(대간극), 침투성 용액형 약액(소간극)
④ 경계면 : CEMENT계, WATER GLASS계 현탁액형 약액</td></tr>
<tr><td rowspan="7">주입재의 특성</td><td rowspan="3">시멘트계</td><td>시멘트몰탈</td><td>용적이 큰 공동에 충진하며 재료 분리방지를 위해 저압으로 주입. 공동충진, 터널 라이닝 배면의 충진 등에 이용</td></tr>
<tr><td>시멘트
현탁액</td><td>주입 후 큰 강도를 얻을 수 있으며 암반의 크랙에 대한 주입(댐 기초의 차수주입, 암반 터널의 암반 차수 주입 및 보강주입)에 사용되고 있으나 침투성이 다소 떨어지는 단점이 있음</td></tr>
<tr><td>시멘트 +
벤토나이트</td><td>시멘트 현탁액에 비해 강도는 떨어지나 지수 목적으로 이용</td></tr>
<tr><td rowspan="2">현탁액행
물유리계</td><td>물유리
+ 시멘트</td><td>통상 LW액이라 통용된다. 시멘트의 양에 따라 겔타임이 결정되며 시멘트의 양과 겔타임은 반비례. 강도와 겔타임은 상관관계가 있으며 겔타임이 짧으면 강도가 높고 반대인 경우는 강도가 현저히 감소</td></tr>
<tr><td>물유리
+ 슬래그
+ 시멘트</td><td>LW의 결점을 보완하여 강도의 손실없이 겔타임을 조절하기 위하여 슬래그를 첨가한다. 또한 슬래그는 해수에 대한 강한 내구성을 갖고 있어 주입 후에도 해수에 대해 높은 안정성을 보임</td></tr>
<tr><td rowspan="2">용 액 형
물유리계</td><td>알칼리계</td><td>물유리 수용액에 산성반응계(경화제)를 서서히 첨가하면 혼합액의 PH가 저하함과 동시에 겔타임이 짧아짐</td></tr>
<tr><td>비알칼리계</td><td>물유리 주입의 무공해성을 위해 중성 및 산성영역에서 겔화토록 한 공법임</td></tr>
<tr><td rowspan="5">주입공법</td><td colspan="3">주입재의 혼합방식, 주입순서, 주입관의 설치방법, 겔타임 등에 따라 분류</td></tr>
<tr><td colspan="2">주입관 설치 방법에 따른 분류</td><td>① ROD 주입공법
② STRAINER 주입공법
③ 이중관 DOUBBLE PACKER주입공법</td></tr>
<tr><td colspan="2">혼합방식에 의한 분류</td><td>① 1 SHOT
② 1.5 SHOT
③ 2 SHOT</td></tr>
<tr><td colspan="2">주입방법에 의한 분류</td><td>① 상향식
② 하향식
③ 상, 하향 절충식</td></tr>
<tr><td colspan="2">주입 메커니즘에 의한 방식</td><td>① 침투주입
② 교반혼합
③ 콤펙션 주입
④ 고압분사</td></tr>
</table>

23 약액주입의 개량원리(메커니즘)

1. 토사지반

(1) 개 요

① 약액주입 후의 흙은 주입전의 흙에 비하여 비중, 공극비, 밀도, 투수계수 및 강도정수 등 토질성상에 큰 변화가 생긴다.

② 이들 중 투수계수 및 강도정수는 그 변화폭이 크고 또한 매우 중요한 요소가 된다.

(2) 전단강도

① 약액주입에 의해 흙의 강도는 증대되는 바, 주로 점착력에 의해서 증가되는데 이것은 대상지반의 밀도가 클수록, 입자의 형상이 모가 날수록, 입경이 작을수록, 주입재의 농도 및 점도가 클수록 커진다.

② 점착력

박막 점착력과 구조적 점착력으로 이루어지며, 주입 전에 비해 수 배~십여 배까지 증가(사질토의 경우 : $c=6\sim10tonf/m^2$, 점성토의 경우 : $c=1tonf/m^2$ 정도)

③ 내부마찰각 : 거의 변화 없음

㉠ 느슨한 상태 : 내부마찰각이 약간 감소, 전단강도의 주체는 약액

㉡ 조밀한 상태 : 내부마찰각 약간 증가

④ 토사지반의 개량전 후 전단응력 – 수직응력 관계

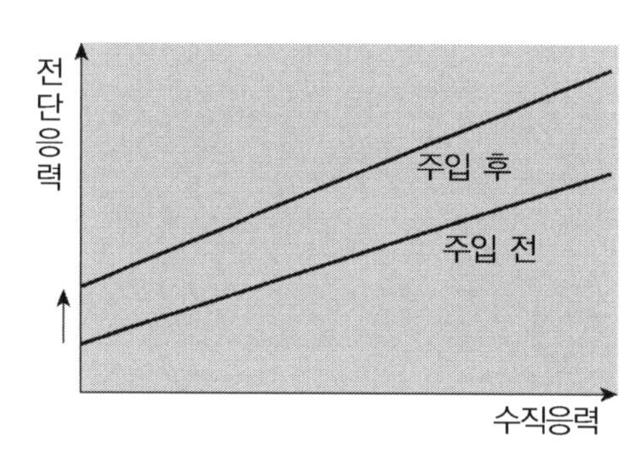

전단강도 : $\tau = c' + \sigma' \tan\phi'$

(3) 투수계수

① 주입재가 공극을 메워 투수계수가 현저히 떨어짐

② 사질토의 투수계수는 $10^{-3}cm/sec$ 정도 감소

(4) 단위중량

수직응력($\sigma = \gamma\ h$)에서 약액주입에 의해 흙의 단위체적중량은 약간 증가

2. 암 반

(1) 암반층에서는 토사지반과 달라 암반내의 불연속면과 주입재의 침투성(*Groutability Ratio*)과 관계가 깊으며 주입재가 암반에 침투하여 불연속면을 접착시키는 역할을 함

(2) 암반 절리면의 약액주입 개량효과는 수직응력(σ), 절리면의 거칠기(*JRC*) 및 형상, 절리면의 일축강도(*JCS*), 기본마찰각, 암반의 크기(*Scale Effect*)에 좌우됨

① *Barton*의 경험식에 의한 절리면 전단강도

$$S=\sigma_n \times \tan(JRC \times \log(JCS/\sigma_n)+\phi_b)$$

여기서, S : 전단강도

σ_n : 유효수직응력

JRC : 불연속면 거칠기 계수(*Joint roughness cofficient*) *Profile Gauge*를 이용하여, *Barton*이 제시한 도표를 이용

JCS : 불연속면의 압축강도(*Joint compression strength*) 암반용 슈미트 해머 시험결과를 사용

ϕ_b : 기본 전단저항각

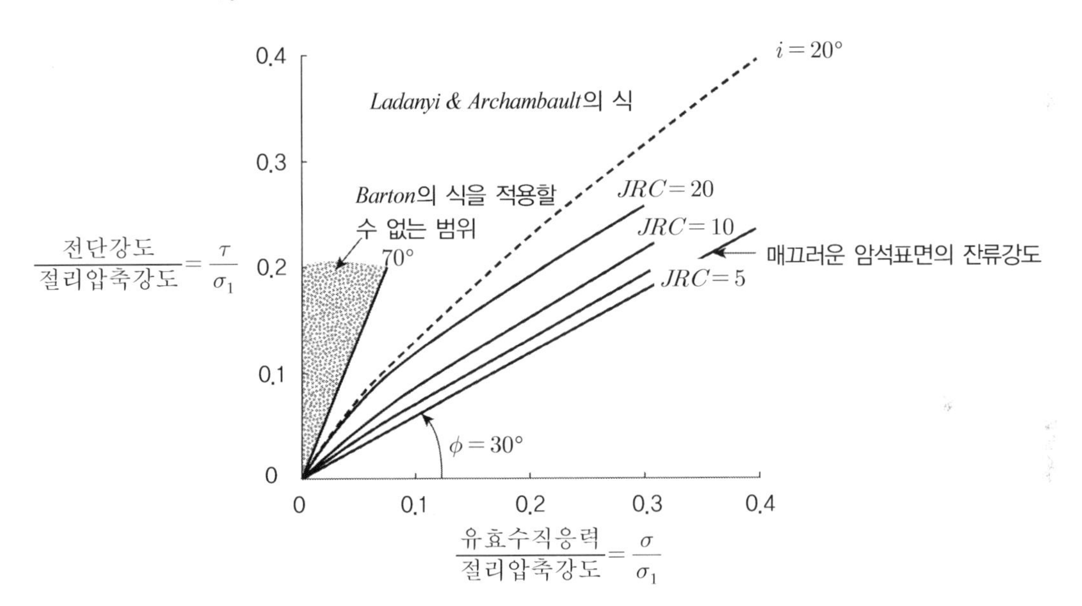

② 개량 후 절리면 전단강도

$$S=c+\sigma_n \times \tan(JRC \times \log(JCS/\sigma_n)+\phi_b)$$

㉠ 약액이 틈새에 주입되므로 절리면의 접착력이 증가함

㉡ 물유리가 다량 주입되면 *homogel*의 전단강도에 지배됨에 유의하고 주입재의 강도가 커지도록 시멘트 등 주입재 선정이 필요함

(3) 주입성 확보

① 주입재의 입경이 암반불연속면 틈새크기의 1/3 이하인 경우에 침투주입이 가능함

$$주입비 = \frac{암반절리\ 틈새}{그라우트재\ 입경} \geq 3$$

㉠ 암반의 불연속면의 투수계수는 $\alpha \times 10^{-4} \sim \alpha \times 10^{-5} cm/sec$ 이므로 보통 시멘트로는 약액주입이 곤란하며 주로 *Micro* 시멘트($G_{85} \fallingdotseq 15\mu$)를 사용한다.

- 보통 시멘트($G_{85} \fallingdotseq 50\mu$) : 투수계수 $10^{-4} cm/sec$ 이하 주입 불가
- *Micro* 시멘트($G_{85} \fallingdotseq 15\mu$) : 투수계수 $10^{-5} cm/sec$ 이하 주입 불가
- *Super fine* 시멘트($G_{85} \fallingdotseq 5\mu$) : 투수계수 $10^{-6} cm/sec$ 이하 주입 불가

㉡ 불연속면의 틈새 크기와 간격이 다르므로 투수계수 틈의 총면적이 동일하다 하더라도 아래 오른쪽 그림의 경우에는 주입이 불가능할 수도 있으므로 불연속면의 특성 조사가 이루어져야 한다.

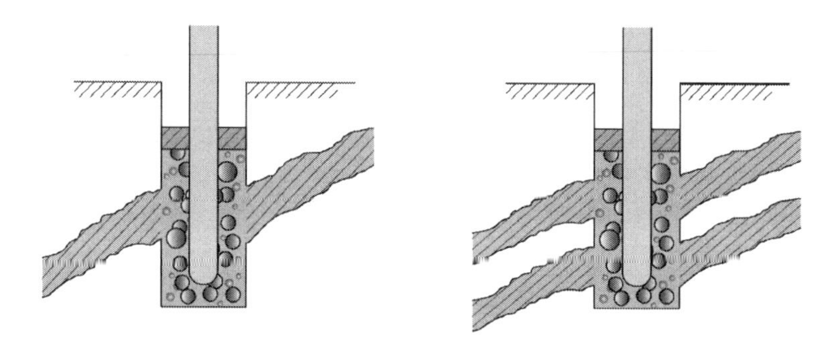

동일한 투수성에서 틈의 개수 및 크기가 다른 경우

3. 토사와 암반의 주입개량 차이점

(1) 토사지반은 지반전체의 개량을 목표로 하여 점착력을 크게 개량할 수 있으며 전단저항각의 증가는 미비함

(2) 암반은 전체적인 개량보다는 불연속면을 주입대상으로 하여 봉합, 충전하여 공학적 성질을 개선하는 것임

24 주입비와 주입률

1. 주입비

(1) 정 의

액액 주입 시 난이도를 판단하는 것으로 주입대상지반의 입도(D_{15})와 *Grouting* 입도(G_{85})의 비로 나타낸다.

(2) 주입비의 중요성 : 약액이 지반에 주입되어야 개량목적이 달성됨

(3) 토사지반 주입비

① 입경에 의한 판단

㉠ 용액형(물유리계) : 고운 모래나 실트질이 많은 지반

$$주입비 = \frac{D_{15}}{G_{85}} \geq 15$$

㉡ 현탁액형 : 물유리 + 시멘트

$$주입비 = \frac{D_{10}}{G_{95}} \geq 10$$

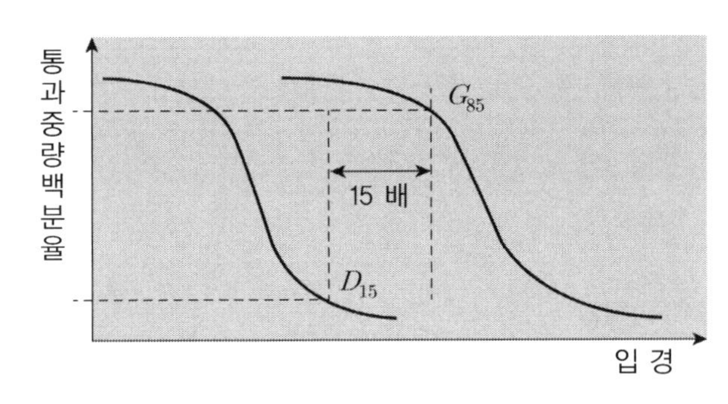

② 투수계수에 의한 판단

㉠ 보통 시멘트($G_{85} \fallingdotseq 50\mu$) : 주입지반 투수계수 10^{-4}*cm/sec* 이하 주입 불가

㉡ *Micro* 시멘트($G_{85} \fallingdotseq 15\mu$) : 주입지반 투수계수 10^{-5}*cm/sec* 이하 주입 불가

㉢ *Super fine* 시멘트($G_{85} \fallingdotseq 5\mu$) : 주입지반 투수계수 10^{-6}*cm/sec* 이하 주입 불가

(4) 암반에서의 주입비

① 주입재의 입경이 암반 틈새간격의 1/3 이하이어야 주입이 가능

$$주입비 = \frac{임반절리\ 틈새}{그라우트재\ 입경} \geq 3$$

② 암반의 불연속면의 투수계수는 $a \times 10^{-4} \sim a \times 10^{-5}$*cm/sec*이므로 보통 시멘트로는 약액주입이 곤란하며 주로 *Micro* 시멘트($G_{85} \fallingdotseq 15\mu$)를 사용

③ 불연속면의 틈새 크기와 간격이 다르므로 동일 투수계수라 하더라도 주입의 난이도에 영향을 미치므로 불연속면의 특성 조사가 이루어져야 함

(5) 이 용

① 주입가능성 판단 ② 주입효과 판단 ③ 주입재 결정

2. 주입률

(1) 정 의

주입률이란 주입대상지반 체적에 대한 주입재료량의 비로 정의되며 $Q = V \cdot \lambda$임

여기서, Q : 주입량, V : 주입대상 체적, λ : 주입률 $\lambda = n\alpha(1+\beta)$

n : 간극률($n = V_v / V \times 100\%$)

α : 충전율(계수로 표시) : 주입재의 점도에 의지(현탁액 < 용액형)

β : 손실계수(보통 10%)

(2) SGR 주입량 산출 (예)

주상도상 지표로부터 모래층($N = 0 \sim 30$: 9.5m (간극률 45%) / $N = 30 \sim 50$: 7.5m(간극률 35%)인 지반을 아래와 같이 현탁액형 SGR로 개량할 경우 주입량 산정임

시공연장 : 70m, 천공구경 : 80mm , 천공수 : 70/0.8 = 88공, 천공량 : 88공 × 18m/공 = 1,584m

① 대상체적 : $N = 0 \sim 30(70m \times 9.5m \times 1.0m = 665m^3)$

$N = 30 \sim 50(70m \times 7.5m \times 1.0m = 525m^3)$

② 적용 공극률 및 충진율

지반의 종류, 주입목적, N치, 간극률에 따라 개략적으로 다음과 같이 정한다.

구 분		목 적	N값	간극률 (%)	충진율	
					현탁액	용액형
토 사	점성토	차수 및 지반보강	0~15	60	30	35
	모 래	차 수	0~30	45	60	80
			30 이상	35	50	80
풍화암				20	50	80

③ 주입량 산정 : 대상지반과 N값에 따라 간극률을 위 표에서 구하거나 실내시험을 통해 구하나 여기서는 위 표에서 개략적으로 정한 값을 적용함

㉠ 주입량 산출

$$Q = V \cdot \lambda = V \cdot n \cdot \alpha$$

$$= (665 \times 0.45 \times 0.6) + (525 \times 0.35 \times 0.5) = 271.42m^3$$

㉡ 투입재료량 산출 : 손실량 고려

$Q = V \cdot \lambda = V \cdot n \cdot \alpha(1+\beta)$

$= 179.55 \times (1+0.1) + 91.88(1+0.1) = 298.60m^3$

(3) 주입률은 주입량의 결정에 영향을 많이 미치므로 주입비와 함께 시험시공을 시행하여 검증 후 조정하여 결정하여야 한다.

※ 주입압과 주입량에 의한 그라우팅 투수성 시험(*Lugeon test*, $P-Q$ 관계도)

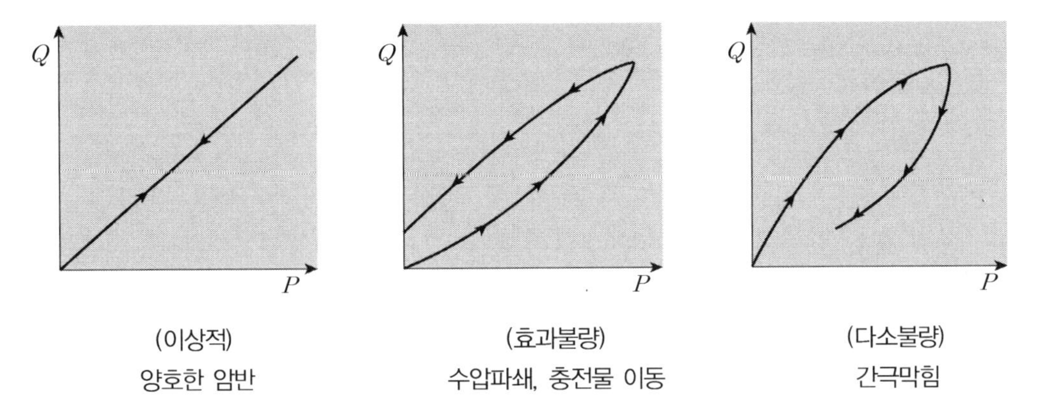

(이상적) 양호한 암반　　(효과불량) 수압파쇄, 충전물 이동　　(다소불량) 간극막힘

3. 평 가

(1) 주입재를 지반에 주입하기 위해서 일반적으로 0.5~1.5*MPa*의 압력을 가한다. 주입재가 어느 정도 주입되면 주입량이 감소하고 압력이 갑자기 상승한다.

(2) 주입을 멈추지 않으면 지반 내에서 연약한 부분으로 수압파쇄현상이 발생하여 균질한 주입이 형성되기 어렵다.

(3) 이와 같이 지반 내에서 급작스런 압력상승으로 인한 그라우팅 효과저하를 막기 위해서는 주입펌프를 수시로 중단시키든가 가압을 조절할 수 있는 별도의 장치가 필요하다. 그러나 주입펌프를 수시로 중단시키는 것은 시공속도를 지연시키고 주입호스가 막힐 가능성이 커지기 때문에 주입펌프를 중단시키는 일은 거의 없다.

(4) 그러나 지금까지 국내 현장에서는 이와 같은 관리장치가 도입되어 있지 않았고 그 필요성조차 인식하고 있지 못한 안타까운 현실이기 때문에 주입공사의 효율성이 많이 저하되고, 주입압력의 급작스런 상승에 의해서 인접구조물에 측방유동이 발생하는 피해사례가 발생하기도 하였다.

(5) 따라서 주입압(p)과 주입속도(q)를 자동으로 관리함으로써 시공 중에 발생 가능한 피해사례를 제어하면서 시공할 수 있는 자동 주입관리 시스템의 현장 적용을 통해서 $p-q-t$ *chart*를 생성시키고 이 차트를 통해서 주입 대상 지반의 지반 내부상황을 분석함으로써 주입효율을 향상시킬 수 있는 공법의 적용이 일반화되어야 한다.

25 용탈현상(Leaching)

1. 개 요

(1) 약액주입공법은 연약지반에 물유리계나 고분자계의 약액을 주입하여 지반의 차수성 및 전단강도를 증가시키는 공법으로, 지반의 전단강도 증가, 투수계수 감소, 압축성 저감, 소음, 진동 감소, 공기 단축 등의 목적으로 이용되고 있다.

(2) 약액주입에서 용탈현상(*Leaching*)이란 약액주입을 실시한 지반 내 결합물질이 시간이 흐르면서 제 기능을 발휘하지 못하게 되는 현상이다. 즉, 약액이 주입된 지반은 시간이 흐르면서 주입 초기에 비해 압축강도가 저하되고 투수계수가 증가하게 되어 지반의 내구성이 저하된다.

(3) 이의 주된 원인은 지하수에 의한 약액의 희석 및 용탈현상인데, 약액의 희석은 토립자 주위의 자유수 및 흡착수와 혼합되어 주입재의 농도가 떨어지고 *Gel*－*time*이 늦어져 약액의 고결을 저해하기 때문이며, 약액의 용탈은 물유리계 약액의 주성분인 실리카(SiO_2)가 약액 주입된 지반에서 빠져 나가는데, 용액 중의 용질이 점차로 용매로 이동하여 농도가 진한 곳에서 엷은 곳으로 이동하기 때문이다.

2. 용탈의 문제점

(1) 지반강도 저하

(2) 투수성 증가

3. 용탈에 대한 대책

(1) 물유리 농도를 될 수 있는 한 높이고 반응률이 큰 경화제 사용으로 고결강도 향상
(2) 용탈이 작은 주입재 선정
(3) 약액배합비중 물의 량이 적도록 배합설계 조정
(4) 현장 주입 시 어느 정도 이상의 가압상태로 조밀하게 충진
(5) *MSG* 공법 적용 : *Micro Silica Grouting*
① 평균입경 3～7㎛의 초 미립자 실리카가 주성분임
② 주입재와 주입장치를 동시에 개량한 공법으로 고침투성, 고강도성, 고내구성, 친환경성적 공법
③ 실리카 함량과 겔타임 조정재를 이용해서 겔타임을 3～5초의 초급결에서 5～7분의 초완결성까지 폭넓게 조정할 수 있다.
④ 주입방식은 2.0 *shot* 방식의 주입 선단장치를 선택적으로 사용도록 함으로써 복잡한 출수(出水) 상황과 호층(互層)지반에 효과적임

26 CGS(Compaction Grouting System)

1. 개 요

(1) 연약지반에 슬럼프치가 1*inch* 이하의 저유동성 *Con'c*형 *Motar*의 주입재를 지중에 비배출형으로 압밀주입하여 원기둥 형태의 균질한 고결체를 형성함으로써

(2) 그림과 같이 주변지반을 압축하기 때문에 주위 지반의 밀도를 증가시킴으로써 원지반의 강도 증진과 주입재 자체의 강도에 의한 복합지반 강도증진 효과를 도모하는 연약지반 개량 공법임

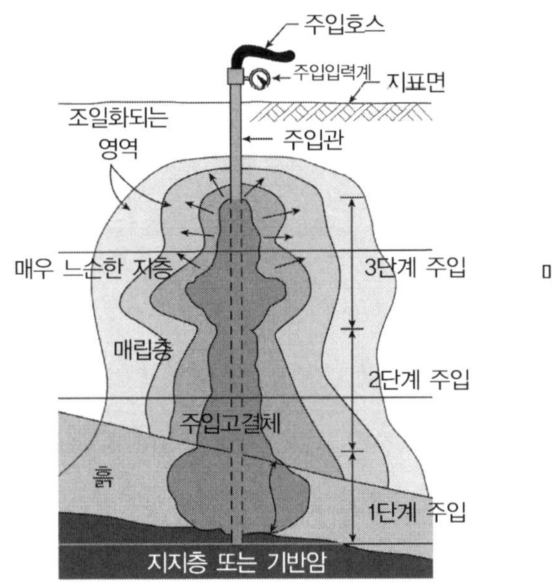

지반의 지내력확보를 위한 정압주입
(지반압밀)

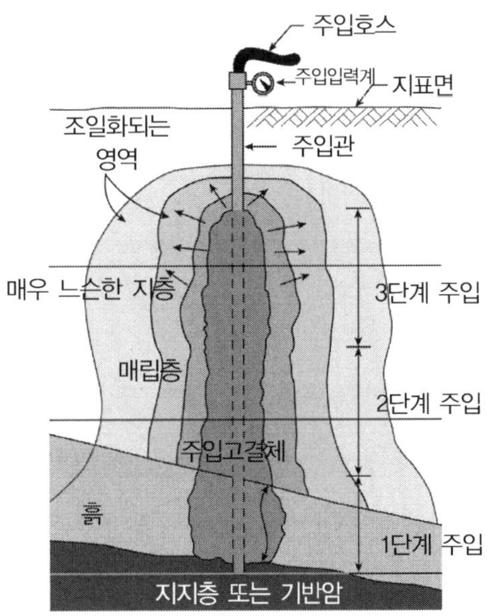

지지력확보를 위한 정량주입
(구근형성)

2. 주입공법의 분류

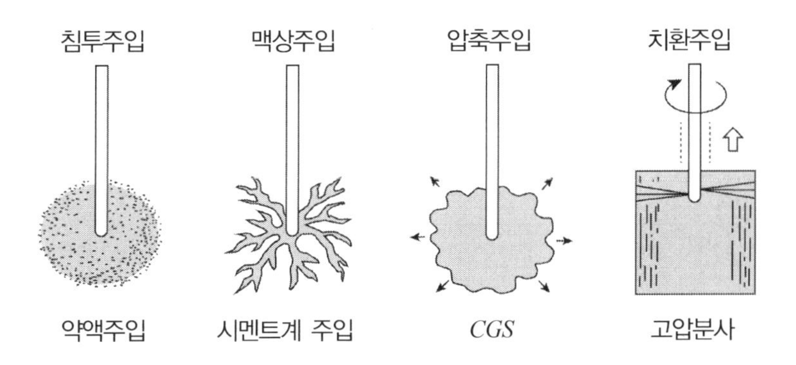

3. 설 계

(1) 설계 순서

현장조사			공법검토		설계적용
지층현황파악	현장여건				
① 지층구조 ② 지하수위 ③ *SPT N*값	① 장비진입성 ② 주변환경 ③ 작업여건	⇨	① 적용성 ② 경제성 ③ 환경성	⇨	① 구조검토 : 지지력 및 지내력 ② 도면 / 수량 / 내역 ③ 현장적용

(2) 구조검토

① 시공전 지지력 검토 : 구조물 하중 > 원지반 허용 지지력 ⇨ 공법 적용

② *CGS* 본당 지지력 : ㉠, ㉡ 중 작은 값 선택

㉠ 재료 압축강도

- 주입재의 일축압축강도 × *CGS* 단면적 / F_s
- 설계 일축압축강도 : 50 ~ 100kgf/cm^2
- 본당 최대 지지력 : 50 ~ 60ton/본

㉡ 지반의 지지력 : 선단 지지력 + 정주면마찰력 − 부주면마찰력

③ 복합지반 지지력 : 압밀에 의한 지내력 산정

㉠ 사질토 지반

$$N_s = 5.3 N_o\ a_s^{0.346} \Rightarrow N = (A_s N_s + A_c N_c) / A$$

여기서, N_s : 개량 후 *CGS* 사이 N 값

N_o : 원지반 N 값

a_s : 치환율

N_c : *CGS N*값 (≒50)

N : 면적비에 의한 개량 후 평균 N 값

㉡ 점성토 지반

$$C = C_c a_s + C_o(1 - a_s)$$

여기서, C : 개량 후 전단강도

C_c : *CGS* 전단강도(5 ~ 12kgf/cm^2)

a_s : 치환율

C_o : 개량 전 원지반 전단강도

(3) 시공본수 결정 및 배치

① 시공본수 결정 : 구조물 하중 / 본당 지지력

② 시공심도 : N값 50 정도 지반

③ 배치 : 구조물 형상 고려 등분포 되도록 배치

4. 시공관리

(1) 재료(배합설계) : 재료분리, *Pumping* 한계, 고결체 형성, 수압파쇄를 고려한 경험적 배합비 적용

시멘트	골 재	물	비 고
240kg	0.84m^3 – 4.75mm체 통과량 : 70~90% – 75μm체 통과량 : 10~30%	0.4m^3	1m^3당

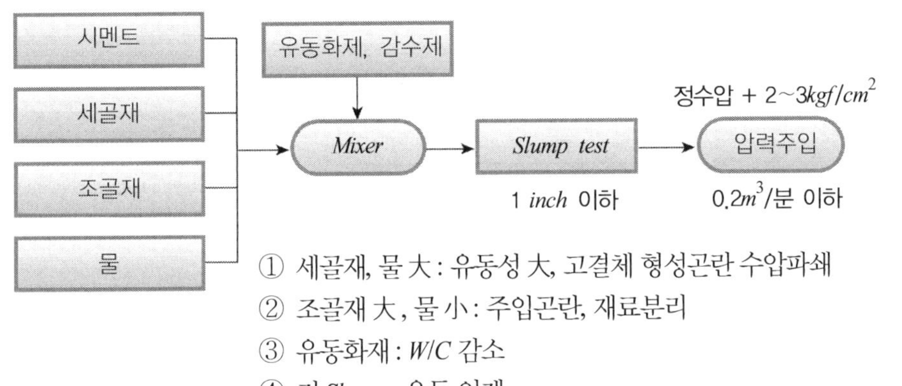

① 세골재, 물 大 : 유동성 大, 고결체 형성곤란 수압파쇄

② 조골재 大 , 물 小 : 주입곤란, 재료분리

③ 유동화재 : W/C 감소

④ 저 *Slump* : 유동 억제

(2) 주입압 : 정수압 + 2~3kg/cm^2

✓ 주입압이 크면 지표면의 융기가 발생하면서 지반이 파괴됨

(3) 주입률 / 주입량 : $\lambda = 0.01 \sim 0.3m^3$/분(간극률이 클수록 주입률이 증가)

✓ 주입률 / 투수계수 ≥ 50m^2(수압파쇄 발생)

(4) 주입방식

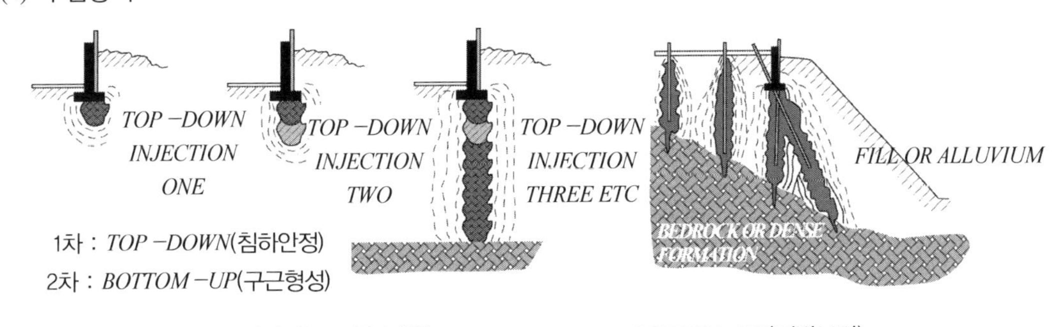

• *TOP–DOWN* 주입방식(구조물 복원)

• *BOTTOM–UP*(지반보강)

① *Top-Down* 방식 : 필요한 변위를 얻기 위함(침하복원)

② *Bottom-Up* 방식 : 지반의 안정화(공극충전용)

(5) 구조물 복원 시 융기량은 계측을 통해 확인

(6) 주입재의 *Slump* 치를 연속적으로 확인하여 함

(7) 주입순서 : 대상지반 외부를 먼저 주입하고 내부를 2~3차 주입

(8) 주입간격 : 1.5~2.0*m* 사각형, 3각형 배치

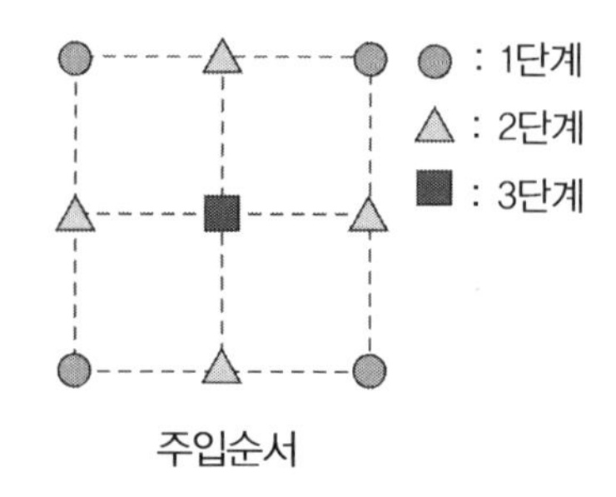

주입순서

5. 공법의 효과

(1) 복합지반지지력 형성

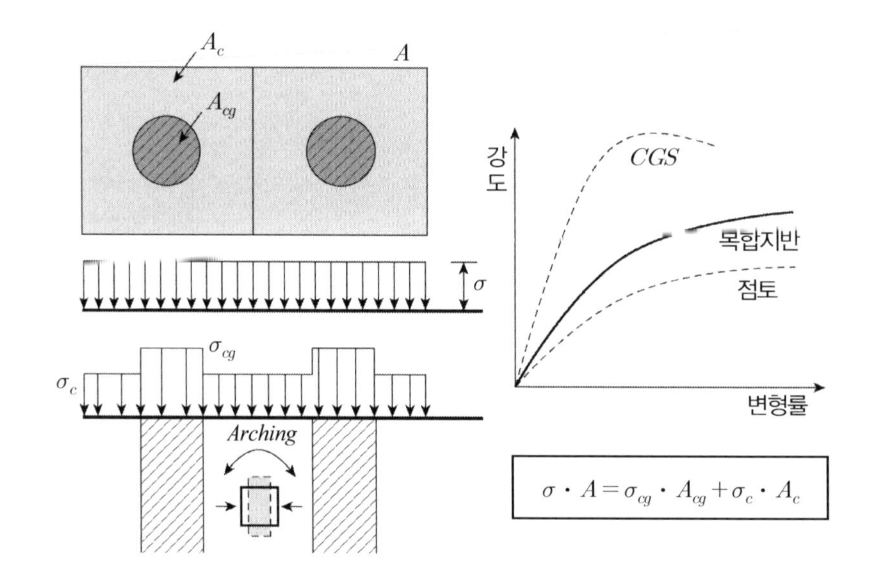

(2) 전단강도

① 개량 전

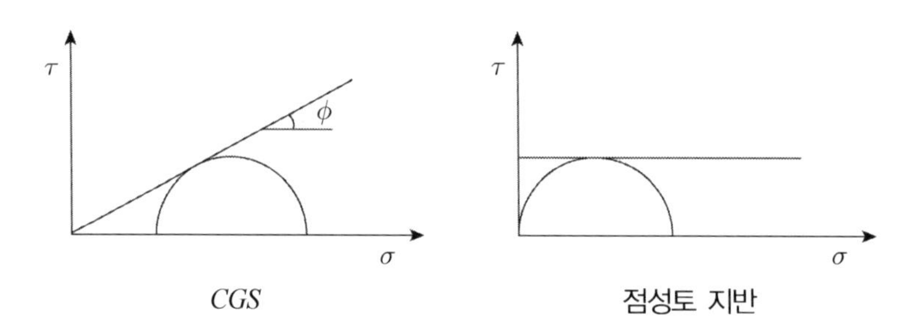

② 개량 후 : 복합지반 강도

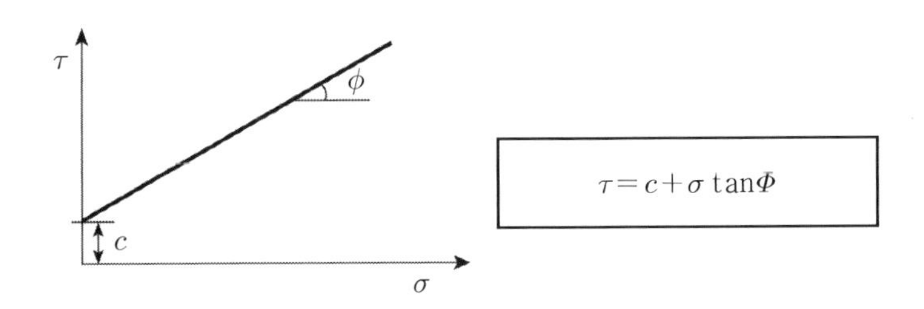

(3) *Arching Effect* : 침하 감소, 지지력 증대

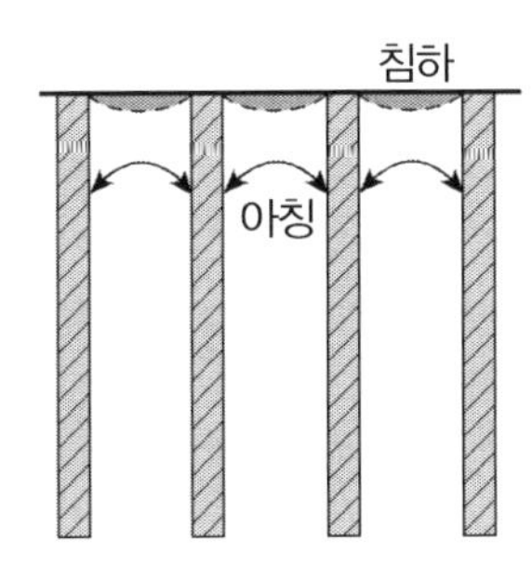

$S = \mu_c \cdot S_c$

여기서, S : *CGS* 시공 후 발생침하량

μ_c : 응력저감계수

S_c : *CGS* 무시한 계산 침하량

(4) 다짐효과 : 구속압 증대 → 주변지반 압축

6. 개량효과 확인

(1) *SPT*

(2) *CPT*

(3) *PBT*

(4) 일축압축강도

(5) *GPR*

(6) 전기비저항

(7) 말뚝 사용 시 : 건전도 시험(비파괴 시험, *Core* 채취, 재하시험)

7. 공법의 적용

(1) 지반개량(*Ground Improvement*) : 대상 지반의 전체적 국부적 지내력 향상

① 터널 굴착공사 시, 주변 지반의 보강 및 수평토압감소 효과

② 부두 안벽 기초 및 배면 보강, 차수 또는 지수, 지반의 액상화 방지책

(2) 말뚝(*Structure Element*)

① 기존 구조물 *Under Pinning*

② *PC* 말뚝이나 현장타설말뚝 등의 대체효과

(3) 충진(*Void Fill*) : 사석이나 지반의 공동충진

(4) 복원(*Re −Leveling*)

구조물의 부등침하 발생 시, 원 상태로의 수평복원 및 장래 침하 방지책

CGS 공법의 적용(예)

좁은 실내작업	지반보강	사석층 공극충전, 차수
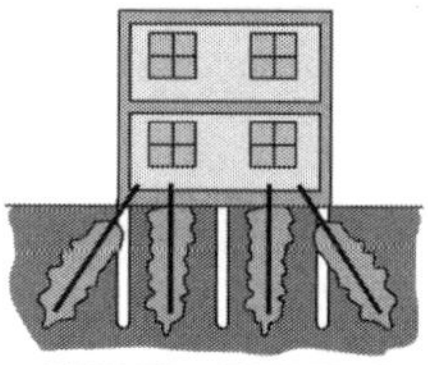 *UNDER -PINNING* (좁은 실내에서 작업가능)	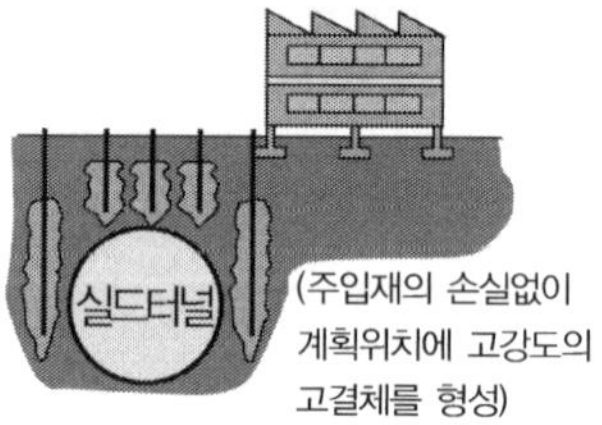 실드터널 주변의 보강	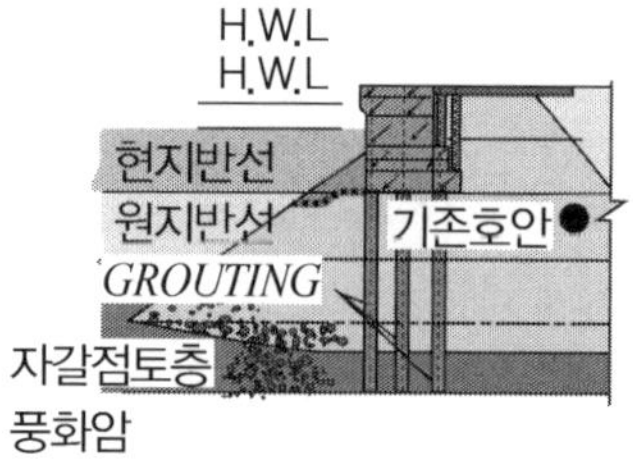 호안 사석층 차수 및 보강
기존 구조물의 지반 보강 시 좁은 실내공간에서도 *Air Hand Dril* 등을 사용, 작업이 가능	기존 구조물의 근접한 지하 구조 및 터파기 작업 시 지반 보강으로 사용	호안 및 제방 사석매립층의 공극을 비유동성의 주입재로 충전시켜 차수시킴
구조물 복원	***SLAB JACKING***	**공동충전**
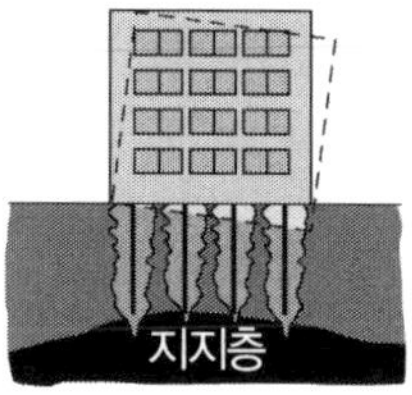 기울어진 구조물 복원	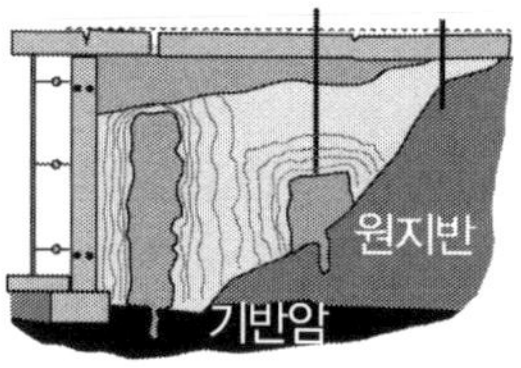 *SLAB JACKING*	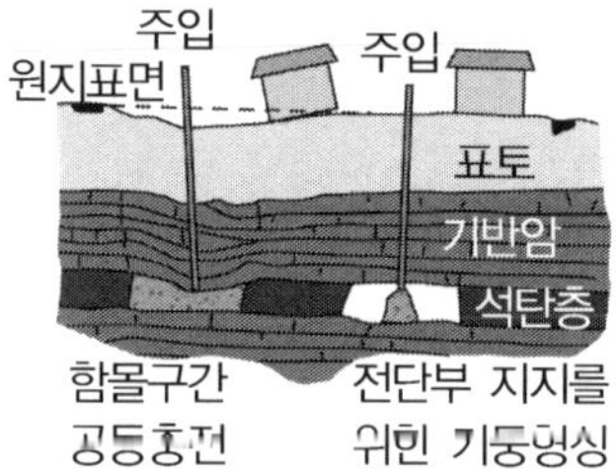 공동충전
부등침하로 인한 기울어진 구조물하부에 시공하여 인위적인 유기압으로 구조물을 원위치로 복원	하부지반 연약 혹은 뒷채움 부적적으로 인한 *SLAB*의 처침 현상을 복원시키고, 지지파일을 형성시킴	폐광이나 석회암 동굴등의 공동을 충전시키고 기둥을 형성
지반개량	**부등침하 보강 및 복원**	**액상화 방지**
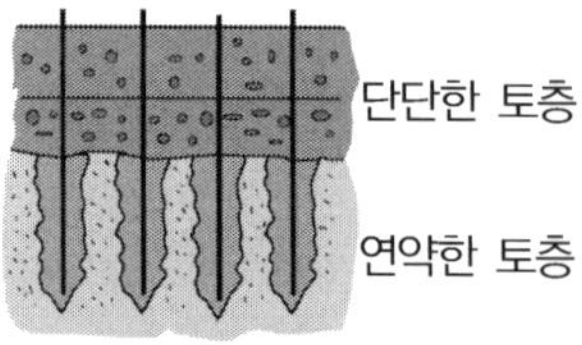 심층에 있는 연약한 토층의 개량 (강제혼합식 시공 불가능 지역)	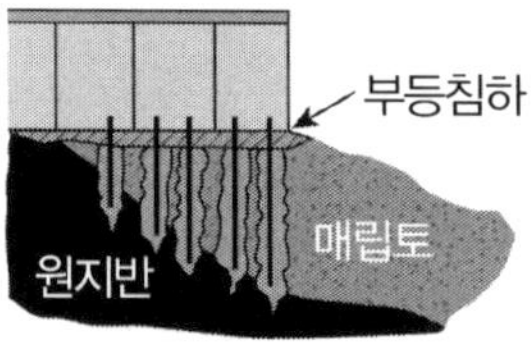 부등침하의 보강 및 복원 (계측기에 의해 측정)	 지진시의 액상화 방지 (무진동으로 근접 시공 가능)
연약토층에 *Compaction Grouting*을 실시하여 압밀 개량시킴	열악한 지반조건 및 기초의 부실로 인한 구조물의 부등침하 발생 시 원상태로 복원	연약토층에 *Compaction Grouting*을 실시하여 압밀 개량시킴

참고사항

공법 비교

구분 \ 대비	침투주입	고압분사공법	*Compaction Grouting*
대상 공법	*Cement Milk, L.W* *S.G.R, J.C.M, C.G.M*	*C.C.P, J.S.P, S.I.P* *R.J.P, JET Grouting*	*C.G.S* 공법
개 요	주입관을 대상 지반의 지층 내에 설치한 다음 주입관을 이용하여 주액재를 공극 내에 침투시켜 토립자의 고결에 따른 점착력을 향상시키는 공법	대상지반을 고압으로 토립자를 교란, 절삭시켜 토립자의 일부를 배토시킨 다음 시멘트를 충진하여 강성체의 파일구근을 형성시키는 공법	*Low Slump Mortar*를 지반 내에 압입충진하여 *Pile* 형태의 구근을 형성함과 동시에 인접지반을 압밀시켜 토질강도를 증대시키는 공법
주입재 성분	반현탁형&용액형	현탁형	*Mortar*형
주입재	시멘트+규산소다	시멘트+혼화재	시멘트+석분+세립토
주입재 강도 - *Homogel* (5일 후)	$4.0kg/cm^2$		
주입재 강도 - *Sandgel*	$10\sim25kg/cm^2$	$150\sim200kg/cm^2$ 지층조건에 따라 변화	$30\sim150kg/cm^2$ 지층에 관계 없이 일정
주입 압력	펌프토출압 $30kg/cm^2$ 이하	펌프토출압 $150\sim400kg/cm^2$	지반반력압 $50\sim700psi$
적용 토질	토사 및 암반층	토사 및 사질토	모든 토질
주입 장치	멘젯트 튜브 (2중관)	고압분사 (2~3중관 노즐주입)	압밀치환 (비배출형)
특성검토	1. 팩커 및 저압 주입에 의한 시공효과 양호 2. 약액을 사용하므로 장기적인 내구성이 떨어짐 3. 시공효과 검증 곤란 4. 주입재의 강성이 약함	1. 기초 말뚝 조성 2. 슬라임 발생이 많으며, 주입재 손실이 큼 3. 시공 시 *Water Jet*류를 사용하므로 주위지반을 교란시킴 4. 주입재의 유실 가능	1. 주입에 따른 구근형성과 동시에 주변지반을 압밀시켜 지지력 증가 2. 비배출형의 주입이므로 주위지반의 교란 없이, 주변지반을 압밀 토질 강도를 증대시킴
시공성 검토	침투주입의 경우 약액그라우팅의 일종이므로, 시간이 경과함에 따라 내구성이 떨어지므로 일시적인 가시설 차수공사 등에는 적합하나 영구적인 구조물 지반보강으로는 부적합하다. 고압절삭공법의 경우는 주입재를 시멘트밀크만 사용함으로 고압에 의한 지반 교란으로 주입재의 경화 시까지 지반이 액상화 상태로 유지되기 때문에 기존구조물 하부에 대해서 오히려 변위가 증가될 수 있으므로 지반보강으로는 안전성에 문제가 있으며, 다량의 *Slime* 발생으로 작업장이 지저분하며 처리비용도 소요된다. *C.G.S* 공법의 경우 주입재가 *Low Slump Mortar*를 사용하기 때문에 연약한 점토층 및 실트층에 *Soil Cement Pile*을 형성함과 동시에 주위 지반을 압밀시킴으로써 강성과 내구성을 확보할 수 있다.		

27 토목섬유 보강제방에 대한 설계와 시공

1. 개 요

(1) 토목섬유는 모래, 흙, 자갈 등의 환경에 사용되는 섬유, 고분자 재료로서 토목공사의 시공기술과 밀접한 관계가 있는 제품이며 직포, 부직포, 매트 등과 같은 직물형태와 플라스틱, 멤브레인, 압출판 및 3차원 압출성형 구조물, 네트 등과 같은 고분자 제품이 광범위하게 포함된다.

(2) 연약지반에 성토되는 제방의 경우 고강도 토목섬유를 포설하여 수평변위 억제, 즉시침하 감소, 균등침하 유도, 지지력 보강, 사면활동 방지 등의 효과를 얻을수 있다.

(3) 따라서 사용목적상 연약지반에 설치되는 토목섬유는 인장재로서 역할을 담당하게 되므로 설계 시 검토내용은 제방의 사면안정, 지지력에 대한 사용 토목섬유의 소요 인장력과 흙과 토목섬유에서의 마찰력에 대한 사항을 검토하여야 한다.

(4) 원칙적으로 압밀침하의 방지는 근본적으로 방지하지 못함에 유의하여야 한다.

2. 기본원리

(1) 근본적 원리(테르아르메 개념)

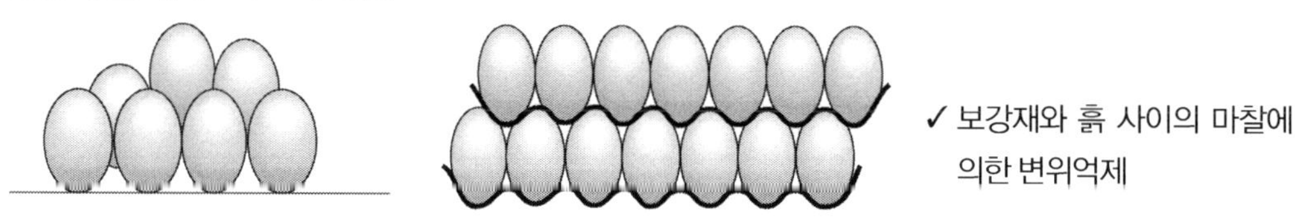

(2) *Arching* 개념

토립자와 토목섬유 사의의 마찰로 횡방향 변위를 구속하여 점착력을 가진 것과 동일한 효과를 가지는 원리에 의해 강화된 흙(*Hybrid soil* 化) 조성

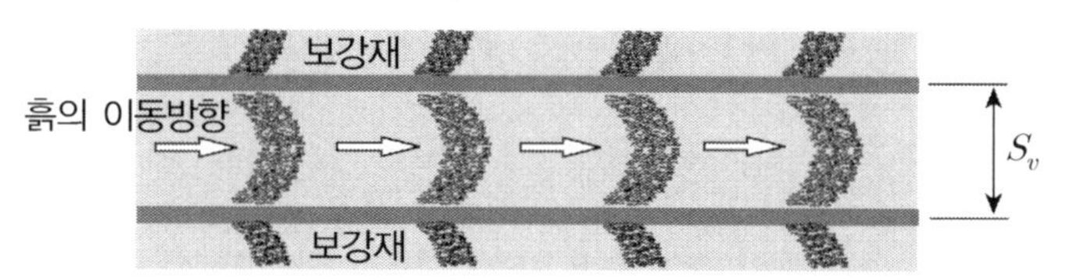

(3) 내부 마찰각(*Hybrid soil*) (4) 구속응력 증가

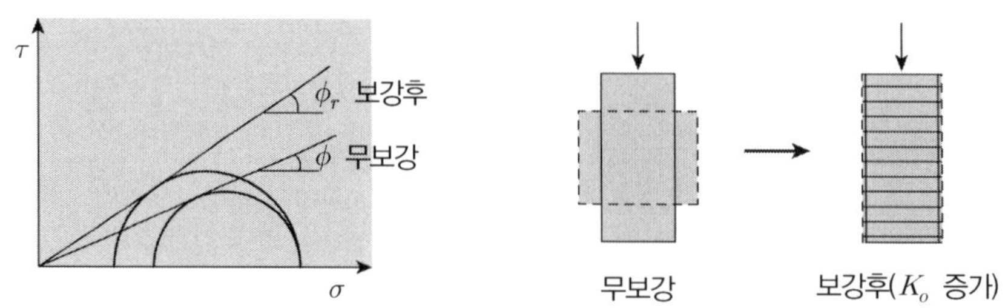

(5) 겉보기 점착력 증가

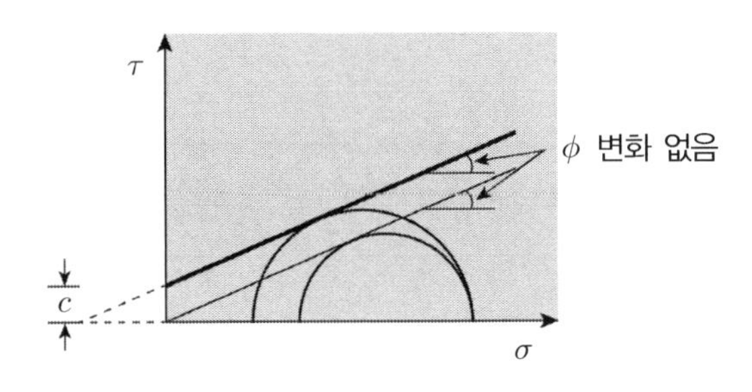

(6) 전단강도 증대

: 전단강도 $\tau = c + \sigma \tan \phi$에서 c, ϕ증대로 전단저항 증가

3. 주요 기능

토목섬유는 다음 중 최소한 한 가지 이상의 기능을 발휘해야 한다.

(1) 배수(*drainage*)

(2) 분리(*separation*)

(3) 여과(*filtration*)

(4) 보강(*reinforcement*)

(5) 방수기능

(6) 차수기능

4. 토목섬유 보강제방의 파괴형태

(1) 기초지반의 지지력 파괴

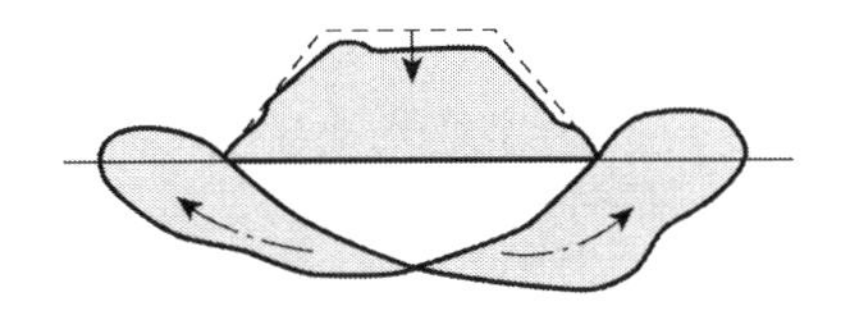

(2) 활동파괴(사면안정)

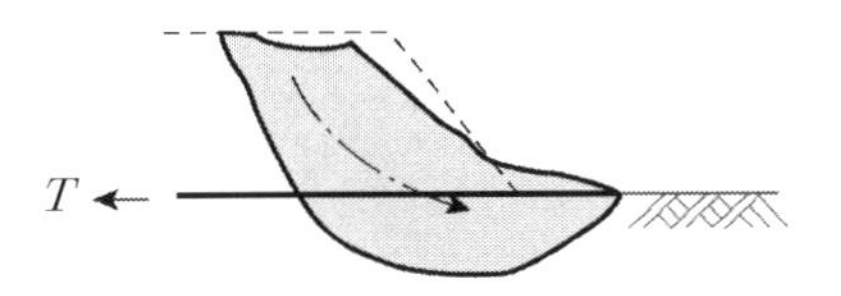

(3) 측방변형(마찰력 부족)

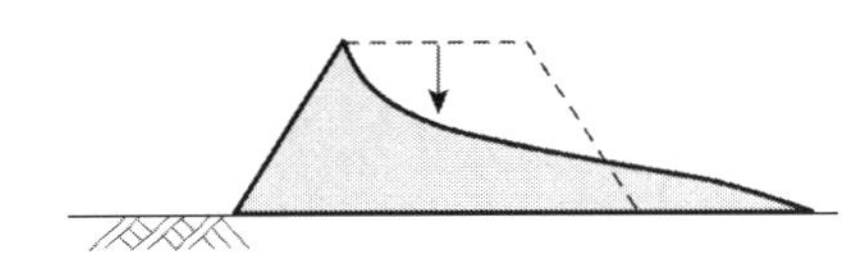

(4) 토목섬유의 인장변형 파괴

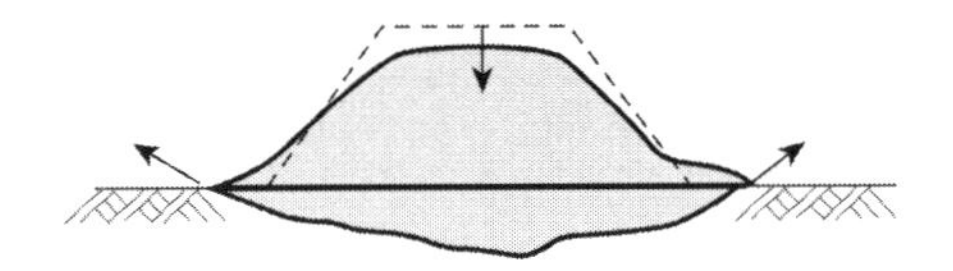

(5) 인발파괴

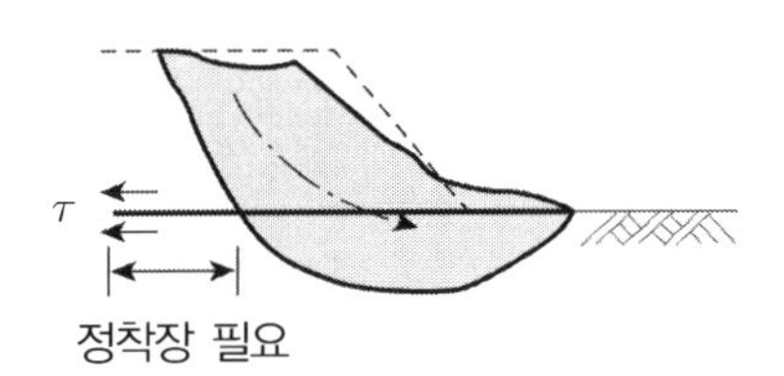

5. 설 계

(1) 지지력 검토

① 원지반 지지력

$q_u = \alpha \cdot c \cdot N_c + \beta \cdot \gamma_1 \cdot B \cdot N_\gamma + \gamma_2 \cdot D_f \cdot N_q$

에서 포화점토 비 배수 지지력이므로 $\phi = 0$일 때 $N_\gamma = 0,\ N_q = 1,\ D_f = 0$임

$$q_u = c \cdot N_c (\text{연속형태 } \alpha = 1)$$

② 토목섬유 보강 시 하중과 안전율

$$A_e = \frac{B_1 + B_2}{2} H$$

$$P_{av} = \frac{A_e \cdot \gamma}{B_2}$$

$$F_s = q_u / P_{av} \geq 1.3$$

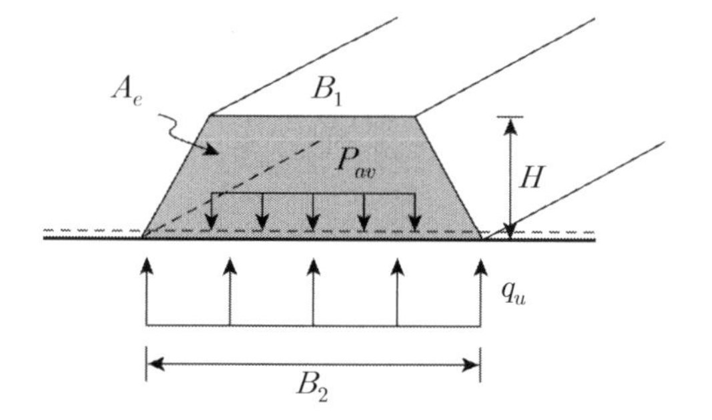

(2) 활동파괴(사면안정)

① 사면활동에 대한 한계평형해석상 설계안전율에 만족하는 소요인장력으로 정함

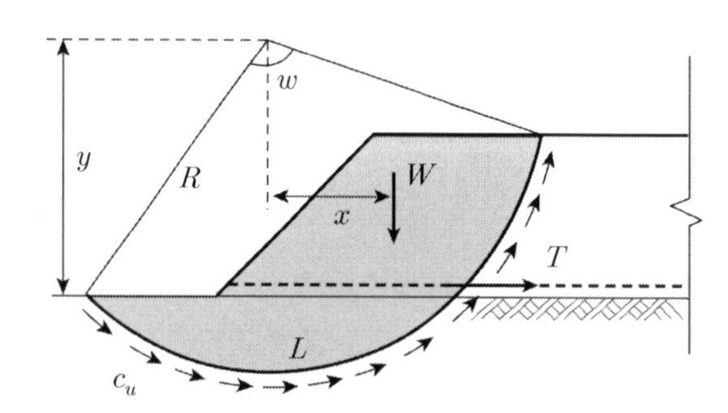

$$F_s = \frac{C_u \cdot L \cdot R + T \cdot y}{W \cdot x} \geq 1.3$$

여기서, T : 토목섬유 인장강도

(3) 측면붕괴 : 흙과 토목섬유 사이의 마찰력 부족으로 인한 토목섬유 표면을 따라 측면으로 활동하면서 붕괴현상 발생

① 안전율

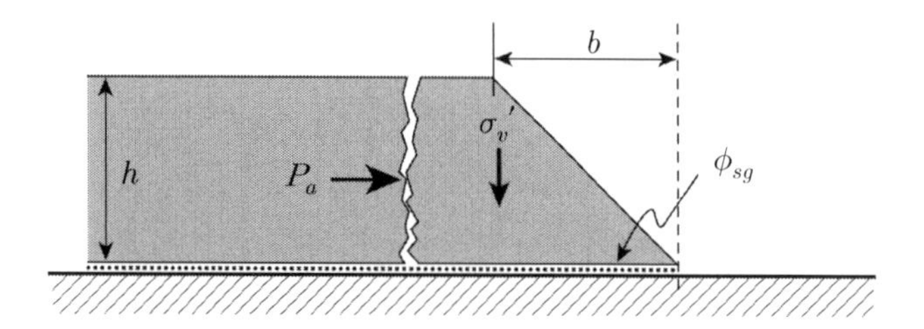

$$F_s = \frac{c_\alpha \cdot b + \sigma_v{}' \cdot \tan\phi_{sg}}{P_a} \geq 1.5$$

여기서, c_α : 흙과 토목섬유 사이의 부착력 $\sigma_v{}' = \frac{1}{2} \cdot \gamma \cdot b \cdot h$

$P_a = \frac{1}{2} \cdot K_a \cdot \gamma \cdot h^2$ ϕ_{sg} : 흙과 보강재의 마찰각

② 토목섬유와 흙과의 점착력을 무시한 간략식

$$F_s = \frac{b_v \cdot \tan\phi_{sg}}{K_a \cdot h} \geq 1.5$$

(4) 토목섬유의 인장력 부족

(3)항을 만족하더라도 측면 붕괴가 발생하였다면 토목섬유의 인장력 부족으로 인한 파단이 원인임

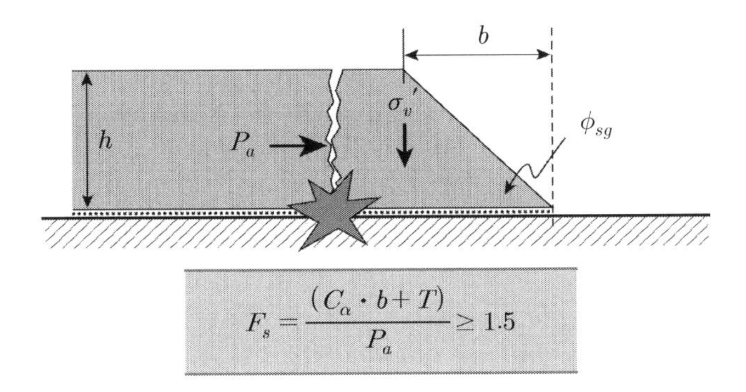

$$F_s = \frac{(C_\alpha \cdot b + T)}{P_a} \geq 1.5$$

(5) 토목섬유의 인발력

① 파괴면 바깥으로 충분히 정착시켜 인발로 파괴가 발생하지 않도록 함

② 최소의 정착길이(L_e)는 미국 연방 도로국(*FHWA*)에서는 1.0*m*임

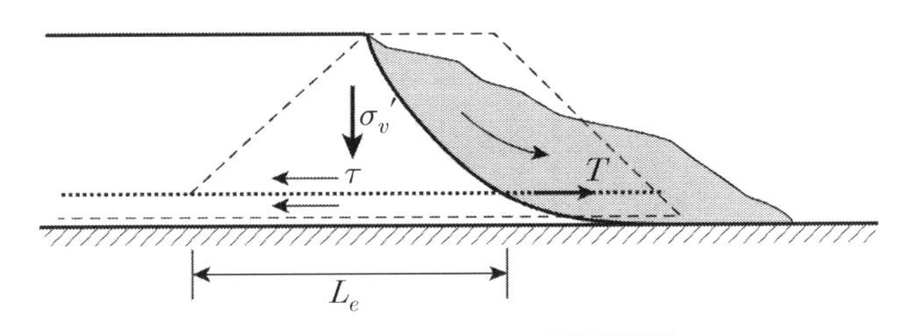

$$F_s = \frac{2L_e(c_\alpha + \sigma_v{}' \cdot \tan\phi_{sg})R_c}{T}$$

여기서, L_e : 파괴면 바깥의 유효 저항길이

c_α, ϕ_{sg} : 흙과 보강재의 부착력, 마찰각

$\sigma_v{}'$: 유효 수직응력

R_c : 적용 면적비(보강재가 성토재에 덮여 있는 비율)

6. 허용인장강도와 흙과 보강재의 마찰각 결정

(1) 허용인장강도

① 감소계수 고려 결정

토목섬유의 허용인장강도는 토목섬유자체의 인장강도뿐만 아니라 포설되는 흙의 상태 및 시공 중 파손 정도 등 다양한 조건을 고려하여 결정한다.

$$T_a = \frac{T_{ult}}{RF} \times 100$$

여기서, T_a : 허용인장강도(kN/m)　　T_{ult} : 극한인장강도(kN/m)

$RF = RF_{CR} \times RF_{ID} \times RF_{CD} \times RF_{BD} \times RF_{JNT}$

RF_{CR} : 크리프에 대한 감소계수　　RF_{ID} : 설치 시 손상에 대한 감소계수

RF_{CD} : 화학적 손상에 대한 감소계수　　RF_{BD} : 생물적 손상에 대한 감소계수

RF_{JNT} : 봉합부 및 접합부에 대한 감소계수

② 변형률 적용

㉠ 임시 : 10~30%　　㉡ 영구 : 10% 이하

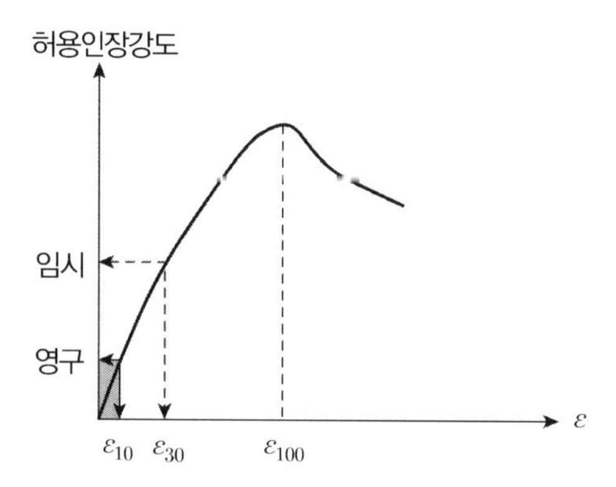

(2) 흙과 보강재의 마찰각 결정

① 인발시험　② 직접 전단시험　③ 경사판 시험　④ 경험적 도표

7. 시공관리

(1) 재 료

① 시공기간 동안에 토목섬유에 가해질 응력에 견딜 수 있어야 한다.

② 설계조건과 부합되는 충분한 허용인장 강도와 흙과 보강재의 마찰각을 확인한다.

③ 중요한 공사를 수행할 때는 현장시험시공을 하는 것이 가장 바람직하다.

④ 보관은 옥내 보관을 원칙으로 한다.

(2) 시공

① 토목섬유가 시공 중 찢어지거나 구멍이 발생되지 않도록 포설면의 정지
② 토목섬유가 많이 주름이 지거나 접혀 있는 상태로 설치되면 토목섬유가 인장이 되지 않아 보강 효과를 발휘하기 어려움
③ 토목섬유 포설은 인장응력 방향으로 설치하며 접합에 따른 강도손실을 예측하여야 함
④ 만약 과도하게 손상된 부분이 발견되면 손상된 부분을 새로운 토목섬유로 덧대어서 수선하거나 손상된 부분을 새 것으로 교체함
⑤ 초 연약지반은 토목섬유에 프리텐션 도입으로 인장효과 극대화 조치
⑥ 시방기준에 부합된 중첩길이 확보
⑦ 이음매 접합은 토목 섬유와 같이 내구성이 있는 강한실로 꿰매어야 함
⑧ 강우 시 시공 금지
⑨ 초 연약지반에 토목섬유 포설 시는 U자형 형태로 단부부터 시공

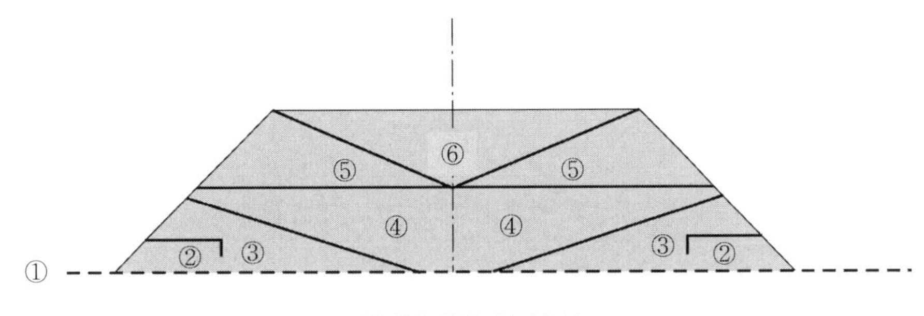

도로제방 성토 시공순서

28 토목섬유 유효구멍 크기와 동수경사비

1. 정 의

(1) 토목섬유의 시험방법 중 수리학적 특성시험의 일종으로 유효구멍 크기가 너무 작은 경우 과잉간극 수압이 발생하고 너무 큰 경우에는 *Filtering*, *Clogging*에 문제가 발생한다.

(2) 일반적으로 0.9~0.95(μm)으로 규정하고 있으며 토립자의 보유성과 물에 대한 투과성을 지배하는 것은 유효구멍 크기(*AOS, apparent opening size*)이다.

2. 토목섬유의 기능과의 관계

(1) 토목섬유 기능 중 배수, 분리, *Filter* 기능 발휘를 위해 물의 흐름이 양호해야 하며

(2) 세립토는 손실되지 않도록 해야 함

3. 시험의 분류

(1) 유효구멍 크기 시험

① 건식 유효구멍 크기 시험

② 습식 유효구멍 크기 시험

③ 수리 동역학 유효구멍 크기(*KSF* 2126)

(2) 동수경사비 시험 : 구멍막힘(*Clogging*) 시험

4. 시험 방법

(1) 건식 유효구멍 크기 시험(*KSK* 0754)

① 체 진동기에 토목섬유 시편 준비

② 입경(입도분포)을 알고 있는 유리구슬 투입

③ 통과구슬에 대한 입도시험 → 5% 통과율의 입경 : 유효구멍 크기(O_{95})

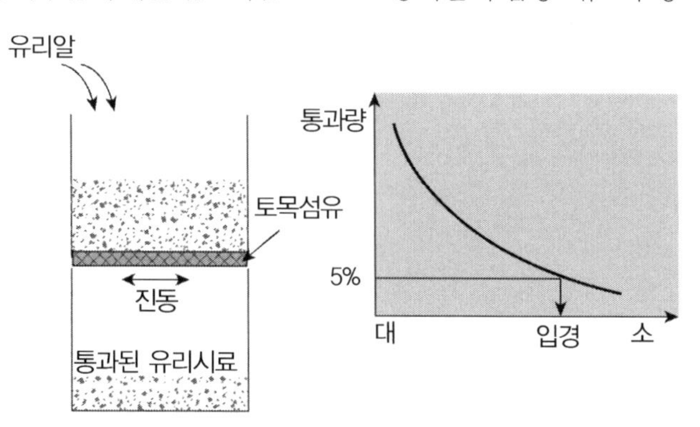

(2) 습식 유효구멍 크기 시험(*KSK ISO* 12956)

① 체 진동기에 토목섬유 시편 준비

② 현장의 토사를 토목섬유 위에 포설

③ 물을 분사하면서 진동(50~60*Hz*) → 잔류 백분율 90% 입경 : 유효구멍 크기(O_{90})

✓ 건식은 부정확한 결과가 많이 나오므로 시험의 신뢰도측면에서 습식을 많이 사용한다.

(3) 수리 동역학 유효구멍 크기(*KSF* 2126)

여러 개의 *Mold*에 토목섬유와 흙 시료를 넣고 수조에 반복 침수시켜 통과된 시료의 입도 분석 시 가적 통과율 5% 통과 입경(O_{95})

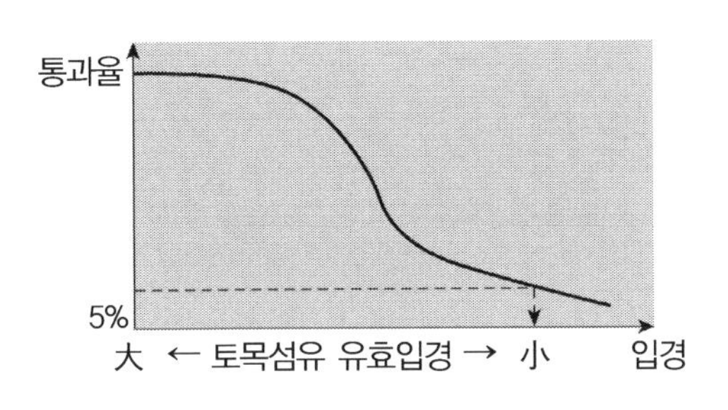

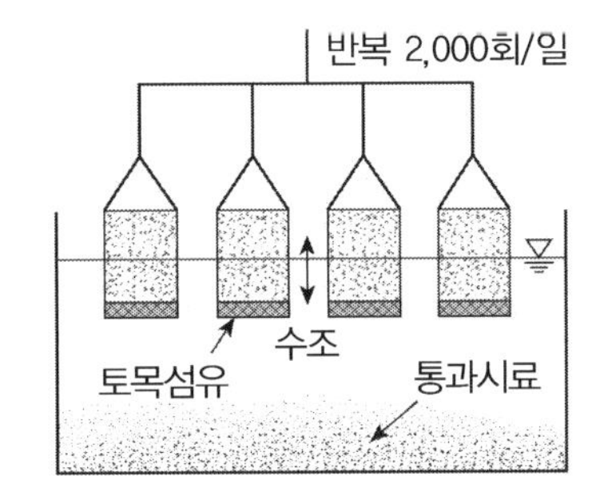

(4) 동수경사비 시험(*ASTM D* 5101) : 구멍막힘(*Clogging*) 시험

① 개 념

토목섬유 구간(ℓ_1)과 일반시료 구간(ℓ_2)에 설치된 *Pizometer*의 수두차를 각각 측정하여 각각의 동수경사에 대한 비를 동수경사비라 하고, *Clogging*에 가능성 분석

② 동수경사비(*Gradient Ratio*)

$$GR = \frac{\dfrac{\Delta h_1}{\ell_1}}{\dfrac{\Delta h_2}{\ell_2}}$$

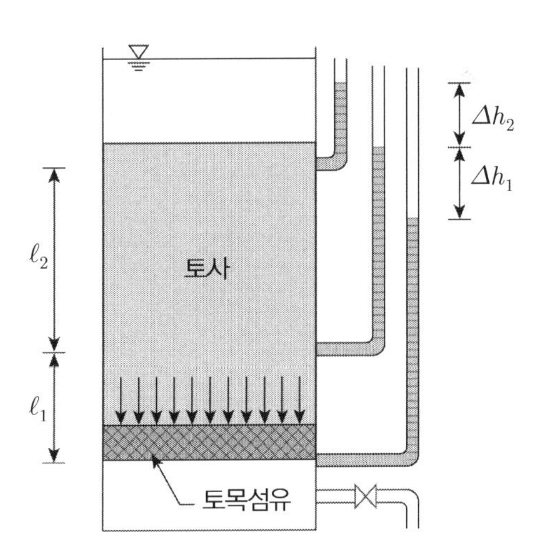

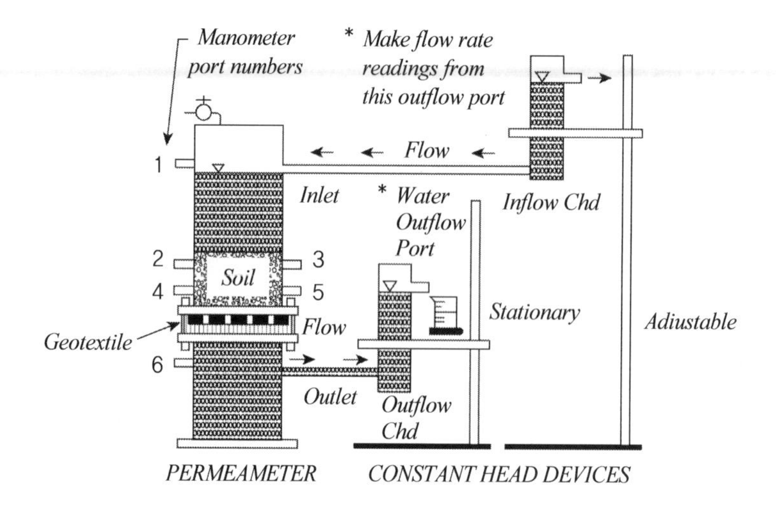

③ 평 가

㉠ $GR < 1 : \Delta h_1$ 小 → *Piping* 발생

㉡ $GR > 3 : \Delta h_1$ 大 → *Clogging* 발생

㉢ $GR = 1 \sim 3$: 정상적

5. 평 가

유효구멍크기는 물 흐름과 흙 유실의 상반된 조건에 대한 기준이므로 사용목적에 적합한 규격을 정하여 사용함이 중요하고 가급적 동수경사비에 의한 시험으로 정함이 필요하다.

참고사항

토목섬유 시험방법

수리학적 특성시험	내구성 시험	역학적 특성시험
(1) 수직 투수성	(1) 자외선 안정성	(1) 무게
(2) 수평 투수성	(2) 화학적 안정성	(2) 두께
(3) 유효구멍크기	(3) 생물학적 안정성	(3) 인장강도
(4) 구멍막힘	(4) 온도 안정성	(4) 인열강도
	(5) 내 환경성	(5) 꿰뚫림 강도
		(6) 파열강도
		(7) 봉합강도
		(8) *Creep*

인장강도 시험장치

봉합강도 시험장치

AOS 시험장치

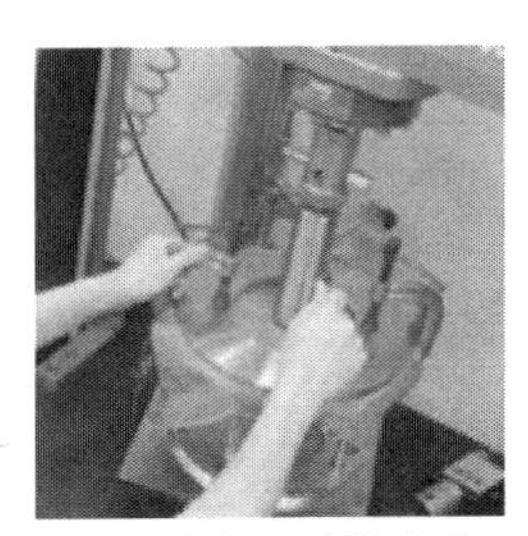
꿰뚫림강도 시험장치

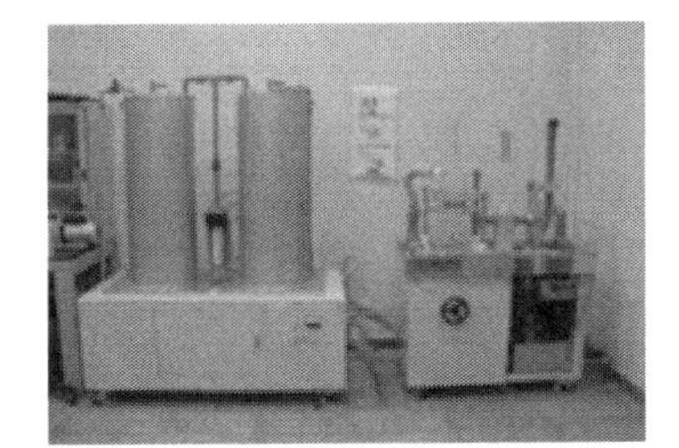
투수특성 시험장치

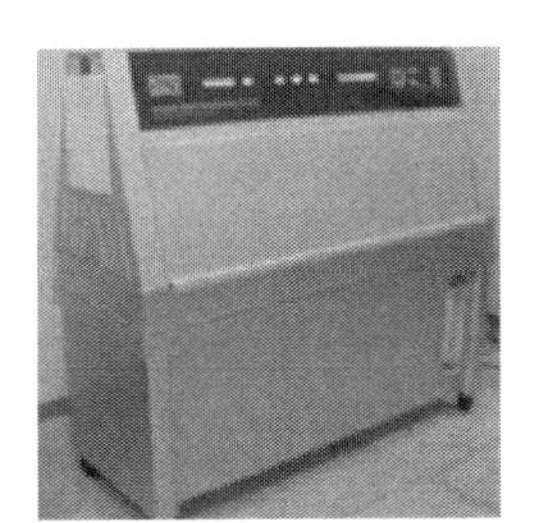
내후도 시험장치(*UV*)

29 토목섬유 종류와 기능

1. 토목섬유의 종류

(1) *Geogrid*

지오그리드는 폴리머를 판상으로 압축시켜 격자모양의 그리드 형태로 구멍을 내어 지반보강용으로 사용되며, 폴리올레핀과 폴리프로필렌 및 *PVC*코팅재료가 널리 사용된다.

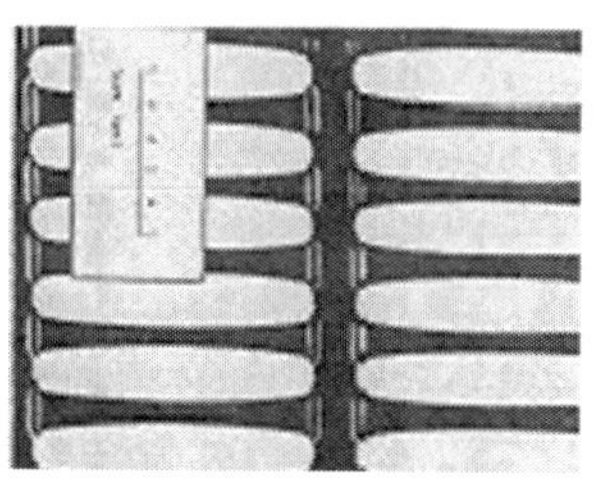

판상 지오그리드

직물상 지오그리드

(2) *Geomembrain*

지오멤브레인은 방수를 목적으로 사용되며 위험한 폐기물, 산업용과 가정용의 쓰레기 매립, 흙댐 터널방수 등 특별한 용도에 사용된다. 지오멤브레인에 사용되는 고분자의 주요소재는 *PVC*와 *HDPE*, *CSPE*(*Chloro Sulfonated Polyethylene*) 등이다.

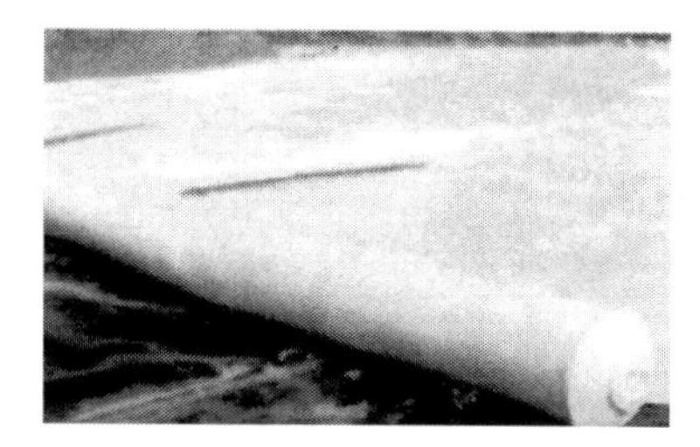

(3) *Geotextile*

① 직포형 지오텍스타일

필라멘트사 또는 방적사를 이용하여 직각 교차해 만든 형태로 섬유원료는 주로 폴리에스테르와 폴리프로필렌 섬유를 사용한다.

② 부직포형 지오텍스타일

장섬유나 단섬유를 랜덤하게 배열하여 결합시킨 형태로 일반적으로 구성섬유들이 *random entangled*된 구조를 형성하고 있어 역학적, 수리적 특성이 우수하며 폴리프로필렌과 폴리에스테르 섬유가 주로 이용된다.

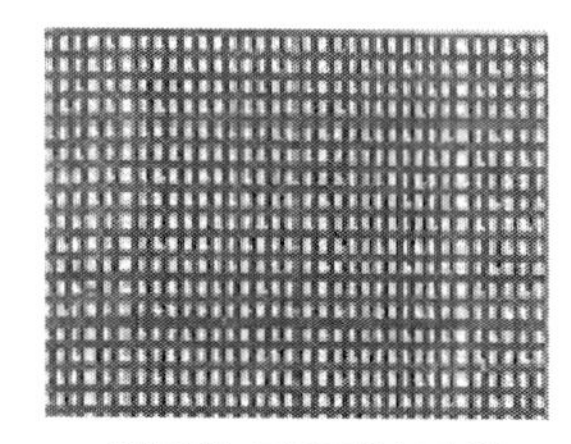

직포형 지오텍스타일

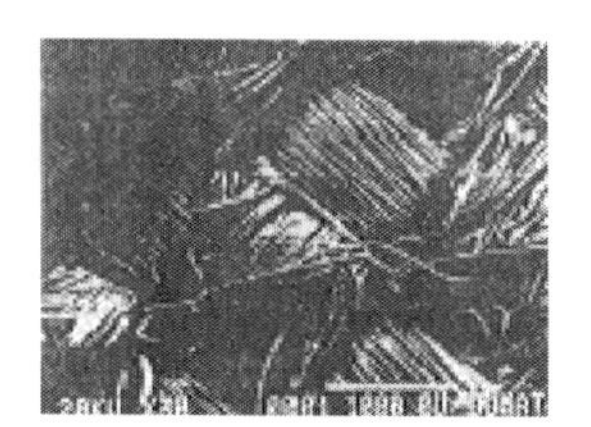

부직포형 지오텍스타일

(4) *Geocomposit*

① 지오텍스타일 + 지오멤브레인   ② 지오텍스타일 + 지오그리드

③ 지오텍스타일 + 지오네트   ④ 지오멤브레인 + 지오그리드

⑤ 심지형 지오 컴포지트(*PBD*)

(5) *Geonet*

지오네트는 그림에서처럼 일정한 각도로 *strand*를 교차한 2세트의 평행한 구조를 가지며 각각 교차섬의 가닥들은 용융, 접착되고 주로 폴리에딜렌이 사용되고 있다.

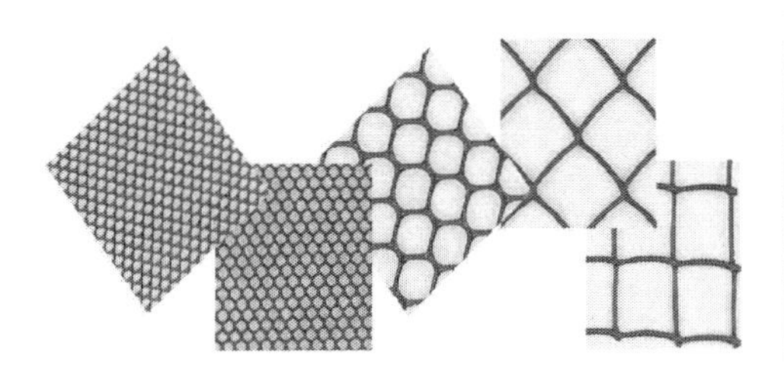

(6) *Geoweb*

지오웹은 그림에서처럼 띠형태를 가진 매우 거친 폴리에스테르 섬유의 직포형태와 *HDPE* 띠를 초음파로 접착하여 형성되는 세포망 형태로 구분되며 침식방지와 지반보강용으로 널리 사용되고 있다.

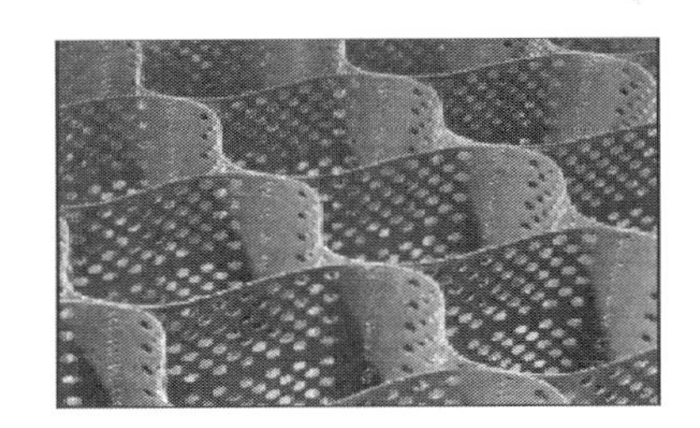

(7) *Geosynthetic Clay Liner* (*GCR*) : 토목섬유 점토차단재

① 직포 + 점토 + 직포   ② 직포 + 점토 + 부직포   ③ 부직포 + 점토 + 부직포

(8) 지오튜브

2. 배수기능

세립토, 콘크리트와 같은 투수성이 낮은 토목재료 또는 지오멤브레인 등과 밀착해 설치하여 물이 배수구로 흐르게 하는 기능

(1) 요구성질

① 전수성　　　　　　② 구멍크기

(2) 배수기능 평가

① 수평투수성 시험(*ASTM D* 4716) : 배수기능에 주로 적용

㉠ 규정된 동수경사(*Hydraulic Gradient*)와 수직응력하에서 규정시간 동안 시험편을 통과하는 물의 량을 측정하여 계산한다.

㉡ 압축하중의 범위는 10 ~350*kpa* 적용

㉢ 동수경사는 현장조건에 부합되도록 0.5, 1.0, 1.5, 2.0 등이 적용된다.

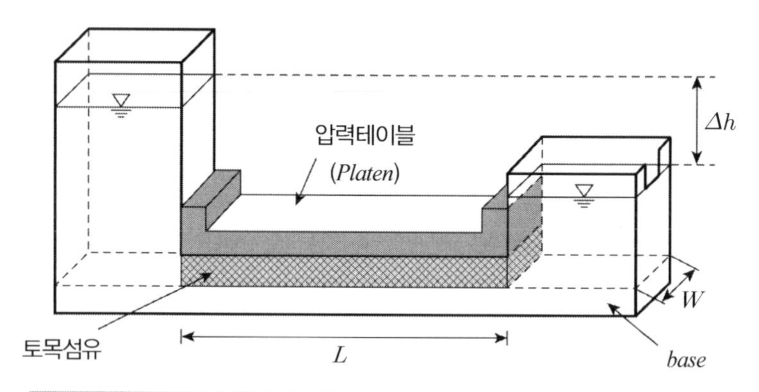

$$q = K_p \cdot i \cdot A = K_p \frac{\Delta h}{L} W \cdot t$$

$$\theta = K_p \cdot t = \frac{q \cdot L}{\Delta h \cdot W} = \frac{q}{i \cdot W}$$

여기서, θ : 수평투수성(전수성)　　K_p : 평면 투수계수
t : 두께　　q : 유량
L : 시료길이　　Δh : 수두 차
W : 시료폭　　i : 동수구배

② 수직방향 투수성 시험(*ASTM D* 5493) : 필터기능 사용 시 적용

㉠ 압축하중이 적용되지 않는 토목섬유의 수직투수성 측정

- 정수두법 : 수두차를 일정수위로 놓고 유지시키고 단위시간당 단위면적을 통과한 물의 양 측정
- 변수두법 : 시간에 따라 수두의 변화를 측정하여 수직투수성을 계산

㉡ 압축하중이 가해진 상태에서 토목섬유의 수직투수성 측정

: 압축하중이 증가함에 따라서 두께가 감소되고 수직투수성이 변한다.

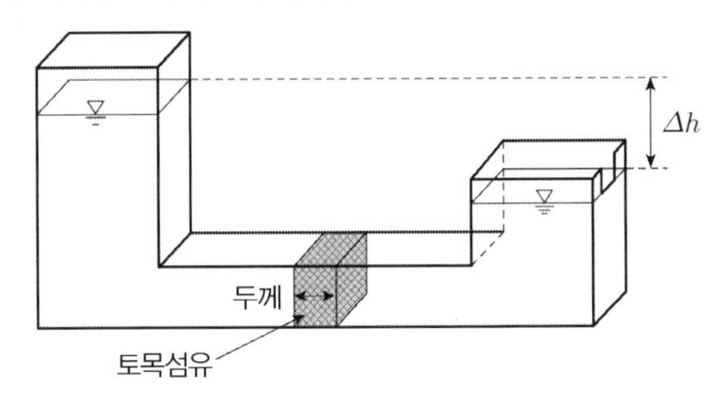

정수두법

$$\phi = \frac{q \cdot R_t}{\Delta h \cdot A \cdot t}$$

여기서, ϕ : 수직투수성 　　　q : 유량

R_t : 온도 보정계수 　　　Δh : 수두 차

A : 시료 단면적 　　　t : 측정시간

③ 수평방향 투수계수와 수직방향 투수계수는 근사값을 나타내나 수평방향 흐름은 수직방향 흐름에 비해 시공 여건상 압축응력에 영향을 받음에 유의해야 한다.

(3) 적 용

① 옹벽배면 배수

② 성토보강 시트 : 시공 시 성토 완성 후 비가 올 경우 신속한 배수

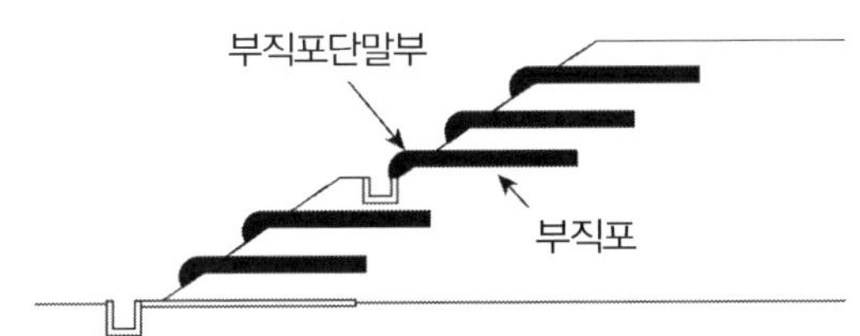

③ 터널배수 　④ 댐 　⑤ 연직배수공법(*PBD*)

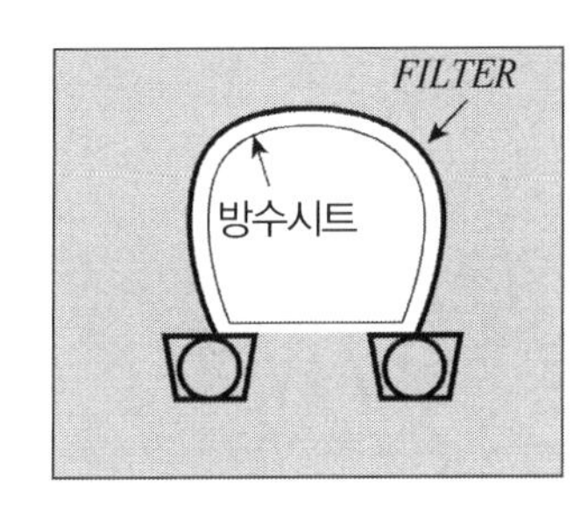

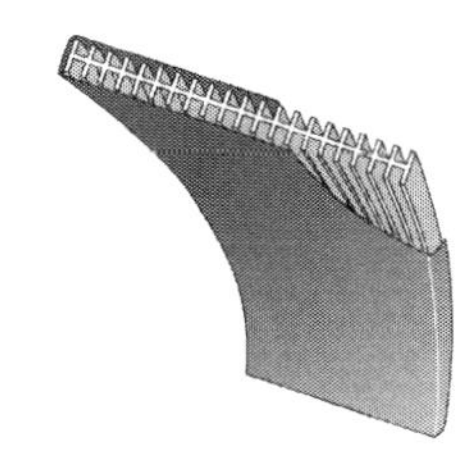

3. 분리기능

재료분리기능은 기존 토층과 양질의 토층의 뒤섞임을 방지하여 양질의 토층을 보존(*Retention*)시키며 외부하중의 국부적인 응력을 견디고 흡수하는 기능이다.

(1) 요구성질

① 인장강도 ② 인열강도
③ 꿰뚫림강도 ④ 파열강도
⑤ 봉합강도 ⑥ *Creep*
⑦ 유효구멍크기

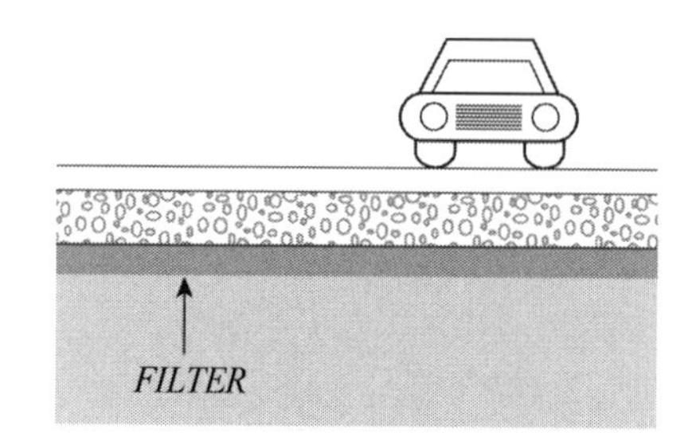

(2) 적 용

① 노상과 노반 사이
② *Sand Mat*와 연약점토
③ 유공관과 배수자갈층 간 토층분리

4. 필터기능

필터기능은 조립토와 세립토 사이에 설치하여 세립토의 이동은 방지하고 물은 통과하는 기능을 말한다.

(1) 요구성질

① 투수성 ② 구멍크기, 동수경사비

(2) 적 용

① 호안, 제방

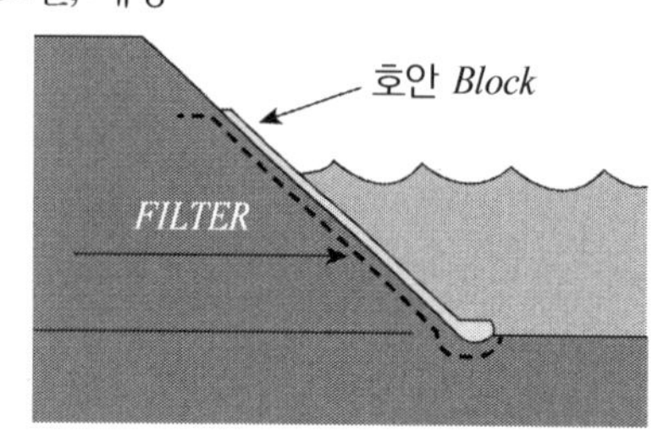

② 옹벽 ③ 유공관 ④ *Dam*

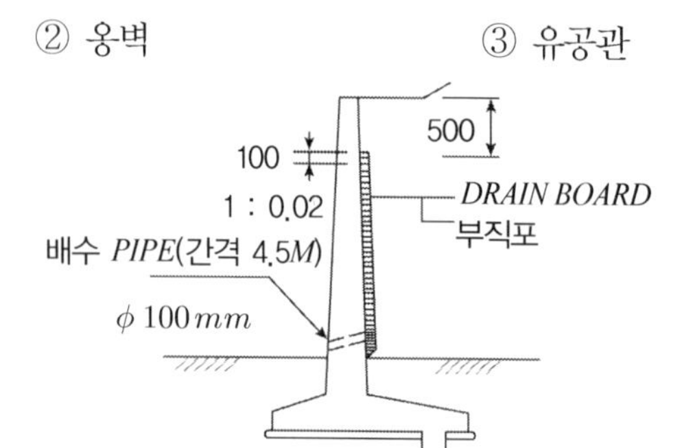

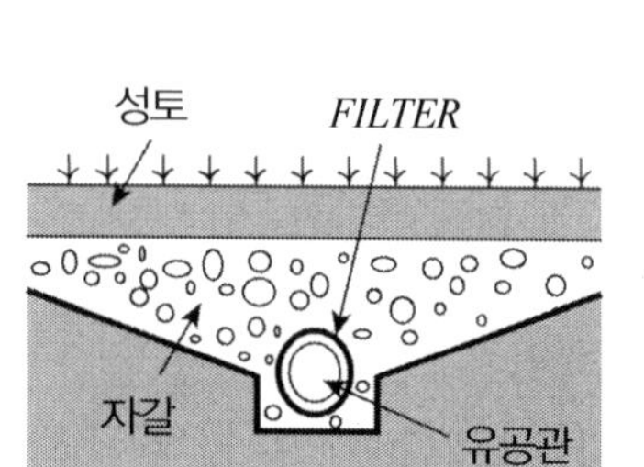

5. 보강기능

(1) 요구성질

① 인장강도 – 변형률

② 지반과의 마찰력

(2) 적 용

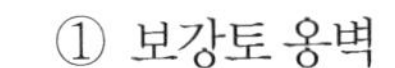

③ 연약지반 성토

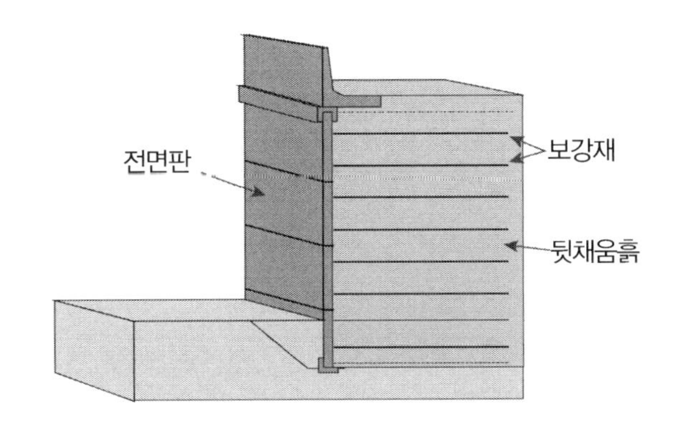

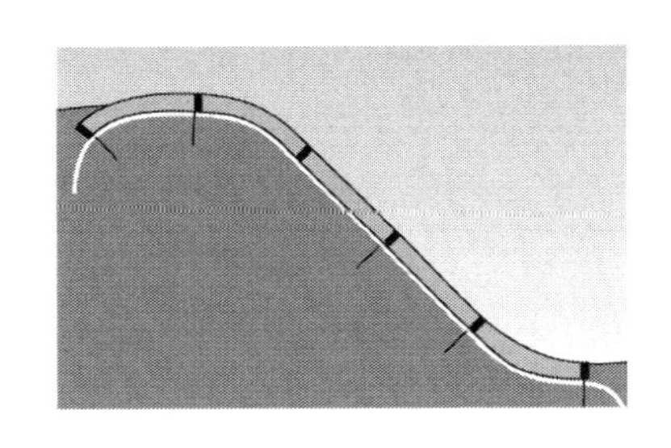

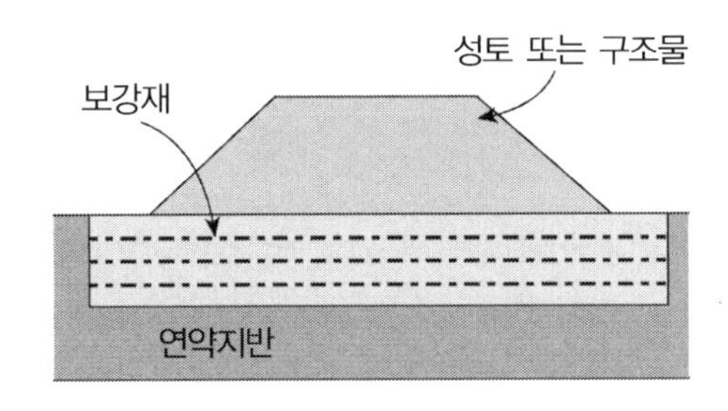

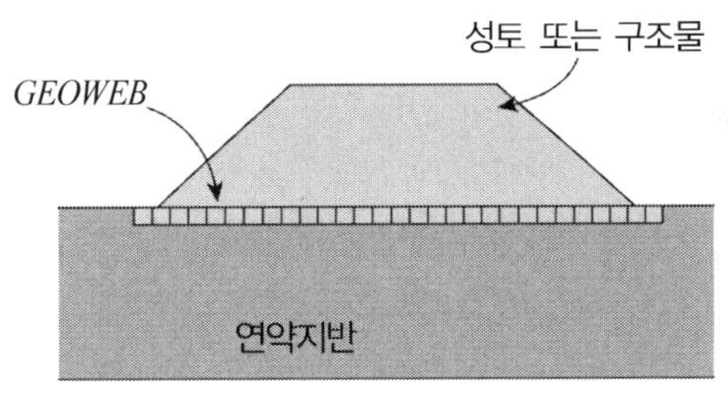

6. 방수 및 차수기능

참고사항(토목섬유의 공사종류별 기능)

(1) 방조제, 호안
- 토사입자의 유출방지로 인한 사면 보호
- 세굴방지와 불균등 침하 방지
- 수중의 초연약지반과 성토재의 탁월한 분리효과
- 구조물의 안정화

(2) 도로, 비행장
- 지지력 보강으로 전단파괴 방지
- 보조기층의 유효두께 유지
- 노상과 노반의 분리와 포장의 균열 방지

(3) 연약지반 단지조성
- 연약지반의 지지력보강과 부등침하 방지
- 보강토 옹벽
- 연약지반의 조기압밀 촉진
- 지중의 과잉간격수압의 저하
- 성토재와 불량토의 분리와 중장비용 도로 확보

(4) 운동장, 철도, 터널
- 과잉공극수 배수와 지반의 지지력 보강
- 터널의 배수유도와 토사 유입 방지
- 양질토와 불량토의 혼합방지와 쇄석의 노상유입 방지

(5) 흙댐, *RODKFILL*댐
- 댐 상류부와 하류부의 사면 보호
- 초과수량에 의한 댐 하류부의 침식 방지
- 댐구조물의 안정화
- *Chimney* 배수재료와 블랭킷 재료

(6) 쓰레기 매립장
- 라이닝 재료와 그 파손 방지
- 라이닝 하부의 집수된 물의 배수
- 라이닝 하부의 연약지반 보강

(7) 하천, 운하, 간척사업
- 부유되어 있는 오탁입자의 유동을 최소화
- 수산자원과 주변환경 보호

(8) 거푸집용
- 콘크리트 매트 타설용 수중거푸집
- 해안구조물의 말뚝기초

30 Pile Net, Pile Cap, 성토지지말뚝 공법

1. 개 요

(1) 성토지지말뚝 공법은 말뚝 위 성토지반의 아칭현상을 이용하여 성토하중을 말뚝을 통해 지지층에 직접전달시킴으로써 연약지반의 침하 및 측방유동을 적극적으로 억제시키는 공법이다.

(2) 즉, 그림에서 보는 바와 같이 연약지반의 교대배면이나 성토구간에 말뚝을 설치 후 말뚝두부를 철근등으로 연결하고 필요시 토목섬유를 덮어 성토하중을 지지한다.

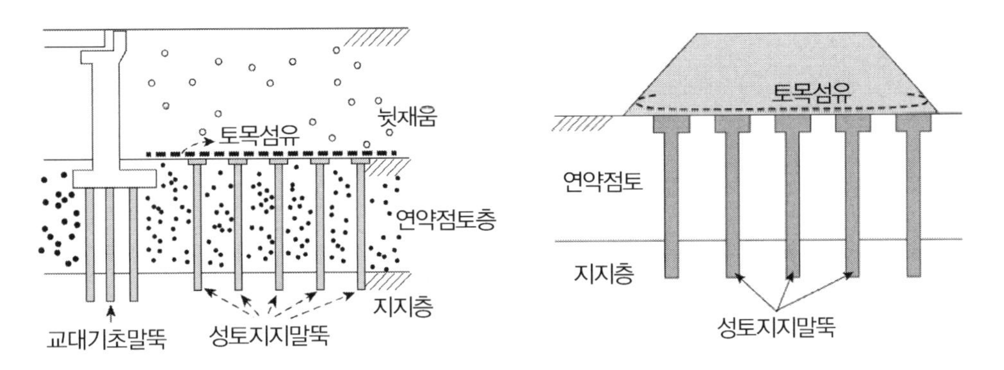

2. 토목섬유의 역할

(1) 압밀침하 억제 : 성토하중에 대하여 인장력으로 지탱

(2) 사면활동 억제 : 연약지반 압밀침하 저감 결과

(3) 말뚝설치 간격 넓힘 : 아칭현상을 증대시킴

3. 특 징

(1) 장 점

① 압밀침하 완전 억제, 성토사면 활동 억제

② 측방유동 억제, 타 개량공법 비교 공사기간 단축(압밀소요기간 불필요)

(2) 단 점

① *Cap* 사이로 성토제 빠짐 우려(토목섬유 미포설 시) : 성토체로 말뚝의 관입 파괴 우려

4. 평 가

(1) 국내 적용을 위한 설계기준 정립이 필요함

(2) 토목섬유 포설 시 인장강도 고려

(3) 국내적용사례 : 강릉 – 동해 간 고속도로

31 무보강 성토지지말뚝과 보강된 성토지지말뚝의 특성 및 하중전달 메커니즘에 대하여 설명하시오.

1. 성토지지말뚝의 기능

(1) 측방유동에 저항 → 저면기초지반 강화

(2) 연약지반상 성토하중을 지반아칭현상을 통해 경감

(3) 성토지지 말뚝두부에 설치되는 캡의 시공방법에 다음과 같이 구분됨
① *Pile Slab* 공법

② 말뚝 *Cap Beam* 방법

③ 단독캡(*Isolated Pile Cap*) 공법

2. 무보강과 보강 성토지지말뚝의 특성 비교

(1) 부보강 성토지지말뚝의 침하특성
① 전체적으로 성토지반 내에 소성영역이 발달됨

② 특히 내부 아치영역에서는 침하에 따른 소성영역이 크게 나타남

③ 단, 말뚝캡 상부에서는 지반의 움직임이 거의 없는 쐐기영역이 존재하는데, 이 쐐기영역의 징점은 두 개의 외부아치가 서로 교차하는 점으로부터 관측됨

④ 즉, 이 영역은 단독캡 좌우의 지반아칭에 의한 영향을 동시에 받으므로 지반변형이 발생하지 않고 쐐기모양으로 남아 있는 것으로 판단할 수 있음

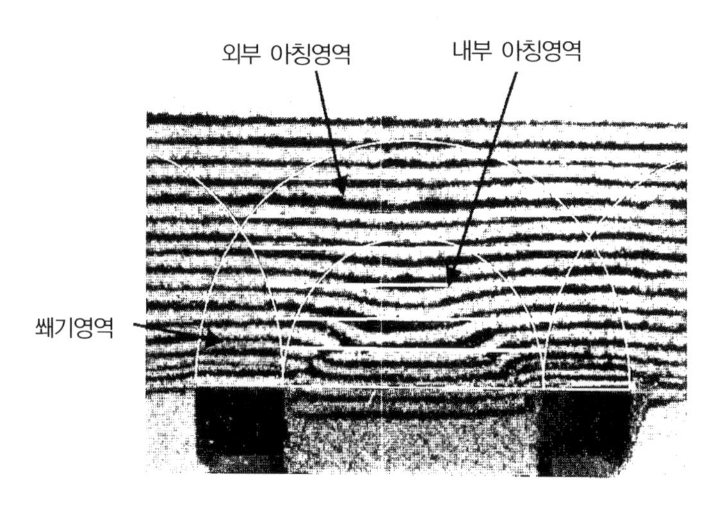

(2) 토목섬유 보강 성토지지 말뚝의 침하특성

① 토목섬유를 보강한 성토체의 변형은 그림에서 보듯이 원지반이 성토체를 지지하지 않더라도 성토지지 말뚝 시스템이 성토체를 안정적으로 지탱해주고 있음을 알 수 있음

② 이때 토목목섬유 처짐은 말뚝캡 중앙지점에서 최대가 되며 캡부분으로 갈수록 말뚝으로 인해 침하가 억지되고 있음을 알 수 있음

③ 토목섬유의 역할

㉠ 압밀침하 억제 : 성토하중에 대하여 인장력으로 지탱

㉡ 사면활동 억제 : 연약지반 압밀침하 저감 결과

㉢ 말뚝설치 간격 넓힘 : 아칭현상을 증대시킴

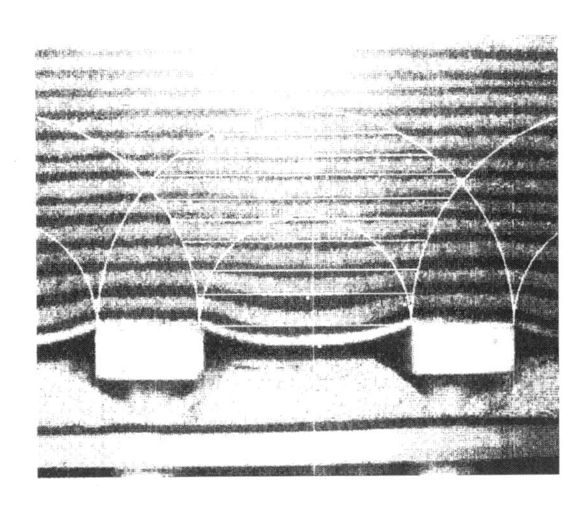

3. 하중전달 메커니즘

(1) 2차원 지반아칭

① 그림과 같은 해석 모델에서 반원통 내 한 요소의 응력상태는 극좌표로 정리된 평형방정식을 이용한다.

② 아치천정부의 응력은 수직응력만을 고려한다.

③ 원통 내 응력은 모두 동일하다고 가정하면 $\tau_\theta = 0$으로 간주할 수 있다.

④ 위와 같은 가정으로 다음과 같은 평형방정식이 성립한다.

$$P_{v1}(t/m) = \gamma D_1 H - \sigma_s D_2$$

여기서, D_1 : 말뚝캡보의 중심간격

D_2 : 말뚝캡보의 순간격

⑤ 성토 전체 중량에 대한 성토지지말뚝의 하중분담을 나타내는 지표로서 효율을 표시하면 정상파괴 시의 성토지지말뚝 효율을 Ef_1 이라 하고 성토하중에 대한 성토지지말뚝이 부담하는 하중의 백분율로 표시하면 다음 식과 같다.

$$Ef_1 = \frac{P_{v1}(t/m)}{\gamma D_1 H} \times 100(\%)$$

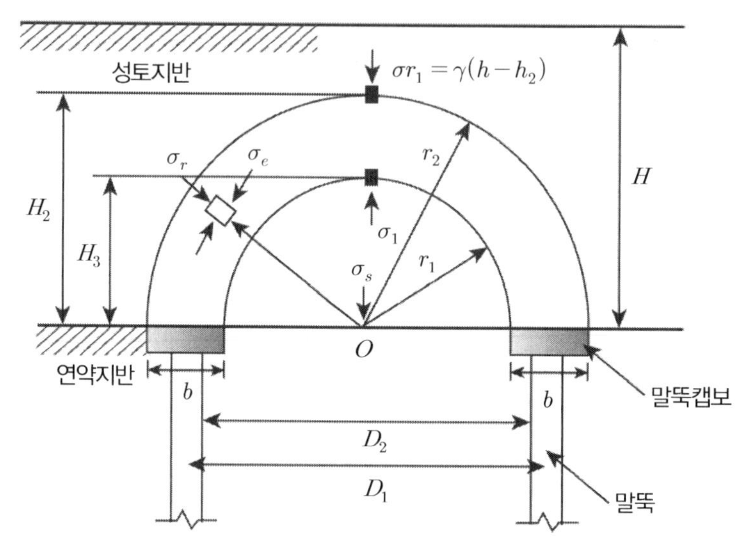

정상파괴 시의 응력상태

32 대심도 연약지반 성토 시 측방이동

1. 개 요

(1) 성토하중이 연약지반에 작용할 경우 하부 지반 내에 수평방향의 측방유동이 발생한다. 이러한 측방변위는 하부지반의 연직변위를 더욱 크게 발생시키는 요인이 될 수 있다.

(2) 성토과정에서 측방변형패턴과 변형량을 파악하기 위해 가장 우선적으로 파악해야 할 계측항목은 지중경사계이며 지층의 구성에 따라 최대 측방변위량은 달라진다.

(3) 또한 성토속도에 따라 과잉간극수압의 소산속도가 달라지므로 최대 측방변위량을 줄이기 위해서는 무엇보다 성토속도와 관련한 시공관리가 요구된다.

2. 연약지반 성토 시 지반거동

(1) 부분재하(도로성토, 제방성토 등)에 의한 침하는 아래 그림과 같이 압밀침하성분과 이로 인한 형상변형에 의해 전단변형이 동시에 발생한다.

(2) 그림 (*a*)는 성토 직후 전단변형에 의해 발생된 침하로 재하중의 크기와 흙의 비 배수 전단강도와 밀접한 관계를 가지며 측방유동에 대해 주의가 필요한 시점이다.

(3) 그림 (*b*)는 전단변형 이후 압밀침하가 점진적으로 발생한 상태이다.

(4) 그림 (*c*)는 마지막 단계에서 성토체 안쪽으로 끌어당김 침하가 발생하는데, 이는 모래층과 같이 그 자체가 압축성이 작은 지층이 그 하부 고압축성 점토층의 침하형태에 적응하기 위해 탄성보와 같은 거동에 의한 침하와 처짐현상으로 판단된다.
이런 경우는 인접구간에 구조물이 존재할 경우에는 구조물의 안정성이 확보될 수 있도록 별도의 보강공법이 계획되어야 한다.

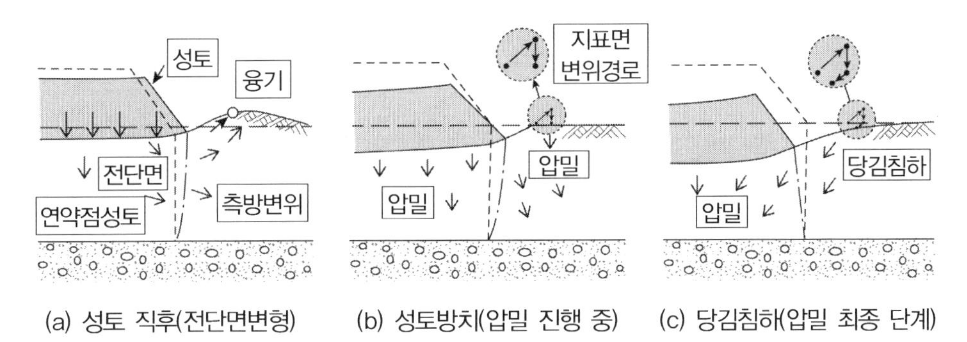

(a) 성토 직후(전단면변형) (b) 성토방치(압밀 진행 중) (c) 당김침하(압밀 최종 단계)

3. 침하량과 측방변위량 관계 : *Tavenas*(1979)

(1) 하중 초기 단계 : ($\overline{OP}$)단계 : 비교적 빠른 배수로 측방변위량이 연직침하량에 비하여 작음

$$\Delta y = (0.18 \pm 0.09)\Delta S$$

(2) 성토하중 증가 시

① 성토하중이 증가하면 정규압밀(NC)상태로 변화하며

② 공사의 종료단계($\overline{PA}$)에서는 비 배수상태로 거동하게 되어 측방변위량이 급격히 증가하며 수평변위량은 연직변위량과 거의 같아진다.

$$\Delta y = (0.9 \pm 0.2)\Delta S$$

(3) 공사완료 후 장기간 방치 시

$\overline{AB}$에는 배수상태로서 연직변위량에 비하여 측방변위량이 작아지는 것으로 보고되고 있다.

$$\Delta y = (0.16 \pm 0.02)\Delta S$$

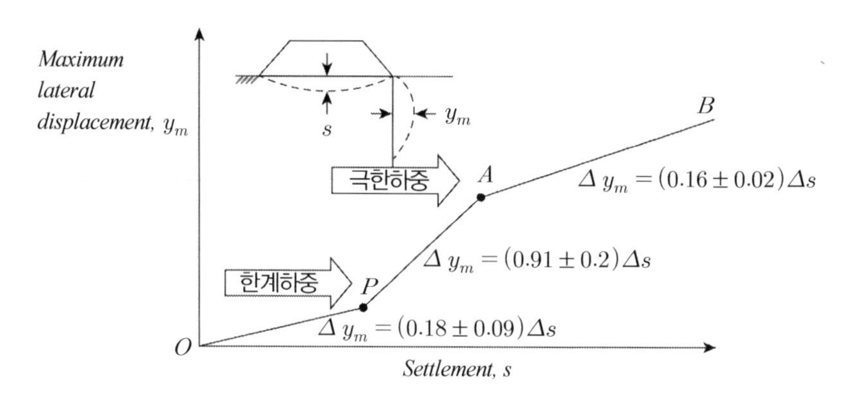

최대 측방변위와 침하량 관계(*Tavenas et al*. 1979)

4. 연약지반 분포에 따른 측방유동의 형태

(1) 연약지반상 성토로 인한 측방유동형태는 지층구성에 따라 크게 달라진다.

(2) 특히 연약한 점토층 상부에 상대적으로 강성이 큰 토층이 존재할 경우에는 상부 측방변위가 구속되는 효과를 보인다.

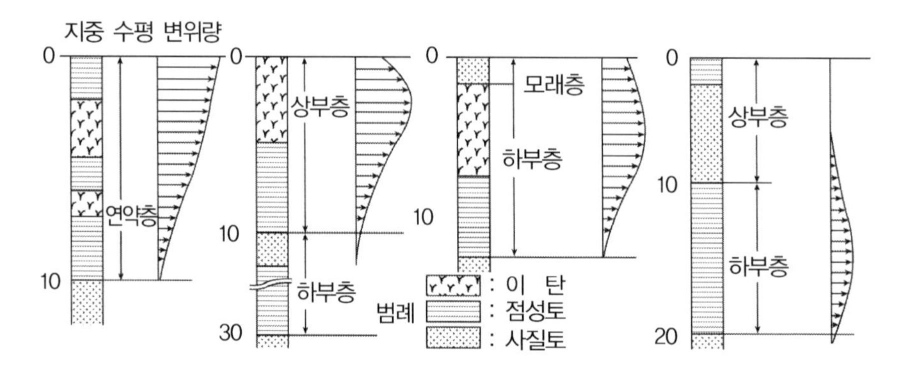

5. 연약지반 성토 시 측방유동 판정

(1) 원호활동의 안전율에 의한 방법

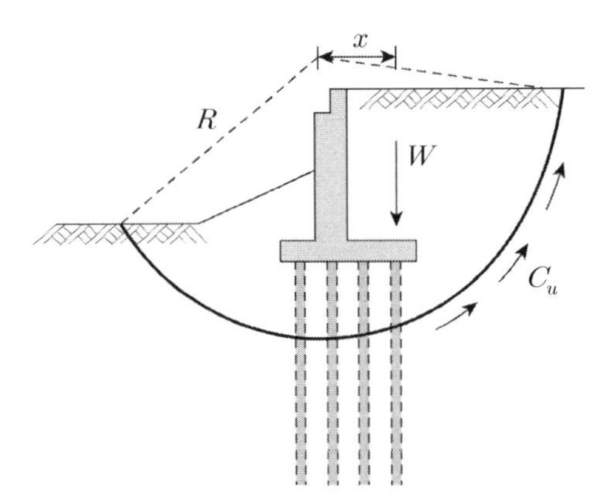

$$F_s = \frac{C_u \cdot l \cdot R}{W \cdot x}$$

✓ **측방유동 가능성 판단**

① 말뚝 고려 : $F_s < 1.8$

② 말뚝 무시 : $F_s < 1.5$ → 이면 측방유동이 발생하며 이때 말뚝은 존재하나 고려하지 않는다는 뜻임

(2) 원호활동에 대한 안전율과 압밀침하량에 의한 방법

(3) 측방유동지수에 의한 측방유동 판정법

(4) 측방유동 판정수에 의한 측방유동 판정법

6. 계측관리

(1) 주요 계측 항목 : 침하, 수평변위, 간극수압

(2) 계측기 설치위치

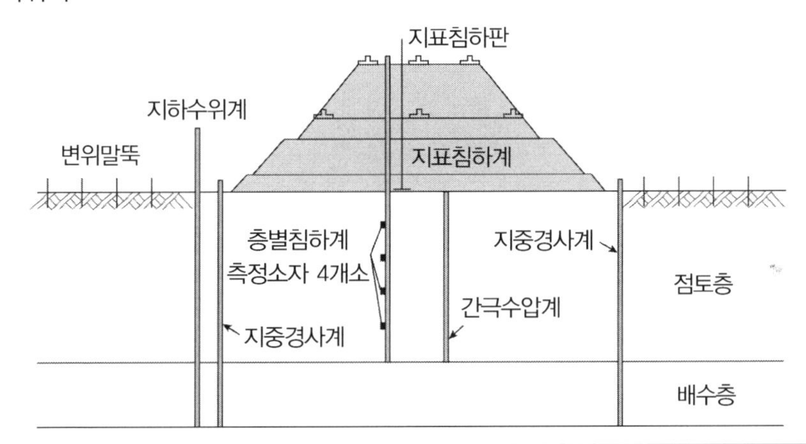

계측기 종류	계측기 설치위치
지표침하판	성토천단 중앙부, 성토사면 중앙부
층별 침하계	성토 중앙부의 지중
지중 경사계	성토사면 선단
간극수압계	층별침하계 주변 3*m* 이내
변위말뚝	성토사면 하단에 일정한 간격으로 배치

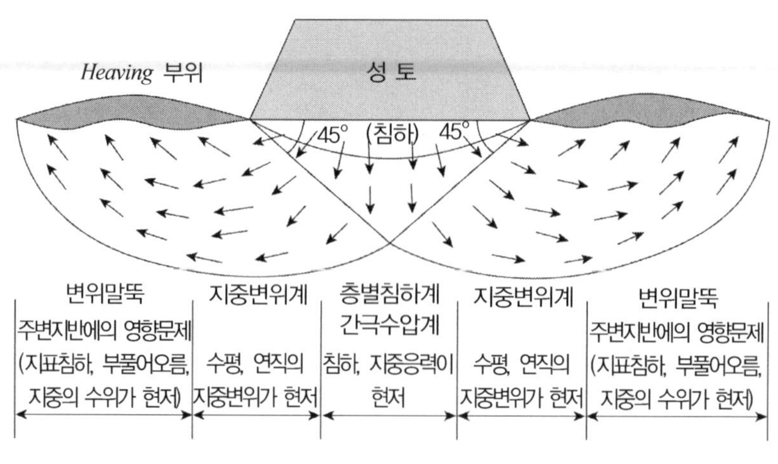

연약지반 성토 시 지반거동

(3) 계측 결과의 활용

① 성토 속도 관리

② 상재하중 제거 시기 결정, 시공관리

③ 전단활동의 안정성 평가

7. 대 책

(1) 한계성토고 준수

(2) 편재하중 경감

① *EPS* ② *Slag* ③ *Box*, 강판 ④ 기타 경량성토

(3) 지반 개량

① 주입공법 ② *SCP* ③ *Preloading* 공법 ④ 압성토

⑤ 기 타

㉠ 치환(강제치환, 굴착치환, 폭파치환) ㉡ 탈수(*VD*)

8. 평 가

(1) 시공과정에서 측방변형양상을 파악하는 데 중요한 인자는 지중경사계이며 지중경사계가 설치된 지점의 지층파악이 매우 중요함

(2) 일반적으로 성토고가 증가하면 선형적으로 침하량이 증가하며 연약층의 비 배수 전단강도나 연약층의 두께에 관계없이 급속성토로 인한 측방변위량의 증가가 더욱 큰 영향을 미치므로 성토시공관리가 무엇보다도 중요함

33 생석회 말뚝(Chemico Pile)공법

1. 개 요

(1) 강력한 탈수 팽창력을 가진 생석회를 연약지반중에 말뚝모양으로 타설하는 방법으로

(2) 흙속의 물을 급속하게 탈수함과 동시에 말뚝자신의 체적이 2배 이상 팽창하여 지반을 강제압밀시키는 특성을 가지고 있다.

(3) 재하성토와 무관하게 자체 탈수, 팽창으로 지반의 압밀강화시키며 생석회 자신도 수경성을 가지므로 압밀강화된 지반과의 복합지반을 형성한다.

2. 적용범위

(1) 지지력의 급속증대 (2) 압밀침하의 저감

(3) 활동파괴의 방지 (4) 기초지반의 진동경감

3. 공법의 원리

(1) 강도발현 과정

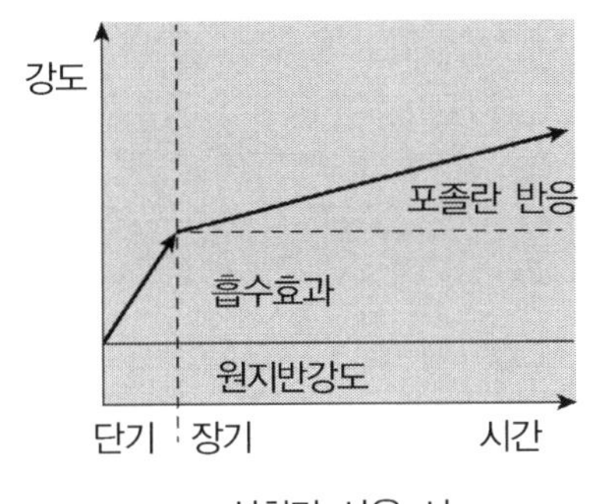

석회만 사용 시

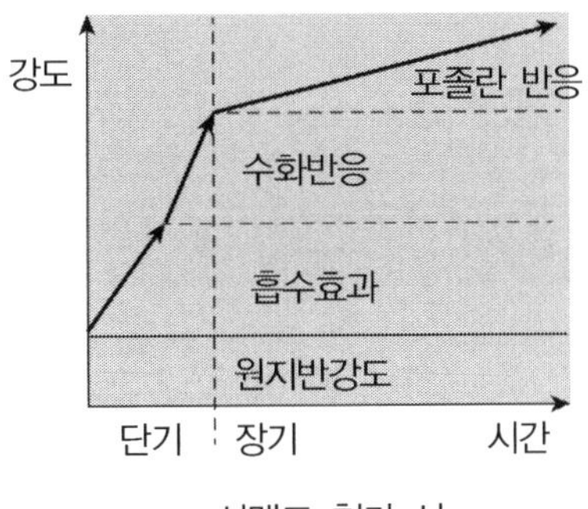

시멘트 첨가 시

※ 지중 생석회말뚝의 반응 메커니즘

$CaO + H_2O = Ca(OH)_2$

① 위 반응으로 생석회가 수화하여 소석회로 변화

② 280$Kcal$의 반응열을 방출하여 화학반응을 촉진시킴

✓ **포졸란 반응**

토중의 점토광물이나 콜로이드를 형성하고 있는 실리카, 알루미나는 석회와 화학적으로 결합하여 규산석회수화물, 알루민산석회수화물 및 게레나이트수화물 등을 생성한다. 이러한 반응은 포졸란 반응이라 부르며 장기간 진행된다. 반응생성물은 결합재로 되어 흙의 강도를 증대시키는 작용을 한다.

(2) 함수비 저하(수화반응에 의한 흡수로 간극수 배제)

① 생석회가 소석회로 변화되기 위해 필요한 물 : 생석회 중량의 32%

② 흡수 → 함수비 저하 → 간극비 저하 → 지반 강도 증가

③ 지반의 함수비 저하량 : 생석회 말뚝의 소화, 흡수량

※ 생석회 말뚝의 수화반응으로 인한 지반함수비 변화량

$$\Delta w = \frac{1+w_o}{\gamma_t} a_s \cdot h \cdot \gamma_c$$

여기서, Δw : 지반의 평균 함수비 저하량

w_o : 지반의 초기 함수비

γ_t : 지반의 단위체적중량

a_s : 생석회 말뚝의 타설 면적비

h : 생석회 말뚝의 소화 흡수 계수(0.25~0.3)

γ_c : 생석회 말뚝의 단위체적중량(g/cm^3)

(3) 발열반응 : 증발로 인한 간극수 저하

4. 공법의 효과

(1) 지반의 강도증가

① 생석회 말뚝의 흡수작용 → 함수비 저하 → 간극비 저하 → 전단강도 증대

㉠ 간극비 저하량 : $\Delta e = G_s \dfrac{\Delta w_{(x)}}{100}$

㉡ 개량후의 간극비 : $e_1 = e_0 - \Delta e$

② 원지반의 불교란 시료로부터 압밀곡선 $e-\log P$를 이용하여, 개량 후의 간극비 e_1에 대응하는 압밀하중 P_1을 구한다.

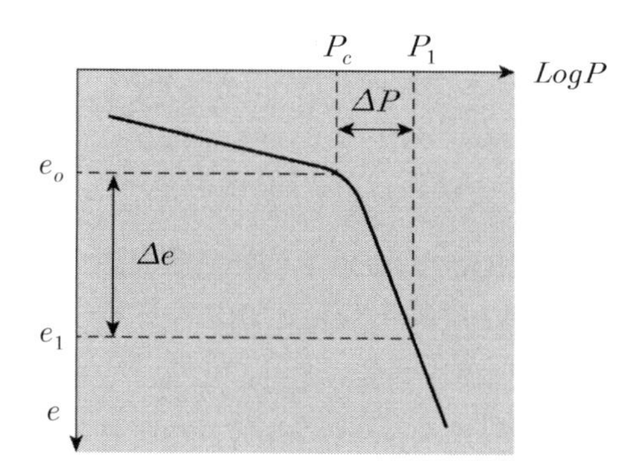

③ 증가된 압밀하중 : $\Delta P = P_1 - P_c$

④ 개량후의 증가된 전단강도

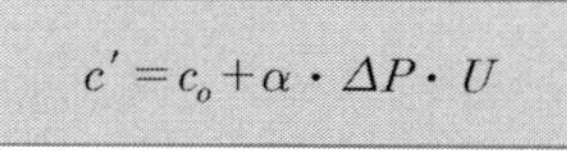

$$c' = c_o + \alpha \cdot \Delta P \cdot U$$

여기서, c_o : 원지반의 비 배수 전단강도

α : 강도 증가율$\left(\dfrac{C_u}{P'} = 0.0037\,PI + 0.11\right)$

일반적으로 $\alpha = 0.28 \sim 0.33$, 충적층 $\alpha \fallingdotseq 0.3$

(2) 침하의 저감

① 성토 전에 생석회 말뚝을 타설하는 경우 주변지반은 간극비의 저감량에 대응하는 압밀응력을 받는 상태로 된다.

② 따라서 개량 후 성토에 의하여 발생하는 침하량은 생석회 말뚝의 탈수량에 상당하는 사전압밀량만큼 감소한다.

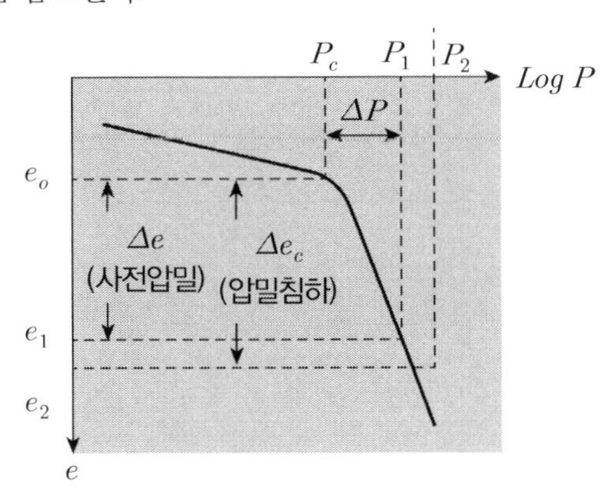

(3) 말뚝효과

① 연약지반 중에서 소화, 팽창한 생석회 말뚝은 경화되며, 말뚝 주변의 점토 광물과 화학반응을 일으켜 강도가 증가된다.

② 이렇게 개량된 지반은 균일하지는 않으나 생석회 기둥과 연약한 점성토의 복합지반을 형성한다.

③ 석회 기둥은 말뚝과 같은 효과를 나타내므로 지지력을 증가시키며 침하를 경감시킨다.

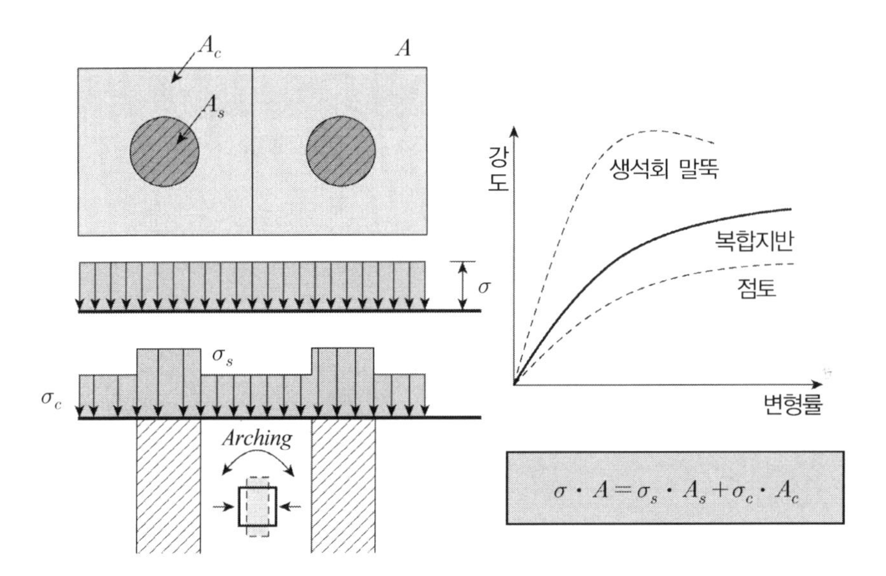

(4) 응력집중 효과

① 복합지반의 주요 작용은 말뚝 부분에서의 응력 집중효과이다.

② 이때 침하의 안정계산에서 응력분담비 n이 주요영향인자가 된다.

③ 즉, 탈수 후 압밀이 완료되면 석회 기둥에 응력이 집중되어 지반의 침하를 경감시키며 지지력을 증대시킨다.

㉠ 응력분담비율 $n = \frac{\sigma_s}{\sigma_c}$ 에서

$$\sigma A = n \cdot \sigma_c \cdot A_s + \sigma_c \cdot A_c = \sigma_c(n \cdot A_s + A_c)$$

설계에서의 응력분담비 = 3~5

$$\frac{(1+\sin\phi_s)}{(1-\sin\phi_s)} \leq n \leq \left(\frac{(1+\sin\phi_s)}{(1-\sin\phi_s)}\right)\left(\frac{(1+\sin\phi_s)}{(1-\sin\phi_s)}\right)$$

㉡ 응력집중계수 : μ_S

$$\mu_s = \frac{\sigma_s}{\sigma} = \frac{\sigma_c}{\sigma} \times \frac{\sigma_s}{\sigma_c} = \frac{\sigma_c}{\sigma} \times n$$

$$\mu_c \times n = \frac{n}{((n+1)a_s + 1)}$$

㉢ 복합지반 설계강도 정수

$$\bar{c} = (1-a_a)c, \quad \bar{\phi} = \tan^{-1}(\mu_s a_s \tan\phi_s)$$

5. 공법 적용 시 유의사항

(1) 생석회의 수화 반응 시 고열이 발생하므로 지하 매설물의 손괴에 주의하여야 한다.

(2) 생석회라는 화학물질을 취급하므로 인체 및 환경에 미치는 영향을 고려하여야 한다.

(3) 팽창한 체적으로 인하여 지반의 변형을 가져온다.

(4) 탈수로 인한 지반의 균열을 가져올 수 있다.

(5) 함수비의 변화로 인하여 강도 증가를 정확히 예측할 수 없다.

(6) 대수층의 모래지반을 관통하거나 지표수에 닿는 경우 효과가 감소한다.

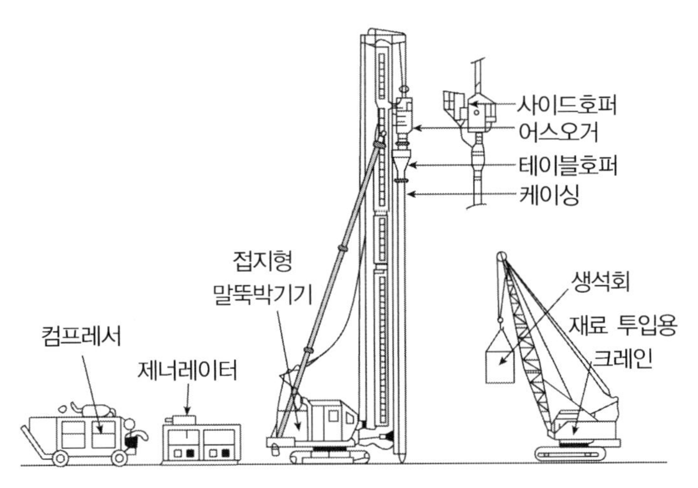

생석회 말뚝의 표준시공 기계

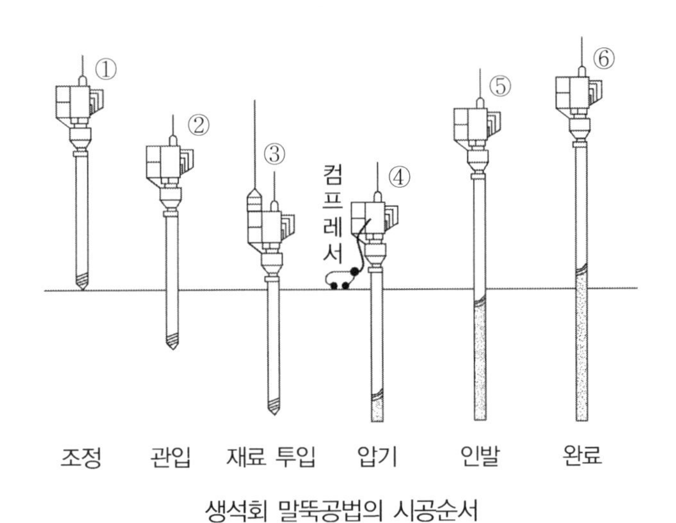

생석회 말뚝공법의 시공순서

34 쇄석기둥공법(Stone Colume Method)

1. 개 요

(1) 연약한 지반에 천공을 시행한 후 높은 다짐에너지를 이용하여 쇄석을 다짐으로서, 원지반의 전단강도 및 지지력을 높이는 공법으로 말뚝기초와 직접기초의 중간적인 개념이다.

(2) 기존의 연직배수공법은 *Sand Drain*, *Sand Compaction Pile* 공법은 모래를 사용하나 *Stone Colume* 공법은 모래 대신 자연자갈이나 쇄석 또는 슬래그 등을 사용하기 때문에 경제적이며 복합지반효과를 극대화함으로써 원지반의 지지력의 증가와 액상화 방지, 침하량을 감소시킨다.

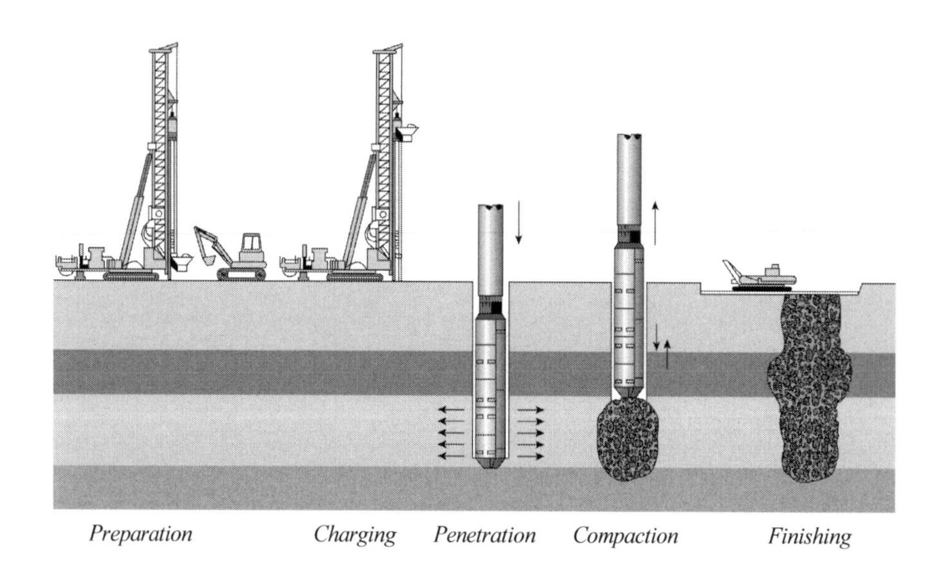

Preparation *Charging* *Penetration* *Compaction* *Finishing*

2. 공법의 분류

VCP 공법 (*Vibrated Crushed-stone Pile*)	• 배수효과 증대 • 침하량 감소 • 지지력 증대	***Sand Drain*** **대용**
VCD 공법 (*Vibrated Crushed-stone Drain*)	• 입경이 큰 쇄석을 이용한 수직배수재의 배수효과 양호 • 압밀을 촉진하여 지반개량기간 단축	
VCCP 공법 (*Vibrated Crushed-stone Compaction Pile*)	• 모래지반 : 다짐원리로 상대밀도 증대 / 액상화 방지 • 점토지반 – 아칭에 의한 침하량 감소 – 복합지반 개량 효과	***SCP*** **대용**

3. 공법의 특징

(1) 장 점

① 모래 부족에 대한 대체재료로서 경제성 도모

② 아칭효과로 인한 침하량 저감

③ 액상화 대책에 유리 : 진동기에 의한 쇄석의 진동압입으로 주변지반을 한계간극비 이하로 다짐

④ 쇄석의 재료적 특성상 지지력 및 전단강도 특성이 기존의 *Sand* 재료보다 훨씬 우수하므로 설치 간격 확대가 가능하고 따라서 시공 물량을 줄일 수 있음

(2) 단 점

① 쇄석입도 제한 : 배수효과 고려

② 점토에 의한 *Clogging* 문제

③ 우리나라의 경우 공법의 설계 기준도 없으며, 스톤칼럼의 개량효과가 원지반의 특성에 따라 많은 영향을 받음에도 불구하고 이에 대한 명확한 규정이 없기 때문에 실무에서의 활용 및 적용성이 거의 없는 실정이다.

4. 공법의 효과(원리)

(1) 지지력 증진

※ 스톤칼럼의 극한 지지력(σ_s) : 3차원 수동토압이론을 적용

$$\sigma_s = C_u\left(\frac{q}{c_u} + \frac{2}{\sin 2\delta}\right)\left(1 + \frac{\tan\delta_s}{\tan\delta}\right)\tan^2\delta_s$$

여기서, σ_s : 스톤칼럼 초기 극한 지지력 　 q : 상재하중

c_u : 원지반 비 배수 전단강도 　 δ : 원지반 전단파괴면의 각

δ_s : 스톤칼럼 전단파괴면의 각

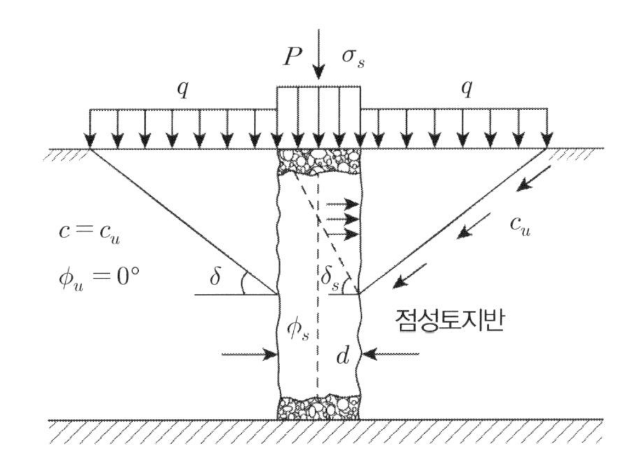

스톤칼럼 지지력 개념도(*Brauns* 1978)

(2) 복합지반 지지력 : 지반보강 효과

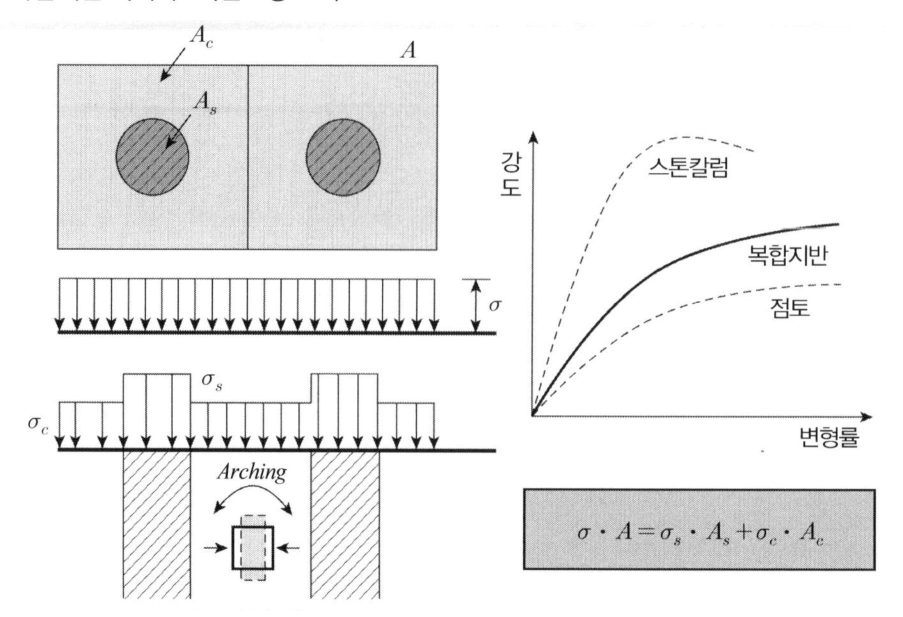

(3) 배수효과 : 지진 등으로 발생한 과잉간극수압 신속 배수 가능

① 배수재 선택 시 고려사항

㉠ (배수재의 투수계수 > 200 × 주변지반의 투수계수) : 동수경사 발생 조건

㉡ 배수재의 입도크기는 막힘을 방지할 수 있을 만큼 작아야 한다.

$$20D_{s_{15}} < D_{s_{15}} < 9D_{s_{85}}$$

여기서, D_s : 주변 흙의 유효입경

D_G : 쇄석의 유효입경

② 쇄석의 최대 골재치수 : 설계직경 또는 토질특성, 연경도 고려 결정

✓ 원칙적으로 *VCP* : 25*mm* 이하, *VCCP* : 40*mm* 이하를 사용하여야 한다.

(4) 침하저감 : 아칭에 의한 침하저감

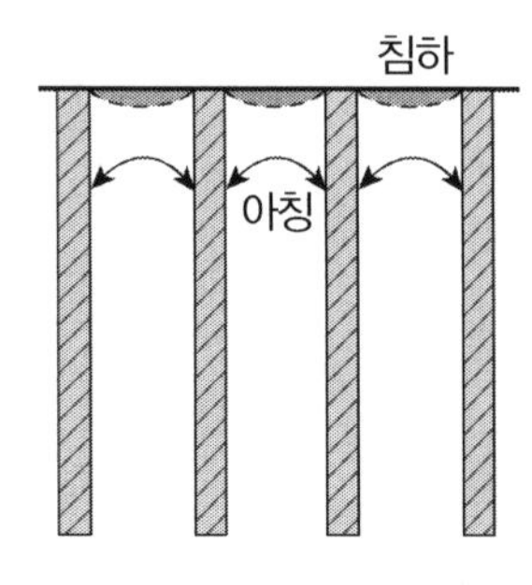

$S = \mu_c \cdot S_c$

여기서, S : *SCP* 시공 후 발생침하량

μ_c : 응력저감계수

S_c : *SCP* 무시한 계산 침하량

(5) 액상화 예방 : 쇄석치환에 의한 면적비와 쇄석 마찰각에 따라 전단응력비 감소로 액상화에 대한 안전율 향상

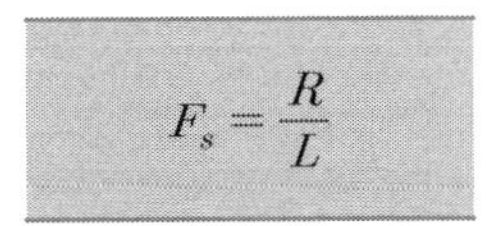

$$F_s = \frac{R}{L}$$

여기서, R : 지반 내 반복 전단강도비

L : 지반에 작용하는 등가전단응력비 (반복전단응력비)

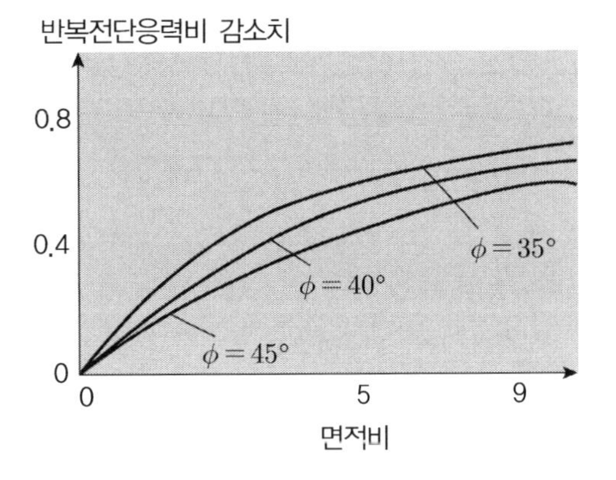

(6) 사면안정

① 회전파괴(*Rotation Failure*)와 병진파괴(*Translation Failure*)로 나누어서 계산

② 사면 파괴 형상에 따라 스톤 칼럼은 추가적인 저항력과 모멘트를 부여

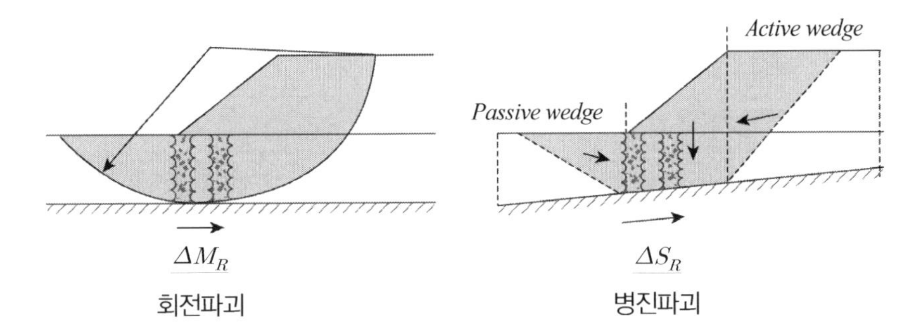

회전파괴 병진파괴

5. 쇄석기둥의 파괴형태

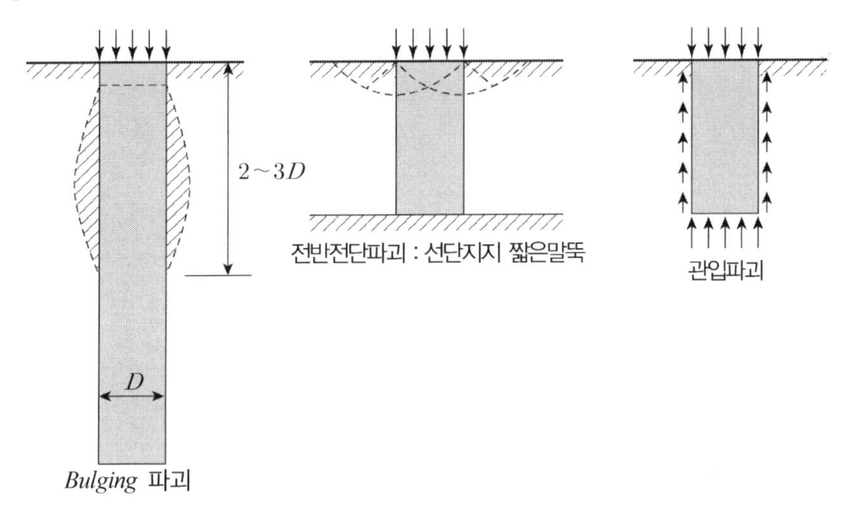

Bulging 파괴 전반전단파괴 : 선단지지 짧은말뚝 관입파괴

(1) 말뚝길이가 말뚝직경의 2~3배 이상 되는 길이가 긴 쇄석기둥의 경우는 팽창파괴(*bulging failure*)가 일어난다.

(2) 쇄석기둥의 선단이 단단한 지지층에 지지된 길이가 짧은 기둥은 지표면 부근에서 전단파괴(*shear failure*)가 일어난다.

(3) 쇄석기둥의 선단이 연약층 내에 있고 짧은 경우는 관입파괴(*punching failure*)가 일어난다.

6. 평 가

(1) 자연골재 부족에 대한 대체공법으로 경제적인 공법으로 평가된다.

(2) 외국의 경우 시공사례와 설계경험이 풍부하나 우리 나라의 경우 공법의 설계 기준도 없으며, 스톤 칼럼의 개량효과가 원지반의 특성에 따라 많은 영향을 받음에도 불구하고 이에 대한 명확한 규정이 없기 때문에 실무에서의 활용 및 적용성이 거의 없는 실정이다.

(3) 따라서 다양한 시공실적과 설계경험을 축적해야 할 필요성이 절실하다.

(4) 개량효과 검증을 위한 연구와 시험이 필요하다.

35 진공압밀 공법(Vacuum Consolidation Method, 대기압공법)

1. 개 요

(1) 점성토의 지표면에 모래를 깔고 그 위를 기밀막으로 피복하고, 진공펌프로 공기를 빼내어 내부를 진공으로 만들어 대기압을 하중으로 작용시켜 압밀을 촉진하는 공법이며

(2) 기존 재하중 공법의 성토하중 대신 지중을 진공으로 만들어 진공하중으로부터 간극수를 강제탈수 시킴으로써 압밀을 촉진시키는 공법이다.

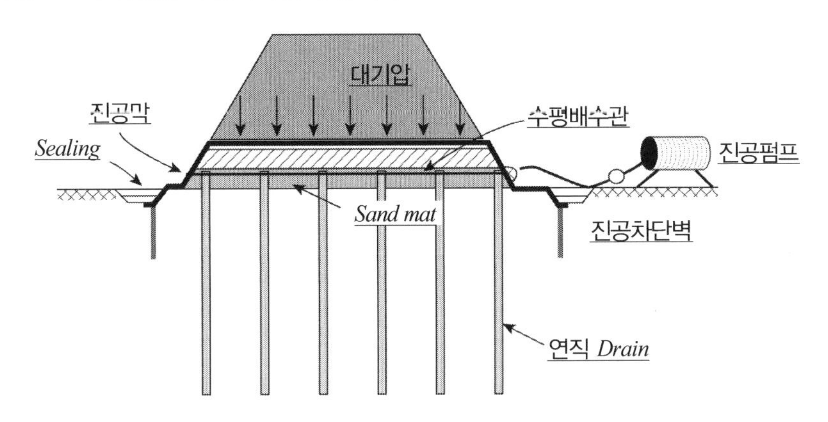

2. 공법의 특징

(1) 연약점토층을 탈수에 의한 압밀을 촉진시키기 위하여, 지중을 진공상태로 만들어 대기압에 의해 하중을 작용시킨다.

(2) 지중에 연성 주름관을 삽입시켜 이를 통해 형상된 진공상태가 지중 등방성 압력을 발생시키고, 유효응력을 증가시킨다.

(3) 재하의 여성토 공법에서 성토하중에 의한 전단파괴가 발생하는 것을 방지하기 위한 공법으로 등방압밀 하중 하에서는 흙의 전단파괴가 발생하지 않는 원리를 이용한다.

(4) 상부지반이 초연약할 경우 성토하중의 재하없이 대기압만으로 지반의 전단파괴없이 압밀을 급속히 진행시킬 수 없다.

(5) 깊은 심도의 연약층 하부까지 진공시킬 수 있어 깊은 연약 지반의 탈수에 의한 강도증진에 적합하다.

(6) 진공으로 탈수되므로 정적하중에 의한 자연배수보다 2~5배의 빠른 속도로 배수되어 압밀기간이 2배 이상 단축될 수 있다.

(7) 잔류 침하를 허용치 않으며 2차 압밀 침하 영역까지 압밀시킴으로써 압밀침하에 대한 대책공법으로 확실한 공법이다.

3. 공법의 기본원리

(1) 재하압밀과 진공압밀의 지반 내 응력변화 상태를 비교해보면

① 재하압밀에서 압밀 종료 시 전 응력은 $\Delta p'$ 만큼 증가하므로

$p + \Delta p' = (p' + \Delta p') + u$

여기서, p : 재하 전의 전 응력　　p' : 재하 전의 유효응력

$\Delta p'$: 유효재하응력　　u : 간극수압

② 진공압밀에서 자연상태 간극수압의 감소분을 Δu 라 하면

$\Delta u = \Delta p'$

$p = (p' + \Delta p') + (u - \Delta u)$

(2) 따라서 진공압밀에 있어서는 $\Delta p'$ 만큼 유효응력이 증가하더라도 전 응력의 변화는 없다.

(3) 그러므로 상부지반이 연약할 경우 재하 성토로 인한 전단파괴 없이 압밀을 촉진시킬 수 있다.

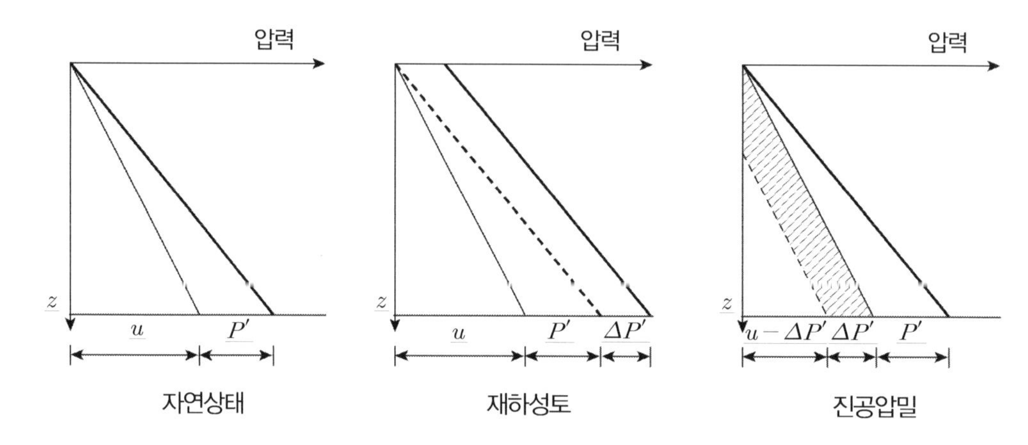

4. 진공재하 시 지반의 거동(성토재하와 비교)

(1) 전단특성

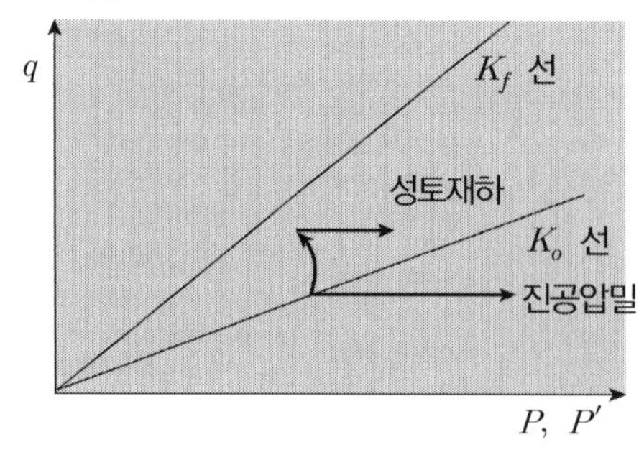

(2) 압밀특성

① 성토재하 : K_o 압밀　　② 진공압밀 : 등방압밀

5. 적용성

(1) 재하중을 제거해야 하는 성토재하 공법에 비해 경제적일 수 있다.

(2) 점성토로 준설매립된 초연약지반상 성토재하로 인한 사면활동과 지반의 파괴가 예상될 경우 유효한 공법이다.

(3) 이론적으로 $10tonf/m^2$의 재하중을 얻을 수 있으나 $5\sim6tonf/m^2$의 하중이 유효하므로 이 이상의 하중이 필요한 경우에는 성토를 병행하여야 하며, 이때 사면안정이 유지되도록 단계성토, 압성토, 토목섬유 등을 별도로 검토하여야 한다.

✓ 진공압 $10tonf/m^2$: 4.5m 성토효과

6. 시공 시 유의사항

(1) 주상도상에 *Sand Seme*이 있다면 진공압이 새어나가므로 공법의 적용이 불가하다.
: 지반조사가 매우 중요함

(2) 드레인 보드 한 개당 진공효과 영향범위를 파악해야 하며 드레인 보드의 효율적인 배치가 중요 사항이다.

(3) 기밀성 유지를 위해 트렌치 부분에 *Sealing*을 철저하게 시공하여야 한다.

(4) 시공 후 침하의 발생으로 변형될 경우 지중 배수 기능의 저하로 압밀효과가 낮다.

(5) 계측관리 도입이 필수적이며, 압밀 재하 후 개량효과가 기대치 이하일 경우 대책공법을 강구하여야 한다.

참고사항

진공압밀에 따른 지중 응력상태

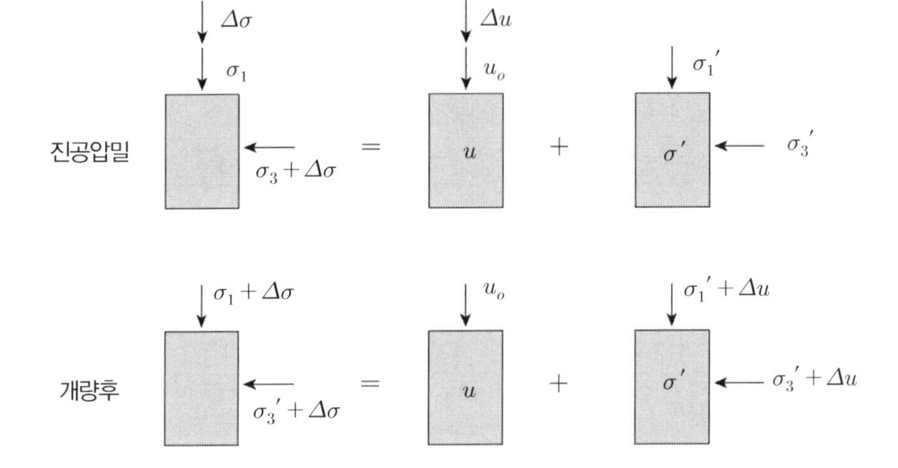

진공압밀공법 모식도

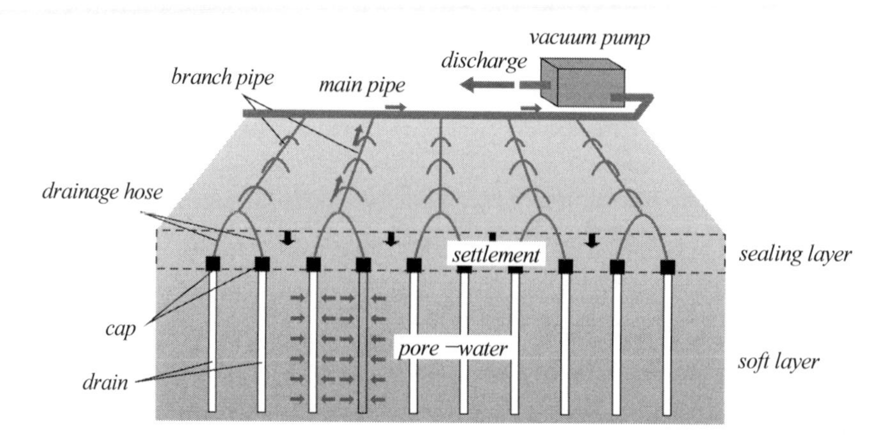
vacuum pump
discharge
branch pipe
main pipe
drainage hose
settlement
sealing layer
cap
pore water
soft layer
drain

36 전기침투(Electrosmosis) / 전기삼투공법

1. 개 요

(1) 물로 포화된 세립토 중에 전극을 설치하여 직류전류가 흐를 때에 전기침투라는 현상에 의하여 간극수는 (+)극에서 (−)극으로 흐른다.

(2) 간극수와는 반대로 흙 입자가 (−)에서 (+)극으로 이동하게 되는데, 이러한 현상을 전기영동현상이라고 한다.

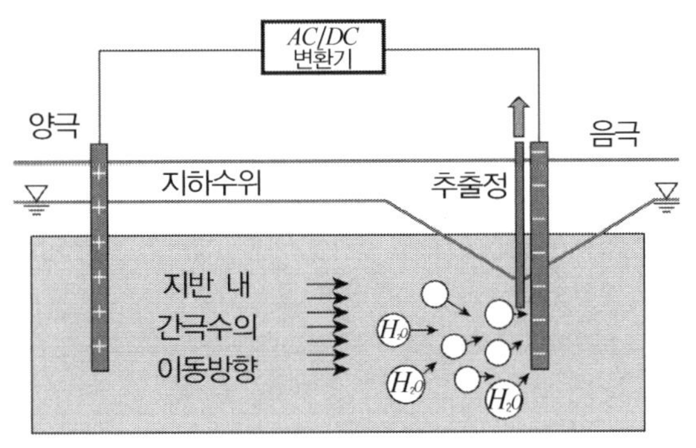

2. 공법의 원리

(1) 점토 속의 물

① 점토입자가(−)의 전기성질을 띄므로 흙 입자 표면에 양이온이 모이게 되고 평형을 유지하기 위해 물을 끌여들여 그림과 같게 됨

② 점토입자 주위로 전기적으로 끌여 당겨진 물(쌍극자)을 이중층수(*double layer Water*)라 함

③ 이중층수의 가운데 층은 점토입자에 의해 강하게 결속되어 있는데, 이것을 흡착수(*absorbed water*)라 함

④ 흡착수 중에서 강하게 흡착된 것을 고정층, 고정층보다 다소 약하게 흡수된 것을 이온층이라 하며 이 둘을 합쳐 이중층이라 함

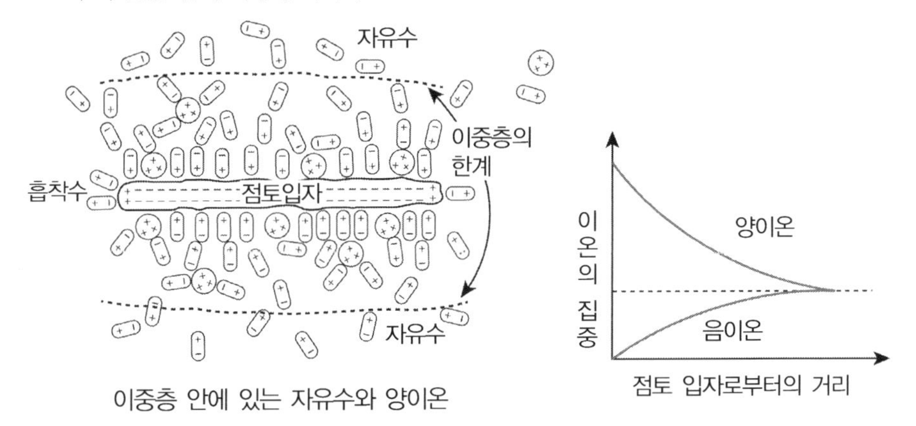

이중층 안에 있는 자유수와 양이온

(2) 전기영동과 전기침투

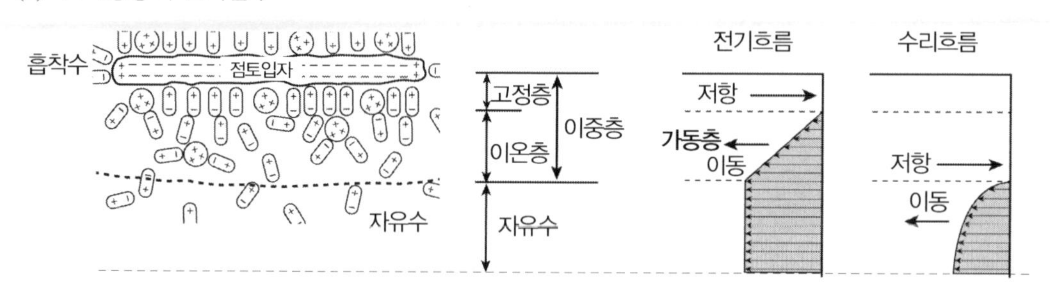

전기침투원리 모식도

① 가동층 : 흙에 전류를 가하면 양전하는 음극으로 이동하면서 물을 끌고 감

② 자유수 : 가동층인 이온층의 흐름에 이끌려 흐르게 됨

3. 영향인자

(1) 전압의 크기 및 경사 : 클수록 배수효과 큼

(2) 전기분해에 의한 가스 : 흐름 저해

(3) 흙의 종류

① 고함수비 점토(초연약지반, 준설매립토) : 배수효과 우수

② *Kaolinite*가 *Ilite*에 비해 효과 우수

4. 적 용

(1) 연약지반 개량

① 압밀배수 및 침하 촉진 → 지반강도 증진

② (−)극은 물이 집중되어 연약화되므로 부지 전체에 균등한 압밀배수를 위해 전극을 교환함이 필요함

(2) 말 뚝

① 말뚝 설치 후 말뚝 주면마찰력 증가

② 말뚝항타시공관입성 향상 또는 인발시공 용이

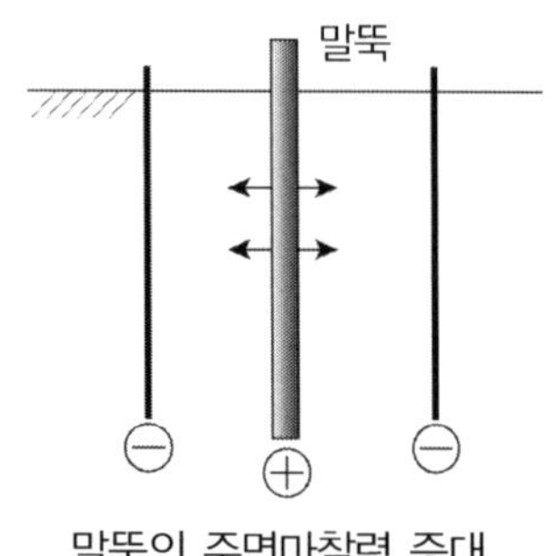

말뚝의 주면마찰력 증대

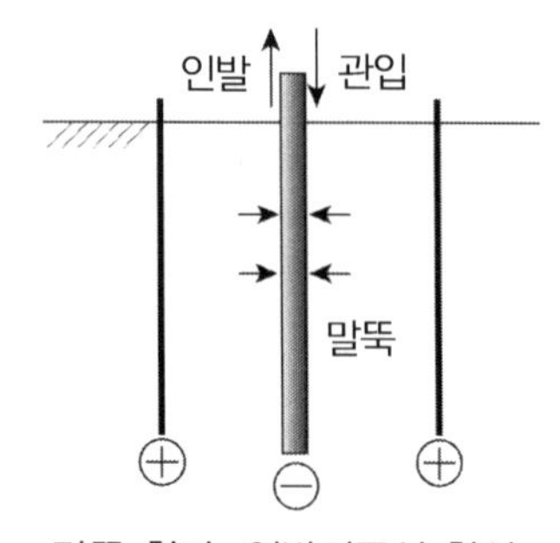

말뚝 항타, 인발시공성 향상

(3) 매립장 차수보완

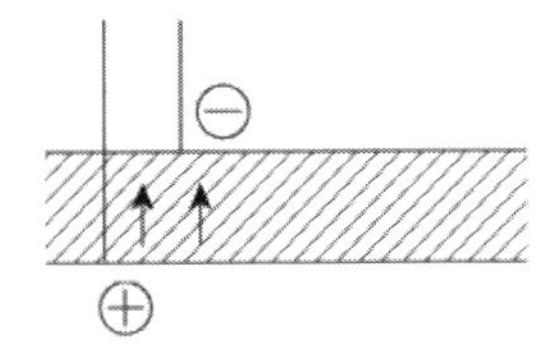

(4) 매립장 차수막 천공보수

① 매립장 외측은 양극, 내측은 음극 설치

② 전기영동작용에 의해 콜로이드 입자는 음극에서 양극으로 이동하면서 천공부위 충전

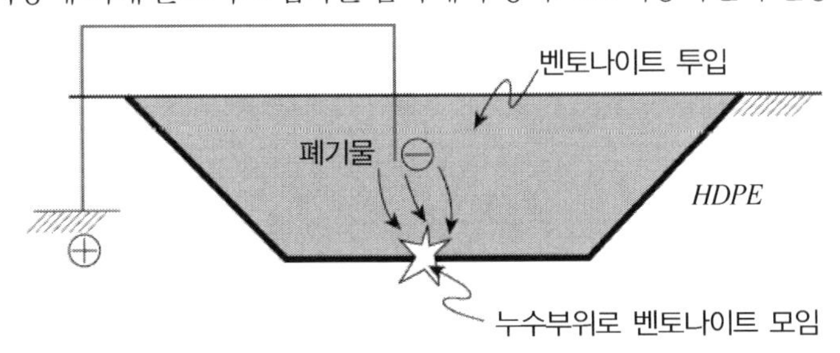

③ 전기영동(*Electrophoresis*) 현상은 교질 현탁액에 직류전위차가 가해지면 음극(−)으로 대전된 점토 입자는 양극(+)으로 이동하며 이러한 대전된 입자의 이동 현상을 전기영동이라 함

(5) 오염지반 정화

① 전기삼투(*Electroosmosis*) 반응은 포화된 토양에 전기장이 가해지면 지반 내 존재하는 양이온은 음극(−)으로 음이온은 양극(+)으로 이끌리게 됨

② 이러한 반응으로 토양 입자 표면의 전기 이중층을 구성하는 고정 표면 전하층에 대해 그와 반대 전하를 띄는 유동 유체 전하층(*Stern layer*)의 이온들이 수화된 물 분자들과 함께 세공(*pore*) 내에서 이동하는 현상으로 이동이 쉬운 이온성 금속물질 정화에 효과적임

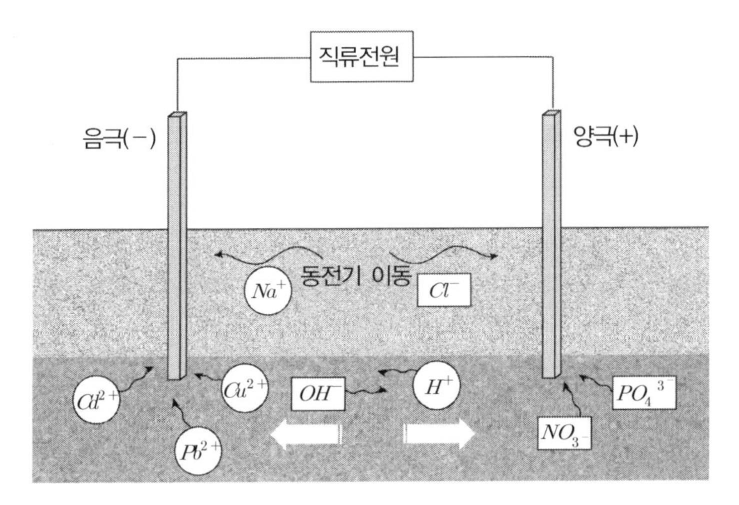

37 강제치환(활동치환, 압출치환) 깊이산정

1. 개 요

(1) 통상 연약지반상에 제방(또는 하천구조물, 도로) 등을 축조할 때 상부하중이 점토지반의 비 배수강도를 초과하면 전단파괴 및 연직침하가 발생하기 마련이다.

(2) 상부에서 오는 구조물하중을 지지하기 위해서는 연약지반을 개량해야 하는데, 강제치환 공법은 연약지반을 개량하지 않고 연약층의 비 배수 전단강도보다 큰 성토하중을 재하하여 연약지반의 전단파괴를 미리 일으켜 치환하는 공법이다.

(3) 강제 치환깊이의 산정은 극한 지지력과 지중응력값이 평형을 이루는 곳까지 치환한다.

2. 강제치환 깊이산정 개념

(1) 개념 : (연약지반의 극한 지지력 = 성토하중으로 인한 지중응력)일 때의 깊이

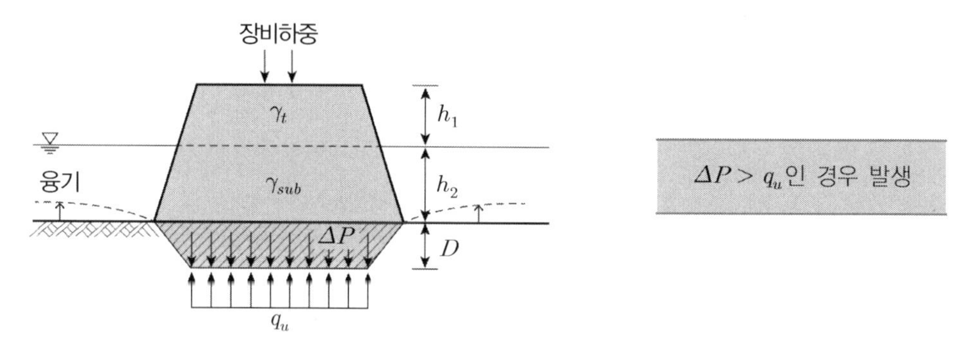

(2) 치환깊이와 전단응력 경로

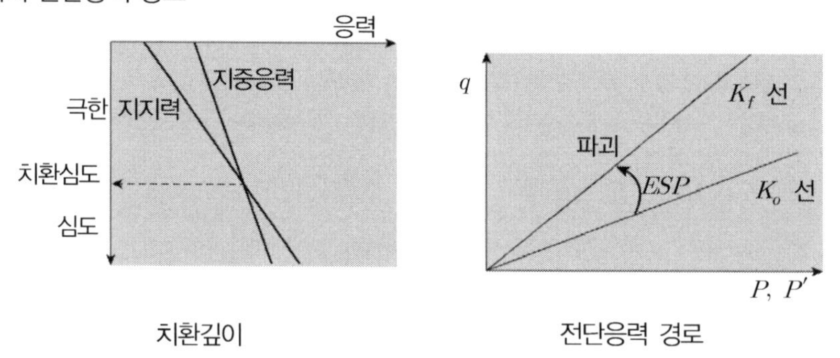

치환깊이 전단응력 경로

3. 강제치환 깊이산정 방법

(1) 지지력에 의한 방법

① 테르자기의 극한 지지력공식은 강성기초의 경우 적용되므로 강제치환공법의 경우 연성기초로서 상호 모순되나 연약층에 비해 성토층의 강성이 상대적으로 크므로 근사적으로 해석하며 실제와 크게 다르지 않다.

② 극한 지지력(q_u)과 지중응력(ΔP)이 평형상태로 되는 심도, 즉 안전율이 1인 경우를 치환심도로 결정하는 방법이다.

지지력에 의한 치환깊이 산정

1. 조건 : $\Delta P = q_u$

2. 지중응력 계산

① 간략개념 : $\Delta P = \gamma_t \cdot h_1 + \gamma_{sub} \cdot h_2 +$ 장비하중의 영향

② 실무(*Osterberg* 법)

$$\Delta P = \frac{q_o}{\pi}\left(\frac{a+b}{a}\right)(\alpha_1 + \alpha_2) - \frac{b}{a}(\alpha_2)$$

여기서, a : 사면폭(m)　　b : 제방폭(m)

h : 성토고(m)　　z : 심도(m)

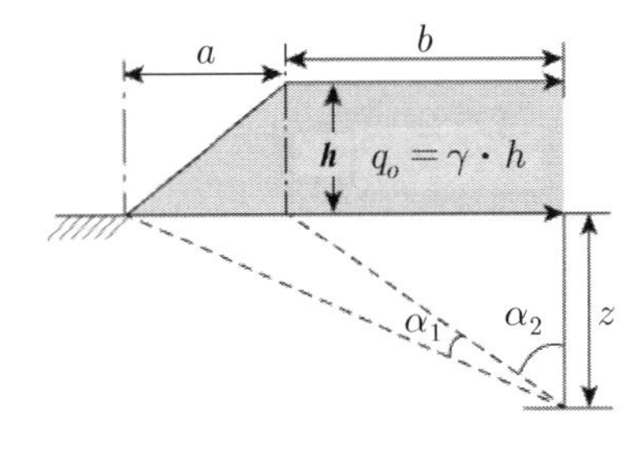

3. 치환 후 연약지반 극한 지지력

① *Terzaghi* 식

$$q_u = c \cdot N_c + \frac{1}{2} \cdot \gamma_1 \cdot B_1 \cdot N_\gamma + q \cdot N_q = 5.7c_u + \gamma_2 \cdot D_f$$

② *Mandel & Salencon* 식

$$q_u = c \cdot N_c + \gamma_2 \cdot D_f$$

여기서, $N_c = \pi + 2 + 0.47\left(\frac{B}{h_c} - 1.48\right)$　　B : 기초폭

D_f : 근입깊이　　h_c : 기초하부 연약층 심도

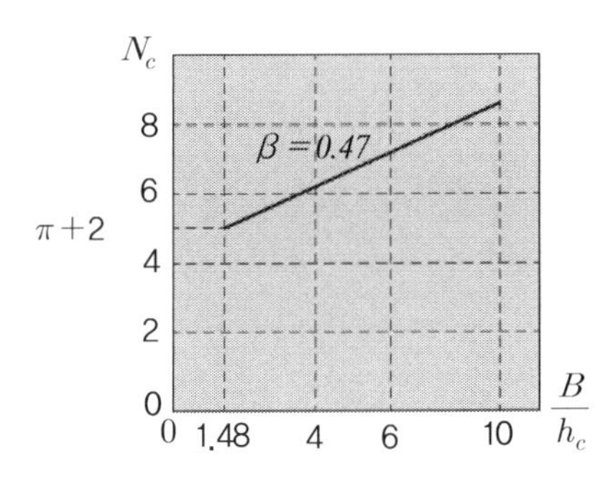

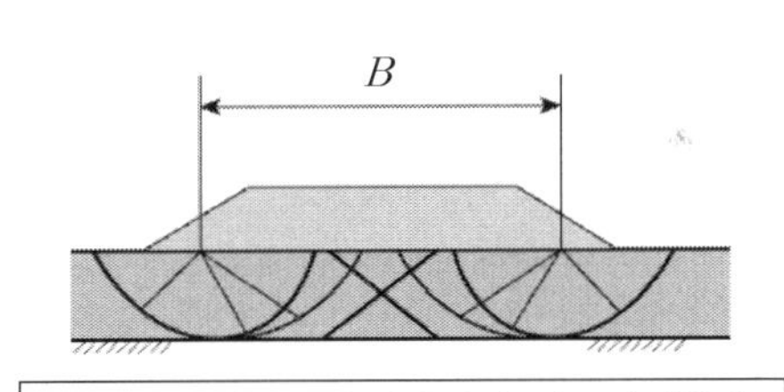

깊이가 얕은 연약지반상의 성토파괴형태

4. $\Delta P = q_u$에서 α(점착력 증가율)를 고려한 치환깊이(예, *Terzaghi* 식)

$$D_f = \frac{\gamma_t \cdot h_1 + \gamma_{sub} \cdot h_2 + N_c \cdot C_o}{\alpha \cdot N_c + \gamma_c'}$$

(2) 수치해석에 의한 방법

① 방법

㉠ *Hyperbolic Model* : 비선형 탄성 모델

㉡ *Cam − Clay Model* : 탄소성 모델

② 특징

㉠ 치한깊이, 융기범위 추정

㉡ 단계별 치환시 지반거동 추정

4. 기타 치환공법의 종류

(1) 굴착치환공법

① 연약지반토를 기계적으로 굴착제거 후 양질의 토사로 치환

② 치환을 위한 사토장 및 토취장이 필요

③ 치환토의 다짐처리가 필수적이므로 연약층이 비교적 얕은 경우에 적합

④ 해상 준설에 의한 굴착 치환의 경우는 환경조건에 제약

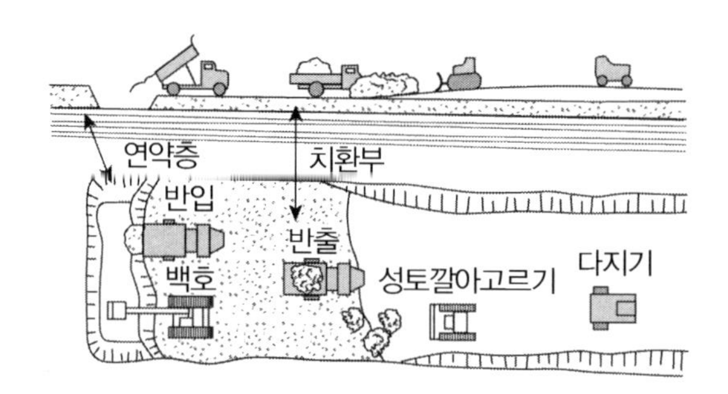

(2) 폭파치환

① 양질의 토사를 미리 성토한 후 성토하중 또는 보조수단으로 연약지반을 파괴시켜 동시에 치환하는 공법(압출치환 또는 폭파치환)

② 가장 간단한 치환공법이나 환경조건 및 주변지반의 영향을 고려하여 부득이한 경우에만 사용

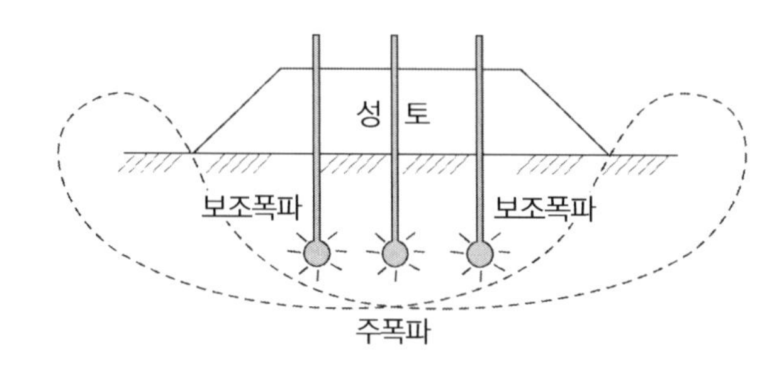

(3) 동치환 공법

동치환 공법은 동압밀공법의 적용이 곤란한 포화점토 및 실트지반등을 개량하는 것으로, 무거운 추를 크레인을 사용하여 고공으로부터 낙하시켜 연약지반지반위에 미리 포설하여 놓은 쇄석 또는 모래자갈 등의 재료를 큰 에너지로 타격하여 지반으로 관입시켜 대직경의 쇄석기둥을 자중에 형성하는 공법이다.

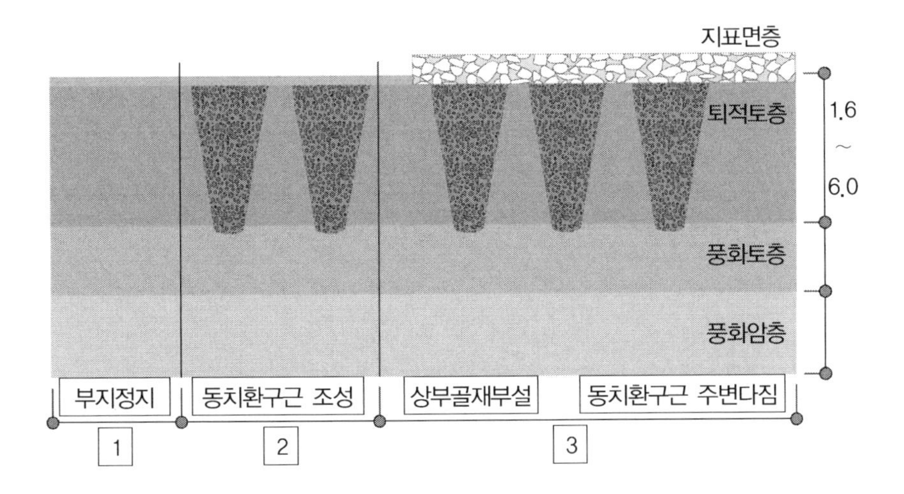

5. 평 가

(1) 계산상 치환깊이와 실제 시공 치환깊이 상이현상 많음

① 원인 : 시공방법, 지반의 교란, 성토재와 치환 융기토 사이의 마찰, 점토의 소성유동 시간소요

② 조치 : 시공 시 치환깊이 확인 → 부족 시 사면안정 검토

(2) 측방에 융기한 연약지반은 신속히 제거하여 다음 단계 강제치환에서 융기한 연약토가 수동저항력으로 작용하지 않아야 한다.

(3) 시공순서 준수

흙쌓기는 도로 중앙부로부터 선행하여 외측으로 진행한다.

38 동치환 공법(Dynamic Replacement 공법)

1. 개 요

동치환 공법은 동압밀공법이 점성토층에 통과가 적은 문제를 극복하기 위하여 개발된 것으로, 무거운 추를 크레인을 사용하여 고공으로부터 낙하시켜 연약지반 위에 미리 포설하여 놓은 쇄석 또는 모래자갈 등의 재료를 큰 에너지로 타격하여 지반으로 관입시켜 대직경의 쇄석기둥을 지중에 형성하는 공법이다. 추에 의해 큰 에너지로 타격을 가하면 지표의 쇄석이 지중으로 관입되고, 추가 함몰된 자리에 쇄석을 채우고 이를 다시 타격으로 관입시키는 공정을 되풀이하여 지중에 대직경의 쇄석기둥을 설치한다.

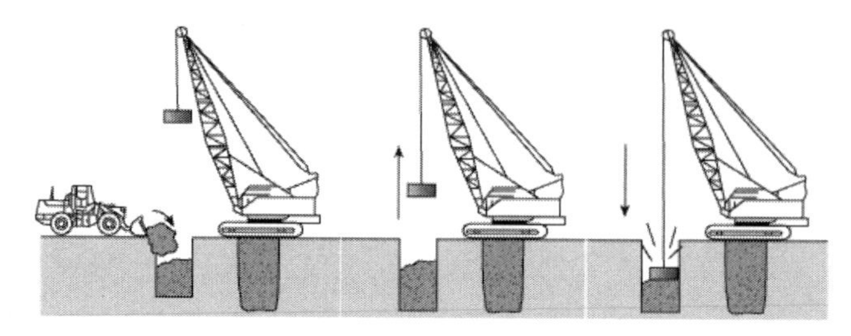

동치환 공법 시공도

2. 공법의 특징

(1) 복합지반 형성 : 깊은기초 형식 대용

(2) 배수 촉진 → 압밀 촉진, 급속 시공 가능

(3) 연약층 심도가 깊을 경우는 메나드 드레인 등의 보조 공법과 병용

3. 공법의 적용

(1) 초연약지반

(2) 쓰레기 매립지반

(3) 성토매립지상의 중량구조물 기초

(4) 고성토구간의 지지력확보 및 사면활동 방지

4. 공법의 설계

(1) 기둥의 지지력

① 각 기둥의 지지력은 기둥 주면 토사의 강도에 의해 좌우된다.

$$Q = \frac{K_p \times P_{li}}{F_s}$$

여기서, K_p : 수동토압계수

P_{li} : 주변토사의 한계응력(동치환 후 PMT 결과) F_s : 안전율

② 기둥의 유효반경은 기둥이 형성되는 과정에서 *Pressure meter test*를 통해 현장에서 측정하여 확인해야 한다.

③ 이때 기둥과 주변토사의 변형계수비를 측정하여 설계 시 가정한 강도가 발휘되는지 확인해야 한다.

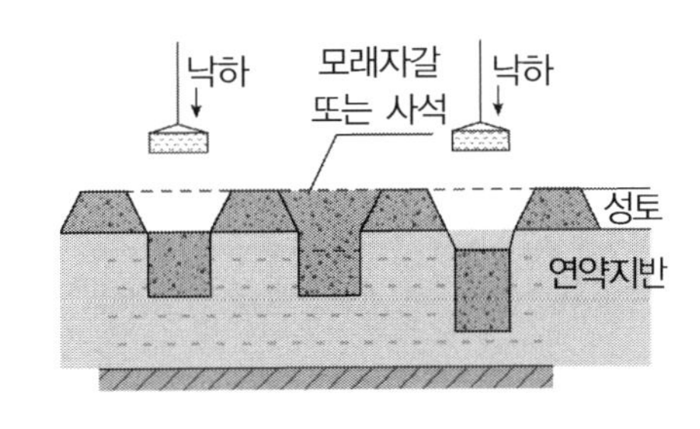

(2) 쇄석기둥의 형상조건

$$4H_f > S - D_p < H_c$$

여기서, H_f : 기둥 사이 아치 형성층의 두께
S : 기둥 사이의 간격
D_p : 기둥의 직경
H_c : 기둥의 길이

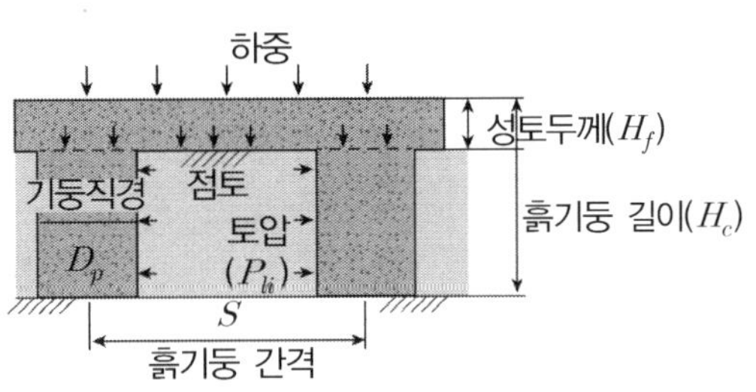

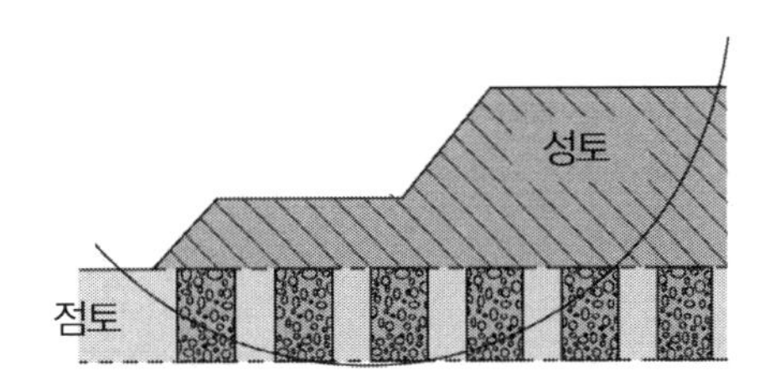

※ 기둥 사이 지반의 약점을 보완하기 위해 쇄석 기둥과 같은 재료로 상부 쇄석층을 형성하여 아치 현상을 만드는 것이 중요하다.

(3) 복합지반의 지지력

$\sigma = \sigma_s\, a_s + \sigma_c(1 - a_s)$

여기서, σ : 동치환 후 평균 지지력 $\quad$ σ_s : 기둥 부위의 지지력
σ_c : 기둥 사이 토사부의 지지력 $\quad$ a_s : 기둥 면적

(4) 부등침하 방지조건 : 시공 후 기둥과 토사부의 침하량은 동일해야 하는 조건임

$$S_t = \sigma_c \times \frac{H_c}{E_c} = \sigma_s \times \frac{H_c}{E_s}$$

여기서, S_t : 침하량
H_c : 기둥의 길이
σ_c, σ_s : 기둥, 주변 흙에 작용하는 응력
E_c, E_s : 가둥, 주변 흙의 탄성계수

(5) 시공한계 : 연약 점토층 시공깊이 4.5*m* 깊이까지 치환기둥 형성

5. 시공관리

(1) 공내재하시험 지반 내 임의의 점에서 압력 - 체적변화 확인

(2) 불균일성 지반 당초 설계조건 검토하여 탄력적 검토

(3) 정보화 시공 : 1단계 타격 후 개량효과를 검토하여 다음단계 시공에 참고

(4) 시공효과 점검

6. 동압밀(동다짐)과 동치환의 비교

구 분	동압밀	동치환
원 리	충격 E에 의한 다짐	① 충격 E 다짐 ② 쇄석기둥 강제 치환 ③ 쇄석 *Slab* 하중 전달
특 징	① 광범위 적용 ② 지반 내 장애물 영향 적음 ③ 불균일성 대처 용이	①, ②, ③동일 ④ 깊은기초 대용 ⑤ 급속 시공
적용성	① 사질지반 ② 도로, 철도, 공항 등 설계하중이 작은 경우	① 점성토, 초연약 ② 쓰레기매립지지반 ③ 중량구조물 기초 ④ 고성토 구간지지력 확보 ⑤ 사면활동 방지
효 과	① 지반침하 억제 ② 지반지지력 증대 ③ 액상화 감소	좌 동

7. 평 가

동치환 공법은 동압밀 공법의 문제점 해결을 위해 개량된 공법으로서 연약층 심도에 따라 보조공법과 병용하여 훌륭한 강도증진 효과를 기대할 수 있는 공법이다.

참고사항

※ 동치환 공법과 유사공법 : *Geopier* 공법

(1) 공법 개요

연약한 지반에 천공을 시행한 후 높은 다짐에너지를 이용하여 쇄석을 다짐으로써, 원지반의 전단강도 및 지지력을 높이는 공법으로 말뚝기초와 직접기초의 중간적인 개념이다. 지반보강 및 기초공법 용도로 사용되며 침하량을 기준치 내로 제어함으로써 상부구조물을 지지한다.

(2) 시공순서

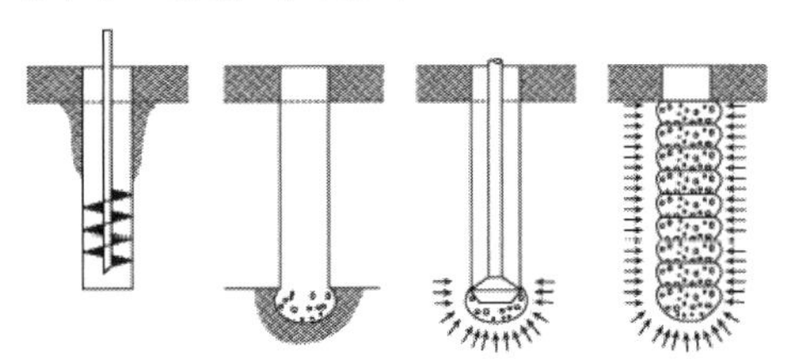

① 0.5~1.0*m* 직경으로 지반천공

② 기초구근부 쇄석부설과 다짐(100*mm* 이상 골재)

③ 기둥부 쇄석부설과 다짐(25*mm* 골재)

(3) 공법의 특징

① 원지반 및 높은 다짐에너지에 의해 구축된 쇄석말뚝이 동시에 상부하중에 저항하는 공법으로 기존 말뚝공법과 구별된다.

② 공기가 상대적으로 짧으며, 시공비가 저렴하다.

③ 지진하중, 액상화 및 수평하중에 대한 저항력이 크다.

④ 기초로 사용되는 경우 본당 지지력이 원지반 지층에 따라 본당 20~70 *ton* 정도이며, 전체 침하량은 1*inch* 정도에서 관리가 가능하다.

(4) 적 용

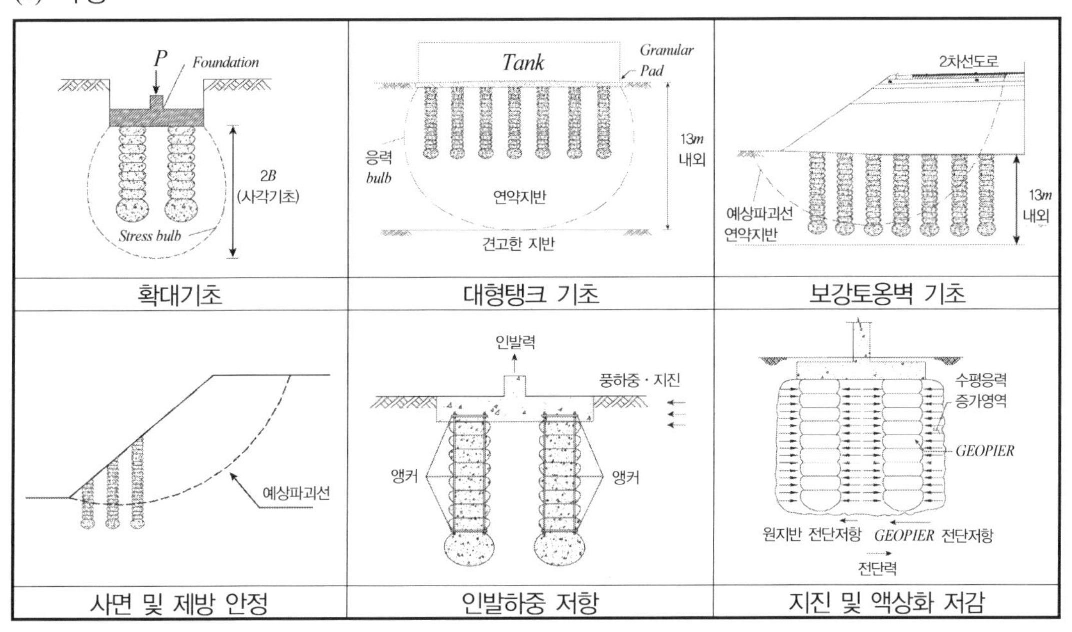

확대기초	대형탱크 기초	보강토옹벽 기초
사면 및 제방 안정	인발하중 저항	지진 및 액상화 저감

39 연약지반의 조사(Trouble 원인, 대책)

1. 개 요

연약지반은 $N < 4 \sim 10$ 이하의 토질로서 압축성이 크고 변형이 큰 특징을 가진 지반으로서 구조물과 지반의 상호작용 측면에서 지반활동 파괴, 압밀침하량 등을 분석함으로써 적정공법을 선정하기 위한 기초자료로서 활용된다.

2. 연약지반의 문제점

(1) 전단강도가 작음 → 활동파괴 가능성 큼

(2) 투수성(점토는 작으나, 사질토는 큼)

(3) 압축 및 압밀량이 큼

(4) 밀도가 작음(간극비가 큼)

(5) 변형량이 큼

3. 연약지반 대책공법의 선정순서

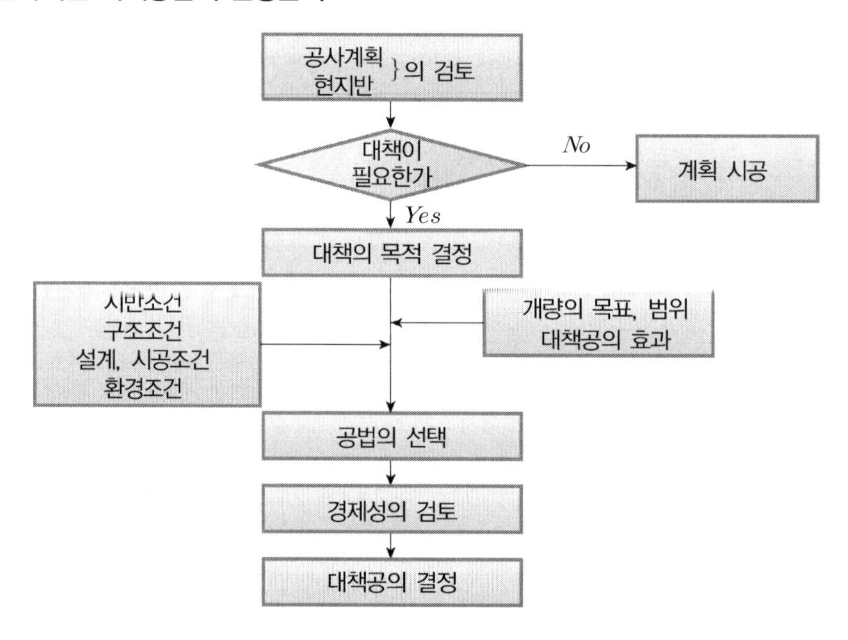

4. 연약지반 조사의 종류

(1) 예비조사

① 문헌조사 : 자료조사(지형도, 토질주상도, 인근의 토질조사보고서, 공사기록)

※ 항공사진의 유효성 : 지형도나 지질도에 나타나지 않는 저습지 및 자연제방의 위치 등을 알 수 있어 유리하다.

② 현지조사

㉠ 연약지반지대의 지형은 대부분이 평지이므로 광범위하게 답사

㉡ 인접현장의 연약지반 처리 관련 문제점 파악, 환경 및 민원요소 파악

③ 개략조사

㉠ 문헌조사 및 현지답사로는 토층의 두께와 그 성질을 충분히 알 수가 없다.

㉡ 그러므로 본조사를 위한 대표적인 지점에 대한 사운딩 및 보링을 시행하여 지반의 성층상태와 토질을 조사한다.

(2) 본조사 : 개략조사 결과로부터 정밀조사 시행

(3) 추가조사 : 본조사의 불명확한 점이 있거나 시공중 설계변경 사항이 발행한 경우

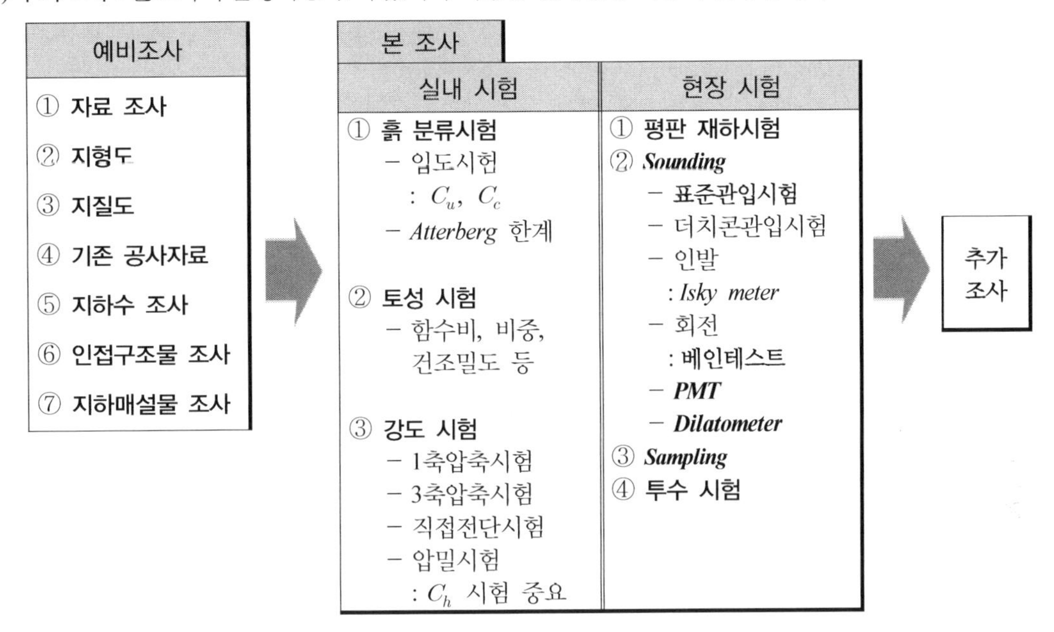

(4) 시공관리 조사 : 시공 중 설계목표물에 대한 안정성, 시공성, 설계와의 상관성을 확인하기 위한 시공 중 구조물의 동태관측, 지지력 확인 등이 있다.

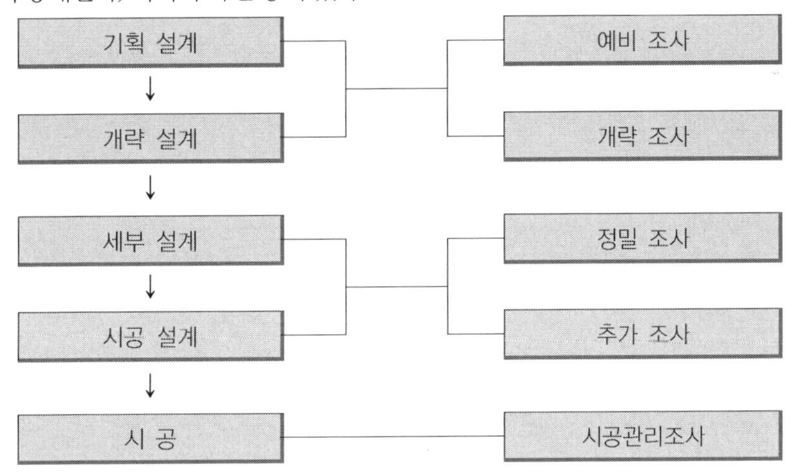

연약지반 토질조사의 흐름도

5. 연약지반 조사 시 중점관리 사항

(1) 시추조사 수량

① 조사간격이 넓으면 연약지반의 두께, 위치, 특성파악 곤란

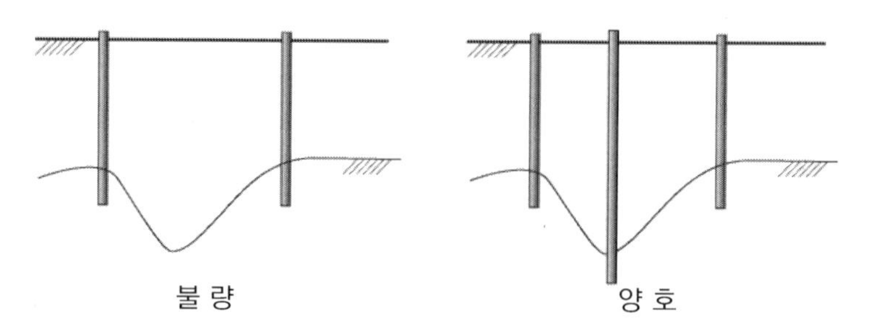

② 구조물별 조사간격 준수 : 구조물 기초 설계기준 해설 참조

예측방법	배치간격	심 도 (원칙적으로 지중응력 영향범위까지)
연약지반	**① 연약지반 성토 : 200~300*m* 간격**	**① 연약지반 : 굳은 지층하 3~5*m***
단지 및 매립부지, 도로	① 절토 : 100~200*m* 간격 ② 호안, 방파제등 : 100*m* 간격 ③ 구조물 : 해당 구조물 배치기준에 따른다	① 절토 : 계획고하 2*m* ② 호안, 방파제 : 풍화암 3~5*m*
	대절토, 대형단면등과 같이 횡단방향의 지층구성 파악이 필요한 경우는 횡방향 보링을 실시한다.	
터 널	산악터널 : 갱구부에 2개소씩으로 1개 터널에 4개소 실시하며 필요시 중간 부분도 실시함, 갱구부 보링 간격은 30~50*m* 중간부 간격은 100~200*m* 간격	① 개착부 : 계획고하 2*m* ② 터널구간 : 계획고하 0.5~1.0*D*
교 량	교대 및 교각에 1개소씩	기반암하 2*m*
건물, 하수처리장	사방 30~50*m* 간격, 최소한 2~3개소	기반암하 2*m*

(2) 지층별 시료채취

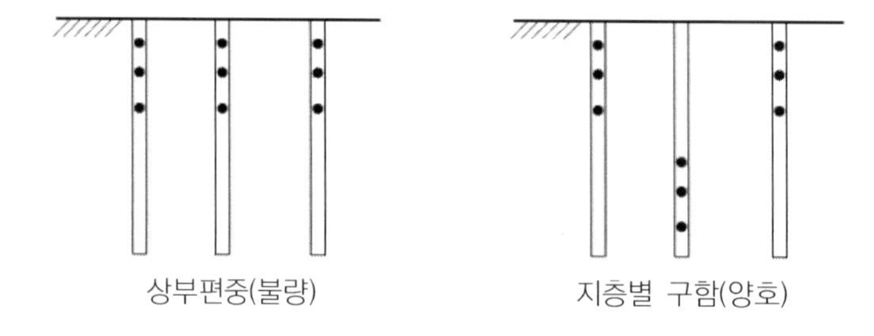

상부편중(불량)　　지층별 구함(양호)

(3) 시료 채취 시 교란 최소화

① 시료교란의 원인

㉠ 샘플링에 의한 시료 주변의 구속압 해방 : 불가피한 교란

㉡ 샘플링 시 기계적인 교란

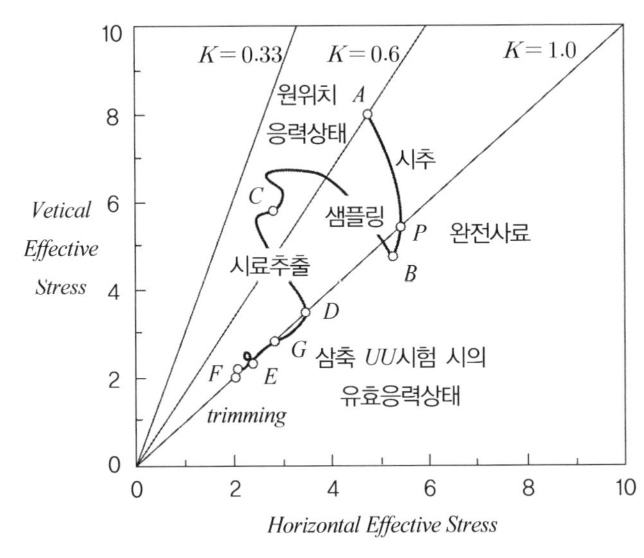

▸ A : 원위치 응력상태

※ 이상시료(*ideal sample*)

▸ P : 전혀 교란되지 않았으나 시료채취에 의하여 현장응력 이완 상태

※ 완전시료(*perfect sample*)

▸ F : 전단직전상태

※ 실제시료(*actual sample*)

▸ P~F점 : 샘플링, 시료추출, 운반, 시료성형단계

시료채취 시와 채취 후의 응력변화(*Ladd & Lambe*, 1963)

② 교란으로 인한 역학적 문제점

분 류	영 향
강도특성	㉠ 배수 및 비 배수 상태에서 압축강도의 감소 ㉡ 변형계수의 감소 ㉢ 극한강도일때 변형률 증가
압밀특성	㉠ 압축지수 − C_r 증가 : 과압밀 영역에서 침하량 크게 평가 − C_c 감소 : 정규압밀 영역에서 침하량 작게 평가 ㉡ 압밀곡선이 완만하게 되어 선행압밀응력을 구하기 힘들거나 작아지는 경우가 많다. ㉢ 원위치 유효응력에 해당하는 응력까지 압밀시켰을 때의 체적변형률이 커진다. ㉣ 선행압밀응력 이전의 불교란시료에 비해 압밀계수의 값이 불교란시료에 비해 작게 구해진다.

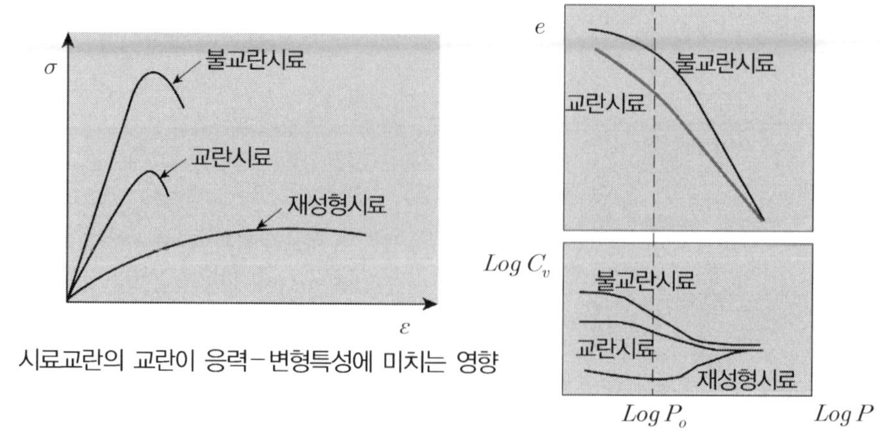

시료교란의 교란이 응력-변형특성에 미치는 영향

시료교란에 따른 압밀곡선과 압밀계수

③ 시료교란 최소화를 위한 조사 시 대책

㉠ *Thin Wall Sampler* 또는 *Foil Sampler* 이용

㉡ $N=15$ 점성토, 심층 $N=10$ 점성토는 *Denison Type Sampler*, $N=10$ 이하의 느슨한 모래는 샌드샘플러(*Sand Sampler*)로 채취

㉢ 고정 피스톤형인 *Shrew Sampler*는 더치콘을 이용

㉣ 기타 대구경 샘플러, 블럭 샘플링, *NX Size* 반영

④ 교란된 시료에 대한 대책

㉠ 압밀곡선의 수정

㉡ *SHANSEP*

점토시료의 교란영향은 현위치 응력보다 더 큰 응력하에서 소멸되고 점토의 강도는 압밀압력에 대해 정규화거동을 나타낸다는 결과를 바탕으로 교란영향을 배제한 비 배수 전단강도를 구하는 방법이다.

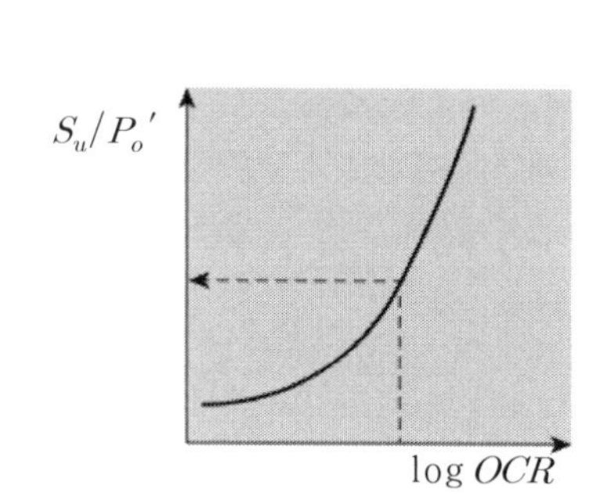

㉢ *Back pressure*

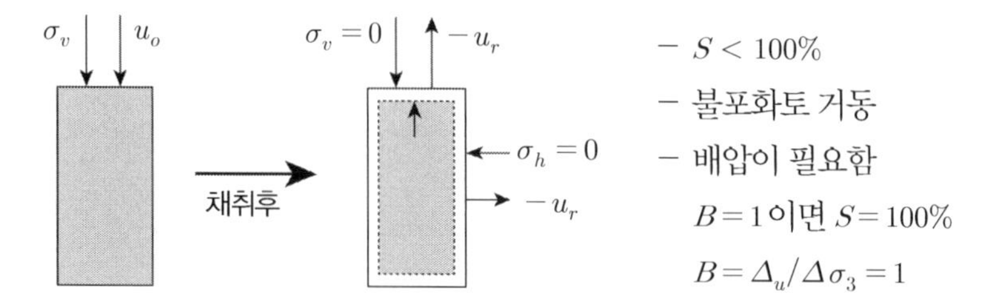

㉣ 압밀계수 수정

- 지반공학회 추천

  P_c값 이상 하중에서의 C_v값 사용

  $P_o + \dfrac{\Delta P}{2}$ 의 C_v값 사용

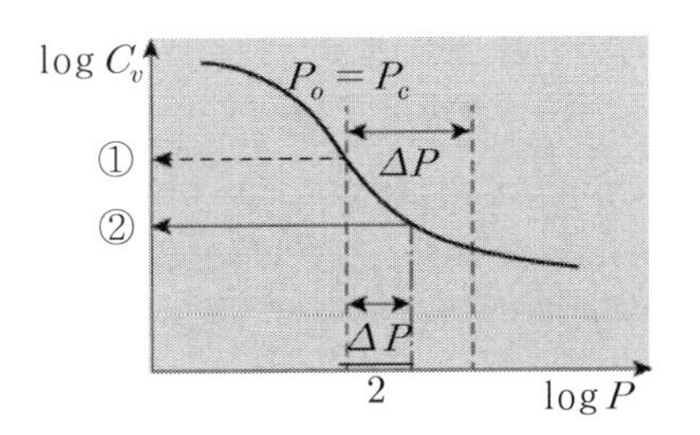

㉤ 전단 및 압밀 시 현장응력조건과 같은 비등방 압밀, 현장수직응력의 60% 정도로 등방압밀 후 시험

㉥ 교란도에 의한 방법

$$\text{교란도} = \frac{\text{이론치 } U_o}{\text{실측치 } U_r}$$

→ 교란도에 따른 강도저하비 결정

$$\text{교란보정강도} = \frac{\text{시험강도}}{\text{강도저하비}}$$

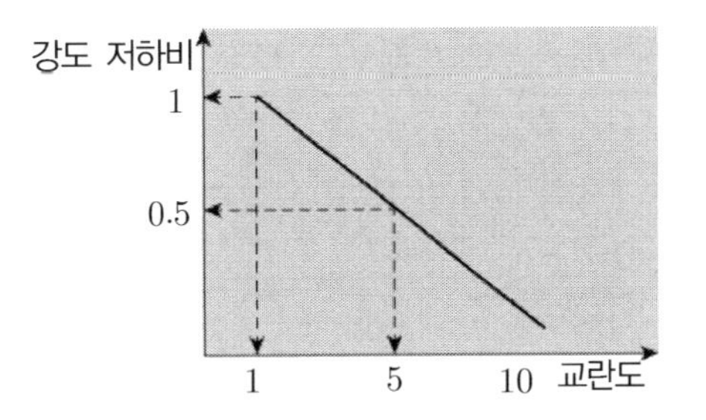

6. 시공순서별 설계 시 고려사항

(1) 표층처리

장비 주행성, 수평배수 고려 *Sand Mat*, 토목섬유 반영

(2) 성 토

① 원지반 강도(현장응력체계 고려) → 강도증가량 산정

② 한계성토고 결정 → 사면활동 안정성 검토

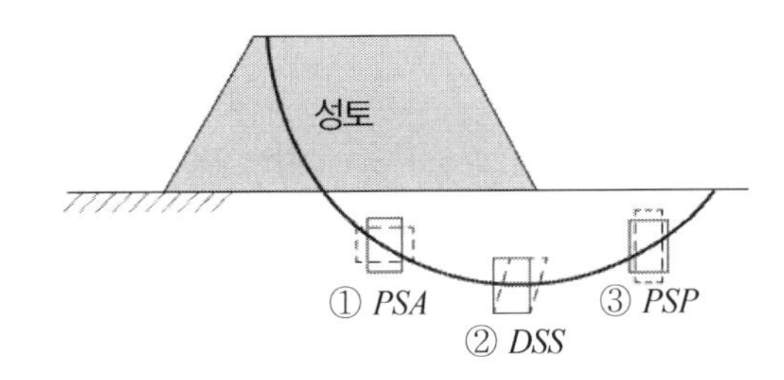

$C = C_o + \Delta C$

$\Delta C = \alpha \cdot \Delta P \cdot U$

$$H_c = \frac{5.7 C_u}{\gamma \cdot F_s}$$

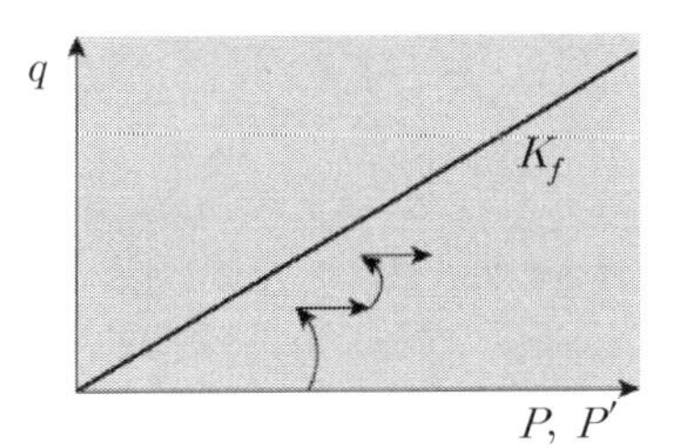

(3) 사면안정 대책

① 성토 중 : $\phi=0$ 해석

② 압성토 적용 시 압성토 자체의 활동 고려

(4) 연직배수공법 공기검토

① 배치방법 및 설치간격, 모래기둥의 직경 가정

② 모래기둥의 직경과 등가유효직경의 비 : $n=d_e/d_w$

③ n, U_h, T_h 와의 관계도표 → 수평방향 압밀도 → 수평방향 시간계수 산정

④ 수평방향 압밀계수

: 현장시험(*Piezo CPT*), 실내시험(*Rowe cell*, 90° 회전 표준압밀)

⑤ 얻고자 하는 압밀도에 따른 소요시간 산정

$$t=\frac{T_h \cdot d_e^{\,2}}{C_h}$$

(5) 계측관리

① 계측기 종류별 매설위치 및 수량 검토

② 침하관리

㉠ *Matsuo* − *Kawamura* 방법($\rho-\delta/\rho$: 침하량 − 수평변위/침하량)

㉡ *Tominaga* −*Hashimoto*(富永−橋本) 방법

㉢ *Kurihara*(栗原) 방법

㉣ *Shibata* −*Sekiguchi*(紫田−關口) 방법 : 한계성토고 판단

③ 안정관리 : 쌍곡선법, *Hoshino* 법, *Asaoka* 법

7. 연직배수공법 선정시 고려사항

(1) 설계기준 : 개량목표

① 강도증가 : $C=C_o+\Delta C$, $\Delta C=\alpha \cdot \Delta P \cdot U$, α: 강도 증가율

② 침하량 허용기준

③ 배수거리 → 공기검토

(2) 원지반의 조건

C, ϕ, σ, C_v, m_v, C_c, H → $K=C_v\, m_v,\ \gamma_w$

(3) 배수재의 투수성 영향

① *Smear effect* : 모래말뚝의 직경, 숙련도

② *Well Resistance* : 측압, 기포, 동수경사

③ 대 책

㉠ 통수능 시험실시

$U_h = 1 - \exp^{(-8T_h/\mu_{sw})}$

여기서, U_h : 수평방향 평균 압밀도

μ_{sw} : 타설간격, *Well* 저항 및 *Smear Effect*을 고려한 계수

㉡ 배수재의 직경 감소 : *Smear Effect* 저감

㉢ 불교란 시료의 C_v 사용

$$t = \frac{T_h \cdot {d_e}^2}{C_h \rightarrow C_v}$$

㉣ 저감된 연직방향 압밀계수 사용 $C_h = (1/3 \sim 1/4)C_v$

㉤ 요시쿠니 방법 $U_h = 1 - \exp^{(-8T_h/F+L)}$

여기서, F : 타설간격 영향계수

L : *Well* 영향계수

40 연약지반에서 시료채취수량 부족 시 문제점 및 대책

1. 개 요

(1) 시추조사는 지반상태를 규명하기 위해 실시하는 조사 중 가장 기초적이면서 아울러 가장 정밀한 조사방법이다.

(2) 그러나 시추조사 계획을 수립하는 기준이 뚜렷하게 정립되어 있지 않으며, 변화 폭이 큰 자연을 대상으로 하는 조사인 만큼 모든 조사에서 통용될 수 있는 일관된 조사기준을 제시한다는 것은 현실적으로 매우 어려운 일이다.

(3) 따라서 합리적인 시추조사를 위한 평면적, 심도별 적정 조사가 이루어지도록 종합적으로 판단하여야 한다.

2. 연약지반포함 기타 구조물에 대한 지반조사 중점

구 분	주안점 및 고려사항
연약지반	**연약층 분포 및 특성, 압밀 침하 및 침하시간, 성토고, 사면안정성, 장비진입로 검토, 압밀이력상태, 지반처리 및 대책공법 선정, 대책공법 효과 확인**
구조물 기초	기초형식 선정, 지지층 판단, 지지력 및 침하 검토, 지하수위 분포, 기초지반으로서 부적합한 지층에 대한 확인 및 평가(석회공동, 연약지반, 압축지반)
대절토 사면	지층분포 및 굴착난이도 평가, 사면안정성 분석, 사면구배 및 안정대책공법의 선정, 지하수위 변화에 따른 식생 및 환경 보전
산사태	산사태 범위, 활동 가능성 예측, 활동 토괴의 특성, 지하수 분포상태 및 변화 예측
도로, 철도	굴착 난이도 평가, 암 유용성, 절성토 법면의 안정성해석, 성토재 유용 및 다짐특성, 토량 변화율, 포장 두께, 동결 심도
터 널	굴착방법 및 지보패턴, 지층분석 및 암반분류, 단층 및 파쇄대의 분포 양상, 암반 투수성, 굴착암 유용성, 갱문 위치 및 형태 판단
호안, 방파제	사면안정, 침하 및 침하시간, 치환깊이 산정, 지반개량공법 선정, 검토
댐, 저수지	댐 기초의 지지층 판단, 지반 투수성, 그라우팅 계획 및 심도, 제체 재료의 특성, 제체 사면안정성, 파이핑 검토
지하 토류벽	지층분포, 지하수위 분포 및 변화, 토압, 파이핑 및 히빙 검토, 토류벽 형식, 차수형태
지반침하	지하수 변동, 석회공동 및 고결물질 용탈, 파이핑현상, 압축성 지반분포
액상화지반	액상화 가능 지반 확인, 지하수위 분포범위, 안전율, 액상화 대책 검토

3. 지반조사 수량 및 심도에 대한 정성적 판단기준

(1) 구조물 계획 및 형식

(2) 시추위치는 기존자료 및 지표지질조사 결과

(3) 단층이나 파쇄대 등 지질장애물이 분포하거나 지층이 불규칙하여 지질구조적 취약성이 예상되는 경우 시추간격을 축소 조정한다.

(4) 기초의 지지력, 활동, 침하 등에 영향을 주는 범위를 포함할 수 있도록 예상되는 기초 하부 지지층으로부터 최소 깊이 이상 조사한다.

(5) 석회암 지역과 같이 지층에 공동이 예상되는 충분한 심도

4. 연약지반에 대한 정량적 지반조사 기준

(1) 위치별 지층상태, 특히 지층별 연약지반 두께

(2) 깊이별 물성치

구 분	시험법	이 용
물리적 시험	입도시험	D_{10}, C_u, C_g
	비중시험	G_s, S, e
	함수비	w
	밀도측정	γ_d
	상대밀도	D_r
	Consistency	LL, PL, SL, PI, SI
화학적 시험	*PH*	*PH*
	염분농도	*Leaching*

구 분	시험법	이 용
정역학적 시험	전단시험	c, ϕ, P, q
	투수시험	K, i
	압밀시험	P_c, C_v, C_c, m_v
	1축압축	q_u, S_t
	3축압축	C_{cu}, C_u, C_d ϕ_{cu}, ϕ_u, ϕ_d
동역학적 시험	초음파시험	E, G, υ
	공진주시험	E, G, υ, D
	반복삼축시험	E, G, D
	반복단순전단	E, G, D
	반복비틀림전단	E, G, D

(3) 물성치와의 상관관계

① 함수비 - 액성한계

② 함수비 - 입도 구분

③ 함수비 - 전단강도

④ 액상한계 - 압축지수

⑤ 액성한계 - 압밀계수

⑥ 유효상재하중 - 전단강도

⑦ 실내시험과 현장시험 대비(예 : 전단강도, 압밀계수)

5. 지반조사 수량 부족에 따른 문제점

(1) 사면안정 안전율 과도, 과소설계

① 사면안정 검토를 위해서는 각 지층별 단위중량, 점착력, 전단저항각, 강도증가율 등이 필요함

② 지반조사 수량이 부족할 경우 깊이별 물성치에 대한 대표치 선정에 제한되므로 사면안정 검토 결과가 부정확한 결과가 초래됨

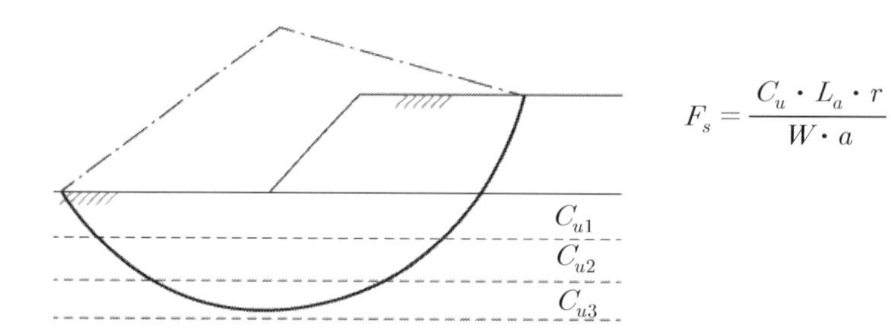

③ 따라서 한계성토고, 사면안정을 위한 대책공 수립, 단계성토 계획 등이 실제와 상이하여 과소, 과다설계가 이루어짐

(2) 압밀 침하량과 소요시간 부정확

① 압밀침하량을 구하기 위해서는 각 지층에 대한 단위중량, 간극비, 압축지수, 지층별 연약지반 두께, 과압밀비, 선행압밀하중 등이 필요함

② 지반조사 수량이 부족할 경우 깊이별 물성치에 대한 대표치 산정에 제한이 되므로 압밀침하량 산정에 부정확한 결과가 초래됨

$$S = \frac{C_c}{1+e_o} H \log \frac{P_o + \Delta P}{P_o}$$

③ 압밀소요시간 부정확

㉠ C_v 적용 및 환산두께 고려

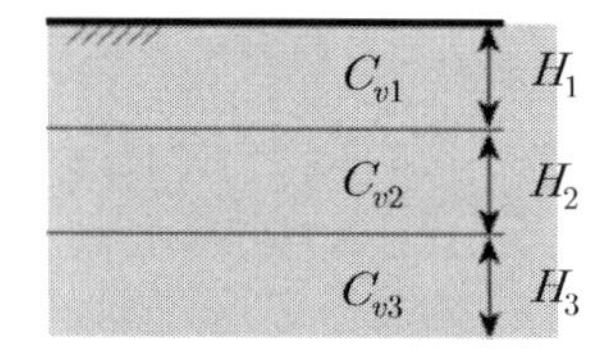

$$H' = H_1 \sqrt{\frac{C_v}{C_{v1}}} + H_2 \sqrt{\frac{C_v}{C_{v2}}} + \cdots\cdots + H_n \sqrt{\frac{C_v}{C_{vn}}}$$

㉡ 압밀소요시간 산정

$$t = \frac{T_v \cdot H^2}{C_v}$$

6. 대 책

(1) 시추조사 : 사업부지 규모에 따라 계획하고 지층이 변하하는 경우 추가조사

규격	시추간격	시추심도	비고
NX	• 개략조사 300～500*m* • 상세조사 100～200*m*	• 견고한 지지층 3*m* 이상 • 풍화암까지	• **원칙적으로 지중응력 영향범위로 구형의 경우 짧은 변의 2배 이상이며 대상형의 경우는 짧은 변의 4배 깊이까지로 한다.**

(2) 시료채취시 교란 최소화

① 합리적인 *Sampling* 시행

㉠ *Thin Wall Sampler* 또는 *Foil Sampler* 이용

㉡ 대구경 샘플러, 블럭 샘플링, *NX Size* 반영

② 불교란 시료의 *Sampler* 조건

㉠ 면적비 : 10% 이내

$$A = \frac{D_o^2 - D_i^2}{D_i^2} \times 100(\%)$$

여기서, A : 면적비 D_o : 샘플러의 외경

D_i : 샘플러의 선단의 내경

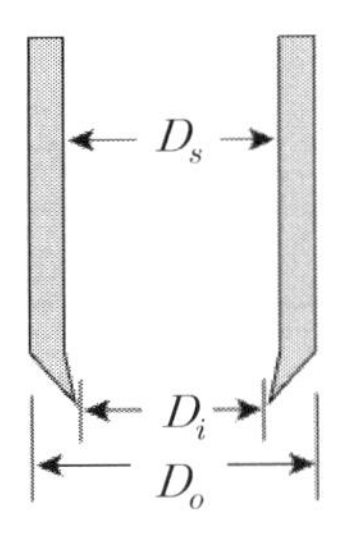

㉡ 내경비 : 1% 정도(벽면마찰 감소)

$$\text{내경비} = \frac{D_s - D_i}{D_i} \times 100(\%)$$

③ 교란된 시료에 대한 대책 : 지중응력 해방에 따른 대책

㉠ 압밀곡선의 수정 ㉡ *SHANSEP*

㉢ *Back pressure* ㉣ 압밀계수 수정

㉤ 전단 및 압밀 시 현장응력조건과 같은 비등방 압밀, 현장수직응력의 60% 정도로 등방압밀

㉥ 교란도에 의한 방법

④ *Core* 회수율 향상방법

㉠ *Bit* 규격 증가 : *BX* → *NX*

㉡ *Core barrel* 선정

: 연경암 → *Double tube core barrel*,

풍화암/파쇄대 → *Triple tube core barrel*

(3) 깊이방향 물성치 파악을 위한 시료채취

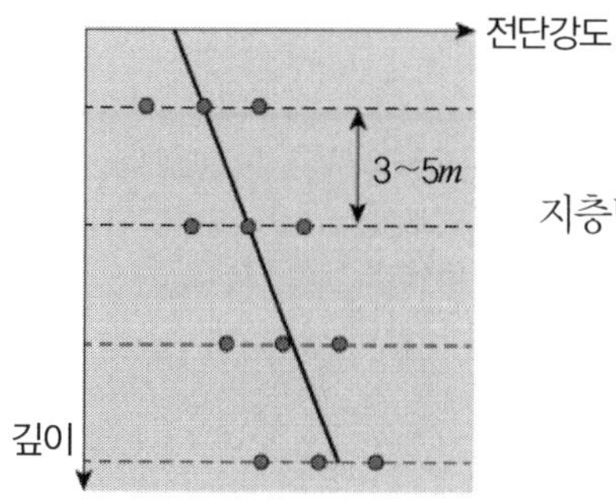

지층별 물성치 파악을 위해 동일심도에서 최소 3개 이상 채취

(4) 현장 원위치 시험

구 분	시험법	이용	구 분	시험법	이 용
재 하 시 험	*PBT*	$P-S$, K, ε, E	시 료 채 취	불교란	전단, 압밀, 역학, 투수, 입도, 비중, *Atterberg*
	PMT			교 란	
Sounding	*SPT*	N	동 적 시 험	탄성파 시험	E, G, υ, D
	CPT	q_c		*PS* 검층	
	DCPT		지 층 구 성	*Boring*	NX, BX, RQD, TCR
	FVT	C		*BIPS*	

✓ 시추조사 인근, 시추조사 사이에 실시하여 실내시험과 비교후 적용 검토
특히, *DCPT* 시험으로 간극수압 소산시험을 시행하여 구한 수평방향 압밀계수값은 연직배수공법의 공사 기간 판단을 위한 중요한 자료이므로 유의해야 함

(5) 실내시험

① 물성시험 : 함수비, 비중, 액성한계, 소성한계, 입도분석

② 역학시험 : 일축압축, 삼축압축, 직접전단, 압밀시험

7. 평 가

(1) 실내시험, 현장조사를 통해 파악된 물성치는 교란, 시험오류 등으로 인해 자연상태와 상이하게 평가될수 있으므로 각 물성치와의 상관관계를 심도별로 검토하여 시험으로 인한 오류를 최소화하도록 검토하여야 한다.

(2) 지층별, 평면적으로 지반조사를 시행하여 합리적인 물성치가 결정되도록 종합적인 시추계획이 이루어지도록 계획되어야 한다.

41 준설투기한 연약지반의 개량공법

1. 준설매립지반의 성질

(1) 사질토 : 준설매립으로 입경에 따라 분급되며 상대밀도가 작고 동일한 깊이에서 유사한 입경의 모래가 퇴적되므로 균등계수가 큰 빈 입도 지반이 형성됨

(2) 점성토

① 토출거리가 먼 곳은 세립자가 집중적으로 침강하여 초연약지반 형성

② 매우 연약한 지반으로 전단강도가 작고 침하량이 큼

2. 사질토 준설매립지반의 개량

(1) 개량이유

① 포화되고 느슨한 사질토 → 액상화

② 말뚝기초 설치 시 → 수평방향 지반반력계수가 작으므로 수평변위 발생

③ 얕은기초 설치 시 : 관입파괴 발생

④ 지중구조물 설치 시 : 침하, 부상

(2) 개량원리

사질토 지반은 점착력이 없으므로 외력, 즉 진동이나 다짐을 통해 입자의 재배열 유도 → 상대밀도 증진 → 전단 마찰각 증가 → 전단강도 증진

(3) 공법의 종류

① 진동다짐(*Vibro Floatation*)공법

② 다짐말뚝 공법(*SCP* 공법)

③ 폭파다짐 공법

④ 전기충격 공법

⑤ 약액주입공법

⑥ 동 다짐 공법

⑦ 모든 진동 관련 다짐 공법은 표층 1～2*m*의 다짐이 충분치 못하므로 진동롤러를 통한 표층다짐에 유의해야 한다.

3. 점성토 준설매립지반의 개량

(1) 개량이유

① 장비주행성 미확보

② 성토, 구조물 시공 시 측방 유동

③ 구조물 기초 관입 파괴, 터파기 시 *Heaving* 및 사면활동

(2) 개량원리

① 함수비 저하에 따라 전단강도 증진

② 투수계수가 작으므로 공기단축을 위한 연직배수공법 시행

③ 전단강도가 크게 요구되는 경우에는 *Preloading*을 시행하여 지반의 강도를 증대시키며, 이때의 지반강도는 복합지반 지지력에 의하여 평가됨

(3) 공법의 종류

① 표층처리 후 장비주행성 확보

: *PTM(Progressive Trenching Method)* 공법, 수평진공압밀공법

② 개량목적에 따라 본 개량 : 치환, 압성토, 탈수, 배수, 고결공법

③ 고성토 시 사면안정

㉠ 압성토+압밀촉진공법

㉡ 단계성토+압밀촉진공법

㉢ 모래다짐말뚝+압밀촉진공법 : 복합지반 검토

㉣ 심층혼합처리공법+압밀촉진공법 : 복합지반 검토

㉤ 경량성토

42 심도가 깊은 연약지반 조사 및 대책

1. 개 요

(1) 심도가 깊으므로 심도별 연약지반의 전단 및 압밀특성이 상이할 수 있으므로 평면적 깊이별 연약지반에 대한 조사가 매우 중요하다.

(2) 특히, 피압수에 대한 검토가 추가적으로 실시되어야 한다.

2. 조사 및 시험

(1) 조 사

① 시료 채취 시 교란 억제 : 가능한 대형 블럭 샘플링

㉠ *Thin Wall Sampler* 또는 *Foil Sampler* 이용

㉡ 대구경 샘플러, 블럭 샘플링, *NX Size* 반영

㉢ *Sampler* 조건 : 면적비 10% 이내, 내경비 1%

② 평면적, 지층별 시료 채취

③ 시추간격 및 심도

규격	시추간격	시추심도	비 고
NX	• 개략조사 300~500m • 상세조사 100~200m	• 견고한 지지층 3m 이상 • 풍화암까지	• 원칙적으로 지중응력 영향범위로 구형의 경우 짧은 변의 2배 이상이며 대상형의 경우는 짧은 변의 4배 깊이까지로 한다.

④ 조사항목

구 분	시험법	이 용	구 분	시험법	이 용
재하시험	*PBT*	$P-S,\ K,\ \varepsilon,\ E$	시료채취	불교란	전단, 압밀, 역학, 투수, 입도, 비중, *Atterberg*
	PMT			교 란	
Sounding	*SPT*	N	동적시험	탄성파 시험	$E,\ G,\ \upsilon,\ D$
	CPT	q_c		*PS* 검층	
	DCPT		지층구성	*Boring*	*NX, BX, RQD, TCR*
	FVT	C		*BIPS*	

✓ 시추조사 인근, 시추조사 사이에 실시하여 실내시험과 비교후 적용 검토
특히, *DCPT* 시험으로 간극수압 소산시험을 시행하여 구한 수평방향 압밀계수값은 연직배수공법의 공사기간 판단을 위한 중요한 자료이므로 유의해야 함

(2) 실내시험

① 교란된 시료에 대한 대책 : 지중응력 해방에 따른 대책

㉠ 압밀곡선의 수정 ㉡ *SHANSEP*

㉢ *Back pressure* ㉣ 압밀계수 수정

㉤ 전단 및 압밀 시 현장응력조건과 같은 비등방 압밀, 현장수직응력의 60% 정도로 등방압밀

㉥ 교란도에 의한 방법

② 시험 방법 및 물성치

구 분	시험법	이 용	구 분	시험법	이 용
물리적 시험	입도시험	D_{10}, C_u, C_g	정역학적 시험	전단시험	c, ϕ, P, q
	비중시험	G_s, S, e		투수시험	K, i
	함수비	w		압밀시험	P_c, C_v, C_c, m_v
	밀도측정	γ_d		1축압축	q_u, S_t
	상대밀도	D_r		3축압축	C_{cu}, Cu, C_d ϕ_{cu}, ϕ_u, ϕ_d
	Consistency	LL, PL, SL, PI, SI	동역학적 시험	초음파시험	E, G, υ
				공진주시험	E, G, υ, D
화학적 시험	*PH*	*PH*		반복삼축시험	E, G, D
	염분농도	$\leq$ *aching*		반복단순전단	E, G, D
				반복비틀림전단	E, G, D

③ 물성치별 상관관계 분석

3. 검토중점

(1) 침하저감 / 침하량 감소 (2) 한계성토고, 강도증가율, 사면안정 검토

(3) 연직배수공법 선정 시 적정성 검토 : 공사기간, 경제성

구 분	고려사항
설계기준	① 강도증가 : $C = C + \Delta C$ ② 침하량 허용기준 ③ 배수거리에 따른 공기검토
지반조건	① C, ϕ, γ, C_v, m_v, C_c, H ② $K = C_v \cdot m_v \cdot \gamma_w$, $t = T_v \cdot \dfrac{H^2}{C_v}$
배수재	① ***Smaer*** 영향 : 교란으로 인한 zC_h값 저하 ➜ 압밀시간 지연 ② ***Well*** 저항 : 압밀과정에서 연직방향 투수계수 감소 ※ 영향요소 : 측압, 동수경사, 기포 등

4. 대 책

(1) 표층처리 공법

① 저면 토목섬유, *Sand Mat*를 포설하여 장비 주행성, 표층으로의 배수처리가 원활하도록 함

② *Sand Mat*는 배수성능과 장비 진입성을 모두 고려한 적정 포설두께가 결정되어야 하며 연약층 심도가 깊을 경우 보통의 경우인 50*cm* 이상을 유지하여야 함

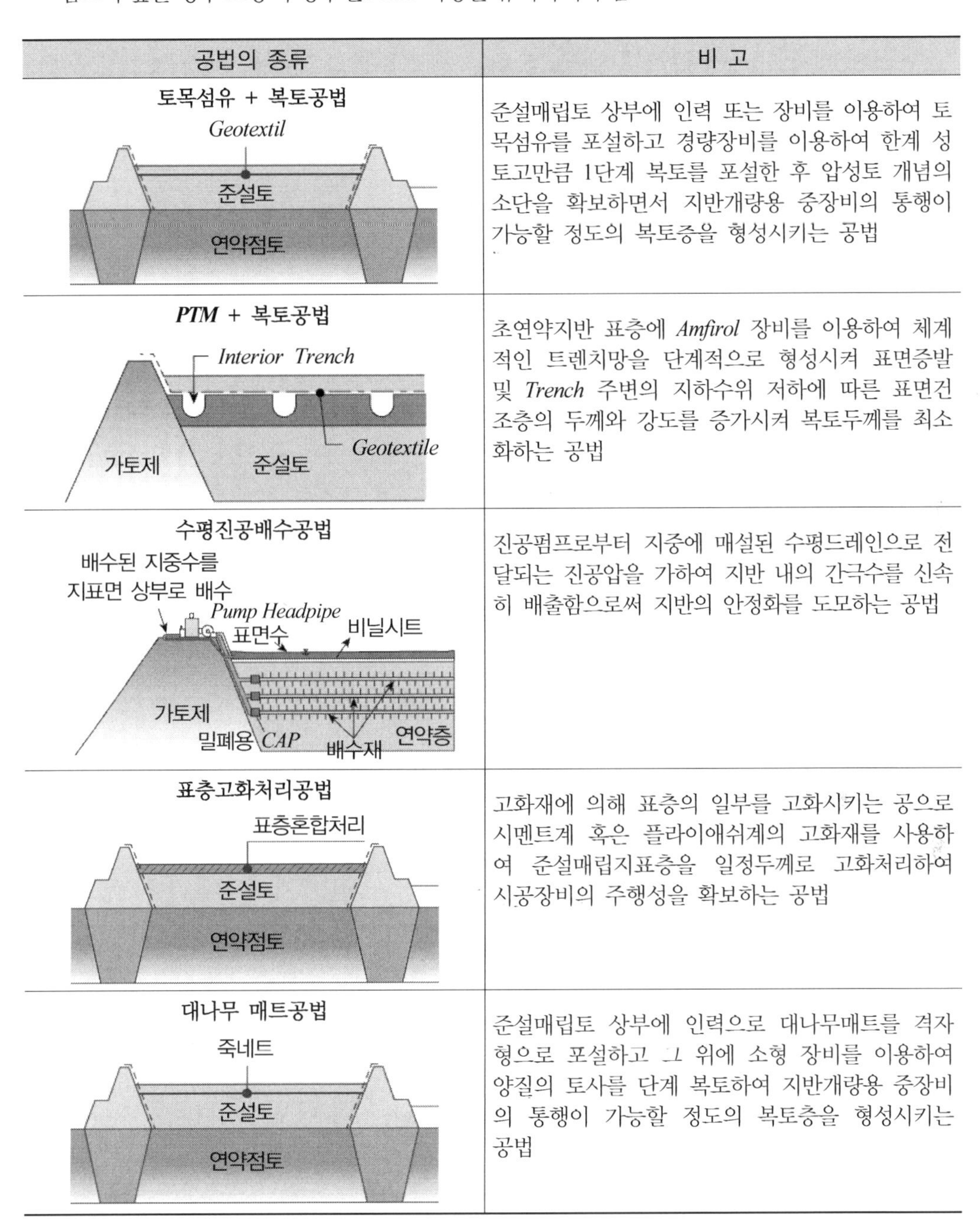

공법의 종류	비 고
토목섬유 + 복토공법	준설매립토 상부에 인력 또는 장비를 이용하여 토목섬유를 포설하고 경량장비를 이용하여 한계 성토고만큼 1단계 복토를 포설한 후 압성토 개념의 소단을 확보하면서 지반개량용 중장비의 통행이 가능할 정도의 복토층을 형성시키는 공법
PTM + 복토공법	초연약지반 표층에 *Amfirol* 장비를 이용하여 체계적인 트렌치망을 단계적으로 형성시켜 표면증발 및 *Trench* 주변의 지하수위 저하에 따른 표면건조층의 두께와 강도를 증가시켜 복토두께를 최소화하는 공법
수평진공배수공법	진공펌프로부터 지중에 매설된 수평드레인으로 전달되는 진공압을 가하여 지반 내의 간극수를 신속히 배출함으로써 지반의 안정화를 도모하는 공법
표층고화처리공법	고화재에 의해 표층의 일부를 고화시키는 공으로 시멘트계 혹은 플라이애쉬계의 고화재를 사용하여 준설매립지표층을 일정두께로 고화처리하여 시공장비의 주행성을 확보하는 공법
대나무 매트공법	준설매립토 상부에 인력으로 대나무매트를 격자형으로 포설하고 그 위에 소형 장비를 이용하여 양질의 토사를 단계 복토하여 지반개량용 중장비의 통행이 가능할 정도의 복토층을 형성시키는 공법

(2) 압밀촉진 : 연직배수 공법

① 스미어 영향과 웰저항을 최소화하도록 통수능시험을 시행하여 타설심도와 지반조건에 부합된 배수재의 선택이 중요함

② 개량효과는 설계치수대로 안 되는 경우가 대부분이므로 시험시공, 계측관리를 통한 시공관리가 중요함

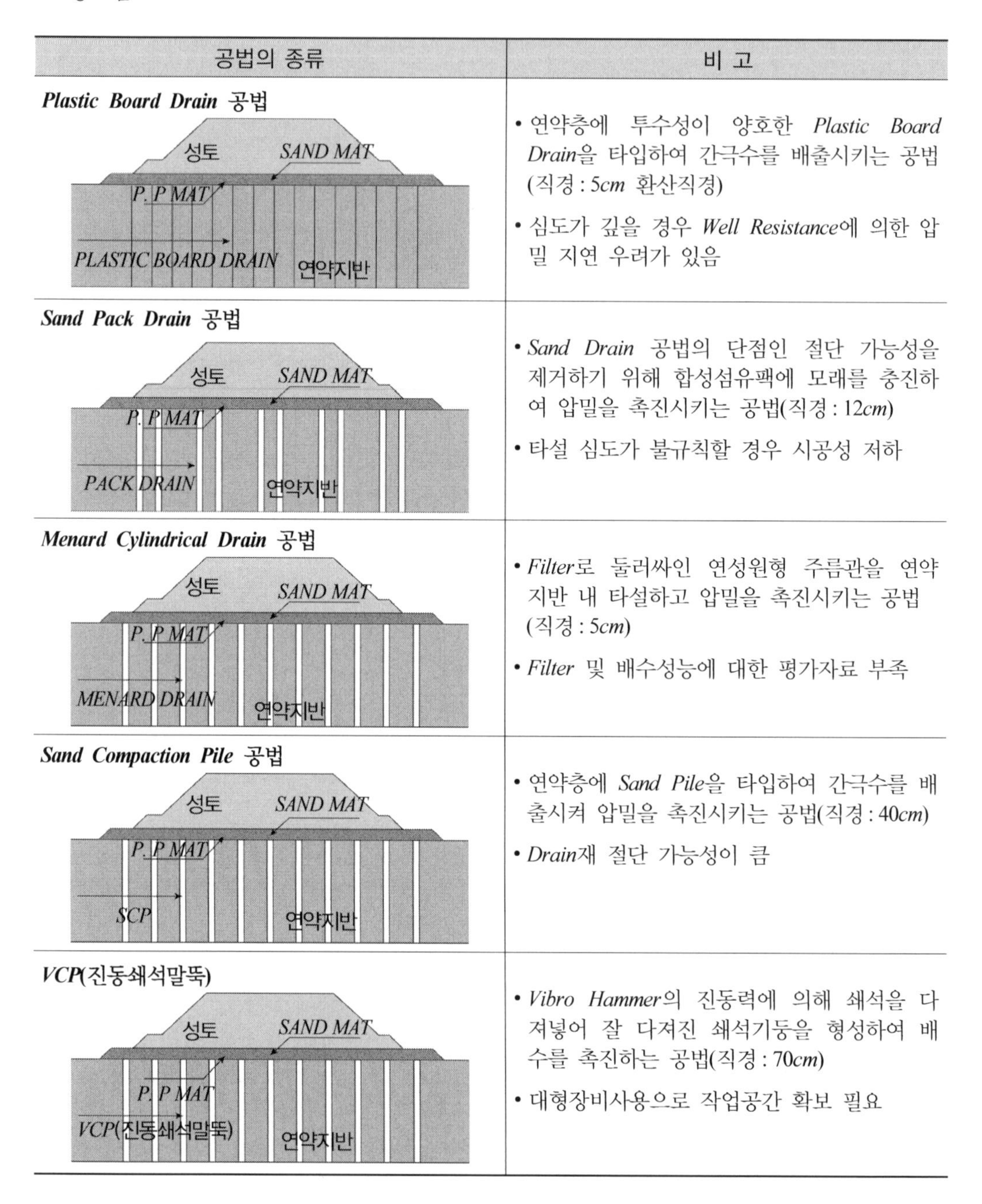

공법의 종류	비 고
***Plastic Board Drain* 공법** 성토 / *SAND MAT* / *P. P MAT* / *PLASTIC BOARD DRAIN* / 연약지반	• 연약층에 투수성이 양호한 *Plastic Board Drain*을 타입하여 간극수를 배출시키는 공법(직경 : 5*cm* 환산직경) • 심도가 깊을 경우 *Well Resistance*에 의한 압밀 지연 우려가 있음
***Sand Pack Drain* 공법** 성토 / *SAND MAT* / *P. P MAT* / *PACK DRAIN* / 연약지반	• *Sand Drain* 공법의 단점인 절단 가능성을 제거하기 위해 합성섬유팩에 모래를 충진하여 압밀을 촉진시키는 공법(직경 : 12*cm*) • 타설 심도가 불규칙할 경우 시공성 저하
***Menard Cylindrical Drain* 공법** 성토 / *SAND MAT* / *P. P MAT* / *MENARD DRAIN* / 연약지반	• *Filter*로 둘러싸인 연성원형 주름관을 연약지반 내 타설하고 압밀을 촉진시키는 공법(직경 : 5*cm*) • *Filter* 및 배수성능에 대한 평가자료 부족
***Sand Compaction Pile* 공법** 성토 / *SAND MAT* / *P. P MAT* / *SCP* / 연약지반	• 연약층에 *Sand Pile*을 타입하여 간극수를 배출시켜 압밀을 촉진시키는 공법(직경 : 40*cm*) • *Drain*재 절단 가능성이 큼
***VCP*(진동쇄석말뚝)** 성토 / *SAND MAT* / *P. P MAT* / *VCP*(진동쇄석말뚝) / 연약지반	• *Vibro Hammer*의 진동력에 의해 쇄석을 다져넣어 잘 다져진 쇄석기둥을 형성하여 배수를 촉진하는 공법(직경 : 70*cm*) • 대형장비사용으로 작업공간 확보 필요

(3) 사면안정 / 압밀촉진

① 압성토 + 압밀촉진

㉠ 압성토 : 압성토의 성토하중으로 *Weight Balance*에 의한 사면활동 억제

㉡ 연직배수공 : 잔류 침하 억제

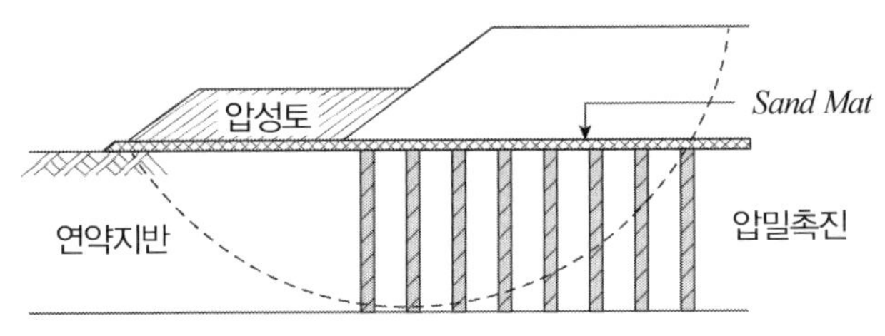

✓ 압성토 자체의 사면안정검토 별도 시행

② 단계성토 + 압밀촉진

측방토압을 고강도 *Mat*의 인장력에 의해 활동을 방지하는 공법으로 성토하중에 따라 *Mat*의 인장력을 다르게 적용할 수 있음

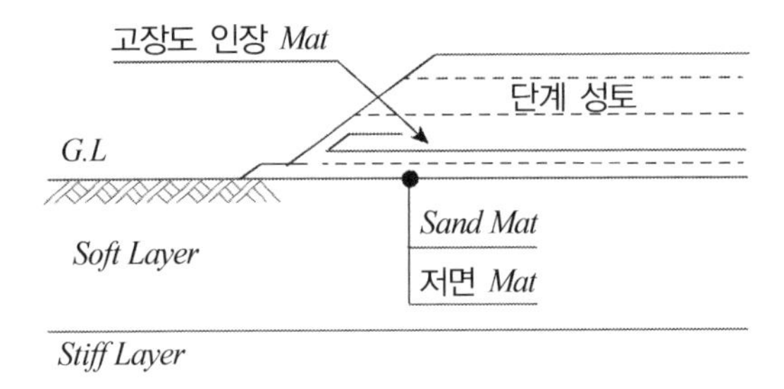

③ 모래다짐말뚝(*SCP*) + 압밀촉진

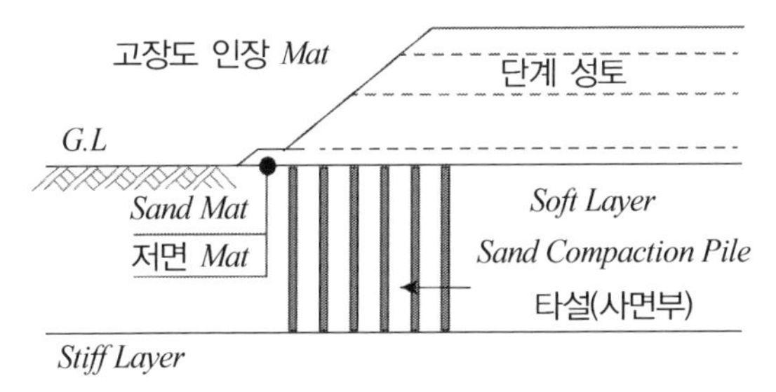

④ 심층혼합처리 + 압밀촉진 : 고강도 소수량보다 저강도 다수량 시공

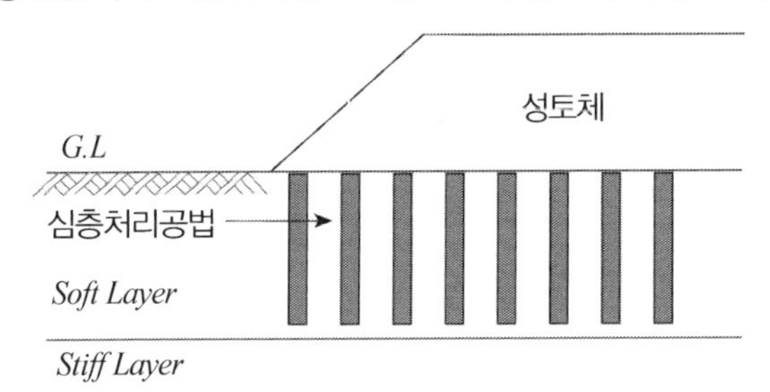

⑤ *EPS*(경량성토)

흙보다 1/50～1/100 작은 중량으로 성토하여 편차응력을 감소, 사면안정 확보

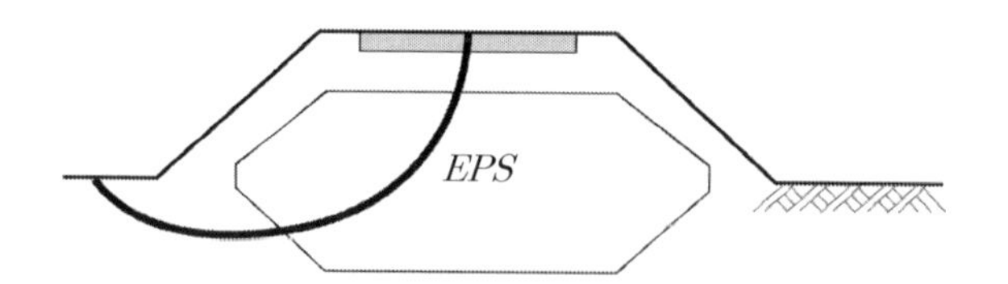

(4) 계측관리

① 계측기 매설

관리항목	계기명	중요사항
침 하	침하판	원지반 지표면 침하량 측정
	층별 침하계	연약층이 두꺼운 경우 차등침하가 예상되는 곳
변 위	경사계	성토사면 선단부에 설치
간극수압	간극수압계	층별 침하계와 인접되게 설치
	지하수위계	성토하중에 의한 과잉 간극수압의 영향을 미치지 않는 정수두의 측정이 가능한 곳 설치

② 계측기 매설 시 자연시료 채취, *Dutch* 콘 관입시험 등을 실시하여 동일지점에 대한 개량 전과 개량 후의 개량효과 분석에 이용하여야 함

③ 침하관리

㉠ *Matsuo* − *Kawamura* 방법($\rho - \delta/\rho$: 침하량 − 수평변위/침하량)

㉡ *Tominaga* − *Hashimoto*(富永−橋本) 방법

㉢ *Kurihara*(栗原) 방법

㉣ *Shibata* −*Sekiguchi*(紫田−關口) 방법 : 한계성토고 판단

④ 안정관리 : 장래침하량, 압밀도 관리, 잔류침하량 예측을 위해 쌍곡선법, *Hoshino* 법, *Asaoka* 법 이용

43 연약지반 성토 시 사면안정해석의 오류 원인 및 대책

1. 개 요

(1) 점성토의 개량방법은 치환, 압성토, 탈수, 배수, 고결 공법이 있으며, 이 중 압밀배수를 위한 방법으로 완속재하공법이 있고 완속재하에는 점증재하와 단계성토가 있음

(2) 그런데 단계성토를 시행 시 사면안정해석에 적용된 강도정수를 포함한 각종 관계식의 적용오류로 인해 사면안정해석의 결과가 부적합할 수 있으며 한계성토고에 의한 단계성토 시 사면안정해석의 방법은 아래와 같다.

구 분	해석방법	비 고
1단계 한계쌓기고 검토	지지력 방법 및 원호활동방법	**두 방법 중 작은 값 적용**
단계쌓기 및 공용 중 안정해석	원호활동해석	

2. 단계성토 절차

(1) 연약지반의 비 배수 전단강도로부터 한계성토고 계산

(2) 압밀도에 따른 시간계수를 적용한 방치기간 결정

(3) 방치기간 경과 후 압밀도에 따른 강도증가량 계산

(4) 초기 비 배수 전단강도에 더한 강도증가량에 따른 추가 성토고 계산

: 추가 성토고 = 계산 성토고 − 1단계 성토고

(5) 계획 성토고까지 반복 계산

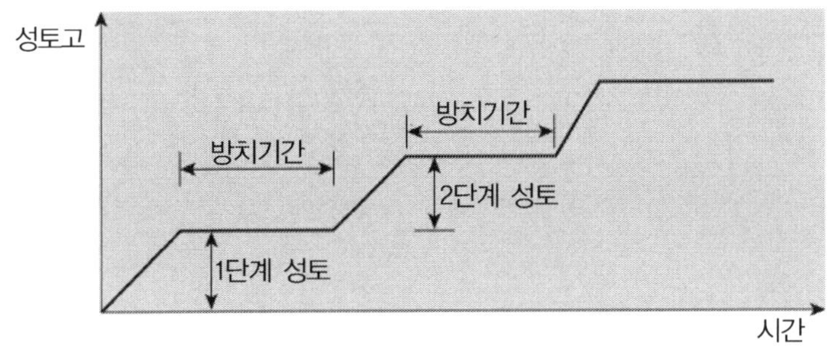

시간 − 성토고 관계

3. 사면안정해석의 오류요인과 대책방안

(1) 1단계 성토후 사면활동 발생 시

① 초기 지반의 지지력산정을 위한 지반조사의 부정확

$$q_{ult} = c\,N_c$$

② 한계성토고 산정의 부정확 : 성토단위중량의 설정에 문제

$$H_c = \frac{q_{ult}}{\gamma_t\ F_s} = \frac{c\ N_c}{\gamma_t\ F_s}$$

여기서, γ_t : 성토재의 단위중량

N_c : 지지력계수(보통의 점토질지반에서는 5.7)

F_s : 안전율(지지력공식을 이용한 영구하중의 안전율은 3 이상을 사용하지만 단계성토 시에는 공사 중의 임시하중이므로 안전율을 1.5~2.0을 사용하는 것이 바람직함)

(2) 2단계 성토 후 사면활동 발생 시

1단계 성토 시 사면활동이 발생하지 않았다면 성토 전 비 배수 전단강도는 적절하게 평가된 것으로 추정되므로 2단계 성토 후 사면활동이 발생한다면 증가된 점착력에 대한 평가상 문제로 추정되며 2단 이후의 한계성토고를 구하는 공식은 아래와 같다.

$$H_c = \frac{5.7\Delta c}{\gamma_t \cdot F_s}$$

여기서, Δc(압밀에 의해 증가된 비 배수 전단강도)$= c_o + \frac{c_u}{P'} \cdot \Delta P \cdot U$

c_o : 초기 비 배수 전단강도 $\frac{c_u}{P'}$: 강도증가율

ΔP : 성토하중 U : 검토 시점에서의 평균 압밀도

① 상도증가율

증가점착력 산정에 영향을 많이 미치므로 한계성토고가 클수록 과대평가될 경우 사면안정에 불리하므로 아래 방법을 종합적으로 판단하여 적용

㉠ 깊이 – 비 배수 전단강도 : UU시험

임의 깊이에서 $\alpha = \frac{C_u}{P'}$

$$= \frac{K \cdot z}{\gamma' \cdot z}$$

$$= \frac{K}{\gamma'}$$

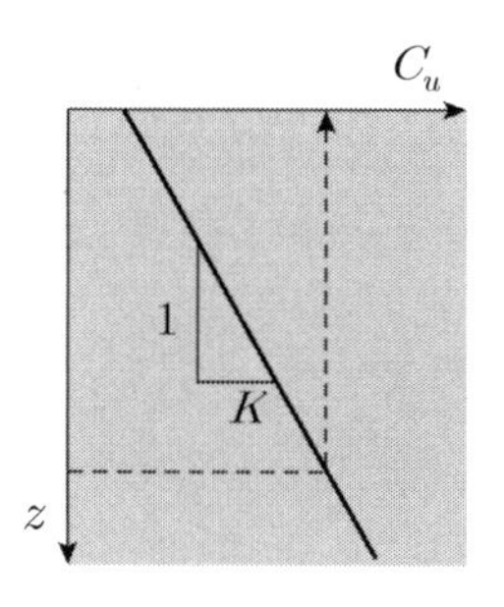

㉡ $\overline{CU}$시험에 의한 방법(*Leonards*)

$$\alpha = \frac{C_u}{P'}$$

$$= \frac{\sin\phi'(K_o + A_f(1-K_o))}{1+(2A_f - 1)\sin\phi'}$$

$A_f = 1$이면 $\alpha = \frac{\sin\phi'}{1+\sin\phi'}$

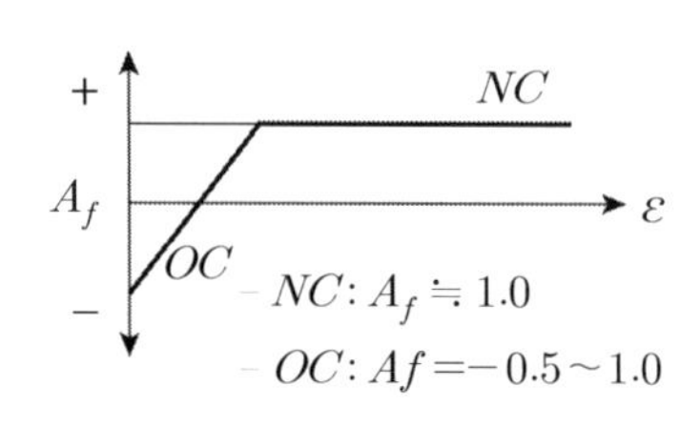

㉢ CU 시험에 의한 방법

임의 깊이에서 $\alpha = \dfrac{C_u}{P'} = \tan\theta$

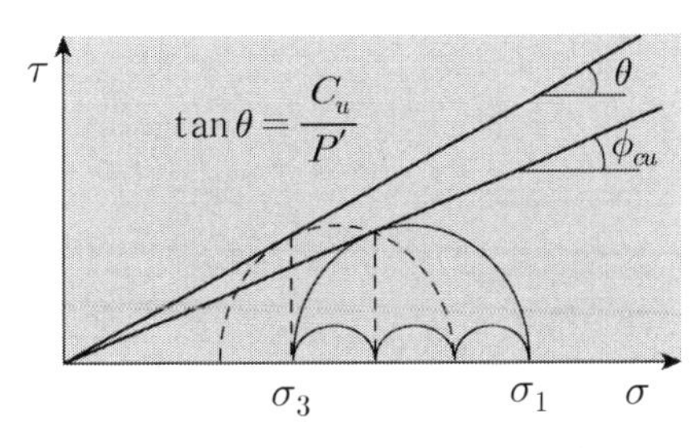

CU 시험에 의한 $\dfrac{C_u}{P}$ 결정

㉣ 직접전단시험에 의한 경우

임의 깊이에서 $\alpha = \dfrac{C_u}{P'} = \tan\phi_{cu}$

㉤ 소성지수에 의한 방법(*by Skempton*)

$\alpha = \dfrac{C_u}{P'} = 0.11 + 0.0037PI$ (단, $PI > 10$)

㉥ 액성한계를 이용하여 구하는 방법(*by Hansbo*)

$\dfrac{C_u}{P'} = 0.45\,LL$ (단, $LL > 40$)

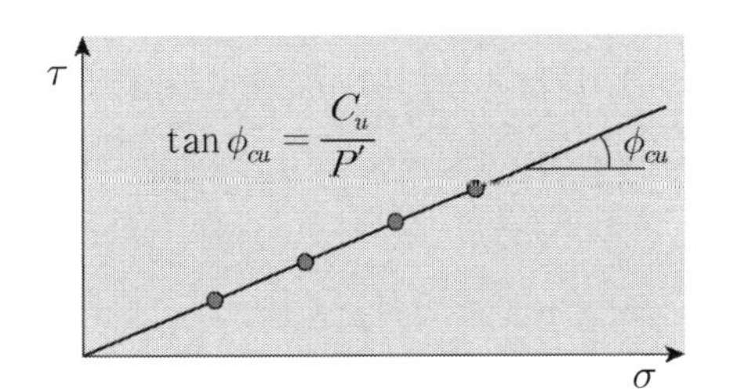

직접전단시험에 의한 $\dfrac{C_u}{P'}$ 결정

※ 강도증가율 결정

1. 위 공식 중에서 삼축압축시험에 의해 산출하는 것이 가장 이상적이다.

2. 소성지수가 30～60%인 점성토에서는 일반적으로 1/3 ～ 1/4이 사용된다.

토 질	강도 증가율(α)
점성토	0.30～0.45
실 트	0.25～0.40
유기질토 또는 이토	0.20～0.35
피트	0.35～0.50

3. 기본 물성값만으로 강도증가율을 산출할 경우에는 ㉤과 ㉥의 방법으로 구한 값 중 불리한 값을 사용한다.

(3) 증가하중(지중응력 분포 : 사다리꼴 성토 하중)

① *Osterberg* 방법

$$\Delta P = \frac{q_o}{\pi}\left(\frac{a+b}{a}\right)(\alpha_1 + \alpha_2) - \frac{b}{a}(\alpha_2)$$

여기서, $\alpha_1 (Radian) = \tan^{-1}\left(\dfrac{a+b}{z}\right) - \tan^{-1}\left(\dfrac{a}{z}\right)$

$\alpha_2 = \tan^{-1}\left(\frac{a}{z}\right)$ a : 사면폭(m)

b : 성토폭(m) h : 성토고(m)

z : 심도(m)

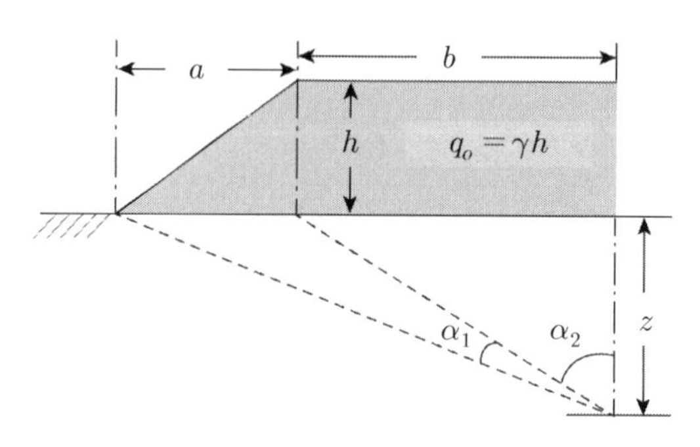

도로(제방)성토 시 지중응력

② 상기 식을 단순화하여 영향계수 I_B의 도표를 이용한 아래 식 이용

$$\Delta P = q_s \cdot I_B$$

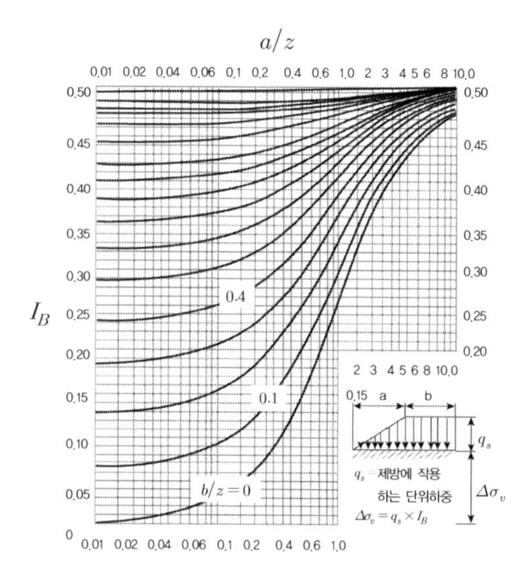

성토하중에 의한 영향계수(*Osterberg*, 1957)

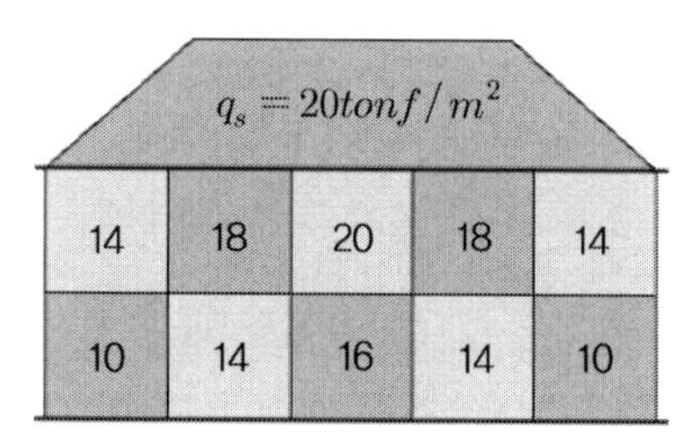

성토단면에 따른 영향계수 격자망

③ 도로성토의 경우 증가하중은 위치별 깊이별로 상이하므로 단순히 성토고×단위 중량에 의한 증가하중을 사용하면 과대평가된다.

④ 따라서 위치별 깊이별로 도표에서 구한 영향계수를 상기 그림과 같이 적당한 격자망을 짜서 증가하중을 구하도록 하여야 한다.

⑤ 과압밀 점토의 경우 $P_o + \Delta P \leq P_c$인 경우 강도증가 없음에 유의한다.

⑥ 활동에 대한 안정성 분석은 흙쌓기 하중뿐만 아니라 포장하중과 장비의 작업 하중 또는 교통하중(13.0 kN/m^2)을 고려한다.

(4) 압밀도

① 침하량을 구하기 위한 압밀도는 평균압밀도를 사용하나

② 강도증가량을 구하기 위한 압밀도는 깊이별 압밀도를 고려하여 지중응력 영향계수와 같이 격자망을 만들어 사용해야 한다.

③ 즉, 양면배수일 경우 압밀층 상하단은 재하와 동시에 압밀이 완료되나 중앙부의 경우에는 압밀도가 상대적으로 훨씬 작게 측정된다.

④ 따라서 다음의 절차에 따라 압밀도를 적용해야 한다.

㉠ 어느 시간에 어느 깊이에 따른 시간계수 → 도표에서 압밀도 산정

$$t = \frac{T_v \cdot H^2}{C_v} \rightarrow T_v \rightarrow \text{도표에서 깊이별 압밀도 산정}$$

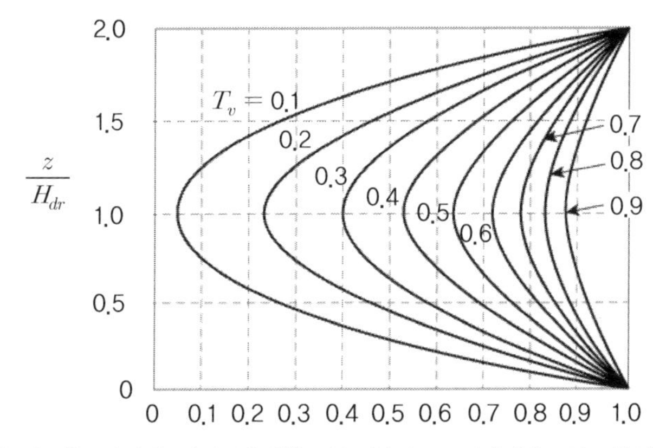

초기 간극수압이 점토층 깊이에 따라 일정한 경우 압밀도, 시간계수, 점토층의 깊이의 상관관계

㉡ 위 방법은 계산 및 경험적 도표에서 산정된 압밀도이므로 현장에서는 계측을 통한 침하량, 과잉간극수압 수두 계측으로부터 압밀진행상황을 파악하여 실제의 압밀도와 압밀계수의 적정성을 역해석함으로써 신뢰성 있는 강도증가량의 산정이 병행 검토되어야 한다.

44 서해안 및 남해안 매립공사(방조제건설) 시 문제점

1. 개 요

(1) 우리나라의 동해안은 수심이 깊고 해안선이 단조로와 간척개발의 가능성이 거의 없으나 서 · 남해안은 리아스식 해안으로 서해안의 경우 1/1000~1/3000의 완경사로 매립을 통한 간척사업이 활발하게 이루어지고 있다.

(2) 따라서 서 · 남해안의 매립대상 지반이 연약지반에 해당되고 해상, 파도, 간만의 차 등으로 육상공사에 비해 많은 설계 시공상의 문제점을 내포하고 있다.

2. 서 · 남해안 토질의 물리적 특성

(1) 인천~부산에 해안선 약 5,400*km*가 대부분 연약지반이다.

(2) 연약지반의 심도는 연약지반 심도는 서해안이 9~18*m*, 남해안이 9~25*m*로 형성되어 있으며 이 층들은 약 5,000년 전부터 형성되어 있다. 연약지반층 하부에는 약 2*m* 두께의 사력, 실트질 모래 및 풍화암으로 형성되어 있으며, 그 아래에는 쥐라기시대에 형성된 화강암층이 존재한다(농진공, 1980).

(3) 대부분의 토질은 유기물 함유량이 1.1% 이하의 무기질 점성토이고, 서해안은 *ML*, *CL* 및 *SM*이고, 남해안은 *ML* 및 *CH*이다. 대부분의 흙은 저소성을 나타내며 소성지수 Ip=12.3~23.9%를 나타낸다. 또한 이들 지역의 평균 자연함수비는 35.7~52.2%의 범위이고 남해안측이 서해안 측의 흙보다 높은 값을 나타낸다.

(4) 서해안의 토질은 카오리나이트(*Kaolinite*) 광물임에 반하여, 남해안의 점토광물은 일라이트(*Illite*)로 추정된다. 평균 간극비는 서해안의 흙이 0.98~1.22, 남해안의 흙이 1.22~1.44를 나타낸다. 포화도는 표층부에서 낮은 값을 보이며 연약층의 심도와 더불어 증가하는 경향을 나타낸다.

3. 서 · 남해안 토질의 역학적 특징

(1) 흙의 압축지수는 서해안이 0.20~0.26, 남해안이 0.35~0.52의 범위이며

(2) 과압밀비(*OCR*)는 각 지역 평균값이 1.48~2.43의 범위를 나타내고, 지표면으로부터 5*m*까지의 심도에서 큰 값을 보이며, 그 하부에서는 거의 정규압밀에 가까운 특성을 나타낸다.

(3) 액성지수, 포화도 및 과압밀비 값을 근거로 대략 심도 5*m*를 기준으로 상층부는 큰 간만의 차, 건조작용, 리칭(*leaching*) 및 지하수의 저하로 인한 영향을 많이 받은 것으로 추정되며, 특히 표층은 리칭현상으로 인해 장비주행으로 인한 예민비가 대단히 크므로 표층처리가 필요하다.

(4) 서남해안 토질의 평균 내부마찰각(ϕ_u)은 전남지역이 2°로 가장 낮고 전북지역이 15°로 가장 높은 값을 나타냈다. 점착력(c_u) 역시 전남지역이 0.17kgf/cm^2으로 가장 낮고 전북지역이 0.28kgf/cm^2로 가장 높은 값을 보인다.

4. 토질 조사 시 문제점 및 대책

(1) 문제점

① 수면 위에 부상하여 작업이 되므로 파랑, 조류 등에 의한 영향으로 흔들리므로 시추 조사 시 설치한 *Cassing*, *Rod*이 휘거나 절단될 수 있고 작업시간의 제약과 작업자의 심리적 불안감으로 인해 정밀한 조사에 제한

② 측량위치에서 많이 벗어날 수 있으므로 지반조사결과와 계획상 위치가 상이할 수 있음

③ 조류의 변화로 인하여 지층분포 심도에 오차가 발생할 수 있음

(2) 대 책

① 수심이 15*m* 이하, 조석차가 작은 경우 : 드럼바지형식의 시추를 시행작업 개시는 조위표를 참조하여 만조 2~3시간 전에 개시하여 바지선의 이동이 최소화되도록 함

② 수심이 30*m* 이하, 조석차가 큰 경우 : 대형 바지선, 착지형 시추작업대(*SEP* 바지 : *Self* − *Elevated* − *Platform*) 등으로 극복함

③ 최종 위치는 계획위치와 5*m* 이상 오차가 없는지 최종적으로 측량을 통해 확인해야 함

④ 시간대별 수심을 측정하여 조위표나 조위검측소 자료와 비교하여 검증하여야 하고 시추기의 연직도를 확인하여야 함

5. 호안, 방조제의 안정

(1) 문제점

① 사면활동, 압밀침하 과도 발생

(2) 대 책

① 사면활동, 압밀침하의 대책으로 *Sand Compaction Pile* 공법, 심층혼합처리 공법, 준설치환등 처리

② 방조제의 배면은 호안 천단고와 같으므로 강제치환 적용 시 계획심도대로 미시공의 우려가 있으며, 사면안정이 확보되지 못하면 후속공정에 지장을 초래하므로 확실한 사면안정을 위해 준설치환공법 추천

6. 호안, 방조제의 수리안정도 검토

(1) 문제점 : 제내지와 제외간의 수두차로 인한 침투로 파이핑 발생

(2) 대 책

① 한계 동수경사

- $i_c = \dfrac{Gs-1}{1+e}$ $\qquad i = \dfrac{H}{L}$

- 안전율 : $Fs = \dfrac{i_c}{i} > 8 \sim 12$

여기서, i_c : 한계동수구배 $\qquad i$: 동수구배
G_s : 토립자의 비중 $\qquad e$: 간극비
H : 수심 $\qquad L$: 연장

② 한계유속

- $V_c = \sqrt{\dfrac{\gamma_s \cdot g}{A \cdot r_w}}$ $\qquad V = ki$

여기서, V_c : 한계유속 $\qquad V$: 누수유속
γ_s : 토립자의 수중단위 중량(체분석에 의해 D_{50} 적용)
A : 단면적 $\qquad r_w$: 물의 단위체적중량
g : 중력가속도

- 한계유속 > 누수유속

③ 가중 크리프비(*Weight Creep Ratio*)

- $C_R = \dfrac{L_w}{\Delta H}$ $\qquad L_w = \dfrac{\Sigma L_h}{3} + \Sigma L_v$

여기서, C_R : *Creep*比, L_w : 침투로장, ΔH : 최대수두차

계산된 값이 토질별 제시된 *Creep* 비보다 커야만 파이핑 안전
(실트층 : 9, 모래질실트 : 8.5, 세립모래층 : 7.5, 조립모래층 : 6.0)

7. 배토관 거리

(1) 자중 압밀의 특성(*mechanism*)

① 초기 단계 : 침전을 발생하지 않고 *floc*(응집)의 형성 과정임

② 중간 단계 : *Floc*는 점차로 침전하여 침전층을 형성하기 시작함

③ 최종 단계 : 모든 침전물이 자중압밀되는 단계임

(2) 문제점

① 배토관의 토출거리가 멀 경우 토출관으로부터 가까운 곳은 조립토가 곳은 세립토가 쌓이게 되므로 이질지층이 형성되며 세립토가 집중된 곳이 연약지반이 된다.

② 준설대상 지반이 사질토인 경우 영향이 적으나 점성토일 경우 세립화한 연약지반이 형성된다.

(3) 대 책

① 시공 전 대상지반의 입도에 따라 적정거리를 판단하여 세립화를 최소화

② 군산지역의 사례에 의하면 배토관 거리가 350*m* 지점에서 세립화가 심해진다고 보고되고 있으며 시험시공에 의한 배토관의 적정거리에 대한 판단이 요망됨

8. 표층처리

(1) 문제점

지반을 개량한 후 최상부 산토성토를 위해 장비진입도중 지반파괴로 장비진입 곤란

(2) 대 책

① 표층배수 : 함수비 저하 → 장비주행성 확보

㉠ *Sand Mat* 공법 : 점성토 지반 개량

㉡ 수평진공배수 공법

진공펌프로부터 지중에 매설된 수평드레인에 진공압을 가하여 지반 내의 간극수를 신속히 배출함으로써 지반의 안정화를 도모하는 공법임

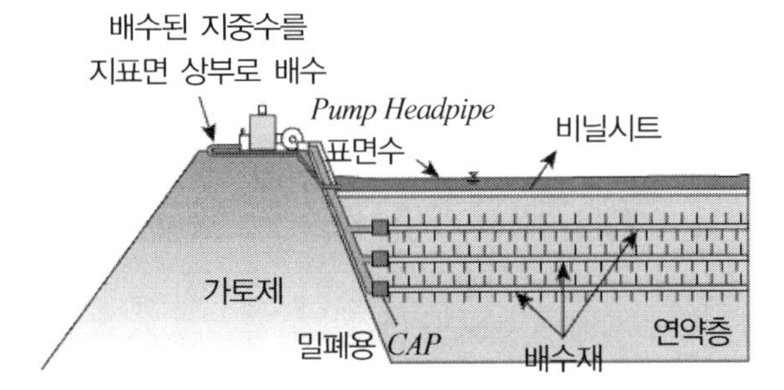

㉢ *PTM* (*Progressive Trench Method*) + 복토공법

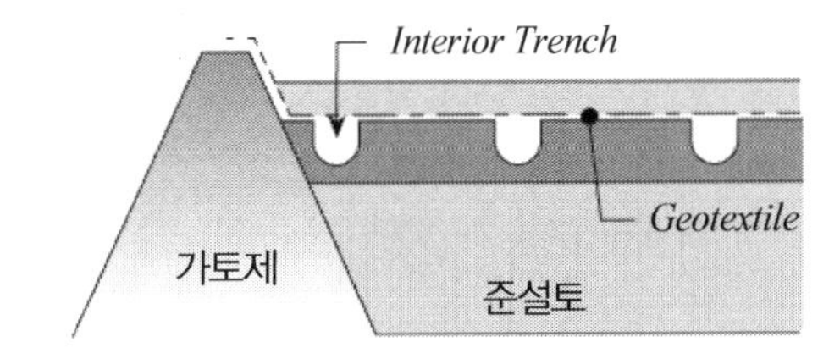

② 표층혼합처리 공법 : 여천공단 2중 *PBD*, 고화처리 사례

㉠ 고화재에 의해 표층의 일부를 고화시키는 공법

㉡ 시멘트계 혹은 플라이애쉬계의 고화재를 사용하여 준설매립지표층을 일정두께로 고화처리 하여 시공장비의 주행성을 확보하는 공법

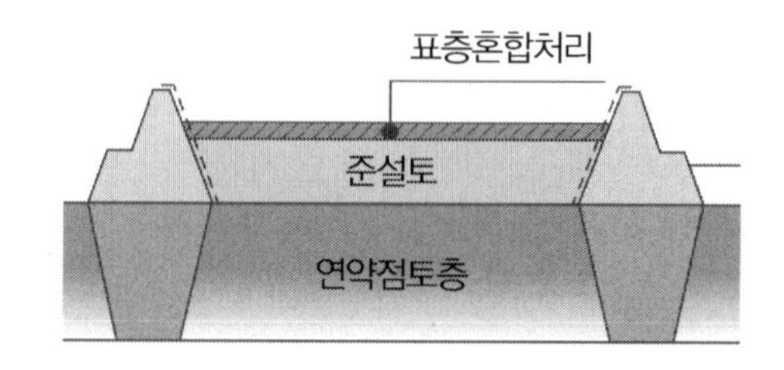

9. 최종체절

(1) 문제점

방조제의 최종 체절은 조류의 흐름을 강제로 막기 위한 최후의 단면이므로 대단히 유속이 빨라지게 되어 썰물 시 세굴로 인해 체절에 어려움이 발생한다.

(2) 대 책

밀물과 썰물의 시간대를 계산하여 썰물로 인한 피해를 최소화하기 위한 적정시간에 신속히 체절할 수 있도록 해야 하며 대용량의 암석, 또는 폐선박을 이용한 방안도 이용할 수 있다.

10. 매립지의 장기 압밀침하

(1) 문제점

준설매립대상지의 원지반이 연약지반이고 준설매립토 자체가 연약토이므로 침하량이 대단히 크며 침하시간도 장기화되므로 준설매립지상 구조물의 부등침하로 인한 피해가 예상된다.

(2) 대 책

압밀침하시간 단축을 위한 연직배수공법을 적용하고 잔류허용침하량에 의한 계측관리를 시행한다.

45 폐기물매립지의 안정화 과정과 폐기물 처리방법에 따른 사용종료 매립지의 정비방법

1. 개 요

'매립지 안정화'라 함은 매립된 폐기물이 장기간에 걸쳐 물리·화학적, 생물학적 분해 작용을 받아 유기물은 분해되어 가스화되거나 침출수로 배출되고, 무기물과 중금속류는 용탈되어 최종적으로 침출수로 배출되면서 매립지반이 침하되고 최종적으로 토양과 같은 상태로 환원되는 것을 말한다.

사용 종료 매립지의 정비방법은 지역현황, 기술의 신뢰성 및 경제성 등을 종합적으로 검토한 후 정비기술을 선정하여야 한다.

2. 폐기물의 안정화 과정

(1) 매립지에서 폐기물 분해과정 : 물리적, 화학적, 생물학적 반응

(2) 물리적 반응

① 매립지 내 수분의 이동으로 인한 폐기물의 이동

② 폐기물의 파쇄

③ 폐기물층 내 수분의 함유정도와 페기물층의 구배에 의한 물의 확산등

(3) 화학적 반응 : 가수분해, 용해, 침전, 흡착, 이온교환 등 복합적 작용

(4) 생물학적 반응 : 매립지에서 침출수 형성의 3단계

① 1단계 : 폐기물내의 산소로 인해 호기성 분해 → Co_2와 H_2O를 생성, 고온 발생(30~45°C), 산성특성

② 2단계 : 매립층 내 산소 고갈 → 혐기성 분해 → 유기산 변화(산생성단계)

③ 3단계 : 메탄생성단계 → 발생량 감소, PH 상승

매립지 내에는 산생성단계와 메탄생성단계가 동시에 일어나고 산생성균이 폐기물을 분해하게 된다.

(5) 매립지에서 폐기물에 함유된 유기물질은 복잡한 과정을 거쳐 변화되지만 매립지에서 폐기물의 안정상태는 매립지에서 발생하는 가스성분(Co_2, CH_2, N_2, H_2 등), 침출수의 수질변화 등으로 판단할 수 있다.

3. 폐기물의 분해속도와 영향인자

(1) 매립폐기물은 분해 용이 성분(1년), 분해 가능 성분(2년), 분해가 어려운 성분(플라스틱, 고무 등)은 20년 정도 소요된다.

(2) 폐기물 분해에 영향을 미치는 인자

① 온도 : 혐기성 분해가 진행되면서 악취와 폐기물 내부 온도를 상승

② 수분 : 수분이 증가 할 수록 메탄가스의 생성 활성화

③ *PH* : 혐기성 분해는 일반적으로 *PH* 6.6~ 7.6범위에서 발생하며 *PH*가 6.2 이하에서는 메탄가스의 생성이 급격히 감소

④ 쓰레기의 물리적 조성 : 지방, 단백질, 탄수화물 등 쓰레기의 조성성분에 따라 메탄과 이산화탄소의비율이 달라짐

4. 폐기물의 매립방법

(1) 매립방법에 따른 분류

단순매립(*open dumping*), 위생매립 (*sanitary landfill*), 안전매립 (*secure landfill*)

(2) 매립구조에 따른 분류

혐기성 매립, 혐기성 위생매립, 준호기성 매립, 호기성 매립

(3) 매립공법에 따른 분류 : 내륙매립, 해안매립

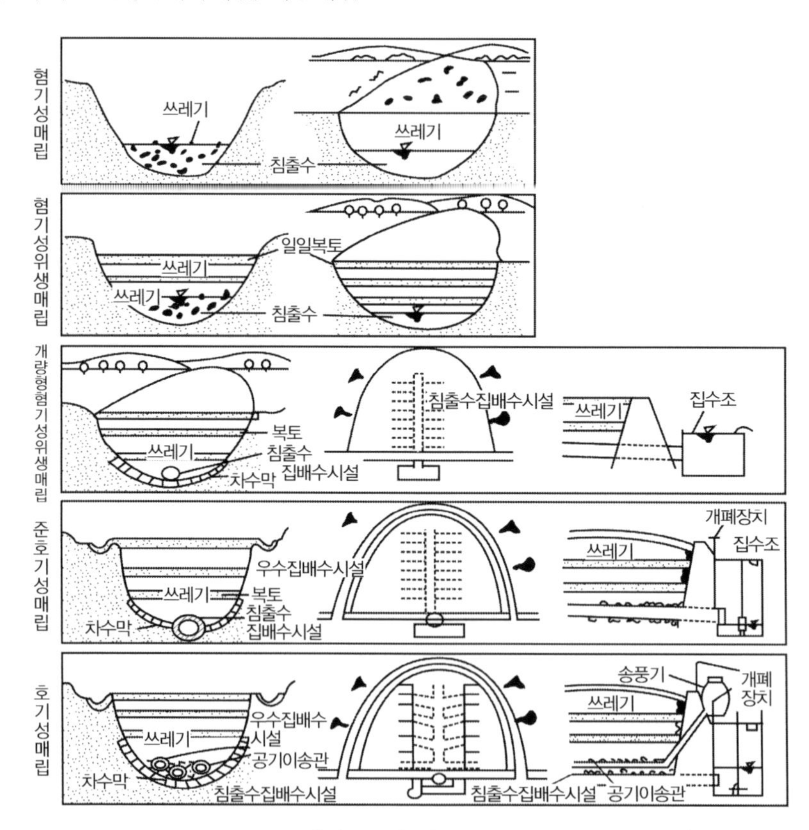

매립구조에 따른 분류

5. 폐기물의 매립방법에 따른 사용종료 매립지 정비방법

(1) 정비사업 계획 수립 시 고려사항

① 매립 면적 및 매립 용량

② 매립지 인근 주거현황 : 매립시설 인근(2*km* 내외)의 주거 현황 등

③ 매립 폐기물의 종류 및 안정화도 조사
가연성 폐기물, 불연성 폐기물 및 선별토사의 양, 가연성 폐기물의 물리·화학적 성상 분석, 매립 폐기물의 안정화도

④ 인근 사용 중 또는 계획 중인 매립시설, 소각시설, 에너지화 시설 등과의 연계처리

⑤ 분진, 악취, 침출수, 지하수 등 환경영향

⑥ 매립가스 등의 처리 대책

⑦ 정비기술

⑧ 오염토사, 잔재물 등의 처리(감량 및 자원화 포함) 대책

⑨ 정비시설 위치결정 및 시설물 배, 주변 환경 보전 대책 등

(2) 기초조사

① 기초조사 : 사용 종료 매립지의 자료(청취) 조사

㉠ 매립시설의 구조(매립범위, 현재 시설구조, 입지 조건)

㉡ 매립폐기물의 종류 및 양 추정, 매립 방법의 청취 조사(계획과의 상이점)

㉢ 기타 주변 토지 이용과 환경에 필요한 조사

② 매립층 탐사
쓰레기의 종류별 매립 위치의 상세한 기록이 없는 경우, 굴착 시 메탄가스, 황화수소 및 암모니아의 배출 대응을 위하여 매립층 내의 쓰레기 종류별(유기물, 무기물 등) 매립위치의 탐사를 실시한다.
㉠ 비파괴 조사 : 오염영역 확대 제어 ㉡ 대략적 구조 파악 ㉢ 매립 위치의 확인 등

③ 보링 및 시추

㉠ 보링 조사를 시행할 경우는 차수막을 파손하지 않도록 유의할 필요가 있으며, 테스트 핏에 의한 경우는 핏 내의 가스 발생 등에 의한 사고방지를 위한 충분한 검토가 이루어져야 한다. 보링 및 시추 조사 시 조사할 항목은 다음과 같다.

- 매립폐기물 : 성상, 발열량, 강열감량, 압밀도, 용출량
- 지반 : 밀도, 단위체적 중량, 다짐도 및 지지력
- 침출수 : 수질분석 및 온도
- 매립가스 – 기타 모니터링공의 사용 여부 파악 등 필요한 사항

④ 기타 비용·효과 분석 등

기존 매립지를 정비하기 위한 법적 과제의 정리, 재원 계획, 환경보전 대책의 입안, 주민 동의 형성 도모 및 최종적인 비용 대비 효과분석 등을 실시한다.

(3) 매립지 안정화 방법

① 현지 안정화

침출수 차단 : ㉮ 주입공법 ㉯ 슬러리월 ㉰ 강널말뚝 ㉱ 빈응벽체 공법

② 매립가스 제어 및 처리

㉮ 연소법 ㉯ 약물세정법 ㉰ 흡착법 ㉱ 생물탈취법

③ 현장처리

㉮ 사전안정화 : 공기주입법, 미생물 또는 영양물질 주입법

㉯ 고형화 ㉰ 동다짐

④ 굴착

㉮ 중앙 상부 굴착(*Open cut*) ㉯ 계단식 굴착(*Bench Cut*)

⑤ 오염토사 처리

㉮ 생물학적 처리 ㉯ 물리학적 처리 ㉰ 화학적 처리

6. 매립지 정비 시공 시 유의사항

(1) 굴착 작업 시 굴착 노출면적 및 굴착사면에 임시 차수시설을 설치하여 우수침투 및 침출수화를 최소화하여 발생 침출수량을 저감하여야 하며, 굴착으로 인한 매립지 내부 침출수는 별도의 배제시설을 설치하여 신속하게 이송 및 처리하여야 한다.

(2) 사용 종료 매립지 정비사업 추진을 위한 굴착 작업 시 폭발 방지를 위한 가스 배제 방안은 다음과 같다.

① 굴착지점 주위에 다공관으로 이루어진 가스추출관을 설치하여 블로워에 의해 메탄가스를 추출할 수 있다. 추출 시 안전한 지상높이에서 연소시켜주면 그 효율은 더욱 높아질 수 있다.

② 블로워에 의해 공기를 굴착지점 주위에 불어넣어, 굴착 시 산소 결핍현상을 막아줌으로써 폭발을 방지할 수 있다.

③ 굴착 시 수용성 방향제를 살포해줌으로써, 탈취와 폭발방지를 동시에 이룬다.

(3) 사용 종료 매립지 정비사업 추진을 위한 굴착 작업 시 분진 방지를 위한 방안은 다음과 같다.

① 물을 뿌리는 방법(방향제 용액 사용 시 악취와 먼지문제를 동시에 해결 가능)

② 울타리를 치고 모든 작업을 그 안에서 함으로써 공기의 확산을 제어하고 블로워를 통해 밖으로 나가는 공기는 여과시켜 먼지를 제거

③ 기타 신축성 있는 덮개 등을 사용하여 악취와 비산먼지 방지

(4) 현지안정화를 위한 강널말뚝 공사 후, 침출수에 의한 지하수 및 주변 수계의 오염 여부를 모니터링하기 위하여 지하수 오염 모니터링정을 설치하여야 한다.

CHAPTER 15

암반 및 터널

CHAPTER 15 암반 및 터널

01 암석의 분류와 성질

1. 개 요

(1) 암석의 성인별 분류는 마그마의 분출과 풍화과정에 따라 화성암, 퇴적암, 변성암으로 구분된다.

(2) 지구상에 있는 암석은 비와 눈, 바람으로 풍화되고, 침식되어 부수어져서 흙이 된다. 이 흙은 다시 물에 의해 운반되고 퇴적되어 오랜 세월 굳어져서 돌이 되는 것이다. 이 암석이 다시 부수어져서 흙과 먼지가 되고 흙과 먼지가 다시 돌이 되는 과정, 즉 암석이 생성되고 파괴되며 재형성되는 것을 '암석의 순환'이라고 한다.

2. 암석의 순환

(1) 암석의 순환이란 지각을 구성하는 암석이 마그마 작용, 침식 작용, 운반 작용, 퇴적 작용, 고화 작용 및 변성 작용 등을 거쳐 다른 암석으로 변하는 과정을 일컫는 말이다.

(2) 암석의 근원은 마그마에 있다. 이 마그마의 냉각 속도와 굳은 장소에 따라 화산암, 심성암, 반심성암 등으로 구분되는 화성암이 형성된다. 이 중 심성암의 하나인 화강석은 풍화, 침식, 운반, 퇴적의 과정을 거쳐 퇴적암이 된다. 이때 퇴적물질이 지각 심층부에 매몰되면 큰 압력과 열을 받게 되어 암석의 구성물질이 변화하여 변성암이 된다.

(3) 변성암이나 퇴적암은 다시 풍화작용을 받아 새로운 암석을 구성하기도 하고, 계속 고압과 고열상태에 머무르다 다시 녹아 마그마가 될 수도 있다.

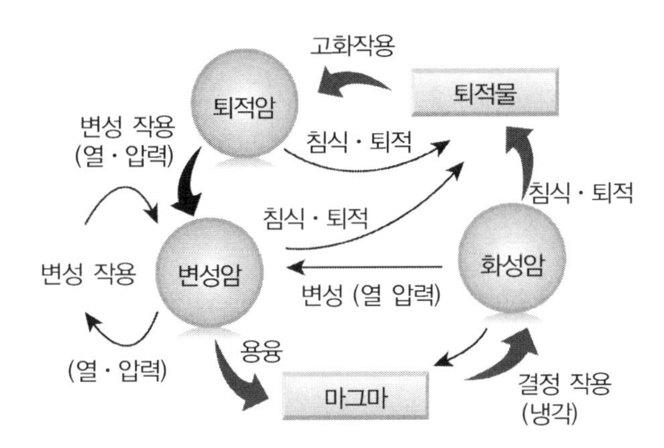

3. 화성암

(1) 성 인

화성암은 지각을 구성하는 주요 암석으로 규산염 용융체인 마그마가 냉각되어 형성된 암석으로 마그마의 분출 여부에 따라 심성암, 반심성암 및 화산암으로 구분된다.

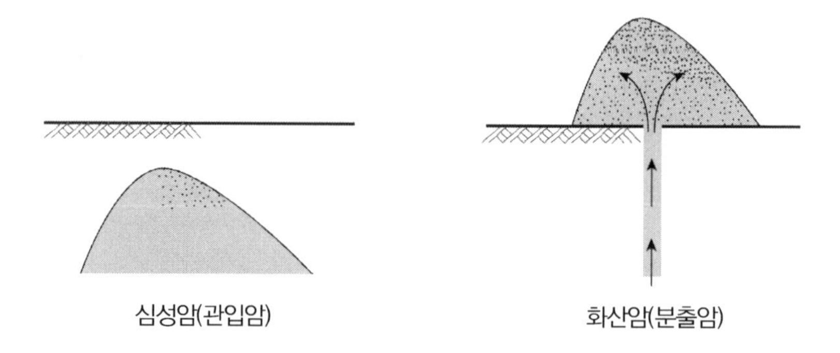

심성암(관입암)　　　　화산암(분출암)

(2) 종류 및 특징

구 분	심성암(관입암)	화산암(분출암)
냉각속도	느 림	빠 름
입자조직	조립질, 등립질	유리질, 세립질
강도(변형계수)	큼	작 음
$K=\frac{\sigma_h}{\sigma_v}$	$K>1$	$K<1$
암반특성	괴상(Massive) 단층발달이 적음	크기가 작음
풍 화	차등풍화 핵석 형성	강 함
암 종	화강암, 섬록암, 반려암, 반암, 휘록암	유문암, 조면암, 안산암, 현무암

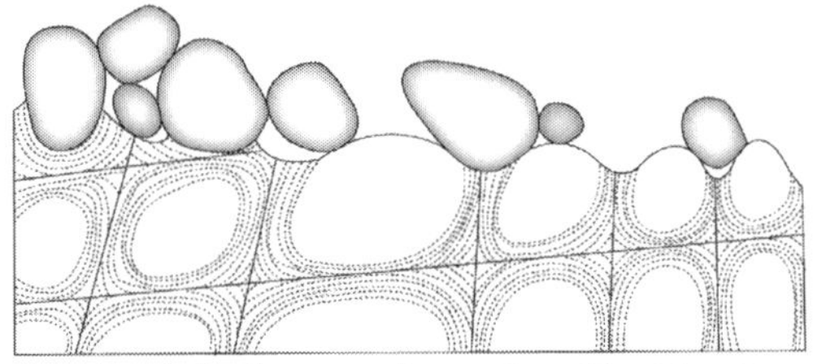

Stage in teh development of egg −shaped boulders from rectangular joint blocks. (After W. M. Davis.)

구상풍화로 인한 핵석(*Core Stone*)의 형성과정

4. 퇴적암

(1) 성 인

육지에서 침식된 퇴적물이 바다나 호수 밑에 쌓여 굳어진 암석

(2) 생성 과정 : 퇴적물 운반 → 퇴적 → 다져짐 → 고결 → 재결정(퇴적암 생성)

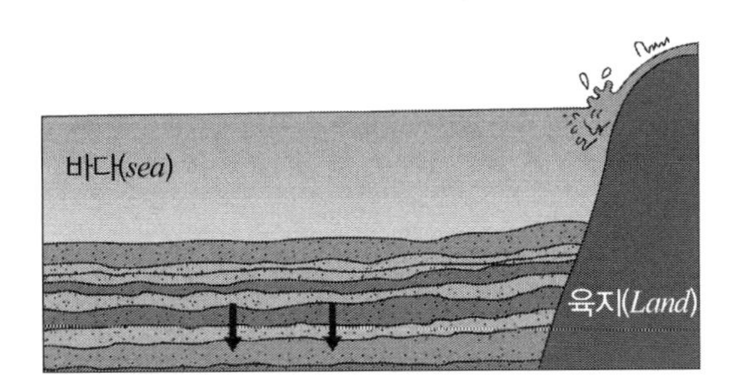

(3) 퇴적암의 종류와 특징

구 분	쇄설성 퇴적암	비쇄설성 퇴적암
성 인	물과 바람에 의한 운반퇴적	화학적, 생물학적 침전
입자조직	세립질~조립질	균 질
강도(변형계수)	크 다	작 다
암반특성	층리(層理) 발달 사암은 층리발달이 미약하나 이암, 세일은 발달됨 이암, 세일 : 스래킹, 스웰링	괴상(*Massive*) 단층발달이 적음 지하공동 형성
암 종	이암, 세일, 사암, 역암	석회암, 석탄, 규조토, 암염

✓ 화학적 퇴적암 : 물에 용해되어 있던 광물이온등이 침전, 고화되어 형성

✓ 쇄설성 퇴적암에서의 층리

층리면을 따라 동일한 방향으로는 등방성 수직방향으로는 이방성을 나타내며 전단강도가 약하고 투수성이 크므로 퇴적암 절취공사 시, 터널 발파 시, 댐기초에서 사면안정, 지하수유로 등에 유의해야 함

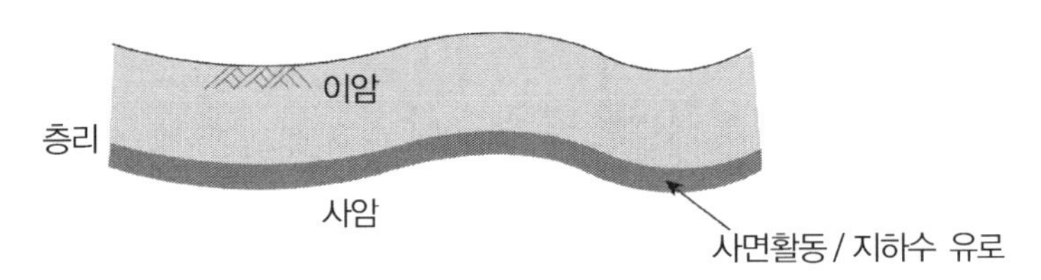

층리(*bedding*) : 해저는 거의 수평인 면(퇴적면)이며 이 면 위에 퇴적물이 거의 고르게 한 겹 한 겹 쌓여서 점점 두꺼운 지층이 형성된다. 층 사이의 면은 퇴적물이 굳어진 후에도 잘 쪼개지는 면을 형성하며 이 면을 성층면(*bedding plane*)이라 한다.

5. 변성암

(1) 성 인

① 접촉변성암(*Contact metamorphism*)

마그마의 열을 받아 국부적(200*m*～2*km*)으로 조직이 변하여 형성되며 광역변성 작용과는 달리 압력보다는 주로 온도에 의한 영향만으로 암석에 영향을 미치므로 암석에 현저한 변형을 유발시키지는 않는다.

② 광역변성작용(*Regional metamorphism*)

지각의 압력과 온도에 의해서, 넓은 지역에 걸쳐 기존의 암석이 재결정되어 생성된다.

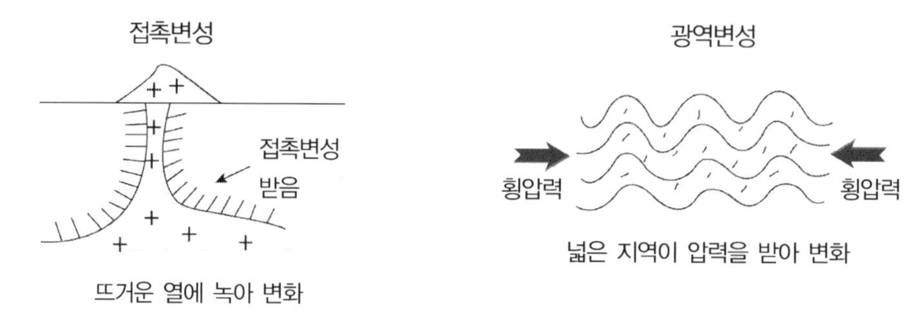

(2) 변성암의 유형과 특징

① 접촉변성암(강원도, 경상도 지역에서 화강암 주위에 소규모 분포)

㉠ 암종 : 세일 → 혼펠스[*hornfels*], 석영질 사암 → 규암[*quartzite*]
석회암 → 대리석[*marble*]

㉡ 혼펠스, 규암은 풍화에 강하며 강도가 큼

㉢ 터널 굴착 시 주 낙반사고의 원인이 되는 암석이 규암이다.

대부분 석영의 입자만으로 이루어진 매우 굳은 담색의 암석이다. 석영질사암이 변성작용을 받아서 생긴 일종의 변성암인 경우가 많으나 이밖에 변성작용에 의하지 않고도 석영입자가 규산분으로 굳게 결합된 사암, 즉 퇴적암인 경우가 있다. 변성암인 사암과 퇴적암인 사암은 현미경으로 구별할 수 있다.

② 광역변성암

㉠ 암종 : 세립질 → 조립질(점판암 → 천매암 → 편암 → 편마암)

㉡ 엽리와 벽개

- 엽리(*foliation*) : 변형작용의 결과로 암석내의 새로운 면구조를 형성하는 것

※변성 정도에 따라 벽개 → 편리 → 편마구조(변성정도 증가)로 분류

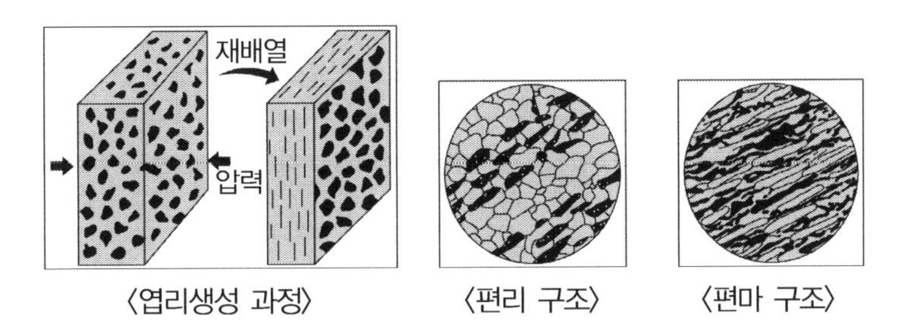

〈엽리생성 과정〉 〈편리 구조〉 〈편마 구조〉

– 벽개(*Cleavage*) : 지층의 습곡이나 변형으로 형성되며 습곡과 같은 구조와 연관된다.
일반적으로 점판암이나 셰일에서 관찰되며 방향은 층리와는 무관하다.

✓ 광물은 벽개가 존재함으로써 이방성의 특징을 가짐

벽 개	발달형태		벽 개 방향수	예
탁 상			1	흑운모, 백운모
주 상			2	각섬석, 휘석
육면체상			3	암염, 방연석

③ 강도 및 변형 특징 : 엽리에 따라 이방성을 보임

㉠ 엽리와 평행한 방향으로 하중을 가하면 강도는 떨어지나 변형계수가 크며

㉡ 엽리와 수직한 방향으로 하중을 가하면 강도는 높아지나 변형계수는 작아짐

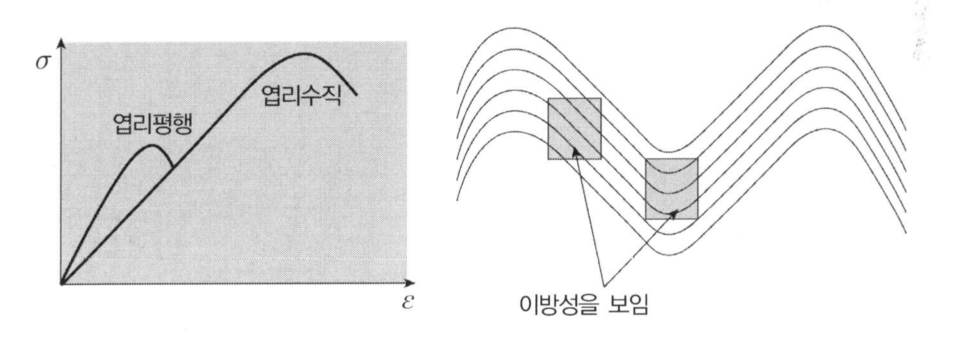

㉢ 엽리를 따라 풍화정도가 심할수록 이방성 영향이 커짐

㉣ 단층, 습곡의 발달이 심하며 암반사면 붕괴의 대부분을 차지하는 암석임

02 불연속면의 종류와 특징

1. 개 요

(1) 모든 암반 내에 존재하는 연속성이 없는 면을 불연속면이라 한다.

(2) 역학적 측면에서 암반 불연속면(*discontinuity*)이란 암반 내에 존재하는 인장강도가 작거나 또는 전혀 없는 면으로서 암반에서 나타나는 모든 연약한 면을 총괄적으로 나타내는 용어이다.

2. 불연속면의 종류

(1) 절 리(*Joint*) : 암반 내에서 규칙적으로 깨져 있는 균열
협의(화성암의 불연속면), 광의(모든 암반의 불연속면)

① 성 인

㉠ 화성암의 냉각

㉡ 화성암체의 관입, 습곡, 침식으로 인한 응력의 해방, 증가

② 특 징

㉠ 절리면을 따라 상대적 변위가 없으며 연장성이 매우 짧음

㉡ 풍화는 절리면을 따라 발달

㉢ 절리 형성 당시 최소 주응력방향으로 벌어짐 : 방향 분석을 통해 최소 주응력 방향 유추

③ 종 류

㉠ 판상절리(화성암에서 주로 관찰)
지하심부 암석이 침식으로 인해 지표에 노출되면 상부하중이 제거되면서 최소 주응력면이 지표와 평행하게 발달하기 때문에 얇은 판상의 절리가 겹겹이 형성되었음을 알 수 있고 이를 통해 최소 주응력면의 방향 유추

㉡ 주상절리
현무암과 같이 용암의 분출이나 관입으로 용암이 냉각될 때 수축되면서 다각형의 기둥모양으로 발달한 평행한 절리임

판상절리

주상절리

㉢ 공액절리(*Conjugate joint*) : 절리처럼 보이나 인장력이 아닌 압축력에 의해 형성된 면을 전단파쇄면(*shear fracture*)이라 함

- 엄격한 의미에서 절리는 아니지만 광의의 의미로서 절리에 포함
- 전단파쇄면이 최대 주응력 방향으로부터 다소 기울어진 각도로 형성되면 단일 응력하에서 두 방향으로 대칭성을 보이고 형성될 때 두 절리군을 공액상이라 하며 이런 절리계를 공액절리라 함

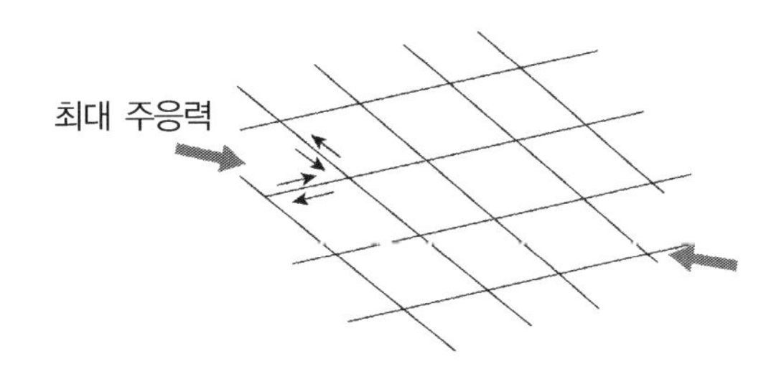

㉣ 전단절리, 인장절리

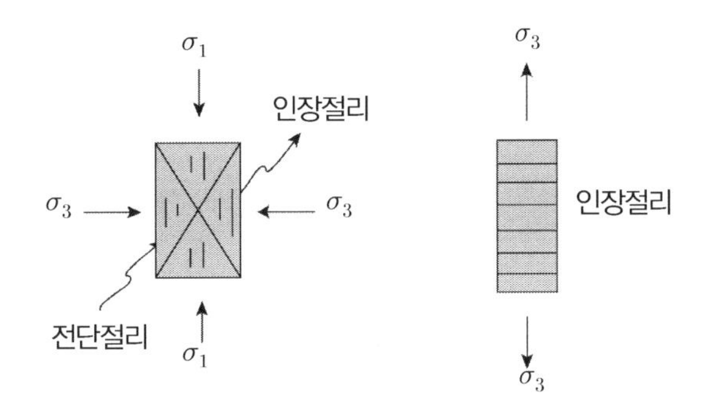

④ 절리의 영향

㉠ 사면에서의 영향

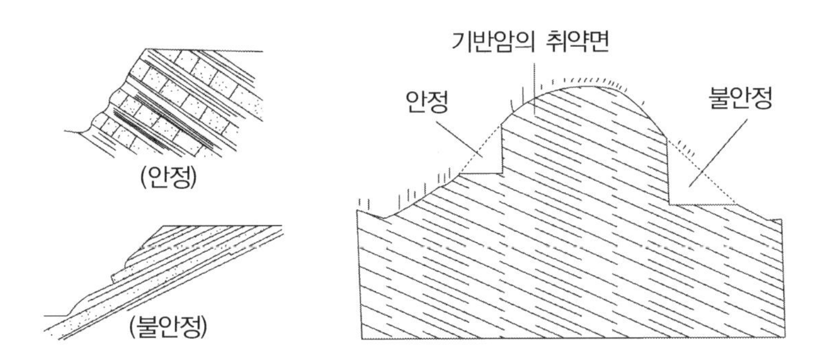

㉡ 터널에서의 영향

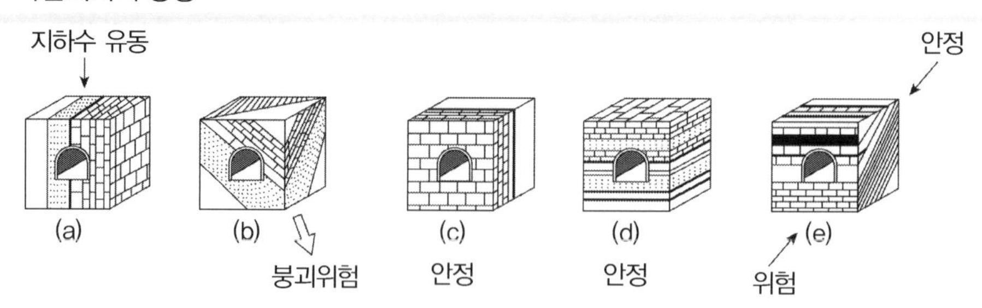

(2) 층리(*Bedding*)

① 생성원인 : 퇴적물 입자크기에 따라 수평방향으로 형성

② 특 성

㉠ 잘 쪼개짐

㉡ 층리를 나타내지 않는 퇴적암 : 사암, 역암

㉢ 역학적 측면에서 이방성을 가짐

(3) 엽리(*Foliation*)

① 생성원인 : 암반의 고압, 고온의 영향으로 재결정

② 특 징

㉠ 엽리면을 따라 잘 쪼개짐

㉡ 단층과 파쇄대에 잘 발달되어 있음

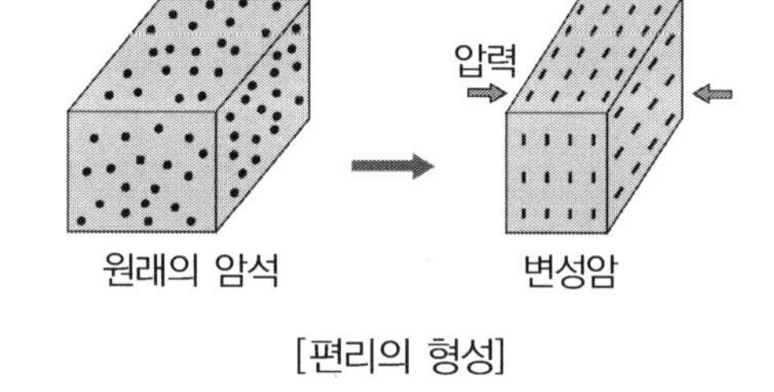

[편리의 형성]

③ 종 류

㉠ 편리 : 천매암과 같은 광역 변성암에 발달된 수 *mm*의 좁은 간격의 분리면으로 세립질로서 육안 구분 가능

㉡ 편마구조 : 조립질로서 평행한 선을 띰

(4) 단층(*Fault*)

① 생성원인

외부의 힘을 받은 지각이 두 개의 조각으로 끊어져 작게는 몇 밀리미터(*mm*)에서 크게는 몇 킬로미터(*km*)까지 이동한 지질구조.

② 특 징

㉠ 절리에 비해 연장성이 큼

㉡ 단층을 따라서 풍화파쇄가 심하며 투수층을 형성함

㉢ 단층면을 따라 다음과 같은 면을 구성하고 있음

- 단층경면(*slikenside*) : 단층면이 전단마찰에 의해 연마되어 형성된 매우 평탄하고 매끄러운 면
- 단층조선(또는 찰흔, *slikenline, striation*) : 전단방향으로 긁힘에 의해 생기는 선이나 홈 자국으로 단층운동의 방향 추정
- 단층각력(*fault breccia*) : 바찰 전 초기 단층면에서 단층운동에 의해 파쇄와 마모가 일어나면서 단층면에서 다양한 크기의 암편들이 분리된 것
- 단층점토(*fault clay*) : 미세립질(< 0.1*mm*) 점토층이 단층 내 충진된 것으로 단층의 전단강도를 약화

㉣ 화성암, 퇴적암도 있으나 특히 변성암에 많이 분포함

㉤ 지진 발생이 많았던 지형에 분포
: 양산단층(수평단층)

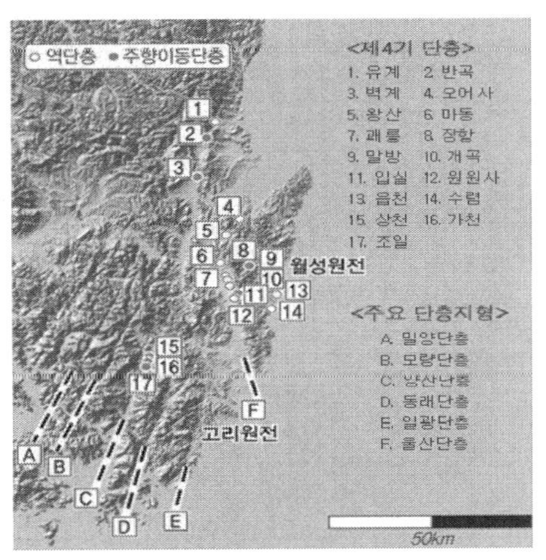

한반도 동남부 주요 활성 단층

③ 단층의 종류

양쪽에서 잡아당기는 장력, 양쪽에서 미는 횡압력과 중력 등의 힘으로 지층은 끊어진다. 이때 끊어진 지층이 움직였다면 단층이라 하고 움직이지 않았다면 절리(節理, *joint*)라 한다.

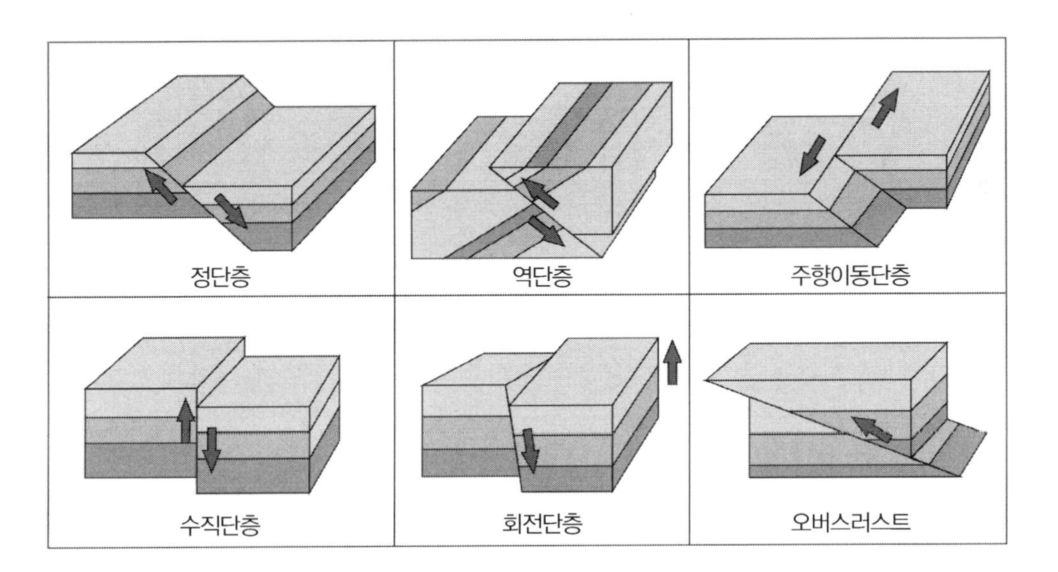

④ 단층으로 인한 영향

㉠ 대규모 암반파괴로 인한 구조물 손상

Chi-Chi 지진(1999, *M*7.3, 대만)

활성단층대 위에 건설된 댐체가 붕괴
→ 지표면 전단파괴 잠재성이 있는 활성 단층에 극히 인접해서 또는 그 단층 위에 댐을 건설하지 않아야 한다.

교각 휨파괴

교각 전단파괴

건물 파괴

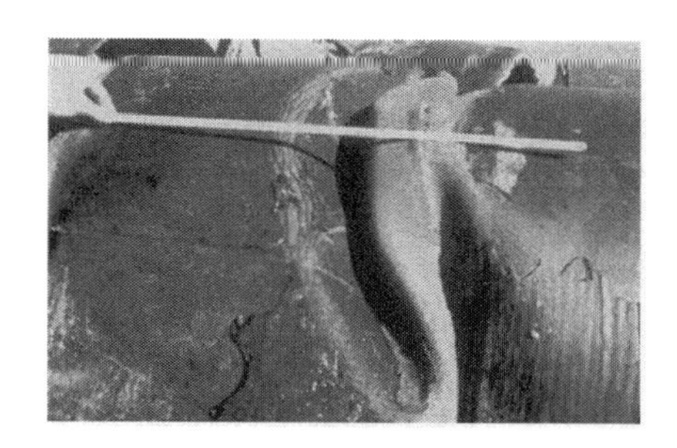

상수관 파손

㉡ 사면 및 터널

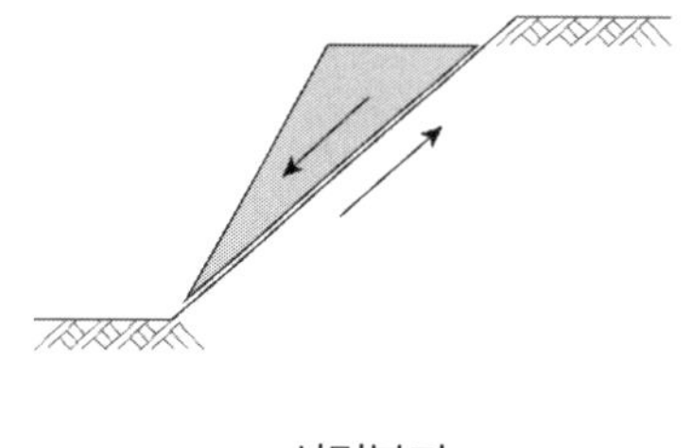

사면붕괴

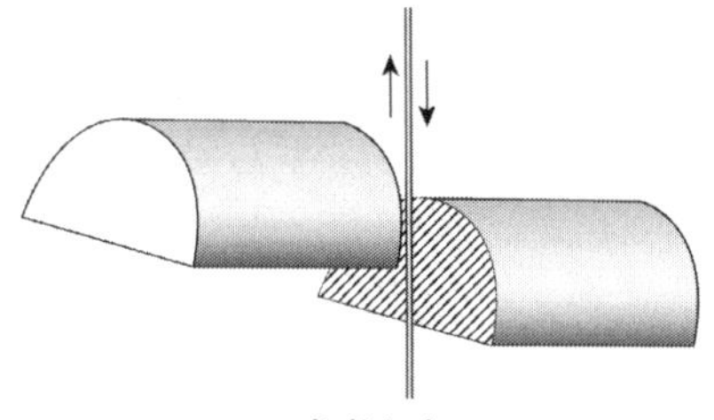

터널붕괴

3. 불연속면의 조사 항목 : *ISRM(Internetional Society for Rock Mechanics)*

(1) 충전물
(2) 불연속면의 종류수
(3) 암의 크기
(4) 주향, 경사
(5) 연속성
(6) 간격
(7) 틈새
(8) 투수성
(9) 면거칠기
(10) 면강도

4. 단층과 절리의 차이점

구 분	단 층	절 리
성 인	지각의 상대적 변위	암석지체의 응력 변화
연속성	깊	거의 없음
암 종	주로 변성암	모든 암
특 징	단층경면 단층조선 단층각력 단층점토	절리에서부터 풍화
건설공사	치명적	단층보다는 경미함

5. 평 가

(1) 암반의 불연속면은 연속성이 없는 암반 내의 면을 총칭하는 용어로서 일반적으로 절리라는 용어로 총칭하여 사용된다.

(2) 불연속면(절리)의 건설공사에서의 영향
도로, 댐, 터널공사 시 암석의 낙반사고에 주요인이며 공사 전 아래 표와 같이 절리의 지반공학적 특성을 반영한 공사계획 수립으로 사고 발생을 예방하여야 한다.

절리방향의 영향	절리발달 빈도의 영향
(1) 사면의 불안정과 보강대책 (2) 터널의 불안정과 보강대책 (3) 암반 내 응력분포의 이방성 (4) 암반강도의 이방성 (5) 터널공사 시 여굴(*overbreak*)량 감소를 위한 제어 발파, 분할 발파, 굴진장 조정 등 굴착방법 보완이 필요	(1) 암반의 강도정수, 탄성계수, 투수성 판단 (2) 암반의 지지력 계산 (3) 굴착 난이도 결정

03 불연속면의 조사항목별 공학적 특성

1. 개 요

(1) 모든 암반 내에 존재하는 연속성이 없는 면을 불연속면이라 한다.

(2) 불연속면은 암체 내의 절리(*joint*), 층리면(*bedding plane*), 소규모 단층(*minor fault*) 및 벽개(*cleavage*)와 편리면(*schistocity plane*)을 포함하는 연약면(*plane of weakness*)을 포함한다.

(3) 불연속면의 특성은 암반사면의 안정성에 매우 중요한 영향을 주고, 또한 불연속면의 발달빈도는 토공작업 시에 굴착 난이도를 결정하는 중요한 요소이다.

2. 조사항목

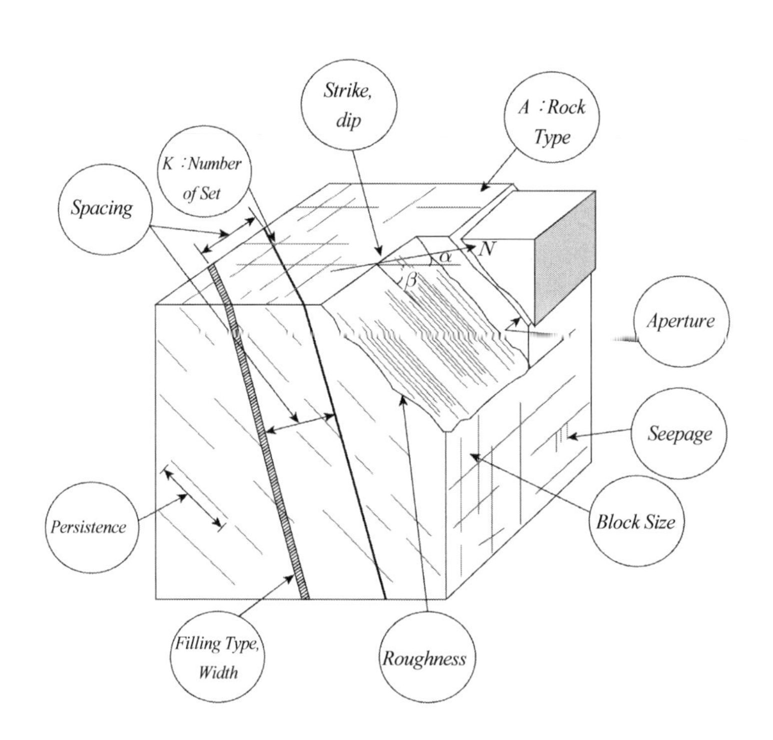

3. 충전물(*Filling*)

(1) 불연속면의 틈새에 존재하는 충전물질은 점토, 실트, 암편 등으로 협재되어 있으며 암반의 전단강도, 투수성, 변형에 영향을 미친다.

(2) 불연속면의 틈새크기보다 충전물질의 종류가 전단강도에 영향을 미친다.

(3) 전단특성

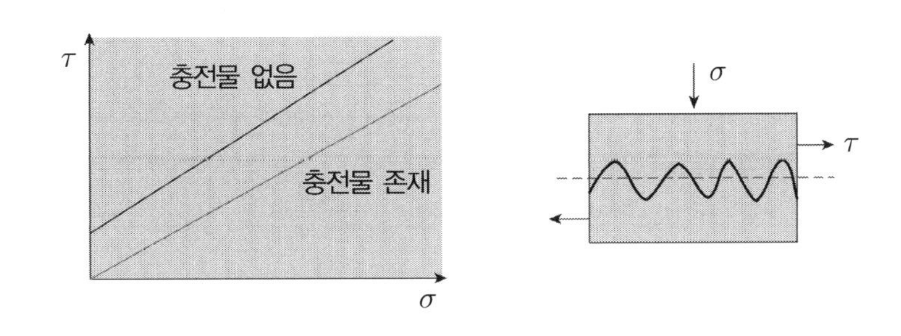

4. 불연속면의 종류수(*Number of Set*) : 암반붕괴형태 구분

(1) 같은 방향성을 갖는 절리군의 수로 Q −*system*의 분류 시 활용

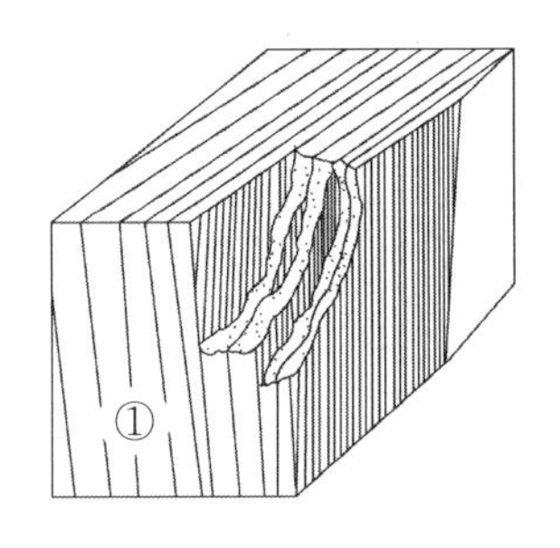

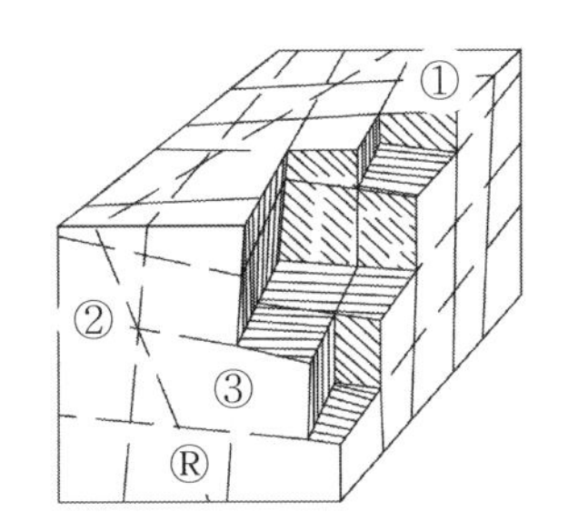

(2) 암반사면의 영향

① 한방향 : 평면파괴, 전도파괴

② 2～3방향 : 쐐기파괴

③ 다방향이고 간격이 좁은 경우 : 원호파괴

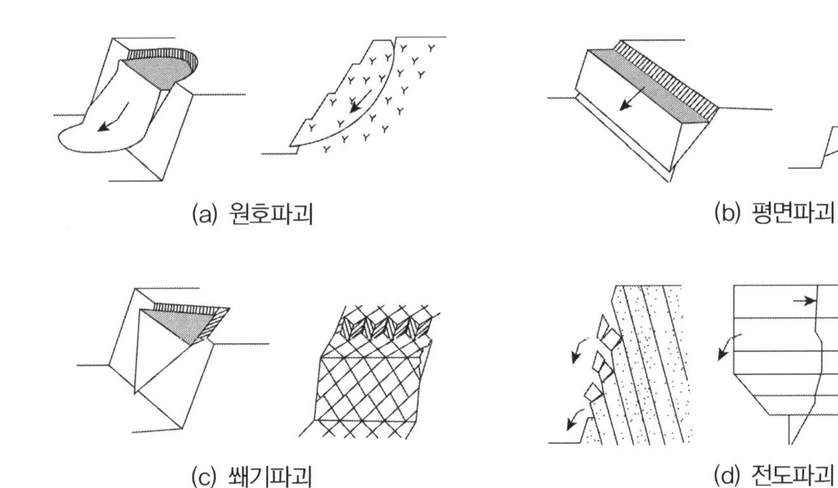

(a) 원호파괴 (b) 평면파괴

(c) 쐐기파괴 (d) 전도파괴

(3) 터널에서의 붕괴유형

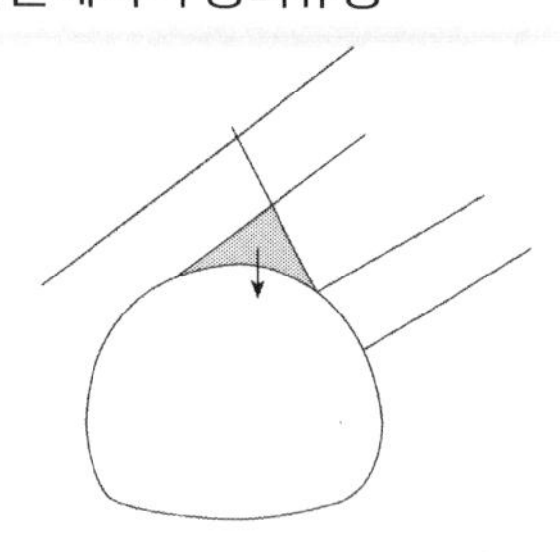

5. 암괴크기(*Block Size*) : 암반보강에 관한 지표를 제시

(1) 교차하는 절리군의 상호방향, 간격, 연장성으로부터 구하는 암석블록의 크기

(2) 전단특성

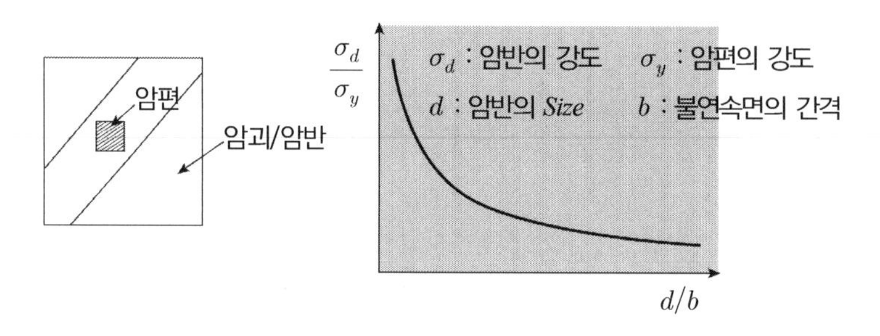

(3) 암괴규모는 암반거동의 중요인자로서 암괴의 상대적 규모에 따라 터널에서의 록 볼트 길이, 간격의 결정 등 암반보강범위를 판단하는 데 필요하다.

(4) 사면/터널에서의 영향

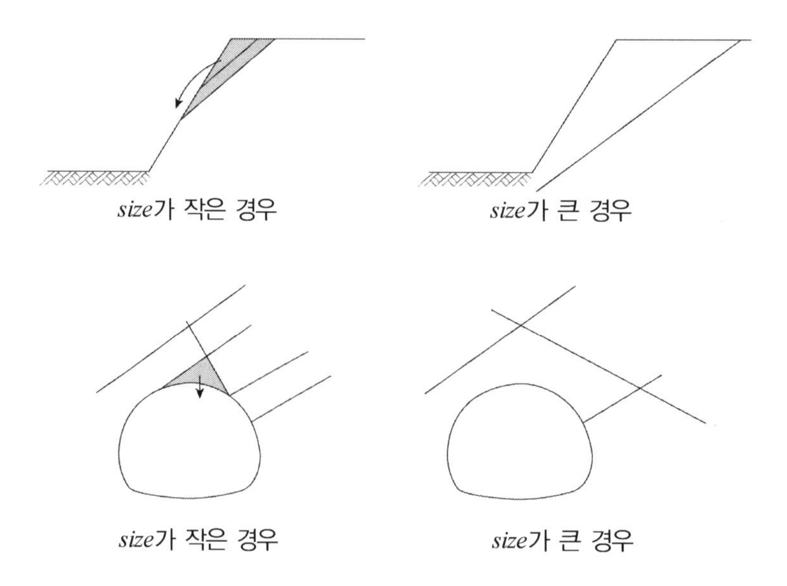

6. 주향과 경사

(1) 암반의 붕괴 가능성, 붕괴형태를 결정하는 요소로서 암반사면 안정성 해석에서 가장 우선적으로 고려하는 요소이다.

(2) 사면에서의 영향

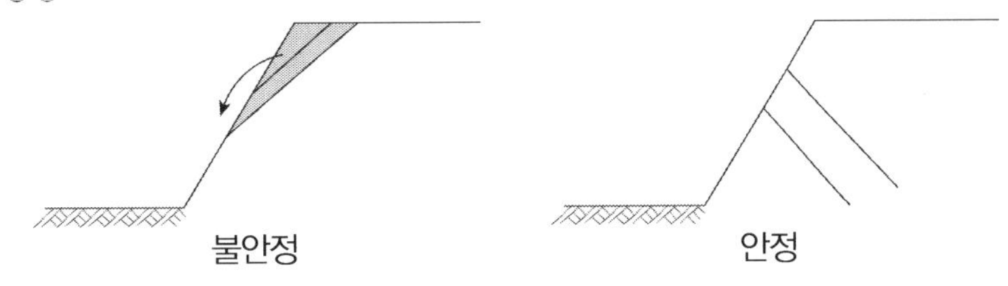

7. 연속성(*Persistence*)

(1) 암반의 노두에 나타난 불연속면의 자취 길이

(2) 연속성이 크면 위험하며 절리면 전단강도가 적음

(3) 절리면은 점착력은 무시하고 내부마찰각으로만 저항하는 것으로 설계하나 연속성이 적은 절리면의 경우에는 점착력을 포함하여 설계

(4) 즉, 절리의 연속성이 적으면 암괴가 붕괴 시 암석도 깨지면서 붕괴되므로 암석의 점착력이 불연속면의 전단력에 부가됨

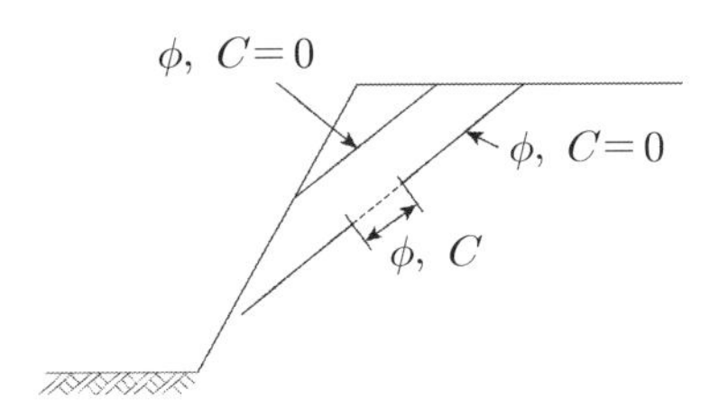

8. 간격(*Spacing*)

(1) 암반의 노두에 나타난 불연속면의 자취 길이

(2) 인접한 불연속면 간의 연직거리로서 암반의 강도정수, 탄성계수, 투수성 판단, 암반의 지지력 계산, 굴착 난이도 결정

9. 투수성(*Seepage*) / 용출 / 지하수 / 침투수

(1) 지하수위 변동으로 수압을 형성할 경우 암반의 유효응력을 감소시킨다.

(2) 지하수의 유입은 충진물질의 역학적 성질을 감소시켜 충진물질을 암반체 밖으로 씻어내기도 한다.

(3) 불연속면 내 충전물 중 특히 세일, 점토의 경우 지하수는 강도를 급격히 저하시키고 변형량을 증대시킨다.

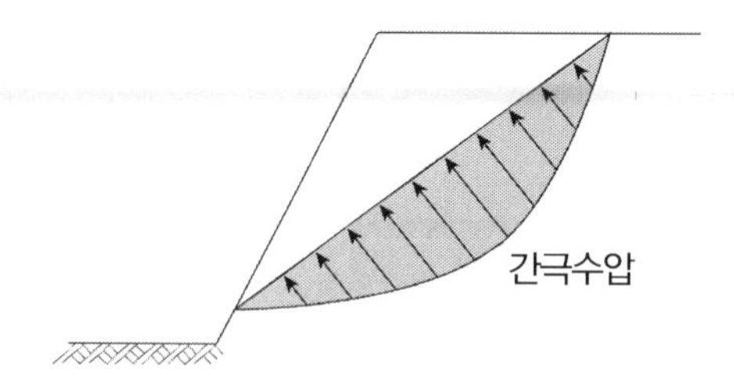

10. 틈새크기(*Aperture*)

(1) 절리의 틈새는 절리면의 사이 간격으로 그 틈새에는 공기, 물 및 점토와 같은 물질로 충진되어 있다. 충진 물질이 없는 경우, 틈새의 정도는 투수시험으로 추정한다.

(2) 틈새크기는 절리면의 전단력(마찰력)을 감소시키는 요인이 된다.

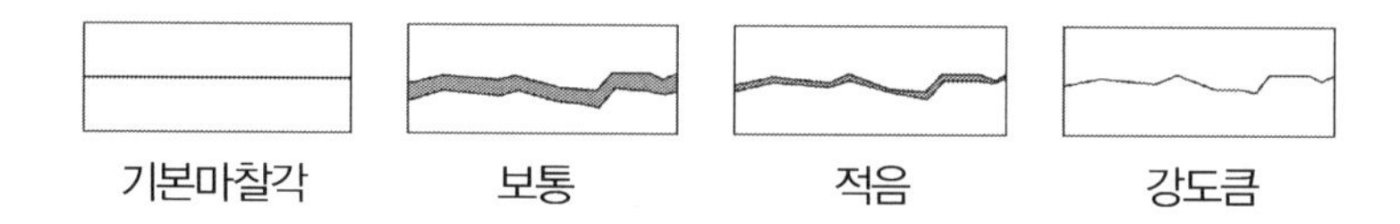

(3) 풍화의 출발은 틈새로부터 시작된다.

11. 면 거칠기(*Roughness*)

(1) 절리면의 굴곡은 작은 규모의 요철과 큰 규모의 만곡(*Waviness*)으로 정의된다.

(2) 면 거칠기로 정의되는 요철과 만곡은 절리면의 전단강도에 영향을 크게 미친다.

(3) 한편, 절리면의 굴곡을 조사하는 데 절리면의 충진물질이 없는 경우 그 추정은 정확하다.

(4) 요철을 추측하는 방법은 *Profile Gauge* 등으로 측정하며 그림과 같다.

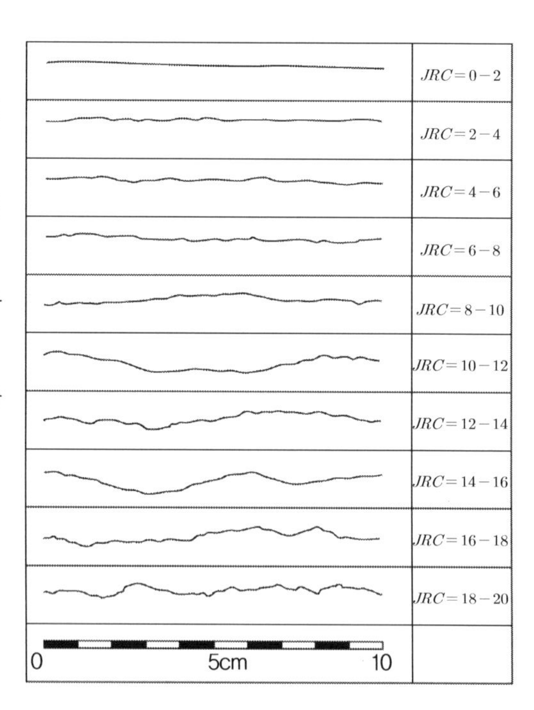

12. 면강도(*Wall Strength*)

(1) 면강도가 크면 절리면 전단강도가 크다.

(2) 보통 모암강도보다 적으며 *Schmit Hammer*로 측정한다.

(3) 약한 경우 변위에 따라 굴곡도가 적어진다.

13. 불연속면에 따른 응력분포

(1) 강도 이방성

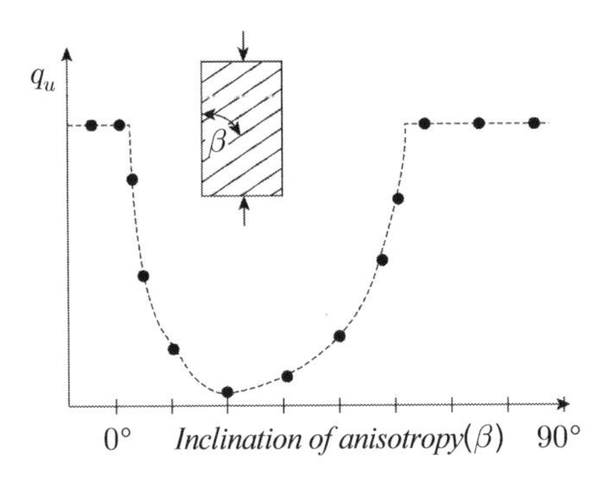

(2) 응력분포(무절리, 수평절리, 경사절리, 연직절리)

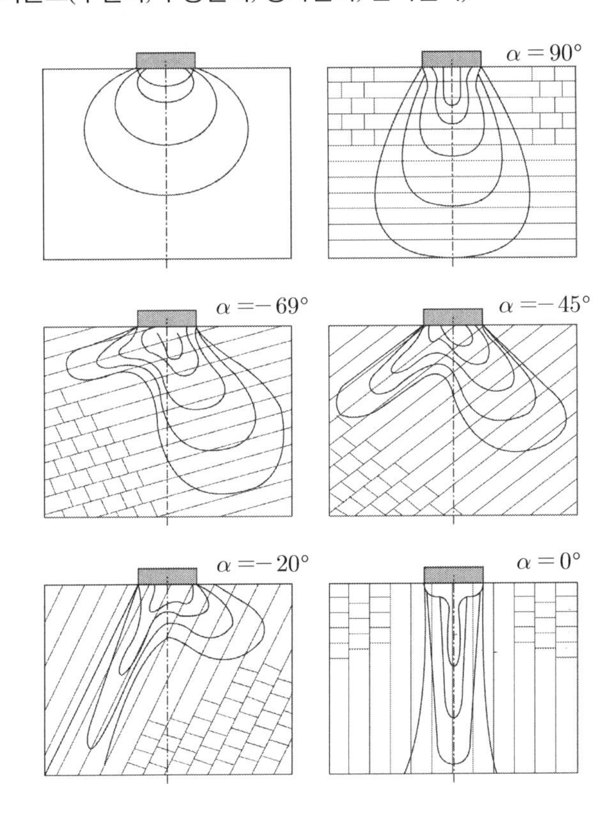

04 주향과 경사

1. 개 요

(1) 암반의 역학적 거동은 암반 내에 분포하는 불연속면의 특성에 의해 지배된다.

(2) 이 중에서 불연속면의 방향성은 평사투영해석이나 거동해석을 시행하는 데 중요한 자료로서 주향과 경사는 다음과 같이 정의된다.

① 경사(*dip*) : 수평면으로부터 측정된 경사면의 최대 경사각

② 경사방향(*dip direction*) : 주향과 90°를 이루며 진북으로부터 시계방향으로 측정된 경사의 범위

③ 주향(*strike*) : 수평기준면과 경사면의 교선의 궤적으로 진북으로부터 측정

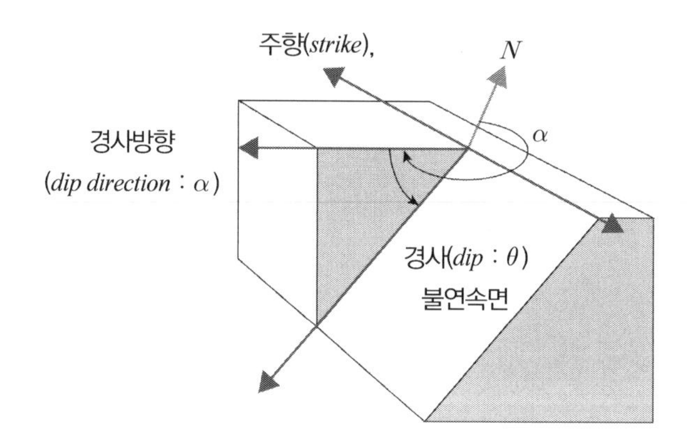

2. 측정 방법

(1) 지표 : 클리노콤파스(*CLINO COMPASS*)

(2) 심부 : *BIPS, BHTV*

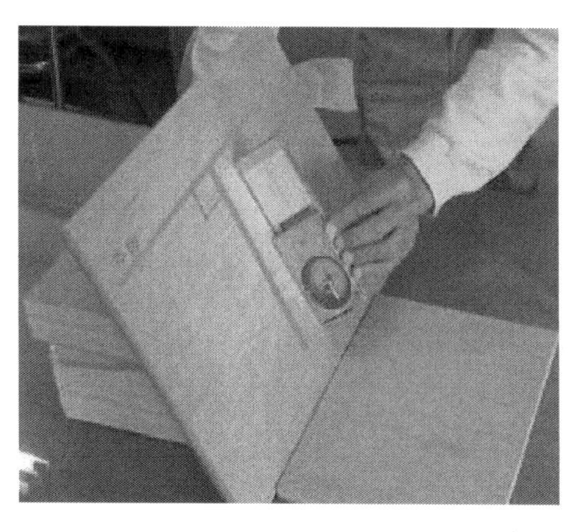

CLINO COMPASS

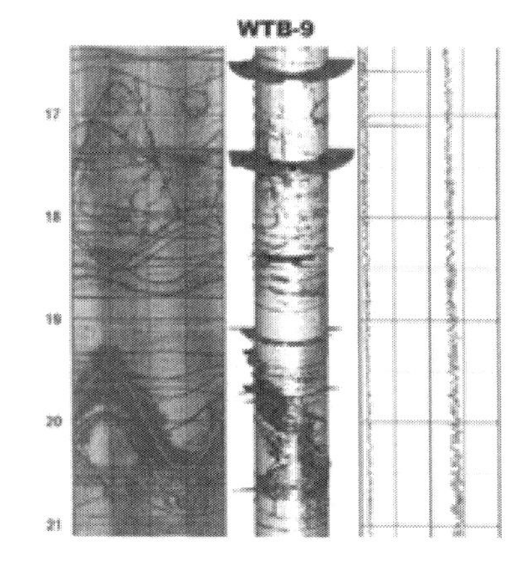

BIPS, BHTV

3. 표시 방법

(1) 주향(走向, *strike*) : 북쪽을 기준(예각으로 표시)

(2) 경사(*dip*, $0 \le \beta \le 90$)
  ① 불연속면의 최대 경사각도
  ② 수평면으로부터 아랫방향으로 측정
  ③ 경사면이 향하는 방향을 병기하며, 주향과 직각을 이룸

(3) 경사방향(*dip direction*, $0 \le \alpha \le 360°$)
  ① 불연속면이 정면으로 향하는 방향의 방위각으로 표시
  ② 불연속면의 주향과 직각을 이룸

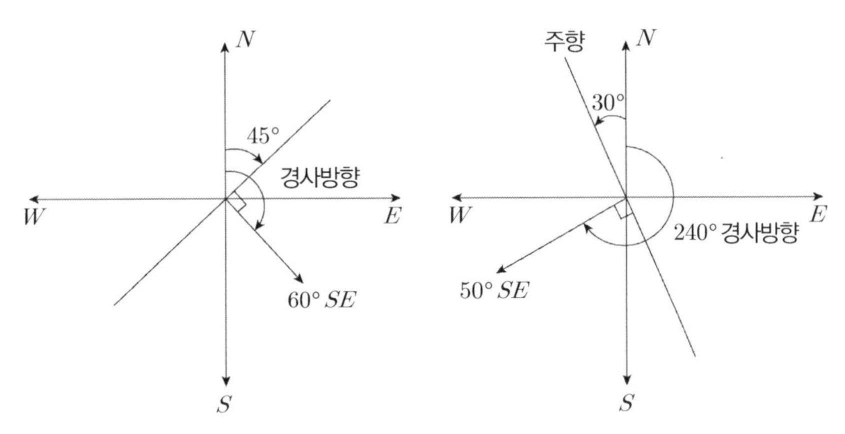

주향과 경사 : *N*45°*E*, 60°*SE*   *N*30° *W*, 50°*SW*

경사방향/경사 : 135/60   240/50

4. 활 용

(1) 평사투영해석을 통한 안정해석
  ① 암반사면의 안정성은 암석자체의 전단강도보다 불연속면의 특성에 의하여 크게 영향을 받으며 특히 불연속면의 주향과 경사에 영향을 받는다.
  ② 평사투영해석법은 절리면의 주향과 경사, 마찰각 및 절취사면의 방향과 경사를 고려한 암반사면의 개략적 안정성을 평가하는 방법이다.

(2) 구조물의 안정성 평가
  ① 사 면

② 터 널

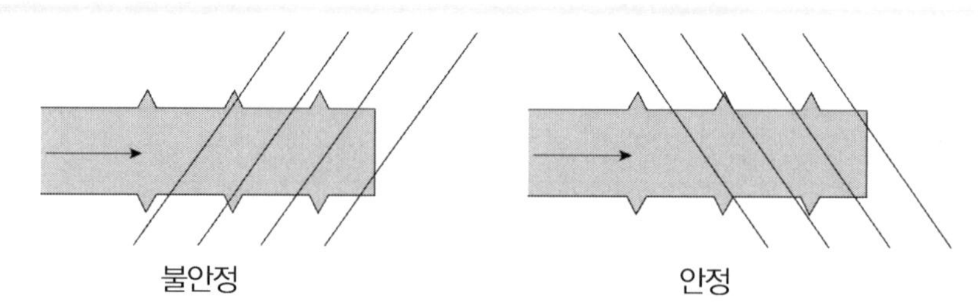

(3) *RMR(Rock Mass Rating)*에서 산출된 평점에서 보정 시 주요인자

불연속면의 주향/경사		매우 양호	양 호	보 통	불 량	매우 불량
점 수	터 널	0	−2	−5	−10	−12
	기 초	0	−2	−7	−15	−25
	사 면	0	−5	−25	−50	−60

05 암반파괴기준(Failure Criteria) / 항복규준

1. 개 요

(1) 암석의 파괴는 전단응력 또는 인장응력에 의하여 발생

(2) 인장파괴는 최소 주응력이 암석 고유의 인장강도에 도달했을 때 발생

(3) 전단응력에 의한 파괴는 암석에 주어진 응력조건에 의하여 발생. 이와 같이 어떤 조건에서 파괴가 발생하는지를 결정하는 기준을 파괴기준이라고 함

✓ **암반파괴기준은 왜 필요한가?**

암반구조물로 인하여 주위 암반의 응력에 변화가 있었을 때, 응력변화 이후의 응력이 암반의 파괴에 이르렀는지 아닌지 판단할 수 있는 기준 제시

2. 대표적 파괴기준(항복규준)

(1) *Mohr-Coulomb* 기준

(2) *Drucker-Prager* 기준

(3) *Griffith* 기준

(4) *Hoek-Brown* 기준

3. 암석파괴 기준의 설정

(1) 전단강도로 설정 : 예) *Mohr-Coulomb* 기준

① 개 념 : 파괴면을 먼저 가정하고 파괴면 내의 전단응력(τ)과 전단강도(τ_f)를 비교하여 결정

② 안정성 판단

$\tau < \tau_f$: 안정　　　$\tau > \tau_f$: 파괴, 소성상태

예) *Mohr-Coulomb* 파괴 조건식 $\tau_f = \tau_{f(pick)} = c + \sigma_n \tan\phi$

(2) 주응력 차이에 의한 결정 : 예) *Hoek-Brown* 기준

① 개 념

암반에 작용하는 최대 주응력 σ_1 및 최소 주응력 σ_3을 산정하여 축차응력($\sigma_1 - \sigma_3$)이 기준강도를 초과하는지 여부에 따라 결정

② 안정성 판단

$\sigma_1 \geq \sigma_3 + K$: 안정　　　$\sigma_1 < \sigma_3 + K$: 파괴, 소성상태

예) *Hoek-Brown* 파괴 조건식

$$\sigma_1' = \sigma_3' + \sigma_{ci}'\left(m_b \frac{\sigma_{ci}'}{\sigma_3'} + S\right)^a$$

4. 구속압에 따른 암석의 파괴조건

(1) 암석의 응력 - 변형률 관계

① 탄소성거동 : 탄성변형률과 소성변형률이 동시에 존재 아래 그림(*AB, DE, H, K*)

② 변형률경화 : 소성변형률이 증가함에 따라 항복응력이 커지는 현상

③ 변형률연화 : 소성변형률이 증가함에 따라 항복응력이 감소하는 현상

(2) 일축압축시험 : 항복응력 이후 변형연화에 의한 파괴

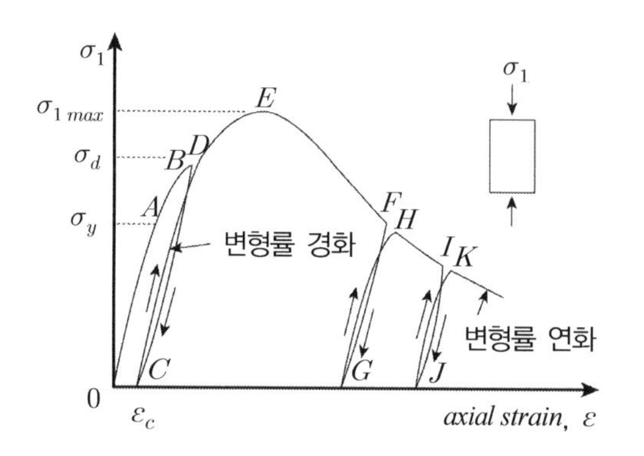

✓ 암석의 파괴조건 : $\sigma_1 = \sigma_{1max}$

σ_y, σ_d : 항복응력

σ_{1max} : 일축압축강도

(3) 삼축압축시험 : 구속압에 따라 변형연화, 변형경화

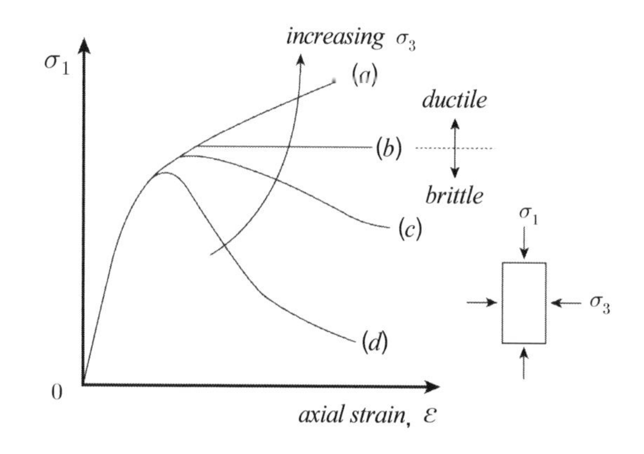

(*a*) : 항복응력이 계속 증가하여 정점이 나타나지 않는 연성거동

(*b*), (*d*) : 정점 이후 소성변형률 증가에 따라 강도가 저하되는 취성거동

① 삼축압축시험에서 최대 축차응력은 구속압에 따라 증가

② 암석의 파괴 조건식 : $\sigma_1 = f(\sigma_3)$

06 Mohr – Coulomb 암반파괴기준

1. *Mohr – Coulomb* 파괴조건식과 *Mohr* 파괴포락선

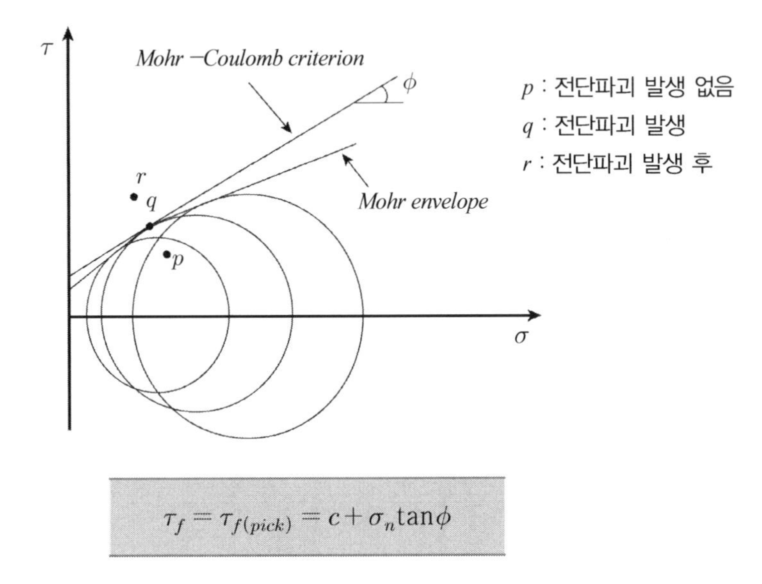

$$\tau_f = \tau_{f(pick)} = c + \sigma_n \tan\phi$$

2. *Mohr – Coulomb* 파괴면 내 법선응력과 전단응력

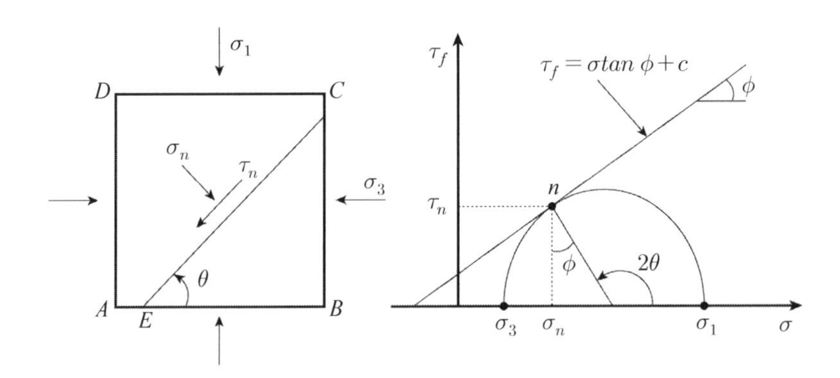

$$\sigma_n = \frac{\sigma_1 + \sigma_3}{2} + \frac{\sigma_1 - \sigma_3}{2}\cos 2\theta$$

$$\tau_f = \frac{\sigma_1 - \sigma_3}{2}\sin 2\theta \quad 2\theta = \phi + 90°,\ \theta = 45° + \frac{\phi}{2}$$

3. 암석에서의 파괴기준 설정

(1) 시험방법

① 인장실험　② 일축압축강도시험　③ 삼축압축시험

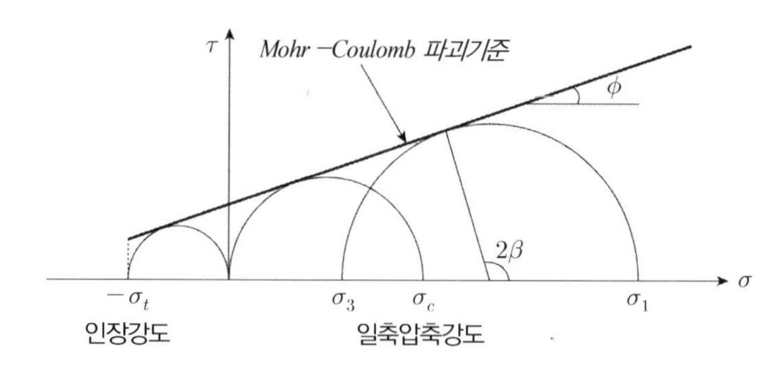

(2) 전단응력으로 표시한 *Mohr − Coulomb* 파괴기준

① 첨두강도에 의한 *Mohr − Coulomb* 파괴기준 표시

$$\tau_f = \tau_{f(pick)} = c + \sigma_n \tan\phi$$

② 잔류강도에 의한 *Mohr − Coulomb* 파괴기준 표시($C_{res} = 0$)

$$\tau_{f(res)} = c_{res} + \sigma_n \tan\phi_{res} \fallingdotseq \sigma_n \tan\phi_{res}$$

(3) 주응력으로 표현된 *Mohr − Coulomb* 파괴기준 : 수치해석을 목적

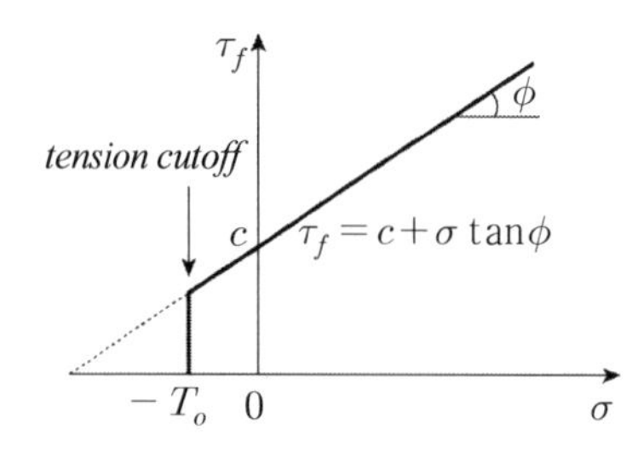

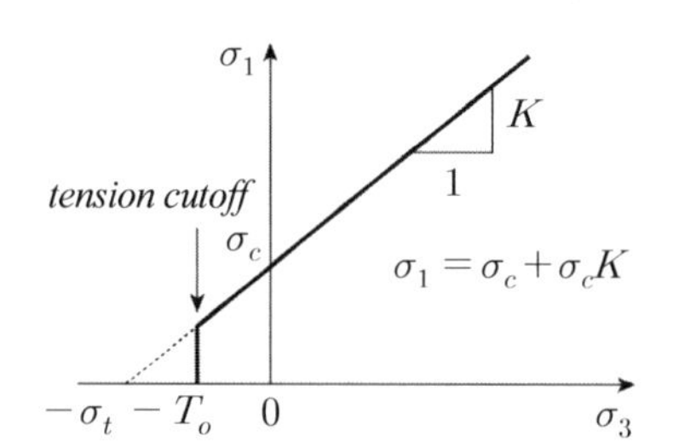

$$\sigma_{1f} = \sigma_c + K\sigma_3$$

여기서, σ_c : 암석의 일축압축압축강도식으로 다음과 같이 표현

$$\sigma_c = \frac{2c\cos\phi}{1-\sin\phi} \qquad K = \frac{1+\sin\phi}{1-\sin\phi}$$

$$\therefore \sigma_{1f} = 2c\sqrt{K} + K\sigma_3$$

※ *Mohr −Coulomb* 파괴조건식에서 예측하는 일축압축강도와 일축인장강도

일축압축강도	일축인장강도
$\sigma_1 = K_\phi \sigma_3 + 2c\sqrt{K_\phi}$	$\sigma_1 = K_\phi \sigma_3 + 2c\sqrt{K_\phi}$
$\sigma_3 = 0$	$\sigma_1 = 0$
$\sigma_c = 2c\sqrt{K_\phi} = 2c\ \tan\left(45° + \frac{\phi}{2}\right)$	$\sigma_t = -\frac{2c}{\sqrt{K_\phi}} = -2c\ \cot\left(45° + \frac{\phi}{2}\right)$

예) 암석의 내부마찰각이 45°라면 파괴조건식에 의해 예측되는 인장강도에 대한 일축압축강도의 비는 얼마인가

$$\sigma_c = 2c\sqrt{K} = 2c\tan\left(45° + \frac{\phi}{2}\right) \quad \sigma_t = \frac{2c}{\sqrt{K}} = 2c\cot\left(45° + \frac{\phi}{2}\right)$$

$$\frac{\sigma_c}{\sigma_t} = \frac{1+\sin\phi}{1-\sin\phi} = \tan^2\left(45° + \frac{\phi}{2}\right)$$

$$\tan^2\left(45° + \frac{45°}{2}\right) \approx 5.83$$

위 문제에서 일축압축강도는 인장강도의 6배이나 실제 암석시험에서 얻어지는 값은 10~50배 범위에 있음

4. 평 가

(1) 보편적으로 사용

(2) 토질역학에서의 파괴이론과의 차이는 암석은 인장력도 고려해야 하므로 τ축 왼쪽에도 파괴포락선이 존재한다.

(3) 중간 주응력 고려 안 함

(4) *Mohr −Coulomb* 파괴조건식에 의해 예측되는 인장강도는 실제 시험에서 얻어지는 값보다 과다하다.

(5) *Mohr −Coulomb* 파괴조건식은 파괴면에 작용하는 법선응력이 인장응력일 때에는 물리적 의미를 상실하므로 인장응력이 작용하는 영역에서 인장강도 적용 시는 신중을 기해야 하며, 이러한 단점을 극복하기 위해 인장응력 영역에서는 실험적으로 구한 실제 인장강도를 이용하여 *Tension cutoff*를 설정한다.

07 Griffith 파괴이론

1. 개 요

(1) 그리피스는 유리 같은 취약한 재료에는 잠재적인 흠(그리피스 크랙)이 포함되어 있어, 그 흠의 언저리에 변형력집중이 일어나기 때문에 파괴되기 쉽다고 생각하였다.

(2) 이러한 원리에 입각하여 암반 내에 가장 취약한 방향으로 놓여 있는 미소균열 선단 부근의 최대 응력값이 물체의 인장강도 값에 도달하면 이 미세한 균열로부터 새로운 균열이 생성, 전파되어 파괴에 이른다는 이론이다.

(3) 그러나 취성파괴재료의 경우에는 이론적으로 타당하나 연성(延性)이 있는 재료에는 맞지 않으며 연성재료의 경우에 적용하기 위한 수정식을 제안하고 있다.

2. 응력 조건별 파괴 시 작용응력

(1) 1축응력 조건

① 1축 방향 응력 작용 시 평형조건식

작용력 → 균열 발생 → 강성의 감소 → 작용력 감소

→ 균열의 성장과 동시에 변형에너지 해방

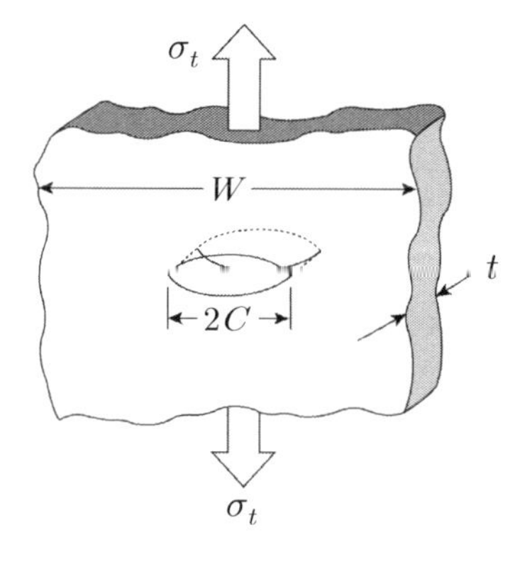

② 에너지 보존법칙에 의한 평형조건 방정식

크랙 유무에 따른 포텐샬 에너지 차이

= 크랙표면 에너지－크랙이 성장하기 위해 해방되는 탄성 변형에너지

$$W = W_s - W_e$$

여기서, W : 균열의 형성으로 인한 포텐샬 에너지의 총감소량

W=크랙이 있을 경우의 포텐샬 에너지 － 크랙이 없을 경우의 포텐샬 에너지

W_s : 크랙표면 에너지의 증가분

W_e : 크랙이 성장하기 위해 해방되는 탄성변형에너지

③ 판의 두께 단위당 균열 표면의 표면 에너지는 다음과 같다.

$$W_s = 2 \cdot 2C\ T$$

여기서, $2C$: 미소균열 장축길이 T : 단위면적당 표면력

④ 판의 두께 단위당 변형에너지

$$W_e = \frac{\pi c^2}{E}\sigma^2$$

여기서, σ : 인장응력, E : 탄성계수

따라서 크랙 유무에 따른 포텐샬 에너지 차이는 다음과 같다.

$$W = W_s - W_e = 4CT - \frac{\pi c^2}{E}\sigma^2$$

⑤ $\partial W/\partial c < 0$ 일 때 균열이 발생하고 그 한계 평형점은 $\partial W/\partial c < 0$ 일 때 발생하므로 *Griffith* 파괴기준은 다음과 같다.

$$\sigma = \sqrt{\frac{2ET}{\pi c}}$$

⑥ 윗 식은 평면응력상태의 경우이고 평면변형의 경우에는 다음과 같다.

$$\sigma = \sqrt{\frac{2E(1-\nu)^2 T}{\pi c}}$$

✓ 파괴강도는 균열길이의 제곱근에 반비례함

(2) 2축응력 조건

① 주응력에 대하여 경사져 있는 경우의 *Griffith* 균열

암석과 같은 취성재료에는 수많은 미소균열이 무질서하게 존재하며 σ_1, σ_3의 주응력이 작용하면 수많은 균열 중 가장 파괴되기 쉬운 방향으로 향해 있는 가장 큰 균열에 응력집중이 발생한다. 즉, 파괴되기 쉬운 첨단부분에 최대 집중응력에 의한 파괴가 발생한다.

② 균열의 방향에 따른 *Griffith* 파괴 기준

㉠ $\alpha \neq 0, \sigma_1 + 3\sigma_3 > 0$

$(\sigma_1 - \sigma_3)^2 - 8\sigma_t(\sigma_1 + \sigma_3) = 0$

단축인장강도$(\sigma_3 = 0)$: $\sigma_1 \rightarrow 8\sigma_t$

㉡ $\alpha = 0, \sigma_1 + 3\sigma_3 \leq 0$

$\sigma_3 + \sigma_t = 0$

여기서,

$\sigma_1 > \sigma_3$, σ_t : 무결함 암의 인장강도

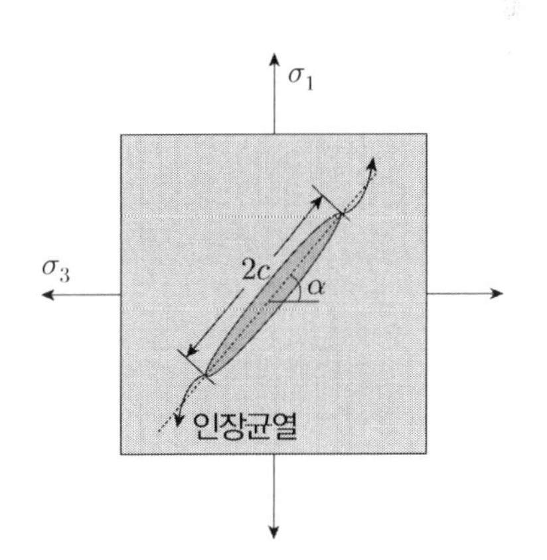

③ *Griffith* 파괴 기준을 만족하는 파괴포락선

$$\tau^2 = 4\sigma_t(\sigma_t - \sigma_n)$$

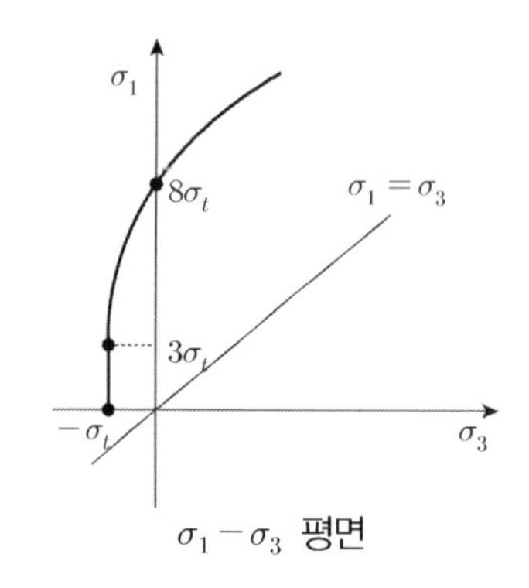

$\sigma_1 - \sigma_3$ 평면

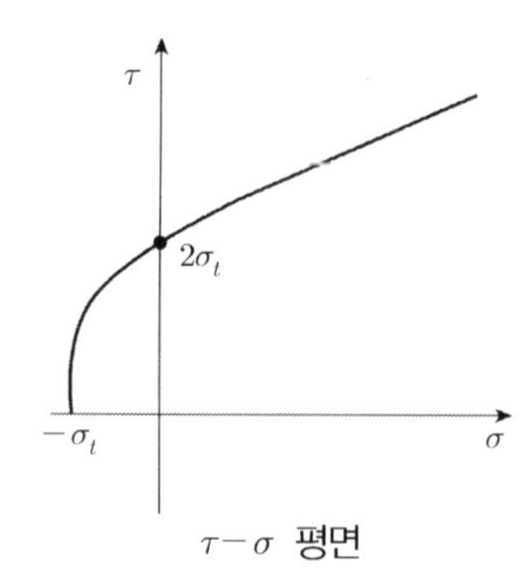

$\tau - \sigma$ 평면

3. 평 가

(1) 본래 유리와 같은 취성재료의 파괴 현상을 설명하기 위해 개발

(2) 암석역학 분야에서는 인장응력에 의한 균열의 전파모델링 분야에 제한적 적용

(3) 압축응력하의 파괴조건식으로는 부적합

(4) 암반의 경우 파괴균열이 성장하여 전체 암반의 파괴로 발전하지 않으며 암반파괴 기준에 대한 타 이론의 기본공학에 가치가 있음

08 Hoek & Brown 암반파괴기준

1. 개 요

(1) 본 모델은 1980년 제시된 후 여러 번 수정하여 현재의 일반화된 파괴조건식을 사용하고 있으며 *Griffith* 파괴기준을 근거로 제시된 암석의 경험적 파괴 기준으로서 이 기준을 적용하기 위해서는 다음과 같은 내용이 필요함

① 경험치 : *RMR, Q* ② 시험 : 일축압축강도, 삼축압축강도

(2) 암석(*Intect Rock*)뿐만 아니라 암반(*Rock Mass*)에도 바로 적용할 수 있는 유일한 기준임

(3) 이 기준은 주응력을 중심으로 한 것이며 기본적으로 '$\sigma_{1f} = \sigma_3 + K$'의 형태를 가짐

2. *Hoek – Brown* 파괴기준

(1) 기본개념 : 주응력 차이에 의한 결정

① 방 법

암반에 작용하는 최대 주응력 σ_1 및 최소 주응력 σ_3을 산정하여 축차응력($\sigma_1 - \sigma_3$)이 기준강도를 초과하는지 여부에 따라 결정

② 안정성 판단

$\sigma_1 \geq \sigma_3 + K$: 안정 $\sigma_1 < \sigma_3 + K$: 파괴, 소성상태

(2) *Hoek & Brown* 일반화된 파괴조건식(1995)

본 모델은 최소 주응력과 최대 주응력의 관계를 비선형의 형태로 가정한 비선형 파괴조건식이다.

$$\sigma_1{}' = \sigma_3{}' + \sigma_{ci}{}'\left(m_b \frac{\sigma_3{}'}{\sigma_{ci}{}'} + S\right)^a$$

여기서, $\sigma_1{}'$, $\sigma_3{}'$: 파괴 시 최대 및 최소 주응력

$\sigma_{ci}{}'$: 무결함 암(*intact rock*)의 일축압축강도

m_b : 암석계수 m_i($S=1$, 무결함 암)의 감소된 값, 암석입자의 맞물림 정도를 표현, 암종과 역학적 양호성에 따라 결정

✓ 층리면에 수직방향으로 시험한 경우에 대한 값으로 층리면을 따라 발생한 경우라면 m_i의 값은 큰 차이를 보일 수 있다.

S : 강도정수(암석시료의 파쇄 정도와 관련, 점착성과 관련이 큼, 무결함 암의 경우 $S=1$, 심하게 파쇄된 경우 $S=0$)

a : 암반상태에 따른 계수(암반의 특성과 불연속면의 상태 등에 따라 결정되며 일반적으로 $a=0.5$를 사용한다)

$m_b = m_i \exp\left(\dfrac{GSI-100}{28-14D}\right) \qquad S = \exp\left(\dfrac{GSI-100}{9-3D}\right)$

$a = \dfrac{1}{2} + \dfrac{1}{6}(\exp^{-GSI/15} - \exp^{-20/3})$

여기서, GSI : 지질강도지수(*Gelogical Strength Index*) $\qquad D$: 교란계수

발파로 인한 손상, 응력이완에 따른 교란 정도를 나타내는 계수로서 무결함 암은 0이며 매우 심하게 교란된 암의 경우에는 1을 적용한다.

(3) 파괴조건식의 역학적 의미 : 일축압축강도 및 인장강도

$$\sigma_1' = \sigma_3' + \sigma_{ci}'\left(m_b \frac{\sigma_3'}{\sigma_{ci}'} + S\right)^a$$

$$\frac{\sigma_a'}{\sigma_{ci}'} = \frac{\sigma_3'}{\sigma_{ci}'} + \left(m_b \frac{\sigma_3'}{\sigma_{ci}'} + S\right)^a$$

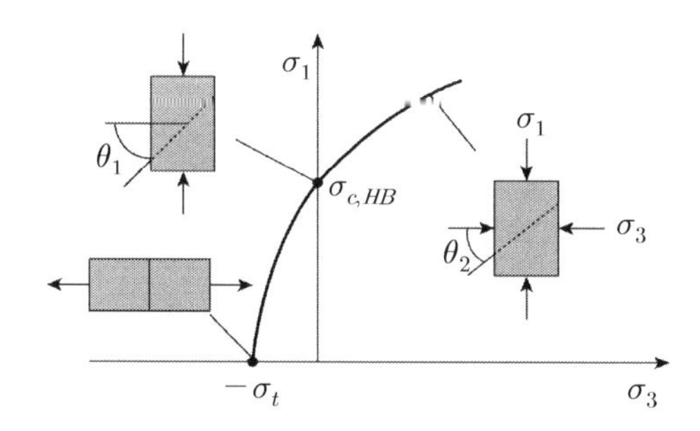

Hoek & Brown 경험식 $\sigma_1 - \sigma_3$ 평면도시

① 일축압축강도의 경우 $\sigma_3' = 0$를 대입하면 $\sigma_a' = \sigma_{c,HB}' = \sigma_{ci}' S^a$가 된다.

② 무결암 암의 경우에는 $S = 1$이므로 $\sigma_{c,HB}' = \sigma_{ci}'$가 된다.

③ 결함이 있는 암의 경우에는 $S < 1$로 놓고 일축압축강도를 구한다.

④ 암의 인장강도는 $\sigma_a' = \sigma_3' = \sigma_t$를 대입하여 정리하면 다음과 같다.

$$\sigma_t' = \frac{S\sigma_{ci}'}{m_b}$$

3. 전단응력으로 표현할 경우의 *Hoek − Brown* 파괴기준

(1) 사용 이유

① *Hoek & Brown* 파괴 기준식을 σ, τ_f 의 관계로 표시할 경우 편리하다.

② 암반공학에서 전단응력과 수직응력으로 표시된 *Mohr−Coulomb* 파괴기준처럼 파괴 시 수직응력과 전단응력을 계산하여 불연속면의 점착력과 내부마찰각을 구한다.

(2) 전단응력 산정 절차

① 아래식의 양변을 최소주응력으로 미분하면 아래와 같다.

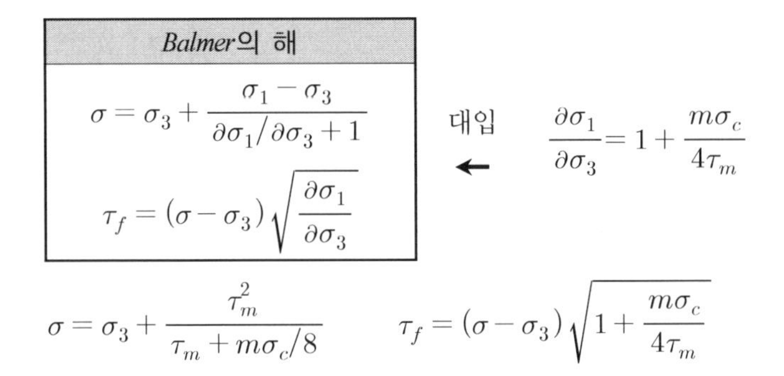

② 평면으로 도시한 *Hoek & Brown* 파괴 기준식

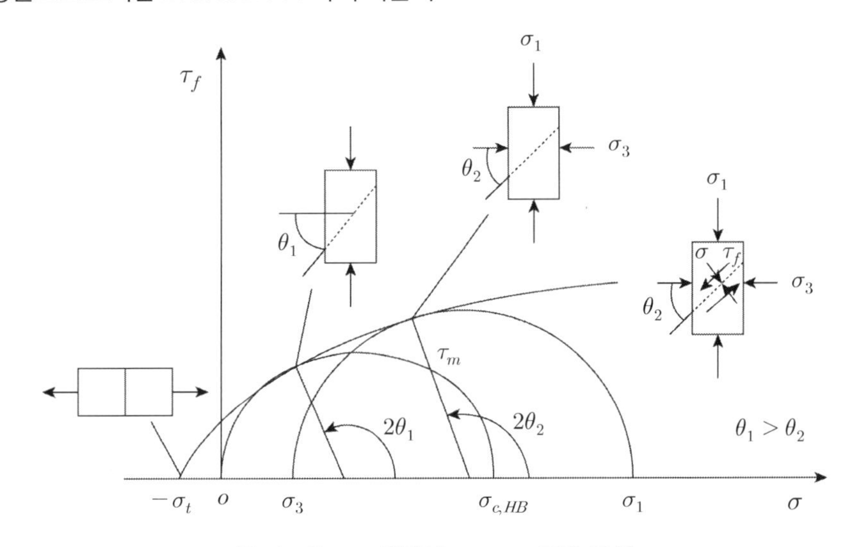

Hoek−Brown 경험식, $\sigma - \tau_f$ 평면 도시

여기서, $\tau_m = \dfrac{\sigma_1 - \sigma_3}{2}$ $\qquad sin\,2\theta = \dfrac{\tau_f}{\tau_m}$

4. 적 용

(1) 암반 파괴기준 선정

(2) 암반의 점착력, 전단저항각 추정

(3) 변형계수 추정

(4) 암반의 일축압축강도, 인장강도 추정

5. 평 가

(1) *Hoek & Brown* 파괴 기준식은 암반에 작용하는 최대 주응력 σ_1 및 최소 주응력 σ_3을 산정하여 축차 응력($\sigma_1 - \sigma_3$)이 기준강도를 초과하는지 여부에 따라 파괴유무를 결정하는 개념이다.

(2) 최소 주응력과 최대 주응력의 관계는 비선형 개념으로 일축압축상태의 경사각(θ_1)이 삼축압축상태의 파괴면 경사각(θ_2)보다 크며 구속압이 증가할수록 경사각이 낮아지는 경향을 보인다.

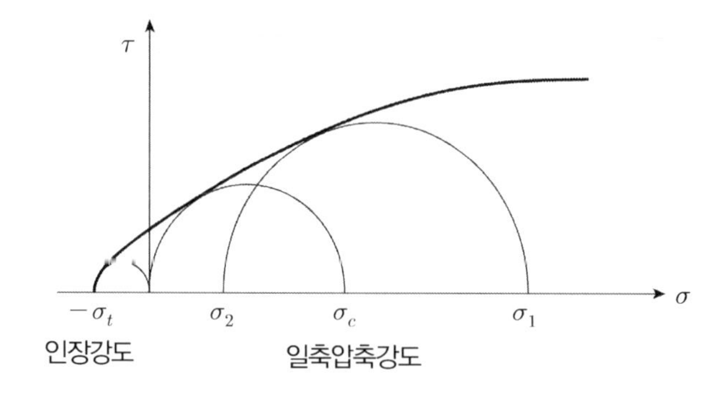

(3) 이는 구속압에 관계없이 파괴면의 경사각이 $\theta = 45° + \phi/2$로 전단응력과 주응력차가 일정한 선형 관계를 보이는 *Mohr-Coulomb* 파괴기준과는 달리 *Hoek & Brown* 파괴 기준식은 실제 암반의 파괴 기준을 실질적으로 묘사하고 있음을 시사한다.

(4) *Hoek & Brown* 파괴 기준식은 균질하고 등방성을 나타내는 암반을 대상으로 개발되었기 때문에 다음의 경우에 적용한다.

① 무결함 암

$$\sigma_1' = \sigma_3' + \sigma_{ci}'\left(m_b \frac{\sigma_3'}{\sigma_{ci}'} + S\right)^{0.5}$$

② 절리가 심하게 불규칙적으로 거시적으로 발달된 등방성 암반

(5) *Hoek & Brown* 파괴 기준식을 적용할 수 없는 경우

: 절리에 의한 전체 암반의 거동을 좌우할 경우 → 연약면 자체에 *Mohr-Coulomb* 파괴기준 적용

지질강도지수(*GSI*)의 산정

GSI 값(지질강도지수) 암반구조와 표면조건을 이용하여 값을 산출 매우 불량한 암반의 값 10에서 무결암의 100까지의 값을 나타낸다		절리면 상태	매우 양호 매우 거칢, 비풍화된 표면	양 호 거칢, 약간 풍화되고 얼룩진 표면	보 통 부드러움, 보통정도로 풍화 또는 변질된 표면	불 량 단층마찰면, 각진 암편들을 포함하는 충진물이 존재하거나 치밀하게 피복되어 있는 심하게 풍화된 표면	매우 불량 단층마찰면, 부드러운 점토로 피복되어 있거나 충진된 매우 풍화된 표면
	블록상-직교하는 세 개의 불연속군으로 형성되어 있는 입방형 블럭으로 구성된 매우 잘 맞물린 불교란된 암반	m_b/m_j	0.60	0.40	0.26	0.16	0.08
		s	0.190	0.062	0.015	0.003	0.0004
		a	0.5	0.5	0.5	0.5	0.5
		E_m	75,000	40,000	20,000	9,000	3,000
		ν	0.2	0.2	0.25	0.25	0.25
		GSI	85	75	62	48	34
	심한 블록상-네 개 또는 그 이상의 불연속군으로 형성되어 있는 각이 진 다면체 블럭을 포함하며 맞물리고 부분적으로 교란된 암반	m_b/m_j	0.40	0.29	0.16	0.11	0.07
		s	0.062	0.021	0.003	0.001	0
		a	0.5	0.5	0.5	0.5	0.53
		E_m	40,000	24,000	9,000	5,000	2,500
		ν	0.2	0.25	0.25	0.25	0.3
		GSI	75	65	48	38	25
	블록상/약층-각진 블록을 형성하는 많은 교차 불연속면을 가진 습곡되고 단층작용을 받은 암반	m_b/m_j	0.24	0.17	0.12	0.08	0.06
		s	0.012	0.004	0.001	0	0
		a	0.5	0.5	0.5	0.5	0.55
		E_m	18,000	10,000	6,000	3,000	2,000
		ν	0.25	0.25	0.25	0.3	0.3
		GSI	60	50	40	30	20
	파쇄-각진 블럭과 원만한 블럭이 혼합된 맞물린 정도가 불량하고 심하게 파쇄된 암반	m_b/m_j	0.17	0.22	0.08	0.06	0.04
		s	0.004	0.001	0	0	0
		a	0.5	0.5	0.5	0.55	0.60
		E_m	10,000	6,000	3,000	2,000	1,000
		ν	0.25	0.25	0.3	0.3	0.3
		GSI	50	40	30	20	10

교란계수(D) 산정을 위한 가이드라인

개착 유형	암반 상태	D값
	고품질의 조절발파나 *TBM*을 이용한 굴착이 이루어져 터널주변 암반의 교란이 최소화됨	$D=0$
	불량암질에서 발파를 하지 않고 기계식 혹은 인력에 의한 굴착이 이루어져 주변 암반의 교란을 최소화됨 스퀴징으로 인해 반팽창(*heaving*)이 발생하는 곳에서 임시인버트(그림 참조)를 설치하지 않으면 심각한 교란이 발생할 수도 있음	$D=0$ $D=0.5$(인버트 없음)
	경암터널에서 발파 품질이 매우 불량하면 주변암반에서 국부적으로 심한 손상이 발생, 손상 깊이는 2～3*m*에 이름	$D=0.8$
	토목 사면공사에서 소규모 발파로 인해 암반에 가해지는손상은 심하지 않음. 특히 왼쪽 사진처럼 조절발파를 실시하면 발파 손상이 미약함. 그러나 응력이완에 의해 암반의 교란이 발생됨	$D=0.7$(발파 양호) $D=1.0$(발파 불량)
	대규모 노천광산 사면에서는 강력한 채굴발파와 피복암반의 제거로 인한 응력이완에 의해 암반의 교란이 심하게 발생됨. 비교적 연암인 경우 리핑이나 불도저로 채굴을 실시할 수 있고, 이 경우 사면암반의 손상 정도는 낮아짐	$D=1.0$(채굴발파) $D=0.7$(기계굴착)

암석계수 m_i 값

암 종	클래스	그 룹	조 직			
			조립질	중립질	세립질	미립질
퇴적암	쇄설성		역암* 각역암* 22 ~ 10^2	사암 17±4	미사암 7±2 석회암 (18±3)	점토암 4±2 셰일 (6±2) 이회암 (7±2)
	비쇄설성	탄산염암	결정질 석회암 (12±3)	중립질 석회암 (10±2)	세립질 석회암 (9±2)	돌로마이트 (9±3)
		증발암		석고 8±2	경석고 12±2	
		유기질 기원암				백악 7±2

09 Face Mapping(굴착면 지질조사)

1. 개 요

(1) 터널은 기하학적 특성상 가늘고 긴 지중구조물이므로 타 구조물에서 수행되는 지질조사와 달리 정밀한 지질조사를 수행하기 곤란하므로 시공 중 조사와 계측에 따른 터널의 안정성을 확보함이 매우 중요하며 타 구조물과 조사측면에서 근본적인 차이를 보인다.

(2) *Face Mapping*은 터널 막장 및 절취사면에 나타난 지질구조와 암반상태 등 불연속면의 특성을 조사하여 현장의 3차원 조건을 2차원 평면에 나타내는 일련의 기술적 행위로서, 한 마디로 터널의 설계에 대한 확인과 *Feed Back*을 통한 암반의 안정성 판단과 보강을 위한 기초자료로서 활용한다.

2. 시공 중 터널 안전성 평가

(1) 일상관리 계측(*A*계측) : 일상계측

① *Face Mapping*(갱내관찰조사) ② 내공변위 측정 ③ 천단침하 측정
④ 지표침하 측정 ⑤ *Rock Bolt* 인발시험

(2) 대표계측(*B*계측) : 정밀계측

① *Shotcrete* 응력측정 ② *Rock Bolt* 축력측정 ③ 지중침하 측정
④ 지중변위측정 ⑤ 지중 수평변위 측정(필요시)

3. *Face Mapping* 방법

(1) 절취사면의 *Face Mapping*

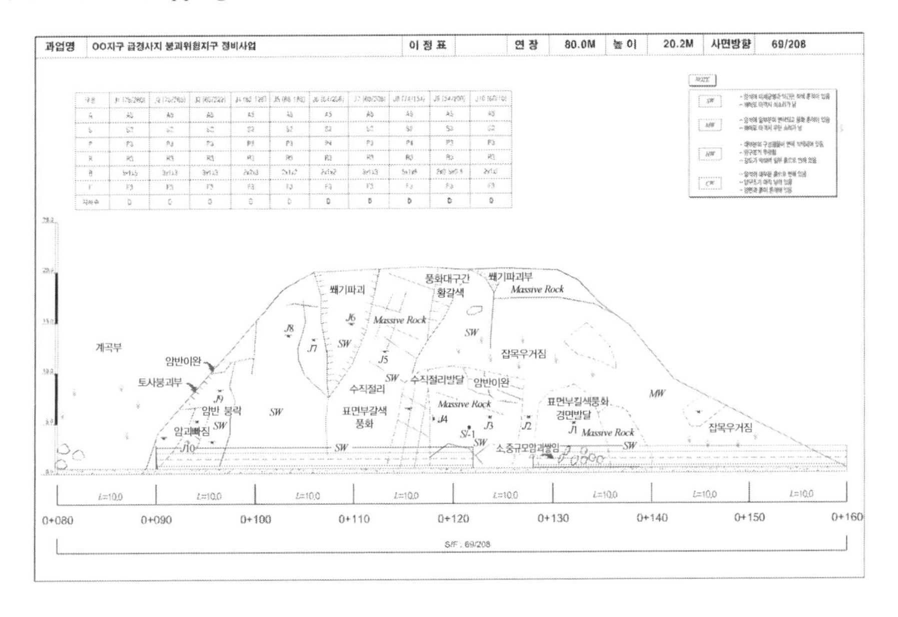

(2) 터널의 *Face Mapping* 사례

① 막장 스케치 / *RQD* 산출

터널명	00터널(00방향)	위 치	*STA*.00+00	일 자	2015.00.00

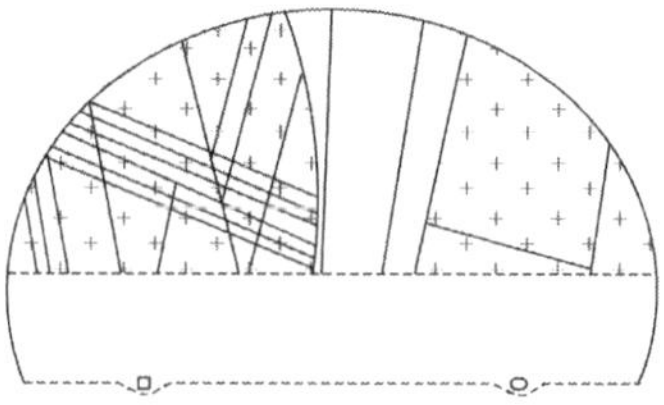

범 례	╱	절 리	(단층대 파쇄대 기호)	단층대 파쇄대	★★★ ★★★	경 암	+++ +++	연 암	(풍화암 기호)	풍화암	(풍화잔류토 기호)	풍 화 잔류토
특기사항	• 지하수상태 : 습윤상태 • 풍화정도 : 보통풍화 • 불연속면의 길이 : 3～10*m* • 불연속면의 간격 : 0.1～1.0*m* • 주향이 터털방향과 수직경사 반대방향(*N38W/68SW*)											
굴착현황												
RQD 산출근거	*RQD* = 115－3.3(*JV*) = 115－3.3(10) = 82											

② 터널 *Face Mapping* 대장 작성 → 굴착타입 결정

4. 조사항목

(1) 지질구조 : 단층, 파쇄대, 지하수현황

(2) 암반상태 : 강도(슈미트 해머, 일축압축강도), 풍화도(*CW*, *HW*, *MW*, *SW*), 부석

(3) 불연속면 상태 : 충전물, 불연속면의 종류수, 암괴크기, 주향, 경사, 연속성, 간격, 투수성, 틈새크기, 면거칠기, 면강도

5. *Face Mapping*의 결과 활용

(1) 터 널

① 막장의 안정성 평가 : 필요시 *Forepoling, Rock Bolt, S/C*, 수발공 등 보강

② 암반분류 활용 : *Q System, RMR*

③ 굴착방법 결정 : *Ring Cut, Short Bench Cut, Long Bench Cut*, 분할발파

④ 터널의 지보패턴 확인 및 변경

⑤ 계측결과 해석 시 보조자료 활용

(2) 사면안정성 평가
① 원호파괴 ② 평면파괴 ③ 쐐기파괴 ④ 전도파괴

6. 기존 *Face Mapping*의 문제점과 대책

(1) 클리노 컴퍼스를 이용한 절리방향 평가 시 현장 여건상 측정이 곤란한 곳이 많아 신뢰도가 떨어짐

(2) 터널의 지보패턴을 결정하기 위한 *RMR* 분류법의 암반분류인자인 암반의 일축압축강도, 시추코아 암질지수, 절리면의 간격, 절리면의 상태, 지하수 등의 평가 시 평가자의 주관적인 판단에 의한 신뢰도 저하

(3) *RQD*값 산정 시 *X*, *Y*, *Z*축의 절리 구분 시 *Z*축의 절리를 정확하게 산출할 수 없어서 평가자의 주관적 판단이 작용

7. 발전방향

(1) 수작업 측정이 곤란한 대형 암반 굴착면의 노출된 불연속면 구조를 3*D*를 이용한 *Face Mapping* 방법의 과학적 활용

(2) 지질에 대한 전문적 지식이 있는 전문가에 의한 *Face Mapping* 시행

(3) 터널의 경우 막장뿐 아니라 바닥, 천정부에 대한 입체적 조사를 통한 상호 연관된 *Face Mapping* 시행

터널 *Face Mapping*대장(참고)

막장관찰도 2 - Face Mapping

관찰위치	STA. 6 km 425.0	관찰일자	2019 년 12 월 31 일

Sketch :

P1 N65E/65SE
P2 N60E/60SE
P3 N70E/50NW
2~3mm
약 7cm의 충전물 (5~6mm)
매끄러움
심한풍화
Wet
Wet
Wet

<범 례>
풍화토(WS)
풍화암(WR)
연 암(SR)
경 암(HR)
단 층(FAULT)
절 리(Joint)
용 수
파쇄대
굵은선: 주절리

좌측
굴착방향
우측

Group of joints (절리군)	P1	P2	P3
Direction of joints(절리방향)	N65E/65SE	N60E/60SE	N70E/50NW

Description : 막장면의 암질은 타격시 부서지며, 균열이 생기며 갈라지는 연암~풍화암으로 구성되어 있고, 절리의 연장은 약 12m 정도로 발달되어 있음, 절리의 간극에는 연약충전물이 약 3~4mm 정도 협재되어 있고 절리면은 매끄럽고 심한풍화 정도의 막장임.
(설명)

Ground water : 건습상태는 젖어 있음.
(용수상태)

Major observation :
(주요관찰)

작성자	함 경 석	시공자		감리원	
Supervision Comments 감리원 검토의견					

터널명		위 치		일 자	

1. 항목별 평가

① 무결암 강도								
	Hammer 타격 시	튀어오르며 빗겨칠 때 불꽃이 튀는 정도	강한 타격에 갈라지며, 불연속 면을 따라 비교적 큰 편으로 갈라짐	용이하게 갈라지며 불연속 면을 따라 비교적 큰 편으로 갈라짐	탁음을 내고 부서지며, 균열되어 갈라짐	약한타격에 부서지고, *pick*로 긁히며, 손으로도 일부가 부서짐		
		극경암	경암	연암	연암~풍화암	풍화암~풍화토사		
	슈미트 함마	60 이상	51~60	44~51	34-44	34 이하		
	일축압축강도 (*MPa*)	250 이상	100~250	50~100	25~50	5~25	1~5	1 미만
점 수(*R*1)		15	14, 13, 12, 11, 10	9, **8**, 7, 6	5, 4	3, 2	1	0

② 암질계수(%)	90~100	75~90	50~75	25~50	25 미만
점수(*R*2)	20, 19	18, 17, **16**, 15	14, 13, 12, 11, 10	9, 8, 7, 6, 5, 4	3
③ 절리면간격	2*m* 이상	0.6~2*m*	0.2~0.6*m*	6~20*cm*	6*cm* 미만
점수(*R*3)	20	19, 18, 17, 16, **15**, 14, 13, 12	11, 10, 9, 8	7, 6	5

④ 절리면 상태					
불연속면의 길이 (연속성)	< 1*m* 6	1~3*m* 4	**3~10*m*** **2**	10~20*m* 1	> 20*m* 0
불연속면의 간격(틈새)	없음 6	< 0.1*mm* 5	**0.1~1.0*mm*** **4**	1~5*mm* 1	> 5*mm* 0
거칠기	매우 거침 6	거침 5	**약간 거침** **3**	평활 1	*slickensided* 0
충전물		연한 충전물		단단한 충전물	
	없음 6	< 5*mm* 4	**> 5*mm*** **2**	< 5*mm* 2	> 5*mm* 0
풍화 정도	풍화 안 됨 6	약간 풍화 5	**풍화** **3**	심한 풍화 1	분해 0
점수(R4)	R4=불연속면의 길이+불연속면의 간격+거칠기+충전물+풍화 정도				

⑤ 지하수					
10*m*당 유입량	없음	10 미만(*L*/*min*)	10~25(*L*/*min*)	25~125(*L*/*min*)	125 초과 (*L*/*min*)
절리수압 최대 주응력	0	0.1 미만	0~0.2	0.2~0.5	0.5 초과
일반조건	완전 건조	습윤	젖어 있음	물방울 떨어짐	물 흐름
점수(*R*5)	15	**10**	7	4	0

절리방향에 따른 보정							
	주향이 터널방향과 수직				주향이 터널방향과 평행		주향과 무관
	45~90°	20~45°	45~90°	20~45°	45~90°	20~45°	0~20°
점수(*R*5)	0	−2	**−5**	−10	−12	−5	−5

암반평가						
RMR 평점	100~81	80~61	60~41	40~21	20	비고
암반상태	매우 우수	우수	양호	불량	매우 불량	
등급	I	II	**III**	IV	V	

2. 총점 *R*1+*R*2+*R*3+*R*4+*R*5+*R*6	58	3. TYPE 결정	III

10 암반대표단위체적(Representative Elementary Volume)

1. 정 의

(1) 불연속면이 발달된 암반의 일부분을 채취하여 공시체에 가한 역학적 특성은 채취장소와 시료의 크기에 따라 달라지므로 전체 암반을 대표할 수 있는 역학적 특성으로 볼 수 없다.

(2) 이러한 공시체의 특성은 불연속면을 포함하지 않고 있으므로 강도가 크지만 채취 암석의 규모가 커질수록 불연속면을 많이 포함하게 되므로 강도는 감소하게 되며 투수계수는 증가한다.

(3) 그러나 일정 규모 이상이 되면 채취규모의 증가와 관계없이 강도와 투수계수는 일정하게 수렴하게 되는데 이때의 한계 체적을 암반대표단위체적(*REV*)이라 한다.

2. 암반역학 기본개념

(1) 개 념

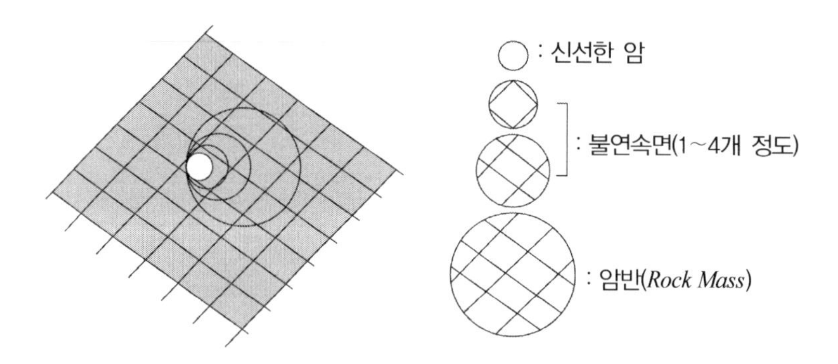

(2) 암반의 체적별 해석법

① 좁은 체적 : 연속체 해석　　② 중간 체적 : 불연속체 해석

③ 큰 체적 : 연속체 해석(토질역학 적용)

3. 대표단위체적

(1) 정 의 : 암의 size가 일정한계를 넘으면 공학적 성질이 같아지는 한계체적

(2) 공학적 특성

① 강도 : 체적증가와 동시 강도 감소, *REV* 이상이면 일정

② 투수계수 : 체적증가와 동시 *K* 증가, *REV* 이상이면 일정

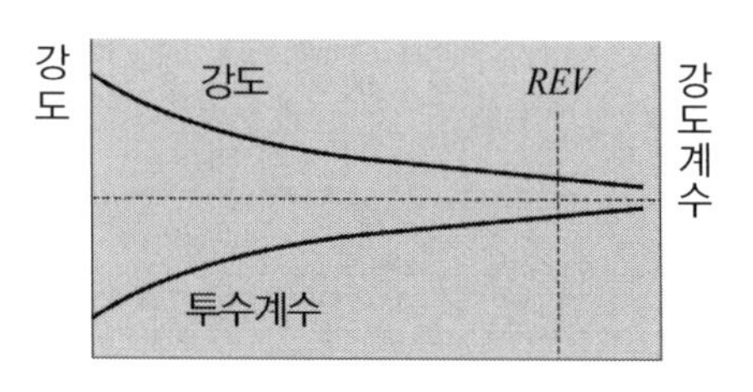

11 암석과 암반의 공학적 특성, 비교

1. 개 요

(1) 암석과 암반은 *Size*에 따른 불연속면 유무에 따라 구분되며

(2) 암석 역학적 특성은 표준 시료, 즉 암석 시험편의 크기나 형상에 따라 역학적 성질을 달리한다.

(3) 토질역학에서 취급하는 암은 암석을 포함한 암반에 대한 역학적 특성을 규명하는 분야이므로 암석 자체의 특성보다는 암반에 포함된 불연속면에 대한 역학적 거동을 고려하여야 한다.

2. 암석과 암반의 비교

구 분	암 석	암 반
미세균열	존 재	존 재
시 험	실내시험	현장 원위치 시험
불연속면	없 음	존 재
규 모	적 음	큼
강도 특성	풍화에 좌우	절리면에 좌우
등방 여부	등방성	이방성
분 류	화성암, 퇴적암, 변성암	*RQD*, *RMR*, 풍화도 *Q System*, *SMR* *Rifferbility*(발파암, 리핑암, 토사)

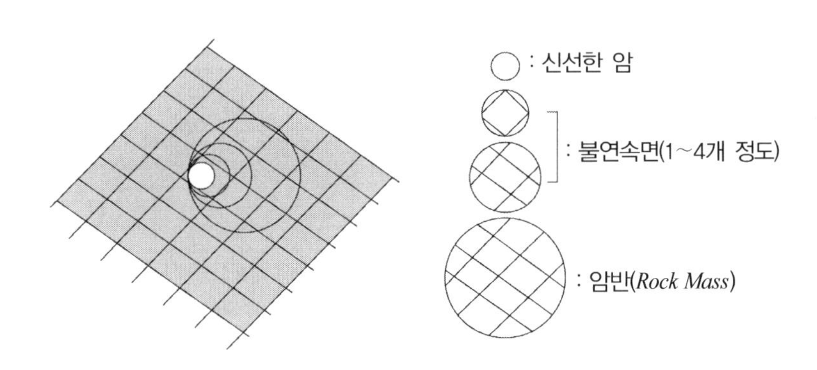

3. 암반의 공학적 특성

(1) 강도 이방성 : 암석의 성질이 방향에 따라서 다르게 나타나는 것

암석이 구성입자들의 배열, 결합형태들과 같은 광물학적 요인과 미세균열 등 암석 자체의 요인과 층리, 엽리, 벽개 등과 같은 불연속면등 복합적인 요인에 의해 작용방향에 따른 역학적 특징이 상이함을 일컬음

① 연약면의 경사각의 변화에 따른 강도 변화

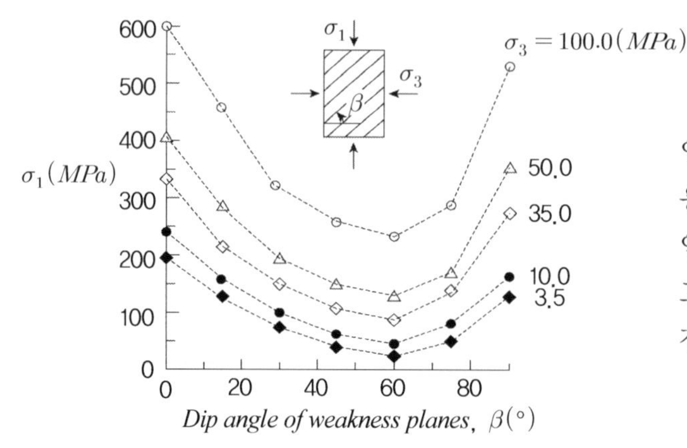

엽리의 방향과 하중 작용 방향이 같거나 직각인 경우 강도가 가장 크고 β가 60°일 때 최소의 강도가 나타남

② 횡방향 등방성 암석에 대한 *Jaeger*의 제안식

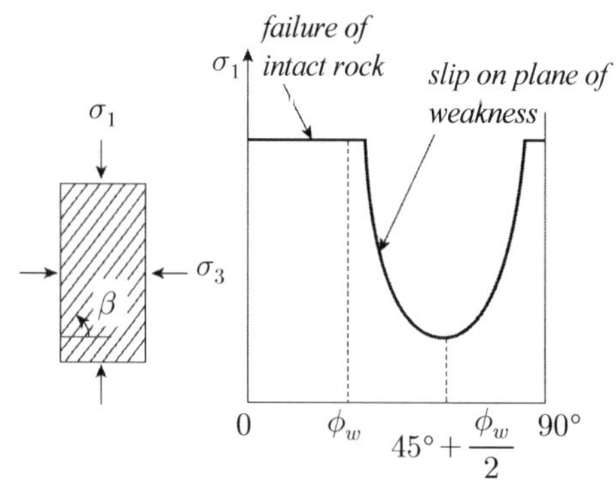

$$\tau = \sigma_n \tan \phi_w + c_w$$

$$\sigma_1 = \frac{1+\sin\phi}{1-\sin\phi}\sigma_3 + \frac{2c\cos\phi}{1-\sin\phi}$$

$$\sigma_1 = \sigma_3 + \frac{2(c_w + \sigma_3 \tan\phi_w)}{(1-\tan\phi_w \cot\beta)\sin 2\beta}$$

$$\beta = 45° + \frac{\phi_w}{2} \text{(최소강도 나타냄)}$$

✓ **연약면과 무결암질에 각기 다른 *Mohr–Coulomb* 파괴조건식 적용하여 두 가지 시험 중 먼저 파괴되는 경우를 파괴조건으로 가정한다.**
β가 Φ_w에 접근하거나 90°에 접근하면 미끄러짐이 발생하지 않고 무결함 암의 파괴로 전환됨을 알 수 있다.

③ 여러 개의 연약면을 갖는 암석의 강도

대략적으로 등방성 강도의 특성을 보임. 따라서 연약면의 강도 특성이 유사하다면 다수의 절리면을 포함한 암반은 등방체로 가정할 수 있음

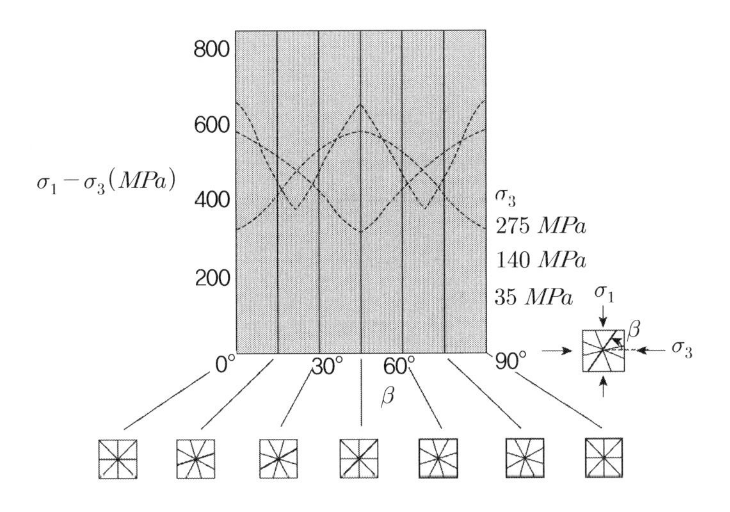

(2) 절리형태에 따른 응력분포(무절리, 수평절리, 경사절리, 연직절리)

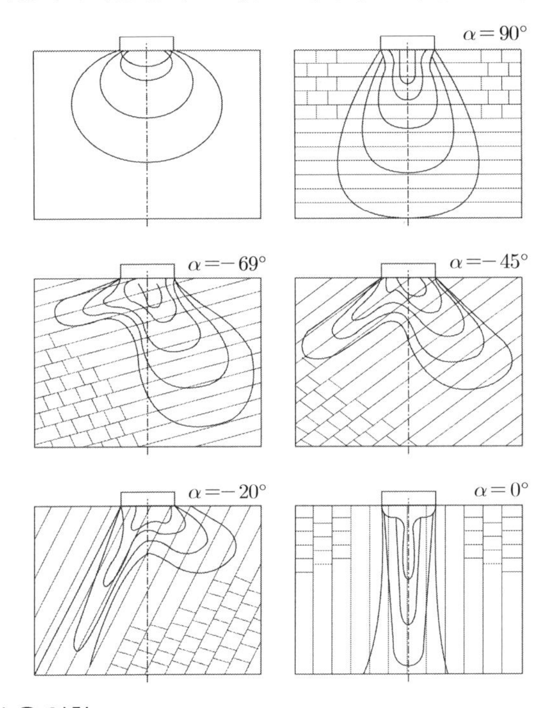

(3) 함수율 영향

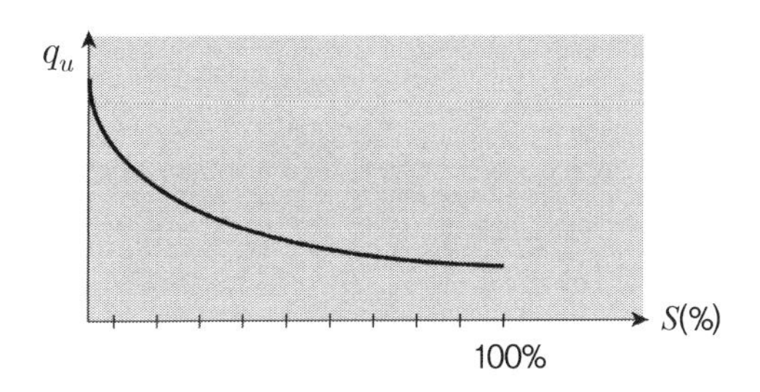

(4) 응력재하속도

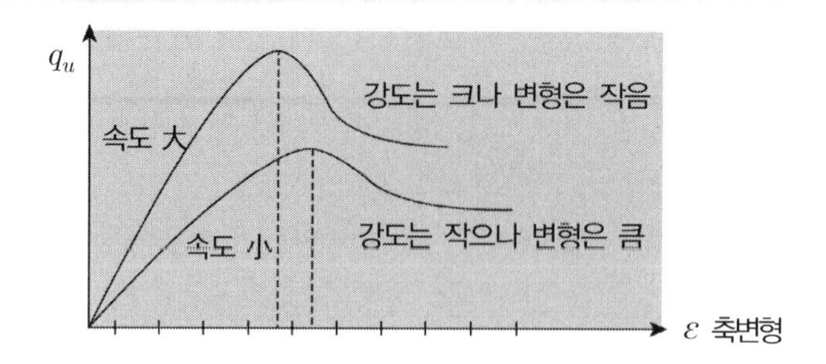

(5) *Scale Effect* : *Size* 크면 불연속면 함유율이 큰 것을 의미함

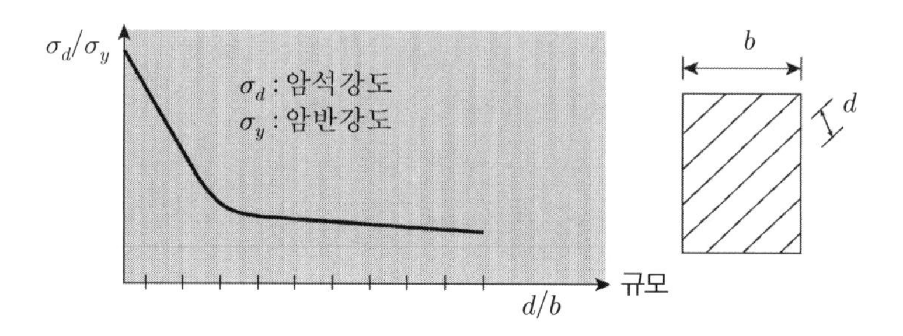

4. 평 가

(1) 암반의 체적별 해석법

① 좁은 체적 : 연속체 해석

② 중간 체적 : 불연속체 해석

③ 큰 체적 : 연속체 해석(토질역학 적용)

(2) 암반 대표체적(*REV*)을 고려한 역학적 특성 적용

① 강도 : 체적 증가와 동시 강도감소, *REV* 이상이면 일정

② 투수계수 : 체적 증가와 동시 *K* 증가, *REV* 이상이면 일정

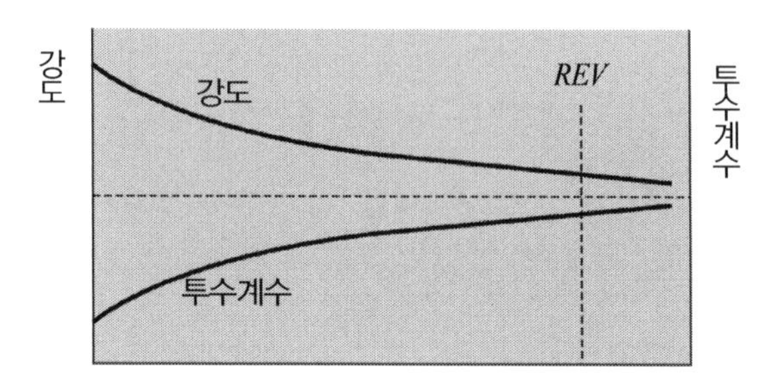

12 RQD(Rock Quality Designation, 암질지수)

1. 정 의

(1) *RQD*란 절리의 다소를 나타내는 지표로서, *RQD*가 크면 암반의 상태가 양호하고 안정된 상태이고 *RQD*가 적으면 균열, 절리가 심한 불량한 암반이다.

(2) *RQD*란 *Deer*가 제안한 *Core*의 채취상태(균열상태)를 나타내는 지표로서 구경이 75*mm*인 *NX* 규격 이상의 보링으로 얻어진 코어 상태에 근거를 두고 지반의 상태를 나타내는 지수이다.

$$RQD = \frac{10cm\ \text{이상인 회수암석 길이의 총합}}{\text{시추 총연장}} \times 100(100\%)$$

2. 암질의 판정

RQD(%)	0~25	25~50	50~75	75~90	90~100
암 질	가	양	미	우	수

3. *RQD* 이용

(1) *RMR* 분류 : *Intact Rock* 강도, *RQD*, 불연속면의 간격, 불연속면의 상태, 지하수 상태

(2) *Q*－분류

(3) 지지력 추정(말뚝 : *Peck* 등, 1974)

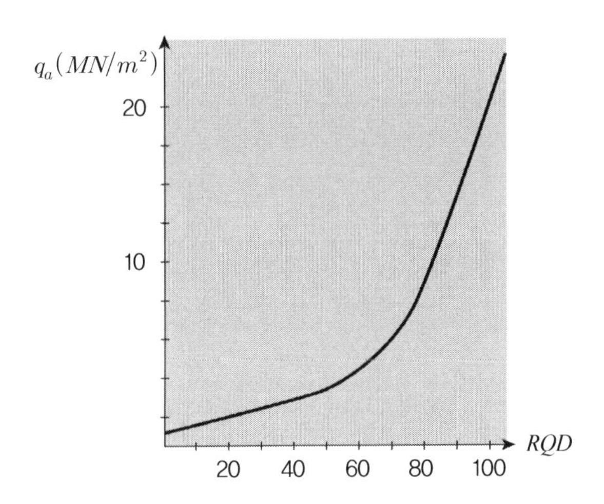

RQD(%)	0~25	25~50	50~75	75~90	90~100
암 질	가	양	미	우	수
허용 지지력(tf/m^2)	108~323	323~299	699~1291	1291~2152	2152~3288

(4) 변형계수 추정

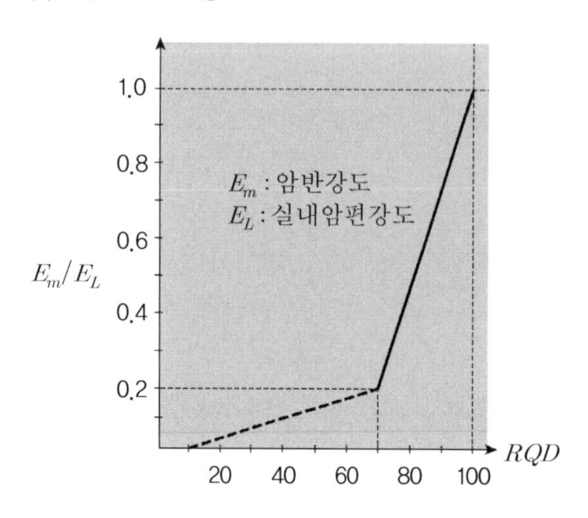

(5) 터널의 지보방법

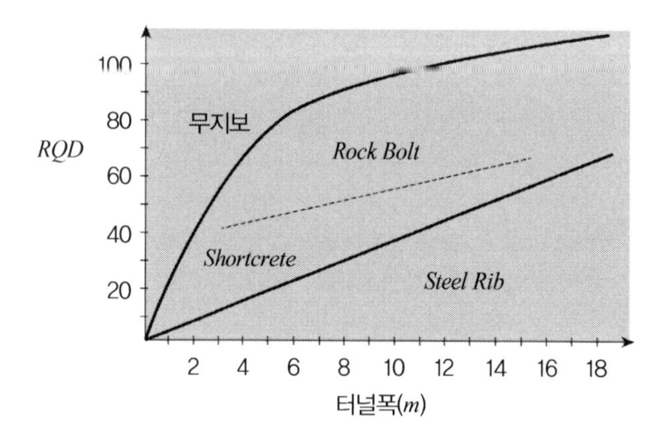

4. ***RQD*** 이용 시 유의사항 / 개선대책

(1) 유의사항

① *RQD*가 좋다고 암질이 반드시 좋은 것은 아님
예) 이암의 경우 *RQD*가 좋음

② 시추 중 발생한 균열은 *RQD* 계산에 포함시켜야 하나 누락시키는 사례가 많음

③ 절리의 방향성과 충전물질에 대한 고려가 없음

④ 시추를 통해 10*cm* 이상의 회수코아 길이에 의한 암반의 균열상태를 평가함이 원칙이나 갱내 관찰조사(*Face Mapping*)에서 시험의 한계로 인한 암반의 단위체적당 절리의 수(J_v)를 이용하여 간접적으로 *RQD*를 추정함에 있어 *Z*방향의 절리를 정확하게 산출할 수 없어 평가자의 주관적 판단이 작용

$$RQD = 115 - 3.3J_v$$

(2) 개선대책

① 암질에 대한 다양한 현장 여건을 반영한 암반평가 시행
RMR, *Q* 분류법, 3차원 사진측량기법을 이용한 사진촬영 기술 적용

② *RQD*의 정확한 평가를 위한 시추 : *NX Size* 이상의 시추공, *Double tube core barrel* 사용

5. *TCR*(*Total Core Recovery*)과 비교

(1) *TCR*이란

$$TCR = \frac{\text{시추 } Core \text{ 회수 연장}}{\text{시추 총연장}} \times 100(\%)$$

(2) *TCR*은 *Core Barrll*의 종류, 굴착속도, 기능공의 숙련도에 따라 결과가 달라짐

(3) 불연속면의 간격이 구분되지 않고, 파쇄암반과 *Massive*한 암반에서의 결과에 차이가 없는 반면 *RQD*는 불연속면의 간격과 상태에 따라 결과과 달라짐

(4) *RQD*는 풍화도에 영향을 받으나 *TCR*은 영향이 없음

(5) 암반은 불연속면에 따라 공학적 성질을 달리하므로 *TCR*보다는 *RQD*가 공학적 특성을 상대적으로 잘 반영함

> 근래에는 터널설계 시 *RQD*만 고려하지는 않는다. 그 이유는 *RQD*는 신속하고 적은 비용으로 구할 수 있는 지수이나 절리의 방향성, 밀착성, 충진물을 고려할 수 없는 한계성이 있다. 결론적으로 *RQD*는 코어 암질 평가에 대해서는 실용적인 변수이나 그 자체만으로 암반의 암질을 충분히 표현할 수는 없고, *RMR*분류법과 *Q*분류법과 같은 보다 발전된 암반분류법의 중요한 분류변수로 사용된다.

13 암반분류(RMR과 Q-System)

1. 개 요

(1) 암반의 분류(*Rock Classification*)는 암반의 불연속면의 특성, 강도, 지하수 등을 고려하여 분류하며

(2) 암반을 분류하는 이유는 터널의 지보설계를 위한 설계 및 시공의 지표로 사용하기 위함이며 주로 유사거동 특성을 갖는 암반의 종류별로 *Group*하여 분류한다.

(3) 일반적인 암반의 분류법(강도, 구조적 특성)

① *Terzaghi*(1946)의 암반하중 분류법　② 절리간격　③ 풍화도

④ 뮬러　⑤ *RQD*　⑥ 균열지수　⑦ *RMR*

⑧ *Q-System*

2. *RMR(Rock Mass Ratiing)* : *Bieniawski*(1973)

(1) 남아프리카 공화국 *Bieniawski*(1973)가 현장 시추 및 경험을 바탕으로 5가지 인자를 이용하여 암반의 상태를 5가지 등급으로 평가함

(2) 1979년 수정보완하여 발표하였으며 이후 여러 연구자에 의해 보완되어 사용 중임

(3) 분류 인자

① 기본인자(5가지) : 총합 100점

㉠ 시료(무결함 암)의 강도(15점)　㉡ *RQD*(20점)

㉢ 절리면 간격(20점)　㉣ 절리면 상태(30점)

㉤ 지하수 상태(15점)

② 보정 : 절리면의 방위(방향)

절리면의 주향·경사		매우 양호	양 호	보 통	불 량	매우 불량
평 점	터 널	0	-2	-5	-10	-12
	기 초	0	-2	-7	-15	-25
	사 면	0	-5	-25	-50	-60

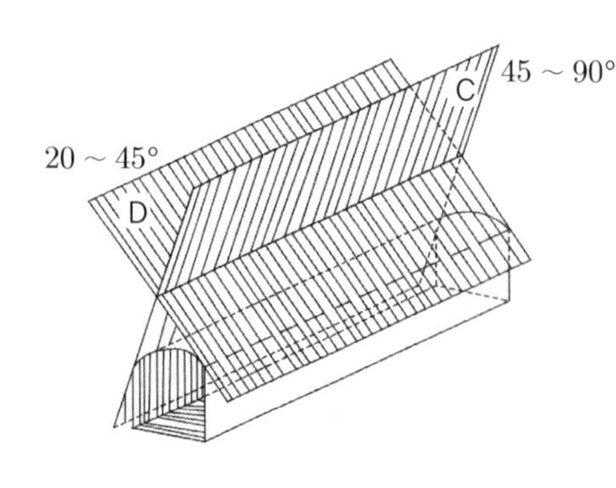

주향이 터널굴진방향과 평행

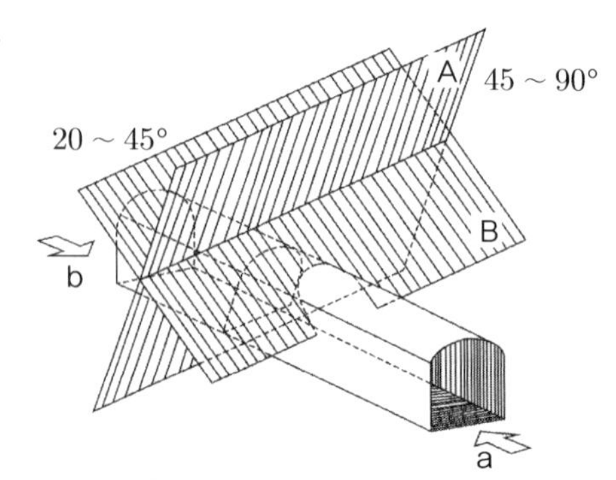

주향이 터널굴진방향과 직교

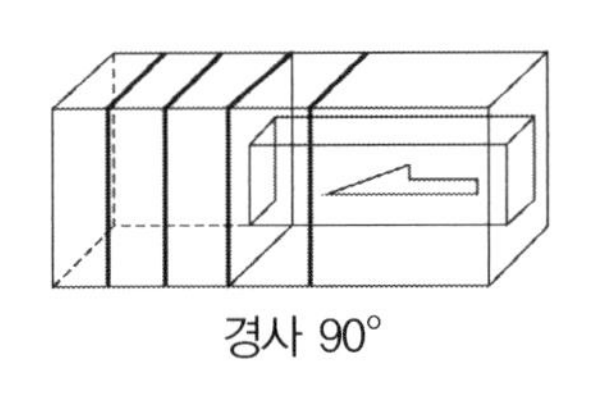

경사 90°

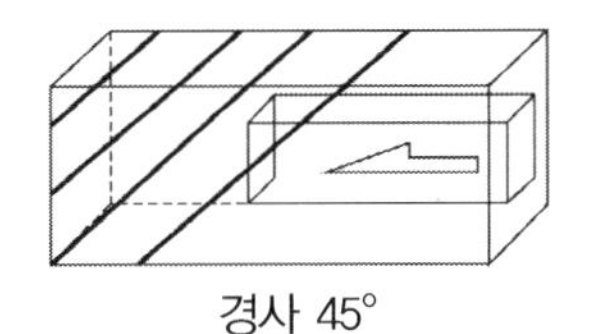

경사 45°

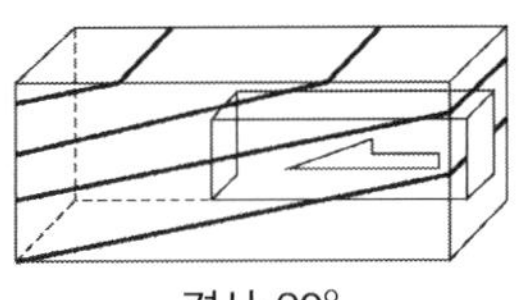

경사 20°

매우 양호　　　　양 호

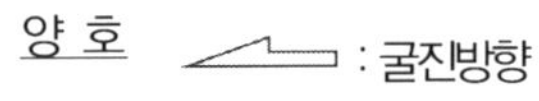

: 굴진방향

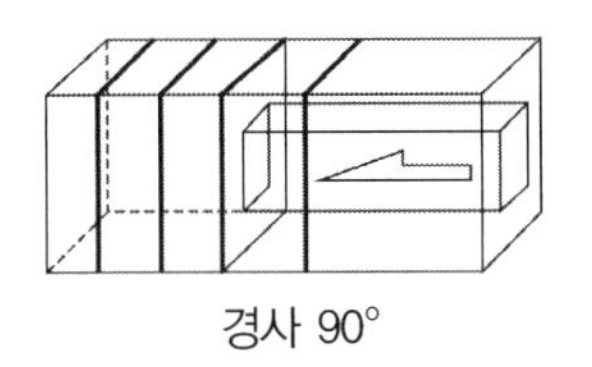

경사 90°

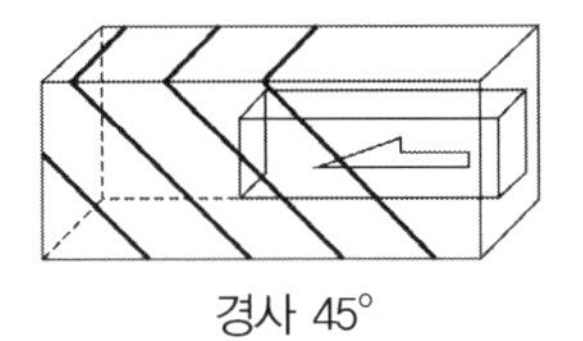

경사 45°

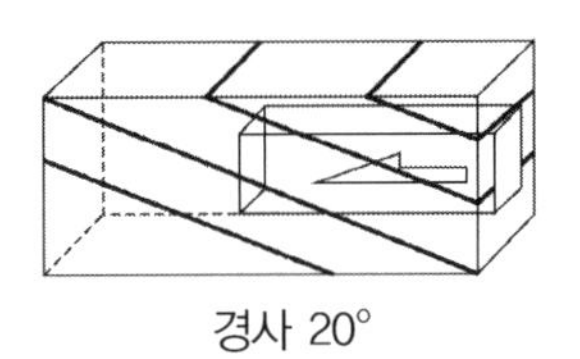

경사 20°

보 통　　　　불 량

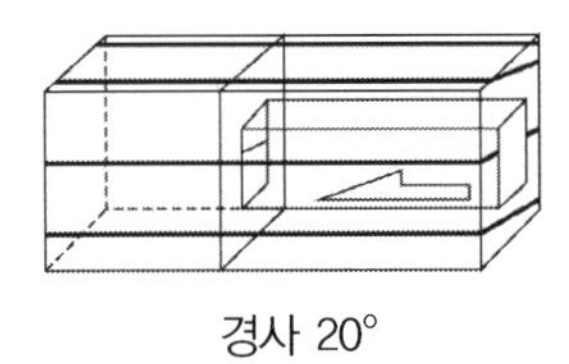

경사 20°

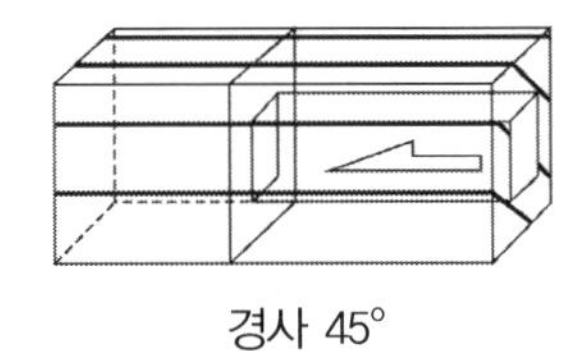

경사 45°

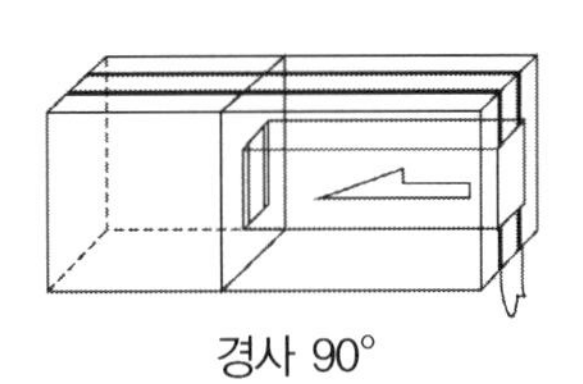

경사 90°

보 통　　　　매우 불량

터널 굴진에 있어서 불연속면의 주향과 경사의 영향

(4) 평정에 따른 암반의 등급과 공학적 성질(1989년)

RMR 평점		81~100	61~80	41~60	21~40	20 이하
암반등급		I	II	III	IV	V
암반상태		매우 우수	우 수	양 호	불 량	매우 불량
암 반 등급의 의 미	평균 무지보폭 및 자립시간	15*m* *Span* 20년	10*m* *Span* 1년	5*m* *Span* 1주일	2.5*m* *Span* 10시간	1*m* *Span* 30분
	암반 점착력 (t/m^2)	> 40	30~40	20~30	10~20	< 10
	암반 내부마찰각	> 45°	35~45°	25~35°	15~25°	< 15°

(5) 특 징

장 점	단 점
① 터널 시공 시 암반의 두께가 얇고 절리가 발달한 연암~경암의 경우 보편화된 분류법	① 팽창성 암반(이암, 세일, 편마암, 사문암, 녹니암) 적용 곤란
② 불연속면의 방향성에 주안(터널굴진방향과 연계)	② 현장응력체계 비고려(*Q*−*System*은 고려)
③ 개인적 오차가 적음	③ 보강범위 개략적(*Q*−*System*은 구체적임)

(6) 결과 이용

① 무지보 유지시간 판단 (*Bieniawski* 1973)

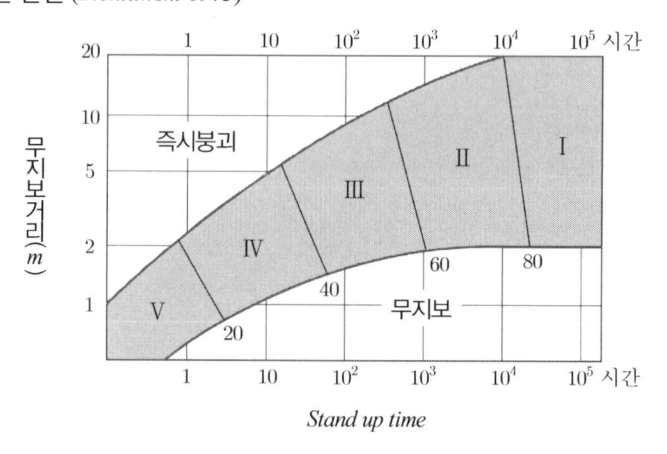

Stand up time

② 암반의 변형계수 추정 : 터널입구 사면설계 및 기초암반에 유용

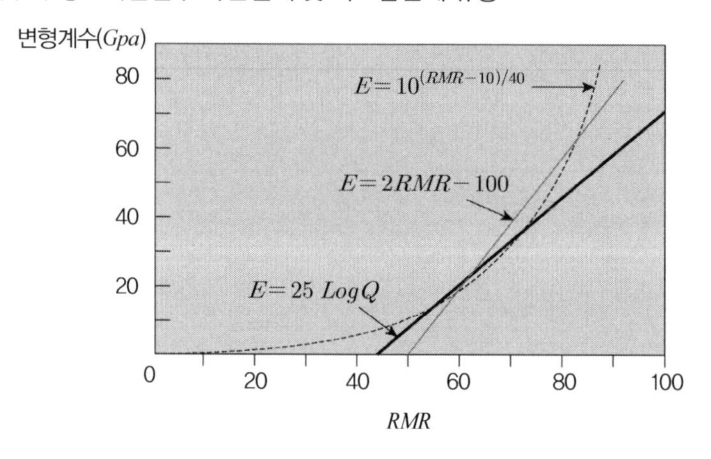

RMR과 Q 값을 이용한 원위치 변형계수

※ 상기 그림 3개식 중 $E = 10^{(R-10)/40}$ 식의 상관성이 가장 우수함

③ 지보하중(*Suppert Load*) 계산

$$P(tonf/m^2) = \frac{(100 - RMR)}{100} \times \gamma \cdot B = \gamma \cdot h_t \qquad h_t = \left(\frac{100 - RMR}{100}\right)B$$

여기서, γ : 단위중량 B : 터널폭(*m*) h_t : 암반하중의 높이(*m*)

④ 설계 시 지보패턴 결정, 시공 시 지보패턴 확인 및 변경 : 록볼트와 숏크리트의 강재지보량 판정

⑤ 암반의 전단강도 정수 추정

$$C = 0.5RMR \qquad \phi = 0.5RMR + 5°$$

3. *Q* 분류(*Rock mass quality −System : NGI* 기준)

(1) 개 요

*Q −system*은 1974년 노르웨이 지반공학 연구소의 *Barton* 등에 의해 스칸디나비아의 약 200개 터널에 대한 거동특성을 6개의 요소로 정량화하여 암반분류를 하는 방법으로 세부적 터널지보 설계가 가능한 공학적 분류 시스템이다.

(2) 암반분류 : 암반의 암질을 정량화한 수치로 표현

① *Q*− 시스템은 6개의 변수들을 3개의 그룹으로 나누어서 계산

② 계산된 *Q*값의 범위는 0.001 ~ 1000이다 : 암반분류는 9등급으로 분류

$$Q = \frac{RQD}{J_n} \times \frac{J_r}{J_a} \times \frac{J_w}{SRF}$$

여기서, J_n : 절리군의 종류 수　　J_r : 절리면 거칠기 계수
J_a : 절리면의 풍화도(변질)계수　　J_w : 지하수 관련 계수(출수 관련)
SRF : 응력저감 계수

③ 위 식에서 제 1항은 암반의 전체적인 구조, 즉 블록크기의 상대적 표현이다.

④ 제 2항은 블록 간(절리)의 전단강도와 관련되는 지수이다.

⑤ 제 3항의 J_w 는 수압에 관련된 지수이며, *SRF*는 점토광물을 포함한 전단대(*shear zone*) 암반의 이완하중(*loosening load*), 견고한 암반의 암반응력, 견고하지 못한 소성 암반의 압착 및 팽창 하중을 평가하는 지수이며 '총응력' 지수로 간주된다. J_w/SRF는 '활동성 응력(*active stress*)'을 의미한다.

(3) 특 징

① 장 점

㉠ 팽창성 암반에 적용이 우수

㉡ 암반의 전단강도에 보다 주안점을 두었으며 현장응력도 고려하고 있음

㉢ 암반분류가 보다 세밀하며 구체적인 보강방법이 제시됨

② 단 점

㉠ 절리의 방향성은 고려 안 함 : *Barton*(1974)은 터널 공사 시 J_n, J_r, J_a 등의 요소가 절리의 방향보다 암반의 전단강도나 변형에 더 중요한 것으로 간주하였고 그 이유는 절리의 방향에 대한 평가가 어렵고 평가하더라도 보편성을 가지지 못한 것으로 판단한다.

㉡ 일반적으로 Q 분류는 RMR 분류보다는 제한적으로 사용되는 경향이 있다.

ⓐ 조사될 6요소들은 터널설계의 주변 지질 조사 시 암석의 노출이 양호한 경우이거나 굴착

중 터널 갱구부에서의 막장 관찰 시에만 비교적 정확하게 조사될 수 있는 항목들이므로 일반적인 시추조사(수 *cm* 직경의 코아 사용)만으로는 6요소를 신뢰성 있게 판단하기 곤란한 단점이 있다. 그러므로 터널 설계 시 *Q*분류방법의 적용이 어려운 경우가 많다.

ⓑ *Q*값 산정을 위한 6요소들은 너무 정밀하고 복잡하여 조사하는 데 많은 지식과 경험이 필요하므로 숙련도에 따라서 오차가 크고, 또한 6요소를 곱하거나 나누어서 *Q*값을 산출하므로 너욱 오차가 커지는 경향이 있다.

(4) 결과 이용

① 암반등급별 지보패턴

터널의 유효크기(*Equivalent Dimension*)결정 → *Q*값에 의한 터널 지보량 산정

$$\text{유효크기}(m) = \frac{\text{굴착폭 또는 높이 중 큰 값}}{ESR}$$

여기서, *ESR*(*Excavation Support Ratio*) : 굴착 지보비(터널 사용 목적에 따른 수치)

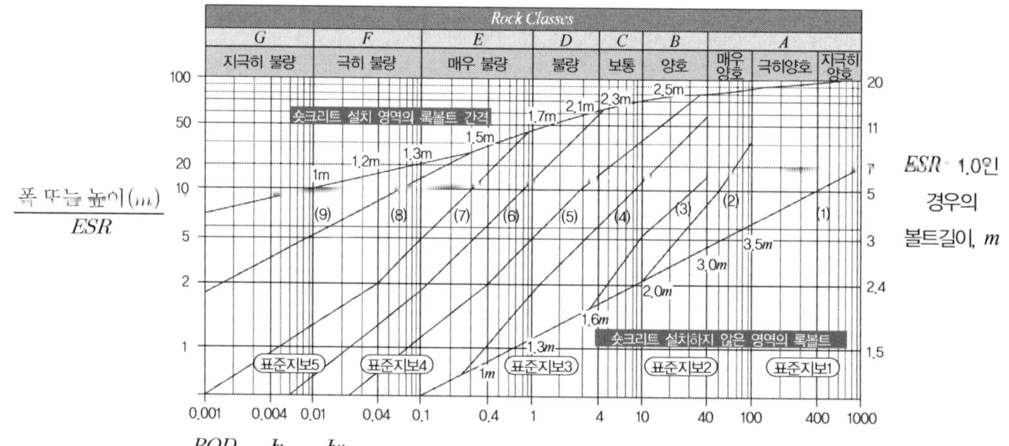

Rock mass quality $Q = \dfrac{RQD}{Jn} \times \dfrac{Jr}{Jn} \times \dfrac{Jw}{SRF}$

(1) 무지보

(2) 국지적 록볼트 *sb*

(3) 체계적 록볼트, *B*

(4) 체계적 록볼트(비강화 숏크리트, 두께 4-10*cm*), *B*(+*S*)

(5) 강섬유 숏크리트 및 록볼트 5~9*cm*, *Sfr*+*B*

(6) 강섬유 숏크리트 및 록볼트 9~12*cm*, *Sfr*+*B*

(7) 강섬유 숏크리트 및 록볼트 12~15*cm*, *Sfr*+*B*

(8) 강섬유 숏크리트 및 록볼트 > 15*cm* 철재지보로 숏크리트 강화 및 록볼트, *Sfa*, *RRS*+*B*

(9) 캐스트 콘크리트 라이닝, *CCA*

② 무지보 굴진장(*Span*)

$$\text{무지보 최대 스팬}(m) = 2(ESR)^{0.4}$$

여기서, *ESR*(*Excavation Support Ratio*) : 굴착 지보비(굴착 지보비는 시행착오적으로 계산하며 터널사용 목적과 안전성과 관계한 수치로서 안전율의 역수개념임)

굴착 용도	*ESR*	굴착 용도	*ESR*
A. 일시적으로 유지되는 터널	2~5	D. 지하발전소, 지하터널 지하 방공호	0.9~1.1
B. 영구적 터널, 지하수로	1.6~2.0		
C. 지하저장소, 소형터널	1.2~1.3	E. 지하 원자력 발전소, 지하 정류장, 지하 경기장	0.5~0.8

③ 영구 지보압력

$$P(kgf/cm^2) = \frac{2}{J_r} Q^{-1/3}$$

④ *Rock Bolt* 길이

측벽부 : 2+0.5*H*/*ESR* 천정부 : 2+0.1*B*/*ESR*

여기서, *H* : 높이(*m*) *B* : 폭(*m*)

⑤ 암반 변형계수

$$E = 10 \times Q^{1/3}(GPa) = 100,000 \ \ Q^{1/3}(Kgf/cm^2)$$

RMR과 Q 분류 비교

구 분	*RMR*	*Q*
분류인자	일축압축강도, *RQD*, 불연속명의 간격 불연속면의 상태, 지하수상태	*RQD*, 불연속면의 거칠기, 지하수 상태 불연속면의 수, 불연속면의 풍화도, 응력저감계수
점 수	0~100	0.001~1,000
주안점	**불연속면의 간격, 방향, 상태** 등 *Q*분류에서 고려하는 작용응력 미고려	J_n, J_r, J_a 등의 요소가 절리의 방향보다 **암반의 전단강도나 변형에 더 중요한 것으로 간주** **현장응력 고려**
보강방법	개략적	구체적
분류특성	분류 간단, 개인 오차 적음	6가지 조사자료(육안 관찰) 분류 복잡, 개인 오차 많음
적용성	연암 이상, 소단면	모든 지반, 소~대단면 유동성, 팽창성 암반과 같은 취약 지반
상관성	*Bieniawski*(1976) $RMR = 9\ln Q + 44$	

Q 분류에서의 암반등급

구 분	I	II	III	IV	V
Q 값	> 40	10~40	4~10	1~4	< 1
분 류	매우 우수	우 수	양 호	불 량	매우 불량

굴착 난이도에 의한 분류

암반에서의 굴착 난이도는 암석 코아 강도 외에 암석의 종류, 암석의 조직 및 경도 풍화상태와 절리발달 정도에 따라 다르다. 특히 절리의 연속성과 간격에 따라 암석 종류별 암반 강도의 변화 폭이 커지게 되어 굴착 난이도에 의한 암반 분류에서는 암석 코아 강도와 절리 상태가 동시에 고려되어 분류되어야 한다.

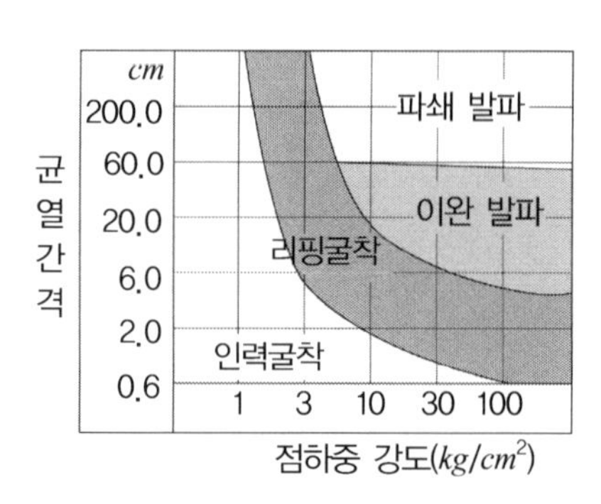

굴착난이도 결정을 위한 암반분류(*Franklin*, 1971)

*Bieniawski*의 *RMR* 분류

분류기준			특성치 구분 및 평점						
R1	시료강도 (kg/cm^2)	점하중강도지수	> 100	40~100	20~40	10~20	일축압축강도		
		일축압축강도	> 2500	1000~2500	500~1000	200~500	50~250	10~50	< 10
	R1 평점		15	12	7	4	2	1	0
R2	암질표시율(*RQD*) %		90	75	50	25			
	R2 평점		20	17	13	8	3		
R3	절리면 간격(J_s) *cm*		200	60	20	6			
	R3 평점		20	15	10	8	5		
R4	절리면 상태(J_c)	연장 길이(*m*)	< 1	1~3	3~10	10~20	> 20		
		평 점	6	4	2	1	0		
		분리폭(*mm*)	밀착	< 0.1	0.1~1.0	1~5	> 5		
		평 점	6	5	4	1	0		
		거칠기	매우 거칢	거칢	약간 거칢	매끄러움	아주 매끄러움		
		평 점	6	5	3	1	0		
		충전물두께(*mm*)	없음	견고 < 5	견고 > 5	연약 < 5	연약 충전물 > 5		
		평 점	6	4	2	2	0		
		풍화도	신선함	약간 풍화	중간 풍화	심한 풍화	완전 풍화		
		평 점	6	5	3	1	0		
R5	지하수 상태	유입량(ℓ/분) 수압/응력 비	0 0	10 0.1	25 0.2	125 (터널 10*m* 당) 0.5			
		건습 상태	건 조	습 윤	젖 음	소유출	대량 유출(흐름)		
	R5 평점		15	10	7	4	0		

RMR 평가결과에 따른 지보형식 및 굴착공법

구 분	CLASS	I	II	III	IV	V
RMR		81～100	61～80	41～60	21～40	20 이하
암질상태		매우 양호 (*Very good*)	양호(*Good*)	보통(*Fair*)	불량(*Poor*)	매우 불량 (*Very poor*)
암질분류	자립기간	5*m*당 10년	4*m*당 6개월	3*m*당 1개월	1.5*m*당 5시간	0.5*m*당 10분
	점착력 (*Kpa*)	> 300	200～300	150～200	100～150	< 100
	마찰각	> 45°	40～45°	35～45°	30～35°	< 30°
지보형식	*Rock bolt* (*D20*)	불필요	• *Random bolt* • *Crown* • 간격 : 2～5*m* • 길이 : 3.0*m* • *Wire mesh* 사용(*Random*)	• *Systematic bolt* • *Crown & wall* • 간격 : 1.5～ 2.0*m* • 길이 : 4.0*m* • *Wire mesh* 사용(*Crown*)	• *Systematic bolt* • *Crown & wall* • 간격 : 1.0～1.5*m* • 길이 : 4－5*m* • *Wire mesh* 사용 (*Crown & wall*)	• *Systematic bolt* • *Crown & wall* • 간격 : 1.0～1.5*m* • 길이 : 5－6*m* • *Invert*에도 *bolt* 사용 • *Wire mesh* 사용 (*Crown & wall*)
	Shotcrete	불필요	• 필요한 경우 *Crown* : 5*cm*	• *Crown* : 5～10*cm* • 측벽 : 3*cm*	• *Crown* : 10～15*cm* • 측벽 : 10*cm*	• *Crown* : 15～20*cm* • 측벽 : 15*cm* • 막장 : 5*cm*
	강재지보 (*Steel－Rib*)	불필요	불필요	불필요	• 경량 *rib* (*Random*) • 간격 : 1.5*m*	• 보통－중량 *rib* • 간격 : 0.75*m* • *Invert* 폐합 • 필요한 경우 *Steel lagging & Forepoling* 사용
굴 착		• 전단면 굴착 • 1발파굴진장 : 3*m*	• 전단면 굴착 • 1발파굴진장 : 1.0～1.5*m* • 막장에서 20*m* 후방은 완전한 지보공 요망	• 상하 반단면 굴착 • 1발파굴진장 (상부 반단면) : 1.5～3.0*m* • 막장에서 10*m* 후방은 완전한 지보공 요망 • 발파 직후 지보 설치	• 상하 반단면 굴착 • 1발파굴진장 (상부 반단면) : 1.0～1.5*m* • 굴진과 동시작업으로 막장에서 10*m* 후방은 완전한 지보공 요망	• 다단면 굴착 • 1발파굴진장 (최상부 단면) : 0.5～1.5*m* • 굴착과 동시작업으로 지보 설치 • 발파후 초기에 *Shotcrete* 타설

Q −*System* 암반분류 기준

1. 암질표시율	*RQD*	비 고
A. 매우 불량 B. 불량 C. 보통 D. 양호 E. 매우 양호	0~25 25~50 50~75 75~90 90~100	1) *RQD*가 10% 이하인 경우는 10으로 고려하여 Q값을 산정함 2) *RQD* 간격은 5% 간격으로 함 (예 : 100, 95, 90, 85 ··· 15, 10)

2. 절리군의 수	J_n	비 고
A. 괴상으로 절리가 거의 없음	0.5~1.0	
B. 1방향의 절리군	2	
C. 1방향의 절리군과 부수절리	3	
D. 2방향의 절리군	4	
E. 2방향의 절리군과 부수절리	6	1) 터널 교차부에서는 $(3.0\times J_n)$을 적용
F. 3방향의 절리군	9	2) 터널 갱구부에서는 $(2.0\times J_n)$을 적용
G. 3방향의 절리군과 부수절리	12	
H. 4방향 이상의 절리군, 심한 절리발달 또는 각사탕형 절리발달	15	
J. 파쇄상태 또는 토사상태	20	

3. 절리면 거칠기 계수	J_r	
a. 밀착 절리면 b. 절리면이 10*cm* 이내로 밀착		1) 관련 절리군의 평균 절리면 간격이 3.0*m* 이상인 경우는 $(J_r+1.0)$을 적용 2) 만일 선상구조가 유리한 방위로 발달된 경우 선구조가 발달된 매끄러운 평탄절리에 대하여 $J_r=0.5$를 적용
A. 불연속성 절리	4.0	
B. 거칠거나 불규칙한 파상절리	3.0	
C. 부드러운 파상절리	2.0	
D. 매끄러운(경활면) 파상절리	1.5	
E. 거칠거나 불규칙한 평탄절리	1.5	
F. 부드러운 평탄절리	1.0	
G. 매끄러운 평탄절리	0.5	
c. 전단 시 절리면 접촉이 없는 경우		
H. 점토 등 절리충전물로 채워져서 절리면 접촉 불가능	1.0	
J. 사질, 역질, 파쇄대 등으로 절리면 접촉 불가능	1.0	

4. 절리변질 계수	J_a	ϕ_r(개략치)	
a. 절리면이 접촉하고 있을 경우			
A. 강하게 결합하고 경질로서 비연화성의 불투성 충전물을 함유	0.75	−	잔류마찰각 ϕ_r는 변질물의 광물적 성질을 고려하여 개략적인 참고치
B. 절리면의 불결한 상태일 뿐이고 변질되어 있지 않음	1.0	(25~35°)	
C. 절리면은 약간 변질되고 비연화 광물로 피복된 사질입자 점토분이 없는 풍화암 등을 함유	2.0	(25~30°)	
D. 실트질점토 또는 사질점토로 피복되고 소량의 점토를 함유(비연화성)	3.0	(25~25°)	
E. 연화된 또는 마찰이 작은 점토광물, 즉 카오리나이트 운모 등으로 피복되어 있음. 또 녹니석, 활석, 석고, 흑연 등과 소량의 팽윤 점토를 함유(불연속성 피복물의 두께는 1~2*mm* 또는 그 이하)	4.0	(8~16°)	

4. 절리변질 계수	J_a	ϕ_r(개략치)	
b. 전단변위 10*cm* 이하에서 절리면이 접촉하는 경우			
F. 사질입자 점토분이 없는 풍화암 등	4.0	(25~30°)	
G. 강하게 과압밀된 비연화 점토광물의 충전물(연속성이며 두께 < 5*mm*)	6.0	(16~24°)	
H. 중간정도 또는 조금 과압밀되어 연화한 점토 광물의 충전물(연속성이며 두께 < 5*mm*)	8.0	(12~16°)	
I. 팽윤성 점토 충전물, 즉 *Montmorillonite*(연속성이며 두께 < 5*mm*), J_a의 값은 팽윤성 점토의 비율과 물의 유무에 관계됨	8.0~12.0	(6~12°)	
c. 전단시에 절리면의 접촉이 생기지 않는 경우			
J. 풍화 또는 파쇄된 암석 및 점토의 영역 또는 *Band* K. (점토의 상태에 따라서 *G*, *H* 및 *J*를 참조) L. 실트질 점토 또는 사질점토의 영역 또는 *Band*로 점토 함유량은 소량(비연화) M. 점토가 두꺼운 연속성인 영역 N. 또는 *Band*(점토의 상태에 따라서 *H* 및 *I*참조)	6.0, 8.0 또는 8.0~12.0 5.0 10.0~13.0 또는 13.0~20.0	(6~24°) (6~24°)	
5. 절리사이의 물에 의한 저감계수	**J_w**	**개략의 수압(*kgf/cm²*)**	
A. 건조상태에서 굴착 또는 소량의 용수, 즉 국부적으로 < 5 *l*/분	1.0	< 1.0	1. *C*.에서 *F*항 까지는 극히 개략적인 추정치, 배수공사를 시공한다면 J_w를 늘림 2. 동결이 있는 특별한 문제는 고려하지 않음
B. 중간 정도의 용수 또는 중간 정도의 수압 때에 따라 절리 충전물의 유출	0.66	1.0~2.5	
C. 충전물이 없고 절리가 있으며 내력이 있는 암반 내의 대량의 용수 또는 높은 수압	0.5	2.5~10.0	
D. 대양의 용수 또는 높은 수압, 충전물의 상당량이 유출	0.33	2.5~10.0	
E. 발파 시에 예외적으로 다량의 용수 또는 예외적으로 높은 수압시간과 더불어 감쇠	0.2~0.1	> 10	
F. 예외적으로 다량의 용수 또는 예외적인 높은 수압. 감수없이 계속	0.1~0.05	> 10	

6. 응력저감계수	*SRF*	비 고
a. 굴착 시 이완 가능성의 연약대 교차		
A. 점토나 화학적 풍화대 등 연약대 다수 있고 주변암 상태가 매우 느슨	10.0	1) 관계되는 전단파쇄대가 단순히 영향을 미치나 굴착지와 교차되지 않은 경우는 *SRF* 값을 25~50% 감소시킴
B. 점토나 화학적 풍화대 등 단일 연약대 (굴착심도 ≤ 50*m*)	5.0	
C. 점토나 화학적 풍화대 등 단일 연약대 (굴착심도 > 50*m*)	2.5	
D. 견고한 암반에 전단 파쇄대 다수 또는 느슨한 주변 암반	7.5	
E. 견고한 암반에 단일 파쇄대(굴착심도 ≤ 50*m*)	5.0	
F. 견고한 암반에 단일 파쇄대(굴착심도 > 50*m*)	2.5	
G. 느슨한 열린 절리, 심한 절리, 각 사탕상의 파쇄 암반	5.0	

6. 응력저감계수			*SRF*	비 고
b. 견고한 암반의 지압문제	σ_c/σ_t	σ_1/σ_3		
H. 낮은 지압 지표근처	> 200	> 13	2.5	2) 초기 응력장이 강한 이방성 경우 $5 \leq \sigma_1/\sigma_3 \leq 10$: σ_c와 σ_t를 $0.8\sigma_c$ 및 $0.8\sigma 1$로 한다. $\sigma_1/\sigma_3 > 10$: σ_c와 σ_t를 $0.6\sigma_c$ 및 $0.6\sigma_1$로 한다. (σ_c=일축압축강도, σ_t=인장강도)
J. 중간 지압	200~10	13~0.6	1.0	
K. 높은 지압, 견고한 지질 구조(안정성은 양호하나 벽면 인정성 불리)	10~5	0.6~0.3	0.5~2.0	
L. 약한 암반파단(괴상)	5~2.5	0.3~0.16	5~10	
M. 심한 암반 파단(괴상)	< 2.5	< 0.16	10~20	
c. 유동성 암반, 높은 지압하에서 소성 유동되는 비견질 암반				3) 천정부의 심도가 터널 직경보다 보다 적은 경우 *SRF* 2.5~5배 증가시킴(*H* 참조)
N. 약한 유동압			5~10	
O. 높은 유동압			10~20	
d. 팽창성 암반				
P. 낮은 팽창압			5~10	
Q. 높은 팽창압			10~15	

14 암반분류(SMR)

1. 개 요

(1) *SMR*(*Slope Mass Rating*)에 의한 암반사면의 분류법은 암반사면의 안정성을 1차적으로 평가하는 방법으로

(2) *Bienawski*에 의한 *RMR* 분류를 근거로 사면에 대한 요소들로 보정하는 방법으로 *Romana*(1993)에 의해 제시됨

(3) *SMR* 분류에 의해 암반의 등급을 분류하고 등급별 파괴형태와 보강대책이 제시되어 있음

2. 주요 고려사항

(1) 암의 일축압축강도

(2) 주향차

(3) 사면경사(절취면) α

(4) 채굴방법(절취방법에 따른 훼손영향범위)

(5) 불연속면 경사(β)

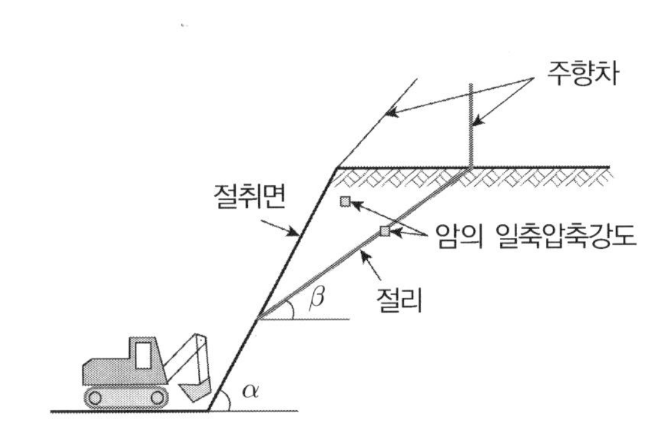

3. 암반사면의 해석방법

(1) 경험적 방법 : 암반분류법에 의한 암반평가와 보강대책(*RMR, SMR*)

(2) 기하학적 방법 : 평사투영해석, 블록이론

(3) 한계평형해석 : 평면, 쐐기, 전도, 원호파괴에 대한 한계평형해석

(4) 수치해석적 방법 : 연속체 해석, 불연속체 해석

4. 분류방법

$$SMR = RMR + (F_1 \times F_2 \times F_3) + F_4$$

(1) *RMR*

암의 일축압축강도, *RQD*, 불연속면의 간격, 불연속변의 상태, 지하수에 따른 암반의 등급

평균점수	81~100	61~80	40~60	21~40	20 이하
암반등급	I	II	III	IV	V
암반상태	매우 양호	양 호	보 통	불 량	매우 불량

(2) $(F_1 \times F_2 \times F_3)$: 불연속면과 사면경사 보정 값

① F_1은 암반사면과 불연속면의 경사방향차에 의한 함수

: 1.0～0.15 / 거의 평행한 경우～둘 사이의 각도가 30° 이상인 경우(파괴 가능성 매우 낮음)

$F_1 = (1 - Sin\,A)^2$

A : 암반사면의 경사방향과 불연속면의 경사방향 차이 각도

② F_2는 불연속면의 경사각에 대한 보정치

㉠ 평면파괴 시의 불연속면의 경사각을 말하며 불연속면의 전단강도를 추정할 수 있다.

㉡ 이 값은 1.0(불연속면이 45° 이상 경사져 있는 경우)～0.15(불연속면이 20° 이하 경사져 있는 경우)의 범위를 갖는다.

$F_2 = Tan^2\beta$

β : 불연속면의 경사(*If* 전도파괴 → $F_2 : 1.00$)

③ F_3는 암반사면과 불연속면의 경사각차

(3) F_4 : 굴착방법에 따른 보정치

굴착 방법	사면의 장기간 노출 → 자연사면화	선균열 발파 (*Prespliting*)	*Smooth Blasting*	일반발파, 기계적 리핑	부적절한 발파
F_4	15	10	8	0	−8

5. 판정 및 파괴형태

분 류	*SMR*	암반상태	안정성	붕 괴	보 강
Ⅰ	81～100	매우 좋음	매우 안정	없 음	필요 없음
Ⅱ	61～80	좋 음	안 정	일부 블록	때때로 필요
Ⅲ	41～61	보 통	부분적 안정	일부 불연속면 많은 쐐기 파괴	체계적인 보강
Ⅳ	21～40	나 쁨	불안정	평면 또는 대규모 쐐기파괴	중요/보완
Ⅴ	0～20	매우 나쁨	매우 불안정	대규모 평면파괴 또는 토층과 유사한 파괴	재굴착

(1) 경험적으로 20점 이하의 *SMR* 점수를 가진 모든 사면은 빠른 시일 내에 붕괴가 발생함

(2) 10점 미만의 사면은 실제로 존재하지 않음

6. *SMR*을 이용한 사면안정 대책공 처리 절차

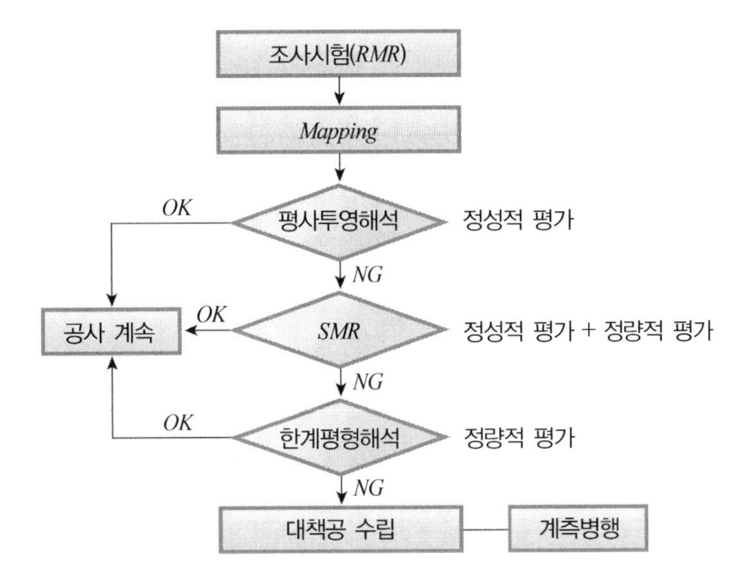

7. 특 징

(1) 채굴방법이 고려된 암반사면 판정법임

(2) 정량적 평가

(3) 보강방안 제시

(4) 파괴형태 제시

(5) 풍화상태 비고려

8. 평가(*SMR* 분류법의 문제점)

(1) *Romana*가 제시한 *SMR* 분류법은 세계적으로 암반사면 평가법으로 사용되고 있으나 한국의 지형에는 부적합한 면이 있다.

(2) *RMR* 평가를 기본으로 하기 때문에 비전문가에 의한 간편성이 제한된다.

(3) 사면의 높이를 고려하고 있지 않기 때문에 평가에 신뢰성이 저하된다.

(4) 평사투영(*DIPS*)에 의한 정성적 평가 후 한계평형해석법 적용 필요시 시행이 검토된다.

(5) 해석법 자체보다는 불연속면의 전단특성이 고려된 해석기법 적용이 더욱 중요하다.

(6) 한국지질자원연구원에서 제시한 사면의 높이를 고려한 암반사면 위험도 간편평가법(*KSMR*) 등 다양한 한국의 지형에 부합한 연구가 지속적으로 이루어져야 한다.

(7) 무엇보다 중요한 것은 해석방법 자체보다는 각 해석방법에 사용되는 입력변수의 정확한 산정이다.

SMR값 = 기초 RMR + (F1 × F2 × F3) + F4

기초 *RMR* 평점

구 분			가중 평가						
1	강도	점하중(*MPa*)	> 10	4~10	2~4	1~2	낮은 등급은 일축압축이 유리		
		일축압축강도(*MPa*)	> 250	100~250	50~100	25~50	5~25	1~5	< 1
	배 점		15	12	7	4	2	1	0
2	*RQD*(%)		90~100	75~90	50~75	25~50	< 25		
	배 점		20	17	13	8	3		
3	절리간격		> 2*m*	0.6~2*m*	0.2~0.6*m*	60~200*m*	< 60*mm*		
	배 점		20	15	10	8	5		
4	절리면상태		매우 거침 불연속 밀 착 풍화 안 됨	약간 거침 분리< 1*mm* 약간 풍화	약간 거침 분리< 1*m* 심한 풍화	활동면 발달 단층점토 < 5*mm* 분리 1~5*mm* 연속	단층점토 > 5*mm* 분리 > 5*mm* 연속		
	배 점		30	25	20	10	0		
5	지하수	터널연장 10*m*당 유입수량(ℓ /*min*)	없 음	< 10	10~25	25~125	> 125		
		$\dfrac{\text{절리수압}}{\text{최대주응력}}$ 비	0	< 0.1	0.1~0.2	0.2~0.5	> 0.5		
		일반적인 상태	완전 건조	습 윤	젖 음	약간 떨어짐	유 입		
	배 점		15	10	7	4	0		

절리에 의한 조정 평점

Case		대단히 양호	양 호	보 통	불 량	대단히 불량
P	$\lvert\alpha_j-\alpha_s\rvert$	> 30°	30 ~ 20°	20 ~ 10°	10 ~ 5°	< 5°
T	$\lvert(\alpha_j-\alpha_s)-180°\rvert$					
P/T	F_1	0.15	0.40	0.70	0.85	1.00
P	$\lvert\beta_j\rvert$	< 20°	20 ~ 30°	30 ~ 35°	35 ~ 45°	> 45°
P	F_2	0.15	0.40	0.70	0.85	1.00
T	F_2	1	1	1	1	1
P	$\beta_j-\beta_s$	> 10°	10 ~ 0°	0°	0° ~ (−10°)	<−10°
T	$\beta_j+\beta_s$	< 110°	110 ~ 120°	> 120°		
P/T	F_3	0	−6	−25	−50	−60

P = 평면파괴　　*T* = 토플링붕괴　　α_s : 사면의 경사방향　　α_j : 절리의 경사방향

β_s : 사면의 경사　β_j : 절리의 경사

굴착방법에 의한 조정 평점

방 법	*Natural slope*	*Presplitting*	*Smooth Blasting*	*Blasting or Mechanical*	*Deficient Blasting*
F_4	+15	+10	+8	0	−8

SMR 분류에 대한 시행적 기재

등 급	*SMR*	암반상태	안정성	파괴형태	지 보
Ⅰ	81～100	매우 양호	매우 안정	없 음	없 음
Ⅱ	61～80	양 호	안 정	약간의 블록	드물게 적용
Ⅲ	41～60	보 통	부분적 안정	일부 불연속면 혹은 다수의 쐐기형 파괴	체계적 적용
Ⅳ	21～40	불 량	불안정	평면파괴 또는 큰 쐐기형 파괴	중요하고도 정확한 적용
Ⅴ	0～20	매우 불량	매우 불안정	대규모 평면파괴 또는 토사형의 파괴	재굴착

등급별 추천 지보법

등 급	*SMR*	지 보
Ⅰ*a*	91～100	무지보
Ⅰ*b*	81～90	무지보, 부석 정리
Ⅱ*a*	71～80	선단부 도랑 혹은 울타리, 스팟볼트
Ⅱ*b*	61～70	선단부 도랑 혹은 울타리, 망, 스팟/시스템볼트
Ⅲ*a*	51～60	선단부 도랑 및 망, 스팟 혹은 시스템볼트, 스팟숏크리트
Ⅲ*b*	41～50	선단부 도랑 및 망, 시스템볼트, 앵커, 시스템숏크리트, 덴탈콘크리트
Ⅳ*a*	31～40	앵커, 시스템숏크리트, 선단부 콘크리트, 배수시설
Ⅳ*b*	21～30	시스템 보강 숏크리트, 선단부 콘크리트, 재굴착, 심층배수
Ⅴ	11～20	중력식 혹은 앵커지지옹벽, 재굴착

15 암석의 전단강도 시험

1. 개 요

(1) 암석 및 암반에 대한 강도특성을 파악하기 위해서는 일축압축강도시험, 슈미트해머시험, 점하중시험, 인장강도시험 등이 실시되며

(2) 비교적 팽창성이 큰 연암의 경우에는 강도시험외에 흡수팽창 및 내구성 시험 등을 실시한다.

(3) 또한 암반의 굴착난이도를 평가하기 위해 강도시험과 탄성파 속도 등을 병행하기도 하며 터널 및 사면의 경우 암반의 파괴특성을 파악하기 위해 삼축압축시험, 자연절리면 전단강도시험, 탄성계수 등 다양한 방법으로 암석 및 암반의 강도특성을 파악한다.

2. 시험의 종류

(1) 일축압축시험

(2) 일축 인장시험

(3) 자연 절리면 직접전단시험

(4) 삼축압축시험

(5) 내구성 시험 (흡수 팽창시험, *Slaking* 시험)

3. 일축압축시험

(1) 암석의 강도 : 암석이 지탱할 수 있는 응력의 크기를 강도(*Strength*)라 하며, 암석이 파괴될 때의 응력, 즉 파괴응력(*Failure Stress*)을 암석의 강도라고 정의함

$$\sigma_c(kgf/cm^2) = \frac{P}{A}$$

(2) 강도에 영향 인자

① 크기효과(*Size Effect*) : 미시적 결함, 거시적 결함 시험편이 클수록 더 많은 역학적 결함이 포함되므로 압축강도는 작아짐

② 형상효과

㉠ 같은 크기의 시료라 하더라도 시료의 형태에 따라 강도 차이를 보임

㉡ 그 이유는 시험편 내부의 응력분포의 차이 때문임

㉢ 일반적으로 길이/지름의 비율이 2인 시료를 많이 사용하며 *ISRM*(*Brown* 1981)에서는 *NX*(54*mm*) 크기 이상의 시료를 사용하고 길이/지름의 비율은 2.5~3.0을 사용토록 권장함

㉣ 시료형상에 대한 보정

$$\sigma_c(kgf/cm^2) = \frac{\sigma_{c(test)}}{0.778 + 0.222D/L}$$

③ 시험편과 가압판의 접촉상태의 마무리

길이/지름 < 2 : 시험편과 가압판의 접촉면에 마찰력 발생 → 전단응력 발생

④ 길이/지름비가 너무 클 경우에는 좌굴이 발생

⑤ 시험편과 가압판의 접촉면이 평활하지 않을 경우 : 시료에 모멘트 발생

⑥ *ISRM* 권장 : 시험편의 양단 높이차는 0.025*mm* 이내로 제한

(3) 결과 이용

① 일축압축강도 ② 탄성계수(E) ③ 포아슨비(ν) ④ *RMR* ⑤ 수치해석

※ 탄성계수 : 접선 탄성계수 적용(압축강도의 50% 수준에서의 접선 기울기)

4. 일축 인장시험(간접 인장시험, *Brazillan Test*)

(1) 인장강도는 암석과 같은 취성재료에서 파괴에 가장 큰 영향을 미치는 주요한 요소이다.

(2) 암석의 인장시험에는 직접 인장시험과 간접 인장시험이 있으며 직접인장시험이 신뢰도가 우수하나 시험편의 제작상 어려움, 시편의 결합, 시험하중의 편심 등으로 간접 인장시험이 많이 사용된다.

(3) 직접 인장시험은 그림에서와 같이 원통형 또는 각주형(*prismatic*) 시험편에 인장하중을 가하여 파괴될 때의 응력상태를 측정하는 것으로, 단면적 A의 시험편이 일정한 인장하중 P_t로 파괴되었을 때 인장강도 S_t는 다음과 같이 정의된다.

$$S_t = \frac{P_t}{A}$$

(4) 간접 인장시험 = *Brazilian test* (또는 압열인장시험)

① 간접인장시험에서 시험기의 재하판(*loading plate*) 사이에 수평으로 놓인 직경 D, 길이 L인 원통형의 시편에 상하방향에서 선형의 압축력(P)을 가할 때 발생하는 쪼개지는 면에 발생한 균질한 인장응력 및 강도는 다음과 같다.

$$\sigma_t(kgf/cm^2) = \frac{2P}{\pi Dt}$$

여기서, P : 파괴 시 압축력 D : 시료의 직경 t : 시료의 두께

② 직접 인장시험은 최소 강도를 갖는 점에 응력이 집중될 가능성이 크기 때문에 일반적으로 간접 인장시험에 의한 인장강도보다 작은 강도를 나타낸다.

③ 비록 몇 연구자들이 콘크리트에 대한 간접인장강도의 측정에 대한 표준안을 제시한 바 있으나 암석에 대해서는 이러한 표준안이 제시된 바 없다.

④ 압열 인장시험은 얇은 원판상에서의 응력분포에 의한 것이므로 시험편의 길이가 너무 길게 되면 암석 내부의 연약한 부분부터 파괴가 개시되어 원판 내부의 인장응력에 의한 파괴현상을 구현하기 곤란해진다.

⑤ 일반적으로 시험편의 길이가 직경에 대해 0.5~1.0인 시험편이 추천되고 있다. 즉, *NX* 시험편의 경우 시험편의 길이는 대략 25~40*mm*가 적당하다.

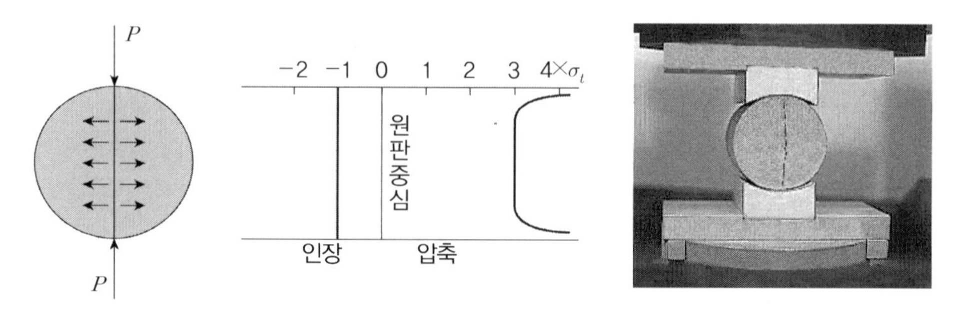

Splitting tension test (Brazilian test)

(5) *Flexural Strength Test*(또는 굴곡시험, *Modulus of Rupture*)

양단이 지지된 시험편의 중앙부에 집중 하중을 가하면 가압 부분에서는 압축응력이 발생하지만 동일 선상의 끝부분에서는 인장 응력이 발생한다. 암석은 압축강도에 비해 인장강도가 극히 작으므로 휨 모멘트에 의해 굴곡되면 인장응력이 발생하여 쉽게 파단된다. 이때 최대 인장응력으로 암석의 인장강도를 구할 수 있다.

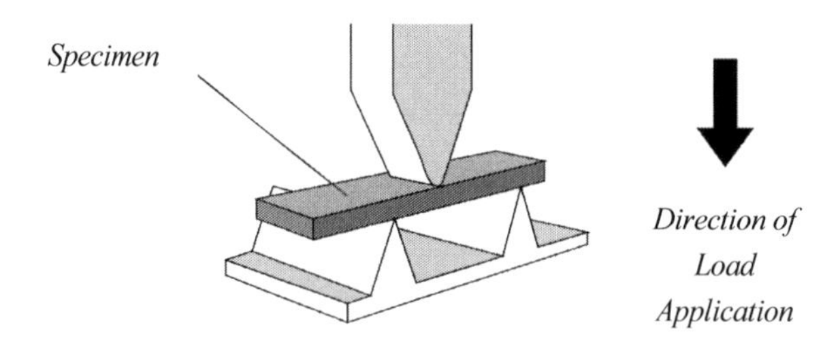

$$\text{Flexural strength}(T_f) = 8PL/\pi D^3$$

where, P : *the load at failure*

L : *the length between the supports*

D : *the diameter of the specimen*

※ 휨인장강도는 일반적으로 직접인장강도보다 큰 값을 나타낸다.

(6) 암석의 일축 인장강도는 직접인장강도 < 압열인장강도 < 굴곡인장강도 순으로 강도특성을 보인다. 이러한 현상은 굴곡인장시험으로부터 직접 인장시험으로 갈수록 하중을 받는 영역이 상대적으로 커서 암석 내 균열을 포함할 수 있는 가능성이 크기 때문인 것으로 판단된다.

(7) 이 용

① 일축압축강도(σ_c)와 함께 $Mohr$ 원을 그려 암석의 전단강도를 결정함

② 터널에서 인장력에 의한 파괴 시 파괴기준이 됨

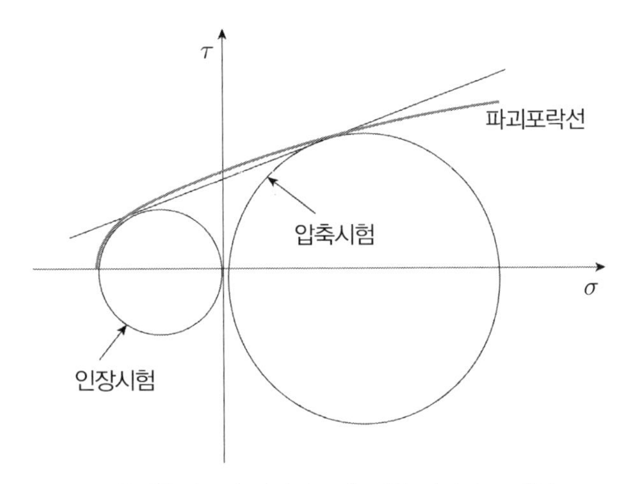

일축압축강도와 인장강도에 의한 전단강도 결정

5. 직접 전단시험

(1) 직접 전단시험의 종류

① 전단 상자시험(*Shear box test*)

② 단일 및 이중전단시험(*Direct single and double shear test*)

③ 펀치전단시험(*Punch shear test*)

④ 토션전단시험(*Torsion shear test*)

(2) 전단 상자시험

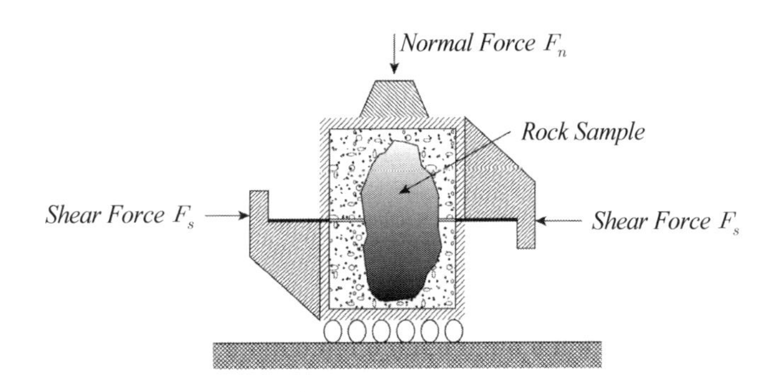

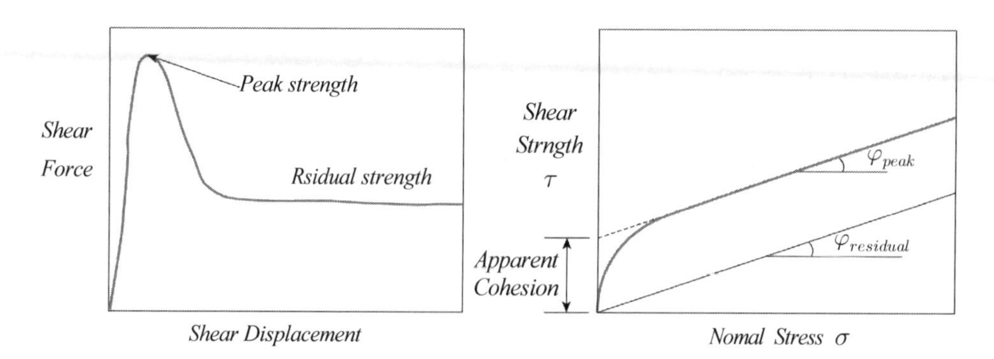

① 암석시료는 소석고(*plaster of Paris*), 수지 등으로 고정된다.

② 만일 불연속면 표면과 같은 특정 방향을 따른 파괴(전단)가 요구될 경우 이 방향에 따라 전단상자의 전단면이 정렬되어야 한다.

(3) 불구속 전단강도(*Unconfined shear strength*)

구 분	단일전단시험 (*Single* ~)	2면 전단시험 (*Double* ~)	펀치전단시험 (*Punch* ~)	토션전단시험 (*Torsional* ~)
전단강도	$S_0 = Fc/A$	$S_0 = Fc/2A$	$S_0 = Fc/2\pi ra$	$S_0 = 16M_c/\pi D^3$

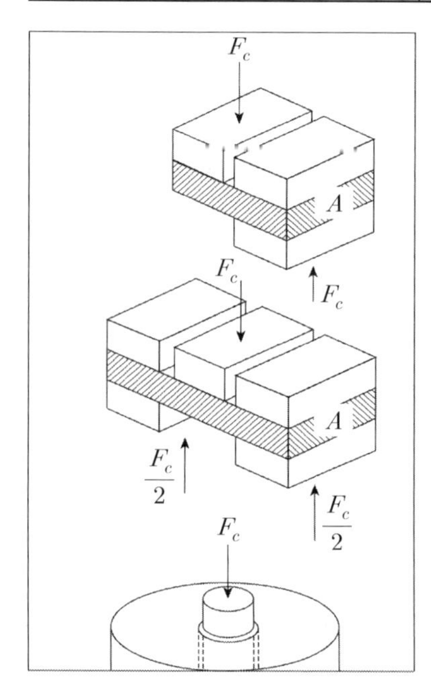

✓ A : *the cross sectional area of the specimen*

F_c : *the force in the direction of the plane*

A necessary to cause failure

a : *the thickness of the specimen*

r : *the radius of the punch*

M_c : *the applied torque at failure*

D : *the diameter of the cylinder*

(4) 직접 전단시험의 문제점

① 전단면에 응력이 집중되어 강도가 크게 나타남

② 2면 전단시험의 경우 휨 모멘트가 작용할 수 있으므로 전단면에 응력분포가 불균일한 특성이 현저함

6. 삼축압축시험

(1) 구속압(*confining pressure*)과 편차응력(*deviatoric stress*)을 받는 공동 주변 암반에서의 응력 조건 모사 (구속압 : 삼축시험에서 시험편에 가하는 압력)

(2) 삼축압축시험의 종류

① 개별 삼축압축시험 : 구속압을 일정하게 유지하고 축하중만 증가

② 연속항복상태 삼축압축시험
구속압을 항복상태까지 증가시키면서 파괴에 대응하는 축 하중을 가함으로써 *Peak* 강도를 얻는다.

(3) 개별 삼축압축시험

① 시험하고자 하는 대상지반에 공시체를 수개 채취하여 구속압을 변화시키며 시험을 시행한다.

② 아래 그림과 같이 *Mohr* 응력원으로부터 각각 내부마찰각 및 점착력을 구한다.

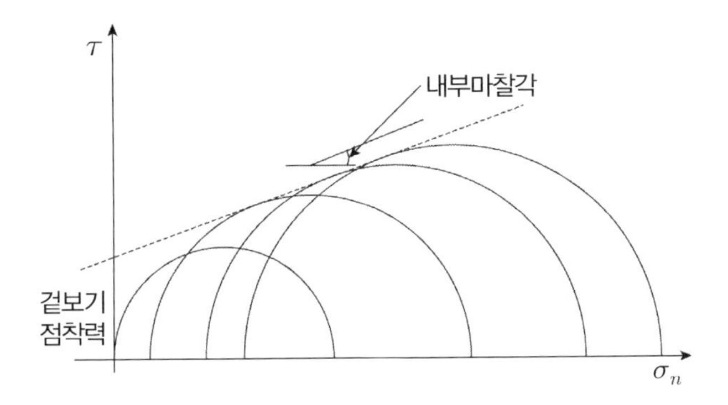

③ 또는 아래 그림에서 식을 이용한 내부마찰각 및 점착력은 다음과 같이 구한다.

$$\phi = Sin^{-1}\frac{m+1}{m-1} \qquad c = b\frac{1-\sin\phi}{2\cos\phi}$$

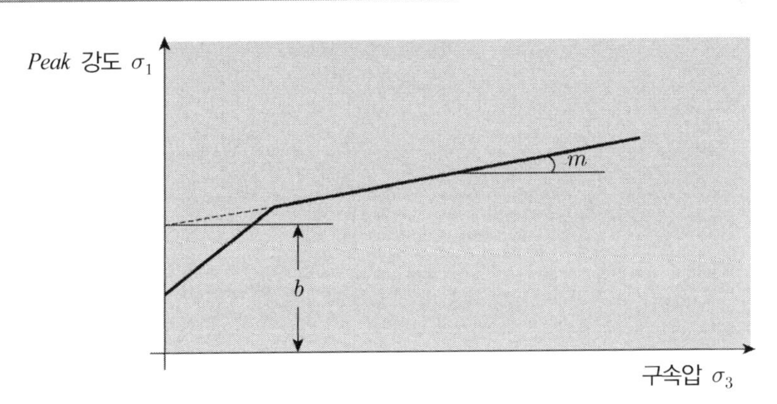

삼축압축시험결과의 구속압과 *Peak* 강도와의 관계

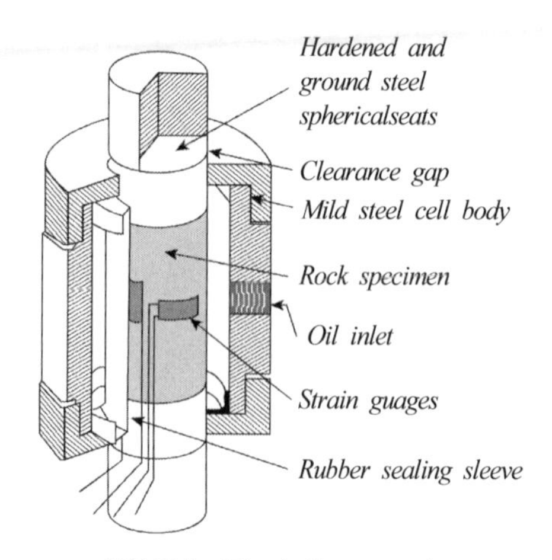

삼축압축시험 장치(*Hoek cell*)

7. 평 가

(1) 암반사면의 파괴 원인은 암석의 강도부족에 의한 원인보다는 불연속면의 전단강도, 불연속면의 상태, 주향과 경사, 절취면의 주향과 경사가 중요한 원인이 되므로 암석 자체의 전단강도는 미시적 의미에서 암석의 공학적 특성을 규명하기 위한 중요한 요소이나 거시적 차원의 암반에 대한 역학적 특성을 보다 중요하게 다루어야 한다.

(2) 시험방법에 따라 강도크기는 직접전단시험 > 삼축압축시험 > 일축압축, 인장시험 순으로 나타나며 현장응력 조건을 고려한 시험방법 채택을 고려하여야 한다.

16 암석의 점하중 시험(Point Load Test)

1. 개 요

(1) 암석의 공학적 특성을 나타내는 성실중 강도는 설계 및 시공자료로 활용되는 중요한 요소이며, 그 중 암석의 일축압축강도는 암석의 공학적 분류 및 설계와 시공의 지표로 널리 사용되고 있다.

(2) 암석의 일축압축시험은 검증된 방법이며 신뢰도가 우수하나 시료의 성형을 위한 시간과 경비가 요구되므로 이를 대체할 간단한 시험방법 중 하나로 점하중 시험방법이 개발되었다.

(3) 즉, 성형이든 비성형이든 점하중을 가하여 시료 내에 발생한 인장응력으로부터 일축압축강도를 추정하게 된다.

2. 시편의 형태별 시험방법

(1) 원주형 시험

① 지름방향으로 가압하여 점하중 지수를 구하는 시험

② 시료는 길이 대 지름의 비(D/W)가 1.0 이상 사용

③ 가압하는 점은 시료의 중앙 부분

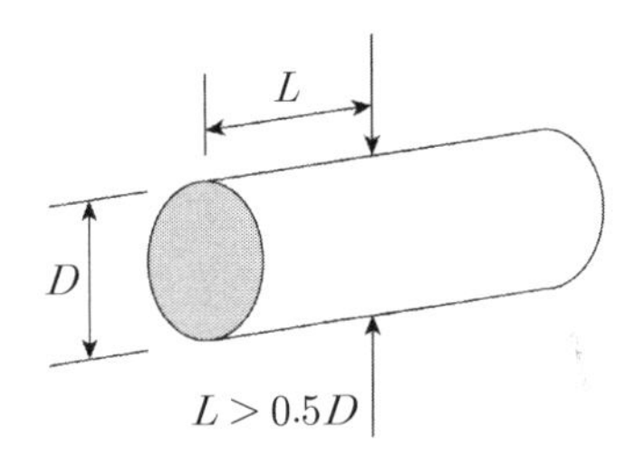

(2) 축방향 시험 : 시료의 길이방향 가압(가압점은 시료단면 중앙)

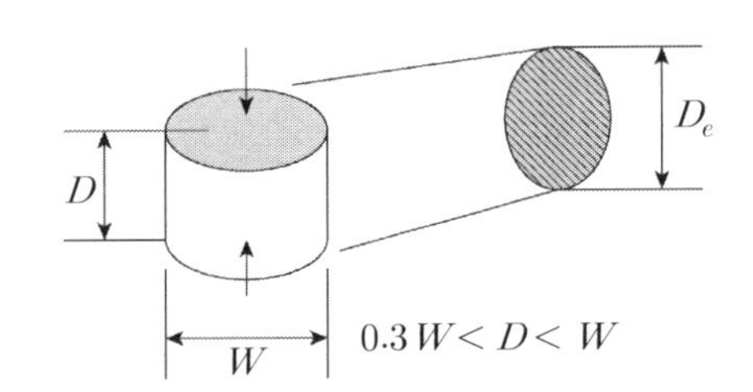

(3) 블록과 비정형 시료

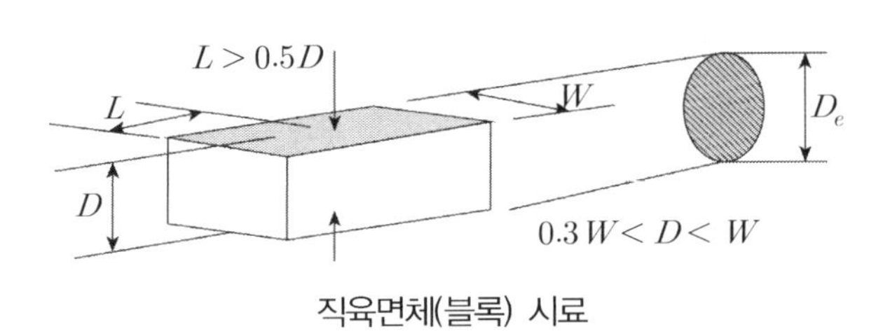

직육면체(블록) 시료

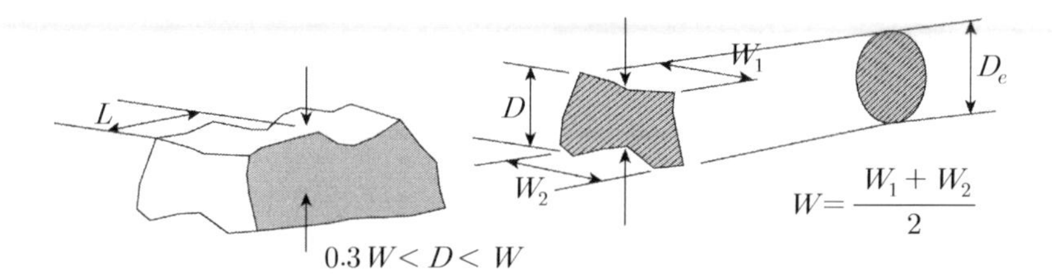

임의형상(비정형) 시료

① 시료의 크기 : $50 \pm 35mm$

② D/W : 0.3~1.0(1.0에 가까울수록 양호한 결과 나옴)

③ 가압점의 위치 : 모서리는 피하고 가압판과의 접촉면적을 최소화

④ 너비(W)가 일정하지 않을 경우 평균값을 취함

3. 점하중 강도지수

(1) 점하중 강도지수(I_s) : 시험에서 얻은 보정되지 않은 점하중 강도지수를 구함

$$I_s = \frac{P}{D_e^2}$$

여기서, P : 파괴 시 하중 　　D_e : 등가직경

- 원형의 경우 $D_e = D$
- 축방향, 직육면체, 임의 형상 $WD = \pi D_e^2/4$ 에서 $D_e^2 = 4WD/\pi$

(2) 보정 점하중 강도지수($I_{s(50)}$)

① 위에서 구한 점하중 강도지수(I_s)는 D의 함수로서 시료의 두께가 $50mm$(등가직경)가 될 때의 점하 중 강도지수($I_{s(50)}$)로 보정하여야 상호 비교될 수 있는 값을 찾을 수 있다.

② 그 식은 $I_{s(50)} = F\,I_s$ 이고 F는 보정계수로서 식, 도표를 통해 구할 수 있다.

㉠ 공식 $F = \left(\frac{D_e}{50}\right)^{0.45}$

㉡ 도표 이용

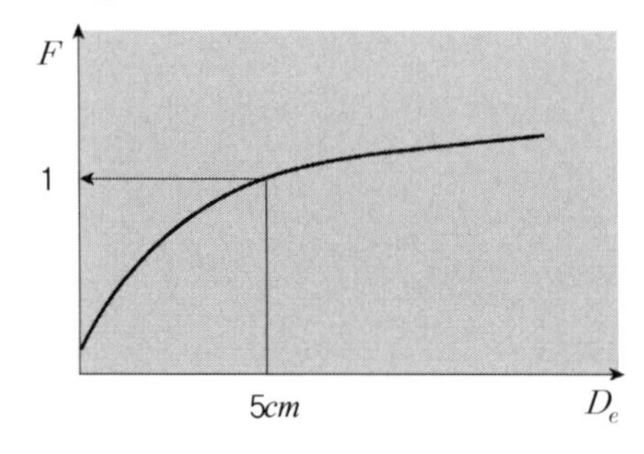

4. 점하중 강도지수를 이용한 암석의 강도추정

(1) 일축압축강도

① 보정 점하중 강도지수와 일축압축강도와는 평균적으로 20~25배의 관계를 갖는다.

② 일반적으로 압축강도는 다음과 같다.

$$\sigma_c(kgf/cm^2) = 24 \times I_{s(50)}$$

(2) 인장강도

$$\sigma_t(kgf/cm^2) = 0.8 \times I_{s(50)}$$

5. 시험의 특징과 이용

(1) 간단하고 신속한 시험 가능

(2) 성형된 시료 또는 비성형된 시료 시험 가능

(3) 이방성 암반 측정

(4) *RMR* 암반분류 시 적용

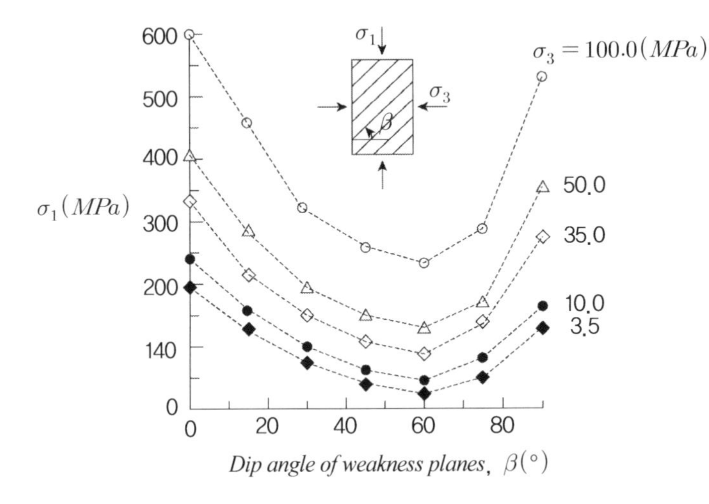

엽리의 방향과 하중 작용 방향이 같거나 직각인 경우 강도가 가장 크고 β가 60°일 때 최소의 강도가 나타남

6. 평 가

(1) 국내 암석에 일괄적으로 적용하기에는 지역적 암석광물의 성질에 따라 일축압축강도 추정결과에 큰 차이가 발생하므로 무조건적 적용은 지양하여야 한다.

(2) 가급적 일축압축강도시험을 시행하여 상호 비교 후 신뢰성이 검증될 경우 사용함이 바람직할 것으로 사료된다.

점하중 시험기

17 암반의 불연속면의 전단강도

1. 불연속면의 전단강도 개념

(1) 불연속면이란 '0' 또는 아주 작은 인장강도를 갖는 모든 역학적인 불연속면을 일컬으며 불연속면의 전단강도란 불연속면을 가로질러 가해지는 수직응력에 대한 전단변위를 일으키기 위해 필요한 응력을 말한다.

(2) 이러한 전단강도는 불연속면의 마찰성분이 주된 요소로서 불연속면 사이의 충전물, 연속성, 면강도, 틈새크기에 의해 영향을 받는다.

2. 불연속면의 종류

(1) 절리(*Joint*) : 암반 내에서 규칙적으로 깨져 있는 균열
형태적 구분 : 판상절리, 주상절리 / 성인적 구분 : 전단절리, 인장절리 등

(2) 층리(*Bedding*) : 퇴적암 내에 존재하며 하나의 층과 층이 경계를 이루는 면

(3) 엽리 (*Foliation*) : 암반의 고압, 고온의 영향으로 재결정

(4) 단층(*Fault*) : 어느 면을 경계로 양쪽 암석이 상대적으로 불연속하게 변위가 일어난 부분. 이 단층에 너비가 있을 경우 파쇄대라 일컬음

(5) 벽개(*Cleavage*) : 지형의 습곡이나 변형에 의해 형성된 간격이 좁은 틈

(6) *Seam* : 절리면의 틈에 협재된 점토질의 얇은 층

3. 불연속면에 대한 시험

(1) 절리 압축시험
먼저 무결암(*intact rock*)에 대한 압축시험을 실시하여 변형곡선(A)를 구하고, 그다음 절리를 포함한 시험편에 대한 변형곡선(B)를 구한다. 이 두 변형곡선의 차($B-A$)가 절리의 순수한 압착 곡선이며 여기서 절리의 최대 압착량 및 수직강성(K_n)을 구한다.

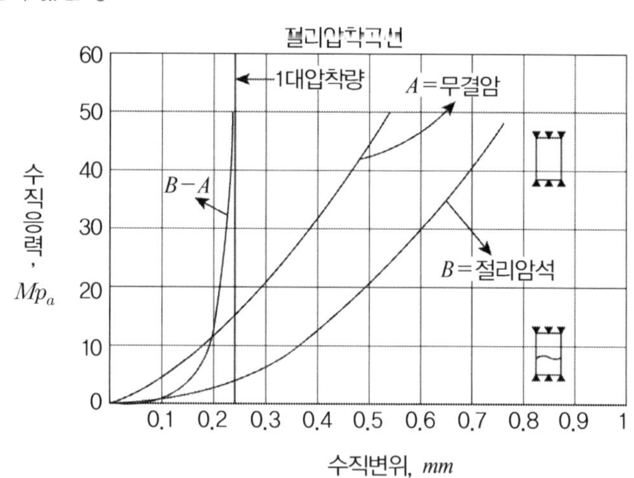

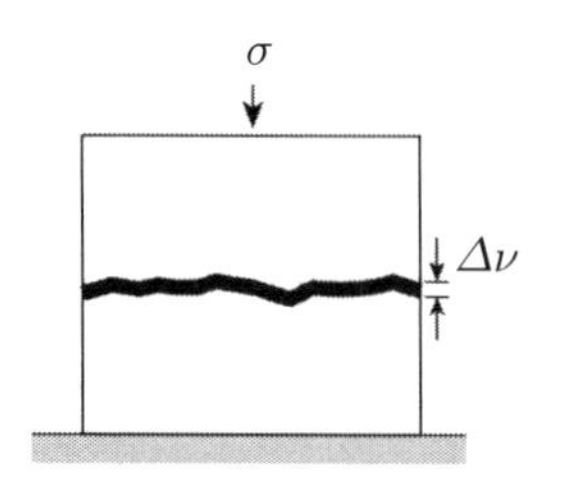

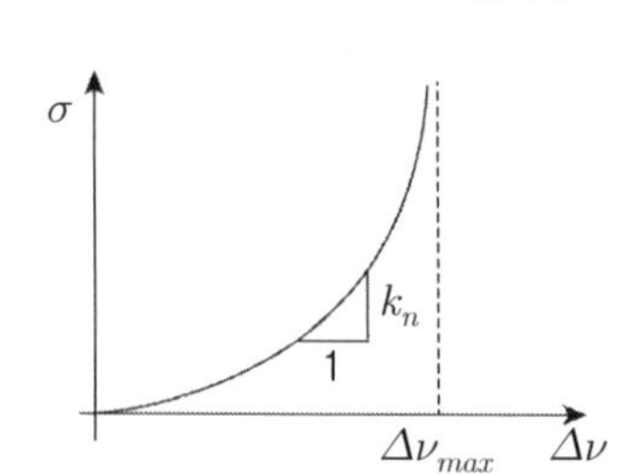

(2) 직접 전단시험

① 직접전단시험은 수직응력을 일정하게 유지한 상태에서 전단력을 가하여 이에 따른 전단변위를 관찰한다.

② 아주 작은 변위에서는 탄성거동을 하며, 전단응력은 변위에 대하여 선형적으로 증가한다.

③ 변위에 저항하는 힘들이 극복됨에 따라 곡선은 비선형으로 되며, 그 후 전단응력이 최댓값에 이르는 정점에 도달한다.

④ 이후에 더 이상의 전단변위를 일으키는 데 필요한 전단응력은 급격히 떨어지며, 잔류전단강도라고 하는 일정한 값에서 전단응력이 유지된다.

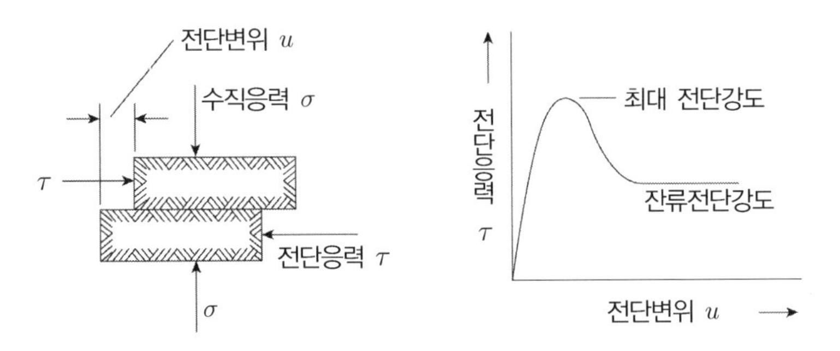

⑤ 직접전단시험의 경계조건

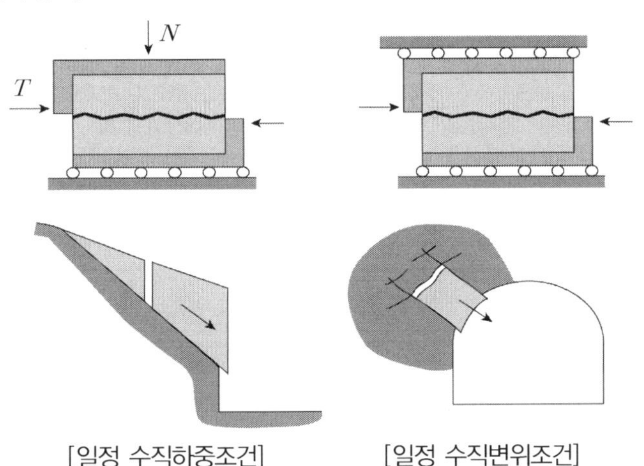

[일정 수직하중조건] [일정 수직변위조건]

(3) 틸트시험

(4) 삼축압축시험

4. 불연속면의 전단강도식

(1) *Patton*의 이중선형 강도식

(2) *Barton*의 전단강도식

(3) *Mohr*−*Coulomb* 식

(4) *Jaeger* 모델/ *Ladanyi and Archambault* 모델

5. 불연속면의 전단강도

(1) 기본 개념

① 서로 다른 수직응력에서 수행한 시험들로부터 얻은 최대 전단강도(*peak shear strength*)값들을 구한다.

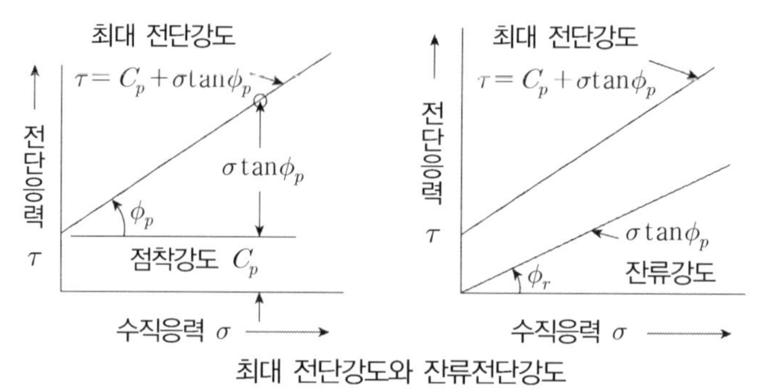

최대 전단강도와 잔류전단강도

② 위 곡선은 대략 직선이며, 그 기울기는 최대 마찰각 ϕ_p와 같고, 전단응력축상의 절편 c_p는 결합물질의 점착강도와 같으므로 다음과 같다.

$$\tau = c_p + \sigma\tan\phi_p$$

③ 수직응력에 대하여 잔류전단강도는 다음과 같다.

$$\tau = \sigma\tan\phi_r$$

④ 이 식은 결합물질이 점착강도를 모두 잃어버렸음을 보여준다. 잔류마찰각 ϕ_r은 보통 최대 마찰각 ϕ_p보다는 작다.

(2) *Patton* 식(1966)

① *Patton*은 규칙적인 톱니형태의 돌출부를 가지는 인공시편을 직접전단시험을 통해 이중선형 파괴포락선을 나타내는 전단 모델을 제시함

② 관계식 : 2개의 직선식으로 표현(전이응력 기준)

㉠ 낮은 수직응력의 경우($\sigma \le \sigma_t$) : 점착력이 없이 절리면의 돌출부를 타넘는 미끄러짐에 지배

$$\tau = \sigma_n \tan(\phi_b + i)$$

여기서, ϕ_b : 기본마찰각 i : 톱니의 경사각

㉡ 높은 수직응력하($\sigma \le \sigma_t$) : 돌출부가 전단파괴되어 더 이상 전단저항에 기여하지 못함

$$\tau = c + \sigma_n \tan\phi_r$$

여기서, ϕ_r : 암석 절리의 잔류마찰각

㉢ σ_t는 두 식의 경계를 나타내는 전이응력으로서

$$\sigma_t = \frac{C}{\tan(\phi_b + i) - \tan\phi_r}$$

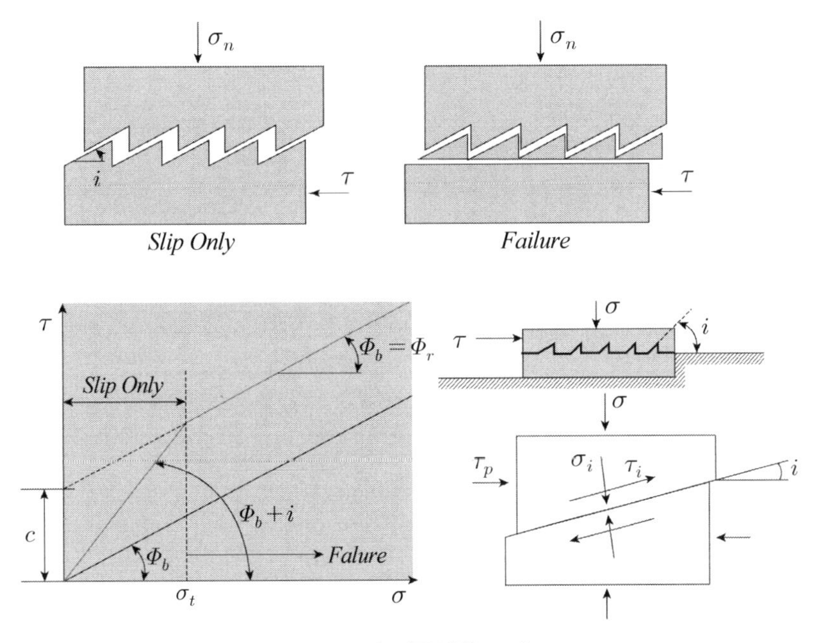

*Patton*의 이중선형 모델

③ 문제점

㉠ 낮은 응력상태에서만 적용함

㉡ 불연속면의 재질에 대한 고려가 없음

㉢ 모암의 강도에 대한 고려가 없음

㉣ 톱니(*Asperiti*)형의 형태가 고른 불연속면에 대해서만 이론적으로 타당함

㉤ *Asperiti* 효과가 전이응력을 기점으로 사라진다는 것을 불합리한 가정이며, 실제로 이러한 전이는 점진적으로 발생하는 것이 보통

(3) *Barton* 식(1973)

① *Patton*(1966)의 모델은 실제 발생되는 불연속면 간의 전단파괴 거동은 비선형 거동이므로 실제와 차이가 있으므로 실제에 부합된 비선형 거동에 유사한 경험식 제안[인공적으로 만든 불연속면(톱니모양)에 대한 직접전단시험]

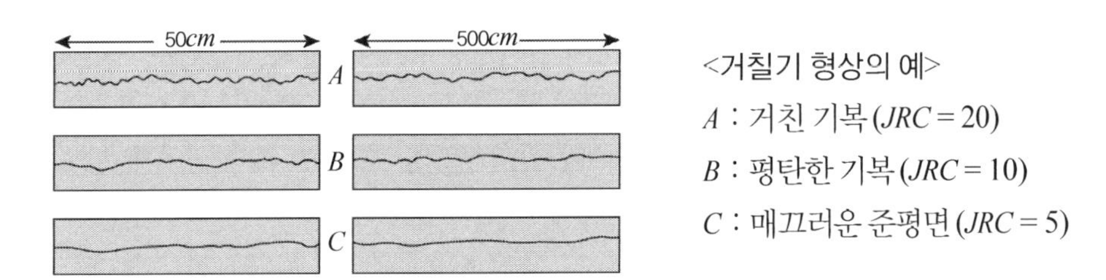

<거칠기 형상의 예>

A : 거친 기복 (*JRC* = 20)

B : 평탄한 기복 (*JRC* = 10)

C : 매끄러운 준평면 (*JRC* = 5)

② *Patton*의 식 $\tau=\sigma_n\tan(\phi_b+i)$에서 i 값이 일정하나 *Barton*은 σ_n, 거칠기, 압축강도, 전단저항각을 고려한 것으로 합리적임

$$\tau=\sigma_n\tan\left(\Phi_b+JRC\,Log\left(\frac{JCS}{\sigma_n}\right)\right)$$

여기서, τ : 전단강도

σ_n : 유효수직응력

Φ_b : 기본 마찰각(*Basic Friction Angle*)

톱(다이아몬드 절삭기)으로 자른 매끈한 평면에 대한 전단저항각으로 경사시험을 통해 미끄러질 때의 각이 기본 마찰각이 된다(불연속면이 풍화가 된 경우, 충전물이 존재하는 경우에는 기본 마찰각 대신 잔류 마찰각 적용, 즉 충전물의 물성에 지배).

✓ **암석에 따른 기본마찰각(ϕ_b)**

암 종	현무암	역 암	화강암	석회암	사 암	세 일	점판암
기 본 마찰각	31∼38°	35°	29∼35°	33∼40°	25∼35°	27°	25∼30°

JRC : 불연속면의 거칠기 계수, 10등급으로 구분(*Joint Wall Roughness Coffiicient*)

JCS : 불연속면의 압축강도(*Joint Compression Strength*) 원칙적으로 코어를 채취하여 시험하여야 하나 실무적으로 어려우므로 점하중시험, 슈미트해머 시험을 통하여 구함

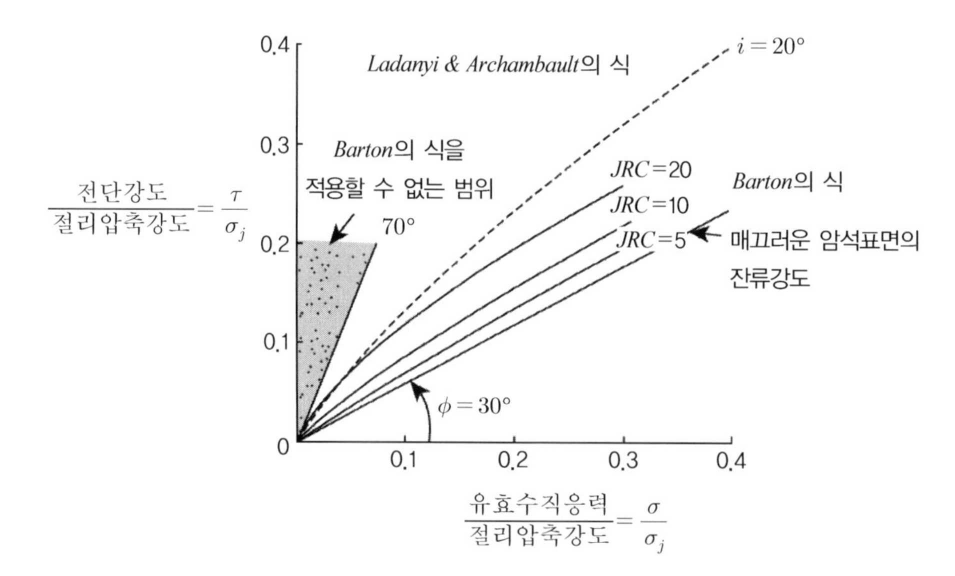

※ 그래프의 특징

- 바톤의 식은 수직응력의 증가에 따라 기울기(i)가 감소하는 비선형 형태를 보임
- σ_n / JCS가 0에 가까워짐에 따라 *Log* 성분이 무한대로 발산하므로 유효마찰각의 최대치를 70°로 제한함
- 절리면의 거칠기, 재료 자체의 마찰각, 수직응력, 절리면의 압축강도를 모두 고려한 것으로 현재 가장 널리 사용되는 이론임

③ 불연속의 거칠기 계수 정량화 방법

㉠ 절리면 형상의 높낮이 측정 방법 : *Profilometer*를 이용한 본뜨기

㉡ 절리면 형상의 그림자를 이용한 영상분석기

㉢ 절리면의 고저를 측정하는 레이저측정기

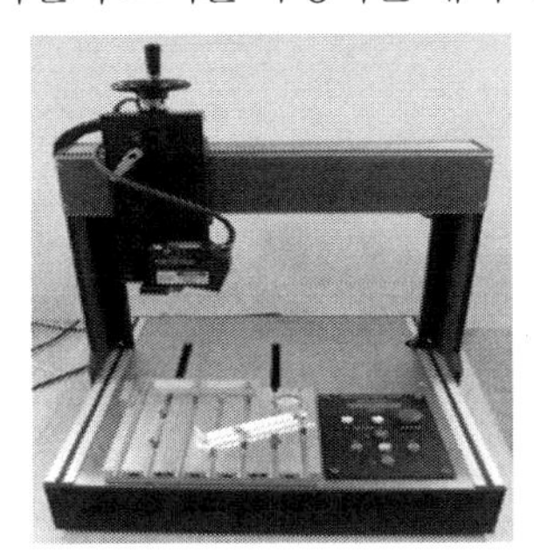

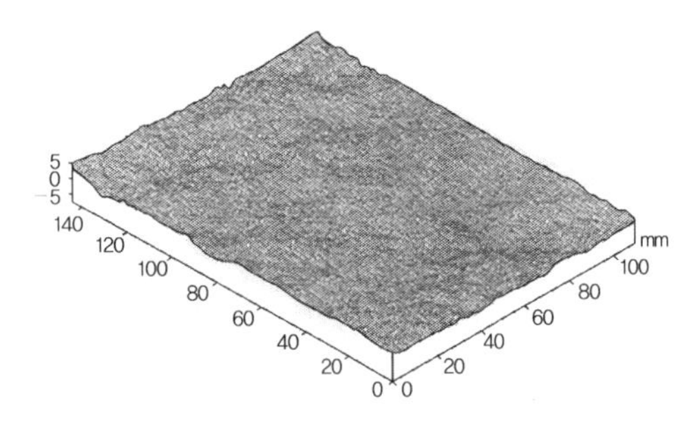

3차원 레이저 스캐너 측정장치 / 측정결과

④ 불연속면의 압축강도 측정 : 일축압축강도, 슈미트 해머

(4) *Mohr − Coulomb* 식

① 풍화가 심한 경우 적용성 높음

② 불연속면이 평행하고 거칠기가 낮은 경우 적합함

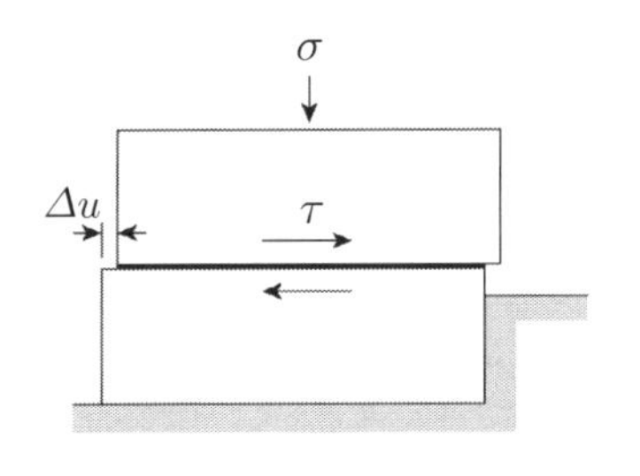

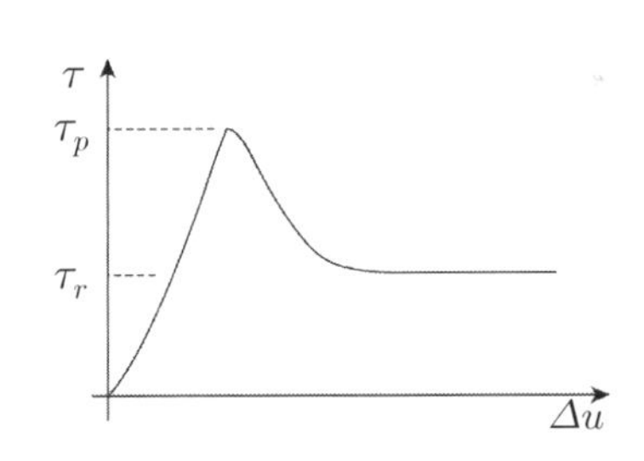

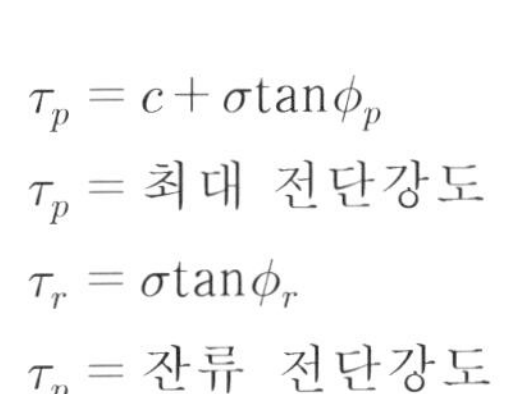

$\tau_p = c + \sigma \tan\phi_p$

τ_p = 최대 전단강도

$\tau_r = \sigma \tan\phi_r$

τ_p = 잔류 전단강도

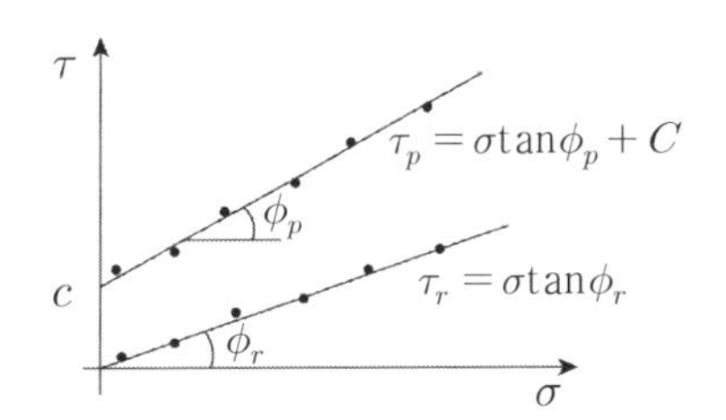

(5) *Ladanyi and Archambault* 모델

: 절리면의 마찰, 수직팽창성, 맞물림현상, 거칠기의 손상을 고려

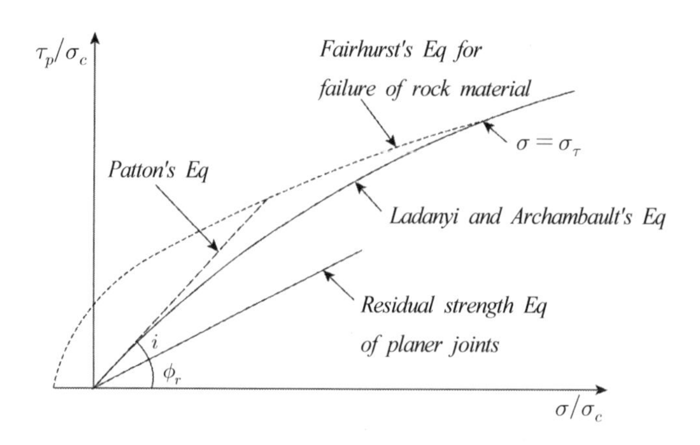

※ 기본 방정식

$$\tau_p = \frac{\sigma(1-a_s)(\dot{\upsilon}+\tan\phi_b)+a_s s_r}{1-(1-a_s)\dot{\upsilon}\tan\phi_b}$$

a_s : 절리 전체의 수평 투영면적에 대한 전단되어버린 돌출부의 비율

S_r : 절리면 돌출부의 전단강도

$\dot{\nu}$: 정점전단응력에서의 수직팽창률

6. 불연속면의 전단강도에 영향을 미치는 요인

(1) 저항력을 감소시키는 요인

① 충전물질

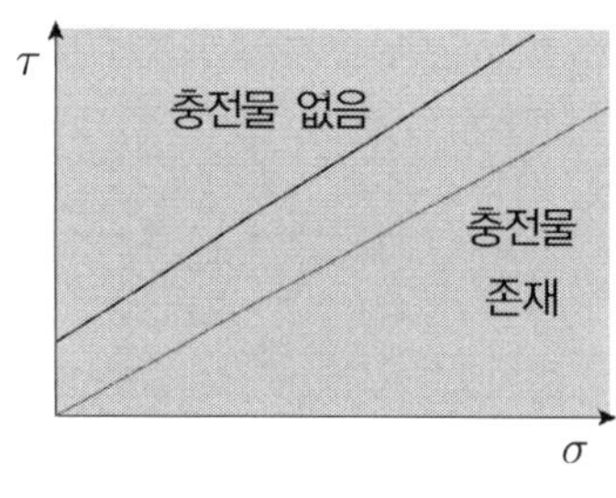

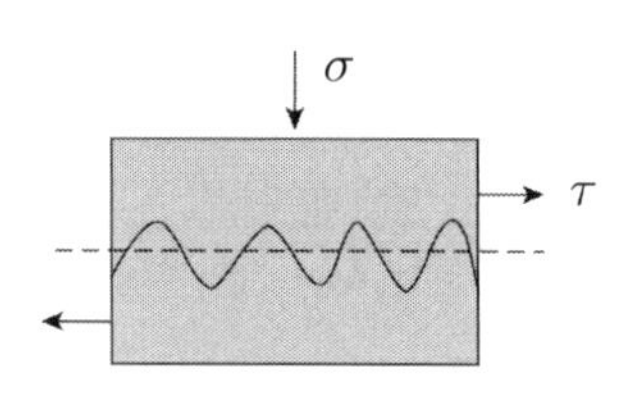

② 절리면의 풍화

③ 절리면의 방향성

④ 절리면의 연속성

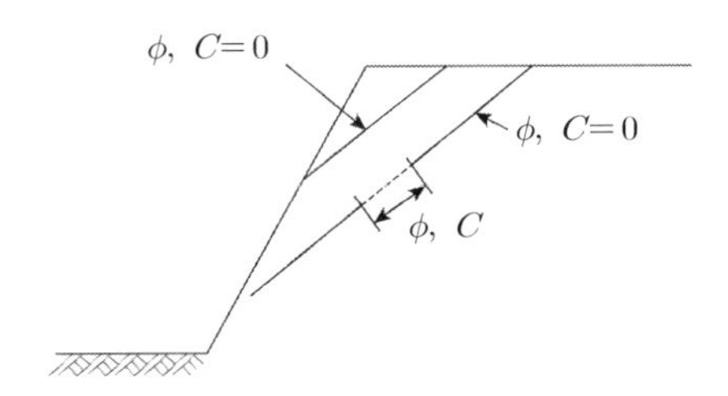

⑤ 간격 및 틈새

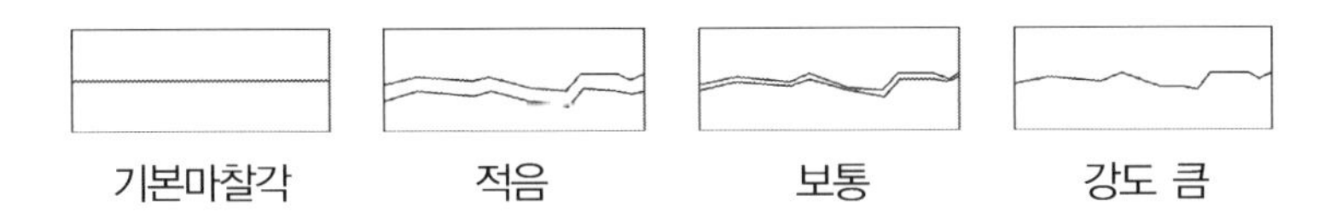

⑥ 투수성

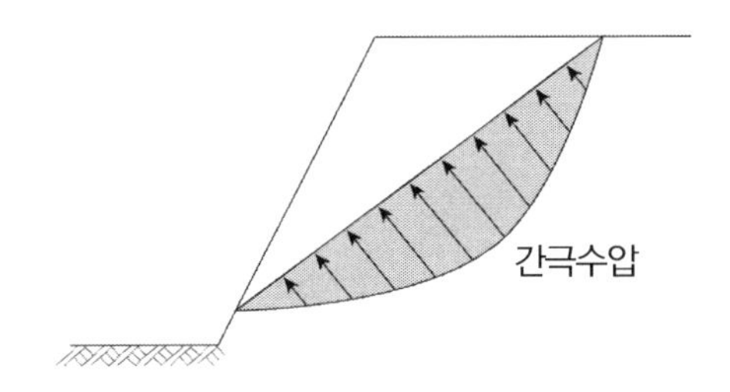

(2) 전단응력을 증가시키는 요인

① 상부사면의 하중증가 : 전도(*overturnihg*) 촉진

② 사면굴착으로 인한 사면안정 저하

예제) 『암반역학의 원리』, 이인모, 씨아이알(2013), p.190

불연속면을 가지고 있는 미사암에 대하여 틸트시험을 시행한 결과 $\alpha = 53°$ 에서 미끄러져 내렸다 (단, 이때의 미사암의 접촉면적=89.3cm^2, 사암의 시편중량=2.06kg, 부피=738cm^3, $\phi_b = 32°$, 현장 불연속면에 대한 슈미트해머의 반발계수 R=19.5임)

1) 틸트시험을 이용하여 JRC를 예측하라.

2) σ_n=85kpa일 때의 전단강도를 구하라.

Barton의 JRC(Rock joint roughness profiles showing the typical range)

	$JRC=0-2$
	$JRC=2-4$
	$JRC=4-6$
	$JRC=6-8$
	$JRC=8-10$
	$JRC=10-12$
	$JRC=12-14$
	$JRC=14-16$
	$JRC=16-18$
	$JRC=18-20$
0 5 cm 10	

18 암반의 초기 지반응력(초기 지압)

1. 개 요

(1) 터널설계를 위한 안정해석의 목적은 터널건설에 따른 주변지반의 거동과 주변시설물에 미치는 영향 및 지보재의 안정성을 사전에 검토하는 데 있다.
(2) 여기서 터널 굴착 시의 변형은 굴착부 주위의 초기 지반응력에 의하여 발생하므로 터널 굴착에 따른 응력-변형거동을 파악하기 위해서 매우 중요한 요인이 된다.
(3) 초기 지반응력(*Initial Ground Stress*)은 지반 내부의 터널과 같은 공동을 형성하기 이전에 작용하고 있던 응력이며 1차 지압(*Primary Ground Stress*)이라고도 한다.

2. 암반의 초기 지반응력과 영향요인

(1) 이론적 초기 지압 : 암반이 균질하며 등방의 탄성체로 가정

$$\sigma_v = \rho g z = \gamma z \qquad \sigma_x = \sigma_y = \frac{\nu}{1-\nu}\sigma_v = Kz$$

여기서, ρ : 암반의 단위밀도　　g : 중력가속도
z : 지표로부터 임의깊이　　ν : *Poisson*비
K : 수평응력대 연직응력의 비

※ 실제로 연직응력성분은 대체로 일치하나 수평응력성분은 이론적 계산치보다 훨씬 크거나 작을 경우도 있다.

(2) 수평응력성분이 이론치와 상이한 원인
① 암석의 조산운동　② 침식작용
③ 물리적 또는 화학적 변화에 의한 결합력

3. 초기 지압 측정원리

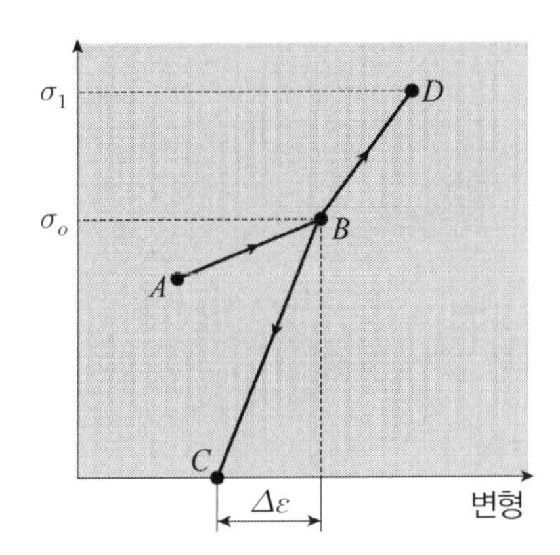

$A \rightarrow B$: 시험을 위한 천공
$A \rightarrow B \rightarrow C$: 응력해방법
$A \rightarrow B \rightarrow D$: 수압파쇄시험

(1) 응력 해방법(*Stress Relief Method*)

천공 → 변형률계 부착 → *Overcoring* → $\Delta\varepsilon$ 측정 → 천공 시 *Core*로부터 탄성 계수(그림에서 *BC*기울기), 포아슨비 산출 → 탄성이론의 해석적 방법에 의한 초기 지압 산출

(2) 수압파쇄법

① 시추공을 이용하므로 굴착이전 단계에서 적용이 가능하다.

② 응력 해방법과 같이 변형계수를 측정할 필요가 없다.

③ 시추공 내 일정 구간을 패커로 밀폐한뒤 수압을 가하여 공벽을 인장파괴시킨 후 가압과 중지를 반복하여 발생된 균열의 열림과 닫힘에 따른 압력변화 양상을 측정한다.

④ 측정된 압력－시간 곡선에서 결정된 압력 변수들과 탄성이론에 의거하여 초기지압을 산정한다.

4. 응력해방법

(1) 공저 변형법

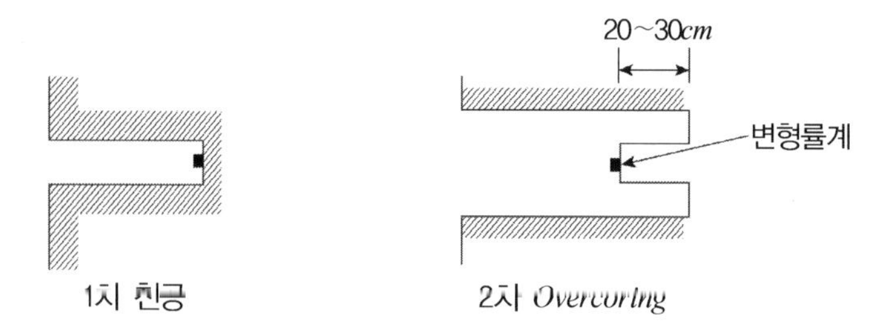

1차 천공　　　2차 *Overcoring*

(2) 공벽 변형법

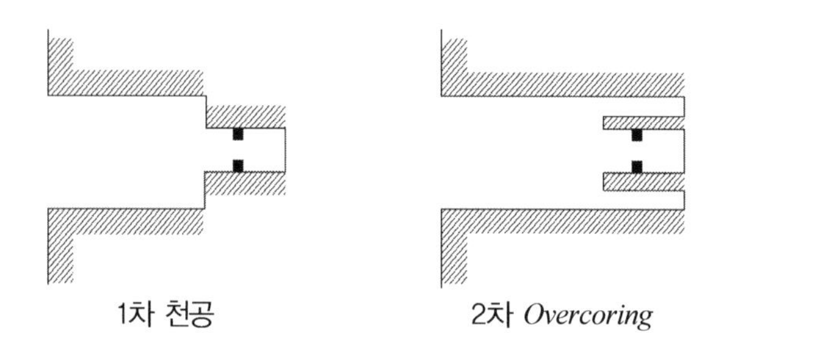

1차 천공　　　2차 *Overcoring*

(3) 공경 변화법

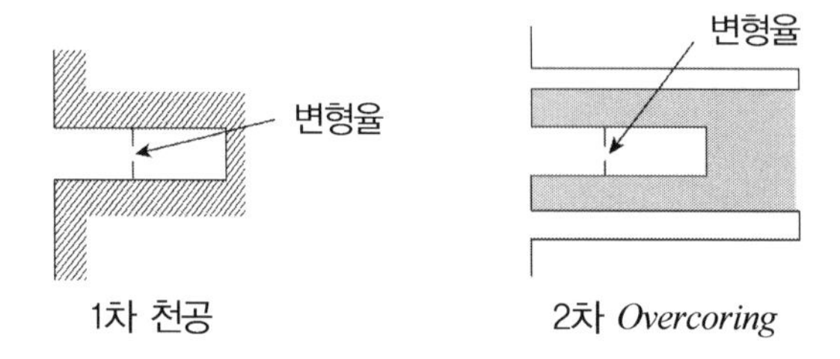

1차 천공　　　2차 *Overcoring*

5. 수압파쇄법(*Hydrofractring Method*)

(1) *NX* 시추공에 천공 후 시간에 따른 압력과 유량의 변화를 시험구간의 상하부를 밀폐하여 조사한다.

(2) 수압파쇄시험은 2단계로 구분하여 가압과 중지를 반복하여 인장균열을 유도하고 균열의 열림과 닫힘에 따른 시간 – 압력관계를 통해 초기 지압을 추정한다.

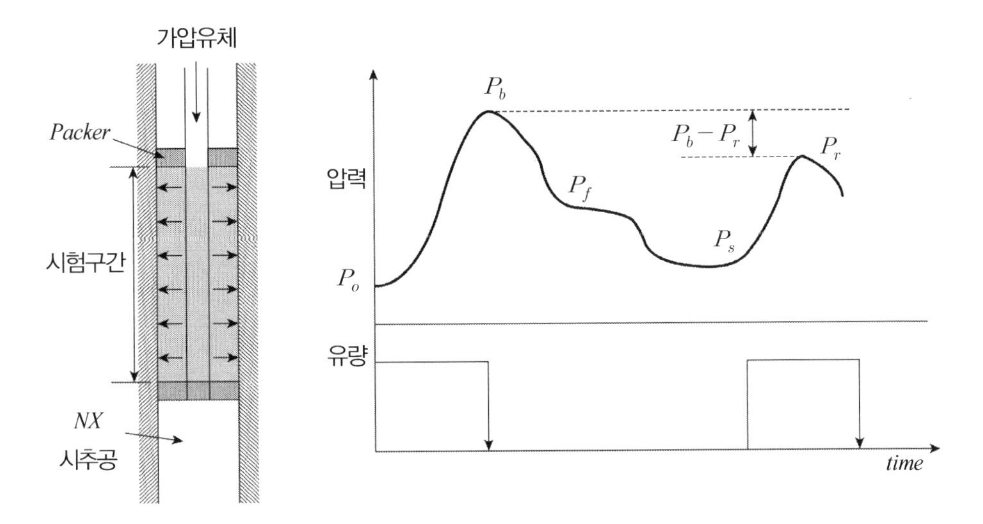

여기서, P_b : 초기 파쇄압력(균열이 발생할 때의 압력)

P_f : 균열확장에 따른 저하된 압력

P_s : 균열폐쇄압력(가압 중지)　　　P_r : 균열 개구압력

(3) 수압파쇄시험에 의한 균열발생 양상과 초기압력 관계

① 수압파쇄로 인한 균열의 방향은 최대주응력 방향과 일치하므로 균열폐쇄압력은 $P_s = \sigma_3$가 된다.

② 수직응력은 암반의 단위중량에 심도를 곱한 값으로 다음과 같다.

$$S_v = \gamma h$$

③ 수평방향 최대 주응력 산정

$$3\sigma_3 - \sigma_1 - P_b = -T$$

여기서, T : 암반의 인장강도($T = P_b - P_r$)

$$3P_s - \sigma_1 - P_b = -(P_b - P_r)$$

$$\therefore \sigma_1 = 3P_s - P_r$$

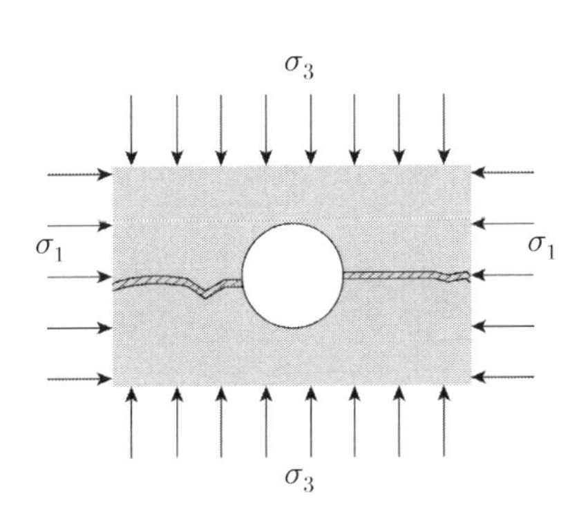

6. *AE*법(*Acoustic Emission*)

(1) 암석이 응력을 받으면 미소파괴가 발생하며 이때 파괴음이 발생한다.

(2) 이러한 현상을 이용하여 암석이 응력이 증가함에 따라 갑자기 *AE* 발생량이 급증하는데, 이때의 미소파괴음(초음파)과 응력과의 상관관계를 이용하여 초기지압을 추정한다.

(3) *AE*법은 암반이 받았던 최대응력을 초기지압으로 추정하나 신뢰성이 떨어지므로 다른 시험과 비교하여 초기지압을 결정하여야 한다.

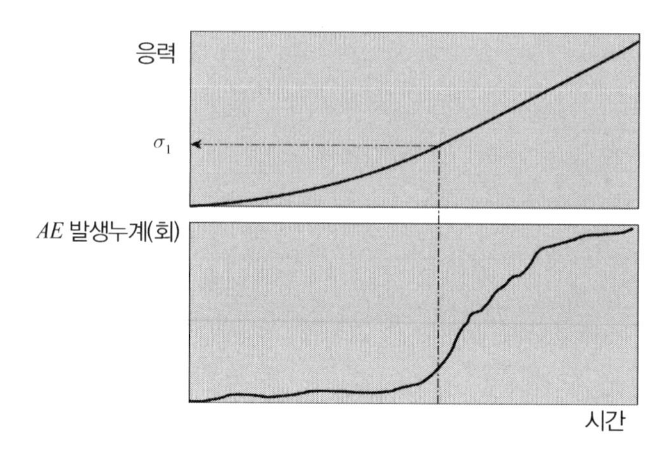

7. 응력 보상법(*Flat jack* 시험)

(1) 시험의 개요

암반 내 터널의 벽면에 드릴링을 하고 슬롯을 형성한 후 납작한 형태의 플랫잭을 이용하여 수축된 슬롯을 원상태로 회복시키기 위해 소요된 응력을 초기지압으로 산정하는 방법

(2) 시험결과 및 초기응력 추정

초기응력 : 플랫잭에 수직한 응력(σ)

$$\sigma = P_c \times \frac{C_j - d}{C}$$

여기서, P_c : 플랫잭의 보상압력

C_j : 플랫잭의 폭

d : 플랫잭의 모서리 효과

C : 슬롯폭 길이의 절반

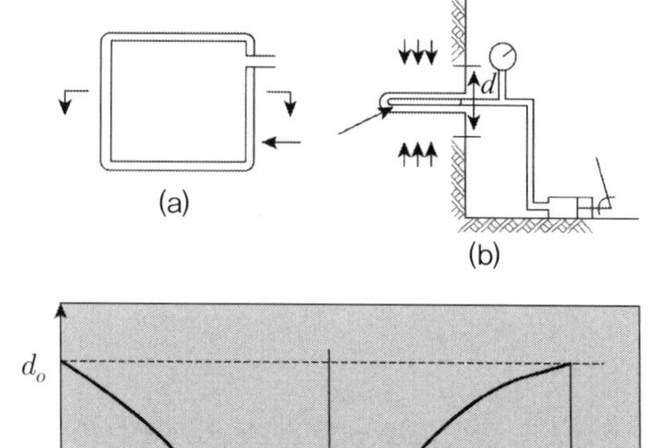

8. 초기 지압비 분포

(1) 일반적으로 지표에서 초기 지압비는 크며 심부로 갈수록 감소하다가 일정해진다.

(2) 또한 지표로부터 깊이가 큰 경우에는 거의 $K=1$(등방체 개념)인 것으로 알려져 있다.

(3) 초기 응력의 측정치

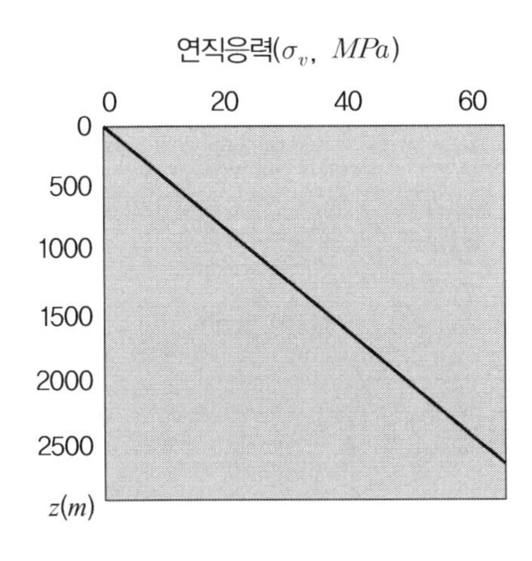

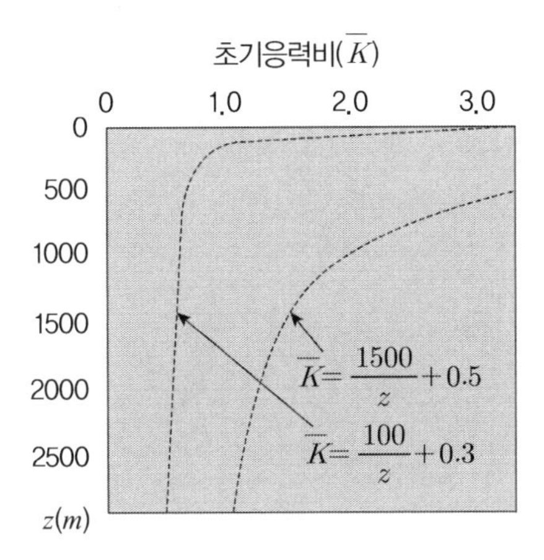

※ 측정심도가 낮거나 지질조건, 지형 등의 영향이 큰 경우 분산도가 큼

$$\frac{100}{z}+0.3 \le \overline{K} \le \frac{1500}{z}+0.5$$

여기서, K는 연직응력에 대한 평균 수평응력비, $\sigma_{h \cdot ave} = \dfrac{(\sigma_x + \sigma_y)}{2}$

9. 평가(초기 지압비 적용)

(1) 설계 시 수압파쇄, *AE*, *DRA*로 산정할 수 있고 시공 시 응력해방, 응력회복 방법을 추가할 수 있다.

(2) 초기 지압은 반드시 시험한 값을 적용해야 하고 대표성과 신뢰성 향상을 위해 3~5회 시험해야 한다.

(3) 최근 터널해석에 많이 사용되는 3차원 3*D* 해석에서 터널 굴착에 따른 응력과 변위의 해석을 위해서는 경계조건을 입력해야 하는데, 이때 초기지압이 정확히 입력되어야 해석결과의 신뢰성이 좋아진다.

(4) 터널의 보강방법 결정

① *Rock Bolt* 길이 / 간격 ② *Shotcrete* 두께 ③ 강지보 유무

(5) 터널의 노선계획 결정

(6) 지하공간 배치계획 등

DRA(Deforation Rate Analysis) : 변형률 차

(1) 원리

① *Kaiser*효과를 이용한 응력 추정법

② 시료를 가압한 후 다시 감압하면 (비탄성) 영구변형률이 발생함을 관찰할 수 있는데, 이때의 영구변형률은 가압/감압 시 응력의 크기에 따라 변화함

③ 응력이 작은 값에서 시작하여 점점 증가할수록 가압/감압 1회당 영구 변형량이 증가하다가 암석이 과거에 받던 응력 수준을 넘어서면 영구변형량이 다시 작아지는 현상이 나타나며, 이 영구 변형량이 변하는 점의 압력이 초기지압임

(2) 방법

① 암석시료에 같은 하중을 단계적으로 가함

② 영구 변형량을 측정하여 변형량이 작아지는 지점을 선정하여

③ 그때의 하중을 초지지압으로 함

(3) 특징

① *AE*와 같음

② 암석시료의 초기 응력에 대한 기억이 없어지기 전에 시험해야 하는 시간적인 제약 조건이 있음

※ DRA시험 방법

$\Delta\varepsilon_{i,\,j}(\sigma)=\varepsilon_j(\sigma)-\varepsilon_i(\sigma)$ $\qquad j>i$

여기서, ε_i는 i번째 주기에서 작용할 축변형률

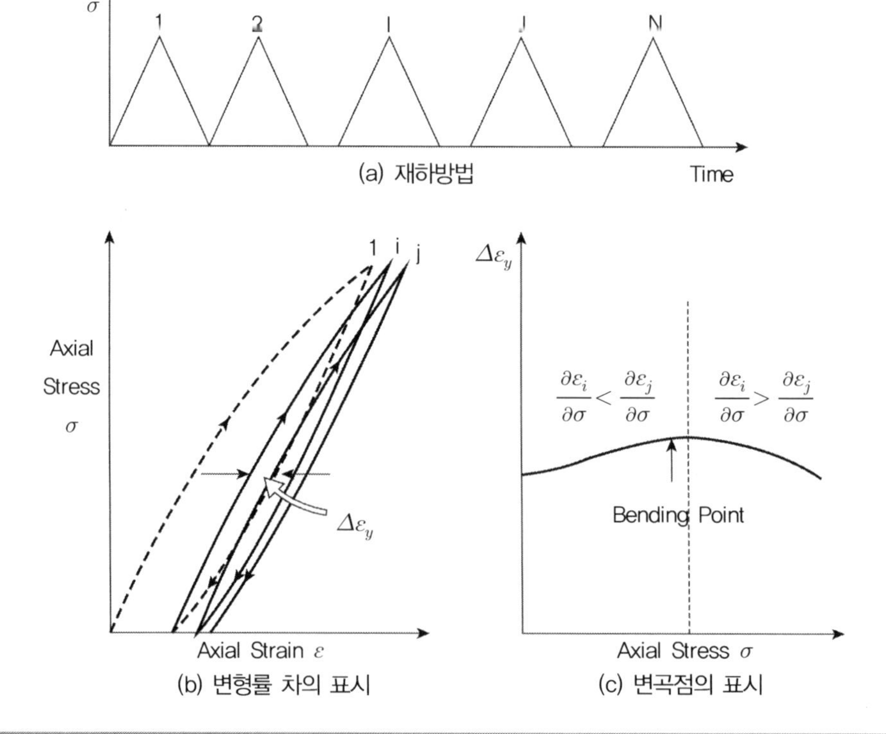

(a) 재하방법

(b) 변형률 차의 표시

(c) 변곡점의 표시

19 터널 굴착에 따른 주변지압

1. 개 요

(1) 터널 굴착 시에 굴착부 주위의 변위는 초기지압에 의해 변형이 발생한다.

(2) 터널의 굴착 중 변위는 초기지압과 관계하며 초기지압과 지반강도정수, 대칭 여부, 터널의 크기, 형상 등에 따라 달라진다.

(3) 그러므로 안정성이 확보된 터널을 설계하기 위해서는 초기 지압에 따른 2차 응력을 적절히 분석하여야 하며 터널 굴착에 따른 응력재분배를 고려하여야 한다.

2. 초기지압(1차 응력)

(1) 수평지층 조건

① 연직응력 : 암반의 단위중량에 해당깊이를 곱한 값과 일치

② 수평응력 : 수평응력은 연직응력보다 훨씬 크거나 더 작은 경우도 있으며 심도가 낮은 위치에서 그 경향은 심함

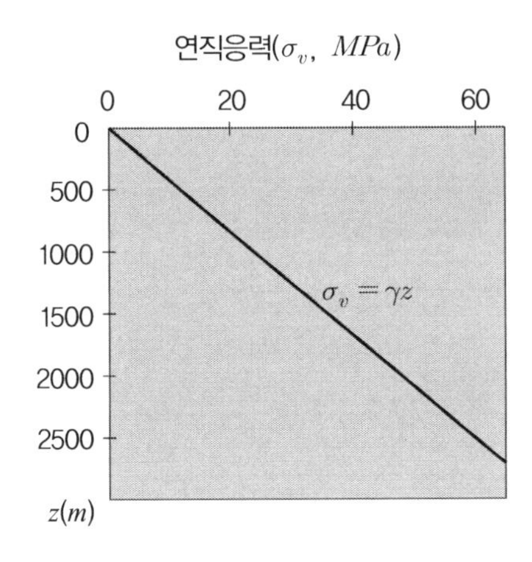

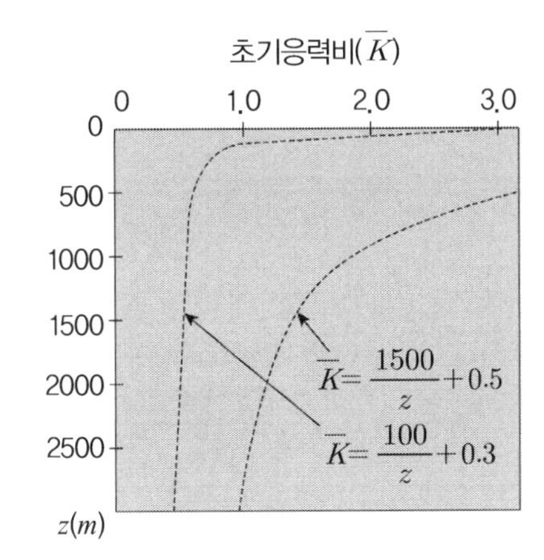

(2) 습곡지형

① 습곡축에 횡단하여 뚫는 경우

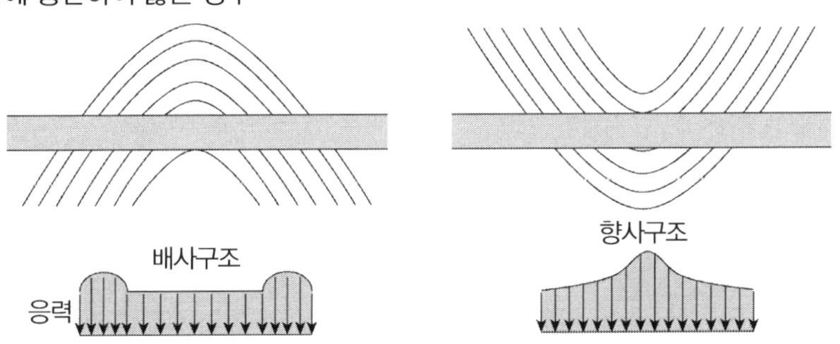

✓ 배사구조(터널 갱구부 쪽에 큰 지압 발생), 향사구조(터널 중앙부 쪽에 큰 지압 발생)

② 습곡축면에 평행하게 뚫는 경우

- A : 지압이 적고 배수 용이
- B : 편압이 크게 발생
- C : 터널측벽에 큰 지압 및 지하수 집중

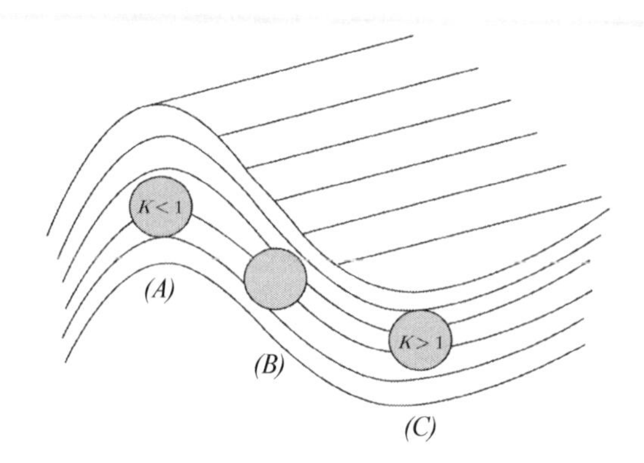

3. 2차 응력(유도응력)

(1) 기본개념

① 정 의

2차응력은 터널과 같이 지하공동을 암반 내에 인위적으로 굴착하면 공동주변의 응력이 집중되면서 새로운 평형상태를 이루려는 응력을 말한다.

② 해석 모델에 따라 탄성체, 탄소성, 점탄성체 등 여러 가지로 구분되나 가장 간단한 2차원 완전 탄성체로 본 경우의 원형공동 주위의 응력은 다음과 같다.

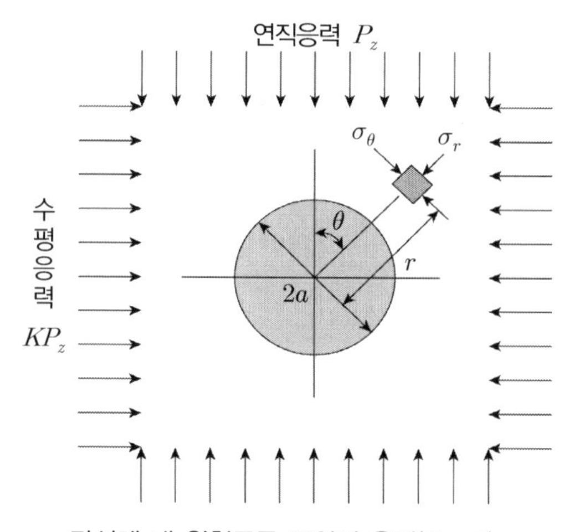

탄성체 내 원형공동 주위의 응력(*Kirsch*)

㉠ 반경방향 응력

$$\sigma_r = \frac{1}{2}P_z\left((1+K)\left(1-\frac{a^2}{r^2}\right)+(1-K)\left(1-4\frac{a^2}{r^2}+3\frac{a^4}{r^4}\right)\cos 2\theta\right)$$

㉡ 접선방향 응력

$$\sigma_\theta = \frac{1}{2}P_z\left((1+K)\left(1+\frac{a^2}{r^2}\right)+(1-K)\left(1+3\frac{a^4}{r^4}\right)\cos 2\theta\right)$$

(2) 공동경계에서의 응력(굴착면 주변응력)

① 2차원 완전탄성체로 보고 터널의 반지름이 a인 원형의 단일 공동을 굴착 시 굴착면 주변 임의점 (r, θ)에서의 2차응력의 크기는 다음과 같다.

㉠ 반경방향 응력

$$\sigma_r = \frac{1}{2}P_z\left((1+K)\left(1-\frac{a^2}{r^2}\right)+\left(1-4\frac{a^2}{r^2}+3\frac{a^4}{r^4}\right)\cos 2\theta\right)$$

㉡ 접선방향 응력

$$\sigma_\theta = \frac{1}{2}P_z\left((1+K)\left(1+\frac{a^2}{r^2}\right)+(1-K)\left(1+3\frac{a^4}{r^4}\right)\cos 2\theta\right)$$

② 위의 식에서 공동경계, 즉 $r=a$일 때 접선방향 응력은 다음과 같다.

$$\sigma_\theta = \sigma_v((1+K)-2(1-K)\cos 2\theta)$$

③ 공동위치별 접선방향 응력

㉠ 공동천단 및 바닥 : $\theta = 0°$ 및 $180°$ $\quad \sigma_\theta = \sigma_v(3K-1)$

㉡ 공동측벽 : $\theta = 90°$ 및 $270°$

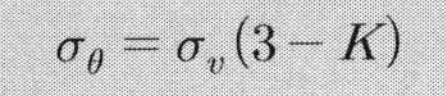

$\sigma_\theta = \sigma_v(3-K)$

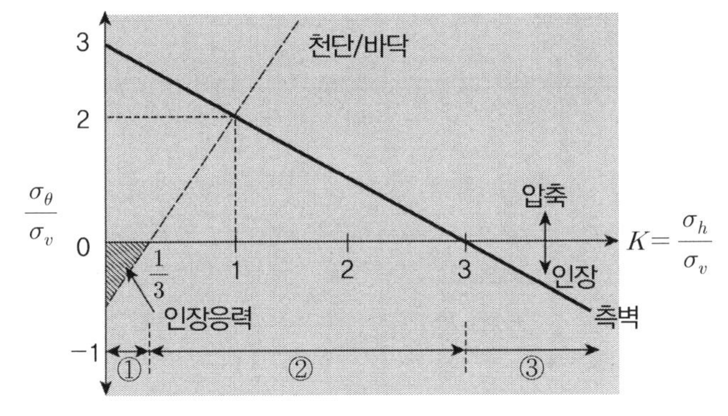

①		$K<1/3$
②		$1/3<K<3$
③		$K>3$

④ $K<\frac{1}{3}$

㉠ 측벽 : 압축응력 발생, 소성영역 발생

㉡ 천장, 바닥 : 인장응력 발생으로 주보강 대상

⑤ $\frac{1}{3}<K<3$

㉠ 측벽 : 압축응력 발생, 소성영역 최소 발생

㉡ 천장, 바닥 : 압축응력 발생, 소성영역 최소 발생

⑥ $K>3$

㉠ 측벽 : 인장응력 발생 가능, 주보강 대상

㉡ 천장, 바닥 : 압축응력 발생, 소성영역 발생

(3) 공동벽체 이격거리에 따른 응력거동

① 응력도에서 보는 것처럼 초기 지압비에 따라 반경방향으로의 거리 증가에 따라 접선응력은 감소하며 터널반경의 3배 거리에서 연직응력과 같은 크기가 된다.

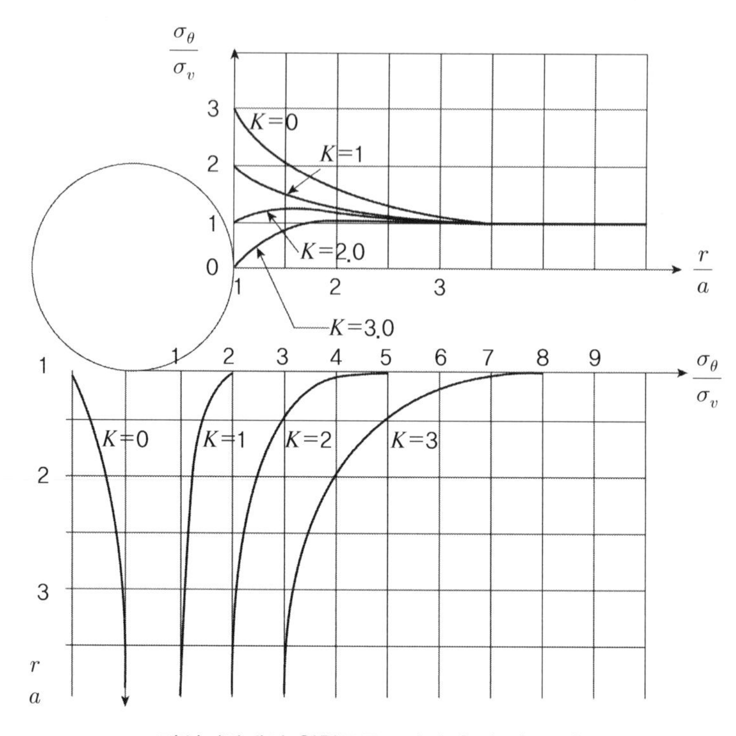

탄성지반에서 원형공동주변의 응력도(*Kirsh*)

② 터널해석영역(소성거동영역) 결정

구 분	상 부	측 면	저 면
소성거동	지표까지	굴착폭의 3배까지	굴착면의 2배 이상
탄성거동	이후 영역		

(4) 지보재 설치에 따른 응력－변위 거동

① 벽면 변위율 0%인 상태로 지보 설치

: 굴착 직후 반경방향응력과 동일한 강성의 지보재 필요(현실적으로 불가능)

② 벽면 변위율이 허용변위 이내에서의 적정 시간 내 지보설치

㉠의 경우 허용변위 이내이나 지보재의 강성이 지나치게 크므로 비경제적

㉡의 경우 허용변위 이내이면서 적정 강성의 지보재 설치로 경제적

㉢의 경우 허용변위 이내이나 지보재 설치 중 이완영역을 벗어날 수 있으므로 불안할 수 있음

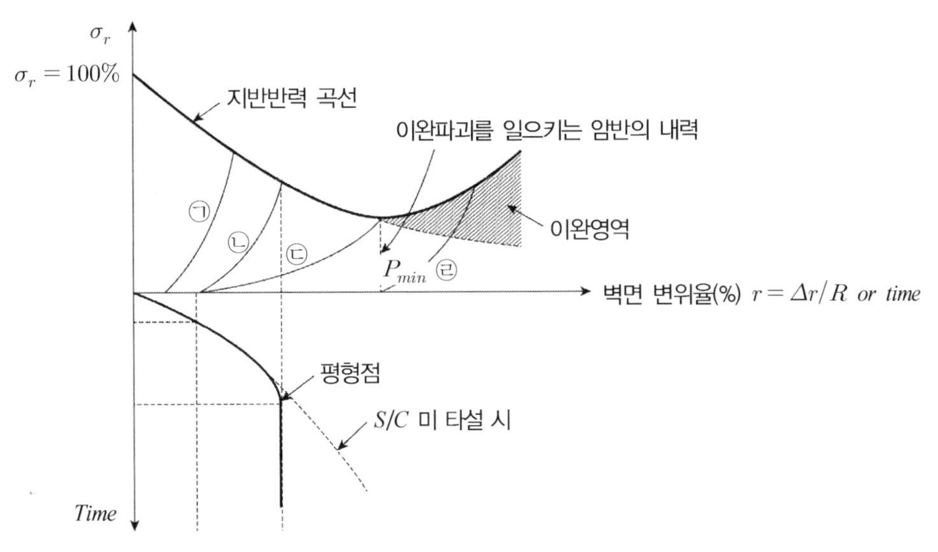

지반반력곡선(*Ground Reaction Curve*)

(5) *Arching* 거동

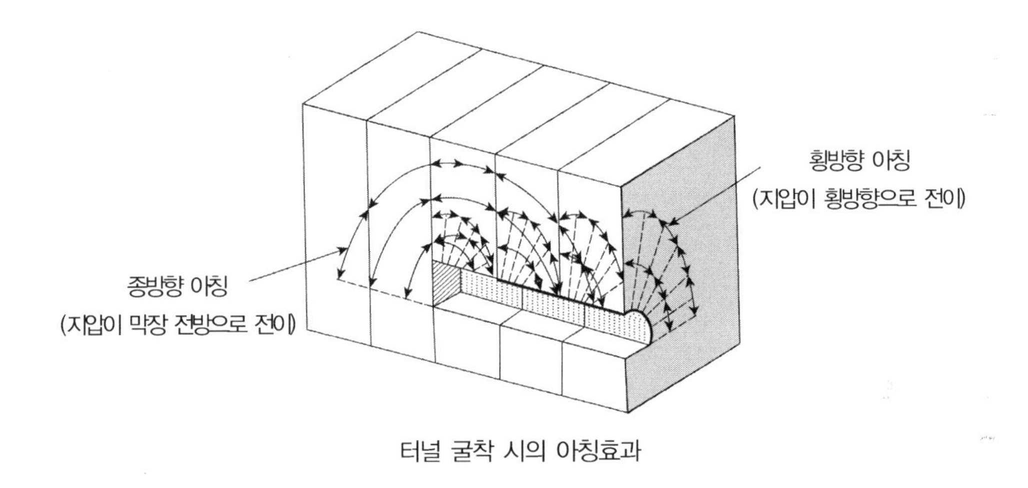

터널 굴착 시의 아칭효과

4. 평 가

(1) 암반의 초기 응력상태의 영향요소

① 지 형

② 심 도

③ 지각변동

④ 단위중량 등

(2) 2차 응력 영향요소

① 지반강도 ② 단면형상, 크기 ③ 초기지압비 ④ 필러(*Filler*) ⑤ 인접터널

(3) 초기 지압비 측정 방법

① 응력 해방법

② 수압파쇄법

③ 응력회복법

④ *AE*법

아칭현상의 정의와 종류

아칭현상(arching)은 지반 내에서 한 부분은 변위가 많이 발생되고 한 부분은 그렇지 않을 때 움직이는 쪽에서 보유하고 있던 압력을 움직이지 않는 쪽으로 전이시키는 현상이며, 아칭에는 convex arch(위로 볼록한 아치)와 inverted arch(아래로 볼록한 아치)현상이 있다.

- Convex arch : 예를 들어서 지중에 터널을 굴착하면 옆의 그림과 같이 터널 상부에서의 하중이 접선방향으로 돌아가는 아치이다. 당연히 아치의 모양은 위로 볼록한 형태이며, 접선방향의 응력이 최대 주응력이 될 것이다. 그림에서 제시된 아치는 convex arch이다.

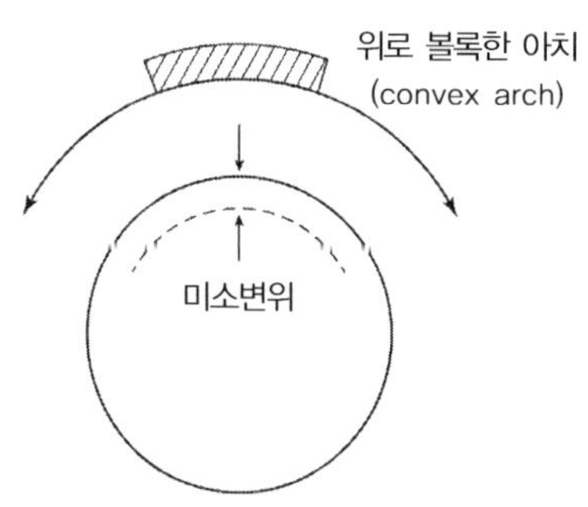

- Inverted arch : 옆의 그림과 같이 터널상부의 변위가 과다하면 터널 상부의 지반이 아래로 침하하게 되어 상대적으로 침하가 적은 지반에서 전단력으로 하중을 어느 정도 경감시켜주는 아치현상으로서 이 경우는 중심부가 더 많이 침하하므로 아래로 볼록한(inverted arch) 아치 모양이 될 것이다.

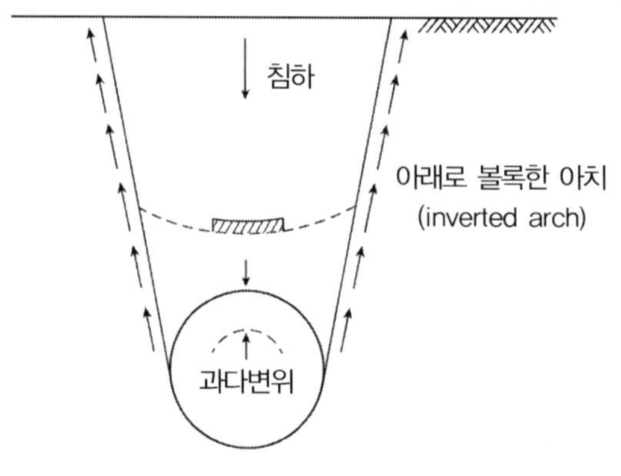

20 토사사면과 암반사면의 안정성 평가방법

1. 개 요

사면의 파괴는 중력에 의해 아래방향으로 향하는 힘에 의해 발생하며 토사사면의 경우는 지반의 강도정수에, 암반사면의 경우에는 불연속의 특성에 따라 원호파괴 외에도 평면파괴, 쐐기파괴, 전도파괴 등 거동을 달리한다.

2. 해석 모델 취급면

<table>
<tr><th>구 분</th><th>단 면</th></tr>
<tr><td>연속체</td><td> 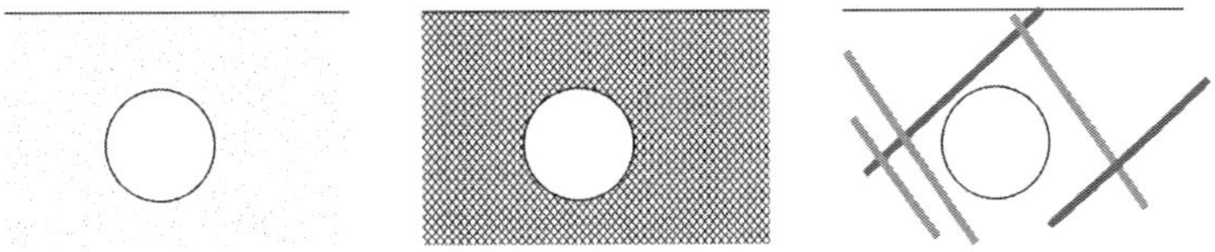토사 / 심한 파쇄층 / 불연속면 영향 없음
▲ 파쇄가 심한 암은 토사로 취급
▲ 불연속면 특성보다 입자 간 결합력에 영향이 큼</td></tr>
<tr><td>불연속체</td><td> 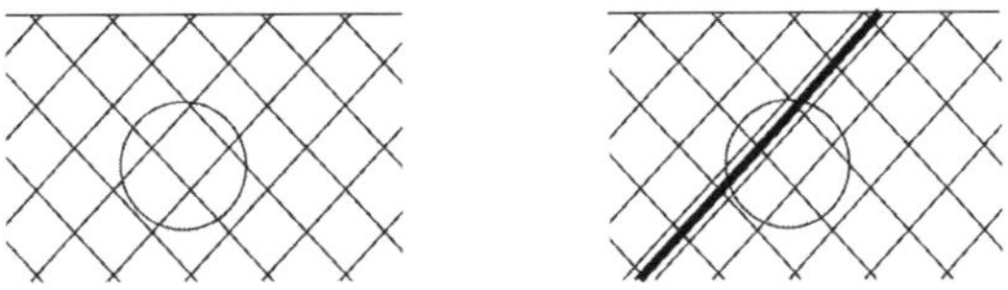절리 / 단층
▲ 불연속면의 특성에 따라 파괴형태가 달라짐</td></tr>
</table>

3. 사면안정해석 영향요인

<table>
<tr><th>토사사면</th><th>암반사면</th></tr>
<tr><td>(1) 사면의 기하학적 형상(높이, 경사)
(2) 지반의 강도정수(c. Φ)
(3) 지하수위</td><td>불연속면의 특성
(1) 충전물 (2) 불연속면의 종류수
(3) 암의 크기 (4) 주향, 경사
(5) 연속성 (6) 간격
(7) 틈새 (8) 투수성
(9) 면거칠기 (10) 면강도</td></tr>
</table>

4. 토사사면의 파괴형태

(1) 활 동

① 무한사면(*Land creep*)

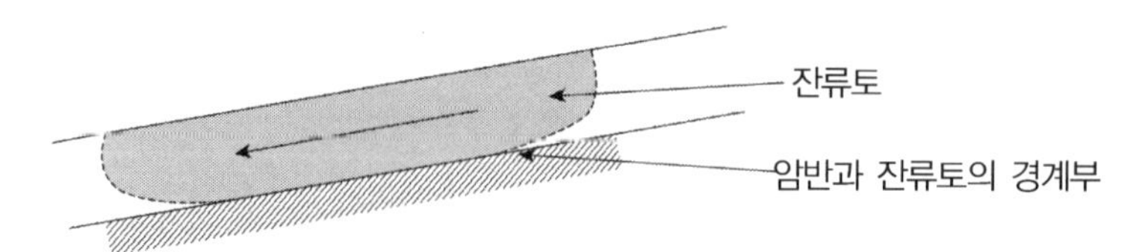

㉠ 사면길이가 활동면 깊이의 대략 10배 이상

㉡ 잔류토와 암반경계

㉢ 사질토 $\phi < i$ 인 조건(i : 사면경사각) $F_s = \dfrac{C' + \sigma' \tan\phi'}{\tau_{required}}$

② 유한사면 : 활동면의 깊이가 사면의 높이에 비해 비교적 큰 것(제방, 댐)

직선활동	원호활동	비원호활동	복합파괴활동

※ 원호활동의 파괴

사면 저부파괴	사면 선단파괴	사면내 파괴
사면경사 완만, 점성토에서 견고한 지층이 깊은 곳	사면경사가 급한 사질지반	사면 내 견고한 지층 존재

5. 암반사면 파괴형태

(1) 원형파괴

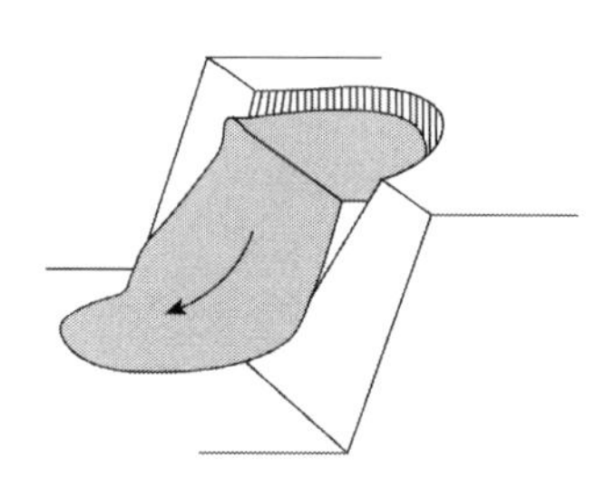

① 풍화가 심해 강도가 매우 약한 암반인 경우

② 불연속면이 불규칙적으로 매우 발달된 경우

③ 마찰원법이나 절편법에 의한 사면안정해석 시행

(2) 평면파괴

① 절취면과 불연속면의 경사방향이 같음

② 불연속면이 한방향으로 발달된 경우

③ 불연속면과 절취면의 주향차가 ±20° 이내인 경우

④ 절취경사 > 불연속면 경사 > 전단저항각

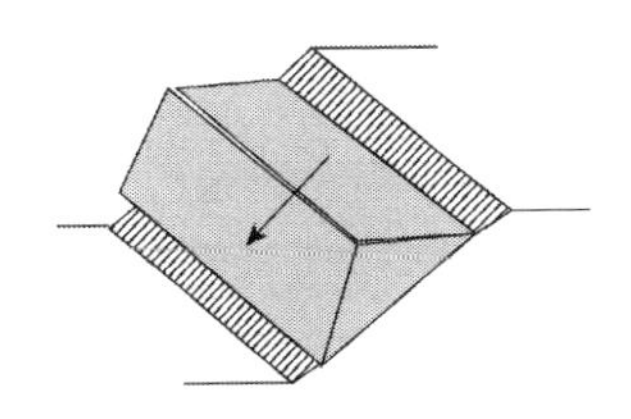

(3) 쐐기파괴

① 불연속면이 교차하여 발달된 경우

② 교선이 *daylight*할 때

③ 절취경사 > 교선경사 > 전단저항각

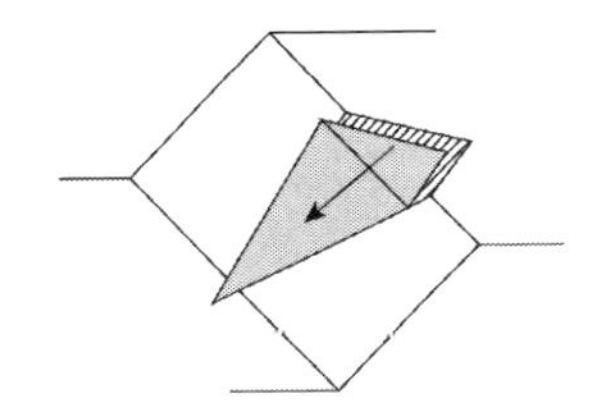

(4) 전도파괴

① 절취면 경사와 불연속면 경사방향이 반대

② 불연속면과 절취면의 주향차가 ±20° 이내인 경우

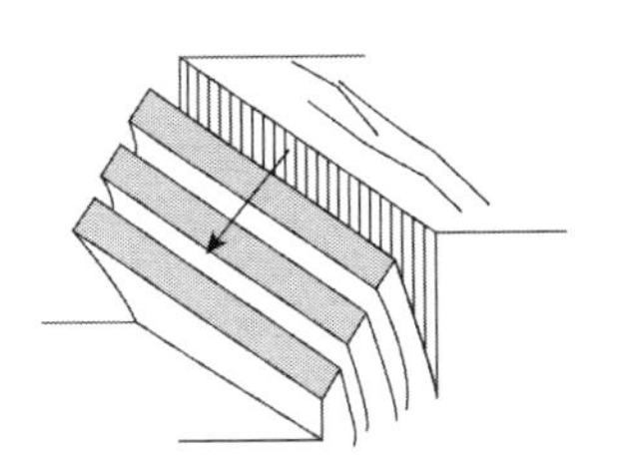

6. 사면붕괴 요인

(1) 토사사면

전단강도 감소	전단응력 증가
① 흡수에 의한 점토의 팽창 : ***Swelling, Slaking***	① 인위적인 절토, 유수에 의한 침식으로 인한 기하학적인 변화
② 수축, 팽창, 인장으로 인해 발생한 미소 균열	② 함수비 증가로 인한 단위중량의 증가
③ 취약부 지반의 변형에 의한 진행성 파괴	③ 인장균열 발생과 균열내 물의 유입으로 수압 증가
④ 간극수압의 증가	④ 지진, 폭파 등 진동
⑤ 동결 및 융해	
⑥ 흙 다짐 불량	
⑦ 느슨한 사질토의 진동에 의한 활동	
⑧ 점토의 결합력 상실=용탈	

(2) 암반사면

① 발파진동 : 진동 → 균열 확대 → 낙석 혹은 풍화 촉진 붕괴

② 응력해방 : *Swelling*

암반 제거 → 지중응력 해방 → 불연속면 *Open* → 물침투 → 수압 증가 → 안전율 저하

③ 풍화 : *Slaking*

④ 지하수 상승 : 유효응력 저하

⑤ 지진 : 암반에 관성력 추가

7. 사면안정 해석

구 분	사면안정 해석		
	한계평형 해석		기 타
	중량법 **(사면 내 흙 균질)**	절편법 **(사면 내 흙 불 균질)**	
토 사 사 면	• $\phi=0$ 해석 • 마찰원법 • *Coshin*법	• ***Fellenius*** 방법 • ***Bishop*** 방법 • ***Janbu*** 방법 • ***Morgenstern & price*** • ***spencer*** 방법	• 일반한계 평형법 • 수치해석
암 반 사 면	***예비평가** **• 평사투영해석** (3차원 → 2차원 평면 도시) – 절리면 주향, 경사 – 절취면 주향, 경사 – 절리면 전단강도 **• SMR 평가**	**• 한계 평형법** (평사투영결과 위험성이 판단되는 경우) – RocPlane – Slope/w – Soilworks	**• 수치해석** *FLAC*(연속체 해석) *UDEC*(불연속체 해석) *MIDAS*

21 평사투영법(Stereographic Projection Method)

1. 개 요

(1) 평사투영법은 암반사면 해석 시 암반 불연속면의 방향성과 절취면의 방향을 고려한 예비적 사면안정 해석방법이다.

(2) 현장 암반의 절취면의 주향과 경사의 3차원 형태를 2차원적인 평면상에 투영하여 붕괴 가능성을 판단한다.

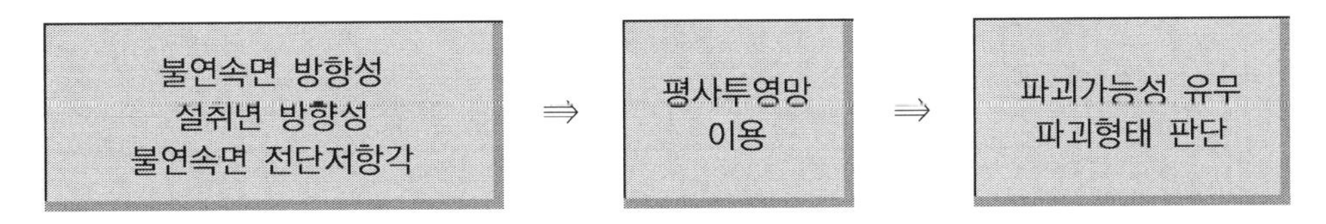

2. 평사투영의 기본적 구성요소

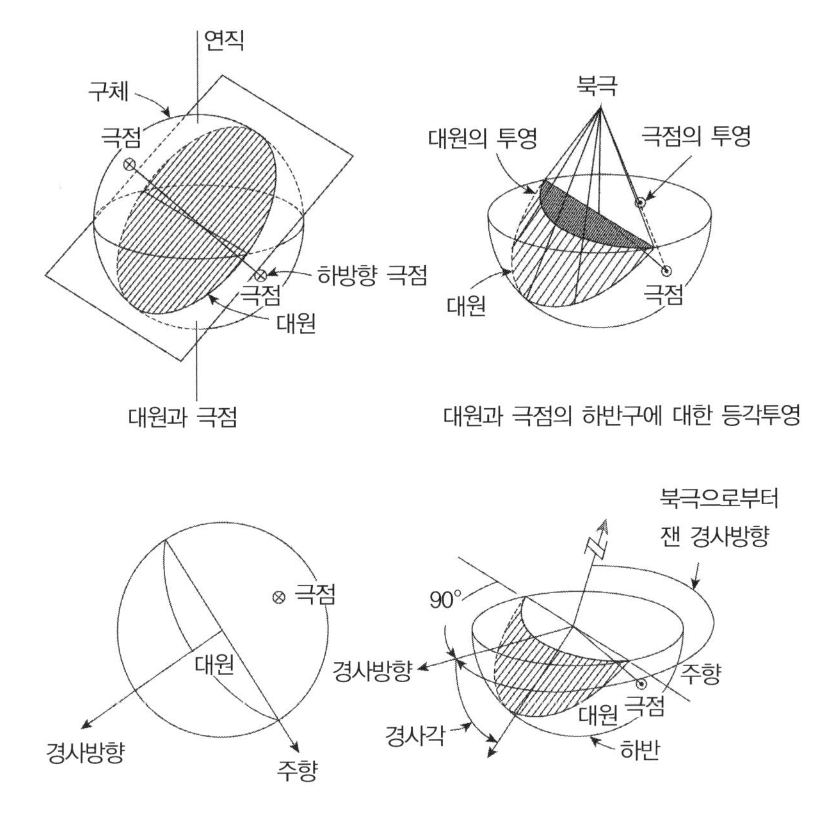

(1) 대 원

사면 또는 불연속면을 2차원 평면에 투영한 반원

(2) *Pole*(극점) : 대원의 수선에 직각인 수선이 하반구 구면체의 표면에 만난 점

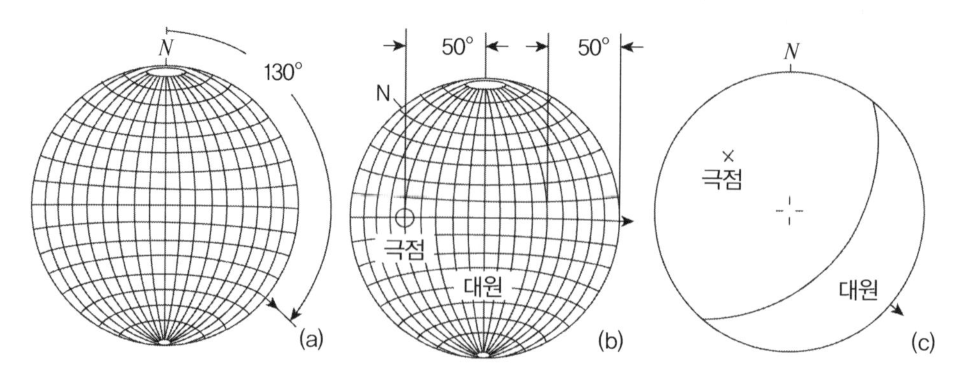

대원과 극점의 작도(경사 50°, 경사방향 130°)

(3) *Daylight Envelope*

사면, 절리면의 대원에 대한 *Pole*을 연속적으로 작도하면 타원으로 작도됨

① 절취사면의 대원을 그리고, 이 그림을 오른쪽으로 서서히 돌리면서 대원과 *EW*선이 만나는 점들에서 90°되는 점들을 찍어서 나중에 만나는 점을 연결시킨 타원형의 *Daylight Envelope*를 설정한다.

② 이 *Envelope* 안에 찍히는 점들의 의미는 단지 절취사면의 경사보다는 작은 경사면을 가지고 있으며, 절취면상에 나타난 절리들을 의미할 뿐이지 여기에서 그 절리들의 방향이 절취면의 방향과 20° 차이 범위에 있다는 개념은 없음에 특히 주의하여야 한다.

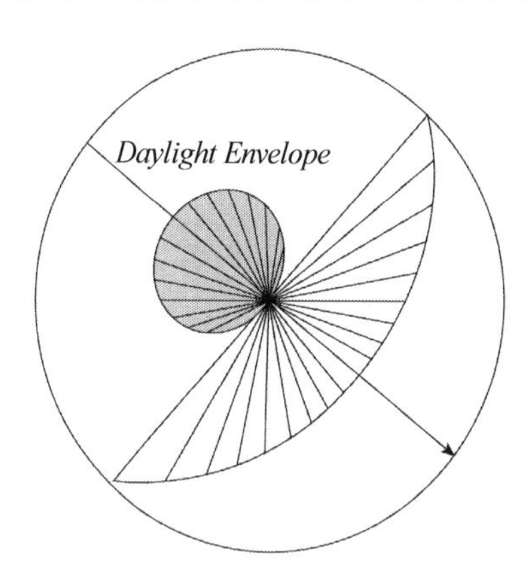

(4) *Friction Cone* : 불연속면의 내부마찰각을 반원으로 표시한 원

① *Friction Cone*의 기본개념은 사면에 대한 수직선이 암괴의 무게중심을 기준으로 설정된 *Friction Cone* 내에 들어올 경우에는 안정하고 *Friction Cone*의 바깥쪽에 있으면 불안정하다는 것이다.

② 따라서 사면의 절취방향과 경사각을 도시하는 극점이 *Friction Cone* 내에 들어오면 그 사면은 안정함을 의미한다.

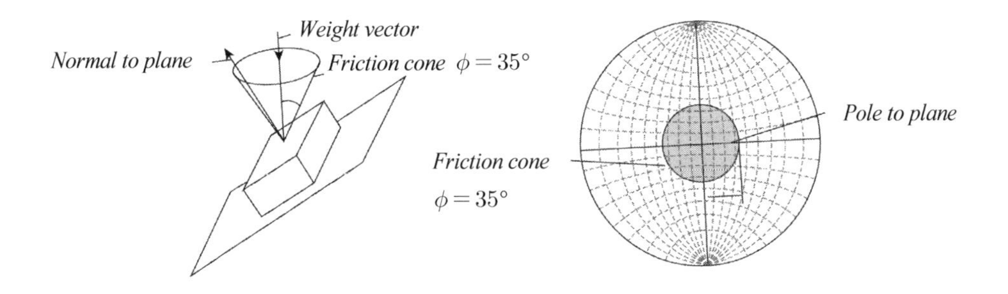

(5) *Toppling Envelope*

절리면의 극점이 내에 위치한다면 전도 가능성이 있다고 판단되는 영역이다.

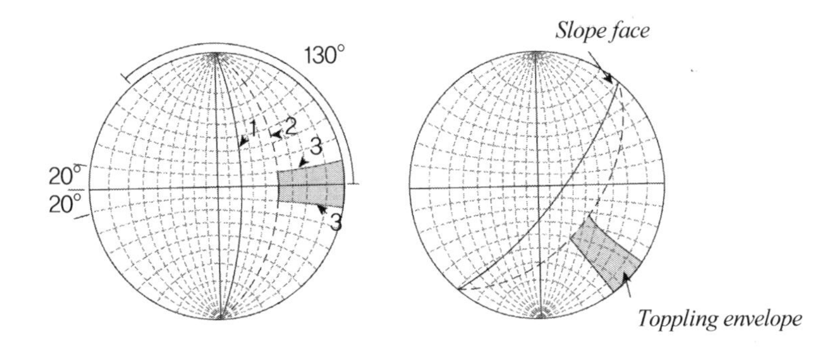

① 1단계 : 경사방향 130°, 경사각 70°인 사면을 나타내는 대원을 작도

② 2단계 : 생성된 대원에 마찰각 30°를 반영시킨 대원을 작도

③ 3단계 : 사면 경사방향의 양쪽 ± 20°를 나타내는 소원을 작도

④ 4단계 : 2, 3단계의 선과 평사투영원의 원주로 둘러싸인 부분이 *Toppling envelope*

3. 작도 순서

(1) 불연속면 조사(*Mapping*)

: *Clinocompass*, 공내 *Televiewer*, *BIPS*

(2) 불연속면의 *Pole*, 밀도분포도 작성

(3) 절취면의 대원작도

(4) 절취면의 대원에 대한 *daylight envelop* 작도

(5) *Friction Cone* 및 *Toppling envelope* 작도

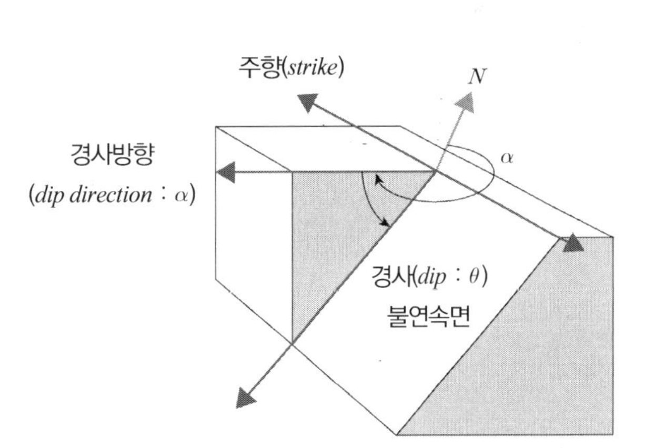

4. 평사투영 형태별 파괴형태

(1) 원형파괴 : 암반 비탈면에서 원호파괴는 절리면의 방향성이 매우 불규칙하고 극심한 파쇄대가 존재하는 경우에 주로 발생하는 파괴형태로, 평사 투영망상에는 극점의 분포가 전 범위에 걸쳐서 매우 많이 분포하는 양상을 나타낸다.

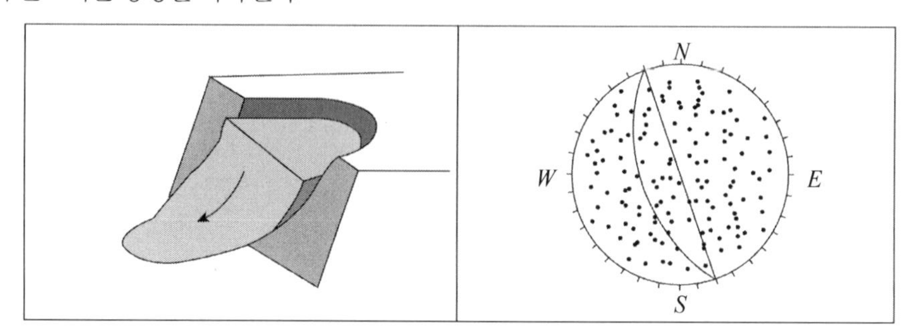

(2) 평면파괴 : 주로 절리가 한쪽방향으로 발달된 암반에서 발생한다.

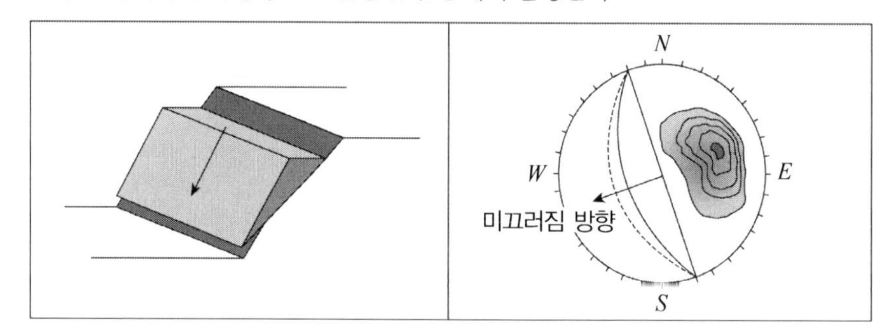

① 절리와 깎기면의 경사방향이 거의 같다.

② 절리와 깎기면의 주향이 비슷하다(± 20° 이내).

③ 깎기면의 경사 > 절리 면의 경사 > 절리면 마찰각

④ 붕괴되는 암괴의 양쪽 측면이 절단되어서 암괴가 무너지는 데 측면의 영향이 없어야 한다.

(3) 쐐기파괴 : 절리면이 2개의 방향으로 발달한 경우 발생

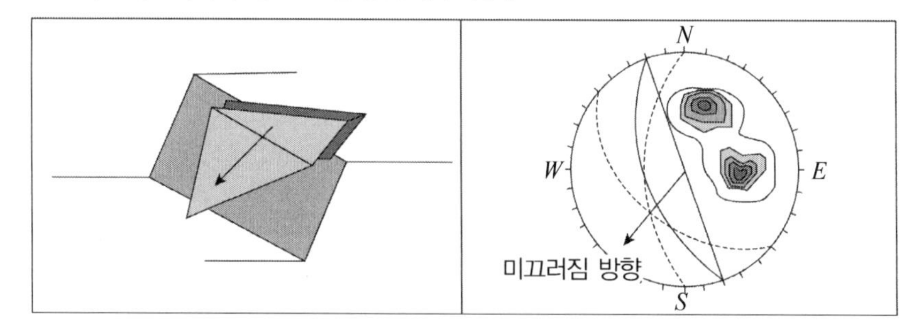

① 절리면의 교선과 깎기면의 방향이 같다.

② 깎기면의 경사 > 두 절리면 교선의 경사 > 절리면 마찰각

③ 평사투영의 양상은 깎기면 반대쪽에 두 군데의 극점 집중현상이 나타난다.

(4) 전도파괴 : 경사가 매우 큰 절리면에서 발생한다.

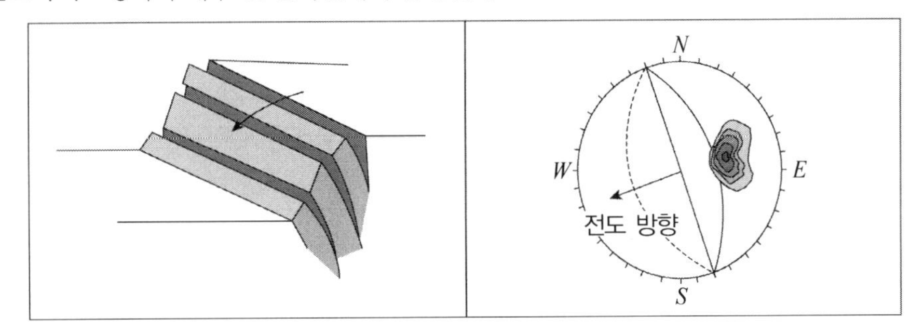

① 깎기면과 절리면의 경사방향이 달라야 한다.
② 깎기면과 절리면의 주향이 거의 같아야 한다(± 20° 이내).
③ (90° − 절리면 경사) + 절리면 마찰각 < 깎기면 경사

5. 해석 예

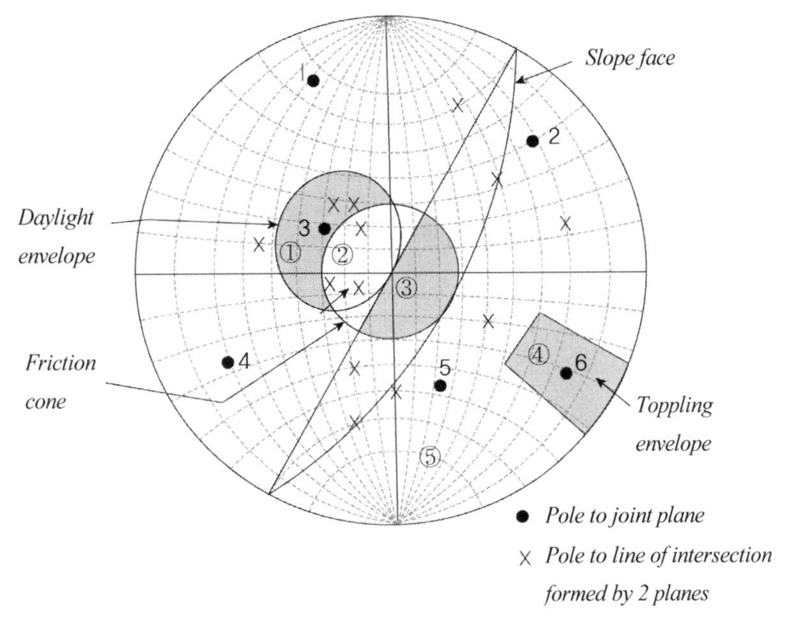

임의로 가정한 6개의 불연속면에 대한 안정성을 평가한 것이다. 여기서 •는 불연속면의 극점을, ×는 두 불연속면들의 교선에 대한 극점을 나타낸 것이다.

① 지역 : 불연속면의 경사각이 마찰각보다 큰 *daylight*로서 불안정한 지역
② 지역 : 불연속면의 경사각이 마찰각보다 작은 *daylight*로서 안정한 지역
③ 지역 : 불연속면의 경사각이 마찰각보다 작으며, *daylight* 아닌 안정한 지역
④ 지역 : 전도파괴의 가능성이 있는 불안정한 지역
⑤ 지역 : 불연속면의 경사각이 마찰각보다 크더라도 *daylight*나 *toppling envelope*가 아니므로 안정한 지역

6. 특징 및 유의사항

(1) 특 징

① 장 점

㉠ 2차원 형태로 취급되므로 손쉽게 사면안정 여부를 판정할 수 있다.

㉡ 기하학적 형태와 마찰각을 기준으로 판정하므로 사면의 파괴형태를 추정할 수 있다.

② 단 점

㉠ 사면의 안정성 판단에 중요한 평가요인인 암반의 단위중량, 점착력, 지하수위, 사면의 높이 등에 대한 고려가 없다.

㉡ 정성적 평가로서 사면안전율을 별도로 구하여야 한다.

(2) 유의사항

① 특정 불연속면에 대한 고려 필요(중요도 표시 미흡)

평사투영망에서는 불연속면의 발달방향만 일률적으로 각각 한 점을 표시하기 때문에 실제로 더 위험한 불연속면을 파악 할 수가 없다. 예를 들면, 연속성이 긴 불연속면은 연속성이 짧은 절리보다도 더 위험하고, 불연속면의 틈새에 충진물질이 두껍게 끼어 있거나, 지하수가 흐르면 더 위험하게 고려하여야 하나 이러한 중요도의 차이점을 고려하지 못하는 한계성이 있다.

② 위험지역 내의 극점표시 해석 시 주의

평면파괴와 전도파괴 위험지역에 극점들이 동시에 모두 찍힌 경우를 가정해볼 때는 절리방향성 이외의 그 밖의 요소에 의한 사면안정성 영향을 충분히 종합적으로 고려하여서 실제 현장에 맞는 올바른 사면안정성 판단을 하여야 한다. 예를 들면 암괴가 판상이면 실제로는 평면파괴가 우세하고 입상이면 전도파괴가 우세하다는 것을 나타내는 것으로 해석할 수 있도록, 극점 자체의 방향성만으로의 해석에 얽매이지 않아야 한다. 절리의 방향성에 의한 평사투영법은 암반사면 안정성을 개략적(정략적)으로, 신속히 판단하는 하나의 방법이지 완벽한 수단은 아니기 때문이다.

③ 현장상황에 따른 지역구분이 필요하다.

④ *Tilt* 시험, *Profile* 시험을 병행한다.

⑤ 불연속면의 연장성을 고려한다.

설계자가 현장의 지반상태에 대한 충분한 감각 없이 현장기술자가 측정한 절리의 방향자료만을 넘겨받아서 평사투영망에 컴퓨터 프로그램 등으로 단순히 극점으로 도식하여 안정성 분석을 수행하면 현장 상태를 오판하여서 불합리하거나 위험한 설계를 하기가 쉽다.

22 암반사면 평가 및 대책

1. 개 요

암반사면의 안정성을 파악하기 위해서 암반의 강도보다는 먼저 현장지질조사에서 얻은 불연속면의 주향과 경사(또는 경사방향)를 측정 및 분석하여 평사투영법(*Stereographic projection method*)에 의해 붕괴 가능 사면을 판단한 후 위험지역에 대해 불연속대 및 예상파괴 범위를 선정하여 한계평형해석법에 의한 붕괴 가능성 및 안전율을 구하는 방법으로 수행한다.

2. 암반사면 해석 절차

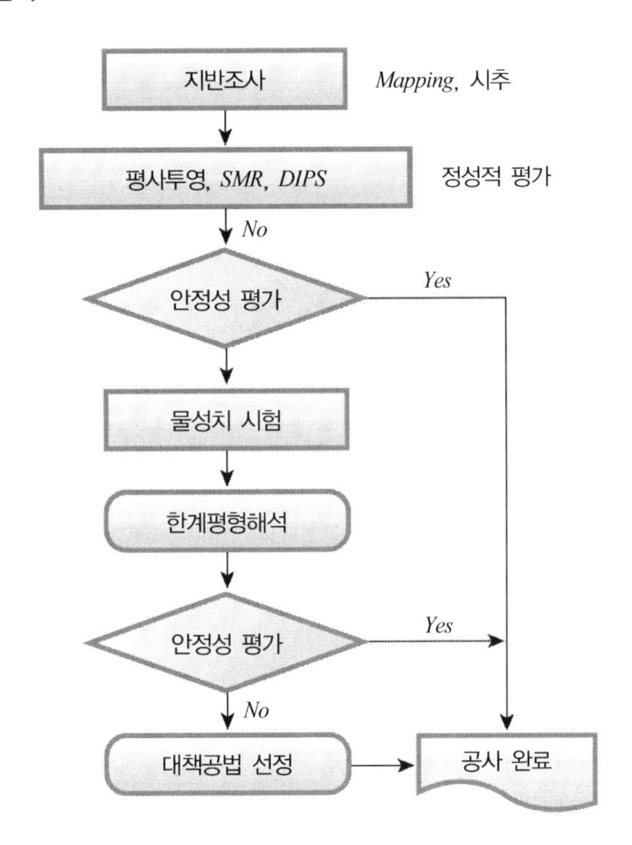

3. 정성적 평가(예비평가)

(1) 평사투영법

① 정 의

암반 절취면과 불연속면의 주향과 경사, 절리면의 전단저항각에 따라 암반의 안정성을 개략적으로 평가하는 방법

② 평가 절차

㉠ 불연속면의 조사 → 주향, 경사 : *Mapping(Clinocompass), BIPS, BHTV*

㉡ 대원작도 → 극점(*Pole*) : 절취면, 불연속면

㉢ *Daylight Envelope* → *Pole*의 집중도

㉣ *Friction Cone* : 암반 절리면 전단시험에서의 φ값

㉤ *Toplling Zone* 직도

㉥ 안정성 분석

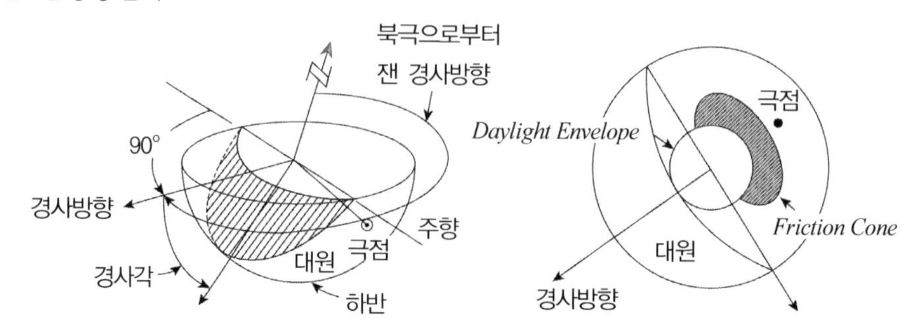

(2) *SMR* 방법

① 정 의

*Bieniawski*에 의한 *RMR* 분류를 기본으로 암반의 등급을 분류하고 등급별 파괴형태와 지보대책이 제시되어 있다.

② 암반등급 분류

$$SMR = RMR + (F_1 \times F_2 \times F_3) + F_4$$

여기서, F_1 : 암반사면과 불연속면의 경사방향차에 의한 함수

F_2 : 불연속면의 경사각에 대한 보정치

F_3 : 암반사면과 불연속면의 경사각차

F_4 : 굴착방법에 따른 보정치

③ *SMR* 분류결과에 따른 사면안정성(*Romana*, 1993)

분 류	*SMR*	암반상태	안정성	붕 괴	보 강
Ⅰ	81~100	매우 좋음	매우 안정	없 음	필요 없음
Ⅱ	61~80	좋 음	안 정	일부 블록	때때로 필요
Ⅲ	41~61	보 통	부분적 안정	일부 불연속면 많은 쐐기 파괴	체계적인 보강
Ⅳ	21~40	나 쁨	불안정	평면 또는 대규모 쐐기파괴	중요/보완
Ⅴ	0~20	매우 나쁨	매우 불안정	대규모 평면파괴 또는 토층과 유사한 파괴	재굴착

4. 정량적 평가

예비평가방법으로 평사투영해석과 SMR에 의한 암반사면 해석결과, 위험하다고 판단되는 경우, 한계평형해석에 의한 사면안정해석을 시행한다.

(1) 원호파괴 : 파쇄가 심한경우 토사취급

암반의 불연속면의 방향이 여러방향으로 발달되어 우세한 방향이 없거나 풍화가 심한 경우 토사로 취급

→ 토질역학적 접근방법으로 해석

$$F_s = \frac{C_u \cdot L_a \cdot r}{W \cdot a}$$

사면의 안전율은 활동에 저항하는 유효전단강도에 대한 파괴면을 따라 작용하는 전단응력의 비로 정의됨

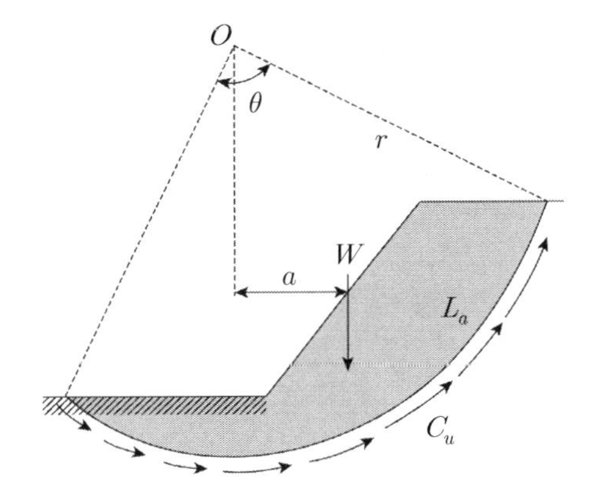

(2) 평면파괴

암반사면에서는 비교적 드물게 발생(점판암과 같이 규칙적인 절리구조에서 발생)

$$Fs = \frac{C' \cdot A + (W\cos\alpha - U - V \cdot \sin\alpha)\tan\Phi'}{W \cdot \sin\alpha + V \cdot \cos\alpha}$$

여기에서, A : 파괴면의 면적

H : 사면의 높이

z : 인장균열 깊이

W : 암괴의 중량

α : 파괴면의 경사각

U : 파괴면 양압력

V : 인장균열속의 수압에 의한 힘

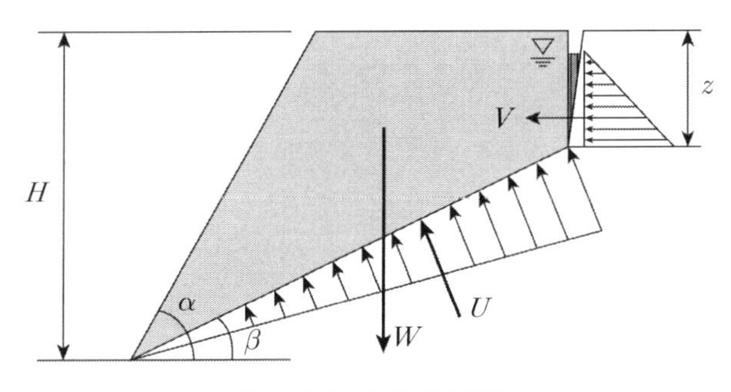

평면 파괴 시 힘의 평형

(3) 쐐기파괴

미끄러짐면이 단지 마찰에 의해서만 저항을 받고 두 면의 마찰각이 같다고 가정하면 안전율은 다음과 같다.

$$F_s = \frac{(R_a + R_b)\tan\phi}{W \cdot \sin\phi_i}$$

여기서, R_A, R_B : A, B면상의 수직반력 ϕ : 불연속면의 전단저항각

W : 쐐기를 이루는 암반의 중량 ϕ_i : 교선의 경사각

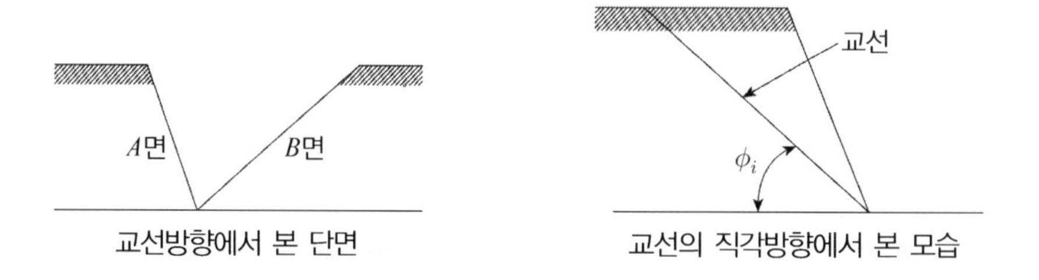

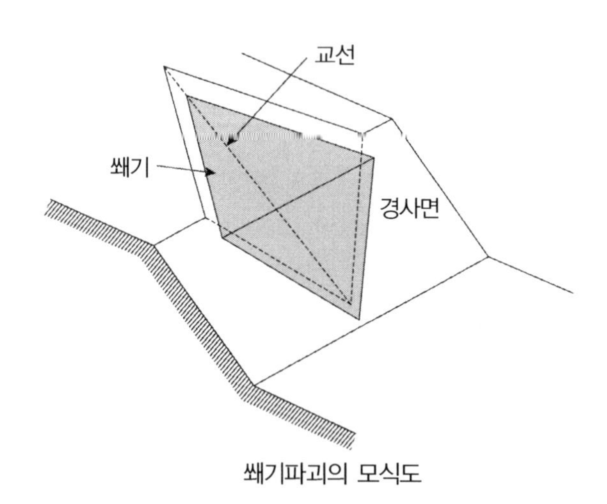

쐐기파괴의 모식도

(4) 전도파괴

전도파괴의 안전율은 암반층에 작용하고 있다고 생각되는 마찰각의 기울기($Tan\ \phi$)를 지지력 T가 주어질 경우 평형상태를 유지하는 데 필요한 마찰각의 기울기($Tan\ \phi_r$)로 나눈 값으로 정의된다.

$$F_s = \frac{tan\ \phi}{tan\ \phi_r}$$

5. 수치해석에 의한 방법

(1) 한계평형해석에서 구한 안전율은 사면의 안정성을 정량적으로 표현할 수 있다는 장점은 있으나

(2) 안전율 계산 시 암석의 인장강도와 탄성계수와 같은 중요한 역학적 변수가 고려되지 않는다는 결함이 있다.

(3) 또한 한계평형해석만으로는 사면 내부에서 발생할 수 있는 국부적인 파괴현상이나 사면의 변위거동을 파악할 수 가 없다.

(4) 따라서 이러한 한계평형해석의 단점을 보완하고 사면의 전반적인 역학적 거동을 파악하여 안정성을 최종적으로 확인하기 위해서는 수치해석이 필요하다.

6. 해석에 따른 대책

(1) 사면안정 공법의 구분

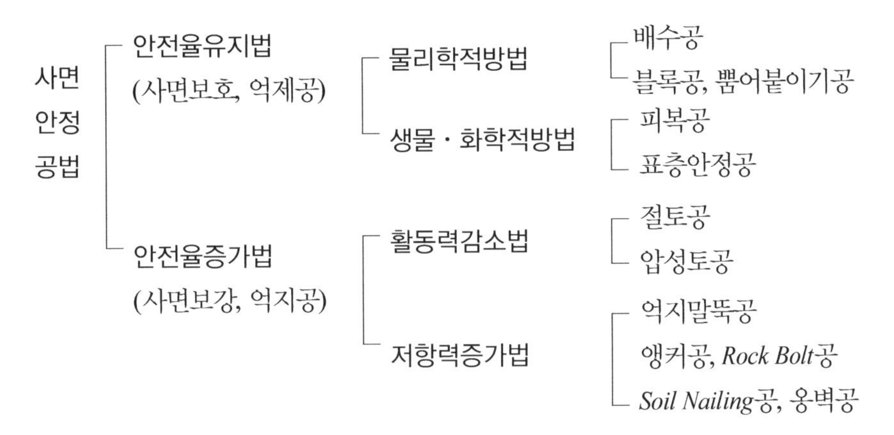

(2) 사면 배수처리

① 지표수 배제공

지표수를 콘크리트 *U*형 도랑(측구) 등의 배수시설로 유도함

② 침투 방지공

사면에 식생, *Shotcrete* 등을 시공하여 강우에 따른 침투를 방지

③ 지하수 배제공

㉠ 땅 속에 있는 용수, 지하수를 지표로 유도히여 배수시키고, 땅속의 간극수압 및 함수비를 낮추어 사면을 안정시킴

㉡ 사면에서 깊은 곳은 있는 지하수는 보링공에 의한 배수관으로 배수시키고 얕은 곳에 있는 용수, 지하수는 주로 암거공법을 적용

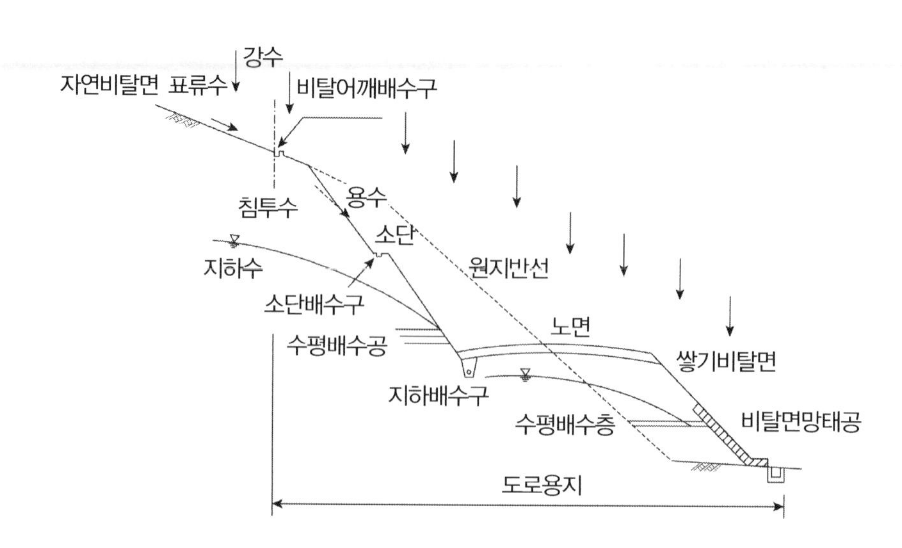

(3) 블록공

① 블록공

강우에 의한 침식이나 자연현상에 의한 붕락을 방지하기 위해 격자 모양의 틀을 이용하여 사면을 보호하는 공법이다.

㉠ 프리캐스트 블록공

높이 1.0*m* 정도의 콘크리트제, 철망제, 합성수지제 등의 부재를 공장생산하여 현장조립하여 설치한다.

일반적으로 1:1보다 완만한 비탈면의 토압을 받지 않는 토질에 사용되며, 틀 내부를 채우기 위해서는 객토나 식생, 혹은 블록이나 옥석 등을 깔아 침식을 방지한다.

㉡ 뿜어 붙이기 블록공

비탈면에 블록틀, 철근, 앵커핀을 설치하고 모르타르 또는 콘크리트를 뿜어서 블록과 지반을 일치시키는 구조로서 장대사면, 정형이 곤란한 요철이 있는 경사면, 절리나 균열이 있는 암반에 사용한다.

㉢ 현장치기 콘크리트 블록공

현장치기 콘크리트 블록공은 비탈면에 블록 모양대로 철근을 배치시킨 틀에 콘크리트를 타설하는 것이다.

뿜어붙이기 블록공과 마찬가지의 구조지만 현장치기 콘크리트는 뿜어붙이기 콘크리트보다도 강도가 높기 때문에 토압에 대한 억지력을 늘릴 수 있다. 장대사면 혹은 절리나 균열이 많은 암반에서 뿜어붙이기 블록공으로는 불충분한 경우 및 토질이 프리캐스트 블록공으로 불안할 경우에 사용된다.

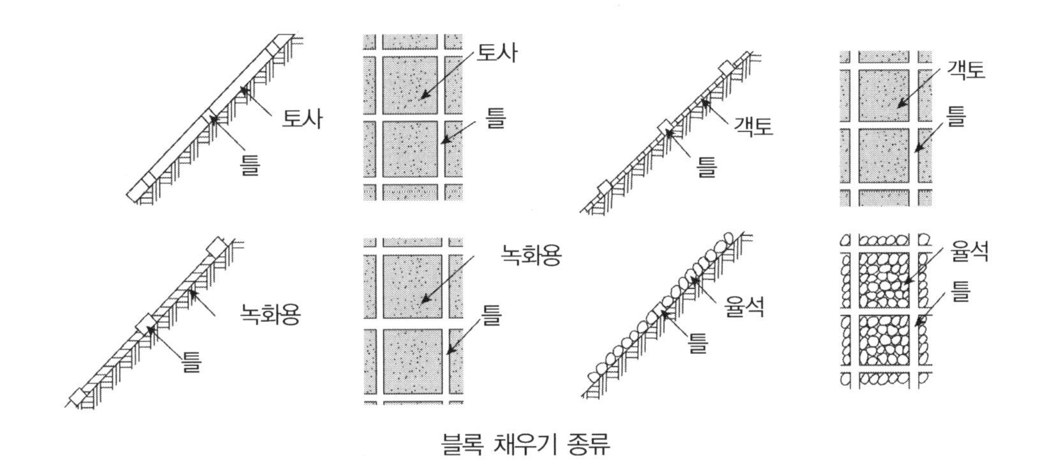

블록 채우기 종류

뿜어붙이기블록공 시공과정

현장치기 콘크리트 블록공

(4) 뿜어붙이기공

① 흙시멘트 뿜어붙이기공법

② 모르타르 뿜어붙이기공법

③ 콘크리트 뿜어붙이기공법

④ 섬유보강 뿜어붙이기공법

(5) 토사사면 식생공법

① 초류식재공법 : 줄떼, 평떼, 선떼, 새심기공법

② 종자뿜어붙이기공법

③ 그물망 · 카페트공법

④ *Net* · 종자분사파종공법

⑤ 론생공법

론생볏집, 론생백, 론생네트 방법이 있으며 자연재료인 볏짚 또는 자루에 식생 용지+종자 · 비료+식생용지를 결합시킨 재료를 지반에 설치하는 방법

⑥ 객토 *SPRAY* 공법

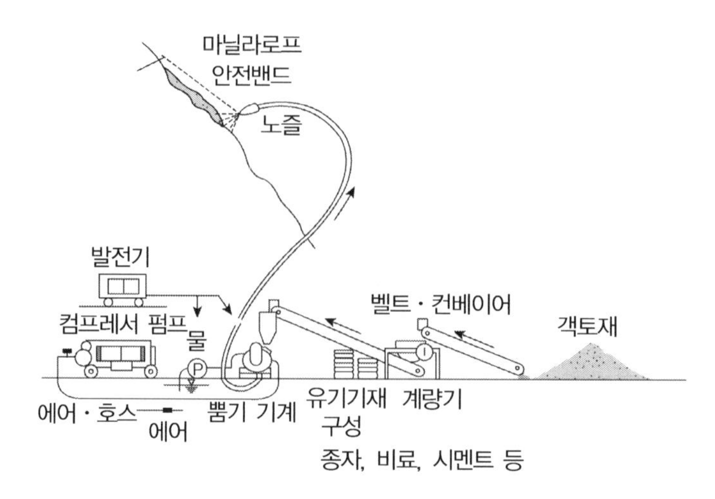

객토 뿜어붙이기공법의 기계 배치도

(6) 암 사면 식생공법

① 덩굴식물 식재공법

② 녹생토공법

경암, 연암, 풍화암, 건조척박지, 견고한 토사 사면에 적용가능한 공법이며 부착력, 응집력, 통기성이 강한 복합 유기질로 구성된 녹생토를 비탈면에 *PVC* 코팅망을 설치 후 현장환경 조건에 맞게 혼합 살포함으로써 법면 유실 및 표면 낙석방지를 겸한 식생기반을 조성하는 공법이다.

③ 자연표토복원공법

유기질과 점토를 함유한 자연의 표토와 매우 가까운 식양토를 이용하여 식물의 생육에 최적인 고단립구조를 형성시켜 적절한 녹화기반을 조성하는 공법으로 시공법은 녹생토공법과 유사하다.

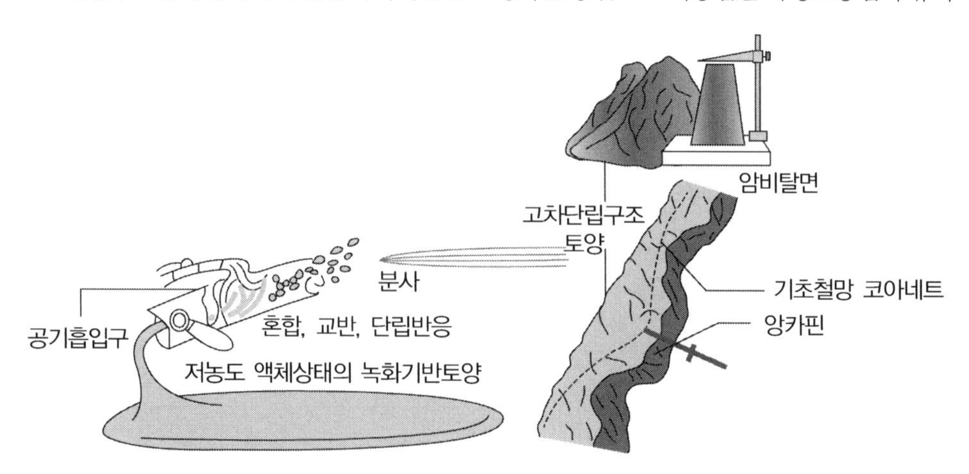

④ 텍솔녹화공법

텍솔녹화공법은 일반적인 녹화토와 폴리에스터 화학섬유를 동시에 취부하여 부착강도를 증가시킴으로써 식물의 생육 지지기반 확보 및 비탈면 보호를 더욱 효과적으로 할 수 있는 공법이다.

⑤ 원지반식생정착공법(*CODRA*공법)

인위적인 시설물이나 재료(망, 인공토양)의 도입을 억제하고 자연천이의 촉진을 통한 식생방법으로 발아와 초기 생장에 필요한 최소한의 생육보조재와 종자, 이의 접착을 위한 고분자 수지 등을 이용하는 공법이다. 취부두께가 2*cm* 이하로만 설계되므로 요철이 없는 취약 암반사면을 보호하는 기능은 다소 떨어지나 요철이 많은 발파암, 풍화암 이하의 경우는 녹화효과가 양호한 것으로 평가되고 있다.

⑥ *PEC* 공법

PEC(*Ploy Eco Control*) 공법은 천연소재인 바크퇴비와 접착제 등을 식생기반재로 사용하여 미생물의 증식을 촉진하여 식생정착에 최상의 조건을 만들어줌으로써 자연식생의 천이를 유도하여 비탈면을 녹화 및 복원하는 공법이다.

⑦ *NGR* 공법

NGR 공법(*Native Groundcovers Restoration*)은 자생식물을 이용하여 훼손된 환경을 단기간에 본래의 환경으로 복원하는 공법이며, 폐자재를 배제한 조성물 시공을 이용한 공법이다.

다양한 식생형태(*Seed*, *spring*, *plug*, *pot*, *mat*)를 이용하여 대상지에 첨단 식생조성기술을 활용하여 시공함으로써 식생의 조기정착기반을 확보하는 순수 국내 개발 녹화공법이다.

⑧ 법면녹화배토습식공법(*ASNA* 공법)

녹생토공법과 유사한 공법으로서 녹생토 대신 인공토양인 배토조성물을 사용하고 일반적으로 취부두께는 녹생토보다 적게하나 표피증발을 억제하는 표피코팅형으로 식생대의 습윤을 유지시킬 수 있는 공법이다.

⑨ 암반사면 부분녹화공법

인위적이거나 자연적으로 훼손된 암반사면에 식물이 생육할 수 있는 식재 가능지를 부분적으로 선택하여 배양토로 식재지를 뒷채움하고, 인위적으로 식재하는 공법이다.

시공 시 작업인부의 위험성이 따르고 부분적인 녹화공법이므로 많이 이용되지 않는 공법이다.

(7) 사면보강공법(안전율 증가법)

① 활동력감소법

㉠ 절토공

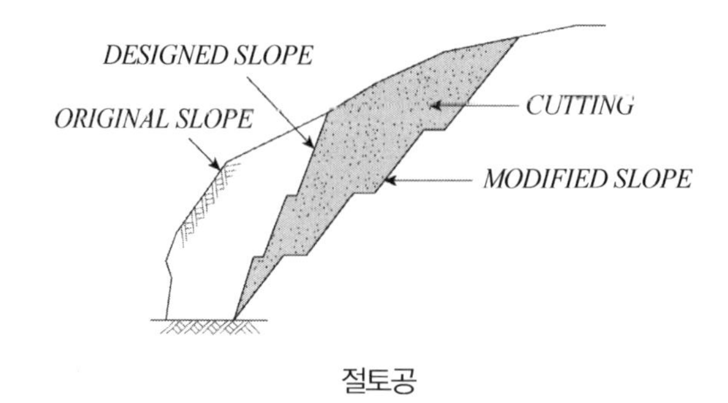

절토공

㉡ 압성토공

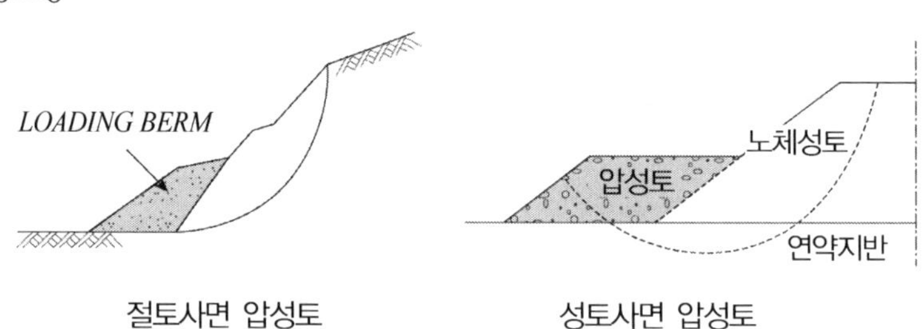

절토사면 압성토 성토사면 압성토

② 저항력증가법

㉠ 억지말뚝공

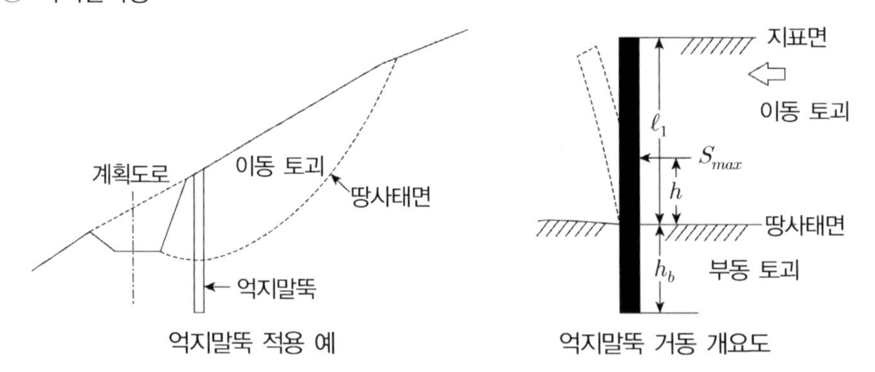

억지말뚝 적용 예 억지말뚝 거동 개요도

✓ 적용 시 유의사항

말뚝에 발생하는 휨모멘트, 전단력을 고려하여 말뚝의 단면, 종류, 간격 등을 결정하며 말뚝의 타설 위치는 지반 활동 시 압축상태에 놓이게 되는 비탈면의 말단부 근처가 유리하다.

㉡ 앵커공

고강도 강재(강연선, 강봉)를 이용하여 활동 토괴를 안전한 지반에 *Pre−Stress*를 가해 정착시키어 사면의 안전율을 증가시키는 공법으로서 앵커의 구성은 앵커두부, 자유길이부, 정착체부(앵커체)로 이루어져 있다.

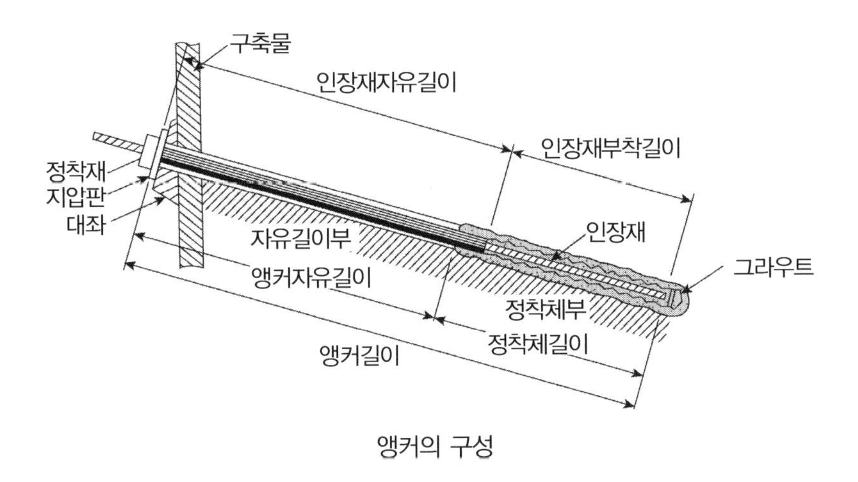

앵커의 구성

㉢ *Soil Nailing* 공

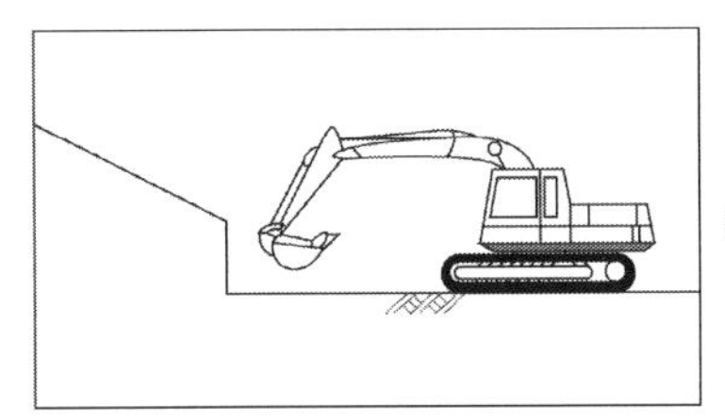

① 굴착

1.2～1.5m의 자립범위에서 굴착을 진행한다.

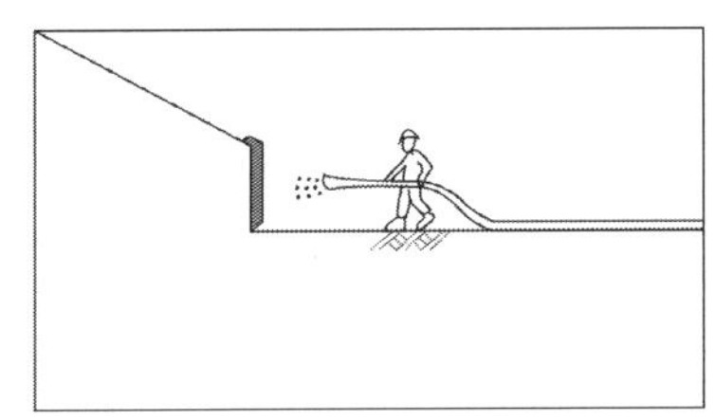

② 숏크리트

용접 철망을 설치하고 모르터 숏크리트를 한다.

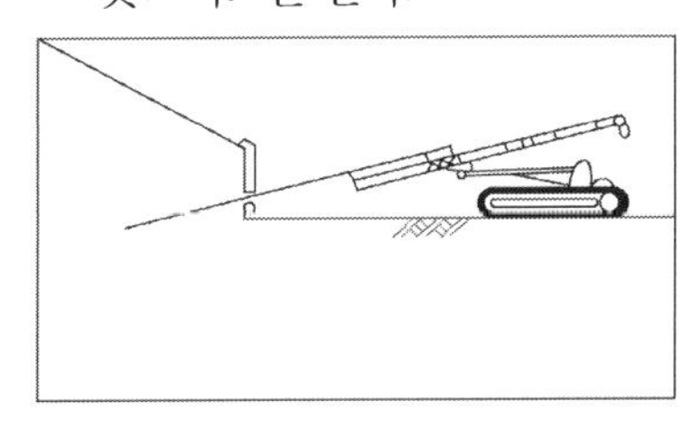

③ 착공

소정의 각도로 착공한다.

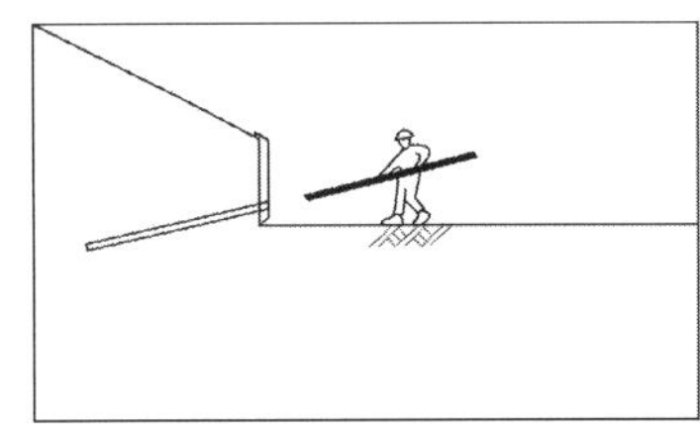

④ 네일 설치

네일을 삽입한 후 시멘트그라우트를 주입하고 양생 후 너트로 조인다.

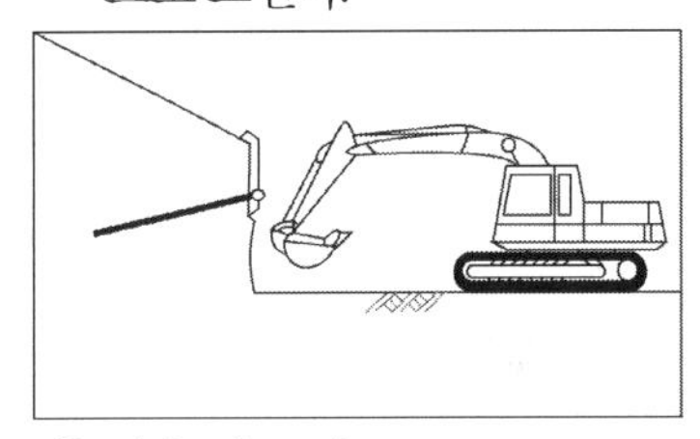

⑤ 다음 단 굴착

②～⑤를 반복 작업한다.

㉣ *Rock bolt*공

㉤ 옹벽공

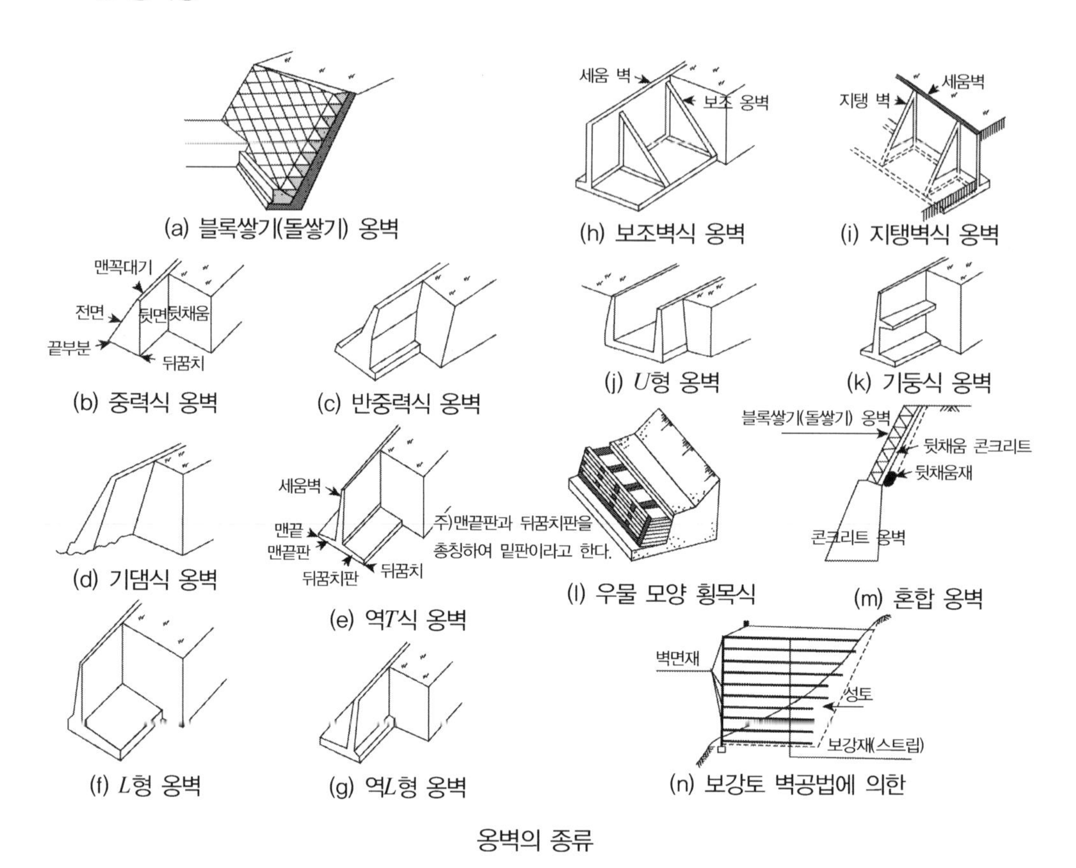

옹벽의 종류

근래에는 암반사면의 국부적인 붕괴부위를 보강하기 위해 계단식 옹벽이 많이 이용되고 있으며 계단식 옹벽의 경우 사면안전율 증가에 대한 효과가 적어 앵커공법 등을 병용하여 안전율을 증가시킨다.

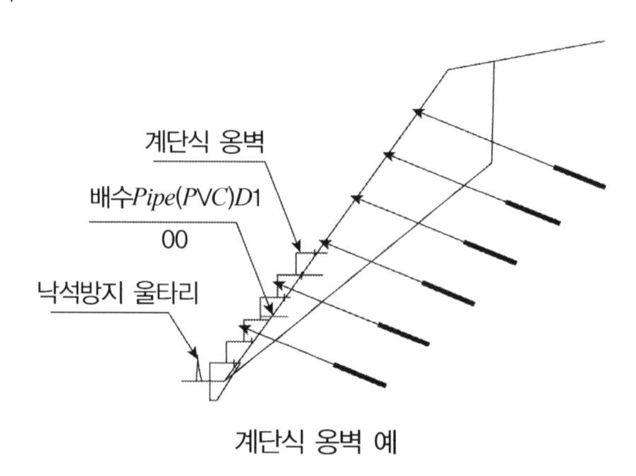

계단식 옹벽 예

패널식 보강토옹벽　　　　블록식 보강토옹벽

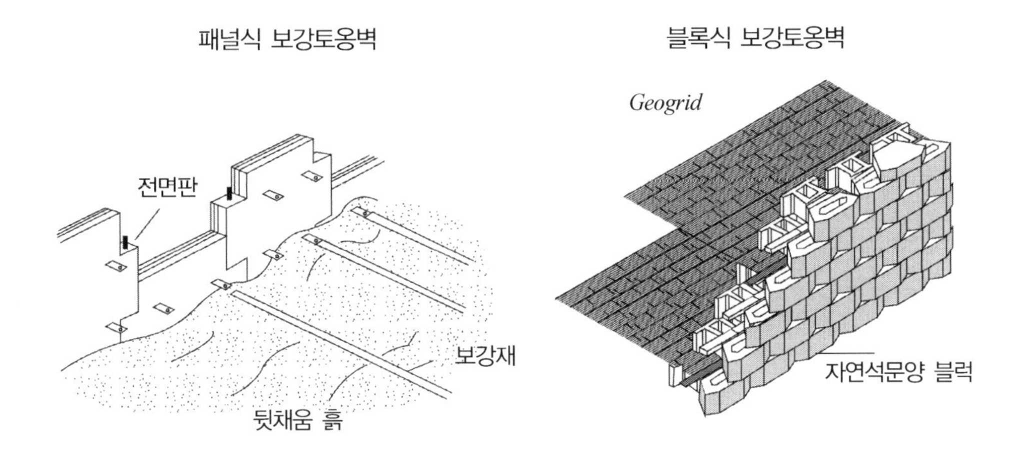

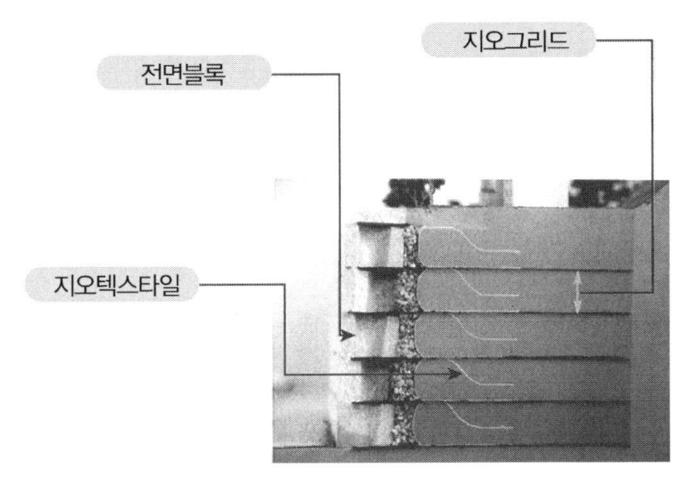

분리형 보강토옹벽

참고(낙석방지공법)

낙석방지시설은 사면 보호공의 일종으로 절토 사면으로부터 낙석, 토사붕괴 등으로 인한 도로 교통의 장애, 도로구조의 손상, 사면하부 주거지역의 피해 등을 예방하기 위하여 설치하는 구조물이다.
낙석방지시설의 종류는 낙석 발생이 예상되는 비탈면에 있는 뜬 돌과 전석을 제거하거나 고정시키는 예방공과 비탈면에서 떨어지거나 낙하하는 낙석을 도로를 따라 설치한 시설로 방호하는 방호공으로 구분할 수 있다.

1. 낙석방지망

사면에 강재 또는 합성섬유로 제작된 망을 설치하여 낙석 등이 주는 직접적인 피해를 막거나 경감시킬 목적으로 행하는 공법이다.

2. 포켓식 낙석방지망

상부에 낙석의 입구를 설치하여 망에 낙석이 충돌함에 따라 낙석이 갖는 에너지를 흡수하는 기능을 가진다.

3. 비포켓식 낙석방지망

원지반과의 결합력을 상실한 암석을 망의 장력 및 망과 비탈면의 마찰력으로 구속하는 기능을 가진다.

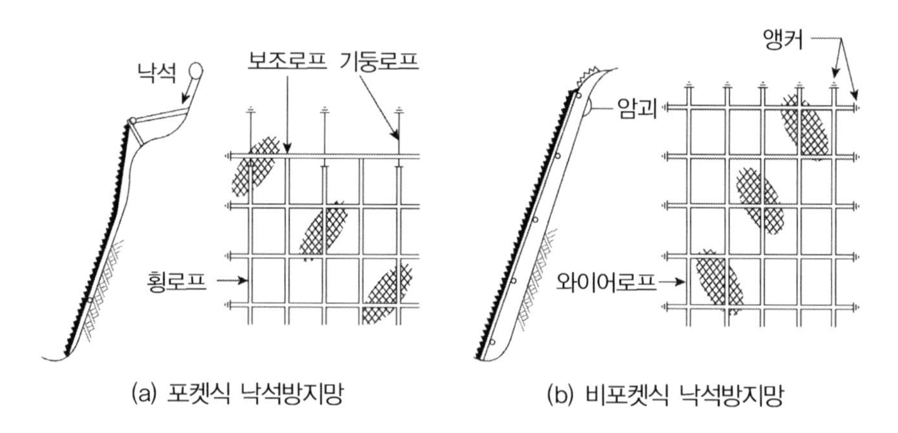

(a) 포켓식 낙석방지망 (b) 비포켓식 낙석방지망

4. 낙석방지 울타리

낙석이 비교적 적은 경우에 시행하는 공법으로 철주 사이를 앵커로 된 와이어로프, 철망 또는 강재 등으로 연결한 구조물이다.

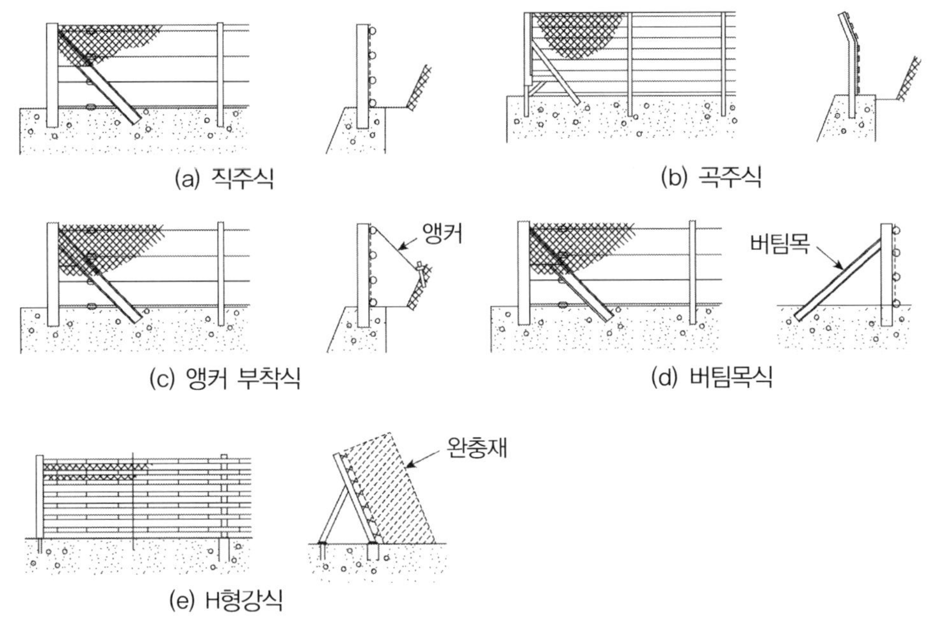

낙석방지 울타리 종류

5. 낙석방지벽

사면 하부에 설치하여 낙석을 방호하는 것으로 벽면 배후에 설치한 모래방석 등으로 낙석의 충격력을 분산 감소시켜 낙석을 방호하는 옹벽형 구조물이다.

6. 낙석복공

강재나 콘크리트 등으로 도로를 덮어 낙석이 노면으로 직접 낙하하는 것을 방지하는 공법이다.

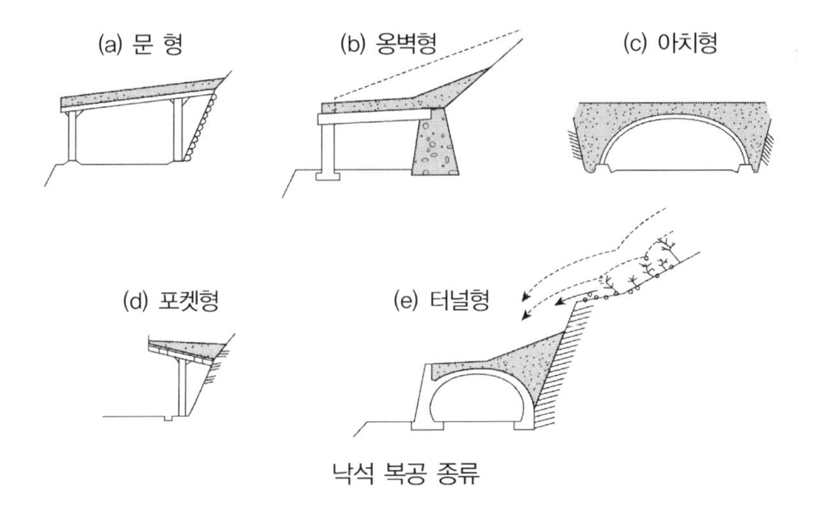

낙석 복공 종류

23 지반하중개념, 지반 – 구조물 상호작용개념 비교

1. 개념정리

(1) 지반하중 개념 : *ASSM* (*American Steel Support Method*)

토압론에 의거, 터널 굴착에 따른 이완압력의 전부를 지보재가 부담하는 개념으로 *Terzaghi*에 의해 발전, 지보재에 의한 전체하중 지지개념이다.

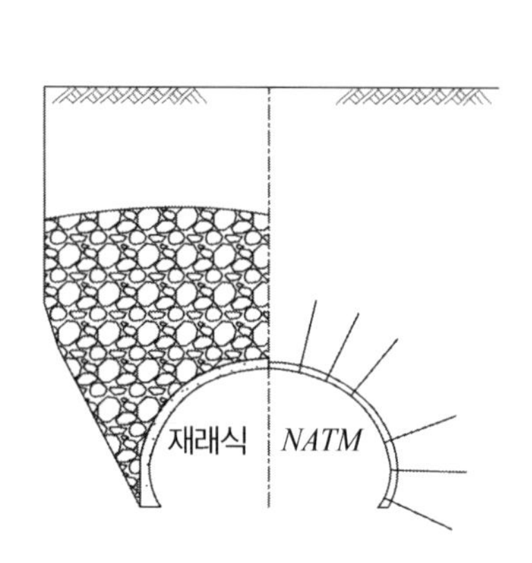

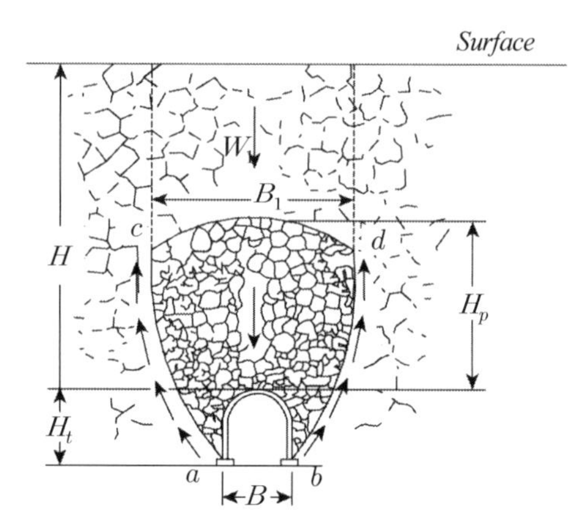

ASSM 시공법은 비교적 양호한 암반에 효율적이고 굴착공정이 단순하여 시공성이 우수한 공법이다. 다만 지반의 이완하중은 강재지보재와 콘크리트 라이닝으로 지지해야 하므로 강재지보재의 단면이 크고 무거워 취급이 어렵고 더불어 굴착단면이 커진다. 또한 타공법에 비하여 비교적 소구경 단면에 효율적인 공법이다. 여굴이 크게 발생되어 설계 시 계획한 단면을 유지하기가 어려우며 발파로 인한 각종 안전문제 및 민원발생 소지가 있다. 더불어 지보재의 규모가 커져서 인건비가 많이 들고 시공 중 계측을 하지 않으므로 지보의 과부족을 판단하기가 어려우며, 최종 지보인 콘크리트 라이닝의 두께를 두껍게 해야 하므로 타공법에 비하여 공사비가 증가한다.

(2) 지반 – 구조물 상호작용(*NATM*)

터널 굴착 후 *Arching* 효과에 따라 응력 재평형, 지반자체가 주지보재, 지보재는 보조역할

2. 비 교

구 분	지반하중 개념	지반 – 구조물 상호거동 개념(*NATM*)
개 념	굴착 후 이완된 지반 하중 보강재가 전부 부담 (터널 갱구부, 개착 터널 등에 이용)	변위에 따른 응력 재평형 고려
보조지보재	–	강지보, ***RockBolt***, ***Shotcrete***
지보재	강지보, ***Lining***	암반 자체

3. *NATM*

(1) 원 리

암반반응곡선(지반반응곡선)으로 나타내면 굴착 후 경과시간에 따라 변위로 인한 지보재의 응력은 다음과 같이 변화한다.

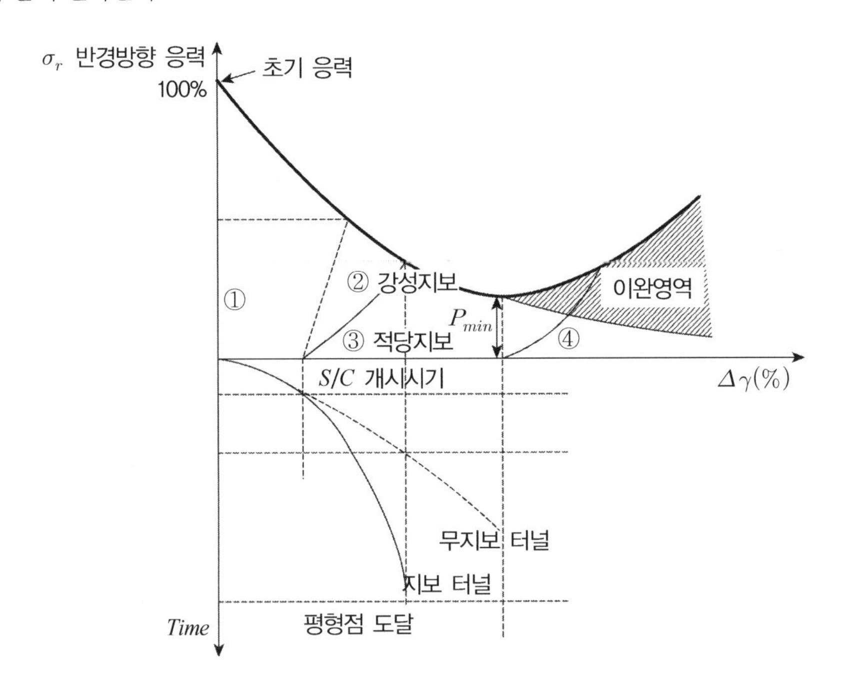

① 굴착과 동시 지보 : 변위 없음

② 강성지보 : 비경제적

③ 적당지보 : 경제적이고 안정함(가축성 지보)

④ 지보시기가 넘게 되면 변위가 무한히 발생 → 지보압 증가

(2) 장단점

장 점	단 점
① 굴착과 동시에 지보(대단면 적용 가능)	① 소단면에 비경제적
② 터널막장의 지질변화 대처 용이	② 발파로 인한 진동, 소음
③ 단면형상 자유로움	③ 여굴량이 많음
④ 암반이 주지보로서 지보재 물량 절감	④ 공정복잡(천공 → 장약 → 버력처리 등)

참고(터널 및 지하공간의 해석 및 설계법 분류)

해석법		설계법	
		이 론	경 험
지반하중개념(붕괴, 이완하중)			*Terzaghi*의 이완하중에 의한 설계법
평형이론에 근거한 터널해석	불연속면 역학 (지질구조지배)	① 평사투영법 ② 백터해법 ③ 블록이론	
	연속체 역학(응력지배) ① 탄성평형법 ② 탄소성평형 ③ 점탄성평형	*NATM* 지반반응곡선의 원리에 의한 지보재 설계	① *RMR*에 근거한 지보설계 ② *Q*분류에 의한 설계 ③ *NMT(Norweigan Method Of Tunneling)*

암반반응곡선의 문제점

1) 학자들에 의해 많이 연구되었으나 이론적으로 정의되지 못하고 있음
2) 이론에 의해 반응 곡선이 예측된다 해도 지역에 따라 시공절차, 방법이 다양하므로
3) 특정지보의 하중–변형 특성이 분명 하게 이해되기 힘듦
4) 반응곡선에 의한 실제 지보설계의 유용성이 희박함. 또한 정량적인 자료를 얻을 수 없고, 정성적인 판단임
5) 지보하중과 암반 반응거동에 대한 정량적 자료 취득 방법
   유일한 방법은 계측뿐임. 계측을 통해 시간대별로 터널면의 반경방향응력 및 반경방향 지중변위 측정하여, 지보하중확인, 터널 안정화 과정 확인

24 가축 지보재

1. 터널하중전이

(1) 굴착전 지반은 접선응력과 법선응력이 평형을 이룸. 굴착 후에는 응력의 평형관계가 불균형을 이뤄 응력의 재평형상태로 바뀜

(2) 굴착 후 변위를 허용하면 주변암반보다 작은 압력이 작용하고 상부응력은 주변 암반을 따라 다음 그림처럼 흐름

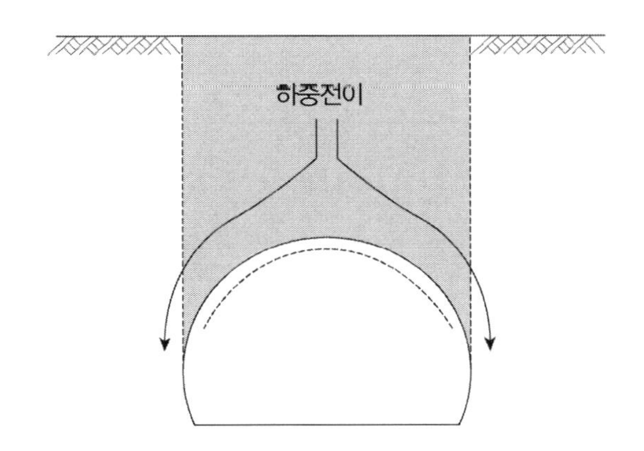

2. 가축지보재

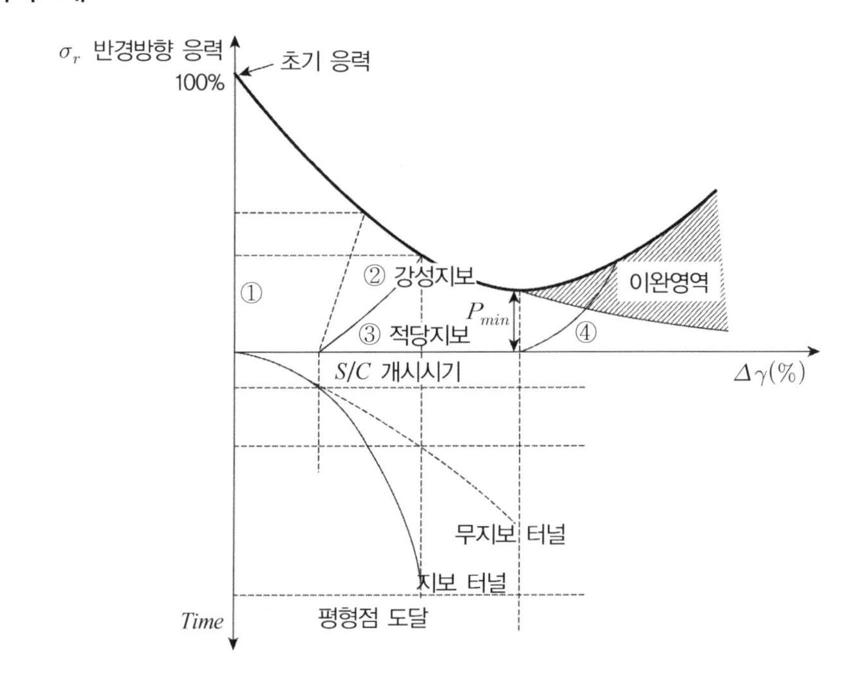

(1) 변위를 억제하면 큰 강성의 지보재가 필요하며 비경제적 설계 및 시공이 된다.

(2) 너무 약한 지보재를 설치하며 변위가 허용되어 지보압이 증가한다.

(3) 즉, 변위를 구속하는 고강성 지보재 개념이 아닌 변위를 허용하는 지보재와 원지반의 강도를 이용한다.

3. 가축지보재의 적용

(1) 지보재는 가급적 빠른 시기에 설치하여, 초기 암반변형이 터널 주위에 아치(Arch) 변형과 전단응력을 형성시켜, 암반 자체가 지보능력을 갖게 함과 동시 지보재도 지보하중(반경방향 하중)을 발생시키는 것이 좋다. 암반 상태가 나쁠수록 지보재를 일찍 설치한다.

(2) 능동적 지보가 수동적 지보보다 효과적

① 능동적 지보 : 암반 자체의 지보능력을 이용, 작은 지보재 소요, 신속히 설치

② 수동적 지보 : 이완된 암반의 전체 하중을 지지해야 함

4. 강지보재의 종류

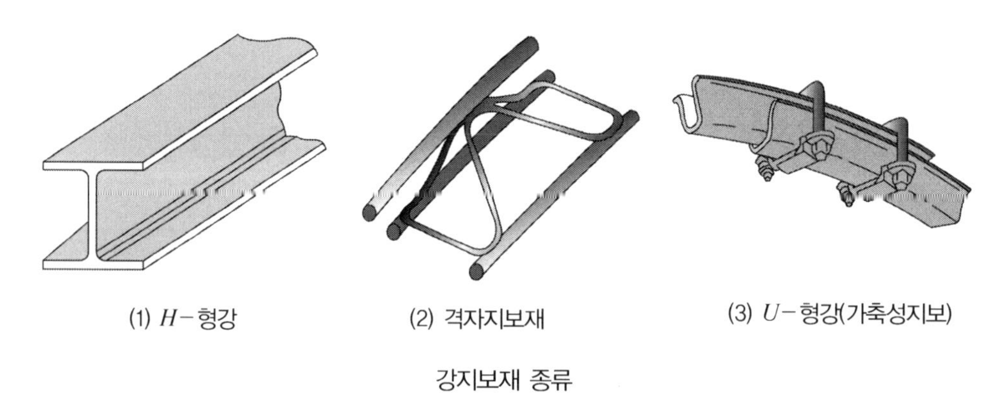

(1) $H-$형강 (2) 격자지보재 (3) $U-$형강(가축성지보)

강지보재 종류

5. 평 가

적정변위 허용이 가축지보재의 원리이다.

25 격자 지보재(Lattice Girder)

1. 정 의

기존 강지보의 시공성, 작업공기, *Shotcrete(S/C)* 뒷채움 등의 문제점을 개선한 보조 지보재이다.

2. *H*강 지보재의 문제점

(1) 무게 : 상대적으로 무거워 작업성 불리

(2) 공기 : 초기 안정을 위한 신속한 설치에 문제

(3) 배면공극 : *H*형강 배면에 *S/C* 타설 곤란 및 배면에 공극 발생

(4) 대단면 터널 : 자립 곤란

3. 형태와 특징

(1) 형 태

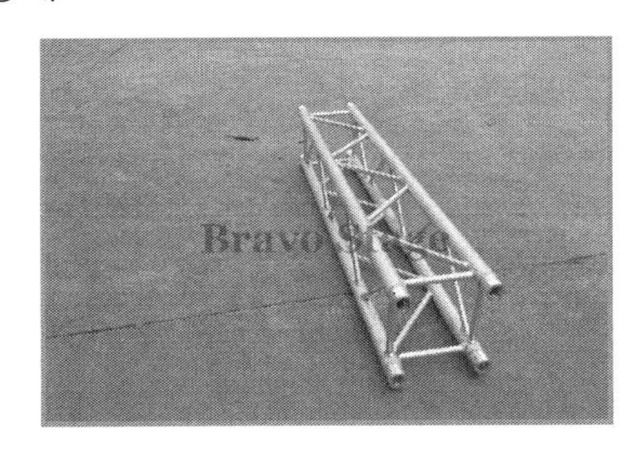

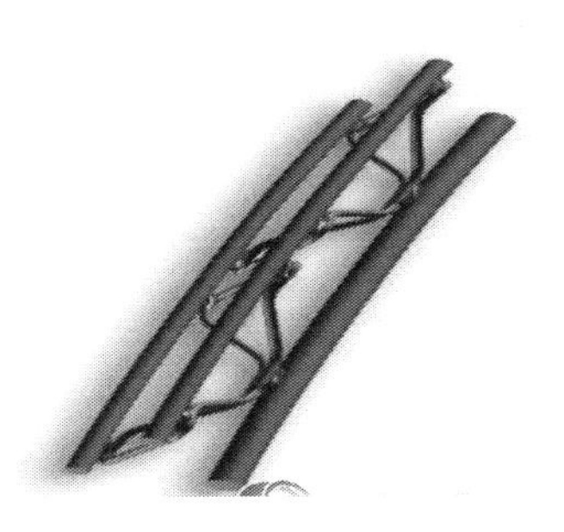

(2) 특 징

장 점	단 점
① 초기 안정 확보 ② 배면공극 배제 ③ 무게가 가벼워 시공성 우수	① 용접 이음 → 시공성 결여 *GAS* 발생지역 폭발 위험 ② 특수도금처리한 강재 : 보관에 불리

4. 구조적 특징

(1) 강성 : *H*형강과 비슷

(2) 시공성

① 무게가 가벼워 시공성 유리

② 초기 안정 조기 확보

③ *Shotcrete Rebound* 적음

26 터널 구조해석(수치해석 등)

1. 개 요

터널 해석의 목적은 터널 건설에 따른 주변 지반의 거동과 주변시설물에 미치는 영향 및 지보재의 안정성을 사전에 검토하는 데 있다. 특히, 해석결과의 분석과 적용에 있어서는 실제의 시공실적 및 경험 등이 반영되어 단순히 해석결과에만 의존하는 설계가 되지 않도록 주의하여야 한다.
정역학적 평형조건상 지반굴착 시 단계별 거동을 파악하기 위해서는 구조해석의 기법이 동원되어야 하며 다음과 같은 거동분석결과가 산출된다.

(1) 지반 내 응력(접선, 법선)
(2) 변위검토
(3) 주변지반 영향
(4) 지보재 선정
(5) 터널 단면의 형상, 터널의 배치

2. 해석법 분류

(1) 이론적 해석

<table>
<tr><th colspan="2" rowspan="2">해석법</th><th colspan="2">설계법</th></tr>
<tr><th>이 론</th><th>경 험</th></tr>
<tr><td colspan="2">지반하중개념(붕괴, 이완하중)</td><td></td><td>Terzaghi의 이완하중에 의한 설계법</td></tr>
<tr><td rowspan="2">평형이론에
근거한
터널해석</td><td>불연속면 역학
(지질구조지배)</td><td>① 평사투영법
② 백터해법
③ 블록이론</td><td></td></tr>
<tr><td>연속체 역학
(응력지배)
① 탄성평형법
② 탄소성평형
③ 점탄성평형</td><td>NATM
지반반응곡선의 원리에 의한 지보재 설계
① Ground Reaction Curve
② Support Characteristic Curve
③ Piller Reaction Curve</td><td>① RMR에 근거한 지보설계
② Q분류에 의한 설계
③ NMT(Norweigan Method Of Tunneling)</td></tr>
</table>

(2) 수치해석

① 연속체 해석(*FLAC*) : 유한차분법(*FDM*), 유한요소법(*FEM*), 경계요소법(*BEM*)

② 불연속체 해석(*UDEC*) : 개별요소법(*DEM*)

③ 혼합 모델

: 유한요소법(*FEM*) + 경계요소법(*BEM*), 유한요소법(*FEM*) + 개별요소법(*DEM*)

3. 수치해석 절차

(1) 조사(시추조사, 수압파쇄, 초기지압비) → 시험(일축, 삼축, 절리면 전단, *Over Coring*) → *Data* 입력 (γ, E, C, Φ, K_o, 주향, 경사 등) → 해석방법결정(연속체, 불연속체) → 해석조건(해석범위, 경계조건, 하중분담률) → 해석수행 → 결과 정리

(2) 터널 굴착에 대한 해석은 일반적으로 그림과 같이 사전조사, 모델링, 계산, 결과 출력 및 종합적인 평가의 순서로 이루어진다.

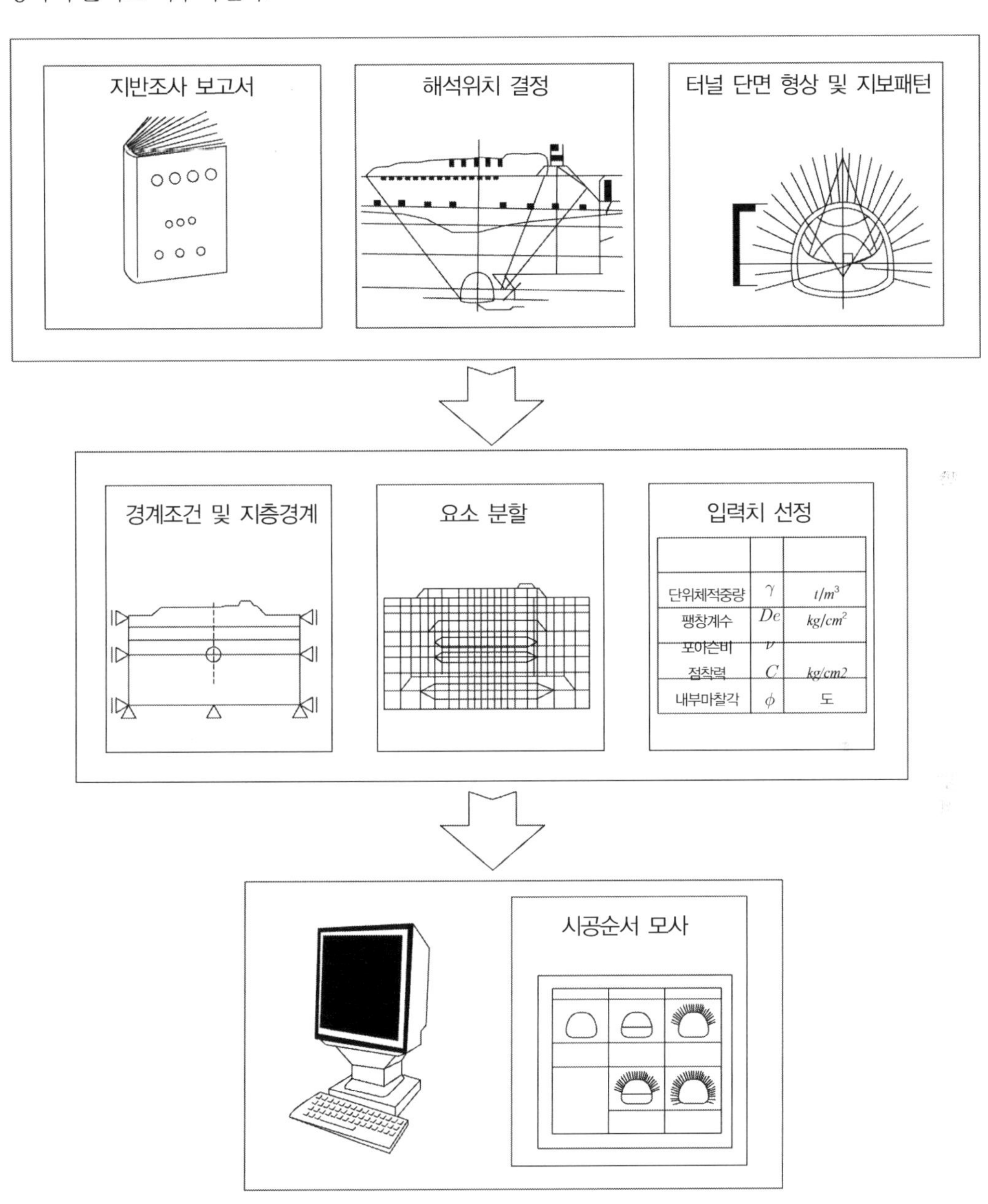

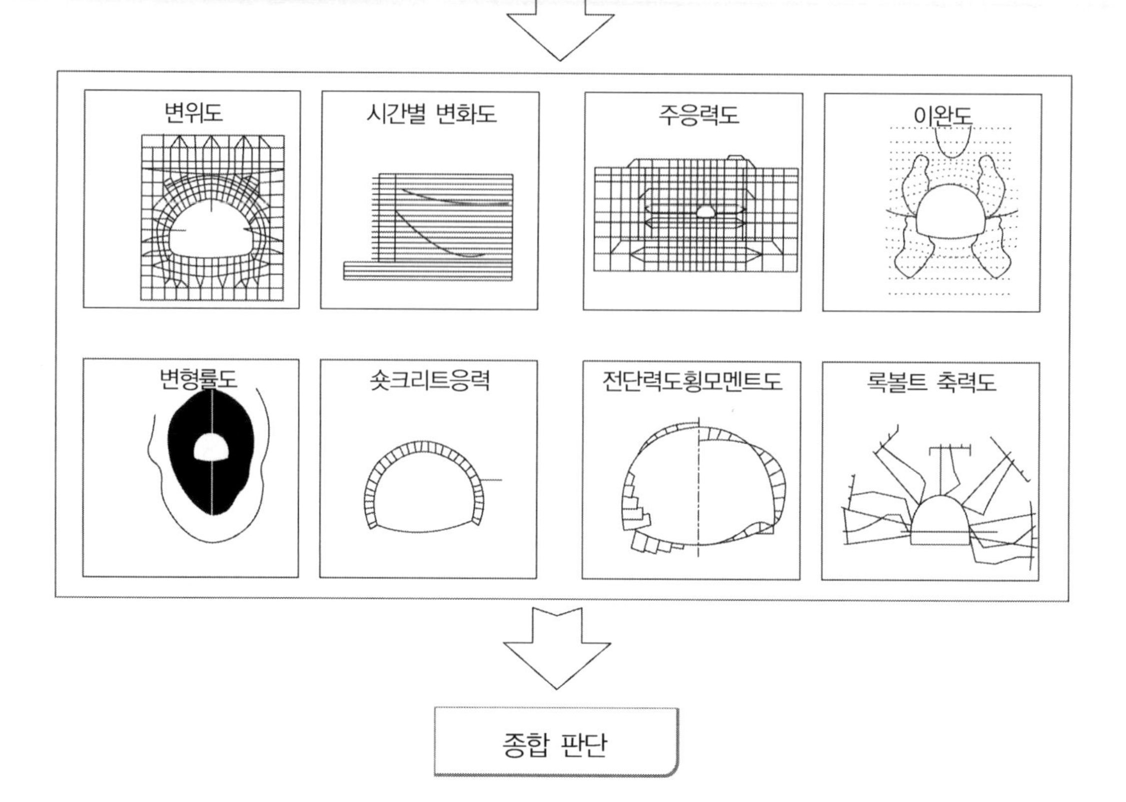

4. 터널 해석 수행 시 고려사항

(1) 해석영역은 터널 굴착에 따른 영향을 충분히 파악할 수 있는 범위로 설정하여야 한다.

(2) 해석 모델은 단계별 굴착의 영향이 포함되도록 하되 터널 측면은 경계요소, 무한요소 등의 탄성경계조건을 부여하는 경우를 제외하고는 터널 굴착폭의 3배 이상, 하부는 터널높이의 2배 이상, 상부는 지표까지를 모델화시키는 것을 표준으로 한다. 단, 상부토피가 매우 큰 경우에는 상부지반조건의 영향이 포함될 수 있는 별도의 모델을 적용할 수 있다.

(3) 해석 시 사용하는 지반 특성치들은 해당 지반의 시험결과를 사용하여야 한다. 단, 공사의 규모 또는 현장 여건상 시험 결과를 얻을 수 없는 경우에는 유사지반의 지반특성치를 아주 제한적으로 준용할 수 있다. 이 경우에는 경험이 풍부한 기술자의 판단에 의해 지반특성치들이 결정되어야 한다.

(4) 해석에 사용되는 프로그램은 그 적합성이 확인된 것으로서 지반의 거동을 적절히 해석할 수 있는 기능을 보유한 프로그램이어야 하며 굴착단계에 따른 지반, 지보재의 변형 및 응력변화를 계산하여 터널설계에 반영할 수 있는 것을 사용하여야 한다.

27 인접터널 설계검토

1. 상 황

(1) 직경 3m의 압력수로터널에 근접하여 2차로 도로터널 설계

(2) 압력수로터널과 도로터널은 교차하지 않고 평행함

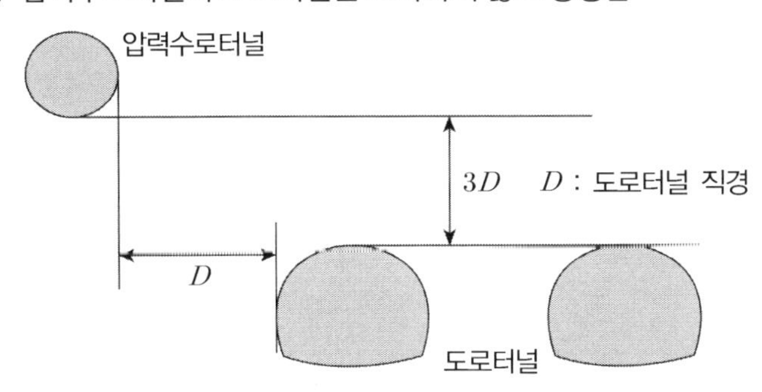

2. 설계 시 검토항목

(1) 탄성 또는 탄소성상태에서의 주변응력 검토

(2) 진동, 충격에 의한 압력수로터널의 균열, 누수

3. 해석방법

(1) 탄성상태로 해석하는 경우

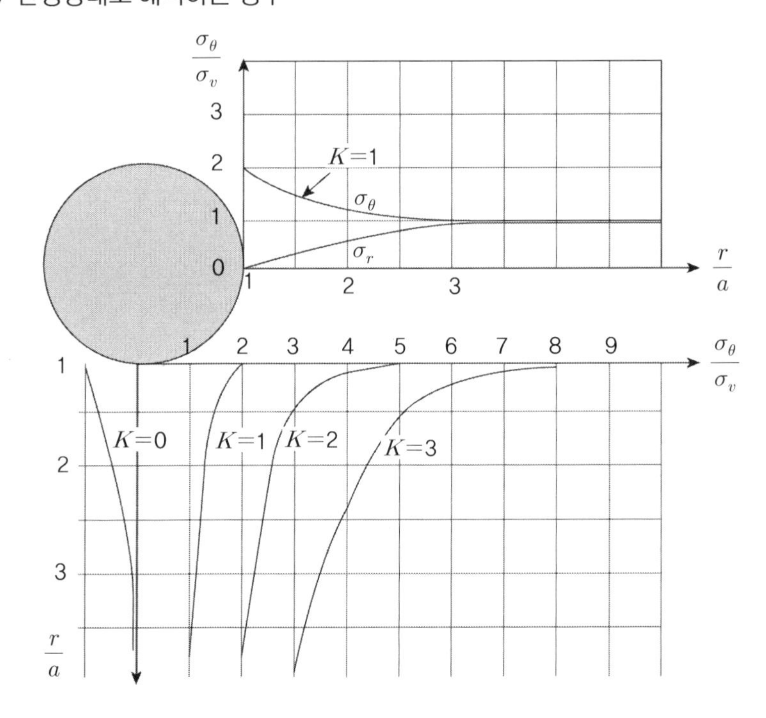

터널측면

㉠ 반경방향응력은 0임

㉡ 접선응력은 등방인 경우 초기응력(σ_v)의 2배임

㉢ 반경방향 응력과 접선방향 응력은 터널반경의 3배가 되면 평형을 이룸

(2) 탄소성상태의 터널 주변응력 해석(시간경과 후 2차응력)

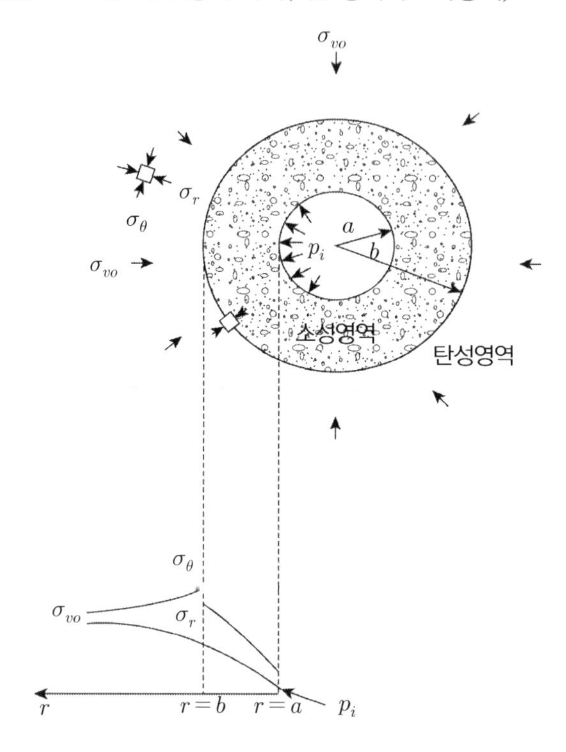

터널측면

㉠ 반경방향응력은 0 이거나 지보재를 설치할 경우 P_i와 같다.

㉡ 접선응력은 초기 응력보다 작게 된다.

㉢ 반경방향 응력과 접선방향 응력은 터널반경의 약 4.5배가 되면 평형을 이룬다.

㉣ $r=b$에서 접선방향의 응력은 최대가 된다.

㉤ 반경방향의 응력 P_i를 가하지 않는다면 터널직경의 2.5D에서 최대 응력이 발생하며 이후 영역은 탄성영역이 된다.

4. 대 책

(1) 압력수로와의 이격거리

① 탄소성지반으로 가정시 터널직경의 2.5D 영역에서 최대 응력이 발생하므로

② 신설 도로터널과의 이격거리가 3D 이상이므로 시공이 가능하다.

(2) 도로터널(쌍굴터널)

① 쌍굴터널은 탄성지반 해석 시 1.0*D*라도 가능하다.

② 그러나 탄소성 지반으로 해석해야 할 상황이라면 2.5*D* 이상 이격시켜야 안전할 것으로 판단된다.

(3) 시공방법

① *NATM* 시공 시

㉠ 조절발파로 진동영향을 최소화

㉡ 시험발파로 충분한 검토가 필요

② *TBM* 적용 : 시공성, 경제성 고려 문제 없다면 공법적용면 바람직

예제) 지하 450*m* 깊이의 암반지반에 직경 3*m*의 터널을 굴착하였다(터널1). 암반은 절리가 없는 신선암이며 $\gamma = 26KN/m^3$, $\sigma_c = 60MPa$, $\sigma_t = 3MPa$ 이다.

1) $K_o = 0.3$ 일 경우 암석의 파괴 여부 판정

2) 직경 6*m*의 터널을 굴착후 터널의 수평방향으로 중심간격이 10*m* 이격된 위치에 직경 3*m*의 터널을 굴착할 경우 안정성 검토

지보재 설치 시 지보력(Pi)에 의한 탄성지반 터널 주변응력의 변화

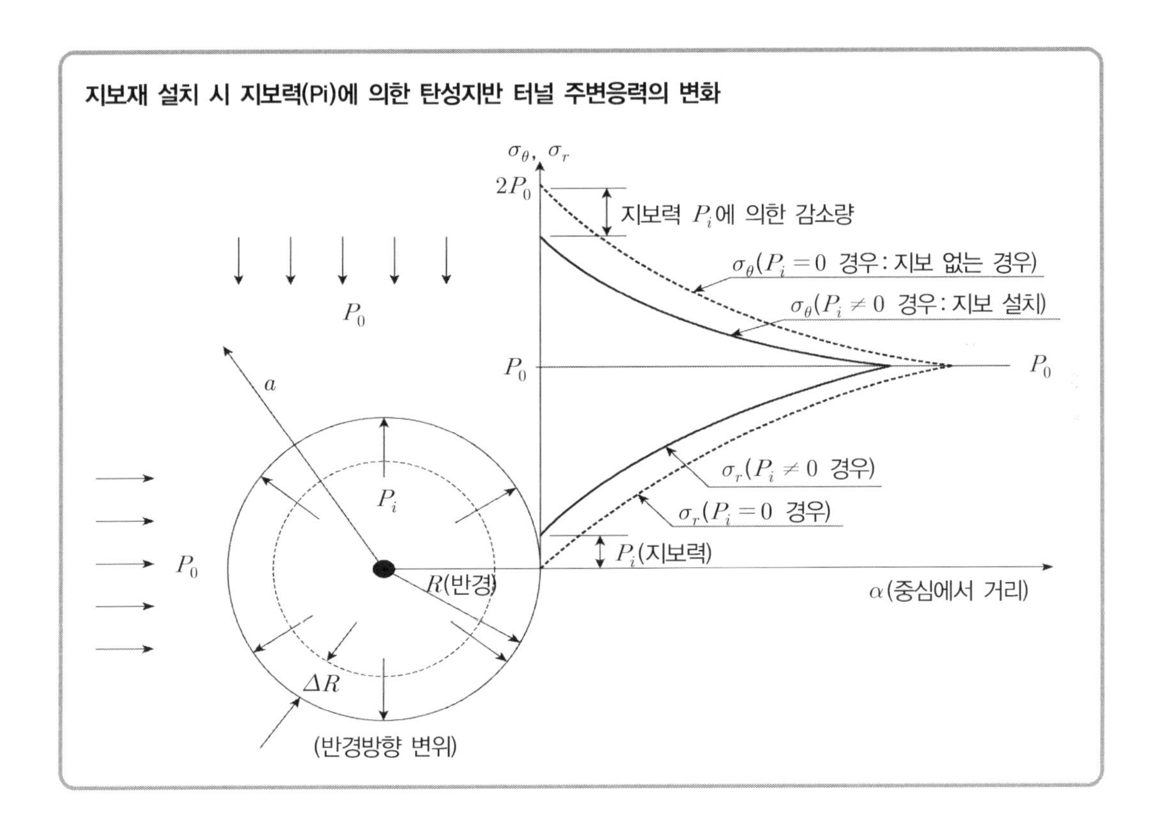

28 하중분담률

1. 정 의

(1) 터널 굴착은 원칙적으로 3차원으로 모델링되어야 할 문제이나 지반의 비선형 거동을 3차원으로 모델링하는 데는 상당한 인적, 계산적 노력이 요구되며, 결과의 해석에도 어려움이 따르므로 공학 목적상 이를 2차원 평면변형률 조건에서 해석하는 경우가 많다.

(2) 이때 터널굴착 단계마다 벽체에 작용하는 하중을 나누어 재하하게 되는데, 이러한 비율을 하중분담률(단계하중/등가 총하중)이라 한다.

2. 터널 굴진 시 지반거동과 해석의 적용

(1) 굴착에 따른 지반거동은 아래 그림과 같이 3차원 거동하므로(종, 횡방향 *Arching*) 3차원 해석이 타당함

(2) 3차원 해석은 입출력 자료가 방대하고 해석에 많은 시간이 소요되므로 굴착 → 지보 등 단계별 부담하중을 고려한 2차원 해석을 실시

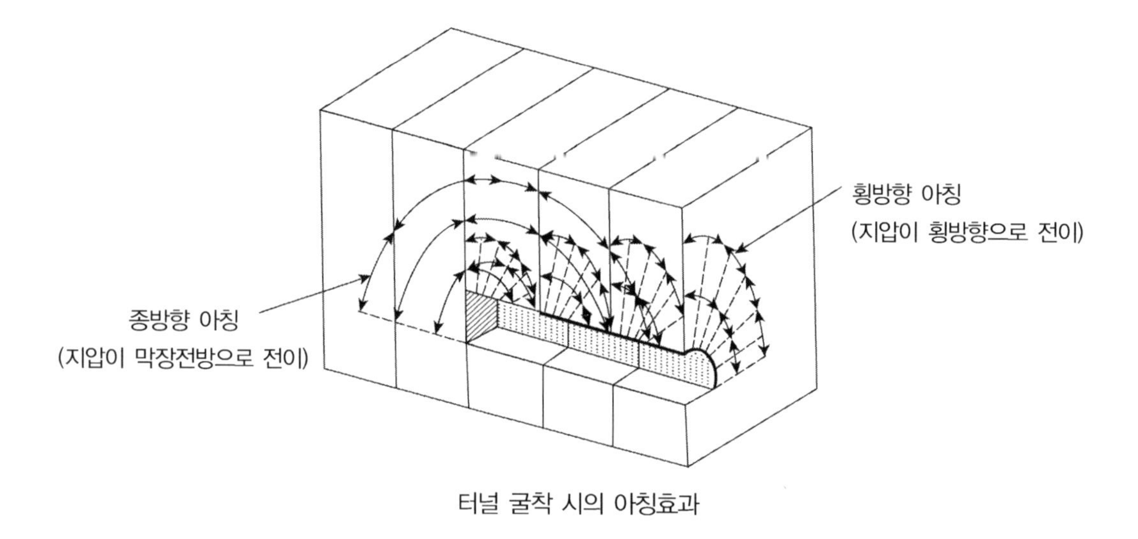

터널 굴착 시의 아칭효과

3. 하중분배

(1) 이 유

종방향 아칭에 의한 영향을 2차원 해석에 적용하기 위해 굴착단계별 발생 응력을 분배하여 적용함

(2) 하중분배율 결정방법

① 일률적으로 적용할 수 없고 터널시공조건과 지반조건을 고려하여 결정

② 계측자료 : 유사지반 기존 데이터, 현재 시공지역 계측자료

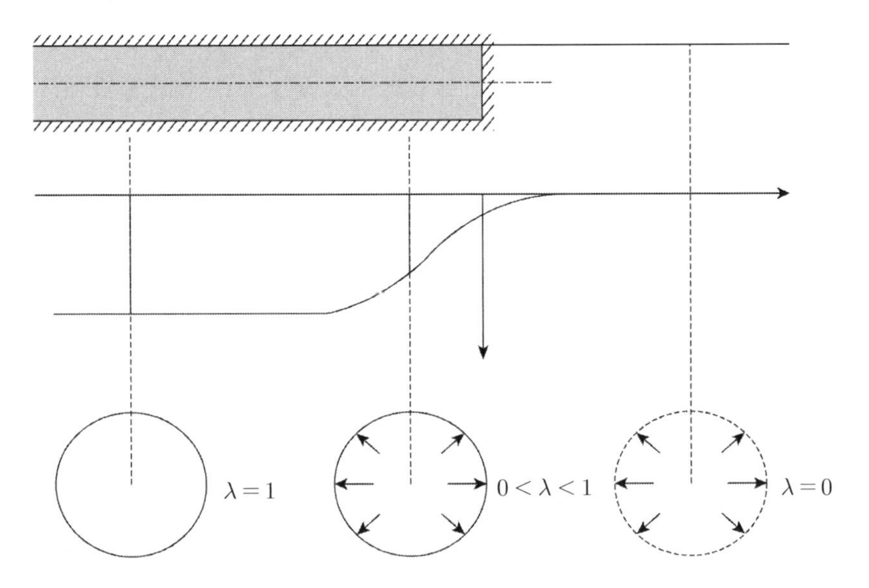

③ 3차원 대표해석결과를 이용하는 방법

(3) 하중분담률 이외의 경험적 파라메터를 이용하는 방법

① 강성제어법

② 변위제어법

③ 시간제어법

<table>
<tr><th colspan="2">모델링 방법</th><th>제어 파라메터</th><th>라이닝 타설전 상태</th><th>적용대상</th></tr>
<tr><td colspan="2">하중제어법
(하중분담률)</td><td>굴착상당력</td><td>$Q=\alpha\{Q\}$</td><td rowspan="2">주로 NATM</td></tr>
<tr><td colspan="2">강성제어법
(강성감소법)</td><td>굴착단면의 강성</td><td>$E_i=\beta E_o$</td></tr>
<tr><td rowspan="2">변위제어법</td><td>갭파라메터법</td><td>천단침하</td><td>Gap : 천단 침하</td><td rowspan="2">비 배수 쉴드터널</td></tr>
<tr><td>지반손실율법</td><td>지표침하체적</td><td>V : 지반 손실</td></tr>
<tr><td colspan="2">시간제어법</td><td>시간 파라메터</td><td>$t^*=\eta T$</td><td>지하수 영향지반</td></tr>
</table>

4. 해석단계별 하중분배율 적용(예)

단 계	해석과정	하중분배율
0	원지반 초기 응력	100%
1	상반 굴착	40%
2	*Soft Shotcrete + Rock Bolt*	30%
3	*Hard Shotcrete*	30%
4	하반 굴착	40%
5	*Soft Shotcrete + Rock Bolt*	30%
6	*Hard Shotcrete*	30%

아치효과 및 막장거리에 따른 하중곡선

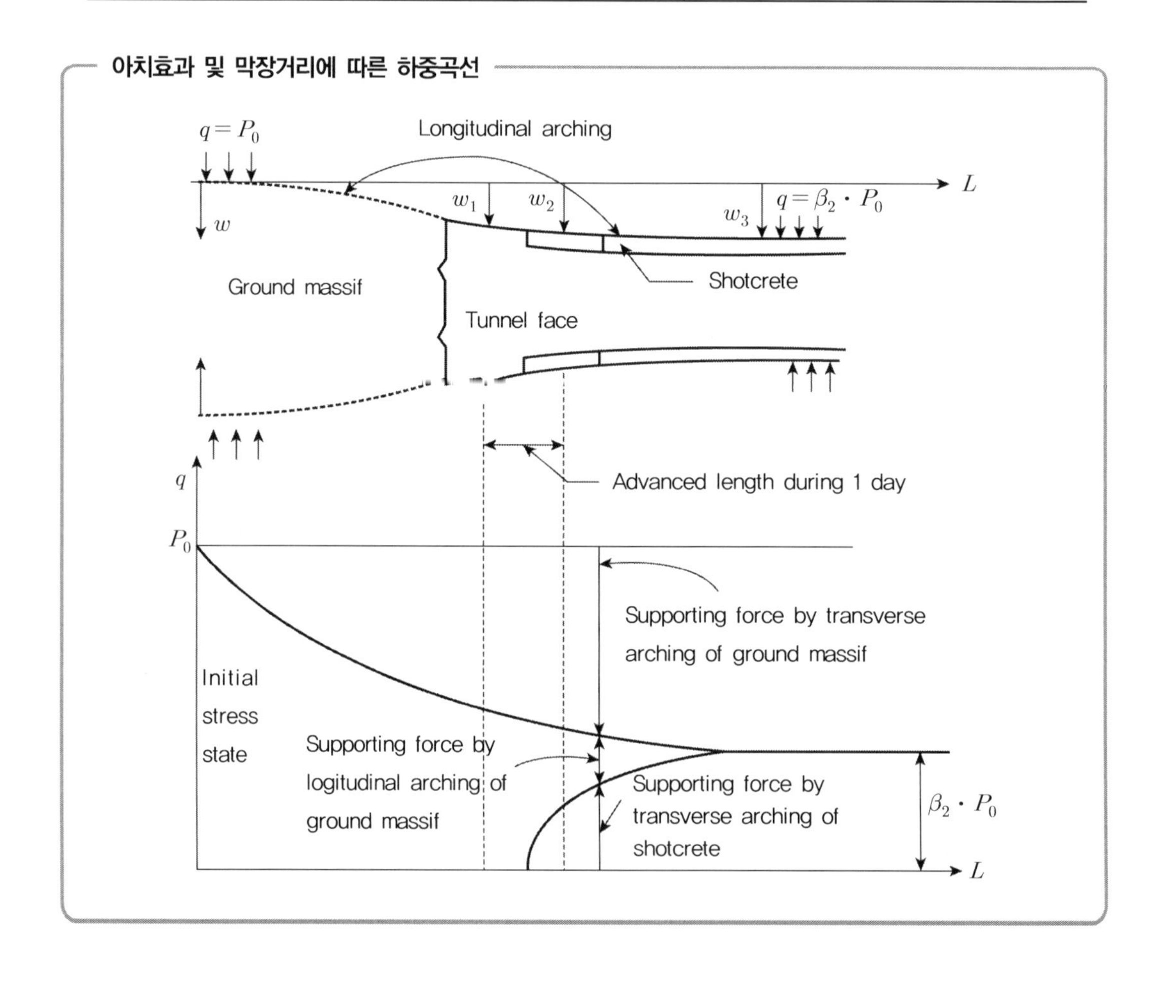

29 장대 대단면 터널 설계 시공 시 고려사항

1. 개 요

대단면터널(지하철 정거장, 원유/*LPG* 비축기지, 실내 경기장, 양수발전소) → 병용공법 설계가 바람직
1차 *TBM*에 의해 굴진 → 2차 *NATM*에 의해 확대 발파 → 천공발파공법(이방향 발파)

2. 대단면 터널의 공학적 특징

(1) 이완영역 증대
① 터널 크기가 크면 응력해방(소성영역) 증가
② *Ground Arching* 안정성 저하
③ *Block* 파괴 가능성 큼

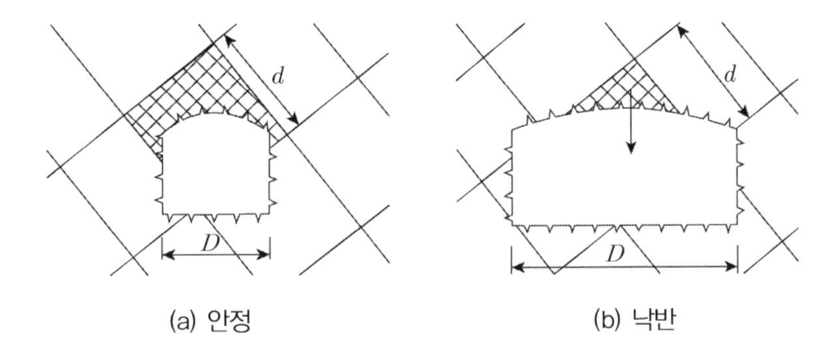

(a) 안정 (b) 낙반

(2) 복합지층
① 여러 층 포함으로 응력 − 변위 불규칙
② 발파, 기계굴착 병행 필요
③ 지하수 유입 가능성 큼

(3) *Cycle Time* 증가
① 버력처리량 증가로 지보시기 지연
② 지보압 증가로 인한 초기 안정성 불리

(4) 장비설계
① 천공장비 : 소단면(2*Boom Jumbo Drill*) → 대단면(3*Boom Jumbo Drill*)
② 버력처리 *Loader* : 소단면(2.0m^3 이하) → 대단면(5.0m^3급)
③ *Grouting* 장비 : 소단면(*Mono Pump*) → 대단면(*Multi Rig* 장비)

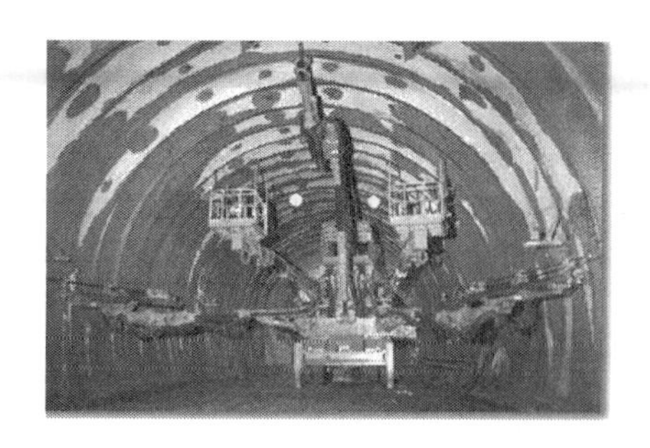

3. 설계 시 고려사항

(1) 조 사

현장시험	실내시험
① 시추조사 ② *BHTV* ③ *BIPS*	① 일축압축
④ *PMT* ⑤ 수압파쇄(초기 지압)	② 직접전단(절리면전단)
⑥ 공내검층 ⑦ 투수시험	③ 삼축압축시험
	④ 인장시험

(2) 해 석

① 이론적 해석

<table>
<tr><th colspan="2" rowspan="2">해석법</th><th colspan="2">설계법</th></tr>
<tr><th>이 론</th><th>경 험</th></tr>
<tr><td colspan="2">지반하중개념(붕괴, 이완하중)</td><td></td><td>Terzaghi의 이완하중에 의한 설계법</td></tr>
<tr><td rowspan="2">평형이론에 근거한 터널해석</td><td>불연속면 역학
(지질구조지배)</td><td>① 평사투영법
② 백터해법
③ 블록이론</td><td></td></tr>
<tr><td>연속체 역학
(응력지배)
① 탄성평형법
② 탄소성평형
③ 점탄성평형</td><td>NATM
지반반응곡선의 원리에 의한 지보재 설계
① Ground Reaction Curve
② Support Characteristic Curve
③ Piller Reaction Curve</td><td>① RMR에 근거한 지보설계
② Q분류에 의한 설계
③ NMT(Norweigan Method Of Tunneling)</td></tr>
</table>

② 수치해석

㉠ 연속체 해석(*FLAC*) : 유한차분법(*FDM*), 유한요소법(*FEM*), 경계요소법(*BEM*)

㉡ 불연속체 해석(*UDEC*) : 개별요소법(*DEM*)

㉢ 혼합 모델

: 유한요소법(*FEM*) + 경계요소법(*BEM*), 유한요소법(*FEM*) + 개별요소법(*DEM*)

③ 수치해석 결과 및 설계 시 검토사항

터널영향평가		해석결과 검토사항	설계 검토사항
터널안정성	굴착 시 막장 안정성	• 지보재 설치 이전의 변위, 소성대	• 분할굴착공법의 적정성 • 보조공법의 효과
	지보재 안정성	• 숏크리트 축력, 모멘트, 전단력 • 록볼트 축력	• 표준지보패턴의 적정성 • 보조공법의 효과
	콘크리트 라이닝안정성	• 콘크리트 라이닝의 축력, 모멘트, 전단력	• 라이닝 철근보강 계획
주변 지반 영향		• 지표침하, 지중침하 • 근접구조물 변형 및 부재력	• 근접 구조물 영향 • 대책공 효과 검토

(3) 굴착설계

구 분	소단면	중단면	대단면
풍화토	**링 컷**	**지지코아**	**선진도갱**
풍화암	**지지코아**	**선진도갱**	***Bench Cut***
연 암	**전단면**	***Bench Cut***	**분할단면**
경 암	**전단면**	**전단면**	**전단면**

(4) 지보 *Pattern*

주변지반 영향 고려 *RMR*, *Q*−*System* 또는 *NMT*에 의거 지보 *Pattern* 결정

(5) 환기설계 : 장대터널의 경우 환기중요

4. 시공 시 고려사항

(1) 굴착단계별 주요 파괴원인

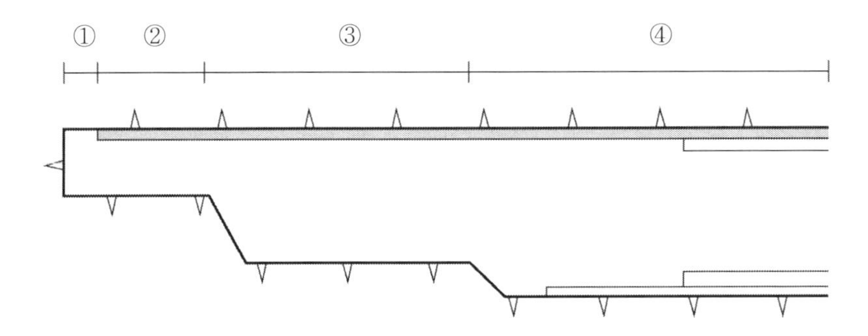

① 막장면서의 붕괴 : 지반조건, 지하수 유입, 기능공의 숙련도에 의해 좌우됨

② 상반구간에서의 붕괴 : 무지보 막장과 강성 차이에 의한 응력집중, 지보지지력 한계상태

③ 하반굴착 구간에서의 붕괴 : 상하반 연결부 취약, 과다굴진 영향

④ 인버트 링페합구간에서의 붕괴 : 취약부위에서 파괴

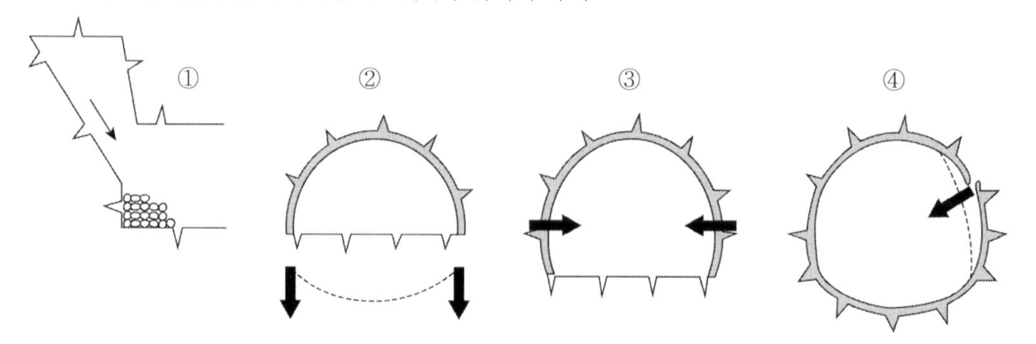

(2) 굴착 대상 지반의 연약한 강도, 과다한 지하수 유입, 얇은 암피복 두께, 심한 파쇄 절리를 통한 막장면 활동, 무리한 대단면 굴착 등이 터널 파괴의 원인으로 지적됨. 이러한 취약요인을 도출하고, 이에 대응한 굴착방법, 보조공법, 정보화시공 등의 종합적인 대처 방안을 수립

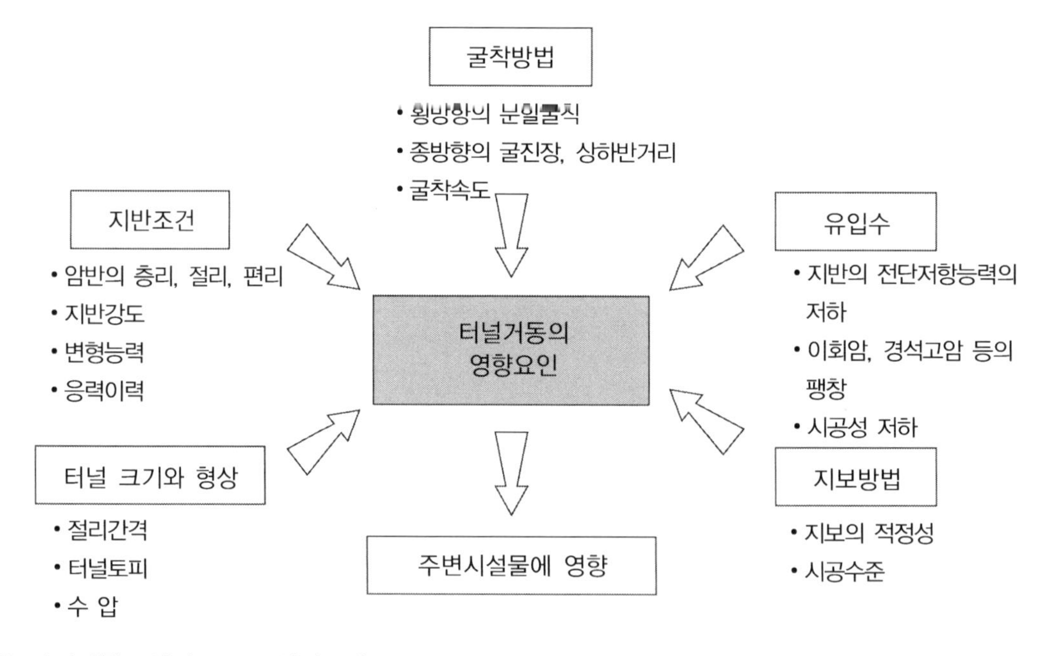

(3) 막장관찰 + 선진 *Boring*, 선진도갱

(4) *TSP*

(5) 영구계측

5. *TBM*+ *NATM* 공법

(1) 개 요

구조적으로 유리한 *TBM*에 의해 *Pilot* 터널을 굴착 지반상태나 지하수 조건을 확인하고 선진도갱된 공간인 자유면을 이용하여 발파효율을 증대하고 이를 통해 공기단축을 도모한다.

죽령터널 시공전경

(2) 천공 발파 방법 = 이방향 방법

이 공법은 최종면의 여굴을 방지하기 위해 최외각면에 한하여 터널 길이 방향으로 천공을 추가하는 개념으로 실용성 및 진동 저감 효과를 파악하기 위해 3차원 진동 해석과 ○○건설에서 시험 발파를 실시하고 심빼기 발파와 파일럿 터널 이용 시의 발파 진동을 분석하였다. 분석 결과에 의하면 *NATM* 보다 *TMB*을 이용하여 파일럿 터널을 굴착하면 지반 진동 경감 효과가 있고 이방향 천공 발파공법의 현장 시험에 의하면 20% 이상의 진동 경감 효과가 있었다.

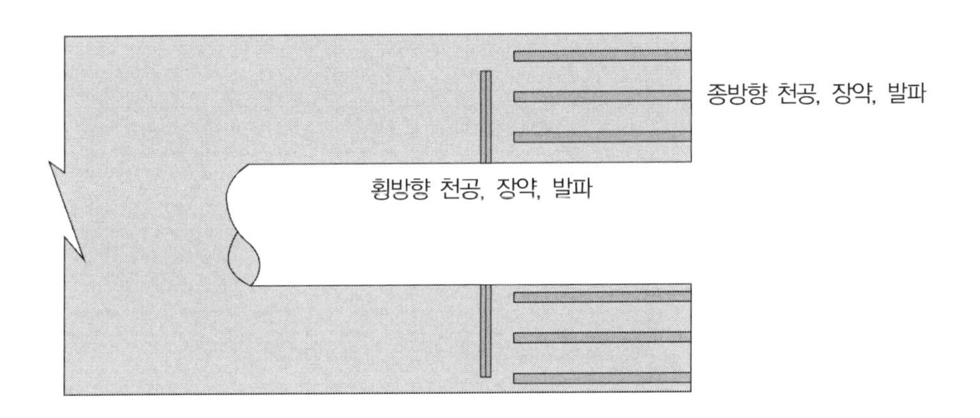

(3) 검토사항

① *TBM* 적용 여부

㉠ 대상 암석의 강도가 400~1500kgf/cm^2까지 적용 가능

㉡ 용수가 많거나 추진반력이 문제가 되는 지반에는 적용 불가

② 공법적용의 효과와 필요성

㉠ 암질의 사전조사를 통한 설계검토 가능

㉡ 위험등 사고를 미연에 방지

㉢ 심빼기 발파를 생략하고 자유면 증가로 공기 단축

(4) 지보공 및 보강

① 지보공은 *NATM*과 동일

② 보강공도 *NATM*과 동일

2차선 도로터널과 대단면 터널(운하터널, 석유비축터널)의 비교

참 고

1. 터널의 환기방식

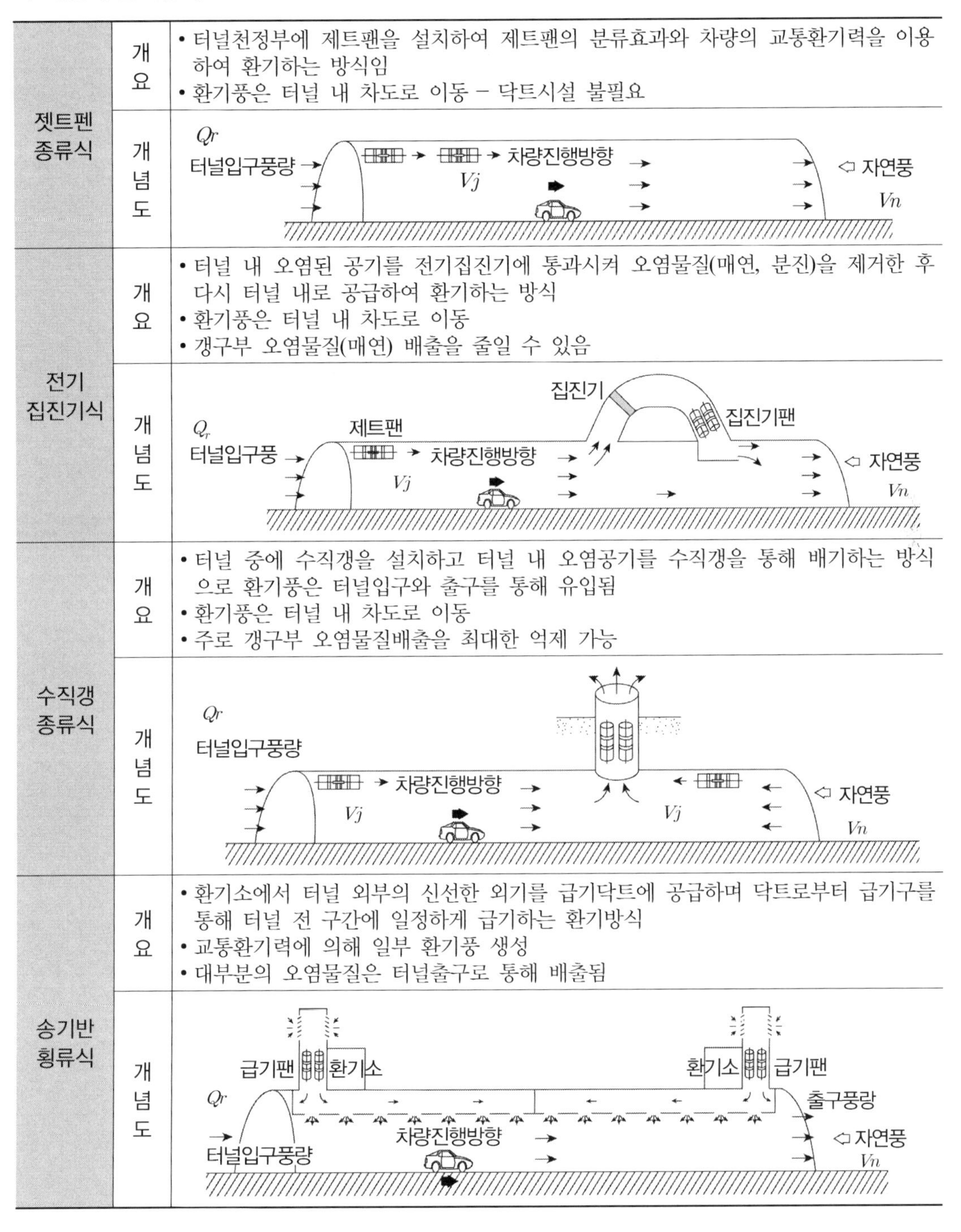

젯트펜 종류식	개요	• 터널천정부에 제트팬을 설치하여 제트팬의 분류효과와 차량의 교통환기력을 이용하여 환기하는 방식임 • 환기풍은 터널 내 차도로 이동 – 닥트시설 불필요
	개념도	
전기 집진기식	개요	• 터널 내 오염된 공기를 전기집진기에 통과시켜 오염물질(매연, 분진)을 제거한 후 다시 터널 내로 공급하여 환기하는 방식 • 환기풍은 터널 내 차도로 이동 • 갱구부 오염물질(매연) 배출을 줄일 수 있음
	개념도	
수직갱 종류식	개요	• 터널 중에 수직갱을 설치하고 터널 내 오염공기를 수직갱을 통해 배기하는 방식으로 환기풍은 터널입구와 출구를 통해 유입됨 • 환기풍은 터널 내 차도로 이동 • 주로 갱구부 오염물질배출을 최대한 억제 가능
	개념도	
송기반 횡류식	개요	• 환기소에서 터널 외부의 신선한 외기를 급기닥트에 공급하며 닥트로부터 급기구를 통해 터널 전 구간에 일정하게 급기하는 환기방식 • 교통환기력에 의해 일부 환기풍 생성 • 대부분의 오염물질은 터널출구로 통해 배출됨
	개념도	

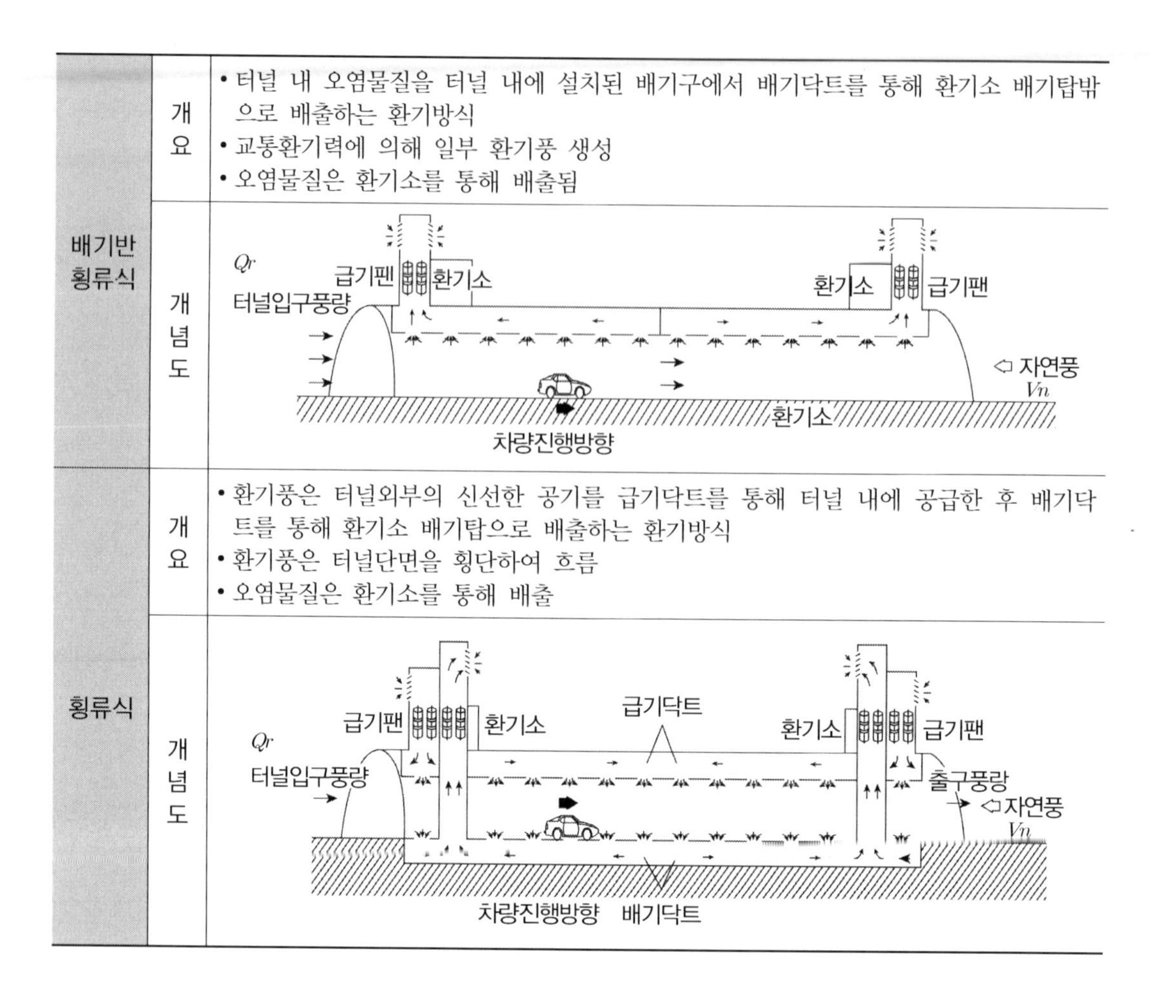

배기반 횡류식	개요	• 터널 내 오염물질을 터널 내에 설치된 배기구에서 배기닥트를 통해 환기소 배기탑밖으로 배출하는 환기방식 • 교통환기력에 의해 일부 환기풍 생성 • 오염물질은 환기소를 통해 배출됨
	개념도	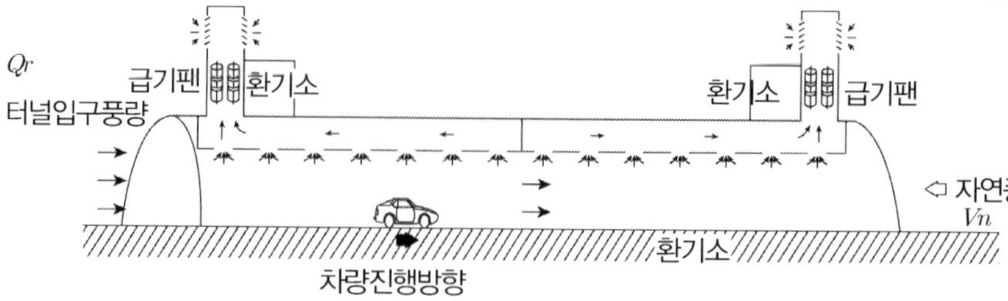
횡류식	개요	• 환기풍은 터널외부의 신선한 공기를 급기닥트를 통해 터널 내에 공급한 후 배기닥트를 통해 환기소 배기탑으로 배출하는 환기방식 • 환기풍은 터널단면을 횡단하여 흐름 • 오염물질은 환기소를 통해 배출
	개념도	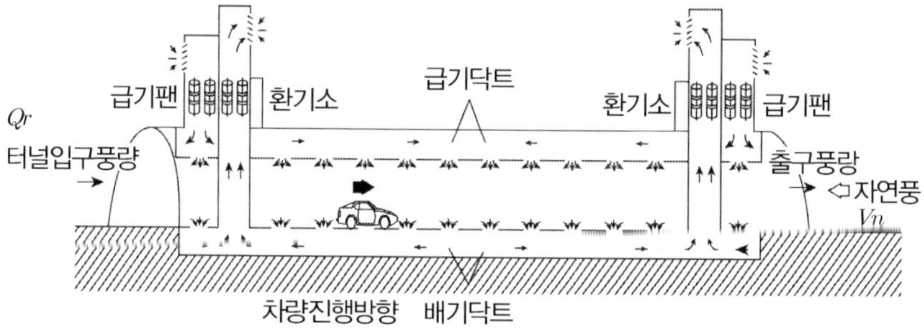

2. 굴착공법

공 법		개략도		적용조건 (지반 및 단면의 크기)	비 고
		횡단면	종단면		
전단면 공법 (*Full Face Cut*)			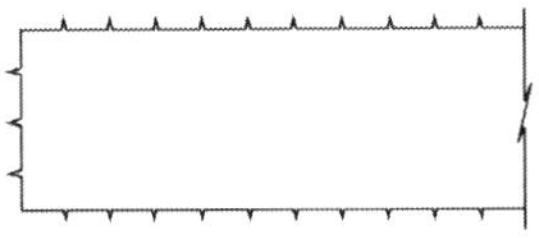	• 소단면에서 일반적 시공법 • 양호한 지반에서는 중단면 이상도 가능	
BENCH CUT	*Long Bench Cut* 공법		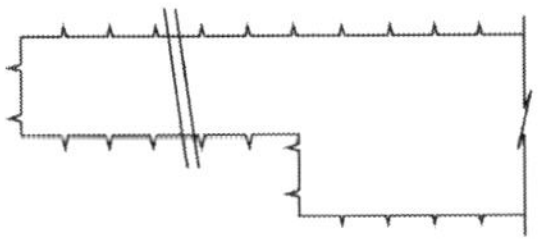	• 비교적 양호한 지반에서 중단면 이상의 일반적 시공법	*Bench* 길이 $L > 50m$
	Short Bench Cut 공법	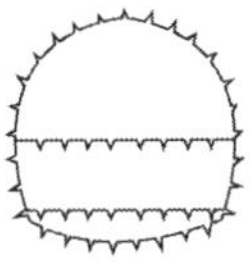	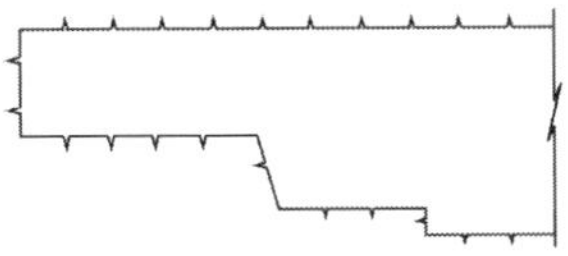	• 보통지반에서 중단면 이상의 일반적 시공법	$10m < L < 50m$
	Mini Bench Cut 공법	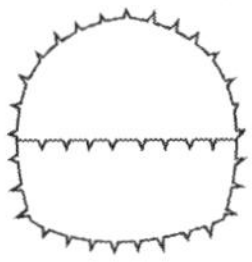	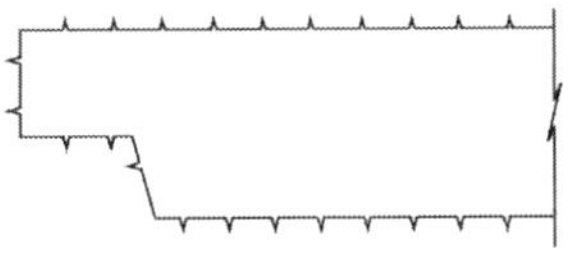	• 연약한 지반에서 중·소단면 정도	$L < 10m$ 혹은 터널직경의 2배 이내
	Multi Bench Cut 공법	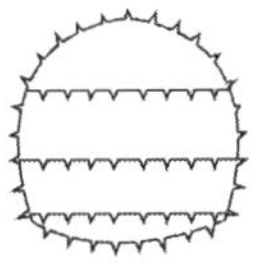	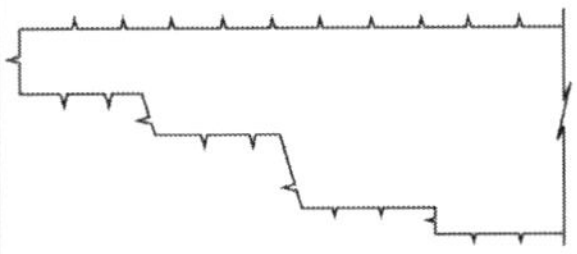	• 중단면 이상에서 막장의 자립성이 극히 불량한 경우	
Ring−Cut 공법		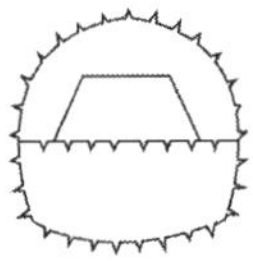	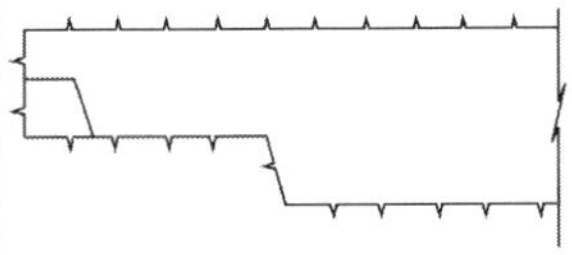	• 지지코아로 인한 막장안정 도모	풍화암 또는 그 이하의 지반상태
측벽선진 도갱공법 (*Silot or Side Pilot*)		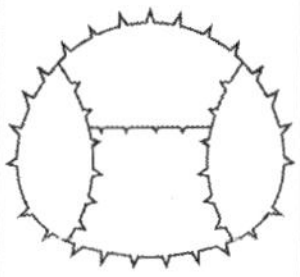	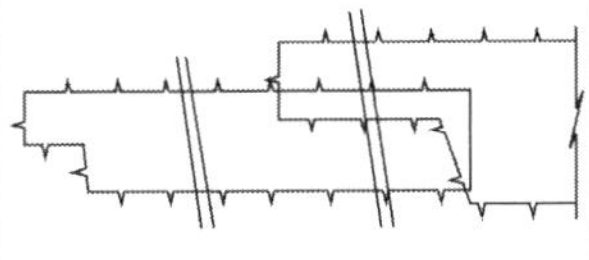	• 대단면에서 지반이 비교적 불량한 경우 • 침하를 극소화할 필요가 있는 경우	

30 침매터널(Submerged Tunnel, Immersed Tunnel)

1. 개 요

(1) 침매터널은 지상 또는 수면상에서 제작한 함체(*Element*)를 물에 띄워 원하는 위치까지 이동하여 침설시킴

(2) 침설되는 함체들을 연결하고 그 위를 토사 등으로 되메우기하여 터널을 구축하는 공법임

① 1910년 미국 디트로이트 하저의 철도터널 건설에서 시작, 강철튜부를 하저에 설치하고 → 연결 → 외벽을 수중 콘크리트로 타설

② 강이나 바다 밑에 트렌치(*trench*)를 굴착해놓고, 작업장에서 침매함(터널 구조체)을 만들어 해저 터널이 설치될 장소로 운반한 다음, 미리 조성된 트렌치에 침매함을 설치한 뒤 다시 묻어서 터널을 완성시키는 공법으로, 침매함의 모양과 재질에 따라 원형과 직사각형 콘크리트 방식으로 구별됨

③ 거가대교 공구 중 침매터널 3.7*km* 구간 : 국내 최초

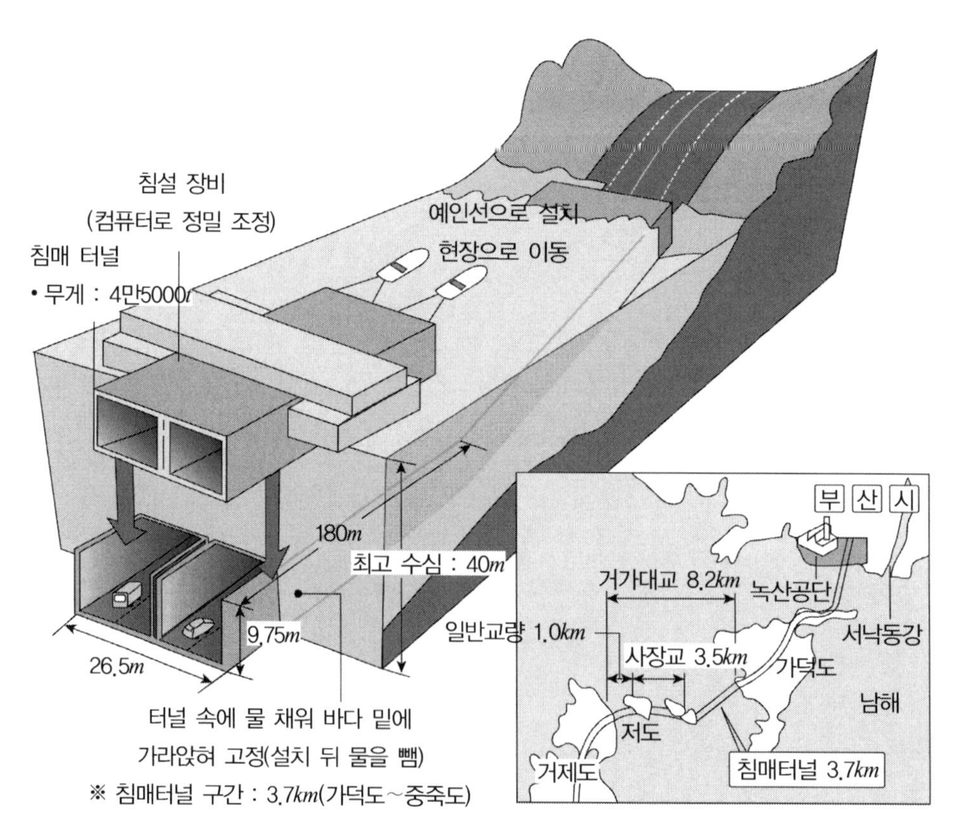

침매공법의 개요도(거가대교)

2. 시공순서

① 작업 야드(*dry dock*)에서 구조체 제작 → 이동 → 미리 조성한 해저 작업구간에 모래를 깔고 → 구조체 설치 → 구조체 외부를 흙과 돌로 쌓음

② 구조체 양단은 철문을 닫아 작업통로로 이용하며, 구조체 연결은 고무 가스켓 사용 → 연결 후 내부의 해수 압출 → 내외부의 수압 차이로 이음새 부위 강화 → 터널의 안정성 강화

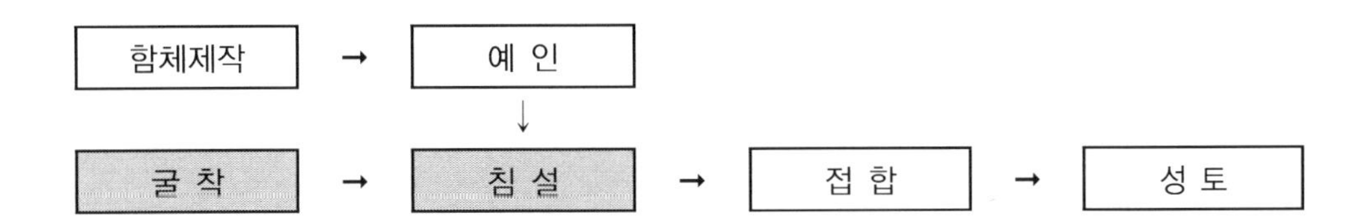

3. 특징(적용성)

(1) 장 점

① *Prefabrication* → 균질하며 수밀한 터널건설 가능

② 부력 → 연약지반에서도 시공 가능

③ 단면형상 및 크기 제약이 없음

④ 쉴드나 케이슨공처럼 압기작업이 불필요 → 작업 안전

⑤ 구체공사(엘레멘트)와 현장가설 병행 → 공기단축

⑥ 지반조건 제약 적음

⑦ 접합부의 고무가스켓 → 완전방수

(2) 단 점

① 수상작업, 기상조건 영향 : 해상작업의 경우(특히 남해안 거가대교 현장의 경우 외해로 작업일수 확보가 어려움)

② 트렌치 굴착 → 흙탕물 → 수질오염

③ 요소 예인을 위해 터널이 겉보기 비중을 1.05~1.1 정도 유지

④ 내진성에 대한 검증 미흡 & 초연약지반에서는 신중 검토 필요

⑤ 각종 응력저감에 대해 → 신축회전이 가능한 유연구조 바람직 *but* 내구성, 방수성, 시공성 문제 → 예측 이상 응력 발생 시 극히 위험

4. 거가대교의 사례

(1) 프로젝트 개요

① 부산~거제 간 연결도로(거가대교)는 경남 거제와 부산광역시 가덕도 간을 연결하는 초대형 프로젝트로서

② 공사는 크게 3개의 프로젝트로 구성됨

→ 사장교(3주탑) + 사장교(2주탑) + 침매 터널

③ 사장교는 총 4.5*km*, 침매터널은 3.7*km*로 시공

(2) 설계와 시공

① 교량 및 터널을 분리하여 국제 경쟁 입찰 → 덴마크의 *COWI group*이 교량과 터널 설계를 모두 수주함

② *GK* 시공사업단(경남과 부산시에서 출자한 조합)이 감독청이고, 대우건설이 건설 주 계약사(컨소시움 구성)

③ *Fast track* : 일반적인 건설공사는 사업기획-설계-시공의 단계적인 순서로 진행되나 패스트트랙킹은 설계와 시공을 동시에 추진함으로써 건설기간을 단축하고 사업비를 절감

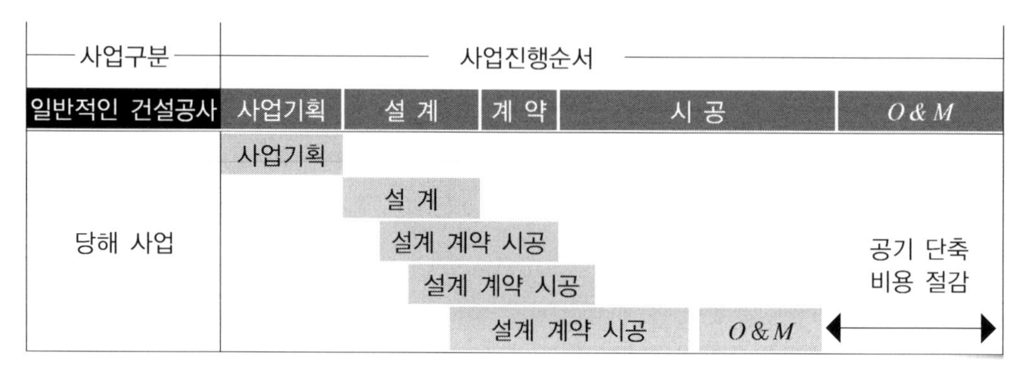

Fast Track 개념도

④ 외해작업으로 인한 기상조건(바람, 파고 등)의 가혹함 → 작업일수 확보가 어려움 → 프리캐스트 구조를 채택하여 품질을 확보(사장교의 경우도 주탑을 제외한 교각도 프리캐스트로 제작함)

⑤ 사장교 주탑은 다이아몬드형 선택 : 케이슨 면적 최소화

(3) 사업의 효과

① 남해안 관광인프라 구축

② 연간 수천억대의 편익 발생 : 거제-부산 간 소요시간 획기적 단축, 유류비 절감

③ 연결도로의 교통량 분산 ④ 지역경제 활성화

31 저토피터널 지표침하

1. 개 요

(1) 터널의 안정을 위해서는 적정토피를 확보해야 하나 다음과 같은 이유로 도심지 구간은 저토피 터널의 시공이 증가할 것으로 보인다.

① 사회적 원인 : 이용객 편의, 공사비 절감

② 기술적 원인 : 막장 선진보강기술 발전, 제어발파기술 발전, 수치해석 및 계측기술 발달, *Data Base* 구축

(2) 터널 굴착 시 지반의 불균형, 조사 및 시험의 한계성 등 설계 시 예상거동과 현저한 차이로 인해 터널 천단침하, 내공변위, 지표침하, 터널붕괴등이 발생할 수 있으며, 이 중 지표침하에 대한 원인과 대책을 기술하고자 한다.

2. 설계 및 시공 시 고려사항

(1) 낮은 심도

① 높은 수준의 터널안정 요구

② 공사 중 발파로 인한 진동저감대책 강구

③ 운영 중 열차진동

④ 장래 도시개발 근접시공

(2) 불량지반

① 지하수위 저하로 인한 지표침하

② 굴착 중 막장붕괴, 천단침하에 따른 침하검토

3. 지표침하의 원인

(1) 지하수 배제 : 유효응력의 증가로 인한 압밀침하 발생

(2) 막장자립성 불량

(3) 소성영역의 증대

(4) 지지력 부족

4. 대 책

(1) 지하수에 대한 대책 : 약액주입공법

(2) 막장자립성 불량 + 소성영역의 증대 방지

① 강관다단 그라우팅	② 링컷, 분할굴착공법
③ *Forepoling* 공법	④ *Pipe Roof*
⑤ 수발공	⑥ 막장면 숏크리트
⑦ 1회 굴진장 최소화(1*m* 이내)	⑧ 천장부 차수 및 그라우팅

(3) 지지력 부족에 대한 대책
① 상반 측벽 하부에 *Elephant Foot*를 설치
② 상반 측벽에 앵커를 설치 후 인장력 적용
③ 상반 측벽 하부에 지지말뚝 개념의 보강 그라우팅
④ 가인버트로 조기 링 폐합

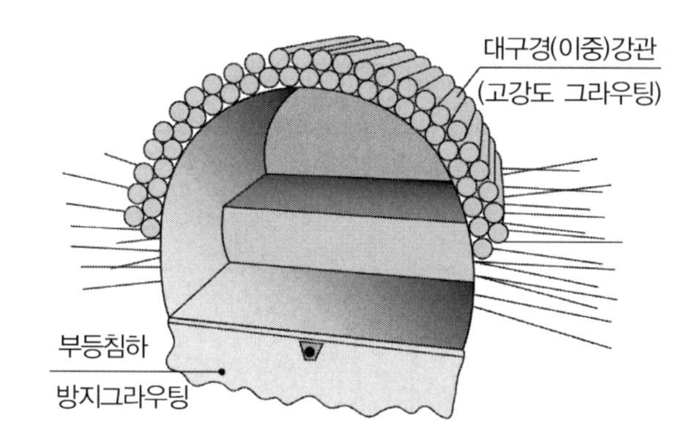

※ 종합적 대책

① 지지코아	② 천단부 : 강관다단 그라우팅	③ *Forepoling*	④ 확대기초
⑤ 앙카	⑥ 막장부 : *GRP*	⑦ 하반부 : 그라우팅	⑧ 가인버트
⑨ 강섬유보강 숏크리트	⑩ *H*－*Beam* 강지보	⑪ 철근콘크리트 라이닝	

32 싱크홀과 지반 함몰

1. 싱크홀이란

(1) 싱크홀은 땅의 지반이 내려앉아 지표면에 구멍이 생기는 현상을 말한다.

(2) 주요 원인은 지하수흐름에 의한 지하공동현상이 대표적이며 최근 발생한 서울 잠실에 생긴 거대한 싱크홀이 그 일례이다.

2. 공동 발생 원인

(1) 자연적 원인
방해석이 대기 중의 이산화 탄소와 빗물에 의해 용해되면서 형성 : 카르스트지형 → 돌리네

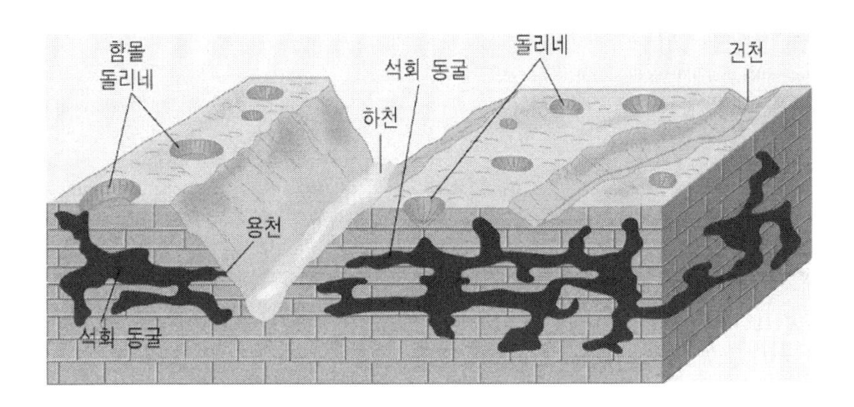

(2) 인공적 원인
광산개발로 인한 폐광, 터널, 지하철, 유류기지, 과다한 지하수 사용, 상하수도관 누수 등

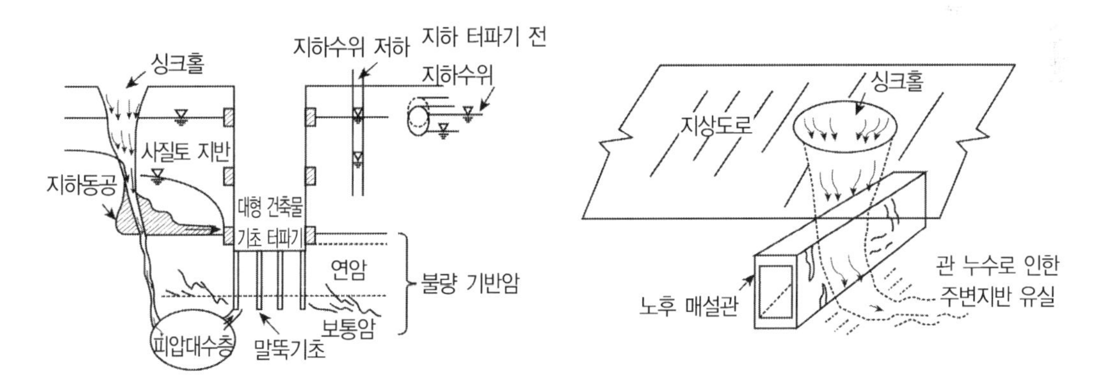

(3) 서울 지하철 9호선 쉴드 *TBM*에 의한 공사의 경우

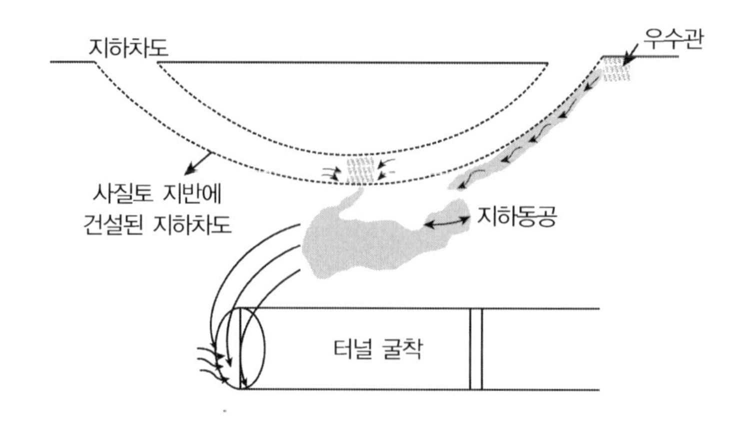

① 막장 안정을 위한 니수의 적정압력 선정 부적절

② 세그멘트 라이닝 배면 그라우팅 불량

③ 커너날 교환시기 지연 등

3. 지반의 파괴형태 / 문제점

(1) *Trough*형 침하

① 광주(*Pillar*)의 파괴　　② 광주의 관입파괴　　③ 천정의 파괴

(2) 함몰형 침하

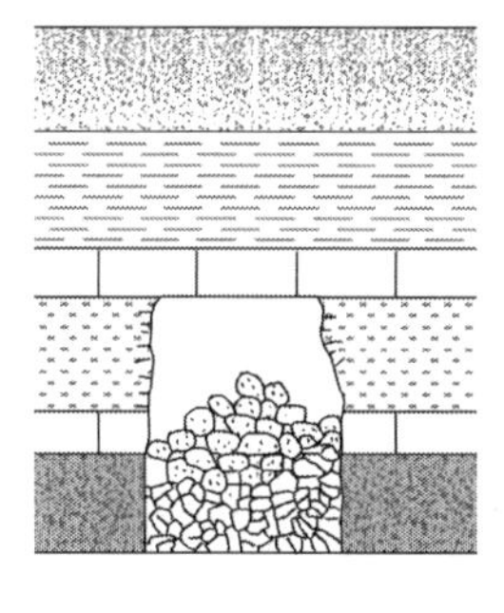

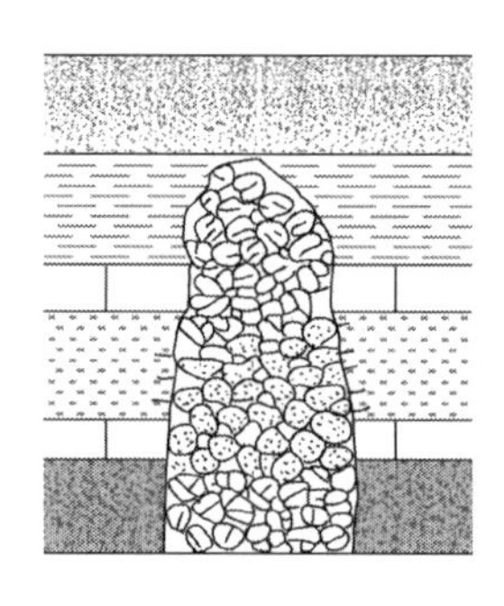

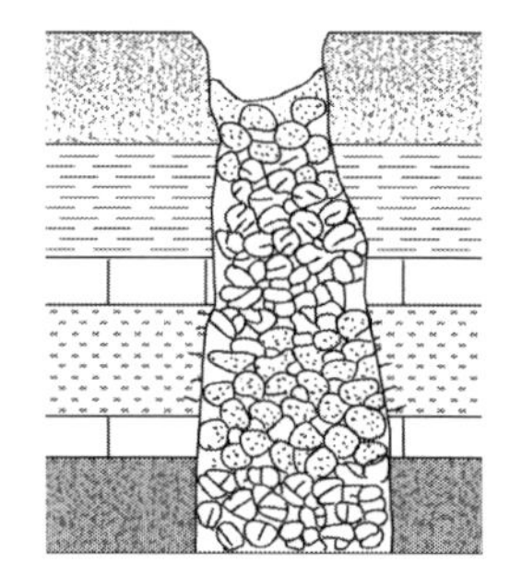

① 공동의 심도가 90*m* 이내에서 발생

② 천정부 파괴 후, 상부로 붕괴 진행, 점진적으로 지표로 연결

③ 함몰형 침하는 좁은 지역에 국한되며 큰 수직변위가 발생

(3) 문제점

① 기초지반

지지력 부족, 침하, 활동

② 도심지의 경우 각종 안전사고 발생

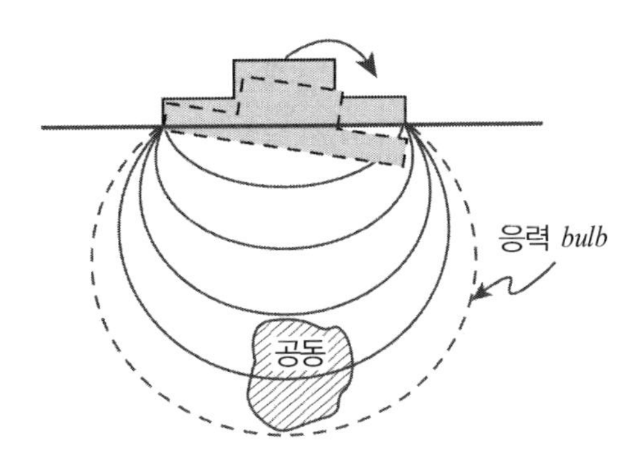

4. 대 책

(1) 지반조사 및 설계 절차 준수

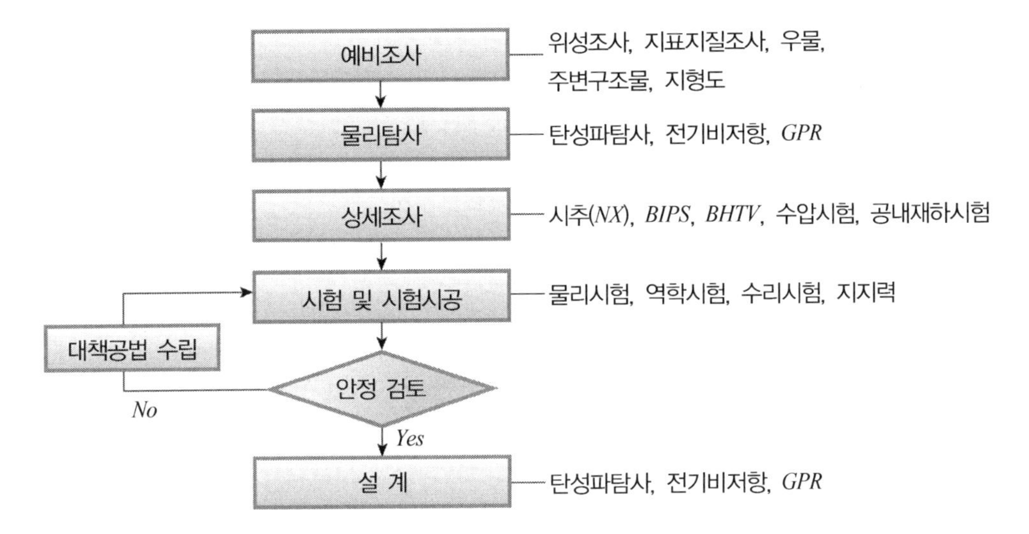

(2) 도심지의 경우 이상징후 발견 시 주민신고체계 구축

(3) 지하시설물 정보 시스템 구축 : 지반지도 구축 → 침하가능지역으로 지정, 관리

(4) 지반조사 *DB* 구축 → 통합처리/분석을 위한 전문 연구기관 운용

33 터널과 지하수위 / 그라우팅 적정두께

1. 개 요

(1) 터널 벽체 주위로 지하수에 대한 배출(*puping*) 유무에 따라 배수, 비 배수터널로 구분한다.

(2) 배수터널의 경우, 수압이 저감되므로 *Linning* 두께가 작아져 경제적이긴 하나 지하수 고갈, 주변침하 등 환경문제 발생으로 최근 비 배수터널의 적용이 증가하고 있는 추세이다.

2. 터널 내 지하수에 대한 설계방향

(1) 유입량의 예측

① 시공 중 유입량이 너무 과다하면 시공자체가 어려울 수 있음

② 터널유지관리측면의 집수정 설계

(2) 지하수위를 고려한 터널에 작용하는 응력조건의 변화 고려

3. 배수형 터널에 지하수 흐름

(1) 정상류(*Steady State Flow*) 상태

지하수의 공급이 충분하여 지하수위이 변화가 없는 경우

(2) 부정류(*Transient Flow*) 상태

지하수의 공급이 제한되어 있는 경우(주로 산악터널)

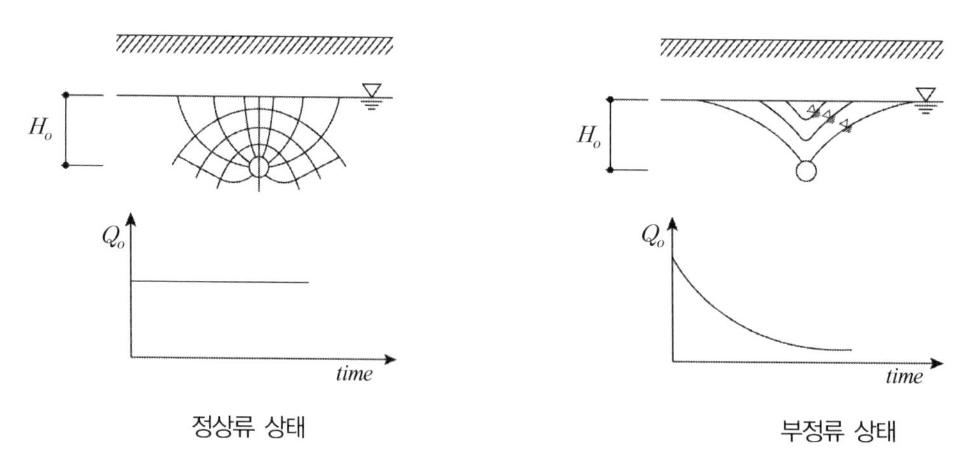

정상류 상태　　　　부정류 상태

✓ 지하수의 흐름 → 유입량의 판정, 유한요소해석을 통한 유입량, 수압 검토

4. 배수형 터널과 비 배수형 터널의 선택

(1) 기본개념

판단이 쉽지 않다!!

왜냐하면, 비 배수터널로 설계, 시공 후 누수가 발생한 경우 설계 시 목적대로 터널의 유지관리가 이루어지지 못할 뿐만 아니라 근본적으로 방수가 매우 곤란하므로 터널 저부에 설치된 유공관으로 배수, 즉 외부 배수형으로 변경된 경우가 대부분이므로 여러 가지 고려요소와 각 공법별 장단점을 확인 후 적절히 판단하여야 할 사항임

(2) 배수형 터널의 선택

① 기본개념은 콘크리트 라이닝에 수압을 작용시키지 않겠다는 것임

② 국내 터널의 대부분 적용

③ 터널의 수명기간 중 원활한 배수 시스템 구축 요

④ 유입수량이 적거나 지하수위저하가 심각하지 않는 경우/통제 가능한 경우(사회적, 경제적 문제가 야기되지 않는 경우 채택)

⑤ 높은 수압, 양호한 지층(지반의 투수성이 적어 유입수가 소량인 경우)

⑥ 강이나 하천을 통과하는 터널의 경우 우선 차수그라우팅 실시하여 유입수량을 현격히 감소시켰을 경우에도 배수형 터널 적용

⑦ 배수방식별 내부 배수, 외부 배수형으로 구분

구 분	내부 배수형 터널	외부 배수형 터널
목 적	• 콘크리트 라이닝 내부에 배수로 설치	• 콘크리트 라이닝 외부에 배수로 설치 • 터널 내부를 완전히 건조한 상태로 유지
적 용	• 습기나 누수를 허용	• 습기에 민감한 시설물
대 상	• 지하철, 철도, 도로터널	• 통신구, 전력구 등
• 배수로 유지관리에 대한 대책 강구 • 필터재료로서 부직포 선택이 매우 중요		

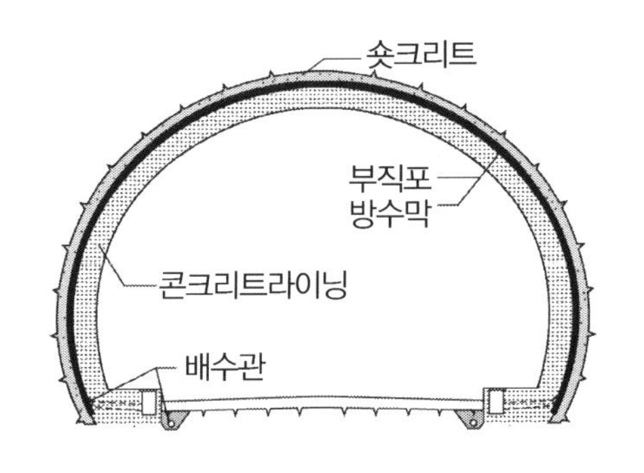

내부 배수형 터널의 개념도

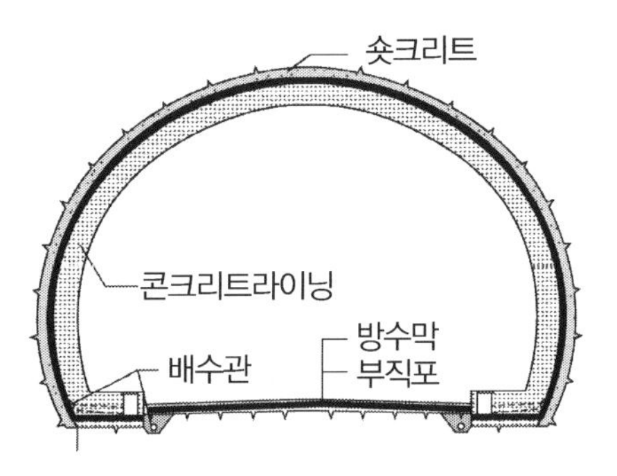

외부 배수형 터널의 개념도

(3) 비 배수형 터널의 선택

① 지하수위 저하로 인한 터널주변 지반의 침하 → 주요 시설물에 영향

② 차수공법만으로 지하수의 유입량을 감소시킬수 없는 경우

③ 지하수압이 콘크리트 라이닝에 작용

㉠ 콘크리트의 품질을 확보

※ 비 배수형 터널의 적용범위

수압이 $4kg/cm^2$을 한계, 그 이상의 수압이 작용 시는 배수형 터널 채택

㉡ 시공 중 방수막의 손상이 없도록 조치

④ 선진국에서는 과거 배수형식을 채택하였으나 환경보존의 중요성이 강조되면서 비 배수 형식의 터널로 바뀌는 추세에 있음

⑤ 그러나 현행의 방수 시스템으로는 실제의 비 배수형 터널의 기능발휘가 제한됨

⑥ 즉, 방수막의 파손으로 누수를 피할 수 없을 것이므로 다음의 조치가 필요함

㉠ 수밀콘크리트 사용 ㉡ 2중 방수막 사용

㉢ 시공이음부 대한 지수 상세보완 조치

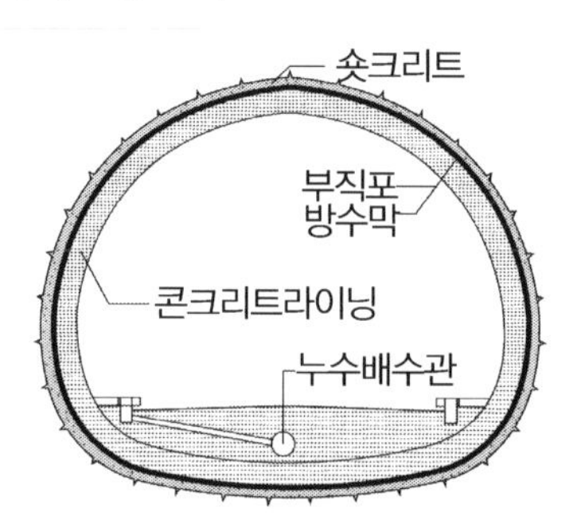

비 배수 터널 단면 개념도

5. 배수형 터널과 비 배수형 터널의 특징

구 분	배수 터널	비 배수 터널
지하수 처리	집수정 → 유도배수	방수처리(*HDPE*, *ECB* 방수)
보수(시공성)	용 이	불 량
복 공	무근, 얇음	철근, 두꺼움
공사비	小	大
주변영향	大	小
유지관리비	大	小
적용성	*K*값 적은 지반, 지하수위 낮은 경우, 인접건물 없을 때	투수계수가 큰 경우, 지하수위 높은 경우(30~40*M*), 대도시(예, 석촌호수 지반함몰)

6. 배수조건에 따른 터널의 설계개념

(1) 배수형 · 비 배수형 터널의 해석개념

구 분		배수 터널		비 배수 터널 (완전방수 개념)
		완전배수	침투고려	
개 념				
지하수위		배수에 의한 강하	변동 없음	변동 없음
침 투		발 생	발 생	발생 없음
해석조건	경계부	전 응력 = 유효응력	유효응력 + 정수압	유효응력 + 정수압
	지중응력	유효응력 = 전 응력	유효응력 + 침투압	유효응력 + 정수압
	라이닝에 작용하는 수압	0	0	정수압

(2) 경계부 응력과 라이닝에 작용하는 수압

구 분	배수 터널		비 배수 터널 (완전방수 개념)
	완전배수	침투 고려	
경계부 응력	γ_t: 습윤단위중량 $K_o \cdot \gamma_t \cdot z$ $\gamma_t \cdot z$	$(K_o \cdot \gamma' + \gamma_w) \cdot z$ $(\gamma' + \gamma_w)z$	$(K_o \cdot \gamma' + \gamma_w) \cdot z$ $(\gamma' + \gamma_w)z$
라이닝에 작용하는 수압	0	수압 증가 수압=0	$\gamma_w \cdot z$ D $\gamma_w(z+D)$

7. *Grouting* 시 수압변화

(1) 개 념

하저, 해저터널 설계 시 배수개념으로 하면 유입량이 과다하고 방수터널로 하면 라이닝에 수압이 너무 커지므로 유입량의 감소와 수압의 감소를 달성하기 위해서 우선 *Grouting*을 시행한다. 이때 수압은 침투압으로 인해 감소하게 되며 라이닝에는 수압이 작용하지 않게 된다.

(2) *Grouting*의 목적

① 침투개념 설계 ② 유입량 감소

③ 라이닝 작용수압 = 0 ④ 토립자 유실 방지

⑤ 투수계수 저하 → 한계 유속 이하

(3) 수압의 변화

① 터널주변 *grouting*으로 투수성이 감소하여 유입수량이 감소하고 *linning*에 작용하는 수압이 크게 저감됨

② 더불어 *grouting*으로 불투수 성향이 커지므로 그라우팅 링 외부에 작용하는 수압은 $\gamma_w \cdot z$에 육박하는 큰 수압이 작용될 수 있다는 점이 수반될 것임

③ 따라서 그라우팅의 두께는 유입량이 작아지는 효과에 대한 측면만이 아닌 그라우팅 외부에 작용되는 수압으로 인하여 발생하는 변위를 제어할 정도의 두께로 설계해주어야 한다는 점을 간과해서는 안 됨

(4) 적정 그라우팅 두께 : 계측결과 및 역해석을 통한 적정 그라우팅 범위 결정

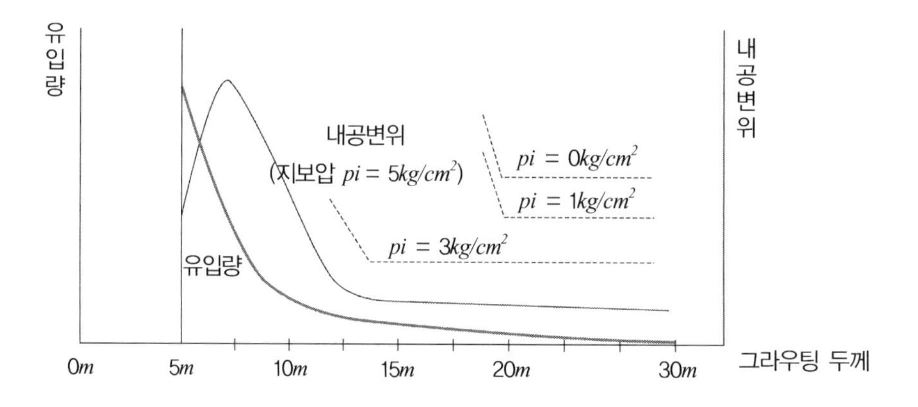

유입량을 줄인다는 관점에서 그라우팅 두께는 10*m*이면 충분하나 내공변위 관점에서 20 이상 확장되어야 함을 보여준다. 지보재 압력 $pi=5kgf/cm^2$일 경우 그라우팅을 전혀 실시하지 않은 경우에 비해 그라우팅 두께 약 3*m*에서는 내공변위가 최대로 증가하여 안전성에 오히려 불리할 수 있음을 알 수 있다.

34 소성압

1. 정 의

(1) 응력 평형조건인 원지반에 터널을 굴착하면 응력이 해방되어 아래 그림과 같이 소성영역이 증가하게 되는데, 이때 벽면에 작용하는 소성상태에서의 압력을 소성압이라 함

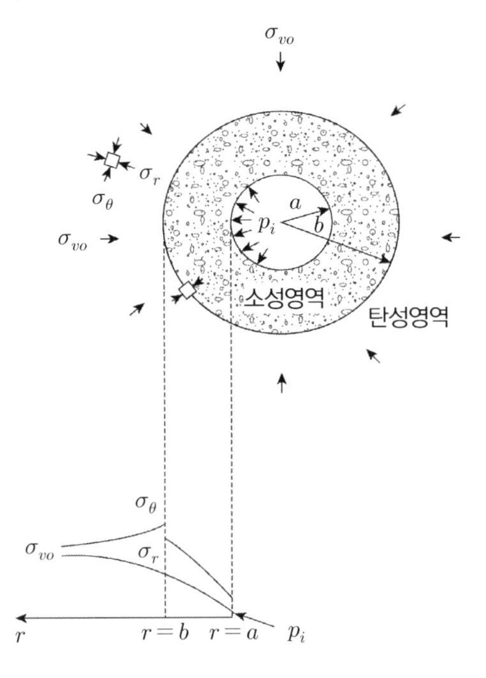

(2) 소성압은 팽창성 암반에서 크게 발생함

2. 발생조건

(1) 강도비 조건에 의한 발생 가능성 평가

강도비 : 연직유효응력에 대한 지반강도의 비

$$F_s = \frac{q_u}{\sigma_v} = \frac{q_u}{\gamma \cdot z} \leq 2$$

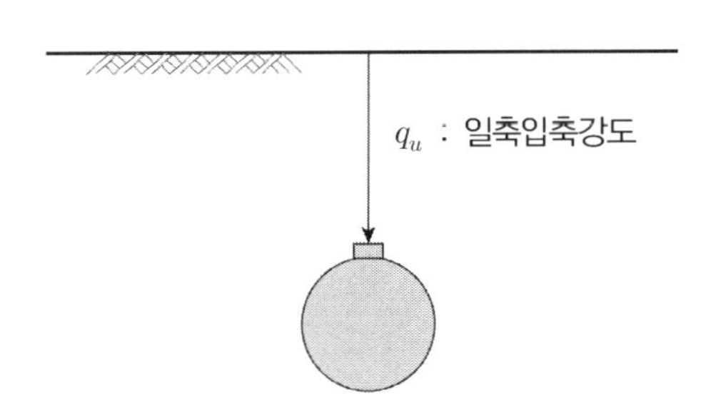

(2) 지반조건

① 측압비가 큰 경우

② 점토광물 함유 암 : 팽창성 암

KIM이 세 편 사 녹

③ 단층피쇄대

④ 풍화변질이 심한 암

(3) 단면조건

① 보조지보재 두께 부족

② 배면충진 불량

③ 비대칭 굴착

3. 문제점

(1) 측벽 또는 아치부의 균열

(2) 측벽 압축에 의한 단면 축소

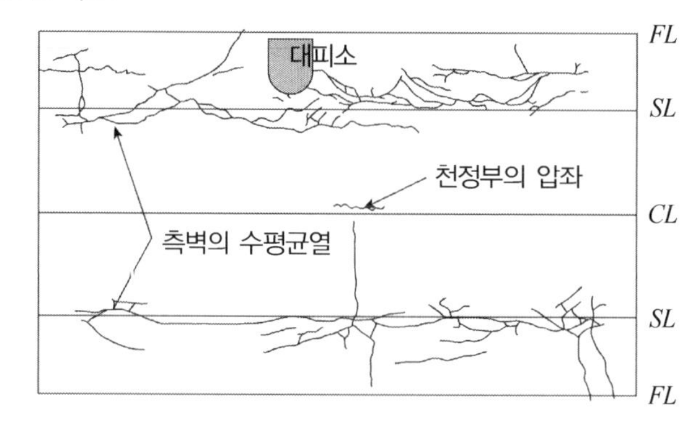

4. 소성압포함 터널의 붕괴를 일으키는 원인

지반적요인	인위적 요인	
	부적절한 설계	시공불량
• 소성압 • 편토압 및 사면활동 • 산사태 • 지반 이완영역 확대 • 수 압 • 지지력 부족 • 지반침하 • 근접공사 • 급격한 지반변화 • 팽창성 지반 • 과대한 측압비 • 기타 인공적인 요인	• 굴착방법 • 부적절한 지보재(뿜어부침 콘크리트, 록볼트, 강지보공) • 배수 불량 • 부적절한 지반보강방법 • 인버트처리 불량	• 배면공극(측벽 및 천정부) • 뿜어부침 콘크리트의 두께 부족 및 강도 불량 • 계측활용의 부적절 • 배수처리 불량

5. 대 책

(1) 천정부에 대한 대책
Forepoling, *Rootpile*, *Piperoof*, 강관다단그라우팅, *Soilnailing*. 주입공법

(2) 막장부에 대한 대책
막장 *Rock Bolt*, 막장 *Shotcrete*, 막장주입

(3) 단면 : 원형터널, 합성형

(4) 선진 *Boring*

(5) *TSP*

35 포화된 연약한 세립토 지반에 지하철공사를 위하여 터널을 계획하려고 한다. 터널을 굴착할 때 예상되는 문제점과 대책을 설명하시오.

1. 개 요

(1) 포화된 연약한 세립토 지반에 지하철공사를 위한 터널의 안정을 위해서는 적정토피를 확보해야 하나 다음과 같은 이유로 도심지 구간은 저토피 터널의 시공이 증가할 것으로 보인다.

① 사회적 원인 : 이용객 편의, 공사비 절감

② 기술적 원인 : 막장 선진보강기술 발전, 제어발파기술 발전, 수치해석 및 계측기술 발달, *Data Base* 구축

(2) 터널 굴착 시 포화된 연약한 세립토 지반에 대한 지반조사 및 시험의 한계성 등 설계 시 예상거동과 현저한 차이로 인해 터널 천단침하, 내공변위, 지표침하, 터널붕괴 등이 발생할 수 있으므로 *NATM* 공법의 적용에는 한계성이 있으므로 쉴드*TBM* 공법 위주로 문제점에 대한 원인과 대책을 기술하고자 한다.

2. 터널을 굴착할 때 문제점

(1) 터널의 천단침하

(2) 내공변위

(3) 지표침하(싱크홀 등)

(4) 터널 붕괴

3. 내공변위의 원인

응력 평형조건인 원지반에 터널을 굴착하면 응력이 해방되어 다음 그림과 같이 소성영역이 증가하는데, 포화된 세립토 지반은 소성영역이 암반에 비해 현저하게 크므로 터널 벽면의 접선방향 응력이 증대되어 내공변위로 터널의 붕괴가 예상된다.

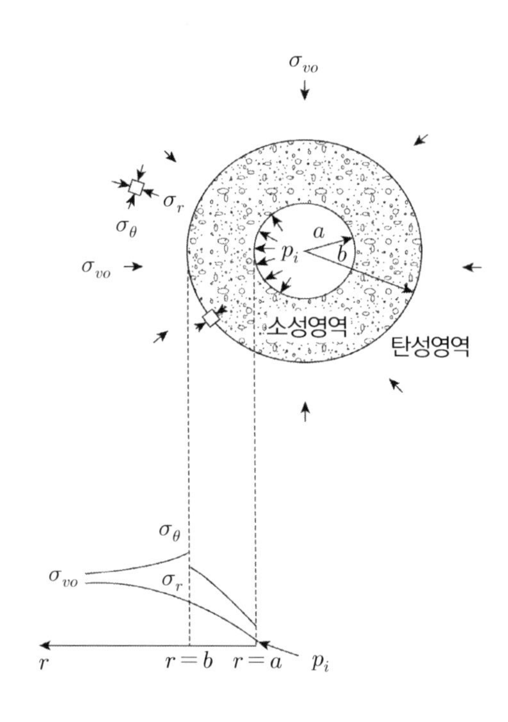

4. 지표침하의 원인

터널 굴진 시 응력해방에 의한 체적손실(*VL*=*Volume Loss*)

(1) 지하수 배제 : 유효응력의 증가로 인한 압밀침하 발생

(2) 막장자립성 불량

(3) 소성영역의 증대

(4) 지지력 부족

5. *NATM*으로 굴착할 경우 대책

(1) 지하수에 대한 대책 : 약액주입공법

(2) 막장자립성 불량 + 소성영역의 증대 방지

① 강관다단 그라우팅
② 링컷, 분할굴착공법
③ *Forepoling* 공법
④ *Pipe Roof*
⑤ 수발공
⑥ 막장면 숏크리트
⑦ 1회 굴진장 최소화(1*m* 이내)
⑧ 천장부 차수 및 그라우팅

(3) 지지력 부족에 대한 대책

① 상반 측벽 하부에 *Elephant Foot*를 설치
② 상반 측벽에 앵커를 설치 후 인장력 적용
③ 상반 측벽 하부에 지지말뚝 개념의 보강 그라우팅
④ 가인버트로 조기 링 폐합

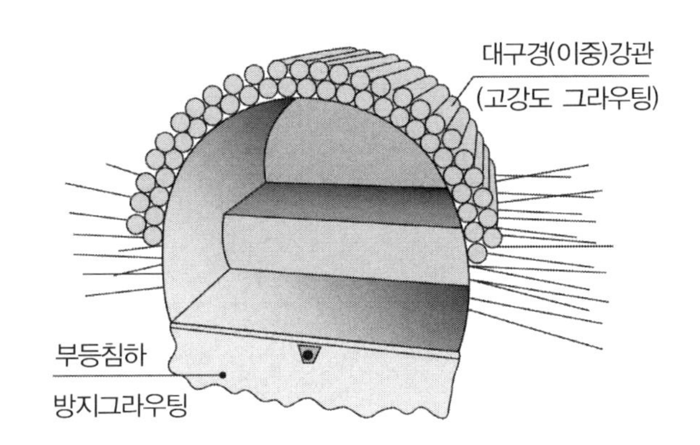

※ 종합적 대책

① 지지코아 ② 천단부 : 강관다단 그라우팅 ③ *Forepoling* ④ 확대기초
⑤ 앙카 ⑥ 막장부 : *GRP* ⑦ 하반부 : 그라우팅 ⑧ 가인버트
⑨ 강섬유보강 숏크리트 ⑩ *H*-*Beam* 강지보 ⑪ 철근콘크리트

6. ***SHIELD TBM***으로 굴착할 경우 문제점

(1) 지표침하 및 융기

① 단기침하(즉시침하) : 지반굴착으로 인한 응력해방으로 인한 침하

② *Linning* 변형으로 인한 침하 : 터널 단면이 크고 심도가 얕은 경우 발생

③ 장기압밀침하+크리프 침하 : 지하수위 저하로 인한 압밀(점성토지반), 체적 감소(사질토지반)

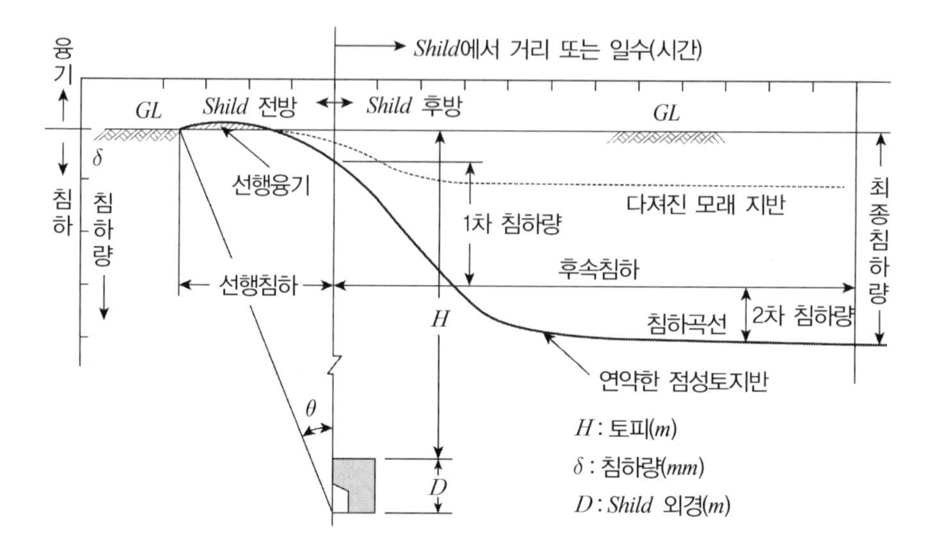

(2) 지표침하의 원인

① 굴진면 손실 : *Shield TBM* 굴진 시 굴진면 내부로의 변형 → 체적 손실

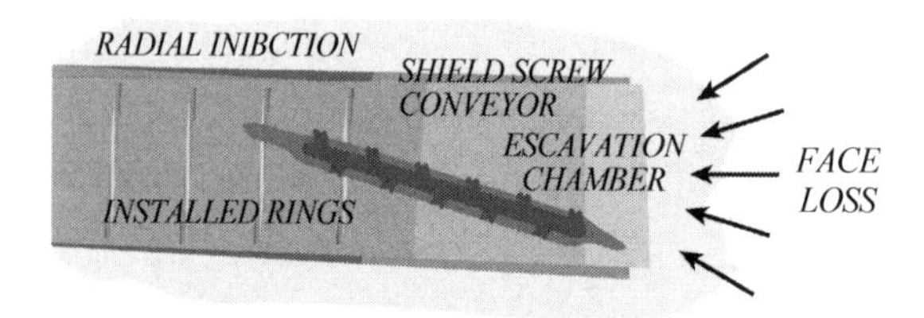

② *Shield TBM* 굴진 시 과굴착

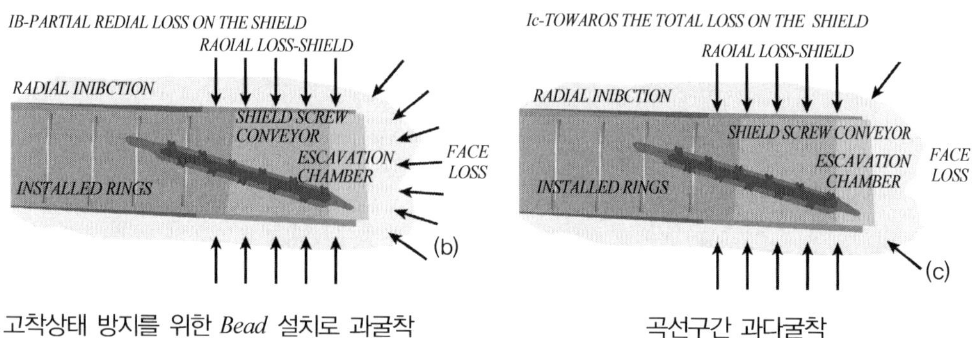

고착상태 방지를 위한 *Bead* 설치로 과굴착　　　곡선구간 과다굴착

③ *Tail Void*를 통한 변형 : 갭파라메타(*GAP*)

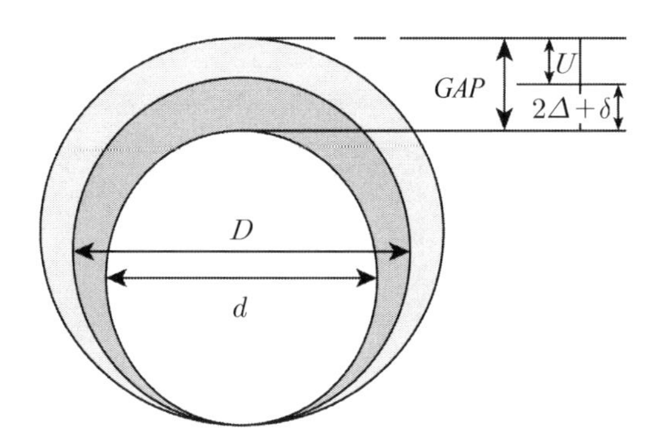

$$GAP = 2\Delta + \delta + U = Gp + U = 2\Delta + \delta + U_{*3D} + \omega$$

여기서, Gp : *Shield TBM* 기계의 외경과 *Segment* 사이에 존재하는 틈새

U_{*3D} : 터널막장 전면의 천단부 침하

ω : 시공오차로 인하여 발생되는 천단부에서의 변위

Δ : *Shield TBM tail skin plate*의 두께

δ : *Segment Linning*의 거치에 필요한 틈새

④ 지하수 저하와 지표침하 : 지하수위 아래에서 터널이 시공되는 경우 터널 내부로 지하수 유입

⑤ 지표면의 융기 : 토압 또는 이수압에 작용하는 압력이 적은 경우

7. *SHIELD TBM*으로 굴착할 경우 지반침하 및 융기 대책

(1) *Tail Void*부에서의 침하 및 융기 발생

① 뒷채움이 지연되거나 주입압과 주입량이 부족하지 않도록 시공관리 요망

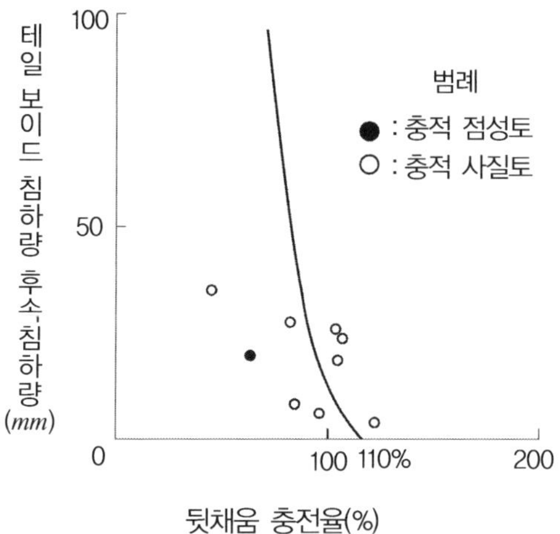

(2) 막장토압에 의한 지반변형

① 막장에서의 지반변위 억제를 위해서는 지반응력상태를 정지토압상태로 유지하여야 함

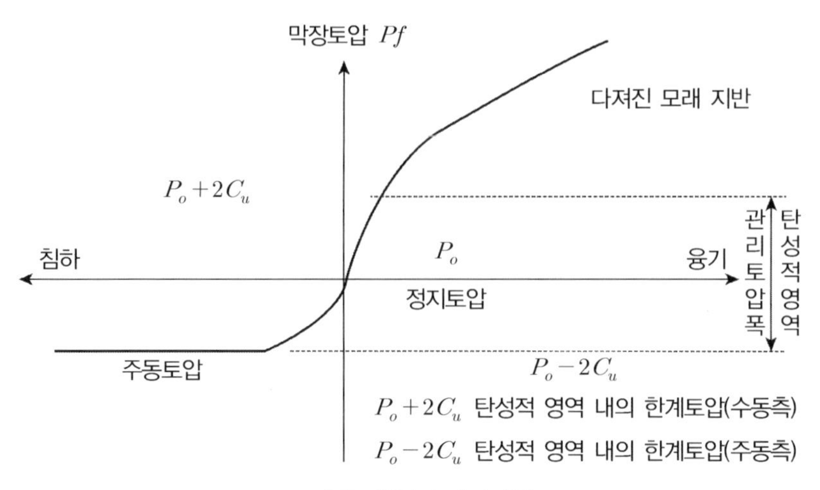

막장토압관리 메커니즘

② 점성토지반에서의 막장토압

$$P_{fo}+P_m=P_{so}+P_{uo}+\Delta P$$

여기서, P_{fo} : *Shield* 전면에 작용하는 이수압의 합력

P_{mo} : *Shield*가 면판에 지반을 밀어붙이는 힘

P_{so} : 지반 정지토압의 합력

P_{uo} : 지반간극수압의 합력

ΔP : *Shield* 굴진 시 여유압

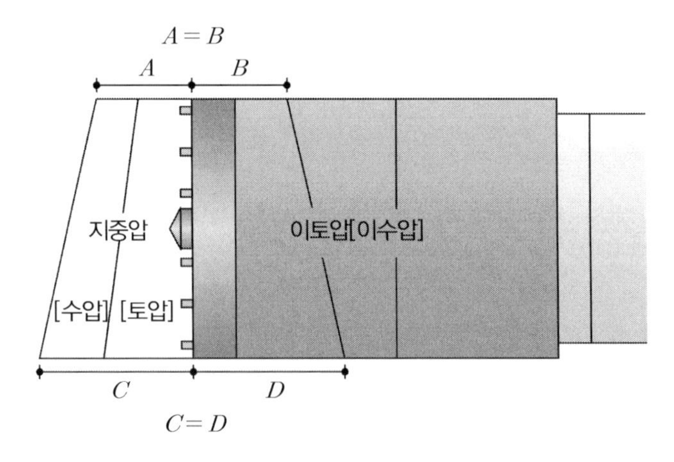

막장에서의 압력균형 모식도

(3) 굴진 정지로 지반침하 방지

① 굴진 정지 시 지반침하

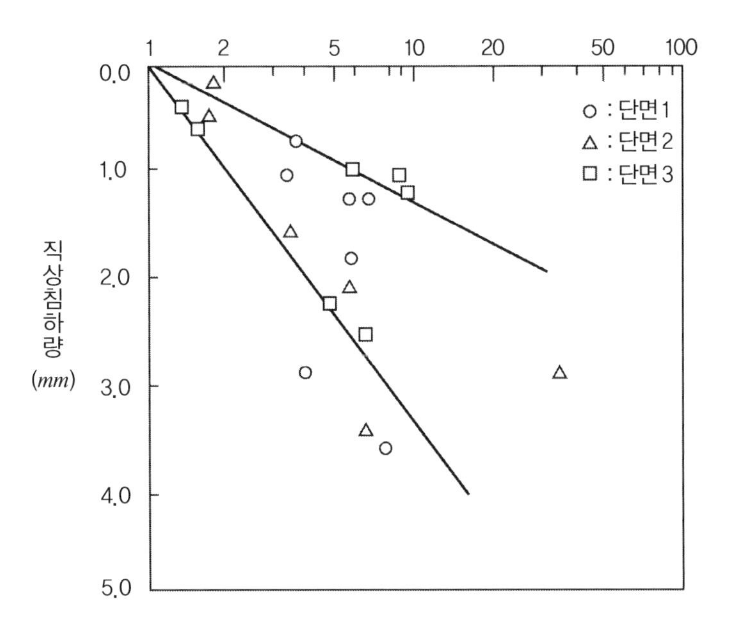

침하량은 정지시간과 함께 증대하고, 막장통과 직후보다 후속침하로 인한 크리프진행이 이미 발생하므로 침하방지대책으로 무저항시간을 짧게, 즉 빨리 통과하는 것이 대책임

(4) 지반조사, *Segment Linning*에 대한 적절한 구조해석, 침하량 분석

8. 평 가

(1) 포화된 세립토 지반에 지하철을 건설하고자 터널을 굴착하게 되는 경우라면 저토피에 해당되며, 발파로 인한 소음과 진동을 고려하여 주로 *Shield TBM*에 의한 굴착을 진행한다.

(2) 최근 발생한 서울 석촌동 지하차도 싱크홀과 같이 부적절한 굴착관리로 인한 지반함몰은 지반상황에 대한 정확한 조사부족, 이수압, 이토압에 대한 적정압력 부실로 인한 막장불안정, 지하수위 저하로 인한 압밀, 굴진속도 지연에 따른 지반침하, *Segment Linning* 배면 그라우팅 불충분, *Segment Linning*에 대한 부적절한 구조해석 등 복합적 원인에 의해 발생된 것으로 추정된다.

(3) 향후 포화된 세립토 지반에 지하철을 건설하고자 한다면 지반조사 설계단계, 시공단계, 유지관리 단계에서 입체적인 관리가 이루어질 수 있도록 다음과 같은 시스템을 구축함이 바람직할 것으로 사료된다.

① 도심지의 경우 이상징후 발견 시 주민신고체계 구축

② 지하시설물 정보 시스템 구축 : 지반지도 구축 → 침하가능지역으로 지정, 관리

③ 지반조사 *DB* 구축 → 통합처리/분석을 위한 전문 연구기관 운용

36 터널에서의 편토압

1. 정 의

터널 횡단면 좌우에 작용하는 불균형 지압을 편토압이라 하며
① 사면근접터널 ② 비대칭 굴착 ③ 기존터널 측면굴착 ④ 근접시공 등
'부분적인 지중응력 해방'에 의해 발생함

2. 발생원인

(1) 지 형
 ① 자연 : 붕괴성 지반, 지진붕괴, 침식
 ② 인공 : 성토, 절토, 수위저하

(2) 지질 : 풍화대, 팽창성 지반

3. 현 상

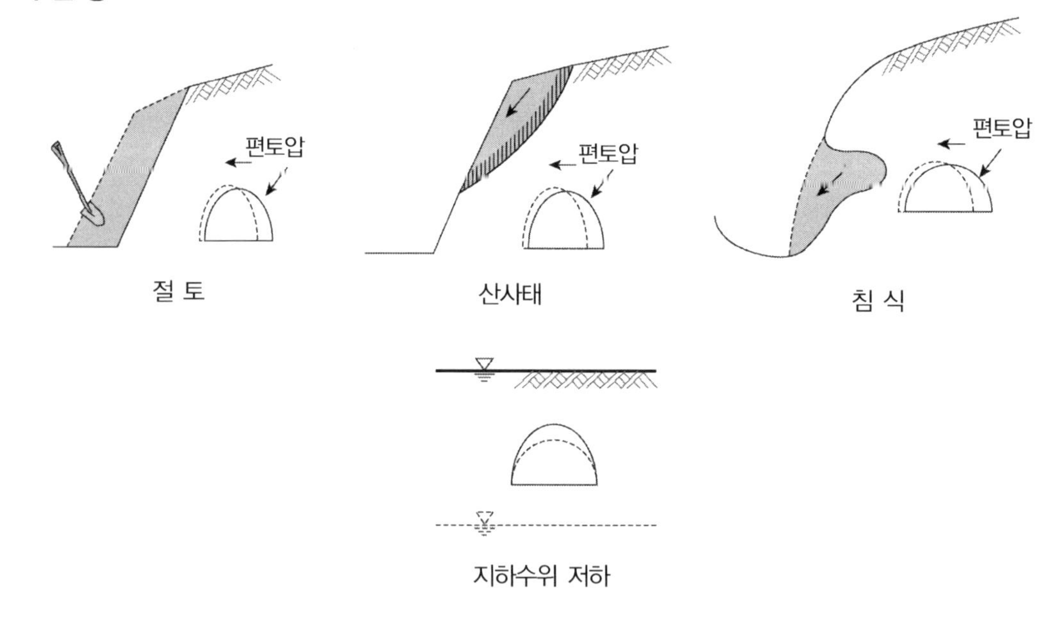

4. 터널의 변상상태

(1) 상부 사면측 어깨부에 수평균열, 단차 발생
(2) *Crown* 중앙 부근에 압좌현상
(3) 상부사면 측 라이닝 이음부의 단차 발생
(4) 단면축의 회전
(5) 계곡부 측벽에 수평균열 발생

(6) 편토압 시종점 부근에 경사균열 발생

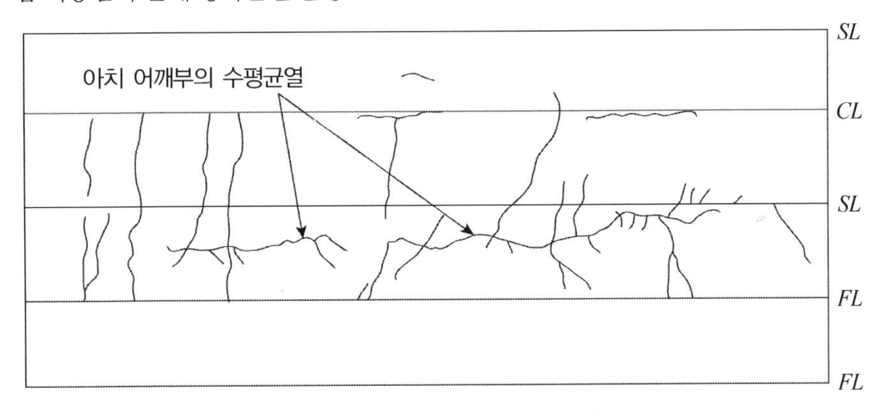

편토압 발생 시 터널 변상 예

5. 대 책

(1) 편토압 경감

압성토, 옹벽, 말뚝, 소일네일, 앵커

(2) 터널 내 지반보강 : 소성영역 밖 장대 볼트시공

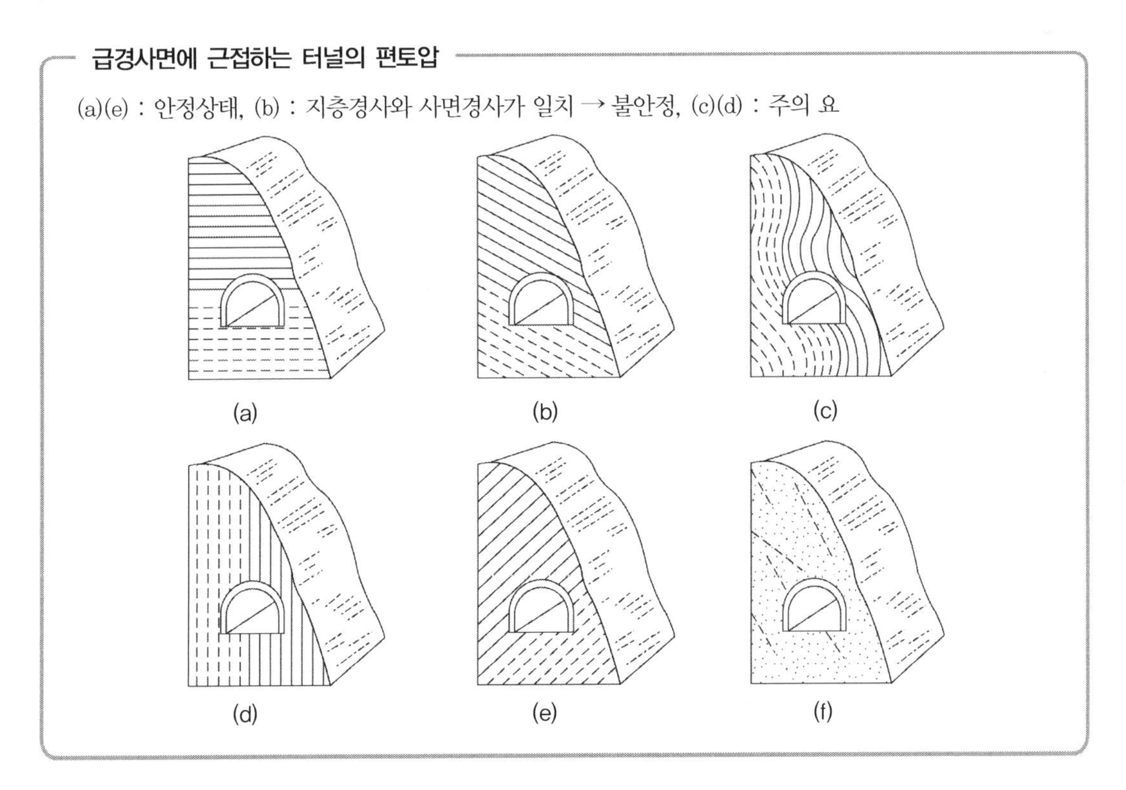

37 터널 갱구부 문제점 및 대책

1. 개 요

(1) 터널의 일반부는 주로 지반조건, 지질 구조, 지하수 등 원지반 내부의 조건에 따라 그 거동이 지배되는데 반해, 갱구부의 터널 기동은 지형, 기상 등의 외적 조건에 의해서도 지배된다. 따라서 갱구부는 터널의 일반부와는 달리 특별한 구조와 시공법이 필요한 곳이다.

(2) 보통의 갱구부는 갱문 배면에서 터널 내의 그라운드아치의 형성이 가능한 $1\sim2D$(D는 굴착폭) 정도의 토피가 확보되는 범위를 말한다.

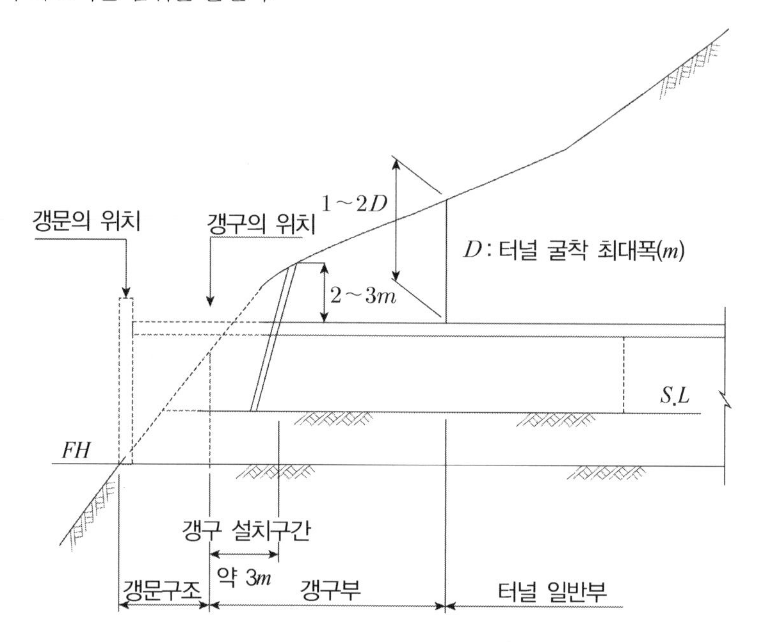

2. 터널 갱구부 설계 시 검토항목

(1) 갱구의 위치 및 설치방법

(2) 갱구부로 시공되는 범위

(3) 갱구부의 굴착공법, 지보구조, 보조공법과 콘크리트 라이닝 구조

(4) 갱구사면의 안정 검토와 필요한 사면안정 공법

(5) 갱구사면의 지표수 및 지하수 배수 대책

(6) 기상 재해의 가능성과 필요한 대책 공법

(7) 지표면 침하 등 갱구 주변의 구조물에 미치는 영향

3. 지형적 측면의 갱구위치에 따른 공학적 특성

(1) 문제점 : 변위, 침하, 균열

(2) 대 책

① 터널노선의 우선순위

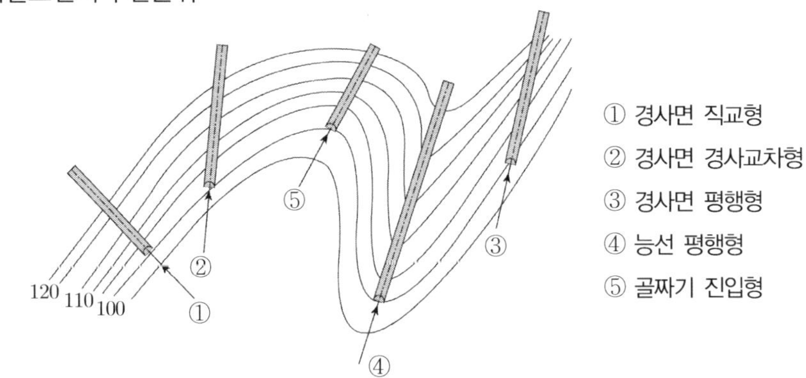

㉠ 경사면 직교형

가장 이상적인 터널 축선과 경사면의 위치 관계이다. 그러나 경사면 중간에 갱구가 계획될 경우는 공사용 도로의 확보나 설치되는 도로 구조와의 관계 등 시공상의 특별한 배려가 필요하다.

㉡ 경사면 경사교차형

터널 축선이 경사면에 대해 비스듬하게 진입하기 때문에 비대칭의 절취 경사면이나 갱문이 될 때가 있고, 유동 암반인 경우는 편토압이 작용할 때가 있다. 따라서 편토압 및 횡방향 토피 확보 여부에 대한 검토가 필요하다.

㉢ 경사면 평행형

경사 교차가 극단적일 때이며 긴 구간에 걸쳐 골짜기 쪽의 토피가 극단적으로 얇아질 때가 있어 편토압에 대해 특별한 배려가 필요하다. 이러한 이유로 이 관계는 문제가 생길 때가 많아 될수록 피해야 할 위치 관계이다.

㉣ 능선 평행형

터널 양측면의 토피가 극단적으로 얇아질 때가 있어 횡단면의 검토가 요구되며 암선의 좌우 비대칭일 경우가 많고 암선이 깊게될 경우가 많기 때문에 지반조사를 철저히 하여야 한다. 선형상으로는 갱구부의 굴착량이 최소가 되어 경제적이며 지반상 문제가 없다면 바람직한 방법이다.

㉤ 골짜기 진입형

일반적으로 골짜기에는 지질 구조대가 발달하고 있어 애추 등 미고결 퇴적층이 두텁게 분포하고 있고 지표수 유입과 지하수위가 높을 때가 많다. 또한 토사류, 눈사태 등의 자연재해가 발생하기 쉬운 위치 관계이다. 부득이하게 계획되었을 경우는 지표수 배수처리를 각별히 고려하여야 하며 낙석, 산사태, 눈사태 등의 자연재해 발생 가능성에 대비하여야 한다.

② 보 강

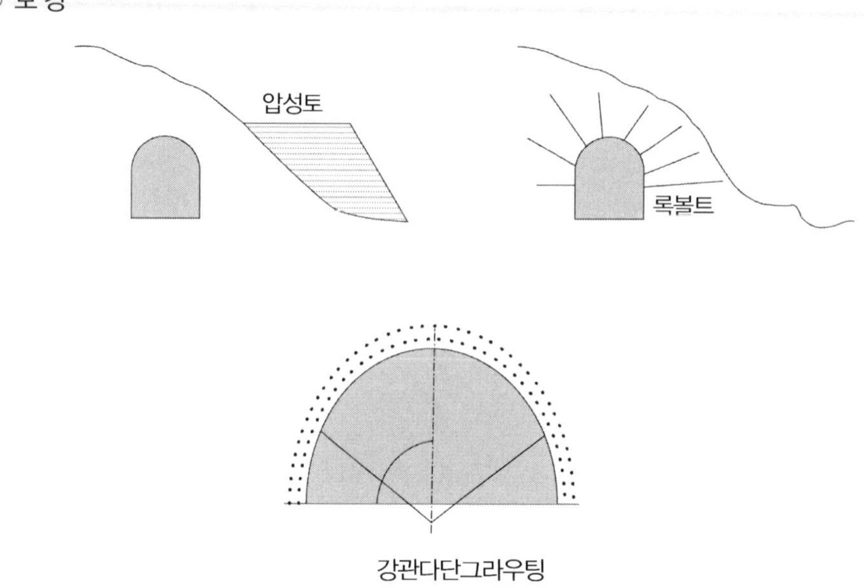

강관다단그라우팅

4. 사면안정

(1) 일반사항

일반적으로 절토사면의 경우 토층이 균질하다는 가정하에 안정해석이 이루어지고 있으나, 암반 사면의 경우 불연속면의 조건에 따라 사면의 안정성 여부가 결정된다. 따라서 암반구간과 토사 및 풍화암 구간을 구분하여 사면안정검토를 실시함에 유의하여야 한다.

(2) 지반조사 (시추, 물리탐사, 지표지질조사) → 사면안정해석

(3) 대 책

① 구배완화 : 경관훼손, 환경문제 검토

② 갱문구조 : 압성토 시공

③ *Soil Nailling, Rock bolt*

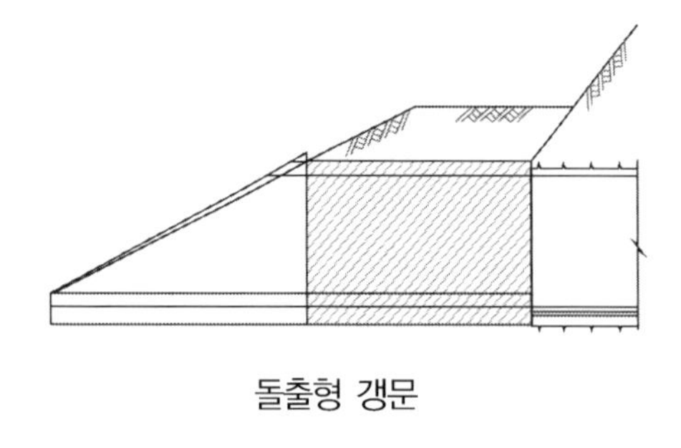

돌출형 갱문

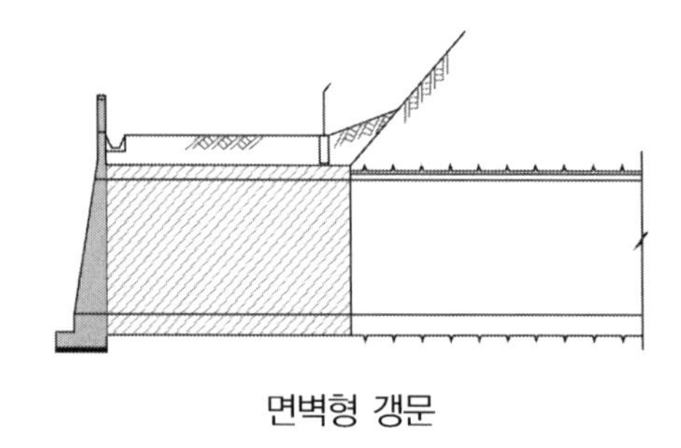

면벽형 갱문

5. 시공 중 붕괴 및 터널구조물 안전성 확보

(1) 문제점

① 지층조건 열악 : 지하수위가 높고, 토사사면

② *Ground Arch* 형성 곤란

③ 지진 발생 시 피해 우려

(2) 대 책

① 굴착방법

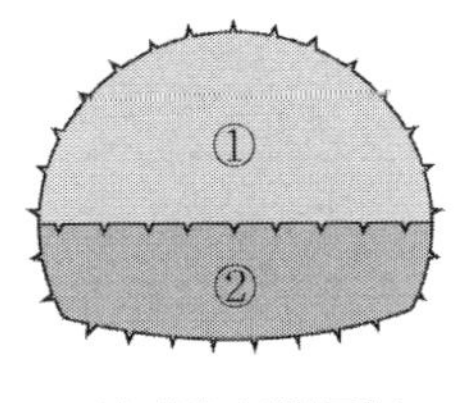

상하반 분할굴착

중벽분할굴착

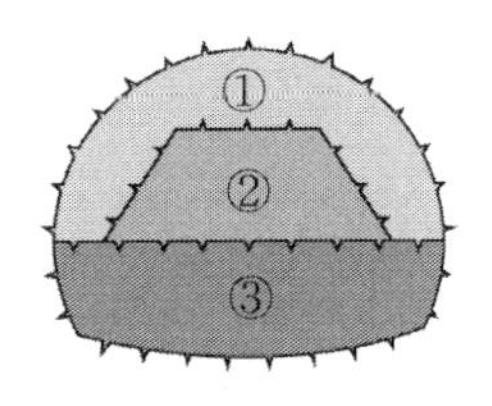

링컷분할굴착

② *Linning*

지진피해 고려 갱구부 라이닝을 철근 콘크리트 검토

③ 보조공법 검토 : 사면붕괴, 지하수위 저하, 막장붕괴, 편토압, 지지력 부족

참고(갱문의 설계)

1. 갱문의 위치 선정에서는 기상 및 자연재해에 의한 영향을 최소화할 수 있도록 갱문배면의 지형, 지반조건, 깎기 및 비탈면의 안정성 등을 검토하여야 하며, 갱구부 주변의 유지관리 시설과의 관계와 터널 외부의 구조물형식을 고려하여야 함

2. 갱문은 비탈면에서의 낙석, 토사붕락, 눈사태, 지표수 유입 등으로부터 갱구부를 보호할 수 있는 기능을 갖도록 하여야 하고, 지반조건이 허용하는 한 최소 토피구간을 선정하여 자연환경 훼손을 최소하여야 하며, 역학적으로 안정한 구조로 하여야 함

3. 갱문의 외관과 형상은 터널의 사용목적에 맞고 주변경관과의 조화를 위한 조경계획과 유지관리상의 편의를 고려하여 선정하여야 함

4. 갱문의 형식은 다양한 형식으로 적용할 수 있고 주로 면벽형과 돌출형으로 구분하며 갱구부의 지형, 지반조건, 주변여건을 고려하여 다음과 같이 선정하여야 함
   1) 면벽형은 구조적으로 중력식과 날개식 등으로 나눌 수 있고 갱문배면의 지반압을 받는 토류옹벽 구조로 하여야 함
   2) 돌출형은 터널본체와 동일한 내공단면이 터널 갱구부에 연속하여 지반으로부터 돌출한 형식으로서 그 형상에 따라 파라펫트식, 원통절개식, 벨마우스식 등이 있으며 각 형식별로 장단점을 고려하여 선정하여야 함
   3) 해빙기와 집중호우 시 낙석, 눈사태, 산사태로부터 이용자의 안전을 확보할 수 있도록 갱문형식을 선정・설계하여야 함

5. 갱문의 구조설계는 소요하중 외에 지진, 온도 변화, 콘크리트의 건조수축 등의 영향을 고려하여야 하며, 갱문구조물의 기초 안정성도 검토하여야 함

6. 갱문구조물의 일부로서 터널과 연결된 복개식 터널구조물은 개착구조물로 간주하여 설계하여야 하며, 편압이 작용할 경우에는 이에 대한 영향을 고려하여야 함

7. 갱문구조물과 본선터널의 접합부는 분리구조로 하고 적합한 조인트를 설치하여야 하며, 재질이 서로 다른 두 종류의 방수막이 접합되는 경우, 방수막 상호 간 접합이 용이한 재료를 선정하여 사용함. 특히, 접합부에는 누수에 대비하여 구조물 횡방향을 따라 도수로를 설치하여야 함

8. 갱구부 개착구조물 설치 시 원지반의 특성을 감안하여 바닥 슬래브의 설치 여부를 검토하여야 함

38 1차 지보재 종류별 역할과 특성

1. 강지보재

강지보재는 숏크리트 및 록볼트와 함께 터널의 안정성을 확보하기 위한 지보재 중 하나이다. 강지보재는 숏크리트와 록볼트가 소정의 강도나 강성을 발휘하기 전까지 지반의 하중을 지지하게 된다.
그러나 강지보재와 굴착면 사이에 이격이 커서 완전히 밀착되지 않으면 결함부가 되는 경우가 있으므로 주의시공이 요망된다.

(1) 강지보재의 사용목적

① 시공 중 천단붕괴 / 지표침하 등 지반변위의 억제

② 숏크리트 경화 전 초기 지보

③ 록볼트 시공 전 초기 지보

④ *Forepoling*의 지지반력대

(2) 강지보재의 종류별 특징

구 분	*H*형	*U*형	격지지보
강 성	大	中	小
무 게	大	中	小
설치 용이	불 량	보 통	우 수
초기 안정	불 량	보 통	우 수
배면공극	大	中	小
시공실적	大	中	小

(3) 강지보재 설계 시 고려사항

① 강지보재는 숏크리트, 록볼트 등의 지보재와 일체가 되어 소요의 지보기능을 발휘하도록 규격과 배치간격을 정하여야 함

② 강지보재의 이음은 시공순서 및 시공성을 고려하여 이음개소가 최소가 되도록 정하되 제거와 추가이음이 요구되는 곳에는 시공이 가능하도록 설계에 반영하여야 함

③ 강지보재의 단면은 강지보재의 설치 후에도 숏크리트의 타설이 용이하고 숏크리트와 일체화되기 쉬운 형상을 가진 것이어야 하며 *H*형강, *U*형강 및 격지지보 등을 사용할 수 있음

④ 강지보재의 치수는 작용하중 외에 숏크리트의 두께, 강지보재의 최소덮개, 굴착공법 및 굴착방법 등을 고려하여 결정함

⑤ 팽창성지반 등과 같이 내공변위가 크게 발생하는 지역에서는 강지보재의 이음을 가축변형이 허용되는 조인트 구조로 할 수 있음

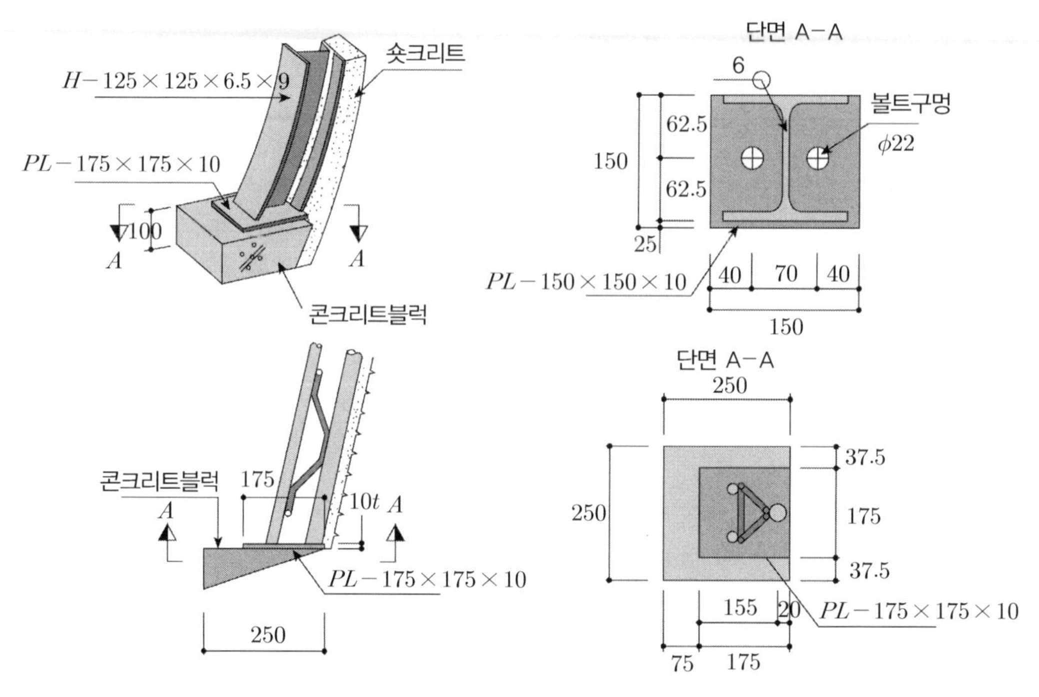

2. *Shotcrete*

(1) 숏크리트의 역할

① 초기 변위 억제 : 지반과의 부착, 강도 발휘 → 축압축 저항기능 / 휨 저항기능 / 전단저항기능

② 풍화 억제

③ 아치 형성 : 응력집중 완화

④ 풍화대 봉합 : 낙반방지

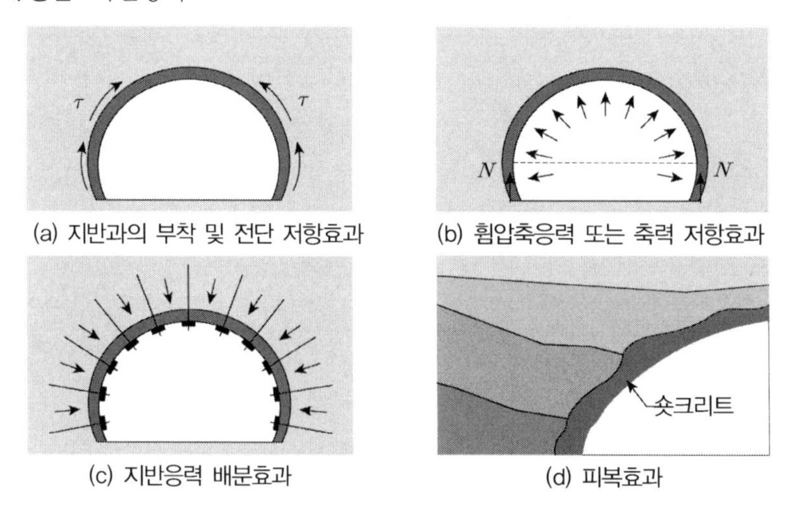

(a) 지반과의 부착 및 전단 저항효과

(b) 휨압축응력 또는 축력 저항효과

(c) 지반응력 배분효과

(d) 피복효과

숏크리트 작용 효과

(2) 숏크리트 구비조건

① 설계목적과 기준에 부합하는 충분한 강도를 확보하여야 함

② 조기에 필요한 강도를 발휘할 수 있어야 함

③ 지반과 충분한 부착성을 확보하여야 함

④ 충분한 내구성을 확보하여 터널의 공용기간 동안 소요의 기능을 발휘할 수 있어야 함

⑤ 반발율 및 분진 발생량을 최소화하여야 함

⑥ 평활한 굴착면을 확보하여 방수 및 배수시공이 용이하여야 함

(3) 숏크리트의 구분

① 시공방법에 따른 구분

㉠ 건식 : 과거 주로 사용
분진 발생, 콘크리트 품질관리 곤란, 리바운드 많음

㉡ 습식 : 성능, 시공성, 작업성 등이 우수한 습식 숏크리트가 대부분
분진 적음, 압송거리 짧음, 리바운드 적음, 콘크리트 품질관리 용이

② 보강재료에 따른 구분

㉠ 강섬유보강 숏크리트(*SFRS*)
초기 보강 기능, 성력화, 인성 증대

㉡ 철망보강 숏크리트 : 초기보강 지연, 노력품/공기지연

㉢ 최근 고성능의 합성섬유가 일부 사용됨(대표적으로 폴리프로필렌 섬유)

③ 성능에 따른 구분

㉠ 일반숏크리트 : 재령 28일 압축강도 기준 21*MPa*

㉡ 고강도숏크리트 : 재령 28일 압축강도가 35*MPa* 이상을 향상된 숏크리트, 내구성이 우수함

④ 고강도 숏크리트 사용시기

㉠ 콘크리트라이닝을 설치하지 않는 경우

㉡ 터널의 조기 안정화가 요구되는 경우

㉢ 장기 내구성이 요구되는 목적구조물로서 활용되는 경우

㉣ 대단면터널에서 숏크리트 두께 축소를 목적으로 하는 경우

㉤ 안전성, 시공성, 경제성 향상을 목적으로 하는 경우

※ 숏크리트의 강도 증진을 위하여 혼화재를 사용할 경우는 실리카흄, 메타카올린, 플라이애쉬 등과 같은 미분말 혼화재를 사용할 수 있음

3. *Rock Bolt*

(1) 역 할

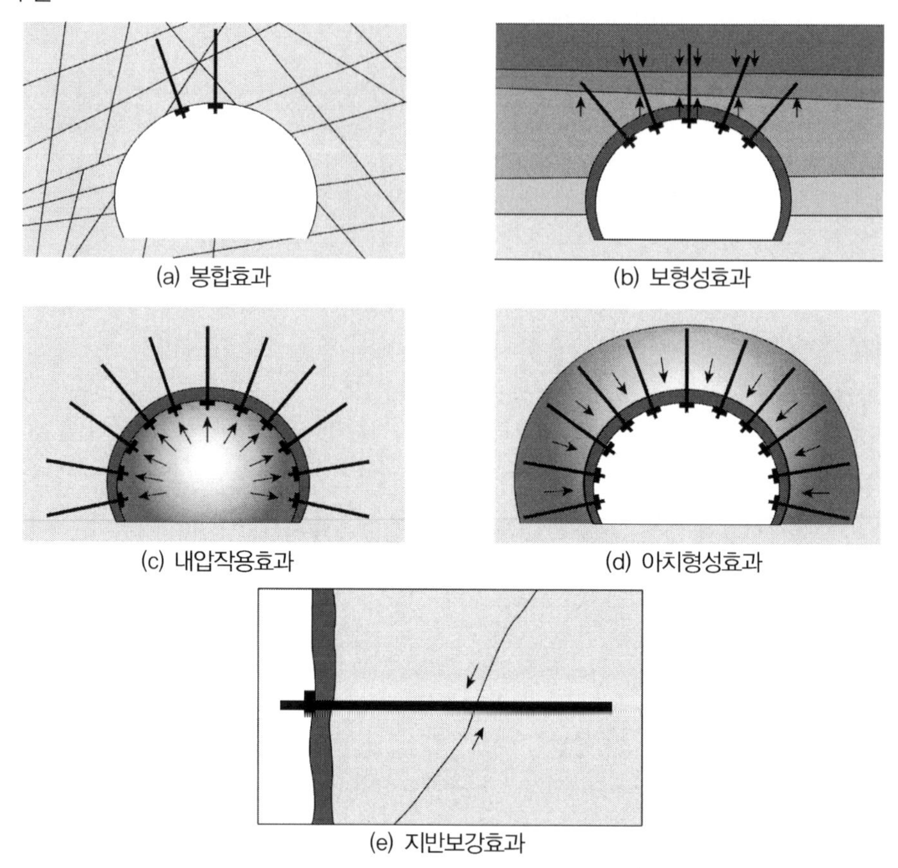
(a) 봉합효과 (b) 보형성효과 (c) 내압작용효과 (d) 아치형성효과 (e) 지반보강효과

① 봉합작용

발파등에 의해 이완된 암괴를 이완되지 않은 원지반에 고정하여 낙하를 방지하는 기능

② 보형성기능

터널주변의 층을 이루고 있는 지반의 절리면 사이를 조여줌으로써 절리면에서의 전단력의 전달을 가능하게 하여 합성보로서 거동시키는 효과임

③ 내압작용

록볼트의 인장력과 동등한 힘이 내압으로 터널벽면에 작용하면 2축 응력 상태에 있던 터널 주변 지반이 3축 응력상태로 되는 효과가 있으며 이것은 3축 시험 시 구속력(측압)의 증대와 같은 의미를 가지며 지반의 강도 혹은 내하력 저하를 억제하는 작용을 함

④ 아치형성 작용

시스템 록볼트의 내압효과로 인해 굴착면 주변의 지반이 내공측으로 일정하게 변형하는 것이 의해 내하력이 큰 그라운드아치를 형성함

⑤ 지반보강 작용

지반 내에 록볼트를 설치하면 지반의 전단 저항능력이 증대하여 지반의 내하력을 증대시키고 지반의 항복 후에도 잔류강도 향상을 도모함

(2) 록볼트 설계 시 고려사항

① 록볼트 설계 시에는 록볼트 소재와 록볼트 자체의 항복하중과 정착방법을 면밀히 검토하여야 함

② 록볼트의 작용효과 중 특히 봉합작용이 강조되어 인장력이 발생되는 경우는 소요의 인발내력에 대해서 충분한 안전율을 갖는 재질과 형상의 록볼트를 채택하여야 함

③ 록볼트의 재질, 지압판, 정착형식 및 정착재료 등을 선정할 경우에는 그 시공성을 고려하여야 함

④ 굴착으로 인한 응력해방에 따라 내공변위가 크게 발생하는 경우에는 선단정착형 또는 혼합형의 록볼트 형식으로 프리스트레스를 도입하는 경우에는 도입된 프리스트레스가 지속적으로 유지될 수 있는 지반조건이어야 하며 프리스크레싱에 의한 록볼트의 응력이 항복강도의 80% 이내가 되도록 하여야 함

⑤ 대단면 터널, 터널 교차부 등과 같이 8*m* 이상의 긴 록볼트를 설치할 필요가 있는 경우에는 시공성 등을 고려하여 짧은 록볼트와 함께 긴 케이블볼트를 조합하여 설계할 수 있음. 이때 사용하는 케이블볼트의 재질 및 형상은 원지반 조건 및 사용목적에 따라 정하여야 하며 배치 및 길이 선정은 록볼트의 설계기준을 준용하되 충전재 미채움으로 인한 공극을 고려하여 록볼트 설계기준에 준하여 결정된 길이에 최소 2*m*를 추가하여야 함

(3) 록볼트 정착방법 선정 시 고려사항

① 록볼트의 정착방법으로는 선단정착형, 전면접착형, 혼합형 등이 있으며 사용목적, 지반조건, 시공성 등을 고려하여 정착방법을 선정하여야 함

② 정착재료는 시멘트계와 수지계를 현장여건에 따라 사용할 수 있음

(4) 록볼트의 배치 및 길이 선정

① 록볼트는 원칙적으로 굴착에 의해 영향을 받는 영역을 보강하도록 배치하여야 함

② 록볼트의 배치 및 길이는 그 사용목적, 지반조건, 터널단면의 크기 및 형상, 굴착공법, 절리의 간격 등을 고려하여 결정하여야 함

③ 록볼트를 일정한 간격으로 배치할 필요가 있는 경우에는 터널단면의 방사선방향으로 굴착면에 직각으로 타설하는 것을 원칙으로 하고 절리가 발달하였으나 암질이 양호한 불연속면을 관통하는 경우에는 절리면을 고려한 빙향으로 록볼트를 설치하여야 하며 인접한 록볼트 간에는 상호작용 발휘가 가능하도록 록볼트를 배치하여야 함

단, 록볼트를 조기에 타설할 필요가 있는 경우에는 터널진행방향으로 경사진 경사록볼트 배치형식을 적용할 수 있음

④ 록볼트의 길이는 굴착단면의 크기와 이완영역의 발달 깊이에 따라 조정하되 설치간격의 2배 정도를 표준으로 하고 1회 굴진장 및 암반의 절리상태에 따라 조정하여야 하며 지반자체의 지보능력을 원활히 발휘할 수 있는 간격으로 배치하여야 함

⑤ 록볼트의 직경은 1본의 록볼트가 지탱하는 암괴의 중량 또는 지반에 필요한 전단보강력에 의해 결정할 수 있으나 일반적으로 *D*25의 규격을 표준으로 하는것을 원칙으로 함

⑥ 터널 상부에 강관보강공법이 적용된 구간에서 록볼트에 의한 보강효과를 얻을 수 없거나 매우 저감되는 경우에는 지반조건을 면밀히 검토한 후 록볼트를 생략할 수 있음

참조) 록볼트를 추가 설치하는 것이 바람직한 경우

- 터널벽면의 변형이 록볼트 길이의 약 6%가 된다고 판단되는 경우
- 록볼트의 인발시험 결과로부터 충분한 인발내력이 얻어지지 않는 경우
- 록볼트 길이의 약 1/2 이상으로부터 지반 내부 사이에 축력분포의 최댓값이 존재하는 경우
- 소성영역의 범위가 록볼트 길이를 넘는다고 판단되는 경우

39 터널 보조공법

1. 개 요

(1) *NATM(New Austrian Tunneling Method)*공법은 주지보재인 암반이 스스로 지니고 있는 자체 원지반의 지지력을 이용하여 1차 지보재인 록볼트로 고정한 후 숏크리트와 지보재로 보강하여 지반을 안정시킨 후 터널 굴착을 계속하는 시공성이 우수한 굴착방식이다. 우리나라에는 1980년대 지하철 건설에 활용되기 시작하여 개착이 어려운 터널공사에 시공되고 있다.

(2) 여기서, 1차 지보재만으로 막장 및 천단지반의 안정을 확보하기 어려울 정도로 지반이 탄성영역을 벗어난 경우 보조공법 사용하게 된다.

2. 적용대상

(1) 토피가 작은 경우

(2) 연약지반

(3) 근접시공에 따른 변위억제 필요시

(4) 지하수용출 과다로 지반이완 억제

(5) 편토압, 소압압으로 인한 터널 자립 불량지반

3. 목 적

(1) 전단강도 증대 : $S = C + \sigma\ tan\ \phi$에서 c, ϕ값 향상

(2) 압축성 개선 : 간극 충전, 강성 증진 / 변형 억제

(3) 투수성 저감 : 주입, 혼합으로 투수성 저감 → 지하수유출, 토사유출 억제

(4) 지반의 변형 및 파괴방지(궁극적 목적) : 시공성, 내구성 확보

4. 보조공법의 종류 / 목적

천단안정	막장안정	지 수	배 수
Fore poling ***Root pile*** ***Pipe Roof*** ***Soil Nalling*** 강관다단 ***Grouting*** 주입공법 : ***JSP, SIG, LW***	막장면 숏크리트 막장면 록볼트 주입공법 가 인버트 지지코아	***LW*** ***SGR*** 우레탄 압 기 동 결 지중연속벽	선진수발공 선진보링공 웰포인트 딥웰

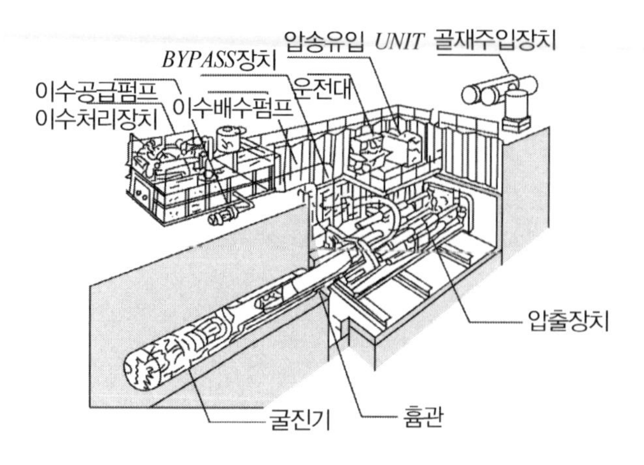

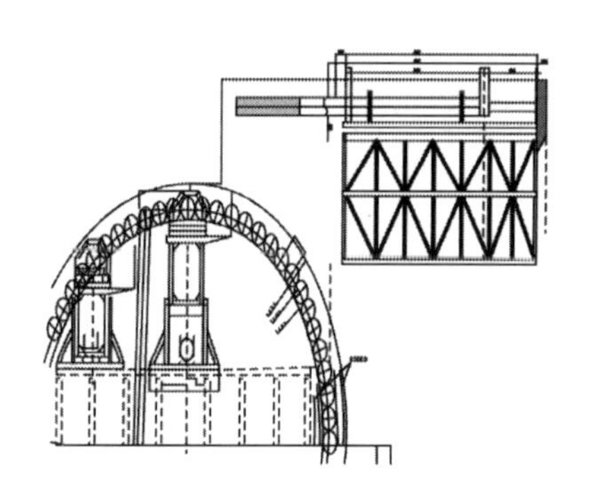

Pipe Roof

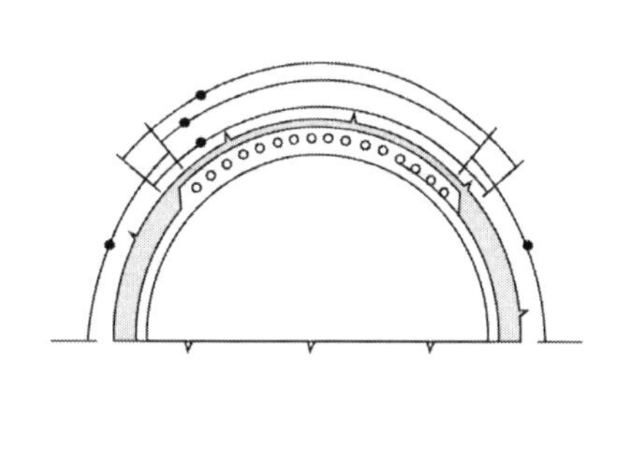

Fore poling

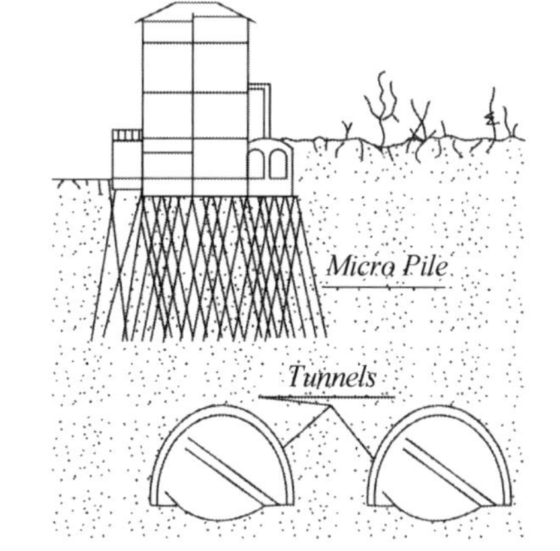

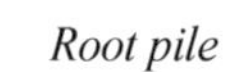

Root pile

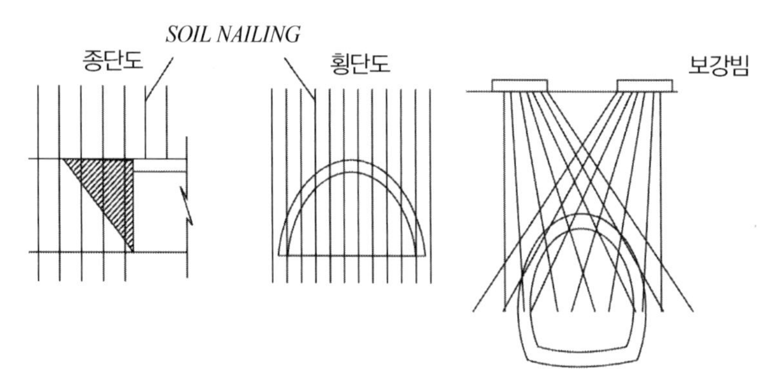

Soil Nalling

40 록볼트의 정착력 확인방법

1. 개 요

록볼트는 사면의 안정, 터널의 1차 지보재로서 암반의 변위를 제어하기 위해 사용하는 부재로서 정착방식과 주입재료에 따라 구분되며 충분한 정착력이 확보될 수 있도록 품질관리에 매진하여야 한다.

2. 록볼트의 종류

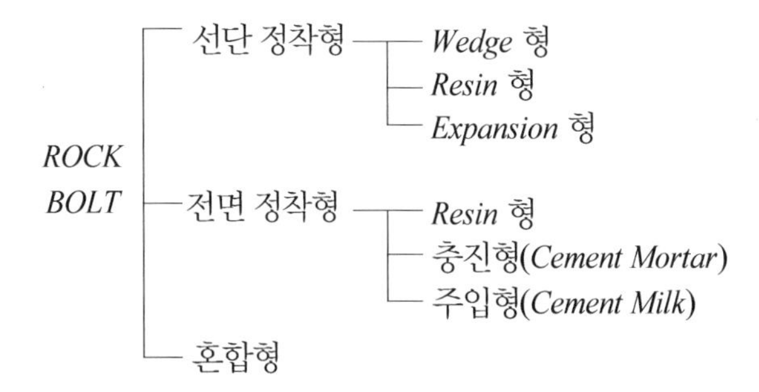

3. 록볼트의 정착력 확인방법

(1) 계측기기 : *Center Hole Jack and Pump* 20*T* 이상 용량, 변위 측정기
터널의 경우 : 일상계측(록볼트 인발시험) 정밀계측(록볼트 축력시험)

(2) 측정방법

① 지질상황에 따라 가능한 한, 불량한 암반에 인발시험 *Blot*를 선정(50본당 1본 원칙)한다.

② 인발시험용 *Bolt*에는 *Shotcrete* 부착영향을 없애야 한다.

③ 반력판은 *Bolt* 축에 직각으로 부착시킨다.

④ 계측기로 *Bolt*에 하중을 1톤/분 단위로 가하여 *Bolt*를 인발하여 변위와 장력과의 관계 및 인발저항을 구한다(정착효과 발생 즉시 시행한다).

(3) 평가기준

하중-변위곡선을 그려 인발내력을 구한다. 인발내력은 하중-변위 곡선에서 *A*영역 직선부의 접선과 *C*영역 접선과의 교점(*D*)이다. 즉, *C*영역은 *Bolt*의 정착효과를 기대할 수 없는 영역으로 기대할 수 있는 영역은 *D*점까지이다. 일반적으로 *Rock Bolt*의 항복점내력은 17톤 이상 나오는 *Rock Bolt*를 사용한다. 암반강도가 낮아서 소정의 인발 저항이 얻어지지 않으면 *Rock bolt* 길이를 길게 할 필요가 있다.

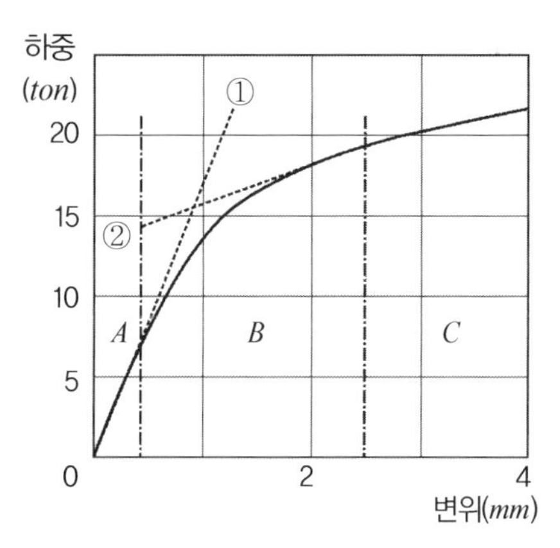

하중-변위 곡선

4. 록볼트의 정착효과 판정

록볼트의 정착효과 판정은 사전시험으로 설정된 인발내력의 80%에 달하면 합격한 것으로 한다.

예) Ψ =25*mm*(*SD* 35)일 경우

Py =35*kg*/*mm*^{2}이므로 Py=35 × 506.7=17.7*ton* 0.8Py = 17.7 × 0.8 = 14.2*ton*

5. 품질관리 및 발전방안

(1) 품질관리

① 인장강도의 시험편은 가공하지 않고 철근(이형봉강)과 동일하게 시험(*KS D* 3504)하여야 한다.

② *Rock bolt*의 규격은 반입 시마다 필히 확인하여야 한다.

③ *Rock bolt* 인발시험 시 불합격되었을 경우에는 그 *Rock bolt* 주위에 새 *Rock bolt*를 시공하여야 한다.

(2) 발전방안

① 일반적인 록볼트 시험 시 오류

: 항복응력 결정 시 접선의 교점이 개인차가 발생할 수 있음

→ 과대설계로 인한 공사비 증대 우려

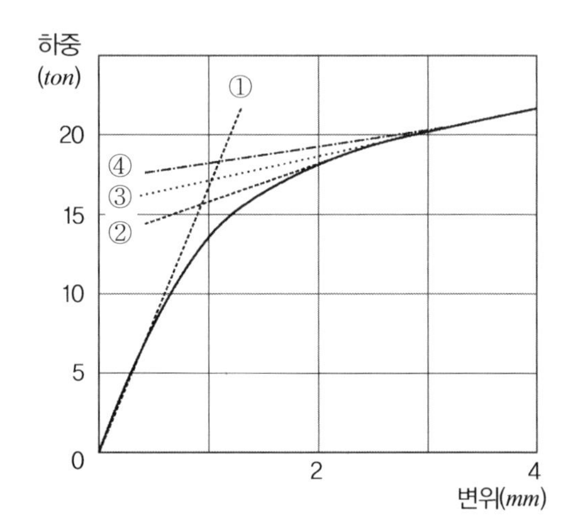

② 개선방안 : 인발하중(설계축력)의 80%에 하중에 대한 변위량을 기준으로 합격 판정

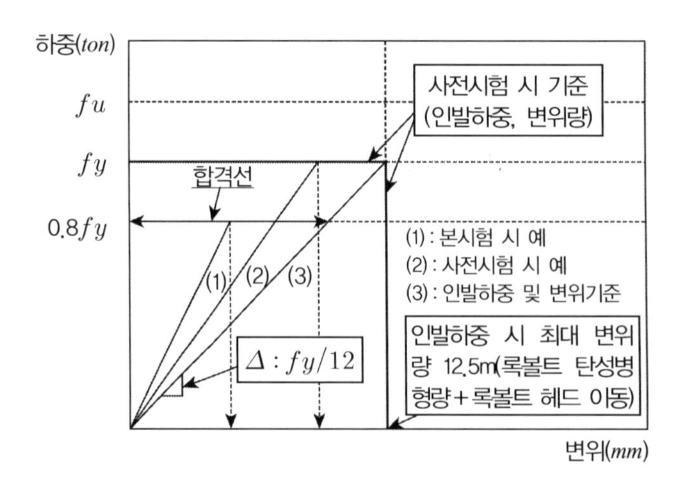

41 NATM 막장 안정화 공법

1. 개 요

(1) 터널 시공법과 보조공법 계측기의 발달, 그리고 축척된 터널기술 노하우로 인해 보다 과학적인 터널공사가 이루어지고 있지만 최근까지도 미고결 저토피 지반 및 풍화암이나 연암인 지반에서 이 터널공사에 있어 막장붕락과 지표부 함몰 등의 사고가 빈번히 발생하고 있다.

(2) 터널 막장이 불안정하거나 붕락의 위험성이 나타날 경우에는 터널굴착변을 작게 분할하여 굴착하는 방법과 막장주변 지반을 개량하거나 보강하여 시공하는 방법이 일반적으로 적용되고 있다. 그러나 굴착단면을 작게 하는 경우 시공성이 결여되어 최근 터널시공에는 전단면 굴착을 전제로 한 막장주변 보강공법을 채택하고 있으나 이또한 경제적 시공을 고려한 아래사항을 검토해야 할 것이다.

① 설계단계에서의 막장안정성 및 보강공법 필요성 판단을 위한 평가방법

② 보강공법선정 이유 및 효과 평가방법

③ 막장전방 조사방법의 고도화 및 간편한 막장거동계측방법의 개발 등

2. 막장붕괴의 형태와 원인

지 반	붕락형태	원 인
토사지반	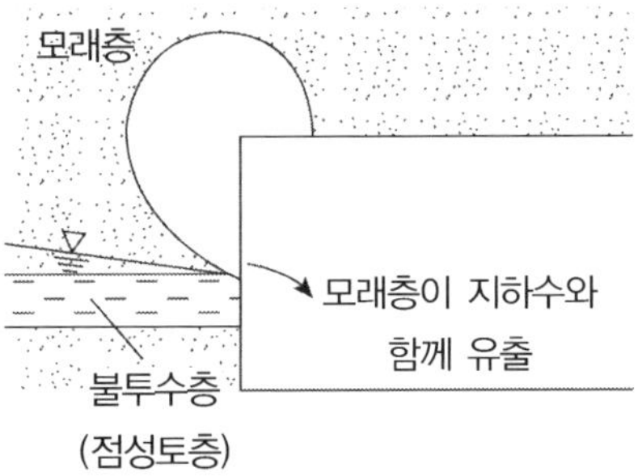 모래층 모래층이 지하수와 함께 유출 불투수층 (점성토층)	하부에 점성토층을 이루고 상부에 지하수 유출
	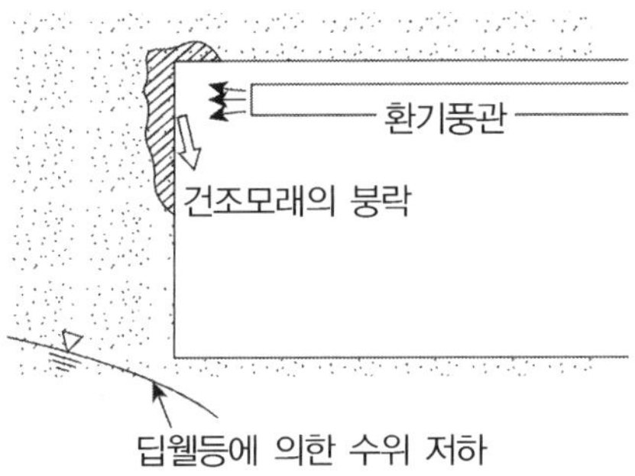 환기풍관 건조모래의 붕락 딥웰등에 의한 수위 저하	물빼기나 환기에 의하여 겉보기 점착력을 상실한 지반의 붕괴

지 반	붕락형태	원 인
연암지반	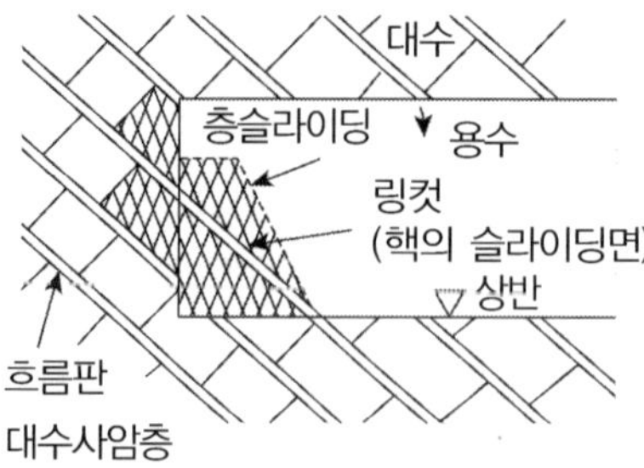 대수 층슬라이딩 용수 링컷 (핵의 슬라이딩면) 상반 흐름판 대수사암층	사암층과 이암층이 서로 호층을 이루며 그 사이로 흐름층이 형성, 지반의 이완과 절리면의 전단저항 부족으로 붕괴
	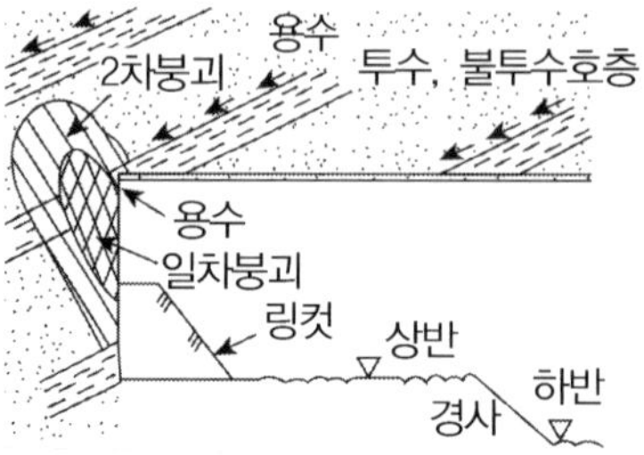 용수 2차붕괴 투수, 불투수호층 용수 일차붕괴 링컷 상반 하반 경사	투수층과 불투수층이 호층을 이루며 상부의 투수층에 큰 토압과 수압이 작용하여 붕괴
파쇄지반	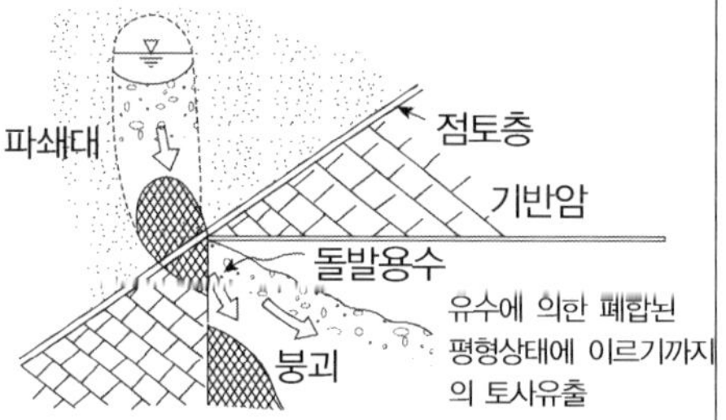 파쇄대 점토층 기반암 돌발용수 유수에 의한 폐합된 평형상태에 이르기까지의 토사유출 붕괴	파쇄대의 용수에 의한 붕락
균열성 지반	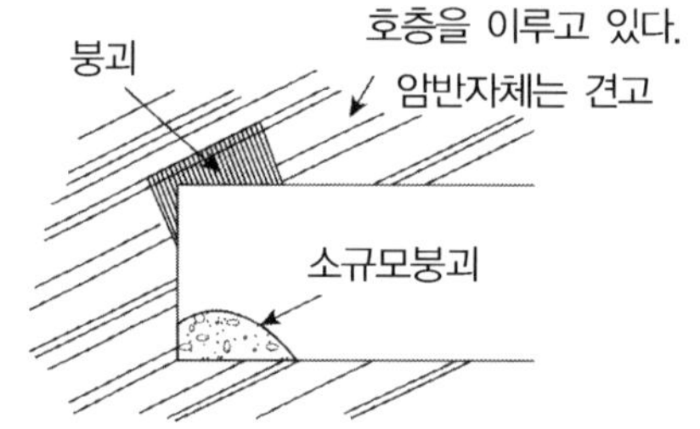 호층을 이루고 있다. 붕괴 암반자체는 견고 소규모붕괴 경사가 완만한 지반의 경우 붕괴를 일으키기 쉽다.	암반자체는 견고하지만 층리면으로부터 벗겨지는 형태로 암반이 붕락
	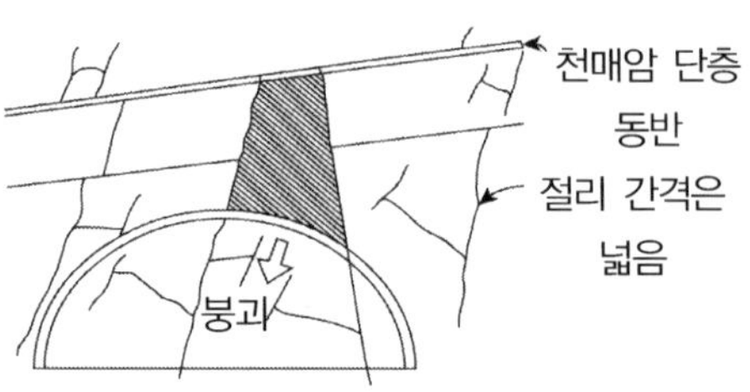 천매암 단층 동반 절리 간격은 넓음 붕괴	균열성 지반에서 층 두께가 얇고 강도가 작은 층이 떨어지는 형태의 대규모 암반 붕괴

3. 설계 시 막장의 안정성 평가

(1) 점토에 대한 안정 : *Schofield*(1980) 방법, 하중계수 N_c에 의한 방법

① 터널의 붕락메커니즘 및 막장 안정성에 대해 모형실험, 수치해석, 시공사례등의 결과를 통해 해석

② 내부마찰각이 0 인 점착성 지반의 막장 안정성 대한 평가방법

$$N_c = \frac{\gamma(h+R) - P_s}{C_u}$$

여기서, C_u : 지반의 점착력　　　γ : 지반의 단위체적중량

R : 굴착터널의 반경　　　h : 천단부터 지표부까지의 높이

P_s : 막상의 지보압

③ 위 식을 통해 계산된 N_c이 한계값보다 작다면 막장은 안정

④ 하중계수 N_c 값의 한계는 6～7 정도로 제안됨

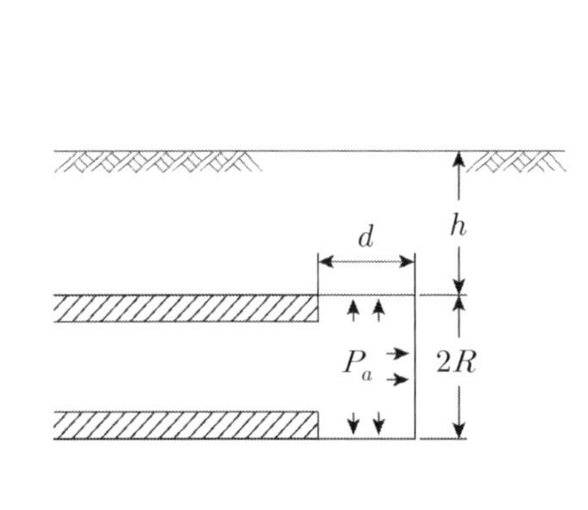

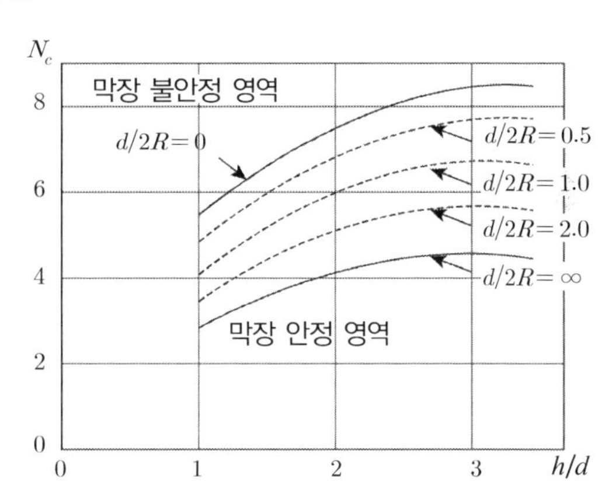

Schofield 판정 개요도

(2) 지반강도비를 이용한 안정성 평가(일본 농림성 구조개선국)

$$T_q = \frac{q_u}{\gamma\, h}$$

여기서, q_u : 원지반의 일축압축강도

h : 토피고

① 일반적으로 지반강도비가 4 이상이면 안정, 2～4는 불안정, 2.0 이하이면 붕괴 위험

4. 시공 중 막장의 안정성 평가

(1) 시공 중 막장에 대한 안정성 평가는 설계 시 막장안정성 평가와는 달리 대책공법의 적용과 함께 보강효과에 대한 지반의 물성치를 재평가해야만 안정성의 효과를 검증할 수 있을 것이다.

(2) 대책공법에 의한 터널주변의 응력과 변형상태의 개선효과를 정량적으로 나타내기는 현실적으로 어렵다.

(3) 따라서, 시공 후 계측된 변위량을 통해 원지반 물성치를 재평가하여 안정성을 재검토하는 것이 하나의 대안으로 추천된다.

(4) 예를 들어 역해석 후 터널에 보강된 록볼트의 보강효과는 다음과 같다고 설명될 수 있다.

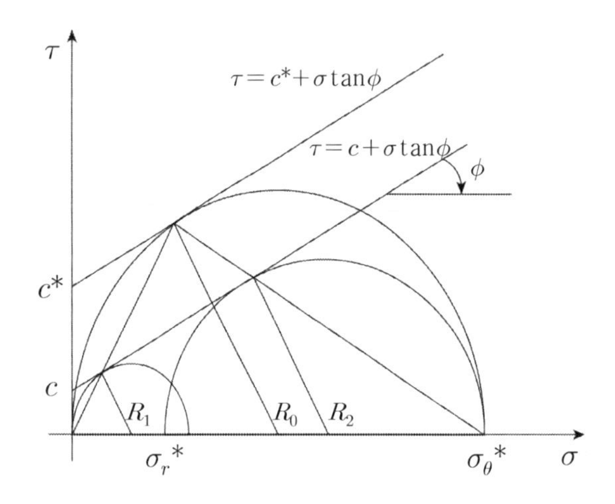

(5) 계측결과를 활용 : 직접변형률 평가법에 의한 안정성 평가(*Sakurai*, 1982)
터널 공사 중 일상계측(내공변위, 천단변위)의 결과와 실내시험을 통한 암석의 한계변형률과의 상관관계를 활용

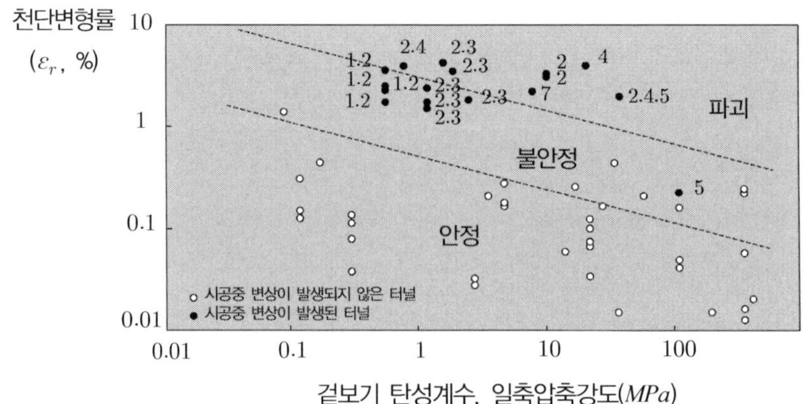

5. 막장 안정 여부 조사

(1) 지하수 상태 : 물빼기 보링, 선진도갱

(2) *Mapping* : 붕괴방향, 토질분석, 대책공법 결정

6. 천단안정

(1) 강관다단 그라우팅 : 변형계수증가, 투수계수 저하, *Beam* 형성, 지반강도 증대
50*cm* 간격의 노즐공이 있는 12~25*m* 강관을 천공구멍에 설치 후 *Sealing*하고 구간별 패킹처리 후 단계별로 그라우팅하여 지반보강과 차수를 동시에 달성하는 공법

(2) *Pipe Roof*

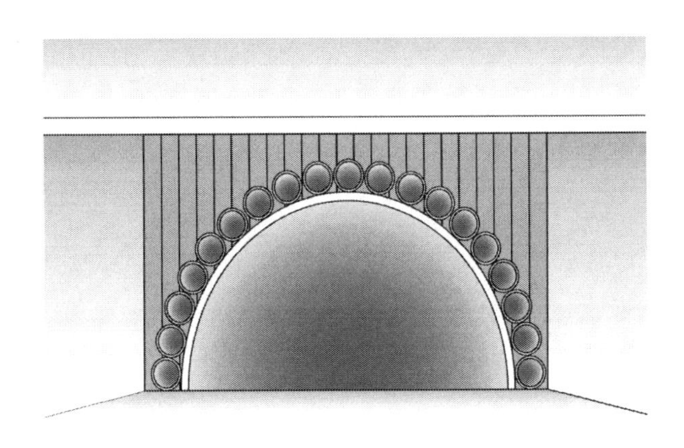

(3) *Forepoling*

① 강지보공을 지지점으로 굴진길이의 2배(약 6*m*) 이상의 파이프를 타설하고 그라우팅 처리

② 횡간격 : 약 50*cm*, 타설경사 : 15~20°, 타설범위 : 60~100°

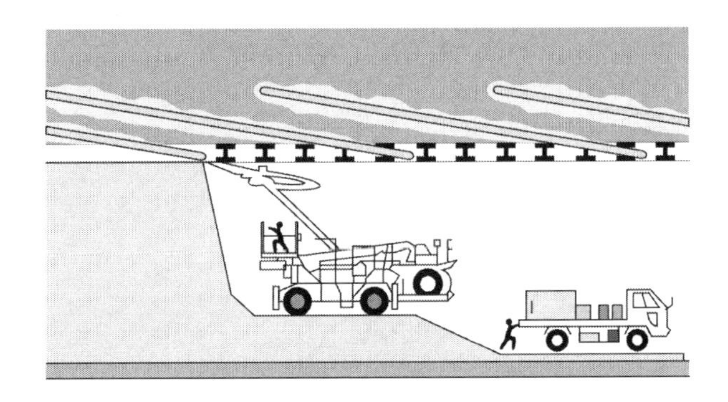

(4) 주입공법

① (차수/지반 보강 공법) : 우레탄 보강, *LW* 보강, *JSP* 보강

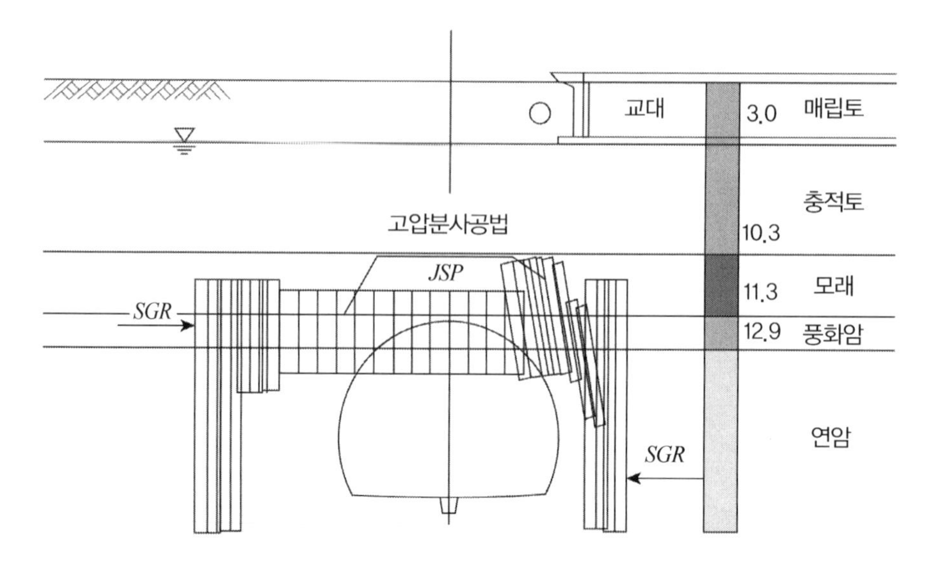

7. 막장면의 안정공법

(1) 막장면 *Shotcrete*

미고결 지반, 팽창성 지반, 함수풍화대, 공사 장기 중지 시에 효과적

(2) 막장면 *Rock Bolt*

길이는 굴진장의 3배 이상(절단이 용이한 유리섬유 볼트가 유리)

(3) 주입공법

(4) 가인버트

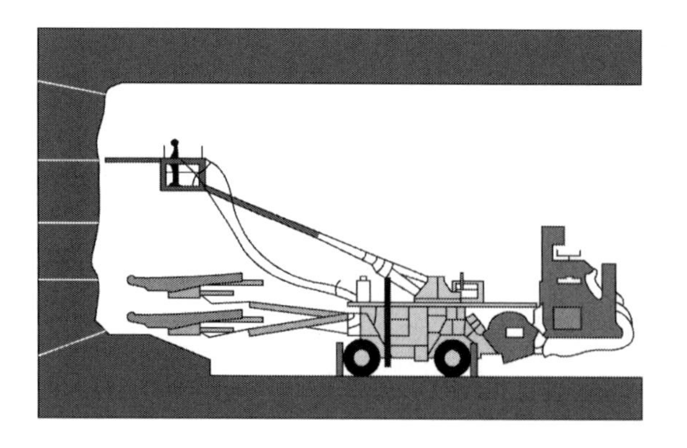

8. 굴착방법에 의한 안정

(1) 분할굴착

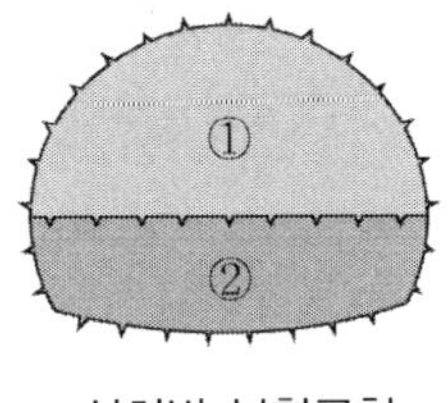

상하반 분할굴착

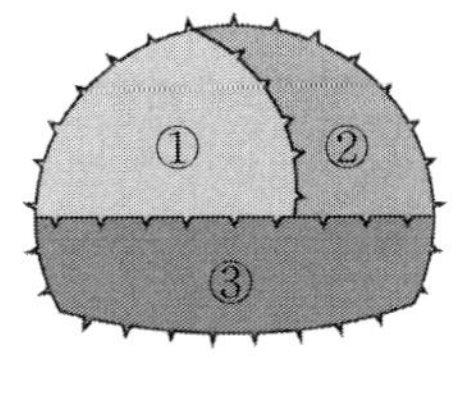

중벽분할굴착

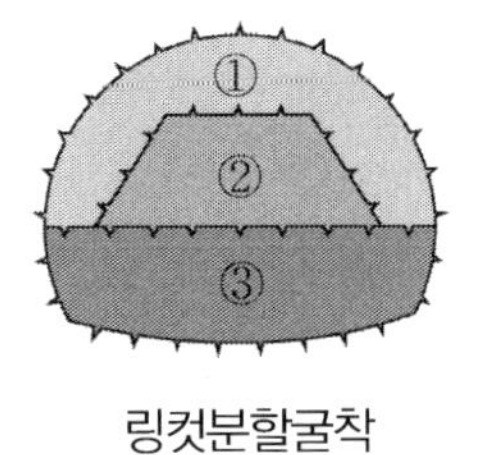

링컷분할굴착

(2) 가인버트

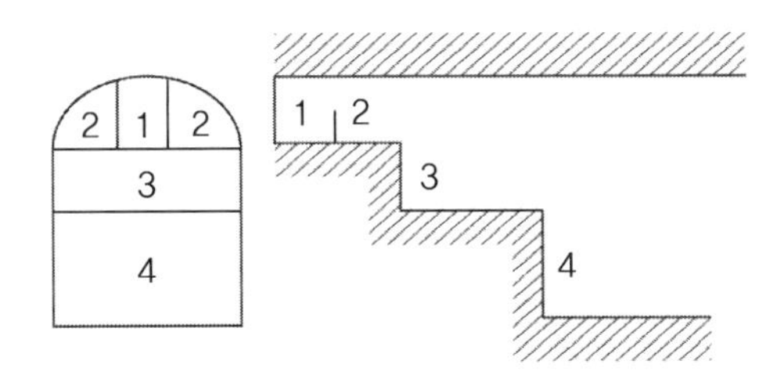

(3) *Bench Cut* 굴착

9. 지하수 배제

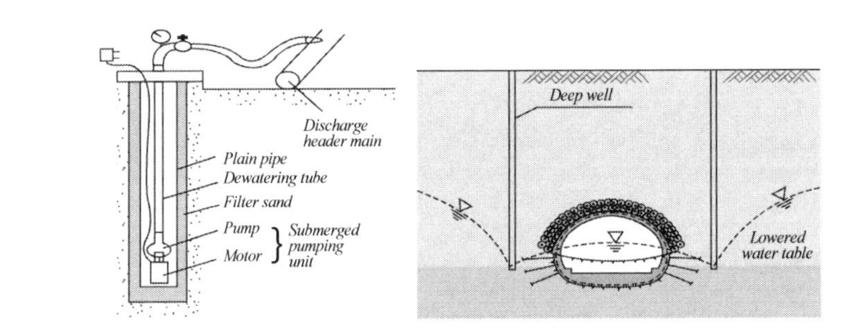

(a) 딥웰공법

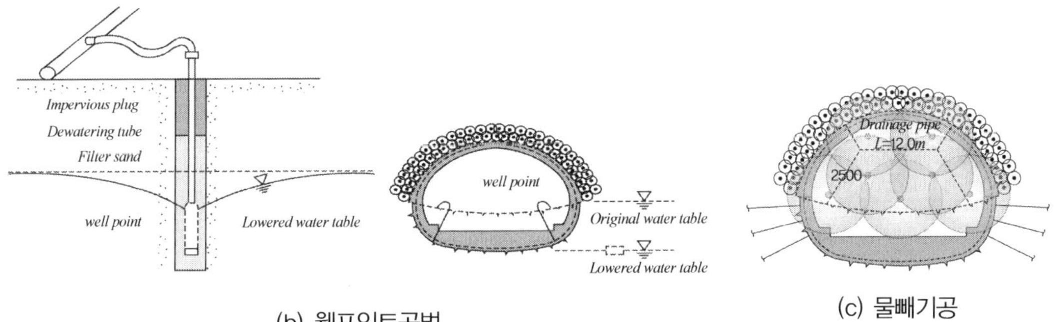

(b) 웰포인트공법

(c) 물빼기공

10. *NATM* 계측

A(일상)계측	*B*(대표)계측
갱내관찰	*Shotcrete* 응력 측정
내공변위	*Rock Bolt* 축력측정
천단침하	지중변위 측정
지표침하	지중침하 측정
Rock Bolt 인발력	지중수평변위 측정

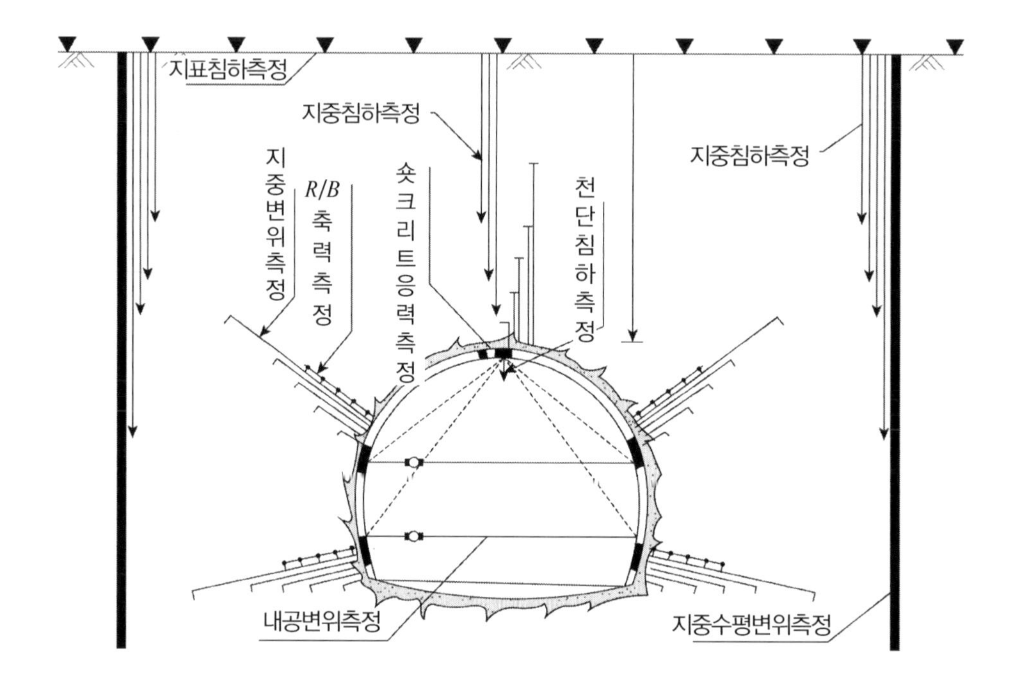

11. 지반함몰형 사고발생 시 조치(참고)

지표함몰형 사고는 일반적으로 터널막장이 불안정한 경우에 발생하며, 특히 자연공동이나 인공으로 만들어진 공동과 간섭하거나 지하수위가 터널상부보다 높게 존재할 때 또는 아칭효과를 발생할 수 없을 정도로 토피고가 부족한 터널의 시공 시에 발생하므로 대책공법 수립 시에는 붕괴로 인한 영향 범위를 고려하여야 한다.

함몰구간에는 지표수의 유입, 세립분의 유실로 인한 붕괴범위의 확대 및 추가적인 붕괴발생을 예방하기 위하여 함몰구간을 신속히 매립하는 동시에 지표면의 배수로를 정비하여 함몰영역의 확대를 최대한 방지하여야 한다.

사고 복구방법으로 지반보강그라우팅과 차수그라우팅을 실시하고 천단부 보강을 위해 이완 영역을 산정하여 보조공법을 적용하고 재굴진 시 지반이 매우 연약한 경우 발파굴착공법에서 기계굴착공법으로 굴착공법을 변경하는 경우도 있다.

응급복구가 완료된 이후에도 추가적인 계측계획을 수립하여 터널변위와 지중변위의 수렴 여부 및 지하수위의 변화특성 등을 지속적으로 관찰하여야 한다.

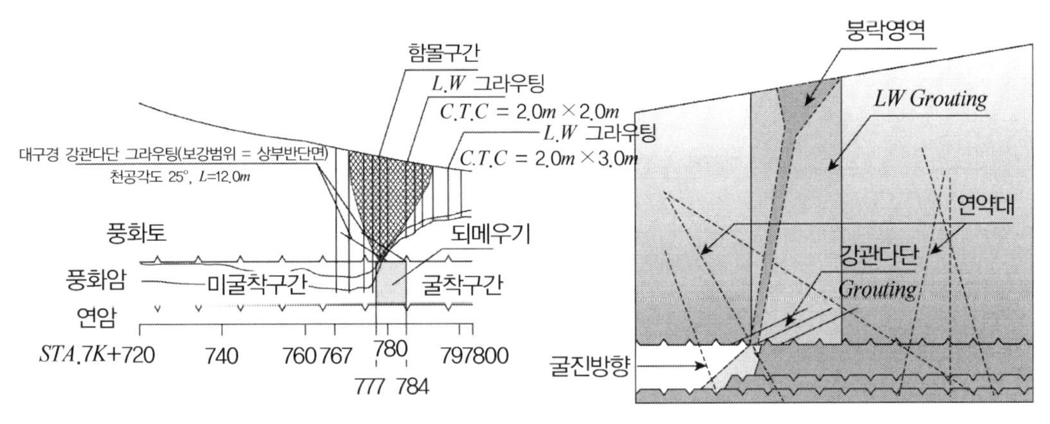

지표함몰형 사고대책공법 적용 예

12. 터널 붕괴 시 붕괴원인 분석 / 대책 수립 절차

(1) 원인분석 절차

단 계	분석 내용
붕괴현황 분석	• 붕괴상황 및 설계/시공자료 분석
현장조사 결과	• 재산정된 지층구조, 지하수위, 지반물성치 조사
영향인자 도출	• 붕괴현황 및 현장조사결과를 토대로 붕괴원인 도출
붕괴원인 평가	• 터널붕괴인자에 대한 정량적 평가를 반영한 붕괴원인 평가

(2) 대책공법 수립절차

단 계	분석 내용
대책공법 선별	• 붕괴유형과 붕괴원인에 적합 여부 • 지반조건과 하중조건을 고려하여 시공성과 안정성 확보가 가능한 공법 • 천단보강, 갱내 및 지상보강, 차수공법에 대해 각각 선별
유사붕괴 사례 참조	• 유사한 붕괴사례의 적용 대책공법의 적용성 검토
대책공법 검증	• 수치해석 등을 통한 선별된 대책공법의 안정성 비교 및 검토
대책공법 결정	• 안전성, 경제성, 환경성, 시공성 등에 대한 정량적 분석을 통한 결정

13. 평 가

터널 파괴원인은 굴착대상 지반의 연약한 강도, 과다한 지하수 유입, 얇은 암피복 두께, 심한 파쇄절리를 통한 막장면 활동, 무리한 대단면 굴착 등이며, 이러한 원인별 취약요인에 대하여 굴착방법, 보조공법, 정보화시공 등의 종합적인 대처 방안을 수립한 터널의 설계와 시공이 이루어지도록 입체적 관리가 필요하다.

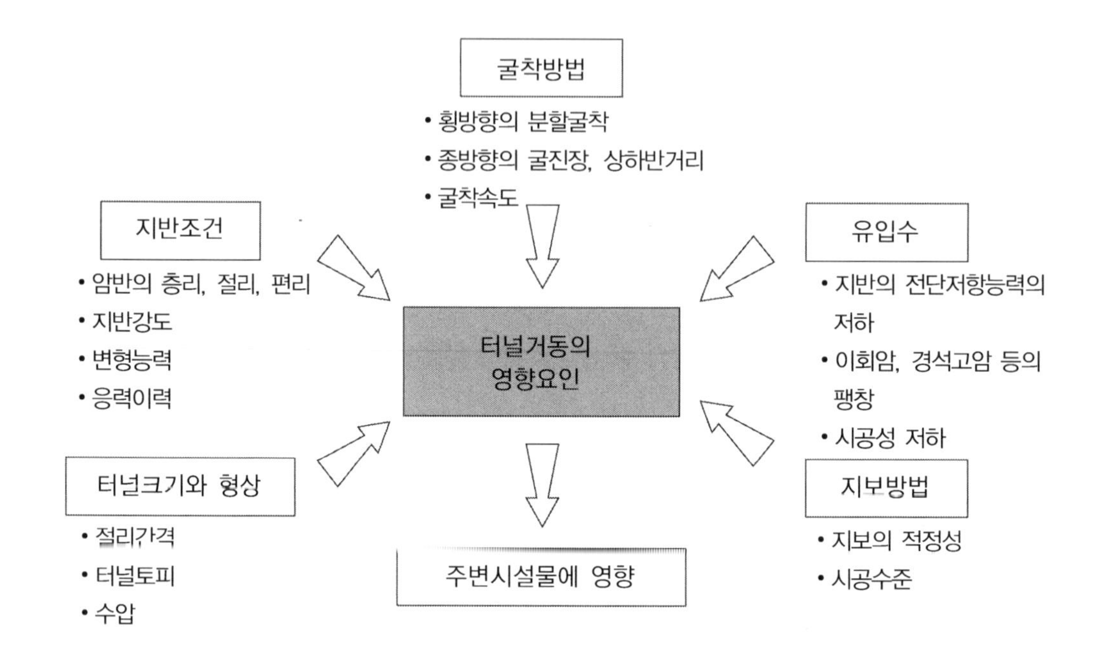

42 NATM 계측

1. 개 요

터널계측은 설계 시의 가정조건과 지반의 부정확한 요소로 인한 지반의 거동을 정량적으로 확인하기 위한 행위로서 지반상태 파악, 이상징후 사전 발견, 보수・보강 및 지보타입 결정 등 굴착 시공 중 터널 안전사고 예방 및 품질확보 등 설계 및 시공에 *Feed Back*하기 위한 터널시공 중 시행하는 핵심적인 업무이다.

2. 정보화 시공 흐름도(절차)

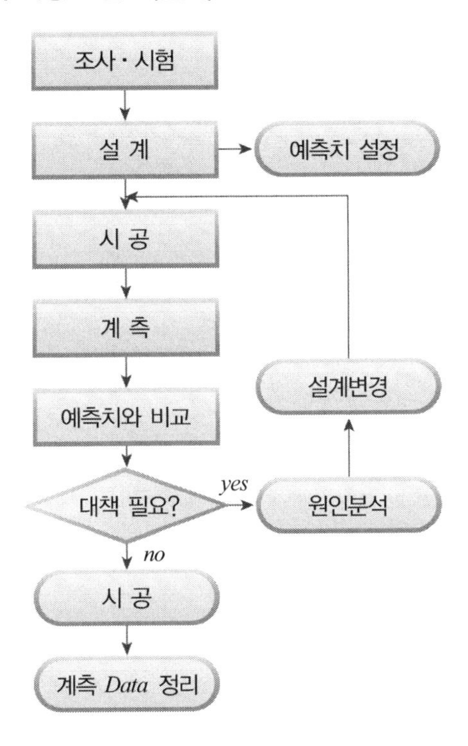

3. 목적 및 효과

(1) 시공관리

설계상 변위와 응력 → 현장계측 → 관리기준치 초과 → 보강대책 강구

(2) 거동분석 및 예측

계측 → 거동분석 → 다음 단계 공사 시 거동 예측 → 보강대책 강구

(3) 설계 및 시공방법 개선

계측 → 설계 시 채택된 각종 계수의 적정성 분석 → 역해석 → 설계 및 시공방법 개선

(4) 안전진단 및 평가

공사 중 흙막이를 포함한 인근 건물, 도로, 지하매설물에 대한 안정성 평가에 대한 객관적 자료로 활용

(5) 관리기준치 설정

응력, 변형에 대한 수치별 위험, 주의, 안전 등 기준을 설정하여 각 기준별 대응절차를 사전에 시나리오로 작성하여 공사관리의 기준치로 활용

(6) 분쟁 시 활용

공사 착공 전에 민원이 우려되는 인근 건물, 도로 등을 사진촬영하여 구조물의 상태를 기록한 후 공사 중 분쟁 시 변화 정도에 따른 안전도 평가 및 보상에 관련한 기초자료로 활용

(7) 사례축적

4. 관리방법

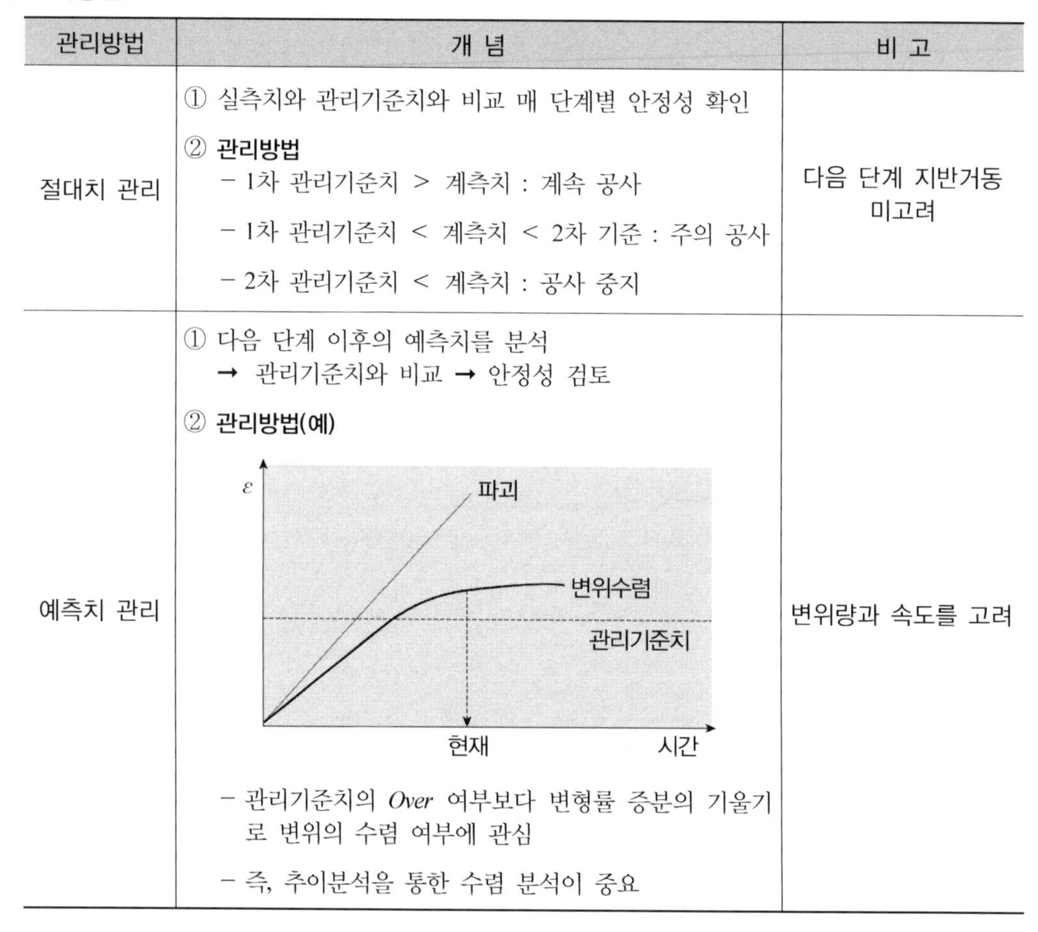

관리방법	개 념	비 고
절대치 관리	① 실측치와 관리기준치와 비교 매 단계별 안정성 확인 ② **관리방법** – 1차 관리기준치 > 계측치 : 계속 공사 – 1차 관리기준치 < 계측치 < 2차 기준 : 주의 공사 – 2차 관리기준치 < 계측치 : 공사 중지	다음 단계 지반거동 미고려
예측치 관리	① 다음 단계 이후의 예측치를 분석 → 관리기준치와 비교 → 안정성 검토 ② **관리방법(예)** – 관리기준치의 *Over* 여부보다 변형률 증분의 기울기로 변위의 수렴 여부에 관심 – 즉, 추이분석을 통한 수렴 분석이 중요	변위량과 속도를 고려

5. 위치별 계측항목

(1) 일상관리 계측(*A*계측) : 일상계측 → 시공의 타당성 측면

① *Face Mapping*(갱내관찰조사)

② 내공변위 측정

③ 천단침하 측정

④ 지표침하 측정

⑤ *Rock Bolt* 인발시험

(2) 대표계측(*B*계측) : 정밀계측 → 설계타당성 확인 측면

① *Shotcrete* 응력 측정

② *Rock Bolt* 축력 측정

③ 지중침하 측정

④ 지중변위 측정

⑤ 지중 수평변위 측정(필요시)

6. 계측기 설치위치 및 빈도

(1) 계측기 설치위치

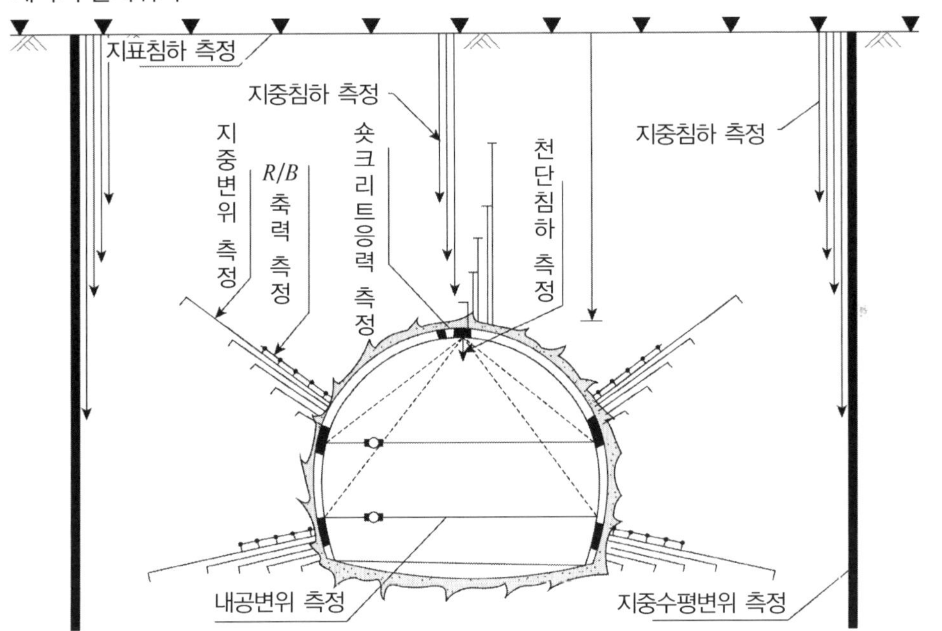

(2) 계측빈도

① *A* 계측 : 20～40*m* 간격　　② *B* 계측 : 200～500*m* 간격

③ 단, 시설의 중요도에 따라 간격과 빈도 조정

7. 이 용

구 분	내 용	측정을 통해 얻어지는 정보
갱내관찰조사 (*Face mapping*)	• 막장의 안정성 • 지질상황, 용수 • 시공구간의 상황	• 지반구분의 재평가 • 지반상황과 지반거동의 상관성 • 지반상황 이후의 추정
내공변위	• 터널벽면간 거리변화, 변화속도 • 천단의 침하 • 지반의 융기	• 주변지반의 안정, 지보부재의 효과 • 변위속도로부터 변위량 추정, 복공콘크리트 타설시기 추정 • 인버트록볼트의 필요성, 인버트 콘크리트의 필요성, 타설시기 판정
지중변위	• 터널갱내 상대변위	• 터널주변의 이완영역 • 록볼트길이의 타당성, 타설시기 판정
	• 지상 등 갱외로부터 측정하는 수평변위, 연직변위	• 굴착 이전부터 진행된 지반의 거동 • 터널 앞, 윗쪽 지반의 안정, 지중변형도 분석
지중응력	• 초기지압 측정	• 초기지압 상태, 지압계수, 습곡 등의 영향
	• 지중응력 측정	• 접선방향응력의 증가, 반경방향응력의 감소, 지반의 상노 서아 유무
	• 간극수압 측정	• 용수, 지반주변의 지하수위 변화, 간극수압압의 변화, 활동발생 예지
지보재에 작용하는 하중과 응력	• 록볼트 축력 측정	• 록볼트 길이, 개수, 위치, 정착방법의 타당성
	• 숏크리트 응력 측정	• 숏크리트의 두께, 시공시기의 타당성 • 단면폐합의 효과
	• 복공콘크리트 응력측정	• 조기타설에 의한 구속효과 • 구조변화시의 거동 • 복공콘크리트의 안정성
	• 강지보공의 응력	• 지보공의 피치, 치수의 타상성 • 숏크리트의 하중분담
주변에 미치는 영향	• 지표침하 및 구조물의 거동 • 지중침하, 지중변위	• 근접구조물 영향 정도

8. 주의사항

(1) 설치는 막장에 근접하여 1단면에 계측기를 중첩하여 배치
 예 : 내공변위, 천단침하, 지표침하, 숏크리트응력, 지중침하계

(2) 초기측정치가 대단히 중요하며 변이 수렴 시까지 측정

(3) 종합적으로 분석

(4) 변위가 장기간 관찰 요구 시 : 유지관리 예측

9. 유지관리 계측(영구계측)

(1) 유지관리계측은 터널이 완공된 후 사용기간 중에 굴착면 주변지반의 변화로 발생하는 콘크리트라이닝의 변화 여부를 사전에 확인하여 터널 자체의 안정성을 확보하는 행위로 정의

(2) 지반변형이 예상되는 터널, 터널주변의 특정건물에 위해가 예상되는 터널, 하저터널 , 해저터널, 장대터널 등에 설치

(3) 계측항목 : 내공변위 측정(전기저항식 센서 및 광섬유센서), 천단침하 측정, 간극수압 측정, 토압 측정, *Linning* 응력 측정, 철근응력 측정

(4) 위 치
 ① 지반이 취약하고 지질변화가 심하여 과다변위 구간
 ② 주요구조물 인접지나 향후 구조물이 터널에 근접하여 신축이 예상되는 구간
 ③ 공사 중에 붕락이 발생한 구간

43 터널 설계 시 해석결과의 평가와 시공 시 계측결과의 활용방안

1. *NATM*의 설계와 해석결과의 평가

(1) 사전 지질조사 : 지보 저항력 및 지반, 지보공, 복공의 변형과 응력을 산정

(2) 예비설계에 필요한 물성치

Conventional Method (*Rabcewicz* 방법)	*FEM*에 의한 방법	탄소성 지반 해석	점탄소성 지반해석
• 단위중량(σ) • 점착력(C)	• 단위중량(σ) • *Young*율(E) • *Poisson*비(ν)	• 단위중량(σ) • *Young*율(E) • *Poisson*비(ν) • 점착력(C) • 내부마찰각(Φ)	• 단위중량(σ) • *Young*율(E) • *Poisson*비(ν) • 점착력(C) • 내부마찰각(Φ) • 점성계수(τ)

(3) 암반분류 : *RQD*, *RMR*, *Q*−*SYSTEM* → 각종 물리탐사

① 탄성계수 추정

② 암반의 강도정수 추정

③ 터널의 지표패턴 결정

④ 암반분류

(4) 터널의 안정성 해석

① 터널 굴착 공법과 표준 지보패턴의 적정성 파악

② 터널 굴착에 따른 실제 지반거동과 지보재의 변위 및 응력을 예측하여 터널 시공 시 안정성 확보를 할 수 있는 기준 제시

③ 실제 시공 시 계측을 통하여 터널 주변 지반과 지보재의 거동을 분석하며 역해석을 통하여 설계 시 가정 조건을 확인하고 설계 적정성 여부 평가

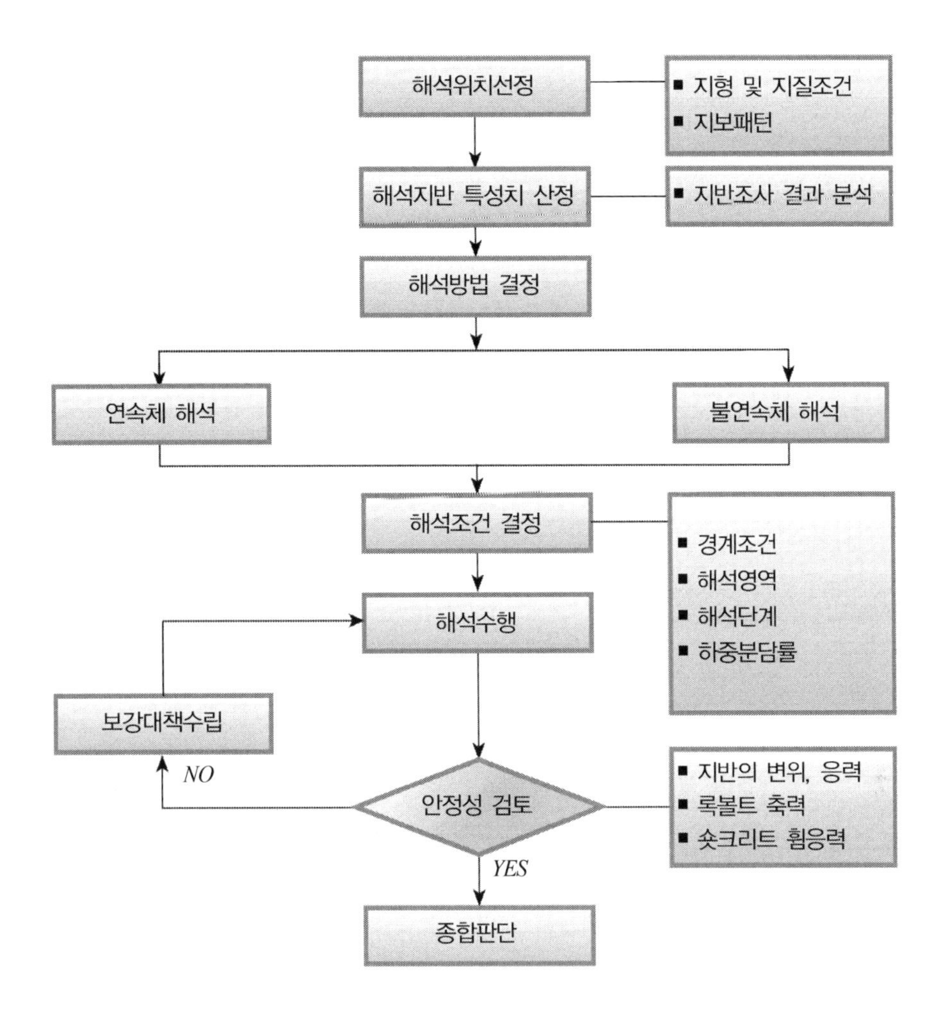

(5) 해석결과의 평가

① 지표침하, 천단침하, 내공변위　② 숏크리트 응력

③ *Rockbolt* 축력　④ 소성영역의 범위

⑤ *Plotting* 결과

− 해석 *Mesh*　− 주응력분포도　− 변위도　− 안전율분포도

− 지보재에 작용하는 모멘트, 축력, 전단력 분포도　− 터널 주변 지반응력 분포도

⑥ 지반 및 지보재의 안정성 검토

2. *NATM*의 계측목적 및 절차

(1) *NATM*에서의 해석결과에 대한 평가항목에 대한 안전성 확보를 위해 계측 시행

① 터널 신공법(*NATM*)에서 터널 지보의 설계 시공관리는 원칙적으로 계측 결과에 의해서 적용

② 지보재가 지반의 거동과 관련하여 당초 예상했던 기능을 발휘하고 있는지, 또는 지보가 과다한 지의 여부를 판단

③ 2차 *Lining* 시기를 판정하는 기준

(2) 단계별 계측 절차

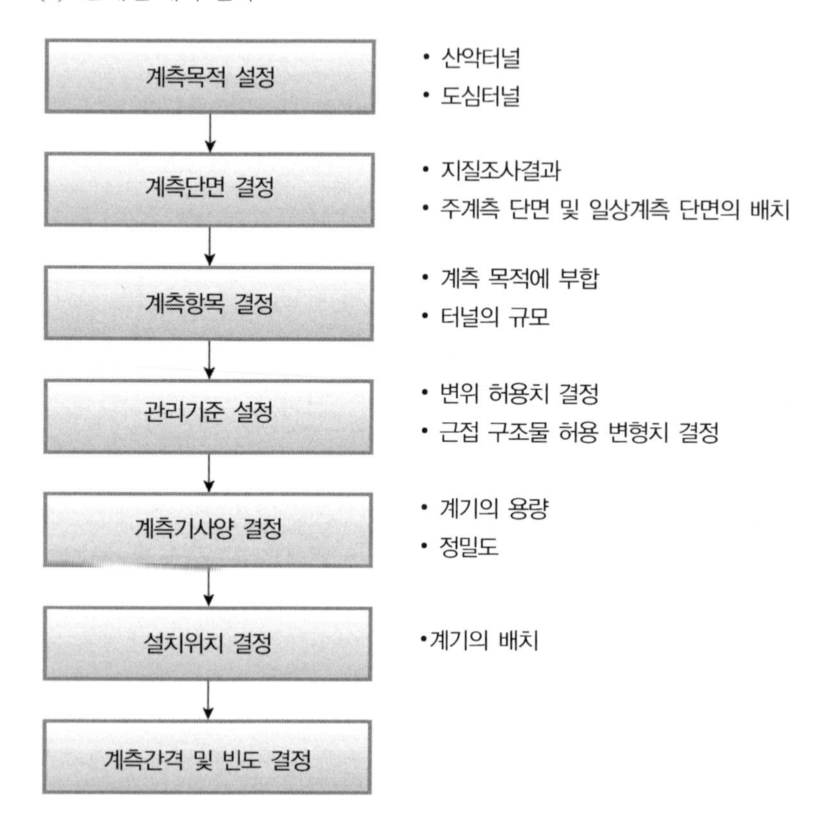

44 터널누수 문제점 및 대책

1. 개 요

터널 내 누수가 증가하면 사용성에도 문제가 되지만 주변지반 영향에 더욱 큰 문제가 될 수 있으므로 원인별 대책을 강구하여야 한다.

2. 누수원인

(1) 설계개념
- ① 방수터널 – 균열
- ② 배수터널 – 배수성능 저하

(2) 구조상 문제
- ① 균열 : 라이닝 콘크리트(소성수축균열)
- ② 이음부 파손

(3) 토압문제
- ① 토압증가
- ② 배수기능 저하 – 정수압 작용

(4) 조사사항
- ① 균열 : 크기, 범위, 형태, 진행성
- ② 이음 : 위치, 범위, 크기
- ③ 누수 : 누수량, 탁도

3. 누수 시 문제점

(1) 침하 : 유효응력 변화 → ΔP 발생 → Δe 발생

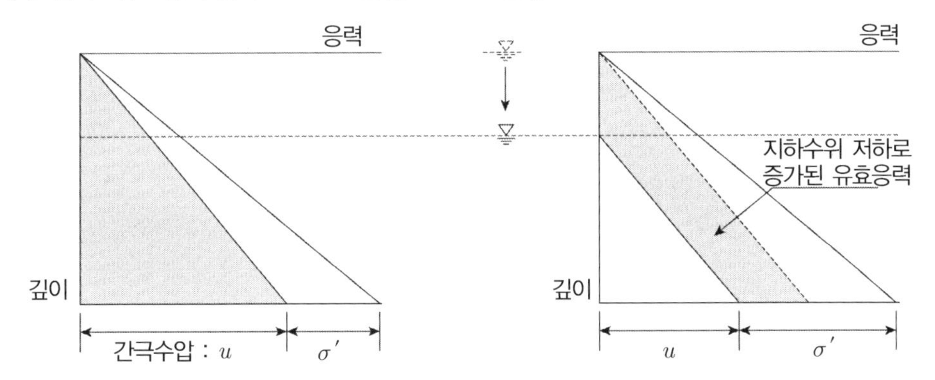

$P_o + \Delta P > P_c$

$$S = \frac{C_c}{1+e_o} H \log \frac{P_o + \Delta P}{P_c}$$

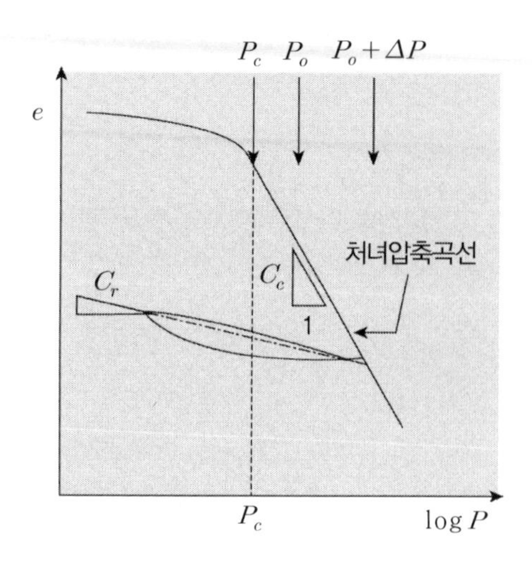

(2) 소성영역 증대

(3) 막장 자립성 저하 : 누수 → 토사유출

(4) 기존시설 파손 : 누전등

4. 기설시설 대책

(1) 유도배수

라이닝의 이음, 균열부위에 물을 유도배수하는 방법으로 용수량이 많고 용수가 선상으로 발생하는 경우에 적용됨

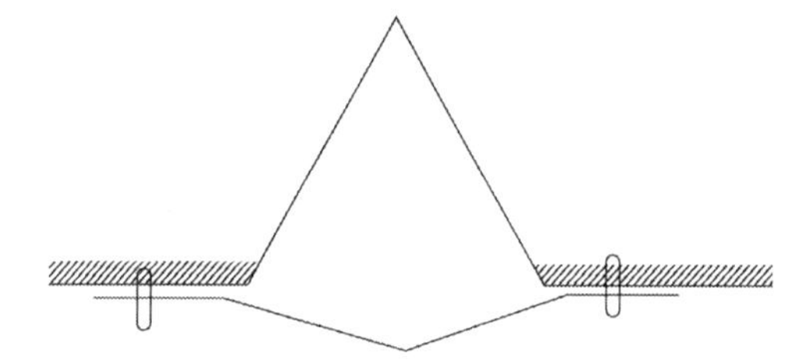

(2) 지수공법 : 균열부분의 누수량이 물방울 정도로 경미한 경우 적용

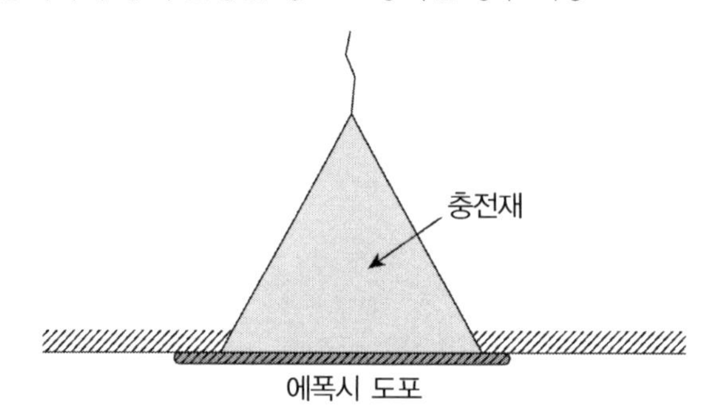

(3) 도포공법 : 누수부위가 면상으로 광범위하고 누수량이 적은 경우 적용

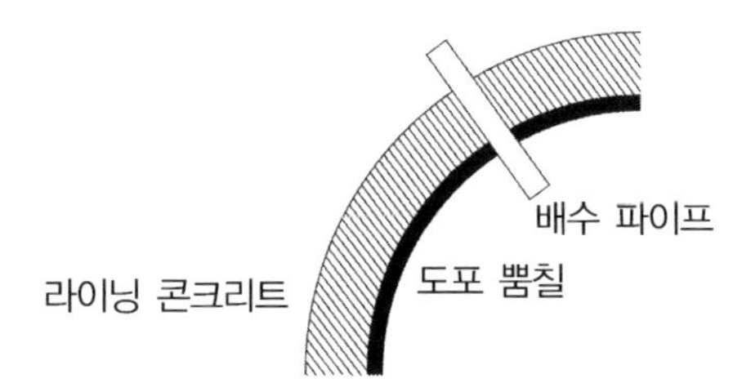

(4) 방수막 공법 : 누수장소가 광범위하게 면상으로 분포, 누수량 과다
부직포 유도배수와 *Sheet* 설치

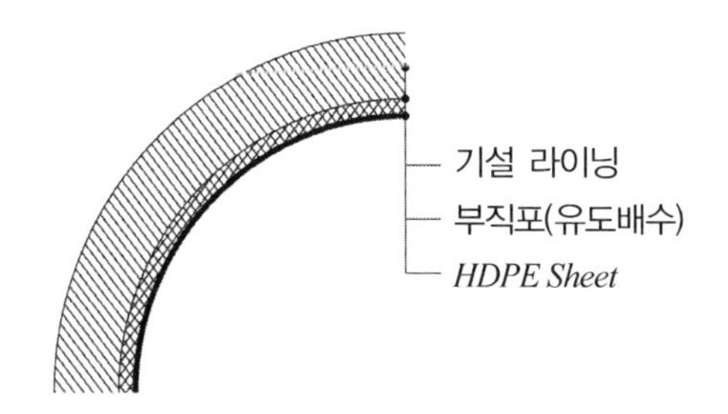

(5) 배면주입공법 : 복공배면에 공극에 주입재를 충전하여 지수하는 방법

(6) 차단공법
투수성이 크고 터널의 노후 정도가 큰 경우에 채택하는 대규모 보강공법

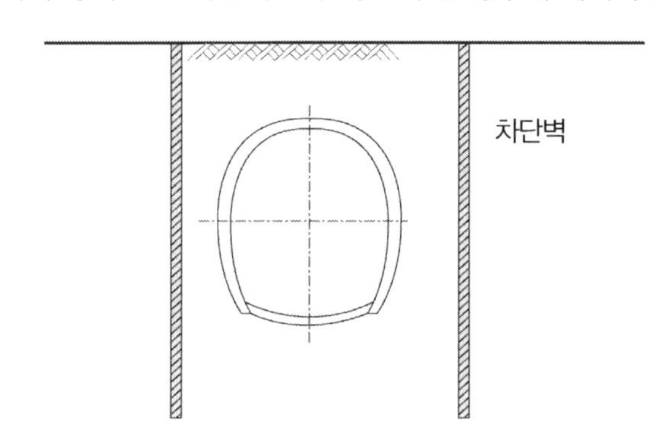

5. 신설터널 대책

지 수		배 수	
LW	*SGR*	선진수발공	선진보링공
우레탄	압 기	웰포인트	딥 웰
동 결	지중연속벽		

45 강섬유 숏크리트

1. 타설방법(건식과 비교)

(1) 건식 타설방법

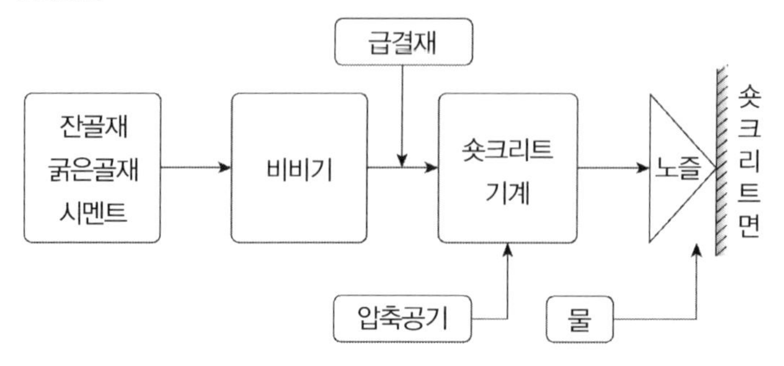

(2) 습식 타설방법 : 강섬유 숏크리트

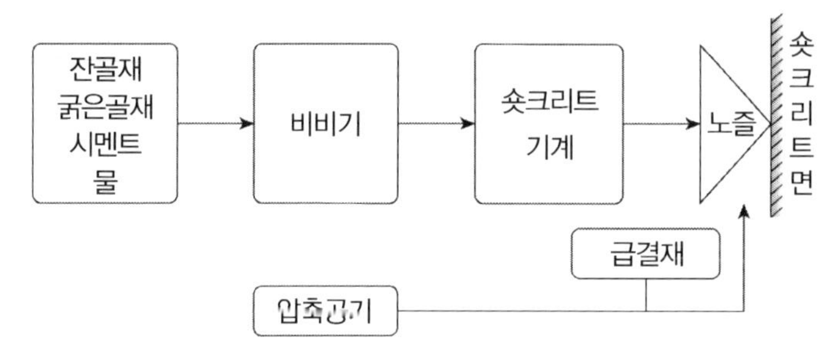

2. 숏크리트의 역할과 구비조건

(1) 숏크리트의 역할

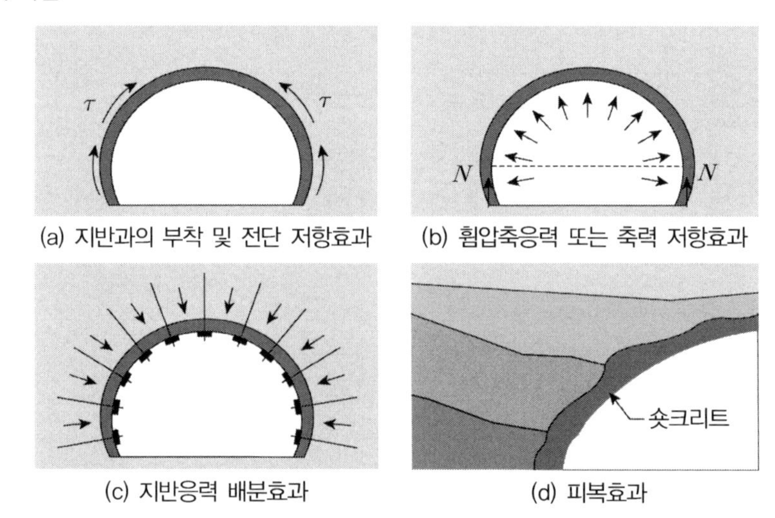

(a) 지반과의 부착 및 전단 저항효과 (b) 휨압축응력 또는 축력 저항효과

(c) 지반응력 배분효과 (d) 피복효과

숏크리트 작용 효과

① 초기 변위 억제
지반과의 부착, 강도 발휘 → 축압축 저항기능 / 휨 저항기능 / 전단저항기능

② 풍화억제

③ 아치형성 : 응력집중 완화

④ 풍화대 봉합 : 낙반 방지

(2) 숏크리트 구비조건

① 설계목적과 기준에 부합하는 충분한 강도를 확보하여야 함

② 조기에 필요한 강도를 발휘할 수 있어야 함

③ 지반과 충분한 부착성을 확보하여야 함

④ 충분한 내구성을 확보하여 터널의 공용기간 동안 소요의 기능을 발휘할 수 있어야 함

⑤ 반발률 및 분진 발생량을 최소화하여야 함

⑥ 평활한 굴착면을 확보하여 방수 및 배수시공이 용이하여야 함

3. 건식, 습식의 특징비교

구 분	건식공법	습식공법
콘크리트 품질	비균질	베치플랜트 → 우수함
압송거리	길다(약 500m)	짧다(약 100m)
분 진	많 다	적 다
리바운드량	많 다	적 다
청 소	쉽 다	어렵다
기계의 크기	작 다	비교적 크다

4. 건식타설의 문제점

(1) 리바운드량이 많음

(2) 평탄성이 부족

(3) 용수지역에서 부착력 저하

(4) 분진 과다

(5) 콘크리트 품질의 불균일로 수밀성 저하

5. 리바운드 저감대책(시방규정)

(1) 노즐의 방향은 숏크리트 면에 직각이 되도록 유지하고 굴착면과의 거리는 1*m* 정도로 하여 반발량이 최소화되도록 하여야 한다.

(2) 숏크리트의 타설 작업은 하부로부터 상부로 진행하되 강지보재 부분을 먼저 타설하여 강지보재와 숏크리드의 일체성을 증진하여야 한다.

(3) 원지반에 용수가 심할 경우에는 별도로 배수처리를 하여야 하며 보통일 경우는 용수개소에 드레인(*Drain*)을 설치하고 그 위에 숏크리트를 타설하여야 한다.

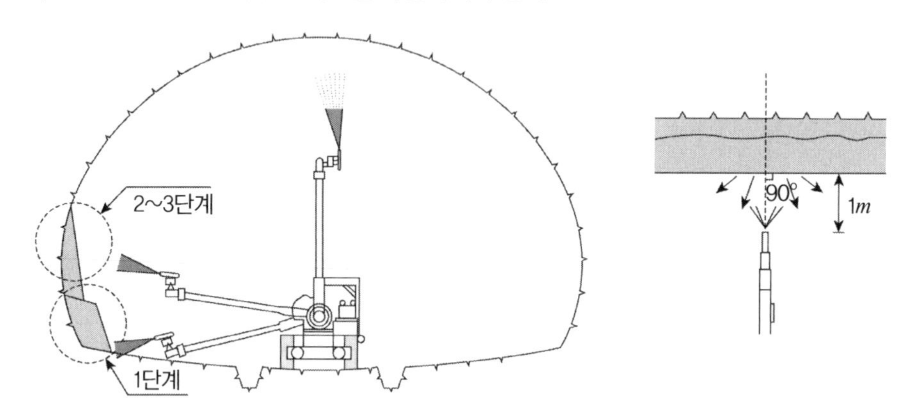

✓ **반발률의 측정**

현장에서 숏크리트를 시행하고 시트위에 떨어진 콘크리트(반발재)를 계량하여 나음 식에 의해 반발률을 산출하여야 한다.

$$반발률 = \frac{반발재의\ 전중량}{뿜어붙입용\ 재료의\ 전중량} \times 100(\%)$$

6. 강섬유보강 숏크리트

(1) 개 요

강섬유 *shotcrete*는 *shotcrete*의 인장 저항능력을 증대시키고 국부적인 균열의 생성 및 성장을 억제하는 등 콘크리트의 강도와 역학적 거동 특성을 개선 및 보강하기 위해 불연속의 짧은 강섬유를 콘크리트 속에 균등하게 분산시켜 인장강도, 휨강도, 균열에 대한 저항성 등을 개선한 *shotcrete*를 말한다.

(2) 공법의 효과

① 공기단축
② 성역화(경제적)
③ 인성확대로 균열저항 우수
④ 내 진
⑤ 내부식성

(3) 강섬유 분류(제조방법별)

① 강선을 절단하여 제조한 것(강선절단법)

② 냉연강판을 절단하여 제조한 것(박판절단법)

③ 두꺼운 강판을 절삭하여 제조한 것(후판절삭법)

④ 용강으로부터 직접 추출하여 제조한 것(용강추출법)

(4) 강섬유 형상에 의한 분류 : 인장강도 11,000kgf/cm^2 이상의 저탄소강, 길이 30*mm*, 직경 0.5*mm*

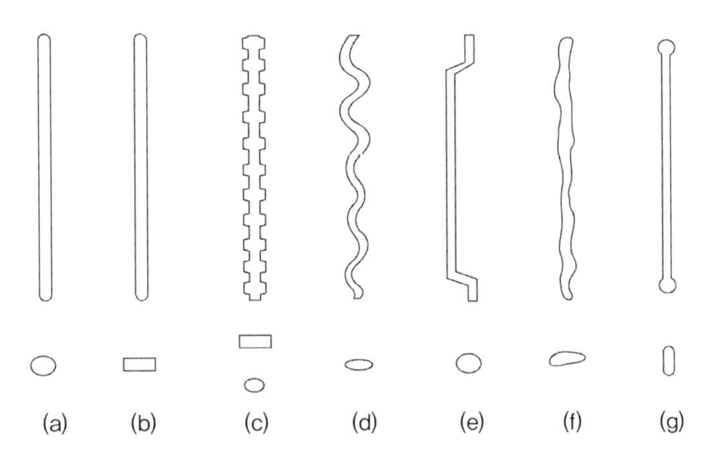

(a) *Round* (b) *Rectangular* (c) *Indented* (d) *Crimped*
(e) *Hooked ends* (f) *Melt extract process* (g) *Enlarged ends*

(5) 강섬유의 조건

① 분산성으로 콘크리트 내에 분산이 잘 되어야 한다.

② 정착성으로서 콘크리트 내에서 빠지지 않고 견뎌야 한다.

③ 높은 인장강도로서 외부응력에 강력히 대응을 해야 한다.

(6) 시공 시 주의사항

① *slump*가 커지면 리바운드가 커지고 따라서 1회 타설 *shotcrete* 두께가 얇아지고 강섬유 탈락율이 커지게 되므로 *slump* 관리에 유의하여야 한다.

② 여굴된 부분의 *shotcrete*는 1회에 전량 시공치 말고 적정 횟수로 나누어 시공하여야 한다.

③ *shotcrete* 타설 후 숏크리트면 밖으로 돌출된 철선은 방수 *sheet* 설치 전 제거하여야 한다.

④ 리바운드량의 조정을 급결제의 양으로 조정하여서는 안 된다(배합설계, 장비등 시공방법 개선).

⑤ 일반적인 숏크리트 장비의 타설용량이 $7 \sim 15m^3/hr$(설계:$13m^3/hr$)이므로 노즐 규격을 확대하여 타설용량을 증가시켜서는 안 된다.

46 터널의 방재등급

1. 개 요

터널에 방재설치를 위한 터널 분류등급으로 소방관련법에 따른 연장기준 등급과 위험도지수평가에 의한 위험도지수 기준등급으로 구분한다.

✓ 국토교통부의 도로터널 방재시설 설치 및 관리지침

2. 터널등급 구분

(1) 방재시설 설치를 위한 터널등급은 터널연장을 기준으로 하는 연장기준등급과 교통량 등 터널의 제반 위험인자를 고려한 위험도지수기준등급으로 구분하며, 등급별 범위는 다음 표와 같이 정한다.

등 급	터널연장(L) 기준등급	위험도(x) 기준등급
1	3,000m 이상($L \geq 3,000M$)	$X > 29$
2	1,000m 이상, 3,000m 미만 ($1,000 < L < 3,000$)	$19 < X \leq 29$
3	500m 이상, 1,000m 미만 ($500 < L < 1,000$)	$14 < X \leq 19$
4	연장 500m 미만 ($L < 500$)	$X \leq 14$

(2) 터널의 방재등급은 개통 후 최초 10년, 향후 매 5년 단위로 실측교통량을 조사하여 재평가하며, 이에 따라 방재시설의 조정을 검토할 수 있다.

47 터널의 굴착공법

1. 개 요

(1) 터널 굴착의 분류는 굴착방법과 굴착공법으로 크게 구별할 수 있으며 국토교통부가 제정한 '터널표준 시방서' 및 터널설계기준에서 다음과 같이 정의하고 있다.
- 굴착방법은 막장의 지반을 굴착하는 수단을 말한다.
- 굴착공법은 막장면 또는 터널길이 방향의 굴착계획을 총칭하는 것이다.

(2) 지반조사의 한계로 인하여 실제 지반을 정확히 예측하기는 불가능하므로 시공 시 현장 여건 변화에 능동적으로 대처할 수 있도록 설계단계에서 구체적으로 굴착공법을 계획해야 한다.

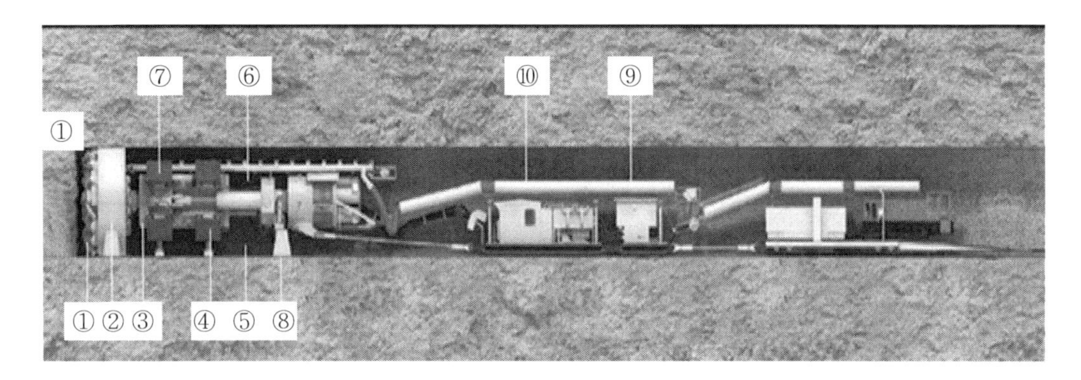

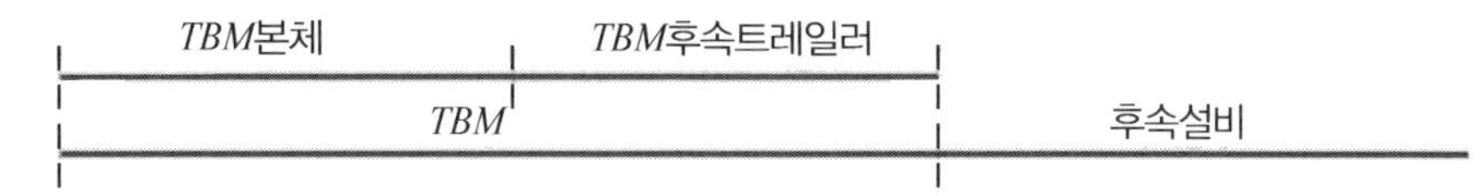

① *Cutter Head* ② *Cutter Head Jacket* ③ *Inner Kelly* ④ *Outer Kelly* ⑤ *Advance Cylinder*
⑥ *Cutter Head Drive* ⑦ *Clamping Pad* ⑧ *Rear Support* ⑨ *Belt Conveyor* ⑩ *Dust Collector*

2. 터널의 굴착

(1) 굴착방법 : 인력굴착, 기계굴착, 파쇄굴착, 발파굴착 방법 등이 있다.

(2) 굴착공법

① 전단면 굴착방법

② 분할굴착방법

㉠ 수평분할굴착 : 벤치컷

㉡ 선진도갱 굴착방법 : 측벽선진도갱, 정설선진도갱, *TBM* 선진도갱 굴착방법

3. 터널 굴착공법 선정 시 고려사항

(1) 터널단면의 크기 (2) 막장의 자립성

(3) 원지반의 지보능력 (4) 지표침하의 허용 값

4. 터널의 기계화 시공

(1) 기계화 시공의 개념

국제 터널협회(*ITA*)에서는 터널 기계화 시공기술은 '비트와 디스크 등에 의해 기계적으로 굴착을 수행하는 모든 터널 굴착기술'을 일컫는 것으로 정의하고 있다. 이는 백호우(*back -hoe*) 또는 리퍼(*ripper*)에서부터 가장 복잡한 형태의 쉴드 *TBM*까지의 모든 기계굴착방법을 포함한다.

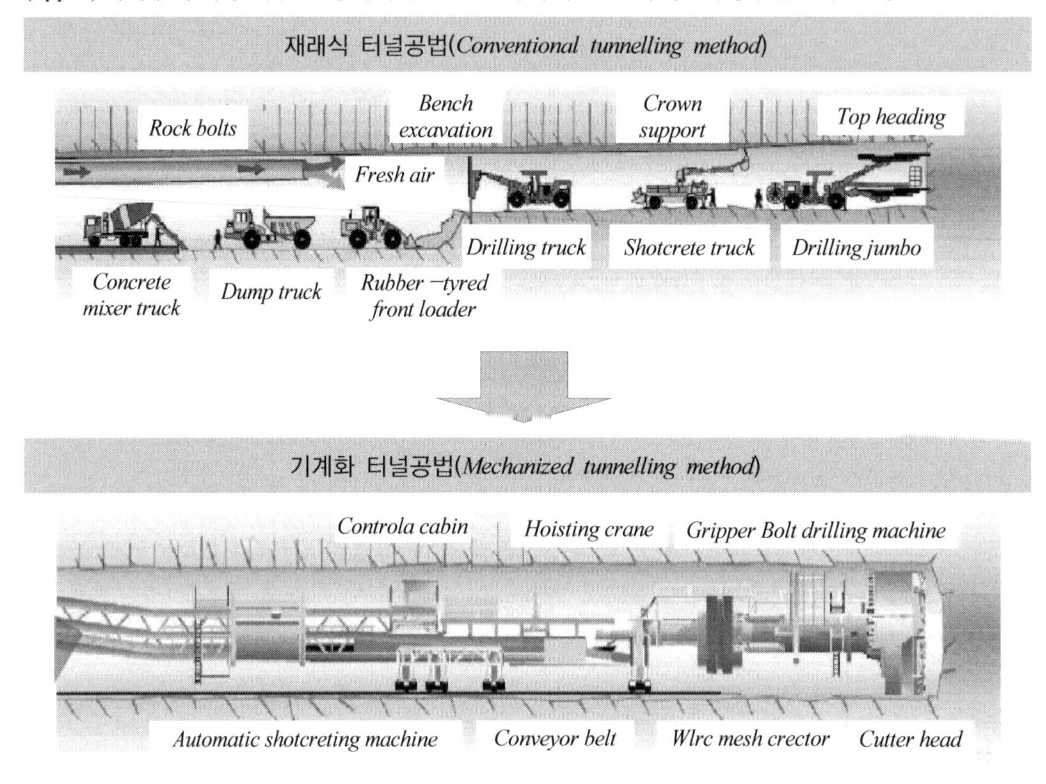

(2) 기계화 시공의 개념 변화

① 기계화 시공법의 한 종류인 *TBM*(*Tunnel Boring Machine*)은 전통적으로 경암반(*hard rock*) 굴착용의 장비를 지칭하는 용어로 사용되어 온 반면에 쉴드 또는 쉴드머신(*Shield Machine*)은 연약지반 굴착용의 장비를 지칭하여 사용되었다.

② 그러나 최근에 혼합지반 등 다양한 지반조건에 부응하기 위하여 *TBM*에 쉴드를 부착하거나 쉴드의 전면판에 디스크 컷터 등 경암반 굴착기술을 접목하는 등의 진전이 일반화되어 *TBM*과 쉴드*TBM*은 각각 그 본래의 의미를 상실하였다고 하겠다.

③ 따라서 광의의 의미에서 *TBM*은 '소규모 굴착장비나 발파방법에 의하지 않고 굴착에서 버력처리까지 기계화 · 시스템화되어 있는 대규모 굴착기계'를 모두 일컫는 광의의 의미로 쉴드를 포함하며 쉴드는 엄밀하게 쉴드*TBM*으로 지칭되는 것이 합당하다. 쉴드*TBM*은 '터널 굴착 시 주변 지반을 지지하는 원통형 또는 사각형의 쉴드(*shield*) 구조로 에워싸인 터널굴착기계'로 정의할 수 있으며 대부분의 경우 세그먼트 라이닝에 대한 반력으로 추진되는 것이 특징이다.

(3) 기계화 시공법의 분류기준

기계화 시공법 분류기준(안) – (사)한국터널공학회

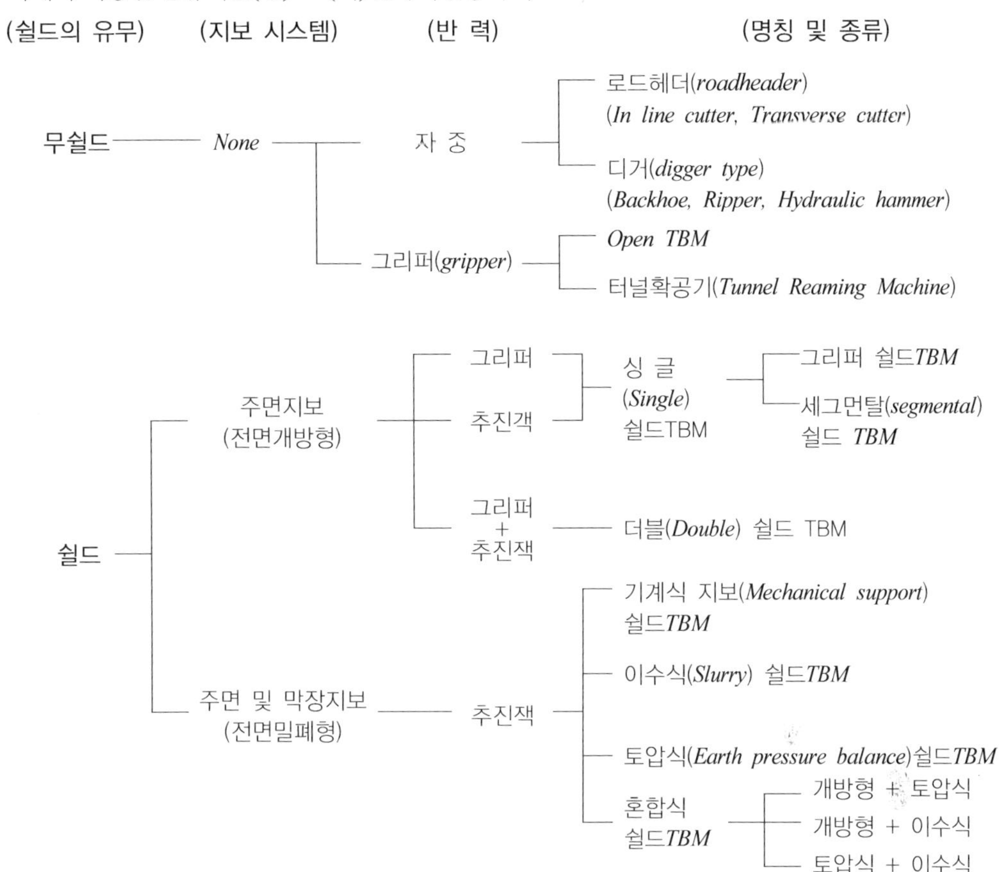

① 쉴드의 유무 : 주변 지보와 관련, 쉴드가 있는경우 대부분 세그먼트 조립

② 지보방법 : 주면, 막장면에 지보방법

③ 반력을 얻는 방법 : 자중, 그리퍼(주면지반), 세그먼트를 미는 잭

④ 개방형, 밀폐형 : 격벽 유무, 막장면 지보방법과 관련(압축공기, 토압식, 이수식은 밀폐형)

⑤ 전단면, 부분단면 굴착 : 붐타입은 부분단면 굴착

기계화 시공법의 세부분류

1. 쉴드의 유무

기계화 시공법의 대표적인 분류항목이다. 현재는 사각형의 쉴드도 제작되고 있으나 통상적으로는 원통형의 쉴드가 주로 사용된다. 쉴드가 없는 경우는 *Open TBM*, *Main−beam TBM*으로 구분하고, 쉴드가 있는 경우는 쉴드 *TBM*으로 분류한다. 쉴드가 있는 경우의 대부분은 세그먼트를 조립하므로 반력을 얻는 방법과도 밀접한 연관을 갖고 있다. 또한 쉴드가 있는 경우는 쉴드에 의해 터널 주면지보가 기본적으로 성립되며 각각의 설비에 따라 막장면 지보방법이 달라진다.

2. 지보방법

터널 굴착 중 굴착장비에 의한 터널의 주면, 막장면을 대상으로 하는 지보방법을 말한다. 터널 주면에 대한 지보방법은 무지보 또는 쉴드에 의한 지보로 구분한다.

자립가능 : *Open*(개방형)	자립 불가 : *Closed*(밀폐형)

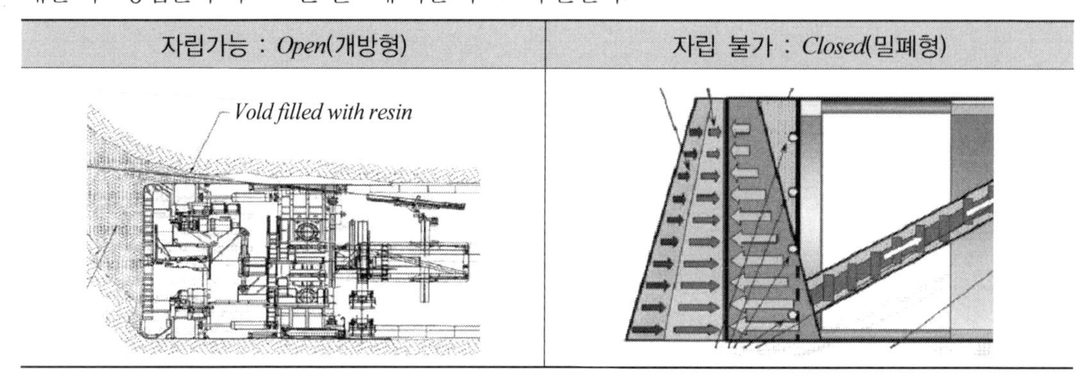

3. 반력을 얻는 방법

그리퍼(*Gripper*)	세그먼트(*Segment*)

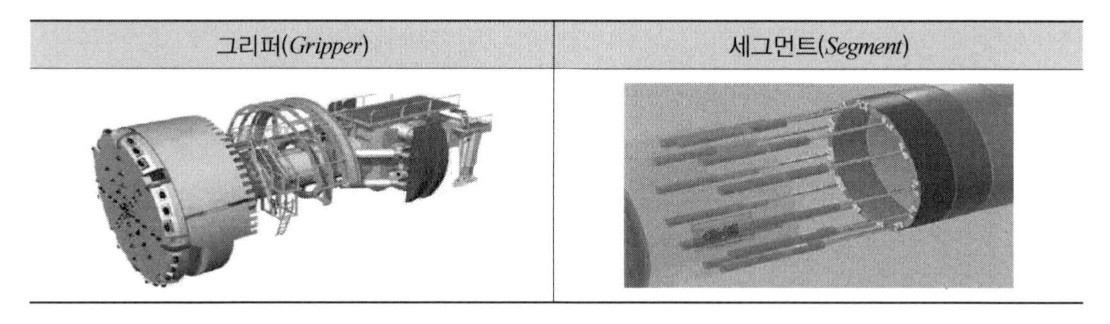

터널굴착기기를 추진하기 위한 반력을 어떻게 얻는가에 대한 사항으로서, 로드헤더 등의 부분단면 굴착기는 대부분 자중에 의한 반력을 이용하며 쉴드가 없는 *TBM*의 경우는 통상 그리퍼를 이용, 터널 주면 벽면을 지지하는 힘에 의해 반력을 얻는다. 쉴드*TBM*의 경우는 대부분 세그먼트를 미는 잭(*jack*)에 의해서 반력을 얻으며 일부는 더블쉴드*TBM*과 같이 그리퍼와 세그먼트 모두에서 반력을 얻는 방법도 있다.

4. 막장면 안정화 방법(개방형과 밀폐형)

밀폐형 *TBM*은 헤드부에 격벽이 있어 막장면과 차단되는 형태를 말한다. 쉴드가 없는 *TBM*의 경우는 모두 개방형이며 쉴드가 있는 *TBM*의 경우에는 개방형과 밀폐형 두 가지 형태가 모두 존재한다. 일반적으로 터널 막장면의 안정을 위한 압축공기식, 토압식 및 이수식 쉴드 *TBM*의 경우는 밀폐형으로 설계된다.

이수식 쉴드 *TBM*	토압식 쉴드 *TBM*
• 2개 : 이수액 + 이수액(공기)	• 1개 : 굴착된 버력
	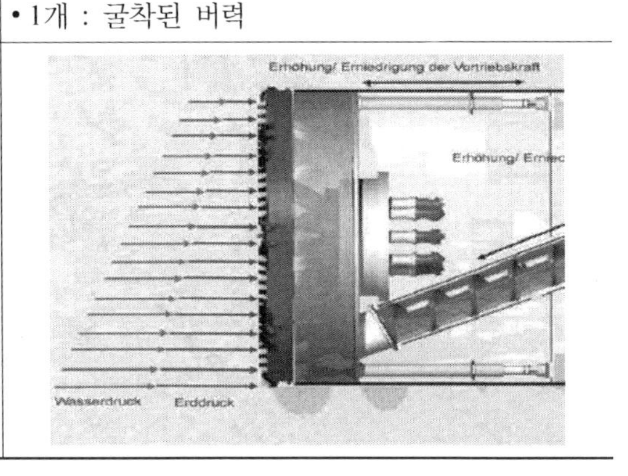

(1) 이수식 쉴드*TBM*은 커터헤드로 전단면 굴착을 수행한다. 챔버 내에 이수를 가압 순환시켜 막장을 안정시키며, 버력처리 역시 이수의 유동에 의하여 수행된다. 즉, 수압, 토압에 대응해서 챔버 내에 소정의 압력을 가한 이수를 충만, 가압하여 막장의 안정을 유지하는 동시에 이수를 순환시켜 굴착토를 유체 수송하여 배토하는 공법이다.

(2) 토압식 쉴드*TBM*

토압식 쉴드*TBM* 또한 전단면 굴착을 위한 커터헤드를 장착하고 있으며 막장 전면에 대하여 능동적인 지보방법을 제공한다. 이수식과는 달리 챔버 안에 굴착된 물질을 압축함으로써 막장면을 지지하면서 굴진하며 스크류컨베이어로 배출한다. 일반적으로 스크류콘베어의 회전력에 의해 막장에 주동토압하의 토압이 발생하지 않도록 하기 때문에, 막장토압이 확실하게 스크류콘베어에 전달되지 않으면 안 되므로 소성유동화한 굴착토를 커터챔버 내에 충분히 충만시키는 것이 매우 중요하다. 따라서 최근에는 첨가재 주입기구 및 첨가재와 굴착토를 확실하게 교반하는 기구를 장착하는 경우도 있다.

(3) 혼합식 쉴드*TBM*

혼합식 쉴드*TBM*은 터널 주면 및 막장에 대하여 능동적인 지보 시스템을 갖추고 있으며, 전단면을 굴착하는 쉴드*TBM*이다. 특징은 밀폐형 및 개방형 모두로 작동할 수 있으며 다양한 형태의 막장지지 방법을 사용할 수 있다는 것이다. 한 작업모드에서 다른 작업으로 전환하기 위해서는 기계의 형상을 바꾸기 위한 기계적인 조작이 필요하며 버력의 배출도 각 작업모드별로 다양하게 사용된다.

5. 터널학회 기계화 시공법의 종류 및 특징

붐타입(*Boom*−*type*) 굴착기계	*Open TBM*	터널 확공기
싱글 쉴드*TBM*	더블(*double*) 쉴드*TBM*	기계식 지보 쉴드*TBM*
이수식(*slurry*) 쉴드*TBM*	토압식 쉴드*TBM*	혼합식 쉴드*TBM*

(1) 붐타입(*Boom*−*type*) 굴착기계

대표적인 붐타입의 굴착기계는 로드헤더(*roadheader*)로서 붐형태는 굴착을 위한 반력을 순수히 장비의 자중에 의해서 얻으며 백호우(*backhoe*), 리퍼(*ripper*), 하이드로릭(*hydraulic*) 해머브레카 등의 디거(*digger*)타입과 인라인(*in*−*line*) 커터헤드 및 횡단(*transverse*) 커터헤드에 의한 로드헤더의 두 가지 종류로 구분할 수 있다. 붐타입 굴착 기계의 장점은 다양한 형태의 단면형상을 굴착할 수 있다는 것으로서, 쉴드*TBM*의 전면부에 회전식 커터헤드 대신 붐타입의 굴착기계를 장착하여 사용할 수도 있다.

(2) *Open TBM*

Open TBM : 막장면 개방 + 그리퍼 추진

*Open TBM*은 국내에서 통상 암반굴착용의 *TBM*으로 알려져 있었으며, 적용 사례도 가장 많다. *Open TBM* 한번에 터널전면을 굴착하는 커터헤드를 가지며 크게 *main*−*beam TBM*과 *kelly*−*type TBM*의 두가지 형식으로 구분할 수 있다.

main−*beam TBM*은 로빈스(*Robbins*) 사에서 제작한 것을 대표적인 예로 들을 수 있으며 추진장치가 커터헤드의 후면 가까이에 있고 양쪽에 한 조의 그리퍼가 부착되어 있다.

kelly−*type TBM*은 아틀라스콥코 사와 *Wirth* 사에서 제작한 것을 예로 들을 수 있고 커터헤드와 추진장치가 *drive shaft*로 연결되어 있으며 두 조의 그리퍼가 장착되어 있다. *kelly*−*type*은 커터헤드와 추진장치로의 접근이 *main*−*beam TBM*에 비하여 상대적으로 용이하다는 장점이 있다.

*Open TBM*의 굴착방법은 텅스텐 탄소 비트로 된 롤러 비트(디스크)가 장착된 회전식 커터 헤드가 막장면을 가압하며, *V*－자형 효과(*notch effect*)를 이용하여 암석을 제거한다. 굴착을 위한 추진력은 터널 벽쪽의 암반에 방사상으로 밀어주는 그리퍼(*gripper*) 또는 *bearing pads*에 의한 반력을 이용한다.

다른 종류의 *TBM*에서도 마찬가지이지만, 특히 *Open－TBM*의 적용성은 커팅장비들의 높은 소모비용에 영향을 받을 수 있다. 또한 쉴드가 없으므로 지보가 필요 없을 정도로 암질이 좋은 상태가 아니라면 시스템 지보를 실시하여야 한다. 시스템 지보는 보통 막장면 후방 10～15*m*에서 수행하며, 안정성이 저하되고 부분적으로 부스러지기 쉬운 암석에서는 *steel rib*, 록볼트 등을 설치한다. 경우에 따라서는 숏크리트를 커터헤드 바로 후면에 타설한다.

굴착된 암편은 커터헤드에 있는 버켓에 모아서 콘베이어 등의 배출 시스템으로 이동 배출한다. 굴착 중 암분이 수반된 암석 조각들이 발생되므로 다음과 같이 분진의 발생을 억제하거나 분진을 제거할 수 있는 장치가 필요하다.

(3) 터널확공기(*Tunnel reaming machine*)

터널 확공기는 *Open－TBM*과 같은 기본기능을 가진다. 이 기계는 파일롯(pilot)터널에 그리퍼를 장착하고 파일롯 터널에서 잡아당기는 견인력에 의해 전체단면을 확폭굴착한다.

확공커터헤드, 버력운송시스템, 후면지지대, 파일롯 터널에 위치하는 두 쌍의 그리퍼 및 추진잭으로 구성되어 있다. 후미는 엔진과 추진기어, 백업요소로 구성되어 있다. 수직구에서 사용하는 *RBM(Raise Boring Machine)*도 확공장비의 하나로 이 범주의 기계굴착장비에 속한다고 할 수 있다. 터널확폭기도 주면을 지지해주는 쉴드가 없으므로 자립능력이 있는 암반에 적용하는 것이 적합하다.

(4) 싱글 쉴드*TBM*

싱글 쉴드*TBM*은 막장면에 대한 지보 시스템이 없는 전면개방형 단일 쉴드몸통의 쉴드*TBM*을 일컫는다. 그리퍼(*gripper*) 쉴드*TBM*과 세그멘탈(*segmental*) 쉴드*TBM*이 이 형태에 속한다.

두 종류의 싱글 쉴드*TBM*은 추진반력을 얻는 방법에 따라 구분되고, 그리퍼 쉴드*TBM*의 경우는 전단면 굴착만이 가능하며, 세그멘탈 쉴드*TBM*은 전단면 커터헤드에 의한 전단면 굴착이나 다른 붐형태의 기구와 결합하여 부분단면 굴착기 형태로도 사용될 수 있다.

싱글쉴드 *TBM* : 막장면 개방 + 세그멘트 추진

(5) 더블(*double*) 쉴드 *TBM*

더블 쉴드*TBM*은 2개 또는 그 이상의 쉴드몸통을 가지고 있으며 중간에 신축(*telescopic*)쉴드가 설치되어 있어 세그먼트 라이닝을 설치함과 동시에 추진이 가능하여 굴착이 지연되지 않도록 할 수 있다. 그러나 싱글 쉴드*TBM*에 비하여 장비의 연장이 길기 때문에 압축성 지반에 걸릴 위험이 더 높으며, 신축쉴드부의 연결부에 장애물이 걸릴 위험도 있어 압축성 지반 등에서는 지반과 쉴드 사이의 마찰력을 줄이기 위하여 벤토나이트 용액이 윤활제로 사용되기도 한다. 후방에 위치한 쉴드에서는 전면의 쉴드가 커터 교환 등의 목적으로 후퇴할 수 있는 공간이 확보되어야 한다.

더블쉴드 : 막장면 개방 + 그리퍼와 세그멘트 추진

(6) 기계식 지보(*mechanical support*) 쉴드*TBM*

기계식 지보 쉴드*TBM*은 터널 막장면의 지속적인 굴착을 위하여 회전식의 커터헤드가 장착되어 있으며, 커터헤드는 2가지의 종류가 있는데, 디스크형(*disk type*)과 커터헤드의 중심으로부터 방사형으로 로드(*rod*)가 부착된 스포크형(*spoke type*)이 있다.

기계식 지보 쉴드*TBM*은 막장면 자립이 가능한 충적층, 지하수가 없는 지반 등에 적합하다. 종종 막장면 자립이 곤란한 홍적층에 이런 장비를 적용하기 위해서는 압축 공기 또는 하나 혹은 그 이상의 보조공법을 병행해야 하며, 배수 및 약액그라우팅 등의 보조공법을 추가로 시공해야 한다.

(7) 이수식(*slurry*) 쉴드*TBM*

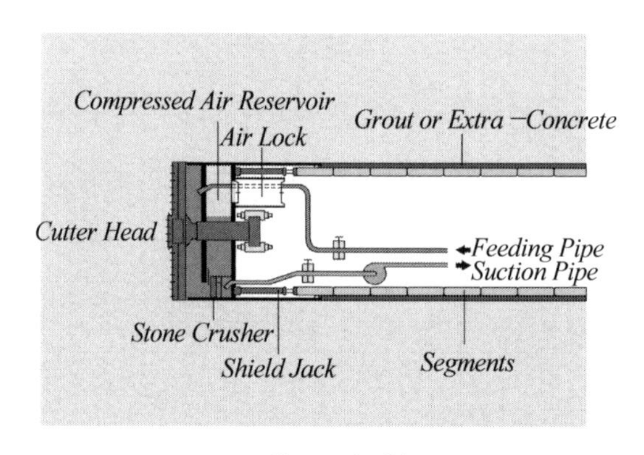

Slurry shield

이수식 쉴드*TBM*는 커터헤드로 전단면 굴착을 수행한다. 챔버 내에 이수를 가압 순환시켜 막장을 안정시키며, 버력처리 역시 이수의 유동에 의하여 수행된다. 즉, 수압, 토압에 대응해서 챔버 내에 소정의 압력을 가한 이수를 충만, 가압하여 막장의 안정을 유지하는 동시에 이수를 순환시켜 굴착토를 유체 수송하여 배토하는 공법이다. 이수순환에 의해 굴착토의 액상수송을 시행한다. 하・해저 터널 등에서 좋은 성능을 발현하나 지상에 대규모 이수처리 플랜트가 필요하다.

(8) 토압식 쉴드*TBM*

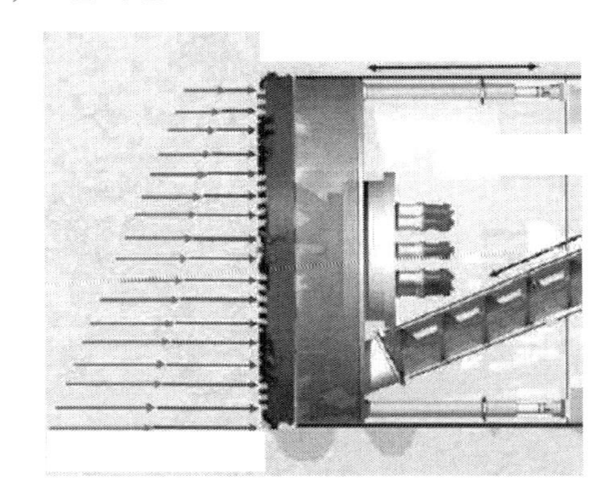

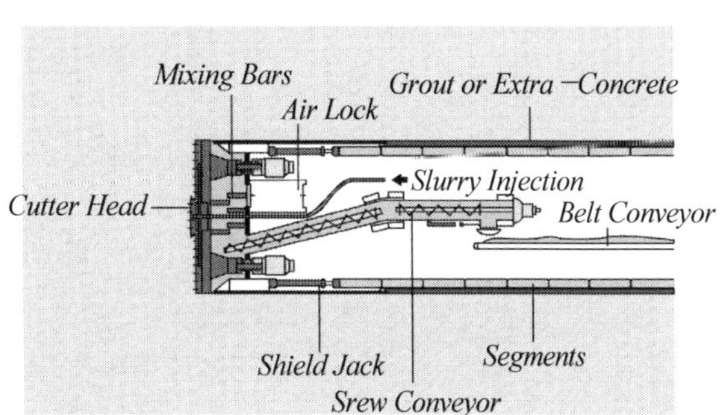

토압식 쉴드*TBM* 또한 전단면 굴착을 위한 커터헤드를 장착하고 있으며 막장전면에 대하여 능동적인 지보방법을 제공한다. 이수식과는 달리 챔버 안에 굴착된 물질을 압축함으로써 막장면을 지지하면서 굴진하며 스크류컨베이어로 배출한다. 일반적으로 스크류콘베이어의 회전력에 의해 막장에 주동토압하의 토압이 발생하지 않도록 하기 때문에, 막장토압이 확실하게 스크류콘베이어에 전달되지 않으면 안되므로 소성유동화한 굴착토를 커터챔버 내에 충분히 충만시키는 것이 매우 중요하다. 따라서 최근에는 첨가재 주입기구 및 첨가재와 굴착토를 확실하게 교반하는 기구를 장착하는 경우도 있다.

(9) 혼합식 쉴드*TBM*

혼합식 쉴드*TBM*은 터널 주면 및 막장에 대하여 능동적인 지보 시스템을 갖추고 있으며, 전단면을 굴착하는 쉴드*TBM*이다. 특징은 밀폐형 및 개방형 모두로 작동할 수 있으며 다양한 형태의 막장지지 방법을 사용할 수 있다는 것이다. 한 작업모드에서 다른 작업으로 전환하기 위해서는 기계의 형상을 바꾸기 위한 기계적인 조작이 필요하며 버력의 배출도 각 작업모드별로 다양하게 사용된다.

6. 터널의 기계화 시공의 특징

(1) 장 점

① 연장이 길고 노선이 비교적 선형적인 터널에 적용할 경우, 재래식 공법과 비교하여 시공효율이 높고 공사기간, 공사비용을 절감할 수 있음

② 작업환경이 공장형인 관계로 작업자의 안전수준이 높음

③ 자동화에 의해 모든 시공 사이클이 신속하게 반복되어 공사기간의 단축 가능

④ 소음/진동, 지표침하, 분진 및 지하수 환경에 대한 교란 최소화(도심지 터널)

⑤ 시공관리 용이(쉴드의 경우 *PC*세그먼트 활용 구조물 품질 우수)

⑥ 경암반에도 적용이 가능

⑦ 해외의 경우 *3km* 이상의 연장이면 *NATM*보다 경제적인 것으로 평가

(2) 단 점

① 원형 이외의 단면을 가진 터널에 대한 시공이 곤란

② *TBM* 도입으로 인해 초기 투자비가 높음

③ 시공 중 트러블이 발생할 경우 재래식 공법에 비교하여 대처능력이 떨어짐

④ 장비의 후진이 불가능

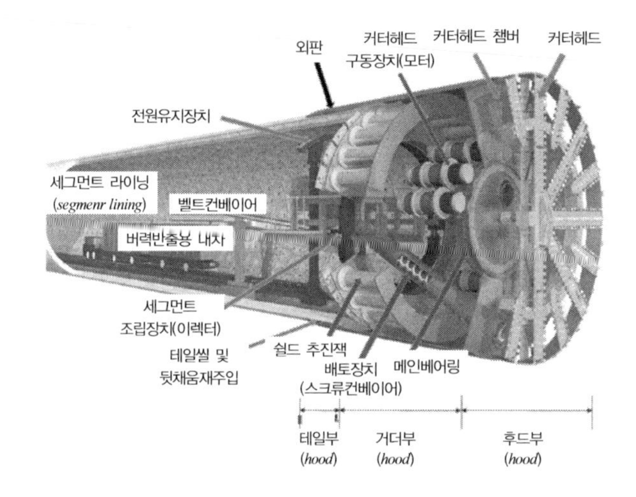

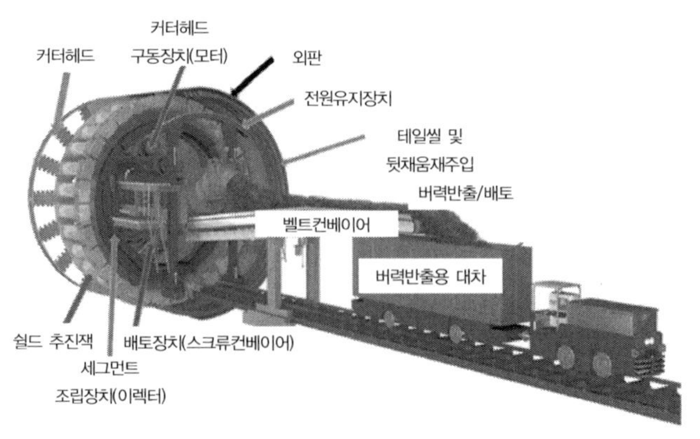

7. 트러블 발생과 주요 지질적 요인과의 관계

지반현상	지질적 요인	주요 트러블 현상
붕괴 / 붕락	단층대 / 파쇄대 토사화 / 사력점토 복합성 지반	**굴착작업 불가능** *TBM* 내로 **굴착토사의 대량 유입** **커터헤드 회전 불능** *Gripper* 반력 부족
지반의 압출	압착성 지반(*Squeezing ground*) 팽창성 지반(*Swelling ground*)	**장비의 끼임으로 인한 굴진 불능** 커터헤드 회전 불능 장비 손상 *Gripper* **반력 부족** 배토 불능
용 수	투수성이 높은 지반 지하수위가 높은 지반	굴착작업 불가능 **배토 불능** 전기계통 고장
지반 지지력 부족	단층대 / 파쇄대 점토화 팽창성 지반	**장비 침하**

↳ 지질적 트러블 요인들의 사전 예측과 대처 중요

8. 국내외 *TBM Down Time*의 발생원인 및 개선방안

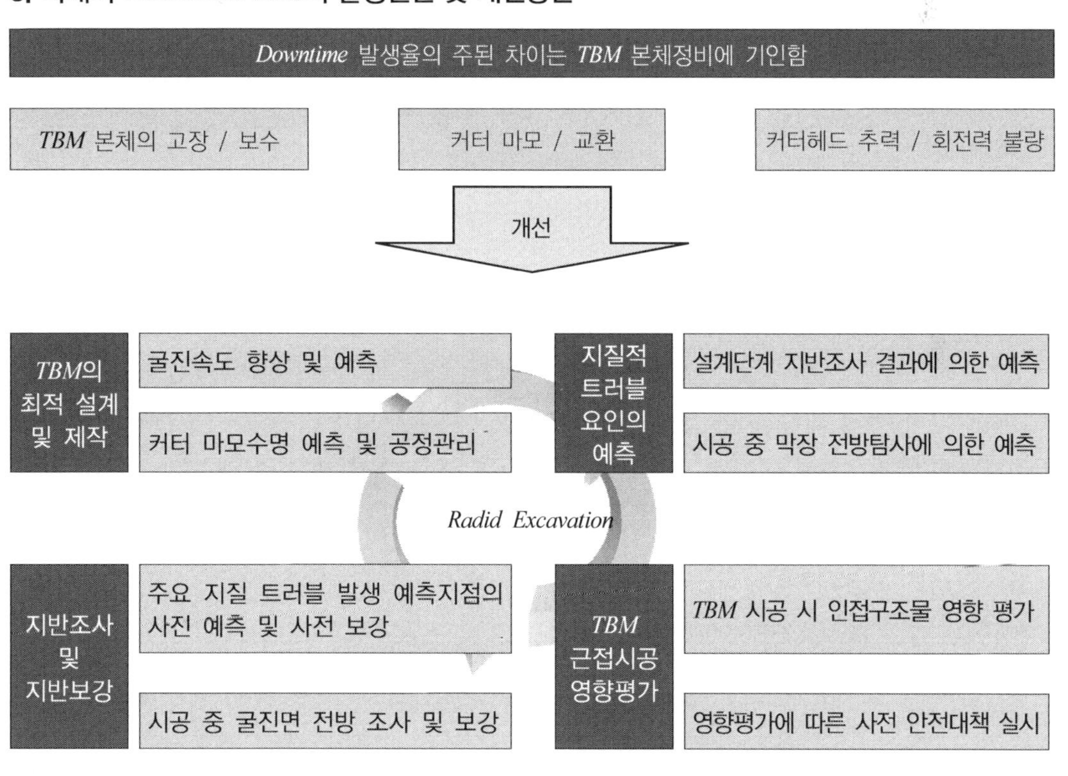

9. 기계화 시공의 발전방향

(1) 대심도화

① 높은 수압 : 니수압, 니토압, 구동장치 실링

② 높은 토압 : 세그멘트강성 증가

(2) 대 단면화

① 사공간의 효율적인 굴착

② *Bit* 마모와 배치

③ 장비의 운반

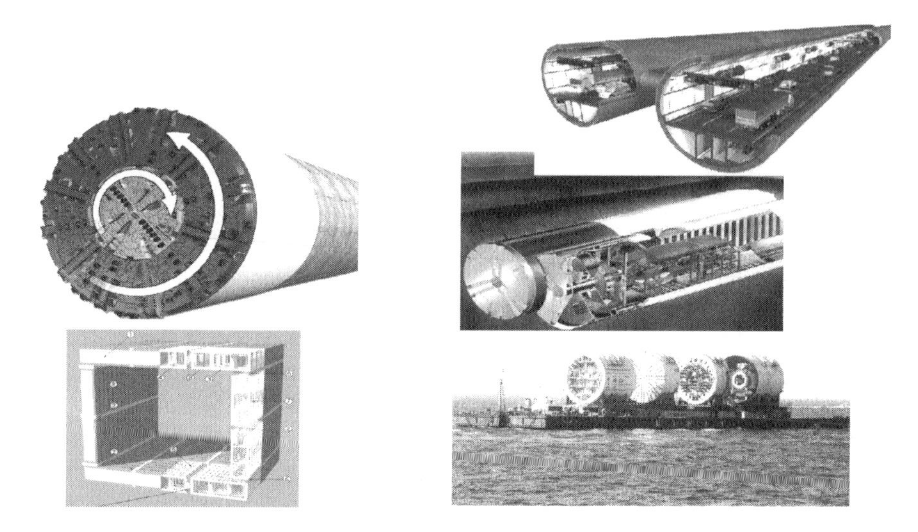

(3) 고속화

① 더블 쉴드 → 세그멘트 조립

② 신속한 버력처리 → 컨베이어 벨트

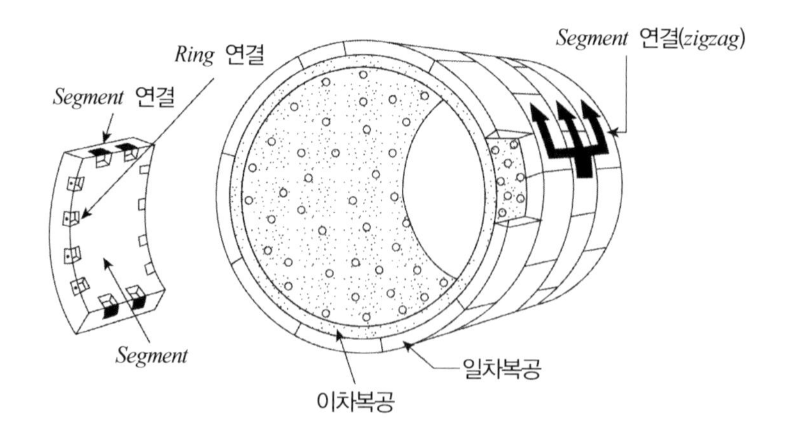

(4) 장거리화

① *Docking*　　② 복합지반 : *Hybrid* 또는 *Dual Type*

③ *Bit* 관리　　④ 자동측량 시스템

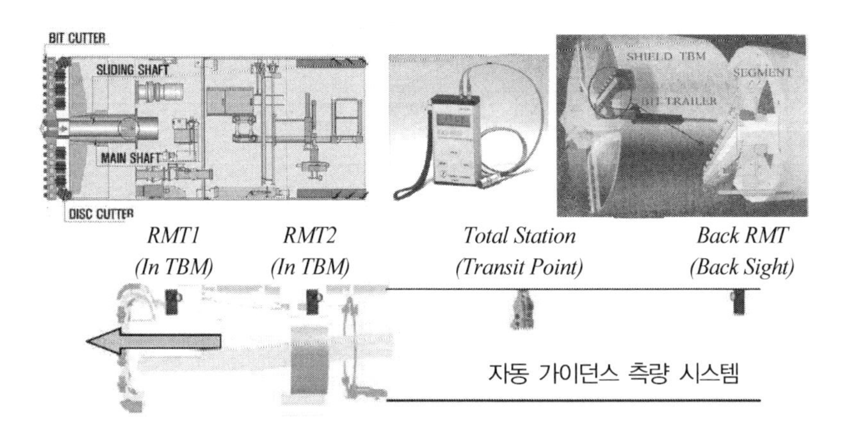

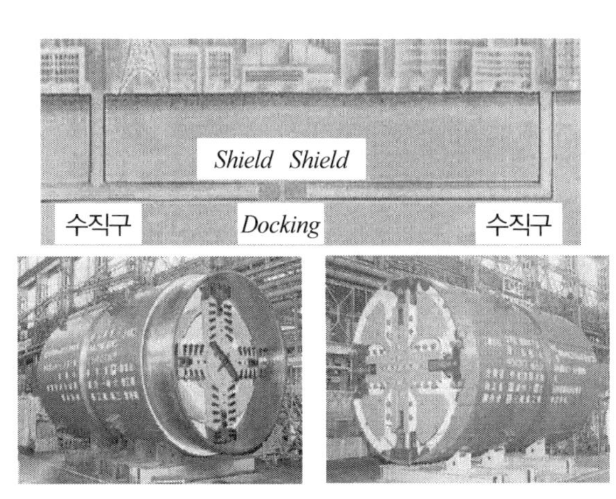

지중 접합 방식

10. 우리나라의 기계화 시공현황

2015년 기준

국 가	유 럽	일 본	미 국	중 국	대 만	한 국
도심지 교통터널에서의 *TBM* 적용비율	80%	60%	50%	40%	30%	< 1%

(1) 1990년대 중반 이후로 *TBM* 시공실적 증가(연간 약 12% 증가)

(2) 소구경 전력구·통신구 적용실적이 가장 많으며, 최근 들어 지하철 / 철도 적용실적 증가

(3) 도심지 교통터널에서의 *TBM* 적용비율은 1% 미만으로 전 세계적인 추세와 큰 차이

(4) 국내 적용된 *TBM* 최대 구경은 8.1*m*에 불과(세계 수준과 큰 차이, 현재 세계 최대급 약 15*m*)

11. 기계화 시공 확대의 필요성

(1) 기술개발과 지속적인 발주를 통한 비용절감 도모

시공연장이 길어질수록, 장비비중↓, 세그먼트 및 커터비중↑

구 분	세그먼트	디스크커터 / 비트	*TBM* 장비	기 타
쉴드 *TBM*터널 직접공사비 비율(%)	25~40%	10~15%	10~20%	25~50%

출처 : (사)일본터널기술협회(2000), 대도심지하이용기술조사소위원회 보고서 개요판(모델 검토)

① 국내 쉴드*TBM* 터널과 *NATM* 공사비용 비교

- 도심시 지하철 기준, *NATM* 대비 공사비용 약 120% 수준
  - *NATM* 직접공사비 : 약 2,000만 원/*m*
  - 쉴드 *TBM*터널 직접공사비 : 약 2,400만 원/*m*
    지반조건, 굴착직경, 굴착심도 등에 따라 다름

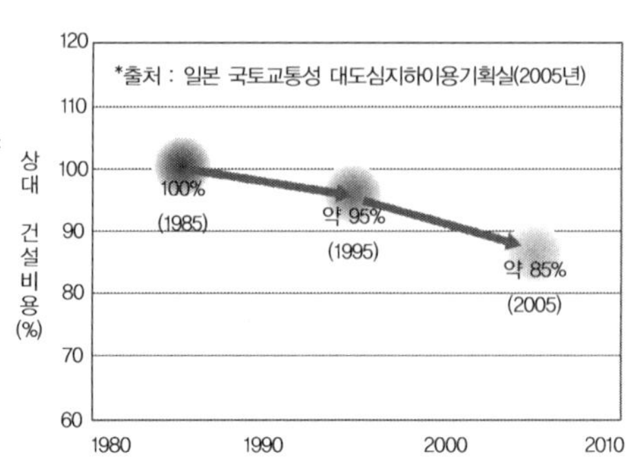

② 기술개발과 지속적인 발주를 통한 비용절감 도모(동경지하철주식회사, 2003)

- 쉴드*TBM*터널의 고효율 시공 도모
- 고속화와 트러블 최소화에 의한 공기 단축
- 세그먼트 기술발달에 따른 단가 절감
- 장거리 굴착에 의한 수직구 최소화
- 2차 콘크리트 라이닝의 생략
- 기타

(2) 전 세계 초장대 해저터널 현황 및 계획

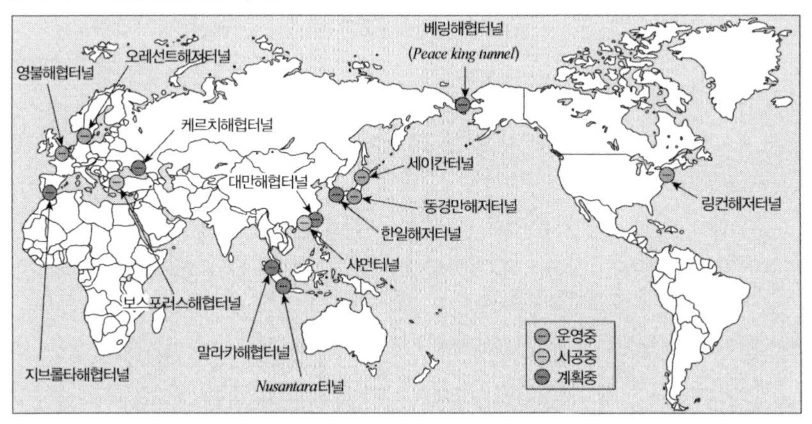

21세기 메가 프로젝트로 초장대 해저터널 건설(대륙 간 또는 국가 간)이 대두 급속시공에 의한 공기단축과 안전시공을 위해 *TBM*의 적용이 필수적임

12. 기계화 시공 확대를 위한 개발과제

요소기술	개발목표	예상 성과물	
TBM 커터헤드 최적 설계기술	• **복합지반 조건에서 직경 7*m* 이상의 *TBM* 커터헤드 최적화 설계기술 개발** • 10*m/day* 이상의 고속굴진과 시공 중 트러블 발생 최소화에 기여	• ***TBM* 커터헤드 설계모델 및 설계 패키지** • *TBM* 성능평가 인프라	
TBM 재활용 기술	• **직경 7*m* 이상의 재활용 쉴드*TBM* 시작품** 제작 • 쉴드*TBM* 재활용을 위한 커터헤드 제작기술 확보	• **직경 7*m* 이상급 재활용 *TBM* 시작품** • 커터헤드 제작 인프라	
고성능 디스크 커터	• *TBM*터널 **직접공사비의 약 10%를 차지하는 디스크커터의 용량과 내마모성 향상**을 통한 경제성/시공성 향상	• 고성능 디스크커터 **(압축강도 200*MPa* 이상 대응, 마모율 20% 이상 절감)**	
고성능 세그먼트 라이닝	• 쉴드터널 **직접공사비의 약 30% 이상을 차지하는 세그먼트 비용절감**을 위한 고강도화/철근보강 최소화 기술 개발	• **고강도 *RC*세그먼트** • **고강도 *SFRC*세그먼트** • 고효율 세그먼트 이음/접합부 제작기술	
TBM 리스크 최소화 기술	• **시공 중 *TBM* 트러블 발생을 현생 대비 50% 이상 절감**하기 위한 설계~시공 리스크 최소화 기술 개발	• **전방 20*m* 이상 사전 지반조사** 시스템(시공) • **실시간 리스크 관리 시스템**(시공) • *TBM*터널 **적산시스템**(설계)	
TBM 최적 활용 기반 기술	• ***TBM*의 적용성과 경제성 향상을 위한 기반기술/제도/정책/기준 · 시방** 제시	• *TBM*터널 표준단면도(안) • *TBM*터널 발주체계(안) • *TBM*터널 설계기준/시방(안)	

13. 결 언

(1) 친환경적이고 경제적인 터널 시공을 위해 터널 기계화 시공법의 적용은 선택이 아닌 필수

(2) 국내외적으로 계획되고 있는 대규모 터널 시장에 참여하기 위해서는 기계화 시공기술의 자립 시급 (*TBM* 설계/제작은 외국에 100% 의존)

(3) 세계 최대의 터널 시장으로 급부상한 중국이 기술력을 이미 추월함

(4) 따라서 과거와 같은 저가 수주방식으로는 외국 시장에 진출할 수 없음

(5) 국내 터널 기술경쟁력 제고를 위해 터널 기계화 시공에 대한 기술력 향상과 연구개발 노력이 시급

(6) *TBM* 시공을 위한 명확한 설계기준이 필요

(7) *TBM*이 *NATM*보다 1.4배 공사비가 높다는 인식의 전환 필요

(8) 향후 *TBM* 장비 *Procurement*의 개선

(9) 중고장비 보수기술의 전문화

(10) *TBM*은 터널기술뿐만 아니라, 기계공학, 전기공학, 재료공학, 물류시스템 등 종합적인 융합 기술로 볼 수 있는 오픈마인드가 필요

참 고

◎ 격벽 유무에 따른 쉴드장비의 비교

형 식 항 목	전면개방형		
	인력 굴착식	반기계 굴착식	기계 굴착식
장 비			
막장 안정	• 토류잭으로 지반안정 처리	• 토류잭으로 지반안정 처리	• 커터디스크로 지반안정 처리
막장 확인	• 육안으로 확인 가능	• 육안으로 확인 가능	• 육안으로 확인 가능
지장물 처리	가 능	가 능	조금 곤란
적용토질	• 자립이 곤란하거나 지하수위가 있는 지반에서는 보조공법 필요	좌 동	좌 동
터널 내 작업환경 및 안정성	• 전면개방형이기 때문에 안정성은 약간 어려움	좌 동	좌 동
작업구 규모	• 비교적 소규모	좌 동	좌 동
주변 환경	• 콤프레셔 등에 의한 진동대책 필요	좌 동	• 콤프레셔 등에 의한 진동대책 필요 • 굴착토사가 이수화하는 경우 대책 필요

<table>
<tr><th rowspan="3">형 식
항 목</th><th>부분개방형</th><th colspan="3">밀폐형</th></tr>
<tr><th rowspan="2">블라인드식</th><th rowspan="2">이수식</th><th colspan="2">토압식</th></tr>
<tr><th>토압쉴드</th><th>이토압쉴드</th></tr>
<tr><td>장 비</td><td></td><td></td><td colspan="2"></td></tr>
<tr><td>막장 안정</td><td>• 격벽으로 지반 안정</td><td>• 커터디스크+이수</td><td>• 굴착토</td><td>• 굴착토+첨가제 혼합토</td></tr>
<tr><td>막장 확인</td><td>• 굴진 Data로 확인 가능</td><td>• 굴진 Data로 확인 가능</td><td colspan="2">• 굴진 Data로 확인 가능</td></tr>
<tr><td>지장물 처리</td><td>조금 곤란</td><td>곤 란</td><td colspan="2">곤 란</td></tr>
<tr><td>적용토질</td><td>• 충적층의 모래실트, 실트질 점토층에 적용</td><td>• 광범위한 지반 및 지하수위가 높은 지반에 적용 가능</td><td>• 충적층·홍적층의 점성토층 및 점토질 모래층에 적용 가능</td><td>좌 동</td></tr>
<tr><td>터널 내 작업환경 및 안정성</td><td>• 압기공법은 압기압을 제한하여 시공 가능
• 부분개방형이기 때문에 안정성이 비교적 높음</td><td>• 대기압하에서 작업하므로 양호하며 배토도 밀폐형으로 유체수송하므로 안정성이 높음</td><td colspan="2">• 대기압에서 작업하므로 양호
• 밀폐형이므로 안정성이 높고 압송펌프로 배토하는 것도 가능</td></tr>
<tr><td>작업구 규모</td><td>좌 동</td><td>• 이수처리 시설용지 등으로 대규모</td><td>• 비교적 소규모</td><td>• 첨가제 혼합 주입 플랜트 설비 용지가 필요하므로 약간 대규모</td></tr>
<tr><td>주변 환경</td><td>좌 동</td><td>• 이수처리 설비의 진동 소음대책 필요</td><td colspan="2">• 굴착토사가 이수화하는 경우 대책 필요</td></tr>
</table>

◎ 밀폐형 쉴드장비의 비교(이수가압식/토압식)

구 분		*Slurry Shield TBM* 공법(이수가압식)
장비 개요도		중앙제어콘트롤실 이수처리플랜트 차압식비중계 $P1$펌프 전기계장설비 중앙콘트롤판넬 쉴드기 밸브 송니관 유량계 신축관 Pn펌프 배니관 에렉터 비중계 $P2$펌프 Pn펌프
공법 개요		• 쉴드와 막장면 사이에 가압된 이수를 보내어 이수압으로 막장의 수압 및 토압을 지지 • 굴착버력은 이수와 같이 *Pipe*로 유체수송하여 터널 밖으로 반출
지반 적응성		• 충적층 지반과 이방성의 연약지반 및 암반을 포함하는 지반에 적용 가능 • 함수비가 높고 점착력이 없어 막장 안정이 불안정한 지반도 적용 가능 • 암반굴착을 위하여는 대형 *Disk Cutter*의 장착이 필요 • *Cutter*의 마모를 방지하기 위하여 내마모강 등으로 보호가 필요
지하수 대응성		• 이수를 가압하므로 비교적 높은 지하수압에 대응성이 우수하며 관리가 용이 • 파쇄대 및 대수층 구간에서 갱내그라우팅으로 사전 대응이 필요
쉴드기 내구성		• *Cutter*가 이수 속에서 회전하므로 커터 등의 마모가 비교적 적음 • 이수가 윤활제 역할을 하므로 커터 토크의 경감이 가능하여 내구성이 증대됨 • 암편에 의한 *Pipe* 폐색 및 파열로 파이프 수리 및 교체가 많음 • 이수의 순환을 위한 배관 *Pump*의 수리가 많음
시공성	굴진 관리	• 굴진제어 자동화 시스템을 이용하여 집중 관리함 • 자동측량 시스템을 이용하여 실시간 모니터링 및 원격제어 가능
	배토 관리	• 배니 *Pipe*로 유체수송을 하므로 배토시간을 단축할 수 있음 • 이수처리시설에서 이수와 버력을 분리하고 이수는 농도의 조정 후 재주입되어야 하므로 지상에 비교적 규모가 큰 설비가 필요
	버력 반출	• 유체수송 및 이수처리설비에 의해 연속적으로 처리되어 공정이 단순함 • 버력을 *Pipe*로 유체수송하므로 암편의 크기가 적어야 함

구 분		*EPB Shield TBM* 공법(이토압식)
장비 개요도		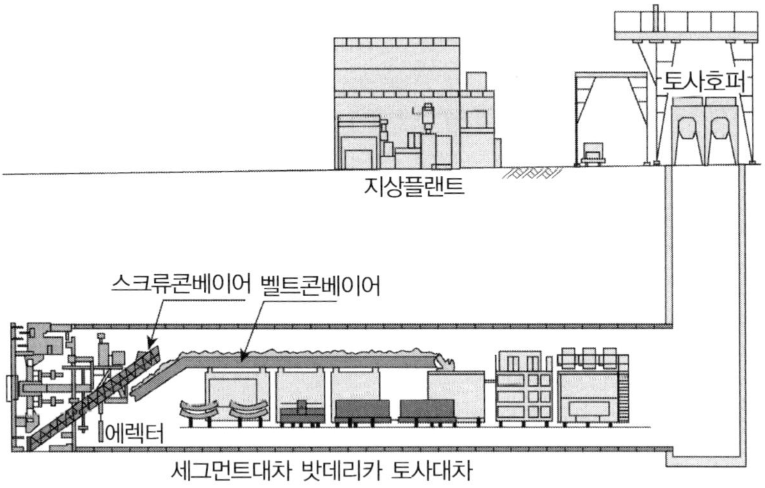 토사호퍼 지상플랜트 스크류콘베이어 벨트콘베이어 에렉터 세그먼트대차 밧데리카 토사대차
공법 개요		• 쉴드와 막장면 사이에 굴착한 버력을 채워 막장의 수압 및 토압을 지지 • 굴착버력의 소성유동화를 촉진하기 위하여 벤토나이트 또는 기포제를 주입 • 굴착버력은 갱내에서는 광차로 운반하고 크레인을 이용하여 터널 밖으로 반출
지반 적응성		• 점착력이 어느 정도 확보되는 지반에 적용 가능 • 토질 조건이 급변하는 경우, 연약한 실트, 점토층, 사력층, 암반층에도 적용 가능 • 암반굴착을 위하여는 대형 *Disk Cutter*의 장착이 필요 • *Cutter*의 마모를 방지하기 위하여 내마모강 등으로 보호가 필요
지하수 대응성		• 파쇄대나 대수층 및 높은수압이 작용하는 구간에서는 스크류를 통하여 다량의 물이 유입될 수 있으므로 갱내 그라우팅으로 사전 대응이 필요 • 시공 시 예상하지 못한 다량의 용수가 유입될 경우도 *Air Lock* 등의 장치로 제어 필요
시공성	굴진 관리	• 토압계에 의한 토압관리와 굴착토량과 배출토량에 의한 계측관리로 굴진 관리 • 최근에는 집중관리방식에 의한 굴진관리를 시행하고 있음
	배토 관리	• *Conveyor*에서 배출되는 버력을 육안관찰하므로 지질상태의 확인이 가능 • 버력반출설비가 필요하나 대부분 갱내에 설치되므로 소규모의 지상설비만 필요
	버력 반출	• 버력반출장비의 별도 운용으로 공정이 복잡 • 버력운반용 광차의 교대운용이 가능하므로 버력반출이 쉴드굴진에 미치는 영향이 없음 • 작업구에 토사 *Pit*가 필요하며, 별도의 반출설비(크레인 등)가 필요

48 TBM 굴진성능 예측을 위한 경험적 모델

1. *TBM*의 굴진성능이란

(1) 성공적인 *TBM*의 적용을 위해 설계단계에서 *TMM*의 굴진성능을 사전에 예측하는 것이 매우 중요하다.

(2) *TBM*의 굴진성능은 일반적으로 굴진율과 디스크 커타의 수명으로 표현한다.

(3) *TBM*의 굴진성능은 *TBM* 자체의 기능적 성능뿐만 아니라 현장운영능력, 필요한 부품의 적시조달, 유지관리 등의 인적 물적요인과 함께 굴착구간 암반의 물성 및 지질학적인 특성에도 영향을 받는다.

2. *TBM*의 굴진성능 예측을 위한 모델

(1) 이론적 모델 : *CSM*(*Colorado School Mines*) 모델
디스크 커터의 작용력을 기반으로 하는 모델, 선형절삭시험결과와 현자자료들을 근거로 대상암반의 역학적 특성과 디스크 커터의 작용하중과의 관계를 이용

(2) 경험적 모델 : *NTNU*(*Norwegian University Of Science and Technology*) 모델
노르웨이 국가 및 기타 국가들의 35개 *TBM* 현장 자료들을 근거로 작성

3. *TBM*의 굴진성능 예측을 위한 경험적 모델

(1) *NTNU* 모델은 암반의 물성과 *TBM* 입력자료를 바탕으로 굴진성능을 예측

(2) 여러 암반물성을 하나의 변수인 등가균열계수(*Equivalant Fracturing Facter*)로 나타내고 여러 *TBM* 변수인 등가 추력으로 환산하여 사용

(3) 등가균열인자는 암반 내의 균열종류, 암반의 균열도, 터널축과 불연속면이 이루는 각도, *DRI*(*Drilling rate index*)로 표현되는 암석강도, 공극률에 의해서 결정됨

4. 민감도 분석

(1) 예측모델에 대한 입력변수들의 영향은 민감도 분석에 의해 수행

(2) 관입깊이는 디스크 커터에 작용하는 추력과 균열계수가 큰 영향을 미침

(3) 디스크 커터의 수명도 디스크커터에 작용하는 추력과 균열계수에 영향을 미침

49 10km 이상의 초장대 산악터널 설계 시 고려사항과 공기단축 방안

1. 개 요

10*km* 이상의 초장대 산악터널을 설계하기 위해서는 이용자 입장에서의 운행 중 안전성, 시설물 유지관리의 효율성, 시공 중 안정성, 시공의 효율성, 경제성, 환경 및 민원 등이 반영된 설계가 이루어지도록 검토되어야 한다.

2. 장대터널 계획(설계) 시 고려사항

구 분	고려사항	대처방안
이용성 및 운전중 안정성	• 승객의 안전성, 쾌적함, 안락함 유지	• 단선 병렬, 환기, 방재 • 갱내 환경개선, 자동감지설비, 내진 • 구난시나리오 계획 등
시설물 유지관리	• 영구계측, 유지관리의 편의성 • 갱내 청결유지를 위한 환기	• *LCC*개념에 입각한 계획 • 유지관리자를 위한 갱내 통행방법 • *Simulation*을 통한 배연기능 검토
시공 안정성	• 지반조사 및 주변영향 고려 위험요인 파악(단층, 폐갱, 가스 등)	• 예비조사, 본조사, 현장시험 • 지질변화 및 위험요인별 대응 시나리오 작성 • 필요시 노선, 단면 조정
시공 효율성	• 접근성, 갱내 환기 • 굴착 *Cycle* 향상	• 기존도로와 연계한 진입로 계획 • 대단면화, 시공 중 환기계획 • 기계화 시공, 굴착장비를 고려한 굴착계획
경제성	• 효율적 단면 및 지보계획 • 불필요한 굴착 및 유지관리설비 최소화 • 공사기간 단축 및 버력 처리	• 보도폭, 공사용차량, 지질조건을 고려한 단면 및 지보계획 • 버력 활용
환경, 민원	• 교통, 환경영향평가 의견 수렴	• 시공 중, 완공 후 동식물 보호 • 주민편의성 반영, 경관 설계

3. 초장대 터널 공기단축 방안

(1) 기계화 시공 검토

① *TBM*에 의한 굴착은 균질한 암반일 때 시공성이 확보되며 공기단축도 가능하다.

② 초장대 산악터널 구간 중 연약지층이나 파쇄대 등 불균질 지반이 출현되는 경우에는 *NATM* 공법보다 불리할 수 있으므로 주의가 요구된다.

③ 따라서 정확한 지반조사를 통한 공법 선정에 유의하여야 한다.

(2) *Single Shell* 터널

① 개 요

대표적인 싱글쉘공법인 *NMT(New Norwegian Method Of Tunnelling)*에서는 고품질의 숏크리트와 록볼트를 터널의 영구지보재로 취급하여 지보재와 지반을 일체화시킴으로써 상호 간에 전단력이 전달될 수 있는 구조로 되어 있다. 즉, 2차 콘크리트 라이닝을 생략한 공법이다.

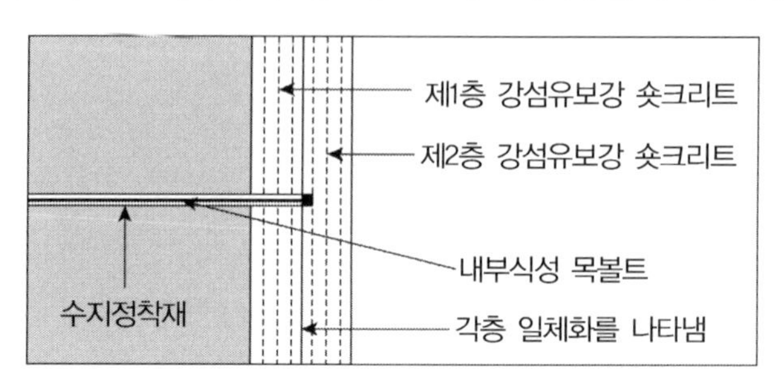

싱글 쉘의 지보구조 모식도

즉, 터널의 시공설비, 시공성 및 경제성을 향상시킨 시공법이다. 하지만 1차 지보재가 영구지보로서 역할을 수행해야 하므로 1차 지보의 품질을 고품질화하여 2차 지보의 역할까지 수행할 수 있도록 하는 것이 관건인 시공법이다.
최근 국제터널협회(*ITS*)에서는 예전부터 *NATM, NMT, SPLT* 등의 여러 가지 이름으로 사용해오던 모든 발파굴착터널 공법명을 통일하여 *Conventional Tunneling Method*로 부르기로 하였으며, TBM 및 *Shield* 등의 기계굴착공법 및 과 대응되는 개념으로 사용하기로 하였다. 따라서 각국은 *Conventional Tunneling Method*에 대한 통일된 기술을 만들기 위한 설계 및 시공 표준화작업이 진행 중에 있다.

② 국외의 싱글쉘공법

NMT, 싱글쉘 *NATM*(일본과 독일), 일본의 *NTL(New Tunnel Linning)*

③ 공법의 특성

㉠ 콘크리트라이닝 시공을 배제하여 터널건설 비용 절감을 도모

㉡ *NMT* 시공법은 스칸디나비아 지역에서만 제한적으로 적용되고 있음

㉢ *NMT* 시공법 적용 초기에는 숏크리트와 록볼트 만을 시공하였으나, 누수로 인한 갱구부 노면 결빙현상으로 인한 사고 유발로 터널갱구부에 프리캐스트 패널을 설치하여 노면 결빙 요인을 방지하고 있음

㉣ 특히 절리가 발달된 암반지역의 경우 여굴이 많이 발생되어 강지보재(*H*형강 또는 삼각지 보재)적용이 곤란하여 *RRS(Reinforced Rib of Shortcrete)*를 적용함

④ *NMT*와 *NATM*공법 비교

구 분		*NMT*	*NATM*
모식도		숏크리트 등 (2~3층 구성)	숏크리트 등 방수시트 2차 복공
개발국가		노르웨이	오스트리아
암반분류		*Q-SYSTEM* 적용	*RMR* 분류법 적용
적용지반		주로 양호한 지반에 적용	비교적 불량한 암반에도 적용 가능
설계개념		*Q*시스템에 의하여 암반분류를 하고 보강방법을 미리 결정하는 확정설계개념	시공 중 지반조건 및 계측 결과에 따라 지보패턴변경을 항시 시행하는 예비설계개념
굴착공정		굴착 → 버력 처리 → 1차 지보 설치 → *PC* 판넬설치	굴착 → 버력 처리 → 1차 지보 설치 → 2차 지보 설치
지보재	숏크리트	고강도 강섬유보강 숏크리트($f_{ck}=235\sim300kgf/cm^2$)	일반 및 강섬유보강 숏크리트($f_{ck}=210kgf/cm^2$)
	록볼트	부식 방지 2중관 록볼트(*CT-Bolt* : *SD*40, *M*22)	일반 록볼트(*SD*35, *D*25)
	라이닝	*Precast Concrete* 판넬(*T*=15*cm*) ⇒ 내장재	현장타설 콘크리트 라이닝(*T*=30, 40*cm*)
지보역할		록볼트와 숏크리트가 영구지보 역할	록볼트, 숏크리트 및 콘크리트 라이닝이 영구지보 역할
방배수		별도의 방·배수를 고려 않음	숏크리트와 콘크리트 라이닝 사이에 방수막을 설치하여 지하수를 유도배수

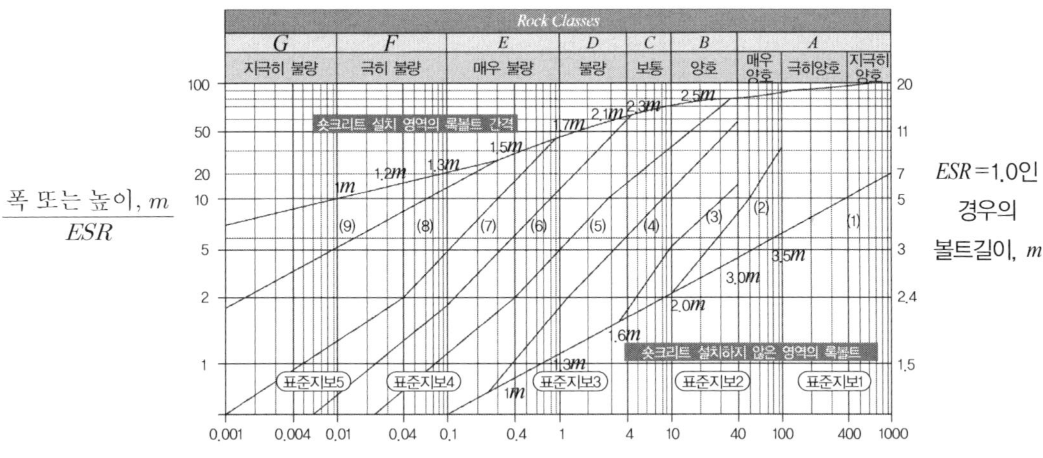

Rock mass quality $Q=\dfrac{RQD}{Jn}\times\dfrac{Jr}{Jn}\times\dfrac{Jw}{SRF}$

(1) 무지보
(2) 국지적 록볼트 *sb*
(3) 체계적 록볼트, *B*
(4) 체계적 록볼트(비강화 숏크리트, 두께 4-10*cm*), *B*(+*S*)
(5) 강섬유 숏크리트 및 록볼트 5~9*cm*, *Sfr+B*
(6) 강섬유 숏크리트 및 록볼트 9~12*cm*, *Sfr+B*
(7) 강섬유 숏크리트 및 록볼트 12~15*cm*, *Sfr+B*
(8) 강섬유 숏크리트 및 록볼트 > 15*cm*
철재지보로 숏크리트 강화 및 록볼트, *Sfa*, *RRS+B*
(9) 캐스트 콘크리트 라이닝, *CCA*

⑤ *NMT* 시공법 장단점

장 점	1. *Shotcrete*와 *Rockbolt*를 지보재를 개선하여 주변암반 지보능력의 극대화 2. 프리캐스트 라이닝 적용으로 시공속도 빠름 3. 여굴을 채울 필요 없어 경제적이고 장공발파 적용 가능 4. *Silica fume* 및 *Alkali-free* 급결제 사용으로 숏크리트 리바운드 개선, 내구성 및 강도증진, 인체에도 무해함
단 점	1. 공정이 복잡 2. 주로 양호한 암반에 적용 가능 3. 시공경험이 풍부한 전문기능공 필요 4. 국내 시공 실적이 적고 외국기술 및 장비도입 불가피 5. 정확한 지질조사가 필요 6. 발파로 인한 진동 및 소음으로 민원 발생 소지가 있음

(3) 양방향 굴진

① 장대터널의 시공구간 중 암질이 양호한 중앙을 향하여 양방향으로 굴착하여 관통하는 방법으로서

② 시공장비와 인력은 2배로 증가하지만 공기는 1/2로 단축됨

③ 양방향 굴진을 성공시키기 위해서는 정확한 측량이 선행되어야 함

(4) 굴착공법 개선

① 분할 굴착 → 대단면 굴착공법 변경

굴착공법 변경으로 인한 터널의 단면이 확대됨에 따른 안정성은 굴착 전 3차원 *FEM* 해석, 굴착 중 *TSP* 탐사 및 컴퓨터 제어 점보드릴을 이용한 막장전방 예측, 굴착 후 *Face Mapping* 및 계측관리 등을 통해 해결

구 분	당 초	변 경
단 면	② ① ② ③	① ②
비 고	• 발파단면 분할 : 4분할 • 중앙 상부 굴착 후 좌우상반 굴착 • 공정 복잡, 시공 어려움	• 발파단면 분할 : 2분할 • 상반 전단면 굴착 • 공정이 간단, 시공성 개선

② *TSP(Tunnel Seismic Prediction)* : 막장전방 예측

굴착공법, 보조공법의 적적성 확인 → 안전성 확보, 공기단축방안 강구

55*m* (6*K*+107) 60*m* (6*K*+102) 65*m* (6*K*+97) 70*m* (6*K*+92) 75*m* (6*K*+87)

구분					
선진시추 결과		보통암, 풍화암, 연암	경암, 연암	풍화암, 연암, 풍화암	경암
TSP 탐사 결과				역층대	역층대
막장 관찰결과	*RMR*	52	48	32	42
	Q	2.86	1.92	0.495	1.17

선진시추결과, *TSP*, 막장관찰결과의 상관성

③ 가설벽체를 활용한 콘크리트 라이닝 조기 타설

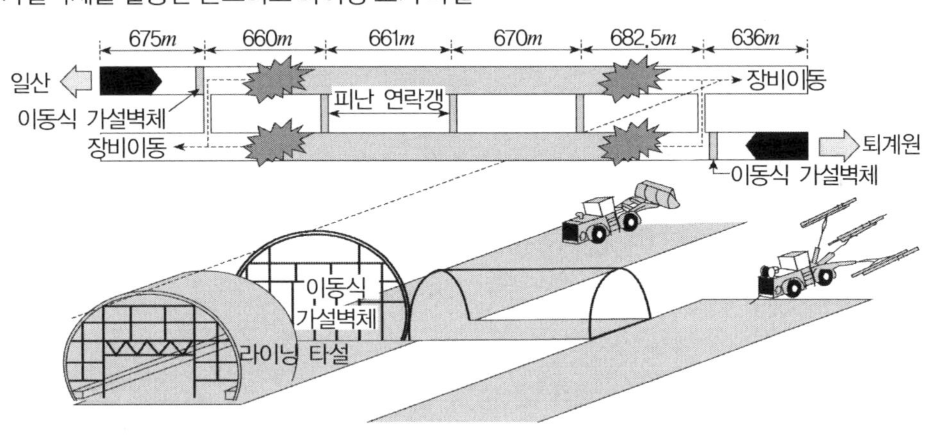

④ 컴퓨터 점보드릴을 이용한 막장 전방 예측

고성능 컴퓨터와의 연동을 통한 *Drilling Data* 분석을 통해 막장전방 예측기법 개발

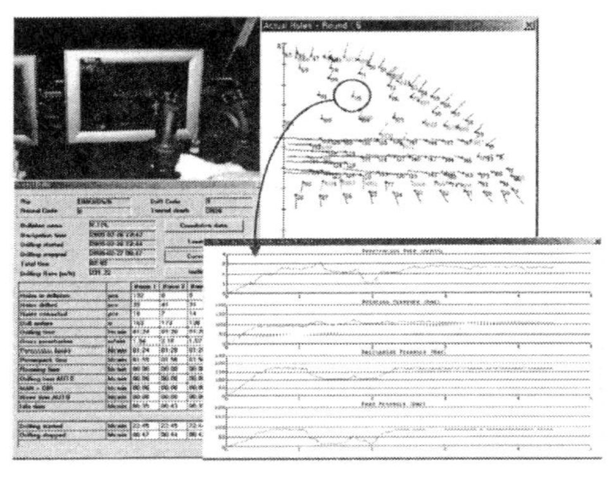

4. 결 론

50 조절발파 = 터널여굴 최소화 대책

1. 정 의

도로나 철도의 터널공사 등의 암반절취에서 암반을 손상시키지 않고 낙석이나 보강작업을 줄이는 것이 가장 중요하다. 특히 터널에서는 정확한 발파가 요구되는데, 과다한 여굴은 값비싼 콘크리트로 채워넣어야 하기 때문이다. 많은 발파작업이 여굴을 줄이는 데 이용되었는데, 이들은 모두 폭약 장전량을 줄이고 보다 더 잘 배분함으로써 계획된 굴착선 이상으로는 여굴을 최소화하는 것이 주 목적이다.

2. 터널 여굴의 발생원인

(1) 사용장비에 의한 원인
  ① 사용장비의 규격에 의한 여굴 발생
  ② 굴착진행방향과 평행하지 않은 *Look Out*(약 3~4도)에 의한 여굴 발생

(2) 천공위치 및 천공기능에 의한 원인 : 외곽공 천공작업 난이도에 의한 여굴 발생

(3) 천공 *Rod*의 휨에 의한 원인 : 천공시 천공 *Rod*가 휘어지는 현상에 의한 여굴 발생

(4) 발파작업에 의한 원인 : 발파압으로 인한 주변 암반손상에 의한 여굴 발생

(5) 지형 및 지질 구조적 원인
  지형(편토압 등) 및 지질조건(불연속면 간격 및 방향성 등)에 따른 여굴 발생

3. 터널발파의 성공을 위한 기술적 요인

(1) 심발공의 배치 : 자유면 확보를 위한 발파형태

(2) 장약량 : 적정량의 장약량 산출은 중요한 요소

(3) 기폭 시스템 : 충분한 지연시차를 갖는 것이 중요

(4) 폭약의 선택 : 암반의 강도와 특성에 부합되는 폭약의 선택은 매우 중요

(5) 모암손상 및 여굴방지를 위한 조절발파 기술

(6) 정밀한 천공을 위한 장비선택 및 천공기술

(7) 발파진동 및 폭음을 저감시킬 수 있는 방지기술

(8) 터널 발파 시 사고방지를 위한 안전대책 확보

4. 여굴 최소화를 위한 외곽공 제어발파 공법

라인드릴링(*Line Drilling*)	쿠션 블라스팅(*Cushion Blasting*)

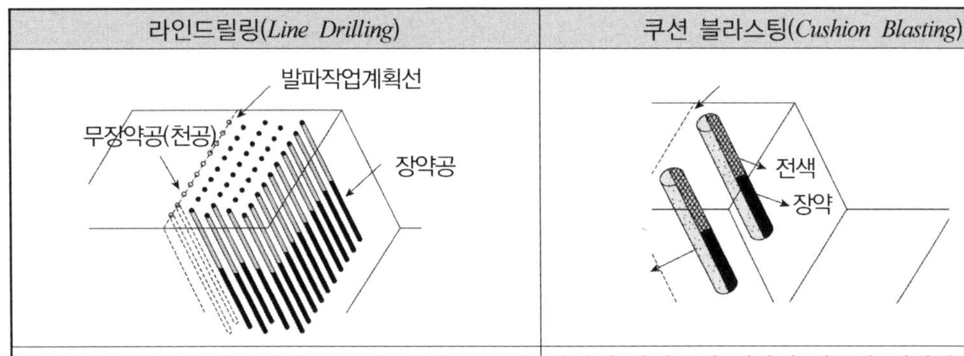

라인드릴링(*Line Drilling*)	쿠션 블라스팅(*Cushion Blasting*)
발파작업계획선에 천공경의 2~4배 간격으로 천공만하고 장약하지 않음으로써 발파진동 전파를 차단	하나의 발파공에 대하여 앞쪽만 장약하고 뒤쪽은 완충재(전색을 위한 보래, 톱밥 등)을 넣어 발파진동 전파를 차단

프리스플리팅(*Pre-Splitting*)	스므스 블라스팅(*Smooth Blasting*)

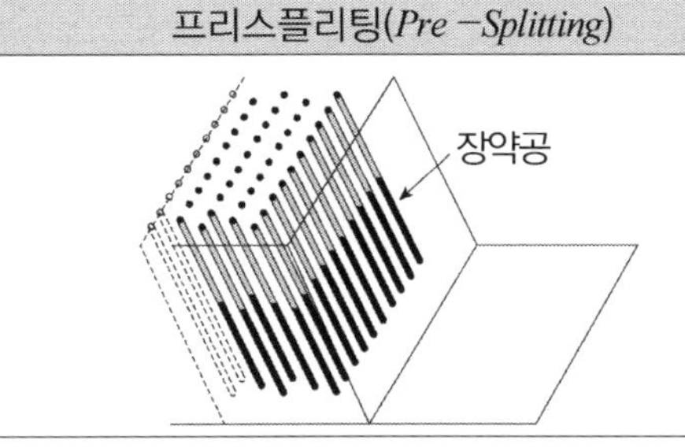

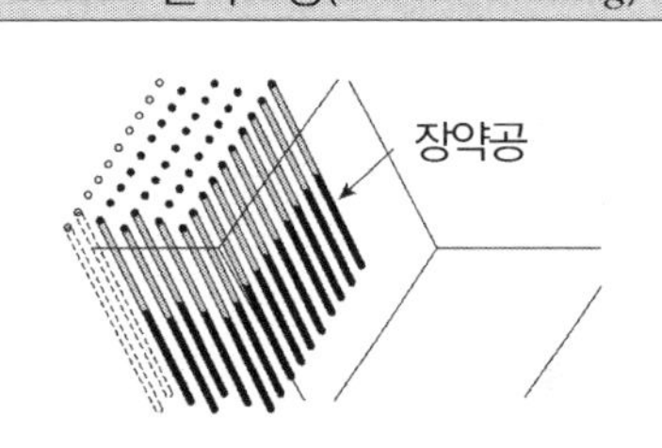

프리스플리팅(*Pre-Splitting*)	스므스 블라스팅(*Smooth Blasting*)
라인드릴링과 개념이 비슷하나 **발파작업계획선의 공에 대하여 약장약하여 미리 발파**한 후 앞쪽의 장약공을 발파함으로써 발파진동 전파 차단 및 발파효과 증대	발파작업계획선이 아닌 **최외곽 발파공에 대하여 약장약(디커플링 장약)**을 하여 발파진동을 최소화하며 여굴발생을 최소화(터널 발파 시에는 외곽공을 디커플링 장약)

- **외곽공 조절발파공법 주요 특징 비교 : 천공수 : *LD* > *PS* > *SB***
- **외곽공 조절발파공법 검토의견 및 적용(안)**
  - 라인드릴링공법이 여굴최소화를 위해 가장 좋은 공법이나 좁은 천공간격으로 천공수가 과다하여 공사비 및 공사기간 측면에서 매우 불리함
  - 쿠션블라스팅공법은 터널공사시 적용하기에는 시공성 및 효율 측면에서 불리하며, 주로 노천발파와 같은 곳에서 사용하는 공법임
  - 프리스플리팅공법은 심빼기 발파 전에 최외곽공을 선발파하여 설계굴착선 주변에 균열을 만드는 것으로서 공법의 적용개념은 여굴최소화를 위해 적합하나 자칫 최외곽공 선발파 시 균열이 발생하지 않는 경우 재발파에 의한 작업의 번거러움 및 여굴최소화 효과를 설계 시만큼 얻을 수 없는 단점이 있으며, 천공수가 라인드릴링공법보다는 적으나 스므스블라스팅에 비해 상대적으로 많은 편으로 경제성 측면에서 불리한 공법임
  - 스므스블라스팅공법은 적정 공간격과 하약량을 이용하여 여굴을 최소화할 수 있는 공법으로서 천공수와 관련된 공사비, 발파효율성을 고려할 때 여굴 최소화를 위한 조절발파공법으로서 가장 적합한 것으로 판단됨
  - 따라서 발파에 의한 터널 굴착 시 설계굴착선 이상으로 굴착되는 여굴을 최소화하기 위한 공법으로 스므스블라스팅을 적용할 것을 제안함

5. 자유면 형성을 위한 심빼기 공법

(1) 개 요

암반이 공기와 같은 외부에 노출된 면을 자유면이라 하는데, 발파효과는 자유면의 수에 따라 크게 달라진다. 터널 굴착 시 전단면 발파와 상부반단면 발파는 자유면이 1개이므로, 인위적으로 자유면을 형성시키기 위한 심빼기발파는 터널발파의 성패를 좌우할 정도로 중요한 부분이므로 많은 실험과 경험에 의거 여러 가지의 공법을 세시하고 있다.

(2) 터널발파에서 사용 중인 심빼기 발파의 구분

① 경사천공 방법

② 평행천공 방법

③ 평행천공과 경사천공 혼용

• 심빼기 발파공법의 종류

<table>
<tr><th>대분류</th><th>중분류</th><th>특 징</th></tr>
<tr><td rowspan="5">경사공 심발
(Angel cut)</td><td>V-cut</td><td rowspan="5">(1) 장점
① 국내 적용사례 많음
② 천공이 다소 불량하여도 심발 가능
(2) 단점
① 경사천공
② 굴진장이 짧음
(3) 적용성
불량암질에서 지보목적상 굴진장을 짧게 해야 할 경우 유리</td></tr>
<tr><td>Pyramid-cut</td></tr>
<tr><td>Fan-cut</td></tr>
<tr><td>Draw-cut</td></tr>
<tr><td>Swing-cut</td></tr>
<tr><td rowspan="2">평행공 심발
(Paralled cut)</td><td>Burn-cut</td><td rowspan="2">(1) 장점
① 평행천공으로 굴지길이기 매우 깊
② 버력처리에 유리함. 천공이 다소 불량하여도 심발 가능
(2) 단점
① 대구경 무장약공이 필요함
② 평행천공에 대한 숙련이 필요
(3) 적용성
암질이 양호하여 굴진장이 긴 경우 유리</td></tr>
<tr><td>No-cut round</td></tr>
<tr><td colspan="2">경사공 + 평행공심발</td><td>Supex-cut</td></tr>
</table>

(3) *V-cut* 방법(경사천공법)

터널의 경사천공법 중에서 가장 일반적인 심빼기 발파 공법으로 경사천공을 위해서는 어느 정도의 터널폭이 필요하다.

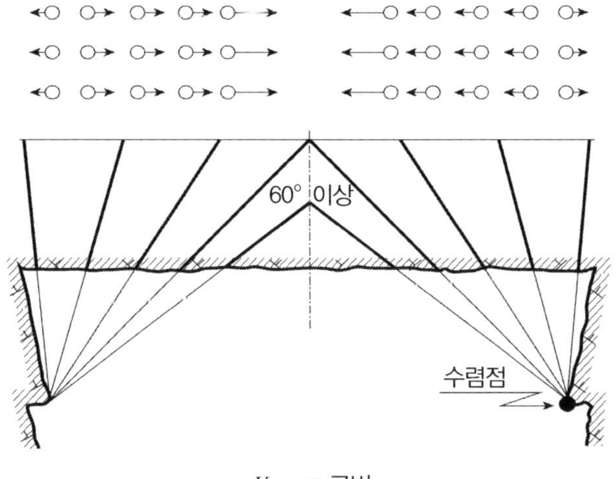

V-cut 공법

① 터널의 최대 굴진장으로 터널폭의 50% 이내

② 심발공의 각도는 60° 이상

③ 심발공은 충분한 자유면 확보를 위해 3조 이상

④ 천공각도는 수렴점을 기준

⑤ 심발공의 저항선은 1.5*m* 이하로 하며 1.5*m* 이상일 경우는 보조심발공 배치

⑥ 장약량 계산방법

- 전색장(무장약량) : $H_o = 0.3 \times B$(최소저항선)
- 장약량산출
  - 천공경 ϕ38*mm* 이하(*Leg Drill*) 경우 : 0.5~0.7*kg/m*
  - 천공경 ϕ45*mm* 이상(*Jumbo Drill*) 경우 : 0.8~1.2*kg/m*

⑦ 발파공의 대칭되는 심발공은 똑같은 단수의 뇌관 배치

⑧ *V*형 사이의 기폭 시차는 발파암석의 이동과 팽창시간을 고려하여 50*ms* 이상

※ 적용성 검토

① 국내에서 가장 널리 적용되고 있으며, 천공밀도가 약간 떨어져도 발파효율에 영향이 적어서 현장에서 가장 선호하는 공법임

② *Leg Drill* 천공장소와 굴진장이 2*m* 이하의 장소에서 효과적임

(4) *Burn-cut*(수평천공법)

현재 *Jumbo Drill* 천공장소에서 널리 시행하는 방법으로 102*mm* 대구경의 무장약공을 1~3공을 천공하고 무장약공을 중심으로 장약공을 평행하게 천공하여 일정한 시차로 발파시키면서 무장약공을 중심으로 자유면을 확대시키는 공법임

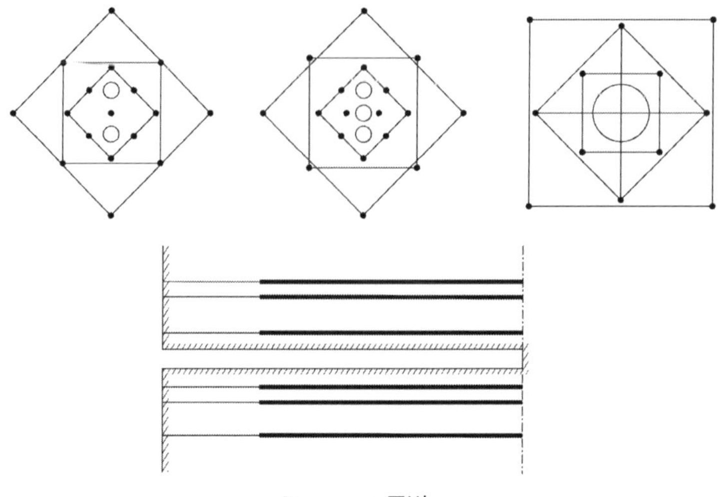

Burn-cut 공법

(5) *Supex-Cut*(경사+평행천공법)

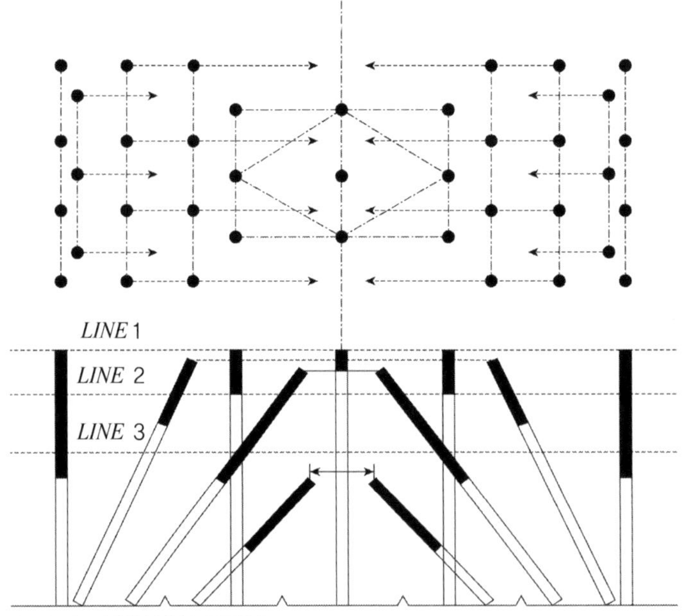

LINE 1 : 전체 예상 굴진장

LINE 2 : *Main V* 발파 후 예상 굴진장(전체 굴진장의 85%)

LINE 3 : *Main V* 발파 후 심빼기 수평보조공의 절단 부분

(6) 심빼기 공법의 개선

① *V*−*cut* 발파방법

V−*cut*의 경우 심발공에서 발파 진동치가 최대로 발생하는데, 이는 1자유면 상태에서 구속력이 커서 발생되는 결과이다. 따라서 심발공의 구속력 저감 방안으로 심발보조공(*Baby cut*)을 적용하면 효과적이다.

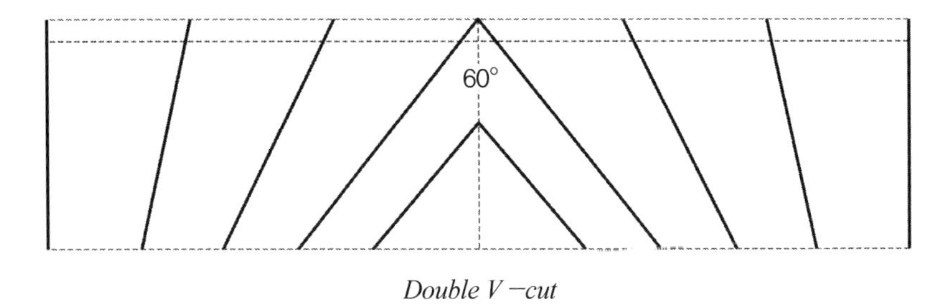

Double V−*cut*

② *Burn*−*cut* 발파방법

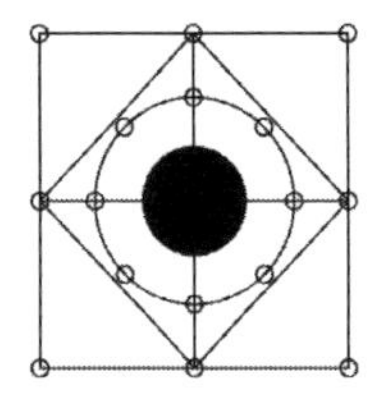

㉠ 심발공의 무장약공이 클수록 자유면의 역할이 충분하여 발파효율 증대와 진동저감 효과가 증대됨

㉡ 국내에서 ϕ350*mm* 대구경으로 무장약공을 활용한 결과에 의하면 심발공에서 25% 이상의 진동저감 효과가 있었음

6. 여굴 최소화를 위한 발파공법 제안

(1) 토피고가 낮은 과다 편토압구간

스므스블라스팅 및 라인드릴링 조합하여 적용

개념도	공법개요
발파굴착 편토압 *Smooth blasting* *Line*−*Drilling*	• 조합제어발파 적용 • 심빼기 단면 상부에 *Line Drilling*을 배치 • 굴착선공에는 *Smooth Blasting* 공법과 *Line Drilling* 공법을 적용 • 지발당 장약량이 최대인 심빼기 단면의 위치를 편토압 영역의 반대편에 위치시키면 최대 33%의 충격파 감쇠효과를 얻을 수 있음

(2) 굴착 단면 내 암질이 상이한 경우(연약대 출현시 등) : 발파공법과 기계굴착 조합하여 적용

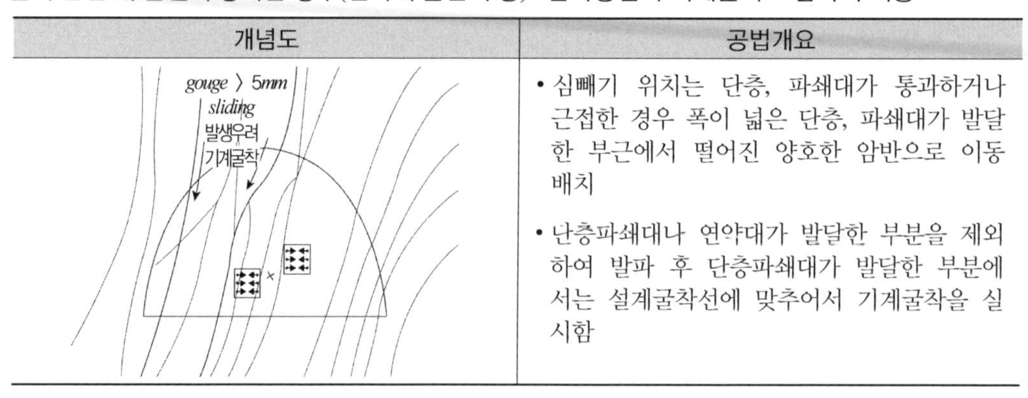

개념도	공법개요
	• 심빼기 위치는 단층, 파쇄대가 통과하거나 근접한 경우 폭이 넓은 단층, 파쇄대가 발달한 부근에서 떨어진 양호한 암반으로 이동배치 • 단층파쇄대나 연약대가 발달한 부분을 제외하여 발파 후 단층파쇄대가 발달한 부분에서는 설계굴착선에 맞추어서 기계굴착을 실시함

(3) 여굴최소화 위한 검토 및 분석

① 여굴 발생 원인원인 분석 : 장천로발지

② 여굴 발생 원인에 대한 여굴 최소화 대책

- 상기 분석된 여굴발생원인 중 사용장비, 천공위치 및 천공기능, 천공 *Rod* 휨에 의한 여굴 발생은 컴퓨터가 장착된 점보드릴 장비 사용으로 최소화가 가능할 것으로 판단됨
- 발파작업에 의해 발생되는 여굴은 스므스블라스팅 및 설계굴착전열공 개념을 적용함으로써 최소화할 수 있을 것으로 판단됨
- 지형 및 지질 구조적 원인에 의해 발생된 여굴은 상세 *Face Mapping* 및 시공관리를 통해 적절한 제어발파나 기계굴착 공법을 조합하여 최소화할 수 있을 것으로 판단됨

③ 최적의 여굴 최소화 대책(안)

- 천공장비 개선 : 컴퓨터 장착 점보드릴(*Computerized Jumbo Drill*) 사용
- 발파공법 개선 : 스므스블라스팅 적용 및 설계굴착 전 열공 개념 도입
- 공법적용방법의 개선 : 지질이나 지형특성이 특수한 경우 하나의 제어발파공법이나 굴착공법만을 적용하는 것이 아니라 여러 가지 제어발파공법을 선택적으로 조합하거나 발파와 기계굴착을 조합하여 굴착을 진행하는 것이 바람직할 것으로 판단됨

7. 발파진동 및 소음에 대한 대책

(1) 발파 진동에 영향을 주는 요소

① 지질조건(암의 종류, 암의 물리적 특성), 벤치의 높이, 자유면의 수

② 구조물을 향한 자유면의 각도, 최소저항선 및 공간격, *Sub-drilling*

③ 전색물의 종류 및 전색장

④ 화약의 종류에 따른 특성

⑤ 지발당 장약량

⑥ 장전의 기하형태(장전밀도), 장약의 길이, 기폭방법(정기폭, 역기폭) 및 기폭시차의 정확성

⑦ 폭원과 측정 간의 거리(구조물과의 거리)

(2) 발파 진동에 의한 허용한계

구 분	건물진동에서의 허용진동치(*cm/sec*)
문화재	0.2
주 택	0.5
상가, 아파트	1.0
철근콘크리트빌딩 및 공장	0.1~4.0
Computer 시설물 주변	0.2

(3) 발파 진동의 조절 및 경감대책

① 발파원으로부터 진동을 억제하는 방법

㉠ 장약량의 제한

약경을 천공지름에 비해 작게 하여 디커플링 효과를 이용하는 것도 유용한 방법. 터널발파에서는 *MS*뇌관을 사용하여 진동을 경감

㉡ 점화 방법의 분활

발파를 몇 개의 구역으로 분할하여 별도로 점화하는 방법과 *LP*지발뇌관을 사용하는 방법

㉢ 저폭속 폭약의 사용　　㉣ *MS*뇌관의 사용

② 전파하는 진동을 차단하는 방법

㉠ 적당한 발파설계

자유면이 많으면 진동은 흡수되므로 내부에서 발생한 압축파가 인접한 보어홀(*Bore Hole*)에 의해 감소될 수 있도록 설계를 하여야 한다. 또한 지연시간을 조절하는 방법이 필요한데, 주로 *DS* 뇌관을 이용한 단발발파를 하여야 한다.

MS 뇌관을 사용하는 것이 효과적이라고 주장하는 사람도 있으나 너무 지연 시간이 짧은 *MS* 뇌관은 별로 효과가 없다고 하며, 미국에서는 *MS* 뇌관의 시차가 8*ms*(*milli*−*second*) 이내의 것은 동일 단발로 간주하여 단발의 개념은 8*ms* 이상으로 규정짓고 있다.

㉡ 적당한 비장약(*Specific charge*) 사용

과도한 비장약은 발파진동과 폭풍을 증가시키고 지나친 파쇄와 암석의 비산을 유발시킨다. 반대로 과소한 비장약은 자유면에서 반사되는 충격파의 효과를 감소시켜 발파효과를 감소시키고 발파진동을 증가시키는 경향이 있다.

(4) 발파 소음의 조절 및 경감대책

① 소음의 개요

㉠ 소음 : 듣기 싫은 소리를 총칭한다(「소음· 진동관리법」의 정의).

㉡ 폭풍압(*Air blast*) : 발파에 의해 생성되는 공기압력파로 공기압력파는 이력으로 나타낼수 있는데, 이때의 진폭은 입자속도 대신 공기압이다.

② 음압 수준에 따른 인체 및 구조물의 반응(*OSM*)

✓ **소음 기준 : 주간 55(*dB*), 야간 75(*dB*)**

소음(*dB*)	음압(*psi*)	반응정도
180	3	구조물 손싱
170	0.95	대부분의 유리창 손상
150	0.095	일부의 유리창 손상
140	0.030	피해 한계
130	9.5×10^{-3}	미광무국 허용 한계치
120	3.0×10^{-3}	미광무국 안전 수칙
110	9.5×10^{-4}	고통 한계, 불평 한계(접시나 창문이 흔들림)
70	9.4×10^{-6}	일상적인 대화
60	3.0×10^{-6}	
40	3.0×10^{-7}	병 실
20	3.0×10^{-8}	속삭임
0	3.0×10^{-9}	가청 한계

③ 발파풍압의 경감대책 : 발파진동의 경감대책과 유사한 점이 많다. 둘 다 전파의 매질만 다를 뿐 파동의 형태라는 것에는 차이가 없기 때문이다. 다만 발파풍압의 경우 바람이나 온도의 영향을 많이 받기 때문에 이러한 점을 고려해야 한다.

㉠ 방음벽을 설치함으로써 소리의 전파를 차단한다.

㉡ 완전전색이 이루어지도록 한다.

㉢ 천공의 정밀도를 높인다.

㉣ 소규모 발파로 계획한다.

㉤ 벤치발파의 경우 자유면이 보안물건을 향하지 않게 한다.

㉥ 저항선이 너무 짧지 않게 한다.

㉦ 발파 시 방호매트를 덮으면 비석을 억제하고 폭풍을 약화시킨다.

㉧ 바람의 속도와 방향은 폭풍강도에 큰 영향을 미치므로 가능하면 문제가 있는 방향으로 바람이 불고 있는 경우에는 발파를 극력 피한다.

㉨ 온도역전이 일어나기 쉬운 조조 또는 오후 늦게나 밤에는 발파를 피한다.

㉩ 주변의 소음레벨이 가장 클 때, 주변의 주민이 바쁠 때, 주변의 주민이발파가 있다고 생각할 때에 발파를 하도록 한다.

㉪ 각 발파직전에 경보를 한다.

㉫ 주민과의 관계를 좋게 유지한다.

51 최근 도심지 지반침하의 발생원인, 탐사방법 및 대책방안(한국건설기술연구원 자료제공 참조)

보통 자연적으로 발생하는 싱크홀은 기반암이 석회암일 때 물에 지반이 용해되어 발생하며, 이런 경우 일부 국가에서는 관광자원으로 싱크홀을 활용하기도 한다. 하지만 우리나라에서 자연적인 싱크홀은 거의 발생하지 않는다. 국내에서 문제가 되는 것은 지반침하로, 크게 네 가지 경향이 있다.

가장 많이 발생하는 것은 건설 시공에 의한 지반침하로, 시공·굴착하는 건설행위로 인해 지반이 이완되어 발생하는 유형이다. 두 번째로 많은 유형은 광산 채굴로 인해 지반이 붕괴되는 경우이다. 세 번째는 지반이 용해되는 경우로, 우수 또는 지하수가 원인이 된다. 마지막은 얼마 전 석촌동에서 발생해 이슈가 됐던 지반침하의 원인인 지하수위 저하 유형이다. 지하수위 저하는 자연적인 경향과 굴착으로 인한 인공적인 경향으로 나타난다.

서울시의 발표에 따르면 최근 발생한 지반침하의 원인 중 하나인 매설관의 파손은 주로 상하수도관이 노후된 도심지에서 발생하며, 피해 규모가 상대적으로 크지 않아 일반적인 지반침하 유형에 포함되지 않는다.

1. 도심지 지반 굴착공사, 발생원인 1위

국내에서는 최근 들어 도심지 지반침하 현상이 기하급수적으로 증가하고 있다. 도심지 지반 공사가 점점 증가하고, 난공사로 인해 지반침하 발생원인이 다각화되고 있기 때문이다. 국내에서 발생한 도심지 지반침하 발생현황과 원인에 대해 한국건설기술연구원의 지반연구실에서 조사를 실시한 결과, 침하 유형을 네 가지로 분류했다.

가장 큰 원인은 지반 굴착공사로 인한 것으로, 땅을 10*m* 이상 깊게 팠을 때나 지하 터널 공사를 할 때 등이 포함된다. 도심지에서 지반이 침하했을 때 더 큰 문제는 2차 피해가 발생할 수 있다는 것이다.

인천 지하철공사 현장 지하 동공 발생 케이스에서 공사현장에 물이 고인 것을 예로 들 수 있는데, 이는 매설물이 파손된 것이 아니라 2차 피해로 인해 상하수도관이 파손되었기 때문이다. 이 경우 역시 굴착공사로 인한 대규모 붕괴로 분류되며, 도심지에서 공사로 인한 피해는 큰 문제를 야기한다.

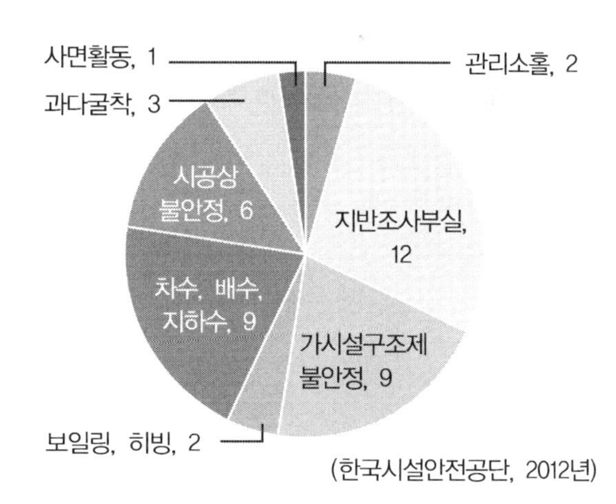

굴착공사로 인한 지반침하 원인

두 번째로 많은 원인은 연약지반의 침하이

다. 상부 지반의 작은 침하로 인해 하부에서 더 큰 침하가 발생하는 경우가 이에 해당된다. 우리나라는 상하수도 매설심도가 1.2*m* 정도인데, 상부에서 공사 또는 중차량 등 상부하중이 가해지면 지반이 연약해져 하부에 매설된 관이 파손되는 경우가 종종 발생한다.
한편, 지중 매설물의 파손은 도심지에서 가장 많이 나타나는 지반침하 발생원인이다. 도심지에서 주로 발생해 생활에 불편을 주지만 실제로 발생규모는 크지 않다. 하수관거 파손이나 관 주변 토사유실이 원인이 된다.

이 외에도 기타 발생원인으로 지반의 동상, 굴착공사 시 지반 진동, 발파 작업, 포트홀 등이 있다. 포트홀은 아스팔트 포장 표면에 생기는 국부적인 작은 구멍을 말하는데, 도로의 다짐 문제나 골재의 품질 부족으로 발생한다. 또한 공사장에서의 발파나 집중호우도 문제가 된다.

2. 정확한 원인조사가 2차 피해 예방

한국시설안전공단에서 굴착공사로 인한 지반침하 붕괴원인을 25개로 분류한 결과, 가장 큰 원인은 지반조사 불충분으로 나타났다. 이어 가시설 구조체 결함 및 불안정, 차수·배수 등 지하수 처리 미흡, 공사 중 상하수도관 오수관로 파손 등이 붕괴원인으로 꼽혔다.

조사 결과 여러 가지 원인이 혼재되어 지반이 붕괴된다는 사실이 밝혀졌다. 따라서 지반침하는 정확한 원인이 규명되지 않으면 2차, 3차 피해를 유발할 수 있고, 그만큼 시간과 돈을 낭비하는 셈이 된다.

석촌동 지반함몰에서 주목할 점은 지난 8월 5일 현상이 발생해 다음 날인 6일 곧바로 응급복구됐지만, 원인을 재조사하는 과정에서 광역 상수도관 아래 동공을 발견했다는 사실이다. 3주간의 조사를 통해 80*m*의 동공을 발견하고, 이어 추가로 6개의 동공을 발견했다.

만약 응급복구로 사건을 마무리했다면 추가 동공을 발견하지 못했을 것이고, 2차 피해가 발생할 여지가 남았을 것이다. 이렇듯 지반침하가 발생했을 때 중요한 것은 긴급복구가 아니라 정확한 원인조사를 통해 추후의 2차 피해를 예방해야 한다는 점이다.

3. 상하수도 관거 매설심도 1*m* 이내

서울시 도로함몰 원인의 85%를 차지하는 하수관 손상을 조사한 결과, 노후화된 하수관 자체의 부식이나 균열도 문제였지만 다짐 구조, 되메움재 불량, 동결융해로 인한 지반 이완, 지반 동상 등의 문제가 더 컸다.

동공의 원인을 구체적이고 세부적으로 조사해야 하는 이유는 실제로 하수관거가 파손되어 하수관을 새로 묻더라도 그 지반이 동결융해 등으로 인해 손상됐다면 언제든지 다시 피해가 발생할 수 있기 때문이다. 이런 경우는 매설 깊이를 동결심도 이하로 파거나 동상에 민감한 흙을 치워내는 처리도 함께 필요하다.

국내에서 대부분 상하수도 관거 매설심도는 1*m* 이내이다. 도심지 지하공간 사용이 늘어나고 있기 때문인데, 대부분의 생활시설물 매설 깊이가 3*m* 이내이므로 이 부분에 대한 집중적인 관리가 필요하다.

한편, 연도별 도심지 지반침하 발생경향을 보면 대부분이 2012년 이후 발생하고 있다. 이런 현상은 매설물의 노후화와 지반공사 증가로 보아 매우 당연한 결과이다. 해마다 도심지 지반침하가 늘어나는 이유로는 △도심지 시설물의 과밀화 △지중 시설물의 노후화 및 손상 △도심지 난공사 증가 및 시공 품질 저하 △*SOC* 시설의 지하화 증가 등이 있다. 이런 추세라면 앞으로 도심지 지반침하는 점점 늘어날 것으로 보여 조속한 대책 수립이 필요하다.

4. 외국도 지반침하로 2차 피해 잦아

해외 지반침하 현황은 선진국의 경우 대개 도시 과밀화·노후화로 발생하고, 개도국의 경우는 급속한 국토개발과 안전 부주의 등으로 발생한다. 미국은 우리나라와 같이 최근 도심지에서 많은 지반침하가 발생하고 있다. 또한 지표침하로 인해 지하 매설물이 2차적으로 파손되어 가스관 폭발 등의 피해도 많이 발생한다. 하지만 우리나라와의 차이점은 미국은 석회암지대가 많아 자연적인 싱크홀도 많이 생겨난다는 것이다.

유럽은 오랜 발전으로 도시 과밀화와 노후화 현상이 심하게 일어나 주로 도로 하부 지하 시설물 노후화에 의해 도로함몰이 발생한다. 중국은 싱크홀의 규모와 피해가 큰 편으로, 2010년 이후 지반침하·함몰 사고가 대폭 증가했다. 급속한 국토개발로 인한 부작용으로 보이며, 건설 안전에 대한 관심 부족과 부실 시공 등도 발생 원인으로 꼽힌다.

해외 지반침하에서 가장 주목할 부분은 2차 피해이다. 과테말라에서는 3년 사이에 불과 2*km* 거리에서 거의 같은 규모의 지반함몰이 발생했다. 미국이나 호주 등 선진국의 경우는 가스노출로 인해 도심지에서 화재가 발생하는 경우가 많다. 이런 사고들은 모두 지반침하로 인한 2차 피해로, 가스관 붕괴 등 *SOC* 기능 상실이 큰 문제로 대두되고 있다.

지반침하 관련 미국·오스트레일리아의 기준·매뉴얼·조례

국 가	구 분	주요내용
미 국	*PLANNING AND URBAN DESIGN STANDARDS*(2006)	– *American Planning Association*(*APA*) 발간 – 도시 계획 및 설계를 위한 다양한 고려 사항 기술 – 지하침하 및 도로함몰에 대한 고려 기술
	DRAINAGE CRITERIA MANUAL(2014)	– *City of Springfield, Missouri* 발생 – 지하침반 및 카르스트 지역에 대한 조사 및 평가 기준 제시
	MODEL ORDIANCE FOR DEVELOPMENT ON KARST IN KENTUCKY(2009)	- *Kentucky Geological Survey, University of Kentucky* 발간 – 가르스트 지역에서의 건설 가이드라인 제시 – 지하침하, 홍수 재해 등 다양한 자연재해에 대한 주의사항

국 가	구 분	주요내용
오스트 레일리아	*RESIDENTIAL DESIGN GUIDELINES. PETERBOROUGH VICTORIA*(2006)	– *MGS Architects for Moyne Shire council* 발간(*Ausrealia*) – 지하침하 지역에서 건물 위치 규정

5. *NASA*, 원격탐사로 피해 최소화

미국이나 일본, 유럽 등 선진국의 대응체계는 조사, 예측 시스템 위주이다. 미국은 싱크홀 예방을 위한 국가지원 시스템이 마련되어 있고, 싱크홀이 발생했을 때의 대응 매뉴얼을 주민에게 제공해 안전대책을 마련하고 있다. 미국뿐만 아니라 호주도 지반침하에 대한 기준, 매뉴얼, 조례 등을 규정함으로써 국가적 차원에서 싱크홀에 대처하고 있다.

기술적인 측면에서 미국 *NASA*도 싱크홀에 대처하고 있다. 인공위성과 항공사진을 통해 지반침하를 예측하고 있는데, 이 원격탐사를 이용해 성공적으로 거대한 지반침하 발생을 예측하고 주민을 대피시켜 인명피해를 막은 사례가 있다. 이 외에도 지반침하 대응 매뉴얼과 저감 대책 방안을 제시하고 있다.

한편, 일본은 지반침하 조사와 진단에 중점을 둔다. 인구 밀집도가 높아 인프라 시설 위주로 점검 및 예방을 시행하고 있고, 일본 정부에서는 지침을 마련해 도로, 상하수도 등을 전수 조사 및 관리하고 있다. 특히 건설 후 50년 이상 경과한 시설은 지반침하 위험도가 높기 때문에 이러한 시설을 대상으로 집중관리하고 있다.

6. 재난 · 재해 국가 *R&D* 예산 확보 필요

우리나라는 *GPR*에 대해 많이 조사하고 있지만, 현재 기술로는 도심지처럼 지장물이 많은 곳에서 민감도가 떨어진다는 한계를 갖고 있다. 따라서 우리나라는 더 민감도가 높은 첨단의 장비를 마련해 기술을 보완해야 한다.

일본에서 1998년도 함몰됐던 곳이 이듬해인 1999년 다시 무너진 경우가 있다. 이는 정확한 원인 조사가 되지 않아 동공을 발견하지 못한 채 응급복구로 끝났기 때문이다. 서울 역시 이런 사례가 많다. 시설물이 인접해 있는 경우 사고가 발생했을 때 다짐이 힘들고 간극이 생길 수 있으므로, 밀집시설은 시공 시 품질 관리와 사고 발생 시 다양한 원인조사를 해야 한다.

재난 · 재해에 대한 국가 *R&D* 현황은 꾸준히 증가하고 있으나 2014년 전체 국가 *R&D* 예산 대비 1.57%에 그쳤다. 재난 · 재해에 대응하기 위해서는 국가 *R&D* 예산도 많이 확보되어야 한다.

지난 8월 일반 시민을 대상으로 '우리 사회에서 가장 위협이 될 수 있는 재난'을 설문조사한 결과, 홍수 및 태풍(39.6%) 다음으로 싱크홀(29.9%)이 2위를 차지해 지반침하에 대한 국민의 불안을 여실히 보여줬다. 국민의 불안을 잠재우기 위해서라도 자연재해와 인적재난에 대한 연구가 활발히 수행되어야 하며, 이를 위해 예산 확보가 필요하다.

7. 제도 · 시공에서 적절한 대응 필요

우리나라의 지반침하 대응방안은 크게 정책 · 제도적인 측면과 설계 · 시공기준의 측면으로 나눠볼 수 있다. 먼저 정책 · 제도적으로 도심지 지하공간 및 지하수 활용기준을 확립하는 방안을 마련해야 한다. 지하 정보나 지하수 통합관리 체계 및 시스템을 구축하고, 지하공간이나 대규모 굴착공사를 활용 · 관리하는 컨트롤 타워를 구축해야 한다.

두 번째로 지하 노후시설 통합관리방안 확립 및 제도개선이 필요하다. 노후 상하수관에 대한 정밀진단, 실태조사가 활성화되어야 하고, 노후관망 보수 및 교체 지원이 확대돼야 하며, 관련법, 규정, 지침 등의 제도개선도 따라야 한다.

또 도심지 지반침하 응급대처방안 및 안전관리가 필요하다. 지반침하의 상시적 징후를 감시하고, 신속히 대응하는 체계를 확립해야 하며, 투명하고 합리적인 조사, 자료 축적 및 기술자 전파교육, 안전관리 상화도 함께 이루어져야 한다.

마지막으로 도심지 지반침하 예방을 위한 건설안전 *R&D*를 강화해야 한다. *R&D*를 통한 도심지 지반침하 핵심기술 고도화, 국산화를 추진해 국내 재난· 재해 기술을 발전시킬 필요가 있으며, 예방· 조사 · 복구 등 균형 잡힌 *R&D* 추진 및 이에 대한 예산 확보가 필요한 상황이다.

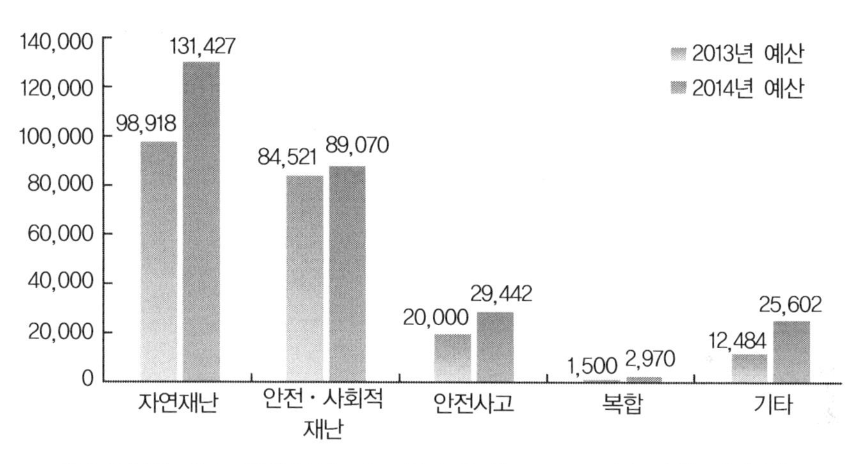

재난 유형별 재난 · 안전 분야 *R&D* 투자 추이(2013~2014년, 단위 : 백만 원)

8. 제도 · 기술 등 균형 잡힌 발전 필요

제도적인 측면 외에도 설계 · 시공기준을 개정할 필요가 있다. 홍수, 폭설, 혹한 등 기후변화에 의한 환경변화를 고려해 기준도 합리적이고 안전하게 변화해야 한다. 기술적인 대응으로는 △도시지역 안정성 조사 분석 및 예측 기술 △건설재해 최소화를 위한 도심지 안심공사 기술 △시설물 긴급 복구기술이 필요하다.

국내 도심지 지반침하의 발생 현황과 원인을 정확히 분석해 도로함몰 지도를 구축하거나 지반 지하 시설물 정보 연계를 통한 지하수－지반 관리 시스템을 구축해 활용해야 한다. *GRP*, 물리탐사기법 등을 이용해 지반 내 공동 및 지반침하를 예측하는 기법도 개발돼야 한다.

건설재해 최소화를 위해서는 도로침수 대비 다기능 도로포장 구조체를 개발하고, 도로하부 동공 보강 및 포장하부 지지력 복원기술을 마련해야 한다. 지하시설물과 도시 라이프라인 유지관리 시스템의 개발도 필요하다. 또, 시설물 긴급 복구를 위해 지반침하, 도로함몰, 상하수도 등의 시설물 긴급 복구 및 복원 기술뿐만 아니라 주민 대피 및 지원 체계 개선 기술과 대응 매뉴얼을 제시할 수 있어야 한다.

지반침하와 도로함몰을 해결할 수 있는 방안은 국토를 개발할 때 땅을 어떻게 활용할 것인지에 대해 정확하게 이해하고, 안전한 국토를 위한 기술력을 확보하며, 선진화된 제도와 정책을 통한 국가적인 지원이 뒷받침될 때 나온다. 결국 제도와 과학기술, 산업의 균형 잡힌 발전을 통해서만 지반침하 현상을 해결할 수 있다.

[『워터저널』 2014년 11월호에 게재]

저자 약력

류재구 柳在九

동아대학교 토목공학과 졸업
호남대학교 산업대학원 토목환경공학과 공학석사(토질)
상지대학교 산업대학원 토목공학과 공학박사(수료)
토질 및 기초 기술사
토목 시공 기술사
건축 시공 기술사
(현) (주)한울 대표이사
(현) 경기도 설계 심의위원
(현) 강원도 건설기술 자문위원
(현) 국가철도공단 기술 자문위원
(현) 강남건축토목학원 기술사 강사
(현) 사단법인 토질 및 기초기술사회 정회원

개정판

토질 및 기초기술사 합격 바이블 2권

초판발행 2015년 10월 28일
2판 1쇄 2022년 7월 25일

저 자 류재구
펴 낸 이 김성배
펴 낸 곳 도서출판 씨아이알

책임편집 최장미
디 자 인 윤지환, 박진아
제작책임 김문갑

등록번호 제2-3285호
등 록 일 2001년 3월 19일
주 소 (04626) 서울특별시 중구 필동로8길 43(예장동 1-151)
전화번호 02-2275-8603(대표)
팩스번호 02-2265-9394
홈페이지 www.circom.co.kr

I S B N 979-11-6856-074-1 (94530)
979-11-5610-821-4 세트
정 가 53,000원